大数据应用与技术丛书

数据仓库与商业智能宝典

(第2版)

成功设计、部署和维护DW/BI系统

Ralph Kimball
Margy Ross
[美] Bob Becker 著
Joy Mundy
Warren Thornthwaite
蒲 成 译

清华大学出版社
北 京

Ralph Kimball, Margy Ross, Bob Becker, Joy Mundy, Warren Thornthwaite
The Kimball Group Reader: Relentlessly Practical Tools for Data Warehousing and Business Intelligence, Second Edition
EISBN：978-1-119-21631-5

图书在版编目(CIP)数据

数据仓库与商业智能宝典：成功设计、部署和维护DW/BI系统：第2版 / (美)拉尔夫·金博尔(Ralph Kimball) 等著；蒲成 译. —北京：清华大学出版社，2017（2020.7重印）
(大数据应用与技术丛书)
书名原文：The Kimball Group Reader: Relentlessly Practical Tools for Data Warehousing and Business Intelligence, Second Edition
ISBN 978-7-302-47579-8

Ⅰ. ①数…　Ⅱ. ①拉…　②蒲…　Ⅲ. ①数据库系统　Ⅳ. ①TP311.13

中国版本图书馆 CIP 数据核字(2017)第 150840 号

责任编辑：王　军　于　平
装帧设计：孔祥峰
责任校对：成凤进
责任印制：刘祎淼

出版发行：清华大学出版社
网　址：http://www.tup.com.cn，http://www.wqbook.com
地　址：北京清华大学学研大厦 A 座　邮　编：100084
社 总 机：010-62770175　邮　购：010-62786544
投稿与读者服务：010-62776969，c-service@tup.tsinghua.edu.cn
质 量 反 馈：010-62772015，zhiliang@tup.tsinghua.edu.cn
印 装 者：北京鑫海金澳胶印有限公司
经　销：全国新华书店
开　本：185mm×260mm　印　张：44.25　字　数：1161 千字
版　次：2017 年 8 月第 1 版　印　次：2020 年 7 月第 3 次印刷
定　价：158.00 元

产品编号：072066-02

译 者 序

数据仓库为用户提供了用于决策支持的当前和历史数据，这些数据在传统的操作型数据库中很难或无法得到。数据仓库技术是为了有效地把操作型数据集成到统一的环境中以提供决策型数据访问的各种技术和模块的总称。所做的一切都是为了让用户更快、更方便地查询所需要的信息并且提供决策支持。而商业智能是一个广泛意义上的概念，它包括一系列技术，数据仓库是其重要的基石之一，另外一个基石技术就是 ETL(extract，transform，and load；提取、转换和加载)。

数据仓库和商业智能自诞生之日起就是以提供企业运营所需的数据和决策依据为目的的，在过去的传统行业中得到了大力推广和应用，为传统行业的企业信息化发展提供了基础。不过随着互联网技术、物联网技术以及移动互联网技术和人工智能技术的兴起，数据仓库和商业智能的含义正不断扩大，越来越多的新兴概念和技术被纳入其中，以便能够满足现代互联网企业的运营需求。

Ralph Kimball 和 Kimball Group 的成员都是数据仓库和商业智能领域的权威专家。Ralph 作为一名最早的数据仓库架构师，他长期以来一直坚信数据仓库的设计必须遵循易于理解和快速反应的准则。他创立的维度建模方法论(或者称为 Kimball 方法论)已经成为决策支持领域的金科玉律。

本书的内容都来自过去 20 多年间 Kimball Group 根据自身丰富的行业实践经验所总结的指导性文章，涵盖了数据仓库和商业智能所涉及的方方面面的主题。同时，依据当前的技术和市场现实，加入了新的概念和技术实现方面的内容，使这些极具历史意义和实践指导价值的文章焕发出新的生机。目前，Kimball Group 的所有成员都已退休，但其思想方法以及对 DW/BI(data warehouse/business intelligence)领域所做的贡献将被人们所铭记。相信行业中的后来者会继承其衣钵并且让 DW/BI 领域得到持续发展。

本书提供了应用 Kimball 方法论构建 DW/BI 系统的清晰指导与实践示例。书中的文章描绘出从最初的业务需求收集直到最后部署的 DW/BI 系统开发的整个生命周期。这一系列文章可以作为 DW/BI 系统开发过程中出现的数以百计的问题和情况的深度参考。希望读者在阅读过程中重点思考 Kimball 方法论的原理，结合自己的环境进行适应性调整，而不是原样照搬书中描述的技术和解决方案。毕竟，对于 DW/BI 系统来说，并不存在放之四海而皆准的准绳。这也是本书作者多次强调的。

在此要特别感谢清华大学出版社的编辑们，在本书翻译过程中他们提供了颇有助益的帮助，没有其热情付出，本书将难以付梓。

本书全部章节由蒲成翻译，参与翻译的还有何东武、李鹏、李文强、林超、刘洋洋、茆永锋、潘丽臣、王滨、陈世佳、申成龙、王佳、赵栋、潘勇、贠书谦、杨达辉、赵永兰、郑斌、杨晔。

由于译者水平有限，难免会出现一些错误或翻译不准确的地方，欢迎读者指出并勘正，译者将不胜感激。

译 者

作 者 简 介

Ralph Kimball 创立了 Kimball Group。自 20 世纪 80 年代中期开始，他就一直是 DW/BI 行业关于维度化方法的思想领袖，并且已经培训了超过 20 000 名 IT 专家。在任职于 Metaphor 和创立 Red Brick Systems 之前，Ralph 在施乐帕克研究中心(Xerox PARC)参与创建了 Star 工作站。Ralph 拥有斯坦福大学电子工程专业的博士学位。

Margy Ross 是 Kimball Group 和 Decision Works Consulting 的董事长。她从 1982 年开始就专注于数据仓库和商业智能。截止现在，Margy 已经为数百个客户提供过咨询服务，并且向数万人讲解过 DW/BI 的最佳实践。在任职于 Metaphor 和联合创办 DecisionWorks Consulting 之前，她毕业于美国西北大学，并且获得了工业工程专业的学士学位。

致 谢

首先，我们要感谢 *Kimball Design Tip* 的 33 000 个订阅者，以及无数访问过 Kimball Group 网站以研读我们档案资料的人。这本书将重新修订过的 *Design Tip* 和文章放在了一起，我们希望这是一种非常有用的形式。

如果没有我们业务合作伙伴的协助，《数据仓库与商业智能宝典(第 2 版) 成功设计、部署和维护 DW/BI 系统》一书就不可能成型。Kimball Group 成员 Bob Becker、Joy Mundy 和 Warren Thornthwaite 编写过许多有价值的文章和 *Design Tip*，这些都收录在本书中。感谢 Julie Kimball 极具见解的评论。还要感谢前 Kimball Group 成员 Bill Schmarzo 对于分析应用程序的贡献。

感谢我们的客户和学生，他们与我们一起拥抱、实践并且验证了 Kimball 方法论。我们都从对方身上学到了很多！

Jim Minatel，我们在 Wiley 出版社的执行编辑、项目编辑 Tom Dinse 以及 Wiley 团队的其他人都用其技能、鼓励和热情为这个项目提供了支持。与他们共事非常愉快。

我们要感谢我们的家庭成员，谢谢你们在过去 20 年中支持我们写作这些 *Design Tip* 和文章。Julie Kimball 和 Scott Ross：如果没有你们，我们无法完成本书！当然，还要感谢我们的孩子，Sara Kimball Smith、Brian Kimball 和 Katie Ross，他们在这 20 年中已经长大成人了！

前　言

Kimball Group 的文章和 *Design Tip* 归档文件一直都是我们网站(www.kimballgroup.com)上浏览量最大的。回顾 20 年前 Ralph 最初于 1995 年发表的 *DBMS* 杂志文章，这些归档文件探究了超过 250 个主题，有时比我们的书籍或课程探究的程度还要深。

在《数据仓库与商业智能宝典(第 2 版)成功设计、部署和维护 DW/BI 系统》中，我们以连贯的方式组织了所有这些文章。不过本书并不仅仅是过去的杂志文章和 *Design Tip* 一字不变的集合。我们已经精简了多余的内容，确保所有文章都以一致词汇来编写，并且更新了许多图片。本书中的文章都进行了重新编辑和改进。

经过慎重的讨论之后，我们决定更新整本书中的时间基准以及内容，以便提供 2015 的视角，而不是将旧日期或者过时的概念留在这些文章中。因此，2007 年所写的文章可能会在一个示例中使用 2015 年这一时间！当出现涉及过去多少年的文章时，我们已经将这些时间基准更新为相对于 2015 年而言。例如，如果一篇 2005 年的文章最初描述“在过去 5 年之间”，那么该文章现在就会描述为“在过去 15 年之间”。在提及关于我们多年来的经验、售出的图书量、编写的文章或者教过的学生时，这些也都被更新为 2015 年的描述。最后，我们偶尔会将像“调制解调器”这样过时技术的引用变更为更加现代的技术，尤其是“互联网”。我们相信，这些变更不会造成误导或引起混淆，相反，它们会让本书的阅读体验变得更好。

本书读者对象和目标

本书的主要读者是正在交付数据仓库以便为商业智能提供支持的分析师、设计者、建模者或者管理者。本书中的文章描绘了 DW/BI 系统开发的整个生命周期，从最初的业务需求收集直到最后的部署。我们相信，这一系列文章会充当 DW/BI 系统开发过程中出现的数以百计的问题和情况具有深度的极佳参考。

这些文章的范围涵盖了对于高度技术性重点的关注，在所有情况下，这些文章的基调都力求提供咨询。在过去的 20 年中，这些文章在 Kimball Group 网站上每天都会被访问数千次，因此我们确信它们是有用的。通过组织这些归档文件以及系统地编辑这些文章以便确保其一致性和相关性，为本书增加了重要价值。

内容预览

本书的内容组织对于《数据仓库生命周期工具箱(第二版)》(Wiley 出版社于 2008 年出版)

的读者来说看起来会有些熟悉，因为我们是根据对应于数据仓库/商业智能(DW/BI)实现的主要里程碑的主题来组织这些文章的。鉴于“Kimball”一词差不多就是维度建模的代名词，所以不足为奇的是，本书的大部分内容都会专注于该主题。

- **第 1 章：读本概览**。我们会以 Ralph 几年前为 *DM Review* 杂志所写的一系列文章作为本书的开始。这一系列文章以连贯内聚的方式简洁地封装了 Kimball 方法，因此这些文章为本书提供了绝佳的概述，类似于克利夫笔记。
- **第 2 章：深入研究之前**。Ralph 文章的长期读者会发现，该章充满了对于旧日的记忆，因为这些文章中的许多内容都具有重要历史意义。有些让人惊讶的是，尽管这些文章中的大多数都写于 20 世纪 90 年代，但其内容仍然具有相关性。
- **第 3 章：项目/程序规划**。在了解了概述和历史的经验教训之后，第 3 章会继续推进从而启动 DW/BI 程序和项目。我们会思考项目团队和主办干系人的职责，然后深入研究 Kimball 生命周期方法。
- **第 4 章：需求定义**。要在缺乏业务需求的情况下取得 DW/BI 的成功是很难的。该章将为有效获得业务需求提供具体的建议。它强调了围绕业务过程来组织需求调研结果的重要性，并且提供了就恰当的后续步骤达成组织共识的策略建议。
- **第 5 章：数据架构**。切实理解了业务需求之后，我们会将注意力转向数据(第 11 章同样也会继续关注数据)。该章首先会论证维度建模的正确性。然后会描述企业数据仓库总线架构、探讨敏捷开发方法以便支持数据仓库，为必不可少的集成和管理工作提供合理化机制，然后将 Kimball 架构与企业信息工厂的中枢辐射模型作对比。
- **第 6 章：维度建模基础**。该章将介绍维度建模的基础知识，首先探讨事实与维度的区别，以及在数据仓库中向下钻取、横向钻取和处理时间的核心活动。我们还会探究大家熟悉的关于维度模型的传言。
- **第 7 章：维度建模任务和职责**。第 6 章涵盖了围绕维度建模的根本性“内容和原因”，专注于“如何、谁和何时”。第 7 章描述了维度建模过程和任务，以便组织起一支有效的团队，不管是全新开始还是重新考虑已有模型。
- **第 8 章：事实表核心概念**。第 8 章的主题可以被描述为“仅仅着眼于事实”。我们首先会探讨事实表的粒度性和三种基本类型，然后将我们的注意力转向事实表键和退化维度。该章将以常用的事实表模式集锦作为结尾，其中包括空值、文本和稀疏填充的指标，以及非常类似于维度属性的事实。
- **第 9 章：维度表核心概念**。在第 9 章中我们会将注意力转向维度表，从对代理键和无处不在的时间(或日期)维度的探讨开始。然后将探究角色扮演、杂项和因果性维度模式，随后将探讨对于渐变维度的全面处理，其中包括四种新的高级维度类型。
- **第 10 章：更多的维度模式和注意事项**。第 10 章将用更丰富的维度表范围来补充前一章的内容。我们会描述星型模式和外支架，以及一节关于桥接的被大幅更新过的内容，以便应对多值维度属性和不规则的多变层次结构。我们会探讨顾客维度中经常会遇到的细微差别以及国际化问题。该章会以一系列案例研究作为结束，其中涵盖了保险、航程和网络、人力资源、金融、电子商务、文本搜索以及零售。我们鼓励每个人都仔细研读这些描述，因为这些模式和推荐做法超出了行业或应用程序边界。
- **第 11 章：后台 ETL 和数据质量**。在第 11 章中，我们要将话题切换到设计目标维度模型以便填充它。预先警告：这是篇幅很长的一章，正如根据该主题你可以预见到的一样。本书在该章中提供了大量的新素材。我们首先会描述提取、转换和加载(ETL)数据所需的34个子系统，以及使用商业化ETL工具的优缺点。基于此，我们会深入研究数据质量的注意事项，为构建事实表和维度表提供具体指导，并且探讨实时ETL的影响。

- **第12章：技术架构注意事项**。直到第12章，我们才开始探讨围绕技术架构的问题，首先会介绍面向服务架构(server oriented architecture，SOA)、主数据管理(master data management，MDM)以及打包分析。关于大数据的新的一节内容刊载了Ralph编写的两份重要白皮书。该章的最后几节内容会专注于展示服务器，其中包括聚合导航和在线分析处理(online analytical processing，OLAP)、用户界面设计、元数据、基础设施和安全性的作用。
- **第13章：前台商业智能应用程序**。在第13章中，我们开始介绍DW/BI系统的前台，其中业务用户会与数据进行交互。我们描述了一个典型业务分析的生命周期，从历史绩效的审查开始，但并不会止步于此。之后我们会将注意力转向标准化BI报告，然后深入探究数据挖掘和预测式分析。该章会以探究用于业务分析的SQL限制作为结束。
- **第14章：维护和发展的注意事项**。在倒数第2章中，我们为成功部署DW/BI系统以及保持其健康以便持续取得成功提供了建议。
- **第15章：最后的思考**。该章总结了来自每个Kimball Group原则的关于数据仓库和商业智能的最终观点。这些见解涵盖了我们已经获得的最重要的来之不易的经验教训，以及所能预见到的一些未来数据仓库可能具有的特性。

导航标识

鉴于《数据仓库与商业智能宝典(第2版) 成功设计、部署和维护DW/BI系统》中文章的广度和深度，我们非常审慎地找出了20多篇文章作为“Kimball经典”，因为它们涵盖了非常有效的概念，我们和行业中的许多人在过去20年中反复地引用了这些文章。这些经典的文章使用如下特殊图标作为区分：

我们期望大多数人以某种随机的顺序阅读这些文章，而不是从前到后地阅读本书。因此，我们特别强调此读本的索引，因为我们期望许多读者会通过搜索特定技术或建模情形的索引来深入进行探究。

术语说明

引以为荣的是，Ralph确立的词汇表如此经久不衰并且被广泛采用，包括维度、事实、渐变维度、代理键、事实表粒度、非事实型事实表以及退化维度在内的Kimball“特征词”，在整个行业中已经持续使用20多年了。不过尽管我们充满了善意，但一些术语自其被引入以来已经发生了变化。我们已经以追溯的方式使用被广泛采用的当前术语替换了老的术语。

- 人造键现在被称为代理键。
- 数据集市已经被替换成业务过程维度模型、业务过程主题领域或者主题领域，这取决于上下文。
- 数据暂存现在被称为提取、转换和加载。
- 终端用户应用程序已经被商业智能应用程序所替代。
- 帮助表现在被称为桥接表。

由于大多数人都不会从头到尾一页不漏地阅读本书，因此我们需要事先介绍一些常用的缩写词：

- DW/BI 是端到端数据仓库/商业智能系统的英文缩写。这个缩写对于简约性来说很有用，不过它也明确地将数据仓库和商业智能链接为一个共存体。最后，它反映出从数据仓库本身作为终点到商业智能(BI)的重心转换推动我们所做的一切事情。毕竟，数据仓库是所有形式 BI 的平台。
- 本书中的许多图片都包含 DD(degenerate dimension)、FK(foreign key)和 PK(primary key)缩写，它们分别代表退化维度、外键和主键。
- ETL 的意思是提取、转换和加载，这是获取数据并且让数据准备好暴露给 BI 工具的标准范式。
- ER(entity-relationship)指的是实体关系。我们会在探讨第三范式(3NF)或者与维度数据模型相反的标准化数据模型时频繁使用 ER。
- OLAP 代表在线分析处理，通常用于将在多维数据库或多维数据集中捕获的维度模型与被称为星型模式的关系型 DBMS 中的维度模型区分开来。这些关系型星型模式有时也被称为 ROLAP。
- SCD(slowly changing dimension)是渐变维度的缩写，指的是所确立的用于处理维度属性变更的技术。

目　录

第 1 章

读本概览

从 2007 年下半年开始，Ralph 为 *DM Review* 杂志(现在称为《信息管理》杂志)编写了一系列文章。这些文章持续发表了 16 个月，该系列文章以连贯方式系统地描述了 Kimball 方法以及经典的最佳实践。相比于将这些文章局部地分散到整本书中，我们决定差不多完整地呈现该系列文章，因为它们提供了后续章节中所讲解内容的概览。可以将第 1 章看作本书的克利夫笔记[①]。请注意，现在是 2015 年，所以这一章中的特定日期和上下文引用已经被更新过了，这在前言中已做过解释。

本章会以几篇文章作为开头，这些文章赞成在着手处理一个数据仓库/商业智能(DW/BI)项目时，创建约束并且建立与其他干系人的合适边界。从这些内容开始，该系列文章将重点转向将操作数据放入数据仓库，然后利用核心的维度建模原则来向业务用户交付健壮的分析能力。

除本章中的这些文章外，Ralph 还为 *DM Review* 写了一篇关于数据品质的内容非常详尽的文章。因为其内容较为深入，所以这篇文章被放到第 11 章中，与其他的后台提取、转换和加载(ETL)主题放在一起。

成功设置

在探究 DW/BI 系统的实现之前，要确保获得一组完整的相关必备条件，同时要避免过度乐观。

1.1 抑制住立即开始编码的冲动

Ralph Kimball，DM Review，2007 年 11 月

虽然有些矛盾，但是设计一个 DW/BI 系统最重要的第一步，就是停下来。花一周时间好好

[①]译者注：“克利夫笔记”是一部文学作品导读系列丛书，涵盖了英、美、法、德、俄等国的不少名家大师的作品，其中不乏诺贝尔文学奖获得者的名著。每一册“克利夫笔记”都按统一体例编排，分为：①作者生平与背景；②情节梗概；③人物列表；④概要与评论；⑤人物分析；⑥问题讨论；⑦文章主题；⑧参考目录等章节，部分分册还列有学习辅导。

想想，要完全确保对于项目所需的所有需求具有足够全面的了解。DW/BI 设计任务是一项艰巨的脑力挑战，并且，要从一开始就避免问题的出现以便在项目进行中不会碰到令人尴尬或者会危害职业生涯的问题并不容易。

在剪辑代码、设计表或者购买主要硬件或软件时，应该花一周时间写下后面 10 个问题经过深思熟虑的、高质量的答案，这些问题中的每一个都是会在某些时候影响项目的真实事件。这些问题定义了每一项 DW/BI 工作都会面临的一组典型的同时出现的限制条件。

1. **业务需求**。是否了解用户实际需要的用于制定当前对其企业非常重要的决策的关键绩效指标(key performance indicator，KPI)？尽管这 10 个问题都重要，但理解业务需求是最基础并且是影响最深远的。如果对这个问题有一个肯定回答，那么就可以识别出支持决策制定所需的数据资源，并且能够决定首先处理哪个指标测量过程。
2. **战略数据分析**。有没有验证过可用的数据资源是否能够支持问题 1 的答案？战略数据分析的目的在于，在 DW/BI 项目中很早就对是否开始处理一个主题领域制定出“做/不做”的决策。
3. **战术数据分析**。是否有清晰的可执行授权来支持有效数据质量文化所需的必要业务过程再造，这种质量文化可能是为六西格玛数据质量而驱动的？提升数据质量的唯一途径就是回溯数据源头，找出没有输入质量更佳的数据的原因。数据录入人员并非造成低数据质量的源头！相反，这一修复过程需要彻头彻尾地理解对更好质量数据的需要，以及最高层对于变更业务过程处理方式的承诺。
4. **集成**。组织中是否有清晰的可执行授权来定义遍及所有面向顾客的过程的通用描述符和度量值？企业中参与数据集成的所有组织都必须就关键描述符和度量值达成一致。领导层有没有清楚表明必须这样做？
5. **延迟**。业务用户是否有数据仓库必须要多快发布数据的一组实际需求，如截至昨日、每天多少次以及真正的即时？
6. **合规**。是否从高级管理层接收到关于哪些数据具有合规敏感性，以及必须在何处确保保护了监管链的清晰指导？
7. **安全性**。是否清楚打算如何保护像在 ETL 后台中、用户桌面上、网络之上以及所有持久媒体上的专有数据这样的机密信息？
8. **归档**。是否有一个切实可行的计划，用于重要数据的很长时期的归档？是否知道应该归档哪些数据？
9. **支持业务用户**。是否分析过用户群以确定其使用电子表格、在专用查询工具中构造数据库请求或者仅仅在其屏幕上浏览报告的能力？这些用户是否期望增加高级预测分析或者数据挖掘工具来处理底层数据？
10. **IT 许可和技能**。是否准备借助组织已经购买的主要技术站点许可？是否有足够的员工具有高级技能来利用你做出的技术选择？是否清楚组织的哪些部分期望访问大数据或者物联网？是否具有技能来支持这些通常来自 IT 外部的活动？

花费在回答这些典型 DW 问题上的时间价值巨大。每个答案都会影响 DW/BI 项目的架构、方法选择甚至可行性。在所有团队成员都理解这些答案意味着什么之前，千万不要开始编码！

有一个重要的信息是，业务用户已经抓住了 DW 的控制权。他们没有构建技术性基础设施，但他们非常确信其拥有数据仓库和 BI 工具，并且那些工具必须满足他们的需求。从 IT 到用户的主动权转移在过去 15 年中已经非常明显了。其间我们见证了力劝 CIO 们展现更多商业领导力的深入思考的文章和业界演讲，以及CIO杂志所报道的CIO高流动率(参见www.cio.com上2004年4月1日那期杂志)。

由于DW/BI系统的使用者日益增多，这篇文章里10个问题中的许多都已有了非常清晰的答案。我们将专注于排名前五的新的紧迫主题，在某些情况下要结合我们的问题：

- **业务需求**。DW/BI系统需要一个稳定的"KPI团队"持续分析业务用户的分析需要以及随之而来对新数据源的需求，以便支持新的KPI。另外，该系统还应该支持各种各样的分析应用程序，这不仅包括数据交付，还要就问题和机遇向用户预警、探究额外数据源的因果关系、验证假设情境分析以便评估可行的决策，以及跟踪所作出的决策。DW/BI系统不仅与报告呈现有关，从更广义的层面来说，它必须是用于决策制定的平台。数据仓库最老的一个标签，决策支持，仍旧令人意外地适用于当下。
- **战略数据分析**。越早告知用户与所建议数据源可行性有关的坏消息，他们就会愈加心怀感激。在一天或两天内开发出访问一个数据源的功能。将数据分析工具提升到战略必要的层次。
- **战术数据分析**。对数据质量认知的提升是DW带来的其中一个最显著的新的视角，这无疑是由业务用户驱动的。但如果企业不愿意支持质量文化以及所需要的彻头彻尾的业务过程再造，那么一切都将毫无意义。
- **集成与延迟**。用户需要360度的业务集成视图，这一点更像是即将到达的特快列车，而非一股冲击波。我们谈论它已经超过10年了。不过现在，集成外加实时信息访问的需求已经将这两个问题合并成了一个新的重要的架构挑战。
- **合规与安全性**。IT界从事DW/BI的人通常不具有保护数据的常规直觉，因为该系统旨在暴露数据。但对于合规与安全性的这一全新重视，必须被有序构建到跨整个DW/BI解决方案的数据流和BI工具中。

第一篇文章的目的旨在提出每一个DW/BI设计团队都会面临的基本设计问题，并且将新的紧迫需求摆在他们的眼前。在这些仍旧不断更新的系列文章中，我在某种程度上一一探究了这些领域，以提醒我们数据仓库明显不变的方面，同时试图抓住变革之风。

1.2 设置边界

Ralph Kimball，DM Review，2007年12月

在本章1.1节"抑制住立即开始编码的冲动"中，我建议在承担起费时费力的DW/BI项目之前先短暂停顿。应该利用这一停顿时间来回答主要环境问题的一份清单，这些问题与业务需求、质量数据，以及组织是否准备好应对集成、合规和安全性的棘手问题有关。

在回答这些问题之前，最好与在DW/BI系统中承担责任的所有业务用户端和主办方进行交流。在这些对话的印记消散之前，建议制作一份在推动DW/BI系统概念时所做承诺的完整清单。说出"是的，我们将会……"这样的话并不会让人惊讶。

- 将处理过程中的操作结果绑定到总账(general ledger，GL)。
- 实现有效的合规性。

- 识别并且实现市场营销、销售和财务所需的所有关键绩效指标(KPI)，并且让它们可被用于企业营运绩效仪表板。
- 鼓励业务团队将新的成本驱动因素添加到我们的系统需求，这样他们就能计算整个企业中基于活动的成本花费和确切利润。并且在添加这些成本驱动因素时，还要计算出所有必需的组合要素，以便针对各种收益类别来分摊这些成本。
- 识别并且实现市场营销所需的所有顾客满意度指标。
- 将所有面向顾客的经营过程无缝集成到单一的一致系统中。
- 确保独自使用企业资源规划(enterprise resource planning，ERP)供应商提供的前端、中间件和后端工具，其全球性授权是需要企业 CEO 签字批准的，否则会面临法律上的风险。
- 成为首个响应新的面向服务架构(service-oriented architecture，SOA)的展示应用程序，我们将实现、管理和验证这一新架构。
- 为 DW/BI 系统实现和管理服务器虚拟化。这一新的系统将是“绿色环保”的。
- 为 DW/BI 系统实现和管理存储区域网络(storage area network，SAN)。
- 为 DW/BI 系统中的所有数据实现和管理安全性和私密性，其中包括负责轻量级目录访问协议(lightweight directory access protocol，LDAP)目录服务器及相关的身份认证和授权功能。还要确保销售团队在户外用其移动设备进行的所有数据访问都是安全的。
- 定义未来 20 年的长期数据归档和恢复的需求。

一次性完整查看这份承诺清单，你一定会觉得正常人怎么会同意这些承诺。实际上，我非常同情这种情况。你必须应对这些主题，因为它们都是 DW/BI 挑战的关键方面。但如果按照字面意思给出答案，那么就失去了对于边界的控制。你承担了太多，做出了无法兑现的承诺，且业务客户和企业领导消除或避免了他们必须承担的关键职责。更为严重的是，即便你认为可以兑现所有这些承诺，你在企业中也没有足够强有力的位置来产生所有这些结果。

当然，不必变成一个守财奴才能当好合格的 DW/BI 系统管理员。这并不是说要拒绝承担每一项可能的职责。通过对业务用户和管理层就合适的职责边界进行提醒和教导，就会对企业有所助益。只要边界清晰，你就仍然是一名热情洋溢的倡导者。下面描述关键的边界。

- **与业务用户的边界**。你的任务是找出业务用户，与他们面谈，并且将他们告知的内容诠释成特定的 DW/BI 可交付物。必须收集一份结果文档，它要描述面谈的结果以及你是如何诠释业务用户所告知的内容的。业务用户的职责是参与面谈并且投入精力来描述他们是如何进行决策的。在这一过程稍后的阶段，业务用户还要承担为调研结果提供反馈的责任。你不能尝试定义业务需求，除非业务用户群与 IT 是对等合作关系。

  在第一轮面谈之后，你的任务并没有结束。必须支持持续的业务用户反馈和建议，并且还要教导业务用户与系统开发实际情况有关的内容。可将其视作相互学习的过程。

  在 DW/BI 系统开发的后半阶段，不能在不延迟交付日期的情况下将新的 KPI，尤其是新的数据源直接添加到项目中。不能将一个当前处于开发过程中的批次系统突然变更成一个实时的线上系统。业务用户必须理解和信任 DW/BI 系统开发的合作伙伴，并且他们必须理解突发新需求所产生的代价。底线——业务用户必须变成 DW/BI 开发过程的成熟旁观者，并且要知道在何时通过添加新的 KPI、新的数据源或新的即时需求来变更范围是不合时宜的。
- **与财务的边界**。就所做出的承诺而言，其中一些应该是财务的职责。即使“利润系统”是你的主要职责所在，也不要同意实现成本分摊。这不仅是由于成本分摊极其复杂，还因为从“办公室政治”出发，将成本分摊到各个创造收入的部门总是不好的消息。在这种情况下，财务应该评估出成本分摊所带来的逻辑和人员内部影响，之后可以悄然实现它们。

另外，不应该同意将处理过程中的操作结果绑定到总账(GL)。用维度建模的术语来讲，不能这样做的原因在于，像组织和账目这样的GL维度无法与像顾客和产品这样的操作性维度保持一致。再者，像在月末进行的分类账调整这样的特殊GL事务，通常无法放入一个操作性的上下文中。同样，需要将这个问题交回财务，并且等待他们提供解决方案。

- **组织之间的边界**。如今，几乎没有人会反对将所有的数据资产整合到DW/BI的保护伞下。但其挑战有70%源于团队关系，仅有30%是技术上的。企业高层必须建立企业文化，向所有的独立部门传达一条非常清晰的消息，即他们必须团结起来就通用的维度属性、关键绩效指标以及日程达成一致。企业高层必须在进行DW/BI系统建设之前就将前进的障碍清除。
- **与法务的边界**。在20世纪90年代初期，我们通常会感叹数据仓库没有得到广泛的应用。不过如今，我们面临相反的问题。大家高度重视的一大方面，我认为也是令人头疼的方面，就是在DW/BI系统中提供足够的安全性、私密性、归档以及合规性。但除非理解企业的政策，否则就无法实现这一切。一定不要自己定义这些政策。如果政策定义错误，你可能会丢掉工作并且官司缠身。应该提供一份需要确切指导的内容清单去咨询法务部门。
- **与IT的边界**。不寻常之处在于，必须维护的其中一个最重要的边界就是与IT的边界。可以借助IT部门中的其他小组，以便得到存储(SAN或者网络附加存储)、服务器虚拟化、LDAP服务器维护、身份认证技术、提供像SOA这样的新的基础架构，以及支持像Hadoop这样的大数据基础架构。

DW/BI行业中的大多数人都是天生的销售人员。我们向人们建议采用我们的系统，因为我们切实相信这些系统会为企业带来好处。但我们需要注意，不要试图过于取悦客户。归根结底，如果本文中所描述的所有其他合作方都是同等负责任的伙伴的话，那么DW/BI系统将取得非常大的成功。

应对DW/BI设计和开发

这一组文章专注于每个DW/BI系统设计中都会面临的大问题。

1.3 数据争夺

Ralph Kimball，DM Review，2008年1月

在本文中，我们准备好了设计数据管道的第一阶段，从操作源到财务BI用户界面。我将这一阶段称为“数据争夺”，因为我们必须抓到数据并且将其置于我们的控制之下。成功的数据争夺包括变更数据的捕获、提取、数据分级、归档，以及数据仓库合规性的第一步。我们来查看一下这些数据争夺任务的职责。

在每次数据提取中处理的数据量应该保持在最低限度。应该力求不要下载源数据表的完整副本，但有时候又必须这样做。将数据提取限制到最低限度是一项具有吸引力的挑战，且远比其看起来要难。第一个架构上的选择，是在生产源计算机上执行变更数据捕获，还是在将数据提取到数据仓库所拥有的一台机器上之后再执行。从数据仓库的角度出发，更具吸引力的选项是在生产源计算机上进行变更数据捕获。为此，需要生产源数据库管理员(database administrator，DBA)的合作，生产机器上要有足够的处理资源，并且还需要一套质量非常高的模式用于识别出自上次加载以来发生的全部变更。

要设计生产源计算机上的变更数据捕获系统，需要与生产系统 DBA 进行非常坦率的对话。需要识别出会对源数据进行变更的每一种情况。其中包括常规的应用程序事务提交、特殊的管理运营重写，以及像恢复一个数据集这样的紧急情况。

查找源数据变更的一种流行方式是查询源数据表中的 change_date_time 字段。如果这个字段是由所有处理过程都无法绕过的数据库触发器来填充的，那么这就是一种非常强健的方式。不过出于性能方面的原因，许多生产环境应用程序都不允许使用触发器。再者，这样的方式如何处理记录删除？如果记录突然消失，那么查询 change_date_time 字段将无法找到它。不过，可以在一个单独的源中收集这些删除项。

另一种方式是一种特殊的生产系统守护程序，它会通过读取生产系统事务日志或拦截消息队列通信来捕获每一个输入命令。这种守护程序的方式解决了删除的问题，但仍然容易受到特殊的 DBA 手动执行管理运营重写命令的影响。有些人会认为这样的重写并不理智，但我曾经看到过一些运行非常良好的在线商城偶尔会借助这些重写，因为有些古怪的业务规则过于复杂，无法简单地将其编程为常规的事务处理应用程序。

即便解决了用于在源上隔离所有数据变更的可接受模式，也仍然需要寻求一些帮助，如果你还对源系统 DBA 保有任何政治上的优势的话。需要得到一个原因码用于对主要维度实体的所有变更，如顾客或产品。如果用维度建模，这些原因码将表明，对单个维度属性的变更是否应该被当作渐变维度(slowly changing dimension，SCD)类型 1、2 或 3 来处理。这些区别非常重要。处理这三种 SCD 选项所需的 ETL 管道是完全不同的。

如果生产系统方面提出过多的反对意见，则要考虑在提取数据之后进行变更数据捕获。这样就必须下载大得多的数据集了，可能是完整的维度，甚至完整的事实表。但只要持有一份要与其对比的源系统表的前一个副本，那么就绝对能够找出源系统中的每一个变更。

如果今天下载一份完整的源数据表，就可以通过针对昨天的源数据表副本执行逐记录和逐字段的对比来找出所有的变更。这样确实可以找到每一个变更，包括删除。但这样，就会缺失维度属性变更的原因码。如果是这样的话，就需要单方面强制推行一项为每个属性创建的原因码策略。换句话说，如果一个现有产品的包装类型突然变更，那么你总是会假设制造部门正在修正一个数据错误，因此该变更总是类型 1。

如果对比的数据表非常大，那么这种对比每个字段的暴力计算方式就会花费过长的时间。通常可以通过使用一种被称为循环冗余校验和(cyclic redundancy checksum，CRC)的特殊哈希编码来将这一对比步骤的速度提升 10 倍。要了解关于这一高级技术的探讨，可以参阅维基百科上关于循环冗余校验和的探讨。

最后，即使你确信已经能够解释所有的源系统变更，也应该定期针对在源上直接计算的变更总数来检查 DW 的变更总数。这类似于在必须人工调查两个数据集之间的差异时进行收支平衡。

数据提取，无论是发生在变更数据捕获之前还是之后，都是从源系统将数据转移到 DW/BI 环境中。除实际移动数据外，这一步骤还有两个主要职责。第一个职责是，需要在转移期间去掉所有严密的专有数据格式。将 EBCDIC 字符格式变更为 ASCII。将所有的 IBM 大型机数据格式(例如，压缩十进制和 OCCURS 语句)拆解成标准的关系型数据库管理系统表和列格式。即使如今关系型数据库可以在语义层面完全支持 XML 结构，我还是建议在这一阶段拆开 XML 层次结构。

第二个职责是将输入数据引入到简单普通文本文件或者关系型数据表中。这两种选项是等效的。可以使用排序工具以及像 grep 和 tr 这样的顺序处理命令非常有效地处理普通文本文件。当然，最终会将所有内容加载到关系型数据表中以便进行联结和随机访问操作。

我建议立即对 DW/BI 系统接收到的所有数据进行分级。换句话说，在对刚刚接收到的数据进行其他处理之前，要用所选择的原始目标格式来保存这些数据。我非常保守。对提取的数据进行分级意味着在线下或者在线上永久保存它。数据分级意味着支持所有类型的备份。

在不得不处理合规性敏感的数据时，归档的一种特殊形式是重要的一步：意即要证明所接收的数据并没有被篡改。在这种情况下，有一种强健的哈希码增强了数据分级，可以用来表明数据没有被修改。还应该将这些分级数据和哈希码写入永久媒体，并且将这个媒体存储到有信誉担保的第三方手中，对方可以证明数据是在某个日期发送给他们的。

现在已经将数据争夺到了 DW/BI 环境中，是时候通过用数据支持业务用户的决策制定来驯服这头猛兽了。

1.4　流言终结者

Ralph Kimball，DM Review，2008 年 2 月

维度建模是一个老旧的知识领域，可以回溯到 20 世纪 60 年代末期 General Mills 和 Dartmouth College 提出“多维数据”时，以及 20 世纪 70 年代 ACNielsen 公司提出其围绕维度和事实来组织的 Inf*Act 辛迪加数据报告服务时。因此，当还有一些顾问和行业专家始终在宣称已经多次被揭穿的对于维度建模的误解和曲解时，这就出人意料了。是时候(再一次)澄清这些误解了。

误解：维度视图会缺少仅存在于真实关系视图中的键关系。

流言终结者：这是开始揭穿对维度建模的曲解和误解的最合适的地方了。一个维度模型包括一个标准化模型所包含的所有数据关系。不存在可以在标准化模型中表达却无法在维度模型中表达的数据关系。注意，维度模型是纯关系型的。事实表通常是第三范式，而维度表通常是第二范式。这两种方式之间的主要区别在于，维度中的多对一关系已经被非规范化以便让维度扁平化，从而方便用户理解并且提高查询性能。不过在其他方面，所有的数据关系和数据内容都是相同的。

误解：维度企业数据模型(enterprise data model，EDM)的一个非常现实的问题是，该模型无法扩展并且不能轻松应对变化的业务需求。尽管可以使用维度结构实现业务的逻辑表示，但使用这些结构会对可扩展性和行业数据集成产生负面影响。

流言终结者：这一关于可扩展性的误解很奇怪，在数据关系变更时，维度模型明显要比标准化模型健壮。从一开始，我们就一直在传播维度模型的“优雅的可扩展性”这一理念。有五种变更类型对于运行在维度模型上的商业智能应用程序没有影响：

1. 将一个新的维度添加到一个事实表中。
2. 将一个新的事实添加到一个事实表中。
3. 将一个新的维度属性添加到一个维度表中。
4. 修改两个维度属性的关系以便形成层次结构(多对一关系)。
5. 增大一个维度的粒度。

在标准化世界里，这样的变更通常涉及修改独立的表之间的关系。对暴露给BI工具的表之间的关系进行修改，将不得不对应用程序重新编码。使用维度模型，应用程序就可以持续运行，而无须重新编码，因为在面对新内容和新的业务规则时，维度模式本来就更为健壮。

误解：根据其定义，构建维度模型是为了满足非常特定的业务需求。关系建模模拟了业务过程，而维度建模会捕获人们监控其业务的方式。

流言终结者：构建维度模型是为了响应测量过程，不是用于满足特定业务需要或者特定部门所需的最终报告。维度模型中的一条事实记录是作为特定业务过程中一个测量事件的1∶1响应来创建的。事实表是由现实世界里真实存在的特性来定义的。作为建模者，我们的任务是仔细理解客观测量事件的粒度，并且准确地将事实和维度附加到“能够得到该粒度”的事件。只有当业务刚好需要在事实表中表示的测量事件时，维度模型才会满足业务需求。维度模型的格式和内容并不依赖业务用户所期望的最终报告，因为它仅由测量过程的客观特性来确定。制作维度模型不是为了满足特定部门的需要，而是一个业务过程的单一表示，对于所有的观察者来说，它看起来都是相同的。

误解：在维度模型中，通常只有一个日期与时间有关。其他日期(比如，订单中的日期)并不会被捕获，因而会丢失宝贵的数据。

流言终结者：如果理解前面的流言终结者，则可以理解，涉及一份订单中条目的测量将自然而然地暴露出许多日期。这些日期中的每一个都由到日期维度的副本或视图的一个外键来表示。我在文章9.11“数据仓库角色模型”中使用维度“角色”首次描述了这一技术。角色模仿维度是一种旧的标准维度建模技术，我们已经描述过数百次了。

误解：关系型是优先选用的，因为EDM应该在很低的粒度级别捕获数据——最好是个体交易。

流言终结者：从一开始，我就一直在鼓励设计者们在最低的可能粒度(如交易)级别捕获事实表中的测量事件。在我1996年编著的《数据仓库工具箱》一书中，我曾写到，“数据仓库几乎总是需要在每个维度的最低可能粒度表述的数据，这不是因为查询希望得到单独的记录，而是因为查询需要以非常准确的方式切割数据库”。如果在过去15年中，我们通过400 000本书、超过250篇文章以及我们课堂上的20 000名学生来始终如一地推动在最具表述力的粒度构建维度模型，人们又怎么会有这样的误解呢？

回顾这些特定的误解，我鼓励大家慎重思考。当你读到或者听到强硬的话语时，则要围绕这些问题并且自我学习。要挑战这些假设。寻求可防御的位置、详尽的逻辑以及清晰的思考。我期望保持这样的高标准，并且我希望大家对其他人也这样做。

1.5 划分数据世界

Ralph Kimball，DM Review，2008 年 3 月

在这部分的前四篇文章中，我为构建一个数据仓库打好了坚实的基础。我们已经完成了收集所有叠加设计约束的细致工作；已经建立起和要与之交互的所有小组的一套好的边界；已经捕获了一套完美的变更数据子集来充当数据提取的源；并且已经描述了与维度模型有关的常见误解。

我们的下一个重大任务就是将数据划分成维度和事实。维度是环境中的基础稳定实体，如顾客、产品、位置、市场促销以及日程。事实就是由我们所有的交易处理系统和其他系统收集的数值度量或者观测。业务用户自然而然就能理解维度和事实之间的区别。当我们将数据交付给 BI 工具时，我们要特别小心地定制在用户界面层可见的维度和事实，以便利用用户对这些概念的理解和熟悉度。也许另一种表述此含义的方式是，维度数据仓库就是用于 BI 的平台。

在 BI 工具中，维度和事实驱动着用户界面体验。维度不可避免的就是约束的目标以及 BI 工具结果中“行标题”的源。事实绝对是计算的粒度。从结构上分离数据中的维度和事实是非常有帮助的，因为它能促成应用程序开发和 BI 工具用户界面中的一致性。

将数据世界划分成维度和事实是一个基础且强大的理念。所有数据项中 98%会被立即且显而易见地归类为维度或者事实。描述稳定实体属性的离散文本数据项归属于维度。那些其值无法完全预测的重复数值测量都是事实。因此，如果我们将红色圆珠笔的售价定为 1.79 美元，那么“红色”就是产品维度中圆珠笔一行内的一个属性，而 1.79 美元是一个观测事实。

数据仓库的基础是生成一条事实记录的测量事件。这是一个非常客观的、切实存在的结果。当且仅当一个测量事件发生时，才存在一条事实记录。这一客观结果被数据仓库设计者用于确保其设计具有坚实的基础。当我们以客观、现实世界的术语来描述该测量时，我们将之称为事实表的粒度。如果十分确定该粒度，那么在设计事实表时会相对容易。这就是我一直教导学生要“遵循粒度”的原因。

当一个测量事件创建了一条事实记录时，我们会争取将所有相关维度实体的当前版本附加到这条事实记录。当我们以 1.79 美元销售红色圆珠笔时，也就按下了闪光灯，从这张快照中我们收集了一组可观的维度实体，其中包括顾客、产品、店铺位置、雇员(收银员)、雇员(店铺经理)、市场促销、日程，甚至还有天气。我们要小心使用这些维度的最新版本，这样我们就能正确描述这一销售测量事件。注意，这一测量的粒度是，商品被扫描时收银机发出蜂鸣声。稍后在设计过程中，我们要用连接到这些维度的各种外键来实现这一粒度，但我们不会从这些键开始讲解该设计过程。我们要从客观事件开始。

一旦我们厘清了事实表的粒度，我们就能确保事实记录中涉及的仅有的事实都是在测量事件的范围内定义的。在收银机的示例中，产品的瞬时价格以及售出的单位数量都是由粒度得到的合适事实。但是该月份的合计销量或者去年同一天的销量并非由该粒度而来，并且不能包含到真实存在的事实记录中。有时很难避免添加并非由粒度得来的事实，因为它们为特定查询提供了捷径，但这些恶劣的事实总是会为应用程序开发人员和业务用户带来复杂性、不对称性和困扰。再强调一次——要遵循粒度。

无论何时，只要可能，我们就要力求让事实可添加。换句话说，在记录中添加事实是合理的。在我们的零售示例中，尽管价格忠实于粒度，但它并非是可添加的。不过如果我们转而存储总价(单位价格乘以销量)以及销量，那么这两个事实就都是可添加的。我们可以使用一个简单的除法即刻重新获得单位价格。尽可能地强制事实变成可添加的，这看起来并没什么了不起，但它是我们让 BI 平台变得简单的多种方式中的一种。就像著名的日本汽车制造的质量控制示例一样，一千个小的改进最终会变成可持续的战略优势。反之，把一千个小“事实”硬塞进一个数据库以便让特定查询更简单，将产生无法运转、无法维护的设计。

同样，我们要抵制将标准化的数据模型逐一放入 BI 环境中。标准化数据模型对于有效的事务处理是必要的，并且有助于在数据被清理之后存储数据。但标准化模型并不能为业务用户所理解。在你与同事陷入严谨之战前，要清楚认识到在什么情况下正确设计的标准化模型和维度模型会包含确切相同的数据并且反映出确切相同的业务规则。使用其中一种方法都可以精确表示所有的数据关系。因此，使用维度模型的原因在于，它们会为 BI 形成经过验证的、可运行的基础。

在本文的前面，我声称所有数据项的 98%都会被立即并且显而易见地归类为事实或者维度属性。那么剩余的 2%怎么办？可能你已经思考过，在我们的零售示例中，产品的价格实际上应该属于产品维度，而非事实表。在我看来，稍加思索就能明白，这是一个很容易的选择。因为产品的价格通常会随着时间和地点而变化，所以将价格作为维度属性来建模就会变得过于冗长。它应该是一个事实。但在设计过程的后期才认识到这一点也很正常。

一个较为模棱两可的示例是，汽车保险政策中承保范围的赔付上限。该限制是一个数值数据项，是为碰撞责任承保 300 000 美元。该限制不会随着政策的存续期而变化，或者说它很少会发生变化。此外，许多查询都会分组或约束这一限制数据项。这听起来就像该限制作为承保范围维度中的一个属性是必然的事情。不过该限制是一个数值观测，并且它会随着时间而变化，尽管其变化较为缓慢。有人会对许多政策和承保范围的所有限制进行一些重要的合计或平均值查询。这听起来就像该限制作为事实表中的一个数值事实是必然的事情。

相比于痛苦抉择是使用维度还是事实，只要简单地将它建模为这两者即可！将该限制包含进承保范围维度，这样它就能以寻常的方式充当约束的目标以及行标题的内容，但也要将该限制放进事实表中，这样它就能以寻常的方式参与到复杂计算中。

这个示例使我们可以用一个重要的准则来概述这篇文章：设计目标是易于使用，而非方法论的准确性。在构建打算为业务用户所使用的维度模型的最后一步中，我们应乐于坚持让我们的BI系统易于理解并且运转迅速。这通常意味着要将工作转换成后台提取、转换和加载(ETL)，以及承受更大的存储开销以简化最终的数据呈现。

1.6 集成式企业数据仓库的必要步骤

Ralph Kimball，DM Review，2008 年 4 月和 5 月

这部分内容最初在 *DM Review* 杂志系列文章中是作为两篇连续的文章发表的。

在这篇文章中，我提出了用于构建一个集成式企业数据仓库(enterprise data warehouse，EDW)的特定架构。这一架构直接支持主数据管理(master data management，MDM)工作并且为整个企业中持续的业务分析提供平台。我描述了构建一个集成式 EDW 的范围和挑战，并且为设计和管理必要的支持集成的过程提供了详尽的指导。编写这篇文章是为了回应行业中特定指导的缺乏，如一个集成式 EDW 实际上是什么以及需要哪些必要的设计元素来实现集成。

1.6.1 集成式 EDW 会交付什么

集成式 EDW 的使命宣言是为业务分析提供平台以便能够在整个企业中始终如一地应用。最主要的是，这个使命宣言要求跨业务过程主题领域及其相关数据库的一致性。一致性要求：

- 像顾客、产品、位置以及日程这样的实体的详尽文本描述，会使用标准化的数据值跨主题领域对其统一应用。这是 MDM 的基本原则。
- 像类型、分类、风格、颜色以及区域这样的在实体内定义的聚合分组具有跨主题区域的相同诠释。这可以被视作对文本描述的较高层次的需求。
- 由商业智能应用程序造成的约束，它会尝试获得一致性文本描述和分组的值，会与跨主题领域的完全相同的应用逻辑一起应用。例如，产品分类上的约束应该总是由产品维度中存在的一个名为“类别”的字段来驱动。
- 数值事实在主题领域中是被始终如一地表示的，这样在计算中组合它们并且使用比率或区别来相互对比它们才是合理的。例如，如果收益是由多个主题领域得出的一个数值事实，那么这些收益实例中的每个定义就必须是相同的。
- 要解决语言、位置描述、时区、货币以及业务规则中的国际性区别以便让前面所有的一致性需求得以实现。
- 应该跨主题领域以相同方式应用审计、合规性、身份认证以及授权功能。
- 协调被应用于数据内容、数据交换以及报告的行业标准，其中哪些标准会影响企业。典型的标准包括 ACORD(保险业)、MISMO(抵押贷款业)、SWIFT 和 NACHA(金融服务业)、HIPAA 以及 HL7(医疗卫生业)、RosettaNet(生产制造业)以及 EDI(采购领域)。

1.6.2 集成的终极试金石

即便满足所有一致性需求的 EDW，也必须另外提供一种机制交付来自 BI 工具的集成式报告和分析，外加许多数据库实例，它们托管在远程、不相互兼容的系统上。这被称为钻取，并且是集成式 EDW 的必备行为。当我们进行钻取时，我们要收集来自独立业务过程主题领域的结果，然后将这些结果调整或组合成单个分析。

例如，假定集成式 EDW 在一个销售音/视频系统的企业中跨生产制造、分销和零售领域。假设这些主题领域的每一个都由一个独立的事务处理系统所支持。一个正确构造的钻取报告如图 1-1 所示。

前两列分别是来自产品和日程一致化维度的行标题。其余三列中的每一列都来自单独的业务过程事实表，即生产库存、分销和零售。这一看似简单的报告只能在彻底集成的 EDW 中生成。尤其，产品和日程维度必须在全部三个独立的数据库中可用，并且那些维度中的类别和周期属性必须具有完全相同的内容和解释。尽管这三个事实列中的指标是不同的，但这些指标的意义必须跨产品类别和时间保持一致。

必须理解并且领会上述报告所要求的集成式 EDW 环境上严格的约束。如果不是的话，就无法理解这篇文章，并且也不会有耐心来研究接下来要描述的详细步骤。如果最终构建了一个成功的集成式 EDW，就必然已经面对过下面的每一个问题以及那些警告，继续读下去吧。

产品类别	会计期间	生产制造成品库存(单位)	等待退回的分销量(单位)	零售收入(单位)
Consumer Audio	2015 FP1	14,386	283	$15,824,600
Consumer Audio	2015 FP2	17,299	177	$19,028,900
Consumer Video	2015 FP1	8,477	85	$16,106,300
Consumer Video	2015 FP2	9,011	60	$17,120,900
Pro Audio	2015 FP1	2,643	18	$14,536,500
Pro Audio	2015 FP2	2,884	24	$15,862,000
Pro Video	2015 FP1	873	13	$7,158,600
Pro Video	2015 FP2	905	11	$7,421,000
Storage Media	2015 FP1	35,386	258	$1,380,054
Storage Media	2015 FP2	44,207	89	$1,724,073

图 1-1 钻取报告从这些主题领域事实表中组合数据

1.6.3 组织挑战

我描述过的集成式 EDW 可交付物实际上是一份棘手的清单。但即便要得到这些可交付物，企业也必须彻底地投入，这首先要从高管开始。企业中的独立部门必须对数据集成的价值持有共同的愿景，并且它们必须要预计到有所妥协以及就所要求的内容进行决策。这一愿景仅能由企业高层提出，他们必须非常清晰地表述出数据集成的价值。

现有的 MDM 项目为集成式 EDW 提供了极大的推动作用，因为管理团队很可能已经理解并且批准了构建与维护主数据的投入。一个好的 MDM 资源会极大地简化 EDW 团队构建数据仓库集成所必需结构的需要，而并非消除这种需要。

在许多组织中，对于在可以构建集成式 EDW 之前是否需要 MDM 还是 EDW 团队是否可以创建 MDM 资源而言，这个先有鸡还是先有蛋的两难局面是存在的。通常，仅为数据仓库目的而构建一致化维度所花费的较少的简要 EDW 工作量会逐渐产生完整的 MDM 工作成果，它位于支持主流业务系统的关键路径上。从 1993 年开始在我的课堂上，我就一直在展示由洁净的数据仓库数据到业务系统的反向箭头。在早期，我们望眼欲穿地期望源系统关注整洁、一致的数据。现在，二十几年后，我们的愿望正在得到满足！

1.6.4 一致化维度和事实

自数据仓库刚出现开始，一致化维度就一直被用于一致地标记与约束独立的数据源。一致化维度背后的理念非常简单：如果两个维度包含一个或多个内容提取自相同领域的通用字段，那么这两个维度就是一致的。其结果是，在应用到独立的数据源时，约束和标签具有相同的内容和含义。

一致化事实就是数值测量，这些数值测量具有相同的业务和数学解释，这样它们就可以被一致地相互比较和计算。

1.6.5 使用总线矩阵与管理层交流

在使用一致化维度的概念组合 EDW 主题领域的清单时，有一个强大的图表会出现，我们称之为企业数据仓库总线矩阵。图 1-2 中显示了一个典型的总线矩阵。

业务过程主题领域显示在该矩阵的左侧，而维度显示在其顶部。X 标记了使用该维度的一个主题领域。注意，“主题领域”在我们的说法中对应着一个业务过程，通常以一个事务性数据源为中心。因此，“顾客”并非一个主题领域。

	日期	原材料	供应商	厂房	产品	承运人	仓库	顾客	销售代理	推广合作
原材料采购		X	X	X		X				
原材料交付	X	X	X	X		X				
原材料库存	X	X	X	X						
物料单	X	X		X	X					
生产制造	X	X	X	X	X					
运到仓库	X			X	X	X	X			
制成品库存	X				X		X			
客户订单	X				X	X		X	X	X
运送给客户	X				X	X	X	X	X	X
结算	X				X		X	X	X	X
支付	X				X		X	X	X	X
退货	X				X	X		X	X	X

图 1-2 一家制造商的 EDW 的总线矩阵

在 EDW 实现过程开始时，这一总线矩阵作为一个指南是非常有用的，对于优先处理独立主题领域的开发以及识别一致化维度的可能范围来说都是如此。该总线矩阵的列就是一致化维度设计讨论会的邀请列表。

在举行一致化维度设计讨论会之前，应该将此总线矩阵提供给高管层，可能正好是图 1-2 的格式。高管层必须能够看清楚为何这些维度(主实体)会附加到各种业务处理主题领域，并且他们必须意识到将各个利益团队组合到一起以就一致化维度内容达成一致的组织挑战。如果高管层对于总线矩阵的含义漠不关心，那么简言之，就完全没有构建一个集成式 EDW 的希望了。

此时重复一下一致化维度的定义是值得的，以减轻一致化挑战所带来的压力。如果一个维度的两个实例都包含一个或多个其内容来自相同领域的共同字段，那么这两个实例就是一致的。这意味着，独立主题领域的支持者不必放弃其珍视的私有描述性属性。它仅仅意味着，必须建立一组被共同认可的主属性。然后这些主属性会变成一致化维度的内容并且变成钻取的基础。

1.6.6 管理集成式 EDW 的主干

集成式 EDW 的主干就是一组一致化维度以及一致化事实。即便企业管理层支持集成化倡议，并且一致化维度设计讨论会进展顺利，还有大量的这一主干的运营管理工作要做。可以通过描述两个角色原型来最为清晰地可视化该管理工作：维度管理器和事实提供者。简要来说，维度管理器就是构建和分发一致化维度，提供给企业其余部分的统一管理器，而事实提供者则是接收和利用该一致化维度的客户端，在管理一个主题领域中的一个或多个事实表时，几乎总是如此。

在这里，我必须做出三个基础架构声明，以避免产生不当的争论：

1. 维度管理器和事实提供者的需要，仅仅源自跨多个事实表或联机分析处理(OLAP)多维数据集重用维度的自然需求。一旦 EDW 团队就支持跨过程分析达成一致，就无法避免本文中描述的所有步骤。
2. 尽管我描述了从维度管理器传递到事实提供者的过程，就像这一过程发生在一个它们彼此远离的分布式环境中一样，但是它们各自的角色和职责都是相同的，无论 EDW 是完全集中在单台机器上，还是完全跨不同地理位置上的许多独立机器而分布。
3. 尽管明显是用维度建模术语来表示的，但维度管理器和事实提供者的角色并非源自特别的建模规则。这篇文章中所描述的所有步骤，在一个完全标准化的环境中也是需要的。

现在我们准备开始干活了，我们要描述维度管理器和事实提供者到底要做些什么。

1.6.7 维度管理器

维度管理器定义了一个一致化维度的内容和结构，并且将该一致化维度交付给被称为事实提供者的下游客户端。这一角色当然可以存在于主数据管理(MDM)框架内，但该角色更为专注，不仅是关于一个实体的单一真相的管理人。维度管理器具有一组可交付物和职责，全都面向创建和分发表示企业主要实体的维度表的真实版本。在许多企业中，关键的一致化维度包括顾客、产品、服务、位置、员工、促销、供应商以及日程。在描述维度管理器的任务时，我将使用顾客作为示例，以免探讨过于抽象。顾客维度管理器的任务包括：

- **定义顾客维度的内容**。要就该维度管理器主持一致化顾客维度的设计谈论会。在这个谈论会上，面向顾客的交易系统的所有干系方要就钻取单独主题领域时每个人都会用到的一组维度属性达成一致。记住，这些属性会被用作约束和分组顾客的基础。典型的一致化顾客属性包括类型、类别、位置(实现一个地址的多个字段)、主要联系方式(姓名、职位、地址)、首次联系日期、信誉、人口统计分类以及其他属性。企业的每个顾客都会出现在该一致化顾客维度中。
- **接收新顾客的通知**。维度管理器是维度成员总清单的管理者，在这个示例中也就是顾客。维度管理器必须在注册了一个新顾客时得到通知。
- **删除顾客维度的重复记录**。维度管理器必须删除顾客总清单的重复记录。但实际上，几乎不可能完全删除现实中顾客清单的重复记录。即便是通过一个集中式 MDM 过程来注册顾客时，通常都会创建重复记录，不管是个别的顾客还是业务实体。
- **为每个顾客分配一个唯一的持久键**。维度管理器必须识别并且跟踪每个顾客的唯一持久键。许多 DBA 都会自然而然地认为这个键就是“自然键”，但迅速选择自然键是错误的。自然键并不是持久的！还是用顾客作为示例，如果存在任何想象到的随着时间推移会变更该自然键的业务规则，那么它就并不是持久的。另外，在缺少正式的 MDM 过程时，自然键会来自多个面向顾客的过程。在这种情况下，不同的顾客就会具有格式非常不同的自然键。最后，一个源系统的自然键是一个复杂的、多字段的数据结构。出于所有这些原因，维度管理器需要放弃文字的自然键，并且分配一个唯一的持久键，这个键完全掌控在维度管理器手中。我建议这个唯一的持久键使用简单连续分配的整数，不具有嵌入在键值中的任何结构或者语义。

- **使用类型为 1、2 和 3 的渐变维度(SCD)跟踪顾客的时间变化**。维度管理器必须响应描述一个顾客的一致化属性中的变化。探讨使用 SCD 跟踪维度成员的时间变化的内容已经有很多了。类型 1 变化会重写变更的属性，从而也就销毁了历史纪录。类型 2 变化会为该顾客创建一个新的维度记录，会正确打上变化生效时刻的时间戳。类型 3 变化会在顾客维度中创建一个新的字段，它使一个“交替现实”可以被跟踪。维度管理器会更新顾客维度以响应从各个源接收的变更通知。在 Margy 的文章 9.25“渐变维度类型 0、4、5、6 和 7”中描述了更多高级的 SCD 变体。
- **为顾客维度分配代理键**。类型 2 是最常用且最强大的 SCD 技术，因为它提供了顾客描述和该顾客交易历史的精准同步。因为类型 2 会为相同顾客创建一条新记录，所以维度管理器会被迫推广超越唯一、持久键的顾客维度主键。这个主键应该是一个简单的代理键，按需连续分配，键值中没有结构或语义。这个主键不同于唯一持久键，它仅仅作为一个常规字段出现在维度中。唯一持久键是将单个顾客的单独 SCD 类型的两条记录捆绑在一起的黏合剂。
- **处理延迟的维度数据**。当维度管理器收到影响一个顾客的类型 2 变化的延迟通知时，就需要作特殊的处理。必须创建一条新的维度记录以及调整后的变化的生效日期。必须通过已有维度记录及时转发该变更属性。
- **提供该维度的版本号**。在将一个变更维度发送给下游事实提供者时，如果类型 1 或类型 3 变化已经发生或者如果延迟到达的类型 2 变化已经发生，那么维度管理器就必须更新该维度的版本号。如果自该维度的前一个版本开始，同期只进行了类型 2 变更，那么维度版本号就不会变更。
- **将私有属性添加到维度**。维度管理器必须将维度版本中的私有部门属性合并到事实提供者。这些属性仅与 EDW 团队的一部分有关，可能是单个部门。
- **按需构建收缩维度**。维度管理器要负责在较高的粒度级别构建事实表所需的收缩维度。例如，可以将顾客维度收缩成人口统计类别以支持在此级别报告销量的事实表。维度管理器要负责创建此收缩维度并且分配其键。
- **将维度复制给事实提供者**。维度管理器要将维度及其收缩版本定期复制给所有的下游事实提供者。同时，所有的事实提供者都应该将新的维度附加到其事实表，尤其是在版本号有变化时。
- **记录和传递变更**。维度管理器会维护元数据以及描述每个版本中对维度做出的所有变更的记录。
- **协调其他维度管理器**。尽管每个一致化维度都可以被独立管理，但就维度管理器协调它们的版本以减轻对事实提供者的影响而言，这是合理的。

1.6.8 事实提供者

事实提供者位于维度管理器的下游，并且要对附加到该提供者所控制的事实表上的每个维度的每个版本做出响应。这些任务包括：

- **避免对一致化属性的变更**。事实提供者一定不能修改任何一致化维度属性的值，否则跨各种业务过程主题领域钻取的整个逻辑都将被破坏。

- **响应延迟到达的维度更新**。当事实提供者接收到对一个维度的延迟到达的更新时，必须将新近创建的维度记录的主键插入到时间段与变更日期重合的所有使用该维度的事实表中。如果这些新近创建的键没有被插入到受影响的事实表中，那么新的维度记录将不会与交易历史联系起来。在该维度变更时间到已经被正确处理的下一个维度变更时间之间，新的维度键必须重写受影响事实表中已有的维度键。
- **将一致化维度版本与本地维度绑定起来**。维度管理器必须向事实提供者交付一个映射，该映射要将事实提供者的本地自然键绑定到维度管理者分配的主代理键。在代理键管道中(下一个任务)，事实提供者会用使用这个映射的一致化维度主代理键替换相关事实表中的本地自然键。
- **通过代理键管道处理维度**。事实提供者会将附加到同期交易记录的自然键转换成正确的主代理键，并且将事实记录加载到具有这些代理键的最终表中。
- **处理延迟到达的事实**。可以用两种不同的方式来实现上一段内容中提及的代理键管道。通常，事实提供者会为将自然键绑定到同期代理键的每个维度维护一个当前的键查找表。这对于可以确定正在使用该同期代理键的最新事实表数据是有效的。不过该查找表无法被用于延迟到达的事实数据，因为必须使用一个或多个旧的代理键。在这种传统方法中，事实提供者必须回归到效率欠佳的维度表查找以便找出应用了哪个旧的代理键。

  代理键管道的一种更为现代的方法实现了对在维度表中查找到的记录的动态缓存，而非单独维护的查找表。这一缓存会使用单一机制来处理同期的事实记录以及延迟到达的事实记录。
- **与其他事实提供者同步维度版本**。所有的事实提供者同时响应维度版本发布至关重要。否则一个尝试钻取主题领域的客户端应用程序将遇到具有不同版本号的维度。参阅下一节中使用维度版本号的描述。

1.6.9 配置商业智能(BI)工具

如果不打算执行钻取查询，那么研究设置维度管理器、事实提供者以及一致化维度的所有麻烦问题就没有任何意义。换句话说，你需要对由一致化维度属性值定义的行标题上的单独检索结果进行“分类组合”。在标准的 BI 工具和直接的 SQL 语句中，有许多方式可以达成该目的。参阅文章 13.21“SQL 中的简单钻取”以及文章 13.22“用于钻取的 Excel 宏”。

在执行钻取查询时，应该使用维度版本号。如果发出请求的应用程序没有在选择列表中包含版本号，则会得到错误的结果，因为跨主题领域的维度属性并非一致。如果发出请求的应用程序在选择列表中包含了版本号，那么至少事实表查询的结果最终将分为检索结果的不同行，根据维度版本来正确标记。这对于用户来说起不到太大的安慰作用，但至少可以用明显的方式来诊断问题。

图 1-3 显示了一份钻取与图 1-1 中相同的三个数据库的报告，但其中出现了维度版本的不匹配情况。有可能在产品维度版本 7 和版本 8 之间调整了某个产品类别的定义。在这个示例中，零售事实表正在使用版本 8，而其他两个事实表仍旧在使用版本 7。通过在 SQL 选择列表中包含产品维度版本属性，我们就能自动避免合并可能的不一致数据。这样的错误尤为隐蔽，因为在没有分离行的情况下，其结果看起来会非常合理，但极具误导性。

产品类别	产品维度版本	生产制造成品库存(单位)	等待退回的分销量(单位)	零售收入(单位)
消费级音频产品	7	14,386	283	
消费级音频产品	8			$15,824,600
消费级视频产品	7	8,477	85	
消费级视频产品	8			$17,120,900

图 1-3　具有维度版本不匹配的钻取报告

1.6.10　连带责任

维度管理器和事实提供者必须确保审计、合规性、身份验证、权限以及追踪功能相同地适用于所有的 BI 客户端。这一组责任尤其具有挑战性，因为它独立于本文所描述的步骤范畴。即便是现代的启用角色的身份验证和权限安全保障在使用 EDW 时已经就位，角色定义中的细微差异也会导致不一致性。例如，一个名为“高级分析师”的角色对于不同的 EDW 具有不同的解释。对于这一困难的设计挑战来说，最好的说法是，负责定义启用 LADP 的角色的员工应该被邀请参加最初的维度一致化讨论会，这样他们就会清楚 EDW 集成的范围。

集成式 EDW 承诺会提供一个企业数据的合理一致的视图。这一承诺在该行业的文献资料中不断地重复着。不过直到现在，还没有用于实际实现集成式 EDW 的特定设计。尽管集成式 EDW 的这一实现看起来必然令人气馁，但我相信我所描述的步骤和职责都是基础且不可避免的，无论数据仓库环境是如何组织的。最后，这一架构代表了基于一致化维度和事实构建数据仓库的超过 25 年经验的精华。如果仔细思考这些文章中的详细建议，就应该在构建集成式 EDW 时避免重复劳动。

1.7　钻取以寻求原因

Ralph Kimball，DM Review，2008 年 7 月和 2008 年 8 月

这部分内容最初是作为该系列的两篇独立文章发表的。

归结其本质，数据仓库的真正目的在于成为用于决策的完美平台。大多数的 DW 和 BI 架构师都接受这一观点，但又有多少人会停下来并且仔细思考到底什么才是决策呢？每个 DW/BI 架构师都可以描述其技术架构，但又有多少人能够描述决策的架构呢？就算真的存在一个决策架构，那么 DW/BI 系统要如何与其组件进行交互？决策又会将什么特殊要求施加到 DW/BI 系统上呢？

在 2002 年，Kimball Group 的前成员 Bill Schmarzo 提出了一种用于决策的非常有用的架构，他将其称为分析应用过程。按照 Bill 的说法，一个分析应用由五个阶段构成：

1. **发表报告**。提供与业务当前状态有关的标准操作和管理“报告单”。
2. **识别异常**。揭示异常的性能情况以便集中注意力。
3. **判定因果要素**。设法理解所识别出的异常背后的“原因”或根源。

4. **模型选项**。提供评估不同决策选项的舞台。
5. **跟踪操作**。评估推荐操作的有效性并将决策同时反馈给业务系统及 DW，将针对其发表报告，继而结束该闭环。

我发现这些分析应用阶段在我思考 DW/BI 系统的架构时非常有用。发表报告(阶段 1)是数据仓库的传统观点。我们抽取出报告并且将它们堆放在业务用户的桌面上。阶段 1 中并没有大量的交互式 BI！多年来，我们也一直在使用阈值、警告以及红/绿闪烁图形来识别异常(阶段 2)。至少在阶段 2，选择我们希望放在桌面上的警告和阈值来表明需要一些来自用户的判断和参与。

不过在阶段 3 中，我们要判定异常背后的因果要素，这才是有意思的地方。一个好的 DW/BI 系统应该让决策者利用其所有智慧资本来承担理解该系统让我们注意到了什么的职责。这一阶段可以用一个极其重要的词来概括：为什么。

假定你是一家航空公司的机票价格规划者。在这一角色中，一个关键绩效指标(KPI)是利润率，按照维基百科的解释，也就是"来自像飞机座位或酒店房间预订这样的固定、易消耗资源的收益或利润。其挑战在于，在合理的时间以合理的价格将合适的资源销售给合适的顾客"。

当你作为机票价格规划者而工作的某天早上，DW/BI 系统生成了一份利润率报告(阶段 1)，并且高亮标记出了利润率明显下降的若干航线(阶段 2)。那么，DW/BI 系统如何支持极其重要的阶段三呢？当你思索"我的利润率为何下降"时，DW/BI 系统如何为机票价格规划者提供支持呢？

想象一下机票价格规划者会询问原因的五种方式。我将按照广度和复杂性递增的顺序来排列这些方式：

1. **给我更加详细的内容**。运行相同的利润率报告，但要从日期、当日时间、飞机型号、机票等级，以及原始利润率计算的其他属性来分析出有问题的航线。

   在所有业务过程主题领域都被构建为最低级别原子数据的事实表和维度表的一个维度数据仓库环境中，可以通过从任意附加维度将一个行标题(分组列)添加到报告查询来轻易完成钻取。在该利润率报告中，如果你认为该报告是从一个个人登机牌的数据库中计算出来的，那么根据日期、当日时间、飞机型号或者机票等级来钻取就是一个用户界面动作，只要将新的分组属性从相关维度拖到查询中即可。注意，这一钻取的通常形式不需要预先约定或预先声明的层次结构。正如我在过去 20 年中一直指出的那样，钻取与层次结构完全无关！
2. **给我一份对比**。运行相同的利润率报告，但这一次要对比上一个时间段的报告，或者在可能的情况下对比有竞争力的利润率报告。

   在这个示例中，如果航线是该利润率报告的行标题，那么常用的对比方式就是将一个或多个数值列添加到报告中，每列具有不同的日期。因此，不同日期的利润率可以被对比。这可以由 BI 工具用几种不同方式来完成，但在对比变得更为复杂时，分类组合单独查询的一种钻取方法就是最实用且最具扩展性的。参阅文章 1.6"集成式企业数据仓库的必要步骤"，可以了解关于钻取技术的更多信息。要牢记，相比于直接的文字报告，图形化对比更为高效，尤其是对于时序数据来说。
3. **让我搜索其他的因素**。跳转到非利润率数据库，如天气数据库、假期/特殊事件数据库、市场促销数据库，或者有竞争力的定价数据库，以便观察这些外源性因素是否产生了影响。

   要跳转到一个单独的数据库，就必须捕获当前报告查询的上下文，并且用到新数据库的输出。当用户选择一个特定行或者原始报告中的单元格时，就应该使用该详尽的上下文。例如，如果用户选择了 2015 年 6 月圣何塞到芝加哥航线的利润率，那么 2015 年 6 月、圣何塞以及芝加哥就应该被用作下一个查询的约束。下一个查询会关注天气。这一场景为 DW/BI 设计者提出了一些挑战。用户无法跳转到另一个不存在的数据库。因此，设计者需要预见到并且为这类跳转提供可能的目标。另外，BI 工具应该支持这一节中描述的上下文捕获步骤，这样跳转到一个新数据库的过程就会尽可能简单。我们将在文章 1.11“开发事实表”中描述这一能力。

4. **告诉我什么才能解释这一变化**。执行数据挖掘分析，是使用决策树，检查数百个市场条件来观察这些条件中的哪个条件与利润率的下降具有最强烈的相关性(以数据挖掘专业术语来阐述的“解释该变化”)。

   要给数据挖掘提供源，DW/BI 设计者同样必须预见到在执行这些类型的分析时会需要的数据库资源。Michael Berry 和 Gordon Linoff 撰著的《市场营销、销售和客户关系管理方面的数据挖掘技术(第 3 版)》(Wiley 出版社 2011 年出版)一书中提供了与构建包括决策树在内这些类型的数据挖掘界面有关的使用信息。

5. **网络搜索以获得与问题有关的信息**。在网上使用 Google 或 Yahoo!搜索一下“2015 年与 2014 年航线利润率的对比”。

   最后，如果成功搜索到了其他因素(第三种)，那么你就需要能够将识别出的异常上下文转换成 Google 或 Yahoo!查询。如果怀疑这样做会有多大价值，则可以搜索“2015 年与 2014 年航线利润率的对比”。这会是一种范式转换类型的体验。我们所需要的就是从报告单元格到浏览器的一键跳转。

30 年前，当我们在数据仓库中进行钻取以便寻求原因时，我们几乎只能提供第一种能力。我愿意将全部这五种能力的较长清单看作 2015 年对于钻取以寻求原因的定义。

在这篇文章中，我们已经提醒了自己数据仓库/商业智能系统的真实目的：协助业务用户进行决策。关键的能力是提供最灵活以及最全面的方式来钻取和寻求原因。

1.8 渐变维度

Ralph Kimball，DM Review，2008 年 9 月 1 日和 2008 年 10 月 1 日

这部分内容最初是作为该系列的两篇独立文章来发表的。

时间概念充斥着数据仓库的每个角落。我们在事实表中存储的大多数基础测量值都是时序的，我们要谨慎地对其打上时间戳并附加连接到日程日期维度的外键。但时间效应并非仅局限于这些基于活动的时间戳。连接到事实表的所有其他维度，包括像顾客、产品、服务、条款、设备以及员工这样的基础实体也都受到时间推移的影响。作为数据仓库的管理者，我们照例会面临修订这些实体描述的情况。有时候修订后的描述仅仅是纠正数据中的一个错误。但很多时候，修订后的描述代表着在某个时刻特定维度成员的描述发生了真实改变，如顾客或产品。因为这些改变都是出乎意料的、偶发性的，并且远少于事实表测量值的变化频率，所以我们将这一主题称为渐变维度(SCD)。

1.8.1 渐变维度的三种原生类型

在超过30年的维度时间变化研究中，令人惊讶的是，我发现在面对修订过或者更新过的维度成员描述时，数据仓库仅需要三种基本响应。我将这三种基本响应恰如其分地称为类型1、2和3。我会使用员工维度从类型1开始讲解，以免内容过于抽象。

类型1：重写 假定我们接到通知，自今天起员工维度中Ralph Kimball的居住城市属性从圣克鲁斯变更为博尔德。此外，我们被告知这是一个误差校正，而非实际位置的变更。在这种情况下，我们可以决定使用新的值重写员工维度中的居住城市字段。这是一个典型的类型1变更。类型1变更适用于纠正误差以及有意选择不跟踪历史的情况。当然，大多数数据仓库一开始都将类型1作为默认类型。

尽管类型1 SCD是最简单且看起来最干净的变更，但有若干要点值得思考：

1. 类型1会破坏特定字段的历史。在我们的示例中，约束或分组在居住城市字段上的报告将发生变化。业务用户需要知道可以这样做。数据仓库需要一个用于类型1字段的明确且明显的策略，该策略要表明，“我们将纠正误差”以及/或者“我们不会维护这个字段的历史，即使它发生变更也不会”。
2. 依赖居住城市字段的预先计算的聚合(包括物化视图以及自动摘要表)在重写时必须被关闭下线，并且在重新开启上线之前重新计算它们。不依赖居住城市字段的聚合不受影响。
3. 在月底需要关账处理的财务报告环境以及在任何需要遵从规章制度或法律合规性的环境中，类型1变更可能都会被视作非法操作。在这种情况下，就必须使用类型2技术。
4. 在关系型环境中重写单个维度字段，其影响相当小，但是在OLAP环境中，如果该重写会引发多维数据集的重建的话，那将会是灾难性的。要仔细研究OLAP系统的参考指南，以查看如何避免意外的多维数据集重建。
5. 就像聚合一样，在出现类型1变更时，必须在整个企业中同时更新示例中员工维度的所有分发副本，否则将破坏钻取逻辑。在分布式环境中，类型1(和类型3)变更应该强制更新维度版本号，并且所有的钻取应用程序都必须在其查询中包含该维度版本号。文章1.6“集成式企业数据仓库的必要步骤”中详尽地描述了这一过程。
6. 在一个纯粹的类型1维度中，该维度的所有字段都会受到重写的影响，像Ralph Kimball的居住城市变更这样的类型1变更通常只会影响一条记录(Ralph Kimball的那条记录)。但在更为典型的复杂环境中，其中有些字段是类型1而其他字段是类型2，重写居住城市字段的操作就必须重写Ralph Kimball的所有记录。换句话说，类型1会影响所有历史，而不仅仅是当前你所看到的那样。

类型2：添加一条新的维度记录 我们修改一下之前重写Ralph Kimball员工记录中居住城市字段的场景，假设Ralph Kimball真的于2015年7月18日从圣克鲁斯搬到了博尔德。假设我们的策略是在数据仓库中准确跟踪员工的家庭地址。这就是一个典型的类型2变更。

类型2 SCD需要我们为Ralph Kimball插入一条在2015年7月18日生效的新的员工记录。这会带来许多有意思的意外效果：

1. 类型2需要我们扩大员工维度主键的应用。如果Ralph Kimball的员工自然键是G446，那么该自然键将会是把Ralph Kimball的多条记录维系在一起的“黏合剂”。我不推荐为包含文本自然键的类型2 SCD创建一个智能主键。如果正在集成几个具有不同格式自然键的不兼容HR系统，那么使用智能键的问题就会变得特别明显。更准确地说，应该创建完全人造的主键，简单的连续分配的整数即可。我们将这些键称为代理键。无论何时在一个维度中进行类型2变更，都必须生成一个新的代理主键。

2. 除主代理键外，我还建议将五个额外的字段添加到正处于类型2处理过程的维度中。图1-4中显示了这些字段。日期/时间就是完整的时间戳，它表示变更生效到下一个变更开始生效之间的时间段。一条类型2维度记录的生效结束日期/时间戳必须正好等于该维度成员下一个变更的开始生效日期/时间戳。最新的维度记录必须具有一个等同于离现在很远的虚构日期/时间的生效结束日期/时间戳。有效的日期键会链接到一个标准日程日期维度表，以便查看在像会计期间这样的属性上进行筛选的维度变更。变更原因文本属性应该从一组预先规划好的用于变更的原因中选取，在我们的示例中就是用于员工属性变更的原因(如员工搬家、员工离职等)。最后，当前标记会提供一种快速的方式来正好分离出一组查询进行时有效的维度成员。这五个管理字段让用户和应用程序可以执行许多强大的查询。

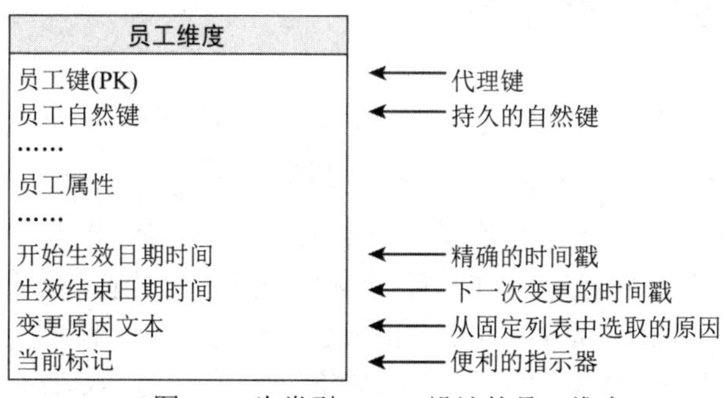

图1-4　为类型2 SCD设计的员工维度

3. 使用处于类型2处理过程中的维度时，必须非常谨慎地在每个受影响的事实表中使用来自这个维度的正确同期代理键。这样可以确保正确的维度配置是与事实表活动相关联的。用于在加载时将维度表与事实表保持一致的提取、转换和加载(ETL)过程被称为代理键管道，在文章11.27“通过管道传输代理”和11.28“清理事实表代理键管道”中将大量介绍它。

类型3：添加一个新字段 尽管类型1和类型2 SCD是用于响应维度变更的主要的重负荷技术，但我们还是需要第三种技术来处理另外的现实情况。不同于在指定时间点只能具有一个值的实体属性，有些用户分配的属性可以合法地拥有多个分配值，其数量取决于观察者的视角。例如，一个产品类别可以有多个解释。在一家文具用品商店中，记号笔可以被归类为日用品类或者美术工具类。用户和BI应用程序需要能够在查询时选择应用这些可选项中的哪一个。

对维度属性的可选现实视角的需求通常伴随着一个不易察觉的需求，也就是在过去和未来的所有时间，不同版本的现实选项都要可用，即使让这些现实选项可见的请求是如今才向该数据仓库发出的。

在最简单的变化中，只有一个可选现实选项。在这种情况下，就该产品类别示例来说，我们要在该维度中添加一个新的字段，称为备选类别。如果记号笔的主类别之前是日用品，现在就应该是美术工具，那么在类型3处理中，我们要将日用品标签推送到该备选类别字段中，并且通过重写将常规类别字段更新为美术工具。该重写步骤类似于类型 1 SCD 并且会引发之前所有相同的警告事项。

在类型 3 运行机制就位后，用户和 BI 应用程序就能在这些备选现实选项之间无缝切换。如果环境需要多个备选现实选项，则可以通过添加更多的备选字段来扩充这个方法，尽管在超出几种选择时，这个方法明显无法优雅扩展。

处理维度中时间变化的这三种 SCD 方法对于数据仓库遇到的现实情况来说具有极大的适用性。尤其是类型 2，它使得我们可以兑现数据仓库的承诺以忠实地保留历史。

1.8.2 高级渐变维度

在文章 9.25“渐变维度类型 0、4、5、6 和 7”中，Margy 描述了若干高级的 SCD 技术，它们可被视作类型 1、2 和 3 的扩展。

1.9 通过维度评价 BI 工具

Ralph Kimball，DM Review，2008 年 11 月 1 日

维度实现了 BI 工具中的用户界面(UI)。在一个维度化的 DW/BI 系统中，所有数据仓库实体的文本描述符，如顾客、产品、位置和时间，都驻留在维度表中。根据 DW/BI 系统响应其渐变特征的方式，我前面的文章仔细描述了三种主要的维度类型。为何要如此重视维度？它们是数据仓库中最小的表，并且真正重要的部分实际上是事实表中的一组数值测量值。但这一观点忽略了总是通过维度来访问 DW/BI 系统这一点。维度就是看门人、入口点、标签、分组、钻取路径，归根结底，它是用户对于 DW/BI 系统的外在观感。维度的实际内容会判定要在 BI 工具界面上显示的内容以及哪些 UI 动作是可行的。这就是我们认为维度实现了 UI 的原因。

这篇文章指出，一款好的 BI 工具必须能够用维度做什么才能实现一个具有表述性、易于使用的 DW/BI 系统。建议用这份清单与你当前正在使用的 BI 工具做对比。几乎所有描述过的功能都应该用单个 UI 动作来完成，如从一个列表中拖动一项并将其放到一个目标之上。

- **通过首先选择维度属性，然后选择要汇总的事实来组合一个 BI 查询或报告请求**。这一需求如此基础，因而很容易被忽视。用户必须能够看到这些维度和事实，才能使用它们。要为维度中的所有属性寻求一份干净的线性列表。不要接受标准化的雪花式描述，它对于数据建模者有吸引力，但众所周知，对于业务用户来说它会令人望而生畏。应该使用简单的 UI 动作将维度属性和数值事实添加到一个查询或报告请求中，就像图 1-5 所建议的那样。
- **通过添加一个行标题进行钻取**。BI 工具中最基本的操作就是钻取更详尽的透视图。在几乎所有的情况下，钻取都与声明的层次结构没什么关系。例如，在图 1-5 中，可以通过将促销类型属性从促销维度中拖曳到结果集中来进行钻取。这样就能看到在不同的促销类型之下，单独的品牌表现如何。这是以其最有效的形式进行的钻取。

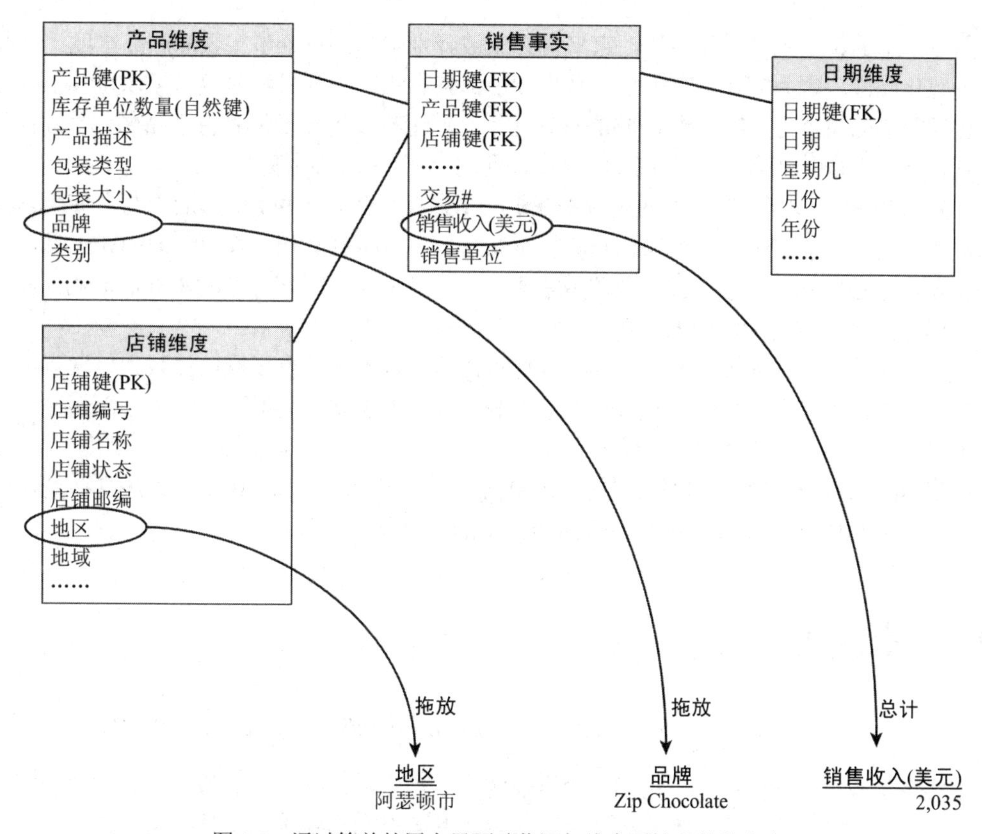

图 1-5　通过简单的用户界面动作添加维度属性和数值事实

- **浏览一个维度来预览许可值并且设置约束**。在图 1-5 中，通过双击产品维度中的类别属性应该可以看到一份所有产品类别的清单。这份清单应该支持同时用作在将属性用于行标题时行标签内容的预览，以及用作设置约束，如 category = "Candy"。如果希望得到一份简短的同步约束的清单，则要确保可以设置多个选择。
- **使用其他正在发挥作用的约束限制维度浏览的结果**。有时候，维度属性值的列表过长而无法使用。通过应用已经设置在该维度其他属性上的约束，就可以确保缩短该列表。有一个高级功能可以进一步缩短这个列表，它是通过遍历事实表并且应用设置在其他维度上的约束来实现的。例如，你想要一列一月份来特定店铺销售的产品类别。
- 通过“联合”由一致化维度属性定义的标签之下的测量值来钻取。在文章 1.6“集成式企业数据仓库的必要步骤”中，我描述了从多个独立事实表中交付集成结果的钻取报告的架构。图 1-6 中显示了这样一份报告，其中我们钻取了三个独立的事实表：发货量、库存和销量。

产品 名称	制造 发货量	仓库 库存	零售 销量
Frame	2,940	1,887	$761
Toggle	13,338	9,376	$2,448
Widget	7,566	5,748	$2,559

图 1-6　钻取报告样本

图 1-6 中的第一列是产品名称，它来自必须被分别附加到每个事实表的产品维度。产品名称是一致化属性，因为它在所有三个产品维度中都具有相同的列名和内容，可以将其很好地放置在物理分离的机器上。BI 工具面临的挑战在于，让用户或报告设计者将产品名称“固定”为行标题，然后有序访问各个可能的事实表，以便将单独的事实列拖到报告中。

回到这些 BI 工具的需求上，通过首先探求一下这些操作是否可行，然后弄明白使用它们的难易程度，我们就能评价该 BI 工具的成熟度和体验了。让我惊讶的是，有一些 BI 工具仍然没有抓住要点；过去 30 年中我一直在谈及这些能力，并且从 1984 年开始在 Metaphor 工具套件中我们就已经提供了这些功能中的大多数了。

用一个简单的测试来评价易用性——计算点击数。双击或者点击拖放计数为单次点击。在我看来，一次点击是很出色的，两次点击也很好，三次点击就会显得不起眼了，而超过三次点击则不可接受。

现代 BI 工具具有的功能要比本文中描述的那些多得多，但如果 BI 工具无法支持基本的操作，再高级的功能又有什么用呢？测试你要使用的工具吧。

1.10 事实表

Ralph Kimball，DM Review，2008 年 12 月 1 日

事实表是数据仓库的基础。它们包含企业的基本测量值，并且它们是大多数数据仓库查询的最终目标。你会思索，为何本系列文章这么晚才开始介绍事实表。这是因为，除非事实表被选作反映紧急业务优先级、得到了周密的质量保障，并且被提供大量用于约束和分组的入口点的维度所围绕，否则高举事实表的旗帜就没什么意义。现在我们已经为事实表铺平了道路，让我们来看看如何构建和使用它们吧。

1.10.1 忠实于粒度

首要的设计步骤是声明事实表粒度。粒度就是单个事实表记录表示的业务定义。粒度声明并非为该事实表实现主键的一列维度外键。相反，粒度是在现实环境中引发一次测量的测量事件的描述。当杂货店扫描仪测量到所购买的产品数量和售价时，从字面上来说，其粒度就是扫描仪的蜂鸣声。这是一个绝佳的粒度定义！

紧接着声明粒度之后，就可以列出存在于该粒度的维度外键。通过首先声明粒度，外键的探讨就会停止和明确。

事实表的真正目的在于，成为在测量事件期间观测到的数值事实的仓储。这些事实忠实于粒度是至关重要的。杂货店的蜂鸣声会测量所扫描产品的数量和总价。我们绝不要违背粒度的其他数值测量值，如所有类别的销量或者上个月这一产品的销量。尽管其他这些测量值对于所选择的计算来说是严格有效的，但无法跨事实记录合并它们，并且它们会为应用程序的设计带来奇怪的不对称性。我们要让 BI 工具在查询时计算这些话题外的值，而非将它们硬编码到我们的事实表中。

我们要一直力求可以跨维度累加事实并且与粒度保持精确一致。注意，我们不会存储被扫描产品的价格，因为该价格不具有累加性。相反，我们要存储总价(单位价格乘以销售数量)，可以跨产品、店铺、时间以及其他所有维度来自由累加它。

1.10.2　从最低的可能粒度进行构建

数据仓库应该总是构建于在最低可能粒度上表述的事实表之上。在这个示例中，杂货店扫描仪的蜂鸣声就是最低可能粒度，因为无法进一步划分它。最低可能粒度的事实表最具表述性，因为它们具有用于该业务过程的一组最完整的可能维度。蜂鸣声粒度事实表可以包含日期、店铺、产品、扫描仪、经理、顾客、促销、竞争对手、购物篮甚至天气，如果所有这些数据源都是在创建事实记录时被封送处理的，就可以如此操作。像按地区统计的类别销量这样的较高层面的粒度聚合表，无法支持所有这些维度，因而其表述性就较小。仅将聚合表发布给业务用户使用，而不提供可以通过钻取来顺利访问的最低粒度事实表，这样的做法是一个根本性的错误。维度表以业务问题为前提的大多数错误观念都源于犯了这个根本性错误。

1.10.3　三类事实表

如果忠实于粒度，那么示例中所有的事实表都可以只被分组成三种类型：交易粒度、定期的快照粒度，以及累加式快照粒度，如图 1-7 所示。在图 1-7 中，外键(FK)表明的是维度，而数值事实都是斜体的。

交易粒度
日期键(FK)
产品键(FK)
店铺键(FK)
顾客键(FK)
收银机键(FK)
经理键(FK)
促销键(FK)
天气键(FK)
交易#(DD)
数量
总价

定期的快照粒度
月份键(FK)
账户键(FK)
分支机构键(FK)
所辖员工键(FK)
结余
支付费用
收益
交易数量

累加式快照粒度
订单日期键(FK)
发货日期键(FK)
交货日期键(FK)
付款日期键(FK)
退货日期键(FK)
仓库键(FK)
顾客键(FK)
促销键(FK)
订单状态键(FK)
数量
订单总价
折扣
实际总价

图 1-7　事实表的三种不同类型

交易粒度对应着即时发生的一次测量。杂货店的蜂鸣声就是一个交易粒度。测量到的事实仅对于该时刻和事件有效。下一个测量事件可能在一毫秒后或者下一个月发生，或者永远不发生。因此，无法预知交易粒度事实表的记录数量。我们无法确保所有可能的外键都对应着其他表中的记录。交易粒度事实表非常大，最大可能包含数十亿条记录。

定期的快照粒度对应着一个预先定义的时间段，通常是一个财报期间。图 1-7 揭示了一个月度的账户定期快照。该测量事实汇总了该时间段期间或结束时的活动。定期快照粒度能有力确保所有的报告实体都出现在每个快照中，即使没有活动也会如此。定期快照的密集程度是可以预计的，应用程序可以认为这些键的组合总是会被呈现。定期快照事实表也很大。一家拥有 2 千万个账户以及 10 年历史的银行，其月度账户定期快照拥有 24 亿条记录！

累加式快照粒度事实表对应着严格定义了起止时间的一个可预测过程。订单处理、理赔处理、服务电话事件解决以及大学入学通知都是典型的候选项。例如，用于订单处理的累加式快照粒度通常就是订单上的每一行商品。注意，在图 1-7 中，有多个表示一份订单正在处理的标准场景的日期。在从头至尾地按照其步骤处理该过程之后，累加式快照记录会被再次访问并重写。累加式快照事实表通常要比其他两种类型小得多，这正是由于该重写策略造成的。

1.11 开发利用事实表

Ralph Kimball，DM Review，2009 年 1 月/2 月

文章 1.10“事实表”中描述了事实表的三种类型，它们就是数据仓库中总是会用到的全部类型。这一简单观察的秘密就在于绝对忠实地遵循了粒度。事实表记录了测量事件，只要我们仅在一个指定事实表中记录一种测量事件，我们就只需要这三种基本类型：交易粒度、定期的快照粒度，以及累加式快照粒度。在这篇文章中，我会描述在前端和后端开发利用这些干净事实表设计的基本方式。

1.11.1 前端：聚合导航

我之前描述过，测量过程的最原子的粒度是最具表述性的。可以附加到原子粒度的维度要比可以附加到较高聚合级别上的维度多。DW/BI 团队应该将业务过程的原子粒度暴露给业务用户和应用程序设计者，允许数据仓库在运行时选择数据的聚合级别，而非在设计时选择。因此，在我们的杂货店蜂鸣声粒度示例中，如果用户的查询是要得到类别合计，那么数据库就可以在运行时在后台悄然地选择类别级别的聚合事实表。这样，聚合表就如同索引，不会被用户所察觉。应该在不使用到聚合表的特定引用的情况下设计报告和查询。如果用户希望得到用玻璃容器包装的特定产品的类别合计，数据库就无法使用简单的类别聚合表，而是必须从原子事实表中优雅地组合其结果。

1.11.2 前端：钻取不同的粒度

如果你擅长于可视化维度模式，那么将会理解，只要在集成查询中为结果集行标题选择存在于所有事实表中的一致化维度属性，你就能在不同粒度钻取多个事实表。例如，如果杂货店有一个销量事实表，其粒度是每笔单独的交易，并且还有一个月度品牌预测表，其粒度是按月统计产品品牌，那么只要 SELECT 列表和查询约束中的所有维度引用都仅涉及品牌和月份，就可以在这两个表上执行钻取查询。

1.11.3 前端：将约束暴露给不同的业务过程

如果数据仓库很复杂，那么也许可以支持前面两节中所介绍的功能。不过这样做的决策依据有一个绝对的前提基础，我认为无法达成。假定已经向下钻取了杂货店数据库，并且发现一款产品品牌的销量在某些区域看起来非常差。你自然就会问："我们与那些区域的制造商达成过哪些推销意向，在那段时间内我关注的又是什么？"在大多数数据仓库中，都会不得不在一张纸上草草记下品牌、区域以及时间段的信息，关闭当前应用程序，打开另一个用户界面，重新输入该信息。但为什么不能简单地在第一个应用程序中选中一个或多个有问题的行，并且用单个用户界面动作将它们复制 / 粘贴到第二个应用程序中呢？该选择的上下文会直接应用适合的约束。我知道这是可行的，因为我已经构建了查询工具来完成该任务。

1.11.4 后端：事实表代理键

代理键是维度表设计的主要工作之一，但出人意料的是，有时候我们会希望在事实表中使用代理键。记住，代理键就是一个简单的整数键，是随着记录的创建而顺序分配的。尽管事实表代理键(fact table surrogate key，FSK)在前端不具有业务含义，但在后端它们有若干用途：

- FSK 会唯一且即刻识别出单条事实记录。
- 因为 FSK 是按顺序分配的，所以一个插入新记录的加载任务将使用若干连续的 FSK。
- FSK 允许用插入-删除来替代更新。
- 最后，在较低的粒度，FSK 会变成事实表中的一个外键。

第 2 章

深入研究之前

Ralph 于 1995 年 9 月为 *DBMS* 杂志撰写了关于数据仓库的首篇文章。当时，他(以及 Kimball Group 的许多成员)已经花费了大约 10 年时间专注于交付信息和分析能力，以便支持业务决策。Ralph 的首次出版尝试促成了后续的 150 多篇文章。这也帮助 Ralph 获得了 Wiley 出版社的注意——随后销售了超过 400 000 本工具包书籍。这完全发端于一篇文章。

之所以选中为本章的文章，很大程度上是因为它们的历史意义。尽管许多都是在 20 世纪 90 年代写成的，但其内容仍旧令人惊讶地具有价值。

我们用 Ralph 在数据仓库之前的职业生涯作为本章的开端，之后会呈现他给 *DBMS* 杂志(该杂志之后改名为《智能企业杂志》)的初次投稿；其他的文章提供了额外的历史回顾，其中包括 Ralph 对于数据仓库总线架构的首次描述。本章将继续采用我们所钟爱的一种类比，以便对比管理数据仓库/商业智能(DW/BI)系统与运行一家商业餐厅之间不可思议的相似性。我们将在本书中的其他部分再次使用这一类比。之后我们将以简单、渐进的方式探讨如何处理数据仓库的一些最具挑战性的问题，本章将用一些与数据仓库的扩展和非传统边界有关的提示作为结尾。

提示：

如前言中所述，我们已经在本书内容中系统地使用业务过程主题领域替换了对于数据集市一词的绝大多数引用。不过，考虑到其在历史回顾中发挥的作用，这一章中保留了这个词。Ralph 起初就是在这些文章中为整个市场提出并引入了这个词，因此在此处保留它是合适的。

数据仓库之前的历史

这第一篇文章记录了数据仓库之前 Ralph 的职业生涯以及在计算机领域中的一些早期开发经历。

2.1 Ralph Kimball 和施乐帕克研究中心(Xerox PARC)

Margy Ross，Design Tip #144，2012 年 4 月 3 日

如果读者订阅了我们的 *Design Tips* 杂志，那么可能已经清楚地知道 Ralph Kimball 对于数据仓库和商业智能领域所做的贡献了。不过，大多数人都不知道在 Ralph 投入到我们的行业之前他所做出的贡献和取得的成就。我最近与一位客户分享了这一历史背景，他坚持认为这一历史背景应该被更多的人获知。

Ralph 的正式头衔是 Kimball 博士。他在开发了一套向学生教授微积分概念的计算机辅助课本之后，于 1973 年从斯坦福大学获得了电子工程学的博士学位，但与此同时也从学生身上学到了解决高级问题的技术。在获得其博士学位后不久，Ralph 供职于施乐帕克研究中心(Xerox PARC)。PARC 是一个研究智库，在 20 世纪 70 年代初期吸引了最好且最聪明的工程师和计算机科学家。虽然 PARC 永远都不会成为一个家喻户晓的词，但其开拓创新至今还在影响着我们的日常生活和工作——客户端-服务器计算、以太网、激光打印、包括窗口和图表在内的位图图形化用户界面(GUI)、鼠标、面向对象编程等，举不胜举。PARC 职员花名册读起来就像是一本名副其实的早期硅谷领袖的名人录。

在 PARC 时，Ralph 花费了四年时间研究用户界面设计，然后加入了一个致力于基于 PARC 研究发现的原型来构建产品的小组。与当时大多数产品开发的做法相反，Ralph 及其同事的一条指导原则是首先专注于用户体验，然后才回归底层硬件和软件的设计。他们试图遵循其 PARC 同事 Alan Kay 的建议：“简单的事情应该是简单的；复杂的事情应该是可能的。”

由于较早采用了施乐实验性的 Alto 工作站中的一些 PARC 创新，Ralph 成为 Star 工作站的首席架构师，该工作站是纳入了包括图表和窗口的图形化用户界面的位图显示、以太网、文件和打印机服务器，以及一个鼠标的首款商业化产品。该用户界面模仿了办公室的模式，它具有一个桌面和多个描绘文档、文件夹以及电子邮件的图标，因此它对于用户来说是直观的。施乐于 1981 年发布了 Star 工作站，与 IBM 发布 PC-DOS 是同一年。这里有一个链接，里面是施乐对于 Star 工作站的早期促销视频的片段：http://www.youtube.com/watch?v=zVw86emu-K0。Ralph 是 Star 工作站的产品经理；他在该视频开始 7 分钟后首次亮相。

Steve Jobs 及其他一些 Apple 工程师于 1979 年底看到了施乐 Alto 计算机的一次演示，并且在 1981 年 Star 工作站发布会期间，Ralph 给了 Steve Jobs 一份 Star 工作站的演示程序。不用说，Steve 把握住了 PARC 鼠标驱动 GUI 的商业化潜力；其概念随后被引入到 Apple Lisa 中，该计算机于 1983 年发布，再然后就是 1984 年的 Macintosh。

1982 年，Ralph 及其他几位施乐的同事曾预想将 Star 工作站用于其传统的文档创建市场外，以便用于决策支持领域。但是施乐的高管层决定不寻求这方面的机会。因此在 1982 年秋，Ralph 和几位研究同事以及业务领导者离开了施乐，成立了一家名为 Metaphor Computer Systems 的公司，以便专注于业务专家的数据访问和分析需求。在产品研发阶段，Ralph 主导了与财富 500 强企业分析师的会谈，以便更好地理解其需求。在与大众消费品行业的同僚交流时，Ralph 了解到了来自 A. C. Nielsen、IRI 和 SAMI 的辛迪加数据，它被用于竞争对手分析。

Ralph 花时间与 A. C. Nielsen 的专家进行了探讨，这些专家用维度和包含指标的“事实表”这样的词来描述其数据。尽管 Ralph 并没有发明维度建模，但他迅速地预想到这些概念将被更加广泛地用于跨各个行业以及功能应用领域的决策支持。

Metaphor 于 1984 年发布了一套集成了硬件和软件的产品，该产品具有文件服务器、数据库服务器以及工作站(包括独立的键盘和鼠标)，它们都通过以太网连接在一起。该工作站提供了一个具有查询、电子表格以及绘图工具的图形化用户界面，还有 Ralph 发明的 Capsule 工具。Capsule 最初被称为“图形化管道”，它是一个编程工具，用箭头将桌面上的各个图标连接起来，而这些箭头标出了从一个图标到另一个图标的数据流向。Capsule 可以将查询结果导出成一个电子表格，然后导出成图形，最后发送到一个电子邮件发件箱或打印机。如今我们认为这些功能是理所当然的，但是在约 30 年之前，这些功能是很难实现的。Metaphor 工作站中像 Capsule 图标流向图这样的先驱，是如今所有商业化 ETL 工具的默认用户界面。

真实自白……我正好在 1984 年该产品发布之前看到了 Metaphor 的展示，非常震撼，以致我立即参加了 Metaphor 关于领域顾问的早期课程。Ralph 向我和新聘用的同事讲解了星型架构设计。Ralph 在 PARC 的最初岁月中得出的真言一直在我的脑海中产生共鸣：让数据模型容易被理解，从而专注于业务用户的体验，然后才是回溯设计和开发。幸运的是，有时候积习难改，这一点并没有被我遗忘。

历史回顾

对于过去 20 年我们行业中所发生的所有变化，核心的概念和驱动因素仍旧出乎意料地发挥着作用。下一篇文章是 Ralph 在 *DBMS* 杂志及其衍生出版物中发表的第一篇文章。

2.2　数据库市场分化

Ralph Kimball，DBMS，1995 年 9 月

在过去的一年或两年中，数据库市场日益分化。类似于一座巨大的冰山，这一分化即将切下新的一大块冰，它将具有自己的身份和方向。我们将这新的一半数据库市场称为数据仓库。将老的一半称为联机事务处理(online transaction processing，OLTP)。

数据仓库是负责处理数据获取的那部分关系型技术。数据仓库是最初将行业领向关系型技术的直系后裔。在 20 世纪 80 年代早期，我们还没有决定将所有的 IT 企业弄得天翻地覆，这仅仅是因为我们钟爱事务处理。我们想要更好的信息。如果读者中有人仍旧留有 Chris Date 阐述关系型数据库的原著《数据库系统导论》(Addison Wesley 出版社于 1997 出版)，则应该再次回头看看该书。整本书都与查询和取出数据有关！事务处理、实体关系(ER)图、计算机辅助软件工程(CASE)工具，以及其他所有 OLTP 套件都是很久之后才出现的。

一旦沉迷于关系型数据库，我们中的大多数人都会认识到，需要完成一些严谨的工作才能让这些数据库产品准备好投入使用。因此在过去十几年中，我们必须推迟数据的获取，以便专注于放入数据。我们需要至少每秒能够处理 1 000 个事务的系统，以便能够存储基础的企业数据。将事务处理移植到关系型数据库上几乎让人眼前一黑。我们变得依赖于所创建的新的机制，如实体关系图和分布式数据库技术，我们差一点就忘记了最初购买关系型数据库的原因。

幸运的是，大多数公司的首席执行官都有很好的记忆力。他们都记得我们将能够对所有数据“切片和切块”的承诺。这些执行官们已经注意到，我们几乎在关系型数据库中成功地存储了所有的企业数据。他们也没有忘记已经花费了数十亿美元。从他们的观点来说，目前是时候取出所有这些数据了。

几乎每家 IT 企业都体会过让企业数据可访问的重大压力。两年或三年之前，我们看到了来自关系型数据库管理系统(relational database management system，RDBMS)供应商的一系列营销资料，他们试图通过推广用于查询的 OLTP 系统的使用来减轻这一压力。这一方式并没什么用。

任何尝试将主要的企业数据库同时用于 OLTP 和查询的人，不久之后都意识到了录入数据系统对比获取数据系统的一些基本真理。

OLTP 系统和数据仓库系统具有不同的终端用户、经理人、管理者、通信接口、备份策略、数据结构、处理需求以及访问频率。幸运的是，DBMS 和硬件供应商已经停止了一个系统完成所有任务的讨论。他们现在理解了 OLTP 系统和数据仓库系统之间的深刻区别。这么说吧，也许他们理解了，也许他们没有理解。但他们必定清楚，如果继续保持沉默，他们将需要销售两个 DBMS 许可和两套硬件系统来支撑用户的需求。

数据库市场营销冰山中的这一小段裂缝正非常迅速地扩大。现在，OLTP 系统和数据仓库系统之间可以看见一条蓝色的大河将它们隔离开来。IT 企业和供应商都意识到了，用户可以从专用于每个任务的这两个系统中获益。OLTP 系统必须专用于管理快速变化的数据并且保护其安全。OLTP 系统必须每天处理数百万个独立的事务，并且支持用微小原子处理请求连续访问数据库的使用方式，这些请求都是非常类似的。OLTP 事务很少使用联结。

相反，数据仓库系统必须专门负责管理从生产环境 OLTP 系统处拷贝的巨大统计数据集。数据仓库查询平均量的范围随着大量的处理极值而动态变化，并且会将数百、数千甚至数百万个独立数据元素组合成小的结果集，以便交付给用户。数据仓库查询会使用大量联结。另外，在数据仓库从生产环境系统中加载数百万条记录时，它每天只会执行一个事务(我们并非宣称取消使用在数据仓库中受制于预测和计划表的事务的有限功能)。

我们不需要仅擅长于事务处理和查询的系统。坦率地说，如今的系统都非常擅长于事务处理，但是在查询方面都很差。很多公司仍然在使用已经有 30 年历史的 B 树技术来索引其数据库，因为 B 树索引平衡了查询和更新。不过，在我们决定将数据库领域划分成两块时，就不需要这一平衡了。通过专门处理数据获取，属于数据库领域其中一半的数据仓库将在接下来的几年中让查询性能提升 100 倍(记住，你是在 *DBMS* 杂志中读到这一大胆预测的)。

我们珍视的一些概念，如基于开销的优化，意味着当我们的数据模式过于复杂——并且没人能弄明白它们时，就必定需要一个优化器。数据仓库业内似乎都采用了非常简单的数据模式。这些模式——称为维度模式——具有大型中心“事实”表，其周围是一层小得多的维度表，如图 2-1 所示。维度模式的巨大魅力之一是，可以使用固定、确定的评估策略。不需要一个基于开销的优化器。真可怕！

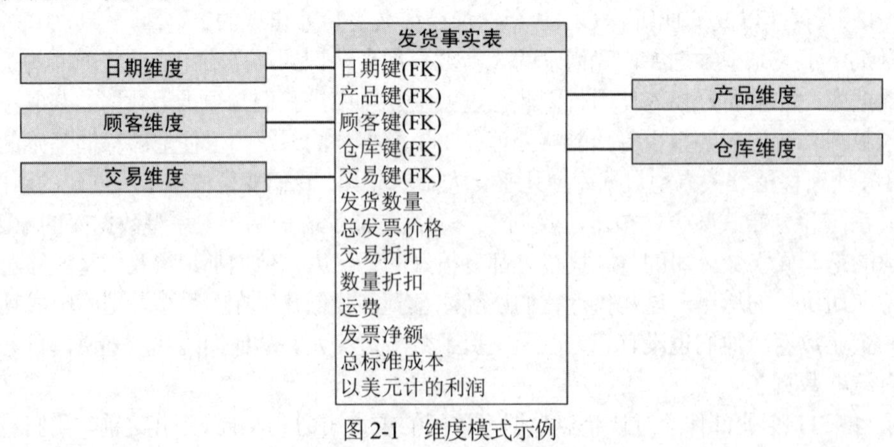

图 2-1 维度模式示例

在未来几年中，我们将见证面向数据仓库的查询系统的发展历程。由那些是事务处理性能委员会成员的硬件和软件供应商开发的 OLTP，其精妙的词汇表将被专用于数据仓库的新词汇表镜像反映出来。像“两阶段提交”和“行级锁”这样的术语将具有数据仓库的对应术语，如“非事实型事实表”和“渐变维度”。硬件和软件开发人员刚刚将其注意力转移到数据仓库上。因此，这两座冰山将继续远离，彼此越漂越远。

2.3 提出超市概念(Kimball 经典)

Ralph Kimball，DBMS，1998 年 1 月

在这篇文章中，超市一词指的是构建在一致化维度架构之上的维度数据集市。尽管本文标题中保留了超市的引述，但在本文内容中我们已经不再使用这个词了，以避免让读者分心。

关于数据仓库，争论最多的一个问题就是，如何着手规划仓库结构。我们是从一个中心的、规划好的透视图一次性构建整个数据仓库(整体方法)，还是在我们认为合适时构建独立的主题领域(烟囱方法)？在这篇文章中，我打算澄清两个很有影响力的误解。第一个误解是，数据仓库必须作为一整块一次性整体构建，或者作为一系列独立、未连接的数据集市来构建。如今，没有人信赖完全的整体式方法，也没有人支持完全的烟囱式方法；大多数主要的数据仓库从业者都使用某种架构上的渐进方法来构建企业数据仓库。这篇文章描述了该渐进方法的一种具体变形，其中维度业务过程数据集市是使用一种有序的架构框架来仔细构建的。

我想要澄清的第二个误解就是，就数据集市必须局限于不可查询数据仓库的一个高度聚合子集而言，数据仓库领域的这一阶段已经过去了；关于数据集市的这一观点正是许多问题和误会的来源。本文将会介绍，一个架构的维度数据集市自然而然就是整体数据仓库的一个完备子集，并且必须暴露给能够被收集和存储的最小粒度(原子)数据。

2.3.1 危机规划

规划企业数据仓库的任务是很艰巨的。大型企业中为数据仓库工作新近任命的管理者将面临两个艰巨且看似不相关的挑战。另一方面，该管理者应该清楚企业所拥有的最复杂资产的内容和所在位置：这些资产就是遗留数据。这位新的数据仓库管理者应该设法(通常是熬夜加班)成为一个权威人士，他要清楚所有那些 VSAM、ISAM、IMS、DB2 和 Oracle 的数据表中到底包含哪些数据。他必须理解每个表中的每个字段。该数据仓库管理者必须要能够检索所有此类数据的元素，并且在必要时清理和修正这些数据。如果所有这些还不够的话，那么该数据仓库管理者也就应该理解到底是什么让管理层整夜无眠了。人们期望数据仓库正好包含需要用来回答每个人所面临的恼人问题的数据。当然，该数据仓库管理者可以“自由地”随时拜访高管层以探讨目前的企业优先事务。不过要确保很快就能完成这一数据仓库的构建。

这一艰巨任务的压力已经转移到了新的方面，它有一个名字：数据集市。无论其具体定义是什么，“数据集市”这个短语都意味着要避免同时应对企业数据仓库的所有规划任务这类不可能完成的工作。数据仓库规划者要借助于切下整个数据仓库的一小块并且完成它的方法，这一小块就称为数据集市。

遗憾的是，在许多情况下，相比于单个数据仓库，构建独立的数据集市已经变成了忽视任何类型的可以将数据集市绑在一起的设计框架的接口。供应商所提出的“盒子中的数据集市”以及“15 分钟的数据集市”这样的营销口号迎合了对于简单解决方案的市场需求，不过对于那些必须将这些数据集市组合在一起变成一致整体的数据仓库管理者来说，这些口号真的是在帮倒忙。

无法被绑在一起的孤立的烟囱式数据集市通常都是数据仓库迁移的祸根。它们的危害远比所失去的一次简单分析机会要严重得多。烟囱式数据集市延续了企业的不一致视图。烟囱式数据集市蕴含着无法彼此对比的报告，并且烟囱式数据集市会变成它们各自的遗留实现，其中，正是由于它们的存在，将阻碍集成式企业数据仓库的开发。因此，如果一次性构建完整数据仓库的任务过于艰巨，并且分块构建它又无法满足总体目标，那么我们又能怎么做呢？

2.3.2 具有架构的数据集市

这一两难局面的答案就是，使用具有有限和特定目标的简短总体架构阶段来开启数据仓库规划过程。接下来，用单独数据集市的分步实现来遵循这种架构阶段，其中每一个实现步骤都紧密遵循该架构。这样，数据仓库管理者就能最好地应对这种两难局面。该架构阶段产生了独立数据集市开发团队可以遵循的具体指导，并且数据集市开发团队可以相当独立且异步地进行工作。随着这些独立的数据集市上线，它们可以像拼图碎片那样组合在一起。在某些时候，存在足够多的架构式数据集市是为了兑现实现集成式企业数据仓库的承诺。

要成功构建一个企业数据仓库，就不可避免地必须执行以下两个步骤：首先，创建一个定义完整数据仓库范围和实现的周边架构；其次，检查该完整数据仓库每一块的构造。现在停止并且思考一下第二步。构造一个数据仓库的最大任务就是设计数据提取系统。这是从特定遗留系统中提取数据并且将数据迁移到数据准备区的机制，在数据准备区中，数据会被转换成最终数据库为查询呈现数据所需的各种加载记录映像。由于提取逻辑的实现很大程度上特定于每个原始的数据源，是否将任务视作一个整体或者将它分解成数块真的并不重要。无论哪种方式，都必须一步步地来。实际上，无论如何规划项目，都必须每次实现一个数据集市。

2.3.3 一致化维度的重要性

在优先于任何数据集市实现的架构阶段，其目标都是生成一套主要的一致化维度，并且标准化事实的定义。假设有一个用于所有数据集市的合适维度设计。所有指定的数据集市都被认为由一组事实表构成，每个事实表都具有一个由维度键组件(联结到维度表的外键)构成的复合键。事实表都包含零个或多个事实，这些事实代表着来自这些维度键组件每一种组合的测量值。每个事实表的周围都有一圈维度表，其中维度键就是每个维度表各自的主键。如果不熟悉维度建模，可以参阅文章 5.2“维度建模宣言”。

一致化维度就是可以用来将每个可能事实表联结起来的一个维度。通常这意味着一致化维度在每个数据集市中都是完全相同的。一致化维度的明显示例包括顾客、产品、位置、交易(促销)以及日期，如图 2-2 所示。中央数据仓库设计团队的主要职责就是建立、公布、维护和强制实现一致化维度。

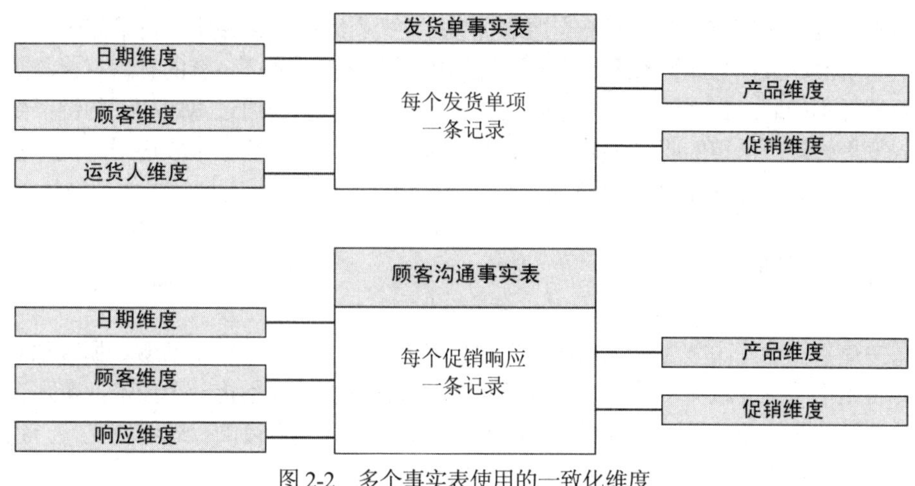

图 2-2　多个事实表使用的一致化维度

建立一致化维度是非常重要的一步。一致化顾客维度就是一个顾客主表，它具有明确的顾客键和许多精心维护的描述每个顾客的属性。一致化顾客维度是来自几个遗留系统或者外部源的经过合并与提炼的数据。例如，顾客维度中的多个地址字段应该组成最具可邮寄性的地址，企业中任何出现顾客数据的位置都会获知这个地址。通常，中央数据仓库团队的职责就是创建一致化顾客维度并且将它作为资源提供给企业的其他部门，同时供遗留系统的数据仓库使用。我在文章 3.4“中央团队做些什么？”中更为详尽地描述了中央数据仓库团队这个特殊角色。

一致化产品维度是企业约定的产品主要清单，其中包括所有的产品属性以及像类别和部门这样的所有产品汇总。就像好的顾客维度一样，好的产品维度至少应该具有 50 个独立的文本属性。

理论上，一致化位置维度应该基于地图上具体的点，如具体的街道地址甚至精确的经纬度。空间中具体的点可以向上汇总为每个可以想到的地理层次结构，包括市-郡-州-国，以及邮编、特殊销售地域和销售区域。

一致化日期维度几乎总是一个具有个别日期的表，其数据持续十年或者更久。每天都有许多企业要处理的来自各个州和国家法定日程的有用属性，以及特殊的财务日程期间和仅与内部经理有关的市场促销季。

一致化维度对于数据仓库来说极其重要。如果不严格遵循一致化维度，数据仓库就无法作为一个集成式整体来运行。如果以不一致的方式来使用像顾客或产品这样的维度，那么不仅无法共同使用单独的数据集市，甚至更糟的是，尝试共同使用它们将会产生不正确的结果。为了更为确切地说明这一点，一致化维度使得在相同数据库空间针对多个事实表使用单个维度表成为可能，无论何时使用该维度都能得到一致的用户界面和数据内容，以及一致的属性解释，因而也就能够跨数据集市进行汇总。

2.3.4　设计一致化维度

识别和设计一致化维度的任务应该进行几周。大多数一致化维度都将在可能的最小粒度级别进行定义。顾客维度的粒度就是单独的顾客。产品维度的粒度就是在源系统中跟踪到的产品的最低级别。日期维度的粒度通常就是个别的日期。

一致化维度几乎应该总是具有一个匿名(代理)数据仓库键，它并非来自于其中一个遗留系统的生产系统键。数据仓库键独立于生产环境的原因有很多。生产系统的管理目标与数据仓库的那些目标并不相同。生产系统迟早要以数据仓库为基础，要么通过重用相同的键，要么通过某种方式变更管理所承担的职责。另外，数据仓库还必须为各种情况生成通用的键，包括第 1 章和第 9 章中探讨的渐变维度的问题。

2.3.5 做出承诺

如果中央数据仓库团队为企业成功定义并且提供一组主要的一致化维度，那么独立的项目团队实际使用这些维度就非常重要了。承诺使用一致化维度远远不止一个技术决策那么简单。业务策略决策才是让企业数据仓库正常运转的关键所在。应该在最高行政级别支持一致化维度的使用。这个议题应该成为企业 CIO 掷地有声的谈话。

在大型企业中有效地使用数据是与企业的组织方式及其内部通信方式密切相关的。数据仓库是将数据交付给所有受影响部分的交通工具。变更企业组织的方式、通信方式及其使用数据资产的方式，就是主要业务再造过程。CIO 应该让所有独立的团队“做出承诺”，总是使用一致化维度。

2.3.6 允许的一致化维度变体

为某些数据集市创建一致化维度表的子集是可行的，如果知道关联事实表的领域仅包含那些子集的话。例如，如果所讨论的数据集市仅与某特定位置有关，那么主产品表就可被限制为仅在该特定位置生产的那些产品。我们可以将这些子集称为简单数据子集，因为降维表会保留原始维度的所有属性并且以其原始粒度存在。

汇总数据子集会从原始维度表中有序移除行和列。例如，将数据表限制保留数天到数月是很常见的事情。在这种情况下，我们只会保留描述每个月第一天或最后一天的记录，不过我们还必须移除在日期粒度才有意义的所有那些属性，如星期几和假期标记。

可能你会想要知道如何在一个一致化维度可以被划分为多个子集的环境中创建查询。应该在何处使用哪个维度表？实际上，这比听起来要简单得多。每个维度表在特定数据集市中都配有其伴随的事实表。所有跨数据集市钻取的应用程序都必然要使用多路 SQL 来单独并依次查询每一个集市。在通常情况下，会为钻取报告中的每列生成一个单独的 SQL 查询。使用一致化维度的优点在于，当且仅当报告中所用的维度属性在每一个维度表中被找到时，该报告才会完成运行。由于这些维度是一致的，因此可以确保业务答案是一致的。如果我们已经建立了标准的事实定义，那么这些数字也将是可比的。

2.3.7 建立标准事实定义

至此我已经讨论了设置一致化维度将集市捆绑到一起的中心任务。这就是预先架构工作量的 80%。其余 20%是建立标准、一致化的事实定义。幸运的是，识别标准事实定义的任务是与识别一致化维度同时完成的。在使用与上一节中描述的跨数据集市的相同技术以及构建跨数据集市钻取的单一报告时，需要标准的事实定义。

必须被标准化的事实示例包括收益、利润、标准价格和标准成本。推导这些测量值的底层方程式必须是相同的，如果它们的名称将会相同的话。这些标准事实定义需要在相同维度上下文中并且使用跨数据集市测量值的相同单位来定义。

有时候一个事实具有一个事实表中测量值的自然单位和另一个事实表中测量值的另一个自然单位。例如，遵循典型制造业价值链的产品流向最好是在制造商运输包装时进行测量，但却应该在零售商扫描商品单位时进行测量。即便正确考虑到了所有的维度考虑事项，但是在一个钻取报告中使用测量值的这两个不一致单位也是很困难的。就这一点而言，通常的解决方案是，将用户引导到掩藏在产品维度表中的换算系数，并且寄希望于用户可以找到该换算系数和正确使用它。在我看来，这是不可接受的开销。正确的解决方案是，将运输包装和扫描单位中的事实带入制造商表或者制造商表的视图中。那样一来，报告就能轻易地顺着价值链进行钻取，去除可比事实。

如果确切标准化一个事实很难或者不可能，那么就必须注意为不同的诠释赋予不同的名称。我们必须区分出月末收益和结算周期收益。最为严重的误解就是将这两个事实统称为收益。

2.3.8　粒度的重要性

一致化维度通常都会是粒度性的(原子的)，因为这些表中的每条记录都最为自然地对应着一位顾客、一个产品、一次促销或一天的单条描述。这使在所有这些粒度维度交集处引入关联事实表十分容易。换句话说，每个数据集市中的基准级别事实表都应该处于所有组成维度的最低自然级别。

粒度、原子事实表数据中蕴含着巨大的能量和弹性。通过在最小粒度表述数据集市的基石数据，数据集市就会变得几乎不受意外情况或变更的影响。可以通过添加新近得到的源事实、新近得到的源维度属性以及整个维度，就可以优雅地扩展这样一个粒度事实表。我所说的“优雅扩展”，特指在做出优雅变更之后，所有的老查询和应用程序可以继续运行；无须删除和重新加载任何事实表，也无须变更任何键。这个优雅扩展概念是维度建模方法的其中一个强有力的特征。

当事实表具有粒度性时，它们会充当当前操作性数据的自然归属，这些操作性数据会被业务系统频繁提取。一个业务系统的当前滚动快照会在粒度事实表中找到合适归属，该粒度事实表是根据事务级别在账户的基础上定义的。事务和快照事实表这两个伴随表形成了许多数据集市的基石。

使用极端粒度数据的新的和持续增长的正当理由就是，期望进行数据挖掘和理解顾客行为。数据挖掘通常对于聚合数据效果不佳。假定我们认可所有这一切，但我们的数据集市服务器上没有足够的空间来存储大粒度事实表。这样是否就证明这篇文章的整个方法是无效的呢？

非也！这一两难局面就只是一个技术问题而已。我们来拓宽数据集市的定义，以便纳入所有与业务过程有关的事实表和维度表，无论它们实际存储在何处。我们正快速步入数据仓库的网络化时代，将数据集市的定义与特定的硬件盒子绑定起来是毫无意义的约束。针对数据集市的查询越来越多地由一个导航层进行处理，它会根据用户请求的详细信息挑选出数据的真实位置。如果用户查询相对聚合的数据，那么该数据就位于一台本地服务器上。但是如果用户查询更为详细的数据，我们将会切换到另一个地方一台较大的中央机上。支持此类物理存储级别的间接层有许多原因，因为它给予了后台 DBA 们更多的灵活性来混合和匹配硬件，而无须担心调整用户的应用程序。

2.3.9 更高级别的数据集市

这篇文章主要专注于一级数据集市，也就是遗留应用程序的可识别映像。换句话说，如果我们有一个订单系统，那么我们就有一个订单数据集市；如果我们有一个支付和收款系统，那么我们就有一个支付和收款数据集市。

我建议从这些类型的一级数据集市开始入手，因为我相信这样会最小化参与一个目标过于宏大的实现的风险。大多数风险都是由于在执行提取数据编程任务时急于求成造成的。另外，在许多情况下，一个有效实现的一级数据集市将为用户提供足够相关的数据，以便让其保持满意和情绪稳定，同时数据集市团队可以继续处理更艰难的问题。

在已经实现了几个一级数据集市之后，将这些数据集市合并成一个二级数据集市就是合理的。二级数据集市的典型示例就是盈利能力数据集市，其中收益和成本的单独组成部分会被合并，以实现盈利能力的一份完整视图。粒度级别的盈利能力数据集市非常令人振奋，因为可以通过顾客维度来汇总它们以生成顾客利润贡献率。可以通过产品维度汇总它们以生成产品利润贡献率，并且可以通过促销维度汇总以生成促销利润贡献率。这里的经验是，要严守循序渐进的原则，不要试图在第一次尝试时就构建一个完整的盈利能力数据集市。否则就会淹没在数据提取编程中，因为需要力求获得收益和成本的所有单独组成部分的来源。如果确实被迫需要在第一个数据集市中带入盈利能力，则需要用简单的经验法则分配来分摊成本，而不是执行获得所有底层成本明细来源的完整任务。之后，在有时间正确溯源成本明细时，就可以构建一个基于活动的盈利能力二级数据集市来补充一级数据集市。

2.3.10 解决烟囱问题

你能够解决烟囱问题并且将它们转换成架构式维度数据集市吗？只有当烟囱中使用的维度可以被映射为与合适的一致化维度的一对一或一对多关系时，才能这样做。如果可以这样做的话，那么烟囱维度就可以被替换成一致化维度。在某些情况下，一致化维度可以优雅地集成烟囱维度的一些特殊属性。但通常一个烟囱数据集市会有一个或多个维度，这些维度无法被轻易映射成一致化维度。烟囱式销售地域与一致化销售地域不一致。要当心，不要轻易假定可以将简单烟囱维度重组回一致化维度。虽然难以启齿，但还是要说明的是，在正确的一致化维度框架中，大多数时候烟囱数据集市都必须被关闭和重构。

2.3.11 不需要一致化维度的情形

如果顾客和产品是杂乱无章的，并且不用将独立的业务线放在一起进行管理，那么构建一个数据仓库将这些业务紧密集成起来就毫无意义。例如，如果有一家大型联合企业，其数家子公司的经营范围涵盖食品业务、硬件业务以及服务，那么利用每个产品或每项服务的品牌名称来考量顾客行为很可能就没什么意义。即使是尝试在单个数据仓库中跨所有业务线构建一组一致化产品和顾客维度，大多数的报告最终也将是古怪的“对角化的”，其中行和列里每条业务线的数据都没有被其他业务线共享。在这种情况下，数据仓库应该模拟管理结构，并且应该为每家子公司构建独立且自包含的数据仓库。

2.3.12　清晰视角

在这篇文章中，我已经描述了规划一个企业数据仓库的合理方法。我们已经在数据库市场的两个部分取得了最佳平衡。我们已经创建了具有集市的一个架构框架，它可以指导整体设计，不过我们已经将问题划分成了小的任务块，可以依靠人力来真真正正地实现了。在这个过程中，我们修正了数据集市的传统定义。现在我们知道，架构式数据集市就是总体数据仓库的一个完整子集，它跨多个硬件和软件平台物理分步，并且总是基于我们可以从遗留系统中提取出来的可能的最细粒度数据。每个架构式集市都是一系列共享一致化维度的类似表。这些一致化维度在整个企业中都具有统一的诠释。最后，我们看清了整个数据仓库的全貌：与基于一致化维度和标准化事实的强有力架构捆绑在一起的独立实现的集市集合。

应对苛刻的现实需求

在 20 世纪 90 年代末和 21 世纪初，Ralph 写了几篇文章，这些文章描述了与数据仓库有关的挑战，以及应对它们的措施建议。

2.4　数据仓库的全新需求

Ralph Kimball，Intelligent Enterprise，1998 年 10 月

十年之前，当我们开始专注于数据仓库时，我们主要关心的是将数据仓库定义为与业务系统不同的对象。这一观点在我们谈论数据仓库需求的任何时候都是清晰的。十年之前，我们需要提醒每个人，数据仓库是业务数据的集中式静态副本。我们将数据仓库视作历史归档和数据挖掘的交汇处。在公开发布任何内容之前，都应该谨慎地处理完整数据仓库的组装。不应对数据仓库进行写入操作。

在其后的十年中，我们学到了很多。我们已经构建了许多成功的数据仓库，但我们也有一些挫折和失败。技术已经得到了极大提升。我们有了引人注目的功能更为强大的计算机。我们同时有了联机分析处理(OLAP)和关系型数据库引擎，它们专用于取出数据而非放入数据。我们已经研发出强大的数据仓库建模技术，尤其是在维度建模领域。如今我们有了用于数据集市的总线架构，它让我们可以用类似将个人计算机组件连接到计算机中总线的方式来将数据集市连接到一起。作为 IT 消费者，我们已经经历了整整一代的后端和前端工具，并且现在我们对于工具及其供应商有了更为有见地的看法。我们已经度过了最美好的繁殖试验阶段，开始认识到我们每个人都需要专注于少量端到端供应商，以便将数据仓库环境维持在可控状态。

作为商业人士，我们不再满足于仅看到企业总体的表面运营情况，其中我们几乎不能在年度报告进行钻取。相反，我们要求看到详尽的顾客行为，详细到个人购票项和 ATM 的单独按钮点击这样的细节。幸运的是，在大多数情况下，我们的数据仓库系统现在都足够大，可以存储所有的购票项和按钮点击。

在我们要求获得更为详尽数据的同时，我们还坚决要求一个广泛、更具意义的视图。我们不再仅根据成交量来管理企业；现在盈利能力是业务管理的关键所在。对于数据仓库供应商来说，盈利能力远比成交量更为复杂，因为盈利能力几乎总是要求业务的一个完全集成的视图，其中业务所有阶段产生的成本都要被正确分配到产品、顾客、地区和时间周期上。

基于所有这些原因，数据仓库管理者和实现者都曾经历过对于构建整体、集中式数据仓库的艰辛的共同应变反应。它看起来就是那么艰巨且工作量巨大。从许多方面来说，承担整个企业数据仓库构建的完全职责和脑力挑战，其负荷过于沉重。这种应变反应有一个名称：数据集市。我们不得不设法将数据仓库实现任务切分成人力可以分担的比例。

看看所有这些发展结果，显然数据仓库的游戏已经与我们从 20 世纪 80 年代开启的局面完全不同了。我们真的无法继续调整旧有的需求集了。我们需要停下来，将石板清空，并且阐明一组新的需求。这也就是现代数据仓库新一组需求的由来。这是一组非常艰巨的需求，但在为所有这些需求提出一个解决方案之前，我们先尝试一下较为详细地理解其架构效果。

- **分散式、渐进式开发**。我们不得不接受这样一个现实，各个部门和科室将会创建自己的小型数据仓库来回答紧急的业务问题。如果我们认为无法停止这些开发，就需要为他们提供一份准则和框架，这样企业的其余部门就可以利用他们的工作成果。从技术上来讲，这意味着无论这个通用框架是什么，它都必须允许单独的数据集市团队在不清楚其他数据集市团队当前所做细节的情况下，能够处理其实现。单独的团队必须能够选择独立于其他团队的技术。
- **预期到随着业务需求和可用数据源的演化而造成的持续变更**。我们的设计方法必须将变更视为常态。我们想要一种设计方法，该方法不会内置对于我们这个月可能会问的业务问题和下个月将会问的业务问题的偏好选择。如果意识到有新的问题会被提出，那么我们当然不希望调整数据模式。如果我们要将新的描述符添加到基础实体，如顾客、产品或位置，那么我们也不会希望调整我们的模式。我们希望能够将新的数值测量添加到数据环境并且添加新的维度——所有这些都不必修改数据库模式。保持数据库模式不变的需求非常重要。如果我们可以达成这个目标，那么现有的应用程序将继续运行，即使在我们将新的数据添加到环境之后也会如此。
- **快速部署**。快速构建数据仓库各个部分的需求很可能干涉了分散和渐进式开发的第一个需求。想象一个集中、整体式数据仓库的快速部署是很难的，其中整个企业数据仓库必须在数据仓库投入使用之前就位。除此之外，快速部署还意味着构建数据仓库各个部分的技术将被很好地理解、可预测并且保持简单。如果数据仓库的所有部分看起来都相同并且具有相同结构，这就会起到帮助作用。那么我们就知道如何加载这些部分、为性能原因索引这些部分、选择工具来访问这些部分以及查询这些部分。
- **无缝钻取最小的可能原子数据**。我们知道需要暴露大多数数据集市中的原子数据。我们知道我们的用户希望看到顾客行为，这通常位于个体用户事务级别上。我们也知道我们的用户希望精确切分数据，即便他们也寻求聚合行为。有多少人会在下午5~6点使用其工作场所而非住所附近的 ATM？随着我们从聚合数据下探到更为原子的数据，我们希望访问方法和查询工具能够无缝运行。在一个合适的维度框架中，钻取无非就是将一个行标题添加到一个请求。其他一切都保持不变。最主要的是，钻取绝对不意味着留下一个用户界面和变更思维模式以及进行培训以便获得更多详细信息。

- **各个部分(数据集市)加总为整体(数据仓库)**。数据仓库正好由所有数据集市的总和组成，这样的需求很大程度上是前面需求所产生的结果。将用分布方式来实现独立的主题领域。每个数据集市都会包含其底层的原子数据。我们不希望在企业内部的多个位置复制数值测量数据；这些数据绝对是任何数据集市的最大部分。其周围类似文本的描述性维度通常只占总体数据存储的一小部分，因此在企业内部的多个位置复制它们是可行的。数据仓库的这种双模视图在我们全新的架构中非常重要。

  当数据集市加总为完整数据仓库时，它们就必须共同运转，这样我们才能钻取数据集市以便组合企业的集成视图。类似于向下钻取，横向钻取也有非常特定的技术诠释。为了从不同数据集市中得到数值事实以便排列报告的行，就必须在每个数据集市的上下文中定义“控制”报告行的行标题。更具体地说，行标题必须意味着与每个数据集市中相同的内容。一个数据集市中的西区与另一个数据集市的西区意味着不同内容，这不会起到任何帮助作用。或者第二个数据集市中并没有任何西区。在构建数据集市之前，必须解决这些问题。
- **在各种不兼容技术上实现的各个部分(数据集市)**。因为我们的数据仓库是从分布式数据集市成果中构建来的，所以很明显最终将出现使用不同技术的各个分组。硬件将会不同并且数据库引擎也将不同。有些可能是 OLAP，而有些可能是关系型联机分析处理(relational online analytical processing，ROLAP)。OLAP 和 ROLAP 系统在访问方法的小细节上将会不同。除此之外，我们需要一个首要框架，它允许终端用户应用程序强健地横向钻取独立的数据集市。甚至更为激进地说，我们会希望所有终端用户应用程序能够执行这种横向钻取，无论该应用程序是否是为横向钻取而设计的。在架构上，这意味着应用程序和每个数据集市的实际数据库引擎之间需要某种整理层。我们要开始探寻架构解决方案的要点了。
- **24×7 可用性**。当我们处于执行后台清理、加载和索引事务这样的扩展阶段时，我们不再能够承担关闭数据仓库的风险了。我们需要某种更大程度上的热切换方法，让我们有足够的时间处理这些后台操作，而同时能够继续支持对昨天数据的访问。然后我们需要切换回今天的数据。这段停机时间应该以秒计。需要完成热切换的另一个原因在于，只有这样，之前描述的钻取操作才会仍旧保持一致。换句话说，如果我们对一些内容的定义做了变更，如报告中的行标题，那么我们就必须小心地用同步方式将这一变更复制到所有受影响的数据集市。
- **将数据仓库结果发布到所有地方，最好是通过互联网发布**。不管从长期还是短期来看，我们的用户都是移动的。他们会从一栋建筑移动到另一栋建筑、从一个城市移动到另一个城市、从一个国家移动到另一个国家，他们需要相同的用户界面和相同的服务水平。相同的用户从总部的互联网、户外的远程位置或家里进行登录——完全在同一天进行上述登录。在过去几年中，互联网已经壮大到足以为我们的通信和数据提供无处不在的传输介质。在以上所有这些情况下，使用互联网的成本很可能都会比提供专用或拨号上网的电话线要便宜得多。

  驱使我们转向互联网解决方案的另一个因素是，每个查询和报告编写工具都在开发浏览器用户界面这样的现实。供应商不得不这样做，因为每一个人都想要基于网络的部署。

- **对所有地方的数据仓库进行安全保护，尤其是互联网上的**。无处不在的互联网解决方案的一个明显缺点就是对安全性的极大关注。数据仓库结果必须被安全地处理，否则我们这些仓库管理者将丢掉我们的工作并且我们的公司将陷入法律纠纷。最起码，数据仓库必须可靠地对请求用户进行身份验证和识别，并且必须以完全私密、高度安全的方式处理交互会话。这种安全性架构必须被内置到分布式数据仓库的设计之中。在许多情况下，都必须支持端到端的加密。
- **对所有请求近似即时响应**。以小时甚至分钟来度量的响应时间是绝对不能被接受的。对于一个请求来说，唯一真正可被接受的响应时间就是即时响应。作为一个行业来说，数据仓库位于陡峭学习曲线的中间，在这条学习曲线上，随着我们了解如何使用索引、聚合以及新的查询技术，查询响应时间会非常快速地下降。这组快速变化让我们想起 20 世纪 80 年代我们在事务处理性能领域所体验到的快速变化，不过它也意味着，如果响应时间不那么即时的话，数据仓库管理者就必须持续地重新评估解决方案。
- **易用性，尤其是对于非计算机爱好者来说**。我们清单上最后的需求实际上就是最重要的需求。业务用户当然不会使用难以上手的东西。一小部分技术爱好者会使用复杂的东西。或者我们最终会收获一批职业的应用程序开发人员，他们就是唯一的真实用户。在所有这些场景中，都丢掉了将数据仓库推广到大多数可能用户的机会。易用性要比其自然的功能属性更为重要。我们需要可识别、令人难忘、高性能且基于模板的用户界面，可以单击单个按钮来调用或修改它。

我在此处描述的这 11 个全新的需求令人激动又担忧。说它们令人激动是因为，如果我们可以在数据仓库实现中全部实现它们，那么我们就很可能拥有一个具有成本效应的解决方案，它能切实有效地工作并且随着环境的演化，它能经受住时间的考验。说它们令人担忧是因为，它们是非传统的，还因为在我们许多人看来，应对这些需求并没有显而易见的模式，尤其是对于要在单个项目中一次性应对这些需求的情形来说更为如此。在文章 2.5“应对全新需求”中，我将更为详尽地描述数据仓库总线的概念，并且介绍此概念如何为应对所有这些需求提供基础。

2.5 应对全新需求

Ralph Kimball，Intelligent Enterprise，1998 年 11 月

在文章 2.4“数据仓库的全新需求”中，我描述了一组数据仓库实现者和所有者所面临的 11 个需求。这些需求中没有一个是陌生或者超出预期的，但数年来它们一直在不断汇聚和持续存在，现在是时候回顾一下，以便整理数据仓库的最新技术了。回头同时看看所有这些需求的列表，将揭示过去 10 年中我们的观点发生了多大的变化。

2.5.1 数据集市和维度建模

数据仓库行业正开始含蓄地响应所有这 11 个需求。不过，这一响应并非表明该行业正走向 11 个不同的方向。几乎所有这些需求都受到两大数据仓库主题的影响：数据集市和维度建模。如果同时考虑这两个主题，则可以同时应对我所概述的所有需求。

为了观察如何实现这一点，我们提炼了两个关键原则来指导数据仓库的设计：

- 分离架构。在后台和前台之间画一条非常清晰的线。后台是提取、转换和加载数据的地方，而前台是让数据可用于展现的地方。
- 围绕维度模型而非标准的实体关系(ER)模型构建面向展现的数据集市。

图 2-3 显示了穿透整个数据仓库环境的一条典型水平线。图的最左边是传统的面向事务的遗留系统。在从遗留系统中提取数据并且将这些数据放入后台 ETL 准备区域时，数据仓库的职责就开始了。

对于数据仓库来说，数据准备区域是完全的后台操作，其中会进行清理、精简、合并、排序、查找、添加键、移除副本、配套组合、归档和导出。到达数据准备区域的数据常常是脏的、格式不正确的，并且通常是普通文件格式。如果幸运的话，数据会以原始的第三范式到达数据准备区域，但这种情况非常少。在完成清理和重构数据时，就可以将其保持为普通文件格式或者将其以第三范式进行存储。数据准备区域受制于普通文件、简单排序以及顺序处理。第三范式关系表示很奇妙，但它们主要是以非关系格式完成的大量艰难工作的最终结果。

数据准备区域的关键架构需求是，它对于业务用户来说是禁区。数据准备区域就像汽车修理店的后厅。顾客是不允许进入后厅的；这样不安全并且店家没有涵盖后厅中顾客所受伤害的保险。后厅的机制是忙于修理车辆，并且不希望分心直接服务顾客。同样，仓库的数据准备区域也必须成为所有形式的用户查询的禁区。我们绝对不能分散注意力来提供数据、索引、聚合、时序、跨主题领域同步集成，特别是用户级别的安全性。

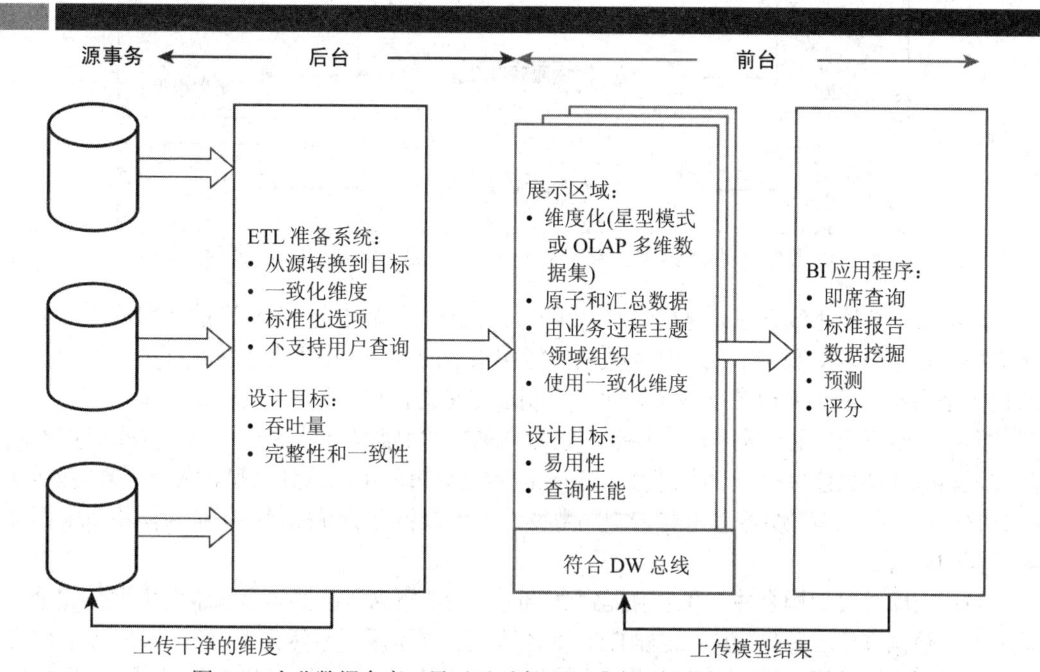

图 2-3　企业数据仓库，显示了后台 ETL 准备区域和前台展示区域

展示区域是数据仓库的完整前台操作。正如其名，展示区域位于前台并且在任何时间都可用于用户查询。所有形式的查询都是通过展示区域来服务的，其中包括即席查询、钻取、报告和数据挖掘。如果原子数据存储就是 ETL 准备区域的另一个名称的话，我们就不允许钻取位于后台的原子数据存储。

展示区域会被分解成以业务过程为中心的主题领域，也被称为数据集市。每个数据集市都完全是围绕有效展示来组织的，这在我看来就是指维度模型。展现包含所有的查询和分析活动，其中包括即席查询、报告生成、复杂分析工具和数据挖掘。所有数据集市中的所有维度模型看起来都有些类似，并且这套维度模型必须共享企业的关键维度。我们将这些维度称为一致化维度。

2.5.2 将数据集市插入数据仓库总线架构中

图2-4显示了如何将几个业务过程数据集市(标记为“主题领域”)与一致化维度附加到一起——一组一致定义的维度，所有希望引用这些通用实体的数据集市都必须使用这些维度。一致化维度通常包括这样一些内容：日程(时间)、顾客、产品、位置和组织。我们还必须考虑一致化事实，它们涉及存在于多个数据集市中的所有测量。例如，会在数个数据集市中定义收益。为了一致化收益的几个实例，我们必须坚持要求每个实例的技术定义都相同，这样单独的收益就可以被对比和相加。如果收益的两个版本无法保持一致，那么就必须差异化标记它们，这样用户就不会对比或相加这两个版本。

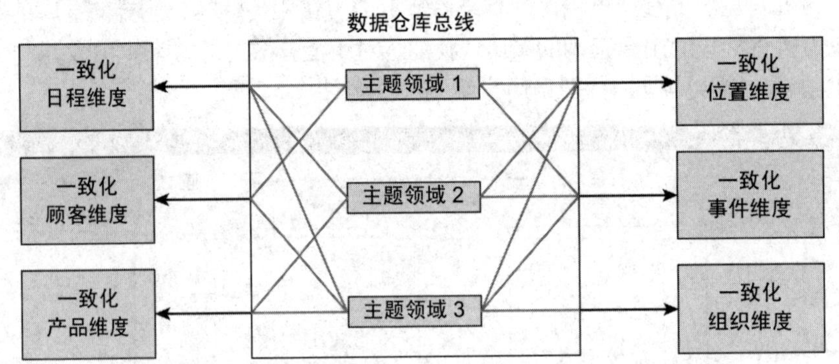

图2-4 数据仓库总线架构，显示了一系列连接到企业一致化维度的数据集市

想象数据仓库总线就像计算机中的总线。计算机中的总线是一个标准的接口规范，可以让人们插入CD-ROM、硬盘，或者任何数量的特殊用途的板卡。由于有了总线标准，尽管这些周边设备是由不同的供应商在不同的时间生产制造出来的，但它们可以平稳地共同工作。

同样，数据仓库总线也是一个标准，它允许独立的数据集市由企业中的不同小组在不同时间实现。通过遵循该标准(一致化维度)，独立的数据集市就可以插到一起。它们不会出现问题，并且它们甚至可以有效共享钻取报告中的数据，因为报告上的行标题在每个数据集市中都意味着相同的内容。

数据仓库总线架构合并了我之前提到过的两个关键概念：数据集市和维度模型。完全干净地分离了数据仓库的总体架构，这样ETL准备区域和展示区域显然会承担不同的职责。定义了数据展示区域的总线架构，要依赖维度模型可预测的相似之处，以便让企业将所有数据集市挂接在一起。这一方法是一个框架，它用于应对数据仓库行业中所有全新的需求。

鉴于总体架构和这个全新的词汇，以下一一简要评论这11个全新需求。

- **分散式、渐进式开发**。在着手处理单独的数据集市项目之前定义一致化维度和一致化事实的原则，这就是分散式、渐进式开发的秘诀。

- **预期到随着业务需要和可用数据源的演化而造成的持续变更**。所有维度模式的相似之处让我们预期到意外变更的影响。当用户开始提出关注地理位置而非关注产品类别的问题时，维度数据集市就不会发生太多变化。位置和产品就是两个对称和等价地连接到大多数相同事实表的维度。根据位置来约束和分组的查询与根据产品来约束和分组的查询具有相同的形式。当用户群开始提出新类型查询的要求时，不必对查询工具和查询策略重新编程。新的数据元素可以用这样一种方式添加到维度模式，旧的应用程序在不进行修改的情况下就能继续运行。可以用这种优雅的方式来添加新的数据元素、新的维度属性、新的可相加事实和整个新维度。
- **快速部署**。一旦一致化维度和一致化事实被建立，独立的数据集市团队就可以彼此独立地进行处理。在许多情况下，在每个数据集市中构建第一批表作为单一底层源的维度映像是合理的。数据仓库总线架构提供了一个公式，用于将这些单一源事实表合并成涉及多个源的更高级别组合。构建单一源事实表的魅力在于，这是数据仓库数据部分部署的最快可能途径。
- **无缝钻取最小的可能原子数据**。钻取就是将一个行标题添加到一个现有报告而已。在一致化维度总线架构中，已知这些行标题在维度中是可用的，并且当我们从更为聚合的事实表降低到较少聚合的事实表时，它们也具有一致的含义。记住，最原子化的数据就是最自然的维度数据，因为用于每个事实表的大多数单值属性都是以这一级别的形式而存在的。
- **各个部分(数据集市)加总为整体(数据仓库)**。这就是将数据集市定义为数据仓库完整逻辑子集的直接影响。通过显示每个数据集市(维度化)的结构以及将它们连接到一起的方式(总线架构)，我们已经将实体添加到了这一定义中。
- **在各种不兼容技术上实现的各个部分(数据集市)**。我们可以放轻松，让数据集市在最低硬件和软件水平上存在不一致，因为我们不会坚持寻求让硬件和软件彼此直接通信。通过对每个数据集市执行独立的查询(使用所谓的多路 SQL 及其相当于 OLAP 数据库的等价项)，我们就可以在较高级别的应用程序层简单地合并结果集。这种方法也有巨大的好处，独立的查询可以避免大量的复杂性逻辑问题，这些问题与试图联结不同基数的事实表有关。
- **24×7 可用性**。仔细考虑后台与前台的分离，我们就能明白，24×7 可用性这个需求指的是数据展示区域。实现 24×7 可用性的第一步，是在单独的机器或者不同于数据展示区域的单独进程上实现数据准备区域。准备区域的最终输出是用于展示区域的一组加载文件。不过，将这些文件加载和索引到最终展示数据库中是一个漫长的过程，它需要将展示数据库下线。为了避免较长时间段的下线，可以使用文件重命名策略。每天早晨的数据库加载都会进入一个“临时”文件中，它会作为常规展示数据库的一份完整备份来启动。在已经加载并且索引了该临时文件之后，系统会下线几秒钟，同时当前的生产数据库表会被重命名，并且该临时文件会被命名为生产数据库表。这种场景对于数据仓库的日常循环来说非常重要，并且在使用分区表和聚合时，它会变得更加复杂。
- **将数据仓库结果发布到所有地方，最好是通过互联网发布**。尽管个别 IT 数据架构师和一些行业顾问并不完全认为简单查询和维度方法是必需的，但工具供应商已经很大程度上采纳了这些方法，因为这些方法是有效的。此外，工具供应商几乎都提供了支持网络的用户界面。在某种程度上，大多数数据仓库所有者都发现他们自身是通过内联网甚至互联网来展示其数据仓库的，无论他们是否有意为之。

- **对所有地方的数据仓库进行安全保护，尤其是互联网上的**。使用无处不在的互联网传输介质的缺点就是暴露出的安全性问题。数据仓库所有者尤其容易遭受损失，因为大多数底层数据都具有敏感性，出乎意料的是，还有一个原因，那就是数据仓库在将数据有效发布给所有业务用户方面所取得的成功。
- **对所有请求近似即时响应**。为用户查询减少响应时间，这包括约束我们自己使用简单、可预测的数据库结构，增加对数据库聚合的数据库索引的使用，以及使用多路 SQL 而非整体式复杂 SQL。所有这些方法都很大程度上使用了维度模型方法，并且这些基于维度假设的领域中，大家的经验越来越丰富且出现了越来越多的技术。有意思的是，(据我所知)在使用标准化实体关系数据模型和传统的基于开销的优化器来满足非常快速响应时间的目标方面，看起来并没有严肃的学术性争论。也没有人提出用于实体关系领域中聚合导航的通用框架。
- **易用性，尤其是对于非计算机爱好者来说**。这最后一个需求使得整个需求完整闭环。维度化方法中事实表和维度表的最初设计动机是由 General Mills 和 Dartmouth College 于 20 世纪 60 年代首倡的，并且稍后由 A.C. Nielsen 于 20 世纪 70 年代将之商业化。根据我的理解，他们首要关注的是以一种可以被理解的方式来表示数据，以便业务用户能够理解。早在 1980 年，Nielsen 就找到了一种方法将独立的数据源绑定在一起，这种方法就是使用“一致化维度”。

数据仓库的这 11 个全新需求既带来了好消息，也带来了坏消息。坏消息在于，这些需求是咄咄逼人且要求苛刻的，并且它们无法轻易融入传统的设计技术和管理方法。好消息在于，使用数据集市和维度设计方法，我们就能针对所有这些需求取得重大进展。

2.6 挑起事端

Ralph Kimball，Intelligent Enterprise，1999 年 6 月 22 日

我大概每年都会觉得需要编写一篇具有煽动性的文章。这就是其中一篇。我不介意读者认为，“Kimball 过于趾高气扬了”；此处确实有那么一些趾高气扬。但我希望读者会说，“现在这就是一个不同的观点。其中有那么一丝真理”。所以这里就是我头脑中的一些主题。

在多个新需求被提出的情况下，互联网挑战着当前关于数据仓库的观点。在 20 世纪 90 年代，数据仓库明显成熟了很多。现在我们取得了很多成功、相当多的失败，以及大量辛苦得来、逐渐累积的经验。但这些日子以来更大的热点是互联网革命。互联网革命代表着沟通成本从根本上断崖式下降，并且每次沟通成本的陡然下降都会带来社会变革。就在我们在此处探讨时，这种现象正在持续出现。

数据仓库必须在互联网革命中扮演不可或缺的角色，因为用于来自点击流的所有奇妙的行为数据的分析平台以及用于许多网站的分析平台，都依赖于数据仓库来实时自定义和驱动终端用户的网络体验。数据仓库占据着互联网革命的中心舞台，并且需要重申和调整我们对于数据仓库的思维。这数据网仓必须：

- 从一开始就作为具有许多有助于整体的独立开发节点的完全分布式系统来设计。换句话说，数据网仓没有中心。
- 它并非客户端/服务器系统，而是一个支持网络的系统。这意味着彻头彻尾的重新设计。支持网络的系统会通过网络上的远程浏览器来交付其结果以及暴露其接口。这些浏览器接口应该使用一种基于两个因素的安全性强健格式，这两个因素就是密码和物理令牌，从而建立从虚拟化私有网络到网络目录服务器的连接。该目录服务器要对用户进行身份验证并且将该用户传递给授权服务器，然后该授权服务器将赋予用户权限来通过一台或多台网络或应用程序服务器使用数据仓库的资源。接着，应用程序服务器会使用私有、强健的安全措施来连接到各种多媒体数据库引擎。用户不会直接连接到多媒体数据库引擎。因此，支持网络的系统是由浏览器和五台服务器构成的六层模型，这五台服务器是：目录、授权、网络、应用程序和数据库。
- 能很好地同等处理文本、数值、图形、照片、音频和视频数据流，因为网络已经支持这种混合媒体。
- 在许多业务处理主题领域中支持至少太字节量级的原子级别行为数据，尤其是那些包含点击流数据的领域。根据定义，许多行为分析都必须对最低级别的数据进行爬网，因为分析约束会妨碍到预先汇总。
- 在大约 10 秒内响应一个用户请求，无论该请求有多复杂。大家都知道，这不可能。但网络为我们带来了期望，我们不能忽视即将到来的浪潮。
- 纳入用户界面有效性作为主要的设计标准。数据网仓中唯一重要的事情就是在网上对信息进行有效发布。延迟、令人困惑的对话框以及预期选项的缺乏都会直接导致失败。

数据网仓必须要有一个均匀分布的架构。支持网络的数据仓库将日益成为基于广泛异构混合的不兼容技术来实现的轻量级、灵活的业务处理主题领域集合。我们需要高度重视将这些主题领域挂接在一起的科学问题，而不是争论这些独立主题领域是否应该存在。

在这些广泛分布的数据仓库环境中，集中式、整体式设计将变得更加难以贯彻落实，这与广泛分布的计算环境和网络中的集中式设计很难实现是类似的。问题在于，规划一个完全集中的数据库的成本过大且过于耗时，并且这些受理想主义推动的设计难以与动态变化的现实环境保持同步。因为我们的数据网仓设计不仅包含我们的内部操作，还包含我们供应链中的业务伙伴甚至我们的顾客，我们不能简单地强制采用完全集中的方法。其中没有中心。

不过，更积极地转向分布式设计方法，我们就肯定能够避免老的烟囱式争论，即分布式系统表示失去对无法连接的独立工作成果的控制。该烟囱式争论的解决方案是通用定义的一种灵活框架(一致化维度和一致化事实)，它让我们可以将单独的数据集市连接在一起。有意思的是，我们仅需要在逻辑上而非物理上从数据集市中将实际的定义、实现以及一致化维度和事实的副本集中出来。在我的文章中，我已经大量地描述了这种分布式架构，正如 20 世纪 80 年代早期由辛迪加数据供应商 A.C. Nielsen 最初实现的那样。

最大的企业资源规划(ERP)供应商需要效仿数据仓库而非取而代之。其中一些最大的 ERP 供应商已经宣称它们就是数据仓库——很可能是因为它们意识到了使用企业信息制定决策的重要性——并且它们希望控制那部分市场。不过，直到目前为止，它们的数据仓库欲望一直都是事与愿违的。数据仓库的范畴将永远比任何 ERP 系统要大。数据仓库——以及现在的数据网仓——是用于来自许多源和许多方面的信息的发布平台。对于来自所有这些不同地方的数据来说，数据仓库必须是舒适的归属。数据仓库必须是分布式、灵活、快速且面向用户的。在我看来，最大的 ERP 供应商并没有严肃看待这些需求。

如果你是一位数据仓库项目经理，并且有人一直告诉你要使用 ERP 系统作为集中式数据仓库，因为已经对该 ERP 系统投入了大量资源，那我只能对你表示同情。我认为应该从 ERP 系统中提取数据，将其看作与任何其他的数据源一样，并且将这些数据作为一个或多个业务处理主题领域来展现，这些领域与代表着非 ERP 源的其他一致化主题领域一起有效参与其中。

大多数数据仓库工具的用户界面都是由还没有实现过足够多数据仓库的供应商软件开发人员设计的。我偏好的专业化活动是坐在业务用户旁边，观察他们使用计算机的方式。对我而言，这要回溯到我的最初体会。我在 20 世纪 60 年代末的毕业论文是一个大型 LISP 程序，它会用一个图形终端在一台分时共享的 PDP-10 上指导微积分学生。这个程序通过观察学生学习到了解决高级问题的策略。在施乐•帕克研究中心，我花了 10 年时间帮助设计 Star 工作站的用户界面。在这个过程中，我们建立了一个观察终端用户与计算机较劲的实验室。从我在施乐的日子开始，我一直会频繁地遇到对不必要复杂用户界面感到晕头转向且不知所措的业务用户。但通常都没有有效、紧密的反馈闭环来让供应商修改他们的产品。为软件供应商工作的技术支持人员会收集用户的建议，这些建议偶尔会通过产品市场销售渠道被送回来。产品市场部门每年会与开发部门商讨一次或两次，以便在下一个软件版本中纳入新的特性。这些特性建议和可用性增强必须与新工具的开发竞争资源，而这通常是由总部管理层来决定的。个别的特性建议通常会被回绝，因为在它们本身看起来过于不起眼，而显得不值得去这样做。或者，更糟的是，它们会被诠释为来自那些应该阅读用户手册的“不成熟”用户的请求。

在我看来，所有这些都需要改变。网络是直接测量用户有效性的无情熔炉。点击流以一种我们无法避免的方式提供了证据。我们能看到用户所做的每个动作，其中一些动作并不合适。用户会在 10 秒之内打开页面并且离开。如果他们不在页面上点击，他们就不会看到所需的内容。如果他们在页面完成渲染之前就离开该页面，那就说明这个页面加载太慢了。如果他们不再回到这个页面，他们就无法使用它。网络终于让可用性体现出了其重要之处。

标准化实体关系(ER)模型既不独一无二，也不完整。在我看来，数据仓库社区仍旧没有清理出合适的位置来使用各种形式的建模。本着这个月挑起事端的精神，我希望专注于一个让我着迷的特别问题。

去除数据集冗余的标准化 ER 模型对于事务处理来说是一个绝妙的优势。充当追求干净数据目标的标准化模型很有用，因为它们就是一个目标。但这个目标仅在清理步骤完成之后才会变得可实现。在我最近对于标准化模型的思索中，我开始怀疑它们既不是独一无二的，也不是完整的。给定一组数据实体——例如，描述一家复杂企业中所有的员工和组织——不存在描述这些数据所有关系的独一无二的标准化模型。其中有许多同时重叠且可替换的多对多和多对一关系，并且这些关系可以用多种方式来表示——或者说至少我怀疑这是否能做到。如果是这样的话，那么一个指定的标准化模型就是唯一被选中的数据诠释。它并非独一无二的描述。

更严重的是，指定的标准化模型并没有宣称会是完整的；它没有宣称会挤出数据间的所有关系并且将它们显示在图表上。在某种意义上，标准化模型就只是建模者偶然会考虑、探究或者愿意记录下来的一套东西而已。

数据仓库领域中的批判性思考太少了。这个领域的作者和演讲者并没有像其他领域中的作者和演讲者那样被批判性地评论，并且他们并不对其言论负责。不要认为我会在这些艰难话题面前退缩。我的妻子 Julie 在其之前的职业生涯中曾是一位职业的演讲和语言专家，她现在非常细致地研究人们(包括我在内)所说的内容。在最近的一封发给一所大学的电子邮件中，她做出了如下评论：

人们是否真的批判性思考过他们所阅读到和听到的内容，或者他们是否盲目地接受这些内容？最终我认为任何顾客群的批判性思考都会提升任何市场的品质。当这一顾客群练习其批判性思考技能时，就会产生与之相关的某种集体领导和能力。鼓励 IT 社区对他们所听到的那些内容有更高的要求会是一件很好的事情。

2.7 设计约束和不可避免的现实

Ralph Kimball，Intelligent Enterprise，2002 年 9 月 3 日

正如文章 3.1“专业边界”和文章 3.2“一名工程师的视角”中所描述的，数据仓库专家的基本任务是发布正确的数据。因为我是一名工程师并且试图构建可以有效工作的实用工具，所以对我而言下一个问题就是：在面对最有效展现组织数据的任务时，一名合格的工程师会怎么做？

遗憾的是，在我们可以开始翻找工程师的工具和技术文件夹之前，我们不得不吞下一些苦涩的药物。我们必须一次性面对所有设计约束以及设计现代数据仓库所避免不了的现实情况的完整清单。这是一份令人望而生畏的清单。超过 IT 业的任何其他工作，数据仓库设计任务结合了计算机技术、认知心理学、业务内容以及政治。

无论我在何时提出下面这些设计约束和不可避免的现实情况，我都担心是在鼓励潜在的数据仓库专家寻求另一种职业生涯。但该任务的挑战也正是让这些技术如此有魅力及引人注目的原因所在。我保证，我们将迎接黎明，不过首先我们需要面对这份完整的清单。

2.7.1 设计约束

设计约束就是我们作为合格工程师所寻求的要放到我们设计上的需求，因为它们是明显且理想的目标。不可避免的现实情况，顾名思义，就是我们希望可以避免，但坦率来说又不得不硬着头皮面对的那些需求。在我看来，前两个设计约束就是发布正确数据的绝对必然需求：

- **易理解性**。呈现给业务用户的最终界面必须是能够被立即理解的、简单的、可识别的且直观的。这是整个清单中最具挑战性的约束。正如我常常说的，我们设计者都是有天赋才能的，因为我们对于复杂性有着一种不同寻常的忍耐力。几乎我们所有的设计都过于纷繁且过于复杂。我们将特性放在用户面前并且错把它们当成解决方案。在我们应该倾听时，我们却给出了演示。我们还应该用较少的选项在我们的应用程序界面上提供更多的空白空间。被小部件填满的错综复杂、小巧的仪表盘仅能吸引到 10%的用户。统计鼠标点击数作为复杂性的测量值。尝试让所有任务都可以在三次点击或更少次点击内完成。
- **速度**。从业务用户的角度出发，展现数据唯一可接受的延迟就是没有延迟。其中一个最大的错误设计规则就是，“如果结果很复杂(或者涉及处理大量的数据)，那么用户将会接受较长的延迟”。这不过是一个设计者粉饰的借口，他们不愿意承认，“我们知道这很慢，并且我们正在努力工作以便让它更快一点”。

- **实现成本**。一名合格工程师必定受到几项成本方面的约束。在将任何有用结果交付给终端用户之前，实现成本包括人力成本和设计阶段期间的延迟。设计大致可以这样划分，后台提取、转换、加载(ETL)应用程序占 70%，而前台用户查询和报告占 30%。当每个数据仓库设计作为没有任何可重用设计的“自定义任务”从一块干净的白板开始进行时，实现成本就会增加。当设计方法依赖于数据复杂性时，就无法控制实现成本。具有 10 个表的设计是受控的。具有 100 个表的设计就处于受控边缘了，而具有 1000 个表的设计是终将会失败的一场灾难。
- **硬件和软件技术成本**。硬件和软件应该根据眼前的需求缩放，并且在首次实现之上应该很好地易于扩展。从长远来看，对于将数据可被理解且快速交付给业务用户来说，软件才是真正有价值的东西。硬件是应该定期更换的产品，以便得到性能更好的版本。关于硬件和软件最严重的错误就是，选择专用且封闭的硬件解决方案，这种解决方案侧重于对复杂生产模式的原始计算能力而非细致的软件和数据设计。尽管这样的解决方案会降低隔离的后台成本，但它们会增加应用程序部署的成本并且加大用户面对复杂性的概率。
- **日常管理成本**。日常管理成本包括通过标准 ETL 应用程序将数据例行加载到事实表和维度表中，还包括生成分发给业务用户的标准报告。在维度数据仓库中，关键的 ETL 应用程序就是“代理键管道”。
- **意外成本**。小的意外包括延迟到达的事实、延迟到达的维度以及现有数据的修正。我们知道它们会发生，但只有在接收到数据时我们才能做出响应。我们需要标准化技术来处理这些小意外。大的意外包括新的维度、维度属性、事实以及数据源的粒度。所有这些大的意外都会让我们在处于生产环境时修改数据库模式。我们需要“优雅地”处理这些大的意外，这样所有现有的用户应用程序就可以无须任何重新编码就能继续运行。
- **阻止不相关的结果**。数据仓库失败的其中一个最大的原因就是瞄准了错误的目标。如果要取得成功，那么数据仓库就必须具有相关性。相关性并非偶然得来；它产生自数据仓库生命周期开端以及贯穿始终的大量持续的业务需求收集。最好的数据仓库工程师花在 IT 和业务用户部门的时间相当。数据仓库专家在用户部门应该有一张办公桌。
- **阻止不合适的集中化**。一个集中规划的数据仓库就像计划经济那样很可能会成功。它在纸面上看起来很不错，并且它对于 IT 人士的控制本能来说很有吸引力，但集中规划的数据仓库的假设前提是完美的信息和控制。最终，就像计划经济的那些问题一样，这些假设前提的问题将会让人自食恶果。从长远来看，数据仓库应该成为数据集市的分散式社区，使用能让它们有效共同运行的一种架构将其绑定在一起，但其中真正的控制权被过渡给独立且具有自主性的远端部门。

2.7.2 不可避免的现实

不可避免的现实是从业务领域的理想模型中分离出来的。研究业务领域的人类学家将称理想模型为规范性的，而称现实模型为描述性的。描述性模型丢弃了程序手册并且描述了业务领域不可避免的现实，比如：

- **分散式、渐进式开发**。我们之中很少有人足够智慧且拥有足够多的人手来预先从中心位置完成数据仓库的完美设计。我们其余大部分人都需要借助于独立部门所开发的设计以及随着我们逐步了解用户需求和数据含义，用渐进方式完成的设计。我们的数据仓库必须是完全分散式的系统，在某些情况下完全没有物理中心。

  我特别渴望描述我所钟爱的集中式系统比喻。如果美国的电话系统被设计为完全集中式的系统，那么就会有一个位于爱荷华某个地方的单一巨大的交换中心，而每台电话都要使用一条单独的线缆连接到这个地方！电话系统就是分布式系统的绝佳示例，并且它要比任何数据仓库都复杂 1000 倍以上。
- **多种不兼容技术**。大多数组织都有各种位于特定物理水平之下的业务系统、数据库引擎以及用户分析和交付技术，它们都是完全不兼容的。为了集成这些系统，我们需要在相对较高的级别用一种复杂巧妙的方法来处理应用程序和数据通信，从而摆脱单独的数据格式。
- **快速部署**。业务用户认为六个星期对于数据仓库的部署来说“正好合适”。另一方面，最好在一年之内交付出有用的东西，否则预算将耗尽，老板将弃你而去，并且你的公司也将消失。
- **持续变化**。业务领域会持续变化，这使长期的设计假设成为一个笑话。唯一能借助的就是一种欢迎变化却又能够抵抗住变化的设计。那是怎样的一种设计？你将看到，秘诀就是对称性。
- **数据集市**。数据集市一词很重要，因为它代表执着且独立的小组资源，并且发布他们自己的数据以满足紧急的本地化需求。当然，数据集市真正的问题是，它们通常是烟囱式的。作为工程师，我们要消除烟囱并且将数据集市开发的天然能量转变成我们的优势。我们将现代维度数据集市称为业务过程主题领域。这些主题领域必须成为分布式数据仓库的核心元素。
- **原子的、接近于实时的数据**。我们的数据仓库中需要最原子的数据，以便提出最准确的问题并且钻取到大多数业务视角。我们还需要让这些原子数据尽可能地具有实时性。目前实时通常被理解为小于一小时这个含义，尽管它实际上常常意味着零延迟。数据仓库需要步调一致地追踪业务系统。
- **无缝衔接历史**。似乎就像之前的需求还不够苛刻一样，如今数据仓库必须将实时数据无缝地连接到静态的历史数据，以便至少呈现出从时间轴开始处到目前为止无缝衔接的假象。

2.7.3　摆脱困境

如果你还在阅读本文，请继续读下去。在文章 2.8“两个强有力的观点”中，将会让我们摆脱这组看起来不可能的设计约束和不可避免的现实。我们要分离我们的物理系统，这样它们就能更加有效地执行焦点任务，并且我们要使用维度建模以一种可预测、可重用、低成本的方式来对抗所有这些挑战。

2.8 两个强有力的观点

Ralph Kimball，Intelligent Enterprise，2002 年 9 月 17 日

就大多数最成功数据仓库的基础而言，有两个强有力的观点。首先，分离系统。其次，构建星型结构和多维数据集。

在文章 2.7“设计约束和不可避免的现实”中，我描述了数据仓库设计者所面临的挑战。这是一份如此令人生畏的清单，我担心读者会转头而去。不过让读者到目前为止还在阅读本书的原因就是，我承诺过会让我们摆脱困境。

我宣称过，数据仓库设计上毫无回旋余地的约束就是用户可理解性和查询的执行速度。复杂、缓慢的数据仓库就是失败的，无论其余的设计会有多么优雅，因为其目标用户不会想要使用它。这就是这两个强有力观点产生的原因。

其余所有的约束和不可避免的现实都是务实的，并且坦白地说，数据仓库设计空间极其复杂。我们必须应对的源数据、源系统、数据库技术以及业务环境都非常复杂。因此，作为合格的工程师，要使我们脱离困境，我们就必须将问题分解成单独可管理的部分，并且重视那些当设计环境发生变化时可预测、可重用且健壮的技术。

2.8.1 分离系统

在一家复杂企业中设计一个数据仓库的至关重要的一步就是从逻辑上、物理上和管理上分离系统。

我发现将项目看作四个明显不同的系统非常有用，数据仓库管理者仅应该负责其中的两个。我不会用典型的方框图让读者不知所措，因为这些问题比方框图要简单。这四个系统是：

- 生产(源)事务处理系统。
- ETL 准备系统。
- 展示系统，其中包括客户端/服务器和基于网络的查询工具以及报告生成器。
- 支持数据挖掘、预测、评分或分配的可选高端分析工具。

作为数据仓库管理者，不应该负责捕获和处理事务的源系统。那是其他一些人的任务。没人希望介入支持法务和财务审计功能或者这些系统的回滚和恢复功能。它们是公司的收款机，并且它们的优先级不同于数据仓库的那些系统。

数据仓库负责的第一个系统就是数据准备区域，其中会将来自许多源的生产数据带入、清理、一致化、合并，并且最终交付给数据仓库展现系统。对于准备区域中关键的提取、转换和加载(ETL)步骤，我们已经介绍了很多，撇开这些细节不谈，准备区域的主要需求就是，它对于所有最终的数据仓库客户端来说都是禁区。准备区域正如一家饭店的厨房(参阅文章 2.9“数据仓库就餐体验”)。厨房是繁忙甚至危险的地方，它充斥着锋利的刀锋和高温液体。厨师都很忙碌，专注于准备食物的任务。让就餐者进入专业的厨房或者让厨师被良好就餐体验这种问题分心，都是不合适的。用数据仓库的术语来说，通过将所有数据仓库客户端排除在数据准备区域外，我们就能避免：

- 保证查询或报告的正常运行时间服务水平。
- 强制实现客户端级别的安全性。

- 为查询性能构建增强性能的索引和聚合。
- 处理查询和数据清理步骤之间的逻辑和物理冲突。
- 跨独立、异步的数据源保障一致性。

数据准备区域中的两种支配性的数据结构就是普通文件和标准化实体关系模式，它们都从生产系统中直接提取或衍生而来。准备区域中几乎所有的处理都是排序或简单的序列化处理。

受到数据仓库特定控制的第二个主要系统就是展示系统。当然，这个系统类似于一家好餐厅的就餐区。就餐区是为就餐者的舒适体验而搭建的。食物会被立即并且以最吸引人的方式送到，并且会尽可能避免麻烦和干扰。同样，构建数据仓库展示系统也是为了增强查询和报告体验。展示系统需要很简单且快速，并且呈现正确的数据以满足业务用户的分析需要。另外，在展示系统中，我们可以轻易地应对前面用项目符号标记的需求清单，也就是我们排除在准备区域外的那些。

展示区域中支配性的数据结构就是维度数据库模式和 OLAP 多维数据集。展示区域中的处理必须响应由数据上每个可能角度而来的大量较大和较小的查询。久而久之，这些查询将没有可预测的模式。有一些设计者称之为即席攻击。

我们列表上的第四个系统是特定高端分析工具的一个可选层，它通常会批量消费数据仓库的数据。这些数据挖掘、预测、评分和分配工具会频繁使用数据仓库设计者常规专业外的专业化算法。

并且坦率地说，许多这些处理都具有一个解释性或政治性的组件，该组件被明智地隔离在数据仓库外。例如，作为一门学科的数据挖掘就是一个复杂的解释性任务，它涉及一整套强大的分析技术，其中许多技术对于业务用户群来说都无法轻易地理解或信赖。正确的数据挖掘需要一位专业的数据挖掘专家，他具备有效使用这些工具并且将数据挖掘结果呈现给业务用户群的能力。

此外，正如我常常宣称的，数据挖掘和数据仓库之间存在着根本性的阻抗不匹配[①]。数据挖掘会频繁地需要以极高的数据传输率反复查看数千或数百万个“观测”。直接从数据仓库支持这一点并不容易。最好将这一观测集转交给数据挖掘团队，仅此一次。

数据仓库应该避免的高端分析工具的另一个示例就是，用于将成本分摊到组织中各个业务线的分配系统，其目的是计算总体盈利能力。这不仅会是大多数查询和报告工具能力外的复杂处理步骤，也是一个政治上的烫手山芋。让财务部门进行分配，而数据仓库只要欣然存储其结果就好。

2.8.2　对称的星型结构和多维数据集

如今大多数展示区域都受制于关系型星型模式和多维 OLAP 数据集。在过去 30 年中，这些数据结构已经被证明是业务用户可以理解的形式。记住，可理解性正是我们两个毫无回旋余地的设计约束中的一个。

星型模式和 OLAP 多维数据集的简单性使聪明的软件设计者可以专注于为快速查询性能提供强有力的算法。记住，速度是另一个毫无回旋余地的设计约束。

[①]译者注：持久化存储数据所采用的数据模型(无论是文件系统还是数据库管理系统)如果与编写程序(C++、Smalltalk、VisualBasic、Java、C#)时所采用的数据模型有差异，就称为“阻抗不匹配”问题。

星型模式和 OLAP 多维数据集的对称性还有利于：

- 可预测的用户界面，它会“知道”在查询时做些什么。
- ETL 准备区域中可预测的管理场景，因为所有的数据结构都具有相类的外在观感。
- 无论何时，有新类型数据可用时可预测的实现响应。

当然，星型模式和 OLAP 多维数据集是密切相关的。星型模式最适合非常大的数据集，这些数据集具有多达数百万或数十亿个数值测量值或者顾客实体或产品实体中多达数百万的成员。OLAP 多维数据集最适合较小的数据集，其中分析工具可以执行复杂的数据对比和计算。在几乎所有的 OLAP 多维数据集环境中，都建议将源数据首先放入一种星型模式结构，然后使用向导将数据转换到 OLAP 多维数据集中。这样，处理普通文件和实体关系模式的所有复杂准备区域 ETL 工具就都能成为 OLAP 数据管道的一部分。当然，混合维度模式-OLAP 系统还允许从较小的 OLAP 数据集目标中平滑钻取以维度格式存在的非常大的数据集，所有这些都是在单一用户界面中完成的。

2.8.3 巨大的回报

在数据仓库中围绕对称维度模式和 OLAP 多维数据集构建展示系统的最终巨大回报就是，用于将整个企业中的数据链接到一起的一组可预测的共同点。这些一致化维度将成为数据仓库总线架构的基础——一组为数据仓库提供推动力的标准连接点，正如发电站中的母线将电力提供给所有输电线路一样，也正如计算机中的总线将数据提供给所有外围设备一样。

2.8.4 我们已经取得了什么成果

到目前为止，我们已经实现了两个强有力的观点。首先，我们已经从逻辑上、物理上和管理上将我们环境中的系统分离成了四种独立的类型。我们真的需要四个不同的计算机系统，但仅需要负责其中两个！我们这两个数据仓库系统还使我们可以分离数据准备和用户查询的不兼容职责。其次，我们已经用星型模式和 OLAP 多维数据集填充了数据仓库展示区域，它们是唯一可被理解的、快速的，并且能够承受住即席攻击的结构。

尽管显然我们还没有处理所有复杂的设计约束和不可避免的现实，但我们已经削弱了总体挑战中最客观的部分，这正是通过利用这两个强有力观点来实现的。我们已经有效处理了大部分问题，即可理解性、查询速度、所有三类成本、不恰当集中化的风险、渐进式开发的需要、对由小意外和大意外构成的持续挑战的应对，以及如何看待数据集市的角色。可能还是有希望的。

2.9 数据仓库就餐体验(Kimball 经典)

Ralph Kimball，Intelligent Enterprise，2004 年 1 月 1 日

回溯到 20 世纪 80 年代早期，Kimball Group 的几名成员当时都在一家名为 Metaphor 的公司工作。作为一家新成立软件公司的成员介绍当时前沿科技(如图形化电子桌面上的文件夹、文件抽屉和工作流)的一部分，我们意识到了使用比喻来表示看似复杂概念的好处。有效的语言和视觉比喻有助于将复杂性转换成可轻易理解和令人印象深刻的映像。

我们偏好的比喻之一强化了将整体数据仓库环境分离成独立组件的重要性，正如文章 2.8 “两个强有力的观点”中所描述的那样。数据仓库应该有一个完全专注于数据准备和提取、转换以及加载操作的区域。应该优化数据仓库环境的一个独立层，以用于将数据呈现给业务用户和应用程序开发人员。

如果思考一下数据仓库和餐厅之间的相似性，就会认为这种分离是必不可少的。

2.9.1 厨房

一家好餐厅的厨房本身就是一个世界。它就是出现奇妙事物的地方。有天赋的主厨使用原材料并且将它们转变成供餐厅就餐者食用的令人垂涎、美味可口的套餐。但早在商用厨房被投入生产使用之前，就需要大量的规划来设计其工作区域的布局和组成部分。

要牢记基于几个设计目标来组织餐厅的厨房。首先，布局必须是高效的。餐厅管理者非常关心厨房的吞吐量。当餐厅挤满了人并且每个人都很饥饿，就没有时间浪费在多余的动作上了。

从餐厅的厨房交付出质量稳定的食物是第二个目标。如果从厨房传出的食物总是无法满足预期，那么这家餐厅就注定会倒闭。餐厅的名声是建立在大量辛劳付出的基础上的；如果其结果反复无常，那么所有的工作都将白费。为了达成可靠的一致性，主厨会在厨房中一次性创造其特殊的酱料，而不是将配料送到餐桌上，那里免不了会出现意外变化。

厨房的输出，也就是交付给餐厅顾客的餐食，也必须高度完整。你肯定不希望有人在你的餐厅就餐时出现食物中毒的情况。因此，要牢记基于完整性来设计厨房。不要在处理生鸡肉的相同台面上准备沙拉。

正如设计厨房布局时，质量、一致性和完整性是主要的考虑事项一样，它们也是餐厅日常管理中持续存在的关注点。主厨力求获得尽可能最好的原材料。所采购的产品必须满足质量标准。例如，如果农产品供应商试图供应棕色、不新鲜的生菜或者有擦伤的番茄，那么就应该拒绝采购这些食材，因为它们没有达到最低的标准。大多数好餐厅都会根据可以采购到的食材品质来调整其菜单。

餐厅厨房需要有经验的专业人员来掌握它们运营的工具。厨师怀有无比的自信和轻松心态来运用像剃刀一样锋利的刀具。他们操作着功能强大的设备并且在极高温的台面上进行工作却不会出现意外。

鉴于这些危险的环境，厨房就应该是餐厅顾客的禁区。它就是如此不安全。运用锋利刀具的专业厨师不应该被就餐者的询问所打扰。餐厅管理者也不会希望顾客进入厨房，将他们的手指插入酱汁中看看他们是否想要点一道主菜。为了避免这些干扰，大多数餐厅都有一道紧闭的大门，将厨房和就餐区域隔离开来。

每家夸耀开放式厨房设计的餐厅通常都有一道屏障，如局部的玻璃墙，用于分隔这两个环境。可以邀请就餐者观看，但他们不能自己溜达到厨房区域。不过尽管可以看到厨房的一部分，也总会有无法看到的后台，其中会进行不具视觉吸引力的准备工作。

数据仓库的 ETL 准备区域就非常类似于餐厅的厨房。准备区域就是将源数据奇妙地转换成有意义、可呈现信息的地方。早在从源中提取任何数据之前，就必须筹划和架构好准备区域。就像厨房一样，该准备区域旨在确保吞吐量。它必须将原始源数据有效转换成目标模型，以最小化不必要的动作。

显然，数据仓库 ETL 准备区域也高度关注数据质量、完整性和一致性。在传入数据进入准备区域时，要检查这些数据是否达到了合理的质量。这些条件会被持续监控，以便确保准备区域的输出结果是高度完整的。为了始终获得增加了指标和属性的值的业务规则是由有经验的专家在准备区域一次性应用的，而非依赖每名顾客独自开发这些规则。确实，这样会给 ETL 团队增加额外的负担，不过这样做是为了向数据仓库用户交付更好、更一致的产品。

最后，数据仓库的准备区域应该是业务用户和报告/交付应用程序开发人员的禁区。正如餐厅管理者不希望餐厅顾客溜达进厨房且会品尝半熟食物一样，我们不希望繁忙的 ETL 专家被来自数据仓库用户的意外查询所干扰。如果数据准备仍旧在进行，用户将他们的手指插入临时的准备壶中，其后果会令人非常不快。就像餐厅厨房一样，发生在准备区域的活动就不应该被数据仓库用户看到。一旦为用户消费准备好了数据并且检查了其质量，这些数据就会通过入口被带入数据仓库展示区域。谁知道呢，如果任务完成得很棒，你就会成为像 Emeril Lagasse 或 Wolfgang Puck[②]一样的数据仓库明星主厨。

2.9.2 就餐区

现在将注意力转向餐厅的就餐区。区分餐厅的关键因素是什么呢？根据广受欢迎的 Zagat Survey[③]的说法，世界各地的餐厅是按照四种独特品质来评分的：

- 食物(品质、味道和摆盘造型)。
- 装潢(对于餐厅顾客来说有吸引力的、舒适的环境)。
- 服务(快速的上菜速度、殷勤的服务人员以及按订单上菜)。
- 成本。

大多数 Zagat Survey 的读者在评估餐饮选项时最初关注的都是食物评分。首要的是，餐厅是否提供美味的食物？这就是餐厅的主要交付物。不过，装潢、服务和成本因素也会影响顾客的总体就餐体验，并且在评估是否要在一家餐厅就餐时会被当作考虑因素。

当然，来自数据仓库厨房的主要交付物就是展示区域的数据。哪些数据是可用的？就像餐厅一样，数据仓库要通过源数据、发布的报告以及参数化分析应用程序来提供“菜单”以描述哪些是可用的。

数据是不是高质量的？数据仓库用户期望一致性和上乘质量。展示区域的数据必须被正确准备和安全消费。

在装潢方面，应该为了让用户感到舒适而组织展示区域。必须基于数据仓库就餐者而非 ETL 工作人员所表达的喜好来设计它。服务在数据仓库中也至关重要。必须按照预订需求迅速地，以能够吸引业务用户或报告/交付应用程序开发人员的形式交付数据。最后，成本也是数据仓库的一个因素。数据仓库厨房工作人员可以凭空制作出精良的却很昂贵的餐食，但如果在那个价位没有市场销量的话，餐厅也无法生存下去。

如果餐厅就餐者的就餐体验很愉快，那么对于餐厅管理者来说一切就都是美好的。就餐区总是很忙碌，甚至有些晚上还会有人排队候餐。餐厅管理者的绩效指标都大有希望：大量的就

[②]译者注：Emeril Lagasse 和 Wolfgang Puck 都是星级名厨。

[③]译者注：Zagat Survey(查氏餐馆调查)是一家著名的餐饮类调查评论机构，它也是大众点评的最初灵感来源。

餐者、翻台率，以及每晚收益和利润，同时员工流动率很低。一切看来都很好，餐厅老板在考虑开一家分店来应对人流量。另一方面，如果餐厅的就餐者不满意，那么一切就会急转直下。如果顾客数量有限，那么餐厅就无法赚到足够多的钱来弥补其开销(并且员工也收不到任何小费)。在相当短的时间内，餐厅就会倒闭。

餐厅管理者通常会主动检查其就餐者对于食物和就餐体验的满意度。如果有一位顾客不开心，他们就会立即采取行动来纠正该情形。类似的，数据仓库管理者应该主动监控数据仓库的满意度。等听到抱怨时，代价就太大了。通常，甚至在不表达关切的情况下，人们就会放弃一家餐厅。久而久之，你就会注意到，就餐者数量已经下降了，但你却不知道原因。

不可避免的是，之前数据仓库的用户将会找到另外一家能更好满足其需要和喜好的“餐厅”，这样就浪费了设计、构建数据仓库和为其配备员工所投入的数百万美元。当然，可以通过成为一名出色、积极主动的餐厅管理者来避免此不愉快的结局。要确保正确组织和利用厨房来按需交付呈现区域上的食物、装潢、服务和成本。

Ralph 和我已经使用此比喻数年了；它能引起共鸣并且随着我们在餐厅和数据仓库之间发现更多的相似点而演化。一个好的比喻的标志是，它可以被扩展并且仍旧能够联系在一起。如果对于这个比喻读者有进一步的修饰，请让我们知晓。

2.10 用于更艰难问题的更简单方法

Ralph Kimball，Design Tip #131，2011 年 2 月 3 日

数据仓库会处于剧烈的架构压力之下。业务领域已经变得痴迷于数据，并且每天都会出现将数据源添加到数据仓库环境的新机遇。在许多情况下，我们组织中的分析师都会发现“数据特性”，这些特性可以被业务明确地货币化以提升顾客体验，或者提高采购产品的汇率，或者发现特定高价值顾客的人口统计特征。当分析师举出一个令人信服的业务用例，以便将一个新的数据源带入我们的环境之中时，通常会面临快速完成的压力。之后艰难的工作就开始了。我们如何将新的数据源集成到我们当前的环境中？关键点都匹配吗？地理位置和名称是以相同方式定义的吗？对于我们使用数据概要分析工具进行一些探查之后所暴露出来的新数据源中的质量问题，我们又该如何处理？

我们通常不会享受到将新数据源中的所有属性一致化到当前数据仓库内容的乐趣，并且在很多情况下，我们无法直接控制源处的数据收集活动以便消除不合格数据。作为数据仓库专家，我们被寄希望于毫无怨言地解决这些问题！

借用敏捷开发图解中的一页内容来说，我们需要使用迭代方法来应对这些大问题，这种迭代方法可以快速将有意义的数据有效负荷交付给业务用户，理想的情况是在首次看到需求的数天或数周内。我们来应对两个最难的问题：集成和数据质量。

2.10.1 增量集成

在一个维度化建模的数据仓库中，集成表现为出现在每个源中的在维度表中普遍定义的字段。我们将之称为一致化维度。举个示例，有个维度名为 Customer，它被附加到几乎每个面向顾客的处理过程，其数据位于数据仓库中。由每个源提供数据的原始 Customer 维度不幸都不兼容的情况甚至是典型的。存在数十个甚至数百个具有不同字段名称的字段，并且其内容来自不兼容的领域。应对这个问题的秘密且强有力的观念就是，不要一次处理所有这些问题。相反，要选择 Customer 维度中属性的一个非常小的子集来参与一致化处理。在某些情况下，会定义特殊的新的"企业属性"，要以一致化的方式跨所有在其他各方面不兼容的源来填充该属性。例如，可以将一个新的属性称为"企业顾客类别"。尽管对于较大的集成挑战来说，就算这一属性允许钻取所有已经用一致化方式将这个属性添加到其顾客维度的数据源，但这听起来也还是一个过于低微的开始。

一旦希望所有的数据源中都存在一个或多个一致化属性，就需要一个能够发出联合查询的 BI 工具。我们在课堂和书本中已经多次描述过最终的 BI 步骤，但其实质是，从不相干的数据源中取回独立的结果集，这些结果集中的每个都仅受一致化属性的约束并且在其之上分组，然后要将这些结果集分类组合成由 BI 工具交付给业务用户的最终数据负荷。这个方法有许多强大优势，其中包括通过在重要维度中添加新的一致化属性、通过添加新的注册使用一致化属性的数据源来递增式处理的能力，以及能够跨不兼容技术和物理位置执行高度分布式联合查询的能力。有什么理由不选择这样做呢？参阅本读本中关于横向钻取技术的两篇文章：文章 13.21"SQL 中的简单横向钻取"以及文章 13.22"用于横向钻取的 Excel 宏"。

2.10.2 递增的数据质量

可以使用我们用于集成问题的相同思维模式来处理数据质量的重要问题。在这种情况下，我们必须接受现实，即几乎没有受损的数据或脏数据能够被位于源下游的数据仓库团队切实修复。数据质量的长期解决方案涉及两个主要步骤：首先，我们必须判断和标记坏数据，这样我们就能在决策时避免被误导；其次，我们需要尽可能对原始的源施加压力，以改进其业务实践，以便更好的数据能够进入整体的数据流。

同样，就像集成一样，我们要用非破坏性且递增的方式将数据质量问题切成小块，以便在经过一段时间之后，我们能够全面理解数据问题出在哪里以及我们在修复这些问题方面取得了哪些进展。

我们推荐的数据质量架构是引入一系列质量验证，或者观察数据流的"界面"，并且将错误事件记录收集到后台的一个特殊维度模型中，该模型的唯一功能就是记录数据质量错误事件。

同样，界面的开发可以从低微的起点开始递增式进行，以便逐渐创建一个全面的数据质量架构，这个架构要遍布从原始源到 BI 工具层的所有数据管道。

我们已经写了太多关于数据质量挑战的内容。请参阅文章 11.19"用于数据质量的架构"。

2.11 扩展数据仓库的边界

Ralph Kimball，Design Tip #141，2011 年 12 月 6 日

数据仓库领域中永远没有乏味无趣时。在过去十年间，我们已经看到了业务数据阵势极大地进入其中，然后大家对追踪顾客行为的兴趣极大地增加，而在过去两年中，大家又沉迷于大数据。与此同时，我们不得不思考的软件和硬件变化源源不断地涌现。RDBMS 架构已经发生了很大变化，其中包括大量的并行处理、列式存储数据库、内存数据库以及数据库应用工具。数据虚拟化即将变更数据仓库实际物理驻留的位置以及处理步骤进行的位置。

尤其是，大数据已经预示着传统 RDBMS 面临全面的竞争，这种竞争是由名为 MapReduce 和 Hadoop 以及关系表这种传统舒适区外的数据格式所带来的。我们不要忘记包括合规性、安全性、私密性和记录保存在内的增强过的治理职责。

在这个特定时刻，可以合情合理地问一下，所有这些 IT 活动中，哪些部分才是"数据仓库"?

无论我何时试图回答这个问题，我都会回顾数据仓库的使命宣言，可以用七个字来总结：发布正确的数据。"发布"意味着以最有效的可能方式来呈现组织的数据资产。这样的展现必须能够被理解、令人信服，以吸引人的方式介绍，以及即刻就能访问。想想高质量的常规发布。"正确的数据"意味着能够让决策者最有效了解从实时战术到长期战略的所有决策类型的那些数据资产。

严肃看待该使命宣言意味着数据仓库必须包含发布正确数据所必需的所有组成部分。的确，这是一个很全面的视角！同时，数据仓库实际上具有精心定义的边界。数据仓库不负责原始数据生成、不负责定义安全性或合规性策略、不负责构建存储基础设施、不负责构建企业面向服务架构(service oriented architecture，SOA)基础设施、不负责实现企业消息总线架构、不负责解决软件即服务(software-as-a-service，SAAS)应用程序的问题、不负责将所有 IT 内容提交到云、不负责构建企业主数据管理(master data management，MDM)系统。这样列举一下大家是否会感觉好一些?

上述提及的所有数据仓库职责范围外(令人头痛)的内容都是 IT 生态系统的必要部分，而数据仓库绝对需要使用它们。我们这些数据仓库从业者需要专注于让我们能够发布正确数据的关键方面。我们必须拥有和控制达成使命所需的所有数据的提取接口。那意味着要对内部和外部为我们提供数据的源系统具有相当的影响力。即时数据虚拟化规范位于业务系统的顶层，我们也必须拥有和控制它们。我们必须拥有和控制组成 BI"平台"的所有内容，其中包括所有最终的呈现模式、用户视图以及 OLAP 多维数据集。最后，管理部门必须清楚，新近在终端用户部门成立的大数据分析建模师小组需要参与到数据仓库使命中来。新的包括 Flume、Sqoop、Hadoop、Pig、Hive、HBase、Spark、MongoDB 和 Cassandra 在内的大数据工具绝对都是数据仓库影响力范围的一部分。

供应商不时尝试证明真理实践方法是错误的，这样他们就能宣称自己才是在进行新的和不同的事物尝试。别让他们逃避职责！数据仓库拥有庞大而持久的遗产。要持续提醒 IT 管理层和企业高管数据仓库的自然属性以及可以预见的边界扩展。

第 3 章

项目/程序规划

从第 2 章中阅读了历史回顾和基础知识之后，是时候组织好每个人开始着手进行一个 DW/BI 项目了。本章内容首先关注的是项目团队、其作为信息发布者的角色以及他们有时会碰到的难以解决的现实问题。然后我们要将注意力转向所有重要的业务相关方。最后，我们会描述用于处理 DW/BI 初步创建任务的 Kimball 生命周期方法。

专家职责

我们首先探讨数据仓库/商业智能管理者和团队应该(和不应该)做什么。

3.1 专家边界

Ralph Kimball，DBMS，1998 年 7 月

这篇文章和下一篇文章将探讨数据仓库管理者的任务与主编职责之间的相似性。

数据仓库管理者的任务可能非常艰巨，这会在带来许多风险的同时也带来许多机会。数据仓库管理者被赋予对任何组织中的其中一项最具价值资产的控制权：数据。此外，数据仓库管理者被期望以能让资产最有用的方式将该资产诠释并交付给组织的其余部分。数据仓库管理者位于焦点中心。

尽管存在所有这些显而易见的方面，但许多新近被任命的数据仓库管理者就仅仅是被赋予了头衔而已，却没有清晰的任务定义或者没有清晰认识到什么才是他们的职责，什么又不是。作为一个行业，我们一直在探索数据仓库管理者定位的定义。可能这在过去几年中是合适的，因为我们需要定义该工作。我们需要时间来获得一些累积的经验。我们需要验证作为数据仓库管理者意味着什么的边界。我认为我们定义数据仓库管理者的工作在某种程度上早就应该完成了。仅仅认为数据仓库管理者的工作就是“将所有数据放入一个中心位置并且让它们可被管理层用于决策”，这是不够且没什么帮助的。尽管这样的一个定义可能是正确的，但如果数据仓库管理者已经出色地完成了其任务，那么这样的定义就不足以确切地让每个人都清楚知道其艰辛。

在这篇文章中，我将开始处理对数据仓库管理者工作的定义。如果恰当的话，我会提出一个对该工作的比喻，这个比喻可以为评判“出色完成工作”提供一组丰富的标准。此外，清晰的定义将有助于 IT 高管理解数据仓库管理者需要做什么以及重要的是，哪些事情不应该是数据仓库管理者必须做的。

适用于数据仓库管理者工作的一个绝佳比喻是，杂志或报纸主编的工作。总地来说，主编要做以下工作：

- 收集各种信息来源的输入，包括第三方作者、调查记者以及公司内部的作者。
- 通过正确拼写、去除错误以及消除有争议的材料来保证这些输入的质量。
- 对出版物的特性广泛运用编辑控制权并且保证一致的编辑观点。
- 定期出版。
- 依赖和尊重读者的信任。
- 是否在刊头突出地署名以便用作绝不推卸责任的明确信息。
- 为不断变化的人口结构和读者兴趣所驱动。
- 为快速变化的媒体技术所驱动，尤其是我们探讨期间正在发生的互联网革命。
- 非常了解媒体的力量并且有意识地营销其出版物。

这些描述看来有些显而易见，因为根据经验，我们都知道“主编”的工作意味着什么。并且大多数主编都非常明显地理解，他们没有创造他们所编撰、报道或出版的内容。相反，他们是其他人创造的内容的供应者。

我希望读者已经受到了主编工作和数据仓库管理者工作之间许多相似之处的冲击。可能总结这一点的好方法是，将数据仓库管理者的工作看作出版企业的数据。

我们来查看这两个工作之间的相似之处。在大多数情况下，数据仓库管理者都在积极追求与主编相同的目标。在有些情况下，数据仓库管理者可以通过效仿主编来学到一些有用的东西。总的来说，数据仓库管理者要做以下工作：

- 收集来自各种源的数据输入，包括遗留业务系统、第三方数据提供者以及非正式的源。
- 通过纠正拼写、移除错误、消除空数据以及合并多个源来保证这些数据输入的质量。
- 对发布数据的特性广泛运用数据管理权，并且保证跨不相干业务过程主题领域(这可以被看作独立出版物)使用一致化维度和事实。参阅文章 5.14“数据管理 101：质量和一致性的第一步”。
- 定期将数据从 ETL 数据准备区域发布到独立的数据主题领域。
- 依赖和尊重业务用户的信任。
- 是否在组织图标上突出地署名以便用作绝不推卸责任的明确信息。
- 为不断变化的组织业务需求和越来越多的可用数据源所驱动。
- 为快速变化的媒体技术所驱动，尤其是当前的互联网革命。
- 非常了解数据仓库的业务含义并且有意识地“捕获”和由于使用数据仓库进行业务决策而得到好评。

此外，数据仓库管理者还有若干大多数编辑不必考虑的职责。这些特殊的数据仓库职责包括备份数据源以及最后发布的数据版本。这些备份必须是可用的——有时候是在紧急情况时——以便从灾难中恢复或者提供第一次发布时没有发布的详细信息。数据仓库管理者必须处理数量巨大的数据并且必须坚持不懈地避免陷于过期备份的窘境。数据仓库管理者必须以高度同步的方式将数据发布到每个下游“出版物”(业务过程主题领域)，并且提供数据来源之处的详尽审计追踪。数据仓库管理者必须能够说明数据的重要性和真实含义，并且在数据发布之前证明 ETL 已经对数据执行的每个编辑步骤的正确性，还有就是必须保护所发布的数据免于被所有未经授权的读者所获取。在数据仓库管理者所有的职责中，除典型的编辑职责外，这一安全性需求是最大的噩梦；它也是与这个编辑比喻的最大区别。数据仓库管理者必须以某种方式在将数据发布给每一方的目标和保护数据不受每一方的破坏的目标之间取得平衡。难怪数据仓库管理者都面临着识别问题。

在主编职责的探讨中，我们提到过，几乎所有的主编都清楚，他们仅仅是其他人创造的内容的供应者而已。大多数编辑在这一领域都没有边界问题。而另一方面，许多数据仓库管理者都有这方面的问题。数据仓库管理者常常会认可要负责分配、预测、行为评分、建模或数据挖掘。这是一个重大错误！所有这些活动都是内容创造活动。数据仓库管理者被这些活动所吸引是可以理解的，因为在许多情况下，没有用于在 IT 和像财务这样的业务用户组之间进行新职责区分的先验模型。例如，如果一个组织从来没有合理分摊的成本，并且数据仓库管理者被要求提交这些成本，那么数据仓库管理者也会被期望创建这些成本。

数据仓库管理者应该将分配、预测、行为评分、建模和数据挖掘当作数据仓库的客户端。这些活动应该是财务和市场营销部门各个分析小组的职责，并且这些小组应该与数据仓库保持密切的关系。他们应该将数据仓库数据用作其分析活动的输入，并且尽可能在其分析活动完成时应用数据仓库来再次发布他们的结果。但是这些活动不应被混合到数据仓库的所有主线发布活动中。

创建可以将基础设施成本分摊到各个产品线的分配规则，否则市场营销目标就是一个政治上的烫手山芋。数据仓库管理者很容易就会被拖进成本分摊的创建活动中，因为在构建面向利润的主题领域，这是必要的步骤。数据仓库管理者应该意识到这个任务被塞进数据仓库的可能性，并且应该告知管理层，比如，“数据仓库乐于在财务部门创建出分摊比例之后发布这些分摊数字”。在这种情况下，编辑的比喻就是一个有用的指导了。

在根据编辑的比喻定义的边界之上，我们必须增加备份数据、审计提取和转换过程、复制到数据仓库的展示表以及管理安全性的职责。这些任务会让数据仓库管理者的工作更为技术化、更为错综复杂，并且同时，也更比主编的工作内容广泛。

也许这篇文章可以促进数据仓库管理者培训标准的发展，并且帮助 IT 高管层意识到数据仓库管理者在完成其工作时所面临的任务。从许多方面来说，本文所探讨的职责已经被含蓄地假设过了，但数据仓库管理者既没有详细地说明它们，也没有弥补这方面的疏漏。

最后，通过专注于边界，我们就能更清晰地看到数据仓库管理者应该摆到台面上来的那些内容创建活动。分配、预测、行为评分、建模和数据挖掘是有价值且有吸引力的，但它们都是由数据仓库的读者(业务用户)来完成的。或者换种说法，如果数据仓库管理者承担这些活动，那么数据仓库管理者(当然)就应该得到两张工作证和两份薪水。这样其边界就会变成两倍大小了。

3.2　工程师的观点

Ralph Kimball，Intelligent Enterprise，2002 年 7 月 26 日

这篇文章构建于之前那篇文章的内容之上，以阐释出版人那个比喻的演化版本。

根据读者的反馈，我决定做些已经很久没做过的事情：回顾一下以便为数据仓库设计者要做什么以及他们为何要使用某些技术的原因奠定基础。这样做也能让我依据事后的收获以及更多的经验来重申这些假设和技术。我希望其结果更为稳固、更有新意并且表述更为清晰。

3.2.1 数据仓库使命

从一开始，我就希望分享一种我自己极为重视，并且在某种程度上是我在数据仓库领域所有工作的基础的观点。那就是出版业这个比喻。

想象一下，你被要求担负起一本高质量杂志的运营职责。如果你考虑周全地着手承担这一职责，就会做以下 12 件事：

- 从人口结构上找出读者群。
- 弄明白这些读者对于此类杂志的期望是什么。
- 识别出那些会继续订阅该杂志并且从杂志广告商处购买产品的忠实读者。
- 找到潜在的新读者并且让他们了解该杂志。
- 选择最吸引目标读者的杂志内容。
- 做出能让读者在最大程度上感到满意的版面布局和内容呈现的决策。
- 坚持高质量的写作和编辑标准，并且采用一致的呈现风格。
- 持续监控文章和广告商所宣称内容的准确性。
- 保持读者的信任。
- 开发出好的网络作家和投稿人。
- 拉广告并且让杂志的运营有利可图。
- 让业务所有者持续满意。

尽管这些职责看起来显而易见，但这里也有一些应该避免的可疑“目标”：

- 使用特定的印刷技术来印刷杂志。
- 将大部分管理精力投入到印刷机的运行效率上。
- 使用许多读者不理解的高技术和复杂的写作技巧。
- 使用难以阅读和导览的错综复杂且密集的版面布局风格。

通过在服务读者的基础上构建整个业务，该杂志就很可能取得成功。

当然，这个比喻的重点是勾勒出成为传统出版人和成为数据仓库项目经理之间的相似之处。我深信对于数据仓库项目经理的正确任务描述是发布正确的数据。其主要职责在于服务读者，也就是业务用户。尽管必然要使用技术来交付数据仓库，但技术最好只是达到目的的手段。用于构建数据仓库的工艺和技术不应直接出现在前 12 项职责中，但如果压倒一切的目标是有效发布正确的数据，那么合适的工艺和技术将变得更为重要。

现在我们将这 12 项杂志出版职责修改为数据仓库职责：

- 通过业务领域、任务职责和计算机水平来认识用户。
- 弄明白在数据仓库的帮助下，用户希望进行哪方面的决策。
- 找出会使用数据仓库进行有效决策的忠实用户。
- 找出潜在的新用户并且让他们了解数据仓库。
- 选择最有效、最可执行的数据子集来呈现在数据仓库中，从组织浩瀚的可能数据中提取出这些数据子集。

- 让用户界面和应用程序更为简单且更基于模板来驱动，明显匹配用户对于界面的认知过程。
- 确保数据是准确且值得信任的，让其在整个企业中保持一致。
- 持续监控数据以及所交付报告的内容的准确性。
- 保持住业务用户的信任。
- 持续搜索新的数据源，并且持续让数据仓库适应变化的数据档案和报告需求。
- 使用数据仓库能够为一部分业务决策出力，并且使用这些成功经验来调整人员配置、软件和硬件开销。
- 让业务用户、其管理层和老板持续满意。

如果出色完成所有这些职责，在我看来就可以成为出色的数据仓库项目领导者！相反，通览这份清单，想象一下如果遗漏掉任何一项职责会发生什么。最终数据仓库将出现问题。

3.2.2　设计驱动

我们将数据仓库使命浓缩成一些简单却特别的设计驱动，因为作为工程师，我们必须构建一些东西。如果我们以用户能简单快速理解的方式来发布让用户可以深刻理解其关键业务问题的“正确”数据，那么我们的用户就会感到满意。

这些设计驱动支配着所有一切。作为工程师，我知道不能违背它们，否则数据仓库将会失败。但毫无疑问的是，还存在其他现实情况的约束，我必须关注它们。我还试图：

- 在设计和生产阶段限制管理开销。
- 限制所有权的总体成本。
- 降低无结果或不相关结果的风险。
- 降低集中化的风险。

3.2.3　设计约束

作为数据仓库设计者，我们存在于极其复杂的环境之中。我不愿意列出必须面对的一组隐含约束，因为我担心新学生将决定从事另一个职业！不过还是有必要列出：

- 分散式、渐进式开发的必要性，因为很少有组织是在每个功能中真正有效集中的。
- 需要在各个级别集成不兼容的多项技术，因为存在许多提供技术的供应商。
- 对于快速部署的真正不合理要求(业务用户认为六个星期都有点过长)。
- 需要考虑到持续的变化(小意外和大意外)。
- 将不可避免出现远程独立数据集市。
- 用户期望即时的系统响应。

并且自 2000 年以来才多增加的三个需求：

- 所谓的顾客的 360 度视图。
- 追踪、存储和预测顾客行为。
- 访问从业务系统实时提取的原子数据，以及无缝连接旧的历史数据。

最后，有一个自2010年开始爆炸式增长的需求：

- 访问多种形式的大数据，其中包括来自物联网的机器数据、来自互联网的流式事件数据、非结构化的文本数据，以及像图片这样的非文本数据

3.2.4 工程师的回应

那么对于所有这些需求，工程师要怎么做呢？寄托在我们身上的所有这些需求和期望都是无法抗拒的。跨金门建设一座大桥在1930年看起来肯定是相当不可能的事情。20世纪60年代到月球上呢？数据仓库的构建并没有那么难，不过这些示例可以激励我们。

合格的工程师首先会清理所有可用的数学和科学方法，积累思想观点和可行的技术。有些数学和科学方法是实用的，而有些不是。这正是需要持怀疑态度之时。接下来，工程师要分解设计问题。如果问题可以被分解成数块不相关的独立部分，那么工程师就可以专注于可管理的那部分。

一旦开始设计，工程师就必须持续选择可重用、简单且对称的实用技术。需要识别和排除理想化的设计和假设。不管是在项目开始还是在项目投入使用之后，都不存在完美的信息或控制(尤其是对人的控制)这样的事情。项目由始至终，工程师都必须是合格的管理者。并且最终，都必须持续考虑原始的设计目标以便为所有决策提供基础。

3.3 当心异议消除者

Ralph Kimball，Intelligent Enterprise，2005年9月1日

异议消除者是在销售周期期间做出的一个声明，其目的是打消你的担心或忧虑。异议消除者占据着合理优势和完全误解之间的一个灰色地带。尽管异议消除者在技术上来讲是真实有效的，但其目的是分散注意力，以便你不再关注某些细节，并且不经仔细思考就继续进行其销售过程。

异议消除者会突然出现在每种业务中，但通常问题越复杂、代价越高，异议消除者就越能发挥作用。在数据仓库领域，典型的异议消除者包括：

- 不需要数据仓库，因为现在可以直接查询源系统。(噢！数据仓库成本太高并且很复杂，现在我总算不需要它了。)
- 可以保留数据的标准化结构以便业务用户查询工具使用，因为我们的系统如此强大，可以轻易处理最复杂的查询。(噢！现在我可以避免所谓的可查询模式准备步骤了。那样就能摆脱所有的应用程序专家，并且我的业务用户可以随心所欲地整理数据了。由于我无须转换源数据，因此雇佣一位DBA就能运行整个商店了！)
- 我们的“应用程序集成者”会让不兼容的遗留系统平稳地共同运行了。(噢！现在我不必面对升级遗留系统或者解决其不兼容的问题了。)
- 在我们的系统中集中顾客管理功能会让顾客匹配问题消失，并且可以提供一个所有顾客信息的驻留位置。(噢！现在我不需要用于重复数据删除或合并-清除的系统了，并且这个新系统将为我所有的业务过程提供数据。)

- 无须构建聚合来让数据仓库查询快速运行。(噢！我可以摆脱所有的管理任务以及所有额外的表了。)
- 将所有的安全性问题留给 IT 安全团队及其 LDAP 服务器来解决。(噢！安全性是一个大的干扰，我不喜欢处理那些人事问题。)
- 集中所有的 IT 功能让你可以建立对数据仓库各部分的控制权。(噢！通过集中，我就能将一切置于掌控之下，并且我不必应对完成其自身任务的那些远程组织。)
- 使用我们的全面解决方案，你就可以放下对备份的担忧了。(噢！我确实没有对于备份的全面规划，并且我完全不知道应该如何进行长期归档。)
- 在 15 分钟内构建数据仓库。(噢！我最近审查过的所有数据仓库开发计划都提出了数月的开发周期！)

异议消除者很难对付，因为他们是客观存在的——至少狭隘地看待问题时如此，并且异议消除者会刻意去除最真实的头疼问题。当突然想象到大问题消失不见时所感觉到的轻松是如此让人难以抗拒，你会感觉情不自禁地想要匆忙冲向终点并且签下这份合同。这就是最纯粹形式的异议消除者的目的。它不会带来持久的价值，只是为了让交易达成而已。

那么，对于异议消除者要做些什么呢？我们不希望将婴儿从洗澡水里扔出去。将销售人员请出门口就有点反应过激了。我们必须设法抑制住签署合同的冲动，并且回过头看看全局。当遇到异议消除者时，应该牢记这里的四个步骤：

1. **识别异议消除者**。在保持警醒的状态下，发现异议消除者会很容易。与常规做法背道而驰的令人震惊的声明几乎总是“镜中花，水中月”。突然令人兴奋或解脱的感觉意味着已经听从了异议消除者的建议。在某些情况下，该声明是白纸黑字写下来的，并且被一目了然地放在你的办公桌上。在其他一些情况下，你需要进行一些自我分析并且坦率分析为何会突然感觉如此之好。
2. **突出较大的问题**。异议消除者会发挥作用是因为它们将问题缩小为一块具体的疼痛区域，它们果断地对其进行揭露，但它们通常会忽视问题的更大复杂性或者将该艰难工作转移到处理过程的另一个阶段。一旦识别出一个异议消除者，那么在签署合同之前请数十个数，并且强迫你自己考虑下问题的大背景。这是关键步骤。只要将这些声明放到合适的上下文中，你会被这些丢掉其光环的声明所震惊。我们再来看看之前列出的异议消除者。

- **不需要数据仓库，可以直接查询源系统**。这是一个古老的异议消除者，自数据仓库最早时期开始就一直围绕其周围。最初，很容易就能戳穿这个异议消除者，因为源事务系统没有计算能力来响应复杂用户查询。但随着网格计算和强大并行处理硬件领域新近技术的发展，一名好的销售人员就可以争辩，源系统具有处理事务和服务用户查询双重任务的能力。但这样的话就存在一个更大的问题：数据仓库对于最重要的公司资产来说是全面的历史性仓储——这一重要资产就是数据。数据仓库是为存储、保护和公开历史数据而专门构建的。当然这些问题已经大幅聚焦于近来关于合规性和业务透明度的重点。事实上，事务处理系统绝不是为维护数据的准确历史视图这一目标而构建的。例如，如果事务系统总是通过破坏性的重写来修改数据元素，那么就会丢失历史上下文。必须使用事务系统的副本，因为历史上下文在结构上不同于事务系统中不稳定的数据。因此，必须使用数据仓库。

- **可以保留数据的标准化结构以便用户使用**。这样做更大的问题是：只有当决策支持系统在业务用户看来很简单时，这些决策支持系统才有效。构建一个简单的视图很难，需要非常具体的设计步骤。在许多方面，将数据交付给业务用户及其 BI 工具都类似于从厨房将餐厅大厨制作的食物成品通过厨房大门交付给就餐区的顾客。在从厨房取出食物时，我们都能认识到大厨在确保食物完美质量的方面所做的贡献。在某种程度上来说，将(未经处理的)复杂数据库模式移交给业务用户及其当前的应用程序支持专家，要比异议消除者更为恶劣：这是陷阱和假象。为此，仍旧需要创建数据简单视图所必需的所有转换，不过该任务已经从 IT 移交给了业务用户。最后，如果简单数据视图是作为关系型数据库“视图”来实现的，那么简单查询会全部发展为极其复杂的 SQL，这些 SQL 需要超大型的机器来处理！
- **应用集成中间件会让不兼容遗留系统平稳地共同运行**。这样做更大的问题是：不兼容性并非来自于任何技术缺陷，而是来自一开始创造不兼容数据的底层的业务活动和业务规则。为了让所有应用程序集成技术能够发挥作用，必须预先做大量的艰辛工作，以定义新的业务活动和业务规则。这一艰辛工作主要是相关人群围坐在一起敲定出那些活动和规则，为业务过程再造提供行政支持，这些业务过程再造必须被整个组织所采用，然后手动创建让集成系统运行的数据库链接和转换。
- **集中式顾客管理系统会让顾客数据问题消失**。这是一个不易察觉的异议消除者，不像之前三个那么明显。几乎每家公司都会从其顾客简单的单一视图中受益。但只有顾客识别的核心部分才应该被集中。在创建了单一顾客 ID 以及将其部署到所有面向顾客的过程中，并且标准化了所选择的顾客属性之后，仍然存在应该由独立系统收集和维护的顾客的许多方面的信息。在大多数情况下，这些系统的位置都离集中式站点较远。
- **不需要构建聚合**。这样做更大的问题是：数据仓库查询通常会汇总大量的数据，这意味着大量的硬盘操作。支撑一个数据仓库需要持续监控查询模式和用所有可能的技术工具来响应，以便提高性能。按照有效性排列，经过证明的在数据仓库应用程序中提高查询性能的最佳方式是：
  - 在数据上构建索引的熟练软件技术。
  - 聚合与聚合导航。
  - 大量的 RAM。
  - 快速硬盘驱动。
  - 硬件并行性。

  软件总是会挑战硬件性能。贬低聚合的供应商都是希望你在其大量、昂贵的硬件上提高缓慢查询性能的硬件供应商。包括物化视图在内的聚合，在提高长时间运行查询性能的整个技术组合中占据着重要位置。应该将它们与所有的软件和硬件技术结合起来使用，以便提高性能。
- **将所有的安全问题留给 IT 安全团队解决**。这样做更大的问题是：数据仓库安全性既可被同时理解数据内容又被授权了使用该数据的合适用户角色来管理。唯一同时理解这些领域的人员就是数据仓库成员。控制数据安全性是数据仓库团队的根本和不可避免的职责。
- **集中所有 IT 功能就可以建立对数据仓库各个部分的控制权**。这个异议消除者与之前的应用程序集成声明关系很近。不过集中化这个通用声明更加危险，因为它并不具体，因而也就更加难以衡量。高度集中化对于 IT 思想来说总是具有吸引力，不过在最大型组织中，通过单一控制点来集中所有 IT 功能在成功概率方面与计划经济是一样的。集中化的争论具有一定的持续性，但问题在于，进行全面集中规划的成本太高并且会消耗过多的时间，并且这些为理想所推动的设计都过于保守，而无法与动态、现实的环境保持联系。这些规划会假设完美的信息和控制，并且常常是我们想要拥有的，而不是反映我们实际拥有内容的那些设计。负责整体式企业数据模型的每一位数据架构师都应该被强制支持业务用户。

- **将备份担忧抛在脑后**。开发一个好的备份和恢复策略是一项复杂任务，它取决于数据内容以及必须从备份媒体中恢复数据的场景。至少有三个不同的场景：
  - 即时重启或者暂停过程的恢复，如数据仓库加载任务。
  - 在物理存储媒体出现故障时，从过去数小时或数天中的一个固定起始点恢复数据集。
  - 当处理数据的原始应用程序或软件环境不可用时恢复很长一段时期的数据。

  显然，此异议消除者的更大背景就是，这些场景中的每一个都高度依赖数据内容、技术环境以及法务需求，如强制要求数据维护保管的合规性。好的备份策略需要全面的规划以及多管齐下的方法。
- **在 15 分钟内构建好数据仓库**。我总是将最好的留在最后！可以在 15 分钟内构建数据仓库的唯一方式就是大幅度缩小数据仓库的范围，这样也就没有了提取、转换以及用适合 BI 工具消费的格式加载数据。换句话说，15 分钟构建好的数据仓库的定义就是已经以某种形式存在的一个数据仓库。真糟糕，这个异议消除者是如此明显；它甚至没有带来短暂的轻松感。

  在通过检查这些异议消除者的更大上下文来点亮前行路灯之后，总是难免有些令人失望。毕竟，生活太复杂。我们继续完成清单上的四个步骤：

3. **创造反驳论据**。记住，大多数异议消除者都并非具有明显的欺骗性，但是通过创造一个合适的反驳论据，就可以移除冲动因素并且理解问题的完整上下文。这也是有意思的一点，基于此就可以看出销售人员是否对产品或服务具有实质的、合理的观点。
4. **自行决策**。就算已经识别出了异议消除者，购买一款产品或服务也是无可厚非的。如果已经将异议消除者置于目标上下文中或者完全驳回了其声明内容，但仍旧觉得该产品是合适的，那就买下来吧！

3.4 中央团队要做些什么

Ralph Kimball，DBMS，1997 年 6 月

在大型组织中，你是否是中央数据仓库团队的一分子？你是否也在和实现分布广泛的独立数据集市的远程部门团队协作？你是否想知道对比部门团队的角色你的角色应该是什么？如果清楚这些答案，你可能会失望，因为你觉得作为中心角色会具有重要的职责，但是你实际上不掌控任何事情。更糟的是，部门团队正在实现其自己的主题领域数据存储并且用他们自己的技术、供应商选择、逻辑与物理数据库设计勇往直前。

如果你是中心数据仓库团队的一分子，就需要在定义和控制企业数据仓库中扮演主动角色。

不应满足于只做一位联络人、一名建议者，或者某种含混不清的将项目聚集在一起的黏合剂。你需要成为一位领导和提供者，并且对于实现其自己主题领域数据集市的独立部门团队来说，你的职责必须非常清晰可见。

相反，如果你是分散的部门数据仓库团队的一分子，就应该期望中心团队为你提供一些非常有价值的服务并且在你的工作中强制推行一些值得注意的结构和纪律约束。你是整个企业的一分子，并且需要符合这些结构和纪律约束，这样你部门的数据就能与其他部门的数据有效合并。

中央数据仓库团队有三项主要职责，它们对于总体数据仓库工作的完整性来说不仅是必要的，并且无法由任何独立的部门提供。这些职责就是定义和发布共享维度、提供跨部门的应用程序，以及为企业定义一致的数据仓库安全性架构。

3.4.1 定义和发布共享维度

如果组织具有多条业务线，并且如果有意将这些业务线合并成一个整体框架，就需要识别出对多条业务线通用的四个或五个维度。最明显的共享维度是顾客、产品、地理位置和日期。由于这篇文章写于 1997 年，本行业已经提出了一个名称来定义和发布共享维度：主数据管理(MDM)。

顾客维度中，每位顾客都有一条记录(实际上，每位顾客的每个历史描述都有一条记录)。尽管这似乎是显而易见的，但关键的步骤是，确保每个部门的数据集市(主题领域)中凡是引用了顾客的位置都使用相同单一的顾客维度。因此每个部门都会以相同的方式看到顾客信息。单独的部门将能够看到其他部门与该顾客的关系，并且企业将是首次能够看到整个顾客关系。

每个部门都必须总是使用该共享顾客维度这一需求会影响所有人的强烈需求。从中心团队的角度来看，该共享顾客维度必须包含全部的可能顾客。共享顾客的键值几乎肯定需要由中心数据仓库团队定义和创建的人工顾客编号。不存在需要被管理和控制的在某种程度上服务整个企业所需的独立部门顾客编号。顾客的描述性属性需要成为一个广泛的集合，它要包括所有部门小组期望的所有描述符。希望中心数据仓库团队可以与部门小组会谈并且尝试将各种描述符精简和标准化成一个合理的工作集，但从长远来看，并不是绝对需要强制所有独立小组放弃其特殊的顾客描述符。由于维度数据仓库设计中，维度表通常比事实表要小得多，因此相同的顾客维度记录中有足够的空间容纳顾客描述符的多个集合。在银行业，我常常看到主顾客记录包含 200 个描述属性。我主张让此顾客表变成单个扁平、非标准化的表，以便提高用户的可理解性并且使激动人心的新的位图索引技术能够快速查找。主要的数据库供应商都使用了依靠臃肿、宽泛、非标准化维度表发展起来的位图索引。

标准化顾客共享定义的需求是中心团队非常重要的一项职责。无论何时管理层希望查看整体的顾客关系，这个需求就会出现，并且无论何时企业要进行收购，这个需求也会出现。好消息是，刚刚收购了最大的竞争对手。坏消息是，现在必须将独立的顾客维度合并到一起。

通常不会有独立的部门愿意或能够提供共享顾客维度。但同样是这些部门，常常会热切地期望从中心团队处接收到这样的一个顾客维度。即使是部门中的生产联机事务处理(OLTP)系统也都愿意上传中心数据仓库的顾客维度，如果它包含干净和正确的顾客地址的话。在这些情况下，中心数据仓库团队就变成了主企业顾客档案的创建者和提供者。

强制使用共享顾客维度的失败是非常严重的过失，因此必须由中央数据仓库团队来应对。

只有在独立数据集市中所有的共享维度都一致时，才能达成“钻取”独立业务过程的能力。换句话说，如果两个数据集市具有相同的维度，如顾客，那么这两个顾客维度就必须共享提取自相同领域的一组通用属性字段。必须用一致的方式来定义和填充这些共享维度中的描述属性。允许两个不同业务过程主题领域中的顾客维度各自存在，意味着这两个主题领域无法被共同使用。它们也将永远无法被共同使用。

产品维度中每个产品或服务都有一条记录。作为中心数据仓库团队，必须评判独立的部门是否有足够多的共同之处来合理构建共享产品维度。在紧密集成的业务中，如大零售商位于多个地理位置的部门，看来就显然需要单个主产品维度，即使销售的产品中存在地区差异。在这种情况下，已经存在一个产品小组，它会持续工作以便定义这个产品主维度，并且将其描述和价格层级下载给独立商店的收银机。中央数据仓库团队可以轻松地与这个小组协作来为企业创建合适的产品维度。在一个金融服务的组织中，如银行或保险公司，会极度关注将所有产品和服务分组到单个层次结构框架中的业务核心或超类视图。不过将会存在大量仅对单个部门有用的特殊描述属性，如与信用卡账户相对的抵押贷款。在这种情况下，最好的方法就是创建一个仅包含通用属性的核心产品维度，以及对于每个部门都不同的一组自定义或子类型产品维度。文章 9.17“热插拔维度”中将探讨这一异构产品设计。最后，如果企业是松散集成的，以至于产品几乎没什么共同的相似点，并且如果管理层一直都能够轻易地定义一套层次结构来将所有不同部门的产品分组到一个通用框架中，那么就不需要共享产品维度了。只要记住，如果不创建一致化产品维度，就无法将独立的部门数据集市合并到一起。

地理维度对于每个行政区、地区或区域都有一条记录。如果独立的部门具有不同的销售地区，那么就只能在最高通用地理位置聚合上才能共同使用这些独立部门数据集市。如果幸运的话，这一最高层面的地理聚合对于所有数据集市都将有用，如州。

数据维度对于每个日历时间段都有一条记录。希望所有部门都基于相同的日历来操作并且基于相同的会计期间来报告。如果可以的话，所有报告都应该在单独日历粒度或会计期间粒度来完成，如月份。在这种情况下，日期总是可以汇总成会计期间，并且会计期间可以汇总成年份。如果独立的部门具有不兼容的报告日历，那么将会变得让人很头疼。幸运的是，中心数据仓库团队在公司财务报告小组中有一个强大的同盟，该小组有望处于标准化部门报告日历的过程中。应该不惜一切代价避免按周和月来命名独立的数据库，因为这些时间维度无法被有效一致化，并且周数据库将总是被隔离于月份数据库外。

3.4.2　提供跨部门的应用程序

中心数据仓库团队处于能够提供跨部门应用程序的独一无二的位置。可以从每个独立部门处组合分散的业务过程主题领域的价值链。在文章 6.2“向下、向上和横向钻取”中，我将介绍用于一家服装商店零售商的六个主题领域。这些主题领域是在不同时候被构建的，但它们共享了若干通用维度。从之前的探讨来看，中心团队应该定义和强制推行这些维度的使用，这一点是显而易见的。

使用合适的工具，就能非常容易地在这些环境中构建能够横向钻取的跨部门应用程序。我在文章 13.25“查询工具的特性”中比较详细地探讨了横向钻取。

中心团队的职责是提供一个报告工具，这个工具允许横向钻取并且会强制使用通用维度。

3.4.3 定义一致化数据仓库安全性架构

数据仓库团队必须在理解和定义安全性方面充当非常积极主动的角色。数据仓库团队必须纳入一个新成员：安全性架构师。

数据仓库的这个安全性架构师应该为企业和所有独立的主题领域定义和强制推行数据仓库安全性规划；定义一致的用户权限配置；识别出企业网络中所有可能的访问点，包括每一个调制解调器和每个网络接口；实现单一的登录协议，这样在整个网络中只需要对用户进行一次身份验证即可；追踪并分析重写安全性或者获得对数据仓库未授权访问的所有尝试；为远程用户实现一个链接加密模式，或者预期等效的东西；实现远程用户身份验证模式，如每台 PC 一套生物识别系统，这远比输入用户密码要更加可靠；培训部门团队与主题领域安全性问题和一致化管理有关的内容。

3.5 避免隔离的 DW 和 BI 团队

Margy Ross，Design Tip #64，2005 年 2 月 8 日

最近有些人提出了相似的问题。“DW 或 BI 团队从业务方收集需求吗？”坦率地说，这个问题让我感到心惊胆战。我担心过多的组织已经过于隔离其数据仓库和商业智能团队。

当然，这种分工是有一些自然因素的，尤其是在分配给 DW/BI 的资源随着环境扩张而增长时，这样会造成存在明显跨度的控制问题。另外，工作的分离也使得专业化成为可能。查看总体 DW/BI 环境类似于商业餐厅——有些团队成员在厨房食物准备方面技艺精湛，而其他成员会极其关注餐厅顾客的需要，以确保这些顾客成为回头客。很少会有突然穿上主厨服装的服务生，反之亦然。

尽管职责分配不同，但餐厅的厨房和就餐区是紧密互连的。它们都无法仅靠自身就取得成功。最好的主厨需要受过良好训练的、运转自如的前台配套资源；大多数有吸引力的就餐区都需要厨房提供深度和质量。只有作为完整的整体，才能提供一致、愉悦的就餐体验(以及餐厅的可持续发展)。这就是就餐高峰之前，主厨和服务人员通常会挤在一起培训和交流经验的原因。

在 DW/BI 领域，我们注意到，有一些团队有一种更具孤立性的方法。根据组织文化和政策复杂性及现实情况的不同，事情会进一步复杂化。厨房和就餐区是存在的，但这两者之间没有转动门。这就类似于通过门上横梁(在眼睛视平线之上)扔进和扔出订单与餐盘，但这两个专家团队并不互相沟通或协作。在这种情况下，最终将得到无法合理填充的数据模型；或者得到无法满足就餐者需求与/或发挥其工具作用的数据模型；或者得到负担过重或性能很慢的就餐者工具，因为他们在做重复性工作，而这些工作本来可以在厨房中一次性完成并且在整个组织中共享。最糟糕的情况是，这堵墙会变得非常难以逾越，以至于 BI 就餐区用另一个厨房(或创建其自己的厨房)来代替源餐食。

数据仓库应该是有效商业智能的基础。已经有太多的组织仅专注于其中一方面而不顾另一方面。当然可以创建不关心商业智能的数据仓库，反之亦然，但长远看来这两种方式都不可持续。孤立性并非是用于构建和支持 DW/BI 环境的一种健康方式。即使并不在相同管理结构中进行汇报，协作和沟通也是至关重要的。

3.6 BI 和数据仓库专家可用的、更好的业务技能

Warren Thornthwaite，Intelligent Enterprise，2008 年 5 月 11 日

任何人只要粗略看一下常见的 DW/BI 故障点，就会注意到这一模式：对于大多数团队来说，最困难的部分是理解业务问题和处理跨组织的交互。随着 DW/BI 系统演化成 IT 环境的标准组成部分，这一挑战将变得更加普遍，因而会削弱与业务的联系。

从历史上来看，DW/BI 项目都是由既精通业务又熟悉技术的有远见的人来推动的。他们理解更好业务见解的潜力并且会积极主动地帮助 DW/BI 团队实现它。随着 DW/BI 系统越来越普遍，如今其团队通常是由更加面向技术的人组成的。这一变化就其本身而言并不坏，但它确实意味着 DW/BI 团队需要提高理解业务需求和强化与业务用户关系的技能。

我们在这里澄清一下：团队中不需要有人获得 MBA，但团队中的每个人都应该同时在编写内容、业务会议和展示介绍方面，加深对其组织如何运作、如何与其他人良好协作，以及如何更加有效沟通的理解。这篇文章提出了对于在这些领域中进行提升的建议，以及用于专业开发的有价值资源。

3.6.1 建立对业务的理解

为了更好地理解业务，首先要做的就是翻阅所在组织的文档。年度报告、战略规划、营销计划以及内部愿景文档全都会提供对业务及其挑战和机会的坚实理解。不过，如果没有基础的业务理解，就无法从这些文档中获得全面的价值。幸运的是，有许多便捷的可访问资源可以建立这一理解。可以从一本或两本书开始。至少有十几本很好的书籍可以阅读，这些书尝试将两年 MBA 课程浓缩成简短、不费力的阅读内容。这里有一本书，它提供了对于业务基础的一份很好的概述：

由 Steven A. Silbiger 所著的《MBA 十日读：掌握美国顶尖商业学院所教授技巧的分步指南(第四版)》(Collins，2012 年出版)。

在高管团队已经决定对 DW/BI 系统赋予最高优先级时，你会希望了解更多与之相关的内容，找到详细介绍那些领域的书籍，无论是市场营销、销售、财务、促销、生产制造、物流，还是其他职能领域。在这个阶段，去听一堂关于特定主题领域的课程会比阅读一本书更有价值。好的讲师会将经验和观点带入主题，这些经验和观点都来自多个资源，并且会辅以练习、示例和趣闻轶事。还可以收获与同学互动的好处。如果无法在当地大学、大学学院或社区学院找到相关的课程，可以试试借助网络来学习。许多主流院校都提供了在线的 MBA 课程。搜索互联网就能找到大量的可选课程。

3.6.2 建立人际交往能力

有些人会认为人际交往能力甚至比业务洞察力更为重要。如果要从无到有地创建一个项目或调整现有项目，那么从一开始，DW/BI 团队中的一些人就必须能够令人信服地表达愿景和系统价值。在安装任何软件之前，团队中的一些人必须提出关于目标的问题并且引出坦率、有用

的答案，而不会让业务用户感到不安或与团队渐行渐远。幸运的是，这些也是可以学到的技能。要掌握人际交往和关系的基本能力，可以尝试阅读这些经典著作中的其中一本：

由 Kerry Patterson、Joseph Grenny、Ron McMillan、Al Switzler 所著的《关键对话：如何高效能沟通(第2版)》(McGraw-Hill，2011 年出版)。

Dale Carnegie 所著的《人性的弱点》(Simon and Schuster，1936 年出版，1998 年发行其修正版)。

由 Stephen R. Covey 所著的《高效人士的七个习惯》(Simon and Schuster，2013 年出版)。

读者需要将这些书籍中提供的建议转换成自己的情况，但万变不离其宗的是其核心原则和建议。像对其他人怀有真诚的兴趣、倾听其他人的谈话以及寻求双赢的解决方案这样一些基本原则，都是人际交往取得成功的基础。要在与业务用户建立积极长期关系的目标中采用这些原则，这种关系是基于坦率和信任的。以真诚的方式使用这些书籍中描述的技能；如果怀有操纵或欺骗意图，那么从长期来看所做的努力将适得其反。

3.6.3 掌握公开演讲技巧

每个成功的领导者都必须能够与公众有效沟通。公开演讲和展示介绍涉及两组技能：准备内容本身的私下行为以及将内容对听众演讲的公开行为。下面这两本书中详细地介绍了应对这两组技能的方法：

Garr Reynolds所著的《演说之禅：职场必知的幻灯片秘技》(New Riders Press，2011年出版)。

Dale Carnegie 所著的《语言的突破》(Simon and Schuster，1990 年出版；虽有些过时但仍旧有用)。

更好地演讲和展示介绍需要实践，但在工作环境中进行实践是很困难且令人望而生畏的。听听这方面的课或者找到另一个实践地点会有所帮助。掌握公开演讲技巧的一个非常好且成本低的选择是国际演讲协会(Toastmasters International，http://www.toastmasters.org/)。国际演讲协会是一个非营利性组织，它在全球具有数千个地区分会。国际演讲协会俱乐部通常具有 20~30 名成员，他们每个月会进行两次到四次一个或两个小时的会谈。成员通过对小组进行演讲以及在支持性环境中与其他人协作来学习提升。国际演讲协会站点可以帮助你找到附近的俱乐部。还有许多提供公开演讲专业培训的商业化组织。

3.6.4 掌握书面沟通技巧

书面沟通是沟通技巧集的另一个支柱。我们与其他人互动的大部分方式都是通过书面文字实现的。电子邮件、提案、需求文档以及相关文档实际上为 95%的业务用户群定义了 DW/BI 系统。拙劣或草率的书面写作会让读者分心并且削弱信息的价值和可信度。试试阅读下面这些关于良好书面写作的经典著作中的一本或多本：

William Strunk Jr.和 E.B. White 所著的《文体指南》(Allyn and Bacon，2011 年出版)。

Stephen Wilbers 所著的《伟大著作的关键》(Writers Digest Books，2007 年出版)。

William Zinsser 所著的《论优良写作：写作非小说类文学的经典指南》(Collins，2006 年出版)。

除这些书以外，还有数百个网站提供了写作建议和风格指导。可以看看美国普渡大学的在线写作实验室(http://owl.english.purdue.edu/)。

在互联网上找到的大多数内容最多就是一个起点而已。在一本书或网络课堂中提供可用的有深度的内容是很难的，但它们都是一个容易开始的起点。

3.6.5 实践决定一切

互联网和书籍都是好的起点，但它们并非实践的替代品。这些技巧就像所有其他技巧一样，练习越多，就提高越多。在每次与另一个人沟通时，都有机会实践人际交往技能。每份电子邮件、文档甚至代码中的注释都提供了练习更好写作的机会。实践公开演讲的机会随处可见，但这些机会需要慢慢寻觅。在团队周会上要求一些时间来介绍与当前所处理的有意思问题有关的具有教育意义的节选内容以及解决该问题的方式。主动提供讲解 DW/BI 系统的其中一个专用工具的课程。实际上，如果严肃对待——通过精心准备、绘制清晰图形以及实践练习，那么即使是一次设计评审，也是练习展示介绍技巧的机会。

向经理或人力资源部门要求关于沟通资源的额外建议。在得到这些建议之后，可以在你的绩效评估中将它们纳入整个沟通部分中。那样一来，就项目取得成功而言，你就会为完成所需要做的工作而获得好评。这也就是一部分外在动力。

如果对于提升业务洞察力、人际交往能力、演讲天赋以及写作能力的前景感到激动，那也就成功一半了！热情和动力将为你的努力带来回报。

3.7 有风险的项目资源就是有风险的业务

Margy Ross，Design Tip #173，2015 年 3 月 9 日

这些年来，我们已经与不计其数的模范型 DW/BI 项目团队成员进行过合作：这些成员都很聪明、技能娴熟、专注且积极，此外他们与其团队同事之间相互信任、尊重且充满情谊。团队中拥有具有这些特质的成员，往往会全力以赴，所带来的结果往往是团队力量远大于个体力量之和。不过我们也遇到过有风险的项目资源；这些人除毫无贡献外，还会降低整个 DW/BI 团队的效率。如果团队中都是产出很少的庸才，那么模型团队成员往往会频繁流动。我们希望你的团队不包括类似以下概要描述的资源：

- 碍事的争论者永远都是对一切挑错的反对者，他们会从争论过程而非交付过程中获得更大满足。
- 热点追寻者总是渴望尝试最新、最棒的技术小制作和小发明，而不管它们是否符合 DW/BI 项目的目标。
- 因循守旧者会完全继续照他们过去的经验工作，而不管其最新任务的细微差别。
- 只见树木不见森林的目光短浅者，仅仅会专注于具体的细节而不顾全局。

- 永远的学生和研究员希望阅读、阅读，然后阅读更多一些内容，但是却从来不愿意采取行动，因为总是有更多内容需要学习。
- 仅按照其自己节奏前进的独立精神者，不会顾及规则、标准或者公认的最佳实践。
- 不真诚和问题逃避者总会点头称是并且说“没有问题”，即便在即将出现严重问题时也是如此。
- 职能失调的不称职者以及不思进取者是尸位素餐且无法履行其职能的。
- 自称“了解一切”的专家无须倾听，因为他们已经拥有所有的答案——只要问他们即可！
- 杞人忧天者会被可能会发生的事情吓坏，而作为回应他们不会做任何事情。

当然，即使是与超级明星般的团队同事合作，正确的团队关系也是必要的。希望 DW/BI 项目/程序经理符合以下要求：

- 与业务建立合作伙伴关系，其中包括 DW/BI 项目/程序的共同所有权，部分原因是由于面向用户而非专注技术，所以他们才会受到业务的尊重。
- 因为 DW/BI 项目/程序是政治和文化的产物，所以要展现出极佳的人际关系和组织技能。
- 具有交付才能的新人和保留资源，要让他们基于共同的剧本来紧密工作，并且理解增加更多的平庸之人并不会提高团队取得成功的概率。相反，他们也会注意到拖慢其工作节奏的人并且主动积极地劝解他们(或者至少最小化项目脱离控制的风险)。
- 热诚地倾听，外加有效且坦诚地沟通，设置合理的预期并且在必要时有勇气说“不”。
- 最理想的是，除高超的项目管理技能外，还拥有一些 DW/BI 领域的专业知识。至少，他们要永远保持比项目团队其他成员更多一些数据仓库方面的专业知识，如多阅读《数据仓库生命周期工具箱》的一章内容等……
- 理解 DW/BI 的成功与业务接受程度直接相关。就是这些了。

没有展现出这些特征的欠缺经验、低效率或者优柔寡断的 DW/BI 项目经理等同于有风险的项目资源。

3.8 无法实现分析

Bob Becker，Design Tip #66，2005 年 4 月 11 日

许多数据仓库团队很大程度倾向于执行面。他们倾向于实现操作，而不是花费足够的时间和精力来开发其数据模型、识别完整的业务规则，或者规划其 ETL 数据准备过程。因此，他们会全速前进而最终要改造其过程、交付不好或不完整的数据，并且通常让其自身陷入困境。

其他项目团队面临着相反的挑战。这些团队热衷于在所有关键部分开展其工作。他们专注于数据质量、一致性、完整性以及组织管理工作。不过，这些项目团队有时会陷入很早之前就应该解决的问题之中。当然，这一僵局在最糟糕时才会出现——最终交付日期马上就要到了，而应该被精心实现的设计决策仍然没有完成。

自然而然，尚待解决的问题涉及最艰难选择并且项目团队在最佳解决方案上无法达成一致。最简单的问题已经被解决了，而最复杂问题的解决方案没那么容易能够得到。尽管在调研、数据剖析、设计会议和非正式讨论上花费了大量时间，但看起来没什么能够让团队进一步接近最佳方法的决策。该项目处于十字路口而无法前行。此时，项目团队通常都会忧心忡忡，压力陡增。

一种有用的方法是使用一个仲裁者，独立于项目团队外的可信个人，以帮助团队前行。要与这位仲裁者和相关干系人一起确认尚待解决的问题并且安排与他们的会议。所有的参会者都必须同意在这些会议期间制定出最终决策。仲裁者应该建立一份时间表，限定每个问题的探讨时长。最后一次探讨每种方法的优缺点；如果团队无法达成共识，就由仲裁者做出最终决策。

另一种方法是推迟未解决的问题，直到未来在进一步的调研和探讨弄清楚一个合适的解决方案之后才着手解决。这种方法的缺点在于，业务需求不允许推迟解决这些问题；搁置解决就是推迟解决这些不可避免的问题而已，不会带来任何重大的收获。

数据仓库领域的规划和执行之间存在一种微妙的平衡。目标是识别出合理的解决方案，而不必是完美的解决方案，因此团队可以从规划阶段过渡到实现阶段。还有更多的内容需要了解，但实现过程对于揭露规划中的薄弱环节通常更加有效。因此，探讨和规划再多，也比不上在实践的过程中加固这些薄弱之处。实际上，对于许多艰难的选择来说，做出好选择所需的大量信息仅能通过反复试错来获得。

显然，我们是在提倡随意的、临时采用的方法来实现数据仓库。但我们要认识到，有时候必须讲求实际并且采用不那么理想化的解决方案来继续前行，这些解决方案需要被重新审视才能实现总体目标。

3.9 包含 DW/BI 范围蔓延并且避免范围冒用

Bob Becker，Design Tip #154，2013 年 4 月 1 日

保持对数据仓库/商业智能(DW/BI)程序的紧密控制权，这是取得成功的重要组成部分。令人惊讶的是在一些组织中，同样重要的是，确保在建立另一个好的规划之后程序不会出现范围冒用。

在 DW/BI 程序中汇总一次性应对所有事情是不可能的。DW/BI 团队应该根据组织的业务过程来确认工作的子集(参阅文章 4.7“识别业务过程”)，以便分阶段进行总体设计、开发以及部署工作。每个阶段或者每次迭代都应该有意义且可被管理。也就是说，工作范围应该足够大才能产生能够提供有意义的业务价值的交付物，不过其范围又应该足够小，这样团队大小、涉及的数据量以及沟通需求才是“合理的”，尤其是在指定的资源配置下。避免需要一大批资源和数年工作量的巨大范围是很重要的。

一旦确立了项目范围，将不可避免地面临增大其范围的压力。最易引发混乱的范围蔓延类型是添加新的数据源。范围中这样一个较小的增长变化看起来没什么：“我们只是在增加一个新的成本元素”或者“我们只是在将一个天气源添加到销售数据”。不过，这些所谓的小变化久而久之会不断增加。通常 DW/BI 项目团队都是有责任的。大多数 DW/BI 团队非常专注于服务其业务伙伴和主办者的需求。但需要当心，服务热情不要屈服于范围蔓延，它会对满足预期的能力产生负面影响。尽管具有灵活性很重要，但必须对调整范围说“不”，尤其是在项目已经处于开发过程中时。

范围蔓延也会来自过于热情的业务伙伴和主办者。一旦他们对 DW/BI 的举措做出了支持和努力，他们就会热切渴望快速的进展和即时的结果。他们会强烈要求比之前达成一致的交付日期更加快速地交付更大的范围(更多业务过程、更多历史、复杂业务规则等)。显然，业务的热情和支持是积极的，但这样他们也会密切关注项目计划和交付有意义且可管理的范围。DW/BI项目中的主要业务主办者需要成为技术开发的一名成熟观察者，并且成为一位合格管理者。

强势的程序/项目经理对于成功管理范围蔓延至关重要。如果有一位支持的业务主办者、坚实的IT/业务合作关系以及承诺满足预期的项目团队，那么程序经理的工作就会更加容易。程序经理和业务主办者之间频繁坦率地探讨范围、挑战、进展、时间安排以及期望，将确保每个人对于该项目的各方面理解一致。

关于项目范围的第二个关注点是范围冒用。当组织中其他项目/程序的支持者试图将其议程安排附加到DW/BI程序时，就会出现范围冒用。通常这些工作会支撑重要的企业需求；不过，当它们开始被附加到DW/BI程序时，DW/BI程序通常就会陷入困境。其他这些工作通常缺少业务主办关系、回报以及最重要的资金。这些举措的支持者会希望将其议程安排附加到DW/BI程序，以便利用(也就是偷偷冒用)其推动力、高管可见性、业务主办关系、人员配置与/或DW/BI举措的资金。这些工作通常会被重新包装成DW/BI举措的先决条件、伴生要素与/或互补性工作；突然间DW/BI举措所达成一致的范围就会被占用而专注其他举措。

会有各种企业举措将其自身附加到DW/BI程序。一些常见的示例包括：

- 关注古老业务系统替代品的数据质量举措。
- 解决来自低效源系统集成的持续存在的操作性数据集成挑战的工作。
- 主数据管理工作。
- 关注基础设施再平台化的IT项目。
- 新的基于角色的安全性基础设施的实现。
- 发布-订阅方式的面向服务架构(SOA)的首次部署。
- 利用用于DW/BI举措的基于云的场外存储。

关于这些举措符合企业最佳利益这一点是没什么争议的(当然DW/BI程序也一样)；很难从概念上反驳它们。但是，得当心。这些举措的支持者希望利用DW/BI程序的原因在于，因为其举措很复杂、具有挑战性和成本高昂——它们很可能无法获得所需的资金和主办关系，从而作为独立可实施举措发起。由于DW/BI程序拥有强大的业务支持和大量资金，因此这些竞争性举措就会寻求将自身掩盖为DW/BI程序的前置条件或架构需求，以便借助DW/BI程序的保护伞而前行。

关键问题在于，其他这些举措是否会变成DW/BI程序不可或缺的部分。通常不会；如果这些举措体现其自身的价值，那么这样的局面对于这些举措和DW/BI程序是最好的。否则DW/BI程序就会面临更为IT驱动的、任务更庞大的风险，这样就会耽误所规划的DW/BI能力并且无法满足业务预期。其他这些工作几乎总是与DW/BI程序明显不同，并且应该被独立地定义范围、提供资金、获得主办者支持以及治理。DW/BI程序经理和业务主办者需要具有政治敏感、小心谨慎，以及努力抗争，以确保DW/BI程序仍旧保持独立。考虑到组织的政治事务通常会超出DW/BI程序经理的控制范围，DW/BI业务主办者必须作为代表来面对这些挑战的考验。

3.10 IT 过程对于 DW/BI 项目是否有益

Joy Mundy，Design Tip #129，2010 年 11 月 3 日

回顾数据处理领域还很年轻且数据仓库刚出现时，项目往往存在着更多的乐趣。Kimball Group 顾问(在成立 Kimball Group 之前)通常会被业务用户所召唤，并且我们会帮助他们在企业 IT 范畴外设计和构建一个系统。从那时到如今之间的这些年——数十年了！——数据仓库已经变成大多数 IT 组织的主流组成部分。在大多数情况下，这是一件好事：正式的 IT 管理为 DW 带来的严密措施让我们的系统更加可靠、可维护且性能优良。没人喜欢 BI 将服务器放在业务用户办公桌下的想法。

不过，IT 基础设施对于 DW/BI 项目并非总是有所助益的。有时候它会阻碍其发展，或者积极阻挠。毫无疑问，信息技术的每个小的专业领域都会宣称，它总是有些不同或特殊，但就 DW/BI 的情况而言，事实确实如此。

3.10.1 规范

许多 IT 组织所采用的经典瀑布式方法都要求制定一套让人烦恼的详尽规范，业务和 IT 会让该规范正规化并就其达成一致，然后移交给开发人员以便实现。对该规范的修改会受到严格控制，并且这一修改行为只能是例外而非常规。

如果尝试将瀑布方法应用到 DW/BI 项目中，那么最终最好的情况就是得到一个报告系统。可以足够详细地说明的唯一事情就是标准化报告，所以这就是所能得到的：交付那些标准化报告的系统。许多规范都包括要求支持即席分析，并且有时候还包括用户乐于去做的特定分析示例。但是在瀑布方法中，明确指定边界和即席分析的需求是不可能的。因此项目团队会通过将即席查询工具扔在数据库面前来“满足”这一需求。

对于寻求编写或认可该规范的业务用户来说，这真的会让人沮丧。他们知道该规范无法捕获到他们所需的丰富度，但他们不知道如何与 IT 沟通其需求。我最近在与一位满腹牢骚的业务用户举行会谈，他瞪眼看着 DW 经理，并且说，“只要给我一个捕获所有数据关系的系统即可”。只要这一句话就够那个可怜的设计数据仓库的人受得了。

相比于事务系统，对于数据仓库来说，数据模型在系统设计中承担着更为中心的角色。正如 Bob 在文章 4.12“使用维度模型来验证业务需求”中所主张的，数据模型——与业务用户协作开发的——变成了系统规范的核心。如果业务用户认同主题领域的所有现实分析都可以通过模型数据来满足，并且 IT 认同数据模型可以被填充，那么这两边的人会就模型握手言和。这与标准化瀑布方法有着极大的差异，瀑布方法中的数据建模者会将规范放入自己的小空间中，并且数周之后才提供完全成型的数据模型。

3.10.2 命名规范

我所见过的 IT 过程碍事的另一个地方就是对数据仓库中的实体进行命名。当然，这是一个重要性远小于规范的问题，但我发现自己对命名的独断专行深深感到恼火。因为 DW 数据库旨在专门使用，所以业务用户将会看到表和列的名称。它们会作为报告标题和列标题来显示，因此极长的列名称会有问题。

也就是说，命名规范、用例语句的使用，以及最小化缩写的使用量都是好主意。不过就像所有的好点子一样，需要合理地淬炼它们。在极端的情况下，最终会得到荒唐的长列名，比如 CurrentWorldwideTimezoneAreaIdentifier(这并非我杜撰的)。

尽管它们仅仅是博人一笑而已，但使用荒唐的长名称的真正问题在于，用户无法容忍它们出现在其报告中。在报告展示中，他们会一直质疑这些名称，这意味着他们要使用不一致的名称并且要就“多个事实版本”的问题做出新的(愚蠢的)解释。请用常识来调和命名规范。

3.10.3 教条主义

除非是 Kimball Group 的教条。我曾经听到过由“企业 IT 的某人”制定的各种各样的规则。其中包括：

- 所有的查询将由存储过程提供(显然这个人并不理解“即席”的含义)。
- 所有的 ETL 都将由存储过程完成(所有的？为什么？)。
- 所有的数据库约束在任何时候都会被声明和强制执行(大多数时间——这个当然；但任何时候？)。
- 所有的表都将完全标准化(不予置评)。
- 不会对 DW 中的数据进行转换(除表示迷惑不解外我不作任何回应)。

不要误解我们……就像模拟一些实践一样容易，我们推崇经由专业开发和管理的 DW/BI 系统，这通常意味着 IT。其优势巨大：

- 数据建模、ETL 架构、开发和操作中的核心技能很大程度上是从一个项目传递到下一个中来加以利用的。
- 专业化开发，其中包括代码签入、代码评审、持续的回归测试、自动化 ETL 以及持续的管理。
- 稳固的缺陷跟踪、发布管理技术以及部署过程，意味着一个 IT 托管的 DW/BI 系统应该更加平顺地对已经处于生产环境的系统展开持续改进。
- 安全性和合规性。

不过，如果身处一个备受毫无意义的 IT 权限折腾的项目中，也不要害怕对此说不。

正当理由与主办关系

在定义好项目团队角色和职责之后，我们就要将注意力放在数据仓库程序的所有重要业务干系人身上。我们要描述身为业务主办者或回避职责的业务主办者的行为，挑战所有权计算总成本的传统视图，然后以提高与业务互动的技能指南来结束本节内容。

3.11 有效主办者的行为

Margy Ross，Intelligent Enterprise，2003 年 9 月 1 日

作为数据仓库设计者，要知道业务管理主办者对该举措的重要性。在专注于数据仓库仅 20

年之后，对于数据仓库能否取得成功来说，我深信强大的业务主办关系是最重要的关乎成败的指标。拥有合适的主办者就可以克服项目中其他地方的大量短板。另一方面，主办者人员调整是数据仓库停滞不前的一个最常见原因；无主办者的数据仓库肯定会失败。

在这篇文章中，我会探究辨别高效数据仓库主办者的特征。严肃对待其职责的主办者看起来会自然而然地渴望对于让其工作顺利开展的指导。他们对于数据仓库取得成功的关注度和数据仓库团队一样大。当然，业务主办者越高效，数据仓库团队所能得到的与数据仓库举措有关的乐趣就越多。记住，你们在同一条船上。因此在阅读完这篇文章之后，可以将它推荐给现有的或潜在的主办者，因为这篇文章是写给他们的。

3.11.1　为成功做准备

你已经自愿(或者是稍微被迫的)成为数据仓库的业务主办者。在以前大多数冒险任务中你已经取得了成功，但这是全新且不同的。那么同样，它也不会那么难，对吧？

是的，它并不艰难，只要你坚定决心。在与数百位数据仓库主办者共事过之后，相同的行为模式会反复出现。我主张从其他人的错误中吸取教训，并且在肩负这一新职责时牢记这些行为。

作为数据仓库主办者，重要的是设想和清晰表达出在该组织关键举措上改进后的信息所能带来的可能效果。如果你具有权威性，却不真的怀有信心，那就应该从业务主办者的位置退位让贤，因为你将注定难以发挥作用。数据仓库业务主办者需要对这一事业充满热情并且将他们的愿景传达给组织。如果这听起来不像你的风格，那么在全速前进之前，你和数据仓库团队就需要找到另一个主办者；否则，你就是在给自己、数据仓库团队和整个组织帮倒忙。

3.11.2　抵制阻力最小的路径

管理企业数据资产的最常见方法就是规避。数据是由各个部门来管理的，而非跨整个组织来管理。每个部门或组织职能部门都会构建自己私有的数据仓储，但缺乏整体的企业视图。这样的做法一开始是有吸引力的，因为每个部门都会准确得到其想要的，而无须抗争组织共识。大量的现有数据仓库都是基于这一基础来开发的。

不过，因为每个部门都使用稍微有些不同的定义和诠释，所以这些数据彼此之间没什么关联，并且其结果是混乱的。这样就失去了综观整个企业的能力，失去了跨职能部门共享的机会。同样，这一混乱局面还会造成极大的组织资源浪费。局部多余的数据库会转变成局部多余的数据开发、管理和存储开销。在理解和一致化这些非一致定义数据的方面，所投入的资源会存在更大的浪费。

当然，可以理顺这一混乱局面，但这就需要政治影响力、财务手段以及意愿来挑战现状。相对于让每一个人构建独立的、以部门为中心的数据库或仪表盘，企业信息资产需要被主动积极地管理。许多 CIO 都将这一点视作托付给他们的职责。作为业务主办者，需要与 CIO 紧密协作，以支持关键干系人关注全局的好的一面。企业需要致力于建设一种共同基础，依赖共享的引用信息(也就是我们的定期杂志读者所熟知的维度)作为集成的基础。这并非一件易如反掌的事情。

建立秩序要从一个简单的根本前提开始：在整个组织中反复重用关键绩效指标。在健康保险公司中，处理索赔是一项主要的业务活动，不过在其他部门希望研究涉及的健康护理专业知识时，某个部门可以分析投保人的特征。尽管各个部门的关注点不同，但所要求的数据是其间共同的联系。

3.11.3 团结周边可用资源

数据仓库业务主办者需要影响其所处位置的上下级以及整个组织中的其他人。主办者是内部数据仓库的助推器。召集资源对于主办者来说通常是自然而然的。主办者需要在组织中创造热情氛围，但不要过度承诺或者设定数据仓库团队永远无法实现的期望。如果项目经理要求业务主办者向关键业务代表发送一份传达这一举措重要性的温馨提醒，以便鼓励他们参与其中，不要对此感到惊讶。可以预见，当业务同僚的大老板发出强烈建议时，他们会更加积极地参与数据仓库需求或评审会议。从长期来看，在设计和开发阶段让业务代表亲身参与，对于他们对最终交付物的接受程度来说至关重要。

召集你的同事同样重要，尤其是在理解与简单路径有关的最终成本并且致力于采用一种企业方针时。显然，在财务和组织上，你都需要同事的支持，以便认清这一愿景。不过，首先需要让他们知道这一点。你的同事已经在为新的事务处理系统提供资金了，但他们还不了解这些面向操作的系统无法满足他们的分析需求。

业务主办者还需要就优先级与同事达成共识。这一共识必须有足够的弹性，让每个涉及其中的人都能够向组织传递一致的讯息，不管是书面形式还是行动。赢得政治争论的尝试并非轻而易举。这需要同时敏锐意识到同事的需求并且能够引发共鸣，而不会疏远同事或者自以为高人一等。数据仓库的早期主办者通常会召集同事成为共同主办者。你和你的共同主办者必须就共同目标达成一致和取得共识。你将不可避免地感觉到改变方向所带来的组织压力。

3.11.4 耐心是一种美德

成功的数据仓库都是渐进式构建的。当建立核心共享引用数据的优先级较高时，业务用户在第一阶段不会得到他们想要的一切。你需要保持耐心并且确保其他人照做。在考虑项目迭代次数和时限时，数据仓库业务主办者应该听取团队的意见以平衡意义性和可管理性。

组织中很可能已经存在数据仓库的分析和报告替代方案。任何用于增强或扩展这些之前存在的单点解决方案的增加开销都应该在估算整体目标成本之前进行评估。从长期来看，这些部门级解决方案中的许多都将被迁移或废弃。显然，你需要同事的支持来完成这一切，尤其是当对请求的短期解决是“不行”或者“你排在下一位”时。

充当数据仓库的业务主办者并非一项短期职务，因此要做好长期参与其中的准备。主办者可以为大家的参与性增加组织认可度并且保持动力和热情。

通常在资金或资源方面，会爆发争执。业务主办者需要为可以预见的未来提供持续的财务支持。没有足够的资金，数据仓库将面临失败。另一方面，也可能出现超支的情况。尽管大量预算为团队带来了短期的预约，但如果成本超出收益，那就没什么能够持续下去。业务主办者必须期望和确保数据仓库团队持续地将新增加的价值及时地以一致的方式交付给组织。

3.11.5 保持对目标的专注

实质上，构建数据仓库是为了提高组织的决策能力。作为数据仓库主办者，应该始终牢记，业务认可度是该举措的关键成功指标。该程序涉及的每个人，不管是业务方面还是IT方面，都需要每天回想这一承诺。对于那些容易受到极妙技术干扰的人来说尤为如此。记住，你的使命中对于提升组织决策能力来说，没什么是与技术有关的。

业务主办者必须理解，构建一个数据仓库并非是单一的项目，而是一个持续发展的程序。询问数据仓库何时才会完成就像是在问，“我们何时才会停止开发和强化我们的操作型事务处理系统？”数据仓库环境将发展成为与业务系统有关的组织核心业务过程，并且分析处理将更为成熟。

作为数据仓库的业务主办者，要确保该程序与业务持续保持一致。因为业务及其举措会不断演化，所以数据仓库的愿景也必须不断演化。团队无法承担变得骄傲自大和故步自封的后果。主办者应该确保该程序保持在追求卓越的路线上，而不会独断专行或者期望符合不现实的时限要求。主办者的策略应该专注于那些可以转化成整个企业最大利益的机会。

高效数据仓库业务主办者的行为没那么高深。它们都是常识，很大程度上是让我们在职业生涯和个人生活的其他方面变得有效的主题的变体。所以，勇往直前并且成为有效的主办者吧——组织和数据仓库团队都指望着你！

3.12 从终端用户开始计算的总体拥有成本(Kimball 经典)

Ralph Kimball，Intelligent Enterprise，2003年5月13日

专心致力于计算数据仓库总体拥有成本(total cost of ownership，TCO)的新近产业专注于细枝末节而忽视了全局。这样做会让人想起“只见树木不见森林”或者“在泰坦尼克号上重新排列躺椅”的比喻。

阅读各种白皮书并且倾听行业顾问的意见会让你认为数据仓库 TCO 是由硬件、软件许可和维护合同、IT员工开销以及服务成本来主导的。

有一些更为详尽的分析会分解这些分类以便揭示长期的非计划成本，例如，雇佣和解雇、培训、调整、测试和文档记录。有一家大型的硬件供应商甚至将其TCO优势建立在减少DBA数量的基础上。有了所有这些分类作为基础，各个供应商会通过宣称展现面对面的对比来“证明”其方法更好。像我们这样的观察者就无法弄明白为何这些有冲突的声明会如此戏剧化的不一致。但是所有这些混乱局面都漏掉了全局观。正如我的一位前同事过去常常说的，房间里有一头河马，但是没人在乎它。

3.12.1 不好的决策也是成本

当我思考数据仓库 TCO 时，我首先会询问：为何我们要拥有一个数据仓库，而组织中的谁又会来判定数据仓库的成本与回报？我的答案是，数据仓库会发布公司的数据资产以便最有效地帮助决策。换句话说，数据仓库是组织性的资源，必须在最为广泛的可能含义方面通过其对于决策的效果以判断它的成本和价值。

那么谁才是组织中的决策者呢？大多数情况下，他们并非是 IT 人员！组织的主线决策者就是数据仓库的业务用户，他们可能是高管、经理、知识型员工、分析师、生产车间管理员、客户服务代表、秘书或文员。所有这些用户都具有看到数据的强烈、本能的需要。在过去半个世纪的计算机革命中，商业运转的方式发生了深刻的文化观念转变。现在业务终端用户十分确定，如果他们可以看到其数据，就能更好地运营他们的业务。

因此，当我从更广泛的视角来回想整个组织尝试使用数据仓库制定更好决策这个方面时，传统的以 IT 为中心的成本甚至都不会进入我要关心的前十项成本中！这间屋子中的河马就是一组问题，它们可以损毁数据仓库的价值。当然，要避免这些问题，必然需要一些实际成本。

这里是我关于数据仓库成本真正源头的清单，它们都排在我们一直念念不忘的传统硬件、软件、员工和服务成本之前。这份清单是按照我所认为的重要程度来排列的，不过你可以按照自己的环境来调整其顺序：

- 需要用于决策的数据不可用。
- IT 和业务用户之间缺少合作关系。
- 缺乏明确面向用户的认知性和概念性模型。
- 延迟的数据。
- 不一致的维度。
- 不一致的事实。
- 不够详细的数据。
- 以难处理的格式存在的数据。
- 数据的迟缓、无响应交付。
- 锁死在报告或仪表盘中的数据。
- 过早聚合的数据。
- 专注于数据仓库投资回报(ROI)。
- 企业数据模型的创建。
- 强制将所有数据加载到数据仓库中。

如你所见，这些问题中的大多数都功败垂成。当这些问题抬头时，它们就会威胁到整个数据仓库举措。如果数据仓库失败，那么成本分析的结果就会很难看。将传统以 IT 为中心的成本增加到不借助数据运行企业的成本中。

在所有这些类型的问题中，潜在的成本是数据仓库的失败。这一成本占主导地位并且会让传统成本的分析毫无意义。无法制定正确决策的潜在成本是没有上限的。我们的目标是将这一潜在无上限的成本置换成有限的可知成本，同时消除失去数据仓库的风险。这些有限成本中的许多都在本文开头所列的 14 条次要成本之中。

3.12.2 仔细查看这些成本

从建设性角度，我们来看看数据仓库的这些成本来源，它们会对整个组织产生多大影响，以及我们可以做些什么来降低这些成本。

- **决策所需的数据不可用**。这是很大的一项成本。不可用的数据意味着数据仓库无法用于决策。我们希望用可预测的成本来置换这一无上限且不可知的成本，这涉及收集用户的业务需求、研究决策时用户需要什么信息、定期游说业务决策者理解新需求，以及系统地网罗新的数据源和说明或预测事件的新指标。

- **IT 和业务用户之间缺少合作关系**。当 IT 和业务用户没有好的合作关系时，用户就会失望，因为他们的需要没有得到很好的支持，而 IT 将责怪用户的抱怨、不会使用计算机，以及没有阅读文档。失败或者表现不佳的数据仓库很可能造成无法就如何修复它达成明确的共识。决策将会缺失，因为系统不可用。好的合作关系意味着 IT 员工要常驻用户环境之中，并且要有跨业务/IT 组织边界的人员流动。我常常在说，就业务还是技术更具吸引力而言，最好的应用程序支持人员总是会感到矛盾。这些人员(我也是其中一员)会花费他们整个职业生涯的时间穿梭于业务/IT 边界之间。解决这一问题的成本就是 IT 人员为了明确履行其职责需要直接在业务用户部门花费一年或更长的时间进行工作。IT 人员的业务信誉就是其核心价值。
- **缺乏明确面向用户的认知性和概念性模型**。IT 应用程序设计者会从系统上让事情过于复杂，或者假设业务用户能熟练地将数据从一个计算机窗口复制粘贴到另一个计算机窗口中，或者假设用户还会希望执行分析。存在各种各样的业务终端用户。一个合格的 IT 应用程序交付团队应该仔细剖析这些用户的认知能力以及计算机熟练程度，并且同时构造用户如何执行任务和进行决策的概念化模型。然后团队就可以选择或者配置最适合的交付工具。这种方法的成本会很高。需要多种工具。必须构建更多的自定义用户界面和密封报告。以我的经验来看，很少会对业务用户如此关注。
- **决策所需的数据延迟了**。最近对于提供实时数据仓库访问的关注迅速高涨。关于实时的定义，略带挖苦的说法就是，“对于当前的提取、转换和加载系统来说，任何数据交付都是非常快的。”对于实时数据仓库的需求会出现在许多市场贸易、客户支持、信用审批、安全授权、医疗诊断以及过程管理的环境中。当然，这对于因为太慢而无法支持必须实时进行决策的数据交付系统来说是致命的。实时数据交付的成本会非常高，并且不存在单一的方法。我在文章 11.44“实时分区”中描述了这个难题的一部分内容。
- **不一致的维度**。如果(例如)顾客维度是不一致的，那么它就意味着两个数据源具有不兼容的顾客类别和标签。其结果就是这两个数据源无法被共同使用。或者，更为隐蔽的是，这些数据源看起来可以被比较，但其逻辑却会出错。还要再次说明的是，其所带来的成本就是，会丢掉全面了解顾客的机会，但是还存在巨大的未浮现出来的成本，也就是经理们为解决数据不兼容问题而浪费的时间以及在无法使用可理解数据时所发泄的怒火。这种情况下，更为可取的成本是在设计一致化维度时预先解决类别和标签差异的成本，如我在文章 5.4“分而治之”中所述的那样。
- **不一致的事实**。不一致的事实与不一致的维度有关。当两个数值测量类似，但无法在像比例或差值这样的计算中被逻辑合并时，它们就会出现。例如，两个不同的收益数值不能被放入相同的计算中，因为一个是税务处理之前的，而另一个是之后的。可以将修复这个问题的成本与一致化维度的成本合并，并且可以通过相同会议中相同的人员来完成。
- **不够详细的数据**。提供详细的维度描述是数据仓库设计者的一项基本职责。产品或顾客维度中的每个属性都是一个单独的数据入口点，因为属性是约束和分组数据的主要途径。让数据更加详细的成本通常来自查找、清理数据源，以及将辅助数据源合并到数据库中。

- **以难处理的格式存在的数据**。即便数据已经呈现出来，也存在一些让业务用户困惑的拙劣格式化的数据类别。到目前为止，最大的危害就是以标准化的实体-关系格式将数据呈现给业务用户。这些复杂的标准化模式对于业务用户来说是不可能理解的，并且它们需要自定义的独立于模式的编程才能交付查询和报告。少数供应商实际上会建议将标准化模式用于数据仓库交付，然后向IT销售极度昂贵的硬件解决方案，这些硬件解决方案性能强大，足以应对这些低效模式。这些供应商所要系统地避免的事情就是，应用程序开发成本的坦诚预算以及他们已经转嫁给业务用户的丧失机会的成本。
- **数据的迟缓、无响应交付**。业务用户无法忍受缓慢的用户界面。唯一真正可接受的响应时间就是即时的，并且数据仓库设计者必须总是将其作为一个目标。如果业务用户要花许多分钟或小时来等待返回结果，那他们就不大会再次尝试即席查询。真正快速的决策支持系统在使用上与一个必须以批量任务模式来使用的系统有着本质的不同。相比于缓慢系统的用户，快速系统的用户会尝试多得多的选择并且探究更多的方向。修复一个缓慢系统是一个多方面的挑战，但它首先需要良好的数据库设计和软件。在相同的硬件能力条件下，对于查询来说，维度模型会很快，而标准化模型会很慢。在处理了数据库设计和软件选择之后，下一个相关的性能提升基础就是大量的实际内存(RAM)、适当调整聚合与索引、分布式并发架构以及CPU原始速度。
- **锁死在报告或仪表盘中的数据**。无法使用单个命令从表格格式转换成电子表单的数据会在应用程序中被无用锁定。要选择允许用户将任何可见数据复制到另一个工具的应用程序，特别是可以复制到电子表单中。
- **过早聚合的数据**。由聚合的、非原子数据构成的业务过程主题领域很危险，由于它们的存在，可以预见到一组业务问题并且会阻止业务用户向下钻取所需的详细信息。在20世纪80年代末，这是主管信息系统运行的致命错误。当然，这个问题的解决方案并非使用“数据集市”的过失定义，而是使用最原子的数据将所有业务过程主题领域置于维度模型的基础之上。原子数据是最自然的维度数据，并且最能够承受住即席攻击，其中业务用户会提出非预期且准确的问题。
- **专注于数据仓库投资回报(ROI)**。使用像回报周期、净现值或内部回报率这样听起来具有高度分析性的技术来衡量投资回报是件很流行的事情。在我看来，这些指标都遗漏了评估数据仓库成本直至最终价值的要点。数据仓库支持决策。在制定了一项决策之后，要给予数据仓库一部分功劳，然后回过头来对比数据仓库的成本。我的经验法则是，提取一个决策所创造的货币价值的20%并且将其作为数据仓库的收益。这样才能真正驱动我们的主旨，即，看待数据仓库是否有意义的唯一角度就是其支持业务用户决策的能力。
- **企业数据模型的创建**。在大多数情况下，对组织数据建模的先验工作是浪费时间。通常，模型是数据应该是什么样子的理想表述，并且所创建的数千个实体实际上绝不会被物理填充。这很有意思，甚至具有一些教育意义，但企业数据模型确实是在浪费时间，会延迟数据仓库的交付。如今，如实描述真实数据源的数据模型很可能才是好的选择。

- **强制将所有数据加载到数据仓库中**。最后，遵循强制命令从企业中获取“所有数据”是回避与业务用户沟通的一个借口。尽管具有理解所有数据源的基础维度和内容的设计视角是必要的，但大多数 IT 企业永远都仅能够应对其所有可能数据源中的一小部分。当预先的数据审核完成时，就该与业务用户进行交流并且理解哪些数据源需要首先在数据仓库中发布了。

我希望在阅读完所有这些潜在和实际的数据仓库成本之后，读者会忘记硬件、软件和服务所带来的成本。多年前在施乐•帕罗奥多研究中心(现在叫施乐•帕克研究中心)时，当个人计算机的发明人 Alan Kay 说“硬件是卫生纸，用完就可以扔掉”时，我被深深震惊了。那听起来是对我们在该研究中心所拥有的所有有形硬件的极度不尊重，但他是对的。对于数据仓库来说，唯一重要的事情就是以最悦目和有意义的方式有效发布支持我们决策能力的正确数据。

Kimball 方法论

这一章的最后一节会描述 Kimball 生命周期方法，介绍会在 DW/BI 项目上犯的常见错误，以及提供实践性建议来降低项目风险。

3.13　简要概括 Kimball 生命周期

Margy Ross，Design Tip #115，2009 年 4 月 4 日

最近一堂课上有个学生找我要一份 Kimball 生命周期方法的概要介绍，以便分享给她的经理。我欣然应允，因为我相信我们已经发表了一份执行摘要。让我大为吃惊的是，所发表的这份唯一的生命周期概要变成了《数据仓库生命周期工具箱》这本书的其中一章，因此这本 *DesignTip* 杂志填补了我们文献中意想不到的内容空白。

Kimball 生命周期方法已经存在数十年了。其概念是由 Kimball Group 的成员以及 Metaphor 计算机系统公司的几位同事于 20 世纪 80 年代最先设想出来的。当我们在《数据仓库生命周期工具箱》(Wiley 于 1998 年出版)中首次发表该方法论时，它被称为业务维度生命周期，因为这个名称强化了三个基础概念：

- 专注于在整个企业中增加业务价值。
- 对通过报告和查询交付给业务的数据进行维度化构造。
- 以可管理的生命周期增量来迭代式开发解决方案，而不是尝试交付横空出世的交付物。

回顾 20 世纪 90 年代，我们的方法论是少数强调这组核心原则的方法之一，因此业务维度生命周期这个名称让我们的方法可以区别于行业中的其他方法。快进到 2000 年末，当我们发行《数据仓库生命周期工具箱》的第 2 版时，我们仍旧相信这些概念，但这个行业已经向前发展了。我们的原则已经变成许多人所选择的主流最佳实践，因此我们将该方法论的官方名称精简成了简单的 Kimball 生命周期。

尽管过去二十年中，技术和对于数据仓库的理解已经突飞猛进，但 Kimball 生命周期的基本结构仍旧保持不变。我们的方法在设计、开发和部署 DW/BI 解决方案方面是行之有效的。数千个几乎遍及每个行业、应用领域、业务功能和技术平台的项目团队已经利用了我们的方法。Kimball生命周期方法已经反复被证明是可行的。

图3-1揭示了Kimball生命周期方法。成功的DW/BI实现取决于众多任务和组成部分的适当融合；完美数据模型或者最佳的培育技术是不够的。该生命周期图表是描述有效设计、开发和部署所需的一系列任务的整体路线图。

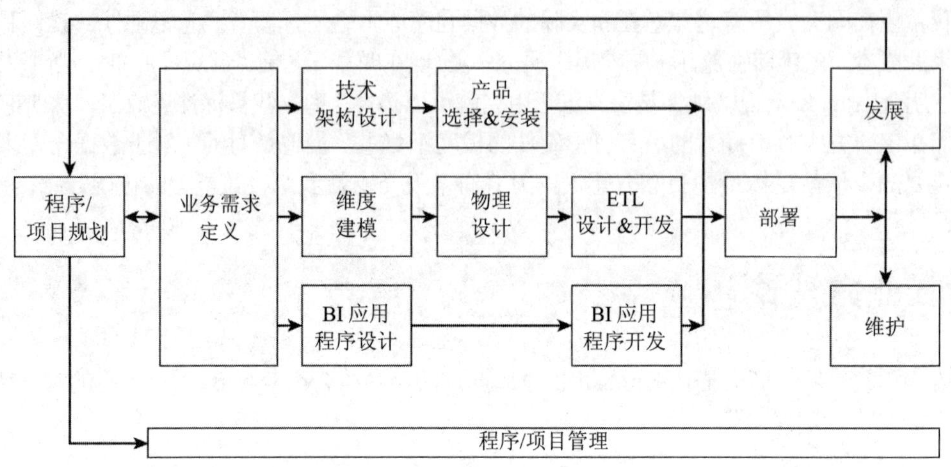

图3-1 Kimball生命周期图表

3.13.1 程序/项目规划和管理

该路线图上的第一个框专注于让程序/项目启动，其中包括范围、理由和人员配置。该生命周期自始至终，进行中的程序和项目管理任务都在正轨上保持正常活动。

3.13.2 业务需求

发现业务需求是Kimball生命周期中的一项关键任务，因为这些研究结果驱动着大多数上游和下游的决策。收集需求是为了确定影响业务的关键因素，这是依据专注于业务用户当前要做什么(或者未来想要做什么)来实现的，而非询问“你希望在数据仓库中做什么”。企业中的重大机会都是基于业务价值和可行性来识别和根据优先级排序的，其次是收集用于DW/BI系统开发的第一次迭代的详尽需求。三个并行的生命周期轨迹会遵循业务需求定义。

3.13.3 技术轨迹

DW/BI环境会强制要求许多技术、数据存储和相关元数据的集成。技术轨迹会从系统架构设计开始，以便确定所需能力的采购清单，然后是满足那些架构需要的产品的选择和安装。

3.13.4 数据轨迹

数据轨迹会从目标维度模型的设计开始，以便应对业务需求，同时考虑底层的数据现状。

Kimball 这个词等同于维度建模，其中数据会被划分为测量事实或描述性维度。维度模型可以在关系型数据库中实例化，这被称为星型模式或多维数据库，也就是众所周知的 OLAP 多维数据集。无论什么平台，维度模型都会试图应对两个并行目标：用户角度的易用性以及快速查询性能。企业数据仓库总线矩阵是一个关键的 Kimball 生命周期交付物，它代表着一个组织的核心业务过程以及相关的常见一致化维度；它是一份数据蓝图，可以通过一次仅专注于一项业务过程来用可管理的自下而上的交付确保自上而下的企业集成。总线矩阵极其重要，因为它同时充当着技术指南、管理指南以及与高管层沟通的论坛。文章 5.5“矩阵”和 5.6“再次探讨矩阵”中详细地揭示和描述了总线矩阵。

维度模型会被转换成物理设计，其中会考虑性能调整策略，然后会进行提取、转换和加载(ETL)系统设计以及应对开发挑战。该生命周期描述了被分组为四个主要操作的 ETL 处理流程中的 34 个子系统：从源提取数据，执行清理和一致化转换，将数据交付到展示层，以及管理后台 ETL 过程和环境。

3.13.5　商业智能轨迹

当一些项目成员沉浸在技术和数据中时，其他成员会专注于识别与构造 BI 应用程序的宽广范围，其中包括标准化报告、参数化查询、仪表盘、记分卡、分析模型和数据挖掘应用，以及相关的导航界面。

3.13.6　部署、维护和发展

这三个生命周期轨迹会在部署时汇聚，将技术、数据和 BI 应用聚集在一起。部署好的迭代会进入维护阶段，同时通过后退到用于 DW/BI 系统下一次迭代的项目规划的箭头来处理发展事宜。记住，DW/BI 系统是一个长期程序，而非一次性项目！

在整个 Kimball 生命周期中，有一个反复出现的主题，即承认 DW/BI 专家必须持续跨越关注业务需求和源数据、技术以及相关资源的底层现状。仅专注于封闭环境中需求(或现状)的项目团队将必然面临重大的交付和/或业务认可风险。

最后，我们之前说过，并且我们无疑要再次重复讲一次。不管组织的特定 DW/BI 目标是什么，我们都认为首要目标应该是业务对于 DW/BI 交付物用来支持决策的认可度。对于所有 DW/BI 系统的整个设计、开发和部署生命周期来说，都必须将这个目标作为靶心。

3.14　挺身而出

Margy Ross，Design Tip #49，2003 年 9 月 15 日

DW/BI 行业中的许多同僚似乎都觉得自己有资格阐释 Kimball 方法，同时进一步引发用于应对 DW/BI 开发的哪种方法才是最好方法的争论。遗憾的是，有时候他们是在传播误解并且继续让问题模糊不清。尽管我们不会装作企业信息工厂(corporate information factory，CIF)方面的专家，但我们确实认为澄清我们的方法就是我们的职责，而非站在旁边观看。

当我们编写《数据仓库生命周期工具箱》(Wiley 于 1998 年出版)的第一版时，我们将我们的方法称为业务维度生命周期。回顾过去，我们应该接受出版商的建议将之称为 Kimball 方法。我们选择业务维度生命周期这个称谓作为替代，是因为根据我们自 20 世纪 80 年代中期开始的集体经验，它强化了我们关于成功数据仓库的核心信条：

1. 首要的是，需要专注于业务。如果没有引发更好的业务决策，那么就不应该花费精力调研数据仓库和商业智能中的资源。专注于业务并不是表明我们鼓励开发隔离式数据存储来应对特定部门化的业务需求。必须同时关注业务需求和更广泛的企业数据集成以及一致性问题。
2. 出于易用性和查询性能的考量，应该用维度模型交付分析性数据。我们建议让最原子的数据变得维度化可用，这样就可以用任何方式来对这些数据切片和切块。一旦将维度模型限制为预先汇总的信息，那就是将能力限制为响应需要钻取更多详情的查询。
3. 尽管数据仓库程序将持续演化，但每次迭代都应该被认为是由具有有限开始和结束周期的可预测活动构成的项目生命周期。

在数据仓库的发展路线中，我们曾经被标记为一种“自下而上”的方法。可能会被这样认为是由于我们与业务保持高度一致。遗憾的是，这个标签无法反映出我们对于开发企业数据仓库总线矩阵的强烈建议，以便在开始开发之前捕获核心业务过程/事件和核心描述性维度之间的关系。这些联系会确保每次项目迭代都切合更大的企业难题。

最后，我们认为，在总线矩阵中逻辑定义的以及之后通过 ETL 准备过程物理化强制执行的一致化维度，对于数据一致性和集成来说绝对是至关重要的。一致化维度提供了一致化标签、业务规则/定义以及领域，我们在构造更多的事实表以便集成和捕获来自额外业务过程/事件的结果时会反复使用它们。

因此这些是我们紧密保有的概念。我知道这有失偏颇，但老实说，我确实不认为对于这些概念有什么争论的必要。

3.15 持相反意见的架构师

Ralph Kimball，Intelligent Enterprise，2002 年 1 月 14 日

数据仓库很有意思，因为它涉及很多不同类型的业务，还因为其职责对于 IT 使命来说是核心。不过，正是由于这项任务如此重要，因此当我听到一些人阐释数据仓库经理的所有职责时，我经常会感觉不知所措。要积极响应业务。要积极响应业务用户。明智地使用技术。不要忘记任何事情。按时交付结果。要客气、友善、节约、无畏、整洁并且虔诚。

有时我发现从负面观点来诠释数据仓库职责，是洞穿模糊性的一种有效方式。我们总是被告知要做什么；现在我们用不要做什么来平衡这份清单。我在这里列出了按照严重性递增排序的错误。当然，所有这些错误都具有干扰性，因此你会对它们进行不同的排序。

- **错误 1**：依赖过去的顾问或其他 IT 人员来告知数据仓库的需求，而不拜访业务用户。实情：没什么能够替代与业务用户的直接交流。要发挥和信赖从亲身体验中得到的本能。发挥倾听的能力。

- **错误 2**：接受这一假设，即企业主要 OLTP 源系统的管理员非常忙并且很重要，无法花费大量时间与数据仓库团队进行交流，并且他们肯定无法大幅修改操作程序以便将数据传入数据仓库或者从数据仓库中取出。

  实情：如果组织真的理解和重视数据仓库，那么在下载所需数据与上传像顾客姓名和地址这样的干净数据时，OLTP 源系统管理员就应该成为有效的伙伴。
- **错误 3**：在推出数据仓库之后，如果预算允许的话，就要安排一次规划会议，以便与业务用户探讨持续的沟通方式。

  实情：通讯、培训会以及用户群的持续个人支持都应该成为数据仓库首次推出时的重要部分。
- **错误 4**：确保所有的数据仓库支持人员在 IT 办公楼中都有舒适的办公室，而这里离业务用户只有很短的路程。用大量按键选项来设置数据仓库支持电话，并且确保尽可能快地回复用户。当然，还要确保用户可以随时给支持团队发邮件，无论是白天还是夜晚。

  实情：数据仓库支持人员应该常驻业务用户部门，并且在执行任务时，应该花费他们所有醒着的时间致力于其所服务部门的业务内容。这样的一种关系会让业务用户产生信任和可靠的感觉，这对于 IT 来说最终会是其核心价值。
- **错误 5**：在第一次培训课程结束时宣称用户成功。在第一次培训课程中，确保用户的商业智能工具非常强大并且要确保介绍每个特性和命令，包括构建复杂报告。推迟数据内容的培训，因为培训课程是基于开发中所用的模拟数据来安排的，而真实数据只有在几个月之后才会准备好。不要觉得安排后续培训或者对于新员工的培训是件麻烦事。你已经达到里程碑了。

  实情：要推迟培训，直到首个业务过程主题领域准备好基于真实数据上线时。保持首次培训课程简短且仅专注于工具的简单使用。培训时间的 50%要花在工具上，另外 50%要花在数据内容上。规划一系列固定的初学者和后续的培训课程。当所培训的用户在培训之后的六个月内仍然在使用数据仓库时，就可以将之归功为用户成功里程碑。
- **错误 6**：假设销售、业务和财务用户会自然而然地为合格数据所吸引并且将开发自己的撒手锏应用。

  实情：业务用户并非应用程序开发人员。大多数业务用户都会使用数据仓库，除非一款撒手锏应用正在等待向他们招手。
- **错误 7**：确保在实现数据仓库之前，已经编写了一份全面规划来描述企业所有可能的数据资产以及对这些信息的所有预期用途。避免迭代式开发的迷人假象，这只是为无法让数据仓库首次正确投入应用所找的一个借口罢了。

  实情：非常少的组织或人员能够预先为数据仓库制定完美、全面的规划。这不仅仅是因为组织的数据资产过于庞大且复杂，而无法预先完整描述，还由于紧急的业务驱动因素，甚至员工，都会随着首次实现的生命周期而显著变化。首先要构建一致化维度和一致化事实的一种轻量级数据仓库总线架构，然后再迭代式构建数据仓库。接下来将会对数据仓库持续修改并且一直构建下去。

- **错误 8**：在完成数据仓库开发和运行并且能够展示显著成功之后，再向组织的高层汇报数据仓库的进展。

  实情：高层必须从一开始就支持数据仓库工作。如果他们不这样或者无法这样做，那么组织就无法有效使用数据仓库。要从一开始就获得这一支持。

- **错误 9**：鼓励业务用户在整个开发周期中向你持续反馈他们希望看到的新的数据源和关键绩效指标。确保在即将发布的版本中包含这些需求。

  实情：需要像软件开发人员那样思考并且管理开发每个主题领域交付物的三个非常明显的阶段：

  (1) 需求收集阶段，这中间要严肃思考每一个建议。

  (2) 实现阶段，这期间可以迁就变更，但必须经过协商并且通常要修改计划。

  (3) 展示阶段，这期间要冻结项目特性。在第二和第三阶段，必须暂停对每个人的友好状态，否则就会成为范围蔓延的牺牲品。

  技巧是尽可能快地扭转对开发周期不利的局面，在每次“短道冲刺”中，都有明确定义和可以实现的一组目标，要在接受新输入之前实现和验证它们。

- **错误 10**：同意在首个交付物中交付全面描述的以顾客为中心的维度模型。理想情况下，选择顾客利润率或顾客满意度作为起点。

  实情：这些类型的主题领域都是被整理过的“二级”主题领域，它们严重依赖多个数据源。顾客利润率需要所有的收益源以及所有的成本源，还需要将成本关联到收益上的分配计划！相反，要将首个交付物专注于单一数据源，之后再处理费时费力的主题领域。

- **错误 11**：将你的专家角色定义为数据仓库合理使用方面的权威。培训业务用户如何思考数据，怎样才算合适使用计算机。系统化提升用户群的成熟度，直到大多数业务用户都能够开发他们自己的数据访问应用程序，因而也就消除了长期支持的需要。

  实情：你的任务是成为正确数据的发布者。你的专家角色是倾听业务用户在说什么，他们总是正确的。是用户而非你来定义计算机的可用性。只有在满足了用户需求而非反过来行事的情况下，才会取得成功。

- **错误 12**：在拜访任何业务用户或者发布任何数据集市之前，收集物理化集中的数据仓库的所有数据。理想情况下，可以在单台整体式机器上实现数据仓库，这样就能控制和保护所有内容。

  实情：如果具有组织影响力和预算来实现一个完全集中式的数据仓库，那么确实能拥有更多的权利。但在我看来，一个集中规划的数据仓库有可能会像计划经济那样取得成功。要反对超越现实的理想主义鼓舞人心的承诺是很难的，但真相是，集中式规划的系统通常无法有效运行。相反，构建成本效益、分布式的系统，并且可以根据从业务用户处了解的信息来将其逐步添加到逻辑和物理设计中。最后，不要因为机器是大型、昂贵、集中式的，就认为这样的机器固然就是安全的。如果出现什么问题，这样的一台集中式机器就是一个单点故障——一个系统脆弱性问题。

3.16 在应用最佳实践时慎重思考

Bob Becker 和 Ralph Kimball，Intelligent Enterprise，2007 年 5 月 26 日

数据仓库是一门具有公认固化的最佳实践的成熟学科。不过如果这些最佳实践没有被准确或完整地描述，那么它们就是无用甚至有害的。我们已经发表了超过 100 篇描述 Kimball 方法各个方面的文章。但是每年或每两年我们就会遇到严重的误解，尤其是培训机构的演讲者所宣讲的那些严重误解，而这些演讲会有数百位学生聆听，这些学生都接收到了与我们方法有关的误导信息。

通过提供 DW/BI 专家可以塞进其项目记事本中的指南以及介绍无懈可击的事实和 Kimball 方法的最佳实践，这篇文章将应对误解和模糊不清的主要观点。

3.16.1 采取一种企业方法

Kimball 方法专用于交付大型企业 DW/BI 解决方案。偶尔它会被描述为自下而上的方法，但它将更为准确地被描述为一种由企业、自上而下的视图开始的混合方法。同时，它要符合真实数据源的自下而上的实情。

我们传授了一种从水平的、跨部门需求收集开始的企业视点。这涉及识别与优选出高价值需求的高管团队、高级经理以及数据分析师。下一步是创建企业数据仓库总线矩阵、关键设计文档和强有力的工具，以便理解和创建合适的企业数据架构来支持业务需求。正如我们多次强调的，真正原子化形式的数据源就是企业的数据集市(或者业务过程主题领域)，这是一种有别于其他设计者的定义，他们将数据集市仅仅定义为集中式数据存储的聚合发布。然后当我们(正确地)表示企业数据仓库就是这些数据集市的汇总时，有时候其他观察者会漏掉我们架构的要点；参阅文章 4.10“自下而上的误称”以便了解更多详细信息。

3.16.2 拥抱商业智能

商业智能是一个术语，它在过去几年中出现并且不断演化，如今它通常用于描述企业用于收集、处理、提供访问和分析业务信息的所有系统和过程。如今，数据仓库这个词用于表示用于所有形式的商业智能的平台。

由于我们就这一主题进行写作已经超过 20 年了，因此我们要感谢我们的书籍和文章遗产。实际上，“数据仓库”出现在了我们所有的书籍书名中！尽管如此，变化中的行业术语并没有让 Kimball 方法描述的核心概念和方法论发生变化。我们的方法一直在拥抱对组织取得成功至关重要的整个端到端过程。

3.16.3 设计维度模式

Kimball 方法是基于通过维度模式来支持业务用户对数据的所有访问这一原则来声明的。因此，我们称之为总体商业智能解决方案展示区域的部分，是由若干粒度、原子的，由一组丰富的描述性、一致化维度表来修饰的事实表组成的。我们特别回避了由提供对原子数据访问的大型、标准化数据仓库支持的汇总性、部门化数据集市。我们认为，这样一个数据仓库的集中式和标准化视图，要承担许多数据仓库无法支持商业智能应用的责任。

维度建模是专注于为满足业务用户易用性和查询性能而优化商业智能平台的设计原则。为了达成简单且快速的目标，我们描述了一组非常具体的设计建议：

- 一致化主维度形成了企业 DW/BI 系统的基石，并且它们自己就能处理集成的核心问题。
- 事实表是从常见操作事务应用程序中找到的测量过程中直接推导出来的。事实表绝不应受到部门化或功能化的约束，而是仅依赖原始测量过程的物理基础。
- 为了最大化灵活性，应该总是在可能的最原子级别来填充事实表。原子数据让业务用户可以提出持续变化的、广泛且非常精确的问题。它还会确保附加属性、指标或维度的扩展性，而无须干扰已有的报告和查询。
- 不建议将雪花型或标准化维度表直接暴露给业务用户。我们已经反复介绍了正确设计的非标准化(平面)维度表，它们包含与标准化模式完全相同的信息内容。唯一的区别是业务用户所体验到的复杂性。我们在提取、转换和加载(ETL)阶段拥抱(和传授)标准化设计；不过，我们要在用户可访问的展示区域避免标准化。

文章 5.16“意见分歧”和文章 6.10“无稽之谈和事实”更为详尽地描述了这些概念。

3.16.4 将一致化维度用于集成

数据集成和一致性是所有企业商业智能工作的关键目标。数据集成需要组织性共识来建立和管理企业范围内的公共标签和测量。在 Kimball 方法中，这些标签和测量分别驻留在一致化维度和一致化事实中。一致化维度通常会在 ETL 期间被作为集中式、持久化主数据来构建和维护，然后跨维度模型重用以便实现数据集成和确保一致性。

我们热切支持最近的主数据管理(MDM)和自定义数据集成(customer data integration，CDI)趋势，因为它们非常符合一致化方法。要了解更多内容，可以阅读文章 5.6“再次探讨矩阵”和文章 5.12“真实人员的集成”。

3.16.5 仔细规划 ETL 架构

我们的方法描述了一个正式的数据准备区域，非常类似于一家餐厅的厨房，具有所需的详尽 ETL 过程来弥合生产系统源数据和展示区域维度模式之间的差距。该方法进一步定义了作为转换过程一部分的清理和一致化活动。

毫无疑问，ETL 是一项艰辛的工作。ETL 系统通常被评估为会消耗构建商业智能环境总时间和精力的 70%。通常，不会花费太多精力来架构一个健壮的 ETL 系统，而它最终会变成不协调的、像意大利面一样混乱纠结的表、模块、过程、脚本、触发器、告警和任务计划。这类设计方法无疑会让许多商业智能工作偏离正常轨道。

Kimball 方法描述了一组全面的 ETL 子系统，它们由一组强大的 ETL 最佳实践组成，其中包括支持实时需求所需的那些子系统，正如文章 11.2“ETL 的 34 个子系统”中所述。

要当心那些认为 ETL 不再是所需的架构组件的方法。一些架构师相信，简单的中介式数据结构或者集成的软件层就是运行时执行转换所需的全部了。遗憾的是，只有当每个独立源中的文本描述符被物理化修改，以便它们具有相同标签(列名称)和内容(数据领域值)时，真正的数据集成才能取得成功。

这篇文章重点介绍了来自 Kimball 方法的五个最佳实践，我们建议设计者仔细研究它们，以避免有时候会在各种培训和写作场合中听到的误解。作为设计者，可以自由选择用起来顺手的任何方法，但我们希望在做出这些选择时你能够仔细思考。

3.17　低风险企业数据仓库的八个准则

Ralph Kimball，Intelligent Enterprise，2009 年 4 月 26 日

在如今的经济环境下，DW/BI 项目面临两种强大且相互冲突的压力。一方面，业务用户想要从其 BI 工具获得对顾客满意度和利润率的更为专注的理解。相反，同样是这些用户，他们又处于控制成本和降低风险的巨大压力之下。所暴露出的对于 BI 可用的新数据源和新交付模式真的让这一两难局面更为严重。

我们怎么才会失败呢？我们可以什么也不做，因此忽略重要的顾客见解和我们会获得更多利润的特定领域。我们可以组织一个任务小组来制定覆盖未来几年的宏大架构规范，这只是另一种什么也不做的方式而已。我们可以实现几个优先点的解决方案，忽略整体的企业集成。我们可以首先采购一大块坚实工具，相信它的强大功能可以处理所有类型的数据，只要我们决定了那些数据是什么。

这样你就明白了。尽管这些失败方式中的其中一些看起来明显很愚蠢，但当我们具有危机意识并进行响应时，我们就绝不会将自己置于这些位置。

我们怎么才能成功呢？我们怎么才能快速果断地前进，而同时压制住风险呢？企业数据仓库(enterprise data warehousing，EDW)开发绝不简单，但这篇文章提出了八个准则，用于以灵活、合理的低风险方式逐渐实现这一令人生畏的任务。

3.17.1　做正确的事情

我们建议用一种简单的技术来确定什么才是正确的事情。列出所有可能的 DW/BI 项目，并且将它们放在一个简单的 2×2 网格中，就像图 3-2 中的那个一样。

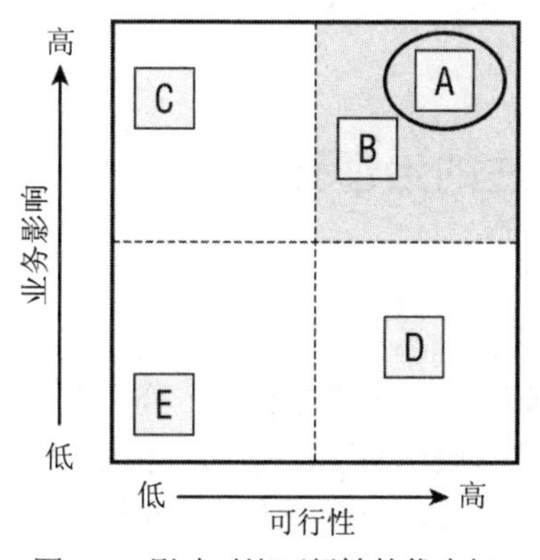

图 3-2　影响对比可行性的优先级

与企业高管一起弄明白，每个潜在项目的价值在不考虑可行性的情况下有多大。接下来，要坦诚评估每个项目是否具有高质量的数据，以及构建从源到 BI 工具的数据交付管道会有多难。记住，至少 70%的 BI 项目风险和延迟都来自于数据源和满足数据交付新鲜度(延迟性)需求有关的问题。

一旦项目已经被放置在网格之上，就可以从右上角开始着手。图 3-2 中的项目 A 具有很高的业务影响并且非常可行。不要为了走捷径而从低风险的项目 D 开始处理。该项目是可行的，但即便完成得很好，也不会带来太大影响。同样，不要从项目 C 开始处理。用户会乐于使用它，但其中具有很大的可行性问题，这会转化成很大的风险。

3.17.2 赋予业务用户控制权

数年前，数据仓库实质上会被重新打上“商业智能”的标签。这一重新打标签的行为远远不止是一项市场营销策略，因为它正确地预示了举措和数据资产所有权转移到业务用户手中。每个人都本能地知道，如果他们能看到正确的数据，就可以更好地工作。在 IT 领域，我们的任务就是整理出所有的技术，以便让用户得到他们想要的。

控制权的转移意味着让用户直接参与，并且对每个 DW/BI 项目负责。显然，这些用户必须学习如何与 IT 协作，以便提出合理的要求。图 3-2 中所示的影响-可行性网格是一个不坏的出发点。

3.17.3 渐进式处理

在这个经济不稳定的时代，很难证明经典的瀑布方法对于 DW/BI 开发是适用的。在瀑布方法中，会创建一份书面的功能规范，它会完整指定源、最终交付物以及详细的实现。项目的其余部分会实现这一规范，通常是用横空出世的全面发布版本来实现。瀑布方法的起源来自生产制造行业，其中在实现之后进行修改的成本是惊人的。将瀑布方法用于 DW/BI 项目的问题在于，它花费的时间过长，并且无法认识到适应新需求的需要或者认知上的变化。

许多 DW/BI 项目都为一种强调频繁发布和中途修正的被称为“敏捷”方法的方法论所吸引。有意思的是，敏捷方法的基本原则是业务用户而非技术开发人员的所有权。

敏捷方法需要忍受一些代码重新编写工作和不依赖固定价格合同。敏捷方法可以成功地适用于企业级项目，如主数据管理和企业集成。在这些情况下，最初的一些敏捷发布并非工作代码，而是架构指导。

3.17.4 从轻量级、专注的治理开始

治理是识别数据资产的价值并且负责地管理那些资产。治理并非是挂在 DW/BI 项目结尾之后的任务。治理是更大企业文化的一部分，即认识数据资产的价值，并且它是由高层来支持和驱动的。就个体项目这个层面而言，治理就是识别、分类、评估价值、分配职责、安全保障、保护、遵从、控制、提升、建立一致性做法、跨主题领域集成、规划发展、计划收获价值，以及广泛地培训。治理不需要瀑布方法，但这些事务需要从一开始就作为项目的一部分而存在。未能考虑治理，将会造成 DW/BI 项目的根本性返工。

3.17.5　构建一个简单、通用的平台

在 BI 领域，有一件事是确定的：面向用户 BI 工具的本质不可预知。未来，什么会变得更为重要：数据挖掘预测式分析、交付到移动设备、批量报告、实时告警，还是我们还没有考虑的一些任务？幸运的是，我们对于这个问题有了一个好答案；我们必须认识到，企业数据仓库是用于所有形式商业智能的单一平台。这一观点让我们意识到，企业数据仓库用于所有形式 BI 的接口必须是不可知、简单且通用的。

作为对所有形式 BI 的接口，维度建模实现了这些目标。维度模式包含所有可能的数据关系，但同时又可以被任何 BI 工具发出的简单 SQL 有效处理。即使是数据挖掘工具所偏爱的普通文件，也能轻易地从维度模型中交付出来。

3.17.6　使用一致化维度来集成

企业级集成已经上升到 DW/BI 技术驱动因素清单中数据质量和数据延迟性所在的顶部。维度建模提供了一组简单的过程用于实现可以被 BI 工具有效使用的集成。一致化维度让 BI 工具可以钻取多个业务过程主题领域，组合成最终集成的报告。关键的见解是，无须让整个维度(如顾客维度)跨所有主题领域完全相同。用于钻取报告的最低需求是，至少要有一个字段是跨多个主题领域而通用的。因此，EDW 可以定义一个主企业维度，它要包含少量但逐渐增多的一致化字段。可以随着时间的推移来递增式添加这些字段。这样，我们就降低了企业集成在 BI 接口方面的风险和成本。这种方法也非常符合我们对于递增式开发 DW/BI 系统的建议。

3.17.7　每次都用一些过滤来管理质量

在文章 11.19“一种用于数据质量的架构”中，我描述了管理数据质量的一种有效方法，即通过将数据质量过滤放置在自源到目标的由始至终的数据管道中来实现。每次数据质量过滤就是一次测试。但测试失败或者发现可疑的数据质量未达标时，该过滤就会在一个错误事件事实表中写入一条记录——该事实表是一个远离业务用户直接访问的隐藏在后台的维度模式。这个错误事件事实表让 DW/BI 管理员可以判断所遇到的错误数量和来源。一个伴随审计维度会汇总错误情况并且随着每个维度事实表一起暴露给业务用户。

可以每次实现一个数据质量过滤，以便允许数据质量系统的开发能够递增式进行。

3.17.8　自始至终使用代理键

最后，一项看起来很小的降低 DW/BI 开发风险的建议：确保使用代理主键来构建所有的维度(即便是类型 1 的维度也要这样做)。在得到一个具有自己专用键的新部门时，这样做就可以免于让下游感到惊讶。另外，使用代理键，所有的数据库会运行得更快。

第 4 章

需求定义

我们坚定地相信，业务认可度是 DW/BI 是否成功的最关键衡量标准。如果业务不接受 DW/BI 可交付物来支持其决策过程，那么即使取得了潜在的技术业绩，DW/BI 举措对于我们而言也是无谓的工作。并且如果不了解业务需要从数据仓库中真正得到什么，那么就无法提供它们所想要的。

本章首先专注于能够有效引出业务干系人和代表的需求的技术，其中会论及在 DW/BI 项目中尽早剖析数据的价值，然后描述围绕组织核心过程主题领域来组织业务需求的重要性；这些基石构建过程有助于为下游设计和开发活动确立合适的边界。最后，本章结束处的文章详尽介绍了为需求定义过程下一个有条理的结论所需的活动。

收集需求

本节中的文章为从业务处收集需求提供了详细的注意事项。良好的倾听技能是一项关键的先决条件。

4.1 将Alan Alda的访问技巧用于揭示业务需求(Kimball经典)

Margy Ross，Intelligent Enterprise，2005 年5 月1 日

Alan Alda 在热播电视剧 *M*A*S*H*(《风流医生俏护士》)中因为扮演“鹰眼”Pierce 而广为人知，但他也是 PBS 系列节目《美国科学前沿》长期的主持人，他在节目中采访科研人员。最近在谈到他在美国国家公共广播电台长达 11 年的 PBS 主持时间时，Alda 介绍了他用来从聪明的科学家处获得信息的方法。他的策略引发了共鸣，因为它们类似于我们提倡的用于在需求调研期间从聪明的业务人员处收集信息的方法。这里有一些 Alda 的实用技巧，并辅以我们为 DW/BI 专家所做的一些调整。

4.1.1 保持好奇心，但不要自作聪明

有经验的采访者必须具有好奇心。Alda 对于科学有着天生的兴趣，但他警告了“自作聪明综合症”这一情况，在这种情况下，采访者认为他们在所采访领域差不多与受访者一样精通。Alda 谈道：

我发现我没有提出足够好的问题，因为我认为自己知道一些事情。我会用组织较为拙劣的问题将他们逼到角落，而他们不知道如何应对。现在，我会让他们逐步引导我，而我只是倾听。然后我说“嗯，如果是那样的话，那么为何又会这样呢”或者“多告诉我一些跟那有关的东西”。

可能你已经看到过自作聪明的采访者。他们的问题往往冗长啰唆，通常会引来茫然困惑的眼神或者像“刚才的问题是什么来着”这样的回应。试图让其他人留下印象的采访者会丢失重点。提出简单、直截了当的问题，这样就会有更好的机会来理解复杂的概念。

自以为无所不知的观察者也是一个潜在的问题。在需求调研期间，观察者的幕后角色应该是不言自明的。乐于成为聚焦中心的观察者有时会突然插入谈话并且开始代表预期的受访者回答问题。

需求调研的目标是回答问题以便发现未知的边界范围。可以将其看成更好理解业务人员做些什么以及为何这样做的一小时沉浸。他们今天如何决策，以及未来他们希望如何进行决策？首先询问受访者的角色和职责，以便让他们参与其中并且专注于他们的领域。以此为基础，涵盖以下领域：

- 关键业务目标是什么？判定成功与否的关键性能指标是什么？
- 在实现这些目标的过程中，数据和分析扮演着什么样的角色？更好的访问和分析会在多大程度上让它们受益？
- 当前的分析挑战是什么？

开启访谈的一个好问题是“当你的任务完成得很好时，人们如何才能获知与确认”。市场营销和销售人员尤其喜欢回答这个问题。

可以看一下 Kimball 小组网站上位于《数据仓库生命周期工具箱(第二版)》所用的工具和实用程序下方的样本调查问卷，以便感受一下这个过程。

4.1.2 要口语式对话

Alda 认为《美国科学前沿》很流行的原因在于其对话方法。Alda 设定了一个让其采访对象在采访过程中更加愉悦的基调：

对话的要素……让它变好。我试图弄明白她正在做什么、它到底意味着什么，以及她到底是怎么做到的……并且她在尝试让我理解。她并非仅仅是在演讲。因此这是非常私人的互动。

这是一个博大精深的主题，为办公室人类学家所熟知。30 年前在施乐•帕罗奥多研究中心时，Ralph Kimball 受到了著名研究员 David Holtzmann 的强烈影响，David Holtzmann 认为，典型的办公室工作手册对于指明人们如何获取信息和决策毫无帮助。在 Holtzmann 看来，所需要的就是描述到底发生了什么的“隐藏活动”。进行决策的关键信息来源出自冷水机旁边的非正式

谈话。采访者需要忘却工作手册并且找到这些隐藏的活动。

对于 DW/BI 从业人员来说，口语式对话意味着将自己置于业务的精神状态中。要学习业务的语言风格。不要通过询问“你想要在数据仓库中得到什么”来为难用户。业务用户并非系统设计者。首字母缩写和 IT 术语不适合用于业务需求调研中。作为第二语言的业务对于我们其中一些人来说是一项挑战；并非每个人都适合成为一位引导式采访者。

磁带录音机会改变会谈活跃气氛，所以不要使用它们。用户对于被录音通常会感到不适，并且希望会谈的某些段落不要录音，这就会造成尴尬的切换。如果依赖录音机，那么手写笔记就不会记录采访的完整内容，这样就不可避免地必须再次听录音并且进行补充记录。这一过程就像是观看电视回放；这样做除了会消耗大量时间外，也不是很有意思的事情。更好的做法是，引导采访者和记录员积极地参与到会谈中。

如果将一份数据元素清单递给受访者并且询问哪些重要，那么就不是在为对话做准备。应提出开放性问题来引出它们。有几种技术可以帮助确立更具对话性的基调：

- 通过回顾公司网站或年度报告来预先了解一些与业务有关的内容，以便理解特定于公司的词汇以及热点问题。
- 在受访者的地盘上会见他们。去他们的办公室或会议室，而不是在 IT 会议室。
- 在访谈之前，发送一份描述主题概要和确认访谈时间及地点的通知。不要将详尽的调查问卷附加到此会议通知。如果只是检查调查结果(假设有人真的不厌其烦地完成该调查)，则无法实现对话式过程。
- 预先准备好的采访问题只是一种应变机制，仅在对话中出现令人尴尬的安静期或者为确保在结束对话前覆盖了所有要点时才使用。
- 大多数好的对话往往会比较随意，因此要记住对话目标并且在偏离核心问题过于远时引导对话回到正题。在访谈早期阶段要保持相对的高概括性。不要过早谈论非常低级别的详情，这样做只会浪费时间，并且会发现还没有探讨 DW/BI 工作重要需求的其他三个主要领域职责。

4.1.3 倾听并且期望被改变

在收集需求时，你的任务就是专心倾听。根据 Alda 的说法：

> 有一个技巧我真的会大规模使用，那就是倾听。如果不聚精会神地倾听，就无法建立与讲述者的联系……[必须]乐于被所倾听的对象所改变，这不是说仅等待一个停顿以便你可以表达你的想法，而是说你真的让他们对你产生影响(如果他们能做到的话)。

好的采访者应该被看到而不是被听到——至少不被过多地听到。这需要强大的主动倾听技巧；如果在一整天的需求访谈之后感觉疲惫，请不要感到惊讶。可以使用肢体语言和口头提示来鼓励受访者并且展现出你的兴趣。受访者通常理解我们在需求处理过程中所寻求的是什么信息；只要一点点推动和细微的鼓励，有时他们实质上就是在自我采访。

毫无疑问，关于范围、时间线、架构及其他问题的假设都是在需求处理过程全面开展之前就做出的。同样不可避免的是，你将发现在那些预先存在的假设中没有考虑到的需求。很多时候，在操作环境中，用户都会宣称，数据仓库“必须与财务账本联系起来”。那是一个典型的隐藏假设，可能无法应对。应密切关注并且主动留意意外问题。当然，一旦发现不一致的地方，

DW/BI 团队就需要纠正所做的假设。

在从业务用户处收集需求时，要通过访谈关键 IT 人员，尤其是那些负责业务系统的人，将一些数据实情散布在此过程中。需要考虑业务需求以及支持这些需求的数据可用性。这是一件困难的事情，但如果只考虑其中一项而忽略另一项，那么将不可避免地失败。IT 会议往往会变成非正式讨论，从知识渊博的项目团队成员开始。一旦开始从用户处听到一致的话题，就是时候与数据权威一起坐下来并且详细探究其源系统了。在这些数据审核访谈期间，要尝试了解是否存在完整、可靠的数据来支持用户的需求。还要尝试了解在何处找出数据陷阱——例如，绝不会被填充的指标字段。一款好的数据分析工具会极大地有助于深入调查实际的数据记录。

作为采访者，态度和方法要比设定和引导对话的策略和逻辑关系更为重要。合格的访谈对于业务用户来说，应该看起来就像一场具有一丝奉承的有意思的谈话一样，而非像法庭审判那样的反复讯问。我们确信 Alan Alda 会赞同这一点。

快速学习

这里是收集需求时的一份注意事项清单：

- 与纵向跨度较大的一群业务人员进行交谈，包括高管、总监/经理以及分析师。
- 不要依赖单个用户来代表业务，尽管这样会少些令人生畏的感觉并且更易于安排。
- 要留出大量的时间来协调日程安排，尤其是与经常出差的业务管理人员的会谈安排。
- 如果有人在会谈即将开始时必须重新安排计划，请不要生气。
- 要得到有经验的助手的帮助，以便管理日程安排。
- 不要将访谈工作移交给不熟悉项目或组织的人。
- 按时到达以便及时开始访谈。
- 不要带食物参加访谈、开手机或者把大杯拿铁咖啡洒在受访者的会议桌和样本报告上。
- 如果可能的话，在每次访谈中最好安排与两人需求团队的谈话。
- 不要让六个人坐在一位孤单受访者对面，这种宗教裁判所风格的安排会让他不知所措。
- 要指定一个人作为引导式采访者，他要承担其引领会谈方向的主要职责。
- 不要将访谈都变成完全免费的，在从一个受访者到下一个受访者时可以随机进行选择，然后予以奖励。
- 要立即充实访谈记录草稿，否则第二天就会忘记大部分的访谈详情。
- 每天不要安排超过四场访谈。
- 要用文档记录需求收集期间了解的内容并且反馈给参与的受访者以完成闭环。
- 不要忽略 DW/BI 需求处理的范围。

4.2 业务需求收集的更多注意事项

Margy Ross，Design Tip #110，2009 年 5 月 4 日

成功的数据仓库和商业智能解决方案会通过帮助业务识别出机会或者应对挑战来提供价值。显然，对于 DW/BI 团队来说，尝试在不理解业务及其需求的情况下按这一承诺进行交付是一件有风险的事情。本篇文章会介绍用于有效判定业务需求的基本指南。

首先，要从正确准备需求处理过程开始：

- 要招募一位具有合适资质的主需求分析师，所要求的资质包括自信和高超的沟通与倾听技巧，外加正确的知识，如业务洞察力和BI潜力的远见。
- 要让同时代表着垂直(跨管理级别)和水平(跨部门)角度的合适业务代表参与进来。不要单一依赖来自伪IT专家这样的独立功能分析师的输入。
- 不要因为过去十年你一直在支持业务，就认为你已经知道业务想要什么了。
- 不要接受来自业务的仅列出了笼统描述的静态需求文档，如仅列出“我们需要快速钻取所集成数据的单个版本的能力”。
- 要在项目和程序需求之间进行区分。尽管其机制类似，但在参与者、所收集详情的广度和深度、文档以及后续步骤这些方面，它们是存在差异的。
- 要与业务代表面对面交谈(或者至少语音交流)。不要依赖非交互的静态调查或问卷；不要认为将已有报告黏合成一份3英寸厚的文档就相当于完成需求分析了。
- 要事先让受访者做好准备，这样就不必每次会谈时都花费前30分钟的时间来概念化解释DW/BI。

其次，要明智地使用与业务代表交流的时间：

- 按照约定时间出席会议。不要将手机设置为响铃或随意接听电话。
- 要询问“你如何进行工作(以及为什么要这样做)”；不要询问在数据仓库中“你想要什么”，或者拉出一份数据元素清单来确定需要什么。
- 要提出不偏不倚、开放式的“为何、如何、如果……将会怎样，以及如果……那么”的问题。要尊重引导会谈的主采访者或引导者的角色；不要将会谈变成自由提问的形式。
- 要力求对话环环相扣；不要太快地深究详尽的杂乱细节。
- 要专心倾听以便像海绵一样吸收；不要让需求团队讲太多。
- 要组织一些有源系统专家参与的会谈，以便开始理解底层的数据现实。
- 不要在一天中安排过多的需求会议；要在会议与会议之间留出时间进行汇报。
- 要向业务代表询问可衡量的成功标准(在感谢他们的精彩见解之前)。
- 要让业务代表对后续步骤具有合理预期；不要留待他们自己去想象。

最后，要将需求收集活动的输出变成有条理的结论：

- 要将调研结果合成为以业务过程为中心的分类。要复习一下文章4.7“识别业务过程”，以帮助识别代表着可管理设计单元和DW/BI团队开发工作的业务过程。
- 要记录下所听到的内容(以及谁说了这些内容和需要它的原因)，但不要试图为分类法和交叉计算法重新发明一套替代的杜威十进制分类系统。详细的项目需求通常可以被分成三类(数据、BI 应用程序/报告交付，以及技术架构需求)，它们对应着下游生命周期任务。
- 不要让需求收集活动受到分析停滞或过程完善的影响。
- 要将调研结果提供给高层，以确保达成理解统一、就总路线达成共识，以及根据业务价值和可行性确定后续步骤的优先级。

专注于业务需求一直都是Kimball方法的基石；我在1994年的一次行业研讨会上首次就该主题进行了发言。过去21年中，我们的行业已经发生了很多变化，但有效需求收集的重要性从来没有变过。祝你的需求收集活动成功！

4.3 平衡需求与现实(Kimball 经典)

Margy Ross，Design Tip #125，2010 年 6 月 30 日

如果你是我们的 *Design Tips* 系列文章和书籍的长期读者，就会知道我们强烈地感受到理解业务数据和分析需求的重要性。

可以说，我们期望的不仅仅是开列已有的报告和数据文件；我们主张沉浸到业务人群中以便充分认识到业务人员会做些什么和这样做的原因，以及今天他们会做何种决策并且希望在未来做何种决策。不过，就像生活中的很多事一样，适度是明智的做法。需要用大量的现实来缓和业务需求的压力：可用的源数据现实、已有的架构现实、可用的源现实、政治局面和资金现实等。

对于 DW/BI 从业者来说，平衡组织需求和现实情况是永远不会完结的任务，如图 4-1 所示。需要实践和警惕性来维持必要的平衡。在变得过度专注于技术现实和创建无法实现业务需求的过度设计的解决方案方面，一些项目团队会犯错。这个问题的另一个极端情况是，团队脱离现实地仅专注于业务需求。采用这种极端方式，这些以需求为中心的团队就无法进行交付，因为业务想要的是难以达到的；通常，其结果是应对隔离需求的孤岛式解决方案，这样就会让不一致的组织绩效结果的视图持续存在。

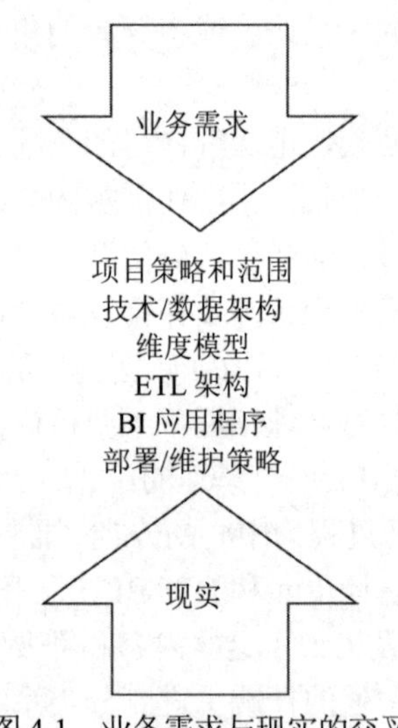

图 4-1 业务需求与现实的交叉

自始至终，对于我们的 Kimball 生命周期方法中概述的关键设计、开发和部署任务，持续注意这一必不可少的平衡活动是一个经常性的主题。一般来说，我们不会希望钟摆往我们要面临重要交付和/或业务接受风险的方向摆动过多。

大多数人都会认同，平衡对于长期 DW/BI 的可持续发展至关重要。不过，对于这一走钢丝的平衡游戏来说，有一个撒手锏。如果无法明确宣称 DW/BI 交付物已经提升了业务的决策能力，那么在需求和现实之间摇摆将毫无意义。提供一个能对业务进行更好决策的能力产生积极影响的环境必须是一个首要的、不可妥协的目标；交付其他次要的东西对于组织来说是徒劳的技术行为。

4.4 在收集业务需求时克服障碍

Margy Ross，Intelligent Enterprise，2007 年 1 月 1 日

近二十年来，Kimball Group 一直在强调专注于业务及其需求对于 DW/BI 取得成功的重要性。我们已经在系列文章以及我们的《数据仓库生命周期工具箱》一书中提供了具体的需求收集技巧和技术，但是当事情未如计划般发展时又会发生什么呢？本篇文章描述了在需求收集过程中会遇到的七个常见挑战，以及克服这些障碍的建议。

- **被滥用的用户**。不配合的宣称“我们已经告诉了 IT 我们想要什么”的企业高管和经理就是典型的被滥用的用户。为了 DW/BI 举措，之前已经对这些人进行过反复的访谈，但还未能从其工作中得到任何有用信息。他们对于过去的错误起步感到沮丧，甚至拒绝再次与需求团队举行会议。

  在较早的 DW/BI 尝试中，应该主动确定谁要参与进来并且要拜访谁。应该回顾之前项目所产生的所有需求文档。遗憾的是，文档很少能足以代替再次与业务代表进行面对面的会谈。在安排与这些被滥用的用户的会议时，感谢他们参与到之前的工作中并且让他们知道你已经回顾过所产生的文档，这样做是有帮助的。新的会议可以充当一次验证，而非另一次回到起点的访谈。

  用户会抗拒重复之前介绍过的领域，但如果你专注于理解当前的重点，那么他们会更愿意进行会谈。最后，这大概是一个选择用于收集需求的另一种讨论平台的合适时机。如果之前进行过访谈，则要使用之前的需求文档作为促成会议的基线，以便收集他们业务之中所发生的变化的详情。
- **超级忙碌的用户**。这些闲散的业务用户通常会装作很忙碌而无法随时与其会谈。他们同意一个安排好的时间，但到时不会出现或者安排一位替补代替他的位置。项目发起者发一封电子邮件给所有的参与者，告知其对于该举措的重要性，这样通常会将这种无序扼杀在萌芽状态。不过，如果这是传染性的歪风，并且高管层不愿意或者不能够应对这种状况，那么就要在虚耗更多精力之前停下来。可以肯定，没有时间分享其需求的业务用户也不会有时间出席培训会议以及将新的信息和分析吸收到其日常工作当中，这造成 DW/BI 团队需要持续的艰苦奋斗。要在产生进一步的破坏之前摆脱这种滑坡的局面。也许可以在组织的其他地方找到一位更具合作精神的业务伙伴。
- **无精打采的用户**。这些业务用户会用只言片语来回应典型的、开放式的问题。幸运的是，这是一种相对罕见的症结。通常，他们的冷漠回应是由于与 DW/BI 项目完全无关的外部干扰。有时从一种较为消极的角度向这些人提一些问题会很有效。例如，相较于尝试让他们想象办公室外的活动，这些用户有时会发现表达办公室里存在哪些问题会更加容易。

  如果需要撬棍才能从像这样的受访者口中硬抠出信息，那么延长大家的痛苦时间是毫无意义的，因为这些访谈很快会变得让每个参与者都觉得无趣。可以进行一次勇敢的尝试，但如果还是不行，则要终止访谈并且安排一位替代代表，只要该用户处于关键职能部门或岗位便可。
- **过分热情的用户**。本来预期只拜访两位业务用户，但相反却有七个人出现在了指定的会议室里；这些过分热情的用户会很兴奋并且希望直接讲给 DW/BI 团队听。这些用户如此乐于参与和充满热情是很好，但如果试图在一个小时的会议中访谈七个人，那么这种局面不会持续太久。要快速评估这群人的同质性。他们是否都在做相同的工作以及是否可以完善彼此的观点，或者更加可能的是，他们是否代表着不同的工作和职能？答案几乎总是后者，所以应该将他们划分成较小的小组，并且在访谈安排上要给予他们各自单独的时间。这样就可确保分配了足够的时间来收集所需的详情。

- **自以为无所不知的用户**。这一类人通常介于 IT 和真正的业务用户之间。自以为无所不知的用户有时会充当看门人，文过饰非地认为无须为其他业务同事的需求而打扰他们，因为这些用户认为他们已经具有全面的理解并且可以代表其他用户的需求。有时自以为无所不知的用户确实无所不知，但更多时候，他们的观点是有失偏颇的。即使他们的理解都是百分百准确的，放弃通过需求会议与其他业务用户群建立联系的机会也是愚蠢的错误，因为很难再找到这么好的机会了。你可以让自以为无所不知的用户参与进来，甚至抬高其明面上的角色和重要性，但不要掉入过度依赖他们的陷阱。这一潜在的政治泥沼需要业务发起者施展一些手段和进行一些安抚。

  此外，要注意的是自以为无所不知的用户有时会是 IT 崇拜者。除妨碍对其余业务用户群的访问外，他们有时还会希望通过为其提出的系统解决方案全面指定数据布局来履行 IT 的设计职责。站在他们的立场来看，IT 崇拜者有时是被迫参与这一工作的，因为 IT 通常表现欠佳并且无法按时交付。
- **一无所知的用户**。你是否遇到过就是抓不住重点的用户？你是否觉得安排与这些用户的需求访谈就是浪费时间的做法，因为他们没有任何需求？从我们的角度来看，99.9%的一无所知的用户都只是 IT 专家自己的想象罢了。用户无法清晰无误地表达哪些源系统中的哪些数据对他们有用，但他们几乎总是可以清晰地描述他们在做什么、他们为何这样做，以及他们希望在未来做些什么。接下来将这一信息转换成用于 DW/BI 系统的数据和功能规范就是 IT 的任务了。提出正确的问题对于获得有用的相关指导来说至关重要。
- **无视用户**。最后的障碍对于数据仓库举措来说通常是致命的。当 IT 组织的成员认为他们已经知道业务用户的需求时——“实际上我们比他们理解得更好”，就会出现这种情况。这些 IT 组织会尝试仅根据源数据布局来对其数据仓库建模，之后却不明白为什么业务用户不争吵着要使用他们的交付物。好的消息是，IT 组织完全有能力克服这个障碍。

到此为止，在需求收集活动期间会遇到的七个常见挑战就介绍完了。希望我们的建议能让数据仓库构建道路上的这些荆棘不会变成让程序/项目受损的大障碍。

4.5 令人吃惊的数据剖析价值

Ralph Kimball，Design Tip #59，2004 年 9 月 14 日

数据剖析在某种程度上是数据仓库的一个小的不起眼的部分。我猜想我们大多数人都会将数据剖析看作在构建完大多数 ETL 系统之后才做的事情。根据这种观点，数据剖析会检查数据中的小异常，在交付真实的生产环境数据之前需要清理这些异常。找出这些小异常看起来会避免数据仓库团队在进入生产环境之后遇到小的意外情况。

在过去的一年中，在写作 *The Data Warehouse ETL Toolkit*(Wiley，2004)一书的同时，我深入研究了构建数据仓库所需的后台 ETL 过程。整个项目的最大启示就在于发现了数据仓库项目中数据剖析的价值平均会被低估多少。

什么是数据剖析？

数据剖析是对数据源内容的系统分析，从计算字节数和检验基数到对于数据是否能够满足数据仓库的最高目标的最深思熟虑的诊断，全部这些做法都要使用。我们会在文章 11.19“用于数据质量的架构”中更加详细地探究这些分析类型。

数据剖析从业者要将此分析划分成一系列检验，从单独的字段开始，到组成扩展数据库的整套表为止。检查单独的字段是为了查看其内容是否与其基本数据定义和领域声明一致。我们将这些称为列过滤，其中一个“过滤”就是一次检验。它对于查看多少行具有空值或者多少行具有违背领域定义的内容来说尤其有价值。例如，如果领域定义是“电话号码”，那么字母数字混合的条目就明显表明存在问题。最好的数据剖析工具会统计、排列和显示那些违背了数据定义和领域声明的条目。

除单个字段外，数据剖析还会描述所发现的相同表或者跨表的字段之间的关系。我们将这些称为结构过滤。成为数据表键的字段可以被显示，它们会与实现层次结构的更高层面的多对一关系一起显示。检查什么应该是一个表的键尤为有用，因为违背之处(键字段的重复实例)要么意味着严重的错误，要么反映出业务规则还没有被纳入 ETL 设计中。

表之间的关系也会在数据剖析步骤中进行检查，其中包括设想的外键到主键(foreign key to primary key，FK-PK)关系以及只有父节点而没有子节点的情况。

最后，数据剖析可以被自定义编程来检查对于一家企业来说比较独特的复杂业务规则，如验证所有的前置条件已经被满足，以确保主要的资助计划得以审批通过。我们将这些称为业务规则过滤。

希望在我描述完数据剖析的特性后，你会认为数据剖析确实归属于项目一开始的阶段，其中它会对设计和时间规划产生较大影响。实际上，我现在要总结的是，在每个数据仓库项目中，数据剖析应该是业务需求收集之后强制进行的“下一步”。这里是我目前比较欣赏的在我最近的 ETL 研究项目中数据剖析的交付物：

- **从总体上对于项目的基本“继续/终止”决策！**数据剖析可以揭示出，项目所依赖的数据确实不包含进行所期望决策所需的信息。尽管这会让人失望，不过它确实是一个非常有价值的输出结果。
- **必须在项目可以继续之前解决源系统的数据质量问题。**尽管比取消整个项目的突然性会稍微小一些，但对于数据仓库来说，这些问题的修正具有非常大的依赖性，它们必须被妥善管理，数据仓库才能取得成功。
- **可以在从源系统提取数据之后，在 ETL 处理流程中修正数据质量问题。**对于这些问题的理解会驱动 ETL 转换逻辑以及异常处理机制的设计。这些问题也暗示着，在每天中，解决数据问题都会需要人工处理时长。
- **意料外的业务规则、层次结构以及 FK-PK 关系。**详细地理解数据会显露出将渗透进 ETL 系统设计的问题。

最后，应该保持心照不宣(至少在向管理层证明数据仓库的作用时)的数据剖析的一大好处就是，数据剖析会让实现团队看起来就像他们知道正在做什么一样。通过预先修正所预期的一个项目的数据质量难点问题，团队就可以避免在项目快结束时才发现大问题这样的令人尴尬和让职业生涯受损的意外情况。

围绕业务过程进行组织

DW/BI 项目通常专注于一个核心操作业务过程所捕获的数据。本节将重点介绍尽早围绕这些实现构造块来组织业务用户需求的价值。

4.6 专注于业务过程，而非业务部门

Margy Ross，Design Tip #3，2000 年 1 月 30 日

我们行业的其中一个最普遍的谬论就是，维度模型是根据业务部门边界来定义的。我们曾经看到过数不胜数的带有被标记为“市场营销数据集市”、“销售数据集市”以及“财务数据集市”的方框的数据仓库架构图。在检查完这些部门的业务需求之后，必然将了解到，所有这三个组织都想要相同的核心绩效信息，如订单数据。相较于构造一个包含订单的市场营销数据集市、一个包含订单的销售数据集市以及一个包含订单的财务数据集市，你应该构建多个部门可以访问的包含详尽订单信息的单个维度模型。

专注于业务过程而非业务部门会使得在整个组织中交付一致信息的成本更为低廉。如果建立基于部门边界的维度模型，就需要复制数据。不管源是一个业务系统还是集中式数据仓库，进入多个模型中的多个数据流始终都会造成数据不一致。确保一致性的最佳方式是只发布一次数据。单次的发布也会减少 ETL 开发工作、持续的数据管理负担以及硬盘存储需求。

我们知道，鉴于大多数企业典型的部门式资金模型，构建一个以过程为中心的维度模型会很棘手。可以通过仔细检查与实现和维护多个部门集市中相同(或者几乎相同)的大型事实表有关的非必要开销来提升过程概念。即使存在组织隔离墙，管理层通常对于节约的机会也会反应良好。

那么要如何识别出组织中的关键业务过程呢？第一步是倾听业务用户在说些什么。他们争吵着要分析的绩效指标是由业务过程来收集或生成的。在收集需求时，还应该研究关键的操作源系统。实际上，从根据源系统来定义主题领域维度模型开始入手是最容易的。在根据独立业务过程和源系统识别出主题领域之后，就可以专注于那些跨过程集成数据的事务了，如供应商的供应链，以及顾客利润率或顾客满意度的所有输入。我们建议将这些较为复杂(虽然极其有用)的跨过程模型的处理工作作为第二阶段。

当然，听到必须使用跨业务过程主题领域的一致化维度这样的话毫不令人意外。同样，我们强烈建议预先绘制一个企业数据仓库总线矩阵，以便确立和表述总体的开发策略。只不过不要将矩阵的行标题定为“市场营销”、“销售”和“财务”。

4.7 识别业务过程

Margy Ross，Design Tip #69，2005年7月5日

在设计一个维度模型时，遵循 Kimball 方法的读者通常会复述四个关键决策：识别业务过程、粒度、维度和事实。尽管这听上去很直接，但团队通常会在第一步就犯错误。由于业务过程这个词看起来在不同的背景下具有不同的含义，因此他们会力求表述清晰。因为在设计一个维度模型时，业务过程声明是首先需要处理的一个基础，所以我们希望在此背景下消除这种混乱的情况。

首先，我们来探讨一下业务过程不是什么。在设计一个维度模型时，业务过程并不是指一个业务部门、组织或职能。同样，它也不应该指代单个报告或特定的分析。

对于一个维度建模者来说，业务过程是一个事件或活动，它会生成或收集指标。这些指标就是组织的绩效测量值。业务分析师必定希望通过一个看起来无限制的筛选器和约束的组合来仔细查看并且评估这些测量值。作为维度建模者，我们的任务是以快速响应不可预测查询的易于理解的结构来呈现这些指标。

在为维度建模识别业务过程时，有些常见的特征和模式通常会浮现出来：

1. 业务过程通常会受到一个业务系统的支持。例如，结算业务过程是由一个结算系统支持的；对于采购、订单或收货业务过程来说也是如此。
2. 业务过程会生成或收集具有唯一粒度性和维度性的唯一测量值，这些值会用于判定组织绩效。有时这些指标就是来自业务过程的一个直接结果。其他时候，这些测量值会是推导出来的结果。无论如何，业务过程都要交付可以被各种分析过程所使用的绩效指标。例如，销售订单业务过程支持众多的报告和分析，如顾客分析、销售代表业绩，以及产品渗透率。
3. 业务过程常常会被表述为行为动词，它们具有相关的维度，这些维度都形如描述与该过程相关的谁、什么、哪里、何时、为何以及如何的名词。例如，会根据日期、顾客、服务/产品等来分析结算业务过程结果。
4. 业务过程通常是由一个输入来触发并且生成需要被监控的输出结果。例如，一个被认可的购物交易就是订单过程的输入，会产生一份销售订单及其相关的指标。在这种情况下，业务过程就是销售订购；将存在一个订单事实表，它具有销售订单作为可能的退化维度，以及订单金额和数量作为事实。尝试想象一下从输入到一个业务过程之中从而产生数据指标的普遍流程。在大多数组织中，都存在一系列业务过程，其中一个过程的输出会变成下一个过程的输入。套用一位维度建模者的说法，这些业务过程将产生一系列事实表。
5. 分析师有时会希望横向钻取业务过程，以便在一个过程的结果旁边查看另一个过程的结果。如果这两个过程共用的维度是一致的，则横向钻取过程当然是切实可行的。

确定组织的核心业务过程对于确立维度模型的总体框架至关重要。确定这些过程的最容易的方式就是倾听业务用户在说什么。哪些过程会生成他们最有兴趣监控的绩效指标？同时，数据仓库团队应该评估源环境的现状以便交付出业务梦寐以求的数据。

最后一个意见：不言而喻，一直受欢迎的仪表盘并非一个业务过程；它只是显示出众多单独业务过程的绩效结果而已。

4.8 业务过程全面揭秘

Bob Becker，Design Tip #72，2005年10月7日

专注于业务过程对于使用Kimball方法成功实现一个DW/BI解决方案来说绝对是至关重要的。业务过程是维度数据仓库的基础构造块。我们建议迭代式构建数据仓库，每次一个业务过程。你可能想知道：业务过程到底有什么神奇之处？识别业务过程对于我们的维度建模活动会起到多大的帮助？答案就是，正确识别业务过程是开始整个维度化设计的信号。每个业务过程都会生成至少一个事实表，这并非什么秘密。识别业务过程实质上就是识别要构建的事实表。

提示：

单个业务过程产生多个事实表的情况并不多见。当过程涉及异质产品时，常常就会出现这种情况。在这种情况下，将会产生几个类似但独立的事实表。医疗保健就是一个好示例。医疗费用保险索赔业务过程会产生三个事实表：专家费用索赔(如到医生诊所看病)、机构费用索赔(如住院)，以及药物费用索赔。

错误识别业务过程的后果就是永远无法实现的设计，或者更糟的是在不合适的详情级别设计的事实表。鉴于我们已经就这一主题讲了这么多了，不言而喻(尽管通过阅读我们案头上最近的分析报告，你并不会知道这一点)，我们主张以数据最原子的详情级别在维度数据仓库中实现数据。

是否已经准确识别出了一个业务过程的一个好的验证方法就是规定事实表的粒度。如果可以简洁地规定其粒度，那就处于正常状态。另一方面，如果关于事实表中单个行的详情级别存在混淆，那就还没有达到目的；很可能是因为有两个或多个业务过程混在一起了。这就需要后退一步并且仔细查看涉及其中的额外业务过程。

倾听业务用户的需求是建立对业务过程的理解的最佳方式。遗憾的是，随着业务需求的显露，它们并不会像我们所述的那样存在。业务用户通常会描述分析需求：他们希望使用数据来进行的分析和决策类型，以他们自己的语言进行描述。例如，一家医疗保健组织中的保险精算分析师会将其需求描述为评级分析、利用率趋势报告，以及他们依赖的索赔三角形。不过这些分析需求没有一个看来是在描述业务过程。关键是要解码这些需求，将它们分解成合适的业务过程。这意味着要更为深究一些以便理解支持分析需求的数据和业务系统。我们示例中的进一步分析最终会表明，所有三个分析需求都是由来自医疗费用保险索赔业务过程的数据所服务的。

有时分析需求的解码会更具挑战性。通常，业务用户所描述的最有价值的分析需求会跨多个业务过程。遗憾的是，有多个业务过程参与其中并非总是那么明显。解码过程更加困难，因为它要求将分析需求分解成所需数据的所有唯一类型和源。在我们的医疗保健示例中，保险业需要用赔付率分析来支持续约决策。进一步深入探究其详情，我们可以确定，赔付率分析会将客户保费收入与他们的索赔费用进行对比，以便确定该比率。在这种情况下，需要两个业务过程来支持该分析需求：费用索赔和保费结算。

在仔细思考本文内容之后，应该就能够了解到创建企业仪表盘的挑战了。仪表盘并非单个业务过程，而是用于呈现组织中许多或大多数业务过程结果的一种展现机制。遗憾的是，该仪表盘通常是被DW/BI团队当作单个分析需求来提供(和接受)的。

4.9 战略业务举措和业务过程之间的关系

Bill Schmarzo，Design Tip #47，2003 年 7 月 10 日

我频繁被问及的其中一个问题就是“组织的战略业务举措(也就是业务的关注所在)与业务过程(也就是我构建数据仓库的基础)之间的关系是什么”。

战略业务举措是组织范围的规划，由行政领导所提倡，以便交付对组织有重大意义的、引人注目的且可区分的财务或有竞争性的优势。战略业务举措通常具有可衡量的财务目标以及12~18 个月的交付时长。理解组织的战略业务举措会确保 BI 项目交付一些对业务群有价值或相关的东西。

同时，业务过程是业务所执行的最低级别的活动，如接受订单、发货、结账、收款、应对服务电话以及处理索赔。我们对于产生自这些业务过程的指标尤为感兴趣，因为它们会支持各种分析。例如，业务过程可能是来自销售终端系统的零售事务。基于这些核心业务过程及所产生的数据，我们就可以着手进行大量的分析，如促销评估、市场购物篮分析、直销有效性、价位分析，以及竞争分析。业务过程数据是我们赖以构建数据仓库的基础。

因此业务是专注于战略业务举措的，而 DW/BI 团队则专注于业务过程。这样会造成巨大的脱节吗？实际上不会。作为业务需求收集过程的一部分，DW/BI 团队需要将战略业务举措划分或分解成其所支持的业务过程。

想象一个行/列矩阵，其中业务过程作为行标题(正如企业数据仓库总线矩阵一样)而战略业务举措作为列标题。该矩阵中的交叉点标记出了业务过程数据在何处对于支持战略业务举措是必要的，如图 4-2 所示。战略业务举措和业务过程的集成使得在何处开展分析项目以及开展原因变得更为清晰，而不是增加混乱。它保留了行之有效的一次一个业务过程的构建数据仓库的实现方法，以减少交付时间并且消除数据冗余，同时交付必要的基础设施以便支持那些业务认为重要的举措。

	战略业务举措		
业务过程/事件	优化供应商关系	提升顾客保有率	降低对主导品牌的依赖度
订购	X		
供应商发货	X		
仓库库存	X		
顾客预订		X	X
订单		X	X
发货		X	X
退货	X	X	X
顾客投诉	X	X	

图 4-2 映射到战略业务举措的业务过程矩阵

需求总结

在与业务代表会谈完并且综合处理了调研结果之后，需要传达所了解的内容并且就构建数据仓库的路线图达成组织共识。在这最后一节的几篇文章中，将描述用于给需求定义任务下适当结论的交付物和技术。

4.10 自下而上属于用词不当

Margy Ross，Intelligent Enterprise，2003 年 9 月 17 日

构建一个数据仓库的 Kimball 方法论通常被称为一种自下而上的方法。这个标签及其相关内涵是一种误导，并且对我们的方法正快速发展的局面产生了误解。是时候澄清真相了：尽管我们的迭代式开发和部署技术从表面上看推荐了一种自下而上的方法论，但细看之下就会揭示出一种更为广泛的企业视角。

4.10.1 专注于企业，而非部门

自下而上这个术语最初是为了将 Kimball 方法与其他方法区分开来。自下而上通常会被看成粗制滥造——专注于单个部门的需求而非整个企业。但就此认为 Kimball 业务过程维度模型的构建是为了满足单个部门或工作组的需求，就是严重歪曲事实了。遗憾的是，除对我们的技术产生指责外，这一看法还造成了大量的困惑与惊愕。我们的维度模型明显包含了企业级的观点。

30 多年来，我们一直在帮助组织发布其数据资产以便其能够进行更好的战略和策略决策。我们仍旧坚定不移地专注于业务需求。遗憾的是，以业务为中心的方法有时会被看成等同于构建独立的部门或工作组解决方案。不过，为了避免混乱局面，我们在《数据仓库工具箱(第三版)》和《数据仓库生命周期工具箱(第二版)》这两本书中都提供了非常具体的建议。在收集业务需求时，我们主张从纵向和横向上全面拓宽视野。

相较于单独依赖业务数据分析师来确定需求，还应该与高管层进行会谈以便更好地理解其愿景、目标和挑战。忽视这种垂直跨度会让数据仓库团队受到仅着眼于“此时此地”的短视思维局限——无法抓住组织的方向以及可能的未来需求。

要牢记，在设计一个数据仓库的维度化展示之前，还需要横向了解整个组织。尽管当单个部门在资助该项目时，这样做多少会有点难度，但这个建议对于建立企业视图绝对至关重要。忽视水平跨度会让团队面临隔离的、以工作组为中心的数据库所带来的损害，这些数据库是不一致的并且无法被集成。显然，没人期望完整覆盖大型组织中的所有方面；不过，应该与相关部门的代表进行会谈，因为他们通常会分享对相同核心数据的需求。

4.10.2 起草企业数据仓库总线矩阵

除通用维度化引用数据外，企业总线矩阵还反映了企业的核心业务过程或事件。这些行和

列都代表着交叉的部门需求。可以在文章5.6“再次探讨矩阵”中了解更多与此技术有关的内容。

在图4-3的简化后的总线矩阵中，行确定了一家保险公司中主要业务过程的一个子集。这些行都是在收集公司业务需求信息时通过询问与战略业务举措有关的内容而揭示出来的。这些举措的有效性是通过关键绩效指标(key performance indicator，KPI)和成功指标来衡量的，这些指标都是通过组织的核心业务过程来收集或生成的，如核保、结算和支付处理。通常，单一主要数据源会支持每个业务过程；每个过程所产生的KPI和指标会被用于各种分析。

	日期	投保人	承保范围	承保项	代理人	保单	索赔	索赔人	收款人
核保事务	X	X	X	X	X	X			
保费结算	X	X	X	X	X	X			
代理人佣金	X	X	X	X	X	X			
索赔事务	X	X	X	X	X	X	X	X	X

图4-3 简化了的企业数据仓库总线矩阵

这些列也是从需求收集环节中挑选出来的。就像我们探究业务代表的决策过程一样，我们要留意倾听“按照”和“其中”这样的词来洞察自然的分析分组。例如，业务经理可能希望按照投保人、代理人和承包范围来查看索赔支付款；每一个都代表着一个核心维度或维度属性。他们也可能希望对那些赔偿支付款中代理人具有超过五年经验并且在东区工作的部分进行分析。通过倾听他们的用词，我们就能收集到与维度及其属性有关的线索。

绘制企业总线矩阵是一个迭代过程；在每一次业务需求收集会议之后，该矩阵就会被调整以便反映出新的见解。当需求收集过程逐渐停止时，我们就得到了一份令人惊讶的完整矩阵。实际上，当一次会议之后无须对矩阵进行修改时，我们就会知道需求收集过程接近尾声了。

4.10.3 进行优先级排序以便得到一份有序的结论

尽管DW/BI团队及其管理层通常会认识到收集业务需求的必要性，但他们通常无法意识到就优先性达成组织共识的重要性。帮助明确优先级的一种方式是创建一个“机会矩阵”，如图4-4所示。其中的行——就像总线矩阵中一样——列出了业务的核心过程。不过在机会矩阵中，列代表着部门或工作组，而非通用的维度。该表格中的每一个x都表明了哪些小组对与该业务过程/事件行有关的指标感兴趣。以这种方式，机会矩阵就可以捕获整个组织中共同的数据需求和兴趣点。不过，要牢记，专注于最常被请求的业务过程及其指标这一点并不必然需要变成首要的组织优先事项。

一旦收集完所有的需求，我们就要组织一场有各个部门和工作组高管层参与的有关介绍和优先级排序的会议。该会议首先要回顾需求的调研结果——通常主要是为了让高管层有所了解。这些管理者可能一直在资助(或者试图资助)专注于其自己部门的分析数据业务。他们通常未意识到跨部门的共享信息必要性，以及与现有部门化解决方案有关的冗余资源和组织资源浪费。

	核保&精算	市场营销&销售	顾客服务	财务
核保事务	X	X		
保费结算	X	X	X	X
代理人佣金		X		X
索赔事务	X	X	X	X

图 4-4　机会矩阵

然后我们要描绘出一幅在整个企业中集成分析数据的长期画卷。相较于呈现一个具有大量表示各种数据存储的方框的复杂图表，我们应该与管理层分享企业数据仓库总线矩阵，如图 4-3 所示。它是一个绝妙的沟通工具，能够确保达成共同愿景和理解，而不会陷入技术细节之中。

该矩阵的每一个业务过程行都代表着总体 DW/BI 程序中的一个项目。正因如此，我们要巧妙地让高管层专注于可管理的(并且希望是有意义的)项目范围边界。

该矩阵的维度列提供了业务过程 KPI 和成功指标之间的通用链接。高管层需要理解通用的一致化维度对于一致的业务规则、标签和数据的重要性。他们还应该认识到，无论选择哪个数据仓库项目(矩阵行)，都需要资源来构造数据仓库后续迭代(即未来项目)将会用到的核心维度表。

一旦就当前状态和预期目标达成了共识，我们就要帮助对项目优先级进行排序。使用图 4-5 中的两列两行网格，我们可以要求企业管理层基于业务对于组织的价值、影响或重要性来评估每一个项目。同时，IT 代表已经评估了交付业务过程数据的可行性。简而言之，对于该矩阵的每一行，业务驱动着象限上相对的垂直设置，而 IT 驱动着象限上相对的水平设置。

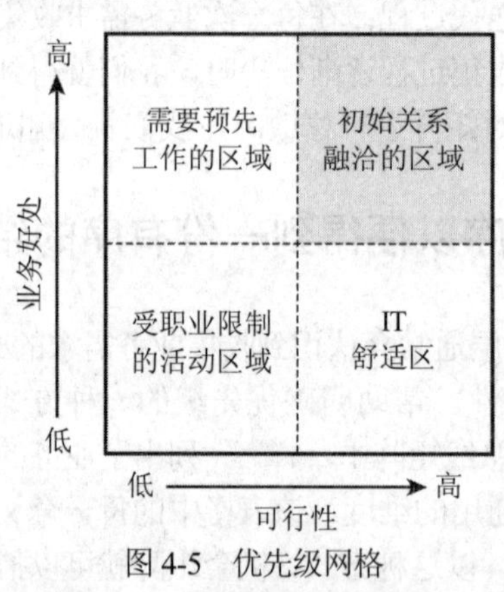

图 4-5　优先级网格

这一通常来说互动性很高的活动会将项目总结到四个象限的每一个之中。右上角的那些，也就是图 4-5 中的成果区域，将会被单独作为数据仓库程序初始阶段的一部分来处理。与左上角象限中项目有关的指标对于业务来说高度重要，因此未分配到数据仓库的 IT 资源应该处理这些可行性关注点——很可能是数据问题，如不恰当或不存在的数据收集系统，它们会阻止项目继续开展。

没有必要立即关注右下角舒适区中的项目，因为它们与业务无关。最后，左下角区域中的那些应该放在清单的最下面。

4.10.4 绘制企业路线图

我们曾经参与到数十个已经全部完结的需求项目之中。促成这些会议非常令人满足，因为其收益对于业务和数据仓库项目团队来说同样巨大。根据会议结论，达成了跨组织的共识，这些共识包括数据的当前状态、最终长期企业规划的愿景，以及一致认可的路线图。路线图用于解决由业务和IT共同排定过优先级的分歧。除此之外还能要求什么呢？

既然已经探究了我们推荐的用于通过迭代式项目着手处理维度数据仓库程序的活动和技术，那么大家就会明白为何说自下而上的标签是用词不当了。我们强烈支持企业定向，不仅要从数据角度，更为重要的是要从企业观点来进行定向。企业管理层认可并且就这一成型阶段达成共识对于获得企业数据仓库环境的长期接受度至关重要。

4.11 (超越数据建模的)维度化思维

Margy Ross，Design Tip #160，2013年10月3日

我们的文章和书籍富含对于为数据仓库/商业智能(DW/BI)展示区域设计维度模型的指导。但维度化建模概念远超出简单迅速的数据库设计范畴。应该在DW/BI项目的其他关键时刻也进行维度化思考。

如文章4.7“识别业务过程”中所述，在为DW/BI举措收集需求时，需要倾听并在之后围绕业务过程综合调研结果。有时团队会错误地专注于一组所需的报告或仪表盘指标。相反，应该持续反省与产生报告或仪表盘指标的业务过程测量事件有关的事项。在规划项目范围时，应该保持坚定不移地专注于每个项目一个业务过程，而不要承诺在单次迭代中部署一个包含其中数个业务过程的仪表盘。尝试设计维度模型以便交付多个松散关联的指标是典型的“未能声明粒度”的错误。

尽管DW/BI团队专注于业务过程至关重要，但同样重要的是让IT和业务管理层处于相同的以过程为中心的频道上。由于历史的IT资金政策，业务更熟悉部门式的数据部署。需要将他们对于DW/BI展示的惯有思维模式转换成一种过程观念，而非部门或报告观念。在对机会进行优先级排序以及制定DW/BI路线图时，业务过程就是工作单元。幸运的是，企业管理层通常会接受这一方法，因为它反映了其关于关键绩效指标的思考，并且可以在正确的方向推动IT前进。另外，业务一直忍受着部门化方法所造成的不一致性、喋喋不休的争论，以及永无休止的调整，因此他们准备好了迎接一种全新的策略。在高级业务伙伴的协作下，应该按照业务价值和可行性对每一个业务过程进行排序，然后首先处理具有最大影响和最高可行性评分的过程。尽管优先级排序是一个与业务的联合活动，但你本身对于组织业务过程的基本理解对于其有效性和后续的可行性而言是必要的。

如果肩负着起草DW/BI系统数据架构的任务，则需要开动脑筋了解组织的过程，以及相关的主描述性维度数据。我们的文章5.6“再次探讨矩阵”中描述了这一活动的主要交付物——企业数据仓库总线矩阵。该矩阵还会充当一个有用的工具，以便兜售更加严谨的主数据管理的潜在好处。

数据管理或治理程序应该首先专注于企业的主要维度。根据行业的不同，其清单会包括日期、顾客、产品、员工、设施、供应商、病人、学生、全体教师、账户等。可以考虑将这些用于描述业务的主要名词转移成一列数据治理工作，以便让业务用户群的领域问题专家来领导该工作。对于最终部署能够交付一致性和应对企业分析过滤、分组和标记需求的维度来说，为这些名词建立数据治理职责至关重要。健壮的维度会转换成健壮的 DW/BI 系统。

如你所见，就维度建模的根本动机来说，其重要性和优先级远高于深入星型模式或 OLAP 多维数据集的技术世界。维度化概念将业务和技术群体连接在了一起，因为它们要协作规定 DW/BI 的交付物。

4.12 使用维度模型验证业务需求

Bob Becker，Design Tip #123，2010 年 5 月 5 日

Kimball Group 不断地在撰写与专注于业务需求有关的重要性来作为成功 DW/BI 实现的基础。文章 4.2“业务需求收集的更多注意事项”中为收集需求提供了一组清晰的注意事项。不过，有些组织发现，在文档化需求以及之后利用它们来定义 DW/BI 开发迭代的范围时，要落实到合适的细节程度是很困难的。

对于主要的 IT 开发工作，许多组织都有正规化的业务规则，其中包括开发过程中用到的一系列结构化交付物。这通常包括一个文档，如捕获业务需求的功能规范。遗憾的是，这些文档最初是为了支持业务系统开发工作，并且通常不适用于捕获需求以便构建一个 BI 系统。要在这些模板中将 DW/BI 业务需求转换成所请求的场景和细节类型通常是很难的。此外，DW/BI 需求通常模糊而不具体；它们可能是在如“想尽方法测量销量”或者“在任何详情级别上对索赔进行切片和切块”的话语中被捕获到的。

有时会在一组具有代表性的分析问题或者一组预先确定的附带需要灵活性以支持即席报告能力说明的报告中捕获到 DW/BI 需求。这样的需求难以让业务代表和 DW/BI 项目团队就范围内或范围外的准确需求达成共识。

为了应对这一挑战，在完成业务需求和范围签字确认的闭环之前，组织应该开发数据仓库总线矩阵(参阅文章 5.7“向下钻取到详细的总线矩阵中”)以及逻辑维度模型作为交付物。该总线矩阵清晰地识别了业务过程和相关的维度，它们代表着支持业务需求所需的高层面数据架构。该总线矩阵独自就能帮助定义范围。然后逻辑维度模型会描述 DW/BI 数据架构的详情：维度表、列、属性、描述，以及用于单个业务过程的源到目标映射的开头部分。纳入逻辑模型使得业务代表可以就其需求能够被所推荐数据模型满足达成一致。另外很重要的就是，DW/BI 项目团队承诺业务用户他们理解所需的数据，已经执行了包括数据剖析在内的必要技术评估，并且认同他们可以用预期的数据来填充逻辑维度模型。获得这一认可让业务用户群和 DW/BI 项目团队就由逻辑数据模型所记录的业务需求和范围达成共识。一旦该模型被认可，那么所有无法用逻辑数据模型所表示的数据来解决的业务需求显然就在范围外了。同理，可用逻辑数据模型解决的业务需求就在范围内。

逻辑维度模型应该由来自所有相关小组的代表联合定义，这些小组包括业务用户、报告团队，以及 DW/BI 项目团队。为了让这一战略生效，至关重要的是要像文章 7.3“为维度建模团队配置人员”中所述的那样，找到合适的个人作为维度数据模型设计团队中的代表。务必要纳入一组广泛的业务用户和 DW/BI 项目团队成员对于所推荐数据模型的完整评述，以便确保所有的业务和技术需求以及挑战都已经被识别出来了(参阅文章 7.9“维度模型设计何时算结束”)。

第 5 章

数 据 架 构

有了业务需求在手，是时候将我们的注意力转向数据架构了。我们会以一系列具有历史重要意义的文章作为本章的开头，Ralph 在这些文章中列举了维度建模的正当理由。基于此，我们要专注于企业数据仓库总线架构和相关的矩阵，以便确立数据仓库的集成战略。然后我们要将关于敏捷方法以及它如何支持数据仓库的观点聚集起来。我们要提供用于通过管理工作实现集成的指导，而免受关于采用集中式还是分布式数据存储的争论的干扰。最后，我们提供了 Kimball 总线架构与占支配地位的轮辐式选项(也就是企业信息工厂)的对比。

提出维度建模的理由

本节中的三篇文章原本介绍的是按照第三范式(third normal form，3NF)标准化为实体-关系(entity-relationship，ER)模型的那些数据模型。因为 ER 图仅会描述关系型数据库管理系统中表之间的关系，所以它们可以被用来揭示维度化和第三范式结构。因此，我们已经将 ER 模型的引述修改为 3NF 或标准化模型，以便让这一节的内容更为清晰。

5.1 ER 建模是否对 DSS 有害(Kimball 经典)

Ralph Kimball，DBMS，1995 年 10 月

正如本节引言中所提及的，ER 模型已经被系统地修改为 3NF 或标准化模型，不过我们仍旧保留了 1995 年的原始文章标题。DSS 是决策支持系统(decision support system)的首字母缩写，这个词最初用于描述 DW/BI 系统。

标准化建模是用于在关系型环境中设计事务处理系统的一种强大技术。对于让大量数据进入关系型数据库所取得的惊人成果来说，物理数据结构的标准化做出了极大的贡献。不过，标准化为第三范式的模型无助于用户查询数据。我推荐另一种技术，它被称为维度建模(dimensional modeling，DM)，以便为查询构造数据。既然我们已经成功地让数据进入了操作数据库，那么就是时候取出数据了。

这两种建模方法需要不同的起始假设、技术和设计取舍，并且会产生极为不同的数据库设计。维度模型还会生成一个数据库，对于管理员来说，它具有比标准化数据库更少的表和键。

在我的课堂上，我明确地询问过学生他们对于数据标准化的看法。他们一致认为，在其建模过程中执行标准化是“为了去除数据冗余”。他们寻求数据元素之间的一对多或多对多关系，并且将数据元素分离到通过键来联结的不同表之中。然后他们会使用建模工具自动化直接从模型中创建标准化物理数据结构的过程。标准化表的使用简化了更新和插入操作，因为对数据的变更只会影响到基础表的单一记录。

维度化模型与标准化模型的对比

遗憾的是，对于 3NF 标准的依赖会让表的数量无序扩张。构建了重要业务过程(如销售)的标准化模型的每一家 IT 企业都具有类似的覆盖了大多数数据表的查找映射。其中存在数百个表，这些表通过数量甚至更多的联结路径来连接。其结果就是让人不知所措，并且从业务用户的角度看，也就是不可用。没有人或计算机软件可以全面分析这样的一个标准化实体-关系图。ER 图很有用，但只能在较小的范围中浏览它们，而并不能一次浏览它们的全部。

维度模型看起来非常不同。图 5-1 显示了一个维度模式，它被用于大型零售连锁企业的收银台销售业务。中心位置最大的表被称为事实表。它是唯一一个具有复合键的表。其余的事实表由事实构成，可以将其视为在维度交叉处采集到的数值业务测量值。在企业数据仓库中，会有若干单独的事实表，每一个事实表都代表着组织中的一个不同业务过程，如订单、库存、运输和退货。这些单独的事实表将被尽可能多的通用维度表所使用。尽管周围的维度表具有几个描述性文本字段，但它们将总是具有比事实表少得多的行，并且所需的硬盘空间也远少于事实表。每个维度表都具有单个部分键。维度表中的字段通常是文本类型，并且被用作报告中约束和行标题的来源。

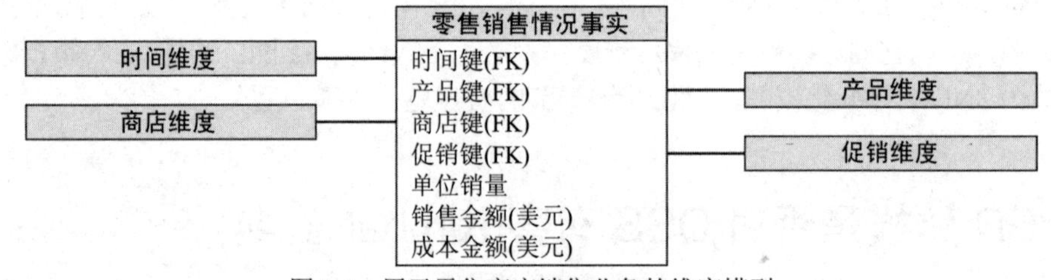

图 5-1 用于零售商店销售业务的维度模型

像图 5-1 中所示的那个维度模式会支持两类特定查询：浏览和多表联结。浏览查询仅会在其中一个维度表上进行操作并且不会涉及联结。当用户点开一个列出产品维度表中所有品牌名称的下拉列表时，就会发生典型的浏览查询，这会受到该维度表中其他元素约束的影响。这个查询必须即时响应，因为用户的全部注意力都在界面上。多表联结查询会出现在一系列的浏览之后，并且涉及其中几个维度表上设置的约束，这几个维度表会同时全部联结到事实表。其目标是为用户将数百或数千条基础事实记录抓取到一个小的结果集中，根据从维度表中所选取的一个或多个文本属性来分组到一起。即使是所谓的表扫描也适用于这种第二范式，因为决策支持查询中总是会存在某种约束和分组动作。这类第二种查询很少具有即时性，因为需要大量的资源来满足该查询。

维度建模是一种自上而下的设计过程。首先要识别出主要的业务过程，它们会充当事实表的源，然后要用数值的、可累加的事实来填充事实表。要通过能够识别的尽可能多的业务维度来描述每一条事实记录。所产生的事实表记录完全由键值对外加代表测量值的数值数据构成，这些键值对彼此之间具有多对多关系。总的来说，事实表记录的存储非常高效。维度表代表着与通常标准化技术的最大不同。重要的是，维度表仍旧像平面表一样，无须作进一步的标准化。这对于关系型数据建模者来说是最难接受的设计步骤。

如果维度表被标准化为典型的星型结构，如图 5-2 所示，那么会发生两件糟糕的事情。首先，数据模型会变得过于复杂而无法呈现给用户。其次，在星型的各种分支之间链接元素会有损浏览性能。即使维度表中的长文本字符串显得多余并且可以被移动到一个外部支持表中，也没有足够的硬盘空间来说明移动它是合理的。事实表的大小总是会远远超过维度模式中最大的表。在许多情况下，标准化实际上会增加存储的需求。如果重复的维度数据元素的基数很高(换句话说，仅有几个副本)，那么外部支持表就会像主维度表那么大。但我们已经介绍过另一种键结构，它现在会重复出现在这两个表中。

关于标准化维度的最后一个论点就是，它能提升更新性能。这在决策支持环境中并不重要。每晚(通常)只需要更新维度表一次，并且与加载数百万事实记录有关的处理要优先于相对较小的与插入或更新维度记录有关的处理。

维度模型具有一种固定结构，它没有可供选择的联结路径。这极大地简化了对在这些模式上进行的查询的优化和评估。只有一种基本的评估方法，使用一种“脱困”选项。首先，要评估所有维度表上的约束。然后准备一份长的排过序的到事实表的复合键列表。按照排列顺序扫描事实表复合索引一次，将所有需要的记录抓取到结果集中就行了。如果观察到维度约束非常薄弱，存在一份不合理长度的复合候选键的列表，则扫描事实表索引会发生的唯一异常就会出现。“不合理长度”应该是事实表中实际记录数量的数倍。此时(并且在尝试扫描该索引之前)要借助一次关系扫描来脱困，其中要在不使用任何索引的情况下检查每一条事实表记录。

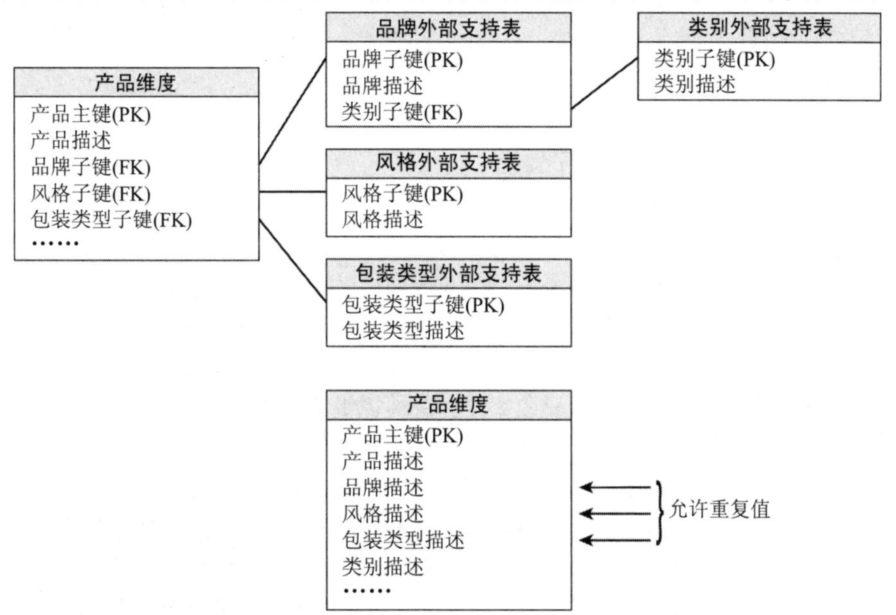

图 5-2　一个产品维度的两种表示——最上面的星型版本被标准化为 3NF，而下面的被非标准化为平面维度

在数据库管理系统(database management system，DBMS)试图处理一个维度查询时可仔细观察一下。如果查询评估计划的事实表是该列表的一部分并且其后跟着提及的维度表，那么DBMS就不清楚如何执行维度模式了。当事实表是该列表的唯一部分时，DBMS 就会从该事实表中仓促拼凑出一个子集写到硬盘上。然后 DBMS 会面向其余维度表逐一验证所产生的记录，而其结果就是一个运行时间非常长的查询。

标准化和维度化模型之间最后且有些争议的区别就是留待设计者所掌控的意见的力度。好的维度模型的实质就是从业务用户的角度选择一组最自然的维度。总是会有两种或更多的选项来用相同方式表示数据，但它们封装维度的方式不同。最终，设计者的意见必然获胜。

在着手进行维度化设计之前，得到一份标准化的 ER 图会有所帮助，因为数据仓库团队可以更好地理解数据并且在管治处理基础数据时会更加自信。不过，在数据仓库设计过程期间，团队必须搁置标准化 ER 图，因为必须从用户角度而非数据角度进行维度建模。如果还没有 ER 分析，那么我不建议为了构建数据仓库数据库的目的而在这方面花费时间。最后 75%的标准化活动是从数据中挤出冗余部分——尤其是从维度表中——维度表中的冗余数据对于维度设计没什么好处。

5.2 一个维度建模宣言(Kimball 经典)

Ralph Kimball，DBMS，1997 年 8 月

维度建模(DM)是常用于数据仓库的逻辑设计技术的名称。它与标准化建模不同，并且与之形成鲜明对比，标准化建模最多可以具有五级标准。为简洁起见，我们将选择最常用的标准级别(第三级)并且将所有这些方法指定为 3NF。本篇文章指出了两种建模技术之间许多的不同，并且画出了一道明显的界线：对于那些旨在于数据仓库中支持业务用户查询的数据库来说，DM 是唯一切实可行的技术。3NF 对于事务捕获和构造数据仓库的数据管理阶段来说非常有用，但应该避免向用户交付它。

5.2.1 什么是 3NF 标准化建模

3NF 标准化是一种逻辑设计技术，它寻求移除数据中的冗余。想象我们有一家企业，可以接受订单并且销售产品给顾客。在计算机技术的早期(在关系型数据库出现的很久之前)，当我们首次将这些数据转移到一台计算机中时，很可能会将原始的纸质订单捕获为具有许多字段的单条宽记录。这样的一条记录很容易就会具有跨 50 个字段分布的 1000 个字节。该订单的行项目会被表示为嵌入在主记录中的一组重复字段。在计算机上使用这些数据曾经非常有用，但我们很快就得到了存储和操作数据的一些基本教训。我们得到的其中一个教训就是，这种格式的数据难以保持一致，因为每一条记录都是各自为战的。顾客姓名和地址会出现很多次，因为每当下一个新的订单时，这些数据都会重复出现。数据中的不一致性会泛滥成灾，因为顾客地址的所有实例都是独立的，而更新顾客的地址会是一项难以应对的事务。

即使是在早期，我们也学到了将冗余数据分离到独立的表中，如顾客主数据和产品主数据，但我们付出过代价。我们用于检索和操作数据的软件系统变得复杂且低效，因为它们需要密切关注将这多组表链接在一起的处理算法。我们需要一个数据库系统，它要非常擅长于链接表。这样就为关系型数据库革命铺平了道路，其中数据库正是专用于这一任务的。

关系型数据库革命于 20 世纪 80 年代中期兴盛起来。我们中的大多数人都通过阅读 Chris Date 所著的关于这一主题的影响深远的书了解了关系型数据库。这本书就是 *An Introduction to Database Systems*(Addison Wesley)，第一版是在 20 世纪 70 年代末发行的。在我们翻阅 Chris 的书时，推敲了其零部件、供应商，以及城市的数据库示例。我们大多数人根本没有想过要询问这些数据是否是完全“标准化的”或者所有这些表是否可以变成“雪花型的”，而且 Chris 并没有就这些主题进行发挥。在我看来，Chris 是在尝试解释如何考虑这些按关系联结的表的更为基础的概念。3NF 建模和标准化是在最近几年随着行业将重心转向事务处理后才发展起来的。

3NF 建模技术是一个规程，用于解释数据元素之间的细微关系。3NF 建模的最高表现形式就是移除数据中所有的冗余。这对于事务处理极其有益，因为事务会变得非常简单和确定。更新顾客地址的事务会被移交给顾客地址主表中的单条记录查找。这一查找受到顾客地址键的控制，这个键定义了顾客地址记录的唯一性，并且允许极其快速的索引查找。可以肯定地说，关系型数据库中事务处理的成功很大程度上要归因于 3NF 建模这一规程。

不过，就我们让事务处理高效的热情而言，我们忽视了最初、最重要的目标。我们已经创建了无法被查询的数据库！即使我们简单的订单示例都会创建具有数十个标准化表的数据库，这些表是通过令人困惑的像蜘蛛网般的联结来链接到一起的，如图 5-3 所示。我们所有人都熟悉 IT 数据库设计者办公室墙上的大图表。企业的 3NF 模型会有数百个逻辑实体！像 SAP 这样的高端系统会有数千个实体。在实现数据库时，这些实体中的每一个通常都会转变成一个物理表。这种情况并不只是一件让人烦恼的事，还是一个大的障碍：

- 业务用户无法理解、浏览或记住一个 3NF 模型。不存在采用通用 3NF 模型并且让它可被用户使用的图形化用户界面(graphical user interface，GUI)。
- 软件通常无法查询通用的 3NF 模型。尝试这样做的基于成本的优化器都会为做出错误选择而声名狼藉，而且这样做会带来性能方面的灾难性后果。
- 使用 3NF 建模技术会抵消数据仓库的基本吸引力，也就是简单直观和高性能的数据检索。

图 5-3 中的每一个方框实际上都表示许多实体。所示的每一个业务过程都是一个单独的遗留应用程序。等效的 DM 设计会隔离每一个业务过程并且仅用其相关的维度来支撑它。

自关系型数据库革命开始，IT 企业就已经注意到了这个问题。它们中的许多尝试过向业务用户交付数据的企业已经意识到，不可能将这些极为复杂的模式呈现给业务用户，并且这些 IT 企业中的许多已经后退了一步去尝试“更简单的设计”。我发现异乎寻常的是，这些更简单的设计看起来全都非常类似！几乎所有这些更简单的设计都可以被看作维度化的。以一种自然、几乎下意识的方式，数百个 IT 设计者已经回退到了最初关系模型的起点，因为他们知道，除非数据库被简单封装，否则就无法投入使用。大概可以准确地说，这种自然维度方法并非是由任何个人发明的。在数据库设计中它是一种不可抗力，当设计者将可理解性和性能作为最高目标时它就总是会出现。我们现在准备好定义 DM 方法了。

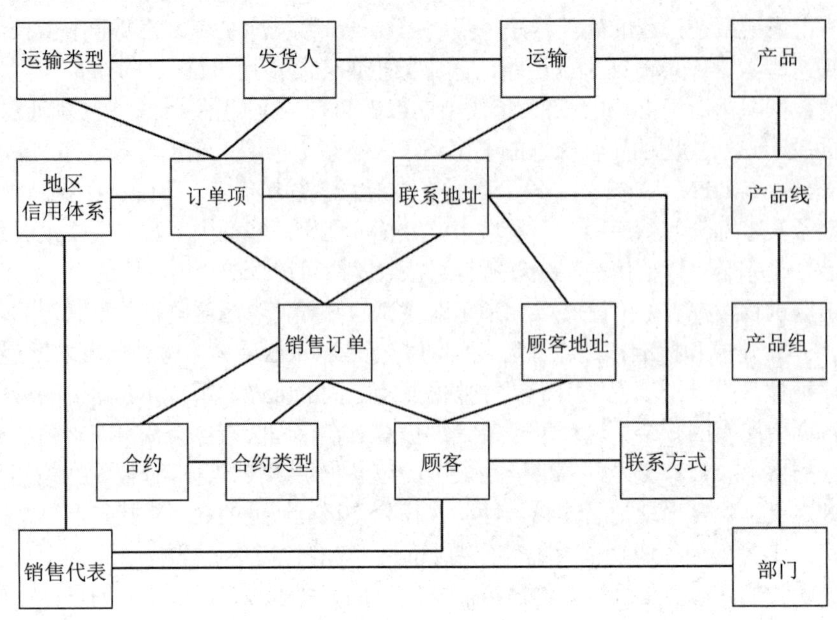

图 5-3 高层次的 3NF 模型

5.2.2 什么是 DM

DM 是一种逻辑设计技术，它寻求以一种允许高性能访问的标准化、直观的框架来呈现数据。从根本上说它是维度化的，并且遵循使用具有一些重要限制的关系模型这一规则。每一个维度模型都由一个具有复合键的表构成，这个表被称为事实表，并且包括一组被称为维度表的较小的表。每一个维度表都具有单个部分主键，它正好对应事实表中复合键的其中一部分，如图 5-4 所示。这一特有的像星型的结构最初被称为星型联结，但我们将其称为维度模型。

由于一个事实表具有一个由两个或多个外键组成的复合主键，因此它总是会表述多对多关系。最有用的事实表还包含一个或多个数值测量(或者事实)，也就是针对定义每条记录的组合键而进行的真实测量。在图 5-4 中，事实就是以美元计的销售金额、单位销量以及以美元计的成本。事实表中最有用的事实都是数值的和可累加的。累加性至关重要，因为数据仓库应用程序几乎永远不会检索单条事实表记录；相反，它们会一次性取回这些记录中的数百、数千甚或数百万条记录，并且用如此多事实记录唯一可以做的有用事情差不多就是累加它们。

相比之下，维度表很多时候都包含描述性文本信息。维度属性被用作数据仓库查询中相关约束的源，并且几乎总是 SQL 结果集中行标题的源。在图 5-4 中，我们可以通过产品表中的口味属性来约束检索柠檬口味的产品，也可以通过促销表中的广告类型属性来约束检索广播促销。很明显，图 5-4 中数据库的能力是与维度表的质量和深度成正比的。

图 5-4 中数据库设计的吸引力在于，它对于业务用户来说是高度可识别的。我确实曾经观察到数百个示例，其中用户都立刻认同这就是“他们的业务”。

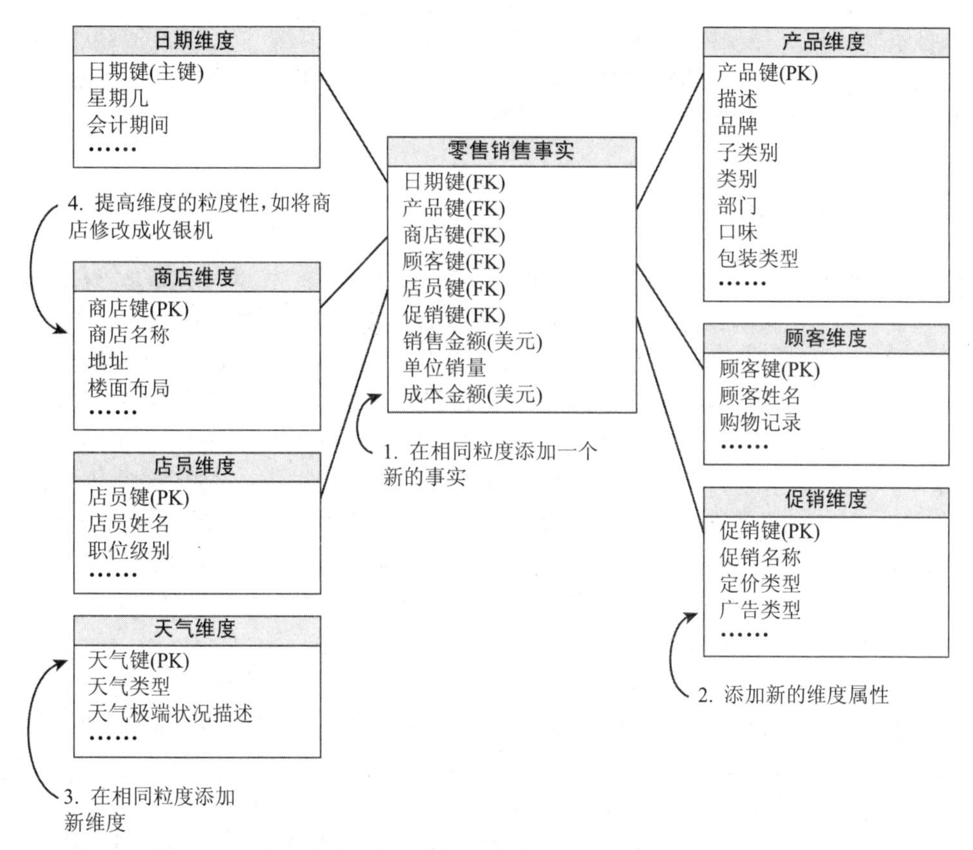

图 5-4　用于零售销售点的详尽维度模型。编号 1~4 显示了设计可以被优雅扩展的地方

5.2.3　DM 与 3NF 的对比

显然，图 5-3 和图 5-4 看起来非常不同。许多设计者对此的反应是“维度模型中的信息肯定更少”或者“维度模型仅用于高层次汇总”。这些看法都是错误的。

理解 DM 和 3NF 之间关系的关键在于，单个 3NF 图表要分解成多个 DM 图表。可以将大的 3NF 图表看作代表了企业中每一个可能的业务过程。企业 3NF 图表具有销售电话、订单记录、货物装运单、顾客付款以及产品退货，所有这些都放在相同的图表上。从某种程度上来说，在一个图表上表示多个在同一时间点上绝不会在单个数据集中共存的过程，3NF 图表这样做本身就是在帮倒忙。难怪 3NF 图表都极度复杂。因此，将 3NF 图表转换成一组 DM 图表的第一步就是，将 3NF 图表分离成其独立的业务过程并且单独对每一个过程建模。

第二步是选择 3NF 模型中包含数值和累加非键事实的多对多关系，并且将它们指定为事实表。第三步是将所有剩余的表反标准化成具有直接连接到事实表的单个部分键的平面表。这些表会变成维度表。在一个维度表连接到多个事实表的情况下，我们会用这两种方式来表示这同一个维度表，并且我们称这种维度表在两个维度模型之间是一致的。

所产生的用于大型企业的数据仓库维度模型将会由 10~25 个看起来非常类似的维度模型构成。每一个维度模型都将具有 4~20 个维度表。如果已经正确完成了设计，那么这些维度表中的许多都会在一个个事实表之间共享。向下钻取的应用程序就是直接将单个维度模型中更多的维度属性添加到 SQL 结果集。横向钻取的应用程序就是直接通过一致、共享的维度将独立的事实表链接在一起。尽管企业维度模型中的一整套模式很复杂，但查询处理过程是很容易预测的，因为每一个事实表都应该在最低级别被独立查询。

5.2.4 DM 的优势

维度模型具有 3NF 模型所缺乏的大量重要数据仓库优势。首先，维度模型是一种可预测的、标准的框架。报告记录器、查询工具和用户界面全都可以让我们肯定地推断，维度模型能够让用户界面更易于理解并且处理得更高效。例如，由于几乎所有的约束都来自维度表，因此通过使用位图索引，一个用户工具就可以提供维度内跨属性的高性能“浏览”。元数据可以使用维度中已知的值的基数来引导用户界面的行为。该可预测框架为处理过程提供了巨大的优势。相较于使用基于成本的优化器，数据库引擎可以让我们非常肯定地推断，首先会约束维度表，然后使用满足用户约束的那些维度表键的笛卡尔乘积来一次性抓取事实表中的事实。令人惊讶的是，通过使用这一方法，就可以用一次性传输事实表的索引来计算到一个事实表的任意 n 路联结。我们过于习惯性地认为 n 路联结很难，整整一代 DBA 都没有意识到，n 路联结问题形式上等同于单次排序合并。事实就是如此。

DM 的第二个优势在于，可预测的框架能承受住用户行为中的意外变化。每一个维度都是等效的。所有的维度都可以被视作进入事实表的对称均等入口点。可以独立于预期的查询模式来完成逻辑设计。用户界面都是对称的，查询策略都是对称的，并且针对维度模型所生成的 SQL 也都是对称的。

DM 的第三个优势是，可以进行优雅扩展来适应非预期的新数据元素和设计决策。我们所说的优雅扩展指的就是几件事情。首先，仅通过将新的数据行添加到表中即可以就地修改所有已有的事实和维度表，或者可以使用 SQL ALTER_TABLE 命令来就地修改表。不必重新加载数据。优雅扩展还意味着，不需要对查询或报告工具进行重新编程来适应变化。最后，优雅扩展意味着所有的老应用程序都可以继续运行，而不会产生不同的结果。在图 5-4 中，编号 1~4 表明，在数据仓库启动并且运行之后，可以通过以下操作来进行优雅的变更：

1. 在事实表中添加新的累加式数值字段，只要它们与已有事实表的基本粒度保持一致。
2. 添加新的维度属性。
3. 添加全新的维度，只要存在为每条已有事实记录而定义的该维度的单个值。
4. 将某个时点之后的已有维度记录分解成较低级别的粒度。

DM 的第四个优势在于，有大量标准方法可用于处理业务领域中的常见建模情形。这些情形中的每一个都具有一组很好理解的选项，可以在报告记录器、查询工具以及其他用户界面中对这些选项进行具体的编程。这些建模情形包括：

- 渐变维度，其中像产品或顾客这样的常数维度实际上会缓慢异步地发生演化。维度建模提供了用于处理渐变维度的具体技术，这取决于业务环境。
- 异质产品，其中像银行这样的企业需要在单组通用的属性和事实中共同追踪大量不同的业务线，但同时需要使用不兼容的度量以独树一帜的方式描述和测量个体的业务线。
- 事件处理数据库，其中事实表通常被发现是欠缺事实的。

DM 的最后一个优势是，会出现越来越多的管理工具和软件程序，它们可以管理和使用聚合。回想一下，聚合就是汇总记录，这些记录对于数据仓库中已经存在的基础数据来说是逻辑冗余的，但可以被用来增强查询性能。每一个中等和大型数据仓库实现中都需要全面的聚合策略。换言之，如果不使用聚合，则可能要花费数百万美元来升级硬件以便解决性能问题，而这些问题本来是可以通过聚合来解决的。

所有的聚合管理软件包和聚合导航工具都依赖于事实和维度表的一种非常特定的单一结构，而这绝对要依赖于维度模型。如果不遵循维度化方法，则无法从这些工具中获益。

5.2.5　对 DM 的误解

有一些四处流传的关于 DM 的误解应该被澄清。第一个误解就是“实现一个维度模型将导致烟囱式决策支持系统”。这个误解有时会持续将非标准化归咎于仅支持特定应用程序，因为无法被修改。这个误解是对 DM 的一种肤浅理解，它完全将真实的情况说反了！首先，我们已经证明过，每一个 3NF 模型都具有一组等效的维度模型，它们包含相同的信息。其次，我们已经指出，即使是在出现组织变更和业务用户变化的情况下，维度模型也能优雅扩展而无须修改其形式。事实上，3NF 模型才会让应用程序设计者和用户产生拉锯式争执！

在我看来，这个误解源自费尽力气处理被过早聚合的事实表的设计者。例如，图 5-4 中的设计是在单独的零售小票每行商品项的级别来表述的。这对于这个零售数据库来说是合适的起点，因为这是最低可能粒度的数据。不可能进一步分解该销售事务了。如果设计者从已经按商店聚合成每周销售合计的一个事实表开始处理，那么在添加新维度、新属性和新事实时就会出现种种问题。不过，这并不是一个设计技术的问题；这是一个数据库被过早聚合的问题。

第二个误解就是“没人理解 DM”。这个误解是很荒谬的。我曾经看到过数百个由我没有见过或参加过我的课程的人所创建的非常棒的维度设计。来自包装商品零售和生产制造行业的整整一代设计者在过去 15 年中一直在使用和设计维度数据库。我自己早在 1982 年就从 A.C. Nielsen 和 IRI 应用程序了解到维度模型了，IRI 应用程序被安装在像 Procter & Gamble 和 The Clorox Company 这样的公司。

顺便说一下，尽管本篇文章一直在表述与关系型数据库有关的内容，但是几乎所有支持维度建模能力的论点都完美适用于专用的多维 OLAP 数据库。

第三个误解就是“维度模型仅适用于零售业数据库”。这个误解源自 DM 的历史渊源，而不是源自其当前的现实状况。DM 已经被应用到了许多不同的业务中，这包括小额银行业务、商业银行业务、财产和意外伤害保险业务、健康保险业务、人寿保险业务、经纪人业务、电信公司运营业务、报纸广告业务、石油公司汽油销售业务、政府机构支出，以及生产制造运输业务。

第四个误解就是“雪花型是 DM 的一个可选项”。雪花型就是从维度表中移除低基数文本属性，并且将这些属性放在辅助维度表中。例如，可以这样处理产品类别，并且将其从低级别产品维度表中物理移除。我认为这个方法会危及跨属性浏览性能并且干扰到数据库的可读性，但有些设计者深信这是一个好方法。雪花型肯定是与 DM 不一致的。如果雪花型模式可以提高用户的可理解性以及整体的性能，那么设计者就可以心安理得地应用该模式。认为雪花型有助于维度表的可维护性这一观点其实是似是而非的。维护问题确实受到标准化准则的影响，不过所有这些都发生在数据仓库的后台，在数据被加载到最终维度模式之前。

最后一个误解就是“DM 仅适用于特定种类的单主题数据集市”。这个误解是那些不理解 DM 根本力量和应用性的人企图边缘化 DM 的尝试。DM 是用于完整企业级数据仓库总体设计的合适技术。这样的一种维度设计由完整的一套业务过程主题领域构成，每一个都是通过一个或多个维度模型来实现的。这一套完整的业务过程主题领域是通过坚持使用一致化维度来有效链接到一起的。

5.2.6 捍卫 DM

现在是时候强硬一些了。我坚信，DM 是设计终端用户交付数据库的唯一可行技术。3NF 建模会让终端用户交付失败，并且不应被用于此目的。

3NF 建模不是真的对一个业务建模；相反，它只是对数据元素之间的微观关系进行建模。3NF 建模不具有“业务规则”，它具有“数据规则”。3NF 建模方法论中很少会有涉及总体设计完整性的全局设计需求。例如，当所有可能的联结路径都被表示了时，你的 CASE 工具是否尝试告诉你这一情况以及有多少个联结路径？在 3NF 设计中，你是否又会关心这样的问题？3NF 对于标准的业务建模情形(如渐变维度)又能说些什么？

在结构上，3NF 模型的变化是失控的。请事先告诉我，如何优化一个大型 3NF 模型中对数百个互相关联的表的查询。相比之下，即便是一大套维度模型也具有整体的确定策略，以便计算每一个可能的查询，甚至是那些跨许多个事实表的查询(提示：可以通过单独查询每一个事实表来控制性能。如果你真的认为可以在单个查询中将许多事实表联结到一起并且信任基于成本的优化器来决定执行计划，那么你就没有为真正的业务用户实现数据仓库)。

3NF 模型的结构变化失控意味着，每一个数据仓库都需要自定义的、手动编写的且经过调整的 SQL。它还意味着，每一个模式只要被调整了，就很容易受到用户查询习惯变化的损害，因为这样的模式是不对称的。与此相反，在维度模型中，所有的维度都会充当进入事实表的同等入口点。用户查询习惯的变化不会改变 SQL 的结构或者测量和控制性能的标准方式。

在数据仓库中，3NF 模型确实有其所属的位置。首先，3NF 模型应该被用在基于关系技术的事务处理应用程序中。这是实现最高事务性能和最高的不断完善的数据完整性的最佳方式。其次，3NF 模型可以被非常成功地用于后台数据清洗和数据仓库的合并步骤中。

不过，在数据被封装到其最终的可查询格式中之前，它必须被加载到一个维度模型中。在面对不断变化的用户请求时，该维度模型是用于同时实现用户可理解性和高查询性能的唯一切实可行的技术。

5.3 没有百分百的保证

Ralph Kimball，Intelligent Enterprise，2000 年 8 月

作为数据库设计者，我们会频繁地探讨业务规则。毕竟，业务规则才是我们应用程序的核心和灵魂。如果我们的系统遵守业务规则，那么数据将会是正确的，我们的应用程序也会正常运行，并且我们的用户和管理层将感到满意。

不过到底什么才是一个业务规则呢？我们要在哪里声明业务规则并且我们要在哪里强制使用它们？我们建议使用四级业务规则，首先是在数据库级别明确强制实现的数据的最简单的本地定义。

1. 单个字段格式定义，由数据库直接强制实现：
   - 付款字段是以美元和美分计的一个金额。
   - 姓氏字段是以UNICODE字符集表示的一个文本字段。
2. 多字段键关系，由驻留在数据库中的键声明强制实现：
   - 品牌表中的品牌名称字段具有与制造商表中制造商名称的多对一关系。
   - 销售事实表中的产品外键具有与产品维度表中产品主键的多对一关系。
3. 实体之间的关系，是在第三范式(3NF)实体-关系(ER)图表上声明的，但并非由数据库直接强制实现，因为该关系是多对多关系：
   - 员工是人的一个子类型。
   - 供应商为顾客提供商品。
4. 复杂业务逻辑，与业务过程有关，可能仅在数据进入时由复杂应用程序强制实现：
   - 当一份保单被提交但还没有被核保人审核通过时，执行日期可以为NULL，但当该保单被核保通过时，就必须提供执行日期并且该日期将总是比审核通过日期要更新。

了解了这四种业务规则，就可以清楚地知道，核心数据库软件仅管理前两个级别，即单字段格式定义与多字段键关系。尽管这前两个级别是所有恰当数据库环境的一种基石，但我们还是会希望强制实现级别3(实体之间的关系)以及级别4(复杂业务逻辑)，因为在这些级别上存在价值远远大得多的业务内容。

5.3.1 3NF建模是否会处理业务规则

3NF标准化建模有点类似数据库设计者圈子中的圣杯。乍一看，它显得就像是用于描述实体之间关系的一种综合语言。但3NF建模到底会确保些什么呢？

3NF建模是用于指定数据元素之间一对一、多对一以及多对多关系的一种图表技术。尽管从一种纯粹的意义上讲，3NF模型就是逻辑模型，但像Computer Associates的ERwin这样的强大工具可以将3NF图表转换成数据定义语言(data definition language，DDL)声明，它们会合适地定义键定义和表之间的联结约束，这些约束会强制实现各种样式的关系。

这些听起来都很棒。有什么问题呢？3NF建模提供的这份愿景中缺失了什么？

在我看来，尽管3NF建模是一种有用技术，可用于着手理解和强制实现业务规则的处理过程，但它还远远无法提供任何类型的完整性或保障。更糟的是，对于业务规则的所有形式来说，它已被大大夸张成了一个平台。这里是我对于3NF建模所整理的一份实践和理论问题列表：

- **3NF建模并不完整**。任何指定图表上的实体和关系都仅仅呈现了设计者决定重视的内容或其所意识到的内容。并不存在3NF模型的测试来判定设计者是否已经指定了所有可能的一对一、多对一或多对多关系。
- **3NF建模不是独一无二的**。指定的一组数据关系可以由许多个3NF图表来表示。
- **大多数真实的数据关系都是多对多关系**。这是一种包罗万象的声明，它不提供任何准则或价值。“强制”多对多关系是一种矛盾混合体。存在许多样式的涉及各种条件和关联程度的多对多关系，这对于包含这些关系作为业务规则是有用的，但3NF建模没有为基本的多对多声明提供任何扩展。
- **3NF模型有时看似完美，但并不实际**。我所看到的几乎所有大型企业数据模型都是“事情应该怎样”的一种练习。在某种程度上来说，这样的一个模型对于理解业务是有用的练习，但如果该模型并没有被真实数据物理填充，那么我从不认为值得使用这种企业数据模型来作为实用数据仓库实现的基础。

- **3NF模型很少是真实数据的模型**。上一点的类似推论是，我们没有用于对真实数据集爬网以及生成3NF模型的工具。我们几乎总是需要制作3NF模型，然后尝试将数据塞入模型中。当我们从一个主要生产环境源中提取出的数据是脏数据并且在这些脏数据进入数据准备区时，这种情况就会导致奇怪的实现，我们无法将它放入3NF模型中作为清洗的前奏！我们只能在对其进行清洗之后才可以将它放入3NF模型中。并且，鉴于本节中的前两点内容，即使我们最终将数据放入了3NF框架之中，也不能保证清洗步骤是完整的、唯一的，或者捕获到了相关数据关系中的大部分。
- **3NF模型会导致荒谬的复杂模式，它会让信息交付的主要目标遭受失败**。每一个设计者都清楚企业级标准化模型会变得多么复杂。Oracle Financials底层的模型会很容易地要求2 000个表，而SAP的模型会很容易地需要10 000个表。这些巨大的模式会妨碍到可理解性和高性能这两个基本的数据仓库目标。仅有一些高端硬件供应商仍在尝试基于大型3NF模式来交付数据仓库服务，而我们中的其他大多数都在寻求更为简单的设计技术，以便我们可以用低得多的成本进行有效实现。

此时，你大概会在想："Kimball 又来了。真正理解数据建模的人都会使用 E/R 技术作为其首要工具。"

好吧，我一直认为 Chris Date 是真正理解建模的人。在许多方面，他发明了关系型数据库建模的重要概念。其影响深远的书 *An Introduction to Database Systems*(Addison Wesley，2000)的第七版刚刚发行了，并且我正在翻阅这本书，这让我回想起我自己通过该书的更早版本首次接触到这些理念的经历。

在该书的第 13 章中，他对于 E/R 建模的论述吸引了我。在下面的三段内容中，我们保留了他使用的术语 E/R 而非 3NF，以便忠实于他的确切用词。我引用他的论述如下：

> 我们甚至不清楚E/R "模型" 是否真的是一个数据模型，至少就我们在本书中使用这个词而言确实如此……(第 435 页)。
>
> 对于[Chen的定义E/R建模的原创论文]的宽容解读表明，E/R模型确实是一个数据模型，但它实质上只是基本关系模型最上面的薄层(第 436 页)。
>
> E/R 模型完全无法应对完整性约束或 "业务规则"，除一些特殊情况外(无可否认是重要的一些情况) ……声明式规则过于复杂，无法作为业务模型的一部分来捕获，并且必须被分析师/开发人员单独定义(第 436 页)。

尽管 Chris 和我进入数据库领域的缘由大相径庭，但我们似乎都认同 E/R 建模的相对重要性。E/R 建模对于事务处理很有用，因为它会降低数据冗余度，并且它有助于一组受限的数据清洗活动，但距离成为数据仓库业务规则的全面平台还差得很远，并且它很难被用于数据交付。

5.3.2 早期维度建模

我一直都沉迷于 Chris 在其原版著作中用其经典的供应商和部件数据库来介绍关系模型的方式。让我惊讶的是，他这本书的最新版本使用了相同的最初数据模型作为其基础。实际上，该数据模型就位于这本书的扉页上。我们来研究一下这个模型，我将它转换成了图 5-5。

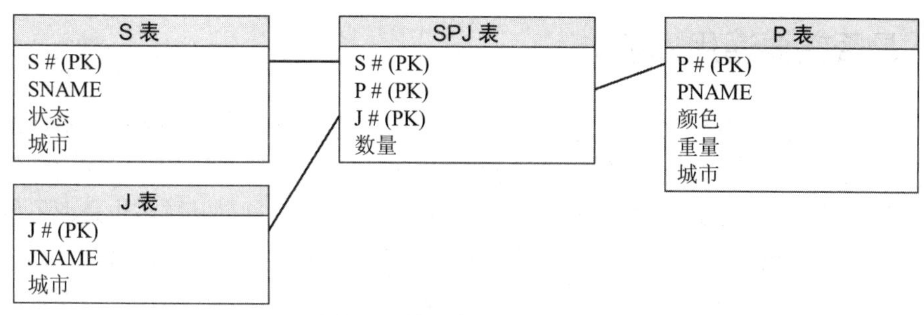

图 5-5 供应商和部件数据库

这个模型看起来很熟悉对吧？它就是完美的星型模式！SPJ 表是一个事实表。它具有由链接到独立供应商表、部件表和项目表的外键所构成的复合键。SPJ 表中剩下的一个字段就是一个累加的数值事实，它明显就是一个测量值。

S(供应商)表是一个完美的维度表，它具有单一主键，即S#。其余的字段都是全文本或类似文本的类型。P(部件)和J(项目)表也是完美的维度表，并且是以相同的方式来组织的。所有这些维度中的主键都是美妙的代理键，缺少在这些维度表中的其他地方都可以找到的任何内容。

有一个微妙之处：Chris 可以通过创建一个星型 City 表来进一步标准化所有这三个维度表。但这些表保留了经典的为维度建模者所钟爱的非标准化形式。

我认为当学生生成的维度模型像 Chris 的模型那样完美时，他们就可以“毕业”了。此外，自 20 世纪 70 年代开始，Chris 的模型就是我们入门学习的榜样。

这一情形告诉我，经典的维度模型具有深刻的对称性和简要性，它们非常接近于用关系型系统的经典视角来表述的那些模型。3NF 建模实际上是这种关系型领域经典视角的一个分支，它解决了一些问题，同时也带来了其他的问题。

企业数据仓库总线架构

本节中的 4 篇文章将专注于用作企业数据集成框架的基于一致化维度基础的总线架构。

5.4 分而治之

Ralph Kimball，Intelligent Enterprise，2002 年 10 月 30 日

在文章 2.8 “两个强有力的观点” 中，我描述了关于数据仓库设计基础的两个观点：第一个观点是将系统从逻辑上、物理上以及管理上分离成一个后台 ETL 数据准备区域和一个前台数据展示区域。第二个观点就是在展示区域中构建维度模式和多维数据集。我所要表达的就是，展示区域中的对称维度模式和多维数据集给了我们一组可预测的共同点，用于在整个企业中将数据链接起来。

5.4.1 是否需要通用标签

并非每一家企业都想要或者需要整个企业中强制实现的用于不同数据源的一组通用标签。拥有广泛生产制造业务组合的庞大组织可能不需要跨所有不同产品类型的一组通用标签。其供应商是不同的，其产品类别是不兼容的，其销售渠道是相异的，并且其顾客也是形形色色的。最重要的是，该庞大组织的高管层并不管理独立业务的详细细节，并且不会整体看待这些业务。同样，一家大型金融组织中的独立业务线也没有太大的动力来采用一组通用标签(如果其业务线完全不同的话)。

但许多企业都有强烈的愿望希望跨不同数据源强制实现一组通用标签。如果这些标签会决定数据仓库的设计，那么企业就必须满足两个条件：

1. 企业的最高管理层必须坚决致力于使用这些通用标签。
2. 企业高层的其中一个人必须充当定义通用标签工作的强力发起人。

无论数据仓库架构师多么精力充沛和具有说服力，都无法独自应对为一家企业创建和强制实现一组通用标签的任务。高管层和作为发起者的企业管理者必须定期打破企业的政治限制以确保所有的参与方都坚守定义通用标签的任务。

5.4.2 业务过程主题领域并不是部门化的

无论是否将一组用于不同数据源的通用标签放到一个地方，都必须强制使用单组标签将每一个数据源提供给用户。

换一种说法就是，主题领域是由业务过程数据源定义的，而非由部门定义。如果一家企业具有一个订单主题领域，那么就应该正好有这么一个主题领域，它会用于将数据源提供给所有的业务用户。这个主题领域应该具有一组每个人都会用到的标签。该企业必然不能将订单数据分别放在销售部门数据集市、市场营销部门数据集市以及财务部门数据集市中。对相同的数据使用三种不同的不兼容视图是差劲的数据仓库设计并且后患无穷。

5.4.3 一致化维度和事实

从理论上讲，在一家企业中建立一组通用标签的工作是独立于所采用的数据建模方法外的。但实际上，维度建模会强制处理建立通用标签的问题，而标准化建模没有为这项任务提供支持或动因。一个组织中不一致数据的大型标准化模型只不过就是不一致数据的一个大模型。奇怪的是，维度建模有时会被指责为很难，因为它强烈需要人工介入来定义一致化维度。是的，困难的部分就是在企业中对通用标签达成共识，但所选择的建模技术暗含的存储模型与此是毫无关系的！

维度建模将数据世界划分为两种主要类型：测量和围绕那些测量的上下文描述。测量通常都是数值的，它们被存储在事实表中，而上下文描述通常是文本的，它们被存储在维度表中。每一个维度设计都毫无新意地相似。例如，如果在一家大型企业的许多地方都找到了产品的概念，那么该产品维度的结构在所有这些地方都会是类似的，即使在处理通用标签这个问题之前也是如此。

如果一家大型企业认为它无法或者不会创建一组通用标签(例如在所有的产品维度中)，那么该企业就会具有分离的数据仓库，并且不打算将它们链接到一起。

不过，更为可能的情况是，当企业决定创建一组跨所有数据源的通用标签时，独立的主题领域团队(或者，单个集中式团队也是一样)就必须坐下来协商创建每个人都会将之用于每一个数据源的主维度。这些主维度就称为一致化维度。单一、集中式的维度管理团队会创建、治理并定期发布每一个一致化维度。举一些典型的示例来说，对于一致化日程、产品、供应商、员工和顾客维度，通常会存在不同的维度管理团队。

一致化维度是由代表企业所有相关方的跨领域团队来认可的。这是一个艰巨的任务。可以预见，该团队将受困于时不时地将不同小组的不兼容基本词汇一致化的尝试。这就是为何必须存在企业高管发起人的原因了。这位管理者必须定期核准这些艰难的词汇共识，甚或强制达成这些共识。

在该团队定义一致化维度时，自然要探讨存在于各种独立数据源之中的各种测量事实。例如，如果企业的几个部门报告了收益，那么这个组建的团队就适合探讨这些不同收益测量值的正确定义。如果这些定义高度一致，那么该团队就可以用加总和比例的数学方法来合并这些收益。我们将这些高度一致的事实称为一致化事实。无法被一致化的事实必须被单独标记，这样就不会在计算中使用它们从而造成误导。

5.4.4 数据仓库总线架构

可以将企业的一致化维度和事实看作一组标准的应用程序连接口，也就是说可以看作一个数据仓库的总线架构。总线这个词源自电力系统或计算机主板中的总线，它们都定义了一组通用连接口以及用于得到这些连接的方法论。

通过使用数据仓库总线架构，一组非常简单的查询应用程序就可以从独立的数据源中检索结果，它们的结果集上都具有相同的行标签，然后通过在被称为横向钻取的程序(也被称为多路SQL)中分类组合这些相同的行标题来合并这些结果集。可以确保这些行标签是从相同领域中提取出来的，因为它们都来自相同的维度表！这似乎是显而易见的，并且琐碎的结果会非常具有影响力。由于这些一致的行标题允许我们对总体的数据仓库问题分而治之，因此它们使得以下处理成为可能：

- 分布式系统
- 递增式、适应性的设计
- 高性能查询
- 具有成本优势的硬件解决方案

5.4.5 是否仅仅为了高度分布式系统

你可能会问，总线架构就只是为了用于高度分布式系统吗？总线架构方法以及它的一致化维度和事实与集中化问题完全没有关系！总线架构完全与所使用的一组已经跨独立数据源定义的通用标签有关。一个具有单一设计团队和物理化安装的高度集中式数据仓库会面临完全相同的创建问题以及随后的主通用标签组的使用问题。实际上，即便是在高度集中式数据仓库中，独立的数据源也会作为独立的物理表出现。即便是在标准化环境中，包含测量值和描述这些测量值上下文的表也是截然不同的。为了跨这些独立表执行查询，由总线架构处理的所有问题也都必须在一个集中式、标准化的环境中被解决。

5.4.6 净收益

使用一致化维度和一致化事实来构建一个数据仓库总线架构，这是在我们复杂的企业中构建数据仓库的一种可预测的指导方法。它让我们可以将问题划分成独立的部分并且优雅和逐步地达成最终解决方案。总线架构所要求的预先投入就是定义一致化维度和事实。一旦这些工作完成，就可以根据时机指令添加新的主题领域，只要它们一贯遵守总线架构规则。

总线架构还允许使用一种自主式开发风格，其中松耦合的团队会协作构建一个总体分布式的系统。因此，总线架构就是用于独立组织有效分享数据的一份蓝图，即使它们具有不同的 IT 部门和不同的技术。实际上，OLAP 和 ROLAP 可以在总线架构中优雅共存，因为它们仅需要在显示查询结果时共用其行标题即可。

5.5 矩阵(Kimball 经典)

Ralph Kimball，Intelligent Enterprise，1999 年 12 月 7 日

多年以来，我发现数据仓库规划的矩阵描述是一个相当棒的规划工具，只要收集好业务需求并且执行全面的数据审计即可。这一矩阵方法对于没有中心的分布式数据仓库格外有效。

该矩阵其实就是业务过程主题领域的一个垂直列表和维度的一个水平列表。图 5-6 是一家大型电信公司企业数据仓库的一个示例矩阵。该矩阵的处理首先是列出下一个三年里要在整个企业中构建的所有一级主题领域。一级主题领域就是相关事实表和维度表的一个集合，通常是：

- 来源于单个数据源
- 基于源中最小可能的原子数据来收集的
- 一致化到数据仓库总线的

一级主题领域应该是企业数据仓库的最小且风险最低的初始实现。它们会形成一个基础，基于此可以用最少的时间完成一个较大的实现，但它们仍旧会确保促成最终的结果，而不会变成不兼容的烟囱。

应该尝试通过将一级主题领域置于单一生产环境源的基础之上来尽可能降低实现的风险。根据我的经验，一旦选中了“正确的”数据，数据仓库实现的成本和复杂性最终都会与必须提取的数据源数量成正比。必须创建一个从遗留源通过数据准备区域到达数据仓库展示部分的事实和维度表的生产数据管道。

在图 5-6 中，该电信公司的一级主题领域就是许多的主要生产数据源。一个明显的生产数据源就是顾客账单系统，它被列在了第一位。该矩阵的这一行旨在表示期望在这个主题领域中构建的所有基础级别的事实表。假设这个主题领域包含一个主要的基础级别事实表，其粒度就是顾客账单上独立的行内容。假设该账单上的行内容表示所提供的服务等级，而非服务等级中的单独电话呼叫。基于这些假设，就可以核对这个事实表所需的维度。对于顾客账单来说，需要日期、顾客、服务、费用类别、本地服务提供商、长途提供商、位置和账户状态。

业务过程/事件	日期	顾客	服务	费用类别	本地服务提供商	主叫方	被叫方	长途提供商	内部组织	员工	位置	设备类型	供应商	已发货物品	天气	账户状态
一级主题领域																
顾客账单	X	X	X	X	X			X			X					X
服务订单	X	X	X		X			X	X	X	X	X			X	X
故障报告	X	X	X		X	X		X	X	X	X	X	X	X	X	X
黄页广告	X	X		X		X			X	X	X					X
顾客调查	X	X	X	X	X	X		X	X	X	X				X	X
促销&传播	X	X	X	X	X	X		X	X	X	X	X	X	X		X
计费呼叫详情	X	X	X	X	X	X	X	X	X		X	X	X	X	X	X
网络流量详情	X	X	X	X	X	X	X	X	X		X	X	X	X	X	X
顾客剩余使用量	X	X	X	X	X			X	X		X	X	X	X		X
网络剩余使用量	X		X						X	X	X	X	X	X		
不动产	X								X	X	X	X				
人工&工资	X								X	X	X					
计算机费用	X	X	X		X			X	X	X	X	X	X	X		
采购订单	X								X	X	X	X	X	X		
供应商交货	X								X	X	X	X	X	X		
二级主题领域																
联合户外市场活动	X	X	X	X	X	X		X	X	X	X	X	X	X	X	X
顾客关系管理	X	X	X	X	X	X	X	X	X	X	X	X	X	X	X	X
顾客利润	X	X	X	X	X	X	X	X	X	X	X	X	X	X	X	X

图 5-6　一家电信公司的企业数据仓库总线矩阵

继续列出基于已知、已有数据源的所有可能的一级主题领域，以制订矩阵行。有时我会被要求纳入一个基于还不存在的生产系统的一级主题领域。通常我会拒绝这一要求。我试图避免纳入“可能的”数据源，除非已经有了一个非常具体的设计和实现计划。另一个危险的理想主义数据源是大企业数据模型，这通常需要整个 IT 部门投入全部的精力。大多数这种数据模型都无法被用作数据源，因为它并不真实。可以要求企业数据架构师用一支红色的笔重点框出企业数据模型上当前填充了真实数据的表。这些红色的表就是所规划矩阵中主题领域的正当驱动要素，并且可以被用作源。

规划中的矩阵列表明了一个主题领域需要的所有维度。一个真正的企业数据仓库所包含的维度数量会比图 5-6 中更多。在填充该矩阵之前尝试列出全面的维度清单通常会有所帮助。在开始处理维度的大列表时，询问指定维度是否与一个主题领域有关会变成一种创造性练习。这一活动会为将维度数据源添加到已有事实表提出有吸引力的方式。图 5-6 中的天气维度就是这样一个创造性添加的示例。如果研究图 5-6 的细节，你可能就会决定应该填充更多的 X 或者应该添加一些重要维度。如果这样做，那就加油吧！这正是使用矩阵的初衷。

5.5.1 邀请主题领域小组参加一致化会议

查看该矩阵的这些行是有用的。一眼就能看出每一个主题领域的完整维度。可以对维度进行包含性或排除性测试。但该矩阵的真正效用来自对列的研究。矩阵中的一个列就是对需要该维度的地方的映射。

每一个主题领域都需要第一个维度——日期。每一个主题领域都是一个时间序列。但即使是日期维度也需要一些考量。当一个维度被用于多个主题领域中时，它就必须是一致的。一致化维度是分布式数据仓库的基础，而且使用一致化维度是避免烟囱式主题领域的方式。当两个维度副本要么完全相同(包括键和所有属性的值)，要么一个维度是另一个的完美子集时，这个维度就是一致的。因此在所有主题领域中使用日期维度表明，主题领域团队就企业日程达成了一致。所有的主题领域团队都必须使用这个日程并且认可会计期间、假期和工作日。

一致化日期维度的粒度也需要是一致的。烟囱式主题领域的一个明显来源就是跨主题领域的不一致周和月份的轻率使用。要避免使用难以处理的时间跨度，如四的倍数个星期或 4-4-5 个星期的季度。

图 5-6 中的第二个维度(顾客)比日期还要有意思。制订对顾客的标准定义是合并企业中独立数据源的其中一个最重要步骤。寻求顾客通用定义的意愿是检验组织是否打算构建企业数据仓库的一个主要试金石。大体来说，如果一个组织不愿意就跨所有主题领域的顾客通用定义达成一致，那么该组织就不应该尝试构建一个跨这些主题领域的数据仓库。这些主题领域应该永远保持独立。

出于这些原因，可以将所规划的矩阵列看作一致化会议的邀请表！所规划的矩阵揭示出了主题领域和维度之间的交互。

5.5.2 与老板进行沟通

所规划的矩阵是与高管层进行沟通的一个良好工具。它是简单且直观的。即使管理层不了解数据仓库的太多技术细节，但所规划的矩阵也会传递出这样的消息，即必须定义日程、顾客和产品的标准定义，否则企业就无法使用其数据。

一致化一个维度的会议要比技术具有更多的政治性。数据仓库项目领导人不需要成为一致化像顾客这样的维度的唯一力量。像企业 CIO 这样的高管应该乐于出席这样的一致化会议，并且澄清一致化维度的重要性。这一政治性支持非常重要。这样就会让数据仓库项目经理得以脱身，并且将决策过程的重担放在高管的肩上，这也是它应有的归属。

5.5.3 二级主题领域

在用一级主题领域表示了企业中所有的重要生产源之后，就可以定义一个或多个二级领域。二级主题领域是两个或多个一级领域的组合。在大多数情况下，二级主题领域远远不止是来自一级领域的一个简单联合数据集。例如，二级盈利能力主题领域来源于一个复杂的分配过程，该过程会将来自数个一级成本导向的主题领域的成本关联到一级收益主题领域中包含的产品和顾客上。我在文章 10.27“不要过于急切”中探讨了创建这些类型的盈利能力主题领域的问题。

矩阵规划技术有助于构建一个企业数据仓库，尤其是在数据仓库是分布广泛的主题领域的分布式组合时。矩阵会变成一个资源，它是部分技术工具、部分项目管理工具以及面向高管的部分沟通工具。

5.6 再次探讨矩阵(Kimball 经典)

Margy Ross，Intelligent Enterprise，2005 年 12 月 1 日

由于当前行业风向专注于主数据管理(master data management，MDM)，因此是时候再次讨论 Kimball 方法的其中一个最关键要素了。回顾 1999 年，当时 Ralph Kimball 写下了文章 5.5“矩阵”。1999 年的同名电影(即《黑客帝国》)产生了两部续集，但我们已经有 6 年多的时间没有为我们的矩阵编写新的文章了。

维度建模者力求以通俗易懂的方式交付信息。在表示组织性能信息和相关描述性引用数据的广度时，这些目标也同样适用。这听起来就像是一项难以应付的任务，但矩阵的表格式行列定位让其自身可完美地应对该挑战。数据仓库总线矩阵类似于 DW/BI 专家的瑞士军刀；它是一个为多个目的服务的工具，其中包括架构规划、数据集成协作以及组织化沟通。

5.6.1 用于引用数据的矩阵列

既然要深入探究总线矩阵基础，那我们首先来看矩阵列，它们正面应对了主数据管理和数据集成的需求。总线矩阵的每一列都对应着一个自然分组的标准化、描述性引用数据。矩阵的列是包含文本属性的一致化维度，这些文本属性用于过滤、约束、分组或标记。每一个属性都有一致认可的名称、定义和领域价值，以确保一致的数据展示、诠释和内容。总线矩阵包括独立的列，以识别“谁、什么、何处、何时、为何以及如何”，如与每一个业务事件或事务活动有关的日期、顾客、产品和员工。

最近说了并且写了很多关于主数据管理和数据集成重要性的内容。我们是全心全意地认可这些内容；自 1984 年我们首次使用该技术以来，Kimball Group 就一直在谈论一致化维度。让我们欢欣鼓舞的是，其他人踊跃加入到了这个行列中并且接受了这些概念。在不使用框架来将数据维系在一起的情况下构建独立的数据存储(无论是数据仓库、集市还是多维数据集)，这是无法接受的事情。可重用的一致化维度提供了强有力的集成黏合剂，让业务可以用一致、标准的视图横向钻取核心过程。

5.6.2 数据管理

遗憾的是，不能采购一款极有效的产品来创建一致化维度以及神奇地解决组织的主数据管理问题。定义要在整个企业中使用的主一致化维度是文化上和地缘政治学上的挑战。技术可以促进并且让数据集成成为可能，但它不会修复问题。数据管理必须是解决方案的一个关键组成部分。

根据我们的经验，最有效的数据管理源自业务群。正如技术一样，数据仓库团队通过识别问题和机会进而实现达成一致的决策来创建、维护和分发“黄金标准”维度，从而推动和使得管理成为可能。但业务的主题专家是为各种业务观点找到合理解释并且导向到通用引用数据的人。为了达成共识，高管和 IT 管理层必须公开推动和支持管理过程及其输出结果，其中包括不可避免的妥协。

这些年来，许多人都批评过一致化维度的概念太难了。是的，要让企业方方面面的人就通用属性名称、定义和值达成一致是很困难的，但那正是统一、集成数据的关键所在。如果每一个人都要求其自己的标签和业务规则，那么就没有办法交付 DW 所承诺的唯一真实事实。

5.6.3 以过程为中心的行

当矩阵列指代业务名词时，矩阵行通常会表述为动词。总线矩阵的每一行都对应于组织中的一个业务过程。业务过程就是业务执行的活动，如接受订单、运输、结账、收款以及处理服务电话。在大多数情况下，每一次这些活动或事件中的一个发生时都会生成测量值或指标。在接受订单时，源系统会捕获订单数量和金额。在运输和顾客结账时，要再次处理数量和金额(虽然与订单指标不同)。每一项顾客付款都有与之相关的一个金额。最后，在企业收到来自顾客的服务电话时，就会捕获像呼叫时长这样的指标。

每一个业务过程通常都有一个业务系统支持，这会带来复杂性。有些人可能在处理大型、整体式的支持少数业务过程的源系统；相反，其他人可能在其环境中具有数个订单源系统。在矩阵中要为每一个收集或生成具有唯一维度性的唯一性能指标的业务过程插入一行。

在列出核心业务过程行之后，可能还要识别更复杂的跨过程或合并过的行。这些合并过的行在分析上会具有极大的好处，但鉴于需要从多个源系统合并及分配性能指标，它们通常非常难以实现；应该在构建了基础过程之后再应对它们。

5.6.4 关联列和行

一旦确定了几十个核心过程和维度,就要标记矩阵单元格来表示与每一行有关的列是哪些。转眼间，就可以看到组织一致化引用维度和关键业务过程之间的逻辑关系与复杂的相互作用。通过查看一整行，就能快速理解其维度性。向下查看一列会立即得到与一致化维度机会和障碍有关的信息，其中直观地突出了那些由于其参与了多个矩阵行而应该受到特殊关注的维度。

数据仓库总线矩阵行和列的数量因组织而异。对于很多组织来说，其矩阵都是正方形的，具有 25~40 行以及相对数量的列。不过，有些行业例外，如保险和医疗健康行业，其中矩阵通常具有的列要比行多得多。

排列矩阵的行和列相对比较直观，这实质上是在定义过程中的整体数据架构。矩阵可以提供大局视角，这与选择哪种数据库或技术平台无关，同时还会识别出可管理的开发工作。独立的开发团队可以完全独立地致力于矩阵组件的工作，并且相信这些不同的组件将拟合到一起。

矩阵是一个简明扼要且有效的沟通工具。它让你可以面向所有的开发团队以及组织上上下下视觉化表达整个规划，这其中也包括IT高层和企业管理层。矩阵的目标不是成为一份创建好然后积灰的静态文档。随着更为深入探究业务需求和业务源系统现状，它也会不断演化。

5.6.5 常见的矩阵不幸事件

在绘制一个总线矩阵时，人们有时会与每一个列或行所表述的详情级别较劲。行的不幸事件通常可分为以下两类：

- **部门化或者涵盖范围过广的行**。矩阵行不应与企业组织图表上的方框对应，那些方框代表着职能分组，而非业务过程。当然，有些部门会对单个业务过程负责或者强烈关注，但矩阵行看起来不应该像是对CEO的一组直接报告。
- **以报告为中心或者范围定义过窄的行**。另一个极端是，总线矩阵不应该类似于一系列被请求的报告。像订单货品运输这样的单个业务过程通常会支持大量分析，如顾客排名、销售代表业绩以及产品运输分析。矩阵行应该引用业务过程，而非衍生的报告或分析。

在定义矩阵列时，架构师会掉入类似的陷阱，将列定义得范围过宽或过窄：

- **过于笼统的列**。总线矩阵上人这一列指的是众多各种各样的人，从内部员工到外部的供应商和客户联系人。由于这些人群之间几乎没有重叠，因此把他们归并在单个、通用维度中只会徒增混乱而已。同样，将指向企业机构、员工地址和客户服务场所的内部和外部地址放入矩阵中的一个通用位置列也是没什么好处的。
- **为每一层层次结构设置一个单独的列**。总线矩阵的列应该在维度最详细的级别指向这些维度。一些业务过程行需要详尽维度的一个聚合形式，如按品牌分组的销售预测指标。不过相较于为产品层次结构的每一层都创建单独的矩阵列，如产品、品牌、类别和部门，我们更主张为产品设置单一的列。由于单元格会被标记以显示其参与到一个业务过程行之中，因此可以在单元格中表示详细程度(如果它不是最小粒度级别的话)。这种不幸事件的一个更极端的示例是将每一个独立的描述属性列为一个单独的列；这会破坏维度的概念并且产生一个完全难以控制的矩阵。

5.6.6 矩阵扩展

总线矩阵的一个美好之处在于其简要性。可以重新使用熟悉的表格格式来表述其他的DW/BI关系。这些扩展并非DW总线矩阵的替代品，而是为了补充重用该框架的机会。

- **机会矩阵**。一旦总线矩阵行稳定下来，就可以用业务职能替换维度列，如市场营销、销售和财务。基于业务需求收集活动，标记单元格以表明哪些业务职能(列)与哪些业务过程行有关。这是一个有用的工具，有助于对矩阵行进行优先级排序。
- **分析矩阵**。尽管大量的分析专注于单个业务过程的结果，但更为复杂的分析和数据展示工具(如仪表盘)都需要来自多个业务过程的指标。在这种情况下，要引用稳定的总线矩阵行但列出复杂分析应用程序作为列，标记方框以表明每个应用程序需要哪些业务过程，表述出必须先具备的构造块。

- **战略业务举措矩阵**。就像刚刚描述过的分析矩阵变体一样，可以列出组织的关键举措或经营热点问题作为映射到基础过程指标行的列。这样就可以阐明处理底层组件以便支持更广泛的业务举措的需要。
- **详尽实现的总线矩阵**。单个业务过程矩阵行有时会产生多个事实表或 OLAP 多维数据集。例如，当需要同时在详情的原子和汇总级别或者同时从事务性和快照角度浏览指标时，就会出现这种情况。在这种情况下，矩阵行会被扩展以便列出独立的事实表或 OLAP 多维数据集，以及它们的具体粒度和所捕获或衍生的指标，就像文章 5.7“向下钻取到详细的总线矩阵中”所进一步描述的那样。此时就要再次使用标准的维度列了。

我们已经描述了创建一个数据仓库总线矩阵的好处，但如果并非是从一个空白的数据仓库计划开始入手又会如何呢？是否在未考虑通用主引用数据的情况下已经构造了几个数据存储？能否挽救这些烟囱并且将它们转换成具有一致化维度的总线架构呢？我们将在文章 14.10“对于遗留数据仓库的四项修复”中探讨这些问题。

5.7 向下钻取到详细的总线矩阵中

Margy Ross，Design Tip #41，2002 年 11 月 6 日

鉴于数据仓库总线架构在构建架构数据仓库中的中心角色，许多人已经对它很熟悉了。对应的总线矩阵会识别出一个组织的关键业务过程，以及与它们相关的维度。在单个文档中，数据仓库团队有了一个工具，用于规划总体数据仓库、识别整个企业中的共享维度、协调独立实现团队的工作，以及沟通整个组织中共享维度的重要性。我们坚信绘制一个总线矩阵是其中一项关键的初始化任务，每一个数据仓库团队在征集完业务需求之后都要完成这项任务。

当矩阵提供了数据仓库展现层“拼图般的”部件及其最终联系的高度概览时，它通常就有助于提供关于每个矩阵行被实现的更多详情。多个事实表通常源自单个业务过程。可能会有浏览事务、定期快照或累计快照角度组合中的业务结果的需要。另外，多个事实表通常需要呈现原子信息与更为概述的信息的对比，或者要支持异质生产环境中更为丰富的分析。

我们可以修改矩阵的“粒度”或详情的级别，以便每一行都表示与一个业务过程相关的单个事实表(或多维数据集)，如图 5-7 所示。一旦指定了个体的事实表，我们就可以用列来补充该矩阵，以表明事实表的粒度和对应的事实(真实的、计算过的或者隐含的)。相较于仅仅标记应用到每一个事实表的维度，我们可以指明维度的详情级别。

所产生的加工过的矩阵为数据仓库中所有的事实表提供了一份路线图。尽管我们中的许多人都倾向于密集的详细信息，但我们还是建议从更为简化的高级层面的矩阵开始入手，然后向下钻取到与每一个业务过程实现有关的详细信息。最后，对于那些已经具有一个数据仓库的人来说，详情矩阵通常是一个有用的工具，它可以文档化地阐明一个更为成熟的数据仓库环境基于目前情况的状态。

业务过程	事实表	粒度	事实	日期	投保人	承保范围	承保项	员工	保单	索赔	索赔人	第三方
保单事务	企业保单事务	每个保单事务一行	保单事务金额	X 事务有效期	X	X	X	X	X			
	汽车保单事务	每个汽车保单事务一行	保单事务金额	X 事务有效期	X	X 汽车	X 汽车	X	X			
	家庭保单事务	每个家庭保单事务一行	保单事务金额	X 事务有效期	X	X 家庭	X 家庭	X	X			
保费快照	企业保费	每个月的每份保单、承保项以及承保范围一行	签单保费收入金额、满期保费收入金额	X	X	X	X	X 代理人	X			
	汽车保费	每个月的每份汽车保单、承保项以及承保范围一行	签单保费收入金额、满期保费收入金额	X	X	X 汽车	X 汽车	X 代理人	X			
	家庭保费	每个月的每份家庭保单、承保项以及承保范围一行	签单保费收入金额、满期保费收入金额	X	X	X 家庭	X 家庭	X 代理人	X			
索赔事务	索赔事务	每一个索赔事务一行	索赔事务金额	X 事务有效期	X	X	X	X	X	X	X	X
	索赔累计快照	一次索赔中每个承保项以及承保范围一行	原始准备金额、预估损失金额、准备金调整金额、当前准备金额、预约准备金额、已支付的赔偿金额、已收款项、已收残值、事务数量	X	X	X	X	X 代理人	X	X	X	
	意外事件	一次汽车索赔中每个损失方和从属方一行	隐含的意外计数	X	X	X 汽车	X 汽车		X	X 汽车	X	

图5-7 一个详尽实现的总线矩阵

敏捷项目注意事项

敏捷方法论已经被许多开发组织所使用，以便取代典型的大而笨重的强调正式文档的瀑布式方法以及冗长的通常政治化的过程，其中必须远在实现之前就具体化每件事情。尽管敏捷方法是独立于数据仓库外发展起来的，但它完美适用于 Kimball 方法所提倡的灵活的分布式和渐进式方法。

5.8 关于敏捷方法论

Margy Ross，Design Tip #73，2005 年 11 月 17 日

说句不相干的话，有人将这篇文章转发给了 Scott Ambler，因为 Design Tips 中提到过他。作为回应，Scott 征求了我们的同意，以便将这篇文章再次发表给 Agile Modeling and Agile Unified Process 的所有订阅用户。

我最近圆满回答了一些关于敏捷开发方法论的问题。人们看起来都想要一个快速的二选一答案：我们是否要支持并且同意使用敏捷方法？遗憾的是，我们的回应是，不要那么明确地非黑即白。可以肯定的一件事就是，敏捷方法拥有充满热情的支持者。应对这个主题类似于在互联网上阅读了关于某个人宗教信仰的一些内容之后就探讨这方面的内容，这大概是一个鲁莽的命题，但无论如何我们都会就这一点进行探究。

首先，什么是敏捷的软件开发？正如与信息技术有关的大多数事情一样，敏捷开发会具有稍微不同的含义，这取决于与谁探讨或阅读了什么内容。总的来说，它涉及一组方法论，其中包括极限编程(Extreme Programming，XP)、SCRUM、自适应软件开发以及其他方法，它们都共同专注于通过在通常按周计算的短时间期限内交付新的功能来实现迭代式开发和风险最小化。这些方法最初都被称为“轻量级方法”，与更为严格规划的、使用大量文档的传统方法相反。敏捷这个词是在 2001 年被采用的，当时召集了一群重要思想领袖来探讨其方法论的共同思路。这个小组发表了敏捷宣言(www.agilemanifesto.org)来概括其共同信念，并且建立了非营利性的敏捷联盟。有关该主题的几本书的作者 Scott Ambler 精练地概述了它：“敏捷是一种用于软件开发的迭代式和渐进式(演进式)方法，采用秉承‘正好够用’理念的高度协作方式来执行它。”

敏捷方法有许多原则或信条都与 Kimball 方法的标准技术产生共鸣并且紧密保持一致：

- 专注于交付业务价值的首要目标。这一直是我们几十年来的真言。
- 重视开发团队和干系方之间的协作，尤其是与业务代表之间的协作。就像敏捷技术阵营一样，我们也强烈主张与业务保持密切关系和合作伙伴关系。
- 强调与业务干系方进行持续面对面交流、反馈以及优先级处理的重要性。尽管 Kimball 方法支持一些文档编写，但我们不希望该项任务变得过于繁重(或毫无意义)。
- 快速适应不可避免的演化需求。
- 用并发、叠加的任务以迭代、渐进的方式来应对可重用软件的开发。说句不相干的话，标准化“敏捷”这个名称是一次市场推广的巨大成功；你是愿意变得敏捷还是愿意在瀑布(方法)中盘旋或受困其中？

那么底线是什么？实际上，以不变应万变是很难的，不管其对外宣称的是什么。在我看来，在创建DW/BI系统时，敏捷技术是保有一席之地的。它们看起来适合于商业智能应用层。设计和开发分析报告涉及不可预测的、快速变化的需求。开发人员通常具有很强的业务洞察力和求知欲，这使得他们可以与业务用户有效沟通。实际上，我们建议BI团队成员与业务坐在一起办公，这样他们就会迅速积极地做出回应；这反过来也就鼓励了更多的业务介入。在几周内交付功能是合理的。这方面的另一个极端是，关于数据的现实争论本来就较为复杂且取决于规则。尽管我们支持减少ETL开发时间，但根据我们的经验来看，必要的任务实际上需要数月而非数周来完成。

还有最后一个注意事项：有些DW/BI开发团队已经落入了凭空创建分析或报告解决方案的陷阱之中。在大多数的这些情况中，团队会与一小组用户协作来提取一组受限的源数据并且让这些源数据可用于解决其独特的问题。其输出结果通常是一个独立的数据烟囱，无法被其他人利用，或者更糟的是会交付出未与组织其他分析信息联系在一起的数据。我们鼓励在适当时采用敏捷方法，不过必须避免构建隔离的数据集。就像生活中的大多数事物一样，在极端情况之间进行调和与平衡几乎总是明智的。

5.9 敏捷企业数据仓库是不是一个矛盾混合体

Ralph Kimball，Design Tip #111，2009年4月1日

在如今的经济环境下，数据仓库团队陷入了两种彼此冲突的压力的两难境地之中。首先，我们需要获得与整个企业中顾客和产品以及服务有关的更多即时的有效结果。换句话说，现在就要集成企业的数据！不过其次，我们需要比以往更为明智地分配我们有限的人手和资金资源。换句话说，要确保我们所有的设计都是可扩展且通用的，并且要避免任何未来的返工。我们一毛钱都浪费不起！

如果我们屈服于第一个压力而过快交付结果，那么我们就是在交付一次性的短期解决方案，这会很快让我们陷入麻烦之中。例如，假定我们向市场部门展示了由其中一个开发人员编写的原型应用程序，它提供了关于一些现有顾客的人口统计学指标。假定该应用程序基于一个服务器端实现，该实现是通过调用PHP从一台小型开发服务器上的MySQL数据库拉取数据的一个Web接口来驱动的。在向市场部门演示时，如果知道URL的话，任何人都可以通过一个浏览器来访问该应用程序。此外，该测试是通过Internet Explorer来完成的。它似乎不能被Firefox很好地兼容，但“很快我们就会修复这个问题”。尽管确实获得了市场部门的注意，但这样做其实是在给自己找麻烦。这样的情形有什么问题？如果静静思考一下，就会意识到你正在接近一场“成功的灾难”。该应用程序只具有很少的或者说根本就没有数据质量、管治、安全性或扩展性。编写该PHP程序的那个人离开公司也于事无补。

另一方面，如果我们回归到使用瀑布式设计这一安全的IT传统，以便提出一个全面的系统架构、编写一份功能规范、评估供应商以及设计一个企业数据模型，那么我们就无法按时交付有用的结果以便帮助到业务。如果IT管理层是称职的，那么我们就不会被允许开启这样一个项目。

是否可以妥协一下，我们将其称为“敏捷企业数据仓库”？记住，敏捷开发要求的是小团队、一连串密集的交付物、对试错性思想的认可、交付代码而非文档，以及在整个项目中与有效控制该项目的业务用户紧密互动。要了解更多与“敏捷开发”活动有关的内容，请阅读文章 5.8“关于敏捷方法论”，或者在维基百科上了解该主题。

如果进行了有效组织并且在合适的文化环境中，那么任何 IT 举措都适合采用敏捷开发，不过我们还是不要扯远了。这里是我对于一个非常有用的项目的推荐，它会快速生成可测量结果并且并非旨在引发政治争议。最重要的是，这是一个“秘密项目”，当成功时，将为环境中的架构变革奠定基础。这个秘密项目的首字母缩写是 LWDS-MDM，即 Light Weight DownStream Master Data Management(轻量级下游主数据管理)。

在文章 12.1“数据仓库是否能从 SOA 中获益”中，考虑到我们当中没有几个人具有完全合格的驱动我们业务系统的集中式 MDM，我描述了大多数数据仓库环境中存在的典型下游主数据管理(master data management，MDM)功能。下游 MDM 会收集像顾客这样的实体的不一致描述，且将干净、一致化且去重的维度发布到数据仓库社区的其他地方。这个维度的订阅者几乎总是事实表的所有者，他们希望将这一高质量的一致化维度附加到其事实表上，以便企业中的 BI 工具可以横向钻取 BI 报告并且在仪表盘上呈现该维度的一致化内容。

你的任务就是聚集一个由开发人员和业务用户组成的小团队来开始构建该一致化顾客维度。这对于渐进式的适应性开发来说是一个理想目标。记住，一致化维度的必要内容就是一小组“企业属性”，它们在维度的所有成员中具有一致的诠释，并且可以被用于清洗和一致化来自企业中一组受限的原始源的顾客记录。不要试图为顾客元数据设计广阔无边的解决方案！相反，专注于第一组属性和源会在两到四周内产生有用的结果！如果你阅读过与敏捷开发有关的内容，就会被震撼到并且大为惊讶，因为你会被期望在每一个两到四周的快速开发周期结束时向业务用户交付一个系统的可运行示例！

希望你明白了这一秘密项目应该如何才能发展壮大以变得真正强大起来。推着时间的推移，每一个快速开发周期都会增加更多的属性和更多的源。需要将企业数据集成这个大问题切割开来，这包括用户需求的理解、数据质量以及数据治理的需要。

5.10 采用敏捷方法？先要从总线矩阵开始

Margy Ross，Design Tip #155，2013 年 5 月 1 日

许多组织都在为其 DW/BI 实现采用敏捷开发技术。尽管我们十分赞同敏捷方法专注于业务协同以便通过渐进式举措交付价值的做法，但我们也注意到了敏捷方法的一些弱势。有些团队会变得短视，仅专注于一组范围定义得过窄的业务需求。他们会提取有限数量的源数据，以便闭门造车式地开发一个单点解决方案。因此而产生的独立解决方案无法被其他小组利用和/或与其他分析集成。敏捷交付物被快速地构建出来了，所以它会被视作一种成功。但当组织昂首沿着敏捷道路前行数年之后，他们通常会发现非架构的大杂烩式的烟囱数据集市。敏捷方法承诺会降低成本(以及风险)，但一些组织最终要花费更多精力来处理冗余、隔离的工作，以及基于不一致数据所作出的碎片式决策所带来的持续成本。

不要奇怪，对于将敏捷方法用于 DW/BI 开发的常见批评就是缺乏规划和架构，以及持续的治理挑战。我们相信企业数据仓库总线矩阵(在文章 5.6“再次探讨矩阵”中介绍过)是应对这些缺陷的强有力工具。该总线矩阵为敏捷开发提供了总体规划，并且它会识别出可重用的通用描述维度，这些维度可以提供数据一致性并且从长期来看可以缩短上市交付的时间。

只要将出席会议的业务和IT干系人搭配得当，外加一位有经验的引导者，总线矩阵就能在相对短的时间内(以天计算，而非周)产生出来。绘制总线矩阵取决于对业务需求的切实理解。协作对于识别业务核心过程至关重要。让团队成员想象需要用于分析的关键测量事件会是一个问题。业务代表和主题专家的参与将确保团队不会对这一任务感到气馁。可能你会发现，多个业务领域或部门都与相同的基础业务过程有关。在业务集思广益列出测量事件清单时，IT代表要拿出大量与可用操作源数据和任何已知限制有关的事实。

一旦绘制出矩阵，团队就可以采用敏捷开发技术来实现它。业务和IT管理层需要识别出单个业务过程矩阵行，它不仅要对业务具有高优先级，而且从技术角度来看也要是高度切实可行的。仅专注于一个矩阵行会最小化承诺完成一个过于雄心勃勃的实现的风险。大多数实现风险都来源于去掉了太多的ETL系统设计和开发；专注于单个业务过程，这通常是受制于单个操作源系统，将会降低这个风险。渐进式开发可以生成与所选矩阵行有关的描述性维度，直到有足够的功能可用，然后维度模型会被发布到业务用户群。

5.11 作为敏捷数据仓库基础的一致化维度

Margy Ross，Design Tip #135，2011年6月1日

有些客户和学生会哀叹，当他们想要在其DW/BI环境中交付和共享一致定义的主一致化维度时，往往就是行不通。他们解释说，如果可以的话他们会交付的，但由于高管层专注于使用敏捷开发技术来交付DW/BI解决方案，因此花时间就一致化维度达成组织共识是“不可能的”。我希望通过质疑一致化维度使得敏捷DW/BI开发以及敏捷决策成为可能来颠覆这一观点。

不管是不是Kimball专家，许多读者都很熟悉一致化维度这个概念。一致化维度是在多个维度模型中引用的描述性主引用数据。一致化维度是Kimball方法的一个基础要素。一致化维度允许DW/BI用户对来自多个业务过程数据源的性能指标一致地切片和切块。一致化维度允许基于通用、统一的属性集成来自不同源的数据。最后，一致化维度使得一次性构建和维护一个维度表成为可能，而不是在每个开发周期中重新创建一个稍微不同的版本。

在整个项目中重用一致化维度就是利用更多敏捷DW/BI开发的方式。随着主一致化维度组合的具体化，开发的轮轴就会开始越转越快。一个新业务过程数据源的投入使用时间会缩短，因为开发人员重用了已有的一致化维度。最终，新的ETL开发几乎将仅仅专注于交付更多的事实表，因为关联的维度表已经尽在掌握，可随时使用。

定义一个一致化维度需要组织共识和承担起数据管理的责任。但无须让每一个人就每一个维度表中的每个属性都达成一致。最起码应该识别出在整个企业中具有重要意义的一小组属性。这些常常被引用的描述性特征会变成一致化属性的起始集合，让横向钻取集成成为可能。

随着时间的推移，可以基于这一极简化的起始点进行迭代式扩展。在对过程进行一致化处理期间，任何对单个业务过程唯一的特殊维度属性都不必被丢弃，所以严重的妥协几乎没有。并且最终，如果组织已经实现了支持事务源系统的主数据管理能力，那么为企业数据仓库创建一致化维度的工作就会变得容易多了。

如果因为处于未按时进行交付的压力之下而无法专注于一致化维度，那么各种部门化分析数据竖井就会具有不一致的类别和标签。甚至更令人头疼的是，由于相似的标签，数据集看起来可以被比较和集成，但基础的业务规则会存在轻微差异。业务用户浪费了过多的时间来尝试调和与解决这些数据不一致性，这会对他们能够成为敏捷决策者造成不良影响。

在共享的一致化维度开发方面，要求敏捷系统开发实践的IT高管层应该与该企业中他们的同事一起感受到更大的组织压力(如果他们都关注长期开发效率和企业的长期决策有效性的话)。

取代集中式的集成

多年来，人们一直在集中式和分布式数据存储之间摇摆不定。相较于关注这一有争议的点，我们鼓励组织分配包括数据管理员在内的资源，以便作为替代来应对与数据集成有关的挑战和机遇。

5.12 为现实中的人而集成

Ralph Kimball，Intelligent Enterprise，2006年8月1日

集成在数据仓库中是一个比较老的词了。当然，几乎我们所有人都有一个模糊的概念，即集成意味着以一种有用的方式让不相干的数据库共同运转。不过作为一个主题来说，集成就像元数据一样被笼罩在相同的模糊氛围中。我们所有人都知道我们需要它；但我们对于如何将其分解成可管理的部分并没有一个清晰的概念；并且最重要的是，我们总是感到惭愧，因为它一直在我们的职责清单上。集成是意味着大型组织中的所有机构都要认同每一个数据元素，还是意味着仅认同一些数据元素即可？

本篇文章会将集成问题分解成可着手处理的组成部分，每一个组成部分都有具体的任务。我们要为所有任务建立起集中式管理，并且我们要将集成的结果发布给广泛存在的消费者。无论是在单台物理机上运行高度集成式商城还是使用数十个数据中心和数百台数据库服务器，这些过程都与之几乎完全无关。在任何情况下，集成的挑战都是相同的；也就是必须决定想要的集成程度。

5.12.1 定义集成

从根本来说，集成意味着对于从两个或多个数据库角度来看的数据含义达成共识。基于所达成共识的具体概念，正如本文所描述的，两个数据库的结果可以被合并成单个数据仓库分析。如果没有这样的共识，数据库将仍然是隔离的烟囱，无法在应用程序中被链接起来。

将集成挑战划分成两个部分会很有帮助：就标签达成共识以及就测量达成共识。当然，这种划分反映了现实情况的维度化视角。标签通常是文本的或类似于文本的，并且要么是约束目标，要么被用作查询结果中的行标题，其中它们会强制实现分组和即时汇总。在一个纯粹的维度化设计中，标签总是会出现在维度中。另外，测量通常都是数值的，并且顾名思义，它们都是某个时点上对现实环境主动测量的结果。在维度化设计中，测量总是会出现在事实表中。标签和测量之间的区别对于我们的集成任务来说非常重要，因为我们必须执行的步骤是完全不同的。总之，集成的意思就是对标签和测量达成共识。

5.12.2 集成标签

要让两个数据库彼此相关，每个数据库中至少要有一些标签必须具有相同的名称和领域。例如，如果这两个数据库中都具有产品类别的概念，并且当且仅当产品维度中的该类别字段在这两个数据库中都具有相同内容(和从相同领域中提取出来时一样)时，我们才可以使用类别作为一个集成点。有了这一简单标准，我们就能异乎寻常地接近于实现集成了！如果我们向这两个数据库发出独立但类似的查询，例如这样：

```
Database-1: select category, sum(private_measure1)
   from fact1 ... group by category

Database-2: select category, sum(private_measure2)
   from fact2 ... group by category
```

然后我们就可以使用所有的 BI 工具在类别行标题上分类组合从单独数据库中返回的这两个结果集，以得到一个多行结果集，它具有列标题 category、sum_private_measure1 和 sum_private_measure2。

至关重要的是要认识到这一简单结果的重要性。我们成功地让来自两个独立数据库的测量值在一份报告的相同行以及相同的粒度级别上保持了一致；因为已经跨这两个数据库谨慎集成了类别标签，所以这份报告在某个层次上是有意义的，无论 measure1 和 measure2 的值是什么。尽管没有跨这两个数据库集成测量，但我们已经得到了一个强有力的、有效集成的结果。

这一从两个数据库中将结果组合到单个结果集中的方法通常被称为横向钻取，它具有其他一些强大的优势。因为查询会被单独发送到这两个数据库，所以这两个数据库可以位于独立的数据服务器上，甚或由不同的数据库技术来托管。这两个数据库都可以独立管理性能。但即使是在最集中的环境中，我们也几乎总是必须针对两个独立的事实表来执行这一横向钻取。这个方法与维度建模无关；无论采用何种建模方式，将不同粒度和维度的多个数据集放入单个表中都是不可能的。

集成一家企业的标签是巨大且重要的一步，但这项任务并不容易并且主要的挑战并非技术上的。

5.12.3 集成测量

在上一节中研究了横向钻取查询之后，你会认为集成数据库之间的测量是没有必要的。这种想法可能是对的，但有一个大的例外。除非首先仔细审查过定义这两个测量的业务规则，否则对这两个数值结果进行算术合并是绝对不让人放心的(sum_private_measure1 和 sum_private_measure2)。例如，如果 private_measure1 是税后月末实际收益，而 private_measure2 是税前滚动累计收益，那么即使横向钻取查询生成了相同粒度的测量值，对这两个数值进行加、减或求比值的做法也是一种误导。

为了以分析的方法合并无法比较的测量值，数据仓库设计团队必须在商定好标签的同时识别出所有要一致化的测量。如果后台 ETL 可以修改测量值，那么就能用分析的方法合并它们，然后应该以能够提示分析师跨数据库计算合理性的方式来命名它们。这些专门审查过的测量值就是一致化事实。如果类似的事实无法被一致化，那么它们就需要被恰当命名以便警告分析师。

现在你就理解了各种各样的集成。用维度化技术来简要概括的话，集成工作是由维度和事实的一致化构成的，或者更加实际一点来讲，它是由对足够多的标签和测量一致化构成的，以便支持有用的横向钻取。

注意，在后台构建一个避免使用横向钻取方法的预先集成的物理数据库不会为集成探讨带来什么新意。这样做完全是将这些集成步骤退回到 ETL 过程而已，尽管预先集成的数据库可以提供性能优势。

5.12.4 维度管理者的职责

假定具有许多数据源的一家大型企业致力于构建一个其数据的集成视图。关键的一步是构建一套集中式的一致化维度。这一职责必须以集中的方式来履行，因为这些维度的定义、维护和发布必须被精确协调到单个键上。一家大型组织会具有许多一致化维度。理论上，每一个一致化维度都可以被独立和异步地管理，但如果所有的维度管理者共同协作并且协调其工作的话，这样做就会有很大的意义。

那么维度管理者要做些什么呢？这些人要代表企业更新和维护主维度，并且他们要定期将主维度复制到所有的目标数据库环境中，这些环境中的一个或多个事实表会使用该维度。以循序渐进的技术视角来看，维度管理者要做到以下几点：

1. 定期将最新的记录添加到一致化维度，以生成新的代理键，但同时在该维度中嵌入来自源的自然键作为普通字段。
2. 将类型 2 变更产生的新记录添加到已有的维度条目(在某个时点上发生的真实物理变化)，以生成新的代理键。
3. 在不修改代理键的情况下，为类型 1 变更(重写)和类型 3 变更(可替代现实情况)就地修改记录，并且在做出这些变更中的任何一种时，更新维度的版本号。
4. 提供反映最小(类型 2)和最大(类型 1 和 3 以及远期条目)变更的维度的版本号。
5. 将修订后的维度同时复制到所有事实表提供者。

步骤 5 中提到的事实表提供者就是维度的消费者。在严密运行的集中式商城中，维度管理者和事实提供者可以是同一个人。不过这并不会改变什么。维度仍旧必须被复制到目标数据库并且被附加到事实表。此外，这一复制应该在所有这样的目标中同时发生。如果不是同时进行的，那么当类别的不同定义共存于不同版本的主产品维度中时，横向钻取查询就会返回一个错误的结构完善的结果。因此，在事实提供者之间进行协调是必不可少的。

5.12.5 事实提供者的职责

当事实提供者接收到更新后的维度时，他们就有了一项更为复杂的任务。他们必须：

1. 通过将维度记录附加到当前事实表记录并且用代理键替换自然键来处理被标记为新和

当前的维度记录(因而现在你就知道了由维度管理者提供的自然键的重要性了)。

2. 处理被标记为新的远期条目的维度记录。这需要调整事实表中已有的外键。
3. 重新计算已经变得无效的聚合。仅当类型 1 或类型 3 变更发生在聚合目标的属性上或者当步骤 2 中修改了历史事实记录时，已有的历史聚合才会变得无效。对其他属性的变更不会让一个聚合无效。例如，产品风格属性中的变更不会让基于类别属性的聚合无效。
4. 让更新后的事实和维度表生效。
5. 告知用户数据库已经被更新，通知他们主要的变更包括维度版本变更、添加了远期记录，以及对历史聚合的变更。

维度管理者提供的版本号是确保正确横向钻取应用程序的一个重要执行工具。例如，如果该版本号作为一个常量字段被嵌入每一个维度记录中，那么就可以将这个字段添加到一个横向钻取应用程序的查询选择列表中，这样 BI 工具就无法不让结果行不一致了。

本篇文章已经用具体、可执行的方式描述了数据集成任务。希望这样可以减少一些集成周围的迷雾，并且你可以将这个任务从待执行清单上去掉，同时不会感觉到惭愧。

5.13 为企业维度构建即时可用的资源

Ralph Kimball，Design Tip #163，2014 年 2 月 5 日

尽管维度表通常都比事实表要小得多，但它才是数据仓库的真正驱动器。维度表为事实表中的所有测量记录提供了描述性上下文。尽管这一点是显而易见的，不过我们还是要说，没有了维度，数据仓库就是一个毫无意义的数字海洋。

不应该基于个体的、逐个的基础为每一个进入数据仓库的数据源构建维度，因为维度是在整个数据仓库中提供连贯性和一致性的一种战略资源。应该将包括日程、顾客、位置、产品、服务、供应商和竞争对手在内的典型企业实体描述尽可能多地附加到整个企业中可用于查询和分析的每一个数据源。

这种企业维度的战略视图具有强有力的架构和治理含义。我们来概述一下这些强有力的观点。注意，在这短短的设计提示的其余内容中，我们将一直提醒标准化维度建模技术的应用，我们已经就这一方面编写了大量内容。特别是阅读本书第 1 章，可以了解所有这些主题的介绍。

企业维度应该被逻辑集中并且在发布/订阅的基础上可用。每一个企业维度都应该具有单个权威式的源，它会让这个维度在整个企业中可用作“事实表提供者”。这样就会确保使用一个企业维度的所有查询和报告都会用一致的方式自动约束和分组该维度。仅仅提供一个集中式维度是大数据治理的一个步骤。不要过于陷入实现高技术发布/订阅架构的泥沼中。关键是让每一个人都使用相同的数据，即便是基于简单文件传输来实现。

企业维度应该使用渐变维度类型 2(Slowly Changing Dimension Type 2，SCD2)技术来追踪时间变化：添加一个新行。任何具有可变内容的维度都应该围绕标准 SCD 体系来构建：①单列代理主键；②代理自然键(有时被称为持久键)；③描述每次变更原因和时间戳的管理字段；以及④来自每一个数据源的对维度有所助益的原始自然键(例如，在一家银行中，可以从多个业务线中构建顾客维度，每一个业务线都具有用于相同顾客的自然键的特殊版本)。如果不熟悉这个段落的概念，请通过阅读第 1 章来跟进这方面的内容，因为 SCD 技术是现代数据仓库基石的一部分。

为每一个事实表构建相似的数据管道。一旦企业维度可用，就应该构建完全相同的 ETL 管道以便用于处理传入的事实表数据。使用这些维度表本身，查找每一个维度中的原始自然键，并且使用正确的维度表代理主键替换事实表的键。尽管不同的 ETL 环境会对这一处理步骤进行不同的编码，但所有的数据仓库团队都应该使用这一逻辑作为其基本技能集与词汇表的一部分。

维护收缩汇总维度作为逻辑集中式企业维度资源的一部分。收缩汇总维度必须是除对应原子性基础维度外的物理独立表。一般来说，不可能将一个汇总维度实现为基础维度上的一个动态视图。收缩汇总维度必须具有它们自己的代理主键。

在发布时合并企业维度内容和本地维度内容。使用企业维度并不意味着该维度是本地维度内容的压制性替换。例如，像信用卡这样的银行业务线具有每一位顾客的私密描述属性，这些属性不会作为该顾客整体企业描述的一部分来公开。当信用卡数据仓库团队接收到企业维度的定期更新时，正如上面所述，他们会将其本地描述属性合并到该企业维度中，这是通过匹配原始自然键来完成的。这些步骤是数据仓库中处理“一致化维度”的根基。请参阅文章 1.6“集成式企业数据仓库的必要步骤”。

我希望在了解了这些观点之后，读者会明白为企业维度构建一套即时可用的资源所带来的优势和影响。随着维度“库”的构建，添加来自整个企业的数据源就会越来越容易，因为每个维度中的大部分艰难工作都已经完成了。这样做还有另一个好处，那就是在建立数据治理方面已经取得了良好进展，而这是每一个人都喜欢的主题。

5.14 数据管理基础知识：质量和一致性的第一步

Bob Becker，Intelligent Enterprise，2006 年 6 月 1 日

一致的数据是大多数数据仓库举措的圣杯，而数据管理者就是朝向该目标无畏奋斗的十字军战士。有效运作的数据管理计划会在整个组织中识别、定义和保护数据。管理会确保填充数据仓库的初始工作正确进行，同时显著降低数据仓库建设之路上必要的重复工作量。数据管理者要强制执行规则约束并且充当业务和 IT 之间的沟通渠道。

管理团队的主要工作重点是确定一个组织的数据仓库内容、定义通用的定义、确保数据质量并且管理合适的访问。他们要帮助创建和强制推行企业词汇表以及相关的业务规则。在许多组织中，通常会使用相同的词句来描述不同的事物，使用不同的词句来描述相同的事物，并且相同的描述符或值可能具有几种不同的含义。管理团队可以触及组织的方方面面来制定一致定义的业务术语。

5.14.1 为何管理是必要的

有效运作的管理计划让组织可以提升其对于企业数据资产的理解、发现数据之间的关系、统一描述数据的元数据，并且最终将数据转换成可执行的信息。

致力于维度建模的企业数据仓库工作必须承诺交付一致化维度以确保跨多个业务过程的一

致性。有效运作的数据管理计划可以帮助大型企业应对就一致化维度达成一致的艰难任务，这更多的是一项沟通方面的挑战，而非技术挑战。企业中的各个小组通常都致力于其自己专用的业务规则和定义。数据管理者必须劝诱所有有关的小组并且与之密切协作，以便制定和包含整个企业的共同业务规则和定义。

数据管理计划的主要目标是为企业提供与其数据资源有关的清晰、一致、准确、文档化以及有时效性的信息。管理还会确保授权的个体正确使用企业数据并且充分发挥其潜力。

数据管理还可以弄清楚企业不知道的关于分析过程的信息并且提供资源来解决与数据有关的问题，例如：

- 我能从哪里得到这一信息？
- 这些数据意味着什么？
- 它与其他数据如何关联？
- 这些数据来自何处？
- 这些数据的更新频率如何？
- 这些数据的可信度如何？
- 我们拥有多少这些数据的历史？

一个关键目标是确保数据仓库工作符合业务战略。管理者要在数据仓库团队外花费大量的工作时间。他们应该为业务用户提供帮助，以便为分析知识提供一站式来源。他们是业务用户开启一个新的分析过程的首要资源，并且他们可以确保这些用户的前行方向是正确的，从而可能避免数小时或数天的徒劳无效的工作。通过依赖管理者的知识，数据仓库团队就可以更加快速地交付数据仓库的新迭代。管理者会确保组织可以开发出基于一致事实的分析应用程序。

5.14.2　管理职责

根据管理者是负责维度表、还是负责事实表抑或两者都要负责，角色和职责可能会不同。通常，数据管理者必须：

- 逐渐熟悉业务用户及其各种使用配置，以便向数据仓库项目团队传达需求和易用性关注。
- 理解业务需求以及数据如何支持那些需求来帮助用户利用企业数据。
- 加深对数据仓库结构和内容的理解，这包括表、视图、聚合、属性、指标、索引、主外键以及联结，以便回答与数据有关的问题，并且使得更广泛的受众可以直接分析这些数据。
- 诠释新的和变化的业务需求，以确定它们对于数据仓库设计的影响，以及提出强化功能和变更以满足这些新需求。
- 分析业务提出的数据定义变更的潜在影响，并且与整个数据仓库团队交流相关的需求。
- 尽早介入源系统功能增强或内容变更，以便确保数据仓库团队做好接受这些变更的准备。
- 遵照企业和监管政策来验证数据质量、准确性和可靠性，这包括建立验证过程以便在每一次数据加载之后并且在将之发布到业务之前执行该过程。如果发现了严重的错误，那么管理者就必须拒绝新的数据和沟通工作。

- 建立并且执行数据检验处理过程，同时进行适当的调查以确保符合相关的企业和监管需求。
- 提供使用业务描述/定义来描述数据和识别源数据元素及用于交付该数据的所有业务规则或事务的元数据。

除上述所有这些外，为企业具体负责一致化维度的数据管理者还必须帮助就这些维度的定义和在下游分析环境中的使用达成一致。他们也必须确定部门的相互依赖性并且确保一致化维度满足所有业务过程和部门的业务需要。在一些大型组织中，就一致化维度达成共识会是一种重大的政治挑战，因此数据管理者需要与其他管理者进行沟通和协作，就数据定义和领域值达成一致，并且最小化互相冲突或冗余的工作量。当冲突出现时，管理者必须让数据仓库执行发起人参与进来，以便解决跨部门的问题。

支持事实表的管理者必须确保一致化维度被用在其创建之中，以便避免冗余或不一致的表。他们也必须确保多个事实表中使用的所有指标都是跨业务事件一致的。最后，他们必须理解在其事实表之上构建的整合或聚合表，并且必须在适当位置放置处理过程，以便移除被渐变维度变得无效的聚合表。

5.14.3 管理的正确举措

数据管理者应该是备受推崇、经验丰富的主题专家，他们具有坚实的业务领域理解作为后盾并且致力于消解不可避免的跨职能挑战。数据管理者需要很强的沟通技能，以便用业务用户的语言与其进行沟通，同时将业务用户的需求转译给数据仓库团队。管理通常涉及更多的文化挑战而非技术挑战，因此这些管理人员需要具有组织和政治上的见解。高效的数据管理者对于处理人际关系和组织争议需要持有一种成熟的态度，以便应对不可避免的冲突，并且他们应该对技术应对自如以及了解数据库概念的知识。根据源系统复杂性、行业以及数据仓库环境广度的不同，在新的数据管理者变得真正具有生产力之前，可能需要一年或两年。

5.14.4 沟通工具和技术

管理者需要营造出一种开放的、平易近人的氛围，这样业务用户就能放心地接近他们以便对设计分析请求框架提供协助。管理者还需要更为正式的沟通方法，如维护一份电子邮件分发列表并且向相关的业务用户转发“数据的说明”，这包括问题和不一致性。许多数据仓库团队都使用网站与业务用户群进行沟通，在这种情况下管理者应该帮助确定和提供该网站的内容。

数据管理者还应该参与和出席由业务用户群的同事提供的会议和培训，利用所有的机会来增加有关数据仓库及其能力的企业认知和知识。他们还可以利用这些机会来收集反馈，这包括对于数据仓库改进方面的建议以及未来数据仓库迭代的要求。

5.14.5 如何开始

每一个组织(无论其数据仓库工作是否成功)都拥有履行数据管理角色和职责的个人。为了制订正规的管理计划，就要找到肩负这些职责的个人并且组织他们的活动。

建立一种有效的管理计划需要一个强有力的领导，他要具有潜在收益的坚实愿景。获得高管层对于该举措的支持至关重要。在该计划的早期阶段，让高管层参与进来以便帮助做出仲裁并且确保整个企业达成共识，这是必要的。组织的独特环境将驱动该战略；不管用什么方法，促成一份牢固的数据管理计划后，数据仓库工作将会取得更大的成功。

5.15 要不要集中化

Margy Ross，Intelligent Enterprise，2003 年 2 月 1 日

我们的意见与莎士比亚的犹豫和一些数据仓库行业专家相反，集中化并不是一个问题。随着数据仓库市场的成熟，IT 组织中数据仓库烦恼(或者称为供应商发展机会)的起因必定就是演化。供应商将集中化宣传为一种处理数据仓库小麻烦的神奇的灵丹妙药。他们宣称，通过降低管理成本和提高性能，集中化会将独立、不相干的“数据集市”变成核心的价值所在。物理集中化会带来一些效率，不过我们却无法承受绕过较大的、更为重要的集成和一致性问题所带来的麻烦。

如果在没有整体架构或战略的情况下就开发出了数据仓库环境，那么将要应对具有以下特征的多个独立的数据孤岛：

- 来自相同操作源的多个不协调的提取物。
- 使用不一致命名约定和业务规则的多种多样的类似信息。
- 交付不一致指标的多个业务分析。

有些人试图表明数据集市是这些问题的根源。这有些以偏概全了，没有认识到正确设计的数据集市的好处所在，而许多组织已经认识到了这一点，我们将正确设计的数据集市称为业务过程主题领域。该问题仅仅列出了一个不存在的、糟糕定义的或者不适合执行的战略所造成的结果，并且这些问题会突然出现在任何架构方法中，其中包括企业数据仓库、轮辐式的数据仓库，以及分布式或联合式数据集市。

5.15.1 闪光的未必都是金子

我们都认同，独立、隔离的数据集值得关注，因为它们对于兑现数据仓库的业务承诺来说是无效的并且也无法使之达成。这些独立的数据库最初较容易实现，但没有较高层面的企业集成策略的话，它们就只是让组织不兼容视图持续存在的死胡同而已。仅仅将这些背离的数据孤岛移动到一个更大、更好的集中式平台以提供集中化的外观并不是灵丹妙药：数据集成和一致性才是真正的目标。任何针对其他目标的方法都是治标不治本。尽管只将集成和一致性掩盖起来以避免它们所带来的政治或组织挑战会比较简单，但这样做将无法认识到数据仓库的真实业务价值。

无论物理实现是什么，数据仓库中逻辑集中和集成的重要性再怎么强调也不过分。在维度建模的术语中，使用这一目标意味着专注于企业数据仓库总线架构和一致化维度与事实。企业数据仓库总线架构是为数据仓库建立和强制推行总体数据集成战略的工具。它为在企业中集成分析信息提供了框架。其结果是一个强有力的集中式架构，可以作为基于多个硬件平台和技术或者单一物理集中式技术的分布式系统来实现。企业数据仓库总线架构是无路线派系且与技术无关的。

企业总线架构是通过数据仓库总线矩阵来文档化和沟通交流的。矩阵行表示组织的核心业务事件或过程，而列反映的是通用的一致化维度。一致化维度是一致化描述业务核心特征的手段。它们是组织不同过程之间的集成点，会确保语义的一致性。不对维度进行一致化可能是有合理的业务原因的——例如，如果组织是一个多元化集团，具有多个通过独特渠道向独特顾客销售独特产品的子公司，那么这样做就是合理的。不过，对于大多数组织来说，集成不相干数据的关键在于对于整个数据仓库架构中一致化维度的创建和使用的组织化投入，无论数据是物理集中的还是分布式的。

正如我之前所提醒过的，没有集成的物理集中只会对先前存在的问题火上浇油。管理层可能会相信，购买一个新的平台来安置大量已有的数据集市和数据仓库将提升操作效率和增强性能。根据预算的不同，这些很大程度上以 IT 为中心的收益可能会实现。不过，它们与来自真正集成式数据的业务潜力相比就有些微不足道了。没有集成的物理集中和语义一致性将分散组织的注意力，而让其无法专注于问题的真正症结所在。不一致的数据将持续让组织的决策能力混乱失措。

5.15.2 不要畏惧伟大

转向企业数据仓库总线架构将必然需要组织意志力和稀有资源的分配。这并不容易做到。建立一个总线架构时所浮现出来的问题就是在尝试构建一个数据的集成视图时所有的组织都会面临的不可避免的问题。

我们来看看将不相干数据迁移到具有一致化维度的总线架构时所涉及的一些典型活动。当然，由于每一个组织其预先存在的环境都不同，因此需要调整这些步骤以便适应具体的场景。

- **步骤 1：识别组织中已有的数据集市/仓库，以及那些进行中的开发**。你很可能会对边边角角中所潜藏的绝对数量感到惊讶(并且不要忘记分析师桌面上的多维数据集)。要注意每一个这些已有数据仓库交付物中数据的详细程度或粒度，以及不可避免的数据重叠。实体描述中的重叠将驱动一致化维度的设计，而指标计算中的重叠将驱动一致化事实的设计。
- **步骤 2：理解在高层次上数据仓库还未满足的组织业务需求**。尽管企业总线架构需要密切关注组织中未来数据需求的外部边界，但初始的实现实际上必须专注于最为迫切需要的数据。
- **步骤 3：聚集为组织开发一个初步企业数据仓库总线矩阵的关键干系人**。这些干系人包括后台 DBA 和源系统专家，以及前台业务分析师。应该由组织的一位高管来举办第一次干系人会议，这位高管要强调就一致化维度和事实达成共识的业务重要性(然后这位高管就可以放手离开了)。高管层的业务承诺对于越过不可避免的组织障碍至关重要。
- **步骤 4：为每一个要一致化并且之后要发布到用户群的维度找到维度权威方或管理委员会**。通过集成和协调已有的、不同的维度属性来设计核心一致化维度。实际上，让每一个人就每一个属性达成一致是不现实的，但不要让这一点彻底阻碍到这一过程。必须要开始顺着集成这条路走下去，以便获得组织范围内的共识并且最终确认主一致化维度。

- **步骤 5：为实现和部署或者转换到新的一致化维度制订切实可行的渐进式的开发和管理计划**。最终，应该跨所有被一致化维度连接到的数据源来使用这些一致化的维度；不过，不要期望刹那之间就能达成目标。

5.15.3 结果好意味着一切都好

这些步骤专注于在整个数据仓库中实现逻辑集成的真正核心的问题。制定总线架构和部署一致化维度将让组织得到一个全面的数据仓库，它是集成式的、一致化的、清晰明了的并且能够良好运行。可以自然地添加数据，并且可以相信它会与现有数据集成在一起。

当然，可以选择实现一个物理分布式系统或者一个经典的集中式系统。在这两种情况下，使用企业总线架构和一致化维度，就可以将集成的业务结果交付给用户，这就是数据仓库的关键所在。一致化数据将增强组织的决策能力，而不是将过多的注意力转移到数据不一致性和数据调整上。

与企业信息工厂的对比

在这最后一部分中，我们要将 Kimball 总线架构与企业信息工厂(Corporate Information Factory，CIF)的轮辐式架构进行对比。CIF 已经发展了很多年了，因此这些对比是一个动态的目标。

5.16 观点差异(Kimball 经典)

Margy Ross，Intelligent Enterprise，2004 年 3 月 6 日

根据最近的咨询来看，许多读者都正处于架构(或者重构)数据仓库的过程中。毫无争议的是，从企业视角来规划数据仓库是一个好的想法，但是否确实需要一个企业数据仓库呢？这要看如何来定义了。在本篇文章中，我们将澄清构建企业数据仓库的两种主要方法(Kimball 总线架构和企业信息工厂)之间的相似性和差异。

5.16.1 共同之处

我们都认同与数据仓库有关的一些事情。首先，在最基本的层面，几乎所有的组织都会从创建数据仓库和分析环境以支持决策这项工作中获益。可能这有点像询问你的理发师你是否需要理发，但抛开个人偏见，企业确实会从良好实现的数据仓库中获益。没人会尝试在不具备操作过程和系统的情况下运营一家企业。同样，利用操作性基础系统时需要互补的分析过程和系统。

其次，所有数据仓库环境的目标都是向决策者发布正确的数据并且让这些数据易于访问。这一环境的两个主要组成部分就是准备和展示。准备(或获取)区域由提取、转换和加载

(Extract-Transform-Load，ETL)过程和支持构成。一旦数据被恰当地准备好，它就会被加载到展示(或交付)区域中，其中各种查询、报告、商业智能和分析应用程序会被用来以不计其数的组合对数据进行探究、分析并且展示。

这两种方法都认可，在为长期集成和扩展而架构数据仓库环境时包含企业制高点是明智的。尽管数据仓库的子集会随着时间推移分阶段实现，但是在规划期间首先牢记集成的最终目标是有好处的。

最后，像图5-8中的那些独立的“数据集市”或数据仓库都是有问题的。这些独立的竖井是为了满足具体需求而构建的，没有考虑其他已有或规划了的分析数据。它们往往天然就是部门化的，通常是松散维度的结构。尽管由于不需要协作而被看成阻力最小的路径，但独立的方法从长期来看是不可持续的。从相同操作源中进行多次不协调的提取是低效且浪费资源的。由于使用了不一致的命名约定和业务规则，因此它们会生成类似但不同的内容变体。这些冲突的结果会造成混淆、返工并且需要进行协调一致。最后，基于独立数据的决策通常会被担忧、不确定和疑虑的乌云所笼罩。

因此我们在一些问题上的意见都是一致的。在转而介绍我们的观点差异之前，我们要审视一下用于企业数据仓库的这两种主要方法。

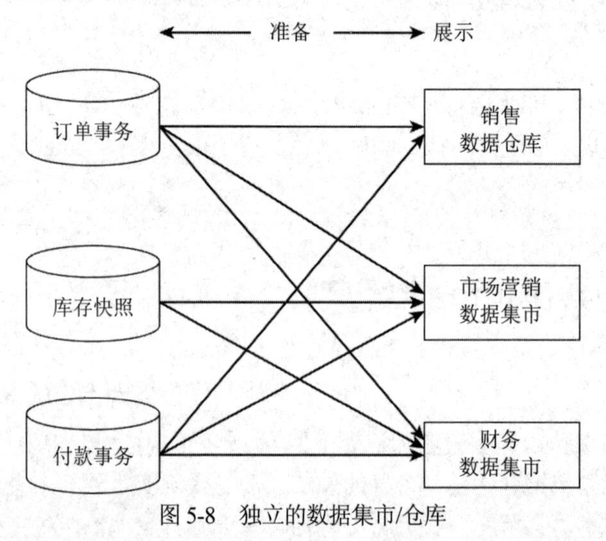

图5-8 独立的数据集市/仓库

5.16.2 Kimball总线架构

如果你已经定期阅读了我们所编写的最新的大约100篇文章，那么必定会熟悉图5-9中的Kimball方法。正如我们在文章2.9“数据仓库就餐体验”中所述，在准备区域中会将原始数据转换成展示信息，其中总是会考虑到吞吐量和质量。准备过程首先要从操作源系统中进行协调式提取。一些准备性的“厨房”活动是集中式的，如共享引用数据的维护和存储，而其他的是分布式的。

展示区域是维度结构化的(无论是集中式还是分布式)。维度模型包含与标准化模型相同的信息，但对其进行了封装以便易于使用和提升查询性能。由于性能或数据地理分布的需要，它同时包括了原子详情和汇总信息(关系表或多维数据集中的聚合)。查询会逐步转向较低详情级别，不需要用户或应用程序设计者重新编程。

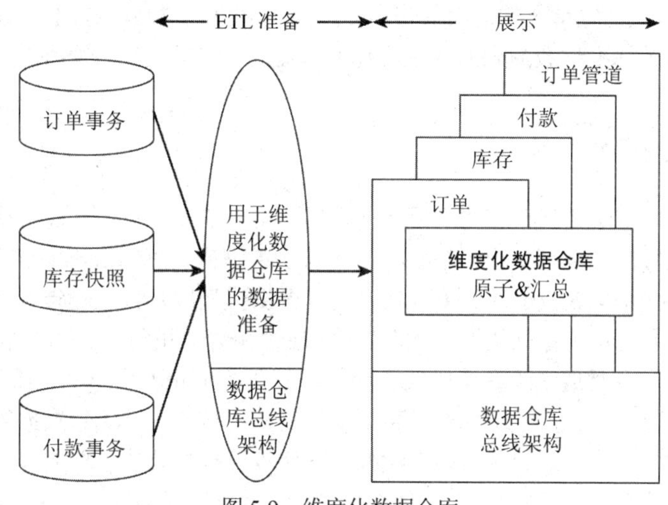

图 5-9 维度化数据仓库

维度模型是根据对应业务测量或事件而非业务部门的业务过程来构建的。例如，在维度数据仓库中会为企业访问而一次性填充订单数据，而不是将订单数据复制到市场营销、销售和财务的三个部门集市中。为了清晰表明我们并非是在 Kimball 方法中谈论部门数据集市，我们会按照一贯做法将它们重新标记为业务过程主题领域。一旦数据仓库中基础的业务过程都可用，那么统一的维度模型就可以交付跨过程的指标。企业数据仓库总线矩阵会识别并且强制实现业务过程指标(事实)和描述属性(维度)之间的关系。

5.16.3 企业信息工厂

图 5-10 揭示了企业信息工厂(CIF)方法，该方法曾经被称为 EDW 方法。就像 Kimball 方法一样，它具有来自源系统的协调化提取物。基于此，会加载包含原子数据的 3NF 关系型数据库。这一标准化数据仓库被用于填充额外的展示数据存储库，其中包括用于探究和数据挖掘的特殊用途仓库，以及数据集市。

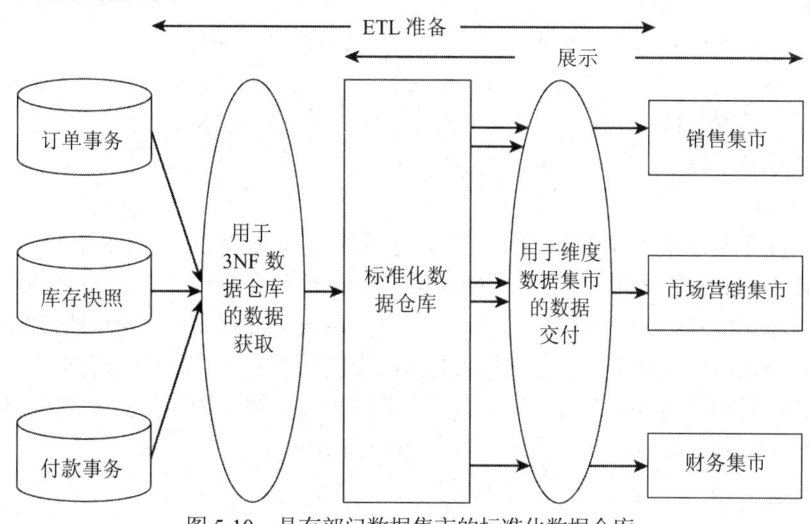

图 5-10 具有部门数据集市的标准化数据仓库

在这一场景中，这些集市通常是由具有维度结构化汇总数据的业务部门或职能机构定制的。原子数据通常是通过标准化数据仓库或标准化结构之上的逻辑层来访问的。

5.16.4 根本性差异

CIF 和 Kimball 方法之间存在两个根本性差异。第一个差异关系到在加载维度模型之前是否需要一个标准化数据结构。尽管这是 CIF 必不可少的基础，但 Kimball 方法认为在维度化展示之前是否需要数据结构取决于源数据现状、目标数据模型以及预期的转换。尽管我们不主张在加载维度化目标之前集中标准化原子数据，但如果存在对于冗余的 ETL 开发和数据存储的真实需要和财务意志，并且清晰理解两段式吞吐量，那么我们也并不绝对劝阻这样做。

在绝大多数情况下，我们发现标准化和维度化结构中核心性能测量数据的重复存储都是不合理的。标准化数据结构的倡导者声称其加载速度比维度模型要快，但如果在呈现给业务之前需要对数据进行多次 ETL 处理的话，何种优化才能真正实现目标呢？

这两个方法之间第二个主要区别在于原子数据的处理。CIF 认为原子数据应该被存储在标准化数据仓库中。Kimball 方法认为原子数据必须被维度结构化。当然，如果仅在维度结构中提供汇总信息，那么情况自然是不一样的。不过，在使用 Kimball 方法时，如果让原子数据在维度结构中可用，那么就总是可以以任何方式汇总数据。我们需要在展示区域中使用最细粒度的数据，这样用户就可以提出最准确的问题。

业务用户可能并不关心单个原子事务的详情，但我们无法预知他们希望的汇总事务活动的方式(可能他们希望汇总居住在某些行政区域范围内两年以上的某种类型的所有顾客)。与业务分析师并肩协作的人会知道所提出的问题都是不可预测并且持续变化的。详情必须是可用的，这样他们就能被汇聚以便回答此时此刻的问题，而不会遇到一个完全不同的数据结构。将原子数据存储在维度结构中可以提供这一基础能力。如果只有汇总数据是维度化的，而原子数据存储在标准化结构中，那么钻取到详情通常就类似于撞上一堵墙。经验丰富的专家必须介入进来，因为基础的数据结构是如此的不同。

这两种方法都主张企业数据协调和集成，但其实现是不同的。CIF 认为标准化数据仓库可以胜任这一角色。当标准化模型表达数据关系时，从根本上来说它们不会施加任何压力来解决数据集成问题。标准化自身不足以解决集成所需的共享数据键和标签。

从最早的规划活动开始，Kimball 方法将具有共享的一致化维度的企业数据仓库总线架构用于集成和横向钻取支持。共享的一致化的维度具有一致化的描述属性名称、值和含义。同样，一致化事实也是被一致定义的；如果它们不使用一致的业务规则，那么就要对它们赋予不同的名称。

一致化维度是所有企业方法的支柱，因为它们提供了集成黏合剂。一致化维度通常是在准备区域中被作为中央的持久化主数据来构建和维护的，然后会在整个企业的展示数据库中重复使用来确保数据集成和语义一致性。让每一个人都认可与维度有关的一切事情可能并不实际或者没什么用；不过，合规性直接与组织集成业务结果的能力有关。没有合规性，最终就会得到无法被联系在一起的隔离数据。这一情况会让企业的不兼容视图持续存在，会需要转移注意力到数据不一致性和数据调整上，同时也会降低组织的决策能力。

5.16.5 混合方法怎么样

有些组织采用了一种混合方法，理论上结合了 CIF 和 Kimball 方法的优势。如图 5-11 所示，该混合合并了图 5-9 和图 5-10。其中有一个来自 CIF 的标准化数据仓库，外加一个基于 Kimball 总线架构的原子和汇总数据的维度化数据仓库。

考虑到图 5-11 中的最终展示交付物，所以这一混合方法是切实可行的。如果已经构建了一个标准化数据仓库并且现在认识到了交付价值对于健壮展示能力的需要，那么混合方法就使得利用预先存在的投资成为可能。不过，存在与过多准备和存储原子数据相关的巨大边际成本和时间差。如果是全新开始入手并且认识到了展示原子数据以避免预设业务问题的重要性，那么谁还会想要 ETL、存储和维护原子详情两次呢？将资源和技术的投入重心放在为业务恰当发布额外关键性能指标上难道不是更加吸引人的价值主张吗？

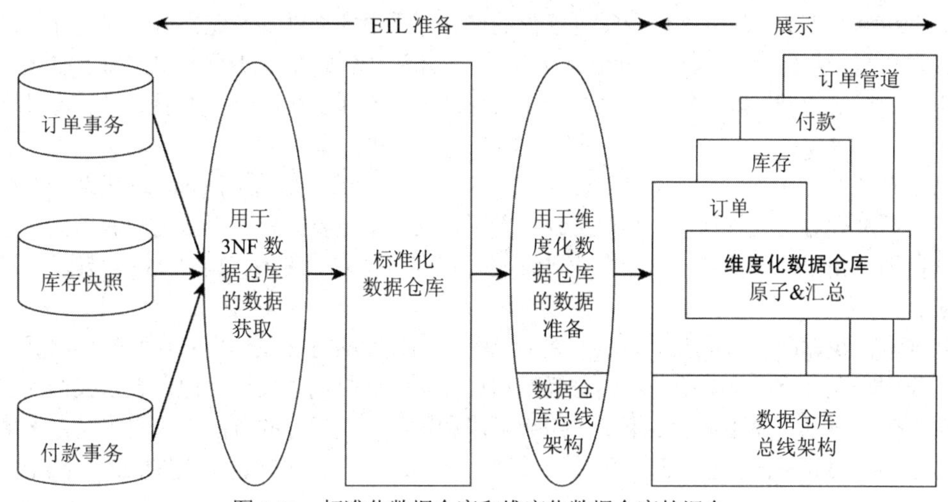

图 5-11 标准化数据仓库和维度化数据仓库的混合

5.16.6 成功标准

在评估方法时，人们通常全然专注于 IT 对于成功的理解，但这必须与业务的观点相平衡。我们认同数据仓库应该交付一个灵活的、可扩展的、集成的、细粒度的、准确的、完整以及一致的环境；不过，如果无法被业务用于决策，那么就不能宣称它是成功的。业务用户群是否使用该数据仓库？它对于业务用户(包括非技术用户)来说是否是可理解的？它是否回答了他们的业务问题？在他们看来其性能是否可以接受？

在我们看来，任何数据仓库的成功都是根据业务对于分析环境的认可度以及它为业务带来的收益来衡量的。应该选择最佳支持这些成功标准的数据仓库架构，不管其宣称的是什么。

5.17 庸人自扰

Margy Ross，Design Tip #139，2011 年 10 月 5 日

在蛰伏了数年之后，DW/BI 行业中关于 Kimball 与 Inmon 方法对比的风声再起。当我对一位离开这个行业近 15 年的前同事提及这个重新出现的争论时，她回复道："又来了？"我正在经历严重的似曾相识的场景。

实际上，有一些人一直在联系我们，希望我们在公开场合中回应该争论。就我们而言，这一所谓的争论并非一个议题。我们对于进一步搅热该争论没什么兴趣，尤其是在其动机是商业收获的情况下。我们已经始终如一地编写和介绍我们的观点超过 20 年之久，我们专注于为企业提供可理解的、快速维度化的数据交付，通过一致化维度来集成。我们的方法不存在什么秘密。所有内容都是公开被文档化并且可用的。

最近纠缠着 Kimball 方法以及维度建模的批评似乎很大程度上是建立在对我们存在已久的信息的误解这一基础上的。我于 2008 年 1 月写了一份白皮书，它被归纳在文章 6.10"虚言和事实"中了。遗憾的是，以莫须有罪名指责 Kimball 方法论和架构的一些人显然没有读过这份白皮书。

文章 5.16"观点差异"写成于 2003 年。当时，我试图公平地将 Kimball 总线架构方法与企业信息工厂进行对比。我有几个客户正纠结着要在这两个主要的思想流派之间做出抉择，因此我试图归纳出相似性和差异。由于行业思维随时间推移发生了变化，其中一些差异已经没有那么大了。

我要承认我偏向于 Kimball 方法。我们已经看到我们的方法在客户的环境中一次又一次地发挥了作用。我们已经从数千名我们曾经培训过的学生处收到了反馈，他们表示我们的实用技术切实有效。不过，我还是乐于承认，组织可以利用其他人倡导的方法来取得成功。无论选择何种方法，都要欣然接受它；阅读相关书籍并且参加培训，这样就能完全按照该方法论的原本意图来采用它。

相较于惊慌失措于 Kimball 和 Inmon 方法之间的观念分歧，这个行业最好是投入精力来确保我们从 DW/BI 系统交付给业务的所有内容都受到业务的广泛认可，以便做出更好、更明智的业务决策。让我们自身被信仰上的争论所干扰可能会让一些人觉得有意思，但这无益于我所看到的我们行业的真正目标。

5.18 不要用一个标准化 EDW 支持商业智能

Ralph Kimball，Design Tip #34，2002 年 2 月 28 日

本篇文章最初发表时的标题为"我们不需要 EDW"。

尽管标准化数据模型对于事务处理是有用的，但这些模型不应被用作商业智能的平台。标准化企业数据仓库(enterprise data warehouse，EDW)方法与数据仓库总线架构方法有很大不同。标准化 EDW 具体化了若干相关主题，它们各自都是需要与 DW 总线方法进行对比的。目前将逻辑问题与物理问题分开可能会有所帮助。

从逻辑上讲，这两个方法都主张使用一组一致的定义，这组定义会理顺散布在组织中的不同数据源。在DW总线中，这组一致的定义会采用一致化维度和一致化事实的具体形式。而在标准化EDW中，该一致性看起来会更加无规律。如果使用企业所有信息的单一高度标准化模型，则必须无条件信赖它，然后就能清楚如何一致地管理数百或数千个表。不过，忽略这种精确度的欠缺，有人可能会认为这两种方法在这一点上是一致的。这两种方法都力求将统一的一致性应用到所有分布的数据源。

标准化企业数据模型的一个枝节问题在于，这些模型常常是理想化的信息模型，而非数据源的真实模型。尽管创建理想化信息模型的做法是有用的，但我曾经看到过大量此类大型图表从未被填充过，我也撰写过很多文章试图去除与大型标准化模型概述了组织“业务规则”有关的声明上的耀眼光环。标准化模型顶多是强制实现了其中一些数据规则(主要是多对一关系)，并且这些规则几乎都不是业务流程专家口中的业务规则。标准化模型上联结路径的解释性标签极少被用在后端ETL过程的代码或者前端查询和报告编写工具中。

即便我们就这两种方法具有创建组织数据的一致化表示这个相同目标达成微弱的一致，但只要进入到物理设计和面对部署问题，标准化EDW和DW总线之间的差异就会变得相当明显。大多数读者都知道，一致化维度和一致化事实在总线架构中呈现了具体的形式。一致化维度就是具有公共字段的维度，并且这些字段中值的各自域都是相同的。这样就确保能够在连接到这些维度的远程事实表上执行不同的查询，并且还可以将列合并成最终结果。当然，这就是横向钻取。在管理一致化维度和一致化事实所需的步骤方面，我已经编写了大量内容。我还不曾看到过标准化EDW方法有类似的一组具体指导。我发现这很有意思，因为即便是在物理上集中的标准化EDW中，也都必须将数据存储在物理上不同的表空间中，并且这使得经历与一致化维度复制机制相同的逻辑成为必然。不过我还未曾见到过标准化EDW为了倡导这样做而描述的任何系统化处理过程。哪些表要在表空间之间同步复制并且何时复制呢？DW总线方法非常详尽地描述了这些内容。

DW总线设计中维度的扁平第二范式(second normal form，2NF)特性使得我们可以用一种可预测的方式来管理维度的自然时序变化(渐变维度类型1、2和3)。同样，在高度标准化的EDW世界中，我还未曾看到过如何实现与渐变维度等效的目标的描述。不过似乎需要在所有实体上大量使用时间戳，此外还需要使用比维度方法所需的更大量的键管理。顺便说一句，我为管理SCD所描述的代理键方法实际上与维度化建模没什么关系。在一个标准化EDW中，如果一个雪花型“维度”像DW总线版本那样追踪相同的渐变时序变化，那么其根表也必须经历具有相同数量重复记录的完全相同的键管理(使用代理键或自然键加日期)。

DW总线设计中维度的扁平2NF特性允许使用一种系统的方法来定义聚合，这是提升大型数据仓库性能的单个最强力的具有成本优势的方式。维度化聚合技术这门学科是与一致化维度的使用密切相关的。聚合事实表的“收缩”维度完全就是DW总线架构中基本维度的一致化子集。同样，标准化EDW方法没有用于在标准化环境中处理聚合的系统和文档化方法，或者提供如何使用聚合的查询工具和报告生成器的指导。这个问题与接下来将描述的向下钻取相互作用。

标准化EDW架构是同时在逻辑上和物理上集中的，这有点像计划经济。可能这样类比并不公平，但我认为这种方法具有与计划经济相同的不易察觉但致命的问题。它乍听起来很棒，并且在项目启动之前很难驳斥这一理想化论点。但问题是，一个完全集中的方法会设想完美的信息而后进行先验和完美决策。当然，对于计划经济来说，那就是其衰落的主要原因。DW总线架构鼓励对数据模式的优雅修改进行具体标准的持续演化设计，这样现有的应用程序就能持续发挥作用。DW 总线维度设计方法的对称性使得我们可以精确确定可以在何处向设计添加新的或修改过的数据，以便保留这一优雅特征。

最为重要的是，大多数标准化 EDW 架构中内置的关键前提是集中式 EDW 释放了“数据集市”。这些数据集市通常被描述为“为了回答一个业务问题而构建的”。这几乎总是来自于不合适与不成熟的聚合。如果数据集市仅仅是聚合的数据，那么当然会有一系列无法被回答的业务问题。这些问题通常并非要求单条原子记录的问题，而是要求大量数据的一个准确切片的问题。标准化 EDW 的一个最终的不切实际的假设就是，如果用户希望提出这些准确问题中的任何一些，他们就必须丢弃聚合的维度数据集市并且向下借助位于后端的 3NF 原子数据。在我看来，这一观点是全然错误的。我们在 DW 总线中所引发的所有影响力都被这一混合架构破坏了：通过一致化维度向下钻取到原子数据；统一编码渐变维度；使用性能强化聚合；保持后端数据准备区域的神圣性，从而免受查询服务的干扰。

5.19 使用维度展示区域补充 3NF EDW

Bob Becker，Design Tip #148，2012 年 8 月 1 日

一些组织已经采用了包括原子 3NF 关系型数据仓库在内的一种数据仓库架构。这种架构通常被称为轮辐式或 CIF，它包括数据获取 ETL 过程，以便收集、清理和集成来自各个源的数据。原子数据会被加载到第三范式数据结构中，通常被称为这一架构中的 EDW。然后另一个 ETL 数据交付过程会填充支持业务用户的下游报告和分析环境。

已经采用这一架构的组织通常会发现，一些业务用户会直接面向原子 3NF 数据结构开发报告和分析应用程序。理想情况下，这些用户会利用一个架构好的下游分析平台。遗憾的是，许多组织会使用汇总数据而非原子数据来填充下游环境，或者更糟的是，它们总是一直回避构建用户可访问的环境。这样做将必然使业务用户感到沮丧。3NF 数据结构难以被理解，所需的查询往往会非常复杂并且难以开发，而查询响应时间会极其漫长。因此，业务单元要借助从原子 3NF 仓库中提取完整的数据集来填充他们自己的影子报告和分析平台。显然，这是不受欢迎的，并且会引领组织走向非集成且不一致结果的道路。

为了战胜这些挑战，对 Kimball 方法的一个流行修正应运而生。这一混合架构将已有的 3NF 数据仓库用作干净、集成式数据的主要来源，以便为维度结构化企业展示区域提供数据。所产生的维度展示区域由通过一组一致化维度集成的若干原子的以业务过程为中心的事实表构成。

使用维度展示区域增强 3NF 环境的关键优势在于，向业务用户群提供了一个原子的、集成的、一致的环境，并且其复杂性显著降低了。因而，数据更易于理解，用户可以更轻易地创建他们所需的查询，并且查询本身也会更为简单。此外，基础维度结构的查询响应将变得极为快速。

大多数组织将物理化实现维度展示层。有些组织可能期望利用其他技术解决方案来逻辑化而非物理化实现维度展示层。在这样的情况下，业务用户会与一些逻辑维度层直接交互，而所涉及的技术会直接依靠 3NF 表结构来解决所需要的查询。实现这一逻辑层的选项包括通过以下方面来实现的维度设计：

- 逻辑数据库视图，有时被称为维度视图
- BI 工具的语义层
- 数据虚拟化工具

逻辑层相较于物理实例化的有效性相对来说还未经大多数环境中大型生产使用情况的验证。在致力于逻辑化维度实现之前，有几个注意事项需要权衡：

- 尽管逻辑化展示区域减轻了易用性/可理解性问题，但它无法提高基础查询的性能。支持逻辑层的技术将最终需要解决面向相同基础 3NF 表结构的查询。如果面向 3NF 环境的查询性能已经是一个挑战，那么逻辑展示层就不是一个切实可行的选项。
- 一致化维度的使用在所有的维度展示区域中都至关重要。通常，交付对有效一致化维度必要的集成、重复数据删除、记录存活以及渐变维度逻辑的 ETL 过程会破坏逻辑展示的使用并且更有利于物理化展示区域。

无论在哪种情况下，利用 3NF 数据仓库环境的组织通常都可以通过强化其环境以包括一个精心设计的、合适架构的维度展示区域来提升其易用性和性能特性。

第6章

维度建模基础

依赖于第5章中建立的总线架构基础，是时候研究维度建模的基础了。本章首先介绍事实和维度表的概况，以及向下钻取、横向钻取等基础活动，还会应对数据仓库中的时间。同样也会介绍对已有维度模型的优雅修改。

然后会将注意力转向维度建模的注意事项。最后，会探讨关于维度建模的常见误解和荒诞说法。

维度建模的基础

第一组文章将描述维度模型的基础结构。

6.1 事实表和维度表

Ralph Kimball，Intelligent Enterprise，2003年1月1日

维度建模是一个设计准则，它跨越组合了正式的关系模型和文本与数值数据的工程实情。相较于第三范式实体关系建模，它不是那么严密(这就让设计者在组织表时更为慎重)，但却更为实际，因为它要适应数据库复杂性和提升性能。维度建模具有用于处理现实情况的广泛技术组合。

6.1.1 测量和上下文

维度建模首先会从将现实情况划分为测量和上下文开始。测量通常是数值的并且会重复使用。数值测量值就是事实。事实总是会被记录该事实时为真的文本上下文所围绕。事实是非常具体的、精心定义的数值属性。与此相反，围绕该事实的上下文是开放式且详尽的。对于设计者来说，在实现的过程中将上下文添加到一组事实是很常见的。

尽管可以将所有上下文归并到一个与每一个测量事实有关的宽泛的逻辑记录中，但通常你会发现，将上下文划分成独立的逻辑块会比较方便和直观。在记录事实时——例如一家杂货店采购的单个产品的美元销售额——你会将上下文划分成名为产品、店铺、时间、顾客、店员和其他几项的逻辑块。我们将这些逻辑块称为维度并且随意假设这些维度都是独立的。图 6-1 显示了一个典型杂货店事实的维度模型。

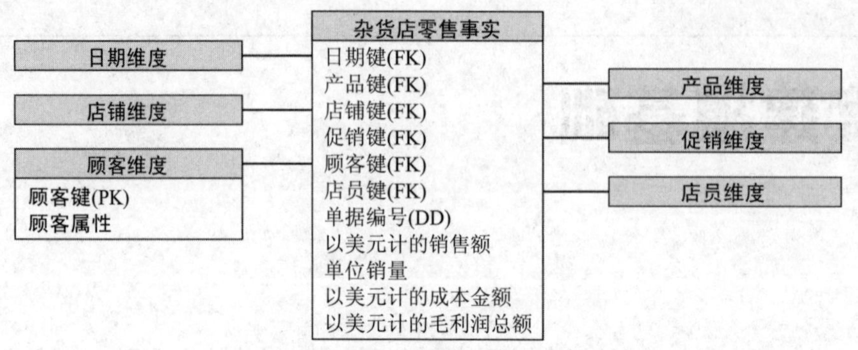

图 6-1　杂货店销售情况的维度模型

实际上，从严格的统计意义上来说，维度很少是完全独立的。在杂货店的示例中，顾客和店铺显然会表现出统计相关性，但将顾客和店铺作为独立的维度进行建模通常是正确的决定。一个单一的、合并后的维度可能会大而无当地具有数千万行，并且某个顾客在某个店铺中购物时的记录在一个也会显示日期维度的事实表中会表述得更加自然。

维度独立性这个假设意味着所有的维度(如产品、店铺和顾客)都是不依赖时间的。但是必须在处理它们时说明这些维度的缓慢的偶发性变化。实际上，作为数据仓库的管理者，我们已经承诺过要如实表示这些变化。这一困境就引发了渐变维度技术的发展。

6.1.2 维度键

如果事实都是反复测量的真实测量值，那么你会发现事实表总是会在维度间创建一个特有的多对多关系。许多顾客会在许多店铺中多次购买许多产品。

因此，要在逻辑上将测量建模成具有多个指向上下文实体的外键的事实表。并且上下文实体就是每一个具有单一主键的维度，如图 6-1 中所示的顾客维度。尽管可以将逻辑设计与物理设计分离，但是在一个关系型数据库中事实表和维度表才是最常用的易于理解的表。

实际上，真正的关系型数据库具有两个层面的物理设计。在较高的层面上，表都是与其字段和键一起被显式声明的。物理设计的较低层面描述了硬盘上和内存里位元的组织方式。不仅这一设计高度依赖特定的数据库，而且一些实现甚至将数据库“倒置”在表声明的级别之下，会以不与较高层面物理记录直接相关的方式来存储位元。接下来就是较高层面物理设计的探讨。

维度星型模式中的事实表由多个外键构成，每一个外键都有一个维度中的主键与之配对，外加包含测量的事实。在图 6-1 中，正如顾客维度所表现出的那样，事实表中的外键被标记为 FK，而维度表中的主键被标记为 PK(被标记为 DD 的字段、特殊的退化维度键将在本文稍后的内容中探讨)。

我坚持认为，事实表中的外键应该遵循关于其各自维度中主键的引用完整性。换句话说，事实表中的每一个外键都会匹配到各自维度中的唯一主键。注意，这一设计允许维度表拥有事实表中没有的主键。因此，产品维度表会与销售事实表配对，其中有些产品从未售出过。这种情况与引用完整性和正确维度建模是完全一致的。

在现实情形中，存在许多令人信服的原因来构建 FK-PK 对作为代理键，这些代理键仅仅是顺序分配的整数而已。通过来自基础操作数据源的自然键来构建数据仓库键是一个严重错误。

有时一个完美恰当的测量会涉及一个遗漏的维度。在某些情况下，一个产品会在没有定义店铺的情况下在一个事务中被销售给顾客。在这种情况下，相较于尝试在店铺 FK 中存储一个 null 值，你可以在店铺维度中构建一条特殊的记录来表示“没有店铺”。现在这一情况在事实表中就具有了完美正常的 FK-PK 表示。

从理论上讲，事实表不需要主键，因为根据可用信息的不同，两个不同的合理观察值可以被相同地表示。实事求是地说，这是一个糟糕的想法，因为常规 SQL 要在不选择其他记录的情况下选择其中一条记录是非常困难的。如果多条记录彼此难以区分，那么检查数据质量也会很难。

6.1.3　把两个建模方法关联起来

维度模型是成熟的关系型模型，其中事实表是第三范式，而维度表是第二范式，混乱地被简称为非规范化。记住，第二和第三范式之间的主要区别在于，从第二范式表中移除重复的实体并且放在其自己的“雪花型”结构中。因此，从事实记录移除上下文并且创建维度表的动作会将事实表置于第三范式。

我会抑制进一步雪花型化维度表的冲动并且对将其保留为扁平第二范式感到满意，因为扁平表的查询效率要高得多。尤其是，具有许多重复值的维度属性是位图索引的完美目标。将一个维度雪花型化为第三范式虽然并非错误，但这样做会破坏使用位图索引的能力并且增加用户对该设计在认知上的复杂性。记住，在数据仓库的展示区域中，不必担心由于需要雪花型维度而在物理表设计中强制实现多对一数据规则。ETL 准备系统已经强制实现了那些规则。

6.1.4　声明粒度

尽管理论上讲，测量事实的任何混合都会被硬塞到单个表中，但合适的维度化设计仅允许统一粒度(相同维度性)的事实在单个事实表中共存。统一粒度会确保所有的维度与所有的事实记录一起使用(要牢记“没有店铺”示例)并且极大地降低由于在不同粒度合并数据而产生应用程序错误的可能性。例如，漫不经心地将每日数据添加到年度数据中通常是毫无意义的。在具有两个不同粒度的事实时，要将这些事实放入不同的表中。

6.1.5　可累加事实

每一个事实表的核心都是表示测量值的事实清单。由于大多数事实表都很大，具有数百万甚或数十亿行，因此几乎永远不会将单条记录抓取到结果集中。相反，要抓取相当大数量的记录，然后通过相加、计数、求平均值或者计算最小或最大值来将这些记录压缩成易于理解的形式。不过出于实用的目的，到目前为止，最常用的选项就是相加。如果应用程序尽可能多地以一种相加格式来存储事实，那么这些应用程序就会简单一些。因此，在杂货店的示例中，无须存储单位价格。在需要时，只要用以美元计的销售额除以单位销量就可以计算出单位价格了。

有些事实(如银行结存和库存水平)代表着难以用相加格式来表述的强度。可以将这些半相加式事实当成相加式事实来处理——但在将结果呈现给业务用户之前，要将结果除以时间期数以便得到正确的结果。这一技术被称为一段时间内的平均值。

有些完美的事实表代表着没有事实的测量事件，因此我们称为非事实型事实表。非事实型事实表的一个典型示例就是表示一个学生在特定的一天出席一堂课的记录。其维度是日期、学生、教授、课程和位置，但没有明显的数值事实。所支付的学费和获得的评分都是合适的事实，但并非处于每日出勤的粒度上。

6.1.6 退化维度

在许多建模情形中，粒度都是一个子项，其父标题的自然键最终会是设计中的一个孤儿项。在图 6-1 的杂货店示例中，其粒度是销售单据上的行项目，但单据编号是父单据的自然键。由于已经系统地将单据上下文分解成维度，因此单据编号会孤立地存在，没有任何其自己的属性。要通过将单据编号本身放入事实表中来对这一现状进行建模。我们将这个键称为退化维度。单据编号很有用，因为它是将所有子记录汇聚到一起的黏合剂。

6.2 向下、向上和横向钻取

Ralph Kimball，DBMS，1996 年 3 月

在数据仓库应用程序中，我们通常谈论的都是向下钻取，不过偶尔我们也会涉及该过程的反转以及横向钻取。对于我们这个行业来说，是时候就钻取这方面的词汇表达成更多的一致并且让其更为准确了。

6.2.1 向下钻取

向下钻取是数据仓库中最古老悠久的钻取类型。向下钻取就是意味着“给我更多的详情”。在我们的标准化维度模式中，维度表中的属性扮演着至关重要的角色。这些属性都是文本的(或者表现得像文本)，呈现出不连续的值，并且是应用程序约束和最终报告中分组列的源。实际上，总是可以假定，通过适时从任何维度表中将一个维度属性拖放到报告中就能够创建一个分组列，如图 6-2 所示。维度模型的绝妙之处在于，所有的维度属性都可以变成分组列。添加分组列的过程可以混合来自用户期望的许多维度表中的许多分组列。SQL 的强大力量在于，只需要将这些分组列添加到 SELECT 列表和 GROUP BY 子句中，就能得到正确的结果。通常还要将这些分组列添加到 ORDER BY 子句中，这样就能得到指定顺序的分组。

从这部分探讨中，你会发现，向下钻取的准确定义就是“添加一个分组列”。有一些查询工具供应商已经尝试提供过多的帮助，并且在其用户界面实现一个向下钻取命令，该命令会添加通常来自“产品层次结构”的特定分组列。例如，第一次按下向下钻取按钮时，会添加一个类别属性。下一次使用该按钮时，会添加一个子类别属性，然后是品牌属性。最后，将详细的产品描述属性添加到产品层次结构的底部。这样做的限制很大，并且通常不是用户想要的。真正的向下钻取不仅混合了所有可用维度的层次结构和非层次结构属性，并且在任何情况下都不会出现像某个业务的单一明显层次结构这样的内容。

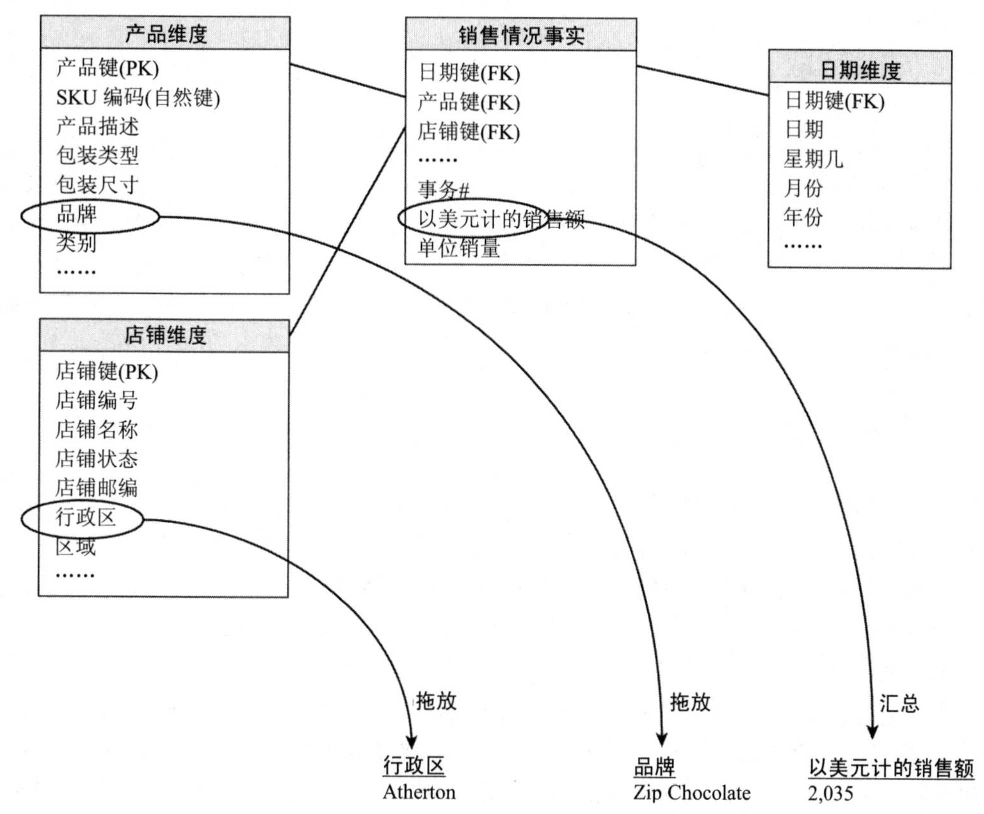

图 6-2　将维度属性和事实拖放到报告中

在一个指定维度中存在多个精心定义的层次结构是可能的。在有些公司中，市场营销和财务具有产品层次结构的不兼容且不同的视图。尽管你希望仅有单个产品层次结构，但所有市场营销上定义的属性和财务上定义的属性都会被包含在图 6-3 中所示的详尽主产品表中。必须允许用户穿过任何层次结构并且选择并非该层次结构一部分的不相关属性。

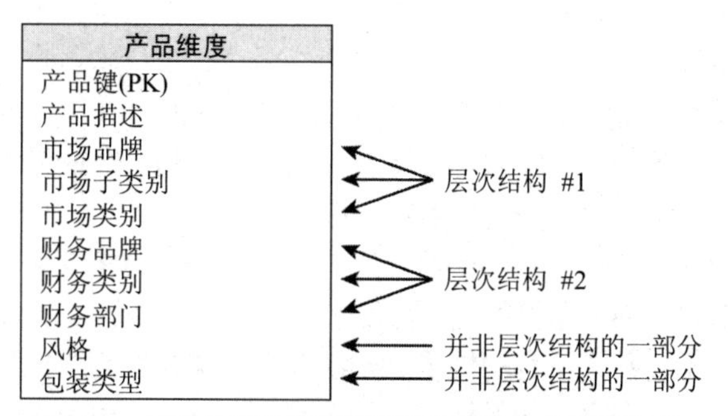

图 6-3　同时具有市场营销和财务属性的产品维度表

大型顾客维度表通常具有三个同步的层次结构。如果顾客表的粒度是交货地点，那么会自动具备由顾客地址所定义的地理位置层次结构。很可能还有一个根据顾客组织定义的层次结构，如部门和企业。最后，你可能会使用你自己的基于顾客交货地点的销售代表分配情况的销售层次结构。这一销售层次结构可以根据销售地域、销售范围和销售区域来组织。一个丰富定义的顾客表可以让所有这三个层次结构融洽共存，并且等待所有可能的用户向下钻取方式。

6.2.2 向上钻取

如果向下钻取是从维度表中添加分组列，那么向上钻取就是去掉分组列。当然，无须按照分组列被添加的顺序来移除它们。一般来说，用户每次添加或移除一个分组列时，必定会发出一个新的多表联结查询。如果具有一个聚合导航器，就像文章 12.17“聚合导航器”中所述，那么每一个多表联结查询就都会在显式存储的聚合空间中顺利地寻找到其合适的级别。在一个恰当调整过的数据仓库中，在高聚合级别取回 1000 行结果集和在低聚合级别取回 1000 行结果集相比，其之间的性能基本没什么差异。

6.2.3 横向钻取

如果向下钻取是从相同的事实表中请求更为精细和更加细粒度的数据，那么横向钻取就是在相同粒度链接两个或多个事实表的过程，换句话说链接的是具有相同一组分组列和维度约束的表。当企业具有可以排列在一条价值链中的若干基础业务过程时，横向钻取就是一项有价值的技术。每个业务过程都有其自己的独立事实表。例如，几乎所有的生产制造商都有一个明显的价值链，这个价值链代表着其业务的需求端，它由完工产品库存、订单、发货、顾客库存以及顾客销售情况构成，如图 6-4 所示。产品和时间维度贯穿了所有这些事实表。有些维度(如顾客)贯穿了其中一些事实表，但并非所有。例如，顾客维度并不适用于完工产品库存。

可以使用应用到报告中所有事实表的分组列来创建横向钻取报告。因此在我们的生产制造价值链示例中，可以从产品和时间维度表中随意选取属性，因为它们对于每一个事实表都是有意义的。如果我们要避免接触到完工产品库存事实表，那么顾客维度表中的属性只能被用作分组列。当多个事实表都被绑定到一个维度表时，这些事实表就应该全部链接到该维度表。当我们使用与这些事实表中每一个都共享了通用字段的维度时，我们就认为这些维度在我们的价值链中是跨事实表一致的。

在构建了分组列和累加式事实列之后，每次必须发出对一个事实表的报告查询，并且通过在分组列上执行独立结果集的外联结来组合该报告。必须通过请求客户端工具而非数据库来执行这个外联结。绝不应该试图运行涉及多个事实表的单个 SQL SELECT 语句。这样做会让基于成本的优化器失去对性能的控制。注意，必要的外联结会逐列组合最终的报告。无法通过 SQL UNION 来达成该目的，因为它是逐行组合报告的。

有些读者会想，为何每一个业务过程都是用其自己单独的事实表来建模的？为何不将所有的过程合并到单个事实表之中？遗憾的是，有几个原因使得这样做是不可行的。第一个原因是，价值链中单独的事实表不会共享所有的维度。不能简单地将顾客交货维度放在完工产品库存数据上。第二个原因是，每一个事实表都拥有不同的事实，而事实表记录都是在价值链上不同的时间点被记录的。

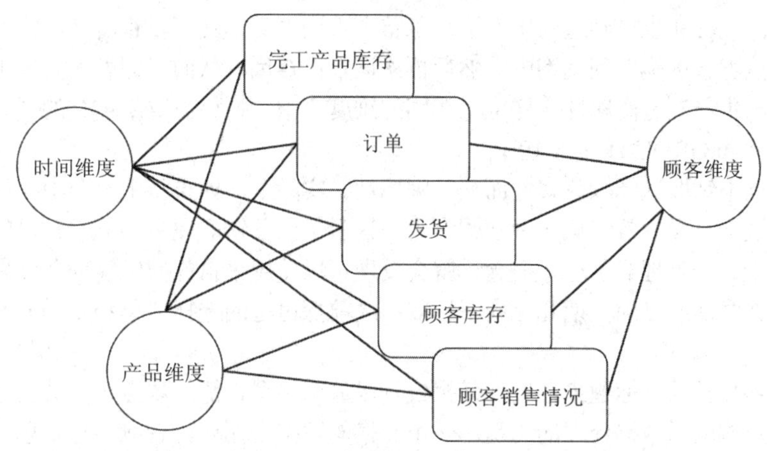

图 6-4 用于每一个业务过程的独立事实表会共享通用维度

一旦为横向钻取设置好了多个事实表，就必定可以同时向上和向下钻取。在这种情况下，就会使用整个价值链并且同时要求所有事实表提供更为细粒度的数据(向下钻取)或更高粒度的数据(向上钻取)。

6.3 数据仓库的灵魂之第一部分：向下钻取

Ralph Kimball，Intelligent Enterprise，2003 年 3 月 20 日

尽管数据仓库的形态大小多种多样，并且处理的是许多不同的主题领域，但每一个数据仓库都必须包含一些基础主题。其中最重要的三个主题就是向下钻取、横向钻取和时间处理。现代数据仓库如此深入地内嵌了这三个主题，以至于我认为它们和一个真正的数据仓库之间已经发展出了一种“当且仅当”的关系。如果一个系统支持向下钻取、横向钻取和时间处理，那么只要它易于使用并且快速运行，它就自然有资格作为数据仓库。不过虽然这三个主题看上去很简单，但它们会引发对于一组详尽且强有力的架构准则的需要，这些准则不应被违背。

在本篇文章中，我会深入探究向下钻取，首先介绍一个准确的操作定义。然后，作为一位合格工程师所应该做的，我会为构建能够合格完成向下钻取任务的系统提供实践指南。

在关系型数据库中向下钻取意味着“添加一个行标题”到一个已有的 SELECT 语句中。例如，如果当前正在生产制造商的层面分析产品的销售情况，那么该查询的选择清单就会是 SELECT MANUFACTURER, SUM(SALES)。当然，该查询的其余部分会包含对数据库其他部分的联结规范和约束，如时间和地理位置。如果希望在生产制造商的清单上向下钻取以便显示所售出的品牌，就要添加品牌行标题：SELECT MANUFACTURER, BRAND, SUM(SALES)。现在每一个生产制造商行都扩展成多个列出所有售出品牌的行。这就是向下钻取的本质。

顺带提一句，我们通常将一个行标题称为一个“分组列”，因为选择清单中没有用像 SUM 这样的运算符聚合起来的所有内容都必须在 SQL GROUP BY 子句中提及。因此第二个查询中的 GROUP BY 子句就是 GROUP BY MANUFACTURER, BRAND。行标题和分组列是相同的东西。

这个示例特别简单，因为在维度模式中，生产制造商和品牌属性非常可能存在于相同的产品维度表中。因此，在生产制造商层面运行了首个查询之后，就可以查看产品维度中的属性清单并且适时将品牌属性拖放到查询中。然后再次运行该查询，从而以即席方式向下钻取。如果品牌属性确实与生产制造商属性一样位于相同的维度表中，那么对原始SQL的调整就是将品牌添加到选择清单和GROUP BY子句中。

也可以为向下钻取选择颜色属性而非品牌属性。实际上，如果将上一节中的品牌替换为颜色属性，它们也会一样生效。这一做法强有力地揭示了向下钻取完全与顺着预设的层次结构下行无关。实际上，一旦理解了这一概念，就会发现可以使用来自任何维度的任何属性进行向下钻取！也可以在时间维度的星期几上向下钻取；之前探讨过的选择清单和GROUP BY子句仍旧完全相同。

可以通过添加新的行标题来扩展任何报告行以显示更多详情的观点正是其中一个强有力的观点，这些观点构成了数据仓库的灵魂。一个合格的数据仓库设计者应该总是思考要添加到现有环境中的额外的向下钻取路径。这种开箱即用的思考示例包括将一个审计维度添加到一个事实表(正如文章11.20“质量指示器：审计维度”中所述)。审计维度包含事实表中数据质量的指标，如“超出边界的数据元素”。但这个审计维度可以是向下钻取过程的一部分！现在可以设计一个标准报告来向下钻取数据质量的结果，其中包括有问题数据的比例。通过在数据质量上向下钻取，原始报告的每一行都会呈现成多个行，每一行都具有一个不同的数据质量指标。可以指望的是，该报告的大多数结果都聚集在“常规”行标题之下。

最后，甚至使用一个计算进行向下钻取都是可行的，只要注意不要在计算量中使用像SUM这样的聚合运算符即可。通过将SALES/QUANTITY添加到选择清单就可以在生产制造商销售情况的价位上向下钻取，其中这一价位计算不包含任何聚合运算符。SALES和QUANTITY都是事实表中的数值事实。现在选择清单就是SELECT MANUFACTURER, SALES/QUANTITY, SUM(SALES)。还必须将SALES/QUANTITY添加到GROUP BY子句。这一表达式将每一个原始的生产制造商行替换成了市场中每一个观测价位上每一家生产制造商产品的销售额。每一行都显示了价位以及该价位的总销售额。

我现在可以对向下钻取做出一些准确的技术评论了：

1. 向下钻取是数据仓库最基础的用户操作，必须以尽可能通用和灵活的方式来支持它，因为没有办法预测用户的向下钻取路径。换句话说，每一个向下钻取路径都必须对相同的用户界面动作可用并且受其支持，因为用户几乎不会看到前面示例中描述的各种形式向下钻取之间的概念差异。
2. 因此数据仓库必须在用户界面级别支持向下钻取，无论什么时候，都要用可能的最原子级数据，因为最原子级数据是最为维度化的。最原子级数据最具表述性；更多的维度会被附加到原子数据而非任何形式的聚合或汇总数据。
3. 结合前两点，这意味着对于所有实用目的来说，原子数据必须处于与该数据的任何聚合形式一样的相同模式格式中；原子数据必须是使用标准即席查询工具向下钻取的路径的平稳可访问目标。但在架构中，原子数据是以标准化物理格式隐藏在后端的并且会以某种方式在“钻取完”聚合维度数据集市之后被访问。这种架构的倡导者绝不会解释这一神奇之处是如何发生的。幸运的是，如果使用包括原子级别在内的所有聚合级别上相同的数据结构，那么这一危机就会消失。
4. 要为向下钻取构建一个实用系统，你会想要用一个标准的即席查询工具来呈现向下钻取选项而无需特殊的对模式依赖的编程，并且你会希望这些工具发出正确的结果SQL

而无需对模式依赖的编程。对模式依赖的编程是数据仓库厂商的死亡之吻，因为它意味着每一个模式都需要自定义构建的应用程序。这个问题在20世纪80年代是一个危机；但今天没有理由让它继续成为一个问题。避免对模式依赖的编程意味着为数据仓库展示层中所有面向用户的数据集选择一种标准的模式方法论。

5. 仅存在一个能够以单一、统一格式表述数据的标准模式方法论，这种格式在原子层中看起来与在所有聚合层中都相同，并且同时不需要对模式依赖的编程。其中的模式指星型模式，也称为维度模型。维度模型支持本文中描述的所有向下钻取形式。所有可能的多对一和多对多数据关系都能够在维度模型中表示；因此，维度模型是理想的即席查询平台。
6. 展示层中的维度设计会平稳支持预先构建的聚合表。聚合事实表是一个机械式派生出来的汇总记录表。构建聚合事实表的最常见原因就是，相较于使用大型的原子事实表，它们提供了极大的性能优势。但仅在用户要求一个聚合结果时，才会得到这一性能提升！要求得到生产制造商产品销售情况的第一个示例查询就是聚合结果的一个好示例。

现代数据仓库环境会在可能时使用一个被称为聚合导航器的查询重写工具来选择预先构建的聚合表。Oracle 的物化视图和 IBM DB2 的自动汇总表就是聚合导航器的示例。每次用户寻求一种新的向下钻取路径时，聚合导航器就会实时判定哪个聚合事实表可以最为有效地支持该查询。无论用户何时寻求非常准确且非预期的向下钻取，聚合导航器都会优雅地默认到原子数据层。

向下钻取大概是数据仓库需要支持的最基本的能力。向下钻取会最为直接地应对业务用户需要在相关结果中看到更详尽信息的自然需求。

6.4 数据仓库的灵魂之第二部分：横向钻取

Ralph Kimball，Intelligent Enterprise，2003 年4 月5 日

如果向下钻取是数据仓库中最基础的操作，那么横向钻取差不多就是第二基础的操作了。从结果集的角度来看，横向钻取会将更多数据添加到一个现有行。注意，这个结果并非是从单独查询的行的 UNION 中得到的结果。更准确的描述是，它是来自单独查询的列堆积。

通过从查询中提到的已有事实表中将另一个测量事实添加到SELECT清单来进行的横向钻取只是普通的成果而已。更为有意义且重要的是从一个新的事实表中添加另一个测量事实。由横向钻取的这一简单视图所引发的问题位于数据仓库架构的核心。这些问题可归结为一次观测和一次选择。

与横向钻取有关的观测就是，横向钻取操作中所要求的新事实表必须与原始查询中的事实表共享某些维度。原始查询中会对这些维度命名，因为它们会提供行标题。记住，这些行标题是创建结果集行的分组基础。这些维度将出现在 SQL 代码的 FROM 子句中，并且会通过外键到主键的关系来将其联结到事实表。这个新的事实表还必须完美支持这些相同的行标题，否则结果集行的上下文就毫无意义了。

横向钻取选择就是要么可以发送单个同步的 SQL 请求到这两个事实表，要么发送两个独立的请求。尽管发送单个 SQL 请求到这两个事实表似乎更清晰，但这个选择也可能变成一个干扰阻碍。发送单个请求意味着要在 SQL 代码的 FROM 子句中引入这两个事实表，并且以某种方式将这两个事实表联结到我刚才描述的通用维度表。在相同的 SQL 语句中混合这两个事实表会造成下列这些问题：

- 由于会直接或者通过共享维度将这两个事实表联结到一起，因此查询必须指定这两个事实表之间的多对多关系是用内联结还是外联结来处理。这一基本挑战来自关系型模型。即使你是一位专业的 SQL 编程人员，实际上也不可能处理好它。根据这两个事实表的相对基数的不同，聚合的数值合计会过低或过高，或者两者都有！就算你不相信我说的话，也必须处理下一个要点。
- 关系型数据库接收到的绝大多数查询都是由强大的查询工具和报告生成器生成的，并且我们对它们发出的 SQL 是没有直接的控制权的。你也不会想要控制该 SQL。这些工具中的一些会生成难以想象的数量的 SQL，并且你无法有效介入。
- 发出单个 SQL 语句会避免从不同的表空间、不同的机器或不同的数据库供应商请求数据。你会受困于涉及一个数据库供应商的相同机器上的相同表空间中。如果可以轻易避免这个问题，那么为何还会有这些限制呢？
- 最后，如果发出一个涉及这两个事实表的单个 SQL 语句，则几乎肯定无法使用任何强大的执行聚合导航的查询重写工具。聚合导航是极大提升数据仓库性能的最具成本优势的方式。要了解更多与聚合导航有关的内容，可以参阅文章 12.18“(几乎)没有元数据的聚合导航”。

6.4.1 实现横向钻取

如果遵循了观测和选择的逻辑，那么支持横向钻取的架构就会浮现出来。

1. 横向钻取查询中所有的事实表都必须使用一致化维度。
2. 实际的横向钻取查询由一组多路的到目标事实表的独立请求构成，后面跟着从每个请求返回的相同行标题上的一个简单分类合并。

一致化维度的最简单定义就是，一致化维度的两个实例是完全相同的。因此如果两个事实表具有一个顾客维度，那么当两个维度具有完全相同的名称时，顾客维度就是一致化的。不过这个定义是受到不必要的限制的。这里是一致化维度的准确定义：如果用作通用行标题的字段具有相同的域，那么这两个维度就是一致的。

在将两个单独的查询一起带入横向钻取操作中时，这两个查询必须具有相同数量的行标题，以相同顺序从左到右排列。根据定义，这两个查询中所有其余的列(计算过的事实)都不是行标题。换句话说，对这两个查询的独立检验会显示出，没有一个查询会具有重复相同行标题的行。换言之，行标题形成了结果集中每一行的唯一键。

要分类合并(也称为合并分类)这两个查询，就必须以相同方式对它们进行分类。此时，在单个通路中将这两个查询的行合并到一起就成为可能了。所得到的合并后的结果集具有单组行标题外加合并后的一组计算过的事实，这些事实是由这两个查询返回的。由于传统的分类合并是与外联结相同的，因此最终合并的结果集中的行可以在第一组计算过的事实或者第二组中具有空值，但不能两组同时具有空值！

一旦在横向钻取中具体化了分类合并步骤，就真正理解了一致化维度。使用一致化维度时，唯一需要关心的就是匹配行标题。如果用于分类合并的各自字段内容来自相同的域，那么匹配就有意义了。如果尝试匹配来自两个不一致维度的行标题，那么一定会得到无用的东西。分类合并将失败，并且 SQL 引擎将在不同行显示两个查询的结果——且可能显示在合并后的结果集中的不同分类位置。

6.4.2　令人惊讶的神奇之处

在我的课堂上，有时我会将一致化维度描述为完全相同(普通情况)的维度或者“一个是另一个的子集”的维度。例如，品牌维度可能是更为详尽的产品维度的一个子集。在这种情况下，可以横向钻取两个事实表，一个用品牌维度在品牌层面进行钻取(如用于预测)，而另一个用产品维度在详尽产品层面进行钻取(如用于销售事务)。假设产品维度是一个包含低基数品牌属性的良好而扁平的表。

如果两个查询的行标题都只是“品牌”，那么就会发生令人惊讶的神奇事件。引擎会自动将两个数据集聚合到品牌级别，这正好是横向钻取的正确级别。如果品牌的名称来自相同的域，那么就可以放心通过合并具有相同品牌名称的行来完成(预测对比实际的)横向钻取。许多商业化查询和报告生成工具都会执行这种横向钻取操作。请参阅技术性很强的文章 13.21“SQL 中的简单横向钻取”以及 13.22“用于横向钻取的 Excel 宏”，以便更为深入地探究横向钻取的实现。

你会发现，即便两个维度具有一些不一致的字段，一致化这两个维度也是可行的。只需要小心避免将这些不一致的字段用作横向钻取查询的行标题即可。不避免这种情况的话，就会让一个维度包含仅对本地用户组才有意义的一些私有字段。

最后，值得指出的是，物理化集中数据仓库的决定对于一致化维度起到的作用非常小。如果在一个横向钻取操作中合并两个数据集，就必须以相同方式标记它们，无论这两个数据集是在单个硬件上由一个 DBA 严密管理，还是由仅同意创建一组重叠标签的远程 IT 组织来松散管理。

6.5　数据仓库的灵魂之第三部分：时间处理

Ralph Kimball，Intelligent Enterprise，2003 年 4 月 22 日

每一个数据仓库中最重要的三个基本操作就是向下钻取、横向钻取和时间处理。第三个操作(时间处理)可以很好地保证每一个数据仓库提供者都隐含地默认数据仓库应该保留历史。实际上，这一保证会为数据仓库带来三个主要需求。

首先，数据仓库中的每一块数据都必须具有清晰明了的时间有效性。换句话说就是，数据何时变得有效以及数据何时不再有效？

其次，如果数据仓库实体的详尽描述会随时间而变化，那么就必须将该实体的每一个版本与数据仓库中其他测量和实体的同时期版本正确关联起来。换句话说，如果顾客在一年前进行了一次购买，那么附加到此购买行为的这个顾客的描述对于该时间段来说就必须是正确的。

最后，数据仓库必须支持人们随时间变化浏览数据的几种自然方式。这些自然方式包括查看即时事件、常规的定期报告以及最新的状态。

维度化建模为应对所有这些需求提供了一个便利的框架。记住，维度模型是围绕测量来组织的。测量(通常是数值)会占据维度模型中的事实表。测量的上下文都位于维度表中，这些维度表围绕在事实表周围并且通过外键和主键之间的一系列简单关系来连接到它们。

6.5.1 时间的有效性

一个测量通常就是在特定时间所发生的真实活动，因此将一个时间戳附加到每一条事实表记录是自然而然甚至不可避免的。每一个事实表都具有一个时间维度。

时间戳通常是以天为粒度来记录的，因为许多遗留系统在记录一个测量时都不会记录当天的时间。在维度化模式中，每日时间戳由联结到每日时间维度表中对应主键的事实表中的代理整数外键构成。我们希望事实表中的时间戳是代理键而非真实日期的原因有三：首先，很少会出现时间戳是不适用的、损坏的或还没有发生的，但是却需要一个不能是真实日期的值的情况。其次，大多数用户日程导航约束，如会计期间、时期结束、假期、天数以及周数，都是不受数据库时间戳支持的。因此，它们需要来自一个具有详细时间维度的表，而非在请求查询工具中计算出它们。第三，整数时间键所占据的硬盘空间要小于完整的日期。

当源系统为测量提供一个详细到分钟或秒钟的详尽时间戳时，那么日期的时间就需要是一个单独的维度或者一个完整的日期/时间戳。否则，一个组合的日期和日期时间维度就会变得不实用地大。

在跨国公司的应用程序中，通常会有两个时间戳角度：离岸办公室的时间戳和本地办公室的时间戳。当然，相较于留待查询工具来解决时区问题，在记录日期时间时，包含这两个时间戳(离岸和本地的日程日期和完整日期/时间戳)通常是有意义的。主要是因为夏令时规则，所以时区差异计算的复杂程度是非常严重的。

6.5.2 正确关联

维度化建模会假设维度很大程度上是独立的。这个假设(结合时间是其自有维度这一事实)表明像顾客和产品这样的其他实体都是独立于时间的。在现实情况中，这一推论并不是非常属实的。像顾客和产品这样的实体会随着时间而渐变，且通常是以偶尔的、不可预测的方式而变化的。

例如，当数据仓库遇到顾客的恰当修正描述时，有三种基本选项可用于处理这一渐变维度(SCD)：

1. 重写该修改后的属性，由此也会破坏之前的历史。在修正一个错误时，如果你兑现了承诺，那么这种方法就是合理的。
2. 发布该顾客的一条新记录，保留该顾客的自然键，但是(不可避免地)创建一个新的代理主键。
3. 在现有的顾客记录中创建一个额外的字段，并且在这个额外的字段中存储该属性的旧值。重写该原始的属性字段。当属性可以具有同步的“交替现实”时，就可以使用这一策略。

在更新该记录时，所有这三种选项都至少需要一个嵌入的时间戳说明，以及一个描述该变更的伴随字段。对于在其中创建了一个新记录的主要类型 2 SCD 来说，需要一对时间戳以及变更描述字段。这对时间戳会定义从开始生效时间到终止生效时间的时间段，其间完整的顾客描述会保持有效。类型 2 SCD 记录最复杂的处理涉及 5 个字段：

- 开始生效日期/时间戳(非代理键标识)
- 终止生效日期/时间戳
- 像雪花型结构那样连接到日期维度的有效日期代理键(每日粒度)
- 变更描述字段(文本)
- 最近的标志

前两个字段是常规的 BETWEEN 约束用于在特定时间点概述维度的字段。它们需要成为具有完整日期和时间戳的单一字段，以便让 BETWEEN 机制发挥作用。第三个字段包含维度中随日期变化的特定记录，仅能通过组织的日程日期表来描述它们(如在发薪日前一天发生的员工降级)。第四个字段可以找出满足维度中特定描述的所有变化。第五个字段是在不使用 BETWEEN 的情况下找出一个维度中所有当前记录的快速方式。

6.5.3 自然粒度

在 30 年的数据分析和建模生涯中，我发现事实表测量可以分为三类。这些类型对应于即时事件、常规定期报告以及最新状态。在维度化建模中，这三种事实表类型是事务粒度、定期快照粒度以及累计快照粒度。

事务粒度代表着空间和时间中的点，并且意味着在特定时刻定义的测量事件。杂货店的收银扫描事件就是事务事件的典型示例。在这种情况下，事实表中的时间戳非常简单。它可能是单一日期粒度外键或者由日期粒度外键和日期时间/时间戳构成的配对，这取决于源系统提供了什么。这一事务粒度表中的事实必须忠实于该粒度，并且应该仅描述该时刻发生了什么。

定期快照粒度代表了一次常规的重复测量，如银行账户月度对账单。这个事实表也具有单个时间戳，表示总的期间。通常该时间戳是时期的结束时间，尽管常常会以日期粒度来表述，但即使表示一个月或一个会计期间也是可以理解的。这一定期快照粒度表中的事实必须忠实于该粒度，并且应该仅描述适合于该特定时期的测量。

累计快照粒度代表了具有有限起止节点的过程的当前发展状态。通常这些过程具有短的周期，因此它们也不适用于定期快照。订单处理就是累计快照的典型示例。

累计快照的设计和管理非常不同于前两个事实表类型。所有的累计快照事实表都具有一组多至 4~12 个描述被建模过程典型场景的日期。例如，一个订单具有一组特征日期：原始订单日期、实际交货日期、交付日期、最终支付日期以及退货日期。在这个示例中，这 5 个日期会表现为 5 个独立的外(代理)键。当该订单记录被首次创建时，这些日期中的第一个就会被完美定义，但可能其他的日期还没有出现。接下来随着该订单通过其处理管道，这一相同事实记录会被再次访问。每次有事情发生时，该累计快照事实记录就会被破坏性修改。日期外键会被重写，并且各种事实会被更新。通常第一个日期会保持原状，因为它描述了记录被创建的时间，但所有其他的日期会被重写，并且有时会被重写多次。

6.5.4 是否兑现了承诺

本篇文章已经简要概述了数据仓库中时间处理的核心技术。如果已经系统地为主时间维度的所有连接采用了代理键，如实地跟踪了维度实体中三种 SCD 类型的变化，并且用事务粒度、定期快照粒度和累计快照粒度事实表支持了用户的报告需要，那么就切实地兑现了承诺。

6.6 优雅修改已有的事实和维度表

Ralph Kimball，Design Tip #29，2001 年 10 月 15 日

无论有没有最佳的规划和最棒的打算，数据仓库设计者通常都会面临在数据仓库建设好并且运行之后添加新数据类型或者修改数据间关系的问题。在理想的情况下，我们希望这样的变更会很优雅，这样已有的查询和报告应用程序就能继续运行而无须重新编码，并且已有的用户界面会意识到新的数据以及允许数据被添加到查询和报告。

显然，有一些挑战永远无法被优雅应对。如果一个数据源不再可用并且没有兼容的替代项，那么依赖这个源的应用程序将停止工作。但我们是否能够描述一类情形，其中可以优雅应对对我们数据环境的变更呢？

我们维度模型的可预测对称性会将我们从这一困境中解救出来。维度模型能够吸收一些源数据中的显著变化而不会让已有的应用程序无效。我们尽可能地列出了许多此类变化，从最简单的开始。

1. **新的维度属性**。例如，如果我们发现一个产品或顾客的新文本描述符，那么就要将这些属性添加到维度作为新的字段。所有已有的应用程序都不会察觉到新的属性并且将继续运行。大多数用户界面都应该在查询时注意到这些新的属性。从概念上讲，可用于约束和分组的一组属性应该通过形如 SELECT COLUMN_NAME FROM SYS_TABLES WHERE TABLE_NAME = 'PRODUCT'的基础查询来显示在查询或报告工具中。在将新的维度属性添加到模式时，此类用户界面将持续调整。在渐变维度环境(其中会维护维度的轻微变化版本)中，必须注意将新属性的值正确分配到维度记录的各个版本。如果新属性仅可用在特定时点之后，那么 NA(not available，不可用)或者等同于此的信息就必须被提供给旧的维度记录。
2. **测量事实的新类型**。同样，如果新的测量事实变得可用，我们就可以将它们优雅地添加到事实表。最简单的情况就是当新事实在与已有事实相同的测量事件以及相同粒度中可用时。在这种情况下，事实表就会被修改以便添加新的事实字段，并且值会被填充到表中。在现实情况中，会针对已有的事实表发出 ALTER TABLE 语句来添加新的字段。如果无法这样做，那么就必须用新的字段和拷贝自第一个表的记录来定义第二个事实表。如果新的事实仅在某个时点之后可用，那么就需要在较老的事实记录中放置真正的空值。如果我们完成了这些处理，旧的应用程序就会免受干扰地继续运行。使用这些新事实的新应用程序应该表现得合理，即使在遇到空值的情况下也如此。可能必须培训用户，告知新的事实仅在某个时点之后才可用。

   当新测量事实不像旧事实那样在相同测量事件中可用时或者当新事实自然发生在不同

的粒度时，就会出现一种更为复杂的情况。如果新事实无法被分配或指定到事实表的原始粒度，那么这些新事实就要归属到其自己的事实表中。在相同事实表中混合几种测量粒度或者分离数种测量类型是一个错误。如果遇到这种情况，就需要咬紧牙关并且找到适用于横向钻取 SQL 的查询工具或报告生成器，这样就可以在相同的用户请求中访问多个事实表。

3. **新的维度**。通过添加一个新的外键字段并且使用来自新维度的主键值来正确填充它，可以将维度添加到已有的事实表。例如，如果一个描述天气的源在每天的每一个销售地点都可用，那么天气维度就可以被添加到零售事实表。注意，我们并没有修改该事实表的粒度。如果天气信息仅在某个时点之后才可用，那么用于天气维度的外键值就必须指向天气维度中描述“天气不可用”的一条记录。
4. **更为细粒度的维度**。有时人们会期望增加一个维度的粒度性。例如，具有一个店铺维度的零售事实表可以被修改以便用一个个体收银机维度来替换店铺维度。如果我们拥有 100 家店铺，每一家都平均拥有 10 台收银机，那么新的收银机维度就会具有 1000 条记录。所有的原始店铺属性都会包含在收银机维度中，因为收银机能完美向上汇总成到店铺的多对一关系。
5. **添加一个涉及新维度和已有维度的全新数据源**。一个新的数据源几乎总是具有其自己的粒度及其自己的维度。所有的维度设计者都知道这个问题的答案。我们要创建一个全新的事实表。因为根据定义，所有已有的事实表和维度表都不会被触碰，所有已有的应用程序都会保持继续运行。尽管这种情况似乎有点微不足道，但这里的要点在于，避免将新的测量塞进已有的事实表中。单个事实表总是拥有用统一粒度表述的单一种类的测量。

本篇文章试图定义对数据环境进行的非预期变更的分类，以便提供一种方式来对各种响应进行分类，并且认识到能够进行优雅变更的那些情形。由于重新制作查询和报告的成本高昂并且会引起业务用户的混乱，因此我们的目标是保持应对措施的优雅性。

注意事项

本节中，我们会提供对后续内容的维度化建模指导以及要避免的常见陷阱。

6.7　Kimball 关于维度建模的十项必要规则(Kimball 经典)

Margy Ross，Intelligent Enterprise，2009 年 5 月 29 日

一个学生最近请我提供一份维度建模的“Kimball 戒律”清单。由于其宗教内涵，我们将避免将这些清单内容称为戒律，不过以下是一份不要打破的 Kimball 规则的清单，以及严格程度较低的一些经验法则建议。

规则#1：将详尽的原子数据加载到维度结构中。维度模型应该被基石性的原子详情填充，以便支持业务用户查询所需的不可预测的过滤和分组。用户通常无须一次看一条记录，但我们无法预测他们希望在屏幕上显示和汇总详情的任意方式。如果只有汇总过的数据可用，那就是已经做出了数据使用模式的假设，当用户希望更深入挖掘详情时，这就会让用户进入死胡同。当然，可以用为聚合数据的常见查询提供性能优势的汇总维度模型来补充原子详情，但业务用户无法忍受仅使用汇总数据的情况；他们需要底层细节来回答他们千变万化的问题。

规则#2：围绕业务过程来结构化维度模型。业务过程就是组织所执行的活动；它们代表着测量事件，如接受订单或者为顾客结账。业务过程通常会捕获或生成与每一个事件有关的唯一性能指标。这些指标会被转换成事实，以及单个原子事实表所表示的每一个业务过程。除单个过程事实表外，有时还会创建合并过的事实表，它们会将来自多个过程的指标在详情的常用级别上合并到一个事实表中；合并过的事实表是对详尽单一过程事实表的补充，而非替换它们。

规则#3：确保每一个事实表都具有与之关联的一个日期维度表。规则#2 中描述的测量事件总是具有与之相关的各种日期戳，无论它是月结快照还是每百分之一秒就捕获一次的货币交易事务。每一个事实表都应该至少有一个指向相关日期维度表的外键，这个日期维度表的粒度是单一日期，具有日程属性以及关于该测量事件日期的非标准特征，如会计月份和企业节假日标识。有时会在一个事实表中表示多个日期外键。

规则#4：确保单一事实表中的所有事实都处于相同粒度或详情级别。有三种基本粒度可以分类所有的事实表：事务型、定期快照或累计快照。无论其粒度类型是什么，事实表中的每一个测量都必须处于完全相同的详情级别。在相同事实表中混合表示多个粒度级别的事实时，会让业务用户感到困惑，并且 BI 应用程序容易被高估或产生错误结果。

规则#5：解析事实表中的多对多关系。因为事实表会存储业务过程事件的结果，所以其外键之间本来就会存在多对多(M：M)关系，如在不同日期在多个店铺中售出多个产品。这些外键字段绝不应该是空值。有时维度可以对单个测量事件赋予多个值，如与医疗保健问诊有关的多个诊断或者多个具有一个银行账户的顾客；在这些情况下，直接在事实表中解析多值维度是不合理的，因为这会违背测量事件的自然粒度，因此我们要将多对多双键索引的桥接表与事实表一同使用。

规则#6：解析维度表中的多对一关系。从层次结构上讲，属性之间固定深度的多对一(M：1)关系通常会被非规范化或压缩到扁平化的维度表中。如果你已经将大部分职业生涯倾注在为事务处理系统设计标准化实体关系模型上，那么就需要抵御住将 M：1 关系标准化或雪花型化为较小子维度的本能倾向；维度非标准化是维度化建模的本质。在单一维度表中表示多个 M:1 关系是相对常见的。一对一关系，如与一个产品编号相关的唯一产品描述，也是在一个维度表中处理的。偶尔会在事实表中解析多对一关系，如详尽维度表具有数百万行并且其汇总属性会频繁变更的情况；不过，应该尽量少使用该事实表来解析 M：1 关系。

规则#7：在维度表中存储报告标签和过滤域值。应该在维度表中捕获编码，以及更为重要的用于标记和查询过滤的相关解码和描述符。避免在事实表本身中存储隐晦的编码字段或庞大的描述字段；同样，不要只在维度表中存储该编码，并且假定用户不需要描述性解码或者会在 BI 应用程序中处理它们。如果是行/列标签或下拉菜单过滤器，那么就应该被当作维度属性来处理。尽管我们在规则#5 中陈述过，事实表外键绝不应该是空值，但是同样明智的是，如果可能的话，通过用 NA(not applicable，不适用)或数据管理者确定的另一个默认值来代替空值，从而在维度表的属性字段中避免空值，以降低用户的困惑程度。

规则#8：确保维度表使用代理键。无意义的、连续分配的代理键(除那些可接受按时间顺序指定且甚至更为有意义的键的日期维度)会带来大量的操作性好处，其中包括较小的键，它意味着较小的事实表、较小的索引和提升的性能。如果是用每次资料变更的新维度记录来跟踪维度属性变化，则绝对需要代理键；即使业务用户最初没有认识到跟踪属性变化的价值，使用代理键也会让下游策略的变更少一些艰巨工作。代理键还允许将多个操作键映射到一个通用资料，同时让你免受意外操作活动的干扰，如废弃产品编号的回收或者收购另一家具有其自己编码模式的公司。

规则#9：创建一致化维度以在整个企业中集成数据。一致化维度(或者称为通用、主、标准或引用维度)对于企业数据仓库来说是必要的。一致化维度是在 ETL 系统中管理一次，然后跨多个事实表重用的，它们会交付跨维度模型的一致描述性属性，并且支持横向钻取和从多个业务过程集成数据的能力。企业数据仓库总线矩阵是表示组织核心业务过程与相关维度性的关键架构蓝图。通过消除冗余设计和冗余的开发工作，重用一致化维度最终会缩短 DW/BI 系统投入市场的时间；不过，即使无须每个人认同每一个维度属性以利用一致性，一致化维度也需要在数据管理和治理方面进行投入。

规则#10：持续平衡交付为业务用户所认可并且支持其决策的 DW/BI 解决方案的需求和现状。维度建模者必须不断应对业务用户需求以及相关源数据的潜在现状这两方面的内容，以交付出具有合理可实现性并且更重要的是有机会获得业务认可的设计。需求与现状的平衡活动是 DW/BI 从业者无法改变的事实，无论是专注于维度模型、项目战略、技术/ETL/BI 架构，还是部署/维护计划。

如果定期阅读了我们 *Intelligent Enterprise* 的文章或者我们的“工具箱”丛书以及 *Design Tips* 月刊，相信对于本文中所探讨的规则一定不会陌生；不过，我们试图将它们合并到一本规则手册中，这样就可以像收集了这些文章那样轻易参考它们，以便设计(或检验)你自己的模型。祝大家好运！

6.8　不该做的事情

Ralph Kimball，Intelligent Enterprise，2001 年 10 月 24 日

在我为 *Intelligent Enterprise* 及其前身 *DBMS* 所编写的几乎所有文章中，我都描述了构建一个数据仓库所需的设计技术。尽管写了所有那些专栏文章，但还是遗漏了一些内容。这些专栏文章的基调几乎总是急需处理的：“在情况 A 中，使用设计技术 X、Y 和 Z。”我意识到数据仓库设计者也需要边界，因此本篇专栏文章致力于介绍不应使用的维度建模设计技术。

要避免的这 12 种维度建模技术是按照重要性的相反顺序来排列的。但即便是我列出的前面一些错误也足以对数据仓库造成严重危害。

错误 12：如果打算将文本属性用作约束和分组的基础，就将它们放入一个事实表中。创建一个维度模型是一种分流。首先要识别操作源提供的数值测量；它们会进入事实表。然后从测量的上下文中识别出描述性文本属性；这些会进入维度中。最后，要对残留的代码和伪数值项逐一做出决定，如果它们更像测量的话，就将它们放入事实表中，而如果它们更像一些事物的物理描述的话，就将它们放入维度表中。但是不要放松而将真正的文本留在事实表中，尤其是留在注释字段中。要让这些文本属性离开数据仓库的主跑道并且进入维度表中。

错误 11：限制维度中详细描述属性的使用以节省空间。你可能会认为，只要保持维度大小的可控，你就是一位合格、保守的设计者了。但几乎在每一个数据仓库中，维度表在几何数量上都要小于事实表。因此如果有一个 100MB 的产品维度表，而事实表有其 100 倍大又会如何？要设计一个易于使用的数据仓库，就必须尽可能地在每个维度中提供非常详细的描述上下文。确保用可读的描述文本来扩充每一个编码。记住，维度中的文本属性“实现”了浏览数据的用户界面，为约束提供了入口点，并且为最终报告的行和列标题提供了内容。

错误 10：将层次结构和层级划分成多个维度。层次结构就是一系列级联的多对一关系。许多产品汇总成单个品牌。许多品牌汇总成单个类别，依次类推。如果维度是在最小粒度级别(如产品)来表述的，那么所有较高的层级都可以作为产品记录中的唯一值来表述。用户理解层次架构，而你的任务是以最自然有效的方式来呈现它们。一个层次结构归属于一个单一的物理扁平化维度表。要通过生成一组逐渐变小的子维度表来抗拒“雪花型化”层次结构的冲动。不要将后端数据清理和前段数据呈现混淆在一起！最终，如果有多个同时存在的层次结构，那么在大多数情况下，在相同维度中包含所有的层次结构就是合理的，只要该维度是在最小可能粒度上定义的就行。

错误 9：延迟处理渐变维度(SCD)。有太多数据仓库被设计用来定期重写最重要的维度，如顾客和产品，这些维度都来自基础的数据源。这违背了一项基本数据仓库誓言：数据仓库将准确表示历史，即使基础数据源并不如此。SCD 是每一个数据仓库的必要设计元素。

错误 8：使用智能键将维度表联结到事实表。在设计维度表中必须连接到事实表外键的主键时，刚入门的数据仓库设计者往往多少会过于望文生义。将整套维度属性声明为维度表键，然后将它们全部用作到事实表的物理联结基础，这往往会事与愿违。各种各样糟糕的问题最终都会浮现出来。用一个 1~N 的顺序编号(维度表中记录的数量)的简单整数代理键替换智能物理键。

错误 7：在声明其粒度之前将维度添加到事实表。所有的维度设计首先都应该处理数值测量和公开进行。首先，识别测量源。其次，指定测量的准确粒度和含义。第三，用忠实于该粒度的维度围绕这些测量。保持忠实于粒度是维度数据模型设计中的关键步骤。

错误 6：声明维度模型是“基于特定报告的”。维度模型与预期的报告没有任何关系！维度模型是测量过程的模型。数值测量是坚实的物理化现实。数值测量形成了事实表的基础。适合于指定事实表的维度是描述测量环境的物理上下文。维度模型牢牢基于测量过程的物理基础，并且完全独立于业务用户选择定义报告的方式。

错误 5：在相同事实表中混合不同粒度的事实。维度设计中的严重错误在于将“有帮助的”事实添加到事实表，如描述扩展时间段合计值或汇总的地理区域的记录。尽管这些特别的事实在单独测量时是为人所知的，并且似乎会让一些应用程序更简单，但它们会造成严重破坏，因为跨维度的所有自动求和会两倍甚至三倍于这些较高级别事实，从而生成不正确的结果。每一个不同的测量粒度都需要其自己的事实表。

错误 4：将最低级别原子数据保留为标准化格式。最低级别数据是最具维度性的，并且应该是维度化设计的物理基础。聚合的数据已经失去了其一些维度。如果从聚合的数据构建一个维度模型并且期望你的用户查询工具向下钻取到留在准备区域中的标准化原子数据，那么你就是在白日做梦了。要基于最原子的数据来构建所有的维度模型。让所有的原子数据成为数据仓库展示区域的一部分。然后用户工具就会优雅地抵御住“即席攻击”了。

错误 3：在面对查询性能关注点时避开聚合事实表并且收缩维度表；通过添加更多的并行处理硬件来解决性能问题。聚合(如 Oracle 的物化视图和 IBM DB2 的自动汇总表)是提升查询性能的单一的最具成本优势的方式。大多数查询工具供应商都明确支持聚合，并且所有这些工具都依赖维度建模构造。并行处理硬件的添加(这通常代价高昂)应该作为平衡方案的一部分来完成，该平衡方案也包括构建聚合、选择具有查询效率的 DBMS 软件、构建大量索引、增加物理内存大小以及提高 CPU 速度。

错误 2：未能跨独立的事实表让事实一致化。如果进展到此进而构建出烟囱，那么设计者应该感到羞愧。这被称为功败垂成。如果在源自不同基础系统的两个或多个维度模型中有一个数值测量事实(如收益)，那么就需要特别关注以便确保完全匹配这些事实的技术定义。你会希望在应用程序中能够自由添加和划分这些独立的收益事实。这一行为被称为一致化事实。

错误 1：未能跨独立事实表一致化维度。这是最大的错误，因为维度建模武器库中最重要的设计技术就是一致化维度。如果两个或多个事实表具有相同的维度，那么你必定会狂热地让这些维度完全相同或者仔细选择相互的子集。在跨事实表一致化维度时，将能够横向钻取不同的数据源，因为约束和行标题将表示相同的含义并且在数据层面进行匹配。一致化维度是构建分布式数据仓库所需的独家秘方，会为已有的数据仓库增加非预期的新数据源，并且让多种不兼容技术和谐地共同发挥作用。

对于维度建模的误解

本章中最后的几篇文章将有助于区分维度建模的真相和杜撰内容。

6.9 危险的先入为主的想法

Ralph Kimball，DBMS，1996 年 8 月

我们在这篇早期文章中保留了数据集市的引述，而非替换成更为现代的业务过程维度模型术语，因为 Ralph 会围绕数据集市的 Kimball 定义来应对常见的误解。

这个月我查看了一些关于数据仓库的先入为主的想法，这些想法不仅是错的，并且会危及项目的成功。通过消除这些先入为主的想法，就可以简化数据仓库的设计并且降低实现时长。第一组危险的先入为主的想法与一个当前的热点话题有关：数据集市。

危险的先入为主的想法：数据集市是一种快速并且含有脏数据的数据仓库。无须为企业麻烦地制订整体架构规划就能设置一个数据集市。制订整体架构过于麻烦，并且目前你不可能有足够的判断力去尝试这样做。

释放真相：数据集市一定不能是快速且包含脏数据的数据仓库；相反，它应该专注于整体规划框架中实现的业务过程主题领域。可以用直接提取自遗留源的数据来加载数据集市。数据集市不必在形式上从较大的集中式企业数据仓库处下载。

成功的数据集市策略的关键非常简单。对于企业中任何两个数据集市或业务过程维度模型来说，通用维度必须是一致化的。当维度共享基于相同基础值的属性(字段)时，它们就是一致化的。因此在杂货店的价值链中，如果“后端”采购订单数据库是一个数据集市，而“前端”

零售数据库是另一个数据集市，那么这两个维度模型将形成整体企业数据仓库合乎逻辑的组成部分——假定它们的通用维度(如事件和产品)一致。

一致化维度的优点在于，两个数据集市不必位于相同机器上，并且无须同时创建。一旦两个数据集市都在运行，那么首要的应用程序就能同时从这两个数据集市请求数据(在单独的查询中)，并且结果集是有意义的。从逻辑上讲，在联合报告中唯一有效的“行标题”必须来自通用维度，如我们杂货店示例中的时间和产品。但我们已经保证了，至少这两个数据集市的一些行标题将会是通用的，因为维度是一致的。这些通用行标题中的任何一些都可以生成一份有效报告，如图 6-5 所示。在这个示例中，采购订单数据是单独的天级别的，但销售预测数据是周级别的。因为天会汇总成周，且这两个日期维度共享向上汇总成单独的周的所有属性，所以这两个日期维度是一致的。

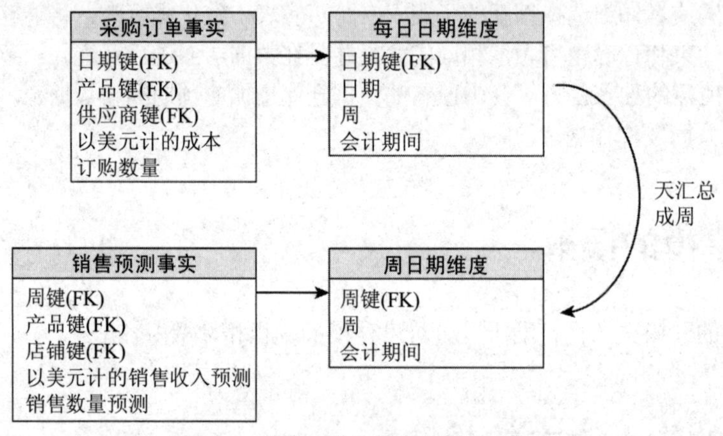

图 6-5　具有一致化维度的两个事实表

开发一个整体数据仓库架构的想法会让人望而生畏，但架构规划中的关键步骤很简单：识别通用维度。几乎在每一家公司中，最重要的通用维度都是顾客、产品、地理位置以及时间段。

一旦识别出了通用维度，单独数据集市的开发就必须托管在这一通用维度框架之下。当两个数据集市使用相同维度(如顾客)时，它们就必须共享基于相同值的一组属性。

第二组危险的先入为主想法与维度模型以及它们是否“健壮”有关。

危险的先入为主的想法：维度数据模型是一种特定的高级别汇总类型设计，它无法扩展并且无法轻易适应数据库设计需求中的变化。

释放真相：维度数据模型极其健壮。它可以经受住对数据库内容的重大变化，而无须重写现有的应用程序。新的维度可以被添加到该设计。现有的维度可以变得更为细粒度。也可以添加新的非预期事实和维度属性，如图 6-6 所示。

可扩展维度数据库的秘密就是在最小粒度级别构建事实表。在图 6-6 中，该事实表表示的是各个店铺中各个产品的日常销售情况。由于所有三种主要维度(日期、产品和店铺)都是以低级别原子单位来表述的，因此未来它们可以汇总成用户所请求的任何可想象到的分组。如果已经将数据聚合成周，那么在不回到主数据库提取并且构建一个不兼容老数据的新数据库的情况下，就无法提供可靠的月度数据。不过，使用每日数据，就可以同时适应周视图和月视图，而不会出现兼容性问题以及无须重新提取原始数据。

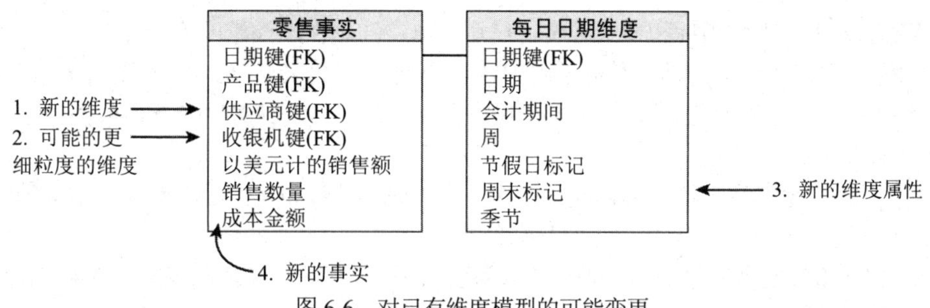

图 6-6　对已有维度模型的可能变更

图 6-6 显示了维度模式如何提供标准的便利的挂钩，以便扩展数据库来满足新的需求。可以将新的维度、新的事实以及新的属性添加到一个维度，并且甚至可以让一个维度更加细粒度。列出的所有扩展都可以被实现，而无须修改任何之前的应用程序。不必重写任何 SQL。不必重构任何应用程序。这就是可扩展性的本质。

6.10　虚言和事实

Margy Ross，Intelligent Enterprise，2004 年 10 月 16 日

根据韦氏词典(Merriam-Webster)的说法，虚言就是虚假陈述。遗憾的是，关于维度建模的虚言一直在我们行业内流传。这些虚假陈述和断言是一种干扰，尤其是在试图让团队齐心协力时。在本篇文章中，我们会介绍让这些虚言持续存在的误解根源，这样就能理解为何它们会像童话故事中的双头怪一样毫无根据。

6.10.1　并非所有的维度模型都是同等创建的

我们回顾一下工作中的大量维度模型。它们通常揭示出了我们“工具箱”丛书和系列文章中的最佳实践设计原则。不过，并非所有假想的维度模型都是被恰当设计的。有一些公然违背了核心的维度建模原则。鉴于在看似权威的书籍和培训演示中发现的糟糕示例星型模式，出现这种情况毫不意外。不过，不应将所有的维度模型都归并到基于误导的冒名顶替者的“不良”类别中。

大多数虚构断言的根源都在与维度建模最佳实践有关的几种基本错误之中。如果没有接受维度建模的基础概念，那么就不能责怪维度建模本身。同样，对于由个别不理解其关键前提的人所抛出的批评意见需要持保留意见。一旦我们澄清了这些误解，读者也就做好了自行区分虚言和事实的准备。

6.10.2　专注于测量过程，而非部门报告

我们主张将四步方法用于设计维度模型。第一步是识别业务过程，接着是声明粒度，然后选择维度和事实。我们绝不会建议识别业务的前 10 个报告或查询。

如果是通过仅专注于报告或查询模板来收集需求，那么就容易建模数据以生成特定报告，

而非捕获用于分析的关键指标和相关维度。显然，重要的是在设计维度模型时考虑业务用途。维度属性必须支持 BI 环境的过滤和标记需求。健壮的维度属性会转换成几乎无穷的分析切片和切块组合。不过，不要盲目地孤立专注于前 10 位清单，因为优先级和热点报告将不可避免地发生变化。

相较于封闭式地专注于特定报告或部门化需要，我们建议将维度设计专注于最关键的性能测量过程上。这样，就可以让以下虚言偃旗息鼓了。

虚言：构建维度数据库是为了处理特定业务报告或应用程序。当业务需要一个新的报告时，就要构建另一个维度星型模式。

事实：维度模型应该围绕物理测量过程或事件来构建。当测量发生时，就会创建一个事实表的行。相关的维度属性反映了上下文特征和层次结构。如果业务确认了基于相同测量过程的一份新的报告，那么就无须构建一个新的数据集市、模型或模式。测量过程在大多数组织中都是相对固化的；针对这些指标执行的分析会更具变动性。

虚言：维度模型是部门化解决方案。当另一个部门需要访问这些数据时，就要用该部门的词汇表来构建和标记一个新的模型。维度模型需要重复多次提取相同的源数据。

事实：维度模型不应具有部门化边界。代表了一个基础测量过程的事实表仅需要具有一个跨业务职能或部门共享的物理实例。从相同源创建多个提取物是毫无理由的。例如，产生自结账业务过程的指标可在单一维度模型中供整个企业访问；没有理由将结账性能指标复制到财务、市场营销和销售的独立部门化解决方案中。即使这些部门化解决方案源自相同的存储库，它们也可能会使用类似但稍微不同的命名规范、定义和业务规则，从而破坏真实情况的单一版本这个承诺。部门化方法极易受到不一致的非集成式单点解决方案的损害。我们绝对不提倡这种方法。

虚言：不重构原始的星型模式或者不创建单独的事实表或数据集市就无法包含新的数据源。

事实：如果新的数据源是用于 BI 环境中现有测量过程的另一个捕获系统，那么新的数据就可以被优雅地合并到原始数据中，而无须修改任何已有的报告应用程序(假定粒度性是相同的)。如果这个新的数据源处于表示新测量过程的不同粒度上，那么就必须创建一个新的事实表。这与维度建模完全无关。在引入一个具有不同键的新表时，任何数据表示都会创建一个新的实体。

虚言：使用维度建模，事实表就会被强制变成不灵活的单一粒度。

事实：用详情的单一级别来约束事实表的创建可确保测量不会被不恰当地重复计算。具有混合粒度事实的表仅能通过知晓各种详情级别的自定义应用程序来查询，从而有效排除即席探究。如果测量自然地存在于不同粒度上，那么最万无一失的设计就是为每一个级别建立一个事实表。这种方法非常灵活，它能在出现变更时保护现有应用程序，使其避免遭到破坏或者需要重新编码。

6.10.3 从原子详情开始，而非汇总数据

有些人声称维度模型旨在用于管理层和战略层分析，因而应该用汇总数据而非操作详情来填充它。我们完全不赞同这一观点。维度模型应该用原子数据来填充，这样业务用户就可以提出非常准确的问题。即使用户不关心单个事务的详情，某些时候他们的问题也会以超出预期的方式涉及详情的汇总。数据库管理员会预先汇总一些信息，要么物理化汇总要么通过物化视图来汇总，以避免每一个查询在运行时进行汇总。不过，这些聚合是补充原子级别的性能调优，

而非替代。如果创建具有原子详情的维度模型，以下虚言就不是什么问题了。

虚言：星型模式和维度模型会预先假定业务的问题。当需求变化时，模型也必须修改。

事实：在预先汇总信息时，就是在预先假设业务问题。不过，具有原子数据的维度模型是独立于业务问题的，因为用户可以无止境地汇总或向下钻取。它们会为新的之前没有指定的问题提供答案，而无须修改数据库。

虚言：星型模式和维度模型仅在具有可预测的使用模式时才适用。维度模型不适合探究型查询。

事实：标准化和维度化模型包含相同的信息和数据关系；这两者都能确切回答相同的问题，尽管难度不同。维度模型会自然地表示测量事件的物理现象；事实表包含测量，而维度表包含上下文。基于最原子数据的单一维度模型能够回答针对那些数据的所有可能问题。

虚言：维度模型不可扩展。如果详尽的数据被存储在维度数据集市中，那么性能就会下降。数据集市仅包含最近的信息并且被限制存储历史信息。

事实：维度星型模式极具扩展性。现代事实表具有对应所捕获的数十亿个测量事务的数十亿行的情况并不常见。百万行的维度表很常见。维度模型应该包含所需数量的历史来应对业务需求。维度建模不存在阻止存储大量历史信息的情况。

虚言：维度模型不可扩展并且无法应对数据仓库的未来需求。

事实：在最低详情级别表述数据的维度模型会提供最大的灵活性和可扩展性。用户可以用任何方式汇总原子数据。同样，可以用额外的属性、测量或维度来扩展原子数据，而不会破坏已有报告和查询。

虚言：维度模型不能支持复杂数据。它会忽略实体之间的多对多关系，仅允许多对一关系。

事实：维度模型和标准化模型的逻辑内容完全相同。在一个模型中表述的每一种数据关系都可以在另一个模型中准确表述。维度模型总是基于事实表的，这些事实表完全是多对多关系。维度模型是去除不必要雪花型模式(维度属性的标准化)的实体关系模型的一种形式。

6.10.4 目标是集成，而非标准化

有些人相信标准化能应对数据集成挑战。除强制数据分析师处理跨数据源的不一致性外，标准化数据对集成没有任何帮助。

数据集成是在任何特定建模方法外的一个过程。它需要识别组织使用的不兼容标签以及测量，然后达成确立和管理企业范围内通用标签和测量的共识。在维度建模中，这些标签和测量会分别存在于一致化维度和一致化事实中。正如企业数据仓库总线架构中所表述的，一致化维度是跨测量业务过程的集成黏合剂。一致化维度通常是在 ETL 期间作为集中式持久化主数据来构建和维护的，然后跨维度模型重用以便允许数据集成并且确保语义一致性。

虚言：维度建模概念(如一致化维度)会让 ETL 工作承担不当的负担。

事实：数据集成依赖标准化标签、值和定义。达成组织化共识和实现相应的 ETL 系统规则是艰巨的工作，但无法躲开这部分工作(无论是处理标准化模型还是维度化模型)。

虚言：在有大多两个独特源系统的情况下，维度建模就不适用了，因为从多个源集成数据很复杂。

事实：数据集成的挑战与建模方法完全无关。矛盾的是，维度建模和总线架构如此清晰地揭示了业务的标签和测量，以至于组织没有选择，只能直接处理集成问题。

虚言：对维度属性的变更仅仅是维度模型的问题。

事实：每一个数据仓库都必须处理时间变化。当像顾客或产品这样的实体的特征发生变化时，我们需要一种系统的方法来记录该变化。维度建模使用了一种标准化技术，它被称为渐变维度(SCD)。当标准化模型遇到时间变化的问题时，它们通常会将时间戳添加到实体。这些时间戳用于捕获每一次实体变更(就像类型 2 SCD 所做的那样)，但如果不为每一个新的行使用一个代理键，查询界面就必须发出一个双联结，它会同时约束每对联结表之间的自然键和时间戳，让每一个报告应用程序或查询承担不必要且不友好的负担。

虚言：无法集成多个维度模型。它们是自下而上构建的，满足的是单独部门的需要，而非企业的需要。数据集市的混乱是不可避免的结果。

事实：集成任何类型的已经被构建为部门化的独立解决方案的数据库绝对是一件麻烦事，这些解决方案没有用一致化维度来架构。这也恰恰是我们不建议采用这种方法的原因！如果将总线架构用于一致化维度的企业框架，然后根据业务测量过程应对渐进式开发，就不会造成混乱局面。在整个企业中确立一致化定义、业务规则和实践时，组织和文化障碍是不可避免的。技术才是容易的部分。

第 7 章

维度建模任务和职责

有了对维度建模概念的基本理解，我们要将注意力转向专注于维度建模过程本身——我们如何着手进行设计、谁要参与其中，以及在设计活动期间我们需要关心什么？本章被划分为两部分；第一部分会处理围绕从头开始的初始设计的问题，而第二部分会处理围绕检查已有维度模型或系统实现的任务。

设计活动

本节中的文章专注于新维度模型设计期间涉及的任务和参与者，首先会介绍仍然格外有效的历史观点。

7.1 让用户安然入眠

Ralph Kimball，DBMS，1996 年 12 月和 1997 年 1 月

这部分内容最初是作为两篇连续文章发表的。

数据仓库设计者的工作是一项艰巨工作。通常，新指派的数据仓库设计者会被该工作所吸引，因为数据仓库的作用极具可见性和重要性。实际上，管理层会对设计者表示：“使用企业的所有数据并且让这些数据对于管理层可用，这样他们就能得到所有问题的答案并且在夜晚安然入眠。请非常快速地完成这一任务，并且抱歉的是我们无法增加更多的人手，直到这一概念经证明是成功的。”

这一职责是令人激动且非常具有可见性的，但大多数设计者都会因这项任务的巨大规模而感到不知所措。有些事情真的需要快速完成。要从哪里开始入手？首先应提供什么数据？哪些管理层需求是最重要的？设计是取决于最近的访谈详情，还是可以依赖一些底层且更为固定的设计指南？如何将项目圈定在可管理的范围内，而同时构建可扩展的架构，以便可以优雅地构建全面的数据仓库环境？

这些问题很容易造成数据仓库行业的危机。这个行业中最近针对“数据集市”所涌现的大量质疑正是这些问题的一种反映。设计者希望完成一些简单且可达成的事情。没人愿意承诺完成一个浩瀚无比的设计。每一个人都希望在匆匆忙忙的简化中长期的设计一致性和可扩展性不会遭到破坏。

幸运的是，这一设计挑战的出路会获得一个可实现的即时结果，同时持续地增强该设计以便最终构建一个真正的企业数据仓库。这一分而治之的方法是基于业务过程主题领域(最初被称为数据集市)的。因此，企业数据仓库会表现为在一段时间后实现的一组独立业务过程主题领域的并集，可能是由不同的设计团队来实现，并且是在不同的硬件和软件平台上实现的。

每一个业务过程主题领域都是使用一种九步设计方法论来设计的：

1. 选择过程。
2. 选择粒度。
3. 识别和一致化维度。
4. 选择事实。
5. 在事实表中存储预处理算法。
6. 填充维度表。
7. 选择数据库的持续期间。
8. 确定是否需要跟踪渐变维度。
9. 决定物理设计。

作为访谈市场营销用户、财务用户、销售团队用户、操作用户、中层管理者以及高管层的结果，会形成一幅让这些人在夜晚无法安然入眠的原因的图景。可以列出企业面临的主要业务问题，并且将其按优先级排序。同时，应该安排一系列与业务系统 DBA 的访谈会议，他们会揭示出哪些数据源是干净的、哪些包含有效和一致的数据，以及哪些会在接下来几年中仍旧受到支持。

为设计安排一系列适当的访谈会议是至关重要的。访谈也是其中一件最难以向人们传授经验的事情。我发现将访谈过程简化成一种战术和一个目标是有帮助的。大致来说，战术就是让业务用户谈论他们在做些什么，而目标就是获得这九项决策依据的见解。难点在于，访谈人员无法直接对用户提出设计问题。业务用户对于数据仓库系统设计问题是没有概念的；他们只会对其业务工作中重要的部分发表意见。业务用户会被系统设计问题吓到，并且当他们坚持系统设计是 IT 的领域而非他们的领域时，他们是无比正确的。因此，数据仓库设计者的挑战在于，要在实际开发过程之前就与用户举行访谈会议。

无论如何，在具备了自上而下的观点(让管理层无法安然入眠的事情)以及自下而上的观点(哪些数据源可用)之后，数据仓库设计者就准备好应对九项设计决策了：

1. **选择过程**。对于过程一词，我指的是特定操作活动的内容。所构建的第一个业务过程主题领域应该是回报最多的一个。它应该既能回答最重要的业务问题，并且从数据提取的角度来看又是最具可访问性的。在大多数企业中，最佳的起始位置就是对由顾客消费开票或月报表构成的过程进行建模，如图 7-1 所示。这个数据源可能非常具有可访问性以及具有非常高的质量。Kimball 的其中一条定律就是，任何企业中的最佳数据源就是“他们欠我们多少钱”的记录。除非成本和盈利能力指标已经可用了，否则最好避免将这些项添加到这第一个项目中；相较于其他任务，提供基于活动的成本计算作为首个交付物的一部分这样的史诗般或不可能的任务会更为快速地拖累数据仓库的实现。

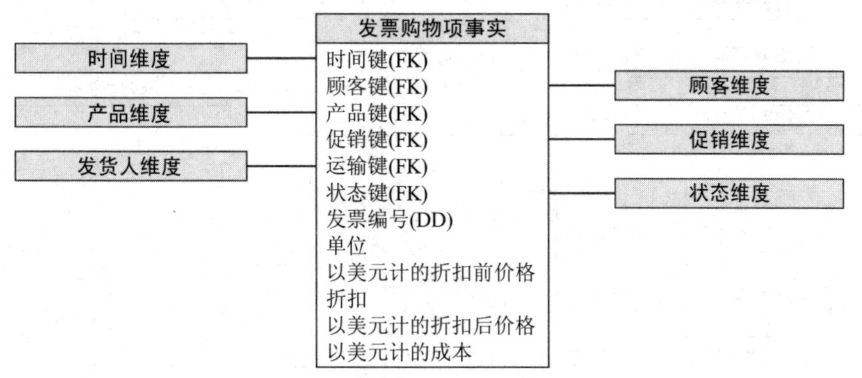

图 7-1 顾客发票购物项事实表

2. **选择粒度**。这第二步看起来就像是这一早期节点的一个技术细节，但它实际上是让设计取得进展的秘诀。选择粒度意味着准确确定事实表记录代表着什么。回顾一下，事实表是维度设计中的大型集中式表，它具有一个复合键。该复合键的每一个组成部分都是指向一个独立维度表的外键。在图 7-1 中的顾客发票示例中，事实表的粒度就是顾客发票的购物项。换句话说，一张发票上的一行购物项就是一条事实表记录，反之亦然。只有在已经选择了粒度的情况下，才能进行业务过程对应维度的有条理探讨。
3. **识别和一致化维度**。维度是查询约束和用户报告中行标题的源；它们会为用户提供企业的词汇表。一组精心架构的维度会让模型可被理解并且易于使用。糟糕或不完整的一组维度会降低模型本身的可用性。

   在选择维度时应该牢记它们是要用于企业数据仓库的。这一选择表明了重要的时刻，其中数据库架构师必须从项目细节上抬起头来考虑更为长期的规划。如果有任何维度出现在两个业务过程中，那么它们就必须包含一组重叠的来自相同域的属性(字段)。只有这样，两个过程才能在相同应用程序中共享这样一个维度。当一个维度被用于两个业务过程主题领域时，这个维度就会被认为是一致的。绝对必须被一致化的维度的好示例就是企业中的顾客和产品维度。如果这些维度被允许偏离跨过程的同步，那么整个数据仓库将会出现故障，因为业务过程主题领域将无法被共同使用。

   跨业务过程一致化维度的需求非常强烈。在实现首个业务过程之前必须仔细考虑这一需求。DW/BI 团队必须弄明白企业顾客 ID 是什么以及企业产品 ID 是什么。如果这项任务被正确完成，那么就可以在不同时间在不同机器上由不同开发团队来构建连续的业务过程，并且这些过程主题领域将协调地合并到整个数据仓库中。尤其是在两个过程的维度一致的情况下，实现横向钻取是很容易的，只要对这两个主题领域发送单独的查询，然后在一组通用行标题上分类合并这两个结果集即可。如果行标题来自对两个过程通用的一致化维度，那么这些行标题就可以被共享，如图 7-2 所示。
4. **选择事实**。事实表的粒度会确定可以用于指定业务过程的事实是哪些。所有这些事实都必须由该粒度所表示的统一级别来表述。换句话说，如果事实表的粒度是顾客账单上独立的一行购物项，那么所有的数值事实都必须指向这一行具体的项。同样，正如我之前多次说过的，事实应该尽可能地具有累加性。

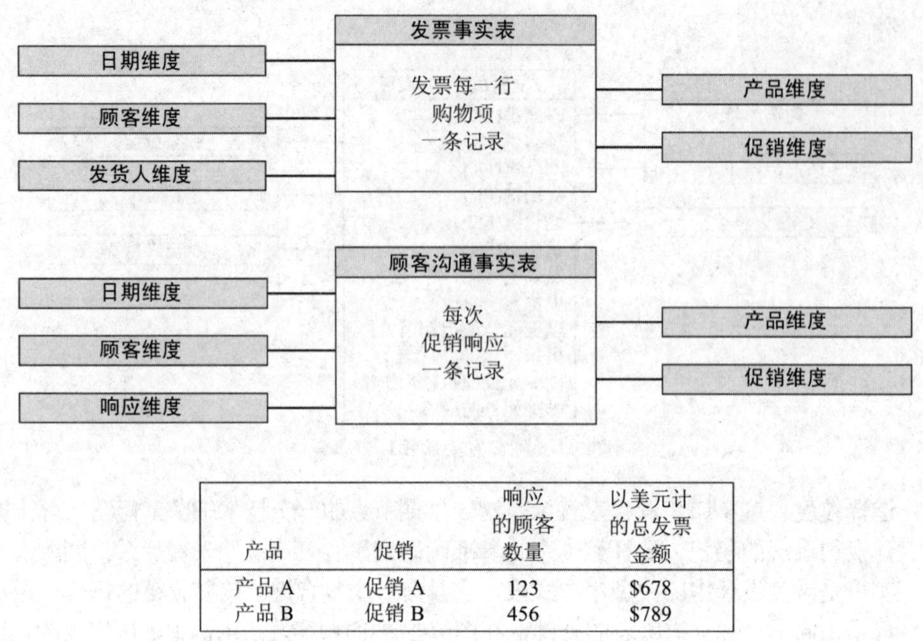

产品	促销	响应的顾客数量	以美元计的总发票金额
产品 A	促销 A	123	$678
产品 B	促销 B	456	$789

图 7-2 具有一致化维度的两个主题领域

图 7-3 显示了具有非数值事实、非累计事实以及错误粒度事实的可怕混合的“糟糕”事实表。这一设计是不可用的。

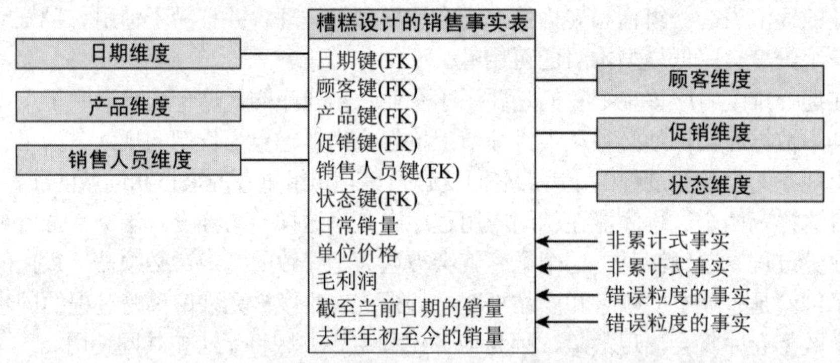

图 7-3 “糟糕”事实表的示例

图 7-4 显示了一个“合格”事实表，其中第一步设计中所有的数据元素都已经正确重置了，这样它们就会尽可能地变成数值和累计式的。

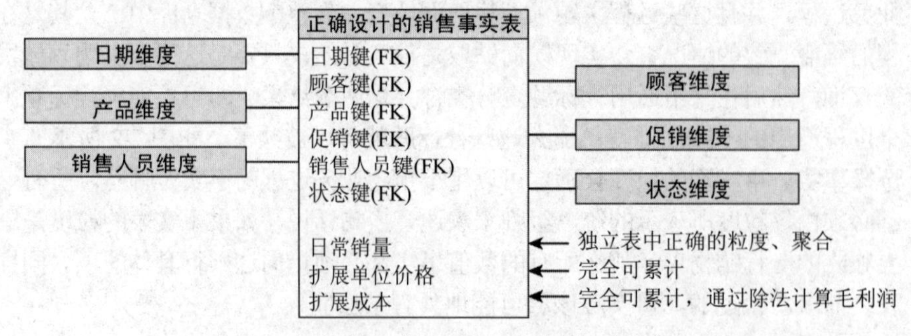

图 7-4 处理图 7-3 中问题的“合格”事实表的示例

注意，可以随时将额外的事实添加到事实表，只要它们与该表的粒度一致即可。这些额外的事实不会让任何之前有效运行的应用程序失效。

5. **在事实表中存储预处理算法**。需要存储预处理算法的一个常见示例会出现在事实由损益表构成时。当事实表基于顾客账单时通常就会出现这种情况。图 7-5 显示该事实表是从销售数量和扩展清单价格开始记录的。这两者都是极好的累计数量，在加总了一些事实表记录之后，总是可以从中推算出平均单位清单价格。当然，顾客通常不会按照清单价格进行支付。需要减去所有的补贴和折扣，才能得到扩展净价。由于扩展净价总是可以根据扩展清单价格减去补贴和折扣推算出来，因此是否需要显式存储扩展净价呢？

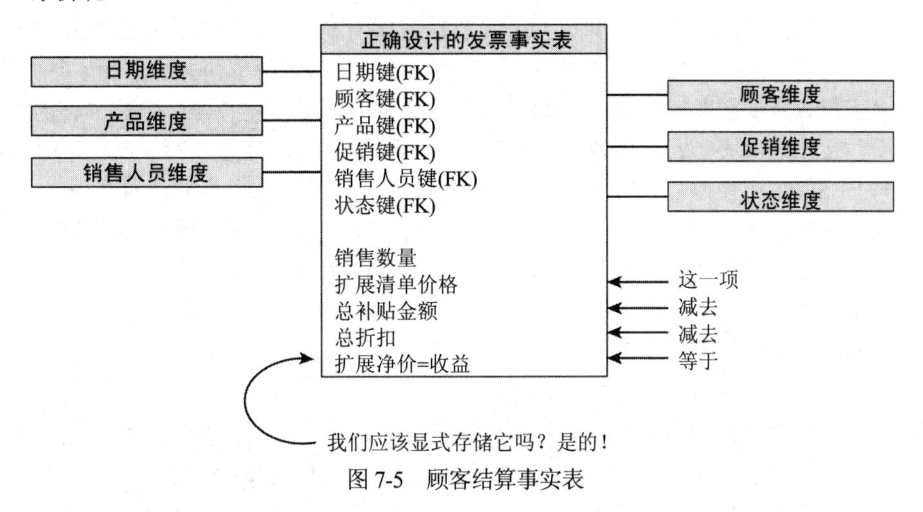

图 7-5　顾客结算事实表

其答案是非常肯定的！这个示例足够复杂，如果存在用户不正确推算扩展净价的最小概率，也应该将其放入基础物理模式中，即便它会占用一些空间。用户错误表述扩展净价(这毕竟是整个企业的主要收益数额)的成本会让少量冗余数据存储的小小成本显得毫不起眼。注意，如果存在用户使用可悄悄绕过视图的即席查询工具访问物理表的可能性，那么仅计算扩展净价的视图是有些危险的。从长期来看，视图是在消除用户错误以及节省存储之间取得平衡的一种好方法，但 DBA 必须确保用户总是只能通过视图来访问数据。

6. **填充维度表**。此时事实表是完整的，并且你理解了维度表在通过维度属性约束提供事实表的入口点中所扮演的角色。步骤 2 中的粒度决策也会确定每一个维度表的粒度。例如，如果粒度是单独的顾客账单每一行的项，那么顾客维度粒度就很可能是顾客的发票寄送地址，而产品/服务维度粒度是基于其进行结账的最低级别产品/服务层次结构。在步骤 3 中，应该已经识别出了足够详细的信息中的维度，以便在正确粒度上描述像顾客和产品这样的对象。

   在这一步，可以返回维度表并且将尽可能多的类似于文本的描述符添加到维度中。根据我的数据仓库设计方面的经验，我主张客户端为像顾客和产品这样重要的维度识别出至少 50 个类似于文本的属性。即使是像事务类型这样的原本很小的维度也应该用表示每一个事务类型的含义的适合文本描述来修饰。可能这些事务也可以被整理到分组中。该事务分组应该是另一个文本属性。

所有这些文本属性应该由真实的语句构成。具有隐含意义的首字母缩写是极其不受欢迎的。记住，这些文本属性既是应用程序的用户界面要素，又是所打印报告的行和列标题。IT 厂商必须在维度表属性方面承担非常专业化的质量控制任务。

7. **选择数据库的持续期间**。持续期间衡量事实表会保留之前多长时间的数据。在许多业务中，都需要查看一年之前相同时期的数据。这一需求通常至少会要求有五个日历季的数据。在一个日历年快要结束之时，这意味着完整的两个年份的数据量。这些参数可以用低强度的两年数据、三年数据等来重复。

   具有监管报告需求的保险公司和组织可能会有很长的事实表持续期间，通常会扩展到七年或更久。这些长持续期间的事实表会引发至少两个非常重大的数据仓库设计问题。首先，按照时间回溯老的源数据通常会越来越困难。数据越老，在读取和解析这些老文件时就越可能会出现问题。其次，使用重要维度的老版本而非最新版本是强制性的。

8. **确定是否需要跟踪渐变维度**。旧产品和老顾客的恰当描述必须与旧的事务历史共同使用。数据仓库必须为这些重要的维度分配一个通用键，以便能够区分一段时间内顾客与产品的多个快照。我在文章 1.8“渐变维度”中探讨过这些设计问题。

9. **决定物理设计**。在前面八个步骤之后，就有了业务过程主题领域的完整逻辑设计。现在就准备好将注意力转移到物理设计问题上了。在这一步骤中，我将注意力限定在影响用户对主题的看法的最大物理设计问题上：硬盘上事实表的物理排列顺序以及预先存储的汇总或聚合的存在与否。在这些问题外，还有大量会影响管理、备份、索引性能以及安全性的额外物理设计问题。

   硬盘上的物理排列顺序是数据仓库中的一个重要设计工具。在我的数据仓库设计课程中，我探讨过“总部排序”和“区域销售排序”。数据仓库设计者通常必须依据其他方面的代价来选择这些排序中的一种。在极端情况下，设计者可以通过四个或更多因素中的一个来影响性能，这取决于该选择。

如果有序执行这 9 个步骤，不仅最终会得到驱动实现的完整而详尽的设计，而且还会理解如何将独立的业务过程主题领域与一致化维度绑定到一起，这样随着时间的推移，最终就能得到一个企业数据仓库了。

7.2 用于设计维度模型的实践步骤

Margy Ross，Intelligent Enterprise，2008 年 9 月 29 日

Kimball Group 已经就维度建模技术撰写了数百篇文章以及 *Design Tips* 专栏，但我们还没有撰写过很多关于维度建模过程本身的文章。创建一个健壮的设计需要哪些任务和交付物呢？

在着手进行维度设计项目之前，需要切实理解业务的需求以及对于基础源数据的合理评估。跳过需求评审这一环节是很吸引人的，但要抗拒这种冲动，因为这样做的话会增加开发出由源驱动的模型的风险，不足以满足业务所需的大量小的但是有意义的查询方式。理想的情况是，已经在用户认可的需求收集结果文档中调研和记录了需求并明确了其优先级顺序。正如文章 5.6“再次探讨矩阵”中所述，这一交付物通常还包括初步的数据仓库总线矩阵。

除业务需求和总线矩阵外，我们还希望审查到目前为止项目团队未揭示的对源数据的所有剖析及见解。所需的阅读清单上的最后一项是组织的命名规范标准文档。如果还没有适用于数据仓库和商业智能的命名规范，就需要在开发维度模型时确立它们(参阅文章 7.7“命名博弈”)。

7.2.1 参与其中

每个人都知道，取得成功的关键在于邀请适当的人参与其中。对于维度建模活动来说同样需要如此。遗憾的是，有太多数据建模者将维度模型的开发视作单一、独立的活动；他们会回到其封闭的小环境来独自思索建模可选方案的优缺点，几周后才出现以展示其供其他人审视的杰作。尽管数据建模者应该领头并且承担对交付物的主要职责，但得出正确维度设计的最佳方式是通过协作式的团队工作，因为没有一个人会同时具有业务需求和源系统特性的详尽知识。

建模团队应该包括能够准确表述业务用户分析需求的人，如业务分析师、高级用户、BI 应用程序开发人员或上述所有人。尤其是，高级用户的参与是很有价值的，因为他们可能已经识别出将源数据转换成用于决策的更有意义信息的业务规则；他们的见解通常会带来一个更为丰富、更具分析性的完整设计。指定的数据管理者应该参与到建模过程中，以推动就名称、定义和业务规则达成组织共识。如果还没有建立数据管理计划，那么没有比现在更适合的时间做这件事了。

让一些源专家至少断断续续地参与到该过程中也是很有好处的，以便能够快速回答疑问并且解决关于数据时序以及内容细微差异的问题。最后，应该邀请 ETL 团队的成员参与进来，以便获得关于模型及其源到目标映射的早期见解。ETL 团队成员的收获通常比为建模过程所做的贡献要多，但得到他们对设计的认可能够节省时间并且避免在设计这条路上一直忙碌下去。出于相同的原因，还应该邀请要实现物理设计的 DBA 参与进来。

在组织好团队并且先决条件宣读完成之后，将需要简要介绍维度建模，这样团队中的每一个人都能理解其核心原则(并且认识到非标准化并非总是坏事)。

团队的第一个目标在于，就高层次模型图表或气泡图达成共识，如图 7-6 所示。气泡图代表着对应于单个业务过程的事实表；它包括清晰表述的粒度声明以及核心维度的识别。气泡图通常很大程度上可以派生自初步的总线矩阵。它有助于让每一个人对模型的范围达成一致意见，无须陷入不必要的细节泥沼。因为它易于理解，所以高层次图表也有助于促进设计团队与业务合作方之间的探讨。

7.2.2 深究细节

就气泡图达成共识后，团队需要开展逐表逐列的探讨，钻研更多关于必备属性和指标的细节，这包括定义、转换规则以及数据质量关注。在一系列设计研讨会之后，维度模型就会展现出来，每次研讨会都会产生一个更为详尽的设计，该设计已经根据对业务需求的理解而反复验证过了。

不要试图规划全天的设计会议；要安排若干两小时晨会和下午的会议，这样建模领导者就有时间在下一次会议之前更新文档(并且团队成员也可以处理其日常工作)。最初的会议应该专注于更简单明了的维度表，这样团队就能在处理更具争议性的维度之前体验一次快速胜利。

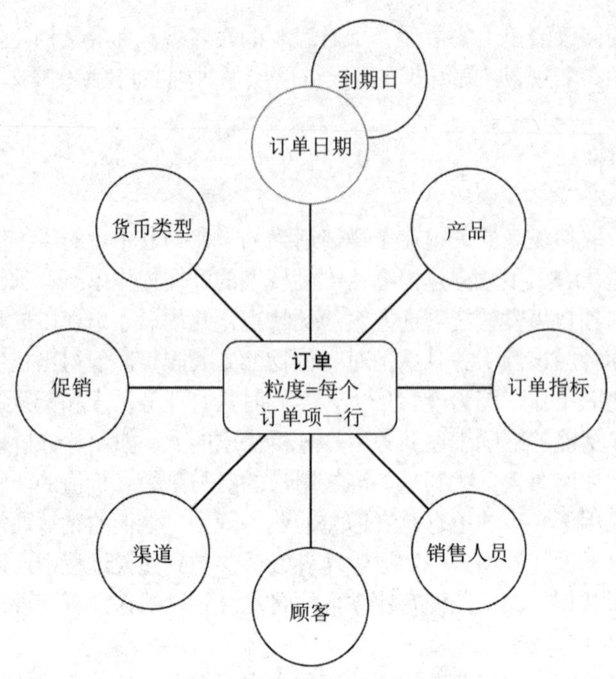

图 7-6　高层次气泡图表示例

在迭代式充实设计时，团队成员需要进一步审查数据。因此，持续使用剖析工具(或者相对落后的方法)将是至关重要的。在设计过程中找出源数据的好的、糟糕的以及令人不快的现状将最小化 ETL 设计和开发活动期间的意外和相应的超支问题。

在整个设计研讨会期间，数据建模者或指定的记录员应该为每一个具有信息的表填写一份详尽的工作表，这些信息包括属性或事实名称、列描述、样本值和解码、维度属性的变更跟踪规则，以及基本的转换业务规则。这些工作表形成了源到目标映射的基础，物理设计者会进一步修饰它，然后最终交付给 ETL 团队。除详尽的工作表外，设计团队的成员还应该记录未决问题，这样就可以在单个文档中捕获它们，以便在每一次研讨会结束时进行回顾和任务分配。

7.2.3　审核结果

建模过程的最后一个阶段涉及同相关方一起审核与验证模型，这些相关方包含项目团队，并且可以延伸到 IT 中具有源系统丰富知识的那些人，一直到更广泛的业务用户群为止。在将时间和资金投入到数据实现中之前，这最后一组审核至关重要。计划是将大部分的此项审核工作用于揭示模型将如何应对来自需求结果的样本问题。

典型的设计工作通常需要花三到四周来处理单个业务过程维度模型，但所需的时间会有所不同，这取决于业务过程的复杂性、预先存在的一致化维度的可用性、建模团队的经验、是否准备好精心记录的业务需求，以及达成共识的难度。

与代表不同技能的相关方一起设计一个维度模型需要全力以赴和协作，但最终结果是一个健壮的模型，已经同时针对业务需要和数据现状对其进行了严格的测试。在转向实现之前，这完全就是你所想要的。

7.3 为维度建模团队配置人员

Bob Becker，Design Tip #103，2008 年 7 月 1 日

令人惊讶的是，有很多 DW/BI 团队将设计维度模型的职责局限于单个数据建模者或一小组专门的数据建模者。这明显很短视。最佳的维度模型源自协作式团队工作。没有哪一个人本身就具有有效创建模型所需的业务需求以及所有源系统特性的详尽知识。

在大多数高效团队中，两个或三个人的一个核心建模团队会承担大多数详细工作，不过这需要外围团队的帮助。核心建模团队是由一个具有很强维度建模技能和优秀引导技能的数据建模者来领导的。该核心团队还应该包括一位业务分析师，他会带来对业务需求的切实理解、需要支持的分析类型，以及对让数据更有用且可访问的工作的赞赏。理想情况下，该核心团队将至少包括一位来自 ETL 团队的代表，他要具有大量的源系统开发经验和学习兴趣。

我们建议引入一位或多位分析型业务用户作为核心建模团队的成员。这些强大的用户会带来重要的见解并且帮助加速设计过程。他们对于建模过程尤其有价值，因为他们是从业务视角来理解源系统的。

核心建模团队需要与源系统开发人员紧密协作，以便理解充实维度模型过程中所涉及的源系统的内容、含义、业务规则、时序以及其他难点。如果幸运的话，实际构建或者最初设计这些源系统的人可能仍然在职。对于任何指定的维度模型，通常会有几个源系统的人需要被拉入建模过程中。他们可能会是 DBA、开发人员，以及共同协作参与数据输入过程的人。这些同事中的每一个都会对数据进行处理，而其他人对之毫不知情。

实现物理数据库的 DBA、ETL 架构师/开发人员以及 BI 架构师/开发人员也应该参与到建模过程之中。积极参与该设计过程将有助于这些人更好地理解模型背后的业务理由并且促使他们认可最终的设计。通常，DBA 都是来自事务系统的幕后人员，他们不理解维度建模的基本原理。DBA 自然希望使用更为熟悉的标准化设计规则来建模数据，但会在根本上破坏维度设计。ETL 设计者通常也会有类似的倾向。如果没有对业务需求的切实理解以及进行维度设计的正当理由，ETL 设计者就会希望通过将计算任务转移到 BI 工具、跳过描述查找步骤或者采用其他捷径来提升 ETL 过程的效率。尽管这些变更会节省 ETL 开发时间，但其带来的影响会增加工作量或者降低数百位业务用户的查询性能。BI 设计者通常可以将重要的输入提供到模型中，这些输入会提升最终 BI 应用程序的有效性。

在开始过程建模之前，要花时间考虑 DW/BI 环境的运营管理以及管理工作的含义。如果组织拥有积极的数据管理举措，那么是时候利用该举措了。如果还没有管理计划，那么是时候启动该处理过程了。投入作为实现方法的维度建模中的企业 DW/BI 工作精力也必须投入一致化维度战略中，以便确保跨业务过程的一致性。一套积极的数据管理计划可以帮助组织达成其一致化维度战略。

尽管更多的人参与到设计过程中会增加该过程进展缓慢的风险，但设计丰富度和完整性的提升绝对对得起这些额外的开销。

7.4 让业务代表参与到维度建模中

Bob Becker，Design Tip #157，2013年6月28日

Kimball Group一直在强调为DW/BI环境设计维度时密切关注业务需求的重要性。业务需求收集通常要在即将开始维度化数据模型设计过程之前着手进行。文章4.2“业务需求收集的更多注意事项”中的内容就是需求收集注意事项的提示。我们还相信，在设计过程本身中引入关键业务代表的参与是非常重要的。遗憾的是，许多组织都不太喜欢在设计活动中邀请业务代表参与其中。他们将维度模型视作专注于建模数据元素的技术活动，并且没有认识到业务主题问题专家参与的价值。

关于维度数据建模过程，我的口号是：“记住，数据仓库的目的不是数据。它的目的是满足业务需求！”不过，我承认数据仓库很大程度上与数据有关，但对于设计过程来说，我还是坚持我的口号。主要关注数据并且未能专注于业务需求是一个严重的错误。在设计过程中让业务代表介入进来并且让他们持续参与将会得出明显更好的设计。在深入参与设计过程之前，通常是很难认识到业务参与度的价值的。不过最终，所产生的数据模型必须支持业务需求，否则DW/BI举措将会失败。文章4.12“使用维度模型来验证业务需求”中描述了如何利用维度数据模型来验证和捕获业务需求。

为了有效发挥业务用户参与性的作用，持续使他们参与其中是很重要的。如果探讨时背离了对需求建模的内容，并且转向详细的ETL设计主题或其他技术问题，那么业务用户将不再理会并且最终停止参与其中。为了使他们持续参与，需要将重点放在设计以及它如何支持业务需求上。技术问题可以在其他时间进行讨论。

只要提供机会，业务用户就会积极参与到设计过程当中。在一开始，他们会不清楚如何参与其中，因为这对于他们来说是全新的内容。幸运的是，设计会议中会有无数的机会吸引业务的注意力。每一个关键维度属性或指标都是需要讨论的。关键问题包括：这个数据元素为何重要？如何使用它？在报告或分析中要用它来做什么？会将它和其他哪些属性或指标合并？为什么要合并？通常，这些探讨都会带来对之前还未浮现出来的业务需求的更深刻理解。

例如，许多业务过程(如在呼叫中心跟踪呼叫段)都会产生事务事实表，这些表包括开始时间和结束时间维度。欠缺经验、面向数据且没有业务代表参与的设计团队会满足于同时具有这些维度的一个事实表。而一个更为有经验的设计团队会询问其业务合作伙伴关于这些时间维度的用途，并且发现它们被用于计算呼叫时长。对于这一新近理解的需求，设计团队将增强该事实表以便将呼叫时长包括进来作为一个指标。这一增强将产生一个让业务用户更为信服的设计，他们现在可以通过任何关联的维度属性来测量平均呼叫时长，使他们可以了解服务水平，而无须在查询时执行时长计算。从业务的角度来看，这代表着在初始设计之上的显著使用体验提升。

与业务用户就这一指标持续进行探讨可能会揭示出还没有被业务定义过的已经存在的标准服务水平。例如，会发现业务最近已经为呼叫时长分类确立了一条新的基准：2~5分钟的呼叫时长会被认为“正常”，1~2分钟会被认为“正常——短”，小于1分钟会被认为“不正常——短”，而其他的会被认为“正常——长”与“不正常——长”。用户解释说，这一分类将充当几个规划好的基于新数据仓库环境的仪表盘以及评分卡的基础。这就是另一个修饰设计以便更好支持业务需求的机会。显然，你会希望创建一个包含这一分类的时长类型维度，还会增加一个汇总属性来聚合所有的“正常”时长和“不正常”时长。

由于业务合作伙伴的积极参与，所产生的设计将更好地支持其基础业务需求。尽管最初的设计会包含支持需求所需的所有数据元素，但从业务角度来看，它会在易用性和丰富度方面有所欠缺。因此，才有了数据仓库并非仅仅与数据有关而是服务于业务需求的口号。设计过程中业务合作伙伴积极而投入的参与将产生远比单独专注于数据建模更为有效的设计。

7.5 管理大型维度设计团队

Bob Becker，Design Tip #161，2013 年 11 月 5 日

定期订阅杂志的读者会知道我们强调在设计维度数据模型时专注于业务需求以便支持 DW/BI 环境的重要性。在维度设计过程中让业务伙伴参与其中至关重要。

但是将业务代表加入设计团队中显然会增加该小组的人数。在许多组织中，所组成的团队都会是一个 4~8 人的小组。在这种情况下，管理设计过程相对来说比较简单明了。团队需要定期聚集到一起，专注于手头的工作，并且遵循定义好的过程来完成建模工作。

不过，在较大的组织中，尤其是当范围涵盖应对企业级一致化维度时，设计团队会相当大。在最近几年，我们曾经参与过拥有超过 20 个代表不同部门的参与者的设计项目。大的设计团队会存在一些需要应对的额外的复杂情况。

第一个障碍是确保团队成员连续参与所有的设计研讨会。除参与设计团队的工作外，参与其中的每一个人还有常规的日常工作职责。参与者将不可避免地面临需要他们出席的设计过程外的紧急问题。小组规模越大，这类缺席情况就会越频繁地出现。当某个人缺席了关于关键问题的重要讨论时，团队就需要回过头来再跟这个人转达一次讨论内容和设计选项，然后要重新考虑之前的决策。这类交流场景对于整体设计是重要的，但它将对团队的生产力产生负面影响。过多的回溯和改动将让小组成员感到沮丧和精力耗尽。

对于大的设计团队来说，应该避免过度紧张的日程安排，以便最大限度确保连续的参与度。不要安排整周甚或全天的设计研讨会。我们建议将一周中的设计研讨会限制为不超过三天；星期二到星期四似乎是最合适的。相较于全天的会议，应该每天安排两场会议，每场会议两个半小时左右的时间。从比正常上班时间稍晚一些的时间开始早晨的会议，中午休息两个小时，并且在正常下班时间之前结束。除星期一和星期五外，这一安排在每一天的开始、中间和结束处都给参与者预留了时间，以便他们安排参加会议、进行电子邮件处理以及履行其他日常职责。每一个参与者只需要每周分配 15 个小时参与设计研讨会即可。作为交换，每个参与者都要切实承诺将这些时间用于设计团队的工作。目标是全程参与到所有设计会议之中，以便得到更大的整体生产力和尽量少走回头路。

虽然设计工作的重心是在核心一致化维度上，但所有业务代表的参与也很重要，因为目标是就必须在整个组织中一致化的关键属性达成企业共识。不过，一旦团队的重心转向具体的业务过程以及相关的事实表设计，那么通常就可以准许一些业务代表不再参与/关注探讨特定业务过程的一些设计会议。

记住，定义跨业务过程的核心一致化维度的所有工作都要求获得来自高管层的清晰且紧急的信息，他们通常期望这些工作能够产生出结果。IT 是无法靠其自身汇聚所有相关资源的。在开始维度一致化过程之前，要确保得到来自高管层的清晰可见的指导意见，否则就会浪费时间。

偶尔会出现难以应对的设计挑战。通常这些问题都与一小部分参与者有关或仅有他们才完全理解这些问题。尝试解决这些非常具体的问题对于较大设计团队的大多数成员来说是适得其反的。在这种情况下，更加合理的做法是，在一般的设计会议期间将这些探讨记录在案并且安排一个较小的工作组来处理这些问题，然后将结论/建议提供给该团队。

有效的引导通常是另一个大型设计团队挑战。理论上，维度数据建模领导者要具有推动小组前进所需的技能。不过，让一个有技巧的引导者与维度数据建模者并肩工作有时是必要的。无论如何，都要确保引导者和/或建模者拥有指引大型团队工作所需的关键技能：

- 具备维度数据建模概念和技术的深度知识，其中包括设计可选项的优缺点。
- 理解组织的业务过程以及设计工作范畴中围绕那些过程的相关业务需求。
- 自信地理解何时就一个问题保持中立以及何时推迟该问题的处理。引导者/建模者偶尔需要站在对方的立场来帮助参与者清晰表述其需求和关注点。
- 敏锐倾听的技能。有些参与者对于维度建模并不精通，但是却在传达他们无法用建模术语来表述的关键需求。
- 具有高超的引导技能，以便让参与者充分发挥自己、充分讨论关键问题、控制离题的探讨、保持对目标的专注以及最终确保成功。

我们还建议指定一个团队成员在会议期间记录设计事项和突出的问题。在大的小组设计中，引导者/建模者主要专注于理解需求和将那些需求转换成最佳的维度模型。他们的工作需要大量的设计选项探讨和评估。如果引导者/建模者无须减缓该过程来获得设计决策，那么生产力就会得到提升。

7.6 使用设计章程让维度建模活动处于正轨

Bob Becker，Design Tip #138，2011 年 9 月 7 日

逻辑维度模型应该由来自所有相关小组的代表联合开发，包括业务用户、报告团队以及 DW/BI 项目团队。重要的是，像文章 7.3“为维度建模团队配置人员”中描述的那样让合适的人参与到维度数据模型设计团队中，以便完成有效的设计。最佳的维度模型都来自协作式团队工作。没有哪一个人会具有业务需求以及所有源系统特性的详尽知识，从而靠其自己有效地创建模型。

不过，让更多人参与到设计过程中会加大拖慢该过程的风险。有了如此多人参与其中，重要的就是设计领导者/引导者将小组保持在正轨上。团队可能会发现自己陷入了深入而复杂的数据元素探讨中，而这些探讨仅仅是为了确定有问题的数据元素不在设计范围中，又或者其可能不是应包含在设计中的合理候选项。

限制长时间消耗资源的探讨的有助益的策略是在设计过程早期确立一份“设计章程”。设计章程的目标是使团队专注于关键问题并且避免失控的关于次要主题的探讨。设计章程是设计团队在疑惑时可以翻阅的准则，用来帮助指导设计过程。如果探讨了数据元素，但不能明显确定这些数据元素是位于范围中还是范围外，那么设计团队可以将数据元素套入该项目的设计章程中。尽管每一个设计团队都应该制定其自己的具体章程，但这里也提供了我们过去使用过的章程样本：

- 数据元素有助于支持范围中的业务需求吗？
  例如，一个保险行业客户的核心业务需求包括支持该组织的财务、管理和监管报告需求。所有提出的数据元素都会通过该过滤器来过滤。
  另一个客户的目标是构建一个分析平台，以便让业务可以支持世界级的分析。在这种情况下，过滤器就变为：数据元素在分析上是否具有吸引力？它会否被用于支持分析请求？它的存在仅仅是为了支持业务系统的一个需求吗？
- 数据元素描述了什么？它是否是用于切片/切块/分组/约束的维度属性？还是一个指标？如果数据元素是一个金额，那它是指标还是维度属性？如果它是一个表现得像属性的金额，那么它能够是区间值吗？
- 如果它是一个维度属性，那么它能变更吗？如果能够变更，那么是否需要基于测量时的值的分析？如果能够变更，那么是否需要基于当前值的分析？还是两者都需要？

设计团队会很容易地陷入尝试合并看似无穷无尽的可用数据元素的困境之中。为了保持在正轨上，要在设计过程期间始终牢记该设计章程。上面的第一条章程至关重要：数据元素是否支持业务需求？应该总是牢记目标并非"对数据建模"。目标是创建一个支持业务需求的数据模型。将数据元素留待以后处理是可以的。尤其要谨防主要支持操作能力的数据元素。要设法不断询问"数据元素将如何用于分析"和"它会提供什么价值"，以便全面理解正在谈论的数据。通常仅在设计中包含数据元素是不够的；可能需要对它进行调整、充实或者整理，以便让它对于业务用户群尽可能地有价值。

7.7　命名博弈

Warren Thornthwaite，Design Tip #71，2005 年 9 月 2 日

在创建维度数据模型时，字段命名的问题会浮现出来。命名很复杂，因为不同的人对于相同名称会有不同的解读，而对不同的名称会有相同的解读。困难来自人类的天性：我们大多数人都不希望放弃我们所熟知的部分而去学习一种新的方式。确定名称的艰难任务通常会落在数据管理者身上。如果你要负责处理这一政治难题，就会发现以下的这个三步方法是有用的。步骤 1 和步骤 2 通常会在将模型提供给业务用户之前进行。步骤 3 通常会在业务用户已经看过并且理解模型之后进行。

7.7.1　步骤 1：准备

首先要培养能够构思出用于数据元素的简明而具描述性的唯一名称的技能。学习组织或团队的命名规范。研究各个系统中的表和列名称。如果没有已经确立的命名规范，那么现在就是创建它们的好时机。通常的做法是使用标准化为三个部分的列名称：基本词_零个或更多个限定词_类词。基本词是一个分类词，它通常指该列来自哪个实体，在某些情况下，可能并不需要限定词。因此销售事实表中表示销售金额的字段可能是 Sales_Dollar_Amount。可以通过互联网研究不同的数据命名规范和标准。

7.7.2 步骤 2：创建一个初始名称集

在建模过程期间，与建模团队(包括一位或两位业务代表)共同协作以便草拟一组初始名称并说明基本原因。一旦模型接近完成，要与建模团队举行一次评审会议，以便确保这些名称有意义。

除评审会议外，与关键干系人开会也是有所帮助的。这通常包括核心业务用户和你认为其可能会有看法的所有高管。如果他们偏好与所建议名称不同的任何指定列的名称，则要尝试指明原因。通过寻求他们阐释该术语对其意味着什么来帮助他们厘清其对于该数据元素的定义。找出缺失的限定词和类词来阐述该含义。例如，销售分析师会对销售数字感兴趣，但结果表明这个销售数字实际上是 Sales_Commissionable_Amount，它与 Sales_Gross_Amount 和 Sales_Net_Amount 并不相同。

所产生的名称集应该被数据建模团队用于更新数据模型的当前版本。持续跟踪每一个字段的可选名称以及人们提出其偏好选项的原因。这将有助于解释最终名称集的推导过程。

7.7.3 步骤 3：建立共识

一旦有了坚实的、经过验证的名称集，并且核心用户已经看过了数据模型展示，那么就要将所有干系人聚集在会议室中举行至少半天(时长取决于列的数量或者存在多少有争议的企业文化)的会议来完成该项工作。要从高层次模型开始并且遍及每一个表中的所有列。一般来说，由于已经进行过足够的模型评审和命名探讨，因此许多问题已经被解决了，剩下的问题也都相当容易理解。

这个会议的目标是就最终名称集达成共识。通常这意味着有人必须接受大多数人的意见并且放弃他们偏好的指定列的名称。令人惊讶的是这一过程中的情绪化程度会相当高。这些名称代表着我们如何看待业务，并且人们会感到有相当强烈的愿望要让这些名称“正确”。如果可能的话，在达成共识之前不要让人们离开会议室。如果不得不就相同的问题再次召集会议，那就是在花费额外的时间来重复各种争论。

一旦就最终名称集达成了共识，就要将其仔细记录下来并且反馈给数据建模者，这样他们就能将其纳入最终数据模型。

7.8 名称的意义

Joy Mundy，Design Tip #168，2014 年 7 月 21 日

虽然名称看起来似乎是一个很小的东西，但它非常重要。表和列的恰当名称对于 DW/BI 系统的特设用户来说尤为重要，这些用户需要找到他们寻找的对象。对象名称应该面向业务用户，而非技术人员。

要尽最大可能力求让 DW/BI 系统中的名称不会有语义层面的变更，并且不会被报告设计者变更。更具挑战性的是，当用户将信息提取到其桌面之后，也应该劝阻他们变更对象名称。我们通常无法阻止他们这样做，但是有吸引力且合理的名称将减少变更的诱惑。

这里是我对于 DW/BI 系统中对象命名的十大建议：

1. **遵循命名规范**。如果没有命名规范，则要遵循本文中的规则创建(并且记录)命名规范。如果组织已经有了命名规范，那么会面临一个问题：大多数已有的命名规范都是为技术人员制定的。但 DW/BI 环境中的名称应该面向业务用户。它们会变成即席分析和预定义报告中的行和列名称。我们稍后将继续这个问题的探讨。
2. **每个对象具有一个名称**。我们不要延续已经存在于组织中的围绕数据定义的混乱。假设销售团队将一个列称为 Geography，而市场营销组将相同的实体称为 Region，则这样是行不通的。如果列相同，具有相同内容，那么它就必须具有相同的名称。如果无法就对象名称达成组织范围内的共识，则要争取业务发起人的帮助。
3. **对象名称是描述性的**。名称的含义应该简单明了，让组织的所有用户都能理解它。这条规则会禁止大量的愚蠢行为，如取名为 RBVLSPCD(我们有比这 8 个字符更多的字符可用)。它还禁止了像 NAME 这样的列名称，它在当前研究的表的上下文外不具有任何描述性。
4. **不建议使用缩写和首字母缩略词**。缩写和首字母缩略词是企业界的通病，而在非企业界，这种病甚至更为严重。可以用首字母缩略词来表示大量的信息，但它对于新手来说是一个沉重的负担。最有效的方法是维护一份已审核的缩写词清单，并且尝试不要在没有合理理由的情况下对其进行增加。你甚至会希望在这份清单中记录该原因。示例如表 7-1 所示。

表 7-1　示例缩写词清单

缩写	取代	原因
Amt	金额	非常通用
Desc	描述	非常通用
Corp	企业	通用
FDIC	美国联邦存款保险公司	通用；所有用户都熟悉

对于大多数组织来说，一份合理的清单会具有数十个已审核缩写词，而非数百个。

5. **对象名称要有美感**。记住，对象名称会变成报告和分析中的标题。尽管美感要视旁观者的眼光而定，但我发现全部都是大写字母尤其让人烦心。对象名称应该包含单词在何处结束的可见线索：

   空格：[Column Name]

   驼峰命名法：ColumnName

   下划线：Column_Name 或 COLUMN_NAME

   我推荐使用空格。在报告中显示时，它们看起来是最佳的。并且我不屑于争论开发人员是否必须在输入列名称时输入中括号。我相信实际输入 SQL 的任何开发人员都可以弄明白中括号放在何处，并且他们可以锻炼必需的手指肌肉。
6. **对象名称是唯一的**。这一规则是“每个对象具有一个名称”规则的类推。如果两个对象不同，那么它们就应该具有不同的名称。这一规则禁止了像[City]这样的列名称。较好的名称是[Customer Mailing Address City]。这一规则对于 DW/BI 系统的即席使用来说尤其重要。尽管[City]的上下文在分析过程期间是明显的，但一旦分析被保存和共享，该上下文就会丢失。我们看到的是顾客的城市还是店铺的城市，是通信地址还是收货地址？尽管我们无法阻止用户在导出到 Excel 之后修改对象名称，但我们也不希望强制他们这样做以保持清晰度。

7. **对象名称不要过长**。这一规则与规则 3、规则 4 和规则 6 有冲突。如果我们使用唯一的、非缩写的描述性对象名称，那么有些列名称将非常长。思考一下[Mandatory Second Payer Letter Opt Out Code]或[Vocational Provider Referral Category]。这些对于保险公司中的人来说是合理的描述性列名称，但当用户或报告设计者将该列拖放到报告或分析的正文中时会发生什么呢？该名称将自动换行，让标题行变得非常臃肿；或者它会收缩成非常小的字体，没人可以阅读它。然后用户会重命名该列，这违背了我们每个对象具有一个名称的关键规则。

   我试图将列名称限制在 30 个字符以内，不过有时也会用到 35 个字符。为了实现这一目标，我必须不情愿地登记更多的缩写或首字母缩略词。

8. **考虑将缩写的表名称附加到列名称**。我并不乐意做此推荐，因为它违背了我之前关于缩写和短名称的几条规则。不过我发现我自己越来越多地遵循了这一做法，以便确保一致性和唯一性。

9. **按需变更视图层中的名称**。我们总是推荐 DW/BI 系统中一组位于物理表之上并且所有查询都会指向的视图。视图层的主要目的在于提供 BI 应用程序和物理数据库之间的一个隔绝层，从而为已经处于生产环境中的系统提供一点平稳迁移变更的灵活性。此外，视图层还可以提供一个将面向业务的名称放入数据库的位置。

   我们的第一个推荐一直是使用面向业务的名称来命名物理表和列。否则，就使用视图层。我们不喜欢在 BI 工具中变更名称的理由有几个：

   - 大多数组织都有几个 BI 工具；在所有的 BI 工具之间，名称应该是一致的。
   - 放入 BI 工具中的业务逻辑越多，移植到另一个工具中的挑战就越大。
   - 如果名称仅位于 BI 工具中，那么用户、前台支持团队和后台数据库成员之间的沟通就会存在障碍。

10. **保持一致！** 没脑子地追求一致性仅仅就是愚蠢而已。命名中的一致性对于用户来说有巨大的价值。

7.9 维度设计何时算结束

Bob Becker，Design Tip #108，2008 年 12 月 3 日

数据仓库项目团队都倾向于在维度数据模型设计结束时立即投入实现任务中去。不过我们想要提醒你，当你认为已经完成时其实并非如此。在推进到实现活动之前，最后一个需要完成的重要设计活动就是维度数据模型的评审和验证。

我们建议让几位参与者连续参与评审和验证过程，这些参与者具有不同的技术专业知识和业务理解水平。目标是征求整个组织中相关人员的反馈。整个 DW/BI 团队会从这些评审中受益，因为其结果将是一个更为有见解且参与性更强的业务用户群。设计团队至少应该规划与三个小组的对话：

- 源系统开发人员和 DBA——他们通常能够非常快速地发现模型中的错误
- 核心业务用户或高级用户——他们没有直接参与到模型开发过程中
- 更广泛的用户群

通常，详尽维度模型的首次公开设计评审是与 IT 组织中的同事一起进行的。这些与会者通常由非常熟悉目标业务过程的评审者组成，因为他们编写或管理着运行该过程的系统。他们在一定程度上熟悉目标维度模型，因为他们已经回答过你所提出的源数据问题了。

IT 评审会具有挑战性，因为评审者通常缺乏对维度建模的理解。实际上，他们中的大多数人都将自己视作熟练的第三范式建模者。他们往往倾向于将面向事务过程的建模规则应用到维度模型上。相较于花费大量的时间来争论不同建模方法的价值，最好的做法是准备好提供一些维度建模培训作为评审过程的一部分。

当每一个人都具备了基本的维度建模概念之后，就可以从总线矩阵的评审开始。这会让每一个人都对项目范围和整体数据架构有一个概念，揭示一致化维度的角色，并且展现出相对的业务过程优先级。接下来，揭示矩阵上所选择的行如何直接转换到维度模型中。然后大多数 IT 评审会议都应该专注于独立的维度和事实表。

通常，核心业务用户就是建模团队的成员，并且已经非常理解数据模型了，因此无须与他们举行评审会议。不过，如果他们没有参与过建模过程，那么也应该与核心业务用户一起进行类似详尽的设计评审。核心用户要比典型的业务用户更懂技术，并且可以应对模型的更多详细细节。通常，尤其是在较小的组织中，可以将 IT 评审和核心用户评审放在一次会议中进行。如果参与者已经彼此非常了解并且经常协同工作，那么这就一定行得通。

最后，维度数据模型应该共享给更广泛的业务用户群。通常，这是一组人数相对较多的参与者。在这样的情况下，就会选择一小部分具有代表性的用户。这种会议既是设计评审又是培训。你会希望培训用户但又不让其负担过重，同时揭示出维度模型如何支持其业务需求。此外，你还希望他们仔细思考他们会如何使用这些数据，这样他们就能帮助揭示模型中的任何缺陷。

创建一份从基础维度概念和定义开始介绍的展示材料，然后将总线矩阵描述成企业的 DW/BI 数据路线图。评审高层次模型，并且最后评审重要的维度，如顾客和产品。

在更广泛的用户评审期间，应该安排三分之一的时间来揭示如何使用模型来回答关于业务过程的一系列问题。从需求文档中提取一些有意思的示例并且对其进行介绍。更多的分析用户将立即理会其意图。打消其余参与者的顾虑，因为大多数这种复杂性都将隐藏在一组结构化报告背后。要点是表明你可以回答他们就这一业务过程提出的每一个问题。

通常到这个时候，仅需要对模型进行小调整即可。在如此努力工作开发出模型之后，用户可能并没有表现出像你想象的那样充满热情。模型可能对于用户来说是显而易见并且合理的；毕竟，它反映了他们的业务。这是一件好事；它意味着你的任务完成得很棒！

设计评审活动

本章的后半部分专注于已有维度模型和维度化 DW/BI 系统的评审和评估。

7.10 设计评审注意事项(Kimball 经典)

Margy Ross，Design Tip #120，2010 年 2 月 2 日

近年来，我们已经描述过常见的维度建模错误，如文章 7.11“大把的缺点”。并且我们已经无数次推荐过维度建模的最佳实践；文章 6.7“Kimball 关于维度建模的十项必要规则”已经被大家广泛地阅读过了。

尽管我们已经频繁地识别出了观测到的错误和建议的模式，但是我们还没有提供过很多关于对已有维度模型进行设计评审的指导。Kimball Group 顾问为客户完成过大量的此类设计评审，因为这是利用我们经验的一种具有成本效益的方式；以下是一些指导设计评审的实践注意事项。

在设计评审之前……

- **一定要邀请合适的参与者**。显然，建模团队需要参与，但你也会希望邀请来自 BI 开发团队(以确保所提出的变更增强具有可用性)和 ETL 开发团队(以确保这些变更会实现)的代表。最重要的是要邀请那些真正了解业务并且其需求正是评审内容的同事参与。尽管不同的代表都应该参与到评审中，但是也不要邀请过多的人参与。
- **一定要指定某个人来引导评审**。小组动向、政治以及设计挑战本身将决定引导者是否应该是中立方或参与方。无论如何，他们的角色就是保持团队处于正轨，以便实现共同目标。高效的引导者需要兼具智慧、热情、信心、共鸣、灵活性、果断性等。还有就是需要有幽默感。
- 一定要约定评审的范围(如专注于几个紧密耦合的业务过程的维度模型)。评审期间将不可避免地出现附加的主题，但事先就范围达成一致会更加容易地保持专注于当前的任务。
- **一定要锁住每一个人日程表上的时间**。我们通常会将维度模型评审安排成为期两天的集中式工作。整个评审团队需要花两个全天的时间来出席评审会议。不要让参与者进进出出做其他事情。设计评审需要全神贯注；当参与者间歇性离开时会引发混乱。
- **一定要预订合适的会议室**。应该占用同一间会议室整整两天。理想的情况是，会议室有一大块白板；如果白板上的绘画可以保存或打印出来就尤为有帮助。如果没有白板，就要准备好活动挂图。不要忘记记号笔和录音带；能供应饮料和食物更好。
- **一定要布置功课**。例如，让每一个参与的人列出他们的五大关注点、问题领域或改进已有设计的机会。鼓励参与者在准备其列表时使用完整语句，这样其他人就能看得明白。应该在设计评审之前将这些列表通过邮件发送给引导者以便进行整合。事先的观点征集会让人们参与进来并且有助于避免评审期间的“集体思考”。

在设计评审期间……

- **一定要事先就端正态度**。尽管说起来容易做起来难，但不要为之前的设计决策进行辩护。进行评审思路的改变是可能的；不要听天由命地认为无法做任何事情来改善当前状况。

- **一定要事先检查笔记本电脑和智能手机(至少要象征性检查一下)，除非需要用来支持评审过程**。允许参与者在会议期间查看电子邮件与让他们离开出席其他会议没什么区别。
- **一定要表现出高超的引导技巧**。回顾一下基本规则。确保每一个人都参与其中并且自由交流。一定要确保小组保持在正轨上；禁止超出范围或者陷入死循环的单方会谈和圆桌会议。有很多书写过关于引导最佳做法的内容，因此我们在这里就不详细探讨了。
- **一定要在深入探讨可能的改进之前确保对当前模型达成共识**。不要假设会议桌前的每一个人都已经全面理解了模型。将第一个小时用于全面介绍当前的设计和评审目标是值得的。不要害怕重复叙述显而易见的内容。
- **一定要指派一个人充当记录员，详细记录探讨的内容和所做出的决策**。
- **一定要从全局观开始介绍**。正如从一块干净的黑板上开始全新设计一样，首先要介绍总线矩阵，然后专注于单个高优先级的业务过程，从其粒度开始，然后转向对应的维度。将这一类似于抽丝剥茧的方法用于设计评审，从事实表开始介绍，然后处理维度相关的问题。首先处理内容最多的问题；不要将困难的事情留到第二天下午才解决。
- **一定要提醒每一个人，业务认可度是 DW/BI 成功与否的最终标志；评审应该专注于提升业务用户的体验**。
- **一定要在评审会议期间用数据值拟定出样本行，以确保每一个人都对所建议的变更达成共识**。
- **一定要在会议结束时进行回顾；不要让参与者在没有清晰的任务和截止日期预期的情况下离开会议室**。一定要为下一次的后续行动确立一个时间。

在设计评审之后……

- **一定要预见到在两天的评审之后仍然会有一些未解决的问题**。要致力于解决这些问题，即便这在没有权威人士介入的情况下会具有挑战性。不要变成分析停滞的牺牲者。
- **不要让艰难的工作尘封太久**。一定要评估潜在改进的成本/收益；有些变更将比其他变更容易(或者更难)。然后要为实现这些改进制订行动计划。
- **一定要预见到未来类似的评审**。每 12~24 个月就要计划重新评审。一定要尽量将不可避免的变更视作设计取得成功而非失败的信号。

祝你的评审取得成功！

7.11　大把的缺点

Margy Ross，Intelligent Enterprise，2003 年 10 月 10 日

人们通常会邀请 Kimball Group 来引导维度模型设计评审。在本篇文章中，我们提供了要在进行评审时注意的一长串常见设计缺点。我们支持使用这一清单来认真评审你自己的模式，以便寻找到潜在的改进机会。

7.11.1　粒度是什么

当数据仓库团队自豪地展示出其草拟的维度建模杰作时，我们第一批问题中的一个就是“事实表的粒度是什么”。我们需要知道事实表中捕获到的详细信息的具体级别。出人意料的是，对于这一询问我们通常会得到不一致的答案。声明事实表粒度的清晰且简明的定义对于开展有生产力的建模工作至关重要。如果没有达成共识，设计团队和业务联络人就会陷入死循环。

为了获得最大的灵活性和扩展性，应该在最小可能粒度级别构建事实表。我们总是可以汇总粒度详情的。另一方面，如果仅加载了预先聚合的、汇总的信息，那么就没有办法向下钻取到详情中。显然，最小粒度级别取决于所建模的业务过程。

7.11.2　是否存在混合粒度或文本事实

一旦确立了事实表粒度，就要识别出符合这一粒度的事实。如果有些事实是行项目级别的指标，同时其他的事实仅存在于标题级别，那么就必须将标题事实分配到行项目粒度或者创建一个粒度为每个标题一行的单独事实表。

事实表通常由外键加数值计数和测量业务绩效的数量构成。理想的情况是，这些事实都是累加式的，这意味着可以跨任何维度加总它们。为了提升性能或降低查询复杂性，像截至今日的合计值这样的聚合事实有时会出其不意地进入事实行中。这些合计值很危险，因为它们并非完全累加式的。截至今日的合计值会减少复杂性和一些查询的运行时间，但在事实表中包含它会让其他查询重复计算截至今日列的值或可能更糟(如果包含多个日期)。

还应该阻止文本字段进入事实表中，其中包括晦涩难懂的指标和标记。它们几乎总是会在事实表中占用比代理键更多的空间。更加重要的是，业务用户通常会希望针对这些文本字段进行查询、约束和报告。可以通过在维度表中处理这些文本值以及通常与指标或标记有关的额外描述性汇总属性来提供较快的响应和更多的灵活性。

7.11.3　是否有维度描述符和解码

维度表中的所有标识符和编码都应该附有描述性解码。是时候让我们来消除业务用户偏好使用编码的误解了。如果需要让自己确信，只要走到业务用户的办公室查看充满其公告板或填满其电脑屏幕的解码列表就行了。添加描述性名称会让业务用户更易于理清数据。如果业务认为合适，那么操作性编码就可以附加到描述符作为维度属性，但它们不应该是维度表的主键。

设计团队有时会选择在数据访问应用程序中嵌入复杂的过滤或标记逻辑，而非通过维度表来提供支持。尽管查询和报告工具可以使得在应用程序中解码成为可能，但我们推荐将解码作为数据来存储。应用程序应该由数据驱动以便最小化解码附加工作和变更的影响。将解码放入维度中可以确保更大的报告标记一致性。

7.11.4　层次结构如何处理

与一个事实表相关的每个维度都应该让每一个事实行具有单一值。同样，每个维度属性都应该让每个维度行具有一个值。如果属性具有多对一关系，那么这一层次结构关系就可以在单个维度中表示。通常应该尽可能地寻找让维度层次结构解体的机会，除非是当具有极度不稳定属性的真正大型维度发生变化时。在单个维度中表示多个层次结构并不罕见。

有时设计者会试图在事实表中处理维度层次结构。例如，相较于使用指向产品维度的单一外键，他们会包含事实表外键用作产品层次结构的关键元素，如品牌、类别和部门。在不知不觉间，紧凑的事实表会转变成难以驾驭的庞然大物，联结到数十个维度表。这个示例是一种具有“过多维度”的严重情况。如果事实表具有超过 20 个的外键，则应该寻求机会将它们合并或拆解到维度中。

通常，我们不主张对维度表雪花型化或标准化。雪花型化可以减少维度表所需的硬盘空间，但与整个数据仓库的存储需求相比，其所能节省下来的空间大小通常并不明显，并且很少能抵消易用性或查询性能方面的不利因素。

外支架是雪花型模式的变体。相较于标准化整个维度，应该将一组相对基数较小或频繁重用的属性放入联结到该维度的外支架中。在大多数情况下，维度应该是远离事实表的单个联结。要小心避免滥用外支架技术；外支架应该是例外而非常规情况。同样，如果设计充满了桥接表以捕获许多有价值的维度关系，那么就需要回到画板上重新设计。事实表粒度方面很有可能会出现问题。

7.11.5　是否采用显式日期维度

每一个事实表都应该至少具有一个指向显示日期维度的外键。SQL 日期函数不支持像会计期间、季节和节假日这样的日期属性。相较于尝试在一个查询中确定这些非标准日期计算，应该将它们存储在一个日期维度表中。

设计者有时会通过在单个事实表行上表示一系列月份时间段事实来完全避免使用日期维度。这些固定的时间段通常会变成访问和维护工作的噩梦；相反，重复发生的时间段应该在事实表中表示成单独的行。

7.11.6　是否将控制编号作为退化维度

在面向事务的事实表中，会将操作性控制编号(如采购订单或发票编号)用作退化维度。它们在事实表上作为维度键存在，但不会联结到对应的维度表。

有时团队会试图创建具有来自操作性标题记录的信息的维度表，如交易编号、交易日期、交易类型或交易条款。在许多情况下，最终都会得到一个行数与事实表行数大致相同的维度表。如果维度表的大小增长的幅度与事实表大致相同，那么这是一个警告信号，它表明退化维度可能潜藏其中。

7.11.7　是否使用代理键

相较于依赖操作键或标识符，应该将无意义的代理键用于所有的维度主键和事实表外键。管理代理键的开销很小，而其收益却很多。它们会将数据仓库与操作变更(如回收关闭的账户编号)隔离开来，同时让数据仓库处理“不适用”或“需要确定”的情况。由于代理键通常是 4 个字节的整数，因此藉由较小的事实键、较小的事实表以及较小的索引就可以提升性能。

代理键还可以将数据与来自多个源的多个操作键集成起来。最终，需要用它们来支持跟踪维度表属性变化的主流技术。

7.11.8 是否采用渐变维度策略

只有识别出了每一个维度属性的渐变维度策略之后，维度设计才算完成。可以选择重写列、添加新行、添加新列甚或添加新维度，以便跟踪变化。

重要的是，在进行开发之前要精心制定该策略或组合策略。

7.11.9 是否很好地理解了业务需求

可能这有些老调重弹，但在没有首先切实理解业务需求的情况下，是没有办法有效进行设计评审的。需要敏锐地认识到业务需求和数据现状，以便怀有信心地评审一个维度模型。业务主题问题专家或联络人通常是这一过程中极佳的向导；不要指望有什么捷径可走。

7.12 对维度数据仓库进行评分

Ralph Kimball，Intelligent Enterprise，2000 年 4 月 28 日和 2000 年 5 月 15 日

这部分内容最初被发表为两篇连续的文章。

在过去的二十年中，数据仓库已经演变出了它们自己的区别于事务处理系统的设计技术。维度设计已经发展成为我们大多数数据仓库的主旋律。多年来我们已经拥有了包括渐变维度、代理键、聚合导航以及一致化维度和事实在内的相当稳定的词汇表。不过尽管越来越多的人认识到了这套实践做法，但我们仍然没有合适的指标用于判定什么会让一个系统更加维度化或者欠缺维度化。

本篇文章试图填补这一空白。我会提出判断什么会让数据仓库系统具有维度化的 20 个标准。除对这 20 个标准中的每一个进行命名外，我还会用决断的方式来定义让你自行判定系统是否满足条件的标准。我想要你对每一个标准评定一个分值：0(不满足条件)或 1(满足条件)，然后加总这些 0 和 1。这样应该会为数据仓库系统测量出一个 0~20 分的分值，其中 0 分表示系统完全不支持维度方法，而 20 分表示系统像我所想的那样完全支持维度方法。

7.12.1 架构标准

架构标准是整体系统的基本特征，这些特征并非仅仅是“特性”，它们还是系统整个组织方式的中心。架构标准通常会从后台通过 DBMS 在方方面面延伸到前台和用户桌面。

1. **显式声明**。系统提供了显式的数据库声明，可以将维度实体和测量(事实)实体区分开来。这些声明被存储在系统元数据中。它们对于管理员和用户可见，并且会影响查询策略、查询性能、分组逻辑和物理存储。事实可以被声明为完全累加式、半累加式以及非累加式。不同于求和，默认(自动)的聚合技术可以与事实关联起来。维度和事实之间的默认关联会在元数据中声明，这样用户就可以省略掉它们之间链接的指定。包含在一个查询中的维度属性会自动成为动态聚合的基础。包含在一个查询中的事实默认会在所有聚合的上下文中被加总。半累加式事实和非累加式事实被禁止用于跨错误维度加总。

2. **一致化维度和事实**。系统会使用一致化维度和事实来实现横向钻取查询，其中来自不同数据库、不同位置以及不同技术的结果集可以被合并成较高级别结果集，这是通过匹配一致化维度所提供的行标题来实现的。系统会检测并对尝试使用非一致化事实的行为进行警告。这是最基本且最深刻的架构标准。它是实现分布式数据仓库的基础。
3. **维度完整性**。系统会确保维度和事实保持引用完整性。尤其是，事实可能不存在，除非它位于对其所有维度有效的框架中。不过，维度项可以在没有任何对应事实的情况下存在。
4. **开放的聚合导航**。系统会使用物理存储的聚合作为增强常用查询性能的一种方式。如果真实存在，这些聚合(如索引)会被数据库悄然选中。用户和应用程序开发人员无须知道哪些聚合在某个时点可用，并且应用程序无须显式编码一个聚合的名称。所有访问数据的查询(即便是那些来自不同应用程序供应商的查询)都会认识到聚合导航的全部好处。
5. **维度对称性**。所有的维度都允许在像求比值和差值这样的计算中进行约束来自一个维度单个属性的两个或多个不相干值的比较计算。同样，基础数据库引擎支持一种索引模式，它允许采用单一索引策略，以便有效支持在高维度化数据库中随意且不可预测的一小组维度上的查询约束。
6. **维度可扩展性**。系统不会在单个维度中的成员数量或属性数量上设置任何基础约束。具有 1 亿个成员或 1000 个文本属性的维度是客观存在的。具有 10 亿个成员的维度也是可能存在的。
7. **稀疏容忍度**。任何单一测量都可以存在于具有许多维度的空间中。这样的空间可以被视作特别稀疏。系统不会强加任何实际的稀疏度限制。20 个维度的事实表(其每一个维度都具有一百万或更多个成员)确实是存在的。

7.12.2　管理标准

管理标准肯定比架构标准要更具战术性，但之所以将其选入这个清单，是因为如果维度数据仓库遗漏了它们，那么它们就会成为一种干扰。管理标准通常会影响构建和维护数据仓库的 IT 人员。

1. **优雅的修改**。系统必须允许就地进行以下修改，而无须停止或重新加载主数据库：
    - 将属性添加到维度中
    - 将一种新的事实添加到测量集中，可能开始于某个特定时点
    - 将整个新的维度添加到一组已有测量中
    - 将已有维度划分成两个或多个新维度
2. **维度复制**。系统支持从维度组织机构中将一致化维度向外复制到所有相关的维度模型中，用这种方式就可以在业务过程主题领域上执行横向钻取查询，但前提是它们具有维度的一致化版本。受变更维度内容所影响的聚合将自动下线，直到使其与修订后的维度和原子事实表保持一致。
3. **变更维度通知**。系统会按要求提供来自从上次请求开始已经变更了的维度生产源的所有记录。此外，这一维度通知还会提供一个原因代码，以允许数据仓库在类型 1 和类

型 3 渐变维度(重写)和类型 2 渐变维度(某个时刻发生的真实物理变更)之间进行区分。

4. **代理键管理**。系统会实现一个代理键管道处理过程，以便①在系统遇到类型 2 渐变维度时分配新的键；②在加载到事实表之前用正确的代理键替代事实表记录中的自然键。换句话说，可以让维度的基数独立于原始生产环境键的定义。根据定义，代理键不应具有任何语义或顺序，以便不让它们的个体值与应用程序有关。代理键必须支持不适用的、不存在的以及损坏的测量数据。代理键可以对用户应用程序不可见。
5. **国际化一致性**。通过确保翻译后的维度像原始维度那样拥有相同的分组基数，系统可以支持管理维度的国际化语言版本。系统支持 UNICODE 字符集，以及所有通用的国际数字标点和格式可选项。不兼容的、特定于语言的排序序列是受到支持的。

7.12.3 表述标准

最后八个表述标准是大多数现实数据仓库场景中所需的常见分析能力。业务用户群会直接经历所有的表述标准。维度系统的这些表述标准不仅是用户在数据仓库中寻求的唯一特性，它们还是利用维度系统能力所需的所有功能。

1. **多维度层次结构**。系统允许单个维度包含多个独立的层次结构。单个维度中并不存在层次结构数量的实际限制。层次结构可以是完整的(包含一个维度的所有成员)或部分的(仅包含所选择的维度成员的一个子集)。两个层次结构可以具有通用级别或通用属性(字段)，并且可以具有不同的级别数量。两个层次结构也可以共享一个或多个通用级别，不过除此以外没有其他相关性。
2. **不规则的维度层次结构**。系统允许不确定深度的维度层次结构，如组织结构图和部件的扩张，其中维度里的记录可以扮演父与子的角色。基于这一术语，一个父节点可能具有任何数量的子节点，并且这些子节点可能具有其他子节点，一直到仅受维度中记录数量限制的任何深度。一个子节点可以具有多个父节点，其中这些父节点“拥有的所有”子节点可以被显式表示并且加总到 100%。系统必须能够用单个命令从基于不规则层次结构的事实表(或多维数据集)为所有成员汇总一个数值测量值：
   - 从一个特定父节点开始并且下行到汇总所有中间级别的所有最低可能级别。
   - 从一个特定父节点开始并且仅汇总正好在该父节点下 N 级的子节点或者该层次结构任意分支的最低子节点之上的 N 级节点，其中 N 等于或大于零。
   - 从一个特定子节点开始并且汇总从该子节点到其层次结构中最高父节点的所有父节点。
   - 从一个特定子节点开始并且汇总层次结构中从该子节点正好向上 N 级的所有父节点。
   - 从一个特定子节点开始并且仅汇总该子节点的唯一最高父节点。

   指定的不规则维度层次结构可以包含任意数量的独立家族(没有公共子节点的独立最高父节点)。反过来说，正如探讨总体拥有的子节点时所陈述的那样，独立的最高父节点可以共享一些子节点。
3. **多值维度**。事实表(或多维数据集)中的单个原子测量可以具有来自与该测量相关的维度的多个成员。如果一个维度的多个成员都与一个测量有关，那么就会提供一个明确分配的因子以便选择性地让数值测量传遍该维度的相关成员。在这种情况下，用于指定原子测量和指定多值维度的分配因子必须加总为 100%。

4. **渐变维度**。系统必须明确支持三种基本类型的渐变维度：类型1，其中会重写一个变更的维度属性；类型2，其中变更的维度属性会引发一个新维度成员被创建；类型3，其中变更的维度属性会引发一个可选属性被创建，这样该属性的旧值和新值就可以在相同维度成员记录中同时被访问。正如如下需求所表明的，渐变维度的支持必须是系统范围的：
   - 让任何物理存储的聚合无效的维度变更必须自动取消该聚合的使用资格。
   - 类型 2 变更必须触发用于新维度成员的新代理键的自动分配，并且这个键必须应用到加载到系统中的所有并发事实记录。换句话说，新的类型 2 维度成员的创建必须自动链接到相关的并发事实，而不需要用户或应用程序开发人员跟踪生效和失效日期。
   - 如果系统支持不规则层次结构维度和/或多值维度，那么这些类型的维度就必须支持所有三类渐变维度。
5. **多维度角色**。单个维度必须通过多个角色与一组事实关联起来。例如，一组事实可能具有几个可以同时应用到这些事实的不同时间戳。在这种情况下，单个基础时间维度必须能够被多次附加到这些事实，其中每个实例在语义上都是独立的。一组指定的事实可能具有几个不同种类的维度，每一个都扮演着多个角色。
6. **热插拔维度**。系统必须允许在查询时更换一个可选的维度实例。例如，如果一家投资公司的两个客户希望通过其自己专有的“股票报价器”维度来浏览相同的股票市场数据，那么这两个客户就必须能够在查询时使用其自己的维度版本，而无须要求复制股票市场事实的基础事实表(或多维数据集)。这一能力的另一个示例就是，一家银行会将一个扩展账户维度附加到一个具体查询(如果用户将该查询限制到一组相同类型的账户)。
7. **动态事实范围维度**。系统要为事实表(多维数据集)中数值测量上的动态值段查询提供直接支持。换句话说，在查询时，用户可以指定一组值范围并且使用这些范围作为查询中的分组标准。所有的标准汇总函数(计数、加总、最小、最大和平均)都可以应用到每一个分组中。值段的大小无须相等。
8. **动态行为维度**。系统要支持通过维度的一个简单列表来约束该维度。为了充实词汇表，这一列成员被称为“行为维度”。正如以下需求所表明的，行为维度的支持必须是系统范围的：
   - 可以从显示在用户屏幕上的报告中捕获到行为维度；可以从出现在提取自生产源的文件中的一组键或属性中捕获到行为维度；可以直接从约束规范中捕获到行为维度；可以从其他行为维度的并集、交集或差集中捕获到行为维度。
   - 用户可能有一个包含许多行为维度的库，并且可以在查询时将一个行为维度附加到事实表(或多维数据集)。
   - 查询中行为维度的使用会将事实表(或多维数据集)限制为正在研究的成员，但绝不会限制选择和约束任何常规维度的属性的能力，其中包括行为维度直接影响的维度属性。
   - 行为维度可以具有不受限制的大小。
   - 行为维度可以具有一个可选的日期戳，它会以两个行为维度可被合并的方式来关联列表中的每一个元素，其中合并的行为维度中的成员需要按特定的时间顺序排列。

7.12.4 是否具有维度化思想

支持大多数或所有这些维度标准的系统都是适用的、更易于管理的并且能够应对许多现实环境的分析挑战。维度系统的全部意义就在于，它们是由业务问题和业务用户来驱动的。我主张对数据仓库应用这些标准以弄明白它是如何运转的。

第 8 章

事实表核心概念

维度模型会被直接绑定到由组织所执行的测量活动，因为由这些活动所捕获或生成的指标会在对应的事实表中展示出来。本章将专注于所有维度模型的核心——事实表。

每一个事实表都应该具有单一、明确规定的粒度；我们在本章中首先会鼓励处理来自一个操作源系统的最小可用原子性详情。然后我们会描述一种相对引人注目的维度建模现象：所有的事实表要么都是事务性的定期快照，要么都是累计快照。我们会进一步探究事务标题与行项目详情的处理。

在那之后，我们会将注意力转向事实表代理键的优缺点以及退化维度的角色。还将描述帮助降低臃肿事实表宽度的技术。最后，本章结尾将探讨如何处理用空值或文本稀松填充的事实，以及有时更类似于维度属性的指标。

粒度

第一组文章将强调在设计过程中尽早准确确立事实表粒度的重要性。这些文章内容也主张事实表的粒度应该对应于在操作源系统中捕获到的最详细的原子数据，以便提供最大的分析灵活性和扩展性。

8.1 声明粒度

Ralph Kimball，Intelligent Enterprise，2003 年 3 月 1 日

在过去几年从文字内容上排查来自我学生的数千份维度设计的经历中，我发现到目前为止最频繁出现的设计错误就是没有在设计过程开始时声明事实表的粒度。如果没有清晰定义该粒度，整个设计就容易轰然坍塌。对候选维度的探讨只是在兜圈子而已，造成应用程序错误的不恰当事实会悄无声息地进入设计之中。

声明粒度意味着准确表明事实表记录代表着什么。记住，事实表记录会捕获测量事件。粒度声明的示例包括：

- 收银扫描设备测量到的顾客零售发票上的每一行商品项
- 保单上的每一个投保项
- 医生发出的账单上的每一个行项目
- 一个航班上某个人使用的登机牌
- 每周对每一家店铺中每一个产品进行的库存测量

8.1.1 业务术语中的表达

注意，这些粒度声明中的大多数都是用业务术语来表述的。可能你期望粒度是用事实表主键的传统方式来声明。尽管粒度最终等同于主键，但列出一组维度并且假设这个列表就是粒度声明的做法是错误的。这是我学生的设计中最常见的错误。在正确执行的维度设计中，粒度首先会被附加到一个清晰的业务过程和一组业务规则。然后，实现该粒度的维度就显而易见了。

这样，在进行粒度声明时，就可以非常准确地探讨哪些维度可行和哪些不可行。例如，医生发出的账单上的每一行项目可能具有以下维度：

- (治疗)日期
- 医生(或服务提供者)
- 病人
- 过程
- 初步诊断
- 地点(如医生的办公室)
- 收费机构(医生所属的组织)
- 责任方(病人或该病人的法定监护人)
- 主要付款人(通常是一份保险计划)
- 次要付款人(可能是责任方配偶的保险计划)

很可能还有其他维度。

8.1.2 巨大的影响

在你研究这个示例时，我希望你注意到了声明粒度所能带来的一些巨大影响。首先，可以非常准确地可视化医生账单行项目的维度性，并且因此可以放心地检查数据源，以便确定一个维度是否可以被附加到这部分数据。例如，你可能会将“治疗结果”排除在这个示例外，因为大多数医疗账单数据都不会绑定到任何治疗结论上。

这正是我对于书籍和 CD 中目前提供的许多“标准模式”的主要不满之处。因为它们没有粒度准则，它们通常会合并并非共同存在于真实数据源之中的实体。每一个事实表设计都必须根植于可用的物理数据源这一现实情况。

从医生账单行项目粒度声明中可以获得的第二个主要见解就是，这种非常原子的数据可以产生许多维度！我列出了 10 个维度，但是医疗健康结算领域的专家应该知道更多一些维度。一个有意思的现象是，测量(事实表记录)越小且越原子化，就越能确定更多的事情，并且能得到更多的维度。这种现象是说明为何原子数据可以承受住业务用户发起的即席查询的另一种方式。原子数据具有最大的维度性，因而它可以被约束并且对数据源进行任何可能方式的汇总。原子数据能完美搭配维度化方法。

在具有 10 个维度的医生账单行项目示例中，你不会希望事实表的主键由所有 10 个维度外键构成。从业务规则的逻辑角度看，可能我们知道日期、医生、病人和过程的组合足以确保唯一的记录。因此这些字段可以实现为事实表的主键。或者，我们具有病人账单编号和行项目编号的额外退化键，它们可以实现为一个可接受的物理事实表键。不过我们相信，可以将这些退化维度添加到设计之中，因为它们与我们的粒度声明是一致的。粒度声明就像是一份合约！

粒度声明让我们可以创造性地考虑将维度添加到一个没有在源数据中明显出现的事实表设计中。在零售数据中，像促销和竞争效应这样的市场影响因素对于理解数据来说是非常重要的，但这些信息没有在数据提取中的文字意义上体现出来。粒度定义(参见粒度声明的第一个示例)告诉我们，我们的确可以将具有因果性的“店铺条件”维度添加到事实表，只要店铺条件描述能随时间、产品以及店铺位置适当变化。可以使用相同逻辑将天气维度添加到许多事实表设计中。一旦识别出了这样的一个新维度，数据仓库设计者就有责任找到合适的店铺条件或天气数据源，并且将其插入构建事实表的后台 ETL 准备应用程序中。

本篇文章中列出的所有粒度声明都代表着其各自数据源的最小可能粒度。这些数据测量都是“原子”的，并且无法被进一步划分。但为每一个代表原子数据聚合的此类数据源声明较高层级的粒度是完全可行的，例如：

- 一天中一家店铺里一款产品的总销量
- 按照业务线和月份统计的保单交易
- 按照月份、诊断结果和治疗手段统计的账单金额
- 按照月份和航线计算的乘客数量以及其他航班指标
- 按照区域和季度计算的平均库存水平

这些较高层级的聚合通常将具有较少且较小的维度。医疗健康账单示例可能最终只有这些维度：

- 月份
- 医生
- 过程
- 诊断结果

在聚合事实表中尝试包含原子数据的所有原始维度将是毫无意义的，因为你会发现自己是在重现数据的原子级别！

有用的聚合必定要收缩维度和移除维度；因此，聚合数据总是需要结合其基础原子数据来使用，因为聚合数据具有较少的维度详情。有些开发人员会对这一方面感到困惑，并且在声明了维度模型必须由聚合数据构成之后，他们会批评维度模型需要“预测业务问题”。在聚合数据与派生其的原子数据变得可用之后，所有这些误解都会消失。

8.1.3 保持事实忠实于粒度

声明事实表粒度的最重要结果就是固化了维度的讨论。不过声明粒度同样会让你清楚测量的数值事实。简单来说，事实必须忠实于粒度。在医疗健康的示例中，最明显的测量事实就是“账单金额”，它与具体的行项目有关。

也可能存在与病人接受治疗时有关的其他事实。但帮助性的事实，如该病人截至今日的所

有治疗的账单金额，并不会忠实于粒度。当报告应用程序任意合并事实记录时，这些不忠实于粒度的事实会产生无意义的结果。这样看来，这些事实很危险，因为它们会让业务用户犯错。要从设计中去除它们并且在应用程序中计算这样的聚合测量。

8.2 在维度建模中保持粒度

Ralph Kimball，Intelligent Enterprise，2007 年 7 月 30 日

维度模型的能力来自仔细遵循于“所声明的粒度”。事实表粒度的明确声明会让逻辑和物理设计成为可能;粒度的混乱或不准确定义会对设计的所有方面造成威胁,包括从抓取数据的ETL过程一直到试图使用数据的报告。

到底什么才是粒度？事实表的粒度就是创建事实记录的测量事件的业务定义。粒度很大程度上是由数据源的物理现实来确定的。

所有的粒度定义都应该从最小、最原子的粒度开始，并且应该描述收集数据的物理过程。因此，在我们的维度建模课程中，当我们从熟悉的零售业示例开始讲解时，我会询问学生“什么是粒度”。在听到若干列出像产品、顾客、店铺和时间这样的各种零售维度的谨慎回复之后，我会停下来并且要求学生可视化该物理过程。销售人员或收银员会扫描零售商品，而收银机会发出“哔”的声音。该事实表的粒度就是哔声！

在如此清晰地确立了事实表粒度之后，设计过程的下一步就可以平稳进行了。继续使用我们的零售示例，我们可以立即在零售事实表的逻辑设计中包含或排除可能的维度。得益于非常原子化的定义(哔声)，我们可以提出大量的维度，其中包括日期、时间、顾客、产品、员工(可能同时包含收银员和主管)、店铺、收银机、促销、竞争因素、支付方式、区域性人口统计特征、天气以及其他可能的维度。我们微小的哔声会转变成具有超过十多个维度的强有力的测量事件！

当然，在指定的实际应用程序中，设计团队可能无法使用所有这些维度。但保持粒度的强大力量来自粒度定义为设计过程所提供的清晰度。一旦提出了逻辑设计，设计团队就可以系统地调研数据源是否足够丰富，以便用物理实现中的所有这些维度来“修饰”哔声事件。

哔声粒度揭示出了为何原子数据是开始所有设计的起点的原因。原子数据是最具表述性的数据，因为它是被最准确定义的。聚合数据(如按月份和产品统计的店铺销量)可以轻易地从原子数据中推导出来，但不可避免地必须清空或删除原子数据的大多数维度。聚合数据并非开始设计的起点！

本篇文章的部分动机来自最近出现在一本行业杂志中的一篇探讨维度星型模式设计的文章。该作者认为“需要根据一组业务问题来定义星型模式，并且要基于常用的报告和查询来将指标分配给星型模式”。这是非常糟糕的建议！围绕业务问题和报告来设计的维度模型没有任何清晰的粒度。它丢掉了与原始数据源的连接并且变成了“每日报告”思想的俘虏，这种思想会造成数据库的调整和修改，最终没有人能够解释为何一条记录在表中或者不在表中。

当维度设计丢失了其与粒度的连接时，它就会变得容易被一个不易察觉的问题所影响，这个问题被称为混合粒度，并且几乎无法修复这个问题。在这种情况下，相同事实表中的记录会代表不可比甚或重叠的不同物理测量事件。与哔声粒度有些不同的一个简单示例可能是，除构成商品组合包的个体商品的销售记录外，事实表还包含该“组合包”的销售记录。这很危险，因为如果查询工具或报告中没有精心约束，这些项的销售情况会被双倍计算。保持粒度的必然结果就是“无须用BI用户工具修正粒度问题”。

保持粒度意味着围绕每一个原子业务过程测量事件构建物理事实表。这些表很容易实现，并且它们会为处理业务问题和当日报告提供最持久且最灵活的基础。

8.3 警告：汇总数据可能会有害健康

Margy Ross，Design Tip #77，2006年3月9日

关于维度模型的一个首要错误陈述是，它们仅适用于汇总信息。有些人坚持认为数据集市和维度模型旨在用于管理上的战略分析，并且因而应该用汇总数据而非操作详情来填充。

我们强烈反对这种观点！维度模型应该用源系统捕获的最详尽的、原子的数据来填充，这样业务用户就可以尽可能地提出最详尽而准确的问题。即使用户不关心单个事务或行项目的具体细节，其“当时的问题”也需要以不可预测的方式来汇总这些详情。当然，数据库管理员可以预先汇总信息(要么物理汇总，要么通过物化视图汇总)，以避免在所有情况下都进行运行时汇总。不过，这些聚合汇总是原子级别的性能调优补充，而非替代。

如果将维度模型限制为汇总信息，那么就容易带来以下缺陷：

- **汇总数据会自然地预设典型的业务问题**。当业务需求变化时，它们也必定会发生变化，数据模型和ETL系统都必须变更以适应新的数据。
- **汇总数据限制了查询灵活性**。当预先汇总数据无法支持非预期的查询时，用户就会进入死胡同。尽管可以用不可预测的方式汇总详尽数据，但反之则不行——你无法神奇地将汇总数据分解成其基础组成部分。

当批评者权威式地声称“维度模型预设了业务问题，仅适用于可预测的用途，并且不灵活”时，他们是在传达预先汇总而非维度建模的危害。如果维度模型包含原子数据(正如我们所提倡的那样)，那么业务用户就可以无止境地汇总或向下钻取数据。他们可以回答之前没有预料到的问题，而无须对数据库结构进行任何变更。当源系统收集到新的属性或测量详情时，原子数据模型就可以被扩展，而不会干扰到任何已有的BI应用程序。

有些人主张将原子数据存储到标准化数据模型中，同时将汇总数据进行维度化存储。在这种情况下原子详情不会完全被忽略；不过，用于用户消费的原子详情访问会在根本上受到限制。标准化结构会移除数据冗余以便更加快速地处理事务更新/插入，但其产生的复杂性会带来导航挑战并且通常会降低BI报告和查询的性能。尽管标准化可以节省一些存储空间，但它会损害用户无缝和任意地在单个界面中向上、向下和横向遍历详尽和汇总数据的能力。在DW/BI领域，查询功能/性能的考量要远胜于节省硬盘空间的考量。

正如建筑大师Mies van der Rohe的名言所说，“细节为王”。交付用最详尽数据填充的维度模型会确保最大的灵活性和扩展性。在维度模型中交付除此以外的其他内容都会破坏健壮商业智能的必要基础，并且危及整体DW/BI环境的健康和平稳运行。

8.4 再微小的细节都是需要的

Margy Ross，Intelligent Enterprise，2003年10月30日

原子事实表是所有分析环境的核心基础。业务分析师要依靠原子详情才能开展工作，因为可以用任何方式通过分组一个或多个维度属性来汇总这些原子详情。原子数据的健壮维度性极其强大，因为它支持近乎无穷无尽的查询组合方式。不过，业务分析师是无法一直仅仅依靠原子详情就能无忧地开展其工作的。

8.4.1 累积原子数据

除原子事实表外，可能还要构建聚合维度模型。聚合和索引是提升查询性能的最常用工具。汇总聚合可以被结构化为OLAP多维数据集或另一个关系型星型模式。因为其粒度性不再是原子的，所以需要为聚合数据准备另一个事实表，它通常会展现出以下特征：

1. **业务过程**。专注于单个业务过程或事件，就像原子事实表一样。
2. **粒度性**。指定为原子事实的汇总。
3. **维度**。对应详情级别的详情和/或汇总一致化维度外键。当原子数据被聚合时，一些维度可能会被完全消除。在其他情况下，相关的维度表会是更为详细的维度表的收缩的子集版本。
4. **事实**。聚合性能指标与所声明的粒度性保持一致。

8.4.2 跨过程合并

除从单个原子事实表汇总事实的聚合事实表外，我们有时还会构造从多个原子事实表合并数据的事实表。这些跨过程或跨事件的表被称为二级或合并事实表。合并事实表会被识别为单独的企业数据仓库总线矩阵行，但通常会被列在它们所依赖的单个过程或一级矩阵行之后。合并事实表会展现出稍微不同的特征模式：

1. **业务过程**。顾名思义，这些事实表会纵观分散的业务过程或事件。
2. **粒度性**。代表着一组过程通用的最低详情级别。在合并累计式快照的情况下，其粒度通常就是通过一个分散过程管道的每个“对象”一行。
3. **维度**。通常是对应重要事件或里程碑的多个日期，外加每个基础过程的“最小公分母”一致化维度和退化维度。
4. **事实**。每个独立业务过程事实表的关键指标。像差异性或延迟性指标这样的计算后的指标也是常用的。

8.4.3 性能越高，维度性越低

在文章6.4“数据仓库的灵魂之第二部分：横向钻取”中，Ralph探讨了横向钻取事实表的内容。来自不同事实表的事实会基于通用维度属性来分组，这些属性会作为使用健壮查询或报告工具的多路请求中的行标题。尽管通用行标题值的加入会带来强大的能力(假设查询工具具有

多路能力)，但它不会提供业务用户要求的易用性或查询性能。

如果用户仅将其查询工具指向已经合并了这些指标的单个事实表，这样做不是会更加容易吗？同样，如果会对这些指标进行频繁的相互比较，而非在运行时反复横向钻取和比较，那么在 ETL 准备过程期间将数据从物理上一次合并到单个事实表中会更有意义。

当然，使用这一技术需要做些取舍。当我们将事实全部放入一个合并表中时，我们有时会丢掉维度性。合并表中的所有事实必须是基于相同粒度的；合并事实表粒度是跨分散的原子事实表的共享维度的“最小公分母”。另一个合并成本是 ETL 准备过程的工作负荷，因为从多个源中提取、转换、加载和维护数据的工作量会很大。

8.4.4 合并事实表示例

支持实际数据和预测数据对比的事实表是合并事实表的常见示例。大多数组织都会在比处理事务更为汇总的级别上预测业务绩效。销售预期是按照销售代表和产品分组来每月生成的。同时，销售事务会识别销售代表向指定顾客销售的每一个独特产品。我们可以将事务汇总到一个聚合事实表中，该表中的每一行表示了每个月、每个销售代表和每个产品分组的数据，然后将其与预期的预测进行对比。

不过，如果这种并排比较会被频繁请求的话，那么在物理上创建一个同时包含某常用粒度上的实际和预测事实的事实表可能会提供更为及时的结果，同时也会减少反复分析的次数。当然，业务用户的下一个问题会是，“预测和实际绩效之间的差异是什么”。由于那是一个简单的行内计算，因此我们可以轻易地用物理方式或者视图将其用作一个计算事实。

合并了收益和所有成本要素的盈利能力事实表是另一个典型的、尽管不常见的合并事实表示例。

8.4.5 累计式快照示例

事实表存在三种标准样式。最常见的就是具有粒度(如每个事务或事务线一行)的事务事实表。定期快照事实表也是会频繁遇到的，其中一组可预测的事实行会被附加到遵循每一个定期计划快照的事实表。

不常遇到的事实表是累计式快照。它们会表现得与其他两种事实表非常不同。累计式快照会从一系列相关过程中的关键事件中捕获结果。当首个事件或里程碑发生时，就会加载事实表行。不同于其他事实表，累计式快照事实表会被再次访问和重写；我们会更新已有的事实表行，以便反映出每个事件的当前或累计式结果。

可能业务用户希望分析其采购管道。他们已经有了捕获管道中与每个事务事件有关的丰富详情的独立原子事实表，这些管道可能是提交采购申请、发出采购订单、交货、接收发票以及发起支付。尽管这些事件中的每一个都会共享许多通用维度，如产品、供应商和申请者，但这个独立的事实表会具有独特的维度性和指标。

假定业务中的某个人希望知道在提交申请之后多久会发出采购订单。另外，订购的数量与收到的货物之间有哪些差异？收到发票和支付之间的时长或时间差是多少？对于这些情况就要用到累计式快照了，如图 8-1 所示。

我们的采购累计式快照中有五个对应于管道中关键里程碑的日期键。其他的维度会被限制为那些对所有底层过程通用的维度，并且退化维度也会沿用此方式来生成。累计式快照通常具有一个状态维度来轻易判定当前“状态”。最后，会存在一系列数量、金额和延时或速度计算，会再次捕获核心的跨过程性能指标。

当我们描述累计式快照时，很明显我们实际上是在讨论合并事实表的另一个变体。想象一下，相较于尝试通过横向钻取五个事务事实表来合并多块采购信息，如果具有合并累计式快照，那么回答之前提出的那些问题会有多么容易。

采购累计式快照
申请日期键(FK)
采购订单日期键(FK)
收货日期键(FK)
发票日期键(FK)
支付日期键(FK)
申请者键(FK)
产品键(FK)
供应商键(FK)
状态键(FK)
采购申请编号(DD)
采购订单编号(DD)
收货编号(DD)
发票编号(DD)
付款单编号(DD)
申请采购数量
以美元计的申请采购金额
采购订单数量
以美元计的采购订单金额
收货数量
发票货品数量
发票金额

图 8-1 采购累计式快照示例

8.4.6 细节至上

由于合并事实表可以提供易用性和查询性能，因此你会认为要从合并事实表开始着手处理。如果你被要求为管理团队创建一个炫目的积分卡或仪表盘，那么合并事实表是很有吸引力的。不过，不要被这条应该很容易走的路所吸引。在追求聚合或者合并维度模型之前需要专注于原子详情。如果从没有详尽基础的更为宏观的级别开始处理，那么当业务用户希望探究特殊情况或者合并数据中的异常现象时，就没有内容可供钻取了。记住，你总是可以汇总的，但仅在较低级别详情可用时才能向下钻取。

事实表类型

正如后面几篇文章所探讨的，由操作业务过程所捕获的所有测量事件都可以被归为三种类型的事实表；这一格外简单的模式是可靠适用的，无论针对的行业或业务职能是什么。本节结尾处还会详尽描述非事实型事实表。

8.5 基础粒度

Ralph Kimball，Intelligent Enterprise，1999 年 3 月 30 日

数据仓库设计中的一个强有力的主题是测量发布。我们可以将许多由 OLTP 系统捕获到的重要事务分解成两个主要组成部分：事务上下文和金额。我们将金额视作测量值。当保险代理修改了顾客车辆碰撞险的金额时，该事务的上下文就会由日期和时间、保单、顾客和代理鉴定、责任范围(碰撞)、承保项(顾客车辆)以及事务性质构成。该事务的金额就是新的碰撞责任范围限额，并且它就是我们测量的内容。通常，我们会预先知道事务上下文的所有成分。我们已经具有了顾客、代理、保单、车辆、覆盖类型以及可能的事务类型的描述。不过，我们不知道新的责任范围限额会是多少，这就是我们将事务金额作为测量的原因。

作为数据仓库设计者，我们的责任就是为组织中所有的管理者和分析师发布这些测量值，以便让他们可以理解事务的模式。最终，收益、成本、利润以及重要顾客的大量行为都应该可以从这一系列测量中获知。

这一见解会直接导致图 8-2 中所示的维度设计透视图。事务的上下文被建模为一组通常独立的维度。图 8-2 显示了七个这样的维度。测量的事务金额位于一个指向所有维度的事实表中，这是通过向外指向其各自维度表的外键来实现的。从事务记录中干净清除所有的上下文详情是重要的标准化步骤，并且也是我通常将事实表当作“高度标准化表”的原因。

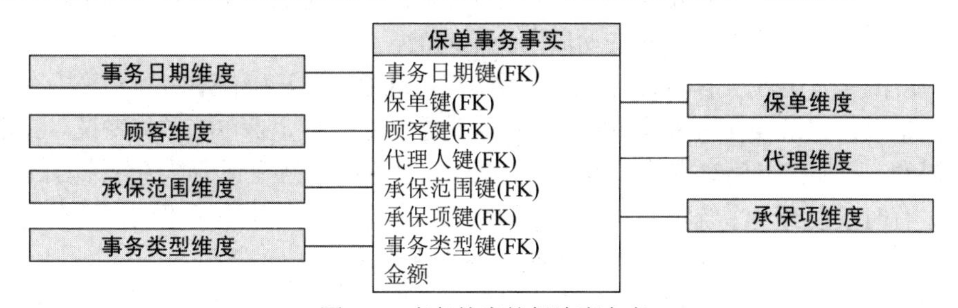

图 8-2 事务粒度的保险事实表

尽管现实中的事务视角很吸引人，但现实生活的意义远不止于事务。尽管我们总是可以从事务历史中重构业务的完整图景，但这样做通常是极其不现实的。通常我们需要用另一种现实视角来丰富这些事务，这种视角就是快照。

快照是某特定时间点的状态测量。在数据仓库领域中，存在两种不同的状态快照，它们同等重要。最常见的类型是定期快照，它是状态的定期的可预测表述。这些快照中的一些是一段时期结束时的即时测量值，而有些是一段时期中累计的测量值。定期快照专注于快照之间时间间隔期间发生的活动。

另外一种重要的快照类型是累计式快照，它会显示出最新的状态。如果我们要知道当前状态在一小时后会是什么情况，它可能会是不同的。累计式快照通常会用从有记录以来累计的测量值来合并最近的变动状态。

8.5.1 基础粒度

事务、定期快照和累计式快照这三种测量类型是用于任何指定事实表的粒度的选项。所有这三种都是有用的，并且通常需要最少两种类型才能得到业务的完整图景。在图 8-3 中，我并排列出了所有三种类型以指出其相似性和差异性。

事务粒度事实	定期快照粒度事实	累计式快照粒度事实
事务日期键(FK)	报告月份键(FK)	快照日期键(FK)
保单键(FK)	保单键(FK)	生效日期键(FK)
顾客键(FK)	顾客键(FK)	失效日期键(FK)
代理人键(FK)	代理人键(FK)	首次索赔日期键(FK)
承保范围键(FK)	承保范围键(FK)	上次付款日期键(FK)
承保项键(FK)	承保项键(FK)	保单键(FK)
事务键(FK)	状态键(FK)	顾客键(FK)
金额	实收保费	代理人键(FK)
	应付索赔款	承保范围键(FK)
	准备金提转差	承保项键(FK)
	准备金余额	状态键(FK)
	事务次数	迄今为止实收保费
		迄今为止索赔次数
		迄今为止赔付款

图 8-3　保险业务的三个事实表粒度

要注意的第一件事是，这些维度(由图 8-3 中关键字段所表明的)中的许多对于这三个事实表来说都是相同的。无论相同的键何时被列在单独的事实表中，我们都主张这些键的定义要完全相同，并且它们要指向完全相同的维度表。这些一致化维度就是构建单独业务过程主题领域背后的秘密，你可以将这些主题领域一起使用并且它们不是隔离的、不兼容的烟囱。尽管这些维度是类似的，但这三个表的管理和变动周期是不同的。

事务粒度的事实表代表着即时发生的原子操作。这通常无法确保事务事实表中存在指定保单或顾客的记录；记录仅在事务发生时才存在。反之，对于指定保单或顾客来说，其记录数量是没有上限的。日期键准确对应着日历上的日期，并且可以用精确到小时和分钟的日期/时间戳来扩充它。有时仅会有一个统称为“金额”的事实。其含义取决于事务键的值。在提交事务粒度的事实记录之后，我们通常不会为任何类型的更新而重新访问它。

定期快照粒度的事实表代表着预定义的时间段。这通常会有力确保一条记录存在于这个事实表中，只要保单处于有效状态或者只要可以针对该保单提出任何索赔即可。通常，对于重要键的每个组合只会存在一条记录。定期快照上的时间戳仅仅是对应时期的名称，并且通常表示该时期的结束。定期快照可以具有任意数量的事实，这取决于哪些测量可用于计算或者有助于计算。这些事实中的一些可能是非常难以从事务中直接计算的。在图 8-3 中，实收保费是总计保费的一部分，保险公司可以在特定的报告周期中将其算作收益。实收保费的计算会非常复杂。在这种情况下，通常更好的做法是，让 OLTP 系统提供这一计算作为其生产处理过程的一部分，并且将其结果作为直接加载到数据仓库中的数据。最后，一旦数据被提交，我们通常就不会为任何类型的更新而重新访问定期快照事实记录了，除非我们决定将一个全新的定期快照指标添加到该事实表。

累计式快照粒度的事实表代表着一个不确定的时间段，涵盖了从为我们示例中的车辆创建碰撞保险开始到当前时间为止的整个历史。如果顾客的车辆曾经投保过，那么就能强有力地保证事实表中存在这一条记录。累计式快照事实表几乎总是具有多个时间戳。一个时间戳表示该快照最后一次被更新的时间，而其他的时间戳表示保险时效内可能会发生的普通或可预测事件。注意，这些时间戳中的一些必须处理空值。其原因在于，举个示例来说，首次索赔日期可能不会有一个实际的值，除非申请了索赔。空值键的正确处理需要使用整数值的代理键，这些代理键要指向维度模型中对应“无日期”的一个具体设置的行。累计式快照可以具有任意数量的事实，这取决于哪些测量可用于计算或者对计算有用。与其他事实表类型形成鲜明对比的是，我们会频繁地再次访问累计式快照事实记录以便更新这些事实。记住，在这个表中，某个特定顾客的车辆碰撞保险通常只有一条事实记录。随着历史的呈现，我们必须多次重新访问相同的记录以便修正累计式状态。

8.5.2　我们要如何使用每一个事实表类型

事务粒度的事实表是唯一可以回答关于非预期行为的详尽问题的表。在我们的保险示例中，事务粒度的事实表可以告诉我们代理初步核准的承保范围与核保人最终签字确认之间的时长。这一时间段是保单处理效率的有用测量。

定期快照事实表通常是可以轻易生成业务重要测量的常规的可预测视图的唯一的表。如果从任何类型的业务事务视图开始处理，那么计算像收益和成本这样的基础测量就是不切实际的。因此我们会在低级别粒度每月发布一次这样的测量值，并且让公司所有的管理者和分析师从我们的定期快照表中将这些测量汇总成不同的组合。

当我们跟踪具有有限生命周期的管道时，如要跟踪保单覆盖范围或订单上的行项目时，就要用到累计式快照事实表了。如果承保范围或订单行项目会在一段有限的时间内存在，那么当它们处于可用状态时，那些事实记录上就会有一系列更新操作，然后记录会悄然关闭。它仍然在事实表中作为围绕承保范围或行项目的操作汇总而存在。累计式快照的优势在于，我们可以得出大量有用的报告，而无须在时间维度上使用复杂的约束，也不会重复计算一个定期快照的多条记录。

为单个业务过程实现所有三种事实表是不太常见的；不过，事务和快照是企业数据仓库的阴和阳。事务为我们提供了详尽行为的最全面视图，而快照允许我们快速测量企业的状态。这两者我们都需要，因为合并这两个有明显差异的视角是没有简单方法的。将两者共同使用，事务和快照就会提供业务的完整的即时视图，并且当它们是整体数据仓库的一部分时，它们可以跨时间和跨其他主要维度而优雅地融入更大的视图中。

尽管事务和快照表之间存在一些理论上冗余的信息，但我们并不反对将这些冗余用作数据仓库提供者。我们的目标是为业务组织有效发布数据，而这些不同类型的事实表会以其自己的表述方式来将信息传递给不同的受众。

8.6　使用累计式快照对管道进行建模

Ralph Kimball，Design Tip #37，2002 年 6 月 13 日

在我研究过的所有数千个事实表设计中，它们全都可归类为三种基础粒度：

1. 代表空间和时间上某个点的事务粒度
2. 代表不断重复的有规律时间段的定期快照粒度
3. 代表一个严格定义了开始和结束时间的实体的整个生命周期的累计式快照粒度

累计式快照事实表在许多方面都是不同寻常的。不像其他粒度，累计式快照通常具有若干日期维度，代表着“累计式实体”生命周期中的特定步骤何时发生。例如，订单被创建、提交、运输、交货、付款，并且可能还有退货。

因此设计订单累计式快照事实表可以从六个日期键开始，这六个日期键都是指向单个物理日期维度表上视图的外键。日期表的这六个视图被称为日期表所扮演的角色，并且它们会像单独的物理表那样保持语义上的独立，因为我们已经将它们定义为独立的视图。

累计式快照事实表的其他不同寻常方面在于，随着实体(通常短暂)的生命周期的开启，我们会反复再次访问相同的记录，物理修改外键和测量事实。订单处理过程就是一个典型的示例。

既然我们已经回顾了累计式快照事实表最重要的设计问题，接下来就可以将这一设计技术应用到一个管道处理过程中了。我们会使用学生入学管道，但对销售管道感兴趣的读者也可以将这一设计轻易应用到相应的情境中。

在入学追踪的示例中，潜在的学生要迈过一组标准的入学难关或里程碑。我们要关注该过程中围绕 15 个关键步骤的活动跟踪，这包括：

1. 初步入学考试成绩的收据
2. 请求信息
3. 发送信息
4. 举行面试
5. 现场参观校园
6. 收到申请
7. 收到成绩单
8. 收到考试成绩
9. 收到推荐信
10. 首次通过入学评审
11. 评审助学金申请
12. 入学招生的最终决定
13. 通知录取学生
14. 录取学生
15. 学生入学登记

在任何时候，招生部门都会关注招生管道中每个阶段有多少申请人。它非常类似于一个漏斗，其中会有许多申请人进入该管道，但能进入最终阶段的少之又少。他们还希望通过各种特征分析这个申请人库。在这个招生示例中，我们可以确信，会存在用有意义的人口统计信息填充的非常丰富的申请人维度。

累计式快照的粒度是每个申请人一行。因为这是一个累计式快照，所以我们会在完成其中一个步骤的任何时候修改和更新该事实表中每个申请人的唯一记录。

该设计的关键组成部分是一组 15 个数值的事实，每一个 0 或 1 都对应着申请者是否已经完成了所列出的 15 个步骤中的一个。尽管从技术上讲，这 15 个事实可以从 15 个日期键中推断出来，但这些累加式的数字 0 和 1 会让应用程序变得优雅并且易于与几乎任何查询或报告工具共同使用。

作为额外的特性，我们添加了另外四个数值累加式事实，这四个事实代表了该过程中特别重要的步骤之间的“延迟”或时间差。它们分别是：

- 请求的信息=>信息发送延迟

- 提交的申请=>申请完成延迟
- 提交的申请=>最终决定延迟
- 最终决定=>接受或拒绝延迟

想象一下使用图 8-4 中的事实表在任何时候汇总管道状态会有多么容易。尽管这些记录明显很宽广，但这并非一个特别大的表。如果这是一所每年有 100000 申请人的大型州立大学，那么每年的记录将仅仅为 100 000 条。假设 17 个外键都是 4 个字节的整数(完美的代理键)，并且 21 个数量和延迟都是 2 个字节的小整数。那么我们的事实表记录宽度就是(17 × 4) + (21 × 2) = 110 个字节。这使得该事实表每年大概会有 11MB 的数据。实际上这是累计式快照事实表的常见输出结果。到目前为止，累计式快照事实表是三种事实表中最小的一种。

学生入学累计式快照事实表
学生入学累计式快照事实表
初步入学考试成绩收据日期键(FK)
信息请求日期键(FK)
信息发送日期键(FK)
举行面试日期键(FK)
现场参观校园日期键(FK)
申请提交日期键(FK)
成绩单接收日期键(FK)
考试分数接收日期键(FK)
推荐信接收日期键(FK)
首次通过入学评审日期键(FK)
评审助学金日期键(FK)
入学招生最终决定日期键(FK)
申请人决定接收日期键(FK)
录取日期键(FK)
入学登记日期键(FK)
申请人键(FK)
招生决定键(FK)
初步入学考试成绩收据数量
信息请求数量
信息发送数量
信息请求到发送的延迟
举行面试数量
现场参观校园数量
申请提交数量
成绩单接收数量
考试分数接收数量
推荐信接收数量
申请完成数量
申请提交到完成的延迟
首次通过入学评审数量
评审助学金数量
入学招生最终决定数量
申请提交到最终决定的延迟
接受数量
拒绝数量
最终决定到接受/拒绝的延迟
录取数量
入学登记数量

图 8-4　学生入学管道的累计式快照

8.7 合并定期和累计式快照

Ralph Kimball，Design Tip #42，2003 年 1 月 7 日

通常我们会将累计式快照和定期快照视作两种不同类型的事实表，在围绕一个数据源构建事实表时，我们必须在它们之间做出选择。记住，定期快照(如银行账户的月度汇总)是一个记录重复的可预测时间段期间操作的事实表。只要所测量的对象(如账户)还存在，定期快照记录通常就是每一个报告周期的反复记录。定期快照适用于长期运行的延续许多个报告周期的过程。

另一方面，累计式快照被用于具有明确开始和结束时间的较短过程，如所填写的订单。对于一份订单，我们通常要为订单上的每一行做一条记录，并且我们会随着该订单在管道中经过的处理而重新访问其对应的记录以便进行更新。根据定义，累计式快照是某些对象最近状态的快照，因此一般来说其维度外键和事实会随着时间推移而被重写。

累计式快照最简单的实现不会提供历史的中间点，例如订单处理管道历史的中间点就无法提供。

至少有三种方式可以捕获这一中间状态：

1. **定期(如每月末)冻结累计式快照**。这些定期快照本身应该被放入一个单独的事实表中，以便让应用程序不会变得过于复杂。具有讽刺意味的是，这种方法会悄然表现得就像定期快照的实时诠释一样(其中会创建一个密集处理的当前月份数据)，不过这是另外一个问题了。订单的冻结快照现在可以反映出类型 2 渐变维度的使用。就像在所有的定期快照中一样，好消息是你会知道在该订单有效期间，每个月都会有一条该订单的记录。坏消息是，仅能得到月份末的订单快照。
2. **当且仅当发生订单变更时才冻结累计式快照并且将它存储在另一个事实表中**。这会提供一份订单的完整历史。它的记录数量与选项 3 中相同。
3. **维护一份关于订单行项目的完整事务粒度事实表**。将事务维度添加到这个事实表来说明每一次变更。这是“非常全面的”，因为可以看到对一份订单所做过的每一次操作，不过也要当心。一些事务是不会随着时间变化而累加的。例如，如果一份订单上的一个行项目被取消，而其他两个行项目取代了原来这个行项目，那么要在这些事务之后的任意时点正确重构该订单就会涉及复杂计算。这就是为何在需要查看完整订单的每一个中间状态时，选项 2 才是最佳选择的原因。

8.8 互补的事实表类型

Bob Becker，Design Tip #167，2014 年 6 月 17 日

数据仓库展示区域中有三种基础事实表类型：事务事实表、定期快照事实表以及累计式快照事实表。大多数 DW/BI 设计团队都非常熟悉事务事实表。它们是最常用的事实表类型，并且通常是许多组织首选的重负荷模式。许多团队还会将定期快照事实表合并到其展示区域中。很少有组织会用到累计式快照事实表。设计团队通常不会意识到累计式快照事实表可以对事务和/或定期快照事实表进行补充。

每一种事实表类型都是对业务用户群所提出的各种需求进行的设计回应。通常最佳的设计回应就是两种甚或所有三种事实表类型的组合。多个事实表会相互补充，每一个都支持难以仅用一种事实表类型实现的业务过程的独特视图。

物流供应链是揭示所有三种事实表类型共同协作以便支持一组丰富的业务需求的极佳场景。我们将使用一家大型汽车制造商的制成品物流管道的简化视图来帮助理解每一种事实表类型的优势以及恰当用途。

我们的汽车制造商已经有了车辆装配工厂。制造出的车辆最终被送到经销商手中，在那里它们会被销售给最终的消费者。我们所假想的汽车制造商会在一个大型停车场(实际上就是一个仓库)中留存制成品库存，这个停车场就位于装配工厂门外。车辆(库存)会通过货运列车从制成品仓库运送到其中一个地区性停车场。从这些地区性仓库中，会通过运载卡车将库存运送到经销商所在地。一旦车辆到达经销商处，它就准备好放到经销商车行(店铺库存)中以供最终销售了。

物流企业用户需要知道最终装配好的车辆数量、出入每一个仓库的车辆数量，以及最终客户需要的对应于各种车辆类型、颜色、型号等的车辆数量。该公司还需要理解和分析物流链每一个阶段中的库存水平。物理管理层希望理解车辆从装配工厂交付到最终顾客手中所需要的时长，这取决于车辆类型、仓库以及承运人。让车辆更加快速和高效地从物流管道中完成移动有助于最小化库存水平和降低运输成本。

支持汽车制造商制成品物流管道的健壮设计会揭示出所有三种事实表类型。

8.8.1　事务事实表

该物流管道的一个关键组成部分就是从一个位置到另一个位置的库存流。车辆运输流向是在一系列库存移动事务中捕获到的。装配工厂会通过一个库存移动事务将车辆发送到制成品库存中。然后会通过铁路将车辆运输到地区性仓库，在那里它会被放入其库存中；稍后会从库存中移除车辆并且通过卡车将车辆运输到经销商处，在那里它会被放入该经销商的库存中。对于这些库存移动的每一个来说，都会生成一个库存移动或运输/接收事务。库存流向是事务事实表的一个绝佳应用机会。这个事实表的粒度就是每辆车的每次库存移动事务一行。同样，应该在每销售一辆车就记录一行的销售事务事实表中捕获车辆的最终销售情况。

事务事实表是对要求获悉业务过程强度或数量的业务需求的恰当设计回应。事务事实表有助于回答“有多少数量”的问题。例如，上周售出了多少辆白色的运动型多功能车(sports utility vehicle，SUV)？其以美元计的销售额是多少？有多少辆全轮驱动汽车从装配工厂下线到可销售库存中？我们交付给某个承运人运输的车辆有多少？我们的经销商这个月接收了多少辆车？对比上个月、上个季度或者去年的情况如何？事务事实表成为重负荷事实表类型是有原因的：它们支持极其重要的业务需求。另外，事务事实表在回答关于我们库存水平状态或物流管道速度/效率方面的问题时效果不佳。为了支持这些业务需求，我们要寻求另一种事实表类型来作为事务事实表的补充。

8.8.2　定期快照事实表

第二个需求是获悉管道中某个时间点上的库存总量。支持库存水平的分析是一项非常适合于定期快照事实表的任务。在任何时间点上，每辆车都只会位于一个物理位置，如工厂的制成品库存、地区分销中心、经销商车行或者运输途中的火车或卡车。为了支持库存分析，定期快照事实表具有每天每辆车一行记录的粒度。位置维度将支持管道中每个时间点的库存分析。

定期快照事实表会出色完成帮助获悉管道中车辆数量的任务。它会回答“程度如何”的问题。我们的总库存如何？白色车辆的可用库存如何？SUV 呢？四门车呢？运动型车呢？加州的呢？经销商车行中的呢？对比之前月份、季度或年份又如何呢？定期快照支持库存水平随时间变化的趋势。库存移动事务事实表和库存定期快照可以共同支持围绕物流管道的大部分业务需求。不过，即便是同时使用这些事实表，也很难应对管道效率的需求。为了满足所有的需求，需要使用累计式快照事实表来作为事务和定期快照事实表的补充。

8.8.3 累计式快照事实表

物流管道的第三组需求是支持对车辆通过物流管道的速度(这里没有双关的意思)的分析。在运输车辆到将其交付给最终消费者期间，每辆车都会经过一系列里程碑。为了支持测量和获悉我们物理管道效率的分析需求，将会用每辆车一行记录来填充累计式快照事实表。随着每辆车通过该管道，将会使用该辆车每次移动的日期和当前位置来更新累计式快照。累计式快照将具有大量日期键，如装配下线日期、向分销中心运输的日期、分销中心接收的日期等，直到最终销售的日期。事实表指标将包括一系列测量车辆在管道步骤中移动所花费的时间的日期延迟。

累计式快照事实表支持速度的关键效率测量。车辆通过管道的速度有多快？从装配下线到最终顾客销售之间的平均时长是多少？乘用车跟 SUV 所用的平均时长是否不同？混合动力车与非混动车的对比如何？白色车辆与红色车辆的对比又如何？哪个承运人/铁路公司最有效率？累计式快照将被每日更新，以便保存物流管道中当前的车辆信息。因此，累计式快照也可被用于查看管道的当前状态以便识别“陷入停滞的”车辆，如找出在地区性分销中心或经销商车行已经超过 n 天的所有车辆。通过铁路或卡车运输的车辆在途时间超过 n 天的有多少？所有的 SUV 都在哪里？这个事实表能帮助物流团队在有最大需求量的情况下找到和移动车辆、找出效率提升机会，并且找出首选的运输合作伙伴。

在我们的汽车制造商示例中，显然三种事实表类型都是相互补充的。实现所有三种事实表类型是对一组丰富的业务需求的恰当回应。仅实现一种甚或仅实现两种事实表类型都将非常难于支持所有需求，甚至完全不可能支持。

8.9 对时间段进行建模

Ralph Kimball，Design Tip #35，2002 年 3 月 27 日

在过去两年里，我发现需要提出关于时间段问题的应用程序需求出现了增加。当一个人表示“我事实表中的每一条记录都是一段时间之后的常量值的集”时，那么这个人就很好地满足了这个需求。时间段可以在任意时间点开始并且在任意时间点结束。在有些情况下，时间段会链接起来形成一个完整的链。在其他情况下，时间段都是隔离的，并且在最坏的情况下，时间段会任意重叠。但每个时间段在数据库中都是由单条记录来表示的。为了让这些变化更易于想象，假设我们具有一个用原子事务填充的数据库，如银行账户的存取款。我们还将包括开户和销户事务。

每个事务都会隐含地定义一段时间之后常量值的集。存款或取款会为账户余额定义一个新的值，在下一个事务之前它都是有效的。这一时间段可以是一秒，也可以是许多个月。开户事务会定义账户状态在一段时间内持续有效，直到出现销户事务。

在我们提出数据库设计之前，我们回想一下希望提出的一些时间段问题。我们首先将问题限定于单独的天粒度，而非一天中的一部分时长，如多少分钟和多少秒。本文结尾处我们会回过头来介绍多少分钟和多少秒的处理。我们总是擅长回答的简单问题包括：

- 指定时间段内发生了哪些事务？
- 所选择的事务是否发生在指定时间段内？
- 如何使用复杂的日历导航能力来定义包括季节、会计期间、天数、周数、支付天数和假期在内的时间段？

对于这些情形，我们所需要的就是事务事实表记录上的单个时间戳。第一个问题会选取用户查询中指定间隔内所包含的时间戳对应的所有事务。第二个问题会从所选择的事务中检索时间戳并且将其与指定的时间间隔对比。第三组问题会用与大量有帮助的日历属性相关的日历日期维度键来替换简单时间戳。这个日期维度会通过一个标准的外键到主键的联结来连接到事实表。这就是全部的普通维度设计了，并且仅需要事实表记录中的单个时间键来表示所需的时间戳即可。到目前为止，一切都很正常。

顺便说一句，在使用复杂日历导航时，如果详细的日期维度包含每个所定义时间段的第一天和最后一天标记，如“季度的最后一天”，那么查询会变得更加容易。除适用季度的最后一天会具有 Y 值外，其他所有日期记录的这个字段都会是 N。这些标记使得在查询中轻易指定复杂业务时间段成为可能。注意，使用详细日期维度意味着应用程序不是在事实表上导航到一个时间戳。最后一节中会有更多与此有关的内容。

第二个中等难度类别的时间段问题包括：

- 一段时间内特定时点上的顾客都是谁？
- 一段时间内指定顾客的最后一个事务是什么？
- 特定时间点上一个账户的余额是多少？

我们将继续做出简单假设，即所有的时间段都是由日历日期来描述的，而非多少分钟和多少秒。使用之前指定的单个时间戳来回答所有这些问题是可行的，但这种方法需要复杂和低效的查询。例如，要回答最后一个问题，我们需要在期望的时间点或者在该时间点之前的一组账户事务中搜索最近的事务。在 SQL 中，会采用在查询中嵌入相关的子 SELECT 的方式来实现。这种方式不仅很慢，而且该 SQL 无法由用户 BI 工具轻易生成。

对于所有这些中等难度的时间段问题，我们要通过每条事实记录上表明事务明确定义的开始和结束时间段的双时间戳来极大地简化应用程序。

有了双时间戳设计，我们就能轻易应对之前的三个示例问题：

1. 搜索开始日期发生在结束时间戳时或之前以及结束日期发生在开始时间戳时或之后的所有开户事务。
2. 搜索开始日期发生在结束时间戳时或之前以及结束日期发生在结束时间戳时或之后的单个事务。
3. 搜索开始日期发生在任意时间点或之前以及结束日期发生在任意时间点或之后的单个事务。

在所有这些示例中，SQL 都会使用一个简单的 BETWEEN 构造。这种“介于两个字段之间的值”的 SQL 样式的确是允许的语法。当使用双时间戳方法时，我们必须承认存在一个主要缺陷。在几乎所有情况下，我们都必须访问每一条事实表记录两次：一次是在我们首次插入该记录时(用未限定的结束时间戳)，另一次是在实际定义真实结束时间戳的后续事务发生时。这个未限定的结束时间戳应该是未来某个时间点的真实值，因此应用程序在尝试执行 BETWEEN 子句时就不会卡在空值上。

我们将最难的问题留在了最后：精确到秒的时间段。在这个示例中，我们会提出与前两节中相同的基本问题，但我们允许时间段边界被定义为精确到秒。在这个示例中，我们会将相同的两个双时间戳放入事实记录中，但我们必须放弃到健壮日期维度的连接。我们的开始和结束时间戳都必须是常规的 RDBMS 日期/时间戳。之所以必须这样做，是因为我们通常不会创建关于长时间段的具有所有分钟或所有秒钟的单个时间维度。将时间戳划分成天维度和一天里秒的维度会让 BETWEEN 逻辑极其惊人。因此对于这些极为精确的时间段，我们要忍受 SQL 日期/时间语义的限制并且放弃将季节或会计期间指定为精确到秒的能力。当时间戳精确到秒时，我们就可以让一条记录的结束时间戳正好等于下一条记录的开始时间戳。然后我们要约束期望的时刻大于或等于开始时间并且严格地小于结束时间。这样就会确保我们找到一段确切的时间并且时间段之间没有间隔。

如果你真的是一位顽固分子，那么可以考虑在每条事务记录上使用四个时间戳(如果时间段精确到秒)。前两个时间戳可以是前面段落中描述的 RDBMS 日期/时间戳。但就像本文前两节中所述，第三和第四个时间戳可以是连接到详细日历日期维度的日历天外键。这样，就可以鱼与熊掌兼得了。可以搜索极为精确的时间段，同时也可以提出像“为我显示发生在假期的所有断电情况”这样的问题。

8.10 在现在和过去对未来进行滚动预测

Ralph Kimball，Design Tip #23，2001 年 5 月 2 日

这里是一位读者发给我的一份描述一个有趣设计难题的邮件：

Ralph 及各位同事好！

求助！我真的被一个有意思的设计问题难倒了，希望有人能应对这个挑战：我要如何预测未来？

我有一个账户表，该表具有一个状态字段和一个状态有效日期。我们假设“过期”状态在 2001 年 5 月 2 日生效。

业务用户希望知道这些内容：对于下一个滚动月份，账户会有多少天处于过期状态？假设今天是 2001 年 5 月 5 日，用户希望看到如下报告：

2001 年 5 月 5 日：4 天
2001 年 5 月 6 日：5 天
2001 年 5 月 7 日：6 天
……直到 2001 年 6 月 4 日，因为这是进入下一个滚动月份的第一天。

然后业务用户希望计算该账户表中所有账户的数量并且将它们按照处于“过期”状态的天数来分组，就像下面这样：

2001 年 5 月 5 日：过期了 4~6 天的账户有 100 个
2001 年 5 月 6 日：过期了 4~6 天的账户有 78 个
……
2001 年 5 月 5 日：过期了 7~9 天的账户有 200 个
2001 年 5 月 6 日：过期了 7~9 天的账户有 245 个
……

我还需要回溯历史并且为任意时点+1 个月的时间做相同的统计。不过，许多账户都会具有当时设置的状态失效日期，并且不再会处于“过期”状态，尽管它们在账户表中都有一条历史记录以便保持某个时点它们曾经处于这个状态。

如果有人具有处理类似问题的经验或者知道可以支持解决这一问题的设计，请让我知晓……真头疼。

此致

Richard

这里是我给 Richard 的回信：

Richard 你好！

假设你的账户维度表具有以下字段(像你描述的那样)：

```
ACCOUNT_KEY
STATUS
STATUS_EFFECTIVE_DT
```

现在构建具有以下字段的另一个表：

```
STATUS_EFFECTIVE_DT
STATUS_REPORTING_DT
DELTA
```

其中 DELTA 是生效日期和报告日期之间的天数。你需要在这个表中为用户关心的 EFFECTIVE 日期和 REPORTING 日期的每种组合保留一条记录。如果你有一年以前的 EFFECTIVE 日期(365 天)并且希望报告未来一年的情况，那么这个表中就大约需要 365*365 行(或者大约 133 000 行)。

在 STATUS_EFFECTIVE_DT 上将这第二个表联结到第一个表。然后你的第一个查询应该用以下 SQL 来满足：

```
SELECT STATUS_REPORTING_DT, DELTA
FROM ...
WHERE STATUS = 'OVERDUE'
AND STATUS_REPORTING_DT BETWEEN 'May 5, 2001' and 'June 4, 2001'
ORDER BY STATUS_REPORTING_DT
```

要得到你的分组报告，可以构建具有以下字段的第三个表(一个分组表)：

```
BAND_NAME
UPPER_DELTA
LOWER_DELTA
```

你要根据以下条件将这个表联结到第二个表:

```
DELTA <= UPPER_DELTA
DELTA > LOWER_DELTA
```

你的 SQL 应该类似于下面这样:

```
SELECT BAND_NAME, COUNT(*)
FROM (all three tables joined as described)
WHERE STATUS_REPORTING_DT BETWEEN 'May 5, 2001' and 'June 4, 2001'
AND DELTA <= UPPER_DELTA
AND DELTA > LOWER_DELTA
ORDER BY UPPER_DELTA
GROUP BY BAND_NAME
```

祝你好运!

Ralph Kimball

最后，在尝试了我的建议之后，Richard 回了一封信，内容如下:

Ralph 你好!

我要非常高兴地说，你的建议是有效的！谢谢你。我在 SQL Server 7 的一些示例行上进行了尝试，结果看来很好。我现在已经做了进一步处理，包含了一个 Status_Ineffective_Date，这样我们就可以排除在报告时期内的某个时间点上不再是“过期”状态的账户。

首先，我像下面这样稍微修改了你的 SQL:

```
SELECT
COUNT(account.Account_Id),
days_overdue.reporting_date
FROM
account,
days_overdue
WHERE
( account.Status_Effective_Date=days_overdue.effective_date )
AND (
days_overdue.reporting_date BETWEEN '05/05/2001' AND '06/04/2001'
AND days_overdue.delta >= 10 {an arbitrary number or banding that the user decides
at run time})
GROUP BY
days_overdue.reporting_date
```

上面这个 SQL 的关键是在 DELTA 上进行约束(我们称之为 days_overdue)，否则查询会提取出报告时期对应的每一天的每一个账户，并且 COUNT 总是相同的数字。该约束可以是=、<、>或 BETWEEN，但必须提供。

其次，为了排除不再是过期状态的账户，我们直接在账户表中包含了 status_ineffective_date，并且可以像下面这样做:

```
SELECT
```

```
COUNT(account.Account_Id),
days_overdue.reporting_date
FROM
account,
days_overdue
WHERE
( account.Status_Effective_Date=days_overdue.effective_date )
AND (
days_overdue.reporting_date BETWEEN '05/05/2001' AND '06/04/2001'
AND days_overdue.delta >= 10
AND account.Status_Ineffective_Date > days_overdue.reporting_date)
GROUP BY
days_overdue.reporting_date
```

当然，必须得为所有当前过期的账户将 ineffective_date 设置为未来的某个时间，如 01/01/3000。这也完全适合 SCD 类型 2，其中我们在每次状态变更时都会在账户维度中创建一个新的行，以便为我们提供完整的历史比较!!

非常感谢你的帮助，顺祝一切安好!

Richard

8.11　时间段累计式快照事实表

Joy Mundy，Design Tip #145，2012 年 5 月 1 日

在文章 8.12“是维度还是事实，抑或两者都是”中，我会探讨为不确定时长的过程(如销售管道或保险索赔处理过程)设计维度模式的挑战。我们断定它们最好被表示成累计式快照事实表，其特征是每次管道事件一行，其中每一行都会在其生命周期中被多次更新。不过，由于每一行都会被更新，因此我们只有不完整的历史记录。累计式快照会完美完成告知我们管道当前状态的任务，但它掩盖了中间状态。例如，索赔事务可能会多次更新状态：开启、拒绝、异议、再开启、再关闭。累计式快照极其有价值，但有几件事情它无法做：

- 它无法告知我们索赔何时以及为何在这些状态间多次切换的详情。
- 我们无法重新创建过去任意日期的“业务日记账”。

要解决这两个问题，我们需要两个事实表。一个事务事实表捕获单次状态变更的详情。然后我们要将生效和失效日期添加到累计式快照事实表来捕获其历史。

这个事务事实表简单明了。正如作为基石的文章 8.5“基础粒度”中所述，我们通常会将包含每一个状态变更行的累计式快照事实表和事务事实表配对。其中累计式快照中每个管道过程都会有一行记录(如索赔)，而事务事实表中每次事件都会有一行记录。根据源系统的不同，通常首先要构建事务事实表，并且从其派生累计式快照。

现在将注意力转向时间段累计式快照事实表。首先，并非所有人都需要为留存这些具有时间戳的快照而烦恼。对于大多数组织来说，代表管道当前状态的标准累计式快照与显示事件详情的事务事实表结合起来，这就足够了。不过，我们曾经与几个需要获悉管道演化过程的组织共同工作过。尽管从事务数据中获取相关信息从技术上讲是可行的，但这并非儿戏。

对于历史管道追踪需求来说，一个解决方案是将累计式快照和定期快照结合起来：定期对管道进行快照。这一暴力方法对于总体时间相对较长但很少变化的管道来说是不太必要的。针对这种情况，最好的办法是将生效和失效变化追踪添加到累计式快照。

这里是其具体做法：

- 设计一个标准累计式快照事实表。
- 在状态变化时应该添加一个新的行，而不是更新每一行。我们最近的设计是日期粒度的：在管道(如索赔、销售过程或药物不良反应)发生变化的任何一天都要将新行添加到事实表。
- 需要一些额外的元数据列，类似于一个类型 2 维度：
  - **快照开始日期**：这一行开始生效的日期。
  - **快照结束日期**：这一行失效的日期，添加新行时更新它。
  - **快照当前标记**：我们为这一管道事件添加新行时更新。

大多数用户都仅关心当前视图，也就是标准化累计式快照。可以通过定义一个根据快照当前标记过滤历史快照行的视图(可能是索引视图或物化视图)来满足其需求。或者，可以选择在每一天的 ETL 结束时实例化一个当前行的物理表。需要查看自过去任意日期开始的管道数据的少数用户和报告可以通过过滤快照开始和结束日期来轻易达成目标。

时间段累计式快照事实表的维护要比标准累计式快照复杂一些，但其逻辑是类似的。其中累计式快照会更新一个行，带有时间戳的快照会更新之前作为当前状态的行并且插入一个新的行。标准累计式快照和带有时间戳的累计式快照之间的最大区别是事实表行的数量。如果在索赔生命周期期间其平均的变化周期是二十天，那么带有时间戳的快照就会比标准累计式快照大二十倍。查看下数据和业务需求，以便弄清楚它是否对你有意义。在我们最近的设计中，我们惊喜于这一设计的有效性。尽管一些难处理的管道事件会变更数百次，但绝大多数都只需要处理中等数量的变更并随之关闭。

8.12 是维度还是事实，抑或两者都是

Joy Mundy，Design Tip #140，2011 年 11 月 1 日

对于大多数主题领域来说，识别重要的维度是非常容易的：产品、顾客账户、学生、员工和组织全都是容易被理解的描述性维度。店铺的销售情况、电信公司的通话记录，以及大学的课程报名都是明显的事实。

不过，对于有些主题领域来说，识别一个实体是维度还是事实会具有挑战性——尤其是对于刚入门的维度建模者来说。例如，保险公司的索赔处理部门会希望对其开启的索赔进行分析和报告。“索赔”感觉像是一个维度，但同时它也会表现得像一个事实表。具有延长销售周期的软件公司也会出现类似情况：销售机会是维度还是事实，抑或两者都是？

在大多数情况下，认识到你正尝试在事实表中表示的业务事件实际上是长期存在的过程或生命周期这一点，才能解决这个设计难点。通常，业务用户最关心的是能够看到过程的当前状态。每个过程一行的表——如每次索赔或每个销售机会一行——听起来就像是一个维度表。但如果在实体(索赔或销售机会)和过程(理赔或销售管道)之间进行区分，就会更加清楚明了。我们需要一个事实表来测量过程，并且需要许多维度表来描述该过程中测量到的实体的属性。

这一模式类型是作为一个累计式快照来实现的。相较于事务和定期快照事实表，累计式快照不太常见。这一类型事实表的粒度是明确定义了开始和结束的过程中的每个步骤一行；这个表会揭露出日期维度的许多作用；并且事实表行会在过程的生命周期中被多次更新(因此其名称为累计式快照)。

累计式快照模式的许多核心维度都很容易识别，但这些设计存在一些挑战。长期存在的过程往往具有大量来自源系统的小标记和编码，它们表示过程中的各种状态和情况。这些几乎都是无意义的维度。要预料到累计式快照模式会有一些无意义的维度。

我试图避免创建一个具有与累计式快照事实表相同行数的维度。如果还未将无意义维度划分成逻辑相关的分组，那么就可以实现这个目标。在之前的示例中，我还主张尽可能地设计一个“索赔”或“销售机会”文本描述维度。不过实际上，通常会有一些业务用户绝对需要看到的详情，如事故报告或销售机会的描述。然而这样的一个维度会很大，业务用户仅会在其他维度被严格约束之后才访问它，因为没有文本记录的可预测结构。

8.13 非事实型事实表

Ralph Kimball，DBMS，1996 年 9 月

事实表包含被视为最佳业务测量的数值型累加式字段，它们是在所有维度值的交集处测量的。由于关于事实表中数值型累加式值的内容已经讲了很多，因此可能会让人惊讶的是，存在两种完全不具有任何事实的非常有用的事实表！它们可能完全是由键构成的。这些事实表被称为非事实型事实表。

非事实型事实表的第一种类型是记录事件的表。维度数据仓库中的许多事件追踪表最终都是非事实型的。图 8-5 中显示了一个好示例，它会追踪大学中学生的出勤情况。假设有一个现代的学生追踪系统，它每天都会检测每个学生的出勤事件。列出围绕学生出勤事件的维度是很容易的，其中包括日期、学生、课程、老师和教学设施。

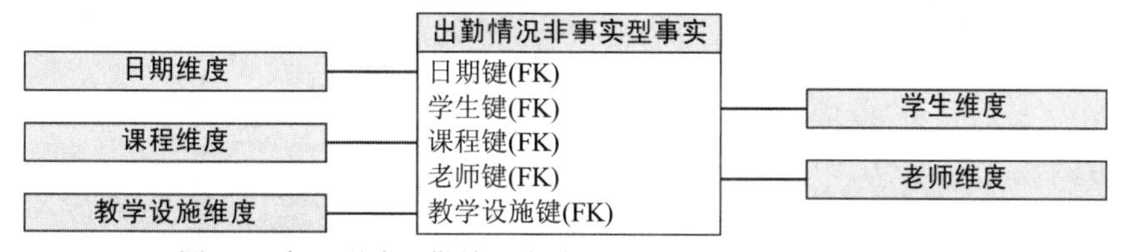

图 8-5 每日学生出勤情况会被记录在一个非事实型事实表中

图 8-5 中事实表的粒度是单个学生出勤事件。当学生从大门走进课堂中时，就会生成一条记录。显然，这些维度全都是严格定义的，并且仅由五个键构成的事实表记录是学生出勤事件的良好表述。每一个维度表都是深刻而丰富的，具有许多有用的文本化属性，可以在其上进行约束，并且可以从中组成报告中的行标题。

唯一的问题在于，没有明显的事实来记录每一次学生出席课程的情况或者上体育课时着装的情况。像课程成绩这样的具体事实并不属于这个事实表。这个事实表表示了学生出勤过程，而非学期评分过程甚或期中考试过程。这样就总是会觉得少了些什么。

实际上，这个仅由键构成的事实表是一个完美合格的事实表，并且应该保持原样。对于这一维度模式可以提出大量相关的问题，其中包括：

- 哪些课程的出勤人数最多？
- 哪些课程是出勤情况最稳定的？哪些老师的学生最多？
- 哪些老师在其他学院的教学设施中讲课？
- 哪些教学设施使用频率最低？

我对于这一模式的唯一真正的批评是 SQL 的不可读性。前面的大多数查询最终都是计数。例如，第一个问题的开头应该是：

```
SELECT COURSE, COUNT(COURSE_KEY) FROM FACT_TABLE, COURSE_DIMENSION, ETC.
WHERE ... GROUP BY COURSE
```

这个示例是在无差别统计课程键的数量。它是一个奇特的 SQL，可以统计任意键的数量并且仍将得到同样正确的答案。例如：

```
SELECT COURSE, COUNT(TEACHER_KEY) FROM FACT_TABLE, COURSE_DIMENSION, ETC.
WHERE ... GROUP BY COURSE
```

会给出相同的答案，因为这是在统计查询所需得到的键的数量，而非其不同的值。尽管这不会难倒 SQL 专家，但它会让 SQL 看起来很奇怪。出于这个原因，数据设计者通常会在图 8-5 中事实表的末尾添加一个虚拟的“出勤”字段。该出勤字段总是包含值 1。这不会添加任何信息到数据库，但它会让 SQL 更具可读性。当然，select count (*)同样有效，但大多数查询工具都不会自动产生 select count (*)可选项。该出勤字段为用户提供了一个方便且可理解的地方来进行查询。

现在第一个问题可表示为：

```
SELECT COURSE, SUM(ATTENDANCE) FROM FACT_TABLE, COURSE_DIMENSION, ETC.
WHERE ... GROUP BY COURSE
```

可以将这些类型的事件表看作记录某个空间点和时间点上碰撞事件键的表。这个表仅会记录所发生的碰撞。汽车保险公司通常会以这种方式在文字上记录碰撞事件。在这个示例中，非事实型事实表的维度是：

碰撞日期
投保人
投保车辆
索赔人
索赔车辆
见证人
索赔类型

第二种非事实型事实表被称为覆盖范围表。图 8-6 中显示了一个典型的覆盖范围表。当维度数据仓库中的一个主要事实表很稀疏时，就会频繁需要用到覆盖范围表。图 8-6 还显示了一个简单的销售事实表，它记录了在每次促销情况下具体日期中店铺的产品销售情况。该销售事实表的确可以回答许多相关问题，但无法回答关于还未发生的事情的问题。例如，它无法回答“有哪些促销产品未售出”这样的问题，因为它只包含售出了的产品记录。这时就可以用到覆盖范围表了。对于每个时期每家店中正在促销的每个产品，都会在覆盖范围表中放入一条记录。

注意，你需要具有完全概括性的事实表来记录哪些产品正在促销。一般来说，对哪些产品进行促销会依据产品、店铺、促销和时间所有这些维度而不同。这个复杂的多对多关系必须被表述为事实表。根据定义，每一个多对多关系都是一个事实表。

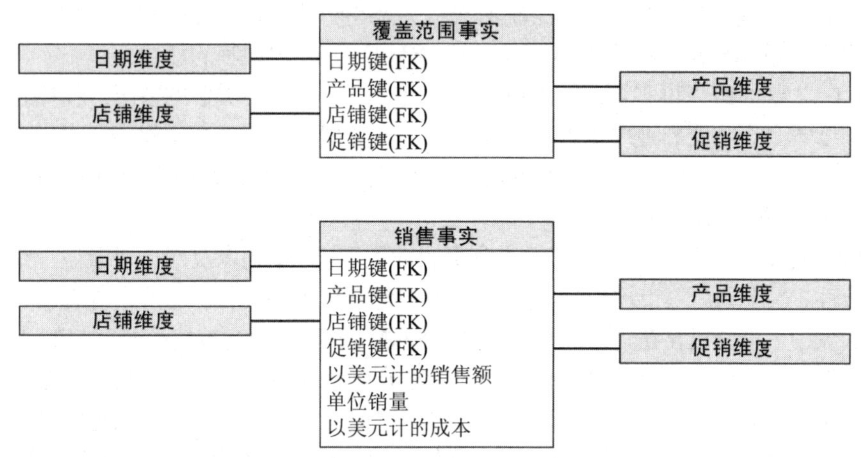

图 8-6　促销事件的非事实型覆盖范围事实表

可能有些读者会建议仅用表示所有可能产品零销量的记录来填充原始的事实表。这在逻辑上是可行的，但这样会极大地扩展该事实表。在一家典型的杂货店中，任意一天中大约仅会售出 10%的产品。包含所有的零销量记录会以十的倍数来增加数据库的大小。还要记住，必须将所有的累加式事实置为零。因为许多大型杂货店销售事实表大约都有十亿条记录，所以这会造成很大的困难。再者，花费大笔资金采购硬盘来存储这些零也是会让人吃惊的。

覆盖范围非事实型事实表可以变得远远小于上一段中所描述的同等一组零的表。覆盖范围表必须仅包含促销商品；可以忽略还未售出的非促销商品。另外，出于管理原因，很可能会定期而非每天进行促销产品配置。通常店铺经理每周都会在店铺中安排促销。因此我们无须每天为每个产品保存一条记录。每周每家店每次促销每个产品一条记录即可。最后，非事实型格式也会让我们免于为这些事实存储明确的零数据。

回答“有哪些促销产品未售出”的问题需要一个包含两个步骤的应用程序。首先，查询覆盖范围表以便得到该店铺该日期所促销的产品列表。其次，查询销售表以便得到售出的产品列表。所期望的答案是这两个产品列表之间的差集。

覆盖范围表对于记录企业中销售团队到客户的任务分配同样有用，其中销售团队偶尔会实现很大的销售量。在这样的企业中，销售事实表会过于稀疏，不适合用于记录哪些销售团队关联到哪些顾客。销售团队覆盖范围表提供了销售团队到客户的任务分配的完整关系图，即使其中一些组合永远无法产生销售结果。

8.14　非事实型事实表听起来像不像没有帆的帆船

Bob Becker 和 Bill Schmarzo，Design Tip #50，2003 年 10 月 16 日

非事实型事实表看起来就像是一个矛盾体，类似于没有帆的帆船。怎么会有不包含任何事实的事实表？非事实型事实表会捕获维度之间的多对多关系，但不包含任何数值事实。在本篇文章中，我们会使用一个非事实型事实表来补充我们的渐变维度策略。

假设我们正致力于为一家大型的企业对消费者的公司进行设计，如航空公司、保险公司、信用卡公司、银行、通信公司或网络零售商。该公司会与数千万顾客进行业务往来。除对追踪消费者行为的事务模式和随时间变化绘制消费者关系趋势的定期快照模式的典型需求外，我们的业务用户需要看到任意时间点上客户准确资料(包括数十个属性)的能力。

Ralph 在文章 8.27“事实表何时可被用作维度表”中探讨了类似的情况。他概述了一种技术，其中维度本身会将资料变更事件捕获为渐变维度类型 2，而不是创建一个事实表来捕获资料事务。不过，我们不太可能在当前的场景下使用该技术，因为存在巨大的数据量(数百万客户行)和潜在波动的变化(数十个属性)。

我们假设要设计一个基本客户维度(具有最少的类型 2 属性)以及四个“微型”维度来追踪客户信用属性、客户喜好、市场细分/倾向以及客户地理位置的变化。这五个外键会包含在事务粒度的事实表中，也会包含在月度快照中。这些外键代表着事实行被加载时客户的“状态”。到目前还好，但我们仍然需要支持在任意时间点的客户分析。我们考虑使用另一个定期快照事实表，每天为每一个客户加载它以便捕获客户维度的时间点关系以及相关的微型维度。这会转换成每晚加载数千万个具有数年历史的快照。我们快速计算一下就会决定评估其他替代方案。

现在你一定在想，“那很棒，但跟没有帆的帆船有什么关系”。我们可以使用一个非事实型事实表来捕获客户维度和微型维度之间随时间变化的关系。我们会在基本客户维度出现类型 2 变更或者基本维度和微型维度之间关系出现变更的任何时候加载非事实型事实表中的一个事实行。非事实型事实表包含加载行时用于基本客户维度以及四个微型维度中的每一个的外键。然后我们要用两个日期(行生效日期和行失效日期)来修饰这一设计，以便定位出任意时间点上客户的资料。除表明是什么造成一个新的行被加载到非事实型事实表中的一个变更原因维度外，我们可能还要添加一个简单的维度以便标记当前客户资料。

8.15 哪些事情还没发生

Ralph Kimball，Intelligent Enterprise，1999 年 2 月

我们的数据仓库是用告知我们业务中发生了什么的数据来填充的。我们每一个业务过程维度模型中的最低级别常常是我们可以从生产系统中收集到的最原子数据。每次按钮点击、事务以及产品销售都是一条记录。当一个事件发生时，我们就会创建一条事实记录。

我们非常擅长于制定查询来找出发生了什么。这些都是定向查询，它们被看作数据仓库几乎所有的用途。但我们如何从数据仓库中获悉还没发生的那些事情呢？

我们如何要求数据仓库回答今天未售出什么或者哪些产品组合没有放在购物篮中被一同售出？我们如何获知已发生的事件与未发生的事件混合在一起的情况，如哪些促销中的产品并未售出或者哪些产品具有选项 1、5 和 9 而无选项 2、7 或 29？

对并不存在的事件建模很有意思，因为在某些情况下，我们可以明确得到还未发生的事件的记录。但在许多情况下，得到还未发生的事情的记录是荒谬的。如果我们正在追踪一家航空公司的常旅客飞行记录，我们必定不会为每一个常旅客还未飞过的每一个航班都构建记录。

我们来研究下用于建模还未发生的事情的主要技术。

8.15.1　覆盖范围表

零售环境中一个典型的销售事实表可能具有五个表示日历日期、产品、店铺和促销的外键。我们假设该销售事实表的粒度是每家店铺中每个产品的每日总销量。只有在具体产品被售出的情况下，我们才会在每天结束时将一条记录放入这个事实表中。我们几乎永远不会将一天中一个产品的零销量记录放入事实表中，因为在大多数零售环境中，每天每家店中仅会售出所有产品组合中的一小部分。

当我们询问“哪些产品未售出”时，我们就必须确定到底是在问“某家店铺中哪些产品未售出”还是“应该在某家店铺中但缺货的产品有哪些”。要回答这两个问题中的任何一个，我们都需要得到某一天中每家店铺每个产品的准确库存测量。

我们没有一个物理库存表用于存储每一天每家店中的每个产品。我们必须通过首先得到一个已知月初物理库存，然后纳入账户销售情况、收缩额以及发货情况来进一步计算日常库存水平。无论如何，我们最终都要得到一个具有日历日期、产品和店铺维度的真实或虚拟库存事实表。

要回答“某家店铺中哪些产品未售出”这个问题，我们必须计算这个库存表和销售表之间的差集。其形式为：

```
{select all products with nonzero inventory today}
MINUS
{select any products that sold today}
```

关系型系统中的 MINUS 操作就是差集操作。在这个应用程序中，库存表扮演了覆盖范围表的角色，因为它实际上是库存上可能会发生的所有事件的基础。在这个示例中，我们减去了销售事件以便回答哪些产品未售出的问题。

8.15.2　用于未发生行为的明确记录

我们在上一个示例中构建的覆盖范围表与记录了实际测量事件的主要事实表是分离开来的。但在某些情况下，在相同的表中将未发生事件作为事件测量来记录是合适的。这是一个设计者自行决断的问题，但如果最终的事实表并没有出现惊人的增长并且如果未发生事件具有与事件相同的维度性的话，那么通常这种方法就是适用的。一个合适的示例就是学生出勤情况。

如果我们正在追踪每天每堂课的学生出勤情况，那么出勤情况事实表中每条事件记录的维度就会是日历日期、学生、教授、课程以及地点。不过，如果我们将一个事实称为“出勤情况”，那么它的值就要么是 1 要么是 0，然后我们可以轻易地获悉哪些学生未出席某堂课。这种方法在这个示例中是合适的，因为表明未发生事件的额外记录是总量的一小部分(希望如此)。

现在，我们询问哪些学生未出席某堂课的查询就是一个简明单一的查询：

```
{select student_name where Attendance = 0}
```

8.15.3　用 NOT EXISTS 搜索不存在的事实

前面两个方法都需要一定程度的预先规划。我们要么构建一个描述库存水平或促销覆盖范围的覆盖范围表，要么在出勤情况事实中明确放入 0。但通常，我们无法预知“还未发生什么”的查询。

SQL 中的 NOT EXISTS 构造是用于识别数据库中不存在的记录的一种强大、通用的机制。不过，它仍然不是灵丹妙药。即使我们可以获知哪些事情并不存在，我们也必须矛盾地在一个较大的查询内通过组织 NOT EXISTS 来非常具体地提出哪些事情并不存在的问题。我们并没有好的办法来获悉对于我们来说还未知的哪些事情不存在的情况。要了解这一总体概述的例证，可以研究以下示例。

要生成一个使用 NOT EXISTS 的单一查询来确定 2015 年 1 月 15 日 San Antonio 奥特莱斯中的促销产品有哪些未售出，就必须执行像下面这样的 SQL：

```
SELECT P1.PRODUCT_DESCRIPTION
FROM SALES_FACT F1, PRODUCT P1, STORE S1, CALENDAR_DATE D1, PROMOTION R1
WHERE F1.PROD_KEY = P1.PROD_KEY
AND F1.STORE_KEY = S1.STORE_KEY
AND F1.DATE_KEY = D1.DATE_KEY
AND F1.PROMO_KEY = R1.PROMO_KEY
AND S1.STORE_LOCATION = 'San Antonio Outlet'
AND D1.MONTH = 'January, 2015'
AND NOT EXISTS
(SELECT R2.PROMO_KEY
FROM SALES_FACT F2, PROMOTION R2, CALENDAR_DATE D2
WHERE F2.PROMO_KEY = P2.PROMO_KEY
AND F2.PROD_KEY = F1.PROD_KEY
AND F2.STORE_KEY = F1.STORE_KEY
AND F2.DATE_KEY = F1.DATE_KEY
AND F2.DATE_KEY = D2.DATE_KEY
AND R2.PROMOTION_TYPE = 'Active Promotion'
AND D2.FULL_DATE = 'January 15, 2015')
```

WHERE 子句中的前六行定义了 2015 年 1 月 San Antonio 奥特莱斯中销售的产品。指定 NOT EXISTS 构造中查询的最后九行要求得到 2015 年 1 月 15 日在促销中售出的那些产品中的每一个产品。整体的查询会返回不存在的记录(即在 1 月某些时候被售出但在 1 月 15 日的促销中并未售出的那些产品)。这是一个 SQL 关联子查询。尽管这一方法会避免库存或促销覆盖范围表的必要性，但它仍旧缺少了 1 月完全未售出的一些产品，并且该查询会运行得很慢，因为它很复杂。

8.15.4 使用 NOT EXISTS 找到还不存在的属性

“哪些事情还未发生”问题的最后一个具有挑战性的变体就是找出具有一些选项但没有其他选项的一组产品，其中每个产品的选项清单都是不固定的。假设我们销售汽车，每一辆车都具有来自 100 个可选列表的许多选项。我们如何得到具有选项 1、11 和 21 而非具有选项 2、12、22 或 32 的所有汽车？

首先我们要构建一个具有每辆车每个选项一条记录的事实表。这个事实表的维度就是汽车和选项。为了简单明了，我们假设 CAR_KEY 能够确认唯一的一辆车，而 OPTION_KEY 是选项编号。使用 NOT EXISTS，我们可以提出上一段中所提到的问题：

```
SELECT F1.CAR_KEY
FROM FACT F1
WHERE
(SELECT COUNT(F2.CAR_KEY)
FROM FACT F2
WHERE F2.CAR_KEY = F1.CAR_KEY
AND F2.OPTION_KEY IN (1, 11, 21))
= 3
AND NOT EXISTS
(SELECT *
FROM FACT F3
WHERE F3.CAR_KEY = F1.CAR_KEY
AND F3.OPTION_KEY IN (2, 12, 22, 32))
```

在这个示例中，我们可以使用 MINUS 操作来编写同等的逻辑：

```
{select cars with all the options 1, 11, and 21}
   as in the first clause of the preceding query...
MINUS
{select cars with any of the options 2, 12, 22, or 32}
```

注意，对同时具有选项 1、11 和 21 的汽车的获取是有些技巧的。不能仅仅获取具有选项 1、11 或 21 的汽车，因为那样并不会得到同时具有所有选项的汽车。

8.16　追求简化的非事实型事实表

Bob Becker，Design Tip #133，2011 年 4 月 5 日

我们在文章 8.14“非事实型事实表听起来像不像没有帆的帆船”中谈到过非事实型事实表。你可能还记得，非事实型事实表就是“没有事实但会捕获维度键之间多对多关系的一个事实表”。

我们之前已经探讨过用非事实型事实表来表示事件或覆盖范围信息。一个基于事件的非事实型事实表是学生出勤信息；该事实表的粒度是每天每个学生一行。零售业中一个典型的覆盖范围非事实型事实表会包含对应产品促销期间每一个促销产品的一行记录；它被用于帮助回答“哪些事情还未发生”的问题，以便识别出参与促销但还未售出的产品。

非事实型事实表可以简化总体设计。假设有一家提供汽车保险的财产和意外保险公司。创建一个事务事实表以捕获来自新销售保单或对已有保单进行修改的签单保费，这是相当合理的。同样，按照顾客、记名被保险人、家庭、车辆、驾驶员等实现一个月度快照事实表来捕获与每一份保单相关的实收保费，这也是完全合理的。

但是现实生活的复杂性会浮现出来，而随着时间推移，为了捕获维度之间的关系以及这些关系之间的变化，该设计会变得极其复杂。例如，单个驾驶员可以关联到多辆车、多份保单和其家庭所有人。当然，多个驾驶员同样可以关联到一辆汽车、单份保单或单个家庭。

这一复杂性会让设计团队非常头疼。他们接下来就会知道该设计充斥着桥接表。但即便如此，许多设计挑战也不太适合用一个桥接表解决方案来解决，因为它们需要三个、四个或更多个维度。最后，设计会变得过于复杂，非常难于理解，并且查询性能会很差。

避免这种情况的关键在于，意识到有多个业务过程参与其中，并且设计一个解决方案来包含额外的事实表。问题是，许多设计团队都没有意识到有多个业务过程参与其中，因为他们无法可视化会让其忘掉非事实型事实表的“事实”。追踪与车辆关联的驾驶员并非是与识别每个月关联到一份保单的实收保费相同的业务过程。认识到多个业务过程将产生核心事务和快照事实表的简化设计，其周围围绕着几个非事实型事实表，它们能帮助追踪其他维度表之间的关系。

为了完成我们的示例，财产和意外设计可能会包含非事实型事实表来支持：

- **家庭保险参与方**。具有开始生效和结束生效日期的每个家庭和投保人一行。
- **保单参与方**。具有开始生效和结束生效日期的每份保单、每个家庭、每个投保项以及每个投保人一行。
- **车辆保险参与方**。具有开始生效和结束生效日期的每份保单、每个驾驶员以及每辆车一行。

在业务索赔方面，复杂的索赔可能会产生理赔所涉及的几个到几十个索赔处理程序。另一个非事实型事实表可以捕获每一个索赔处理程序、其角色、覆盖范围以及索赔的其他详情的关系。

可以从利用这一设计模式中获益的其他行业示例包括财务服务，其中随时间变化会有多个账户和多个个体进进出出的情况是很常见的。同样，在长期运行的复杂销售环境中，非事实型事实表有助于识别出与各种客户端和产品有关的所有销售支持资源。

重要的是要记住，非事实型事实表的使用不会让示例中的复杂性消失。复杂性是真实存在的！但非事实型事实表允许我们以干净的、可理解的方式来封装这些复杂性。BI 用户将自然且直观地找到这些非事实型事实表。

父子型事实表

本节中的两篇文章将探讨通常会在业务系统中遇到的一种模式：具有多行项目子记录的事务标题父记录。

8.17 管理父数据

Ralph Kimball，Intelligent Enterprise，2001 年 9 月 18 日

父子数据关系是业务领域中的一种基础结构。例如，一张发票(父数据)会包括许多行项目(子数据)。其他的示例还包括订单、提货单、保险索赔以及零售发票。基本上，具有嵌入式重复组的任何业务文档都可归为父子应用程序，尤其是在嵌入的行项目包含相关的数值测量时，如美元或物理单位。父子应用程序对于数据仓库极其重要，因为大多数将资金和货物(或服务)从一个地方转移到另一个地方的基本控制文档都会采用父子形式。

但数据的父子源会带来典型的设计两难局面。有些数据仅在父级别可用，而有些则仅在子级别可用。维度模型中需要两个事实表还是只要一个即可？在希望向下钻取到子级别时又要如何处理仅在父级别可用的数据呢？

设想一张典型的产品销售发票。该发票上的每一个行项目都表示销售给顾客的一个不同产品。

父级别数据包括如下。

- 四个标准维度：总的发票日期、销售代理、顾客以及支付条款。
- 一个退化维度：发票编号(稍后将更为详细地介绍)。
- 五个累加式事实：行项目的合计扩展净价、总的发票促销折扣、总的运费、总税费以及总计。

子级别数据包括如下。

- 两个维度：产品和促销。
- 四个累加式事实：单位数量、扩展总价(单位×价格)、扩展净价[单位×(单位价格-促销折扣)]，以及产品的单位价格和这个特定产品的促销折扣(稍后将更为详细地介绍)。
- 总的发票中的上下文由五个父维度构成。

在列出了维度和事实之后，你可能会认为已经完事了。现在有了两个不错的事实表。父发票事实表具有五个维度和五个事实，并且子行项目事实表具有七个维度和三个事实。

但是这一设计是一个失败设计。无法根据产品汇总业务数据！如果根据具体的产品进行约束，你就不知道要如何处理发票级别的折扣、运费以及税费。业务所有较高级别的汇总都会被强制忽略产品维度。

在大多数业务中，这种忽略是不可接受的。要修复这个问题只有一个办法。必须采用发票级别的数据并且向下分配到行项目级别。这一分配的确存在一些争议，并且必须在这一过程中强制执行一些业务决策。但如果不这么做，就无法根据产品来分析业务。

用粒度是发票行项目的单个事实表来替换这两个事实表。换句话说，在创建父子型维度设计时，始终要下降到最原子的子级别。

在设计一个围绕特定测量类型的事实表时，要用当时所知的所有真实信息来“分解”该类测量。这个示例中的测量可以在单独的行项目上下文中找到。行项目和发票级别上的所有信息在测量时都是真实可信的。因此单行项目粒度事实表具有以下维度：

- 发票日期
- 销售代理
- 顾客
- 支付条款
- 产品
- 促销

如何处理发票编号？它肯定是单值的，即便在行项目级别也是如此，但你已经在前六个维度中“暴露”了已知的关于发票的一切信息。应该将发票编号保留在设计中，但无须单独为其建立一个维度，因为该维度往往会是空的。我们将这个特征结果称为退化维度。

现在这个子事实表的事实包括：

- 产品单位数量(累加式事实)
- 扩展产品价格的总收入(累加式事实)
- 扩展产品价格的净收入(累加式事实)
- 已分配的促销折扣(累加式事实)
- 已分配的运费(累加式事实)
- 已分配的税费(累加式事实)

之所以未包含单位价格或单位折扣作为物理化事实，是因为总是可以在报告应用程序中用扩展金额除以单位数量来得到这些非累加式数量值。

通过加总某个发票编号下的所有行项目，就能立即计算出准确的发票级别金额。无须分离发票父事实表，因为现在它仅仅是更细粒度行项目子事实表的简单聚合而已。进行行项目级别的分配是不可能有损发票总计值的。

并且最重要的是，现在可以平稳地将业务汇总到地理位置、时间和产品的最高级别，其中包括已分配的总量，以便得到收益的完整情况。

8.17.1 有争议的分配机制

有时，组织会认同分配发票级别的成本是必要的，但仍然无法就使用哪种分配方法达成一致。数年以前，我为一家运输各种家庭用品的大型服务执行公司设计过一个数据仓库。单次运输包含一个廉价的枕头和一个沉重、昂贵的小物件(如银质的烛台)。有争议的地方是，是否要根据体积、重量和价值来分配运输成本。

根据体积分配的方式会将大部分运输成本分配到枕头，但根据重量或价值分配的方式会将大部分成本分配到烛台。这就变成了一个政治性争论，因为如果产品部门可以避免承担运输费用，那么他们就会得到更多的利润！

由于我是一位数据仓库架构师，因此无法解决这个政治性冲突，不过我可以提出包含三种行项目级别的不同运输成本：

- 按体积分配的运输成本
- 按重量分配的运输成本
- 按价值分配的运输成本

这一解决方案让任何人都可以使用这三种分配方法的任何一种来汇总业务数据。在没有约束或按产品线分组时，其结果是相同的。但任何按产品进行的分析都会表现出分配方法的选择。

8.17.2 艰难的分配环境

产品运输发票是这一分配模式的合适候选者。许多发票级别的成本和其他成本都是“基于活动的”。尽管在决定分配方式时必须做出一些妥协和估算，但每一个人通常都要赞同应用这些分配方式。在这种业务中，基于活动的成本核算(activity based costing，ABC)是一种方法论，它通常会被用作这一父信息管理使之可行的分析类型的基础。

不过在其他业务中，分配过程是极其痛苦的，并且可能是不可行的。通常，具有与所销售产品或服务不直接相关的较大基础设施成本的企业在就分配和 ABC 达成一致上会面临麻烦。例如一家大型电信公司，其设备、员工和不动产已经花费了数十亿美元的基础设施成本，要将这些成本分配到单次通话是非常困难的。基于相同的原因，一家大型银行在将其基础设施成本分配到个体活期存款账户上也会面临困难。如果你被要求在其中一个此类环境中分配成本，以便计算“产品盈利能力”，那么我建议你要求财务部门实际进行这些成本分配，然后这些分配结果可以顺畅地存储在数据仓库中。要远离火坑！

不过对于大多数企业来说，降低到行项目级别并且构建单粒度事实表的技术是数据仓库建模的核心。这就是我们妥善兑现“随意对企业数据进行切片和切块”的承诺的方式。

8.18 在建模标题/行项目事务时要避免的模式

Margy Ross，Design Tip #95，2007 年 10 月 2 日

许多事务处理系统都由具有多个行项目“子数据”的事务标题“父数据”构成。无论哪个行业，都可以用这一基础结构来识别出组织中的源系统。在本篇文章中，我们会描述用于建模标题/行项目信息的两种常用的(尽管存在缺陷)方法，使用发票数据作为示例研究。有时可视化有缺陷的设计有助于更为容易地识别出所用模式的类似问题。

8.18.1 糟糕的主意#1：将标题保存成维度

在图 8-7 所示的这一场景中，事务标题文件差不多是在维度模型中作为一个维度来复制的。该事务标题维度包含来自其操作同等项的所有数据。这个维度的自然键是事务编号自身。事实表的粒度是每个事务行项目一行，但没有与之相关的太多维度性，因为大多数描述上下文都是嵌入到事务标题维度中的。

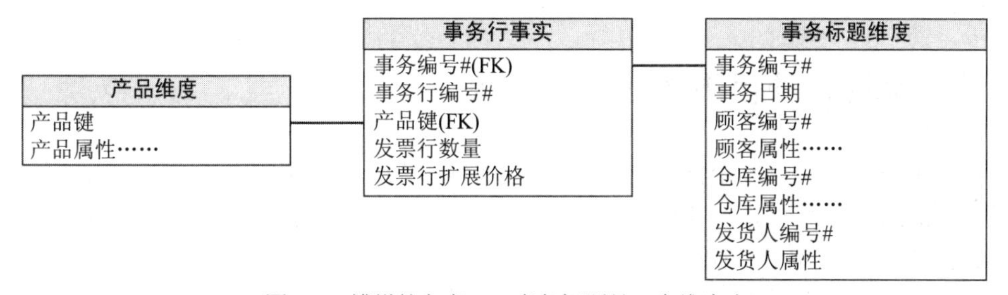

图 8-7　糟糕的主意#1：事务标题是一个维度表

尽管这一设计准确地表述了父子关系，但也存在明显的缺陷。事务标题维度会非常大，尤其是相对于事实表本身而言。如果每个事务通常有五个行项目，那么其维度就是事实表的 20%大小。通常在事实表大小及其相关维度的大小之间会存在巨大的数量级差异。另外，维度通常不会以与事实表相同的速度增长。使用这一设计，对于每个新事务，会向维度表添加一行，并且向事实表平均添加五行。对事务相关特性(如顾客、仓库或所涉及的发货人)所做的任何分析都需要遍历这一大型维度表。

8.18.2 糟糕的主意#2：行项目不继承标题维度性

在如图 8-8 所示的这个示例中，事务标题不再被当作整体式的维度，而是被当作事实表。标题的相关描述信息被分组到围绕标题事实的维度中。行项目事实表(与第一个图表的结构和粒度性完全相同)会基于事务编号来联结到标题事实表。

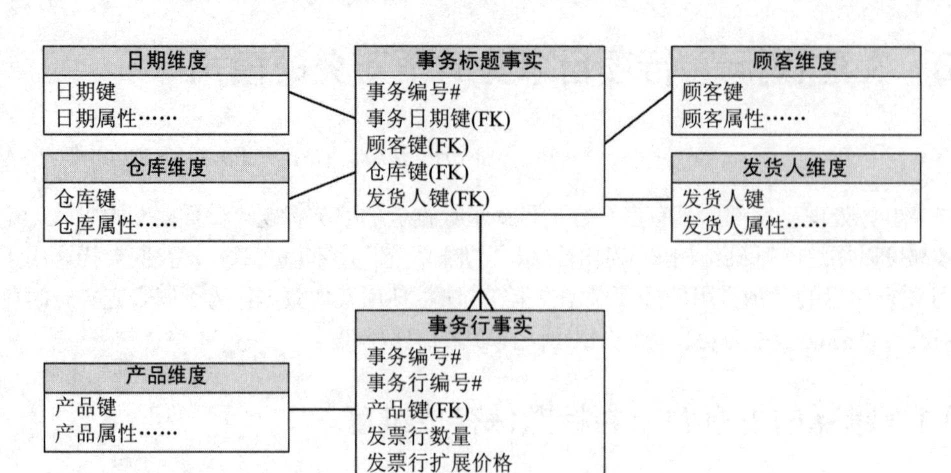

图 8-8 糟糕的主意#2：标题维度性全都不直接联结到行项目

同样，这个设计准确地表述了事务标题和行项目的父子关系，但也存在缺陷。每次用户希望根据任意标题属性对行事实进行切片和切块时，他都需要将大型标题事实表联结到一个更大的行事实表。

8.18.3 标题/行项目事务的推荐结构

第二个场景更类似于一个恰当的维度模型，它具有唯一描述业务核心描述性元素的独立维度，但它还远远未达到要求。相较于保有事务标题“对象”的操作性概念，我们建议将标题的所有维度性都带入行项目，如图 8-9 所示。

同样，这个模型表述了来自源系统事务标题/行构造的数据关系。但我们抛弃了围绕标题文件的操作性思想方法。标题的自然键(即事务编号)仍旧在我们的设计中有所提供，但它被用作退化维度了。

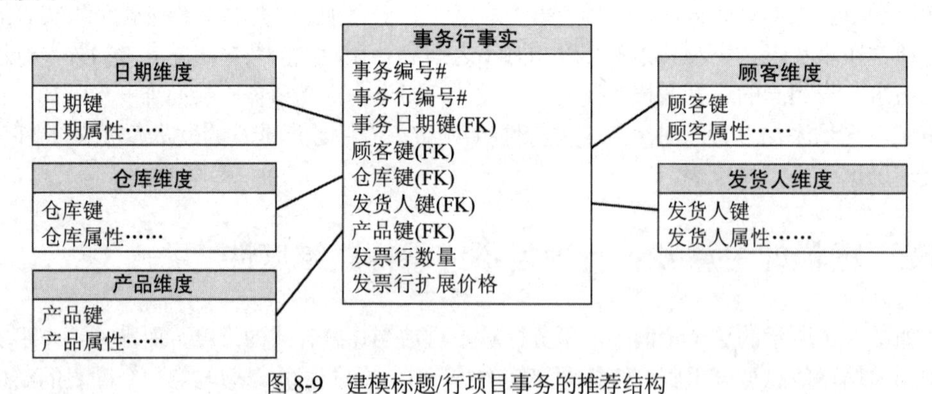

图 8-9 建模标题/行项目事务的推荐结构

事实表键和退化维度

本节会探究事实表代理键能发挥作用的那些场景，也会探讨退化维度的恰当处理。

8.19　事实表代理键

Bob Becker，Design Tip #81，2006 年 7 月 6 日

无意义的整数键，又被称为代理键，通常会被用作数据仓库设计中维度表的主键。但应不应该为事实表中的每一行都分配一个唯一的代理键呢？对于事实表的逻辑设计来说，其答案是否定的；不过我们发现，事实表代理键在物理层面是有所帮助的。我们仅建议在特殊环境中为事实表创建代理键，如本文中所描述的那些环境。

快速回顾一下，代理键都是无意义的键，通常会被定义为整数数据类型，并且会由数据仓库团队连续分配以便充当维度表的主键。代理键会为维度带来若干重要的好处，其中包括避免依赖笨拙的由维度源的编码构成的“智能”键、保护数据仓库免受源系统变更的影响、启用从不相干源系统中集成数据的能力、支持类型 2 渐变维度属性、当维度键作为外键嵌入时节省事实表的空间，并且提升索引和查询性能。

但是在事实表中，主键几乎总是会被定义为维度所提供的一小组外键。在大多数环境中，这一复合键将足以用作事实表的主键；在逻辑层面为事实行分配一个代理键通常并没有什么优势，因为我们已经定义了让事实表行唯一的内容。并且根据其特性，代理键对于查询来说是毫无意义的。

不过，存在一些环境，其中将代理键分配给事实表的行是有好处的：

1. 有时组织的业务规则会合理地允许事实表存在多个完全相同的行。作为设计者，自然会试图避免这种情况，这要通过搜索源系统以便得到某种让行唯一的事务时间戳。但偶尔你会被强制接受这一非期望的输入。在这些情况下，为事实表创建一个代理键以便允许加载完全相同的行，这是有必要的。
2. 用于更新事实行的某些 ETL 技术仅在代理键被分配到事实行时才可用。具体来说，用于加载更新到事实行的一项技术就是插入要更新的行作为新行，然后在该相同事务中将删除原始的行作为第二步。从 ETL 的角度来说，这一技术的优势在于提升了加载性能、恢复能力以及审计能力。事实表行的代理键是必要的，因为在插入更新行和删除旧行期间，所更新事实行的老版本和新版本通常会存在多个完全相同的主键。
3. 类似的 ETL 需求是，准确判定加载任务被挂起的地方，以便继续加载或完全退出该任务。连续分配的代理键会让这一任务简单明了。

记住，将代理键用于维度表是很棒的主意。事实表的代理键并非逻辑上需要的，但会非常有帮助，尤其是在后台 ETL 处理过程中。

8.20　关于事实表代理键的读者建议

Ralph Kimball 和 Bob Becker，Design Tip #84，2006 年 10 月 3 日

很多读者就文章 8.19“事实表代理键”写信给我们，推荐了额外的明智方式，其中可以进一步利用事实表代理键。读者们应该注意到了，这些概念主要是为查询性能或 ETL 支持提供幕后改进的。

有一位叫Larry的读者指出，其在Oracle方面的经验是，在声明事实表键(确保行记录唯一的字段组合)以避免枚举大量到维度的外键的情况下，事实表代理键可以让数据库优化者更加容易开展工作。有些优化者会抱怨定义了大量B树索引的情况。使用代理键，可以将单个B树索引放在该字段上，并且分离放置在所有维度外键上的位图索引。

另一个读者Eric同样反馈道，在Microsoft SQL Server中，“在事实表上使用具有聚集索引的代理键的另一个原因在于，让每个事实表行的主键更小，这样事实表(它包含这些用作行标识符的主键值)上定义的非聚集索引就会更小”。

Larry还反馈道，“如果有一个用户抱怨报告或查询有错误，那么我通常可以直接将代理键列添加到报告或查询中，强制结果显示出其包含的每一行。这对于调试来说是被证明有用的举措”。同样，他还将代理键用作识别特定事实记录的一种有效且准确的方式，他可能希望将该特定事实记录作为问题示例来介绍给ETL开发团队。

并且最后Larry反馈道，“对于医疗健康(付费者)，似乎存在大量延迟到达的维度数据或者对维度数据进行的变更。这似乎总是在类型2维度上发生的。通常这会造成我需要更新维度行，提前为之前的时期创建新的行。事实表的简单查询会返回受影响行的一组代理键。然后可以将其用于把该追溯式更新限制为那些仅需要被处理的事实行。我发现这一技术大幅提升了此类更新”。

读者Norman提供了一个依赖事实表代理键的有意思的查询应用程序。他来信写到，“我希望奉上在事实表中使用代理键的另外一个原因。这通常用于必须在单个查询中将两个事实表联结在一起的场景中，以便满足跨相关行执行计算的目的。优先的选择会是在ETL中进行这些计算，然后将其存储到事实记录中，但我曾经有一些需求，其中所存储计算的数量非常巨大(因而会显著增大事实表的大小)和/或这些计算很重要但很少会被查询应用程序执行，因此需要用相对高的查询速度来支持，不过不能以计算和存储这些计算的高昂开销为代价。在事实表中存储‘下一条记录’的代理键可以支持这些类型的需求”。

遵循Norman的有趣见解，我们可以假设事实表行包含一个被称为NextSurrogateKey的字段，它包含所期望的伴随记录的代理键。约束这个值会极大地简化SQL，否则就必须重复第一条记录的所有维度约束。只要使用一个嵌入式SELECT语句即可，可以将其当作一个变量用在计算中，就像下面这样：

```
(SELECT additional_fact from fact table b
where b.surrogatekey = NextSurrogateKey)
```

最后要说的是，读者Dev写到了类似的一种应用程序技术，其中不是使用事实表代理键来链接到相同事实表中的相邻记录，而是嵌入了保存在另一个事实表中的相关记录的代理键。他的示例中是将记录医疗健康计划测量的月粒度事实表链接到了记录客户分组基准的另一个事实表。

就像Norman的示例一样，在第一个事实表中嵌入第二个事实表的代理键使得应用程序变得非常简单。我们建议，类似于Norman的示例，使用一个明确的SELECT子句而非事实表之间的直接联结来处理从一个事实表到另一个的链接。通常，在直接联结两个事实表时，我们会看到来自 SQL 的正确但奇怪的结果，因为这两个表之间的基数存在难以处理的差异。明确的SELECT语句可消除这个问题。

显然，尽管这最后两个示例启用了事实表行之间的联结，但我们并不提倡为事实表创建代理键来启用事实表到事实表的联结。在大多数环境下，从多个事实表中交付结果应该使用文章 13.21 “SQL 中的简单横向钻取”中描述的横向钻取技术。要牢记，在这本文章中我们是在探讨支持独特业务需求的高级设计概念。在将其实现到你自己的环境中之前，需要仔细思考这些概念并且进行测试。

8.21　再谈退化维度

Bob Becker，Design Tip #46，2003 年 6 月 4 日

退化维度会造成混乱，因为它们看起来或感觉起来并不像普通的维度。根据韦氏词典的定义，“退化”指的是满足后面两个条件之一的事物，即①比标准规范低，②从数学上来说更为简单，记住这一点将很有帮助。

退化维度(degenerate dimension，DD)会充当事实表中的维度键；不过，它并不会联结到一个对应的维度表，因为所有其相关的属性都已经放入了其他分析维度中。有时人们希望将退化维度称为文本化事实；不过，它们并非事实，因为事实表的主键通常是由 DD 结合一个或多个额外的维度外键构成的。

当事实表粒度是单个事务(或事务行)时，通常就会出现退化维度。由操作性业务过程分配的事务控制标题编号通常会被作为退化维度来处理，如订单、票据、信用卡事务或支票编号。

即使没有属性的对应维度表，退化维度对将相关事实表的行分组到一起也是非常有用的。例如，零售销售终端事务编号会将所有的独立购买项捆绑在一起放入单个购物篮中。在医疗健康行业，退化维度可以对与单次住院时间或后续治疗有关的保险索赔项进行分组。

我们有时会在一个事实表中遇到多个 DD。例如，保险索赔行事实表通常同时包括索赔和保单编号作为退化维度。一家生产制造商可以在运输事实表中包含用于报价、订单和提货单编号的退化维度，只要这些编号在目标事实表中具有单一值。

退化维度也会充当反向联系到操作领域的有帮助的纽带。在 ETL 开发期间，这会尤为有用，以便让事实表行与业务系统保持一致，从而获得质量保证和完整性校验。

我们一般不会为 DD 实现代理键。通常退化维度的值都是唯一且大小合理的；它们不会保证代理键的分配。不过，如果操作性标识符是不实用的字母数字混合值，那么代理键就可以节省巨大的空间，尤其是在事实表具有大量行记录时。同样，如果随着时间变化或设施的不同，操作性 ID 并非唯一的，那么代理键就是必要的。当然，如果将这个代理键联结到一个维度表，那么该维度就不再是退化的。

在设计评审期间，我们有时会发现维度表随着事实表而成比例地增长。在行记录被插入事实表中时，新的行也会被插入相关的维度表中，这通常是以行被添加到事实表的相同速率来进行的。这一情况应该发送红旗飘扬的标记以示警告。通常在维度表以与事实表差不多相同的速率增长时，就表明设计中缺少了退化维度。

8.22 为极少访问的退化项创建一个引用维度

Bob Becker，Design Tip #86，2006 年 12 月 15 日

本篇文章引入了一个被称为引用维度的概念，其中我们会将极少使用的像退化维度引用编号这样的事实表元素存储在一个单独的表中，通过常规的维度代理键或事实表的代理键，这个表会被链接到事实表。本文中的建议适用于“行优先”数据库，其中每一条事实表记录都会作为相邻的一组字节被存储到存储设备上；它不适用于“列式数据库”，其中模式中的每一列都是单独存储在存储设备上的。

退化维度通常在支持报告和分析需求中扮演着重要角色。不过，有些退化维度对于分析来说并没有价值；在模式中包含它们仅仅是出于引用的目的。它们有助于提供反向联系到操作源系统的临时纽带，有助于支持审计、合规性或法务上的需求，或者仅仅是因为“我们某天可能需要它”而包含它们。其结果可能是一个事实表，它包含大量的退化维度，其中可能仅有两个或三个退化维度才是真正重要和相关的。例如，在医疗健康行业，退化维度可能会引用服务提供商网络合同编号、费用表编号以及保险索赔胶片编号。因为事实表是模式中最大的表，通常会包含数亿或数十亿行，所以我们会希望尽量让它们保持紧凑。以此看来，用十个或更多个字母数字混合的退化维度来填充事实表必然是浪费行为，尤其是在它们通常并非用于报告或分析的情况下。这就是引用维度会有所帮助的地方。

引用维度的概念在于分解事实表，将很少使用的退化维度值移动到一个单独的引用维度表，其中具有事实表或引用维度代理键来保留这些表之间的关系。在分析上有价值的退化维度不应被移动到引用维度；它们需要被留存在事实表中，在其中它们可被最有效地使用。仅仅移动不会用来支持分析或报告需求的退化维度是非常重要的。尽管创建具有与事实表一对一关系的维度通常并非被视作好的维度建模实践，但在这一情形下，我们要接受它作为合理的取舍。

我们所得到的重要优势在于，显著降低事实表行的长度从而产生将更好执行的紧凑设计。这一设计取舍很有效，因为引用维度应该很少会实际联结回事实表。如果设计假设是正确的，并且不需要移动到引用维度的退化维度来支持报告和分析，大多数用户都绝不会使用引用维度。应该只有一些偶尔的调查需求需要访问这一信息。

在需要引用表的一些组成部分的罕见场景中，将它联结到事实表是必要的，这可能是一个开销大且运行慢的查询。使用引用维度时的用户期望是需要被仔细管理的。对于引用维度性能的频繁抱怨可能意味着有些日期元素需要被迁移回事实表，因为支持报告或分析需要是很重要的。

注意：
本篇文章不应被理解为赋予设计团队权限来构建具有与事实表一对一关系的大型维度。相反，引用维度是对设计团队可能面临的特定情况做出的特定设计回应。我们不会期望在大多数维度设计中看到引用维度。它们应该是罕见的例外情况而非惯例。

五花八门的事实表设计模式

这最后一节包罗了额外的事实表细微差异，其中包括用于降低事实表宽度，处理文本、空值以及稀疏填充的事实，以及让累计式快照事实表适用于复杂工作流的技术。

8.23　规范事实表

Ralph Kimball，Design Tip #30，2001 年 11 月 3 日

在 20 世纪 90 年代中期互联网出现之前，看起来似乎数据爆炸最终会减弱。当时我们正在学习如何捕获每一通电话、收银机处售出的每一个商品、华尔街的每一笔股票交易，以及大型保险公司中的每一笔保单交易。我们通常确实不会在数据仓库中存储像这样的非常长时间序列的一些数据源，但我们总是感觉已经达到了数据粒度性的某种物理限制。可能我们终于遇到了真正的数据“原子”。

当然，这种看法明显是错的。我们现在知道我们可以收集的数据量是不受限制的。每一个测量都可以用整个一系列的更为细粒度的子测量来替换。在网络日志中，我们可以看到访客在结账和购买产品之前所做的每一个操作。我们现在已经用十几条或上百条行为追踪记录替换了单条产品采购记录。最坏的情况是，我们的市场营销人员痴迷于这些行为追踪记录，并且希望依赖它们进行各种类型的分析。他们只是等待 GPS 数据捕获系统被嵌入我们的汽车、信用卡和电话中。每一个人最终都会全天 24 小时每秒钟生成一条或多条记录！

尽管我们无法阻止这类大量涌入的数据，但还是必须尝试控制它，否则将在硬盘存储上花费太多的成本。我们目前许多的数据大小调整规划都是基于快速估算的。在许多情况下，这些估算会严重高估我们的存储需要。其结果要么会是决定采购过多的存储，要么取消我们分析可用数据的计划。在维度建模领域，很容易就能知道，事实表总是最容易出问题。我们业务中高频率、重复的测量都是存储在事实表中的。事实表的周围是从几何学上来说比较小的维度表。即便是具有数百万条记录的大型顾客维度表也会比最大的事实表要小得多。

通过对事实表设计的密切关注，通常可以显著降低它们的大小。这里有一些指导意见：

1. 用最小的整数(代理)键来替换所有的自然外键。
2. 用整数代理键替换所有的日期/时间戳。
3. 在可能的地方将相关的维度合并到单个维度中。
4. 将微小基数的维度分组到一起，即便它们不相关。
5. 取出事实表中所有的文本字段，并且让它们变成维度，尤其是注释字段。
6. 在可能的地方用带缩放整数来替换所有的长整数和浮点数事实。

举个示例，假设我们是一家每天处理 3 亿通电话的大型电信公司。基于以下假设，我们可以轻易地为追踪 3 年周期的所有这些通话制订一个数据大小调整计划：

- 日期/时间= 8 字节日期/时间戳
- 主叫方电话号码= 10 字节字符串
- 主叫方电话号码= 15 字节字符串(以便处理国际号码)
- 本地通话供应商实体= 10 字节字符串
- 长途通话供应商实体= 10 字节字符串
- 增值服务供应商实体= 10 字节字符串
- 呼叫状态= 5 字节字符串(100 个可能的值)

- 终止状态=5字节字符串(100个可能的值)
- 通话时长事实=4字节整数
- 额定费用事实=8字节浮点数

在这个设计中，每一通电话都是一条85字节长度的记录。在不使用索引的情况下，存储三年期间的这一原始数据会需要27.9太字节。显然，在前面的记录中存在空间浪费。我们来重点关注这个问题并且看看能改进到何种程度。使用前面的指导意见，我们可以像下面这样编码相同的信息：

- 日期=2字节微型整数
- 当日时间=2字节微型整数
- 主叫方电话号码=4字节整数代理键
- 主叫方电话号码=4字节整数代理键
- 本地通话供应商业务实体=2字节微型整数代理键
- 长途通话供应商实体=2字节微型整数代理键
- 增值服务供应商实体=2字节微型整数代理键
- 状态=2字节微型整数代理键(合并呼叫和终止状态)
- 通话时长事实=4字节整数
- 额定费用事实=4字节带缩放整数

我们已经做出了一些关于特定数据库所支持的数据类型的假设。我们假设65 536个可能的2字节微型整数键足以支持所列出的每一个维度。

使用这一设计，我们事实表所需的原始数据空间就会变成9.2太字节，节省了67%的空间！注意不要为了过度地节省空间而设计事实表。要让这一工作规范进行。

8.24 将文本保存在事实表外

Bob Becker，Design Tip #55，2004年6月9日

本篇文章最初的标题是《探究文本事实》。

在本篇文章中，我们将回到让很多维度建模者困惑的一个基本概念：文本事实。有些读者可能会理所当然地认为文本事实是一个维度建模的矛盾体。不过，我们频繁地从客户和学生处接到关于指示器、类型或注释字段的问题，这些字段似乎属于事实表，但它们并非键、测量或退化维度。

通常，我们建议不要在事实表中对这些所谓的文本事实进行建模，而是尝试为它们在维度表中找到合适的位置。你不会希望让几个中等大小(20~40 字节)的描述符将事实表弄得凌乱不堪。另外，即使你非常确定每个人都已经清楚其解码信息，也不应仅在事实表中存储晦涩难懂的编码(没有维度解码的情况下)。

在面对看起来像是文本的事实时，首先要弄清楚它们是否属于另一个维度表。例如，每个顾客的顾客类型可能都会有单一值，并且应该被当作顾客维度属性来处理。

如果它们无法完全融合到已有的核心维度中，那么它们应该被当作单独的维度或杂项维度中的单独事实来处理。简单明了的做法是，构建一个将键分配到所有支付或事务类型的小型维度表，然后在事实表中引用那些键。如果得到的这些小型维度表过多，则应该考虑创建一个杂项维度。在评估是维护单独的维度还是将指示器全部放到一个杂项维度中时，有几个注意事项需要考虑：

- **事实表中已有维度外键的数量**。如果快要达到 20 个外键，则你可能会希望将它们合起来放入杂项维度。
- **可能的杂项“组合”行的数量，要意识到理论上的组合数量可能会极大地超出实际遇到的组合数量**。在理想的情况下，你会希望将杂项维度的大小保持在 100 000 行以下。
- **业务相关性或对属性组合的理解**。这些属性彼此之间是否没太大关系，从而造成用户对杂项维度中的强制关联关系感到困惑？

最后，当误以为的“事实”是一个冗长的无格式文本字段并且具有非限定值(如 240 字节的注释字段)时，应该怎么办呢？分析该字段，然后对其进行解析和整理就能让它在分析上最为有用，但知易行难。

根据我们的经验，如果字段真的是无格式的，那么在分析上就会很少访问它。通常这些注释字段仅对支持偶尔性详尽研究可疑的事务有价值。如果发生这种情况，你会希望将该文本放入一个单独的“注释”维度中，而不是在每一条事实记录上携带这些额外的文本。

8.25 处理维度模型中的空值

Warren Thornthwaite，Design Tip #43，2003 年 2 月 6 日

大多数关系型数据库都支持使用一个空值来表示数据的缺失。空值会让数据仓库开发人员和用户都感到困惑，因为数据库对于空值的处理是与空格或零不同的，即便它们看起来都像是空格或零。本篇文章将探究三个主要方面，其中我们会找出源数据中的空值并且对于如何处理每一种情况给出建议。

8.25.1 作为事实表外键的空值

我们在源数据中遇到这一可能情况的原因有几个：在提取数据时外键值还未知、外键值不能(正确)适用于源测量或从源处提取数据时错误缺失了外键值。显然，如果我们将空值放入声明为维度表外键的事实表列中，就会违背引用完整性要求，因为在关系型数据库中，空值并不等于其自身。

在第一种情况下，尤其是在使用累计式快照事实表时，我们有时会发现列在追踪还没有发生的事件。例如，在一个订单追踪累计式快照中，业务可能会在 31 号接收到一份订单，但到下一个月才会发货。在首次插入事实行时，事实表的发货日期还是未知的。在这个示例中，发货日期是日期维度表的外键，但如果我们将其值保留为空，则无法如用户预期的那样将其联结起来。也就是说，任何来自联结到发货日期的日期表的事实报告都会排除掉空发货日期的所有订单。当数据消失时，我们的大多数用户都会很紧张，因此我们建议使用一个代理键联结到日期维度表中的特殊记录，该记录具有像“数据还不可用”的描述。

同样，会出现外键不适用于事实测量的情况，例如当促销是一个事实表外键，但并非每一个事实行都具有与之相关的促销时。我们会再一次在维度表中包含一条特殊记录，它具有像“没有生效的促销”这样的值。

当外键在源提取中缺失但又不应如此时，我们有一些办法可用。我们可以分配一条特殊的记录(如“源编号#1234 缺失键”)，或者将该行写到待归档文件中。在这两种情况下，我们都需要对这一错误行进行问题定位。

8.25.2 作为事实的空值

在这种情况下，空值具有两种可能的含义。要么这个值并不存在，要么我们的测量系统无法捕获该值。无论如何，我们通常都要将这个值留为空，因为大多数数据库产品都会在像 SUM、MAX、MIN、COUNT 和 AVG 这样的聚合函数中正确处理空值。用一个零作为代替会不恰当地影响这些聚合计算的准确性。

8.25.3 作为维度属性的空值

我们通常会遇到维度属性空值，这是由于时序或取维度子集造成的。例如，可能并非所有的属性都被捕获到，因此我们在某个时期会有一些未知的属性。同样，可能会存在仅适用于维度成员的一个子集的某些属性。无论哪种情况，都可以采用相同的建议。将空值放入这些字段中会让用户感到困惑，因为它会表现得像报告和下拉菜单上的一个空格，并且需要特殊的查询语法才能找到。相较于此，我们建议用一个恰当的描述性字符串作为替代，如“未知”或“未提供”。

注意，许多数据挖掘工具都有不同的技术来追踪空值。如果正在创建数据挖掘的一个观测集，则可能需要在前面的建议之上做一些额外的工作。

8.26 将数据同时建模为事实和维度属性

Ralph Kimball，Design Tip #97，2007 年 12 月 11 日

在维度建模领域，我们努力地尝试将数据划分成两个不同的阵营：放入事实表中的数值测量和放入维度表作为属性的文本描述符。如果真的这么简单就好了。

记住，数值事实通常具有隐式的观测时间序列，并且通常会参与到数值计算中，如合计和求平均值或者用于更为复杂的函数表达式。另外，维度属性是约束的目标，会提供查询中“行标题”(分组列)的内容。

尽管所有数据项中大概 98%都能彻底划分成事实或维度属性，但仍然有 2%的实际数据项无法如此彻底地被划分到这两个分类中。一个典型的示例就是产品价格。这是产品维度的一个属性还是观测事实？由于产品价格通常会随着时间和位置而变化，因此如果将价格建模为维度属性，它就会变得非常冗长；它应该是一个事实。

一个更为模糊不定的示例是汽车保险单中承保范围的限制。该限制是一个数值数据项，如碰撞责任承保 300 000 美元。该限制不会随着保单的生命周期而变化，或者说其变化非常罕见。

此外，许多查询会对这些限制数据项进行分组和约束。这听起来就像是该限制应该轻而易举地成为承保范围维度的一个属性。

但该限制是一个数值观测，并且它会随着时间推移而变化，尽管变化速度很慢。有人可能会提交一些重要的查询，以便对许多保单和承保范围上的所有限制进行合计或求平均值。这听起来就像是该限制应该轻而易举地成为事实表中的数值事实。

相较于为维度和事实之间的选择感到苦恼，只要将其作为这两者而同时建模即可！将该限制包含在承保范围维度中，这样它就能作为约束目标和行标题内容参与到通常的方式中，但也要将该限制放入事实表中，这样它就能参与到通常的方式中进行复杂计算。

这个示例揭示了一些重要的维度建模主题：

- 设计的目标是易用性，而非优雅或方法论的正确性。在为业务用户的使用而准备数据的最后一步中，我们应该乐于掉过头来让我们的 BI 系统可被理解和快速运行。这意味着①将工作移交到 ETL 后台，②承担更多的存储开销以便简化最终的数据呈现。
- 在正确设计的模型中，这两种相反的方法之间的数据内容绝不会存在重大差异。停止“如果那样建模就无法进行查询”的争论。这样的争论几乎永远不会是正确的。应该关注的问题是减少应用程序开发，以及通过用户界面呈现时的可理解性。

8.27　事实表何时可被用作维度表

Ralph Kimball，Design Tip #13，2000 年 9 月 15 日

如文章 8.5“基础粒度”中所述，事实表有三种主要形式。事实表的粒度可以是个体事务，其中事实表记录表示某一个时刻。其粒度也可以是一个定期快照，表示一段可预测的时期，如一周或一个月。最后，其粒度可以是一个累计式快照，表示到目前为止某个事物的整个历史。

第一个事实类型(即时事务)可以为我们提供捕获某确切时刻某个事物的描述的机会。假定对于银行账户中的顾客信息，我们有一系列事务。换句话说，银行的一个员工会定期变更账户姓名、地址、电话号码、客户类别、信用评分、风险评级以及其他描述符。图 8-10 中显示了捕获这些事务的关系型表。从根本上来说，它看起来就像是一个维度表，但它也具有事实表的特征。

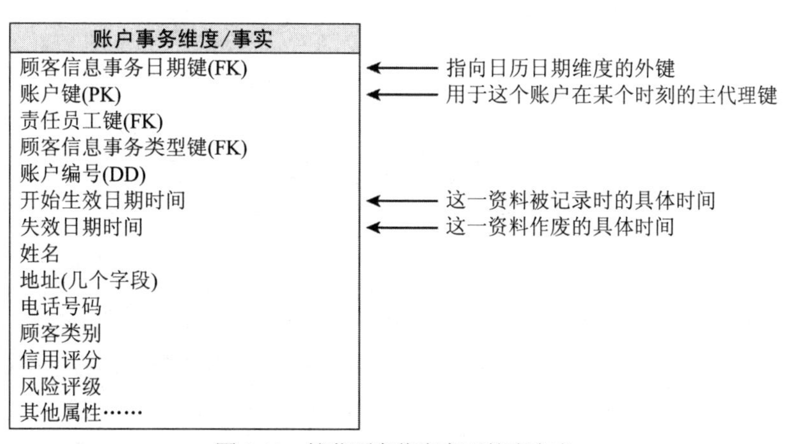

图 8-10　捕获顾客信息变更的事实表

这是数据的一个典型设计，其中顾客信息事务所记录的“测量”是对文本值所做的变更，如姓名、地址和其他已经列出的文本字段。这样的一个表是难以在事实表和维度表之间进行区分的，因为这个表是用离散的文本值和无法被汇总的非累加数字值来填充的，但是却反而被用作查询约束的目标。将这个表称为事实表是比较牵强的，不过业务用户必定会认为这个表记录了账户资料事务。

这个表的四个键中的三个都是简单的外键(FK)，它们会连接到常规的维度表。这些键会引入事务日期、责任员工以及事务本身的类型。该生产环境的账户编号并非一个数据仓库联结键，而是该银行分配给这个顾客账户的固定标识符。

另外一个键是账户代理键。换句话说，它是一个连续分配的数字，可以唯一标识面向这个账户的这一事务。但这里有一个微妙点，它是这整个设计的秘密。这个账户代理键因此会唯一代表这个账户在顾客信息事务发生时的这个快照，并且直到未来的某个不确定时间点发生下一个顾客信息事务之前，它都会持续准确描述该账户。

因此概括来说，我们可以像典型的类型 2 渐变维度键那样使用该账户代理键，并且我们可以将这个键嵌入任何其他描述账户行为的事实表中。例如，假定我们也在收集常规的账户事务(如存取款)，如图 8-11 所示。我们会将这些行为称为账户余额事务，以便将其与顾客信息事务区分开来。

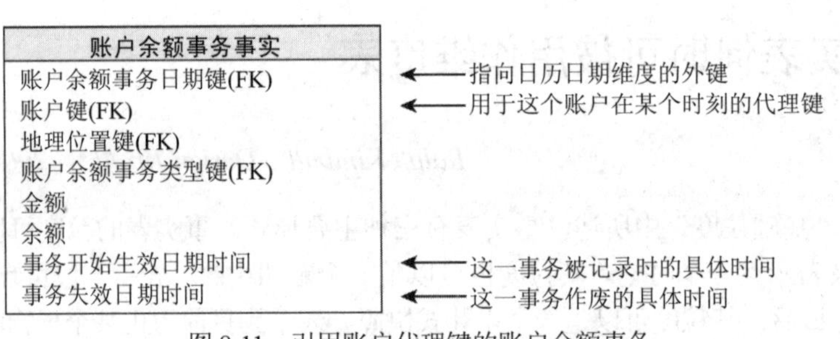

图 8-11 引用账户代理键的账户余额事务

当我们得到这些账户余额事务事实记录中的一条时，我们要仔细查询我们的账户事务表并且选取要使用的正确代理键。通常当我们处理当天的记录时，我们仅会将最近的代理键用于该账户。然后这一设计会将每一个账户余额事务完美地链接到我们第一个事实表中描述的正确账户资料。或者说它是一个维度表？

我希望这些内容会让你开始思考。文章 10.25“人力资源维度模型”中描述了一种类似的设计方法。

8.28 稀疏事实和具有较短生命周期的事实

Ralph Kimball，Design Tip #20，2001 年 2 月 27 日

事实表是围绕数值测量来构建的。当测量发生时，会存在一条事实记录。测量可以是销售额、事务的值、月末的滚存余额、生产制造过程运行的产出甚或典型的实验室测量。如果我们同时记录多个数值，则通常可以将它们一起放入相同的事实记录中。

我们要用在测量的准确时刻已知为真的所有事物来修饰该测量。除时间戳外，我们通常会知道一些事物，如顾客、产品、市场状况、员工、状态、供应商以及其他许多实体，这取决于为我们提供测量的过程。

我们要将已知的一切封装到承载描述性文本的维度记录中，并且通过外键-主键(FK-PK)关系将事实连接到维度记录。这会产生事实表的典型组织(此处显示了 N 个维度和两个被称为美元和单位的事实)：

维度键 1(FK)
维度键 2(FK)
维度键 3(FK)
……
维度键 N(FK)
美元
单位

美元和单位字段是为那些具体测量保留的占位符。这一设计带有以下隐含假设：

1. 这两个测量通常会被同时提供。
2. 这是这一过程中仅有的两个测量。
3. 存在大量的测量事件；换句话说，将这一固定格式的表专用于这些测量是值得的。

但是当所有这三个假设都失效时又会如何呢？这种情况常常出现在复杂的财务投资跟踪环境中，其中每一个投资机构都具有独特的测量。它还会出现在工业生产制造过程中，其中批量生产项的制造过程很短，并且每个批次类型都具有大量特殊的测量。最后，临床和医学实验室环境是以数百个特殊测量为主，这些测量中没有一个会非常频繁地出现。所有这三个示例都可以被描述为稀疏事实。

不能仅仅扩展该典型事实表设计来处理稀疏事实。这样的话会得到不可用的一长列事实字段，在指定记录中它们大多数都会是空值。解决方案是添加一个特殊的事实维度并且将这列实际的数值事实收缩成单个数额字段：

维度键 1(FK)
维度键 2(FK)
维度键 3(FK)
……
维度键 N(FK)
事实维度键(FK)<==额外的维度
总额

“事实维度”描述了测量总额的含义。它包含了什么曾是事实字段名称，以及测量单位和所有的可叠加约束。例如，如果测量是一个余额事实，那么就可以跨除时间外的所有维度来完全累加它。但如果它是像温度这样的成熟强度测量，那么它就是完全不可累加的。跨非累加式维度汇总需要进行平均，而非加总。

这个方法是优雅的，因为它是极其灵活的。只要在事实维度中添加新的记录就能添加新的测量类型，而不是通过修改表结构来实现。这样也会消除该经典设计中所有的空值，因为记录仅在测量存在时才会存在。但是存在一些重要的取舍，可能会生成大量的记录。如果一些测量提供了 10 个数值结果，那么目前就有了 10 条记录，而非经典设计中的单条记录。对于极端稀疏的情况来说，这是极大的妥协。但随着事实密度在已经创建的维度空间中的增长，就会开始用记录装裱整个空间。在某些时候必须回退到经典的形式。

这一方法也会使应用程序更为复杂。合并具有被用作单个测量事件的一部分的两个数字是更加困难的，因为现在必须抓取两条记录。SQL 会让这种情况难以处理，因为它更利于处理记录中的运算，而不是跨记录的运算。必须要非常谨慎，不要在计算中混合不一致的数额，因为所有的数值测量都存在于单个数额字段中。

8.29 用事实维度让事实表成为中心

Joy Mundy，Design Tip #82，2006 年 8 月 2 日

本篇文章最初的标题是《调转事实表的方向》。

事实表的粒度很多时候都直接源自事务表的粒度，其数据来源于此。有时以事实为中心是合理的，这样我们实际上就是在创建比源中的行更多的事实表行。

当源系统并非像捕获销售事件这样的事务系统，而是像预测、促销或财务分析系统这样的分析系统时，很可能就会出现这一反常情况。例如，我们假设正在构建一个事实表来保存预算和实际数据。我们的源表旨在支持预算过程；它包含按月、账户和具有实际和预算金额事实的部门来记录的财务信息。刚入门的数据建模者首先会从在数据仓库数据库中创建类似的结构开始。但与业务用户群的会谈有助于我们认识到存在预算的几种版本。我们需要为数据仓库追踪预算制订过程中的预算的几种草案。

此处的解决方案是创建具有四个维度的事实表：月份、账户、部门和方案。请参阅上一篇文章 8.28“稀疏事实和具有较短生命周期的事实”。新的方案维度会具有少量的行，其中包括现行的预算、预算草案 1 FY07 以及最终预算 FY07。我们的事实表仅包含一个测量，即金额。该事实表被标准化为“长和薄”而非“短和厚”。新的结构更为灵活并且易于适应任意数量的草案和最终的预算。

对于局外人来说，这个解决方案看起来很容易。但是在紧张的设计阶段，要将思路从手头上的结构抽离出来并且思考创造性的替代方案，其中的困难程度通常会令人惊讶。这里有一些关于这种方法应该思考的提示，以便以事实表为中心并且添加一个新的维度：

1. **过量的事实**。过量指的是多少？在事实表中一百个事实是过量的；十个则不是。其中间值(大概三十个测量)则表明进入了通向过量的灰色地带。
2. **用于测量分组的命名规范**。如果有大量的事实，那么事实的列名称可能要使用前缀和后缀来帮助用户找出他们需要的事实。
3. **行中许多测量都是空值**。例如会应用到行里的 100 个事实中，往往一个时间点上仅有一小组事实会被填充。

如果所有这些条件都满足，则可以通过创建一个事实维度来标准化该事实表。该事实维度可以包含几个列，它们有助于用户导航该事实列表。应当承认的是，我们既长又薄的事实表将比既短又厚的事实表具有远多得多的行。它也会用到更多一些的硬盘空间，尽管这取决于事实的稀疏程度，但可能并不会全都那么大。最大的缺陷在于，许多用户都希望看到行中的事实。这需要相当好的 SQL 技能才能准备好查询来逆透视数据，以便在报告中得到相同行上的几个测量。如果我们使用 OLAP 数据库作为用户展现层，那么事实维度的这个概念就是完全自然的。

8.30　用于复杂工作流的累计式快照(Kimball 经典)

Margy Ross，Design Tip #130，2010 年 12 月 1 日

正如 Ralph 在文章 8.6“使用累计式快照对管道进行建模”中所述，累计式快照是三种基本类型事实表中的一种。我们通常会说，累计式快照事实表适用于具有精心确立的里程碑的可预测工作流。它们通常具有 5～10 个关键里程碑日期，这些日期代表着工作流/管道的开始、完成以及两者之间的关键事件日期。

我们的学生和客户有时会就监控不可预测工作流过程的周期性能而寻求指导。这些更为复杂的工作流具有确切的开始和结束日期，但两者之间的里程碑通常数量众多并且是不固定的。有些事件可能会跳过一些中间的里程碑，但这并不存在固定的模式。

预先警告一下，开展用于追踪这些不可预测工作流的设计工作是需要勇气的！第一个任务是识别链接到充当日期角色的维度的关键日期。这些日期代表了关键里程碑；该过程的开始和结束日期必然是符合要求的。此外，你还会希望考虑其他通常会发生事件的关键里程碑。这些日期(及其相关维度)会被用于报告和分析过滤。例如，如果希望看到所有工作流的周期活动，其中里程碑日期在指定的工作周、日历月份、会计期间或其他标准日期维度属性中，那么将其识别成具有对应日期维度表的关键日期。同样，如果希望基于里程碑日期创建一个时序动态，则也要这样做。虽然选择具体的里程碑作为复杂过程中的关键里程碑对于 IT 而言可能具有挑战性，但业务用户通常可以非常容易地识别出这些关键里程碑。不过他们通常关注的是大量的额外延迟，这也就是工作变得棘手的地方。

例如，我们假设有六个关键里程碑日期，外加与指定过程/工作流相关的额外 20 个不那么关键的事件日期。如果我们按字母顺序对这些日期的每一个都进行标记，那么可以预见到分析师会关注以下所有日期延迟：

A 到 B、A 到 C、……、A 到 Z(从事件 A 开始的总计 25 个可能的延迟)

B 到 C、……、B 到 Z(从事件 B 开始的总计 24 个可能的延迟)

C 到 D、……、C 到 Z(从事件 C 开始的总计 23 个可能的延迟)

……

Y 到 Z

根据这个示例，里程碑 A 和里程碑 Z 之间就会存在 325 (25 + 24 + 23 + … + 1)个可能的延迟计算。这对于单个事实表来说是一个不切实际的数字！相较于物理存储所有的 325 个日期延迟，可以仅存储其中 25 个，然后计算其他的延迟。由于每一个周期事件首先都要经历里程碑 A(工作流开始日期)，因此可以存储从锚点事件 A 开始的所有 25 个延迟，然后计算其他的 300 个变化。

我们用真实的日期举一个更简单的示例来看看这些计算：

事件 A(过程开始日期)——11 月 1 日发生

事件 B——11 月 2 日发生

事件 C——11 月 5 日发生

事件 D——11 月 11 日发生

事件E——未发生

事件F(过程结束日期)——11月16日发生

在这个示例对应的累计式快照事实表行中，将要物理存储以下事实及其值：

A到B延迟天数 =1

A到C延迟天数=4

A到D延迟天数 =10

A到E延迟天数 = 空

A到F延迟天数 =15

要计算从B到C的延迟天数，可以使用A到C的延迟值(4)并且减去A到B的延迟值(1)，从而得到3天。要计算从C到F的延迟天数，可以使用A到F的值(15)并且减去A到C的值(4)，从而得到11天。当事件未发生时，情况就会有点复杂了，就像我们示例中的E。当计算中涉及空值时，如从B到E或者E到F的延迟，其结果也需要为空，因为其中一个事件永远不会发生。

即便中间的日期并非按照连续顺序排序，这一技术也是有效的。在我们的示例中，我们假设事件C和D的日期相互调换了：事件C发生在11月11日，而D发生在11月5日。在这种情况下，A到C的延迟天数就是10，而A到D的延迟就是4。要计算C到D的延迟，就要使用A到D的延迟(4)并且减去A到C的延迟(10)，从而得到-6天。

在我们的简化示例中，存储所有可能的延迟会产生总共15个事实(从事件A开始的5个延迟+从事件B开始的4个延迟+从事件C开始的3个延迟+从事件D开始的2个延迟+从事件E开始的1个延迟)。这对于仅仅物理化存储来说并非一个不合理的事实数量。当周期中存在数十个可能的事件里程碑时，这个技巧就会更为有意义。当然，你会希望将这些延迟计算的复杂性隐藏在底层，不让用户看到，如将复杂性放到视图声明中。

如我之前所警示过的，这一设计模式并非是简单化的；不过，对于处理真正棘手的问题来说，它是切实可行的。

第 9 章

维度表核心概念

有了第 8 章中对于事实表的切实理解作基础，是时候将注意力转向维度表了，其描述性属性允许业务用户以近乎无穷无尽的方式来过滤和分组信息。用相关属性填充的健壮维度表会让健壮的分析成为可能。

本章首先探讨在 ETL 处理过程期间用无意义整数代理键替换维度自然操作键的重要性。基于该基本概念，第二节将专注于几乎可以在每一个事实表中找到的时间(或日期)维度。

然后我们会描述其他常见的维度表模式，其中包括角色扮演、杂项和因果性维度。本章结尾我们将深入介绍处理渐变维度(SCD)属性的更为高级的技术。

关于维度，有大量额外的主题需要探讨；第 10 章中会有更多的相关内容，所以请集中注意力吧！

维度表键

本章中的前两篇文章将专注于将无意义代理键用作维度表主键的价值。

9.1 代理键(Kimball 经典)

Ralph Kimball，DBMS，1998 年 5 月

根据完整版韦氏大词典的解释，代理就是“用作自然物品替代项的人工或合成的物品”。这对于我们在数据仓库中使用的代理键来说是绝佳的定义。代理键是用作自然键替代项的人工或合成的键。

实际上，数据仓库中的代理键并不仅仅是自然键的替代项。在数据仓库中，代理键是自然生产环境键的必要泛化，并且是数据仓库设计的其中一个基本元素。我们来明确说明一下：数据仓库环境中维度表和事实表之间的每一个联结都应该基于代理键，而非自然键。每次维度记录或者事实记录被带入数据仓库环境中时，都会由 ETL 逻辑系统地查找每一个进入的自然键，并且用数据仓库代理键来替换它。

换句话说，当我们具有一个联结到事实表的产品维度，或者一个联结到事实表的顾客维度，甚至一个联结到事实表的日期维度时，如图 9-1 所示，位于联结两端的实际物理键都并非直接来自传入数据的自然键；相反，这些键是代理键，它们就是无意义的整数而已。这些键中的每一个都应该是一个简单整数，从 1 开始，一直到所需的最大数字。产品键应该是一个简单整数，顾客键应该是一个简单整数，甚至日期键也应该是一个简单整数(允许日期值的键使用 yyyymmdd 的格式)。这些键都不应是：

- 智能的，其中仅通过查看键就能看出与记录有关的一些信息(除日期值的键是例外)。
- 由黏合在一起的自然键组成。
- 作为维度表和事实表之间的多个并行联结来实现，也就是所谓的双重或三重联结。

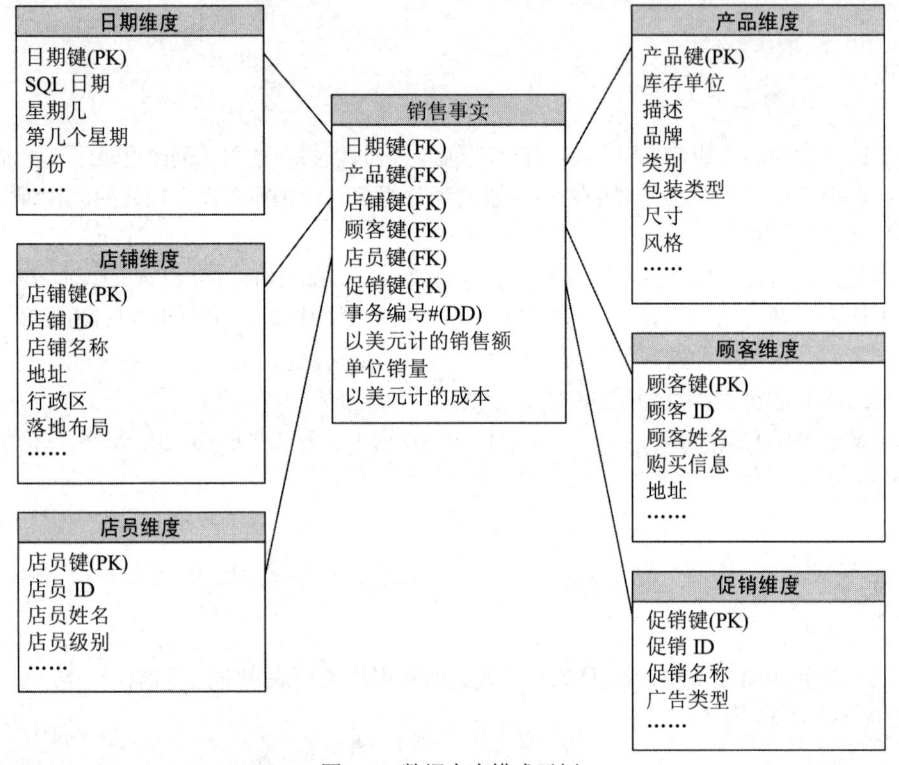

图 9-1 数据仓库模式示例

如果你是一位专业的 DBA，那么我也许吸引到你的注意力了。如果你才开始接触数据仓库，则可能会被吓到。也许你会认为，“但如果我知道我底层的键是什么，我所有的培训经历都建议我从得到的数据中生成键”。是的，在生产事务处理环境中，产品键或顾客键的含义是直接与记录内容相关的。不过，在数据仓库环境中，维度键必须是记录中内容的泛化。

作为数据仓库设计者，需要保持键独立于自然键外。生产业务系统具有不同的侧重点。像产品或顾客键这样的自然键，都是根据生产要求来生成、格式化、更新、删除、回收和重新使用的。如果使用自然键作为键值，就会受到变更的双重危害，最起码的情况是让人烦恼，而最坏的情况则是灾难性的。这里列出了其中一些生产环境会带来不良影响的方式：

- 生产环境会重用它已经清除的键，但这些键仍旧维护在数据仓库中。

- 生产环境会出错并且重用一个键，即使是在它不应该这样做时。在零售行业中，这种情况会频繁出现在通用产品代码(universal product code，UPC)的领域中，尽管每一个人都是心怀好意的。
- 生产环境会用新的值合理地重写产品或顾客描述的某一部分，但不会将产品或顾客键变更成一个新的值。这样你就成为出现问题的节点并且需要琢磨如何处理这些修订过的属性值。这就是渐变维度的危机，稍后我将阐述这一点。
- 生产环境会泛化其键的格式以便处理事务系统中的一些新情况。现在曾经是整数的生产环境键会变成字母数字混合体。或者曾经使用的 12 字节键变成了 20 字节键。
- 你的公司刚刚进行了收购，并且你需要将超过一百万个新顾客合并到主顾客清单中。现在你需要从两个生产系统进行提取，但这个新近获得的系统具有不友好的顾客键，它们看起来一点也不像其他的顾客键。

我之前提及的渐变维度危机是数据仓库中众所周知的一种情况。具有建设性意义的是，要认识到这是操作性生产系统的利益和数据仓库的利益存在合理分歧的区域。通常在数据仓库管理员遇到维度记录中的变更过的描述时，正确的回应是发布一条新的维度记录。但要这样做的话，数据仓库就必须具有一种更为通用的键结构；因此，就需要代理键。

使用代理键还有更多的原因。其中一个最重要的原因就是需要对不确定的知识进行编码。你需要提供一个顾客键来表示一个事务，但你不清楚具体是哪位顾客。这会是零售场景中的一个经常出现的事件，其中现金事务都是不具名的，就像大多数杂货店一样。对于匿名顾客来说，其顾客键是什么呢？

如果仔细思考“我不清楚”这种情况，那么想要的就不仅是用于匿名顾客的这一特殊键。你还希望描述“还没有进行顾客识别”的场景，或者“有一位顾客，但事务系统未能正确报告它”，还有，“这种情况下不可能有顾客”。所有这些元场景都需要数据仓库顾客键，这个键不能由自然顾客键组成。不要忘记，在数据仓库中必须为图 9-1 中所示的事实记录中引用的每一个维度提供一个键。数据仓库中的空值键会自动触发引用完整告警，因为外键(因为在事实表中)绝不能是空值。

你坚持使用智能自然键的其中一个原因在于，你认为你希望直接用应用程序来导航这些键，以避免联结维度表。是时候抛开这一策略了。如果联结键中第五到第九个字母字符可以被解释为生产制造商的 ID，那么就复制这些字符并且让它们变成维度表中的一个字段。更好的做法是，将生产制造商的名称添加到普通文本中作为一个字段。最后，要考虑抛开字母数字混合的生产制造商 ID，除非需要它来回溯到生产环境。在大多数情况下，业务用户知道这些 ID 的唯一原因就是，他们不得不将这些 ID 用于查询请求。

对于为日历日期维度连续分配的整数代理键，我们建议将其作为一个特殊例外，因为这个维度具有独特的特征和需求。日历的天数显然是固定并且预先确定的。不要删除或者创建新的天数。我们建议使用 yyyymmdd 格式为日历日期维度创建整数主键。我们并非为了业务用户才这样做，而是为了方便 DBA，他们会频繁需要在没有完整维度上下文的情况下查看单独的事实表记录。yyyymmdd 格式会让 DBA 理解孤立的事实记录的上下文。可以肯定的是，有了 yyyymmdd 格式，就可以在 BI 应用程序中直接使用 SQL 来导航日期键，因而可以避免联结到维度表，但会将所有特殊的日历属性受困于日期表中。如果用一个应用程序来导航这些日期键，则必然要在应用程序中嵌入日历逻辑。日历逻辑属于维度表，而非应用程序代码。

可以用整数值的代理键来节省大量的存储空间。假定有一个具有十亿行数据的大型事实表。

在这样的一个表中，每一行中浪费的每一个字节汇总起来就是吉字节的总存储。4 字节整数键的好处在于，它可以表示超过 20 亿个不同的值。这对于任何维度来说都是足够的，甚至对于那些代表人类个体的所谓庞然大物级的维度来说也足够了。因此我们将我们所有的长顾客 ID、产品 ID 以及日期戳压缩为 4 字节键。这样会节省许多吉字节的总存储空间。

使用代理键的最后一个原因是，用优雅、紧凑的整数代理键替换大而难看、字母数字混合的自然键和复合键必然会提升联结性能。较短的行意味着适合放入数据块中的事实记录更多，并且索引查找将更为简单。

列举了代理键适用的示例之后，我们现在就要开始创建它们。从根本上讲，每一次我们看到传入数据流中的一个自然键，我们都必须查找代理键的正确值并且用该代理键替换这个自然键。由于这是例行提取和转换过程中的重要步骤，因此我们需要增强我们的技术以便让这一查找简单且快速，正如我在文章 11.27“管道化处理代理”中所述。

9.2 保持键的简单性

Ralph Kimball，Design Tip #100，2008 年 4 月 3 日

在 2008 年，有一个学生就涉及维度代理键的设计难题给我写了一封电子邮件。他提到：

我的客户告诉我，他们将代理键分配到类型2渐变维度(SCD)的方法是“行业标准的”。他们正在维护维度表中自然键和代理键之间的一对一关系。他们的企业数据仓库(EDW)中的类型2 SCD看起来如表9-1所示：

表 9-1 类型 2 SCD

维度键	自然键	颜色	开始日期	结束日期
1	ABC	蓝色	1/1/2008	3/31/2008
1	ABC	红色	4/1/2008	12/31/1999
2	DEF	绿色	1/1/2008	2/29/2008
2	DEF	黄色	3/1/2008	12/31/1999

我期望为每一条记录生成一个唯一的代理键，而非为每一个具有不同开始和结束日期的行的自然键重用相同的代理键。

这里是我给这位学生的反馈：

我之前曾经有几次遇到过这种情况！你所有的维度键都应该是由数据仓库在 ETL 期间分配的简单整数。让维度键成为固定键(与自然键一对一)外加一个日期范围的组合键是绝对错误的，这一判断基于以下几个原因：

1. 从维度表到事实表的多字段联结会影响性能，尤其是在所涉及的字段是复杂字母数字混合字段或者日期/时间戳时。最佳的联结性能是通过在维度表和事实表之间使用单个字段整数键来实现的。
2. 如果需要正确约束日期，那么用户/应用程序开发人员的易理解性绝对会受到影响。后面几点将对这一点进行扩展。

3. 用于每一个自然键的维度中的日期范围很可能都会实现一个没有间隙的完整整体跨度。这是很难正确处理的，并且有时候几乎不可能正确处理。如果一条记录的失效日期正好等于下一条记录的开始生效日期，那么你就无法使用 BETWEEN 来选取特定的维度记录，因为你会正好取到分解线并且得到两条记录。你必须为开始日期使用大于或等于，并且为结束日期使用小于，而这会进一步影响性能。你无法让一个结束日期/时间比下一条记录的开始日期/时间少一秒来便于使用 BETWEEN，因为这一秒是取决于机器/DBMS 的，并且你会在数据来自多个源的繁忙环境中遇到这种情况，其中会丢失位于时间间隙上的事务。例如，我的一个学生在会计期间的最后一秒钟从 40 个独立(且不兼容)的源系统处获得了 10 000 个财务事务，这些源系统具有不同的严格事务时间格式。
4. 在开始和结束有效时间戳是真实的日期/时间戳的情况下，会存在用户/应用程序开发人员需要在多大程度上精确约束维度的严重问题。要正确处理这个问题就必须详尽地理解日内业务规则。另外，根据 DBMS 的不同，日期/时间戳会非常难以处理。
5. 明确的日期/时间戳都是取决于机器和 DBMS 的，因此无法干净地从一个环境移植到另一个环境中。
6. 在产品运输场景中，开始和结束时间戳所表示的时间段不会包含事实记录的活动日期。例如，一份特定的产品资料从 1 月 1 日到 2 月 1 日是有效的，因此那些日期就是维度中的日期，但该产品会在 2 月 15 日售出。尝试向用户说明该情况估计会面临责难。更糟的是，尝试构建一个需要两种不同日期约束的应用程序基本是不可能的。使用简单的代理键就可以消除这一缺陷，因为维度和事实记录之间的正确对应是在 ETL 步骤期间解决的。
7. 用户/开发人员在其后的工作中必须总是将维度(实际上是同时将每一个维度)约束为每一个查询中的准确时刻。八个维度就等于八个时间约束。并且如果其中一个维度具有日期/时间字段，而其他的维度仅具有日期字段，那么如果仅约束到日期，就会得到错误的结果。日期是很容易出错的，因为 SQL 太“智能”。对于天的约束也会对一天中的值有效，并且系统不会进行提示。
8. 在每一条维度记录中嵌入日期范围的方式暗示着标准化的建模方式，其中为了处理时间变化，每一个多对一关系都要受到日期范围的限制。因此如果这些标准化表真的暴露给应用程序开发人员或者业务用户的话，那么前一段中所出现的缺陷就会更糟糕。现在日期约束就需要出现在每一对中间表中，而不是仅仅出现在附加到事实表的最终维度表中。
9. 最后，任何对于来自源系统的自然键内容的显式依赖都无法参与到从多个源系统集成数据的挑战中，这些源系统都有其自己的自然键概念。这些独立的自然键具有稀奇古怪的不同数据类型甚至是重叠的！

9.3 持久的“超自然”键

Warren Thornthwaite，Design Tip #147，2012 年 7 月 10 日

ETL 系统的顾客维度管理者的其中一个任务就是“为每一个顾客分配一个唯一的持久键”。

持久键这个词的含义是指，随时间推移能够唯一且可靠地标识一个指定顾客的单一键值。在大多数情况下，这个唯一的持久键就是来自业务系统的自然业务键，并且我们所必须做的就是将它复制过来作为维度表中的一个属性。不过，在有些情况下自然键会发生变化，并且当它发生变化时，维度管理者就必须介入。

自然键发生变化的一些常见原因包括，业务原因、重复记录以及从多个源集成数据。所有这些都需要在 ETL 过程期间创建和管理一个唯一的持久键，也被称为超自然键。

出于业务原因需要变更自然键的一个好示例就是信用卡行业。信用卡账户编号是自然键；它们会出现在事务中，并且会被映射到维度表中的代理键。如果信用卡被盗，就会发布一个新的账户编号。在不知晓这一变更的情况下，该新账户编号看起来就会像是一个全新的账户并且会作为一个新的实体进入账户维度中。该账户的完整历史会丢失，因为它现在具有两个自然键。

当这类业务驱动的变更发生时，事务系统就必须生成一条通知记录来告知 ETL 过程，已经创建了一个新的账户来替代老的账户。对于具有老账户编号、新账户编号以及生效日期的表来说，这会非常简单。然后 ETL 系统必须创建一个新的行，它具有新账户编号和一个单独的将老账户和新账户联系在一起的持久键列。图 9-2 显示了账户维度中的这个持久键。

Account_Key	Account_ID	Durable_Account_ID	Account Holder	State	Eff_Date	End_Date
3	8765	3	Smith	CA	2011-02-01	2011-05-10
7	8765	3	Smith	OR	2011-05-11	2011-10-23
23	9251	3	Smith	CA	2011-10-24	2011-12-31
55	9251	3	Smyth	CA	2012-01-01	9999-12-31

图 9-2　账户维度中的持久键

在图 9-2 中，Account_Key 是由 ETL 系统分配的代理键，以便唯一地识别每一行。Account_ID 是用于事务系统自然键的 ETL 替代项，因为通常不会将像信用卡账户编号这样的敏感元素直接加载到数据仓库中。被称为 Durable_Account_ID 的第三个键列是由 ETL 系统分配的持久键，以便将所有相关的行捆绑到一起。图 9-2 显示了相同账户的四行，因为除 Account_ID 的变更外，还有两个类型 2 变更要追踪，一个是所在州的变更，一个是姓的变更。

另一种有用的设计模式是，除维度代理键外，还要将持久账户键添加到事实表。这样就会联结回该维度中的当前行，以便让它更易于根据当前维度属性来报告所有的历史。参阅文章 9.24 “渐变维度并非总是像类型 1、2 和 3 那样简单”以便获得更多信息。

处理一个维度中的重复条目或者将不相干的源集成到单个维度中，这涉及依赖持久键的更加复杂的业务逻辑。最终的结果类似于图 9-2，但集成过程必须生成一列相关的项目，而不是依赖事务系统。图 9-3 显示了从多个源系统进行的产品集成。ETL 过程中的 MDM 子系统已经将这三个产品识别为相同的，并且为它们分配了相同的持久键。

Product_ Key	Product_ID	Durable_ Product_ Key	Product_ Name	Product_ Group	Match_ Date	Match_ Score
5	37285	5	Wrench	Tools	2011-02-01	1.00
9	39101	5	Wrench	Hand Tools	2011-10-24	0.93
25	17195	5	Wrench	Tools	2012-05-11	1.00

图 9-3　重复的产品条目

在这个示例中，需要标记来自不同源的自然键，这样它们就不会彼此冲突。尝试将一个字符数据类型用于源自然键，用一个源编码作为前缀。例如，如果图 9-3 中的产品来自 SAP 或

CRM 系统，那么 Product_ID 列就会包含后面这些值：SAP|37285、CRM|39101 和 SAP|17195。然后这个表会变成维度和事实管理者的输入端。

持久键对于处理源系统自然键中的歧义是必要的。创建和分配持久键使得你可以绕过对自然键的业务变更，或者整合复制的或者不相干的数据。但是持久键仅仅是开始；还存在大量更多的重复删除和数据集成。

日期和时间维度注意事项

每一个事实表都至少应该具有一个与之相关的日期和/或时间维度。这一节将专注于这些最常见的维度。长期以来，日历或以时间为中心的维度通常被称为时间维度，正如文章 9.4“是时候谈谈时间了”以及文章 9.5“用于时间维度的代理键”中所反映出的那样。最近，我们已经将每日粒度的维度称为日期维度，然而时间维度表明的是每日时间的粒度。

9.4　是时候谈谈时间了

Ralph Kimball，DBMS，1997 年 7 月

在篇文章包含了对于不可跨时间周期累加的事实的内容探讨。尽管这是一个离题的主题，但我们决定在这篇文章中保留最初的内容。

时间维度是每一个数据仓库中的唯一和强有力的维度。尽管维度建模的其中一个原则是所有的维度都是同等创建的，但真相是，时间维度非常特殊，并且必须与其他维度区别对待。

9.4.1　基础时间问题

实际上每一个业务过程主题领域都是一个时间序列。图 9-4 是一个熟悉的基础维度设计，其中的事实表包含一家生产制造公司所收到的订单。第一个维度是时间维度。在这个示例中，时间维度代表着订单日期。

在我的设计课程上，有些数据架构师问道：“为何我不能直接省略时间维度？事实表中的外键可以轻易地成为一个 SQL 日期值，并且我通过标准 SQL 的机制就可以约束日历周期。这样我就避免了开销较大的联结！”他们还问道：“如果我必须使用一个时间维度，又要从哪里得到它呢？”

第一个问题可以通过回顾数据仓库中需要维度表的根本原因来回答。维度表会充当约束和报告行标题的源。维度模型就像其维度表一样好用。图 9-4 显示了在日粒度上表述的推荐时间维度表。如果维度中没有大量的合适描述属性，那么这就是一个残缺不全的数据仓库；你将无法对不充足的维度进行约束，并且你将无法构造所想要的报告。尽管对于在导航日期中 SQL 提供了一些最小协助的时间维度来说确实如此，但是标准的 SQL 功能几乎完全不足以支持典型组织的需要。SQL 当然不清楚关于企业日历、会计期间或者季节的所有事情。将这些属性添加到时间表是非常容易的，数据仓库架构师绝不应考虑将这个日历逻辑嵌入用户应用程序中。

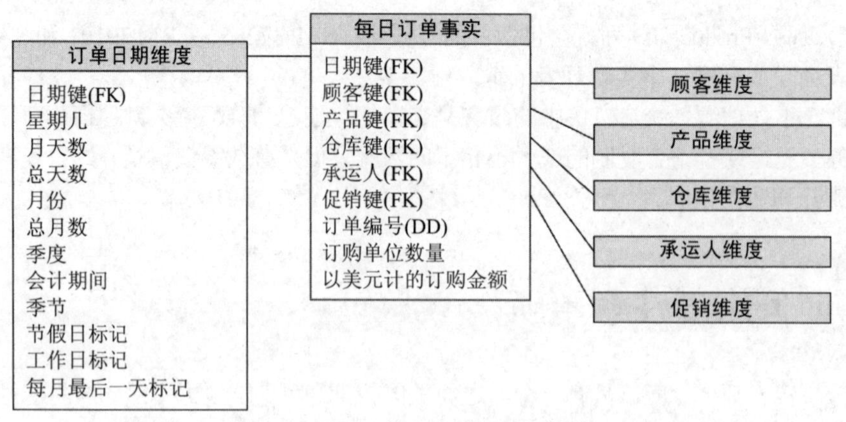

图 9-4 用于订单追踪的基础维度设计

第二个数据架构师的问题可以用“在电子表格中构建它”来回答。几乎不同于数据仓库中的所有其他维度，时间维度可以在架构师的 PC 上被构建一次，然后被上传到数据仓库中。忙碌地使用电子表格单元格和研究正式的企业日历，就可以在半天内构建出图 9-4 中的时间维度。让这个时间维度包含至少 20 年或 30 年的日期，可能是从 1990 年到 2020 年甚至更长的时间范围，这也是合理的。

有些主题领域会另外追踪一天中精确到分钟的时间或者精确到秒的时间。对于这些情况来说，假设没有在日期时间属性上进行分组，那么我建议将日期时间测量分离出来作为一个单独的“数值事实”，这个事实是用一个完整的 SQL 日期/时间戳来表述的。不应该用日历日期维度将它合并成一个键，因为这样就会产生一个可能的大型维度表。

9.4.2 中间时间问题

时间是一个会引发不兼容汇总的维度；最明显的就是星期和月份。首先应该从日期时间粒度开始。日期数据会汇总到几乎每一个可能的日历。如果公司基于日历月份报告来运作，那么就应该围绕天、月份、季度和年来进行组织。如果公司基于从星期进行汇总的人为会计期间来运作，如五个星期、四个星期、四个星期这样的季度，那么就应该围绕天、星期、会计期间、季度和年进行组织。基于上面这些模式中的任何一个具体日期跨度来叠加不兼容的季节性周期是可行的，但像圣诞节或复活节这样的季节性周期将不会汇总到任何其他的日历周期。如果从日期时间粒度开始，那么将季节性说明添加到日历就会很容易。这是维度方法的其中一个优势。在面对业务需求的变更时，它是非常健壮的，只要从最小原子粒度数据开始入手——这个示例中就是日期粒度。

将日期嵌入像产品或顾客这样的其他维度中是常用的做法。在这些情况下，将这些日期作为外键嵌入日历日期维度中，以便让业务用户可以访问复杂的日历约束，这是允许的。这个星型维度可以被隐藏在一个视图中，这样业务用户就会看到与周边维度相同级别的日历日期属性。将这种星型方法仅用于包含在时间维度范围内的日期值，这种做法必须要有所注意。有时嵌入维度中的日期会发生在日期维度的开始日期之前，在这种情况下应该仅使用一个 SQL 日期戳并且放弃日期维度所提供的一些日历属性。

另一个涉及时间的中间级别设计问题就是，跨时间聚合非累加式测量的强度。最常见的示例就是库存水平和账户余额。问题在于，在大多数情况下，你会希望通过计算“随时间推移求平均值”来跨时间聚合这些测量。这并非与 SQL AVG 相同的计算，它会对特定 SQL SELECT 语句的结果集所返回的所有记录求平均值。要计算“随时间变化的平均值”，应用程序设计者必须首先确定时间维度本身的约束基数，暂时保存这个数字，然后添加跨时间的强度测量，最后除以暂时保存的时间基数。尽管这是一个不重要的数学计算，但在标准 SQL 环境中进行这种计算会相当麻烦，因为其中没有 AVGPERIODSUM 运算符来自动处理这一情形。运行单个 SQL SELECT 语句的标准即席查询工具就是无法执行“平均日常余额”的计算，尽管一些复杂的应用程序开发环境清楚如何处理它。

我曾经尝试过为摆在数据仓库设计者面前的主要的时间问题以及如何处理它们中的每一个提供一些观点。尽管用于时间的维度表是所有数据仓库中其中一个最简单且最容易理解的表，但是围绕时间处理的设计问题还是非常有挑战性的。在我的课堂上，当我询问学生：“什么是我们可能为这个特定业务过程选择的第一个维度？”他们随后就学会了统一叫嚷着回答：“时间！”

9.5 用于时间维度的代理键

Ralph Kimball，Design Tip #5，2000 年 3 月 19 日

这里是我最近收到的数据仓库设计问题：

我们的顾问提出了一个看起来与你所建议的相当不同的时间维度。其时间维度结构是：

```
键(varchar2 (8))
开始日期(date)
结束日期(date)
```

这里是他所提出的时间维度的一些样本数据：

键	开始日期	结束日期
xmas99	25Nov99	06Jan00
1qtr99	01Jan99	31Mar99
newyrsdy	01Jan00	01Jan00
01Jan00	01Jan00	01Jan00

你对于这个结构的时间维度怎么看？你觉得这个方案对于哪种类型的场景/业务来说是一个好的切实可行的方案？

这里是我写给这个学生的回信？

我觉得你的顾问所提出的时间维度非常不合适。我期望时间维度能够描述事实表中所表述的测量的时间上下文。在数据库方面，每条事实表记录中都需要有一个时间值的外键来指向时间维度中的特定记录。

事实表具有统一的粒度性对于应用程序简要性来说非常重要。换句话说，事实表中的所有记录都应该代表着在像每天、每周或者每月这样的级别上所产生的测量。

你的方案具有不同粒度的时间维度记录，并且似乎它们是重叠的。如果具有发生在特定日期的测量记录，并且这些"时间维度"记录有重叠，你要为特定的事实表记录选择哪条记录呢？

在统一粒度的事实表中，你可以使用相关的时间维度来以一种简单方式对许多不同的时间段进行约束。具有用于每一个不连续日期的记录的时间维度表非常灵活，因为在这个表中，你可以同时表示所有有用的时间分组。

具有美国视角的典型日期粒度时间表可以具有以下结构：

时间键(yyyymmdd 格式的简单整数代理键)
时间类型(常规的、不适用的、还未发生的、损坏的)
SQL 时间戳(type=Normal 的 8 字节日期戳，否则为空)
月天数(1……31)
年天数(1……366)
纪元天数(一个整数，正数或负数)
年星期数(1……53)
纪元星期数(一个整数，正数或负数)
年月份数(1……12)
纪元月份数(一个整数，正数或负数)
月份名称(一月、……、十二月，可以从 SQL 时间戳推算)
年份(可以从 SQL 时间戳推算)
季度(1Q、……、4Q)
半期(1H、2H)
会计期间(名称或数字，取决于财务部门)
公共假日(新年、国庆、感恩节、圣诞节)
工作日标识(工作日、非工作日)
销售旺季(冬季清仓大促销、返校日、圣诞季)

在这个日期时间表中，你要为一年中的每一天记一条记录，并且你要用当天的相关值填充每一个字段(如上面清单中所示)。所有像会计期间和销售旺季这样的特殊导航字段会让你可以为这些特殊项定义任意时间段。例如，你可以约束 Selling Season = "Back to School"，并且会自动得到从 8 月 15 日到 9 月 10 日的所有天数。

在你的顾问所提出的设计中，时间维度表的键具有像xmas99和1qtr99这样的值。这些都是智能键。智能键在数据仓库维度表中很危险，这主要有几个原因。这些键的生成是由其语法规则来控制的。编写让这些键对某些人可见的应用程序和用户界面是很有诱惑力的。如果存在一个1qtr99，你能确保有一个2qtr99吗？并且当你需要一个日期戳不适用的情形时，你要怎么做呢？

9.6 对时间维度表的最新思考

Ralph Kimball，Design Tip #51，2004 年 2 月 1 日

几乎每一个事实表都具有一个或多个与时间有关的维度外键。测量都是在特定时间点定义的，并且大多数测量都会随着时间推移而重复。

大多数常见且有用的时间维度都是具有单天粒度的日历日期维度。这个维度令人惊讶地具有许多属性。这些属性中仅有一些(如月份名称和年份)可以直接从 SQL 日期/时间表达式中生成。假期、工作日、会计期间、周数、月份最后一天的标记以及其他的导航属性都必须嵌入日历日期维度中；所有日期导航都应该通过使用维度属性在应用程序中实现。

日历日期维度具有一些不同寻常的属性。它是仅有的在数据仓库项目初期就完全指定的其中一个维度。它也没有常规的源。生成日历日期维度的最佳方式是花费一个下午使用电子表格来整理并且手动构建它。十年的天数小于 4000 行。

每一个日历日期维度都需要一个日期类型属性和一个完整的日期属性。这两个字段会构成维度表的自然键。日期类型属性几乎总是具有“日期”值，但至少要有一条记录来处理特殊的不适用日期的情形，其中所记录的日期是不适用的、损坏了的或者还未发生的。这些情况下事实表中的外键引用都必须指向日历日期表中的非日期的日期！日历日期表中总是至少需要这些特殊记录中的一条，但你会希望区分这些不同寻常的情况中的几种。对于不适用日期的情况，日期类型的值是“不适用的”或者“NA”。完整的日期属性是一个完整的相关时间戳，并且对于之前描述的特殊情况，它会采用合理的空值。记住，事实表中的外键绝不能是空值，因为根据定义，那样会违背引用完整性。

在理想的情况下，日历日期主键应该是一个无意义的代理键，但许多 ETL 团队都无法抵御住让这个键成为可理解数量的冲动，如 20150718，它意味着 2015 年 7 月 18 日。不过，正如所有的智能键一样，日历日期维度中的少数特殊记录将让设计者巧妙地使用智能键。例如，用于不适用日期的智能键必须是一些无意义的值，如 99999999，并且尝试不使用维度表就直接诠释日期键的应用程序将总是必须针对这个值进行验证，因为它并非一个有效的日期。

在一些事实表中，时间是在日历日期的级别之下测量的，会精确到分钟或秒钟。没人可以用所表示的每一天的每一分钟或秒钟来构建一个时间维度。一年中会有超过 3100 万秒！我们希望保留强大的日历日期维度并且同时支持精确到分钟或秒钟的准确查询。我们还希望通过比较两条事实表记录的准确时间来计算非常精确的时间间隔。出于这些原因，我们推荐一种在事实表中同时具有日历日期维度外键和完整 SQL 日期/时间戳的设计。准确时间的日历日期组成部分仍旧会作为指向我们熟悉的日历日期维度的外键引用。但我们还会为所有需要额外精确性的查询在事实表中直接嵌入一个完整的 SQL 日期/时间戳。将此看作一种特殊的事实，而非维度。在这个有意思的示例中，让一个维度具有准确时间戳的分钟或者秒钟组成部分是没有用的，因为在尝试处理单独的日期和日期时间维度时，跨事实表记录的时间间隔计算会变得过于复杂。之前，我们已经建议将这样的一个具有时间分钟或秒钟组成部分的维度构建为从每天午夜时分的偏移量，但我们已经意识到了，所产生的用户应用程序会变得过于困难，尤其是在尝试计算时间跨度时。另外，不同于日历日期维度，对于一天中的特定分钟或秒钟，仅存在非常少的描述属性。

如果企业对于一天中的时间片段具有精心定义的属性，如转换名称或者广告时段，那么就可以将额外的日期时间维度添加到维度被定义为午夜过后分钟(或秒钟)数的设计中。因此，这个日期时间维度在粒度是分钟时会有 1440 条记录，或者在粒度是秒钟时会有 86 400 条记录。使用这样的日期时间维度并不会抵消对于之前所述的 SQL 日期/时间戳的需要。

9.7 将智能日期键用于分区事实表

Warren Thornthwaite，Design Tip #85，2006 年 11 月 1 日

最近有两个人问我是否可以将有意义的键用于日期维度：yyyymmdd 格式的整数。对于其中一个示例，我的建议是不要；对于另一个示例我的建议是可以。在“否定”的示例中，设计者的目标是为用户和应用程序在事实表中提供一个键，以便他们可以直接识别和查询进而绕过日期维度。我们在文章 9.6“对时间维度表的最新思考”中描述了为何这样做实际上会降低可用性的原因。这一方法在某些数据库平台中还会有损性能。

“肯定”答案的示例涉及分区事实表。分区让我们可以创建一个表，它在底层会被划分成几个较小的表，通常是根据日期来划分。因此，可以将数据加载到当前分组中并且重新索引它，而不需要触及整个表。分区会显著降低加载、备份、获取旧数据的时间，能提升查询性能。它使物理化管理太字节数据仓库成为可能。

那么为何分区可以引导我们考虑在日期维度中使用智能代理键呢？这是因为更新和管理分区是相当单调的重复性任务，可以用编程方式来完成。如果表是基于日期来分区并且日期键是一个有序整数，那么这些程序就会非常易于编写。如果日期键允许日期风格的模式，那么也可以在代码中利用日期函数的优势。

例如，在 SQL Server 2005 中，保留 2015 年前三个月销售数据的简单分区表的初始定义看起来会如下所示：

```
CREATE PARTITION FUNCTION SalesPartFunc (INT) AS RANGE RIGHT
FOR VALUES (10000000, 20150101, 20150201, 20150301, 20150401)
```

这些值都是断点并且定义了六个分区，其中包括在表中保留非日期记录的一个分区(日期键<10000000)，还包括该数据任何一边的空分区，以便在未来更易于添加、删除以及替换分区。

在加载 2015 年的第四个月之前，我们要添加另一个分区来保留该月份的数据。这一硬编码的版本会通过放入下一个断点来划分该空分区，在这个示例中也就是 20150501：

```
ALTER PARTITION FUNCTION PFMonthly () SPLIT RANGE (20150501)
```

以下事务 SQL 代码会自动生成使用一个名称为@CurMonth 的变量的命令。它有一些复杂，因为它会将整数转换成用于 DATEADD 函数的日期类型，然后将其转换成 VARCHAR(8)来将它串连到 SQL 语句字符串中。最后，EXEC 命令会执行该字符串。

```
DECLARE
   @CurMonth INT, @DateStr Varchar(8), @SqlStmt VARCHAR(1000)
SET @CurMonth = 20150401
SET @DateStr = CONVERT(VARCHAR(8),DATEADD(Month, 1, CONVERT(datetime,
               CAST(@CurMonth AS varchar(20)), 112)),112)
SET @SqlStmt = 'ALTER PARTITION FUNCTION PFMonthly () SPLIT RANGE (' + _
               @DateStr + ')'
EXEC (@SqlStmt)
```

因此，通过使用智能 yyyymmdd 键，仍旧可以获得代理键的优势以及更容易的分区管理的优势。我们建议使用 BI 工具的元数据来隐藏事实表中的外键，以便阻止用户直接查询它们。

最后提醒一点，要记住，围绕日期键的这一逻辑无法适用于任何其他维度，如顾客或产品。

只有日期维度才能在创建数据库之前被事先完全指定。日历日期是非常稳定的：它们绝不会被创建或删除！

9.8 更新日期维度

Joy Mundy，Design Tip #119，2009 年 12 月 2 日

大多数读者都熟知基本的日期维度。在日历日期的粒度上，我们可以包含用于日历和会计年份、季度、月份和日期的各种标签。我们可以同时包含用于各种报告需求的短标签和长标签。即使我们可以在设计一份报告时构造基本日期维度中的标签，但我们应该总是预先构建日期维度，这样报告标签就会是一致的并且易于使用。

随着时间的推移，日期维度会得到新的行，但大多数属性都并非添加行之后要更新的目标。当然，2015 年 12 月 1 日总是会汇总到 2015 年、日历 Q4、12 月。

不过，有一些随时间推移而变化的属性可以被添加到基本日期维度。这些属性包括指示器，如 IsCurrentDay、IsCurrentMonth、IsPriorDay、IsPriorMonth 等。IsCurrentDay 显然必须被每天更新。对于生成总是为当天而运行的报告——或者更好的是，默认为当天但可以为过去任何一天而运行的报告，该属性会尤为有用。要考虑到的细微差别是，IsCurrentDay 所涉及的日期。大多数数据仓库都会每天加载数据，因此 IsCurrentDay 应该指向前一天(或者更为准确的是，系统中数据的最近一天)。

你还希望将属性添加到对于业务过程或企业日历来说具有独特性的日期维度。这些是尤其有价值的，因为使用 SQL 日历函数无法推导出它们。示例包括 IsFiscalMonthEnd、IsCloseWeek、IsManagementReviewDay 和 IsHolidaySeason。

有些日期维度设计包括延迟列。LagDay 列会将 0 值用于当天、-1 用于前一天、+1 用于后一天，以此类推。这一属性可以轻易地成为一个计算列而非物理存储列。可能有用的做法是，为月份、季度和年份设置类似的结构。

许多报告工具，其中包括所有的 OLAP 工具，它们都会具备进行前期计算类型的功能，因此延迟列通常是不需要的。开发人员有时候对于日期维度的值心存疑虑，因为这些属性中的许多都可以由报告开发人员推算出来。使用日期维度具有许多极佳的理由，但通过包含有价值的无法被计算的属性，就可以完全避免争论。

9.9 处理所有的日期

Bob Becker，Design Tip #61，2004 年 10 月 28 日

识别数十个不同的日期，其中每一个都具有必须包含在维度化设计中的业务重要性，这种情况是不常见的。例如，在金融服务组织中，要处理存款日期、取款日期、融资日期、支票签发日期、支票兑现日期、开户日期、发卡日期、产品推介日期、促销开始日期、顾客生日、行生效日期、行加载日期以及报告月份。

要知道的第一件事是，并非所有的日期都是同等创建并且以相同方式来处理的。许多日期最终都会成为事实表中的日期维度外键。有一些最终会成为维度表中的属性，而其他的会变成维度表中的日期维度外键。最终，有些日期会被引入设计中以便推动 ETL 处理和审计能力。

假设我们的金融服务公司正在设计一个集成活期账户事务的事实表，如存款、ATM 和支票事务。每一个事实行都包含一个事务类型维度以便识别出它所表示的事务以及事务日期维度。日期的业务含义(如支票事务日期、ATM 事务日期或者存款事务日期)是由事务类型维度所定义的。在这个示例中，我们不会在事实表中包含三个独立的日期键，因为对于某一行来说仅有一个日期键是有效的，如图 9-5 所示。

金融服务事务事实
事务日期键(FK) 事务类型键(FK) 账户键(FK) 分支机构键(FK) 家庭键(FK) 事务金额

图 9-5　事务日期的具体含义取决于事务类型维度

在其他情况下，由事实表中一行所代表的单个事务可以通过多个日期来定义，如事务事件日期和事务提交日期。在这种情况下，这两个日期都会被作为唯一命名的维度外键包含其中。我们会使用角色扮演(在文章 9.11“数据仓库角色模型”中会有描述)来物理化构建一个具有视图的日期维度，以便提供逻辑上唯一的事务事件和事务提交日期维度。

显然，我们还要在定期快照模式中包含一个日期维度，以反映行的时间周期，如快照月份。月份维度是收缩的子集日期维度，它符合我们的核心日常日期维度。

许多对业务重要的日期将被包含在维度表中作为属性。开户日期会与主账户持有人的生日一起被包含在账户维度中。当日期都是维度表属性时，我们需要考虑他们的报告和分析用途。知道开户的实际日期是否就够了，还是说我们还应该包含开户年份和开户会计月份的属性？这些额外的属性会提升业务用户通过基于开户年份和/或月份分组账户来提出相关分析问题的能力。

为了支持这些维度属性的更多大量与日期有关的分析，我们可以包含一个健壮日期维度作为维度表的外支架，如图 9-6 所示。在这个示例中，我们为维度中适用的日期包含代理键而不是数据本身，然后使用一个视图来声明唯一的业务适用列标签。这一技术会开放我们核心日期维度的所有丰富属性用于分析。不过要记住，外支架维度的扩展使用会有损可用性和性能。另外，要当心所有的外支架日期都落在标准日期维度表中所存储的日期范围内。

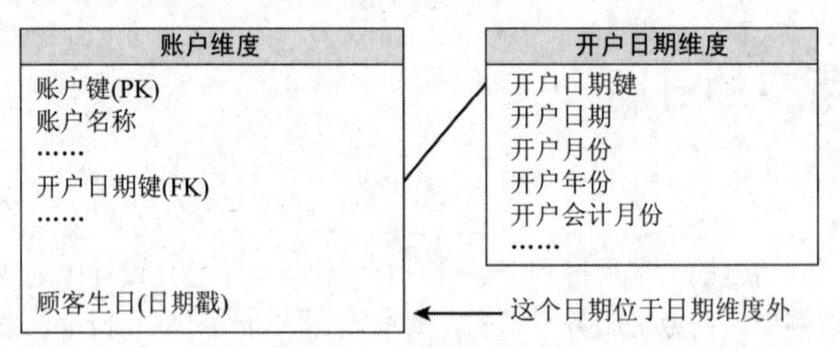

图 9-6　具有日期外键以及日期戳属性的维度表

存在额外的日期来帮助数据仓库团队管理 ETL 过程并且支持数据的可审计性。像行生效日期、行过期日期、行加载日期或者行最后更新日期这样的日期应该被包含在每一个维度表中。尽管这些日期不需要被用户访问，但它们可以对数据仓库团队展示出极其宝贵的价值。

五花八门的维度模式

这一节会讲解几种常用的维度表模式，其中包括角色扮演维度、杂项维度以及因果性维度。我们还会探讨热插拔维度，以及使用抽象通用维度的危险。

9.10 为空值选择默认值(Kimball 经典)

Bob Becker，Design Tip #128，2010 年 10 月 6 日

应该避免空值的第一个场景就是，我们遇到空值在 ETL 过程期间作为事实表行外键时。在这种情况下我们必须做一些事情，因为事实表外键字段中的实际空值将违背引用完整性；DBMS 不会允许这种情况的发生。我们不使用外键有几个原因：

- 存在数据质量问题，因为源系统提供的键值是无效或者不正确的。
- 维度本身不适用于特定的事实行。
- 源数据中缺失了外键值。在有些情况下，这一缺失的数据是另一个数据质量问题。在其他情况下，外键未知是合理的，因为追踪的事件还未发生，不像累计式快照事实表那样会频繁发生。
- 在处理空值外键时，我们建议在 ETL 过程中尽可能多地应用智能化来选择一个对业务用户提供价值的默认维度行。不要仅仅设置单个默认行并且将所有默认场景指向这一相同的行。要分别考虑每一种情况并且按需提供许多默认行来尽可能地提供最完整的数据理解。最起码要考虑以下默认行：
    - **缺失值**。源系统没有提供一个能够查找合适外键的值。这会表明 ETL 过程中缺失了数据源。
    - **还未发生的**。缺失的外键被期望在一个后续的时间点中可用。
    - **错误值**。源提供了错误值或者不足够的值来判定合适的维度行外键。这是由于源的受损数据或者不完整理解这个维度的这一源数据的业务规则所造成的。
    - **不适用的**。这个维度不适用于这一事实行。
- 每一个维度都需要一组默认行来处理这些情况。通常 ETL 团队会为描述这些可选项的键分配具体的值，如 0、-1、-2 和-3。具体键值的选择通常没有区别，但也有一个奇怪的特例。当日历日期维度被用作分区一个大型事实表的基础(如基于一组事务的活动的日期)，必须注意的是，活动日期总是具有一个真实值，而非一个异常值，因为这样一条异常记录会被划分到最老分区中最偏远的位置，如果它具有 0 这个键值！

处理维度表中的空属性值

当我们不能在有效维度行中为维度属性提供一个值时，也应该避免空值。维度属性值不可用的原因有几个：

- **缺失的值**。源数据中缺失了属性。
- **还未发生的**。属性还不可用，因为源系统的时序问题。
- **领域违背**。要么我们面临数据质量问题，要么我们不理解围绕属性的所有业务规则。源系统所提供的数据对于列类型无效或者位于有效域值列表外。
- **不适用的**。属性对于相关维度行无效。

维度表中的文本属性通常可以包含描述空值条件的实际值。尝试牢记 BI 工具下游必须在固定格式报告中显示特殊的空值描述的作用。避免使用我们曾经看到过的技巧，如用空格或者像@@@这样的无意义字符串符号来填充默认属性，因为这些只会让业务用户困惑。仔细考虑用于每一个维度属性的默认值并且提供尽可能多的含义以便为业务用户提供上下文。

维度表中的数值属性将需要具有一组特殊值。零这个值通常是最佳选择，因为通常对于用户来说它明显是人造的。如果业务用户将这些值合并到数值计算中，那么有些数值属性将让你面临困难选择。任何用于替代空值(如零)的实际数值都可以参与到计算中，但会产生误导性的结果。实际的空值会优雅地参与到简单的合计和求平均值计算中，但会在计算中引发错误，这会让人烦恼，但至少不会产生让人错误信任的结果。可以对 BI 工具来编程，以便显示具有“空值”的空数值维度属性，这样就可以基于这些属性来报告和计算，而无须担心失真的数据。

最终，这些默认的值选择应该被再次用于描述维度数据仓库中跨业务过程以及维度表的常见空值情况。

9.11 数据仓库角色模型

Ralph Kimball，DBMS，1997 年 8 月

鉴于这个标题，你期望本篇文章会与那些在让数据仓库取得成功的过程之中扮演鼓舞人心角色的坚定 IT 人员有关。事实并非如此，但最终确实是建模者范畴的内容。因此真正与这篇文章内容有关的是，数据仓库设计中的“角色”是如何出现以及我们如何对其进行建模。

数据仓库中的一个角色就是单个维度在相同事实表中多次出现的情况。这会以若干方式出现。在特定种类的事实表中，日期维度会重复出现。例如，我们可以构建一个事实表来记录顾客订单的状态和最终处理情况，以便作为累计式快照事实表，如图 9-7 所示。

设计中的前八个维度都是日期！不过，我们不能将这八个外键联结到相同的表。SQL 会将这样的八向同步联结解释为需要所有这些日期都是相同的。这似乎不太可能。

相比于八向联结，我们需要让 SQL 认为存在八个独立的日期维度表。我们甚至需要不惜唯一标记每个表中所有的列。如果我们不唯一标记这些列，那么当其中几个被拖放到一个报告中时，我们就会面临无法区分这些列的尴尬局面。

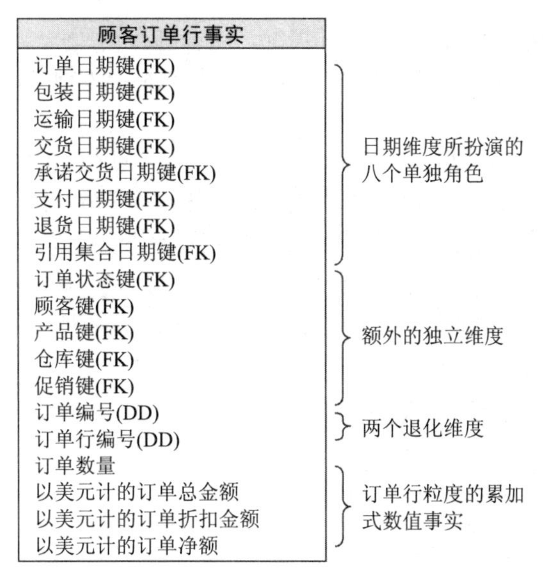

图 9-7　订单数据累计式快照上的多个日期

即便我们确实不能使用单个时间表，但我们仍然希望在后台构建和管理单个时间表。对于用户，我们可以用很多方式来创建八个独立时间表的假象。我们可以制作时间表的八个完全相同的物理副本，或者可以用 SQL SYNONYM 命令创建时间表的八个虚拟副本。无论用哪种方法，一旦我们得到了这八个副本，我们就还必须在每一个副本上定义一个 SQL 视图，以便让字段名称独一无二。

既然我们具有八个不同描述的日期维度，就可以将它们当成是独立的那样来使用。它们可以具有完全不相关的约束，并且它们可以在报告中扮演不同的角色。这是数据仓库角色模型的典型示例。尽管我要描述的其他示例与时间无关，但却是用相同方式来处理它们。

文章 10.24“游历数据库”中会提出第二个示例。如图 9-8 所示，我们看到了表示旅程的航空维度模型，它们都需要至少四个航空港维度来恰当描述一段旅程的上下文。

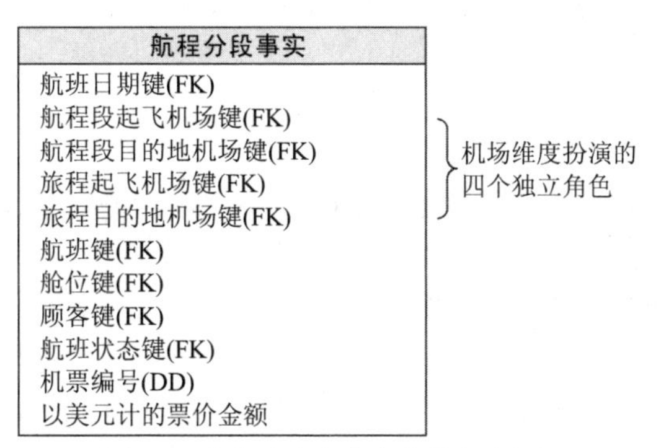

图 9-8　航程分段事实表中的多个机场

四个机场维度是由单个基础机场表所扮演的四个不同的角色。我们要用前一个示例中处理八个时间表的完全相同的方式来构建和管理这些维度。

电信行业具有许多需要使用角色模型的情况。随着监管的放松，大量竞争实体都从单通电话中获取收益。在单次通话中，这些实体包括源系统提供商、本地交换网提供商、长途提供商以及增值服务提供商。

这四个实体需要成为每一通电话上的维度。在复杂且不断变化的通信行业中，维护业务实体的四个不同局部重叠表会非常困难和令人困惑；一些业务实体将扮演这些角色中的几个。保持单个业务实体表并且在数据仓库角色模型框架中重复使用它会容易得多。

实际上，在构建完全成熟的通话收益分析事实表的过程中，我们还会认识到，至少还有两个业务实体角色应该被添加到设计：主叫方和被叫方。图 9-9 将所有六个角色与业务实体维度关联起来了。

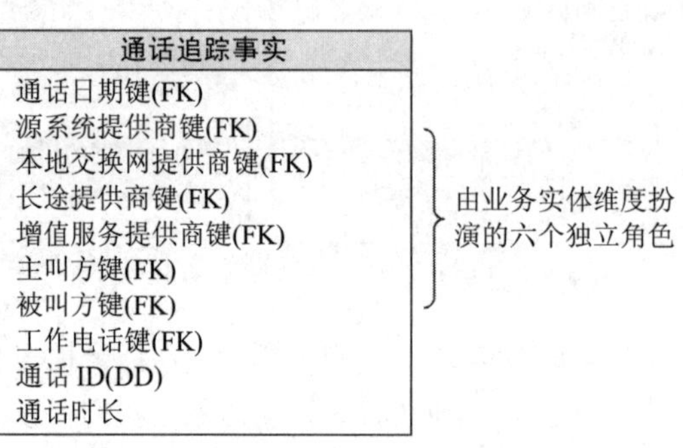

图 9-9 与一个电话通话有关的多个业务实体

通信行业还有高度发达的地理位置概念。许多通信维度都具有准确的地理位置作为其描述的一部分。这个位置可以被解析为一个实际的地址，或者解析成一个高度准确的纬度和经度。使用我们的角色建模技能，我们就可以指望在后台构建一个主位置表，然后将它用作将所选属性填充到所有包含位置信息的维度中的基础。这些维度通常会包含工作电话号码、记账电话号码、设备库存、网络库存(包括网柱和交换机盒)、房地产库存、服务位置、调度位置、通行权甚至业务实体。位置表中的每条记录都应该定义空间中的一个点。空间中的点是很好的，因为它们可以汇总成每一个可能的地理位置。空间中的点会汇总成县、人口普查区域以及销售区域。后台位置记录应该同时包含所有这些汇总。

最后，尽管实现这样一个表有点夸张，但可以设想一个将这篇文章中的三个示例合并成一个设计的单一事实表。假设我们正在捕获大型通信公司一个内部节点上的交换流量。我们想要这一交换流量的一个非常详尽的视图，这样我们就能对新的备选通话路由、当前交换机的新能力以及当前交换机的新特性进行投资。要进行这些决策，我们希望一路深入对谁出于什么目的在使用该交换机的微观分析。我们进一步假设，在捕获通过该交换机的原始通话流量之后，稍后我们将回到计费周期以及正确计算每通电话的收益，如图 9-10 所示。

这里我们有在前四个维度中扮演四个角色的时间、扮演六个角色的业务实体，以及扮演被嵌入到最后几个维度中的角色的位置。尽管所有这些维度都极具表述力，但创建这些维度的大部分工作都会仅专注于三个基础表。任何成功完成像这样的设计的数据仓库设计者实际上都会被视作一个合格的角色模型。

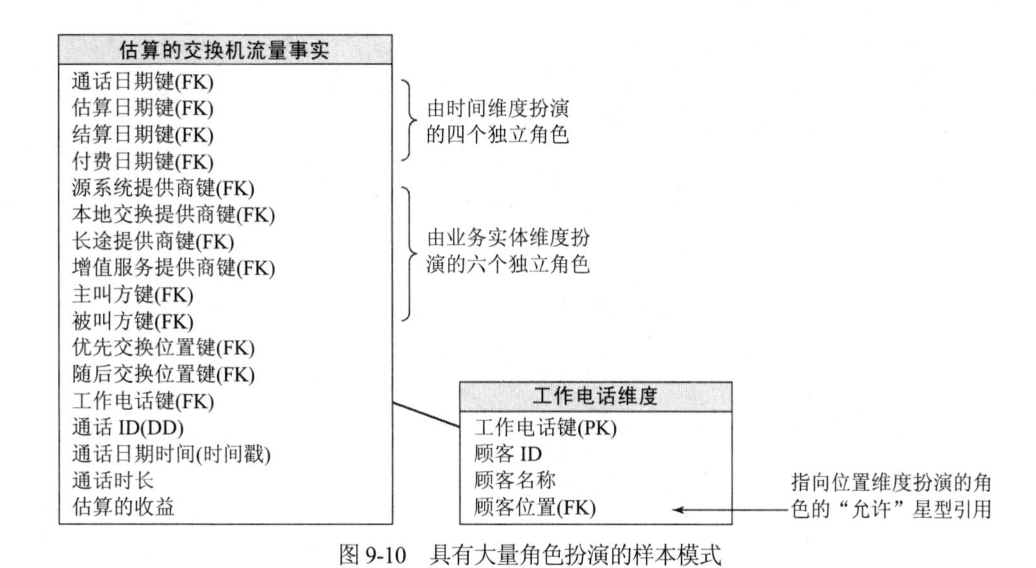

图 9-10 具有大量角色扮演的样本模式

9.12 神秘维度

Ralph Kimball，Intelligent Enterprise，2000 年 3 月 20 日

在这篇文章中，杂项维度被称为神秘维度。

通常，数据仓库架构师会从特定数据源派生出事实表设计。典型的复杂示例是一组描述投资事务的记录。我最近研究的一个示例，其原始数据中具有超过 50 个字段，并且业务用户向我确认所有的字段都是相关且有价值的。

因为数据中的每一条记录都表示一个投资事务，并且所有的投资都有些类似，所以我希望数据源仅会生成一个事实表，其中粒度是个体事务。但这 50 个字段吓到我了。那些东西到底是什么？

投资事务就是复杂、凌乱数据的好示例。其复杂性并非数据库设计者的过错。这些事务都很复杂，因为存在大量的描述现代财务投资的上下文描述符以及特殊的参数。当我面临像这样的设计挑战时，我会试图从详情抽离出来并且执行某种分诊。

9.12.1 找到明显的与维度有关的字段

对于分诊的第一步，我会找出源数据中明显是维度组成部分的字段。时间戳是很直观的。四个独立的时间戳会描述我们的投资事务。其中的每一个都可以是一个时间维度，我们会要求单个基础日历维度来扮演四个角色。我们可以通过在单个基础日历表上创建四个视图来完成这一任务，正如文章 9.11“数据仓库角色模型”中所述。

我们的投资事务中其他直截了当的与维度相关的字段包括账户编号、账户类型、投资组合编号、事务类型和编码、顾客姓名和编号、经纪人姓名和编号以及特定于位置的信息。典型的原始源数据记录很可能是一种扁平记录，它同时包含用于这些实体以及像账户类型和顾客姓名这样的描述性文本的键。

在我描述过的 50 个投资事务字段的示例中，我们可以快速识别出不少于 20 个与维度有关的字段。我们需要在常规维度中放置大量冗余的文本信息，不过在清理之后，仍然会有 12 个独立维度，其中四个是时间维度扮演的角色，如图 9-11 所示。

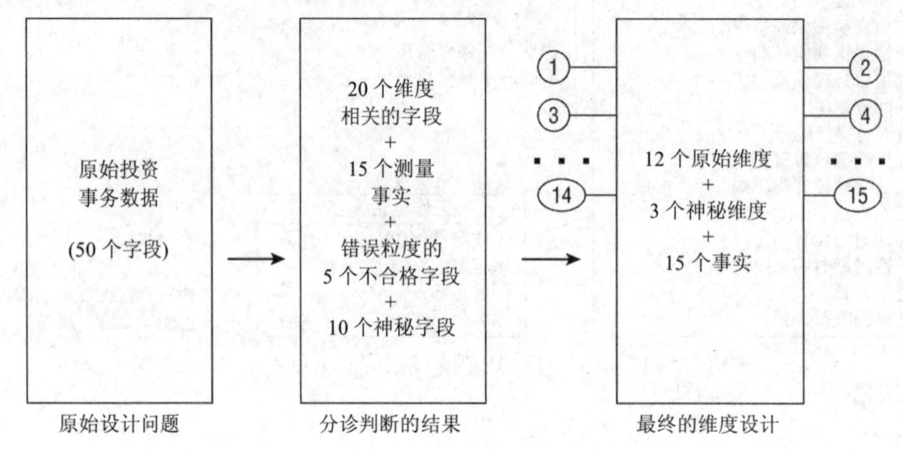

图 9-11 将复杂源数据转换成其对应维度模型的逻辑进程

9.12.2 找出与事实有关的字段

分诊的第二步是找出数值测量。任何是浮点数或带尺度整数(如货币值)的值都是测量。如果记录之间的值似乎是以随机的方式变化，并且具有非常大量的不同值，那么几乎可以肯定它就是一个测量。

在 50 个投资事务字段的示例中，其中 20 个字段明显符合测量的特征。但其中五个字段原来是累计式测量，它们不适合个体事务的粒度。我们要从设计中去除这五个字段并且保留其余 15 个字段，这些我们会作为事实来建模。

现在你可能在想，哪种古怪的事务会具有 15 个同时发生的事实？这是一个很好的问题，因为没有源数据事务记录会真的具有所有 15 个事实。某种事务会引发一组事实，而其他事务会引发一组存在重叠但不同的事实。最重要的是，所有的事务不存在不相交的分区，无法将多个事实划分成干净的分组。其中有许多事务类型和许多投资账户类型；跨这些类型和账户的测量模式过于复杂，无法被描述或者被整齐分段。在这个意义上，我们可以证实原始数据设计的合理性，因为它必须足够灵活才能处理许多不同的投资事务情形，其中包括未来的投资类型，其记录还没有被描述过。

9.12.3 决定对其余字段的处理

到目前为止，我们已经考虑了原始数据 50 个字段中的 40 个。但仍然有 10 个神秘字段还未考虑，如图 9-11 所示。这些字段显然不是文本维度属性或者明显不是外键值，因此它们不是维度。这些字段并未表现得像是数值测量。当这些字段呈现出来时，它们似乎具有小范围的离散值区间。其中一些被指定为编码，但没人能完全确定其含义。此时，我会提出一个习惯性的、但无意义的问题：如果我们不知道字段的含义，那么为何我们不将其排除在设计外呢？当然，这个问题的答案是，有人需要它，因此我们还是要将其留在设计中。实际上，尽管分诊包含这一令人沮丧的第三步，但我们已经在正确开展工作了。分诊方法的价值在于快速识别容易的选项(在这个示例中就是明显的维度和事实)，并且隔离需要单独关注的希望仅是一小部分的难以处理的数据元素。

另外，也许此时你在思考，如果我们已经有了合适的企业数据模型，那么所有这些问题都应该已经被清理出来了，并且我们不必追寻这样一种特殊方法。的确，我非常赞同这种观点。如果企业数据模型是真实数据的模型，那么我会强烈主张使用它。在这种情况下，这篇文章描述了构建该非常有用的企业数据模型的过程中的一段特殊插曲。但如果企业数据模型描述了某种抽象的、理想情况下的数据环境，描述了仅在正确设计的情况下数据应该呈现出的样子，那么我就不会对其有太大兴趣。在我们试图使用真实的数据并且要在预算和时间计划有限的情况下将其交付给业务用户时，理想的企业数据模型仅会起到微不足道的作用。理想的企业数据模型并不是用数据填充的。

9.12.4　将神秘字段转换成神秘维度

回到看似并非维度也非事实的 10 个非常规字段的问题上，我们会倾向于仅仅将它们留在事实表中。这几乎可以肯定是一个糟糕的主意。我们的目标应该是让这些字段变成维度。许多编码或字母数字混合字段都会额外需要过多的空间，而如果我们可以将它们变成维度，那么就可以大幅压缩它们。

另一种简单的方法是，仅仅再制作 10 个维度，一个维度对应一个神秘字段。尽管这样做的确会将这些低基数编码和文本值放入维度表中，其中我们可以轻易地对其进行索引和约束，但我们的设计中现在就有了 22 个维度，而这种情况应该会触发一个告警标记。

我们是不是应该为所有这些剩下的字段制作一个大型的神秘维度？这样似乎可以解决若干问题。所有的字段都会被单个键所替代。但这种方法会产生一个维度，它会具有与事实表本身一样多的记录。如果该维度包含几个不相关的字段，那么对于整个维度记录来说，就会存在非常少的重复值，并且每一个事务都会生成一条新的神秘维度记录。

这一设计的最后一步的秘诀在于，将这些神秘字段共同分组成相关的组。这些相关分组的每一个都会变成一个新的维度。在搜索这些关联性时具有灵活性是明智的。假定字段 X 具有 100 个不相干的值，而字段 Y 具有 1000 个不相干的值。那么关键的问题就是：数据中存在多少唯一的字段 X+字段 Y 组合？如果正好存在 1000 个这样的组合，那么字段 X 就是字段 Y 的层次结构上的父节点，并且它们绝对应该被放入相同的维度表中。如果字段 X+字段 Y 的组合数量接近 100 000 个，那么这两个字段实际上就是独立的，并且我们无法从将它们放入相同维度中获益。但这种情况太极端且非常罕见。字段 X+字段 Y 的组合数量可能会是 5000 或 10 000。即便这种关联性也是很有意义的，并且这两个字段应该成为相同维度的一部分。为了探究这种情况，必须梳理数据、计算值组合的数量以便弄明白应该做什么。

最后，要尝试保持客观判断力。如果有五个不相关的字段，但它们每一个都具有三个值，那么将它们全部封装到单个神秘维度中就是合理的。的确，我们最终会得到这些字段的笛卡尔积，但仅会存在 35 = 243 个可能的组合，这是一个小且实用的神秘维度。最终，不应力求数学运算上的优雅性；相反，应该做出最适合数据和工具的实用性封装决策。

9.13 整理杂项维度

在开发维度模型时，我们通常会遇到各种各样的指示器和标记，它们在逻辑上并非归属于核心的维度表。这些独立的属性通常很有价值，无法忽略或排除在外。设计者有时候会希望将其作为事实(假设是文本事实)来处理，或者用大量小型维度表让设计变得凌乱。第三种不那么明显却更可取的解决方案是，包含一个用作保留这些标记和指示器的位置的杂项维度。

杂项维度是标记和指示器的实用分组。如果值之间存在正相关，那么它会很有用，但并非绝对需要。使用杂项维度的好处包括：

- 为相关编码、指示器及其描述符在维度框架中提供一个可识别的、对用户直观的位置。
- 整理已经具有过多维度的凌乱设计。会有五个或更多个指示器可以被压缩到事实表中的单个 4 字节整数代理键。
- 相比于直接在事实表的这些属性上进行约束的性能，我们要为查询提供一个更小、更快的入口点。如果数据库支持位图索引，那么这第三点潜在的好处就无关紧要了，不过其他的优点仍旧有效。

杂项维度的一个相关应用是，捕获特定事务的上下文。尽管我们常用的一致化维度包含相关的关键维度属性，但还是有一些与事务有关的属性，只有在处理事务时才会为人所知。

例如，医疗健康保险提供商需要捕获围绕其索赔事务的上下文。这一关键业务过程的粒度是，一次索赔中每个行项目一行。由于医疗健康行业的复杂性，类似索赔的处理会非常不同。这些行业的从业者会设计独立的杂项维度来捕获索赔处理方式、支付方式以及索赔时医疗健康提供商之间合同关系的上下文。

创建杂项维度有两种方法。第一种方法是预先创建杂项维度表。每一种可能的、唯一的组合都会在杂项维度表中生成一行。第二种方法是在 ETL 过程期间的运行时在杂项维度中创建行。在遇到新的唯一的组合时，就会创建新的具有其代理键的行，并且将它加载到杂项维度表中。

如果杂项维度中可能行的总数量相对较小，那么事先创建这些行是最好的做法。另一方面，如果杂项维度中可能行的总数量很大，那么在遇到唯一行时创建杂项维度会更具优势。在最近的医疗健康设计中，我遇到的其中一个杂项维度理论上具有超过一万亿行，尽管所观测到的行的实际数量是数万行。显然，实现创建所有理论上可能的行是不合理的。如果杂项维度中行的数量接近或者超过事实表中行的数量，那么该设计显然就应该被重新评估。

最后，由于杂项维度包含所有有效的属性组合，因此它会自动追踪维度属性中的所有变更。因此不需要为杂项维度考虑使用渐变维度策略。

9.14 显示维度之间的相关性

Ralph Kimball，Design Tip #6，2000 年 4 月 10 日

我经常被问到的其中一个问题:“我如何才能在不借助事实表的情况下表示维度之间的相关性？”通常设计者会面临“我如何才能创建只具有两个维度键的使用少量联结的表，然后将这个表连接到事实表”的问题。

当然，在典型的维度模型中，我们只有两个选择。要么单独对维度建模并且两个维度键仅在事实表中同时出现，要么将这两个维度合并到具有单一键的单个超维度中。那么设计者何时选择单独的维度，又该何时合并这些维度呢？

说得更具体一些，假设这两个维度是零售环境中的产品和市场。事实表会记录随时间变化在各个市场中产品的实际销量。我们表述产品和市场维度之间相关性的愿望是基于“我们企业的产品与市场高度相关”这一猜测的。这句话就是整个设计问题的关键。

如果产品与市场具有非常高的相关性，那么产品和市场之间就具有一对一或者多对一关系。在这种情况下，合并这两个维度是非常合理的。合并后的维度仅会像这两个维度中较大的那个一样大。在合并后的维度中进行浏览(查找值的组合)会很有用且会很快速。相关的模式会是显而易见的。

不过产品和市场很少会具有这样良好的关系。至少会存在三个干扰因素，最终让我们将这两个维度分离：

1. 一对一或者多对一关系并不完全真实。我们必须承认其关系实际上是多对多的。在极端的情况下，当大多数产品在大多数市场上销售时，我们需要两个维度的情况就会变得很明显，因为如果不这样做，我们合并后的维度就会变得很大，并且逐渐会看起来像是原始维度的笛卡尔积。这样的浏览不会带来太多的见解。
2. 如果产品和市场之间的关系会随着时间推移而变化，或者会受到像促销这样的第四个维度的影响，那么我们就必须承认合并后的维度本身实际上是某种事实表！
3. 除简单的零售关系，产品和市场之间还存在更多的关系。每一个涉及产品和市场的业务过程都将产生其自己的事实表。合适的示例包括促销范围、广告、分销和库存。

这篇文章的要点是提倡可视化被选作维度的实体之间的关系。当实体具有固定的、时间恒定的强相关关系时，它们就应该被建模为单个维度。在其他大多数情况下，在将实体划分成两个维度时，设计将会更简单和更小。

不要回避事实表！事实表极其有效。它们仅包含维度键和测量。它们仅包含出现在特定过程中的维度组合。因此在希望表示维度之间的相关性时，要记住，事实表正是为此目的而创建的。

9.15　因果性(非因果性)维度(Kimball 经典)

Ralph Kimball，DBMS，1996 年 11 月

数据仓库中其中一个最具相关性且最有价值的维度就是说明事实表记录为何存在的维度。在大多数数据仓库中，当发生一些事情时就要构建一条事实表记录。例如：

- 当零售商店中的收银机发出响声时，就会为销售票据上的每一个行项目创建一条事实表记录。这条事实表记录显而易见的维度就是产品、店铺、顾客、销售票据和日期，如图 9-12 所示。
- 在银行 ATM 处，会为每一次顾客交易创建一条事实表记录。该事实表记录的维度就是金融服务、ATM 位置、顾客、交易类型和时间。

- 当电话铃响起时，通信公司会为每一个“事件的默认处理方式”创建一条事实表记录。通信公司中一个完整的呼叫追踪数据仓库会记录每一通完整的通话、占线信号、错误号码以及中途挂机的呼叫。

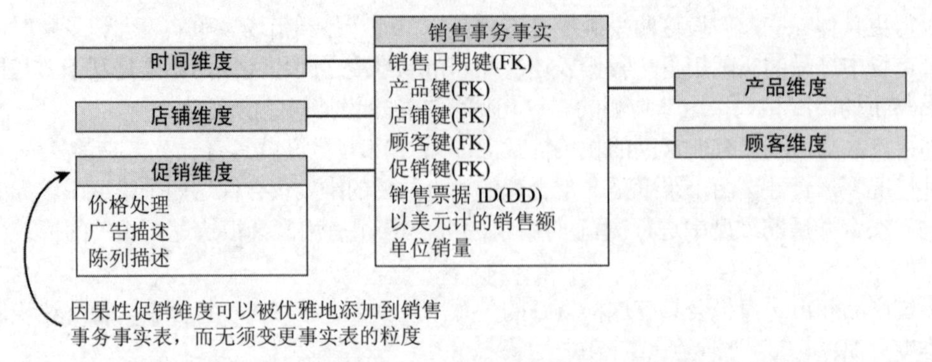

图 9-12　用于具有“因果性”促销维度的零售事务的典型维度模式

在所有这三个示例中，都会发生一个真实的事件，并且数据仓库会通过存储事实表记录作为回应。不过，真实的事件和对应的事实表记录要比简单存储一小部分收入更具相关性。每一个事件都代表着顾客要使用产品或服务的有意识决定。合格的市场营销人员会为这些事件而着迷。为何这个顾客会正好在那个时刻选择购买这个产品或者使用服务？如果我们仅有一个被称为“为何顾客刚刚会购买我的产品”的维度，那么我们的数据仓库就可以回答几乎所有的市场营销问题。我们将像这样的维度称为“因果性”维度，因为它会解释是什么引发了该事件。

令人惊讶的是，在大多数情况下，可用的数据都可以构建一个相当接近的因果性维度。这些数据会充当标题，如促销、店铺情况、协议、合同、价目表或者原因。例如，在零售环境中，大量对于产品的管理决策实际上会在任何时候做出，其中包括临时降价、广告推广或者产品上架。这些管理决策的每一个都影响销量。大多数这些决策都会被视作零售促销。

在银行的 ATM，会有新开户装置、促销邮件或者分行提款机额外费用。同样，这些管理决策的每一个都会影响 ATM 使用的量和模式。ATM 使用上还会有外源性影响，这些外源性影响并非人类管理决策的结果，如国庆日或者坏天气。

通信公司事件的默认处理方式也是同样由因果性维度来“解释的”，如低费率通话特价、生命线费率以及非高峰期使用激励。这些描述符中的一些可以在遗留数据中找到，它们是合同、协议或者价目表。

数据仓库设计者可以做的其中一件最棒的事情就是，搜索和构建因果性维度。用于因果性维度的数据，如促销、店铺情况或合同，通常都可以在企业环境中的某个地方找到，但极少会以干净的方式将其链接到重要事务数据源。零售事务系统最有可能具有到因果性数据的链接，这很大程度上是因为零售事务系统必须保持对降价和促销的追踪。比较不常见的情况是，零售事务系统还会保持对商品是否上架或者是否正对其进行广告宣传的追踪。在有些情况下，数据仓库团队可以要求生产环境的销售终端程序开发人员将一个咨询数据字段添加到遗留数据中。店铺管理者可以定期填充该字段以便记录一个商品是否正在通过上架展示或广告来促销。这类业务过程再造会极大地简化数据仓库团队的数据提取工作，并且提升数据仓库的能力。

ATM 事务和电话交换使用数据几乎永远不会包含到因果性数据的链接。在这些示例中，因果性数据需要被合并到来自完全独立的源的事务数据中，如市场促销系统。

一个有用的因果性维度不需要描述促销或者店铺情况中的每一个微小变化。在合理的高层次上构建一个因果性维度，逐渐构建起几百个促销描述或店铺情况的类型，这样的做法是最有用的。图 9-12 中显示了一个用于零售商店销售终端事实表的有用因果性维度。这个新的因果性维度键会被直接插入已有的事实表中，而不会违背事实表粒度或者变更任何已有的应用程序。在这种情况下，要测量的相关因果性条件会包括价格处理、广告描述以及陈列描述。对于指定日期中一家店铺的产品所进行的任何指定促销，都会由这些因素中的一些组合构成。例如，今天橙汁在所有的店铺中打折，但仅有一些店铺可以在进行打折促销时将其在店内特殊化上架展示。注意，这一促销维度的其中一条最重要的记录就是描述“非促销”的记录。店铺中的大多数产品在指定日期都是以“非促销”的因果条件来售出的。

因果性维度是一种咨询维度，它不应修改事实表的基本粒度。回想一下，事实表的粒度会确定单条事实表记录的含义。在图 9-12 中，该事实表的粒度就是某个顾客销售票据上的独立行项目。我之前在这篇文章中陈述过，这个事实表的自然维度是产品、店铺、顾客、销售票据和时间。如果你决定可以通过一组促销条件、店铺情况以及外源性条件来更为具体地描述每一个销售事务，那么你就可以将一个特殊的键添加到事实表中，这个键会指向用于每一条销售记录的相关合并后的因果性描述。添加这样一个键不会改变事实表记录的数量。所有的旧应用程序都会继续运行，继续生成完全相同的结果，并且无须重新编码。这就是维度化数据库组织健壮性的示例，正如文章 6.9“危险的先入为主的想法”中所述。在这种情况中，危险的先入为主的想法就是，在数据仓库开始运转之后，不能将像因果性维度这样的额外信息添加到设计中。正如这个示例所揭示出的一样，可以随时添加新的维度，只要小心保持原始粒度即可。正如我在文章 6.9 中所指出的那样，如果从业务中最低级别的事务开始处理，那么保持原始粒度就会很容易，因为要创建业务的一个更细粒度视图从根本上来说是不可能的。销售事务就是销售事务，无论它是否具有吸引人的因果性描述符。

有些读者会为因果性维度“解释了”为何这位顾客购买这个产品的假设而感到困扰。显然，我们永远无法知道任何人购买任何东西的确切原因。在有些情况下，甚至无法确定所假设的刺激手段(广告或上架陈列)到底有没有被顾客注意到。出于这些原因，因果性因素通常会被归类为“无疑的”或“可疑的”。像降价这样无疑的因果性因素就是已知的会影响销售的某些方面的因素，如价格。像报纸广告或者坏天气这样的可疑因果性因素就是一个与销售事务同时存在的因果性因素，但它并非可见，或者不会在购买时被顾客注意到。从长期来看，需要借助像数据挖掘这样的先进技术来确定这些可疑因果性因素和销售情况变化之间是否存在相关性。

因果性因素和业务绩效之间的联系会引发围绕因果性维度的最重要的业务问题，也就是“我的促销是否带来了利润？”同样我们会问，“促销(或其他因果性因素)带来了什么变化吗？”至少会有三种复杂性递增的方式来提出这个问题。该问题的最基础形式就是：在进行促销或者存在其他因果性因素时，我获得了利润吗？该问题的中间形式是：相较于基线销售情况，该促销带来了多少提升？而该问题的最高级形式是：根据促销结果，产品相互替代和促销时间切换的模式是什么？其他哪些产品受到了影响，以及所展示的其他哪些产品没有产生预期的促销效果？

最后，因果性维度的存在通常会引发“有什么事情还未发生？”的问题。例如，哪些促销产品并非售出？即便是具有因果性维度，也无法用记录哪些事情还未发生的事实表来回答这些问题。在这种情况下，就需要一个被称为非事实型事实表的伴生事实表。非事实型事实表和主销售事件事实表之间的差集可以提供这个答案。在文章 8.13“非事实型事实表”中，我描述了覆盖范围非事实型表的结构，它有助于显示出因果性因素在什么地方没有产生我们预期的结果。

9.16 抵制抽象的通用维度

Margy Ross，Design Tip #83，2006 年 9 月 8 日

童年的猜谜游戏有时会依赖“人、位置或者事物”的区分来用于刚开始的解谜线索。有些建模者会通过创建抽象的人、位置和/或事物(通常被称为产品)表来在其数据模型中使用这些相同的特征。尽管通用表会吸引我们所有人中的纯粹论者，并且可以为数据建模者提供灵活性和可重用性的优势，但在业务用户的角度看来，它们通常会产生较大、较复杂的维度表。

思考一个普通的个人或团体维度。由于我们的员工、顾客和供应商联系人全是人，所以我们应该将其存储在相同的维度中，是这样吧？同样，对于我们的内部设施、顾客以及供应商所在地的地理位置来说，这一相同的观点也是适用的。虽然对于数据建模者和 IT 应用程序开发人员来说，单一表的方法似乎是干净和逻辑上可行的，但这一抽象对于大多数业务分析师来说通常会表现得完全不合逻辑，其原因有如下几个：

1. 我们所收集和获悉的关于我们自己内部实体的各种不同信息要比我们得到的关于外部实体的信息多。使用一个通用模型意味着有些属性毫无意义和/或未被填充。
2. 通用属性标签不会为业务用户和 BI 应用程序提供足够的含义和上下文。例如，如果一份报告按州来展示销售情况，那么未明确的一点就是，它指的是店铺所在的州还是顾客所在的州。如果属性被清晰标记以便表示其完整含义，那就会好得多了。
3. 把我们企业与之交互的各种各样的人、位置或产品合并到一起，相较于将它们划分成更为离散的逻辑实体而言，将不可避免地产生更大的维度表。

有些读者很熟悉一种被称为角色扮演的技术，文章 9.11“数据仓库角色模型”中描述过，其中相同的物理维度表会在相同事实表中同时充当多个逻辑角色，如日期维度会在单个事实表中为运输日期和请求日期充当两个唯一标记的维度。其他的角色扮演示例还包括航班起降机场、维修与核准员工，或者销售汽车的经销商与保养汽车的经销商。在这些示例的每一个中，维度表中的单个行都可以提供多个能力。与创建一个可能会是所有潜在相关方的笛卡尔积的通用维度表相比，角色扮演是非常不同的一个概念。

值得注意的是，尽管从业务角度来看，通用维度不适用于维度模型，但我们绝对不是在反对将其用于业务系统中，它们可以隐藏在后台并且对业务不可见。不过，在大多数遗留环境中，操作性源系统并不会以同种类的方式来处理人、位置或事物。更加可能出现的情况是，关于我们的设施位置、顾客位置和供应商位置的描述信息会来自各种不同的源系统并且会具有不同的属性。尝试从这些源中创建一个通用的维度表会为 ETL 团队带来艰巨的集成挑战，却不会得到业务用户方面的任何回馈。

最后，我们不要忘记维度建模者的准则——易于使用和快速查询性能。在大多数情况下，抽象的维度表将无法交付前面任何一项，因为抽象过程会影响业务用户的清晰理解并且必然会创建一个较大的表。应该在 DW/BI 架构中被呈现给业务的维度模型中避免使用它们。

9.17 热插拔维度

Ralph Kimball，Design Tip #16，2000 年 12 月 8 日

在文章 7.12“对维度数据仓库进行评分”中，维度化友好标准清单中的标准#18 定义了热插拔维度，它是一个具有两个或多个可选版本的维度。如果维度是可热插拔的，那么在查询时就可以选择该维度的任何一种可选版本。

存在很多情况，其中相同维度的可选版本都会非常有用。这里是三个有相关性的场景：

1. 投资银行公司会为其客户提供一个大型事实表，这个表会以日为基础追踪过去数年的股票和债券持有情况。这个事实表中的投资维度会提供关于每一份股票和债券的信息。但这个投资维度会对每一个访问这个事实表的客户进行自定义，这样每一个客户就可以用相关且专属的方式来描述和分组这些投资。投资维度的不同版本会完全不同，其中包括不兼容的属性名称以及不同的层次结构模式。所有的客户都会使用相同的事实表(因此它仅需要被存储在同一个位置)，但每个客户都会使用其自己的投资维度表作为分析股票和债券价格走势的基础。从数据库服务器的角度来看，客户端会忙于用每一个查询热插拔该投资维度。
2. 商业零售银行会创建单个大型事实表来记录该银行中所有账户类型的月末余额，其中包括支票、存款、抵押贷款、信用卡、个人贷款、小企业贷款、定期存款、助学贷款等。这是各种异质产品的典型示例，因为这些账户类型中每一个的详尽描述都会相去甚远。没有单一描述模板能够完全应对所有这些账户类型的复杂性。因此我们要构建一个简化的账户维度，其目的是统一地联结到所有的账户。当我们在进行交叉销售和向上销售分析并且在查看一位顾客的总体投资组合时，我们就要使用这一简化的账户维度。但是当我们将注意力局限于单个账户类型(如抵押贷款)时，我们将极其广泛(更多字段)的维度中内容替换成仅包含与抵押贷款有关的属性。当我们有信心已经将分析限制为仅一种账户时，就可以这样做。如果我们有 20 个业务线，那么我们就会有 21 个账户维度：一个描述所有账户的简化维度，以及 20 个描述类似账户不相交集合的扩展维度。
3. 一家生产制造商希望让其发货事实表可供其贸易伙伴使用，但需要让贸易伙伴只能看到自己的订单。在这个示例中，每一个贸易伙伴都会得到其自己的贸易伙伴维度版本，其中只有其自己的名称会出现在普通文本中。所有其他的贸易伙伴会显示为“其他”。此外，该维度中的一个强制的加权因子字段会为预期的贸易伙伴设置为一，而为其他所有贸易伙伴设置为零。这一加权因子对于事实表中所有的事实来说都是统一增加的。这样，单个发货事实表就可被用来以安全的方式支持具有竞争关系的贸易伙伴。

热插拔维度在标准的关系型数据库中是非常直观的，因为可以在查询时指定表之间的联结。但如果维度表和事实表之间需要引用完整性，那么该维度的每一个可插拔版本都必须包含完整的键集，从而也就包含了完整的维度记录集。在这种情况下，如果可插拔维度被用于限制对事实表的访问(就像示例 2 和示例 3 中那样)，那么维度表的受限行就必须包含虚拟值或者空值。维度的热插拔对于 OLAP 系统来说，更多的是一项挑战，其中维度的标识会被深深植入 OLAP 多维数据集的结构中。

9.18 精确统计维度增补项的数量

Warren Thornthwaite，Design Tip #12，2000 年 8 月 27 日

我们显然可以在没有事实指标的情况下执行对事实表的统计计数。有时我们会被要求提供关于与维度表相交的增补信息的维度计数。

我们最近碰到一个此类增补表的简单示例，这个表会将邮编映射到媒体市场区域(Media Market Area，MMA)。市场营销同事对于了解按照 MMA 统计的我们的顾客退出人数与总体人数的对比情况很感兴趣。换句话说，他们希望知道我们在哪些地方获得了较高的地区渗透率，在哪些地方我们做得还不够好。如果这些增补数据对于组织来说确实是有价值的，那么我们就继续处理并且将其添加到顾客维度中作为额外的属性。但首先，市场营销部门会要求我们进行一些初始化查询以便确保值得这样做。

要运行这些查询，我们要将这个增补表联结到我们的顾客表并且根据 MMA 统计顾客人数。不过，我们必须小心，因为这两个集并非百分之百重叠。MMA 表中有一些邮编没有对应的顾客，并且有一些顾客的邮编没有对应的 MMA。内联结会同时少计该查询的两端。我们可以使用表 9-2 和表 9-3 来说明这一点。

表 9-2 邮编映射到 MMA

邮编	MMA	Customer_Key	邮编
94025	SF-Oak-SJ	27	94303
94303	SF-Oak-SJ	33	94025
97112	Humboldt	47	24116
98043	Humboldt	53	97112
00142	Gloucester	55	94025

如果我们希望看到根据 MMA 统计我们有多少顾客，那么内联结会得出表 9-3 所示的结果。

表 9-3 MMA 统计的顾客

MMA	Count(Customer_Key)
Humboldt	1
SF-Oak-SJ	3

内联结是一个相等联结。由于邮编 24116 没有对应的 MMA，因此查询会少计我们的用户基数，得出 4 个顾客的结果，而实际上我们有 5 个顾客。我们还会丢失该联结另一端的信息，因为其结果不会告知我们零渗透的 MMA(如 Gloucester)。用完全外联结重写这个查询会得到表 9-4 所示的结果。

表 9-4　完全外联结重写查询的结果

MMA	Count(Customer_Key)
NULL	1
Gloucester	0
Humboldt	1
SF-Oak-SJ	3

现在我们统计出了全部 5 个顾客，并且我们看到 Gloucester 没有顾客。我们可以在地区特征列上使用 IFNULL 函数以更加友好的值来替换那些 NULL，如“MMA 未知”。注意，计数方法会让结果中出现很大的差异。在我们的示例中，我们对 Customer_Key 进行了计数。如果我们统计(*)，那么我们将得到总共 7 个项，因为*会统计行数，并且完整的结果集有 7 行。如果我们统计(MMA_to_Zipcode.Zip_Code)，那么我们就会得到总共 6 项的返回，因为 94025 会被统计两次。

使用外联结时需要小心，因为在对其中一个相关表设置约束之后，会很容易破坏该逻辑。Customer_Age < 25 的约束会生成一份具有完全相同结构和标题的报告，但是计数会减少。如果该报告没有被显式标记，那么它就会是一种误导。

我们发现，将 SUM 函数与 CASE 语句结合使用是一个很棒的技巧，它会一次性地从外联结的两端得到完整结果的各种子集的计数。使用前面的数据，我们可以创建一个查询为我们提供数据集所有三个区域的总计数。在 SELECT 清单中要编写：

```
SUM(CASE WHEN Media_Market_Area.Zip IS NULL THEN 1 ELSE 0 END) AS
Customer_Count_with_No_MMA,
SUM(CASE WHEN COUNT(customer_key) = 0 THEN 1 ELSE 0 END) AS
   MMA_Count_with_No_Customers,
SUM(CASE WHEN NOT(Media_Market_Area.Zip IS NULL
   OR COUNT(customer_key) = 0) THEN 1
   ELSE 0 END AS Count_MMAs_with_Customers)
```

这样就会得到三列：没有 MMA 的顾客人数、没有顾客的 MMA 数量，以及 MMA 和顾客匹配的计数。从本质上讲，约束是内置到 CASE 语句中的，因此它们不会限制外联结的结果。

渐变维度

我们在文章 1.8 “渐变维度” 中介绍过渐变维度(SCD)的概念，但这一节会深入探究细微差别、复杂性以及用于在维度表中追踪属性变化的可选方法。

9.19　使用类型 2 SCD 的完美分区历史

Ralph Kimball，Design Tip #8，2000 年 5 月 21 日

类型 2 SCD 方法会提供一种不同的分区。可以将其称为历史的逻辑分区。在类型 2 方法中，无论我们何时遇到维度记录的变更，我们都会发布一条新的记录，并且将它添加到已有的维度表。这样的一个变更的简单示例就是，对关于产品某些内容的产品属性进行了修订变更，如包装类型，但产品的货号并没有变化。作为数据仓库的管理者，我们保证过要完美追踪历史，因此我们必须追踪新的产品描述和旧有描述。

类型 2 SCD 需要对维度键进行特殊处理。我们必须分配一个通用的键，因为我们不能使用与键相同的产品货号。这会引起对分配不具名代理键的整个讨论。停下来想一想，我们在生成之前描述的新维度记录时是如何使用维度键的。在今天之前，在创建描述一些产品操作的事实表记录时，我们都在使用“旧的”代理键。今天，发生了两件事。首先，我们假设变更后的包装类型会对我们今天收到的新事实表数据生效。其次，这意味着在我们创建了具有其新的代理键的新维度记录之后，要将该代理键用于今天所有的新事实记录。但我们不会回溯之前的事实记录去修改其产品键。

旧的产品维度记录仍旧会正确指向所有之前的历史数据，而新的产品维度记录现在将指向今天的记录和后续的记录，直到我们强制做出另一个类型 2 变更。

这就是我们说类型 2 SCD 完美分区了历史所指的意思。如果能想象到这一点，就真的理解了这一设计技术。

注意，在对维度上的某些内容进行约束时，如产品名称，它没有受到包装类型属性变更的影响，就会自动同时选取出旧的和新的维度记录，并且会自动联结到事实表中所有的产品历史。仅在对包装类型属性进行约束或者分组时，SQL 才会顺利地将历史数据划分成两类。

9.20 许多交替的现实

Ralph Kimball，Intelligent Enterprise，2000 年 2 月 9 日

数据仓库设计者肩负着一个隐含的承诺，要正确表述过去。我们对用户承诺过，如果顾客或产品的定义随时间的推移变化缓慢，那么我们将非常小心地在数据库中保留旧有定义并且正确地将它们应用到历史数据。如果我们为一家保险公司工作，并且我们正在回溯历史数据以便弄明白为何我们为特定的一组顾客核准了保险，那么我们就必须具有在过期核准其保险时候那些顾客的正确描述，而非当前有效的描述。这些顾客现在年纪更大并且财富更多、更睿智以及家庭成员更多了。在评估旧的决策时，我们不需要这些修订后的描述。

数据仓库设计者早就认识到了准确描述过去的需要。在维度化数据仓库中，数据世界被划分成事实表和维度表。根据其特性，事实表数据代表着按时序排列的测量，并且总是伴随着一个明确的时间维度。找出旧的事实表数据很容易，并且是数据仓库的其中一个标准查询。只要将时间维度约束为之前合适的时间段即可。

但维度表数据需要更多的考量。维度不会以可预期的方式来变化。单个顾客和产品的变化会很缓慢且是偶发的。其中一些变化是真实的物理变化。顾客会修改其地址，因为他们搬家了。生产产品时采用了不同的包装。其他的变化实际上都是纠正数据中的错误。最后，有些变化是由于我们分类产品或顾客的方式改变了，并且这更多的只是一个观点问题而非真实客观存在的。

在过去十年中，数据仓库设计者已经整理出了三种主要的 SCD 方法，称为类型 1、类型 2 和类型 3。

- **类型 1 SCD 是对维度属性的重写**。这样做绝对会丢失历史数据。当我们在修改数据中的错误或者真的不想保存历史时，就会进行重写。
- **类型 2 SCD 会创建一条具有新代理键的新维度记录**。当特定时间点维度实体中发生真实物理化变更时，我们就会创建代理键，如顾客地址变更或者产品包装变更。我们通常会在维度记录中添加生效和有效期时间戳和一个合理的编码，以便准确描述该变更。
- **类型 3 SCD 会在维度记录中添加新的字段，但不会创建新的记录**。当我们有一个新的对顾客或产品的分类时，我们就会添加一个新的字段，这更多的只是一个观点问题而非真实客观存在的。我们会修改顾客对应销售区域的指定，因为我们要重新绘制销售区域图，或者我们要任意变更产品类别。在这两种情况下，我们都会用一个“旧”属性来扩充原始维度属性，这样我们就能在这些可选项之间进行切换。类型 3 与类型 2 的区别在于，我们可以真正同时关注类型 3 变更的旧描述和新描述。

渐变维度的这三种类型可以应对数据仓库设计者所面临的大多数情形。但有一些古怪的情况仍旧似乎是类型 2 和类型 3 的混合；我将它们称为许多交替的现实。

9.20.1 可预测的多种现实

思考一种情形，其中一个销售组织会持续修订其销售地区图。可能是要每年调整其销售地区以试图适应变化中的市场情况。在十年的周期之后，该销售组织会累计不少于 10 个不同的地区图。从表面上看，这个组织似乎适用类型 2 渐变维度。但作为数据库设计者，要在用户访谈期间认识到，这个销售组织具有更为复杂的一组需求。它会希望：

- 使用当年审核过的地区图来报告每一年的销售情况。
- 使用任意不同年份的地区图来报告每一年的销售情况。
- 使用任意选中年份的单个地区图来报告任意数年的销售情况。

第三个需求的最常见版本就是使用当前的地区图报告全部 10 年的销售情况。

不能使用类型 2 模型来满足这组需求，因为类型 2 会完美地分区历史数据，并且仅能使用为一个年份分配的唯一地图来报告该年份的销售情况。这些需求无法用类型 3 模型来满足，因为类型 3 仅允许单个“交替现实”，而在这个示例中，我们有 10 个可选项。

在这个示例中，通过泛化类型3模型以便让每个销售团队具有10个而非一个地区属性版本，我们就可以利用这 10 个可选项的常规特性。之后销售团队维度看起来会像这样：

销售团队键
销售团队名称
销售团队真实地址(保持固定)
当前地区
地区 2015(该团队在 2015 年所分配的地区)
地区 2014
地区 2013
地区 2012
地区 2011
地区 2010
地区 2009

地区 2008

地区 2007

……外加其他不相关的销售团队属性。

每条销售团队记录都会有所有 10 个地区诠释，并且用户可以选择用这 10 个地区图中的任何一个来汇总所有的销售团队。在这一设计中，每个销售团队会有一条记录，而添加更多的选项仅需要在原始维度记录中添加更多的地区属性即可。

9.20.2 不可预测的多种现实

现在我们让问题更复杂一些。假定每个销售团队到地区的分配并未与日历年份同步，而是以随机且不可预测次数的方式来分配的，并且每个销售团队都不同。现在我们要稍微重申一下该报告需求。用户希望：

- 使用过去任意时刻有效的分配来报告当时的地区销售情况。
- 使用当前的地区图报告过去所有时间的所有销售情况。
- 使用选中的一个废弃地区图报告过去所有时间的所有销售情况。

这一设计需要混合类型 2 和类型 3。在一个销售团队的地区分配发生变化时，我们就需要为该销售团队生成一条新的记录，但我们还要在每条销售团队记录的所有版本中添加一个当前地区属性，无论当前地区图何时被修改，都要重写该属性。现在销售团队记录看起来会是这样：

销售团队键

销售团队名称

销售团队真实地址(保持固定)

地区(在以下日期之间有效的地区分配)

开始生效日期(这条记录有效的开始日期)

失效日期(这条记录有效的结束日期)

废弃的地区(一个选中的废弃定义)

当前地区(最近的地区分配；会被定期重写)

……外加其他不相关的销售团队属性。

我们要以不同方式治理这一设计。当一个销售团队被认为是新地区的一部分时，我们就要为该销售团队生成一条新的记录。这是显而易见的类型 2 SCD 响应。我们要正确分门别类地记录开始和结束日期。我们在这里假设，地区分配的失效日期正好是下一次分配开始生效日期之前的一天。我们要在跨所有描述特定销售团队的记录的某个废弃定义中保留相同的值。

最后，我们还要回溯这一销售团队记录所有之前的实例并且重写当前地区属性。废弃和当前的属性都是类型 3 SCD 的变体。现在我们可以满足用户向我们要求的所有报告目标。当我们报告某个特定时刻的所有地区销售情况时，我们就必须用以下方式来约束查询：

```
Reporting_date >= Begin_effective_date AND Reporting_date
<= End_effective_date
```

或者可以这样编写：

```
Reporting_date BETWEEN Begin_ effective_date AND End_effective_date
```

9.21　庞然大物般的维度

Ralph Kimball，DBMS，1996 年 5 月

在如今的数据仓库中，像零售商主产品清单这样的中等大小维度，会具有 500 000 条记录。重要的 DBMS 有能力在文本属性之间进行浏览，如 500 000 行表中的风格和包装类型，并且为用户提供良好的交互性能。不过，最大的顾客维度至少会比最大的产品维度大 10 倍。处理个人顾客的所有大型公司都具有范围从数百万到超过上亿条记录的顾客列表。这个维度无法被压缩或汇总。该顾客列表维度会驱动这些企业中几乎每一个相关的事实表，并且需要在最低级别的粒度上可用，以便基于详尽的顾客特征对业务进行分组。

遗憾的是，大型顾客列表甚至会比中等大小产品列表更有可能具有"渐变性"。零售商对于定期更新其顾客信息会感到焦虑。保险公司必须更新与其顾客、其承保汽车以及其承保家庭有关的信息，因为至关重要的是，要具有保单被核准时以及进行索赔时这些项的准确描述。图 9-13 显示了一份典型的顾客列表，其中具有"热点"人口统计字段，这个字段尤其与追踪其变化有关。不过，看起来似乎你陷入了两难的局面。你必须追踪顾客列表的渐变特性，但你绝对不敢在每次有变更出现时创建一条新的维度记录，因为这个表已经很大了。

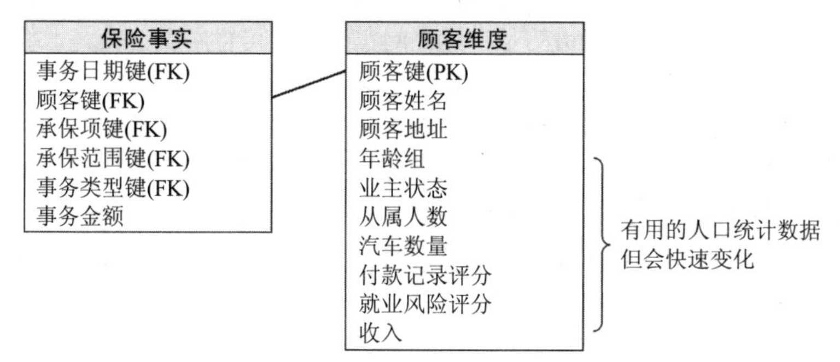

图 9-13　具有迅速变化的人口统计属性的顾客维度

这一两难局面的解决方案就是将热点顾客属性分成其自己独立的"人口统计"微型维度表，如图 9-14 所示。要将更加稳定的信息留在原始顾客表中，并且获得能够追踪顾客描述变化特性的优势。

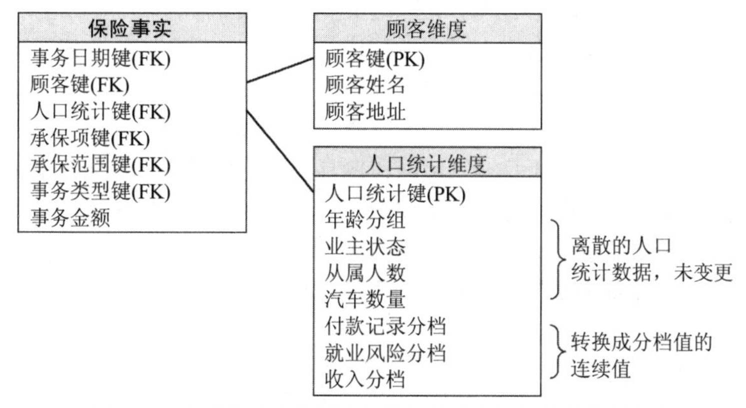

图 9-14　将频繁变化的顾客属性划分成人口统计的微型维度

首先，需要进行细微的变更以便成功创建这个新的人口统计维度。所有的可连续变化的人口统计测量，如收入，都必须被转换成分档值。换句话说，要强制这个新维度中的属性具有相对小量的离散值。然后要用所有可能的离散属性组合来构建该维度。例如，在图 9-14 中，如果这七个属性中的每一个都具有 10 个可能值，那么人口统计维度从理论上讲就会具有非常大数量的记录。但实际上这个数量要小得多，因为我们会在真实数据中遇到它们时才构建这些维度记录。

现在每次发生与其中一个顾客有关的事情时，如销售事件或保险索赔事件，我们就要将一条记录放入描述这一事件的合适事实表中。其中两个代理键会是顾客和人口统计，如图 9-14 所示。因为把人口统计键与顾客键关联起来的决定出现在将记录放入事实表中的情况时，所以可以根据意愿选择变更顾客人口统计描述的频率。使用这种方法，维度表的附加开销会很小，因为加载时会重用已有的人口统计组合，并且仅会按需构建新的组合。

这种方法的巨大优势在于，可以支持顾客档案的非常频繁的快照，而不会在快照数量增长时增加数据存储的容量或者复杂性。但也存在一些取舍。首先，需要强制将人口统计属性划分成分档范围的离散值。这会限制数据的明确性(如收入)，并且使以后修改为一组不同的值分档这一做法变得不切实际。一旦确定了分档，就无法摆脱它们。

其次，人口统计维度本身无法增长得过大。必然存在一些情况，其中会具有超过一百万个可能的人口统计属性组合。令人惊讶的是，这个问题的一个可行解决方案是，构建另一个人口统计维度。最近在一家大型零售商处，我遇到了两组人口统计测量的问题。一组与传统的顾客收入、家庭和教育测量有关，另一组与在购买零售商产品时测量到的多变的购买和信用行为有关。所有这些属性组合到一起就会生成数百万个可能的组合。我担心人口统计维度方法无法发挥作用。尽管有些不情愿，我还是提出了两个人口统计维度的方法。让我惊讶的是，所产生的数据仓库非常成功。该零售商非常满意数据模型的灵活性以及非常快速地同时追踪家庭人口统计和行为变化的能力。

这一方法的第三个潜在缺陷就是，我们已经将热点人口统计数据从顾客更为稳定的描述符中分离出来了，比如地理位置和生日。现在浏览数据会更加困难，就像是作为一个扁平文件来实现的单个维度一样。现在仅可以通过事实表链接来将更为稳定的顾客数据与人口统计数据一起浏览。相比于所有数据都位于单个维度表中而言，这通常会是较慢且开销较大的浏览。不过，我不认为这是一个致命的责难。关系型系统会为浏览提供正确的答案；它们只是有点慢而已。对于能够非常快速地自由追踪顾客而言，这似乎是可以接受的代价。

最后，目光敏锐的读者也许会指出，在使用这一方法时，仅在实际生成了像销售事件或者保险索赔事件这样的事实表记录时，才可以将人口统计与顾客关联起来。从理论上讲，如果没有销售，该事实表就是空的。如果该事实表是空的，那么将永远无法将人口统计连接到顾客。尽管从技术上讲确实如此，但对于这一困境而言也有容易的应对方式。如果销售如此稀疏，真的面临确实人口统计测量的危险，那么所需要做的就是定义一个人口统计事务事件。这个事件没有与之有关的以美元计的销售额，但它会充当注册顾客的一个新的人口统计概述的地方。事实表记录开销很少。无论如何事实表中都会有数十亿条记录。

9.22　当渐变维度加速时

Ralph Kimball，Intelligent Enterprise，1999 年 8 月 3 日

渐变维度是维度建模的其中一个重要标志。它们已经变成大家公认的标准数据仓库设计问题，以至于它们现在已经有了其自己的首字母缩写。我曾经看到过一台列表服务器上关于“SCD”的讨论，并且我当时寻思过 SCD 是什么。之后我意识到，他们正在探讨渐变维度。

数据仓库肩负着准确追踪历史的职责，因此我们不能用新的顾客描述来重写之前的描述。同样，我们也不能重写旧的产品描述。所以无论何时一条维度记录处于变化之中，我们都要生成一条新的记录。这就是类型 2 SCD 逻辑的核心，并且它具有重大意义。我们维度的粒度不再是单独的顾客或单独的产品；相反，它会是单独的顾客快照或者单独的产品快照。同样，我们会被强制泛化维度键，如果我们还没有这样做。显然，我们不能将简单的顾客 ID 或产品 ID 用作维度的物理键；这种情况会驱动代理键的使用。

既然数据仓库已经使用类型 2 SCD 数年了，那么我们学习到了什么呢？如何完善这一技术以及这一方法的限制是什么？当渐变维度最终不是缓慢变化的又会发生什么？

9.22.1　渐变维度中的日期戳

在 SCD 记录中包含一个日期(或时间)戳。日期戳代表记录中当前描述开始生效的时刻。不过，重要的是要意识到，当维度连接到事实表时，该时间戳不会参与进来作为该维度上的常规约束。例如，假设我们正在探讨一条产品维度记录。其日期戳指的是该产品描述开始生效时，但这个日期戳与附加到主事实表的日期和时间维度没什么关系。约束这条维度记录中的日期戳以便协调事实表中的日期和时间的做法通常是错误的。一家公司的老产品会在用新版本进行替换之后卖得很好。在这种情况下，事实表日期就与维度中的日期戳没什么关系。

然而，维度中的日期戳有其自己的用途，并且在维度中使用这样的日期戳是一种高级的 SCD 技术。在这种情况下，小心使用 SQL 就可以执行对维度本身的非常准确的时间切片。例如，如果正在要求得到 2015 年 9 月 13 日下午 1 点的所有顾客维度记录，就必须查询具有不同顾客 ID 的所有记录，并且其日期戳是小于或等于 2015 年 9 月 13 日下午 1 点的最新记录。读者可以自行思考如何编写这样的 SQL。

另一种可选的日期戳技术会在维度中放置两个日期戳，第一个表示变更的日期，而第二个表示下一次变更的日期。这就需要更多的 ETL 工作，但会让用于检索关于特定日期维度记录的 SQL 变得简单得多。

使用刚才描述的技术所得到的维度精确时间切片在人力资源应用程序中会尤为有用，其中你希望提出像“在过去的某个确切时间我们有多少员工属于特定的职级？”这样的问题。

9.22.2　并非缓慢变化的 SCD

SCD 是连续存在的。一些产品维度中的记录一年都不会变更一次。具有少于 100 000 条记录的小型维度很少会发生变化——少于一年一次——它是类型 2 SCD 方法的理想适用对象。但其他的维度，比如顾客维度或者组织实体维度，每年都会变更几次。用于 SCD 方法的最糟糕组合就是一个非常大型的维度(如数百万行的顾客维度)，其中的记录每年平均都会变更多次。

不存在认为创建新维度记录的类型 2 SCD 方法不再实用的硬性规定。其使用仅与用到什么程度有关。当维度表变得过大并且其变更频率让管理和查询性能变得无法忍受，那么就是时候做些事情来改变这种情况了。

如果维度表变更过快，那么有一种强大的技术可用，就是打破这种机制并且为这些快速变化的部分设置一个或多个新维度。例如，如果我们有一个大型顾客维度，其中我们内嵌了各种行为评分或分类，那么我们会发现这些行为属性会让该维度疯狂增长。每一个顾客的行为评分每个月都会变更。这是需要将这些属性放在维度外的非常明显的一个示例。如果这些属性大多都是文本的(比如高级顾客、新顾客、长期的产品回头客或者超支的顾客)，并且通常是约束和报告分拆的基础，那么这些指标就需要位于其自己的维度中。

我们要将这些文本化行为指标的所有组合收集到一个抽象的“行为”微型维度中，为这个新的维度生成代理键，并且将新的键附加到每一个其中还具有常规维度键的事实表中。当然，要做出妥协的地方是，为了将顾客与其行为标签关联起来，必须使用一个事实表上下文，其中可以同时暴露顾客和行为键。但这一替代做法很可能是难以想象的。跨国零售商和互联网企业所构建的最大顾客维度一般都具有超过 1 亿个不同的顾客，因此没人希望用其他事物来复合这个维度。

如果行为指标并非文本化和离散的，而是数值和连续的，那么就应该将它们放入一个事实表中。我们在这些类数值测量字段上执行的操作种类会与我们在维度表上进行的约束和报告分拆非常不同。对于数值的、连续的值事实：

- 我们要随时间变化用数字表示这些事实的趋势。我们会按时间段把它们绘入图表、对其求平均值，并且使用预测技术来猜测我们在未来会遇到的后续测量值。
- 我们要统计落在各种值范围内的事实数量。我们称为值分档报告。
- 我们几乎绝不会对特定的值进行约束，特别是当事实真的是连续的值时。

如果有一家企业会向顾客发送月度报告，现在已经有了一个为保留这些行为评分而量身定制的事实表。将其从快速变化的 SCD 中取出，并且将它们附加到月度报告事实表中，如果这些评分的月度快照满足要求。

如果没有一个等待接收这些评分的可靠、定期事实表，就要考虑制作一个特殊的行为追踪事实表，它要存储和发布这些行为评分。每一个顾客的完整月度快照从应用程序的角度来说都是具有吸引力的，因为可以轻易地描述出整个顾客群。

无论是具有快速变更的文本属性还是具有快速变更的数值属性，这篇文章中所探讨的技术都会当之无愧地为你提供大型、重要的渐变维度。在某些位置必须设法在 SCD 和快速变化的维度(RCD)之间画一条边界线。

9.23 维度何时会变得危险

Ralph Kimball，Design Tip #79，2006 年 5 月 10 日

鉴于硬件平台、数据库引擎中不可避免的技术发展，这其中包括列式数据库、索引技术和其他影响性能的因素，非常大型维度表的实用边界将持续延伸。另一方面，我们的数据至少会先行快速增长。

在许多组织中，顾客或者产品维度会具有数百万个成员。尤其是在数据仓库的早期阶段，我们认为这些大型维度都是很危险的，因为加载和查询都会变得急剧缓慢。但有了 2015 年的技术、高速处理器以及吉字节的 RAM，我们是否还有必要再担心这些大型维度，如果是，那么一个维度何时会变得危险？

一个维度会变得多大？思考一家大型银行中描述账户持有人的典型充分的顾客维度。假定有 3 千万个账户持有人(顾客)并且我们已经出色地完成了对每一个顾客的 20 个描述性和人口统计属性的收集。假设每个字段平均有 10 个字节宽，那么我们从一开始就要用 3 千万× 20 × 10 = 6 GB 的原始数据作为 ETL 数据加载器的输入。当然，如果我们收集 100 个属性而不是 20 个，那么我们的维度就会有五倍大，但我们暂时避而不谈这一点。

尽管 OLAP 供应商不赞同这一点，但我认为 3 千万行的维度绝对会将我们置于多维 OLAP 部署的危险境地。记住，对 OLAP 系统中维度的类型 1 或类型 3 变更通常会强制所有使用该维度的 OLAP 多维数据集被重新构建。要当心所进行的类型 1 和类型 3 变更，如果你真的可以构建一个具有这样大维度的多维数据集。

对于类型 1 和类型 3 变更，关系型系统不具有这种敏感性，但得到恰当支持的 ROLAP 系统需要将一个索引(通常是一个位图索引)放置在维度的每一个字段上。在大多数关系型系统中，这种级别的索引会将维度的存储大小增加三倍。现在我们的顾客维度会多达 18GB。

大多数重要的关系型部署在查询时都应该能够支持这 18GB 的维度，如果该维度并非同时被更新的话。但两个危险的方案正潜藏在左右：更新频率和渐变维度。

如果 3 千万个成员的维度每周需要数千次插入、删除和更新，则需要非常仔细地规划这一管理。问题在于，每次加载时删除所有索引的开销是无人能够承担的，并且很可能无法找到对该维度进行分区的方式，以便让该维度的更新更有效率。因此必须在所有的索引都存在的情况下执行这些管理操作。也许足够幸运的话，可以让数据库延迟索引更新，直到批量加载过程运行完成之后再更新。需要仔细研究这些选项，并且要考虑将某些类型的更新放在一起批量执行。

不过，也许对于我们的维度来说，最大的威胁来自属性变更的类型 2 追踪。回想一下，这意味着每次更新顾客记录中的任何属性时，我们都不会重写；相反，我们会生成一条具有新代理键的新记录。如果每年平均每条顾客记录更新两次，那么在三年内，我们的 3 千万行就会变成 1 亿 8 千万行，而 18GB 的存储会变成 108GB。所有之前的讨论内容都会变大六倍。在这种情况下，我会非常努力地尝试将该顾客维度划分成至少两部分，将“快速变更”的属性(如人口统计)隔离到一个抽象的人口统计微型维度中。这样就可以最大限度地减小原始顾客维度的类型 2 压力。在财务报告环境中，这是一种有效的方法，因为我们的事实表都是常规的定期快照，其中我们可以确保顾客键和人口统计键在每个报告周期都具有事实表中的目标记录。

9.24 渐变维度并非总是像类型 1、类型 2 和类型 3 那样简单(Kimball 经典)

Margy Ross，Intelligent Enterprise，2005 年 3 月 1 日

不同于大多数 OLTP 系统，数据仓库的主要目标是追踪历史；说明变化情况是数据仓库设计者其中一项最重要的职责。处理渐变维度属性的三种基本技术，类型1、类型2和类型3，适用于大多数情况。不过，当需要建立在这些基础之上的变体来服务更多擅于分析的数据仓库用户时，又会发生什么呢？有时候业务同事会希望保留与事实有关的历史准确维度属性(如销售或索赔时的属性)，但要保留基于当前维度特征汇总历史事实的选项。这就是需要这三种主要类型的混合变体的时候，接下来我们会对其进行介绍。

9.24.1 具有当前重写的微型维度

在需要历史追踪但面临大型维度中的部分快速变化时，使用单纯的类型2追踪是不合适的。如果使用一个微型维度，如之前在文章9.21“庞然大物般的维度”中所述，就可以将不稳定的维度属性隔离在一个单独的表中，而不是直接追踪主维度表中的变换。微型维度的粒度是每份“资料”或属性组合一行，尽管主维度的粒度是每个顾客一行。主维度中的行数量可能数以百万计，但微型维度的行数量应该只是其中一部分。要在事实表中捕获微型维度和主维度之间的演化关系。当业务事件(事务或定期快照)引发一个事实行时，这一行就会具有指向主维度的一个外键，以及指向事件实际发生时微型维度资料的另一个外键。

资料变更有时候发生在业务事件外，如更新顾客地理位置资料时就不需要销售事务。如果业务需要准确的时间点分析，那么一个具有生效和失效日期的增补非事实型事实表就可以捕获主维度和资料维度之间的每一个关系变更。使用这一技术的另一个增补项就是将“当前资料”键添加到主维度。这是一个类型1属性，会被每一个资料变更所重写，这对于想要在没有事实表指标的情况下得到当前资料计数或者希望基于当前资料汇总历史事实的分析师来说是很有用的。对于展示层，要在逻辑上将主维度和资料外支架表示为单个表，如果这样做不会影响性能的话，如图9-15所示。为了最小化用户的困惑和潜在的错误，当前属性应该具有将其从微型维度属性区分开来的列名称。例如，标签应该表明顾客的市场细分属性是当前分配的还是事实发生时有效的市场细分——如资料微型维度中“事件发生时的历史性婚姻状况”以及主顾客维度中的“当前婚姻状况”。

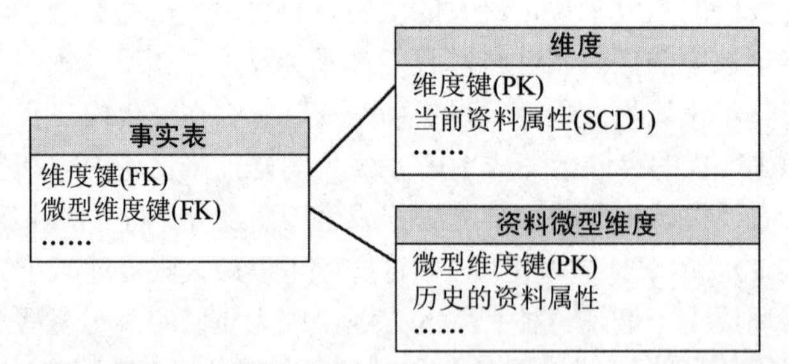

图9-15 用于捕获主维度表中具有类型1重写的资料变更的微型维度

9.24.2 具有当前重写的类型2

在支持对当前维度属性的历史事实汇总时，用于追踪不可预测变更的另一个变体是类型1和类型2的混合。在这种场景下，要通过将一行添加到主维度表来捕获类型2属性变更。此外，每一行上还有一个“当前”类型1属性，这是为当前和所有之前行的重写；历史属性值被保留在单独的一列中，如图9-16所示。当变更发生时，最近的维度行具有与唯一标记的当前和历史

(“按以前状况”或“事件发生时”)列相同的值。一位最近参加我课程的学生建议，我们将这称为类型 6，因为我们正在创建新的行来捕获变更(类型 2)，添加属性以便反映现实状况的另一种视角(类型 3)，会为指定产品的所有较早维度行而重写它(类型 1)。而 2 + 3 + 1 或 2 × 3 × 1 都等于 6。

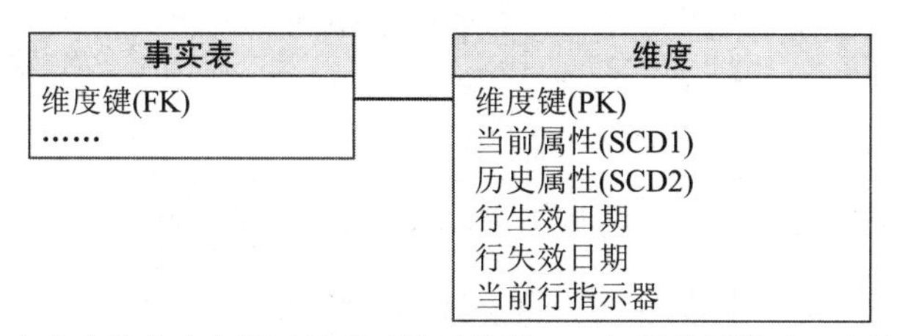

图 9-16 在单个维度表中同时追踪“按以前状况”记录的属性以及当前资料属性

可以扩展这一技术以便不仅仅覆盖历史和当前属性值，同时也覆盖一个固定的、时期末的值作为另一个类型 1 列。尽管它看起来很类似，但这个时期末属性与历史或当前视角都不同。假设一个顾客的市场细分在 1 月 5 日发生了变更，而业务希望在 1 月 10 日创建一份报告来分析基于该顾客 12 月 31 日标记的上个时期的数据。你可以从行生效和失效日期处推算正确的信息，但提供时期末的值作为属性会简化这一查询。如果这一查询频繁发生，那么最好在 ETL 过程中一次性完成该工作，而不是在每一次查询运行时进行计算。可以将相同的逻辑应用到其他的固定特征上，如顾客的原始市场细分，它绝不会发生变更。不是将历史和当前属性保留在相同的物理表中，而是将当前属性放入联结到维度自然键的一个外支架表中。像顾客 ID 这样的相同自然键会出现在具有唯一代理键的多个类型 2 维度行中。外支架仅包含用于维度表中每个自然键的一行当前数据；无论何时发生变更，该属性都会被重写。为了提升易用性，核心维度和当前值的外支架都应该作为一个表向用户呈现，除非这会有损查询性能。

9.24.3 在事实表中具有持久键的类型 2

如果一个百万行维度表具有需要历史和当前追踪的许多属性，那么所描述的上一项技术就会变得负担沉重。在这种情况下，要考虑包含维度自然键(假设它是持久的)作为事实表外键，除用于类型 2 追踪的代理键外，如图 9-17 所示。这一技术会提供与事实有关的两个维度表，但这是有合理理由的。类型 2 维度具有在加载事实表时基于有效值过滤或分组的历史准确属性。维度自然键会联结到一个仅具有当前类型 1 值的表。同样，这个表中的列标签应该加上“当前”作为前缀以便降低用户困惑的风险。要使用这些维度属性来基于当前资料汇总或过滤事实，无论加载事实行时属性值是否有效。当然，如果自然键难以处理甚至被再分配，那么就应该使用一个持久代理引用键作为替代。

这个方法会提供与之前探讨过的“具有当前重写的类型 2”技术相同的功能；该技术会在单个维度表中产生更多的属性列，同时这一方法会依赖事实表中的两个外键。这一方法必然需要较少的 ETL 工作，因为当前类型 1 属性的表仅能通过类型 2 维度表的视图来提供，并且被限于最新的行。在性能方面，这最后一项技术的增量成本就是事实表中具有的额外一列，不过基于当前属性值的查询会在比之前探讨的“具有当前重写的类型 2”技术中的维度表还要小的维度表上进行过滤。

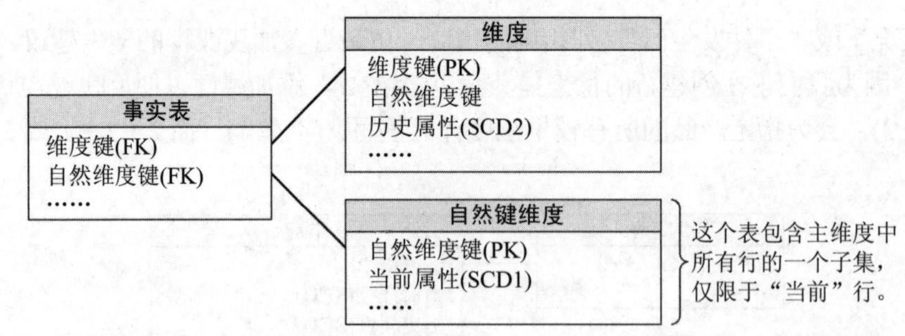

图 9-17 事实表中的一个外键联结到 SCD2 维度表，而自然/持久键仅联结到该维度的最新版本

当然，通过将具有当前属性的表的类型 1 视图联结到类型 2 维度表本身中的持久或自然键属性，就可以避免在事实表中存储自然或持久键。不过，在这种情况下，在最后得到事实之前，仅与当前汇总有关的查询就需要从这一类型 1 外支架遍历到数据量更大的类型 2 维度表，而这会对查询性能产生负面影响。

尽管这并不常见，但除根据事实测量发生时的属性值或者根据当前维度属性值进行报告外，我们有时还会需要基于任意特定时间点的资料来汇总历史事实。例如，业务希望基于去年 12 月 1 日生效的属性或层次结构来报告三年的历史指标。在这种情况下，为了获得优势，可以使用事实表中的双重维度键。首先要过滤类型 2 维度表的行生效和失效日期以便找出期望时间点时有效的属性。有了这一约束，就可以识别类型 2 维度中每一个自然或持久代理键的单一行。然后可以联结到事实表中的自然或持久代理维度键来汇总任何基于时间点属性值的事实。这就像正在运行时定义“当前”的含义。显然，必须过滤类型 2 行日期，否则对于每个自然键就会有多个类型 2 行，但报告任意特定时间点上的历史属性这一业务需求是非常基础的。最终，仅应该将这一能力提供给有限的、具有很强分析能力的用户；这一增强做法是需要承受能力的。

9.24.4 类型 3 属性系列

假设有一个维度属性会以可预测的规律来变更，如一年一次，有时业务会需要基于属性的任意历史值(而不仅仅是限定时间点的历史值和当前值，就像我们所主要探讨的那些)来汇总事实。例如，假设每个财务年份的开始都会重新分类产品线，并且业务希望基于为当前年份或任意之前年份所分配的类别来查看多年的历史产品销售情况。

最好使用一系列类型 3 维度属性来应对这一情况，如图 9-18 所示。在每一个维度行上，具有一个可以被重写的“当前”类别属性，以及为每一次年度指定的属性，如“2015 属性”“2014 属性”和“2013 属性”。然后可以基于任何年度分类来分组历史事实。

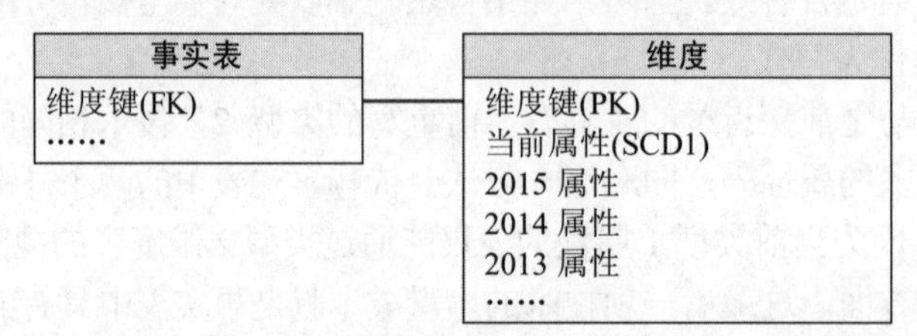

图 9-18 具有一系列类型 3 属性的维度表以便追踪可预测的变更

这一看似简单明了的技术并不适合于我们之前描述的不可预测变更。顾客属性会独一无二

地变化。无法添加一系列类型 3 属性来为不可预测的变更追踪较早的属性值(“早期-1”“早期-2”等)，因为每一个属性都会与维度表中几乎每一行的唯一时间点有关。

9.24.5　在能力与易用性之间取得平衡

在使用这些混合技术中的任何一种来支持复杂的变更追踪之前，要记住维持灵活性和复杂性之间的平衡。用户的问题和查询结果集将会随着被用于约束或分组的维度属性的不同而不同。鉴于可能的错误或误判，应该对不常用到这些技术的用户隐藏其复杂性(以及相关的能力)。混合 SCD 有时候会让人眼花缭乱而不知所措。

9.25　渐变维度类型 0、类型 4、类型 5、类型 6 和类型 7 (Kimball 经典)

Margy Ross，Design Tip #152，2013 年 2 月 5 日

Ralph 于 1996 年提出了渐变维度(SCD)属性的概念。维度建模者，与企业的数据治理代表一起，必须指定数据仓库对于操作属性值变更的响应。大多数 Kimball 读者都很熟悉核心的 SCD 方法：类型 1(重写)、类型 2(添加一行)以及类型 3(添加一列)。因为可读性是 Kimball 准则的一个关键组成部分，所以我们有时希望 Ralph 为这些技术指定更具描述性的名称，如用“重写”替代“类型 1”。但此时，SCD 类型编号已经是我们行业术语的一部分了。

我们已经撰写了与更高级的 SCD 模式有关的内容，如文章 9.24“渐变维度并非总是像类型 1、类型 2 和类型 3 那样简单”。不过，我们还没有一致地命名过这些更高级且混合的技术。在《数据仓库工具箱(第三版)》(Wiley 于 2013 年出版)中，我们决定为已经描述过的但过去还没有准确标记过的几种技术分配“类型编号”。

9.25.1　类型 0：保留原始值

使用类型 0，维度属性值绝不会变更，因此事实总是会以这一原始值来分组。类型 0 适用于任何被标记为“原始”的属性，如顾客的原始信用评分，或者任意持久的标识符。类型 0 也适用于大多数数据维度属性。

9.25.2　类型 4：添加微型维度

当一组维度属性被划分成一个单独的微型维度时，就会使用类型 4 技术，如图 9-19 所示。当维度属性值相对易变时，这一方法就会很有用。数百万行维度表中频繁使用的属性也是微型维度设计的候选者，即使它们不会频繁变化。代理键会被分配给微型维度中每一个独特的资料或属性值组合。基础维度和微型维度资料的代理键会被捕获为事实表中的外键。

接下来的类型 5、类型 6 和类型 7 技术是混合的，它们兼备了支持常见需求的基础，以便同时准确保留历史属性值，以及根据当前属性值报告历史事实。这些混合方法提供了更多分析灵活性，尽管存在更大的复杂性。

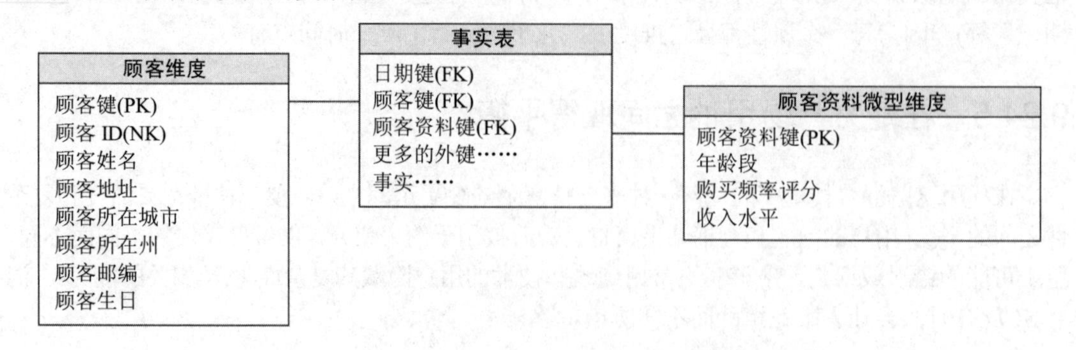

图 9-19 添加一个微型维度以便得到 SCD 类型 4

9.25.3 类型 5：添加微型维度和类型 1 外支架

类型 5 技术是基于类型 4 微型维度并且通过在基础维度中嵌入一个被重写为类型 1 属性的"当前资料"微型维度键来构建的，如图 9-20 所示。这一方法被称为类型 5，因为 4+1 等于 5，它允许在不通过事实表链接的情况下，让当前分配的微型维度属性值与基础维度的其他资料一起被访问。从逻辑上讲，我们通常会在展示层中将基础维度和当前微型维度资料外支架表示为单个表。外支架属性应该具有不同的列名称，如"当前收入水平"，以便将它们与链接到事实表的微型维度中的属性区分开来。无论何时当前的微型维度随着时间推移而变更，ETL 团队都必须更新/重写类型 1 微型维度引用。如果外支架方法没有提供让人满意的查询性能，那么微型维度属性就可以被物理化嵌入(或更新)到基础维度中。

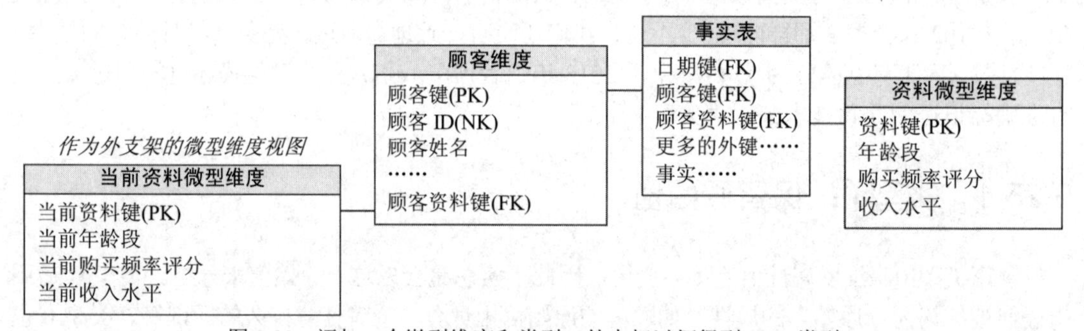

图 9-20 添加一个微型维度和类型 1 外支架以便得到 SCD 类型 5

9.25.4 类型 6：将类型 1 属性添加到类型 2 维度

类型 6 是基于类型 2 技术，同时也通过在维度中嵌入当前属性来构建的，这样就可以根据测量发生时生效的类型 2 值或属性的当前值来过滤或分组事实行。类型 6 这个名称是由一位 HP 工程师于 2000 年提出的，因为它是被重写为类型 1 的具有一个类型 3 列的一个类型 2 行；2 + 3 + 1 和 2×3×1 都等于 6。使用这一方法，就会更新与特定持久键有关的所有早前类型 2 行上的当前属性，如图 9-21 中的样本行所示。

产品键	SKU(NK)	产品描述	历史的部门名称	当前的部门名称	行生效日期	行失效日期	当前行指示器
12345	ABC922-Z	IntelliKidz	Education	Education	2012-01-01	9999-12-31	Current

Rows in Product dimension following first department reassignment:

产品键	SKU(NK)	产品描述	历史的部门名称	当前的部门名称	行生效日期	行失效日期	当前行指示器
12345	ABC922-Z	IntelliKidz	Education	Strategy	2012-01-01	2012-12-31	Expired
25984	ABC922-Z	IntelliKidz	Strategy	Strategy	2013-01-01	9999-12-31	Current

Rows in Product dimension following second department reassignment:

产品键	SKU(NK)	产品描述	历史的部门名称	当前的部门名称	行生效日期	行失效日期	当前行指示器
12345	ABC922-Z	IntelliKidz	Education	Critical Thinking	2012-01-01	2012-12-31	Expired
25984	ABC922-Z	IntelliKidz	Strategy	Critical Thinking	2013-01-01	2013-02-03	Expired
31726	ABC922-Z	IntelliKidz	Critical Thinking	Critical Thinking	2013-02-01	9999-12-31	Current

图 9-21　将类型 1 属性添加到类型 2 维度以得到 SCD 类型 6

9.25.5　类型 7：双重类型 1 和类型 2 维度

使用类型 7，事实表会为指定维度包含双重外键：一个链接到其类型 2 属性被追踪的维度表的代理键，外加链接到类型 2 维度中的当前行以表示当前属性值的该维度的持久超自然键，如图 9-22 所示。

类型 7 提供了与类型 6 相同的功能，但这是通过双重键来完成的，而不是用类型 6 来物理重写当前属性。就像其他混合方法一样，当前维度属性应该被区别标记以便最小化用户的困惑。

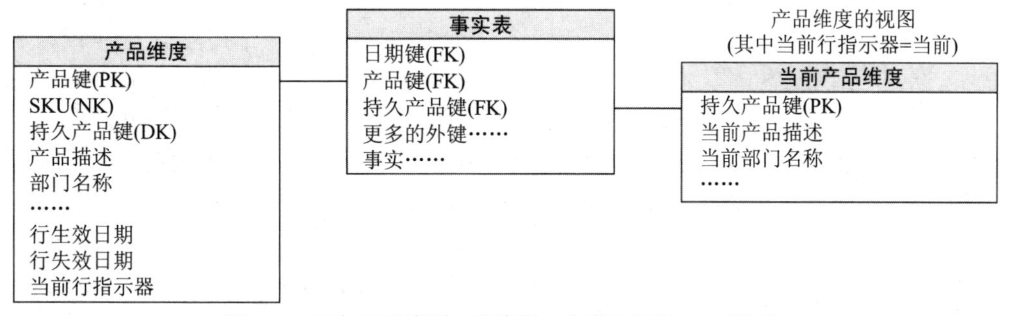

图 9-22　添加双重类型 1 和类型 2 维度以得到 SCD 类型 7

最后，图 9-23 重点介绍了每一项渐变维度技术对于事实表性能指标分析的影响。正如我们过去所警示过的，相较于简单的 1、2 和 3，还有更多的选项可以考虑！

SCD 类型	维度表操作	对上述分析的影响
类型 0	不更改属性值	与属性原始值有关的事实
类型 1	重写属性值	与属性当前值有关的事实
类型 2	为具有新属性值的资料添加新的维度行	与事实发生时生效的属性值有关的事实
类型 3	添加新的列以保留属性的当前和早前值	同时与当前和早前属性可选值有关的事实
类型 4	添加包含快速变更属性的新微型维度表	与事实发生时生效的快速变更属性有关的事实
类型 5	类型 4 微型维度，外加重写基础维度中的当前微型维度键	与事实发生时生效的快速变更属性外加当前快速变更属性值有关的事实
类型 6	具有新属性值的类型 2 新维度行，外加重写所有早前维度行上的双重属性	与事实发生时生效的属性值有关的事实，外加当前值
类型 7	具有新属性值的类型 2 新维度行，外加限于当前行和/或属性值的视图	与事实发生时生效的属性值有关的事实，外加当前值

图 9-23 渐变维度技术汇总

9.26 维度行变更原因属性

Warren Thornthwaite，Design Tip #80，2006 年6 月1 日

我们坚信业务需求驱动数据模型这一原则。偶尔，我们会与需要分析维度中类型 2 变更的组织协作。他们需要回答像“去年有多少顾客搬了家？”或“我们每月获得了多少新顾客？”这样的问题，这些问题使用标准的类型 2 控制列是难以回答的。出现这种情况时，我们就要将一个称为“行变更原因”的控制列添加到设计中。我最近接触了一个人，他意识到他们的企业可以使用一个行变更原因列并且询问我是否可以为现有维度添加一个行变更原因列。在这篇文章中，我们会描述用于以追溯方式将一个行变更原因列添加到任何维度的一批更新计数。

其最简单的版本是，行变更原因列为指定行中变更的每一个类型 2 列包含一个两个字符的缩写词。例如，如果姓和邮编发生了变更，那么行变更原因就会是“LN ZP”。如果愿意的话，你当然可以使用更多的字符，但要确保在缩写词之间放置空格。尽管这并非用于用户可查询的列，但它确实会让我们轻易识别出变更事件并且基于此进行报告。像“去年有多少人变更了邮编”这样的问题可以使用以下 SELECT 语句来回答：

```
SELECT COUNT(DISTINCT CustomerBusinessKey)
FROM Customer
WHERE RowChangeReason LIKE '%ZP%'
AND RowEffectiveDate BETWEEN '20150101' AND '20151231'
```

LIKE 操作符和通配符会让条目的顺序不那么重要。行变更原因列允许我们回答大量与维度表中行为有关的有意义问题。

我们将使用图 9-24 中所示的简单顾客维度作为示例。在这个维度表中，名字被作为类型 1

追踪，并且其他的业务属性被作为类型 2 追踪。因为这个表具有类型 2 属性，所以它也具有必要的类型 2 控制列：行生效日期、行失效日期以及行当前指示器(我们认为这是冗余的，但我们想要保留其便利性)。它也包含了我们要添加的称为行变更原因的新列。

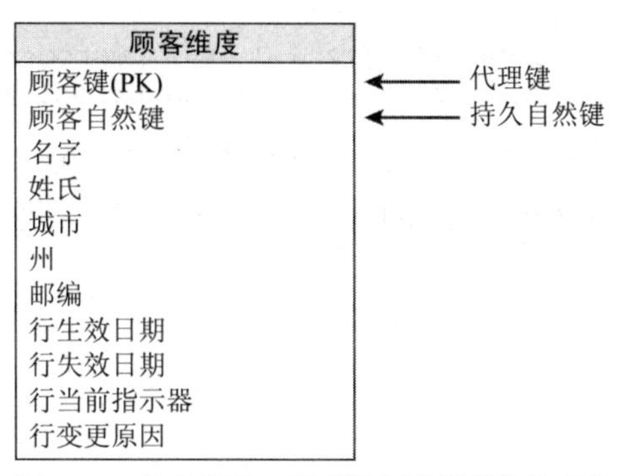

图 9-24　具有类型 2 管理控制列的顾客维度表

批量更新新行变更原因列的处理需要两个步骤：一个步骤用于每个业务键的新行，另一个步骤用于所有后续变更行。第一个步骤会用一个外联结将维度联结到其自身，将这个表当作当前行来处理并且将别名当作早前(prior)行来处理。然后通过在 WHERE 子句中使用 IS NULL 限制来约束所有那些没有早前行的条目，查询就会找出所有的新行。

```
UPDATE Customer
SET RowChangeReason = 'NW'
FROM Customer LEFT OUTER JOIN
     Customer PE ON -- Prior Entry Customer table alias
     Customer.CustomerBusinessKey =
        PE.CustomerBusinessKey
     AND
     Customer.RowEffectiveDate = PE.RowEndDate+1
WHERE PE.CustomerBusinessKey IS NULL
```

第二个步骤会稍微复杂一些，因为它需要为由于类型 2 属性中的变更而还没有被添加到维度中的所有行创建行变更原因。在这种情况下，我们要在当前行和早前行之间使用一个内联结，它会自动排除新的行。我们还要使用一个 CASE 语句来生成缩写词字符串，它会识别出实际上具有对其早前值变更的每一组四个类型 2 的列。最后，我们要将缩写词串联到一起来得到行变更原因列的入口。

```
UPDATE Customer
SET RowChangeReason = Query1.RowChangeReason
FROM
    (SELECT NE.CustomerBusinessKey, NE.RowEffectiveDate,
       (CASE WHEN NE.LastName <> PE.LastName
          THEN 'LN ' ELSE '' END) +
       (CASE WHEN NE.City <> PE.City
          THEN 'CT ' ELSE '' END) +
       (CASE WHEN NE.State <> PE.State
          THEN 'ST ' ELSE '' END) +
       (CASE WHEN NE.Zip <> PE.Zip
          THEN 'ZP ' ELSE '' END) RowChangeReason
    FROM Customer NE INNER JOIN -- NE for new entry
```

```
        Customer PE ON -- PE for prior entry
            NE.CustomerBusinessKey = PE.CustomerBusinessKey AND
            NE.RowEffectiveDate = PE.RowEndDate + 1
    ) Query1
INNER JOIN Customer ON
        Customer.CustomerBusinessKey = Query1.CustomerBusinessKey AND
        Customer.RowEffectiveDate = Query1.RowEffectiveDate
```

如果将这个 SQL 留在初始设计中的话，它将用于添加行变更原因列的一次性处理。当然，我们仍然需要将合适的对比逻辑添加到 ETL 程序，以便填充后续的行变更原因列。

第 10 章

更多的维度模式和注意事项

在阅读完第 9 章之后，你可能会认为已经了解了关于维度表所需要获悉的所有知识。别那么着急！第 9 章没有介绍的内容还有很多。

本章开头会探讨星型维度表与外支架维度表的对比，以及用于处理多值维度属性和可变深度层次结构关系的桥接表。基于此，我们会将注意力转向几种通常会与以顾客为中心的维度表一起观测的模式。我们还要描述用于处理由维度模型国际化所带来的挑战的方法。

本章最后一节将介绍一系列研究各种行业和应用程序领域的示例——保险、旅行、人力资源、财务、电子商务、文本搜索以及零售业。即便你并非在这些行业中工作，我们也建议你研读这些文章，因为模式和推荐做法是超越行业或应用程序边界的。

星型、外支架和桥接

我们首先要探究维度建模中星型、外支架和桥接表之间的区别。在这一节中，桥接表被描述为用于对多值维度属性建模的一种技术；在下一节中，我们要介绍使用桥接来处理可变深度的紊乱层次结构。

这一节中的几篇文章最初将桥接表称为辅助表；已经更新了这些最初的称谓以便反映现在的桥接术语。

10.1 星型、外支架和桥接

Margy Ross，Design Tip #105，2008 年 9 月 3 日

学生们通常会混淆星型、外支架和桥接的概念。在这篇文章中，我们试图减少围绕这些对于标准维度模型增补项的困惑。

当一个维度表是星型模式时，冗余的多对一属性就会被移动到单独的维度表中。例如，相较于将像品牌和类别这样的层次结构汇总拆解到产品维度表的几列中，这些属性会被存储到单独的品牌和类别表中，然后它们会被链接到产品表。使用星型模式，维度表就会被标准化为第三范式。标准的维度模型通常具有一圈单层的 15~20 个围绕事实表的非标准化维度表；正是这部分相同的数据可能会轻易被星型模式中的 100 或更多个链接维度表所表示。

我们通常会主张在单个维度表而非星型模式中处理多对一层次结构关系。星型可能最适合于有经验的 OLTP 数据建模者，但它们对于查询性能来说并非最优。正如图 10-1 中所示，链接的星型表会为直接面对表结构的用户带来复杂性和困惑；即使用户受到这些表的影响较少，星型模式也会为查询优化器增加复杂性，查询优化器必须将数百个表链接到一起以便处理查询。星型还会为 ETL 系统增加管理链接标准化表的键的负担，当链接的层次结构关系是变更的目标时，这会变得极其复杂。尽管通过用编码替代重复的文本字符串，星型化可以节省一些空间，但这基本可以忽略，尤其是在考虑到为额外的 ETL 负担和查询复杂性所付出的成本的情况下。

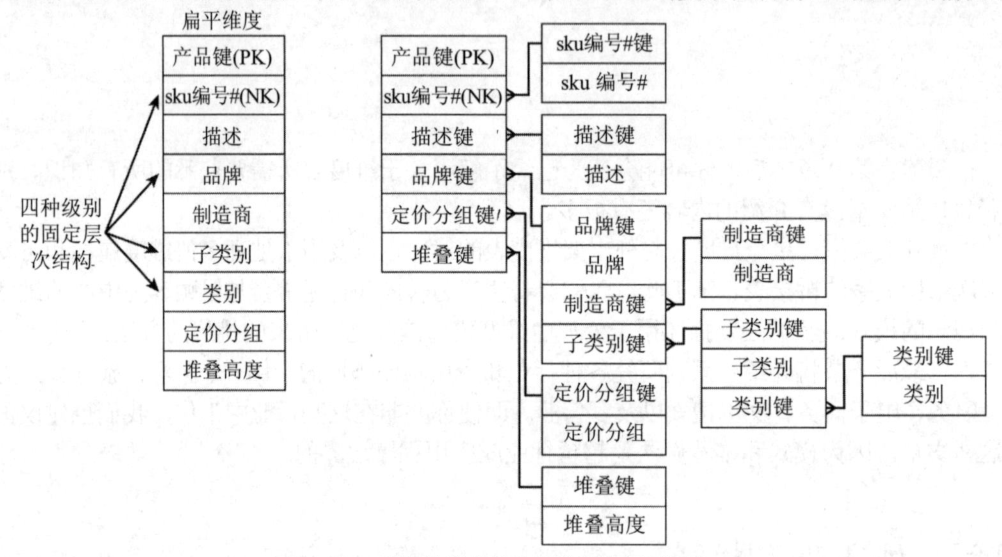

图 10-1 相同维度表的非标准化和星型版本

外支架类似于星型模式，因为它们都被用于多对一关系；不过，它们受到了更多的限制。外支架就是联结到其他维度表的维度表，但它们仅仅是从事实表中所移出的另一个层，而非完全标准化的星型模式。外支架最常用于标准化维度表被引用到另一个维度中的情况，如员工维度表中的雇佣日期属性(如图 10-2 所示)。如果用户希望根据像会计期间或会计年份这样的非标准化日历属性来对雇佣日期进行切片和切块，那么一个日期维度表(具有像雇佣日期会计年份这样的唯一列标签)就可以充当通过日期键来联结到员工维度表的外支架。

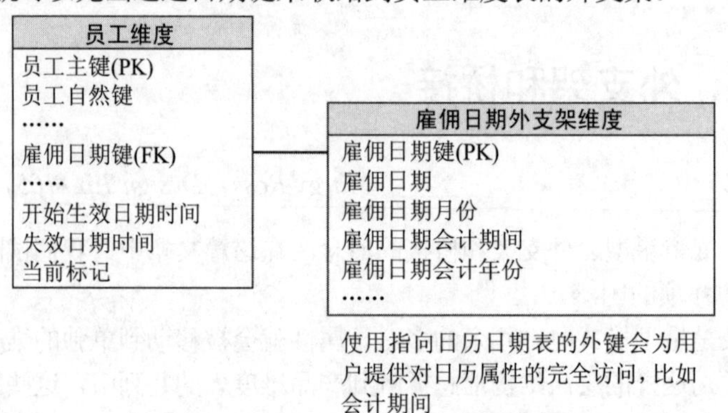

图 10-2 联结到员工维度的日期维度外支架

就像生活中的许多事情一样，外支架的使用是需要有节制的，但它们应该被视作例外而非常规。如果模型中充斥着外支架，那么鉴于对易用性和查询性能的可能负面影响，现在是回到白板处进行重新设计的时候了。

桥接表被用于两种更复杂的场景。如图 10-3 所示，第一种场景是，无法在事实表本身中解决多对多关系，因为单个事实测量与维度的多个事件有关，如与单个银行账户余额有关的多个顾客。在事实表中放置一个顾客维度键需要在账户上的多个顾客之间非自然且非平均地分配余额，因此捕获顾客和账户之间多对多关系的具有双重键的桥接表就可以与测量事实表一起使用了。

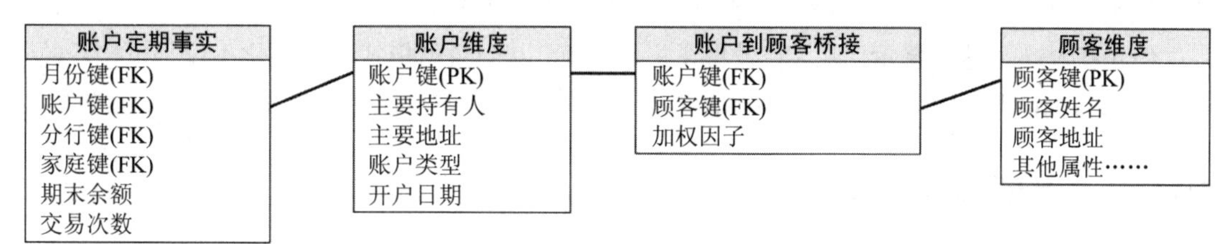

图 10-3　桥接表处理多值维度属性

桥接表也被用于表示紊乱或者可变深度层次结构的关系，它无法被合理地强制变成维度表中较简单的多对一属性的固定深度层次结构，如图 10-4 所示。在文章 10.10“为层次结构提供帮助”中进一步描述了此技术。

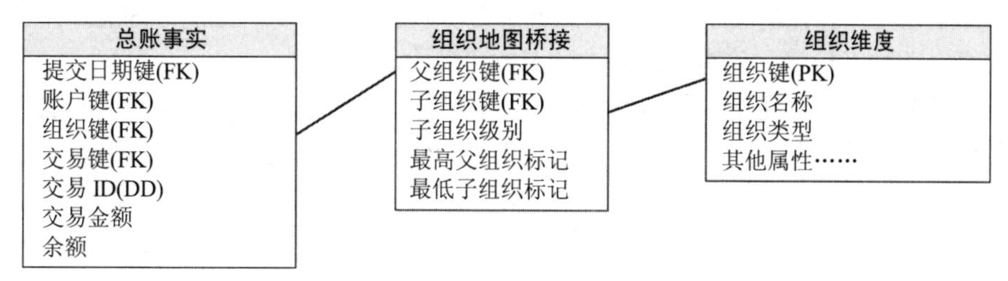

图 10-4　对层次结构可变深度关系建模的桥接表

在这些孤立的情况下，桥接表就有用武之地了，尽管这伴随着一些代价。有时候桥接被用于捕获完整的数据关系，但会存在一些折中妥协，如纳入主账户持有人或者顶层汇总级别作为维度属性，以帮助避免为每一个查询上的桥接导航都付出精力来处理。

10.2　三种有意思的星型模式

Ralph Kimball，Intelligent Enterprise，2001 年 6 月 29 日

本篇文章使用了星型这个词，但其中的示例会被描述为外支架以便更为准确，因为这些维度中没有哪个被完全标准化为第三范式。

“我何时可以使用一个星型？”是数据仓库设计者已经问了我数百次的问题。我通常会回答，向用户暴露物理的星型设计是一个糟糕的主意，因为它几乎总是会损害可理解性和性能。但在某些情况下，星型设计不仅适用，而且是推荐的做法。

10.2.1 经典的星型模式

创建一个经典星型模式的方式是，从维度表中移除低基数的属性并且将这些属性放在一个由星型键连接的辅助维度表中。在一组属性形成多级别层次结构的情况下，所产生的表的字符串看起来会有点像星型模式。

经典的物理化星型设计在后台 ETL 区域会有用，它可以被用作强制实现维度表中多对一关系的方式。但在数据仓库的前台展示部分，在对星型设计的表现感到满意之前，必须证明业务用户发现星型模式更加易于理解并且查询和报告使用星型模式会运行得更快才行。

但是在发出了这一警示之后，我发现了三个示例，其中星型模式上的变化不仅是可接受的，并且是成功设计的关键。这三个示例就是大型顾客维度、金融产品维度以及多企业日历维度。

10.2.2 大型顾客维度

顾客维度是数据仓库中最具挑战性的维度。在大型组织中，顾客维度会非常大，具有数百万条记录，并且很宽，会有数十个属性。更糟糕的是，最大的顾客维度通常会包含两类顾客，我将它们称为“访客”和“顾客”。

访客都是匿名的。可能会看见他们多次，但不知道他们的姓名或者任何关于他们的信息。在一个网站上，唯一存在的关于访客的信息就是表明他们再次访问网站的 cookie。在零售业务中，具有真实购物者标记的访客会出现在匿名的事务中。

相反，顾客会可靠地注册到你的公司。你知道顾客的姓名、地址以及你所关心的直接从这些顾客处获得的或者从第三方采购的尽可能多的人口统计和历史数据。

我们假设在数据集合的最小粒度级别上，80%的事实表测量都涉及访客，而 20%涉及顾客。仅需要为访客累积只由新近性(他们上次访问是什么时候)和频率(他们已经访问了多少次)所构成的两个简单行为评分。

另一方面，我们假设对于一个顾客会有 50 个属性和测量，覆盖了位置、付款行为、信用行为、直接获得的人口统计属性以及采购的人口统计属性的所有内容。

现在将访客和顾客合并到了单个被称为购物者的逻辑维度中，如图 10-5 所示。要赋予访客或顾客单一、持久的购物者 ID，但要让这个指向表的键变成代理键，这样就能追踪购物者随时间推移的变化。

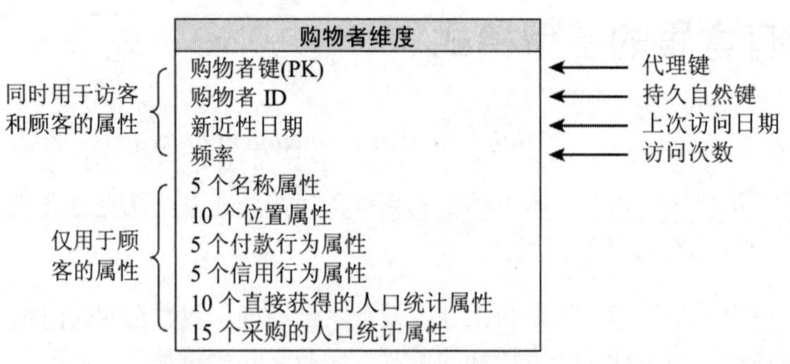

图 10-5 同时具有访客和顾客属性的购物者维度

注意纳入新近性和频率信息作为维度属性而非作为事实并且随时间推移重写它们的重要性。这一决策会让购物者维度变得非常强大。可以直接从该维度进行典型的购物者市场细分而无须在复杂应用程序中导航事实表。

假设最后 50 个顾客属性中的许多都是文本的，那么就会有宽度合计为 500 字节或者更多的记录。假定有 2000 万个购物者(1600 万个访客和 400 万个注册顾客)。显然，你会担心在 80%的记录中，结尾的 50 个字段不包含数据！在 10GB 的维度中，这种情况会引起你的注意。

这是一个明显的示例，其中，根据数据库的不同，你会希望引入星型模式。在具有可变宽度记录的数据库中，或者在列式数据库中，可以直接构建具有先前所有字段的单购物者维度，忽视空字段问题。大部分简单访客的购物者记录都很窄，因为在这些数据库中，空字段不会占用硬盘空间。

但是在固定宽度的数据库中，你不希望为所有访客保留空字段，因而要将该维度分解成一个基础维度和一个星型子维度，如图 10-6 所示。所有的访客都会在子维度中共享单一记录，它包含特殊的空属性值，如图 10-6 所示。

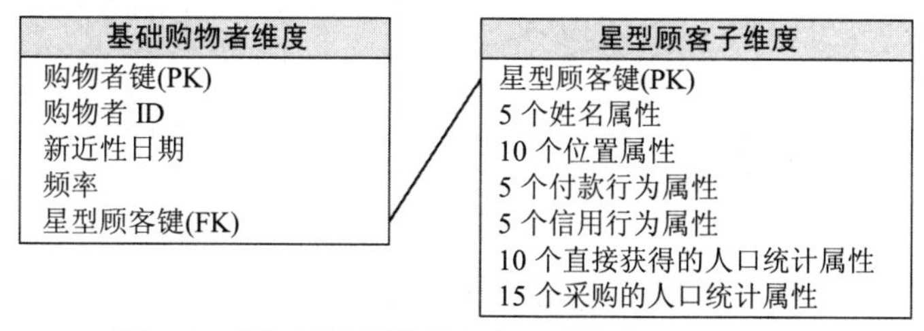

图 10-6　用于顾客属性的具有星型模式的购物者维度

在固定宽度的数据库中，使用我们前面的假设，基础购物者维度就是 2000 万× 25 字节= 500 MB，而星型维度就是 400 万× 475 字节= 1.9 GB。使用星型模式节省了 8 GB。如果有一个查询工具坚持要求使用没有星型化的经典星型模式，则可以将星型化隐藏在视图声明之下。

10.2.3　金融产品维度

银行、经纪公司和保险公司在对其产品维度建模时都会出现问题，因为其单独产品中的每一个都具有大量不被其他产品共享的特殊属性。除一组通用的“核心”属性外，支票账户看起来不太像抵押贷款或者存款单。它们甚至具有不同数量的属性。如果试图构建单个具有所有可能属性合集的产品维度，则最终会具有数百个属性，其中大多数在指定记录中都会是空的。

这种情况下的一个可行的解决方案就是，构建一个依赖上下文的星型模式。要在基础产品维度表中隔离核心的属性，并且在每一条基础记录中包含指向其正确扩展的产品子维度的星型键，如图 10-7 所示。

这一解决方案并非常规的关系型联结！星型键必须连接到特定产品类型定义的特定子维度表。通常可以通过为每个产品类型构造一个硬绑定了正确联结路径的关系视图来完成这项任务。

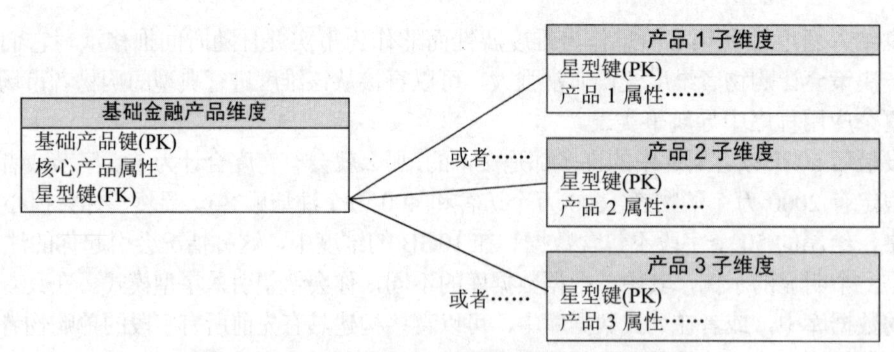

图 10-7 具有每一个产品类型子维度的金融产品维度

10.2.4 多企业日历维度

在分布式数据仓库中构建一个跨多个组织的日历维度是很难的，因为每个组织都具有特殊的会计期间、季节和假期。虽然应该付出巨大的努力来减少不一致的日历标记，但很多时候你会希望仅通过其中一个组织的视角来查看总体的多企业数据。

不同于金融产品维度，每一个单独的日历都可以具有相同数量的描述会计期间、季节和假期的属性。但可能会有数百个单独的日历。一家国际化的零售商必须为每个不同国家建立一个日历。

在这种情况下，就要修改星型设计以便让星型键联结到单个日历子维度，如图 10-8 所示。但该子维度要比基础维度具有更高的基数！子维度的键既是星型键又是组织键。

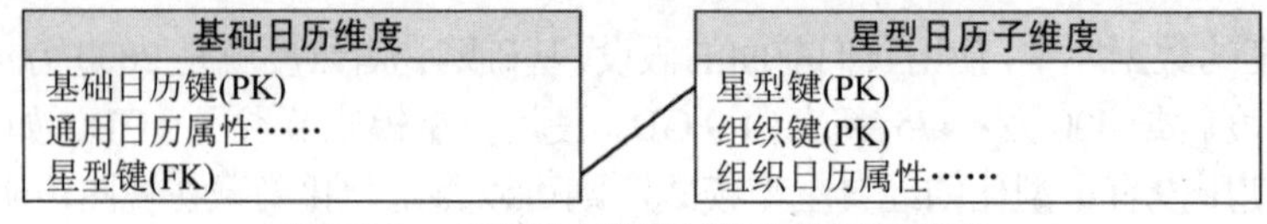

图 10-8 具有较高基数子维度的日历维度

在这种情况下，必须在估算表之间的联结之前指定子维度中的单个组织。当正确完成这一步时，该子维度就会具有与基础维度的一对一关系，就像这两个表是单个实体一样。现在，整个多企业数据仓库就可以通过任意一个组织的日历来查询了。

10.2.5 允许的星型模式

这三个示例显示了星型设计的有用变体。我希望这样读者在回答“我何时可以使用星型模式”这个问题时会更加自信。当你考虑设计选项时，应该从那些逻辑设计问题中分离出物理设计问题。物理设计会驱动性能；逻辑设计会驱动可理解性。如果要同时最大化这些目标，则可以使用星型设计。

10.3 为维度建模提供帮助

Ralph Kimball，DBMS，1998 年 8 月

维度建模的目标在于在标准框架中表示一组业务测量。可以将事实表视作市场中发生的一组测量。这些测量通常是数值的，并且发生在指定事实表创建之前。事实表记录可以表示单独的事务，如图 10-9 所示的 ATM 处发生的顾客取款，或者事实表记录可以表示某种聚合总计值，如特定日期一家店铺中指定产品的销售情况。

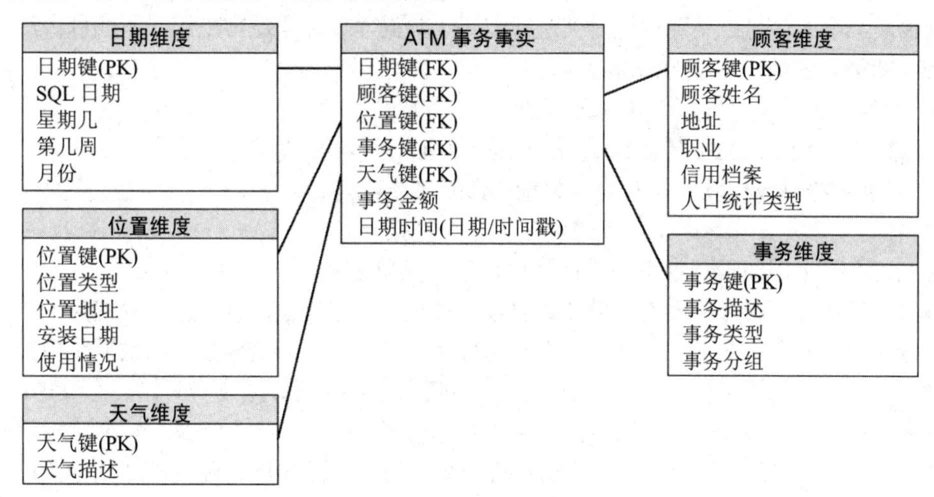

图 10-9　ATM 事务的典型维度模型

为指定事实表选择维度的秘诀在于，为单独事实表记录识别具有单个值的任意描述。这样，就可以从事实表粒度向外处理并且用可以想象得到尽可能多的维度来“装饰”该事实表，如图 10-9 所示。

严格遵守粒度定义会让你避免使用不具有用于指定事实记录的单一值的维度。如果正在处理一个聚合或汇总表，那么就更有可能避免使用一个维度。事实表的汇总程度越高，可以附加到事实记录的维度数量就越少。与此相反的情况会让人惊奇。数据粒度越小，维度就会越有意义。

在为单值维度的使用给出了非常不错的理由之后，我们应该考虑是否存在合理的例外情况。是否存在需要将多值维度附加到事实表的情况？这种情况是否真的可能出现，并且会引发什么问题？

思考来自医疗健康账单结算的以下示例。你得到了一个数据源，其粒度是医生开具的账单上单独的行项目。该数据源是病人到医生办公室看病或者医院账单上的单项收费。这些单独的行项目具有一组丰富的维度，如图 10-10 所示。

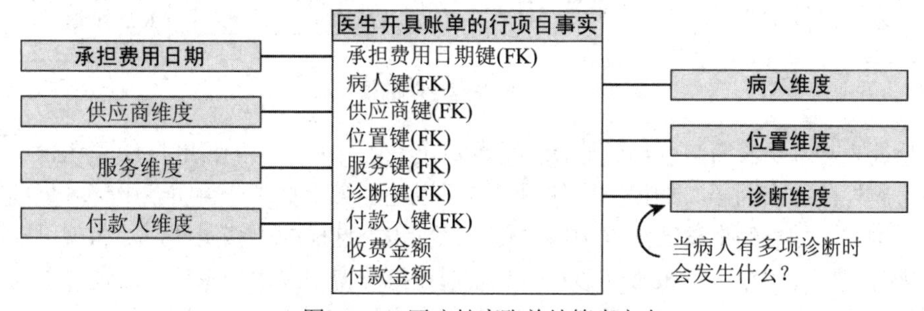

图 10-10　医疗健康账单结算事实表

到目前为止，这一设计似乎非常简单地具有用于所有这些维度的明显单一值。但这只不过是美梦罢了。在许多医疗健康的情境中，诊断都会有多个值。如果某个病人在治疗时产生了三项不同的诊断，又该怎么做？医院中病重的人会有多达 10 项诊断，这种情况又该如何？如果希望呈现诊断维度的信息，又要如何对其进行编码？数据库设计者通常采用以下四种方法中的一种来应对此类开放性、多值的情况：

- 不使用该诊断维度，因为它是多值的。
- 选择一个值(“主要”诊断)并且忽略其他值。
- 扩展该维度清单以便具有固定数量的诊断维度。
- 在这个事实表和诊断维度表之间放置一个桥接表。

我们现在不采用在设计中不使用诊断维度这一简单方式。

通常，设计者会选择单个值这第二种选项。在医疗健康行业，这通常会表现为主要或者被认可的诊断。在许多情况下，你都无法对其进行特别处理，因为这种形式的数据是由生产系统提供的。如果采用这一方法，建模问题会消失，但你会对诊断数据是否有用心存疑虑。

在事实表键清单中创建固定数量的附加诊断维度插槽的第三种方法是一种非常规手段，应该避免使用它。不可避免的是，会存在一些复杂的情况，如超出所分配的诊断插槽数量的重病患者。另外，无法轻易查询多个单独的诊断维度。如果“头疼”是一个诊断，那么应该约束哪一个诊断维度呢？所产生的跨维度 OR 约束要对关系型数据库的缓慢运行速度负主要责任。基于所有这些原因，你都应该避免多维度方式的设计。

如果坚持要对这种多值情况建模，那么在诊断维度和事实表之间放置一个“桥接”表会是最佳的解决方案，如图 10-11 所示。事实表中的诊断键会变成一个诊断分组键。中间的桥接表就是诊断分组表。其中诊断分组中每一个诊断都有一条记录。如果我带着三项诊断走进医生办公室，那么在其中我就需要具有三条记录的诊断分组。是为每个病人都构建这些诊断分组还是构建一个已知的诊断分组库，这取决于建模者。也许我的三份诊断应该被称为“Kimball 综合症”。

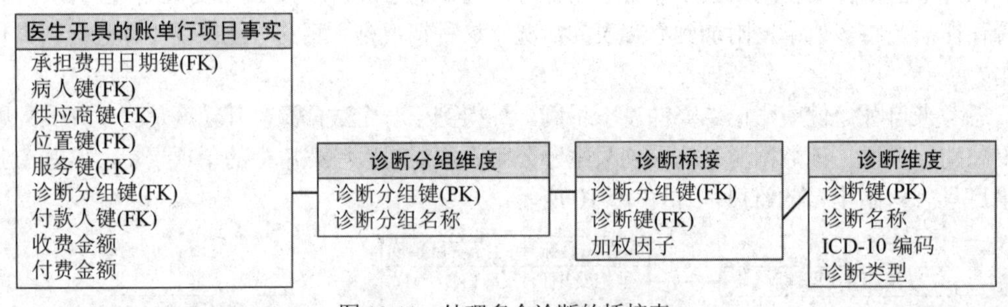

图 10-11 处理多个诊断的桥接表

诊断分组表会基于诊断键联结到原始的诊断维度。图 10-11 中的诊断分组表包含一个非常重要的数值属性：加权因子。加权因子使得报告可以在不会重复统计事实表中计算金额的情况下被创建。例如，如果约束诊断维度中像“传染性标识”这样的一些属性，那么就可以通过传染性标识来分组并且生成一份报告，该报告具有通过乘法得到的正确总计以及通过关联加权因子得到的结算金额。这就是一份正确加权的报告。

可以在诊断分组中均等分配加权因子。如果存在三项诊断，那么每一项都会得到 1/3 这一加权因子。如果具有其他一些用于区别分配加权因子的关系型基础，则可以修改这些因子，只要诊断分组中所有因子加起来等于一即可。

十分有意思的是，你可以有意省略加权因子并且故意重复统计根据传染性标识分组的相同报告。在这种情况下，就会生成一份“影响报告”，它会显示部分或完全由传染性标识的每一个值所暗含的总计结算金额。尽管正确加权的报告是最常用并且最合理的，但影响报告也是有用的，并且会时不时的需要它。这样的一份影响报告应该被标记出来，这样阅读者就不会被任何汇总总计值所误导。

尽管桥接表明显违背了所有维度表都具有到事实表的简单一对多关系这一典型的维度设计，但如何处理设计者坚持附加到事实表上的多值维度这个问题是无法避免的。在将一个桥接表附加到事实表时，可以通过创建一个预先将事实表联结到该桥接表的视图，以便在用户界面中保留维度化特征。然后所生成的视图会表现出具有在医疗健康示例中联结到诊断表的简单诊断键。该视图也可以预先定义事实表中所有附加事实与加权因子的乘积。

我曾经看到过其他的情况，其中多值维度存在合理性，这种情况包括以下示例：

- **零售业务银行**。通常会出现账户维度被一个或多个自然人顾客所“拥有”的情况。如果银行希望用账户余额来关联单独的顾客，那么该账户维度就必须扮演与医疗健康示例中诊断分组维度相同的角色。银行对于正确加权的报告和影响报告都非常感兴趣。
- **标准工业分类(SIC)**。SIC 代码被分配给商业企业以便描述这些企业处于工业类别。SIC 代码的问题在于，所有大型企业都是由多个 SIC 代码来表示的。如果用一个 SIC 维度来编码事实表，那么就会遇到与多诊断相同的问题。不过，SIC 代码真的非常有用。如果你希望通过与之有生意往来的生产制造商和零售商的 SIC 代码来汇总所有的业务，那么就需要一个 SIC 分组桥接表。有一种情况就是，如果你认为一家企业主要是生产制造商且仅有一小部分零售业务的话，那么经过仔细考量就可以分配不相等的加权因子。

10.4　管理桥接表

Ralph Kimball，Intelligent Enterprise，2001 年 8 月 10 日

本篇文章最初的标题是管理辅助表。

多值维度通常在维度设计中是不合法的。我们通常会坚持，在声明事实表粒度时，唯一可以被附加到该事实表的合法维度就是那些为该粒度使用单一值的维度。

但是对于每一项规则来说，必然存在例外情况。有时候，甚至是在存在事实表粒度但维度使用了多值的情况下，将该多值维度附加到事实表而不变更其粒度的做法仍然是令人信服且自然的。例如，将顾客维度附加到粒度是每月账户的银行业事实表这样的做法是非常值得的。

问题在于，与每一个账户相关的顾客数量是不受限制的。我可以拥有一个我自己姓名的支票账户，而我的妻子和我会拥有一个联名储蓄账户。我们还拥有一个具有五或六个顾客姓名的家庭信托账户。

处理这一多值维度的首选方式是使用一个桥接表，如图 10-12 所示，其中的桥接表被称为账户到顾客的桥接。自从编写了文章 10.3“为维度建模提供帮助”之后，我已经与设计者和学生探讨过多次构造和使用这些桥接表的细节。我们来仔细看看桥接表并且扩展该设计。

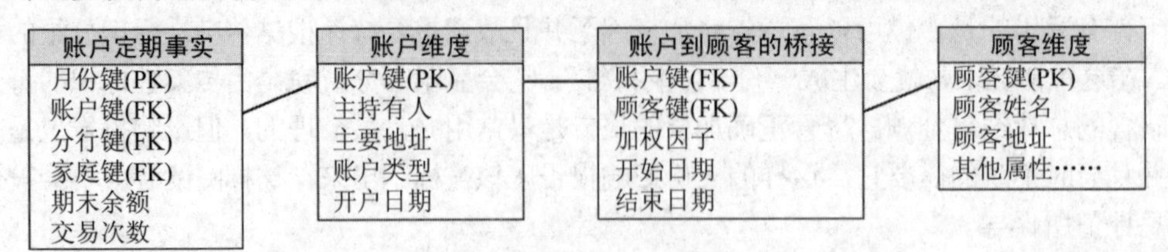

图 10-12 使用桥接表解决与账户相关的多顾客关系

10.4.1 使用代理键

账户到顾客的桥接是一种事实表，其主键(PK)由多个外键(FK)构成。这个示例中的主键由账户键、顾客键和开始日期键构成。这个表中的单条记录显示出，特定顾客在由开始日期和结束日期所定义的时间段期间是特定账户的一部分。但这一定义需要小心注意。

非常重要的一点是，顾客和账户外键都是指向其对应维度的代理键，它们两者都是类型 2 渐变维度(SCD)。换句话说，要同时仔细追踪顾客维度和账户维度中的变更，并且要连续生成那些维度中的记录的新版本，以便反映变化情况。

桥接表需要代理键，这样归属于账户的顾客记录就会指向指定时间区间内该顾客和该账户的正确且反映当时情况的描述。但这一必要的精确性是需要付出代价的：每次顾客或账户发生类型 2 变更时，都需要在桥接表中生成一条新的记录以便反映新的键组合。因此可以看到，桥接记录中的开始时间和结束时间实际上指向了一个时间段，在该时间段内，顾客是账户的一部分并且顾客描述和账户描述没有发生变更。尽管这听上去很复杂，不过在下一节中你将看到，通过使用双时间戳，就可以执行相关的查询而无须掌握高超的逻辑思维能力。

10.4.2 使用双时间戳

图 10-12 中所示的双时间戳并没有出现在之前编写的文章 10.3“为维度建模提供帮助”中。回顾过去，我曾经看到这些时间戳被证明对查询非常有用。特定时间点上一个名称为 ABC123 的账户中的顾客清单可以用非常简单的 SQL 查询来表示，其中“map”就是桥接表的名称：

```
SELECT customer.name
FROM account, map, customer
WHERE account.accountkey = map.Accountkey
AND customer.customerkey = map.Customerkey
AND account.naturalid = 'ABC123'
AND '7/18/2015' BETWEEN map.begindate AND map.enddate
```

使用双时间戳的缺点在于，它会让桥接表的更新变得复杂。截至目前仍旧有效的所有桥接表记录都必须具有一个开放性的结束日期，这会很难看。当新的记录替代这一条记录时，结束日期就必须被调整为真实的值。我们假设此处顾客事务具有每天这一粒度。尽管这在管理上会具有复杂性，但仅存储开始日期的候选做法会让查询变得更为复杂。必须修改之前的查询以便找出小于或等于所请求日期的最大开始日期。这一内嵌的 SELECT 语句效率很低，并且在标准的查询工具中很难设置它，尤其是对于业务用户来说。

双时间戳还会让时间段查询变得相当简单。假定你希望得到两个日期之间任意时间点上作为一个账户一部分的所有顾客清单，那么你仅需要检验(1)开始日期是否落在所请求的时间段内，或者(2)所请求的时间段是否完全覆盖了开始和结束日期。现在该查询看起来会像这样：

```
SELECT DISTINCT customer.name
FROM account, map, customer
WHERE account.accountkey = map.Accountkey
AND customer.customerkey = map.Customerkey
AND account.naturalid = 'ABC123'
AND (map.begindate BETWEEN '7/18/2014' and '7/18/2015'
OR ('7/18/2014' < map.begindate AND '7/18/2015' > map.enddate))
```

该桥接表中的最后一个字段就是加权因子。加权因子被用于在主事实表中针对正确加权报告中的多值维度的单独值分配累加式数值事实。在银行业示例中，可以通过将加权因子和余额相乘来针对账户 ABC123 中单独的顾客报告银行余额：

```
SELECT customer.name, fact.balance*weightingfactor
FROM fact, account, map, customer, month
WHERE fact.accountkey = account.Accountkey
AND fact.monthkey = month.Monthkey
AND account.accountkey = map.Accountkey
AND customer.customerkey = map.Customerkey
AND account.naturalid = 'ABC123'
AND month.monthdate = 'July, 2015'
```

这一查询所得到的所有余额合计值就是 2015 年 7 月账户 ABC123 中的正确余额，而这也就是你能知道它是一份正确加权报告的方式。如果从这个查询中移除加权因子，那么它就会生成一份影响报告，该报告会合并具有其每一个顾客的每一个账户的全部余额。尽管影响报告有意过多计算了聚合余额，但它提供了对每一个顾客控制其账户余额使用方式的真实评估。

在任意时间点上，一个账户中所有的加权因子都必须正好相加等于 1。因此，如果将一个顾客添加到一个账户，那么调整所有的加权因子并且在桥接表中引入一组完整的顾客记录就最为合理不过了。还有更为复杂的情况，但它们大概会让更新过程过于难处理。

10.4.3　更新桥接表

当出现以下情况时就必须更新桥接表：

- 账户记录中的任何内容发生变更。
- 顾客记录中的任何内容发生变更。
- 向一个账户添加任何顾客或者从中移除任何顾客。
- 调整加权因子。

为了让应用程序更新尽可能保持简单，无论何时发生这些变更中的一种时，都应该用完全相同的开始和结束日期来添加全部的顾客。对于当前的记录，结束日期应该是未来很远的一个假象日期，这样我们示例中给出的 SQL 就会保持简单。

在为已有账户添加一组新的顾客记录到桥接表时，必须调整之前所有顾客记录集的结束日期。指定账户的所有开始和结束日期都必须在所有的时间上无缝连接，这样就不会存在时间间隔。

如果向账户维度或者顾客维度引入延迟到来的变更，那么就还需要添加一组新的桥接表记录。需要划分一些由开始和结束日期所定义的已有时间段，以便为延迟到来的变更腾出空间。这样做会引发一些难以应付的额外处理，因为对于顾客记录而言，延迟到来的变更需要在映射表中受影响时间间隔之后的时间点上传播全新的顾客代理键。我将在文章11.34“沿时间回溯”中探究这些复杂的处理问题。

如果你已经阅读到此，并且遵循了所有的内容和实践，那么你就绝对有资格享用一杯咖啡惬意一会儿了。

10.5 关键字维度

Ralph Kimball，Intelligent Enterprise，2000年10月20日

我之前曾有幸为纽约市的一家拍卖公司的庞大历史书信存档库设计一个数据仓库，该拍卖公司的业务主要是拍卖罕见的信件、手稿以及邮票。这个存档库令人着迷，由从1500年开始到第二次世界大战期间的数十万份书信构成。该存档库主要由精心保存的信封构成，显示了这一“邮政史”的起点和终点。但有15%的书信实际上保留了其原始内容，涵盖了从简单的商务往来信函到由前线战场上军人寄回家的信件。

初看起来，这个存档库似乎并不是数据仓库的明显候选对象，尤其是使用常见的维度方法的情况下。但经过一些研究之后，所展现出来的所有信件之间的一些引人注目的相似性就开始看起来像是描述性维度和测量事实了。候选的维度清单包括：

- 信件邮寄日期(90%可以明确判定，10%需要猜测)
- 信件投递日期(20%可以明确判定，80%需要猜测)
- 档案文件获取日期(存档库获取到该信件时)
- 鉴定日期(指定信件价值的最后日期)
- 修复日期(清理或修复信件的最后日期)
- 展出日期(这份信件公开展出的最后日期)
- 转让日期(如果有，则表示信件售出或交换的日期)
- 寄出邮局(例如，邮局、城镇、州和国家)
- 收入邮局
- 寄件人(姓名、职务和隶属关系)
- 收件人
- 邮寄等级(例如，平邮信件、航空信件或者挂号信)
- 邮费(所使用的邮票)
- 品相(例如，极佳、色斑、破口或修复过)
- 归档存储位置
- 关键字

每一封信件都具有若干非常明显的测量事实，包括：

- 鉴定价(具体的值或者不适用)
- 收购价(总是呈现)
- 转让价(具体的值或者不适用)
- 修复成本(具体的值或者不适用)
- 宽度
- 高度
- 重量
- 信中附件页数
- 信中附件附图或插画的数量

这一邮政历史存档库的自然粒度就是每封信件一条事实表记录。由于一封信件会经过若干阶段(收购、鉴定、修复、展出以及转让)，因此该事实表最自然的形式就是累计式行项目粒度，就如文章 8.5“基础粒度”中所述。之前列出的维度清晰地显示了对应于事实记录上所描述项的各个阶段的日期“累计式”清单这一特征。

与每一封信件有关的七个日期都是由单个基础日期表所表示的。注意，对于指定信件，有一些日期没有被定义。仅有发件日期和收件日期的估算。要在日期表中提供这些日期的真实值，但日期记录本身需要一种特殊的类型，如“估计差不多一年”。其他的像修复日期、展出日期和转让日期这样的日期还不存在，并且这些事实表中的日期键需要指向日期维度表中特殊的“不适用”记录，而非表示实际日期的记录。

10.5.1　设计关键字维度

结果证明，维度清单中的最后一项是设计的最具相关性的部分。每一封信件都具有鉴定专家添加的一个或多个关键字。这些关键字描述了大量邮政历史存档的相关内容。因为这些信件涵盖了数千种情况和主题，所以关键字没有显著的可预测性或结构。一些关键字描述了信件的主题(美国南北战争、南北战争打响第一枪的查尔斯顿，或者坐在大篷车中旅行)，而其他关键字描述了信件的特殊标记(从海上航程中寄出的或者由于火车事故而延迟)。鉴定专家擅长于以规定方式应用这些关键字，但从字面上来看会存在数百个提取自不同领域的相关关键字会在最终数据库中充当查询的目标。

由于每一封信件都具有不同数量的关键字，因此关键字维度看起来就会像多值维度的合格候选者，正如文章 10.3“为维度建模提供帮助”中所述。我在图 10-13 中显示了用于处理关键字的多值维度的最简单形式。多值维度设计的难点在于事实表和维度表之间的多对多联结。关键字分组键会在事实表和维度表中出现许多次。在维度表中，关键字分组键会为指定信件特定关键字清单中的每一个关键字而重复。一些数据建模工具会阻碍这一多对多联结的定义，并且这些工具会试图强制在事实表和关键字维度表之间放置一个关联的“桥接”表。

假设你已经使用你的数据建模工具开展了工作，并且像图 10-13 所示的那样构建了模式，那么你就仍然面临着严重的查询问题。

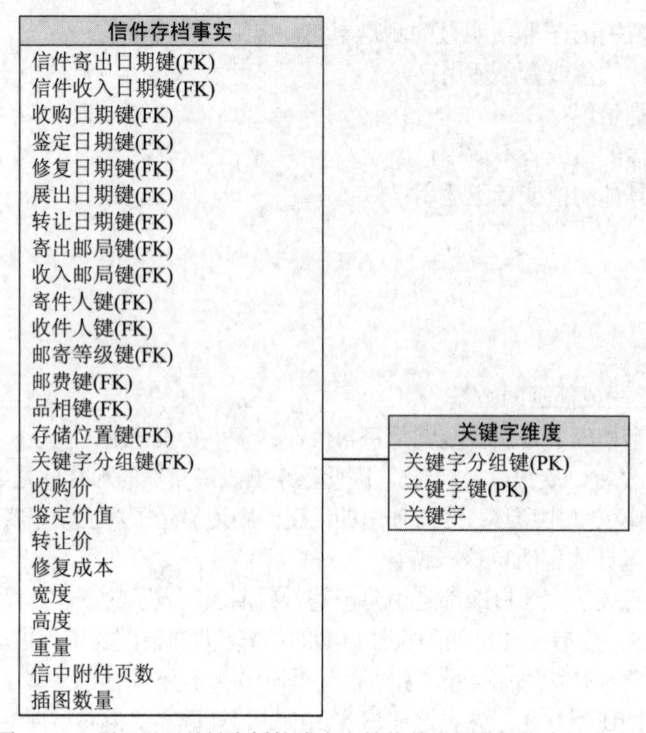

图 10-13 用于显示关键字桥接维度表的信件存档数据仓库的事实表

10.5.2 AND/OR 的两难局面

用户针对邮政历史存档库中关键字的请求可以分为两个同等重要的类别。OR 查询(美国南北战争 OR 美西战争)可以用维度表中关键字字段上的简单 OR 约束来满足。但 AND 查询(美国南北战争 AND 火车事故)比较难以处理，因为 AND 约束实际上是跨关键字维度表中两条记录的约束。众所周知，SQL 在处理跨记录的约束方面很差劲。使用这一设计，最好是运行像下面这样的 SQL 约束：

```
SELECT K1.kwgroupkey
FROM keywordtable K1
WHERE (select COUNT(K2.kwgroupkey)
FROM keywordtable K2
WHERE K1.kwgroupkey = K2.kwgroupkey
AND K2.keyword in ('Civil War', 'train wreck')
GROUP BY K2.kwgroupkey)
= 2
```

该查询中最后的“2”是特定搜索中目标关键字的数量。这一方法很笨拙并且会很慢。它肯定需要一个对终端用户隐藏复杂 SQL 的顾客用户界面。

10.5.3 搜索子字符串

通过将关键字维度的设计修改为图 10-14 中所示的更简单形式，就可以同时移除多对多联结和复杂的嵌入式 SELECT 约束。现在，关键字维度中的每一条记录都包含一个长的文本字符串，该字符串具有信件的所有关键字，这些关键字彼此相连。应该在关键字字段的开头和清单中每一个关键字之后使用一个像反斜杠这样的特殊分隔符。因此包含 Civil War 和 train wreck 的关键字文本字符串看起来就会像这样：

```
\Civil War\train wreck\
```

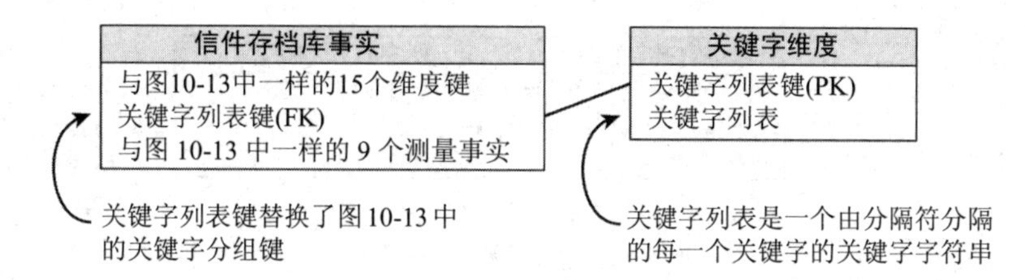

图 10-14　显示包含可变长度文本字符串关键字列表的关键字维度的相同事实表

更注重文本字符串搜索并且在这方面经验丰富的那些读者会担心大小写搜索的歧义。是“Civil War”还是“civil war”？可以通过在数据库中将所有的关键字变换成大小写的一种或者通过使用对大小写敏感的特殊数据库文本字符串搜索函数来解决这个问题。

使用我在图 10-14 中所示的设计，AND/OR 的两难局面就不再存在了。OR 约束看起来会像这样：

```
kwlist like '%\Civil War\%' OR keyword like '%\Spanish American War\%'
```

而 AND 约束具有完全相同的结构：

```
kwlist like '%\Civil War\%' AND keyword like '%\train wreck\%'.
```

%符号是 SQL 中定义的模式匹配通配符，它会匹配零个或多个字符。我们在这些约束中显式使用了反斜杠分隔符来完整匹配期望的关键字并且不会得到像“uncivil warfare”这样的错误匹配。

10.5.4　高性能子字符串索引

在 2000 年以前，使用起始通配符的 SQL 文本约束会非常缓慢，并且许多数据库设计者都不允许使用它们。但是最近几年，这些查询的性能已经得到了如此显著的提升，所以这已经变成了一种首选的技术。此外，现在大多数关系型数据库都支持非常大型的文本字段，多达 64KB 甚至更大。

10.6　可能的桥接(表)弯路

Margy Ross，Design Tip #166，2014 年 5 月 14 日

维度设计通常需要适应多值维度。病人具有多项诊断。学生具有多个专业。消费者具有多种喜好或兴趣。商业顾客具有多个行业分类。员工具有多项技能或认证。产品具有多个可选功能。银行账户具有多个顾客。多值维度挑战是不可避免的跨行业困境。

处理多值维度的一个常用方法就是引入图 10-15 中所示的桥接表。这个图显示了将多个顾客关联到一个账户的桥接表。在这个示例中，桥接为每一个关联到账户的顾客包含了一行。同样，桥接表还为员工技能分组中的每一项技能包含一行。或者为一组产品功能中的每一个功能选项包含一行。桥接表可以介于事实和维度表之间，或者，介于维度表及其多值属性(如顾客及其喜好或兴趣)之间。

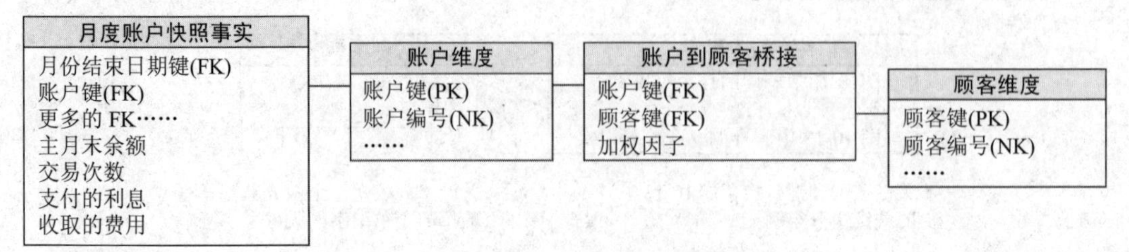

图 10-15　显示账户到顾客桥接表的银行业示例

桥接表是处理关联到事实表测量事件的粒度时具有多值的维度的强有力方式。对于处理不限数量大小的值，它同时具有可扩展性和灵活性。例如，可以轻易地将许多诊断和病人的住院时间关联起来，并且新的诊断可以轻易地适用其中，而无须修改数据库设计。不过，桥接表有其自己的缺陷。易用性通常会受到影响，尤其是因为一些 BI 工具力求生成成功跨越桥接的 SQL。另一个多余的输出就是，按照多值维度分组时所出现的可能重复计数，因为单个事实行的性能指标可以与多个维度行关联，除非为桥接表中的每一行指定一个配置/加权因子。

这里是一些避免使用桥接表的潜在技术。不过，要当心，它们每一种也都具有其自己潜在的缺陷：

1. **修改事实表的粒度以便解决多值维度关系，这需要相应地分配指标**。通常最好是在事实表中处理多对多关系。例如，如果多个销售代表被关联到一个销售事务，就可以将事实表粒度声明为每个销售事务每个销售代表一行，然后为每一行分配销售数量和金额。尽管更自然的粒度会是每个销售事务一行，但进一步细分的粒度看起来对于此场景中的业务用户来说更加符合逻辑。在其他情况下，进一步细分的粒度会毫无意义。例如，如果需要表示顾客的多值喜好，那么将粒度声明为每个销售事务每个顾客喜好一行就没什么意义。那才是非自然的粒度！
2. **指定一个“主要”值**。使用事实表中的单个外键或者维度表中的单个属性来声明一项主要诊断、主要账户持有人、主要专业等，会避免多值挑战。在这种情况下，所有的属性列名称都会具有“primary”前缀。当然，要提供业务规则判定主要关系是不可行的。并且后续仅基于主要关系的分析将不完整和/或使人误解，因为其他多值维度及其属性会被忽略。
3. **将多个命名属性添加到维度表**。例如，如果你在销售宠物用品，那么会在顾客维度中包含标记以便标示狗的购买者、猫的购买者、鸟的购买者等。我们不建议包含十个通用标记的列，如宠物购买者 1、宠物购买者 2 等。命名属性位置设计是吸引人的，因为它会让几乎任何 BI 工具中的查询都具有极佳的、可预测的查询性能。不过，它仅适用于固定且有限数量的选项。你不会希望在学生维度中为大学中每一个可能的专业包含 150 个不同的列，如美术史专业。这一方法并非非常有扩展性，并且新的值需要修改表。

4. **将具有分隔的属性值的单个串联文本字符串添加到该维度**。例如，如果课程可以被两位老师来教授，那么就可以将这两位老师的姓名串联到单个属性中，如|MRoss|RKimball|。在字符串开头和每一个值的后面需要有一个分隔符，如反斜杠或者竖线。这一方法使串联值可以轻易地被显示在分析中。但这样做存在明显的缺陷。串联字符串中的大小写值存在歧义。它不适用于一长串属性。最后，无法容易地通过其中一个串联值来计数/求合计或者通过关联的属性来分组/过滤，如老师的任职状态。

多值维度属性对于许多设计者来说都是现实存在的情况。桥接表技术和这一设计建议中所探讨的可选项有其自己的利弊。不存在唯一正确的策略；你需要判定可以接受哪些折中方案。最后，这些技术并非是互相排斥的。例如，维度模型通常包含一个“主要”维度，它具有事实表中的单一外键，外加一个桥接表来表示多值维度。

10.7　多值维度的可选项

Joy Mundy，Design Tip #124，2010 年 6 月 2 日

事实和维度表之间的标准关系是多对一的：事实表中的每一行都仅会链接到维度表中的一行。在详细的销售事件事实表中，每一个事实表行都代表着特定日期中一个产品到一个顾客的销售。维度表中的每一行，如单个顾客，通常会指回到事实表中的许多行。

维度设计可以包含事实和维度之间更为复杂的多值关系。例如，我们的销售订单输入系统让我们可以收集到与为何顾客选择特定产品(如价格、功能或推荐)有关的信息。根据事务系统设计方式的不同，可以轻易地看出销售订单行如何与潜在的许多销售原因关联起来。

对维度世界中这样一种关系进行建模的健壮、功能完整的方式类似于用于事务数据库的建模技术。销售原因维度表很普通，具有一个代理键，一行对应一个销售原因，并且有若干属性，如销售原因名称、长文本描述和类型。在我们简单的示例中，销售原因维度表会非常小，只有十行。我们不能将销售原因键放入事实表中，因为每一个销售事务都可以与许多销售原因关联起来。销售原因桥接表可以弥补这一缺陷。它会将所有可能(或者观测到)的销售原因集捆绑在一起：{价格, 价格与功能, 功能与推荐, 价格与功能与推荐}。这些原因集合中的每一个都会被单个销售原因分组键捆绑在一起，这个键会被放入事实表中。

例如，图 10-16 显示了一个维度模型，其中的销售事实表会捕获多个销售原因。

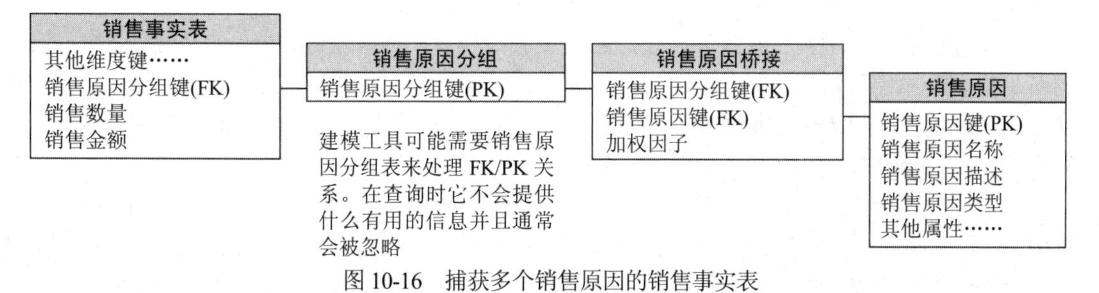

图 10-16　捕获多个销售原因的销售事实表

如果我们有十个可能的销售原因，那么销售原因桥接表将包含几百行。

这一设计的最大问题是其对于即席查询用户的可用性。根据其特性，多值关系实际上会“暴露”事实表。假设有一个未经良好培训的业务用户，他试图构造一个返回一组销售原因和销售金额的报告。这份报告非常容易会重复统计具有多个销售原因的事务的事实数量。桥接表中的加权因子旨在处理这一问题，但用户需要知道该因子是做什么的以及如何使用它。

在我们所探讨的示例中，对于追踪销售情况的关键事实表来说，销售原因会是非常小的增补项。同时出于即席查询和结构化报告的目的，销售事实表在组织中会被许多用户群所使用。对于全功能桥接表设计所带来的可用性问题，有几种方法可以解决。这些方法包括：

- 对大多数用户隐藏销售原因。可以发布两个版本的模式：结构化报告和少数高级用户所使用的完整版本，以及为更多普通用户使用而消除销售原因的版本。
- 通过压缩多个答案来消除桥接表。将一行添加到销售原因维度表：“选择的多个原因”或通过一个独特分隔符包围每一个销售原因来串联它们，如通过反斜杠，然后使用起始和结尾通配符检索，如文章 10.5“关键字维度”中所述。

让这一方法更加可取的一种方式是，让维度结构具有两个版本，并且直接在事实表中放入两个键：销售原因分组键和销售原因键。共享给大多数普通用户的这个模式视图仅会显示简单关系；用于报告团队和高级用户的视图也可以包含更完整的桥接表关系。

- 识别单一主要销售原因。基于事务系统中的一些逻辑或者通过业务规则的方式来识别一个主要销售原因是可行的。例如，业务用户会告诉你，如果顾客选择价格作为销售原因，那么从分析角度来看，价格就是主要的销售原因。根据我们的经验，要从业务用户处榨取出可用的算法相对来说不太可能，不过值得一试。使用前面的方法，就可以将这一技术和桥接表方法结合起来用于不同的用户群。
- 以图 10-17 中所示的销售原因为中心。如果多项选择空间的范围很小——换句话说，如果只有很少的可能销售原因——则可以通过创建具有每个选择一列的维度表来消除桥接表。在我们之前使用的示例中，销售原因维度会具有价格、功能、推荐以及其他每个销售原因的列。每个属性都会具有是或否的值。

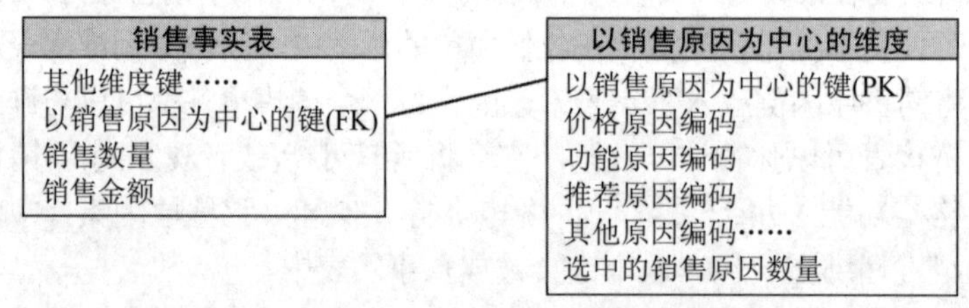

图 10-17 被建模为中心销售原因维度的多个销售原因

这一方法解决了事实表暴露的问题，但确实会在销售原因维度中造成一些问题。只有具有相对小数量的域值时该方法才是实用的，是 50 个或者 100 个。原始维度中的每一个属性都会展现为每个域值一个额外列。最大的缺陷在于，域中的任何变更(添加另一个销售原因)需要在数据模型和 ETL 应用程序中进行变更。

尽管如此，但如果多值维度对于广泛的即席查询用户群很重要，并且具有相对小且静态的域值集，那么这一方法就会比桥接表技术更具吸引力。业务用户构造富有意义的查询会更加容易。

显然，中心维度表并不适用于所有多值维度。多值维度的典型示例——病人住院期间的多项诊断——具有大得多的要适应中心结构的可能域值。

多值维度的桥接表设计方法，Kimball Group 在过去数十年曾多次描述过它，这个方法仍旧是最好的。但该技术需要受过良好培训的用户群，而用户培训似乎会是削减预算时第一个被砍掉的部分。在一些情况下，可以通过为即席查询用户群提供一种可选的且更简单的结构来减轻可用性的问题。

10.8　将微型维度添加到桥接表

Ralph Kimball，Design Tip #136，2011 年 6 月 28 日

经验丰富的维度建模者都熟知将多值维度附加到已有事实表的挑战。当事实表的粒度令人信服且明显，然而其中一个维度具有该粒度的许多值时，就会发生这种情况。例如，在医生诊所中，当进行了手术之后，医生所开具账单上的行项目就会被创建。单独行项目的粒度就是代表医生所开具账单的事实表的最自然粒度。明显的维度包括日期、提供者(医生)、病人、位置和手术。但诊断维度通常是多值的。

另一个常见的示例是银行账户定期快照，其中的粒度是每账户每月。这个示例中明显的维度就是月份、账户、分行以及家庭。但由于指定账户上有“许多”顾客，那么我们要如何将单独的顾客附加到这一粒度？

这两种情况的解决方案就是包含所需多对多关系的桥接表，如图 10-18 所示。

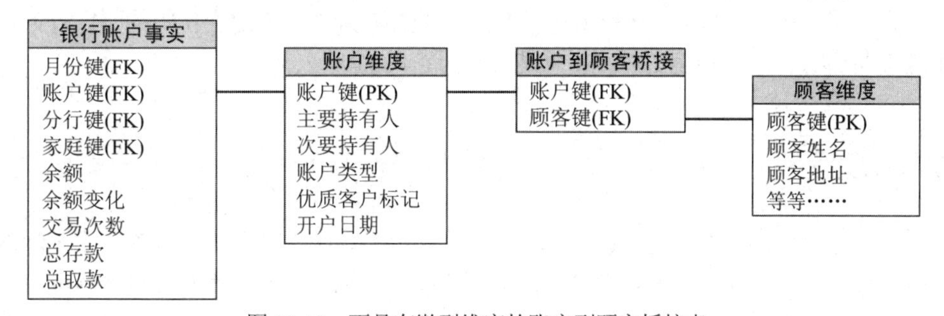

图 10-18　不具有微型维度的账户到顾客桥接表

账户到顾客桥接表正是关系型理论家所说的“关联”表。其主键是指向账户维度和顾客维度的两个外键的组合。进一步研究，我们发现所有这些桥接表示例往往都是链接两个维度的关联表。

在银行账户示例中，这个桥接表会变得非常大。如果我们有 2000 万个账户和 2500 万个顾客，那么如果账户维度和顾客维度都是渐变类型 2 维度(其中我们在变更发生时通过生成具有新键的新记录来追踪这些维度中的历史)的话，桥接表就会在数年后增长到数亿行。

现在经验丰富的维度建模者会问：“当我的顾客维度被证明是所谓的快速变化的庞大维度时，会发生什么？”当快速变化的人口统计和状态属性被添加到顾客维度时就会出现这种情况，它会强制对顾客维度增加大量的类型 2 添加项。现在 2500 万行顾客维度的威胁就会变成数亿行。

对于快速变化的庞大维度的标准回应就是，将快速变化的人口统计和状态属性划分到一个微型维度中，我们称为人口统计维度。当这个维度直接附加到与像顾客这样的维度一起的事实表时，这个微型维度就会发挥巨大作用，因为它会让大型顾客维度变得稳定并且让它免于在每次发生人口统计或状态变化时增长。不过当顾客维度被附加到桥接表时我们可以像银行账户示例中一样得到这一相同的优势吗？

解决方案是，将桥接表中引用的外键添加到人口统计维度，如图 10-19 所示。

形象化桥接表的方式是，对于每一个账户，桥接表都会链接到该账户每一个顾客和每个顾客的人口统计。现在桥接表自身的键会由账户键、顾客键和人口统计键构成。

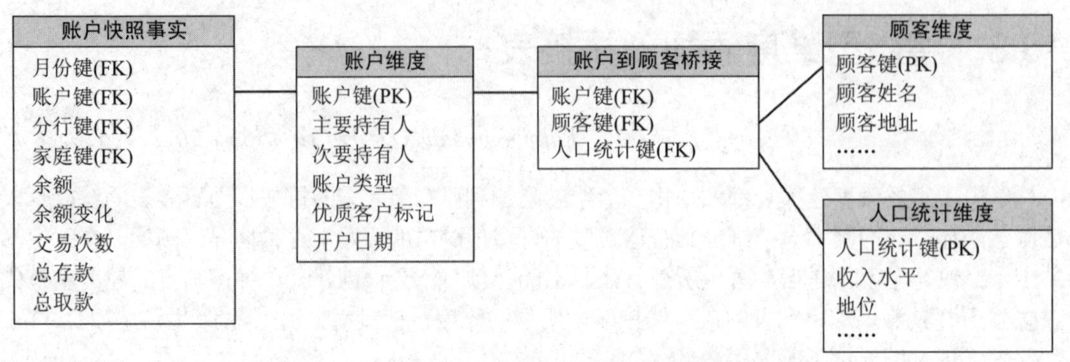

图 10-19 具有人口统计微型维度的账户到顾客桥接表

根据新人口统计被分配到每一个顾客的频率的不同，桥接表会有所增长，还会显著增长。在图 10-19 中，因为根银行账户事实表的粒度是每账户每月，所以该桥接表应该被限制为仅在月末记录的变更。这会让桥接表的压力变得小一些。在我的课堂上，由于设计变得更加复杂，我通常会在某些时候说，“那并非 Ralph 的过错”。我们越细致地追踪变化中的顾客行为，我们的表就会变得越大。添加更多的 RAM 总是会有所帮助的……

处理层次结构

大多数维度表中都存在分层的多对一关系。幸运的是，大多数层次结构都是固定深度的，因此可以将它们非标准化成扁平维度表中的列。当层次关系具有参差不齐的可变深度时，情况就会变得更加有意思(并且复杂)了，正如我们要在这一节中所探究的那样。

10.9 维护维度层次结构

Joy Mundy，Intelligent Enterprise，2008 年 10 月 27 日

维度是导航数据仓库的关键，而层次结构是导航维度的关键。通常业务用户会希望在数据中向上或向下钻取；他们就是在隐式地涉及维度层次结构。为了让那些钻取路径正常发挥作用，那些层次结构必须被正确设计、清理和维护。

层次结构并非仅对于可用性才重要。它们在现代 DW/BI 系统的查询性能中发挥着巨大作用：聚合通常是为中间层级预先计算和存储的，并且被透明地用在查询中。预先计算的聚合是提升查询性能的其中一项最有价值的工具，但为了让其发挥作用，就必须清理层次结构。

10.9.1 从设计开始入手

对于维护层次结构的问题，其解决方案开始于设计阶段期间。对于每一个重要维度，都要花费时间来思考层次结构关系。业务用户的输入绝对是急需处理的，因而需要花费时间探究数据。

要解决的第一个问题就是，向下钻取路径或者每个维度中的层次结构是什么？大多数维度都有一种层次结构，即便该层次并未在事务系统中编码。像顾客、产品、账户甚至日期这样的核心维度会具有许多层次结构。日期提供了我们都能很好理解的好示例。

日期维度通常具有三个或更多个层次结构。新入门的维度建模者会尝试创建从日到星期、月份、季度和年份的单一层次结构。但那样做是不行的！星期无法平顺地汇总成月份或年份。通常存在一个单独的财务日历，并且有时还有其他的一些财务日历。

图形化显示这些层次结构，以便与业务用户一起对其进行评审。图 10-20 清晰地显示了将会提供的不同层次结构和级别。注意那些在不同级别上应用的属性。这幅图是适用于与用户交流以及在 DW/BI 团队之间交流的图形化显示；它不代表数据表的物理化结构。要让用户认可这些层次结构、级别和名称。同样重要的是，验证有多少转换需要应用到真实数据以便填充这些层次结构。

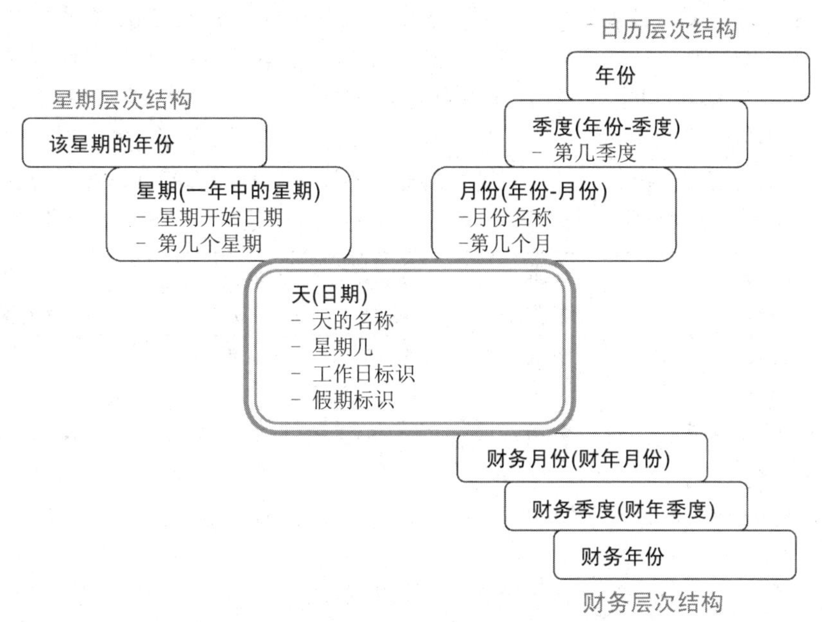

图 10-20　多个日期层次结构的图形化表示

这一常见的日期维度包含了适用于所有维度管理的培训内容：

- 可以使用多个层次结构。大多数有意义的维度都具有几个可选的层次结构。要与业务用户一起对列和层次结构命名，以便每一个的含义更为清晰。
- 必须让每一个级别之间具有多对一引用完整性：一天仅汇总到一个月，一个月仅汇总到一个季度，而一个季度仅汇总到一个年份。
- 如果 ETL 系统(而不是原始源)使用显式物理表为每一个级别维护引用完整性，那么就必须识别出每一个级别的唯一主键。如果这些键是人工生成的代理键，那么在数据仓库展示层的最终单一、扁平非标准化的维度表中就应该对业务用户隐藏它们。常见的一个错误是，将月份级别键看成月份名称(一月)或者第几个月。正确的主键是年份和月份。同样，如在位置维度中，单独的城市名称并非一个标识符列；标识符列需要城市、州甚至是国家的一些组合。

- 在设计阶段仔细考虑列是否可以在层次结构之间重用。你会认为星期层次结构可以与日历层次结构共享年份列，但年份的第一和最后一个星期又该怎么办？如果我们的业务规则是从该年的第一个星期一开始算作新一年的第 1 个星期，那么 2015 年的第 1 个星期就会从 1 月 5 日开始。1 月 1 日到 1 月 4 日将归属于 2014 年的星期层次结构中。需要一个单独的星期归属年份列。有时你确实会希望这些层次结构相交，但必须确定数据支持这种相交。

10.9.2 加载标准化数据

日期维度层次结构易于被加载和维护。没有比日历更具预测性的东西了，并且它无须用户介入。

如果源系统有缺陷，那么随时间推移而管理层次结构就会很痛苦。理想的情况是，应该在数据仓库之前的事务系统或者主数据管理(master data management，MDM)系统中维护层次结构。有了合格的源数据，数据仓库就绝不会得到格式不正确的数据。在真实环境中，我们并非总是如此幸运。数据仓库团队已经管理主数据数十年了，并且在许多组织中还将继续如此。

思考一个零售商店的产品维度，它具有从产品到品牌、类别和部门的层次结构。在这个示例中，产品层次结构并非事务系统正式的一部分，相反，它是由市场营销部门的业务用户来管理的。当我们一开始加载数据仓库时，我们的输入数据看起来会像图 10-21 中所示的一样。

SKU	产品名称	品牌名称	类别名称	部门名称	部门面积(平方英尺)
101	Baked Well 面包	Baked Well	面包	面包部门	150
102	Fluffy 全麦面包片	Fluffy	面包	面包部门	150
103	Fluffy 简装全麦包	Fluffy	面包	面包部门	150
951	无脂肪迷你肉桂卷	Light	甜面包	面包部门	150
952	节食爱好者香草冰淇淋	Goldpack	冷冻甜食	冷冻食品部门	200
953	Icy Creamy 草莓	Icy Creamy	冷冻甜食	冷冻食品部门	200
954	Icy Creamy 三明治	Icy Creamy	冷冻	冷冻食品部门	200

图 10-21 产品维度的样本源数据

此处描述的场景并非很理想：源系统没有很好地维护这个产品维度。其中大多数信息都很好，但注意数据的最后两行：类别中存在打字错误，这会破坏引用完整性。一行中的“Icy Creamy”品牌汇总到了冷冻甜食类别，而另一行汇总到了冷冻。这是不允许出现的情况。

在实际开始构建 ETL 系统之前应该及早找出并且修复像这样的问题。ETL 系统必须执行检查以便确认每个类别汇总到一个部门，并且每个品牌汇总到一个类别。但是当真正加载历史数据时，应该与源系统团队和业务用户共同协作以便修复数据错误。

真正的挑战在于持续进行的维度表更新。我们没有时间在每晚处理期间让人检查可疑的行并且智能判定需要做什么。如果传入 ETL 系统入口的数据可疑，则 ETL 系统就无法在不良数据和有意的变更之间做出区分。这是开发原型或者概念验证的危害之一。一次性修复数据很容易；要随着时间推移而保持数据的干净则很难。

10.9.3 维护真正的层次结构

干净的源数据是十分必要的。真正的层次结构通常是在标准化表中维护的，如图 10-22 所示。理想的情况是，这一维护任务完全发生在数据仓库之前，要么在源事务系统中，要么在主数据管理系统中。

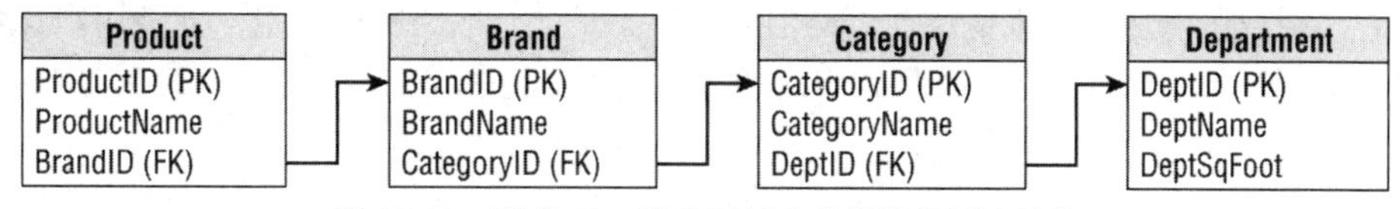

图 10-22 源或 ETL 准备区域中的标准化层次结构

可以编写一个 ETL 过程来将这一完美架构的数据移动到维度表中；这是两个步骤的处理过程。从层次结构(部门)的顶层开始，并且在准备区域的标准化表中执行插入和更新。向下处理到叶级节点(产品)。准备区域的表看起来会类似于之前介绍过的样本产品层次结构表中的结构。一旦执行了提取步骤并且已经准备好了所有的层次结构数据，编写一个查询将这些表联结到一起并且从准备区域执行标准维度处理到数据仓库维度中。

数据仓库中的产品维度应该被非标准化成单一扁平的维度表。之前揭示的标准化是用于源系统和 ETL 准备区域的设计模式，而非用户查询的实际维度表。

10.9.4 应对脏数据源

并非每个人都有良好设计的具有像上一节中所述的那样标准化层次结构的源系统。在 DW/BI 领域，层次结构由业务用户管理的情况很常见。事务系统往往仅具有足够执行其任务的信息，并且业务用户通常对于替换、更丰富的汇总以及属性都有合理的理由。你能做些什么呢？

- **修改源系统**。这是不可能的，除非你的组织编写了那些系统。
- **购买以及实现管理定义和维护层次结构过程的主数据管理(MDM)系统**。这是最佳解决方案，尽管 MDM 在软件授权方面很昂贵，并且在管理承诺和关注度方面更是如此。
- **编写一个小应用程序来管理特定的用户层次结构**。保持设计的简单性，仅解决所面临的问题，比如产品层次结构。如果失去自制力，那么你会发现相当于在开发一个 MDM 解决方案。

一个真正的层次结构在其每一个级别之间都具有引用完整性。记住，这从根本上来讲是 ETL 后台或源系统中要强制实现的数据质量；它通常不会被带入展示区域作为单独的表或者表的星型模式。当一个维度具有真正的层次结构时，你就会收获两大好处：

- **你将能够在层次结构的中间层定义和维护预先计算的聚合**。换句话说，你可以在月份或品牌级别预先计算和存储一个聚合。预先计算的聚合是提升 DW/BI 系统查询性能的其中一个最重要的工具。

- **你将能够集成不同粒度级别的数据**。有时数据会自然存在于聚合级别。例如，我们的店铺会根据月份和类别制定长期的销售预测。我们可以在类别级别创建一个维度子集来关联预测事实，然后将实际销售和预测销售联结在一起，但是这样做的前提就是，当且仅当产品层次结构是真正的层次结构时。

10.9.5 让它执行起来

那些使用大型数据仓库的人，尤其是那些使用大型维度的人，需要关心维度层次结构。预先计算聚合的性能好处是巨大的，并且它们会促进或者损害 DW/BI 系统的可用性。要认识到这些好处，就必须实现在源或主数据管理系统中正确维护层次结构信息的过程。

同时，用户可以从看起来像层次结构但实际上不是的导航路径中获益。业务用户具有希望将信息分组到一起的合理原因，并且我们的任务不仅是要让其可行，还要让其容易且响应迅速。

10.10 为层次结构提供帮助(Kimball 经典)

Ralph Kimball，DBMS，1998 年 9 月

在文章 10.3 “为维度建模提供帮助” 中，我探讨了使用一个桥接表来应对一个维度对于每一条事实表记录使用多个值的情况。在本节中，我会应对另一个现实环境建模中的情况，其中我们要借助事实表和维度表之间的另一个桥接表。不过，在这种情况下，使用它的原因并非是由于多对多关系。这一次维度具有可变深度的复杂层次结构。

思考图 10-23 中所示的简单业务情况。可以想见，该事实表代表了一家名称为 Big Nine Consultants 的虚构公司向各种企业客户提供咨询服务所获得的收益。该事实表的粒度就是发送给其中一个企业客户的每一张咨询服务发票上的行项目。

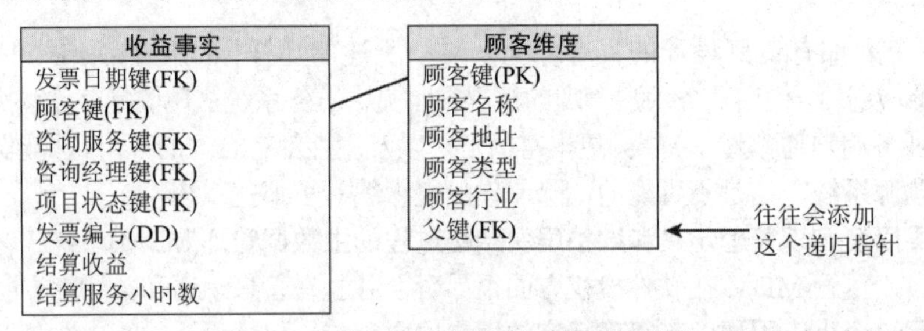

图 10-23 粒度是单独发票行项目的事实表

发票编号是退化维度，因为在尝试从这个键生成常规维度时，你会发现已经在其他维度中使用了所有相关的信息，这些维度也已经存储了这个键。你想要在设计中包含这些键，因为它们是对特定发票或票据上的行项目进行分组的基础，但在没有用于这些键的属性时，无须费心创建一个维度。

在图 10-23 中，主要的重心放在了顾客维度上。使用这一模式设计，就可以通过约束和分组顾客维度中的各种属性来运行所有种类的相关查询。可以为顾客任意配置的咨询服务加总咨询收益和结算服务小时数。

在处理这一发票业务过程的设计时，一个用户访谈的参与者会指出，用于最大和最复杂顾客的咨询服务是针对几种不同的组织级别来销售的。这个用户希望创建显示不仅包含向个体顾客售出的咨询服务总计，还包含向部门、子公司和整个企业售出的咨询服务总计的报告；该报告仍旧必须正确加总每一个组织结构的单独咨询收益。图 10-24 显示了一个简单的组织结构，其中树的每一个节点都是购买咨询服务的顾客。

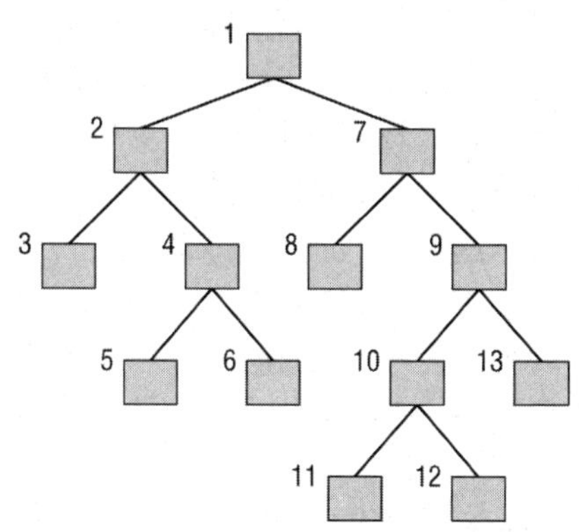

图 10-24　Big Nine Consultants 向其销售咨询服务的顾客组织的示意图

图 10-23 不包含任何关于这些单独顾客彼此相关的信息。存储此类信息的一种简单的计算机科学方法会将一个父键字段添加到顾客维度。这个父键字段会是一个递归指针，它会包含用于任何指定顾客父节点的正确键值。任何指定整体企业中的最顶层顾客都需要一个特殊的空值。尽管这个简单的递归指针会让你可以表示任何深度的任意组织的树结构，但存在一个致命的问题会破坏其在数据仓库中的使用。

这个问题就是，无法将递归指针和 SQL 结合使用以便将维度表和事实表联结起来并且为一组组织加总咨询服务收益或咨询服务小时数，如图 10-24 所示。广泛使用的 1998 ANSI 标准 SQL 并未试图要处理递归指针(尽管 1999 年的标准修正了这一点)，甚至像 Oracle 的 CONNECT BY 这样的机制都不能让你在相同的 SQL 语句中像 CONNECT BY 那样使用联结。因此在 Oracle 中，尽管可以通过维度表总的递归指针字段来枚举所定义的组织层次结构，但无法通过将维度表联结到事实表来对数据相加求和。

相较于使用递归指针，可以通过在维度表和事实表之间插入一个桥接表来解决这个建模问题，如图 10-25 所示。令人惊讶的是，不必对维度或事实表做任何变更；只需要打开联结并且插入桥接表即可。

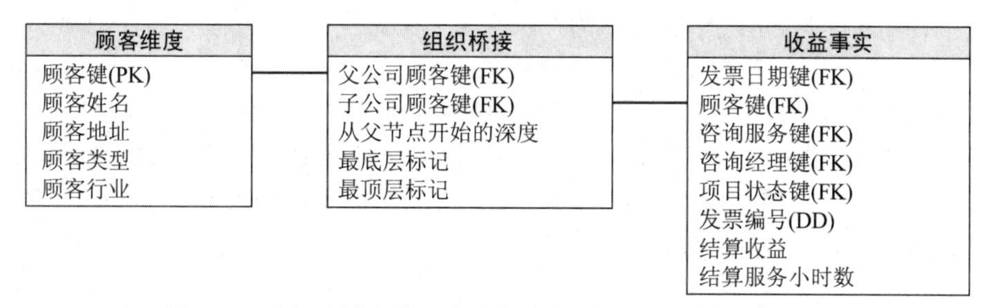

图 10-25　用于导航组织层次结构的事实和维度表之间的桥接表

对于组织树中从每一个节点开始到其自身以及到其下每一个节点的每一条单独路径，该桥接表都包含了对应的一行。因此，桥接表中的记录要比树中的节点多。对于图 10-24 中所示的组织，我们需要在图 10-25 的桥接表中具有总计 43 条记录。试试看你是否能够算出这个结果。

如果顺着这棵树从某个选中的父公司下降到各个子公司，那么就是在将维度表联结到桥接表以及将桥接表联结到事实表，如图 10-25 所示。从父节点开始的深度字段会计算子公司位于父公司以下多少级。只有当子公司其下没有进一步的节点时，最底层标记字段才为真。只有当父节点之上没有进一步的节点时，最顶层标记字段才为真。

这一设计的好处在于，可以针对顾客维度表设置任意常规的维度约束，在这类约束下，选择单个顾客，桥接表将联结到该顾客的所有事实表记录及其所有子公司，以便正确汇总。换句话说，可以使用标准关系型数据库以及标准查询工具来分析该层次结构。

如果从父节点开始的深度字段等于一，那么只有被直接约束顾客的中间子公司才会被汇总。如果最底层标记为真，那么只有被直接约束顾客的最底层子公司会被汇总。

图 10-25 中所示的联结可以让你从直接约束的节点往下汇总组织结构。通过反转联结(例如，将顾客维度主键连接到子公司顾客键)，转而就能向上汇总组织结构。当从父节点开始的深度等于一时，指向的就是被直接约束顾客的中间父公司。当最顶层标记为真时，就选择了被直接约束顾客的最顶层父公司。

可以通过将开始生效日期和失效日期添加到桥接表中的每一条记录来泛化这一模式。这样，就可以表示变化的组织结构。如果在桥接表中添加这些开始生效和失效日期，则必须总是将桥接表约束为开始生效和失效日期之间的某个日期，以避免无意义的重复计算。这样，就可以将组织图冻结为单个精心定义的快照。当一组节点从组织结构的一个部分移动到另一个部分时，比如在一场收购中，只有指向从外部父节点到所移动结构的路径记录才需要被修改。所有指向完全在所移动结构内部的路径记录都不会受到影响。这就是相对于其他树型表示模式的优势，其中其他树中所有的节点都需要按全局顺序排序。另外，其他这些表示模式通常都不会保留这一模式所具备的能力，即用标准 SQL 汇总相关事实表中结果的能力。

如果有一个组织，其中一个子公司被两个或更多父公司联合所有，则可以将一个加权因子字段添加到桥接表。严格来讲，这不再是一棵树了。我将其称为不规则树。在具有联合所有权的不规则树的情况下，要识别那些具有两个或更多个直接父节点的节点。每个父节点所有权的比重已经被识别出来了，并且该联合所有节点的比重之和必须等于一。现在从任何父节点开始到该联合所有节点位置或者经过该联合所有节点的每一条桥接表记录都必须使用正确的加权因子。如果要在设计中显示，那么该加权因子就必须在查询时乘以所有汇总自事实表的所有累加式事实。这样，要正确计算(原始示例中的)咨询服务收益和总的服务小时数，就需要沿着树向上加总。

也可以使用这一向上加总到某个点的方法对生产制造零件分类建模。可以处理生产制造零件分类的树结构以便符合这篇文章所探讨的示例。甚至可以用与联合所有子公司相同的方式来表示一个重复的零件，尽管在这个示例中不需要加权因子，因为零件实际上只是重复，而非共享。将这一方法用于生产制造零件分类的主要限制在于，一个绝佳范例中出现的零件和组件的绝对数量。具有数十万或数百万组件的大型零件分类会产生具有“比宇宙中分子还要多的记录”的桥接表。某些时候，这个桥接表会变得不可行。

10.11　用于更好的员工维度建模的五个选项

Joy Mundy，Intelligent Enterprise，2009 年 8 月 17 日

大多数企业数据仓库最终都将构建一个员工维度。员工维度可以被丰富地修饰，不仅包含姓名和联系信息，还包含与工作相关的属性，比如职务名称、部门成本编码、雇佣日期，甚至是与薪水有关的信息。员工的一个非常重要的属性就是员工所属经理的标识。对于所有经理，我们都会希望沿着“汇报”层次结构向下处理，找出其直接向其报告的活动或者其整个组织。对于所有员工，我们都希望沿着层次结构向上处理，识别出其整个管理链。这一汇报对象层次结构为粗心大意的人提供了重要的设计以及管理挑战。这篇文章描述了用于在维度模型中包含这一关系的方法。

员工维度的基础结构如图 10-26 所示。汇报对象层次结构的唯一特性就是，经理也是员工，因此员工具有指向其自身的外键，从经理键到员工键。

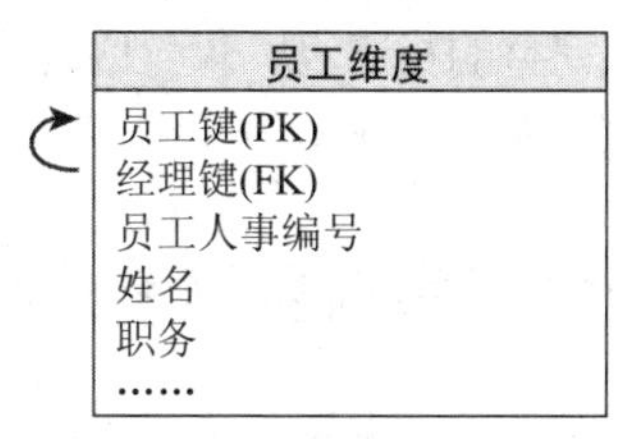

图 10-26　员工维度和汇报对象层次结构的基础结构

刚接触维度建模的人也许认为这个表的设计完全正确，因为全面描述了经理/员工关系。假设可以填充该表，那么如果 OLAP 环境被用于查询这部分数据，则当前的设计就会有效。流行的 OLAP 工具包含了一种父-子层次结构，相较于像图 10-26 中所建模的可变深度层次结构，这种父-子层次结构可以平稳优雅地运行。这就是 OLAP 工具的其中一个优势。

不过，如果希望在关系型环境中查询这个表，就必须使用 Oracle CONNECT BY 语法。这毫无吸引力并且不可行：

- 并非每一个 SQL 引擎都支持 CONNECT BY。
- 甚至支持 CONNECT BY 的 SQL 引擎都不支持在相同的查询中使用 GROUP BY。
- 并非每一个即席查询工具都支持 CONNECT BY。

10.11.1　选项 1：使用代理键的桥接表

汇报对象或者可变深度层次结构问题的经典解决方案如图 10-27 所示。图 10-26 中所示的相同员工维度表会通过一个桥接表与事实表关联。

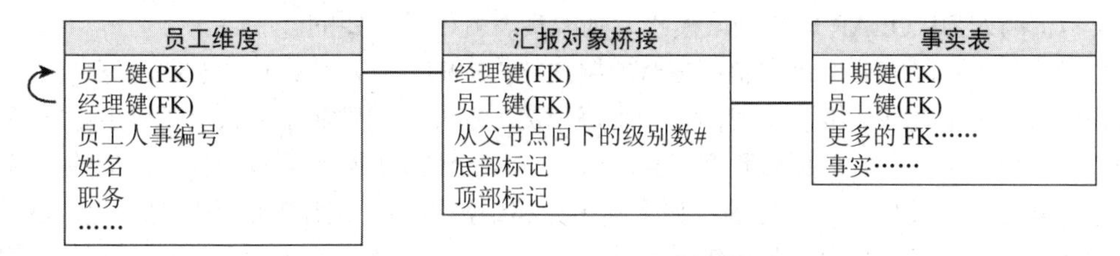

图 10-27　用于汇报对象层次结构的经典关系型结构

对于从层次结构中的一个人到其下任何人的每个路径，汇报桥接表都包含了一行。这一结构可被用于报告每个人的活动、其整个组织的活动，或者从经理向下到特定数量级别的活动。

这一设计存在一些微小的缺点：

- 桥接表的构建具有一些挑战性。
- 桥接表中具有很多行，因此查询性能会受到影响。
- 即席使用的用户体验有些复杂，虽然我们曾经看到许多分析师都能有效地使用它。
- 为了向上钻取，就要沿着管理链向上而非向下聚合信息，必须反转联结路径。

当我们希望将员工维度和汇报对象层次结构作为渐变类型2维度来管理时，就会面临重大的挑战。这个桥接表理论上仍旧有效；问题在于，要暴露员工和桥接记录以便追踪变更。

为了理解这个问题，可以回顾图10-26并且将其视作一家具有20 000名员工的中型公司的类型2维度。假设CEO有10个高级VP向其汇报。我们对其赋予会生成一个新行也就是新员工键的类型2变更。现在，有多少员工被指向该CEO作为他们的经理？这是一个全新的行，因此自然没有现有的行指向它；我们需要增加10个新的类型2行用于每一个高级VP。这一变化会波及整个表。我们最终要复制完整的员工表，仅仅因为一行中的一个属性变更。即使不考虑数据量爆炸这一明显的影响，仅仅梳理哪些行需要被增加的逻辑都会是一个ETL噩梦。

10.11.2 选项2：具有单独汇报对象维度的桥接表

当层次结构变更与维度中其他类型2变更混杂在一起时，追踪像员工汇报层次结构这样的可变深度层次结构中的变化历史尤其具有挑战性。一个显而易见的解决方案就是，从汇报对象关系分离出员工维度。通过移除自引用关系来简化员工维度，并且创建一个新的汇报对象维度，如图10-28所示。

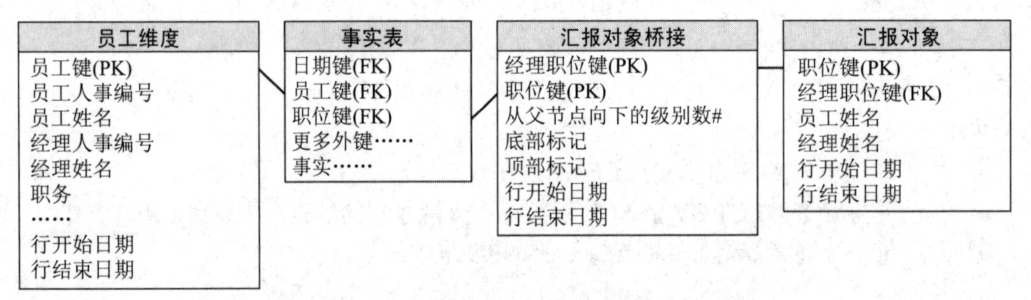

图10-28 分离员工和汇报对象(或职位)维度

将这一设计与图10-27中所示的经典结构区分开来的关键要素是：

- 它消除用于将经理关联到员工维度的代理键，因而也就消除递归外键关系。
- 汇报对象维度具有非常少的列：代理键、人事编号以及姓名。
- 如果仅使用OLAP来查询该模式，则桥接表就不是必要的。

如果业务用户不需要追踪完整汇报对象层次结构中的变更，那么这个解决方案就会巧妙地发挥作用。员工是类型2维度。我们看到了每个员工的经理的姓名。如果员工维度中的经理姓名是作为类型2来管理的，那么我们就会轻易地从员工维度中看到所有历史上老板的姓名。如果汇报对象是作为类型1来管理的，那么其填充和维护也不会比经典的解决方案更加困难。

如果业务用户绝对必须看到报告关系的历史，那么这一解决方案就会具有挑战性。我们已经通过分离汇报对象和员工维度来简化了管理问题，但如果我们得到了一个主要的组织变更，则仍旧必须要同时在汇报对象和桥接表中增加大量的新行。

10.11.3　选项 3：具有自然键的桥接表

为了追踪汇报对象层次结构中对于非寻常数据量的其他任何内容进行的变更，我们需要一个确实不使用代理键的解决方案。图 10-27 中描述了这一经典结构，它在查询时会有效工作，但它具有维护上的挑战。图 10-29 中揭示了我们的自然键选项。

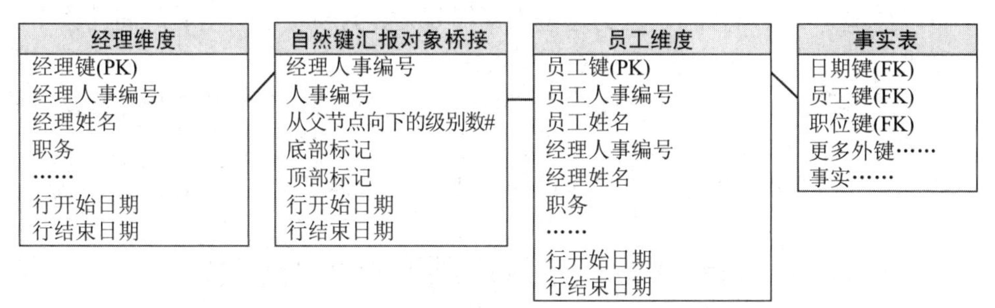

图 10-29　追踪具有自然键桥接表的汇报对象关系中的历史

相对于选项 1 的经典结构，这一设计的关键要素是：

- 从员工维度中消除经理的代理键，因而也就消除递归外键关系。
- 在该模式中包含员工维度两次，一次作为员工(直接链接到事实表)，另一次作为经理(通过桥接表链接)。经理维度表就是员工维度的数据库视图。
- 桥接表是基于员工数量来构建的——源系统中提供的自然键——而非数据仓库代理键。它就像是经典的桥接表，只不过我们需要开始和结束日期来唯一区别每一行。
- 桥接表中增加的新行实际上比之前要少，因为当汇报关系发生变化时会添加新的行，而不是任何类型 2 员工属性被修改时添加(如图 10-27 中所示的那样)。基于自然键构建的桥接表在管理的难易度上面会小一个量级，不过仍然十分具有挑战性。

首要的设计目标在于，要能够找出与事实表中测量事件发生时所构造组织相同的与经理及其整个组织相关的所有事实行。这是一个复杂的查询：

- 要从员工维度的经理视角，找出我们关注的经理。
- 联结到桥接表以便找出员工在其组织中的人事编号以及行日期。
- 再次联结到员工维度以便找出这个人在组织中的代理员工键。
- 最后，联结到事实表以便选出所有与这些员工相关的事实。
- 到桥接表和员工经理视图的联结必须约束为仅选出在事实事务发生时有效的一行。

```
SELECT Manager.ManagerName, Employee.EmployeeName,
   SUM(FactTable.SomeFact) AS OrganizationalSum
FROM FactTable
INNER JOIN Employee -- standard dimensional join
   ON (FactTable.EmployeeKey = Employee.EmployeeKey)
INNER JOIN NKBridge -- needs a date constraint
   ON (Employee.PersonnelNum = Bridge.PersonnelNum
   AND Fact.DateKey BETWEEN Bridge.RowStartDate and
```

```
    Bridge.RowEndDate)
INNER JOIN Manager -- needs a date constraint
    ON (Bridge.MgrPersonnelNum = Manager.MgrPersonnelNum
    AND Fact.DateKey BETWEEN Manager.RowStartDate AND
    Manager.RowEndDate)
WHERE Manager.ManagerName = 'Name of specific person'
GROUP BY Manager.ManagerName, Employee.EmployeeName
```

自然键桥接表方法不太实用。其主要优势是其对于维护切实可行。它还能避免将汇报关系像选项 2 中那样分解成单独的维度。任何不涉及汇报对象结构的查询都可以去除桥接表和经理维度视图。其缺陷包括：

- 查询性能是一个关注点，因为这些查询很复杂并且桥接表会随着时间推移而变得非常大。
- 该技术不适用于广泛的即席使用。仅有一小部分高级用户有望掌控这一复杂的查询结构。
- 该技术依赖于表之间的动态"日期区间"联结，因而无法在 OLAP 技术中实现。

10.11.4 选项 4：强制实现固定深度层次结构的技术

人们倾向于将该结构强制实现为一个固定深度的层次结构。甚至一家大型公司都具有少于 15~20 个管理层级，这会被作为员工维度中的 15~20 个附加列来建模。你需要实现一个应对未来不可避免的例外情形的方法。图 10-30 中揭示了固定深度的员工维度表。

员工组织级别编号会告诉我们可以在层次结构顶部以下多少级找到这个员工。通常我们会用员工姓名填充较低的级别。

在查询时，如图 10-30 中所示的强制实现的固定深度层次结构方法对于关系型和 OLAP 数据访问都能平稳运行。最大的难题在于，要培训用户首先查询组织级别编号以便找出员工所位于的级别——例如级别 5——然后对该列进行约束(级别 05 的经理姓名)。使用这一方法的设计必须非常谨慎地评估这一两步查询过程是否真的能与特定查询工具一起使用，并且要考虑对业务用户的培训成本。查询性能应该会比包含桥接表的设计有大幅提升。

图 10-30 强制实现的固定深度的汇报对象层次结构

该强制实现的固定深度方法是可维护的，但你会看到大量的类型 2 增加行。如果整个固定深度的层次结构是作为类型 2 来管理的，那么新的 CEO(级别 01 的经理)就会为每一个员工产生一个新行。有些组织选择将顶层的几个级别作为类型 1 来管理作为折中方案。

10.11.5　选项 5：路径字符串属性

两年前，Kimball University 建模课堂中的一位聪明的学生描述了一种方法，该方法允许在无须使用桥接表的情况下建模复杂紊乱的层次结构。此外，这个方法还能避免选项 1 中所描述的类型 2 SCD 数据爆炸，并且它在 OLAP 和 ROLAP 环境中都能同等良好地运行。

"路径字符串"属性是员工维度中的一个字段，它包含从最顶级经理向下到特定员工的路径编码，如图 10-31 所示。在该层次结构的每一个层级上，节点都是从左至右按照 A、B、C、D 等来标记的，并且从最顶层父节点开始的整个路径都是在路径字符串属性中编码的。每一个员工都具有一个路径字符串属性。最顶级经理的路径字符串值为"A"。这个"A"表明，这个员工是位于该级别最左边(并且是唯一的)员工。两个附加的列会保留级别编号以及员工是经理还是独立贡献者的标识。图 10-31 显示了每一个节点都具有路径字符串值的样本组织图表。

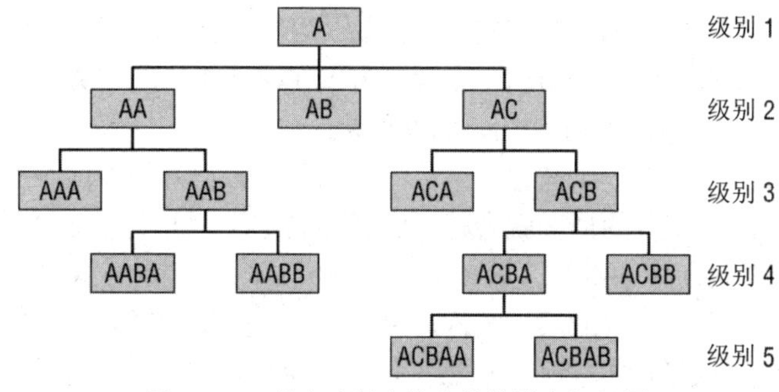

图 10-31　具有路径字符串值的样本组织图

用户通过在员工维度中路径字符串列上创建过滤条件来查询这棵树。例如，通过使用 WHERE pathstring LIKE 'ACB%'，其中%是通配搜索符，我们就可以找出向具有路径字符串 ACB 的员工(直接或间接)汇报的所有人。我们可以通过添加像 AND OrgLevel = 4 这样的子句来找出直接的汇报关系。

路径字符串方法的优势在于其可维护性。由于这一明智的结构，你会看到通过维度级联后显著减少的类型 2 行。在这棵树高级别上的组织变更——如创建一个新的 VP 组织和将许多人从一个节点移动到另一个节点——将产生这棵树的大量重复。如果正在将组织结构本身作为类型 2 来追踪，那么这就意味着员工维度中会出现许多新行。但它的行仍旧比其他方法要少。

字符串路径方法的主要缺陷在于，业务用户查询体验的笨拙。这一解决方案需要对用户群进行大量的推广和培训，以便让其可行。

10.11.6　推荐

希望在学习这些可选方法时，你会发现其中有一个方法可以满足你的需要。在设计中包含类型 2 汇报对象或者可变深度的层次结构会带来极大的挑战。如果希望支持结构的即席使用，这种情况就会尤为明显，因为你需要针对一些非常难以解决的维护问题在易用性和查询性能之间做出平衡。由于可选存储引擎的不同能力，决策矩阵会变得复杂，尤其是在关系型数据库和OLAP 之间存在差异的情况下。

不幸的结果是，对于这个问题并没有通用的绝佳解决方案。为了构建最佳解决方案，需要同时深入理解数据和业务用户的需求。我们总是力求这一理解力，但在这种情况下，它尤为急迫。

10.12 避免可替换的组织层次结构

Joy Mundy，Design Tip #114，2009 年 7 月 8 日

大多数组织都存在由销售、财务和管理部门使用的一个或多个组织层次结构，以便在整个企业中汇总数据。这些组织层次结构会变成企业数据仓库中的关键一致化维度，用于向上和向下钻取、切片和切块、基于性能的聚合，甚至是安全性角色。尽管它们在管理汇报中处于核心位置，但组织层次结构通常以随意的方式来管理——或者没有管理。

应该集中和专业地管理组织层次结构。对于组织结构进行的变更应该具有清晰定义的过程。规则清晰的公司会试图将主要层次结构变更限制为仅在财务年份的边界时间上进行；尽可能少地变更组织结构有助于人们在头脑中追踪那些变更。

对层次结构的专业管理会提供被官方认可的汇总数据。官方的层次结构越有效，一些业务用户需要创建另外的层次结构的情况就会越少。遗憾的是，在现实环境中，我们通常会发现对于可替换层次结构的需求：中层经理会希望看到其组织不同于官方汇总的结构。在数据仓库中，我们通常会被要求引入那些可选的层次结构，以便让实际操作的经理能够以复合其业务的方式浏览信息。引入多个层次结构很容易也很常见，但一个更好的解决方案——如果可能的话——就是修饰官方层次结构。

高管层通常会专注于组织层次结构的少数顶层级别——通常也就是对外公开的报告中的详细级别——并且那些顶层级别也会发挥很好的作用。不过，较低级别的经理有时会注意到使用官方层次结构的两类问题：

- 无须使用所有级别的小型内部组织。处理这一问题的方法是，可以通过用有意义的默认值填充层次结构的最低级别，并且设计让其易于分析的可钻取报告来隐藏重复的结构。
- 无法将所有事物拟合到可用级别中的大型内部组织。例如，最近有一个客户，其业务量的 60%都在美国，并且美国的销售组织所具有的组织要比非美国业务更加复杂。可以通过将一个或两个级别添加到官方层次结构来应对这种情况。只有当将更多级别添加到官方层次结构的这一明显解决方案不会为不需要更多级别的较小组织造成太多麻烦的情况下，该解决方案才有效。

专业地管理层次结构意味着一个组织——理想情况下是一个数据运营或数据管理组织——会负责对汇总结构进行变更。尽管中心的组织是唯一可以真正进行变更的组织，但要让将使用一部分层次结构的人来设计该部分的结构。要设计一个跨整个组织广泛分发所有权的系统，但仍然要让每一个人都按照既定的规则进行处理。

一个包含工作流组件的良好主数据管理(MDM)系统就是推进这一过程的理想工具。要在层次结构的每一个节点指定所有者，并且要指定必须对任何变更进行确认的额外的人：

- 当前父子节点的所有者
- 财务部门的代表
- 数据管理组织的代表

此外，还要指定一个较大的人员分组，他们要接收所提交的影响他们变更的通知。如果不使用 MDM 工具来管理这一过程，那么使用电子邮件也是可以的。

组织层次结构的管理实际上并非一项数据仓库功能；所有这些变更以及所需的沟通交流，都必须在数据仓库的上游进行管理。

如果在整个组织中使用层次结构的分布式管理，并且包含用于组织所有部分的足够层级，那么你就会看到对于可选层次结构的要求会降低。许多组织使用 1~3 个官方层次结构就够了。有了仅使用官方层次结构的强烈管理激励之后，就可以消除对其他本地结构的需要。

10.13　可替换的层次结构

Warren Thornthwaite，Design Tip #62，2004 年 12 月 7 日

不同的用户通常会希望看到以不同方式分组的数据。在最简单的情况下，一个部门，如市场营销部门，会希望看到被分组成一个层次结构的顾客；而另一个部门，如销售部门，会希望看到被分组成另一个层次结构的顾客。当情况真的如此简单时，同时在顾客维度表中包含这两个层次结构并且恰如其分地标记它们就是合理的。遗憾的是，在维度变得不可用之前，往往真的会有很多可选层次结构要被构建到该维度中。

当几个部门希望以其自己的方式查看数据并且这些部门希望以其自己的几种方式来查看数据时，就会需要更具灵活适应性的可选层次结构。在这种情况下，我们通常要与用户协作以便定义数据会被分组的最常用方式。这会变成基础维度中的标准或默认层次结构。任何其他经常使用的层次结构也会被构建到该维度中，以便为用户保留简单性。

然后我们要提供一个可选层次结构表，它会允许用户根据其可用的可选层次结构选择来汇总数据。图 10-32 显示了一个可选层次结构桥接表示例，这个表被称为顾客区域层次结构，以便汇总地理位置的区域。

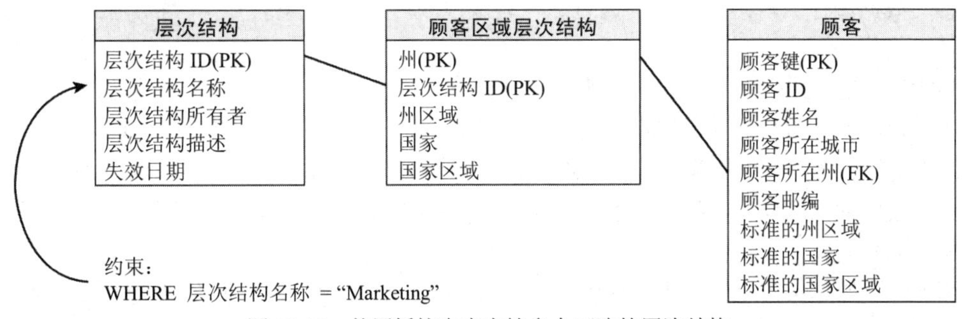

图 10-32　使用桥接表来支持多个可选的层次结构

可选层次结构桥接表中的每一个层次结构都必须包含从其联结到其相关维度的起始点开始直到顶层的整个层次结构。在这种情况下，顾客区域层次结构表就会从州级别开始并一直向上延伸。从一个更低的详情级别开始肯定是可行的，如从邮编开始，但这会让桥接表更大并且不会带来什么好处。但是另一方面，如果有在州内创建可选邮编分组的需求，该桥接层次结构表显然就必须从邮编级别开始。

为了简化报告和分析，这个桥接表包含了标准层次结构的定义。然后这一选择就会变成所有结构化报告中的默认选择，允许用户在标准和可选层次结构之间进行切换。单独层次结构表的创建有助于简化对于每个层次结构一行的维护工作，但会增加可视化的复杂性。这个表可以被非标准化回桥接表。

顾客区域层次结构表应该被用于结构化报告中或者被专业用户使用。将它联结到顾客表将造成过度计数，除非层次结构的名称被约束为单个层次结构。所有提供对可选层次结构表访问的结构化报告都应该使用默认层次结构来构建，并且应该要求选择单个层次结构。

顾客数据问题

这一节会描述我们通常会观察到的使用顾客维度表的模式。当然，这些模式中的许多都在第 9 章和第 10 章的其他部分大致探讨过，如处理快速变化的庞大维度、外支架表或者可变深度层次结构，它们也与以顾客为中心的维度表相关。

10.14 维度修饰

Bob Becker，Design Tip #53，2004 年 3 月 24 日

在开发维度模型时，我们力求创建用一组丰富的描述属性修饰的健壮维度表。我们选取到维度中的相关属性越多，用户以新的且富于创造性的方式评估其业务的能力就越大。在构建顾客维度时尤为如此。

我们鼓励在维度模型中嵌入智能资产。相较于在分析层(通常是使用 Excel)将业务规则应用到数据，应该在数据中捕获业务需要的衍生物和分组，这样无论使用什么工具，对于任何分析师来说它们都能保持一致并且易于共享。当然，这样就必须理解业务正在用超出操作源中所捕获内容的数据做什么。不过，正是通过这一理解以及对于衍生属性(和指标)的包含，数据仓库才能带来价值。

当我们在顾客维度中提供各种各样的分析便利时，我们有时会成为自己成功的受害者。不可避免的是，业务用户会希望追踪所有这些相关属性的变化。假设我们有一个具有数百万行的顾客维度，我们就需要使用微型维度来追踪顾客属性变更，就像文章 9.21“庞然大物般的维度”中所述。我们的老朋友，类型 2 渐变维度技术，并不是有效的，这是由于需要大量的额外行来支持所有的变更。

微型维度技术会为频繁变更的属性使用单独的维度。我们要为顾客人口统计属性构建一个微型维度，如自有/租赁住房、有没有小孩以及收入水平。这个维度会为数据中观测到的这些属性的每一个独特组合包含一行。静态和较少变化的属性会被保留在我们的大型基础顾客维度中。在事实行被加载时，事实表会捕获基础顾客维度和人口统计微型维度的关系。

对于处理顾客级别数据的组织来说，创建一系列相关微型维度的做法并不常见。一个金融服务组织会具有用于顾客评分、犯罪状况、行为细分以及征信机构属性的微型维度。合适的微型维度与基础顾客维度会通过其在事实表行中的外键关系绑定到一起。微型维度会有效追踪变更并且也会提供到事实表的较小入口点。在分析不需要指定顾客的详情时，它们会尤其有用。

用户通常会希望在不分析事实表中指标的情况下对顾客进行分析，尤其是在基于特定属性条件对比顾客数量时。在基础顾客维度中包含当前为顾客微型维度所分配的代理键作为类型 1 属性通常是有好处的，它可以在无须联结事实表的情况下促成这一分析。简单的数据库视图或者物化视图会提供顾客维度当前视图的完整情况。在这种情况下，要当心不要试图将微型维度代理键作为类型 2 渐变维度属性来追踪。这会将你拖回一开始使用大型顾客维度而对过于频繁的类型 2 变更逐渐失去控制的局面。

另一个维度修饰是，将聚合性能指标添加到顾客维度，如去年的总计净采购额。尽管我们通常会认为性能指标作为事实表中的事实才能被最好地处理(并且它们当然也应该位于其中！)，但我们还是要额外将它们填充到维度中以便支持约束和标记，而非用于数值计算。业务用户将对纳入这些指标用于分析表示欢迎。当然，将这些属性填充到我们的维度表中会对 ETL 系统带来额外的要求。我们必须确保这些聚合属性都是准确且一致的。

存储实际聚合性能指标的一种可选的和/或互补的方法就是，将聚合值分组成范围存储桶或范围分段，比如将信用卡顾客作为余额解析器或事务处理器来识别。很可能分析值会比实际的聚合值要大，并且会具有确保跨整个组织的一致分段定义的额外好处。这一方法与微型维度技术结合使用会尤为有效。

10.15 对行为标记进行争论

Ralph Kimball，Intelligent Enterprise，2002 年 5 月 9 日

在文章 13.5“行为：下一个最重要的应用程序”中，我主张，行为是 21 世纪前十年的下一个最重要的应用程序。随着我们进入数据仓库的第三个十年，我们已经超越了 20 世纪 80 年代的发货和分摊应用程序的处理，越过了 20 世纪 90 年代的顾客利润率应用程序的处理，直到目前这一新的专注于个体顾客行为的应用程序。

每一个十年，数据的粒度都会以大约 1000 的倍数增长。20 世纪 80 年代兆字节的数据库让位给了 20 世纪 90 年代的吉字节数据库。吉字节显然会在 21 世纪前十年中让位于太字节，并且又让位于拍字节。我们的数据库仍旧在没有边界的情况下增长，因为我们在记录销售事务之前记录越来越多的子事务。即使顾客最终仅进行了单次购买，我们也可能捕获到所有导致该购买的行为。当我们从所有面向顾客的业务过程中提取数据时，我们会看到对实体店铺的真实访问、来自电子商务店铺访问的网页请求、对服务热线的呼叫、对邮件的回应、包含从用户界面的电子邮件显示页上反馈的网络缺陷的 HTML 电子邮件接收记录、产品交付、产品退货以及由普通邮购或在线支付所进行的付款。来自所有面向顾客过程的数据洪流会包围和解释说明最终唯一的销售事务。关于所有这些子事务的可怕事情在于，对于可能收集到的数据量是没有明显的壁垒或限制的。

的确，我们具有可用于描述顾客行为的所有这些数据会很棒，但我们又要如何才能将太字节数据精炼成简单、可理解的行为追踪报告？

在文章 13.5 中，我描述了我们的数据挖掘同事如何将行为标记分配到子事务的复杂模式。三个标准的顾客行为指标是新近性、频率以及强度(RFI)。新近性是在任何事务或子事务中与顾客交互的最近程度的指标。新近性指标是自上次交互开始所经过的天数。同样，频率是与顾客交互频繁程度的指标。最后，强度是交互效率如何的数值测量。强度的最明显测量就是总的购买量，但也可以选择将网页访问总量作为一个好的强度测量。所有这些 RFI 测量都可以被再细分为每一个面向顾客过程的单独测量，但我会继续保持这一示例的简单性。

现在对于每一个顾客，我们都要为一段滚动的时间段计算 RFI 指标，如最近一个月。其结果是三个数字。假设对 RFI 进行绘图会产生具有新近性、频率和强度坐标轴的三维数据集。

现在要召集数据挖掘同事并且要求他们识别出这个多维数据集中顾客的自然集群。我们确实不需要所有的数值结果；需要的是对于市场营销部门有意义的行为集群。在运行了集群标识符数据挖掘步骤之后，你会得到八个顾客自然集群。在研究了集群中心点位于 RFI 数据集的什么位置之后，就能够将行为描述分配到这八个行为集群：

A：购买量大、回头客、信用良好、很少退货。

B：购买量大、回头客、信用良好、但有许多退货。

C：近期的新顾客、还未建立信用模式。

D：偶尔购买的顾客、信用良好。

E：偶尔购买的顾客、信用较差。

F：曾经的良好顾客、最近没有进行购买。

G：频繁的只逛不买者，基本没有产生利润。

H：其他。

假设你正在随时间推移用每个月一个数据点为一个顾客开发一组按时序排列的行为标记测量，如 John Doe: C C C D D A A A B B。这一时间序列表明，该企业成功地将 John Doe 从一个新顾客转化成了偶尔购买的顾客，进而转化成了一个非常理想的购买量大的回头客。但在最近几个月中，你发现 John 有了开始退货的倾向。不仅由于这一近期行为成本较高，你还会担心 John 会变得对你的产品不再满意并且最终被归入 F 行为分类！

如何才能构造数据仓库来生成这些类型的报告？如何才能将相关的约束置于顾客之上以便仅查看在最近的一些时间段内从集群 A 被归入集群 B 的那些人？

可以用几种不同的方式来建模这一时间序列的文本化行为标记。每种方法都具有完全相同的信息内容，但它们在易用性方面存在显著的差异。这里有三种方法：

- 用于每个月每个顾客的事实表记录，其中具有一个文本事实的行为标记。
- 具有作为单个属性(字段)的行为标记的渐变维度类型 2 顾客维度记录。会为每个月每个顾客创建一条新的顾客记录，从而每个月生成与方法 1 相同数量的新记录。
- 具有 24 个月时间序列行为标记作为 24 个类型 3 属性的单条顾客维度记录。

方法 1 和 2 都有一个问题，那就是指定顾客的每一个连续的行为标记都位于不同的记录中。尽管可以将简单的计数用于这前两种模式，但进行对比和约束会比较困难。例如，要找出上个时间周期中从集群 A 被归类到集群 B 的顾客，这在关系型数据库中会难以处理，因为没有简单的方式可以跨两条记录执行跨越式约束。

在这个示例中，我们受到了数据可预测周期的非常大的影响。每个月都会对每个顾客进行描述。因此，即使行为标记是一种事实，方法 3 也会显得非常有效。在每条顾客记录中放置时间序列的行为标记会具有三个大优势。第一，所生成的记录数量会显著减少，因为新的行为标记测量本身不会生成一条新的记录。第二，复杂的跨越式约束会很容易，因为相关的字段都位于相同记录中。第三，借助到顾客维度的一个简单联结，就可以将复杂的跨越式约束和面向顾客事实表的完整档案关联起来。

当然，将时间序列建模为顾客维度中一组特定的位置固定字段也具有缺陷，这就是当你用完这 24 个字段时，就需要修改顾客维度以便添加更多的字段。不过，在如今快速变化的环境中，可能同时也为你提供了以其他方式对设计进行添加的理由！至少这一变更是“优雅的”，因为该变更不会影响现有的任何应用程序。

即使已经将这 24 个月的时间序列行为标记打包到了每一条顾客记录中，也仍旧有将顾客记录作为真正的类型 2 渐变维度(SCD)来治理的其他原因。换句话说，如果顾客档案中有其他一些重要数据发生了变更，那么就仍然需要为这个特定顾客增加另一条顾客记录。在这种情况下，需要将这 24 个行为标记属性及其内容复制到新的记录。并且在为一个新月份开发行为标记时，就需要访问指定顾客的所有记录，填充该字段，即使是老记录也需要如此。这是一个混合 SCD 的示例，其中要同时对历史(类型 2)进行分区并且用一连串行为标记(类型 3)来支持交替现实。

使用这篇文章中所概述的技术，借助数据挖掘同事的帮助，就可以将数太字节的子事务行为数据精炼成一组简单的标记。然后就可以将这些标记打包成一种非常紧凑且有用的格式，以便支持高级别的易用性并且减少应用程序开发目标。现在就准备好为市场营销用户抽取出所有类型的相关行为分析了。

10.16　捕获顾客满意度的三种方式

Ralph Kimball，Intelligent Enterprise，2008 年 2 月 4 日

对于大多数企业来说，商业智能最引人注目的应用程序就是顾客的 360 度画像——换句话说，也就是通过面向顾客过程所产生的每一个事务的全面记录。如果因果性维度可以被附加到这些事务的话，那么 360 度画像就会特别有用。在其最纯粹的形式中，因果性维度可以解释顾客在事务进行时或者在事务产生了结果时正在经历什么。显然，这是难以测量的！因为我们无法觉察到顾客的想法，我们接下来所能做到极致的事情，就是尽可能多地收集顾客满意度的测量。一位合格的市场分析师将会对能够获悉什么让顾客满意或者什么不会让顾客满意的信息感到十分满意。

我们来探讨用于捕获顾客满意度指标的三种常用设计方法：标准的固定列表；同时发生的维度属性和事实表测量的一列指标；随时间推移持续增长的不可预测的、紊乱的列表。

10.16.1　标准的固定列表

在有些企业中，可以访问一组可靠的数据源以便创建一组稳定标准的被附加到一组事务的满意度属性。例如，对于一家航空公司来说，其事务来自常旅客所使用的登机牌，可行的是收集包括如下内容的满意度指标：

- 取消的航班
- 延迟抵达
- 转到其他机场
- 行李丢失
- 无法升舱
- 中间的座位
- 卫生间问题
- 员工问题
- 其他

这些指标并非具有排他性。它们中的任何或所有都可能会出现，并且其中一些会具有比仅仅一个简单的是/否标记更多的结构。在这种情况下，推荐的设计是一个独立的具有前面每一个指标作为显式命名列的满意度维度。该维度记录中的数据应该是描述性文字，尽管可以选择使用是/否。记住，维度属性会被用作约束源以及结果集行的标签。在构建报告或产生查询时，描述性文字有助于改善用户界面，并且描述性文字会让最终的报告更具可读性。最后，描述性文字要比是/否标记更具灵活性，因为新选择的特定满意度指标可以被更加优雅地添加。

注意，这类维度设计方式是典型的因果性维度，我们多年来一直使用它来描述店铺中的外源性条件，如媒体广告、价格促销以及竞争性影响。这种因果性维度总是很宽，保留了每一个条件的单独列。除非条件的笛卡尔积很小且有边界限制，否则就要在运行时随着市场中遇到的新条件组合来正常创建维度记录。

最后，列表结尾处的“其他”属性是用于应对非常规满意度情况的安全阀，这种情况会涉及自由文本描述。在这种情况下，同时被附加到事务事实记录的一个单独评论维度也应该变得可用。这个维度包含一条没有评论的记录，大多数时候都会用它，但也有不同的独特行用于每一个被记录的特殊评论。

10.16.2 同步的维度属性和事实

发货追踪事实表中会出现一个常见的两难局面。我们通常会有一组标准的满意度指标，其中包括及时性描述(及时或延迟)、订单完整性描述(全部或部分)以及无损描述(无损或受损)。这些都是通过图 10-33 中所示的简单满意度维度来处理的。

但是在这些情况下，计算像及时率这样的满意度数值测量也是传统的做法，要从满意度维度中进行这类计算会有些麻烦。在这种情况下，我们要有信心地将由 1 和 0 构成的计数添加到事实表本身，正如图 10-33 中最后三个事实字段所揭示的那样。无可否认的是，这些 1 和 0 对于满意度维度的内容来说完全是冗余的，但它们是为不同的目的服务的。这些 1 和 0 对于计算很有用，但对于约束或行标记来说就没什么用了。为通过这两种方式建模满意度的这个设计来说，使用额外的硬盘空间是可行的！跨越事实和维度属性领域的这些类型的二元满意度测量相对少见，但在需要使用它们的地方，它们会发挥很大的作用。

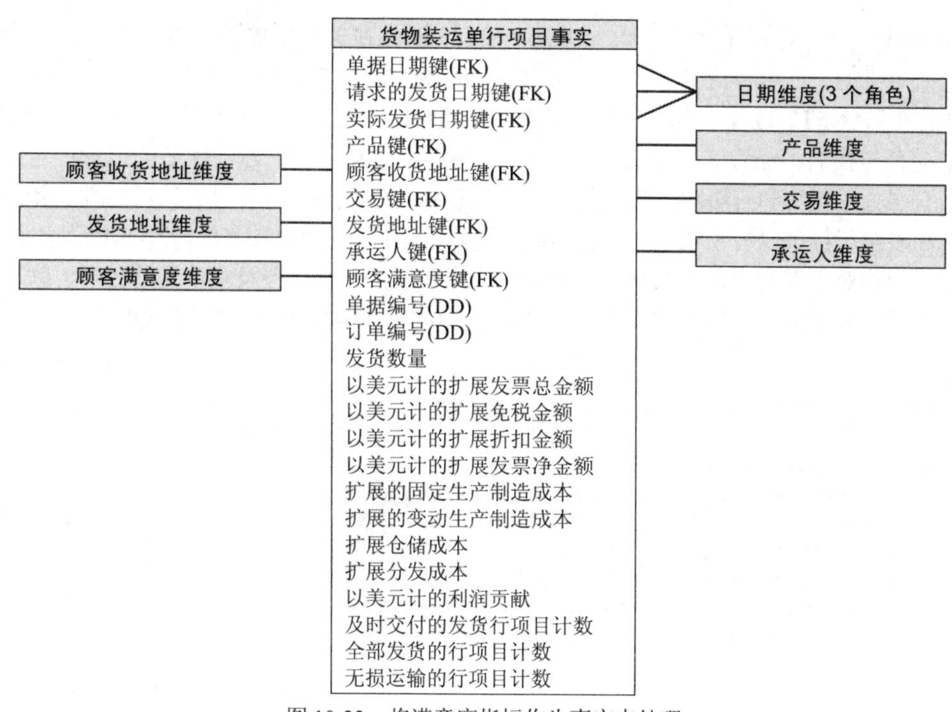

图 10-33　将满意度指标作为事实来处理

10.16.3　不可预测的紊乱列表

在有些企业中，一组标准的可靠满意度指标会不可用，但会有来自各种源的大量不兼容信息。我们无法使用第一节中所描述的固定列因果性维度方法，因为会存在数百个列，其中大多数都不是为指定事务事件所填充的。例如，假定我们正在捕获抵押贷款应用程序信息。这些应用程序包含一组十分惊人的人口统计和金融上下文信息，并且这一信息的可用内容会随时间推移而快速变化。在这种情况下，首选的模型需要在事务事实表和满意度维度之间使用一个桥接表，如图 10-34 所示。

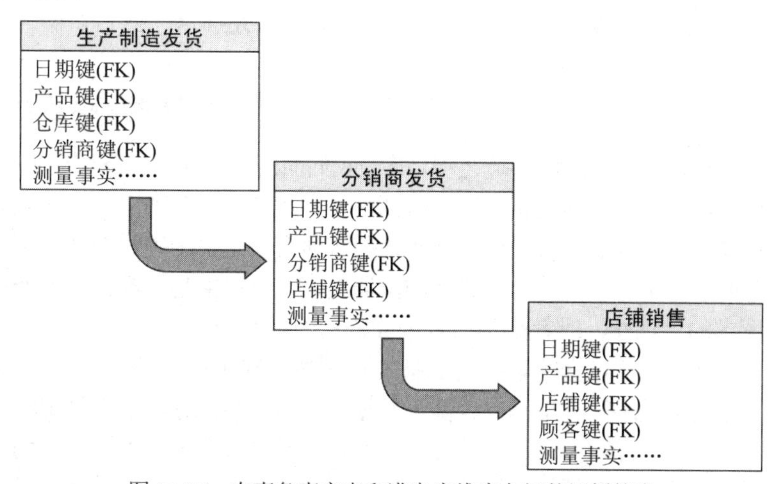

图 10-34　在事务事实表和满意度维度之间使用桥接表

图 10-34 中所示的外键到外键联结并非一个错误。这在关系型数据库和 SQL 中是完全合法且被精心定义的。在这种情况下，我们要为指定的抵押贷款事务组合一组可能唯一的满意度指标，并且在后台 ETL 过程中为这个集合提供一个满意度分组主键。对于指定的满意度分组，桥接表中会有与我们已经为这个特定(贷款批准)事务实例所组合的指标一样多的记录。这一设计方式具有强大的优势和有影响力的注意事项。说它强大是因为它具有显著的灵活性。新的满意度指标和多组指标可以被不断引入，而无须修改模式设计并且无须具有任何 NULL 满意度条目。不过这一模式对于查询来说有些麻烦。例如，如果我们正在查找涉及多单元的公寓、联邦贷款补助以及前所未有的破产情况的满意度分组，我们就会需要像下面这样的 SQL：

```
SELECT B1.GROUP_KEY
FROM SATISFACTION_BRIDGE B1
WHERE
(SELECT COUNT(B2.SET_KEY)
   FROM SATISFACTION_BRIDGE B2, SATISFACTION D2
   WHERE B2.INDICATOR_KEY = D2.INDICATOR_KEY
   AND B1.GROUP_KEY = B2.GROUP_KEY
   AND (D2.DESCRIPTION = 'Multi-Unit Condominium' or
      D2.DESCRIPTION = 'Federal Loan Assistance' or
      D2.DESCRIPTION = 'No Former Bankruptcy'))
= 3
```

我们需要该计数等于 3，因为我们仅关心包含所有三个条件的满意度集。还要注意，我们必须显式检验“No Former Bankruptcy”，而不是搜索不包含破产记录的集。这是因为我们不能确定缺少破产指标就是没有破产情况出现的可靠记录。它仅仅意味着还未收集到该信息。

这个 SQL 远远超出了即席查询业务用户的能力范围，因此我们必须在用户界面应用程序之下封装这样的查询，以便为用户提供各种可能的满意度指标选择并且让他们点选即可。

这篇文章已经描述了用于捕获顾客满意度指标并且将其附加到低级别事务事实记录的三种强有力的设计。市场营销分析师通常会发现，这些指标对于厘清顾客选择我们企业的真实原因很有用。

10.17 用于实时顾客分析的极端状态追踪

Ralph Kimball, Intelligent Enterprise, 2010 年 6 月 21 日

我们目前处于极端状态追踪的环境之中，其中我们面向顾客的过程能够生成对事务、位置、在线操作，甚至顾客心跳的持续更新。市场营销同事和业务同事会钟情于这些数据，因为可以做出实时决策以便与顾客沟通交流。他们期望这些沟通交流是由传统数据仓库历史信息和精确到秒的状态追踪的混合组合来驱动的。典型的沟通交流决策包括是否推荐一个产品或服务，或者是评判支持请求的合理性，或者是对顾客进行警示。

作为具有许多面向顾客过程的集成式企业数据仓库(EDW)的设计者，我们必须处理各种源操作应用程序，它们提供了状态指标或者基于数据挖掘的行为评分，我们希望将其用作整体顾客档案的一部分。这些指标和评分可以被频繁生成，甚至是一天多次生成；我们希望得到可以回溯到数月甚或数年前的完整历史。尽管这些快速变化的状态指标和行为评分都是单个顾客维度的逻辑组成部分，但在类型 2 渐变维度中嵌入这些属性是不切实际的。记住，类型 2 会完美捕获历史，并且需要在每次维度中任何属性发生变化时生成一条新的顾客记录。Kimball Group 长期以来都在通过将这种情况称为“快速变化的庞大维度”来指出这一实践冲突。其解决方案是，通过生成一个或多个包含快速变化状态或者行为属性的微型维度来减少主要顾客维度上的压力。在过去至少十年中，我们一直在探讨这样的微型维度。

在我们的实时、极端状态追踪环境中，我们可以通过添加以下必要条件来改进行之有效的微型维度设计。我们想要的“顾客状态事实表”是……

- 暴露对于顾客描述、行为和状态所有变更的完整、不间断时序的单个源。
- 为所有这样的变更应用精确到秒钟甚或毫秒的精密时间戳。
- 可扩展的，以便允许持续添加新的事务类型、新的行为标签以及新的状态类型，并且可扩展以允许不断增长的数百万顾客列表，其中每一个顾客都具有数千个状态变更历史。
- 可访问的，以便允许抓取顾客的当前完整描述，然后快速公开该顾客事务、行为和状态的扩展历史。
- 并且可被用作 EDW 中所有事实表的顾客状态主来源。

我们推荐的设计是，图 10-35 中所示的顾客状态事实表方法。

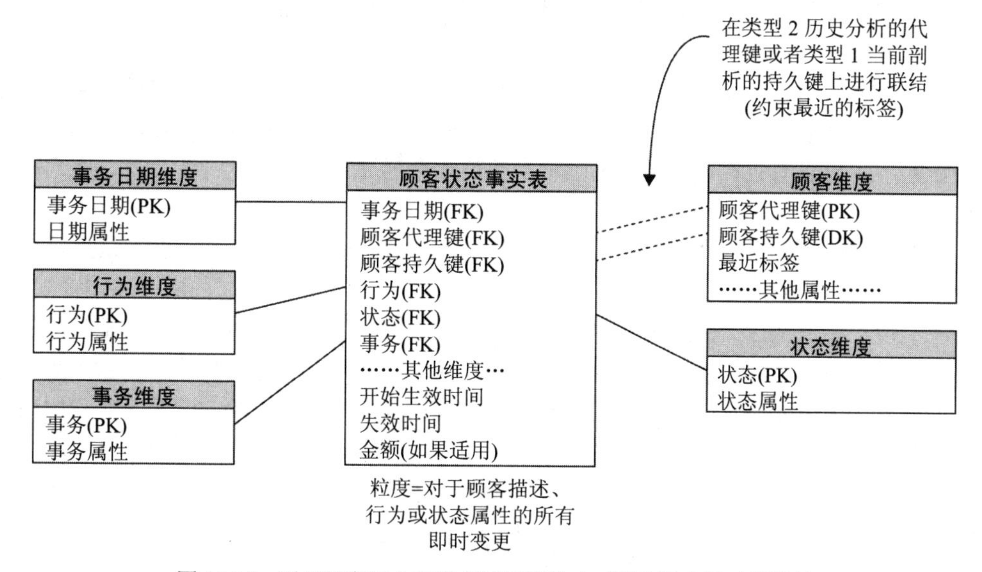

图 10-35　用于具有历史和当前透视图的实时顾客状态追踪的设计

顾客状态事实表会记录对每一个顾客的顾客描述、行为标签和状态描述的每一次变更。事务日期维度是变更的日历日期，并且会提供对日历系统的访问，以便得出应用程序报告或者在复杂日历属性上进行约束，如假期、会计期间、天数和周数。

顾客维度包含相对固定的顾客描述符，如姓名、地址、顾客类型以及首次联系的日期。这个维度的其中一些属性会是类型 2 SCD(渐变维度)属性，在它们发生变化时，会将新的记录添加到这个维度，但非常快速变化的行为和状态属性已经从微型维度中移除。这是对于快速变化的庞大维度的典型回应。最近标签是一个特殊的类型 1 字段，仅对于当前有效的顾客记录才将其设置为 True。对于指定顾客的所有之前的记录，这个字段都会被设置为 False。

顾客持久键是我们通常会指定为自然键的对象，但我们称为持久键是为了强调 EDW 必须确保它绝不会变更，即使源系统具有会引起它变更的特殊业务规则(如如果员工离职然后重新被雇佣，相同的员工编号就会被重新分配)。在多个源系统提供了冲突或管理不良的持久键的情况下，持久键会被管理为无意义的、按顺序分配的证书代理键。持久键的意义在于，让 EDW 一次性并且彻底得到顾客键的控制权。

顾客代理键绝对是一个标准的代理键，是在每次需要新顾客记录时在 EDW 后台按顺序分配的，需要新顾客记录的情形是加载了一个新顾客或者是对已有的顾客进行了类型 2 SCD 变更。

图 10-35 中所示的双点连接线是极端状态处理过程的一个关键部分。当一个请求应用程序将最近标签设置为 True 时，就仅能看到当前档案。顾客代理键允许联结到状态事实表以便抓取准确的当前行为标签和状态指标。在实时环境中，这是判定如何回应顾客的第一步。当之后顾客持久键可被用作替代的联结路径以便即时公开我们刚刚选择的顾客的完整历史。在实时环境中，这是处理顾客事务的第二步。我们可以看到所有之前的行为标签和状态指标。我们可以从顾客状态事实表中计算统计数值和时间段。

可以用两种方式来建模行为维度。较简单的设计是为每一个行为标签类型使用一个单独列的宽维度。这些行为标签是由监控顾客行为的数据挖掘应用程序所分配的。如果行为标签类型的数量很小(小于 100)，那么这一设计就会非常有效，因为查询和报告应用程序可以在运行时发现并且使用这些类型。可以在需要时添加新的行为标签类型(因而也就是在行为维度中添加新的列)，而不会让已有的分析应用程序失效。

当一组非常大型且杂乱的行为描述符可用时，就需要更复杂的行为维度设计。你拥有对若干涵盖顾客群复杂重叠子集的人口统计数据源的访问权。或者拥有包含财务资产信息的账户应用程序数据，这些信息非常有意义但可以用多种方式来描述它们。在这种情况下，就需要一个维度化桥接表。

状态维度类似于行为维度，但它总是一个具有每个状态类型一个单独列的宽维度，原因就是这个维度比行为维度处于更多的内部控制之下。

事务维度描述了是什么引发了顾客状态事实表中新记录的创建。事务可以囊括从常规的购买事务直到任何面向顾客维度中变更的全部内容，其中包括顾客、行为和状态。事务维度也可以包含特殊的优先级或者警告属性，以便就整体顾客档案中某个地方的非常显著的变更对应用程序进行告警。

开始生效和失效日期/时间是超级精确的完整时间戳，它们表明了当前事务开始生效以及(接替当前事务的)下一个事务开始生效的时间。我们已经对这些超级精确的时间戳花费了大量的心思，并且我们推荐使用以下设计：

- 时间戳粒度应该尽可能地精确，只要 DBMS 允许，不过至少应该精确到秒。未来的某一天，你会关注以如此准确的方式对一些行为变更进行时间戳标记。
- 失效时间戳应该完全等于下一个(接替)事务的开始时间戳，一秒都不少。你需要一组完美无损的记录来描述顾客，而不会漏掉任何微小的部分，因为选择了精确到秒。
- 为了找出特定时间点上的顾客档案，你将不能使用 BETWEEN 语法，这是因为上一点中提到的原因。你需要像这样的条件：

```
#Nov 2, 2015: 6:56:00# >= BeginEffDateTime and #Nov 2, 2015: 6:56:00#
<EndEffDateTime
```

作为约束，其中 Nov 2, 2015, 6:56am 是所期望的时间点。

顾客状态事实表是完整顾客档案的主来源，它会将标准顾客信息、行为标签和状态指标收集到一起。这个事实表应该成为所有其他涉及顾客的事实表的源。例如，订单事实表就能从这样一个完整的顾客档案中获益，但订单事实表的粒度会比顾客状态事实表稀疏得多。在后台中创建一条订单事实记录时，要使用状态事实表作为合适键值的源。要选定订单记录的精准有效日期/时间，并且从顾客状态事实表中抓取顾客、行为和状态键，将它们插入订单表中。这一 ETL 过程场景可被用于 EDW 中具有顾客维度的任何事实表。这样，就可以将重要的值添加到其他所有这些事实表中。

这篇文章已经描述了用于极端顾客状态追踪的可扩展方法。朝向极端状态的追踪就像是一列特快列车，会同时受到捕获微小行为的面向顾客过程以及市场营销人员极度渴望使用这些数据进行决策的心情的驱动。顾客状态事实表是捕获和公开这一令人激动的新数据源的中心交换器。

地址和国际化问题

这一节中的文章专注于与真实地址有关的问题，以及在维度模型中包含全局化数据以及为业务用户的跨国受众提供维度模型的注意事项。

10.18　全局化思考，本地化行动

Ralph Kimball，Intelligent Enterprise，1998 年 12 月

本篇文章写于 1998 年，正好在启用欧元时。“处理欧洲问题”一节中的其中一些业务规则现在仅仅具有历史意义了。

在数据仓库跨时区或国家边界的地理位置传播之后，出现了大量的设计问题。为了方便对其引述，我们将这样的一个数据仓库称为全局数据仓库，并且让我们在一个地方汇集所有这些设计问题。从设计者的角度来看，一旦代码面临变更，我们就还要考虑为全局数据仓库进行一次性的所有设计变更。

10.18.1　同步多个时区

许多企业都会测量其基础事务的准确时间。最常见的测量事务包括传统店铺的零售事务、服务台的电话咨询以及银行柜员机的金融事务。当一家企业跨越多个时区时，它就会面临一个有意思的冲突。是记录这些事务相对于绝对时间点的时间，还是记录相对于每个时区中当地午夜的时间？这两种观点都是有效的。绝对时间观点让我们可以看到跨整个企业事务的真正同时特性，而本地时间观点让我们可以准确理解相对于一天中时间的事务流。

存储具有绝对时间戳的每个基础事务并且交由应用程序来解决本地化时间问题往往会很有吸引力。不知为何，这似乎是保守且安全的做法，但我不支持这一设计。这样，数据库架构师就将复杂的混乱情形留给了下游的应用程序设计者。如果你所拥有的就是单一的绝对时间戳，

那么跨多个时区进行协调式的当地日期时间的分析就会是一场噩梦。接近午夜的事务时间将落在不同的日期上。有些州，如印第安纳州和亚利桑那州，不会全州都实行夏令制时间。反转该设计决策并且将事务时间作为相对于当地午夜时间来存储也就是在以不同形式重复相同的应用程序问题而已。作为替代，我们需要的是一种更加强有力的设计。

图 10-36 中所显示的就是我为具有多个时区的企业所推荐的时间戳设计。该时间戳是同时以绝对和相对格式来记录的。此外，我建议将时间戳的日历日期部分与时间戳的日期时间部分分离开来。我们最终会在典型的事务事实表中得到四个字段。两个日历日期字段应该是指向日历日期维度表两个实例的代理键。事实表中的这些键记录不应该是实际的 SQL 日期戳。相反，这些键应该是简单的整数，其格式为 yyyymmdd，指向日历日期维度表。我们要从日历日期中将日期时间划分出来，这是因为我们不希望构建一个为企业存续期间每分钟都具有一条记录的维度表。相反，我们的日历日期维度表仅仅会具有每一天的记录。两个日期时间字段并非联结到维度表的键，而仅仅是事实表中的数值事实。

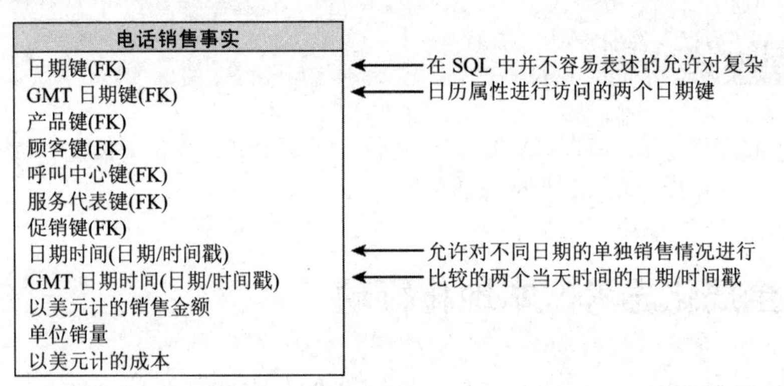

图 10-36 使用 GMT 作为绝对时间戳的记录不同时区中销售情况的典型事实表

尽管这一设计会用到事实表中更多一些的存储空间(三个额外字段)，但应用程序设计者将会感到欣喜。绝对和相对时间分析都会在数据库外进行，无论企业跨越多少个时区。

10.18.2 支持多国日历

跨越许多国家的跨国企业无法轻易追踪跨许多不同国家的非限定假期天数和季节。就像数据库设计中经常出现的情况一样，存在我们需要应对的两种不同的角度。我们需要从单个国家角度出发的日历(比如，今天是否是新加坡的假期？)，以及一次性跨国家集合的日历(比如，今天是否是欧洲某个地方的假期？)。

图 10-37 显示了我推荐的非限定日历数量的设计。主日历维度包含独立于任何特定国家外的通用记录。这些记录包括星期几的名称、月份名称以及其他有用的导航性字段，如天、周和月份数。如果企业跨主要的基础日历，如公历、回历以及中国农历，那么在这单个表中包含所有三组主要的天、月和年的标签就是合理的。

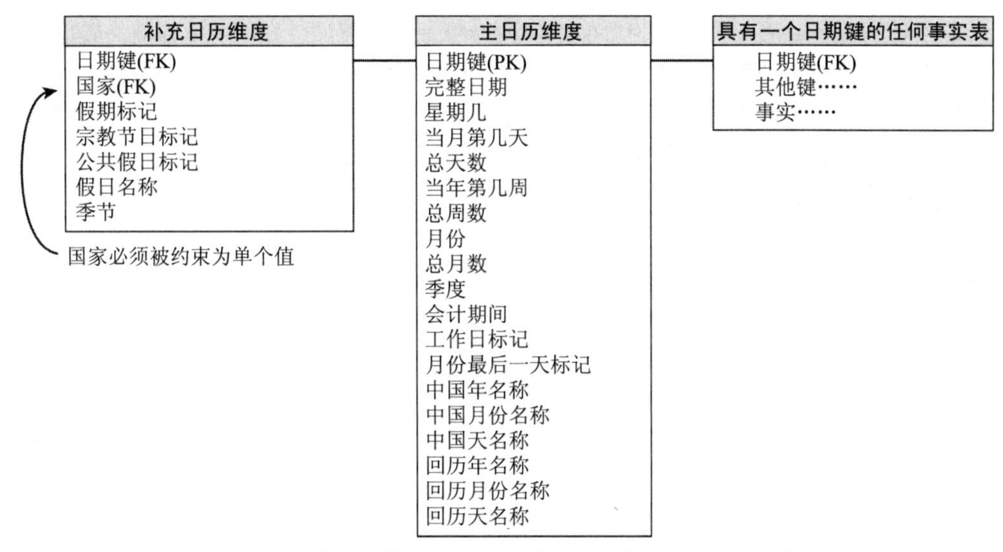

图 10-37　用于必须追踪多国日历的组织的主要和补充日历维度

日历维度为所有的日历提供了基础框架，但每一个国家都具有小量的独特日历变体。我喜欢用一个补充日历维度来应对这一情况，该维度的键是来自主日历维度的日历键以及国家名称的组合。如图 10-37 所示，可以将这个表联结到主日历维度或者直接联结到事实表。如果提供一个需要用户指定国家的接口，那么该补充表的属性就可以在逻辑上被视作附加到了主日历表，这会让你可以每一次都以任何单一国家的角度来浏览日历。

可以使用该补充日历表来约束国家分组。可以通过地理性来进行分组，或者通过为一个国家选择的任何其他从属关系(如供应商业务合作伙伴)来分组。如果选择了一组国家，就可以使用 SQL 的 EXISTS 子句来判定是否有国家具有特定日期的假期。

10.18.3　以多种货币单位集中收益

跨国企业通常会以许多不同的货币单位来记录事务、集中收益以及支付费用。参见图 10-38 中用于这些情况的一个基础设计。事务的原始金额是以本地货币来呈现的。在某种程度上，这将总是事务的正确值。对于简单的报告目的来说，事务事实记录中的第二个字段表述了以单一全球化货币为单位的相同金额，如美元。这两个金额之间的等值关系就是要为事实表所做的基本设计决策，并且很可能就将每日现货汇率用于本地货币到全球化货币的转换达成一致。现在企业可以通过将报告国家的货币约束为单一值来以单一货币为单位加总来自事实表的所有事务。它可以通过汇总全球化货币字段轻易地加总来自全球的事务。

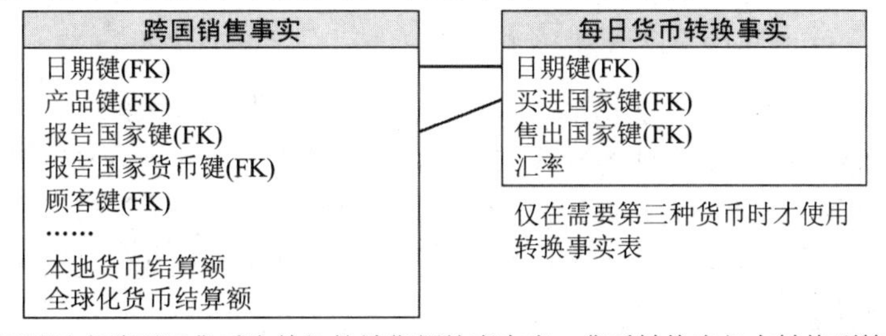

图 10-38　同时记录以多种不同货币为单位的销售额的事实表。货币转换表仅在转换到第三种货币时使用

但如果我们希望以第三种货币为单位来表述一组事务的值又会如何呢？为此，我们需要一个货币转换表，如图 10-38 所示。这个货币转换表通常会包含从每一种当地货币到一种或更多种全球化货币以及反向转换的每日汇率。因此，如果有 100 种当地货币以及三种全球化货币，我们就需要每天生成 600 条汇率记录。在每两种可能的货币之间构建一个货币转换表不太切实可行，因为对于 100 种货币来说，会存在 10 000 个每日汇率。

10.18.4 处理欧洲问题(来自 1998 年的观点)

正如大多数读者都知道的，许多加入欧盟的欧洲国家都正在统一使用被称为欧元的单一欧洲货币。从数据仓库的角度来看，欧元具有重大意义；不要仅将其视作另一种货币。欧元本身就带来了一些特定的财务报告和数据仓库需求。最重要的需求就是三种货币转换需求以及精确到小数点后六位的需求。

对于欧盟国家之间所进行的所有货币转换计算，一种货币必须首先被转换成欧元，然后将欧元值转换成第二种货币。欧盟国家之间的每一种货币转换都必须采用这一两步过程；不能直接在这些货币之间进行转换。当然，数据仓库中的这些转换可以用上一节中的设计来实现，其中全球化货币会被假定为欧元。

第二个要求是，必须在小数点后面用六位小数的精度来进行所有的货币转换计算。这一需求的目的在于，在货币转换计算的四舍五入误差上设置一个最大边界。这里的一大问题并非汇率因素，而是以一种货币值来存储金额的任何数字字段的精确度。对于所有欧盟货币来说，如果任何这样的字段截取或四舍五入为少于小数点后六位小数的精度，那么这个字段就无法不用作将货币转换到欧元的源字段(这让人头疼！)。如果数据库和电子表格原生支持欧洲货币，那么你就必须确保这些数据库和电子表格不会隐式进行这一四舍五入或者截取的做法。

10.19 没有边界的数据仓库

Ralph Kimball，Intelligent Enterprise，1999 年 3 月 30 日

在文章 10.18 “全局化思考，本地化行动” 中，我介绍了在国际化数据仓库中表示日历、时间和货币的内容。不过，我推迟了表示名称和地址的问题，因为它们很复杂。作为开头，让我先提供一个示例。假定有一个像下面这样的名称和地址：

```
Sándor Csilla
Nemzetközi Kiadó Kft
Rákóczi u. 73
7626 PÉCS
```

你准备好在数据库中存储这类地址了吗？这是一个有效的邮寄地址吗？它代表着个人还是公司？男性还是女性？收件人是否会被我们呈现该地址的方式而感觉受到冒犯？你的系统能否解析它以便判定准确的地理位置？如果你要在一份信件中或者通过电话致意这一实体，什么情况才是合适的？在打印它时，其中的各种特殊字符会被打印成什么？你到底能不能从格式键盘上输入这些字符？

如果数据仓库包含关于身处多个国家的人或企业的信息，就需要仔细规划一个跨数据输入、事务处理、地址标签和邮件生成、实时顾客响应系统以及数据仓库的完整系统。实际上，我们应该移除上一句话开头处的“如果”。你无法回避这个问题的处理。几乎每一家企业都必须处理某个地方的国际化名称和地址，无论是企业具有国际化供应商或者顾客，还是人力资源部门记录出生地或者国外业务征信。

在我们深入探究推荐的系统和数据库结构之前，我们先后退一步并且确定我们国际化名称和地址的一些目标。

- **全球通用且一致化的表示形式**。俗话说，一不做，二不休。如果我们打算为表示国际化名称和地址设计一个系统，我们就会希望它对于世界上每一个国家都有效。我们的设计必须不能依赖任何一个国家的异常情形，但是它应该能够应对特异的情况。我们的设计应该在国家与国家之间保持一致，因此类似的数据元素会出现在数据库中可预测的、类似的位置。
- **端到端数据质量和下游兼容性**。数据仓库不能是数据管道中唯一关心国际化名称和地址完整性的步骤。正确的设计首先需要得到捕获名称和地址这第一步的支持，然后通过数据整理和存储步骤，直到最后一步所进行的地理位置和人口统计分析、报告打印、给顾客信件的打印以及可邮寄的寄件标记打印。当我们向国外子公司传递一份文档或报告时，我们希望名称和地址是以正确的原始形式来呈现的。
- **文化准确性**。在许多情况下，我们的外国顾客和合作伙伴都会以某种形式看到我们数据仓库的结果。如果我们不理解哪个是名字以及哪个是姓氏，并且如果我们不理解如何称呼一个人，我们就会面临冒犯这些个人的风险，或者最起码会让我们看起来很愚蠢。在我们的书面输出标点符号失当或者存在拼写错误，我们的外国顾客和合作伙伴就会更愿意与当地公司而非与我们打交道。
- **重复项移除和家庭关系**。从大型顾客列表中移除重复项很重要。这不仅是因为通过移除重复项我们可以节省资金，还因为我们可以避免多余的通信以及误导性的顾客统计计数。重复项移除的一种复杂形式是家庭关系，在其中我们要识别出共享相同家庭或商业住户的不同顾客。当我们将住户当作一个经济单位来理解时，我们就可以更为有效地规划市场营销倡议。重复项移除和家庭关系的秘诀在于，有效地将名称和地址解析成被正确识别的名称和地址组成部分。
- **地理位置和人口统计分析**。地理位置和人口统计分析是一种“完整的宏指令组合”。同样，为了正确地分类和分析一大组顾客，我们需要将名称和地址的列表解析成精细粒度的详情。
- **实时顾客响应**。许多数据仓库都通过支持实时顾客响应系统来扮演操作性角色。顾客服务代表会接听电话并且必须等待五秒或更少的时间以便看到数据仓库为该顾客所推荐的问候语出现在屏幕上。该问候语包含适当的问候以及该顾客头衔和姓名的适当使用。
- **国外邮件、国内邮件以及包裹服务投递**。数据仓库可以在用于市场营销活动、顾客服务或者信息邮件的邮件列表的生产环境中扮演重要角色。数据仓库必须满足至少三种不同的需求。国外邮件需求意味着数据仓库可以生成从始发国家到目的地国家的可邮寄邮件地址。这包括满足国际邮件标准，如全部以大写字母来表示城市和国家，并且在地址内的正确位置放置邮编。国内邮件需求意味着数据仓库可以生成在目的地国家内可邮寄的邮件地址。这一地址格式常常有别于国际化格式，并且数据仓库必须以外国字符集和语言来表示它。包裹服务投递需要数据仓库生成它们可以投递包裹的真实地址。这样的一个地址通常不能是一个邮政信箱。

- **其他类型的地址**。我们都知道，我们正处于通信和网络革命之中。如果你正在为识别国家化名称和地址设计一个系统，则必须预料到存储电子档案名称、安全性令牌以及互联网地址的需要。

为国际化名称和地址环境进行设计

第一步且最重要的一步是正面应对语言、字体和字符集问题。你完全不能从ASCII、EBCDIC、不兼容终端、不兼容字处理软件包以及不兼容打印机中拼凑出不完善的解决方案。你对于捕获名称和地址所付出的最大努力会因管道中下一个系统而受阻，如果它重新映射你的字符集或者抛弃所有的着重点的话。为了解决这个问题，就必须构建一个端到端的Unicode系统。Unicode是用于表示所有国际化语言字符集的国际化多字节标准。当系统支持Unicode时，一个字符可以用正确符号来永久表示。Unicode并非字体。它是一个字符集，因此会比简单的字体更深刻地嵌入系统中。

管道中起始处的数据捕获终端必须要能够创建输入时所需的所有特殊字符。这并不意味着每一个数据捕获终端都必须处理每一种语言；更准确地说，在特定的数据捕获位置处，终端必须能够输入它们可能遇到的所有特殊字符。它还意味着数据捕获的即时结果就是Unicode格式化的文件。

对于Unicode的支持必须从数据捕获终端经过中间提取的文件格式，一直延续到数据仓库DBMS。报告、分析和地址列表程序必须全部支持Unicode并且以相同方式显示和打印所有的特殊字符。注意，即便这样做了，像变音这样的相同字符在像挪威和德国这样的国家中也会被不同排序。即时你无法解决国际化排序序列的所有变体，至少挪威人和德国人都会认同该字符是一个变音。

第二个必要步骤就是，完整执行解析和存储名称与地址的任务。要抵御住将所有一切都塞入到一些泛型字段中的冲动，如名称1、名称2、名称3、地址1、地址2和地址3。

对于如何为国际化名称和地址构建一组健壮描述符的指导，我很感激Toby Atkinson所著的一本了不起的书《关于跨国企业沟通的韦氏词典指导》(韦氏词典，1999年)。Atkinson已经为处理在会与之交互的几乎每一个外国国家中的特定名称和地址编写了一本真正有用的指南。本文开头的地址示例就来自其著作。为了获得该示例的详尽阐释，你必须阅读Atkinson的书(提示：阅读关于匈牙利地址的那一章)。

基于Atkinson详尽阐述的名称和地址变体示例，我们可以构造一个用于名称和地址的文件格式，它会应对几乎每一种国家化情形，并且同时充当解析和重复项消除的合适目标。被用在商业背景下的国际化名称和地址可以由以下字段构成：

- 致意
- 名字
- 中间名字
- 姓氏

- 学位(如理学硕士、哲学博士以及其他名誉学位头衔)
- 民族性
- 公司名称
- 部门名称
- 职务
- 建筑物
- 楼层
- 邮递点
- 地址类型(如总部办公室、从属的驻外办公室以及包裹投递地址)
- 预期用途(如国内或国外邮件)
- 街道号
- 街道名称
- 街道方位
- 邮政信箱
- 所在地
- 城市
- 州
- 邮编
- 行政区
- 国家
- 组合地址块
- 书面问候语
- 口头问候语
- 唯一的私人个体标识符
- 唯一的商业个体标识符
- 唯一的商业实体标识符

为每一个个体地址的每一个变体创建具有这一内容的记录。我不建议尝试将所有地址变体塞入到单条长记录中。可以在一些情况下为一个顾客使用单一地址，在其他情况下为顾客使用六个地址。有时候，相同的个体可以扮演具有不同头衔和地址的多个角色，因此该个体需要多条记录。

所组合的地址块是一个用于预期用途的具有完整和正确地址的长文本字段，它会按照目的地国家惯例的合适顺序来呈现，并且包含换行符。使用这个地址会简化地址列表的创建应用程序，因为它们不必包含用于正确地址表述的每一个国家的规则。

书面和口头的问候语解决了个体名字和姓氏是什么以及顾客是否需要使用这些名称部分的问题。在我自己的职业生涯早期，当我还是一家小公司的应用程序总监时，我记得收到过将我称呼为“应用程序总监”的信件，之后是“亲爱的总监”。

记录结束处的唯一标识符提供了管理重复名称和角色的方法。希望将指定个体多次包含在不同商业化角色中是可行的。标识符为你提供了用于正确统计和管理这样一些重叠记录的几种选项。

电话号码不应被附加到先前的记录格式中，因为一组开放式的这样的号码会用于任何指定个体。电话号码的单独记录格式至少应该具有以下结构：

- 致意
- 名字
- 中间名字
- 姓氏
- 国家代码
- 城市代码
- 电话号码
- 内部分机号
- 电话号码类型(包括总办公室、直线电话、秘书、座机、传呼机以及传真)
- 秘书姓名
- 二次拨号指令(如使用传呼的情况)
- 完整的外国拨号序列
- 完整的国内拨号序列
- 完整的本地拨号序列
- 公司名称
- 部门名称
- 职务
- 城市
- 州
- 国家
- 口头问候语
- 唯一的私人个体标识符
- 唯一的商业个体标识符
- 唯一的商业实体标识符

可以将这些记录设计用于国外和本地地址标签、实时问候语、重复项移除、家庭关系以及人口统计分析。在结合使用端到端的 Unicode 支持时，应该为有效处理适应新千年的国际化名称和地址提供基础。

10.20 让数据仓库在空间上可用

Ralph Kimball，Intelligent Enterprise，2001 年 1 月 1 日和 2001 年 1 月 30 日

这部分内容最初被作为两篇连续的文章来发表。该系列中的第二篇文章的标题是《地址空间》。一些最初的内容已经从这些文章中删除，因为我们认为它们过于限定于供应商/工具了。另外，在你阅读这篇文章时，一方面，要记住它写于 2001 年，它要早于 GPS、Google Earth 以及其他广泛可用的计算机地图工具的大量使用之前。另一方面，从 2015 年的角度来看，数据仓库和地理位置信息系统之间的差距即使在今天也仍然存在。

对于将数据仓库社区和地理位置信息系统(geographic information systems，GIS)社区分割开来的断层，我总是觉得很困惑。很少有传统的数据仓库会使用地图驱动的方法来利用其数据，但正是这些数据仓库富含地理位置实体，其中包括地址、位置地点、销售地区以及更高层面的政治地理区划。

相反，我曾经听到过主流的 GIS 社区谈论“地理位置数据仓库”，但这些很少与我所熟悉的数据仓库领域存在任何相似之处。GIS 数据仓库必然具有大量数据，但 GIS 数据仓库的关注点都与像形状文件、矢量数据集、地籍数据库、时空信息系统以及螺旋超空间编码这样不熟悉的术语有关。

我总是下意识地认为传统的数据仓库社区能从利用一些 GIS 工具和用户界面中获益匪浅。地区图会让人信服。例如，数据的二维化描述会显示出其他类型分析无法揭示的模式。如果对其中一个传统数据仓库启用 GIS，那么很可能要回答像下面这样的问题就应该会更加容易：

- 顾客进入你的店铺是否因为它位于其住所附近或者其办公地点附近？在营业时间和降低店内的排队时间方面，对于你来说意味着什么？
- 考虑到未来五年的预期增长，你是否已经为你的分销中心在供应商和顾客之间选择了最理想的位置？
- 你看到的哪些因素解释了盈利能力和顾客保持度中的明显差异，当你在针对所有美国郡县的全国地图上绘制这些因素时？

10.20.1 调研 GIS 供应商

我选择 ESRI 作为我的调研目标，因为它是 2001 年的一流 GIS 供应商。在其资料中，ESRI 将 GIS 定义为“使用已经存在于顾客数据库中的空间构成，如店铺位置、电话线杆位置以及运输路线，并且将这些构成连接到地球表面上的某个真实位置”。该定义基本上就是我开始研究 GIS 数据仓库困境时脑海中的印象。我时常为我的数据仓库客户提供关于如何谨慎地解析和存储与位置有关的数据的建议，但我不太常看到他们将 GIS 工具用于该数据。

此外，当我读到 ESRI 的创始人 Jack Dangermond 的一篇评论时，我被其吸引住了。他认为，由 ESRI 软件生成的地图真的“仅仅是入门奖而已”。换句话说，这些地图，尽管它们是令人信服且必要的，但它们仅仅是提供面向空间数据中所包含的信息和见解的手段而已。

我赞同 Dangermond 评论的论调。这些年来，我曾经许多次看到令人眼花缭乱的技术干扰了顾客对于产品中所包含业务价值的注意力。地图和丰富的用户界面是 GIS 的必要组成部分，但 GIS 实践的真正价值在于，能够基于基础数据进行决策。正是在这一点上，传统数据仓库和 GIS 数据仓库的动机完全重叠了。

10.20.2 进入训练营

牢记所有这些之后，我决定亲自了解将 GIS 用户界面附加到我们传统数据仓库上存在哪些壁垒。我希望看看同时作为数据仓库专家和 GIS 新手进入 GIS 领域会是什么样的体验。我会迷失其中吗？因为我仍旧不知道如何进行 GIS 连接，所以我会摆脱沮丧吗？

因此在 2000 年我购买了 ESRI 的 MapObjects 2.1 Visual Basic(VB)产品的开发者授权，并且我注册以及当场支付了位于加利福尼亚雷德兰兹的 ESRI 的 MapObjects 训练营的培训费用。

在 ESRI 的一周培训之后，我非常欣慰地离开了。我正好得到了我所期望得到的。MapObjects

OCX 是 GIS 能力的全功能驱动程序。从传统数据仓库实施者的角度来看，MapObjects 提供了为几乎所有其维度包含与位置和路线有关信息的数据仓库启用 GIS 的一种容易方式。

使用 GIS 工具，我们就能彻底清理并且有效使用已经为所有顾客存储的数百万个地址。我们可以借助新的图形化表示工具来查看无法在电子表格和传统报告中直接看到的二维模式。并且我们可以将一些新的动词附加到已有的 SQL 和 OLAP 数据库，而无须修改基础数据，以便让我们可以提出空间功能化问题，如“找出身处一组国家之中或者在其附近的所有顾客”。

在大多数 GIS 工具的表层之下，存在大量用于附加普通脏数据的必要机制。该机制的两个最有吸引力的部件就是地址标准化部件和地理位置查询扩展部件。我们来看看要实际使用这些功能需要做些什么，另外也看一下这个领域除 ESRI 外的其他重要供应商。尽管这里描述的具体产品详情都是 ESRI 早期 MapObjects 产品的简介，并且自那时起其产品必定发生了巨大变化，但这些基础功能具有普遍的吸引力，即使今天这些描述也会发挥作用。

10.20.3 自动地址标准化

MapObjects 提供了能够共同协作的两个对象以便让应用程序可以阐释普通的街道地址。标准化对象会将用户指定的模式应用到单个街道地址或者一个街道地址的表格，将原始地址转换成其关于完整解析形式的最佳预测。用于城市中街道地址的一个简单模式看起来会像下面这样：

```
HN 12: House Number
PD 2: Pre-direction
PT 6: Pre-type
SN 30: Street Name
ST 6: Suffix type
SD 2: Suffix direction
ZN 20: Zone
```

每一行开头的两个字符缩写就是可能地址内容的解析标记。数字是每个解析标记的最大字节数，而冒号后面的英语文本则是该标记的含义。这种格式表示了地址中可识别的最大主体，如果分析师决定使用这一模式。

如果一些或者所有这些标记都可以用之前指定的顺序被分配到地址，那么街道地址就符合这一模式。研究这一模式会让人明确一点，即街道地址越符合这一模式，地址标准化就会越准确。

在 MapObjects 中标准化了地址之后，它会将其传递到地理编码器对象，该对象会试图将每一个解析的地址匹配到一个标准的街道网络数据库。在 MapObjects 中，适合的街道网络数据库可以是具有道路名称属性的 ESRI 形状文件。ESRI 形状文件是一种可随时呈现的数据库，在这里由数段分行构成，每个分段都有与之相关的未限定数量的文本和数值属性。形状文件描述了表示边界的复杂的封闭多边形。

形状文件是表示地图层的其中一种主要格式，并且可以用许多方式来创建。在覆盖了整个美国的标准化街道网络的情况下，可以从地理位置数据供应商处购买到所需的形状文件。在 www.google.com 上查找“TIGER 路线文件”会得到关于数据供应商的大量线索，这些供应商都为美国街道的 TIGER 人口普查局数据带来了增值。(美国人口普查局本身就拥有一长串供应商可以为这些数据提供增加价值，并且它们提供了一系列令人印象深刻的地址匹配和地理编码产品。ESRI 并非这个领域中的唯一供应商！)

在运行地理编码器对象时，它会返回一组其街道网络上的候选真实地点，这些地点会映射到每一个候选地址，具有不同程度的确定性。记住，候选的地址可能不完整、具有各种拼写方式，或者是被损坏的。仅仅解析地址并不意味着就有了一个合适的地址。如果街道网络的单个地址匹配了候选项，那么你通常就会接受地理编码器的匹配，并且地理编码器所返回的置信度评分会非常高。如果街道网络中没有地点具有可被接受的置信度评分，或者如果有多个地点匹配候选项，那么就需要考虑提升原始数据的质量。

在将整个解析且标记过的地址表传递给地理编码器之后，如果一切顺利，就会得到返回的一组地点对象，可以在可视化地图上立即绘制它们或者写回到文本和数字地理数据集中作为“答案”。

我在一些详细内容中描述了用于处理真实顾客地址的 ESRI MapObjects 过程，以便让你体会一下，将典型的脏顾客地址转换成用于展示和分析的有用、标准的形式需要做些什么。我所描述的架构是执行地址匹配的大多数产品的典型。

10.20.4 标准数据库上的地理位置查询

将空间分析语义添加到已有的关系型数据库是可行的。ESRI 能够用其空间数据库引擎(SDE)产品在用户和任何这些数据库之间放置一个地理位置解释层。SDE 的迷人之处在于，无须为地理位置处理购买一个单独的数据库。

可以用各种方式来配置 SDE。SDE 服务器可以直接管理像街道地图和形状文件这样的特定于地理位置的表，并且同时提供虚拟链接，以便链接到存在于其中一种传统关系型数据库上的你自己的基础、未修改的表。或者 SDE 可以使用像点、线和多边形这样的特定地理位置属性来物理化修改和填充基础表。

SDE 向客户端暴露了一个增强的 SQL API，其中包括 MapObjects。因此在 MapObjects 中，可以针对常规数据仓库来有效构造能够判定地理位置特征之间关系的查询。这样的关系也许是十字路口或交叉点、共享边界或位置点，或者一个特征包含在另一个之中。对于 SDE 管理的数据属性的引用可以在单个 SQL 表达式中自由混合，否则就要引用常规数据。SDE 的 SQL 扩展会让你提出复杂的距离问题，如位置点和定义区域的其他一些扩展边界之间的距离。另一个麻烦的距离问题就是一个复杂扩展的区域离一个路线特征(如一条路或一个管道)有多远。

SDE 可以在像路线这样的地理位置特征上施加约束，以便随时确保它们会形成某种拓扑的正确构造的网络。SDE 还会管理 ESRI 称为动态空间重叠的内容，它会在管道化处理操作时将空间分析操作与数据检索操作分离开来，这样 SDE 就可以重叠两个数据集，而无须在一开始就完全提取出它们两者。

SDE 定义了一种架构以及一组空间查询操作。其他供应商，如 IBM 和 Oracle，已经实现了一组完整的 ESRI SDE 查询操作，同时也提出了其自己的软件架构，或者在有些情况下，将其自己的产品与 ESRI 的产品混合在了一起。

10.20.5 恰好合适

如果你是一位位于地理位置数据海洋顶端的 GIS 专家，那么我所描述的方法也许并不适合你。你需要从一个主流的 GIS 解决方案开始。但如果你是已经存储了数百万地址和真实位置其他属性的文本和数字数据仓库管理者，那么就可以考虑使用这篇文章中介绍的技术来摘取 GIS 同事已经慷慨地为我们提供的唾手可得的水果，而无须修改现有的数据结构并且无须变更其他的数据仓库应用程序。

10.21 跨国维度化数据仓库注意事项

Ralph Kimball，Design Tip #24，2001 年 6 月 1 日

如果你在管理一个跨国的数据仓库，则不得不面对以若干不同语言呈现数据仓库内容的问题。数据仓库的哪些部分需要翻译？在哪里存储各种语言版本？如何处理必须提供越来越多的语言版本的开放性问题？

在构建一个真正的跨国数据仓库中存在许多设计问题。在这篇文章中，我们将仅专注于如何向业务用户呈现“可切换语言”的结果。我们的目标是在未限定数量的语言表述之间利落地进行切换，以便同时用于即席查询和浏览标准报告。我们还希望横向钻取已经实现了一致化维度的分布式跨国数据仓库。

显然，我们大部分的注意力都必须专注于我们的维度。维度是数据仓库中几乎所有文本的仓储。维度包含了数据的标签、层次结构以及描述符。维度支配了我们用户界面的内容，而且维度提供了我们所有报告中行和列标题的内容。

简单明了的方法是，以每一种受支持的语言提供每个维度的 1 对 1 翻译副本。换句话说，如果我们的产品维度最初是用英语来表述的，而我们需要法语和德语版本，那么我们就要逐行逐列复制英语维度，保留键和数值指标，同时翻译每一个文本属性。但是我们必须小心谨慎。为了保留用户界面和英语版本的最终结果，法语和德语产品维度也都必须保留相同的一对一和多对一关系以及分组逻辑，以便同时用于即席报告和构建聚合。

明确理解一对一和多对一关系应该通过后台 ETL 区域中的实体-关系模型来强制实现。那一部分很容易。但在进行翻译时会出现一个不易察觉的问题，也就是要确保两个不同的英语属性最终不会被翻译成相同的法语或德语属性。例如，如果英语单词 scarlet 和 crimson 都被翻译成德语单词“rot”，那么某个报告的合计值在英语和德语版本之间就会存在区别。因此我们需要一个额外的 ETL 步骤，它会验证我们没有从不同的英语属性中引入任何重复的翻译。

这一设计的一大优势就是可扩展性，因为我们总是可以添加一个新的语言版本，而无须变更表结构，并且无须重新加载数据库。如果我们将维度的翻译版本复制到所有的远程数据库，我们就可以允许法语或德语用户横向钻取广泛分布的数据仓库。

当法语或德语用户发出横向钻取查询时，每一个远程数据库都必须使用正确翻译的维度。通过制定该请求的原始法语/德语应用程序就可以足够轻易地应对这一情况。注意，每一个远程数据库都必须支持“热插拔维度”，它会允许在进行不同的语言请求时针对不同的查询完成这种维度切换。这在关系型环境中是很容易的，不过在 OLAP 环境中会有点难。

尽管我们已经完成了这一设计的大部分，其中包括实现分布式多语言数据仓库的可扩展方法，但我们仍旧面临一些难以处理的未解决问题：

- 我们无法轻易地跨相同报告的不同语言版本来保留排序顺序。我们肯定不能按照源语言的相同顺序来排列翻译后的属性。如果需要保留排序顺序，那么我们就需要同时带有源语言和第二语言的混合维度，这样 SQL 请求就可以强制使用源语言中保留的排序，但将第二语言显示为未排序的行标签。这是难以处理的并且会产生双倍大小的维度，不过是行之有效的。

- 如果源语言是英语，那么我们就会发现几乎每一种其他语言都会产生比英语要长的翻译文本。不要问我原因。但这代表着格式化用户界面以及最终报告的问题。
- 最后，如果我们的语言集超出了英语和主要的欧洲语言，那么甚至 8 位扩展 ASCII 字符集都不够用。所有参与其中的数据集市都需要支持 16 位 UNICODE 字符集。记住，我们的设计需要将翻译的维度驻留在目标机器中。

最后，避免构建新维度的解决方案就是，只要等待在源语言(可能是英语)中完全完整生成报告之后，将该报告逐字段翻译出来即可。

行业场景和特性

这一章的最后一节提供了一系列由 Ralph、Margy 和 Bob 根据其与各种客户打交道的经验所编写的案例研究描述。

10.22 行业标准数据模型的不足之处

Margy Ross，Intelligent Enterprise，2010 年 9 月 13 日

乍看之下，行业标准的数据模型是具有吸引力的概念，但它们并非如所吹嘘般那样能够节省时间。此外，这些预先构建的模型会妨碍到数据仓库项目的成功。

供应商及支持者认为，标准、预先构建的模型是为了通过缩小数据模型设计工作的范围来得到更加快速的、风险更小的实现。每一个生产制造商都会接受订单并且发送产品以便完成订单。每一家保险公司都会销售保单以及处理索赔。每一家运输公司会在始发地和目的地之间运输货物。还有其他行业可以列在这份清单上。当可以购买一个行业标准的模型作为替代时，何必还要通过设计支持这些常见业务过程的自定义数据模型来“重新造轮子”？

是的，指定行业中的大多数企业都会履行通用的职能。但如果对于这些业务职能，每个人的方法都如此类似，那么为何还会存在如此之多的不同组织？难道大多数组织都会做一些与其同行稍微相同的一些事情吗？而如果是这样，预先定义的行业模型又要如何处理这些“竞争优势”？真正的商业智能需要注入一个组织自己的智能资本。你真的希望使用与同行相同的行业解决方案吗？在几乎每一个数据仓库设计和交付项目中，操作源系统数据模型所使用的词汇表需要被转译成业务术语。有些人会认为，源系统所用的词汇并不标准。拥抱行业标准的模型会带来对另一个袖珍词典的需要。

首先，源系统语言的数据需要被翻译和转换成行业模型的通用语言。这不是一件小事；尽管有些数据可以在没有太大折中的情况下被翻译，而其他数据需要被谨慎处理且强制实现成预先定义的模型，并且有些源数据必然会不适用。

一旦源已经被处理成模型本应具有的通用语言，之后数据就需要经过第二次翻译，这样最终展示层中所用的词汇表对于业务用户就是合理的。在思考一个标准化模型时，围绕这些多次转换的挑战，以及在三种语言之间的翻译中丢失一些内容的可能性——源系统、行业模型以及业务使用——将大量存在，但是通常会被忽视。

当然，如果源数据捕获系统和行业模型是由相同供应商提供的，那么转换工作就不会过于艰巨了。但即便是在这种情况下，仍然会存在一些潜在的困难之处。首先，你需要将来自实现中的所有自定义扩展或弹性字段数据元素纳入供应商的通用模型中。其次，你需要关心位于供应商领域外的所有源数据的集成。你能轻易地将行业模型地维度与其他内部可用的主数据保持一致吗？如果不能，那么该行业模型注定会变成另一个隔离的烟囱式数据集。很明显，这个结果是毫无吸引力的，但如果所有的业务系统都受到相同 ERP 供应商的支持或者你的组织很小而没有 IT 部门进行独立开发，那么这种情况就不太可能会出现。

你能切实地期望从行业标准模型中得到什么？预先构建的通用模型会有助于识别指定行业的核心业务过程以及相关的常用维度。这就为一开始面对设计任务感觉不知所措的数据仓库项目团队带来了一些安慰。不过，这方面的知识值得六位数的花费吗？或者，你可以通过花费数周与业务用户一起协作来获得这一相同的见解；这不仅会提升你对于业务需求的理解，还会让你开始将业务用户“连接”到 DW/BI 计划。

最终，业务所有权和管理工作对于其长期的成功来说至关重要。即便是购买行业标准的模型，你仍旧需要花费时间与业务用户一起理解处理其需求所需的最终转换。这必要的步骤是无法绕开的。以 Kimball Group 的经验来看，在研究标准模型数天或数周之后，大多数团队通常都能获得足够的自信，从而希望自定义广泛用于“其数据”的模式，并且期望行业标准模型消失。

另外，值得一提的是，仅仅因为在标准模型上花费了数千美元并不意味着它会带来被广泛接受的维度化建模最佳实践。遗憾的是，有些预先构建的模型会体现出常见的维度化建模设计缺陷；如果模型设计者更多专注于源系统数据捕获的最佳实践而非业务报告和分析所需的那些，那么这种情况就一点也不奇怪。

正如本文标题所充分表露的信息一样，Kimball Group 会帮助客户设计维度模型；但鉴于我们是一个六人组织，所以自定义维度模型的全部需求远远超出了我们的能力，无论有没有广泛采用行业标准的模型。我还要承认，我们已经与几个源系统供应商就其互补性行业模型解决方案展开了协作；我们意识到，人们所认为的设计预先定义的通用模型实际上难度会非常大——即使当你拥有数据捕获源代码时也是如此。

根据我们的经验和观察，相较于供应商提供的对 IT 团队更具吸引力而不能较好适应业务细微变化的预先构建的标准模型，以业务为中心的自定义模型更加可能被业务用户所认可。

10.23 一个保险行业数据仓库的案例研究

Ralph Kimball，DBMS，1995 年 12 月

这篇文章最初的标题为“数据仓库保险业应用”。

保险行业是数据仓库市场的一个重要且不断增长的部分。去年或前两年集中出现了几个因素，可以让数据仓库用于大型保险公司的情形变得可行且极度必要。保险公司会产生几项复杂的事务，必须以许多不同的方式来分析这些事务。直到最近，考虑为在线访问存储数亿——甚或数十亿——个事务才变得可行。同时，保险行业正处于降低成本的巨大压力之下。这个行业中的成本几乎全部来自索赔或“损失”，正如保险行业会更加准确地描述它们一样。

在这篇文章中，我使用 ABC123Insurance 作为案例研究来揭示常见的问题，并且介绍如何在数据仓库环境中解决它们。ABC123Insurance 是一家主要从事保险行业的公司的化名，这家公司为约两百万顾客提供汽车、房产所有者以及私人财产方面的保险。ABC123Insurance 的年收入超过 20 亿美元。我的公司设计了 ABC123Insurance 的企业数据仓库，用于分析跨其所有业务线的所有索赔，并且具有历史回溯，有些情况下会回溯超过 15 年的历史。

ABC123Insurance 数据仓库设计的第一步是花费两个星期的时间来拜访在索赔分析、索赔处理、现场作业、欺诈与安全管理、金融以及市场营销领域的预期用户。我们与超过 50 位用户进行了探讨，范围涵盖了个人贡献者到高管。从每一个用户分组中，我们都得出了他们通常每个工作日会做些什么、他们如何衡量他们所做的工作是否成功完成，以及他们认为如何才能更好理解其业务的描述。我们并没有询问他们希望在计算机化数据库中得到什么。这是我们所要进行的设计任务，而非他们的。

从这些访谈中，我们发现了三个重要的会极大影响我们设计的主题。首先，要详尽理解其索赔，用户需要查看每一个可能的事务。这就排除仅仅呈现汇总数据的可能性。许多终端用户分析都需要对一大堆事务进行切片和切块。

其次，用户需要以月份为间隔来查看业务。索赔需要按月分组，并且在月末与相同年份的其他月份进行比较，或者与往年的月份进行比较。这与存储每一个事务的需要有冲突，因为仅仅为了得到月度保费以及月度索赔支付而汇总复杂序列的事务是不切实际的。第三，我们需要处理 ABC123Insurance 业务线的各种特性。为汽车事故索赔所记录的事实不同于为房产所有者火灾损失索赔或者入室盗窃索赔所记录的那些事实。

这些数据冲突会出现在许多不同的行业中，并且对于数据仓库设计者来说是很熟悉的主题。详尽事务视图和月度快照视图之间的冲突几乎总是需要在数据仓库中同时构建这两类表。我们将这两者称为事务粒度和业务定期快照粒度。注意，这里我们并没有提及 SQL 视图，而是物理表。相较于分析具有独特测量的特定产品的需要，跨所有产品(ABC123Insurance 示例中的业务线)分析整体业务的需要被称为“异质性产品”问题。在 ABC123Insurance，我们首先通过仔细维度化基准索赔处理事务来应对事务和业务的月度快照粒度。每一个索赔处理事务都能够适应图 10-39 中所示的维度模式。

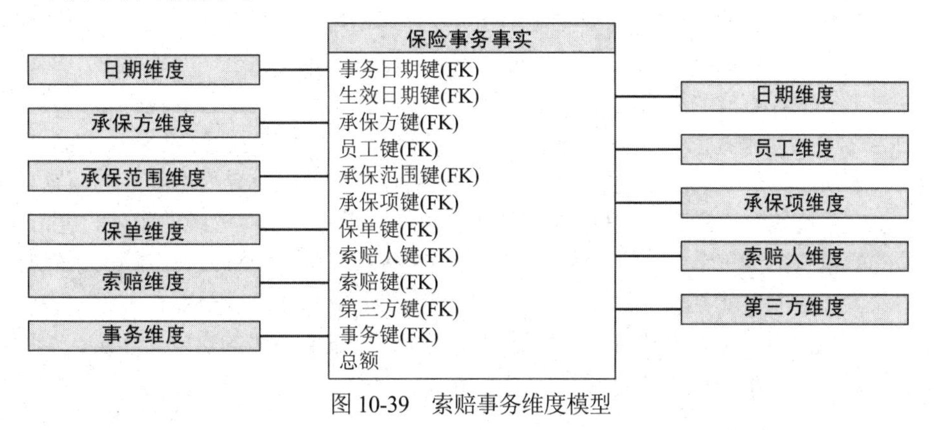

图 10-39　索赔事务维度模型

这一结构是事务级别数据仓库模式的特征。中心的事务级别事实表由几乎所有的键构成。事务事实表有时候会只具有一个累加式事实，我们称为总额；总额字段的解释依赖于事务类型，它是在事务维度中识别的。时间维度实际上是连接到事实表的相同维度表的两个实例，以便提供对事务日期和生效日期的独立约束。用于ABC123Insurance的这一设计具有11个维度，每一个维度都是在每次处理索赔事务时获悉的。这11个维度中的每一个都代表着进入索赔处理事务这片汪洋大海的一个有效且相关的入口点。

这一事务级别维度模式为ABC123Insurance分析索赔提供了一种强有力的方式。索赔人数量、索赔计时、进行索赔付款的计时以及像见证人和律师这样的第三方参与人，全都可以轻易地从这一数据视图中推算出来。说来奇怪，要推算出像月度快照这样的“到目前为止的索赔”测量会有些困难，因为这需要从最早的历史记录遍历每一个详尽的事务。其解决方案是为ABC123Insurance的数据仓库添加数据的一个月度快照版本。该月度快照会移除一些维度，同时添加更多的事实，如图10-40所示。

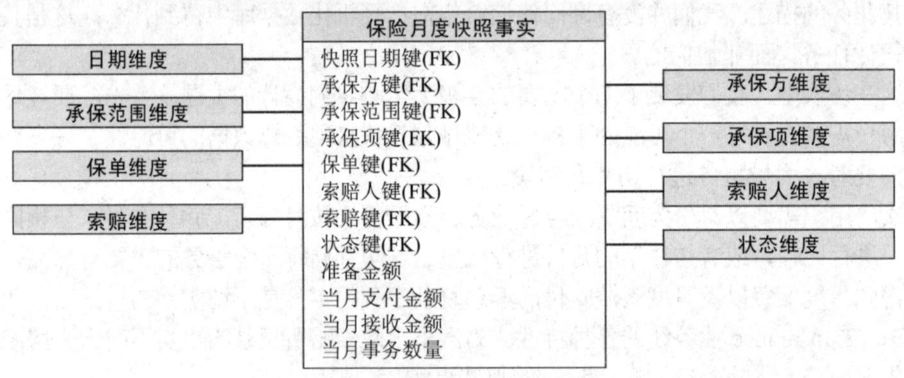

图10-40 索赔月度快照维度模型

这一快照事实表的粒度是针对ABC123Insurance承保方每一个索赔人索赔的月度活动。这些事务模式维度中的几个在这个月度快照中被删除，其中包括生效日期、员工、第三方以及事务类型。不过，将状态维度添加到月度快照是很重要的，这样ABC123Insurance就可以快速查找所有开放的、未关闭以及重新开放的索赔。累加式、数值事实的列表被扩充以便包含几个有用的测量。这些测量包括用于索赔支付的预留准备金、当月支付和收到的总金额，以及该次索赔月度事务活动的总数。这一月度快照模式在ABC123Insurance中极其有用，可以被用作快速分析索赔中月份到月份的变化以及风险损失的一种方式。月度快照表非常灵活，因为相关的汇总指标可以作为事实来加总，且几乎可以随意加总。当然，我们绝不能添加足够多的汇总存储桶来消除对事务模式本身的需要。存在数百个请求频率较低的测量，它们代表着相关事务的组合、计数与计时，如果我们不保留详细的事务历史的话，它们就会表现得不可访问。

在彻底解决了第一个大的表述问题之后，我们面临着如何应对异质性产品的问题。这个问题主要出现在月度快照事实表中，其中我们希望存储特定于每一个业务线的额外月度汇总测量。这些额外的测量包括汽车承保范围、房产所有者火灾承保范围以及私人财产损失承保范围。在与每一条业务线中的保险专家进行讨论之后，我们意识到，每条业务线至少有10个自定义事实。从逻辑上讲，我们的事实表设计可以被扩展以便包含每一条业务线的自定义事实，如图10-41所示，但实际上我们手中握着的是一枚定时炸弹。

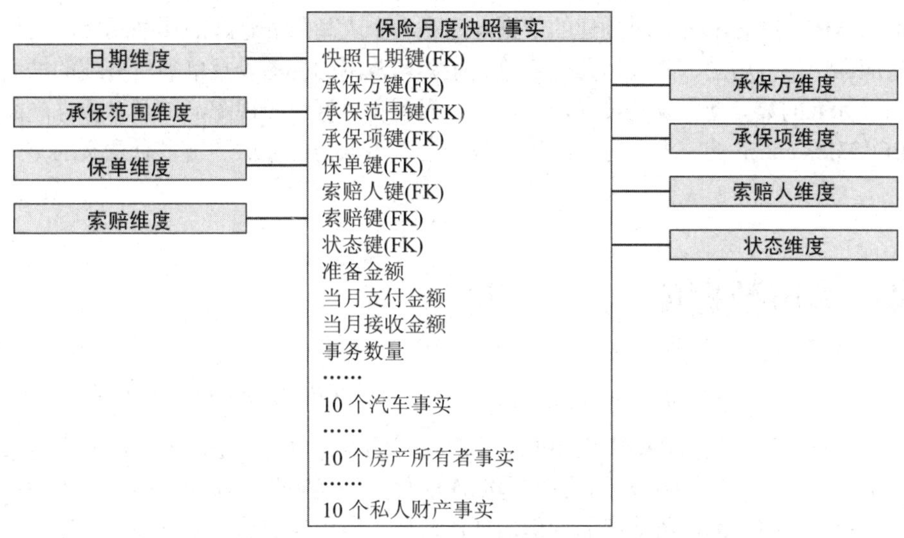

图 10-41　应对独特于每一条业务线的事实的不恰当方式

由于每条业务线的自定义事实彼此都不兼容，因此对于任何指定的月度快照记录来说，事实表的大多数记录都会用空值填充。仅有特定业务线的自定义事实会被填充到任何指定的记录中。这一困境的解决方案是，根据承保范围类型物理上分隔月度快照事实表。我们最终会具有单一的核心月度快照模式，它与图 10-40 完全相同，还会具有一系列自定义月度快照模式，每个模式对应一个业务线。图 10-42 显示了用于汽车承保范围的自定义月度快照模式。该核心模式可以被视作一个超级类型，而自定义的模式可以被视作继承了该通用超类型特征的子类型。

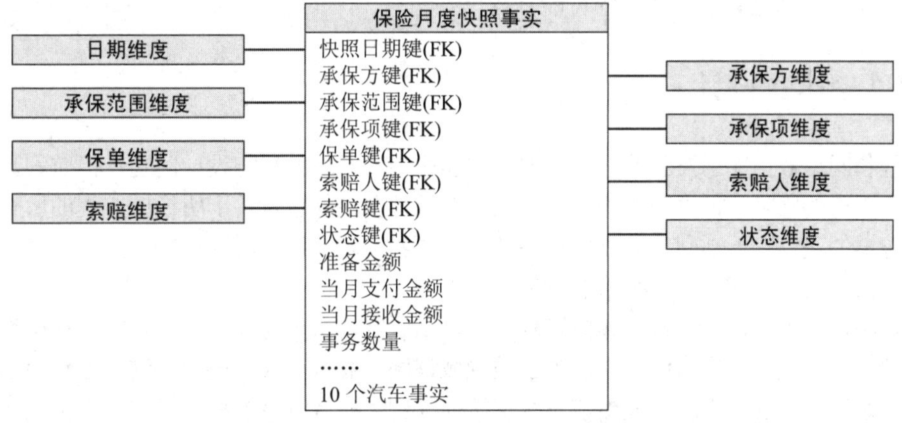

图 10-42　用于汽车承保范围的月度快照

这一设计的一个关键要素就是每个自定义模式中核心事实重复。这对于数据库设计者来说有时候是难以接受的，但它非常重要。图 10-40 中所示的核心模式，是 ABC123Insurance 在分析不同承保范围类型的业务时所使用的模式。那些类型的分析仅会使用该核心表。在分析业务的汽车领域时，ABC123Insurance 会使用图 10-42 中所示的汽车自定义模式。例如，在汽车业务线中执行详细分析时，重要的是避免链接到核心事实表来得到像支付金额和收入金额这样的核心测量。在这些大型数据库中，同时访问多个事实表非常危险。在这种情况下，更好的做法是重复一些数据以便保持用户查询被限定于单个事实表。

我们在 ABC123Insurance 所构建的数据仓库是一个大型数据仓库的典型示例，这种数据仓库必须适应详尽事务历史、高级别月度汇总、全公司范围的视图以及单独业务线的冲突需要。我们使用了标准的数据仓库设计技术，包括事务视图和月度快照视图，以及异质性产品模式来应对 ABC123Insurance 的需求。这一维度化数据仓库为该公司提供了许多有意义的方式来查看其数据。

10.24 遍历数据库

Ralph Kimball，DBMS，1997 年 5 月

在我所设计的许多数据仓库中出现的一个有意思的设计主题就是，与经历航程的人或事物有关的业务应用程序。尽管最容易想到的是船舶航程，但我实际上谈论的是人或事物从起点到终点，其中存在一些中间停留情况的行程的任何情形。航程情形的示例有许多：远洋集装箱货物运输、远洋游轮、航空旅客出行、航空货物运输、铁路运输、卡车运输、包裹投递服务、美国邮政(实际上可以是任何邮政系统)、分布式系统、物料流动系统、商务旅行信用卡追踪(包括汽车租赁和酒店住宿)，以及出人意料的是，通信公司网络资产追踪(网络上的所有交换机和线路)也包含在内。

所有这些航程情况都可被视作网络。网络就是端口之间每一次可能航程的地图。然而我花了一段时间才渐渐理解，面向网络的业务数据仓库的设计问题通常与用于典型的航程数据仓库的设计问题相同。可以将通信公司网络设备示例考虑成一通电话通话会在起始“端口”电话号码和目的端口电话号码之间经历的可能行程。

10.24.1 排查设计

航程和网络数据库引发了若干在其他数据仓库中未发现的独特设计问题。但航程数据库包含了一个固有的陷阱。最直截了当且明显的维度设计会轻易包含关于所经历航程的所有可能信息，但遗憾的是，它无法回答关于航程最基本的业务问题。这些问题包括“为何这个人或事物要经历这段航程？”以及“它们会去向哪里？”。

要理解这一困境，并且查看如何修复它，可以假定你希望为一家大型航空公司构建一个常旅客活动维度模型。首先我们要为这个主题领域识别出业务过程。该业务过程就是用于生成旅客机票的系统。需要从生产环境出票系统直接抽取到常旅客维度模型。第二步是确定维度模型中主要事实表的“粒度”。

在航程数据库中，不可避免的是，事实表的粒度必须是所采用的单个航程段。在常旅客的示例中，这意味着主要事实表中会存在对应常旅客所飞行的每一个航程段的记录。必须使用该分段作为粒度，因为与常旅客航行情况有关的所有有意义的信息都是在分段级别上唯一可用的。这些信息包括航程分段的起飞机场、航程分段的目的地机场、旅客座位的位置、航班是否延迟、实际的飞行里程以及奖励的里程。

该设计的第三和第四步是确定具体的维度和事实。得到图 10-43 中所示的设计非常容易。乍看之下，这个设计似乎非常令人满意。维度性很整洁且明显，并且似乎会有通过维度表进入这个事实表的许多有用“入口点”，这可以让你构造所有类型的有意义业务查询。

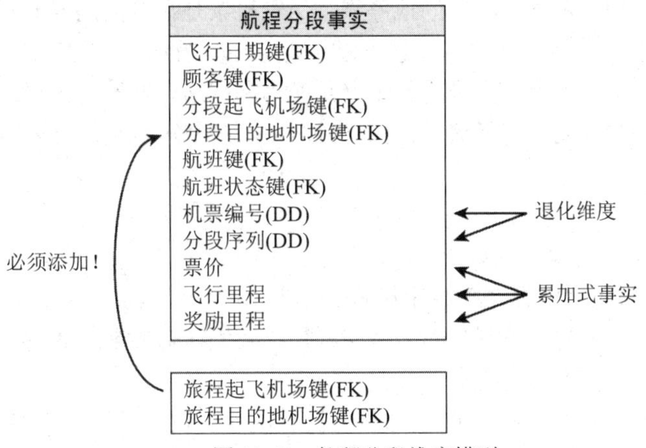

图 10-43 航程分段维度模型

奇怪的是，这个模式会惨遭失败。就业务用户询问为何常旅客一开始会购买一张机票的问题给出答案几乎是不可能的！单独分段的粒度会遮盖住航程的特性。在真实的商务航程上，我会从圣何塞出发并且飞往底特律，期间在达拉斯有一次中转停留。在底特律待了两天之后，我要去往亚特兰大。然后我要返回圣何塞，再次在达拉斯中转。我的五个航程分段就会像这样：

- 圣何塞到达拉斯
- 达拉斯到底特律
- 底特律到亚特兰大
- 亚特兰大到达拉斯
- 达拉斯到圣何塞

我必须仔细研究该航程时间才能理解我的真实目的是在这些城市之间旅行：

- 圣何塞到底特律
- 底特律到亚特兰大
- 亚特兰大到圣何塞

10.24.2 添加维度

据我所知，没有查询工具——或 SQL——可以从图 10-43 中的基本设计中交付出这一答案。不存在可以判定这一分段序列中哪些才是有意义的“商务目的地”的合理方式，并且任何试图跨数据库中不相干记录进行约束的查询对于 SQL 来说都是致命的性能死角。

幸运的是，对于这一困境有一个简单的解决方案。如果将另外两个机场维度添加到图 10-43，那么刹那间这个设计对于业务用户来说就会变得响应非常迅速了。图 10-43 中用箭头显示了这些增加的维度。这些新的旅程起始站和旅程目的地维度可以被视作为航程分段提供了上下文。它们扩充了原始的分段起始站和分段目的地维度。现在用户可以执行像如下这样的简单 SQL 查询：

```
SELECT COUNT(DISTINCT TICKET_NUMBER) ...
WHERE TRIP_ORIGIN = 'San Jose' AND TRIP_DESTINATION = 'Detroit'.
```

旅程起始站和旅程目的地维度是在生产环境数据提取过程中识别的。航空公司通常会将超过四小时的飞行中转识别为有意义的目的地停靠。尽管机票是在数据提取期间被处理的，但旅程起始站和目的地都是很容易识别的，并且可以作为单独分段记录上的字段来输入。

为航程分段提供两个额外上下文维度的主题是航程和网络模式设计的秘诀所在。所有这些模式都需要这两个额外的维度。有了这两个额外维度，用户就可以提出许多有意义的问题，其中包括：

- 我的常旅客实际打算去哪里？
- 我们强制他们经历了多少中转？
- 一张典型的完整机票中存在多少个旅程分段？

需要这两个上下文维度的通信网络的类似问题是：我们在交换点之间的这一个特定线路上看到的高流量的最终起始点和终点是什么？

四个机场维度必须在逻辑上独立于这一设计，这样就能以随机且不相关的方式来约束它们。不过，只需要构建单个物理的机场表来支持所有四个逻辑维度即可。尽管对于创建四个独立逻辑表的错误观念来说，SQL SYNONYM 构造将会有效，但 SYNONYM 方法本身对于用户来说就是难以应对的。四个独立的逻辑表最终将具有相同的字段名称。这会让报告构建和即席查询发生混乱。机场名称会出现在所有四个逻辑表中，并且要表面上区分四个角色会变得很困难。更好的方法是，另外在这四个 SYNONYM 上定义四个 SQL 视图，其中每一个视图都会重新标记所有这些字段，如重新标记为像旅程起飞机场和旅程目的地机场这样的名称。

航程模式通常具有大量的维度。用于集装箱运输的模式会轻易具有 12 个或者更多个维度，比如原始发货人、最终托运人、国外集运代理人、国内集运代理人、承运人、航程起始地、航程目的地、航程分段起始地、航程分段目的地、运送的货物、集装箱船以及托运提单号(退化维度)。

这些维度中的前五个是商业实体，它们在将货物从原始发货人运输到最终托运人的过程中扮演着角色。就像上一个示例中的机场维度一样，可以在单个商业实体物理表中实现这五个维度，但五个 SYNONYM 和五个 SQL 视图应该被用作分离五个业务角色。

10.24.3 图片和地图

在航程数据库中兼具图形化图片和地图是非常具有吸引力的。航程和网络在根本上都是物理化的，并且企业通常就会具有图形和地图的丰富来源，它们能够完美符合航程或网络分段的粒度。例如，在常旅客数据库中，除每一条分段记录外，还可以具有与之对应的飞机、座舱布置、城市和机场的图片。航程分段、旅程和总的乘客机票的地图会非常有用。地图可用于机场中登机口的布局以便显示出登机口之间的距离。

即便一个普通的关系型数据库也可以支持对地图和图形图片的扩展。对于图形图片来说，维度记录中用于飞机或机场的 JPEG 文件的名称就足够应用程序在使用数据库时打开该图片了。同样，也可以将纬度和经度传递到地图软件，该软件可以在查询结果旁边的窗口中显示一个地图(参阅文章 10.20“让数据仓库在空间上可用”)。

10.25　人力资源维度模型(Kimball 经典)

Ralph Kimball, DBMS, 1998 年 2 月

本篇文章最初的标题是《人力资源数据集市》。

在维度建模中会很容易产生得到了某种“可累加的满足”的错觉，因为其中每一个数据源看起来都像是零售领域的数据源。在零售行业的简单领域中，所有的事务都是收益的一小块，总是可以跨所有维度来加总它们，并且维度本身就是真实存在的东西，如产品、店铺和日期。

我常常被问道，“那么，人力资源这样的内容又该如何处理？其大多数事实都是不可累加的。其大多数事实甚至都不是数字，但它们显然一直都在变化，就像数字事实一样。我要如何对其建模？”实际上，人力资源维度模型是非常适合维度建模的。只要一个设计，我们就可以应对所有的重要分析和报告需求。我们仅仅必须关心维度是什么以及事实是什么。

为了框定问题，我们来描述一个典型的人力资源环境。假设我们是一家具有超过 100 000 名员工的大型企业的人力资源部门。每个员工都有一个复杂的至少具有 100 个属性的人力资源档案。这些属性包含所有标准的人力资源描述，其中包括雇佣日期、职级、薪水、评审日期、评审结果、度假权利、组织、学历、地址、保险计划以及许多其他描述。在我们的大型组织中，会存在针对这一员工数据的持续事务流。会有员工不断被雇佣、调离、升职以及以各种方式调整其档案。

在我们的设计中，我们要处理针对这一复杂人力资源数据所运行的三种基础类型的查询。在我们的第一种查询中，我们希望基于一段固定的时间(每月)来报告所有员工的汇总状态。在这些会被建模为定期快照的汇总中，我们想要得到计数、即时合计以及累计合计，其中包括像员工人数、当月所支付的总薪水、当年所支付的累计薪水、合计以及累计使用的度假天数、获得的度假天数、新雇佣的人数以及升职次数。我们的报告系统需要极其灵活且准确。我们希望这些种类的报告用于所有可能的数据切片，包括时间切片、组织切片、地理位置切片以及数据中支持的任何其他切片。要记住维度建模的基本原则：如果你希望能够顺着特定属性对数据切片，那么只需要让该属性出现在维度表中即可。通过将属性用作行标题(使用 SQL GROUPBY)，就可以自动进行“切片”。我们要求，这个数据库要支持数百种不同的切片组合。

这第一种查询中所隐藏的报告挑战就是，要确保我们在每个月末选取所有正确的即时和累计合计值，即使当月指定员工记录中没有任何活动。这会防止我们仅查看当月所发生的事务。

在我们的第二种查询中，我们希望能够描述出任意准确时刻的员工群体状态，无论这个时刻是不是月末。我们希望选择组织历史中的一些准确时间以及任意时间点，并且询问我们有多少员工以及当天其详细档案是什么。这个查询需要简单且快速。同样，我们希望避免通过按顺序筛选一组复杂事务来为过去的特定日期构造一个快照。

尽管在我们前两个查询中，我们认为不能直接依赖原始事务历史来为我们提供快速的响应，但是在第三种查询中，我们要求每一个员工事务都被区别表示。在这个查询中，我们希望对指定员工所进行的每一次操作，其中具有正确的事务序列和计时。这一详尽事务历史是人力资源数据的“基本事实”，并且应该为每一个可能的详尽问题提供答案，这包括最初的设计者团队预期外的问题。对于这些非预期问题的 SQL 很复杂，但我们确信数据就在那里，随时等待被分析。

在所有三种情况下，我们要求员工维度总是对于查询所指定时刻的员工群的完美准确描述。使用当前月份的员工档案来运行上一个月的报告会是一个巨大的错误。

现在我们已经有了这一组艰巨的需求，我们到底如何才能满足所有这些需求并且保持设计的简单性？出人意料的是，只要借助单一维度模式我们就能完成全部任务，这个维度模式只要具有员工状态事务发生时会被更新的一个事实表和一个员工维度表即可。花点时间研究一下图 10-44。

人力资源维度模型由看起来十分普通的具有三个维度的事实表构成：员工、月份和组织。月份表包含在单个月份粒度上对于企业日历的常用描述符。组织维度包含相关月份结束时员工所归属组织的描述。

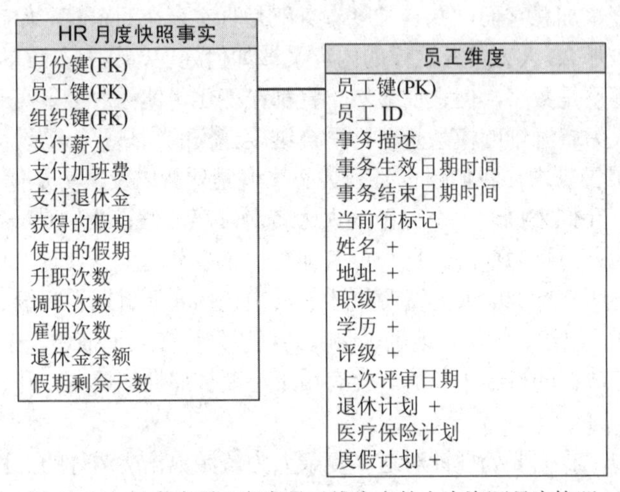

图 10-44 具有类型 2 渐变员工维度表的人力资源月度快照

员工维度表是一个类型 2 渐变维度，它包含用于每个单独员工事务的员工记录的完整快照。员工维度键是在提取过程中指定的人造键，并且应该是序列化分配的整数，从 1 开始。要抵御住用员工 ID、事务代码和有效日期/时间戳来构成这一智能键的冲动。所有这些属性都是有价值的，但它们仅仅是员工记录中的简单属性，它们要参与到查询之中并且像所有其他属性那样用作约束。

员工 ID 是常规的人力资源“EMP ID”，它被用于生产系统中。事务描述指的是创建这条特定记录的事务，如升职或地址变更。事务有效日期/时间戳是事务的精确日期和时间。我们假设这些时间戳的粒度都足够细，它们可以确保指定员工事务记录的唯一性。因此，这个维度表的真正主键就是员工 ID 外加事务日期/时间戳。

该设计的关键部分是另一个时间戳条目：事务结束日期/时间戳。这个日期/时间戳正好等于这条员工记录上发生的下一个事务的日期/时间，无论该日期/时间是什么。这样，每条记录中的这两个时间戳就定义了一段时间，其间该员工描述是完全正确的。这两个时间戳可以只间隔一秒(如果针对一个员工档案正在快速处理序列事务的话)或者这两个时间戳也可以间隔许多个月。

针对一个员工档案所做的最后一个事务是通过被设置为 true 的当前行标记来识别的。这一方法允许快速检索任何员工的最近或最后状态。如果该员工的新事务需要被录入，那么这条特定记录中的标记就需要被设置为 false。最近事务记录中的事务结束日期/时间应该被设置为遥远未来中的任意时间。

有些读者也许不赞同这一设计的存储开销。即使是在一个非常大的组织中，这一方法也不会引发荒唐的存储要求。假设我们有 100 000 名员工，并且每年对其执行 10 个人力资源事务。进一步假设，我们在员工维度记录中有相对详细的 2000 个字节的员工档案。五年的数据加起来为 5 × 100 000 × 10 × 2000 个字节，或者说只有 10GB 的原始数据。如果员工事务的定义是更加细粒度的，以至于升职需要数十个微小级别的事务，那么就应该考虑创建一小组像升职这样的超级事务，以便让数据大小切合实际。低级别的事务可以是 HR 系统的构件，而非真实事件。需要承认的是，这会让提取任务更加复杂，但同时，维度中的变更也会更如实地与事件保持一致。

这一紧凑的设计完美地满足了我们的三类查询。用于快速高级别计数和合计的第一类查询会使用事实表。事实表中的所有事实都是跨所有维度累计的，除了被标记为余额的事实外。这些余额，就像所有的余额一样，都是半累加的，并且必须在跨其他维度相加之后跨时间维度求得平均值。事实表也需要呈现累加式合计，如薪水所得以及使用了的度假天数。

一条事实表记录中所使用的特定员工维度键就是与报告月份最后一天午夜钟声敲响时相关的准确员工维度键。这会确保月末报告是所有员工档案的正确描述。这意味着不必担心员工维度中的代理键在当月出现后又消失掉。所需要的仅仅是月末的键。

第二个查询是通过员工维度表来处理的。通过选取一个特定的日期和时间，并且将这个日期和时间约束为等于或者大于事务有效日期/时间戳以及小于事务结束日期/时间戳，就可以对员工数据库进行基于时间的切割。这会确保正好返回在所请求时刻档案有效的每一个员工的档案。该查询可以针对从这些时间约束所返回的所有记录来执行计数和约束。

第三种查询可以使用相同的员工维度表来详细查看针对任意指定员工的事务序列。

有些读者也许会思索，员工维度表是否真的是一种事实表，因为它似乎具有一个时间维度。尽管从技术上来讲确实如此，但这个员工维度表主要包含的是文本值，并且无疑是用于查询和报告生成工具的约束和行标题的主要来源。因此将这个表视作维度表是合适的，它会充当进入人力资源事实表的入口点。员工维度表可以与任何需要员工维度的主题领域中的任意事实表一起使用。让这个人力资源数据适用于我们属性的维度框架的重要理念就是，让每一条类型 2 维度记录对应于单独的员工事务，然后将这些记录绑定到准确的时刻。

10.26　维度化管理待办事项

Bob Becker，Design Tip #118，2009 年 11 月 4 日

某些行业需要查看积压工作并且处于规划目的将这些待办事项规划成未来工作。典型的示例就是一个大型服务组织，它具有多月或多年的合同，这些合同代表着大量未来要收入的美元和/或要处理的工作时长。建筑公司、律师事务所以及其他具有长期项目或者具有类似需求要兑现的组织。针对毛毯订单发货的生产制造商会发现这一技术很有帮助。

待办事项规划需求会以几种方式出现以便支持组织中的不同区域。财务部门需要理解未来关于开支和收款的现金流，并且为管理计划和期望恰当规划开票收入和确认收入。还有一些理解用于人力、资源管理以及生产能力规划目的的工作流的操作性需求。并且销售组织会希望理解待办事项最终会如何流动以便理解未来能得到的测量。

在签署新的合同时，就可以填充维度模式，捕获初始化获取项或者合同的创建，因而也就是捕获到新的待办事项机会。此外，可以创建另一个模式针对合同捕获随时间推移的工作交付物。这两个模式都是有意义且有用的，但它们本身还不足以支持未来的规划需求。它们会显示，组织有“X”百万美元的“N”份合同，其中已经交付了“Y”百万美元。从这两个模式，就可以通过抽取出合约金额中的已交付金额来识别出当前的待办事项。通常将待办事项的价值填充到另一个模式中是值得的，因为判定剩余待办事项所需的规则会相对复杂。一旦获悉了待办事项金额，它就需要被准确划到基于合适业务的未来计划中。

我们称为“展开”事实表的另一个模式的使用有助于支持规划需求。展开事实表是从刚才探讨过的待办事项模式中创建的。合同上的待办事项和剩余时间会被估算，然后待办事项展开到合适的未来计划时段中，并且会为每一个时段在事实表中插入行。对于这一探讨我们会采取月度的时间段，但这个时间段也可以是每日、每周或每季度。因此我们展开事实表的粒度就会是按照合同所签订的月份(无论规划过程中所使用的最低级别是什么)。这一模式还会包含其他合适的一致化维度，如顾客、产品、销售人员以及项目经理。在我们的示例中，相关的指标包括要工作的小时数，以及未来每一个月要交付的合同价值金额。

此外，我们还要包含另一个维度，它被称为场景维度。这个场景维度要描述规划场景或者展开事实表行的版本。这可以是一个值，如“2015 年十月财务计划”或者“2015 年十月工作计划”。因此，如果我们指定月度计划，那么每个月就会有新的行被插入展开事实表，这些新的行是通过场景维度中的一个新行来描述的。展开事实表的秘密武器就是用于将待办事项值分解成未来展开时间段的业务规则。根据规划过程的复杂性和成熟度，这些业务规则可以仅仅将待办事项展开到基于合同剩余月份的均等时间段中。在其他组织中，会利用更复杂的规则结合季节性趋势，使用复杂算法来估算详尽的人员配置和工作计划，以便为展开事实表中的每一个未来时间段计算出一个非常准确的金额。

通过创造性地使用场景维度，就可以填充数个展开，其中每一个都基于不同业务规则来规划时间段，以便支持不同的规划前提。正如这篇文章早前探讨过的场景描述中所表明的，财务规划算法不同于工作规划算法会有各种原因。

展开事实表并非仅仅对于理解实际工作的待办事项有用。类似的规划需求通常还会出现在其他业务过程中。另一个示例就是，提出了用于销售机会的规划，但还没有被签字确认。假设组织具有未来销售机会的一个恰当源，这会很好地适合于展开事实表。同样，需要识别出合适的业务规则来估算未来的机会并且判定如何将所提议的合同金额展开到恰当的未来时间段中。这个模式也可以包含描述赢得机会可能性的指标，如预测指标以及关闭可能性百分比属性。这些额外的属性让规划过程可以查看最佳情况/最坏情况的未来场景。通常，需要将销售机会展开事实表作为单独的事实表来填充，而非作为实际的待办事项展开来填充，因为这两个事实表之间的维度性通常十分不同。简单的横向钻取查询会让规划过程能够将可靠的待办事项与宽松规划的销售机会排列起来，以便绘制出未来组织会面临什么情况的一个更为完整的图景。

10.27　不要过于急切

Ralph Kimball，Intelligent Enterprise，1999 年 10 月 26 日

盈利能力在许多数据仓库设计中都是一个中心主题。数据仓库的存在就是表明了期望以细粒度、可分析的方式来理解业务——并且如果实现了这一点，那么企业绝对会关注盈利能力的分析。不过，尽管对于盈利能力的关心是优先级最高的，不过尝试从盈利能力开始入手就有些操之过急了。在可以交付一个盈利能力维度模型之前，需要完成中间的步骤，并且有几种方式可以着手处理它。

在过去的 10 年中，我在几乎每一次演讲和课堂上都会以我观察的一种现象作为开始，也就是数据仓库通常是由一对交织的主题来启动的：用尽一切方法理解顾客以及测量盈利能力。我曾经看到过很多数据仓库项目仅仅从一个“简单”的需求开始：显示顾客利润率。是啊，也许在处理顾客利润率之后，我们可以应对结算，然后可以处理服务通话。

但作为第一个维度模型，要从盈利能力、顾客或其他方面开始入手几乎是不可能的。仅在分别追溯到收益和成本的所有组成部分并且将其带入数据仓库之后，才能获得盈利能力的视图。我将收益和成本的这些单独组成部分称为一级维度模型。盈利能力绝对是一个二级维度模型，并且仅可以在一级数据源完成并且可用之后才能构建它。

我们来探究一些在构建一个盈利能力维度模型时会遇到的问题，目的则是满足希望以各种方式开始测量其业务盈利能力的焦虑的业务经理。

10.27.1　找出盈利能力的组成部分

构建一个盈利能力维度模型的第一步是判定盈利公式。然后必须找出收益和成本的所有独立来源。盈利能力模型应该在一个标准的小损益表中展示其结果。损益表的最简单视图是：

收益 - 成本 = 盈利

通常收益和成本会被分解成若干标准的分组，这些分组要跨尽可能多的产品或服务业务线而显得合理。通常你会期望损益表用半张纸就可以展示出来。更具体一些，可以采用一个熟悉的示例，也就是要将其产品运输到商业顾客的一家大型包装商品生产制造商。该生产制造商的货运发票为典型的损益表提供了一个入手处：

价目表的毛收益

- 金融条款的发票调整

- 减去像折后价格这样的市场促销的发票调整

= 净收益

- 减去生产成本

- 减去仓储成本

- 减去运输成本

- 减去退货成本

- 减去所分配的市场营销成本

= 利润

你应该会注意的第一件事就是，真正的收益目标是净收益，显示在第四行，因为它是汇报给股东的收益；第一行的毛收益是基于价目表的。但你通常会希望查看这两者。

其次，你会发现，尽管已经列出了一些重要成本，但并没有构建出如公司年度报告中所示的完整损益表。此处显示的损益表是基于活动的，并且忽略了常规的成本，如研发和 CEO 薪水。盈利能力维度模型的可能用户，也就是市场营销和财务部，通常会乐于看到公司合计利润的这一基于活动的子集。幸好如此，因为基于活动的损益表对于数据仓库团队来说是一个更加切实可行的目标。

定义了我将其称为利润公式的损益表之后，就必须溯源所有的数据，这需要数据仓库团队进行大量的调研。你会发现一些以操作性事务形式存在的收益和成本数据，但其中一些仅会出现在应付账款中。你会定期对大客户进行现金奖励，其合同金额需要达到某种采购阈值。这样的开支必然是一种成本，但它不会出现在发票事务系统中。

10.27.2 市场营销和财务部门需要提供帮助

在确立了利润公式并且识别出收益和成本数据源之后，就可以设计所有表示这些源的一级维度模型了。像日历、顾客、位置和产品这样的一致化维度会被用于每一个维度模型。像收益和成本这样的一致化事实则必须跨单独的业务过程来算术化合并。

在一致化步骤中同时让市场营销和财务部门介入进来是必要的。通过他们在这一一致化活动中的参与，这些小组将深化其对于数据仓库企业范围定义的承诺。更为重要的是，你会潜移默化地让这些小组准备好面临甚至更为有争议的活动：令人担忧的成本分配。

10.27.3 成本分配：盈利能力的核心挑战

一旦确立了一致化维度和事实的总线架构，数据仓库团队就可以开始围绕收益和成本的每一个组成部分构建单独的一级维度模型。随着这些一级事实表变得对用户群可用，它们就会被用于在每一个这些业务过程中约束分析。但你还没有一个盈利能力的维度模型！

核心事实是，为了呈现顾客利润率、产品线盈利能力、地理位置盈利能力、促销盈利能力的视图，你必须在原子级别分配成本的所有组成部分。为了继续该生产制造商示例，你必须将成本的所有组成部分分配到运输发票上的行项目。

的确，我知道，像运输成本这样的成本是作为整体来适用于运输事务的，并且不能被分配的单独的行项目。这就是事情变得困难的地方。必须将成本一直分配到最低级别。如果不这样做，那么在生产制造示例中，你甚至都无法构建产品线盈利能力，因为无法在任何地方针对产品来表示运输成本。尝试将单独的产品汇总到一些较高的级别，然后分配这些成本是无济于事的。这些成本要么处于最低级别，要么它们不会参与到汇总中。

记住，你的一个强烈的隐含目标在于，以一切方式查看盈利能力。换句话说，你希望作为数值事实列表的损益表，其周围有一组丰富的维度，其中包括顾客、产品、时间、位置、促销和其他维度。然后只要约束选中的维度并且查看该版本的盈利能力即可。你所拥有的最具维度化的数据部分就是最小粒度的数据部分，也就是发票行项目。因此，必须构建该级别的完整损益表。

一旦市场营销和财务合作伙伴已经处理了一致化维度和事实，就是时候为其分配更难的任务了：确定成本分配。为此必须在基础盈利能力事实表中将成本分摊到最低级别的粒度。

10.27.4 如果时间紧迫

此时应该显而易见的是，只有在物理化溯源了收益和成本的所有组成部分并且定义了所有的分配规则之后，才能发布盈利能力维度模型。因此，一个正确实现的盈利能力主题领域会需要数年的时间来发布，尤其是在许多单独数据源构成收益和(特别是)成本的基础的情况下。

如果没有这么宽裕的时间，那么也有一种有意义的可选开发路径，只要所有参与方都理解并且认可。

从一开始，就要在基础成本驱动事实表可用之前让市场营销和财务部门认可成本分配的经验法则。因此，例如，你决定每个产品的生产成本是清单价的 27%，而运输成本是每磅 1.29 美元。根据经验法则，并且通过仔细地溯源收益组成部分，就可以构建一个完整的损益表。

当然，它一开始不会非常准确。每个人都知道这一点。但你在该经验法则中投入了足够的工作量，人们愿意接受盈利能力维度模型的这个“1.0 版本”。现在，随着成本数据的单独源进入其自己的一级事实表并且通过所定义的分配规则将其纳入利润公式中，就能持续地更新该模型。

另一个优势在于，在数据仓库的早期，用户就会逐渐熟悉顾客利润率的概念，以及盈利能力的其他方面。随着经验的增加，用户会想到新的阐释和需求。随着一次构建一个单独的成本驱动的事实表，并且制作出盈利能力维度模型的新版本，你就可以纳入这些新观点中的一些。不管怎样，没人说过数据仓库是一成不变的。

10.28 预算链

Ralph Kimball，Intelligent Enterprise，1999 年 6 月 1 日

价值链是使用维度模型的一个最强有力的方式。我们大多数人都很熟悉传统的生产价值链，其中一个产品会通过分销管道从生产制造商的完工产品库存一直移动到零售商处。这一流程中每一个点上通常都有业务系统会记录静态库存水平以及通过特定点的动态产品移动。这些业务系统中的每一个都会是业务过程维度模型的源。

当我们为价值链的连续步骤设计维度模型时，我们要极其仔细地识别被价值链上各个步骤所共享的通用维度。在产品价值链中，如图 10-45 中所示的那个，明显的通用维度就是产品、时间和店铺。注意，所有的业务过程都共享产品和时间维度，但仅有一些业务过程会共享店铺维度。

一个正确设计的具有一致化维度的价值链会非常强大。我们不仅可以在不同时间实现单独的业务过程维度模型，而且查询工具和报告也可以随时将它们合并成整个价值链的集成视图，只要维度已经被仔细地一致化了。

我已经使用产品价值链的示例很多次了，有点出人意料的是，我们所有的企业中还潜藏着一个更为普遍的价值链：预算链。

我们都熟悉创建组织预算的过程。通常，在一个财年之前，每个部门经理都会创建一份预算，按照行项目进行分解。预算会在财年开始前被审核，但通常随着财年时间的推移，会对预算进行调整，以便反映出业务情况或者开销和原始预算匹配程度现状中的变化。部门经理会希望看到当前的预算状态，以及从首次被审核的版本开始对预算进行了怎样的修改。

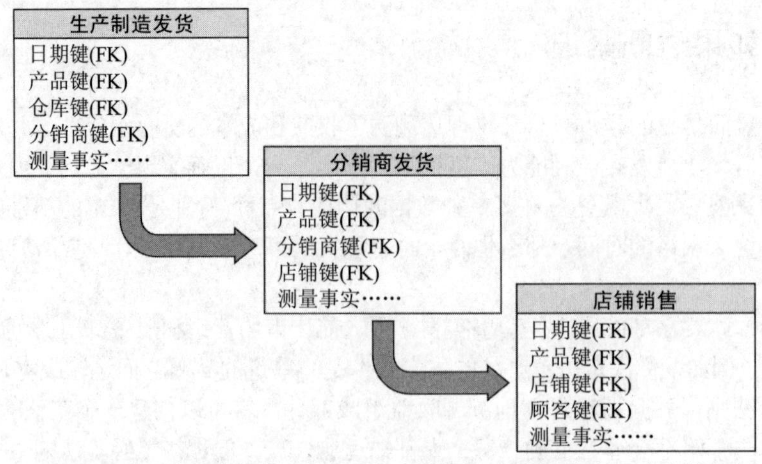

图 10-45　这个价值链代表着产品流，其中每一个过程都是一个事实表

如图 10-46 中所示，我会使用一个称为预算的事实表开始介绍预算链，它记录了一个部门被允许开销的金额。我们预算链中的第二个事实表，即开支确认表，它会记录部门的预算开支确认，如采购订单、工单以及各种形式的合同。部门经理会希望频繁对比这些开支确认与预算，以便管理其开销。在我们的设计中，我们将通过跨预算和开支确认事实表横向钻取来达成这一目标。

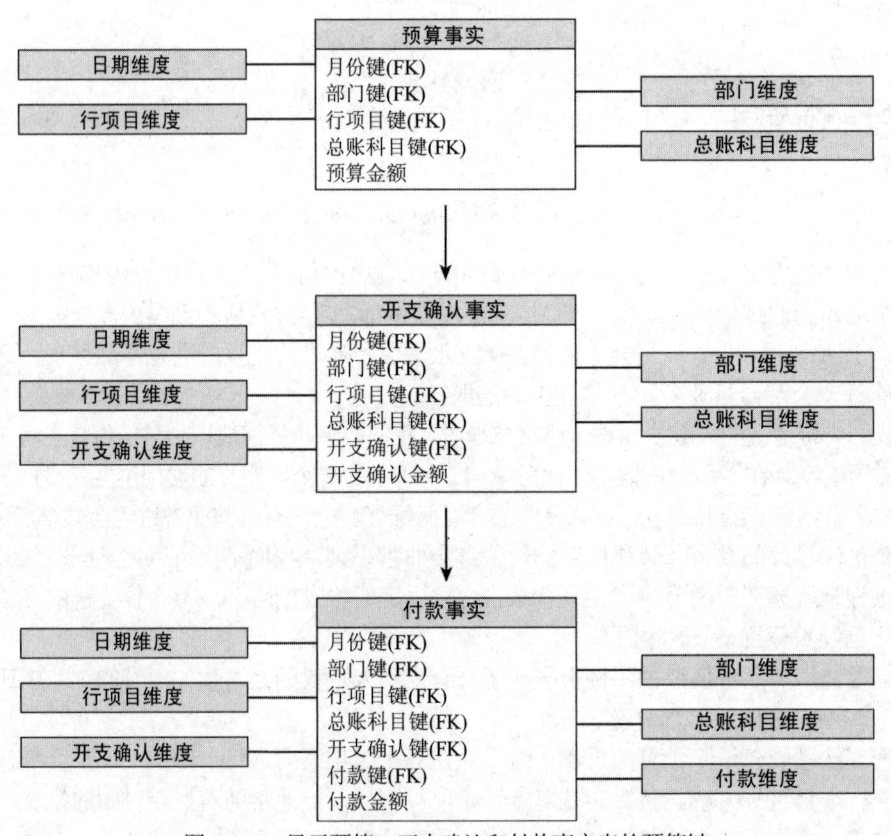

图 10-46　显示预算、开支确认和付款事实表的预算链

该预算价值链中的第三个事实表被称为付款。付款是向在开支确认中命名的一方实际转账的现金金额。相较于会计人员，部门经理不那么关注这些实际的付款，而是更关注其预算限额内的开销情况。从视图的实践角度看，当开支确认发生时，金额就会从预算中移除。但财务部门会强烈关注开支确认和付款之间的关系，因为它必须管理公司的资金。

10.28.1　预算链事实表的粒度

为了充实我们预算链的详细信息，我们要遵循一个简单的四步方法论，我之前曾多次介绍过：

1. 识别业务过程。
2. 声明事实表的粒度。
3. 选择维度。
4. 选择事实。

我已经识别出了三个业务过程：预算、开支确认以及付款。我们可以将粒度选择为单独提交到预算、开支确认以及付款业务系统的每一个详尽事务。如果我们常常要关注向下钻取到特定事务，就像审核者那样，我们就要选择这个粒度。

或者，我们可以将粒度选择为每个月每个预算中每个行项目的当前状态。尽管这个粒度听起来很熟悉(因为它比较像经理的报告)，但将它作为事实表的粒度会是一个糟糕的选择。我们需要在这样一个“状态报告”中存储的事实都是半累加式的余额，而非完全可累加的事实。另外，这样的粒度会难以判定从上个月或者上个季度开始的变化程度，因为我们必须获得来自几个时间段的记录，然后在其相互之间进行扣除。最后，当指定行项目在连续数月中都没有变化时，这一粒度选择就需要事实表包含许多重复记录。

我们要选择的粒度是部门中(预算、开支确认或者付款)在当月单独发生的行项目的净变化。我们要将其进一步分解到受影响的特定总账科目。

10.28.2　预算链维度和事实

我们方法论的第三步是为每一个事实表选择维度。如果我们已经仔细进行了粒度声明，那么选择维度会很容易。指定了上一段内容的粒度声明，我们就可以说明图 10-46 中所示的预算事实表的维度：

- 生效月份
- 部门
- 行项目
- 总账科目

生效月份就是预算变更被提交到系统的时间。指定预算年份的第一条记录将显示预算被首次审核的前一年中的有效月份。如果随着预算年份的时间推移，预算被更新或修改，那么生效月份就会在预算年份期间出现。如果我们一整年都不调整预算，那么唯一的记录就会是预算首次被审核时的第一条记录。这就是在指定粒度定义中净变化需求的含义。要确保你理解这一点，否则你就无法理解这个数据库中包含了什么信息。

行项目识别了所提交开销的目的，如员工薪水、计算机设备或者办公用品。行项目还会根据名称识别出预算年份。部门就是特定经理所负责的组织分支的名称。总账科目就是会针对其创建预算、做出开支确认，以及产生付款的总账分类科目。通常，会有多个总账科目受到预算行项目的影响。数据仓库团队要么需要将预算、开支确认或者付款分配到单独的简单按比例分配模式的总账科目中，要么必须能够从基础业务系统中识别出特定总账科目。

我们可以轻易地说明开支确认维度：也就是所有的预算过程维度，外加开支确认。开支确认维度会识别出开支确认的类型(采购订单、工单或者合同)以及拥有该开支确认收款的一方。同样，付款事实表维度是：所有的开支确认维度，外加付款。付款维度会识别出付款类型(比如支票)以及实际向其支付款项的一方。在预算链中，随着我们将预算链从预算向下移动到开支确认以及付款，我们就是在扩展该维度列表。

我们的粒度声明会让事实选择非常简单。每个事实都是单个完全可累加的金额。预算事实就是“预算金额”，开支确认事实就是“开支确认金额”，而付款事实就是“付款金额”。

10.28.3 跨预算链的应用程序

使用这一设计，我们就可以创建大量经理需要的包含所有明显标准报告的分析应用程序。要按照部门和行项目来查看当前的预算金额，我们可以在到目前为止的任何时间段进行约束，根据部门和行项目来累加金额。因为所有表的粒度都是行项目的净变化，所以基于时间段加总所有的记录所做的就是完全正确的事情。我们最终会得到当前审核过的预算金额，并且我们会正好得到拥有预算的指定部门中的那些行项目。在部门中没有预算的科目表中的行项目不会出现在报告中，它们也不会占据数据库中的任何记录。

要得到各个行项目预算的所有变更，我们只要在单个月份上进行约束即可。我们将报告当月中经历了变更的那些行项目。

要将当前开支确认与当前预算进行对比，我们要分别加总从最早时间到当前日期(或者任意相关日期)的开支确认金额以及预算金额。然后我们要使用一个简单的分类合并过程在行标题上合并这两个结果集。这是使用多路 SQL 的标准横向钻取应用程序。

要将现金付款与开支确认进行对比，我们要执行与之前内容中相同类型的横向钻取应用程序，但这一次我们要使用支付确认和付款表。

通过从预算、开支确认和付款业务系统中提取原始的事务并且加载这些月度快照事实表，我们就构建出了部门经理以及财务部门关注的强有力的价值链。出人意料的是，我们应该能够在每一个想象得到的组织中创建这个价值链。

10.29 启用合规性的数据仓库

Ralph Kimball，Design Tip #74，2005 年 12 月 16 日

我通常将数据仓库中的合规性描述为数据进行“监管链维护”。类似于必须仔细维护证据监管链从而证明证据没有被调换或者篡改的警察局，数据仓库也必须仔细守护交托给它的对合规性敏感的数据，并且从这些数据到达数据仓库时就要开始仔细守护。此外，数据仓库还必须总是能够显示处于数据仓库控制之下的此类数据在任意时间点上的准确状态和内容。最后，当持怀疑态度的审核人想要进一步检查时，你需要链接回数据最初被接收时的存档和时间戳版本，该版本已经被远程存储到了受信的第三方。如果数据仓库准备好了满足所有这些合规性需求，那么受到持有法院传票的不友善政府机构或者律师审查的压力应该就会显著降低了。

这些合规性需求对于数据仓库的巨大影响可以用简单的维度建模术语来表述。类型 1 和类型 3 变更完全消失了。而类型 2 则长期存在。换句话说，所有的变更都变成了插入。没有删除或重写。

用通俗易懂的语言来讲，合规性需求意味着实际上无法修改任何数据，无论出于什么原因。如果数据必须被修改，则必须插入被修改记录的新版本到数据库中。因此每个表中的每条记录都必须具有一个开始时间戳和一个结束时间戳，它们可以精确表示该条记录处于“真实现状”的时间段。

图 10-47 显示了一个启用了合规性的事实表，它被连接到启用了合规性的维度表。每个表中以粗斜体显示的字段都是合规性追踪所需要的额外字段。事实表和维度表都是被同等管理的。

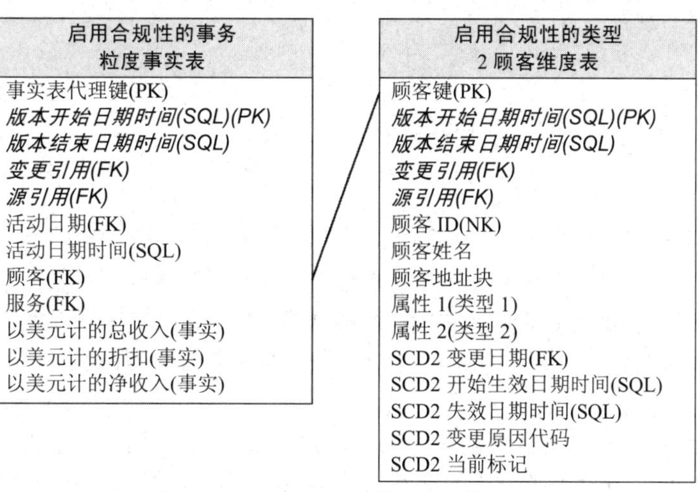

图 10-47　启用合规性的事实和维度表

版本开始日期/时间和版本结束日期/时间戳描述了讨论中记录是“真实现状”的时间段。变更引用字段是指向描述该记录变更状态的变更引用维度(图中未显示)的外键。源引用字段是指向源引用维度(图中未显示)的外键，它会显示出从异地受信第三方的位置，其中会存储这条记录被创建以来该记录的哈希编码和时间戳版本。

当记录第一次被加载到这些表中的一个时，版本开始日期/时间戳就会被设置为加载时间，而版本结束日期/时间会被设置为未来的任意一个遥远的日期，比如 9999 年 12 月 31 日午夜。变更引用会将变更状态描述为“初始加载”。只有当类型 1 修正需要变成事实表中的事实或者维度表中类型 1 或类型 3 的属性时，才会将一条新的记录插入具有相同代理键的各个表中，但是会使用一对新的版本日期/时间戳。因此，这些表的真正主键就会变成原始主键字段与版本结束日期/时间戳的组合，如图 10-47 所示。在插入新的记录时，必须将之前最近的版本结束日期/时间戳变更为这个新的加载日期/时间戳。调整开始和结束日期/时间戳的这两个步骤对于应对过常规类型 2 维度处理的数据仓库架构师来说是很熟悉的。

维度中存在已有的类型 2 属性处理并不会改变任何东西。只有类型 1 和类型 3 更新会涉及这篇文章中所描述的特殊步骤。类型 2 处理会按照其一贯方式继续进行，这是通过引入具有新代理主键的新维度成员记录，并且通过管理图 10-47 中维度底部里所示的 SCD 类型 2 元数据字段来处理的。

如果你觉得在维度表中引入看似两个部分的键不那么合适(违背了主张单一字段代理键的标准维度设计)，那么可以用后文中的方式来考虑它。尽管从技术上讲，人们必须将这些表视作现在具有两个部分的主键，但在版本被约束之后，要将这一模式视作仍旧表现得像典型的一个部分的键设计。这就是本文的要点。首先，要选择关于特定日期的一个版本，然后要一如既往地使用相同的旧键运行典型的查询。

在结束这篇文章之前，我们不要忽视这一方法的最大好处！当持有法院传票的不友善政府机构或者律师要求查看数据层面究竟发生了什么时，你的这些表就完全经受得住合规性的审查。比如，如果必须揭示出数据在 2014 年 1 月 1 日的准确状态，那么只要将这个日期约束到所有表的版本开始和结束日期/时间戳之间即可。瞧——数据库恢复到了历史中的那个时刻。当然，所有后续对该数据的变更都会由变更引用完全解释。最后，可以通过使用源引用来证明证据(此处也就是指数据)未经篡改。

10.30 记录顾客的点击操作

Ralph Kimball，Intelligent Enterprise，1999 年 1 月 5 日

网络正在从各方面冲击数据仓库市场。通过强制前端工具供应商将其大部分技术移向服务器端，网络的出现正在改变我们的客户端和服务器端架构。这一转变正在发生，因为供应商不再能够控制软件的内容，并且因为每个人都在要求网页浏览器必须在屏幕上绘制位元内容，而非用专用的应用程序进行绘制。

终端用户应用程序开发人员正越来越多地构建围绕网页的应用程序。所选择的用户界面开发环境如今是一种网页开发环境。只要创建一个网页并且将各种数据感知对象嵌入其中即可。赋予网页的用户界面一些数据仓库操作，就会得到复杂巧妙的拖放、向上和向下钻取、支点式应用程序。这种从用户界面到网络技术的强制迁移的一个有意义的意外结果在于，通过网络交付应用程序会像对专用的单一用户交付一个应用程序那般容易。

因此，我们的数据仓库正在变成数据网络仓库。该媒介并不仅仅是我们的承载工具，而且是我们的业务。我们渐渐将所销售的基础业务内容与网络服务和能力融合在了一起。新兴数据网络仓库的一个有趣部分是，为后续分析存储和呈现网络活动的业务过程主题领域。从根本上说，我们希望分析网站上所有的点击。我们希望构建指向我们网站的大量点击流的可理解视图，无论我们是在应对内网用户还是在应对公共网站上的顾客。我们将此称为点击流业务过程。

10.30.1 点击流维度模型的目标

点击流活动会告诉我们大量详细的顾客行为。如果我们具有顾客每次点击、手势以及在我们网站上浏览轨迹的信息，我们就应该能够回答以下问题：

- 我们网站的哪些部分获得了最多访客的关注？
- 我们会将网站的哪些部分最频繁地关联到实际的销售？

- 网站的哪些部分是多余的或者很少被访问的？
- 我们网站的哪些页面看起来是会话终结点，远程用户会在此终止会话并且离开？
- 我们网站上的新访客点击档案是哪些？
- 哪些是现有顾客的点击档案？盈利性顾客的点击档案又是哪些？过于频繁退货的不满顾客的点击档案又是哪些？
- 将要取消我们的服务、抱怨或者起诉我们的顾客的点击档案是哪些？
- 我们如何才能吸引顾客在网站上注册，以便了解该顾客的一些有用信息？
- 在未注册顾客愿意注册之前，他们通常会对我们的网站访问多少次？或者在他们购买产品或服务之前的访问次数又是多少？

这些问题都涉及详尽的、行为级别的分析。我们会将大部分这种行为描述为一系列有序步骤；因为几乎所有的网站都是作为从主页分支出来的一颗层次结构树，这些步骤必定要描述遍历一棵树的步骤——实际上是一颗巨大的树。最大的网站会具有数十万个页面。

鉴于这一信息，我们可以设想用常规的切片和切块维度模型来构建点击流主题领域吗？并且如果我们设法构建了它，我们要如何才能有望分析点击流数据以便回答所有这些问题呢？

为了应对点击流业务过程，我们要使用一个简单的四步方法论，以便构建维度模型。按照顺序，我们要定义数据源、选择事实表粒度、选择适合于该粒度的维度表并且选择适合于该粒度的事实。在过去 20 年间，当我为数据仓库设计维度模型时，我已经数百次地使用过这一简单的四步方法论了。

10.30.2　点击流数据源

我们需要追寻可以描述网络服务器上点击信息的最小粒度和最详尽数据。每一台网络服务器都有可能报告不同的详情，但在最低级别，我们应该能够获得具有以下信息的每一次页面点击的记录：页面点击的准确日期和时间；远程客户端(请求用户)的 IP 地址；请求的页面(具有从服务器开始到页面的路径)；下载的特定控件；并且如果有的话，还要具有 cookie 信息。

这一级别的详情有好有坏。就像许多事务性数据源一样，这一级别会提供精细的详情。但从很多方面来说，其中会存在过多的详情，并且在这种情况下，会让人只见树木不见森林。渗透到网络点击行为的所有分析之中的最严重问题是，页面点击通常是无状态的。在没有上下文围绕的情况下，页面单击仅仅是一个随机的隔离事件，它难以被诠释为用户会话的一部分。用户会从一些远程网站链接到这个页面，然后在五秒钟之后离开该页面而不再回来。要从这样一个事件中弄明白很多信息是很难的，因此我们的第一个目标是识别并且标记完整的会话。

第二个严重问题是，我们是否能够从远程客户端的 IP 地址中得到有意义的信息。如果唯一的客户端标识就是 IP 地址，那么我们就无法收集到太多信息。大多数互联网用户都是通过动态分配 IP 地址的互联网服务提供商(internet service provider，ISP)来访问网络资源的。因此，远程用户在此后的会话中所使用的地址会与当前的地址不同。我们可以可靠地追踪单次会话，但我们无法确定用户何时会在另一次会话中返回我们的网站。

如果我们的网络服务器可以在所请求用户的机器上创建 cookie，那么我们就可以显著减少这些问题。cookie 是所请求用户“同意”存储的一条信息，并且用户会同意每次在其浏览器打开其中一个页面时将该信息发送到网络服务器。cookie 通常不会包含太多信息，但它可以明确识别所请求用户的计算机。此外，它还会提供跨完整用户会话链接页面点击的一种方式。如果用户已经在网络服务器上自发注册并且提供了像姓名和所属公司这样的其他信息，那么 cookie 就包含重要的信息。在这种情况下，cookie 就会提供到已经存储在你自己其中一个数据库中的数据的链接。

为了让原始点击流数据在我们的数据仓库中可用，我们需要收集和转换该数据，这样该数据就有了一种会话视角。这一过程将是后台的一个重要步骤。我们假设有一些类型的 cookie 机制让我们将数据源转换成以下格式：

- 准确的页面点击日期和时间
- 请求用户的识别(在会话间保持一致)
- 会话 ID
- 所请求的页面和事件

10.30.3 点击流数据的基础粒度

我们现在看到，单独用户在特殊会话中调用的每个事件就是我们点击流事实表的粒度。每个事件都是单条记录，并且每条记录都是网页上的一个事件。注意，网络服务器没有注意到被下载网页用户界面中的事件，除非我们已经对网页编程以便在事件发生时特别警示服务器。在后台 ETL 中，我们要过滤出自动化事件并且专注于与页面格式化有关的事件，而非与用户操作有关的事件。这些类型的过滤事件包括图形图片的下载，比如装饰所请求页面的 GIF。因此，如果我们网站上每天有 100 000 个用户会话，并且如果每个会话都涉及平均八个有意义的事件，那么我们每天就会收集到 800 000 条记录。

10.30.4 识别点击流维度和事实

图 10-48 中显示了点击流事件维度模型。我们提供了两个版本的日期和时间——通用的和当地的——以便让我们将点击流事件校准为绝对时间以及用户当地时间。分析师的查询工具可以执行这一校准，但这一额外的逻辑会为应用程序施加不合理的负担。因此，我们更愿意提供两个指向每个事件日期/时间戳的连接入口点。注意，如果你正在从单独物理服务器的网络日志中合并页面事件，则必须特别小心，因为之后你必须将这些服务器上的时钟一致调整到误差一秒或更少的状态！

用户维度应该包含关于用户是谁的一些有用信息，而非仅仅是一个始终如一的机器 ID。不过，这要取决于我们是否已经吸引用户揭示出关于其身份的事实。

页面维度很重要，因为它包含有意义的上下文，会告知分析师用户所在的网站位置。每一个网页都必须包含一些简单的描述符，以便识别出页面的位置和类型。一个完整的路径名称根本就不像“产品信息”“公司信息”“常见问题”以及“订单表格”这样的基本属性般有趣。一个大型网站应该具有与每个页面有关的层次结构描述，它会提供关于该页面是什么的逐渐增多的详情。这些信息需要被存储到页面维度中，并且在我们更新和修改网站时被持续维护。换句话说，我们必须积极更新生产事务系统(网络服务器)以便满足数据网络仓库分析师的需求。

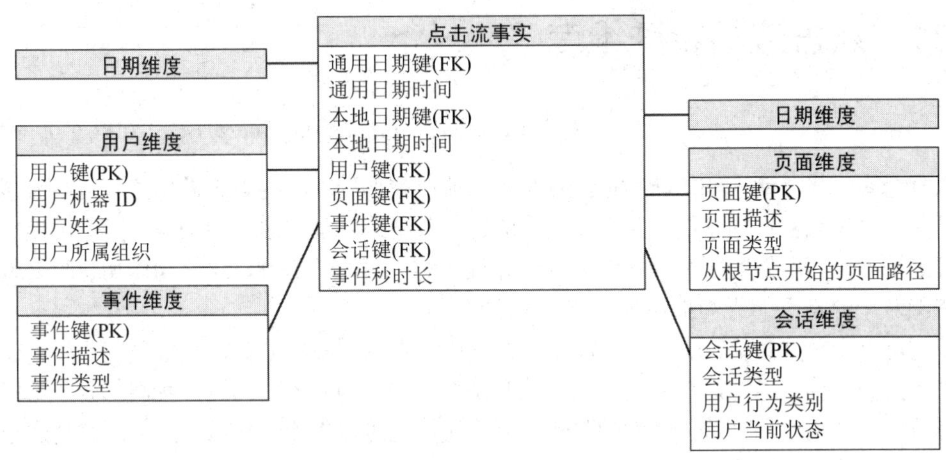

图 10-48　点击流事件的维度模型

最后，会话维度不仅仅只是将构成单个用户会话的所有页面事件分组到一起的标签。这个维度还是我们标记会话以及追踪其活动的地方。我们可以将会话描述为“对信息的搜索”、“随机浏览”“价格和功能选购”，或者“下订单”。我们可以使用关于用户在会话期间做了什么的简单标准来创建这些标签，或者我们可以将会话记录转交给一个成熟的链接分析数据挖掘包。无论哪种情况，其结构都是一组描述性标签，我们可以将其放入会话维度中。该会话还应该被我们当前所知的关于顾客的信息来描述，如“最近的大买家”“还不是顾客”，或者“经常性的产品退货者”。

我们的点击流事实表仅包含一个事实，也就是事件秒时长，它是一个估算值。我们试图准确地记录在最后一次点击和继续点击之前，用户花费在页面上的时长。因为页面浏览实质上是无状态的，所以我们绝不能完全确定用户是否已经最小化了窗口或者单击了一个不相关的网站。如果我们有一个作为会话一部分的后续事件，那么我们就仅能得出花费在该页面上的准确估算的时长，但我们必须注意不要过度解读长的事件秒时长。

10.30.5　分析点击流事件

这个维度设计让我们可以执行许多强有力的查询。要找出被最频繁访问的网站部分并且识别出最频繁访问的用户相当容易。我们还可以将页面和用户关联到我们更有价值的顾客上，因为我们知道谁在网站上下了订单。

对在我们网站中的点击历史以及点击轨迹的分析非常依赖我们构建会话维度的方式。如果我们的每一个会话和顾客当前状态上都有合适的描述标签，那么我们就能执行所有必要的行为分析。

关于这一设计，好的消息是，我们已经成功建立了用于收集和分析网站上所有点击的框架。坏消息是，我们并没有揭示出是否正在实现产品或网络服务的销售。该困惑十分根深蒂固，并且是互联网革命如此有意思且重要的其中一个原因。

10.31 点击流的特殊维度

Ralph Kimball，Intelligent Enterprise，2000 年1 月20 日

数据仓库中最激动人心的新数据源就是点击流：我们网站上的点击数据流。点击流包含了用于从每个访客到我们网站的每个页面请求的每一条记录。从许多方面来说，我们可以想象，点击流是每个访客所做的每个操作的记录，并且我们正开始认识到，这些动作加总起来就是我们过去绝对无法看到的行为描述。

我们可以力争并且将点击流数据源带入维度模型中以便进行分析，就像我们环境中的其他每一个数据源一样。当然，任何时候当我们开发出一个新的业务过程时，我们都会非常仔细地将它挂接到整个企业的一致化维度和事实。如果我们也对点击流这样做，点击流就会优雅地参与到整体分布式的数据仓库中。

但是以其原始格式存在的点击流数据仅会提供我们所需的其中一些维度用于最强有力的分析。如果我们不谨慎，我们将会对我们分析网站访客行为的能力感到失望。网络服务器上页面事件日志中的原始记录仅会为我们提供：

- 页面请求的日期/时间戳
- 访客的 IP 地址以及可能的 cookie ID(如果它们接受 cookie)
- 被请求的页面对象(整个页面或者页面上的对象)
- 请求类型(几乎总是“获取”或“提交”)
- 进行页面请求的上下文(所谓的访问来源)
- 进行请求的浏览器版本(通常是 Netscape 或者 Internet Explorer)

这些数据没有告诉我们非常多的内容。我们距离仅通过查看单独页面事件的这一梗概性描述来推断行为还有很长的路要走。我们需要清理这一低级别数据并且用额外的维度来扩充它：

- 页面请求的日期
- 页面请求的时间
- 访客
- 页面对象
- 请求
- 会话类型
- 会话 ID(将指定会话的所有记录捆绑到一起的退化维度)
- 访问来源
- 产品/服务

这些维度中的一些维度已经在文章 10.30“记录顾客的点击操作”中描述过了，但我们将在这篇文章中详细描述其他的一些维度。

10.31.1 访客维度

访客维度具有挑战性，因为有三种类型的访客：第一种，仅通过访客 IP 地址来识别的大量完全匿名的访客。IP 地址的价值不高也不低，因为它仅仅识别出了访客互联网服务提供商的出站端口。这些端口是动态分配的，因此我们无法在不同会话间追踪这些访客，或者有时甚至在同一个会话中也不能追踪。第二种并且更有用的访客类型就是同意存储我们提供的 cookie 的访客。然后此 cookie 就会变成访客机器的可靠标识符，因为我们希望看到每一个页面请求的 cookie。有了 cookie，我们就能非常确定对应一个会话的指定机器，并且我们可以确定何时该机器会再次访问我们，假设用户还没有删除该 cookie 文件的话。最后，第三种且价值级别最高的访客就是可以识别到个人的访客，他们不仅接受了 cookie，还曾经将其姓名和其他信息揭示给我们。实际上，我们不能确定是相同的人坐在该远程 PC 前，但至少我们知道这个人的“代表”坐在那里。

当然，这个访客维度非常大。我们希望将仅有 IP 的第一种类型访客收集到由访客域和子域所定义的池中，只是为了减少这些访客记录的无谓增长。然后我们会鼓励这样的访客接受 cookie，这样我们就能对个体行为进行分类。我们页面中的一些在没有 cookie 的情况下是无法访问的。对于第三类访客来说，我们必须在 ETL 过程中将 cookie ID 和访客姓名和人口统计数据合并起来。

10.31.2 页面对象维度

如果点击流源要变得有用，那么页面对象维度就是数据仓库团队必须真正致力于构建的两个维度中的一个。程序必须通过比页面在网络服务器文件系统中位置还要多的信息来描述该页面。在有些情况下，文件的路径名称勉强算得上页面内容和目的的描述，但尝试使用文件系统来同时唯一定位文件和描述其内容是一个典型的错误。相反，任何指定页面都必须用描述和分类页面的一组文本属性来关联，无论它存储在网络服务器文件系统中的哪个位置或者它是如何被生成的。应该从数据仓库团队创建了其规则的结构化列表中提取属性，这样这些属性才能最有助于驱动分析。例如，指定页面的属性可以是 Type='Introductory Product Information'和 Product='Datawhack 9000'。有些小组需要负责指定这些属性。如果网页设计者理解点击流分析的重要性，那么他们就可以将这些属性指定到所有的页面。如果网站团队没有关注到数据仓库分析的需要，那么数据仓库团队就必须指定这些属性。当然，这在具有数万个页面的真正大型网站中是一个挑战。

从理论上讲，原始的点击流日志会反馈这些页面属性，但数据仓库团队必须在稍后的 ETL 循环中将这些属性合并到点击流中。

随着启用了 XML 的页面变得越发广泛地使用，页面对象描述的对象部分将变得更加有意思。同样，我们希望网络服务器日期会揭示出页面对象的 XML 标签。

10.31.3 会话类型

会话类型是数据仓库团队必须真正致力于构建的另一个重要点击流维度。会话类型是完整会话的高级别研读。可取的类型包括“产品订购”“快速点击并离开”，以及甚至更为有趣的研读，如“不满意的访客”“新近、频繁、热情的回头购物客”。我们同时具有本地和全局的会话描述符用于复杂会话的部分。

我们到底要如何分配这些会话标签？在这种情况下，我们不能期望网络服务器来提供这一上下文。数据仓库团队必须弄明白 ETL 过程中的研读。但这并不像看上去那么难。这里是一份来自我们自己网站 www.kimballgroup.com 上一个网络访客会话的编辑后的片段(我承认用文件名称来描述内容并不合适，但对我宽容点吧。我就是我公司的整个 IT 部门，并且我还有应用程序需要开发)。为了保密，我已经修改了 IP 地址：

```
suborg.company.com session of 10/19/14:
09:27:29 /index.html
referrer = Google, search = 'Data Warehouse Classes'
09:27:30 /kimballgroup.gif
09:27:48 /class.htm
09:27:55 /dwd-class.htm
09:28:37 /register.htm
09:28:50 /dwd-schedule.htm
11:15:12 /index.html
11:15:20 /kimballgroup.gif
11:20:55 /startrak.htm
```

"Company.com"(虚构的名称)的某个人在 Google 上搜索"数据仓库课程"找到了我的网站。因此我的主页，index.html，对于吸引这一符合资格的访客访问我的网站是很有效的。在第一秒钟，该访客请求了我们的公司标志，kimballgroup.gif。在最初的页面点击之后的 19 秒钟之后，该访客发现了到课程描述页面的链接。这样非常好。它意味着主页呈现速度很快，并且导航选项很清晰。在主要的课程描述页面上花费了仅仅 7 秒之后，该访客请求了我们定期课程《深入介绍数据仓库》的详尽描述(dwd-class.html)。该访客研究了这个页面 42 秒钟，然后去我的如何注册页面，该页面当时包含一个 800 电话号码。我喜欢这个会话。在如何注册页面上花费了 13 秒之后，该访客到了课程计划页面。

我们无法确定该访客在课程计划页面上花费了多长时间，因为下一条记录是在超过 1 小时 45 分钟之后了。我们仅能确定，该访客在中间的这段时间里做了其他事情。实际上，除非我们在这个会话中使用一个 cookie 标识符，否则我们就无法完全确定是相同的人发出了最后三个页面的请求，尽管我猜测这里就是相同的人发出了全部这些请求。如果是这样的话，那么该返回的会话就非常重要了。它代表着一个回头访客，或者某个发现该网站有用的人甚至收藏了它。

为 ETL 过程构建一个会话研读工具显然是一项有意义的挑战。它结合了数据提取、模式识别以及链接分析。当你查看你自己的会话日志时，就像这里的这个所呈现的那样，你将想出研读会话的许多想法。这一需求将变成一个复杂且不断变化的需求。相较于一开始就决定使用单一主要的数据挖掘方法，在我看来，最好是在 ETL 数据流中为研读会话编写一些简单的启发性规则，然后随时间推移积累处理不同种类会话的经验。然后你就能更好地选择一个复杂精妙的工具来帮助你研读会话。

10.31.4 专注于页面对象和会话维度

这篇文章的要点在于，确保将精力放在为点击流提供页面对象和会话维度上。的确，这两个维度都需要大量的工作，但如果略去它们，你就无法分辨用户访问了哪些页面，或者它们是否具有有效益的会话。这些维度就是分析网络行为的关键。做好准备吧。我们目前开启互联网时间了。

10.32 用于文本文档搜索的事实表

Ralph Kimball，Intelligent Enterprise，2000 年 11 月 10 日

在文章 10.5“关键字维度”中，我通过介绍用于处理描述文档存档的一列关键字的两种方法来简略触及了文本字符串搜索的冰山一角。但一种基于关键字的访问大量文档的方法做出了一些强烈的假设。一组真正合格的关键字需要人类评审者进行评审，这种情况必定会限制文档存档的大小。要索引数百万份文档，有再多人进行评审也是不够的。有些有意思的过程已经能够为文档自动生成关键字了，这很像可以自动生成书籍索引一样。但即使有一组非常好的关键字来描述文档，业务用户仍旧面临着一些难以处理的查询问题。

使用关键字查找和使用大多数网络搜索引擎的问题在于，用户仅会输入少量目标单词来启动搜索。在关系型数据库和网络搜索引擎中，点击是由针对目标单词的字面上的查找而生成的。的确，甚至我最喜欢的搜索引擎都不清楚复数和可选词尾；它要么完全匹配单词，要么遗漏它们。

使用小量目标单词来初始化查找会让用户面临两个非常严重的问题，在我看来，即使更聪明的搜索引擎也无法克服这两个问题。首先，一列简短的单词本身并不会具有足够的上下文来真正表明用户想要的。其次，仅仅找出目标文档中的一些或者全部单词，并不会确保该目标内容是相关的。

10.32.1 相似性指标

许多研究者已经意识到了使用基于关键字系统的这些问题，并且一直在研究更强大的技术，以便让用户可以搜索非常大的文档集合。尽管一些早期影响深远的论文(例如，康奈尔学院的 Salton 教授)可以追溯到 20 世纪 60 年代，但网络的到来近来已经在文本搜索社区点起了一堆火。文本搜索正快速走出学术领域并且进入商业领域之中。

在我看来，搜索大型文档存档的最有希望的方法是基于测量两份文档之间的相似性。如果可以说两份文档是“相似的”，并且如果可以量化这一相似性，则可以避免使用关键字的更严重的问题。假设一个“文档”实际上是用户请求的信息。这个所请求的文档可以是几个句子那么长，也可以长得多。当然，对于所请求的文档来说，存在一个最佳长度，这样它就不会包含过多的会让搜索目标不明确的独立主题。

可以将第二个文档视作目标。如果具有所请求文档和目标文档之间相似性的准确量化测量，并且如果可以用同一份所请求的文档快速处理大量目标文档的存档，那么你就会顺利地构建一个有效的文本检索系统。

健壮的文档相似性指标的创建是如今的一个活跃的研究课题，在学术领域和商业环境中都是如此。为了尝试这许多方法中的一些，可以打开 Google 并且搜索“文本距离指标”“主题定位指标”“文档相关性”，并且尤其要搜索“潜在语义分析”。我希望你能理解这些推荐中的反讽。如果你有一个基于相似性的搜索引擎，那么你的搜索将会更加富有成效！

潜在语义分析(latent semantic analysis，LSA)是分析词-词、句-句以及段落-段落之间关系的一种方法。LSA 会准确归纳候选文档中的精确单词和句子，以便避免从字面上匹配单词的问题。LSA 是人类如何思考的认知模型以及捕获自由格式文本“维度性”的严谨数学矩阵技术的一种有趣混合。其伴随技术，潜在语义索引(latent semantic indexing，LSI)，可以准确生成我到目前为止在这篇文章中所探讨的这类文档相似性测量。

LSA 并非文本搜索的最终结论，但开发人员会基于像 LSA 这样的文档相似性测量来构建下一代文本搜索系统，而非基于关键字搜索。

10.32.2 用于相似性测量的事实表

如果你拥有对大量文档存档的访问权，那么对于某些应用程序你可以构建一个非常强大的文档搜索系统。假定你有数百万条描述大量病人症状、治疗手段以及疗效的医疗记录。这一医疗记录存档会非常复杂。许多病人都具有多个诊断结果、多个治疗手段，或者多个环境和生活方式上的因素。查询这一存档的一种有吸引力的方法就是，定义几百个单一主题查询(请求文档)，它们会单独生成每一条病人记录的相似性评分。可以将验证针对存档的候选请求查询的结果存储在事实表中，该事实表的粒度是：目标文档×请求主题 x 请求文档。

换句话说，事实表会为每个可能的请求主题以及每个“实现”该查询主题的请求文档的每条病人记录(目标文档)包含一条记录。将请求文档添加到该粒度会让事实表可以为相同请求主题包含多个请求文档。

要使用这一粒度并且泛化字段名称，以便让其不再特定于医疗记录，你只需要两个键：目标文档键和请求文档键。

目标文档维度包含了每个目标文档的标题、作者、创建日期以及存储位置。请求文档维度包含了请求主题的名称以及可能的一些层次结构分组标签(例如，疾病、治疗手段或者环境因素)，以便帮助组织和搜索请求主题。这个维度表也包含每个请求文档的特定标题、创建日期、作者以及存储位置。注意，对于一个特定的请求主题，存在多个请求文档。这会让你能够将多个相似性方法论用于文档匹配。

数值测量事实包括相似性评分和目标文档长度。

要牢记，尽管这一设计在目标文档和请求文档之间看起来非常对称，但你可以认为，目标文档(例如医疗记录)的数量会远远大于请求文档，并且这些目标文档具有不同的内容。你还可以认为，存在一组较少的请求文档，并且这些文档已经被仔细准备好以便充分表述希望的请求。

尽管你已经准备好了请求文档并且预先计算了相似性评分，但你会希望保留相当大的即席灵活性，以便用户可以提出复杂且非预期的请求。在文章 10.5“关键字维度”中，我描述了这些类型请求所特有的 AND/OR 困境。用户希望看到具有治疗手段 A AND 治疗手段 B，或者相反，治疗手段 A OR 治疗手段 B 的所有病人。

OR 查询是两者中较简单的一个，因为我们不必从事实表中联合约束两条记录。我们假设，如果以 0 到 1 的尺度来看相似性评分大于 0.8，那么一个文档就会通过相似性检验。该 SQL 看起来会像这样：

```
Select T.target_doc_title, T.target_doc_location
From archive_fact F, target_doc T, request_doc R
Where F.target_doc_key = T.target_doc_key
And F.request_doc_key = R.request_doc_key
And ((R.subject = 'Treatment A' and F.similarity > 0.8)
OR (R.subject = 'Treatment B' and F.similarity > 0.8))
```

AND 查询更为复杂：

```
SELECT T.target_doc_title, T.target_doc_location
FROM archive_fact F, target_doc T
WHERE F.target_doc_key = T.target_doc_key
AND (SELECT COUNT(G.target_key)
FROM archive_fact G, request_doc R
WHERE G.target_doc_key = R.target_doc_key
AND G.target_key = F.target_key
AND ((R.Subject = 'Treatment A'
AND G.similarity > 0.8)
OR (R.Subject = 'Treatment B' AND G.similarity > 0.8))
= 2)
```

不要为这段代码中治疗手段 A 和治疗手段 B 的请求之间的 OR 所困惑。这里的目标是，为所进行的两个联合请求查找具有计数为 2 的目标文档。这段代码会找出同时与治疗手段 A 和治疗手段 B 相关的目标文档！

10.32.3　强大的应用程序

尽管我已经在这篇文章中下探到了实现细节之中，但还是值得后退一步回想一下可以用这一方法来支持的强大应用程序。因为这一方法依赖于预先归类以及预先处理请求，所以你可以寻找这个方法适用的情形。可以想到的应用程序包括：

- 医疗记录分析，其中已确立的请求类别包括诊断结果、治疗手段、生活方式以及环境因素。
- 顾客响应、顾客请求、顾客电子邮件以及包括自由格式响应的任何类型的调查，其中已确立类别包括产品利润、质量投诉以及支付问题。
- 技术支持存档，其中可以针对许多其他用户的体验来匹配用户的问题。
- 各种各样的研究项目、案例研究、实验室结果以及环境影响报告，其中你会预先知道研究主题，并且其中存在探讨许多不同系统性和相关请求的价值。

我刚才描述的设计非常具有扩展性。你可以用优雅的方式来添加新的目标文档、新的请求文档以及新的相似性测量方法论，这种方式会扩展存档的能力但不会让之前的查找失效或者要求移除或重新加载事实表。像 Google 这样的搜索引擎，其爬行器实际上会以可阅读形式存储所有的目标文档(参见 Google 的“缓存”命令)，它会提供能够在后台过程中为新请求连续计算新相似性测量而无须追溯远程存储的文档这一有吸引力的可能性。

10.33　让市场购物篮分析成为可能

Ralph Kimball，Intelligent Enterprise，1999 年 4 月 20 日

本篇文章最初的标题是《市场购物篮数据集市》。尽管其他同时期的数据挖掘方法在今天可能更加强大且可取，但这篇文章确实描述了一种用于市场购物篮分析的强有力架构，其特征是一种自上而下的方法、一个可调整的关联性阈值、找出在每次迭代都逐渐更具关联性的产品层次结构各个级别上有意义的市场购物篮相关性的能力，以及确保会停止的算法。

数据仓库架构师长期以来一直在大型原子事实表中记录零售店铺购物数据。随着顾客会员卡以及内部信用卡的日益普及，这些事实表似乎会包含我们市场和销售经理们需要知道的关于顾客行为的一切内容。

的确，我们的原子事实表会告诉我们店铺销售了什么、何时售出以及购买者是谁的详细细节。大型原子事实表对于促销分析来说非常有用。但顾客行为的其中一个最有意义的分析——市场购物篮分析——就很难基于这个表来处理了。

市场购物篮分析的最基本形式是要寻求理解在单独的市场购物篮中哪些有意义的产品组合会被同时售出。当店铺经理或者总部销售经理理解了有意义的市场购物篮时，该经理就可以进行一些相关的决策，其中包括：

- 在店铺中将产品彼此靠近放置，以便购物者能够方便拿取并且增加顾客采购多个产品的可能性
- 反之，将产品彼此相隔较远地放置，以强制顾客经过特定的路线或者路过特定的商品陈列
- 对产品组合进行定价和包装，也许是用畅销品牌搭售新品牌

市场购物篮分析的主要目标是理解一起售出的产品的“有意义组合”。不过，仔细观察一下，这个目标通常会变得更加复杂。更复杂的市场购物篮目标形式包括：

- 理解品牌、子类别和类别的组合，而不是仅专注于品牌代码级别的最低级别库存单位(SKU)。
- 寻求比相同层次结构水平结果更有意义的混合聚合结果。例如，可能一个有意义的结果是一罐12盎司的可口可乐与速冻意大利面一起销售会更好。在这种情况下，我们就是在匹配 SKU 与一个子类。
- 寻求一起售出的三个——甚至更多——产品分组。
- 理解哪些商品在一起不会销售得很好。这就是所谓的缺失的市场购物篮。
- 寻求典型地搭配销售的产品(或品牌或类别)，但并非总是出现在相同的特定市场购物篮中。在这种情况下，我们要继续专注于个体顾客，但我们要放宽市场购物篮的定义以便纳入一段时间内的购买事件。如果顾客购买了花生酱，那么我们会期望看到相邻时间点上的果酱购买行为。此时，我们就是在寻求完整的关联分组，就像数据挖掘专家们所描述的那样。

我们无法轻易地使用描述购买行为的基础原子事实表来执行所有这些分析。一部分问题在于，在 SQL 中跨记录约束和分组几乎不可能。指定购物篮的每一项都位于一条单独的记录中，并且 SQL 从来就不是被设计用于表述跨记录约束的。另一个问题是产品的组合爆炸。如果一家大型零售店具有 100 000 个低级别产品，那么仅仅枚举所有的双向组合就涉及 100 亿种可能。

该市场购物篮分析问题的解决方案是创建一个新的事实表，如图 10-49 所示，并且以一种非常具体且严格的方式来填充这个事实表。我们将看到，市场购物篮分析的大多数艰难工作都发生在 ETL 过程中，因此会简化分析的查询以及呈现阶段。

图 10-49 中的市场购物篮表是表示各个市场购物篮中售出的重要配对产品的定期快照。时间键表示时期结束的标记。

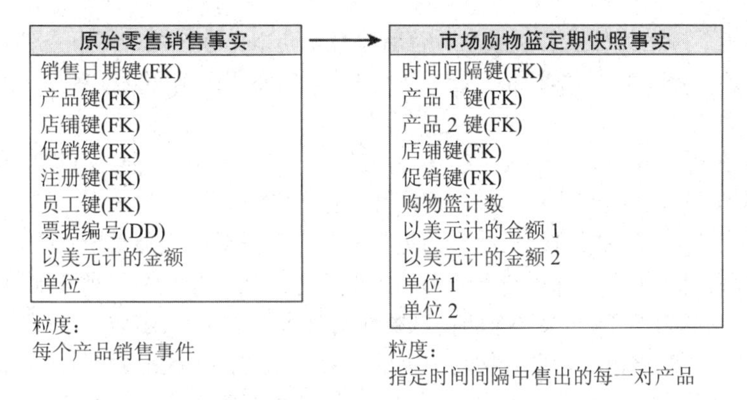

图 10-49　基于原子零售销售数据的市场购物篮事实表

这一设计中有两个泛化的产品键，它们必须能够代表单独的产品(SKU)、品牌、子类别、类别以及部门——全部都位于相同的事实表中。这些选项会来自零售企业中的传统销售体系。其他的泛化产品键选项可以表示风格或包装类型，尽管根据我的经验，但大多数市场购物篮分析都仅仅是跨传统销售体系的级别进行的。

这些事实包括具有命名产品组合的市场购物篮总数：这组购物篮中产品一的以美元计的销售额和单位售出总量，以及这组购物篮中产品二的以美元计的销售额和单位售出总量。

现在，如果图 10-49 中的这个表被神奇地填充入所有可能的泛化产品组合，那么我们就能浏览这个表来回答之前我们提出的大多数问题。我们首先会查看具有高购物篮计数的记录。毕竟，这些都是频繁观测到的购物篮，并且应该是最有意义的。其次，我们会查找美元销售额或单位保持合理差额的那些购物篮；找出美元销售额或单位严重失衡的购物篮会相当无趣，因为我们所做的就是要找出高销量产品与次要产品的组合。我们不会基于这样的分析结果来制定重要的销售或促销决策。

实际上，我们不能期望图 10-49 中的市场购物篮表被神奇地填充。我们仍旧没有处理组合爆炸的问题。我们必须设法填充市场购物篮事实表，生成上一段中我们希望看到的所有记录，但要灵活地避免生成我们绝不希望分析的数十亿条伪记录。

渐进式剪枝算法

解决方案是一种自上而下的渐进式剪枝算法，它是在后台 ETL 阶段中实现的。我们从图 10-49 左侧所示的原子销售事实表开始，并且运行一系列查询将数据提取到右侧所示的市场购物篮事实表中。该逻辑过程如下：

- 通过枚举部门到部门市场购物篮的所有组合，从销售体系的顶层开始。如果有 20 个部门，那么这第一步就会产生 400 条记录。
- 通过仅选择阈值数量的购物篮并且其中美元销售额或单位处于指定差额的记录，从而极大地精简这个列表。实验将告诉你此阈值应该是什么并且指定差额的标准应该是什么(我建议从购物篮总数的 20%以及其中产品彼此差额在 30%以内的购物篮开始着手处理)。如果精简步骤移除所有的记录或者如果存储空间不够或耗时太长，则应该停止该算法。

- 通过逐步下探销售体系并且枚举所有新组合来向下钻取产品一，如类别(产品一)和部门(产品二)。同样，重复对产品二逐步向下钻取，只要其级别等同或者高于产品一的级别。回到步骤 2。

这个算法要确保能够停止，因为下探该体系的每一个步骤必然都会生成更少购物篮计数的记录。最终，系统将不会找到比最小阈值相关性更大的购物篮计数记录。同样，随时停止是可允许的。在每一个时间点上，目前所找到的记录都是会对分析产生最大影响的记录。注意，这种自上而下的方法在几个方面都比自下而上的方法要好。从个体原子产品开始的自下而上的方法会很容易缺失重要的模式。如果一家店铺频繁地同时售出 12 盎司灌装可口可乐与某种意大利面子类别，那么当我们将可口可乐直接与单独的意大利面 SKU 配对时，我们就会缺失这一结果。并且正如我之前所陈述的那样，自上而下的渐进式剪枝算法会立即开始查找相关的结果，而不会生成天文数字般的记录。渐进式运行剪枝算法会让我们更加关注已经关联在一起的结果。

构建这一市场购物篮数据集市的最细微的设计步骤就是选择泛化产品键。如果我们用标准维度建模技术构建了图 10-49 中的原始销售事实表，那么产品键就是无结构且无可识别语义的整数代理键。聚合事实表是出于查询性能的原因来构建的，同时这个销售事实表会具有一个或多个表示聚合程度的收缩维度。通常，收缩产品维度会存在于类别级别——也可能存在于其他级别。对于市场购物篮数据集市设计的有意义调整是，在我们的数据仓库中，一开始我们必须构建包含层次结构多个级别处的记录的单个产品维度。这一过程需要创建产品维度表的特殊变体，它具有较少数量的相同通用的属性(因为，举个示例来说，只有在最低的 SKU 级别才存在最详尽的产品属性)，并且这一过程还需要指定各种级别的键，这样它们就不会重叠。

我们可以泛化渐进式剪枝算法，以便以简单明了的方式处理购物篮中的三个商品。市场购物篮事实表现在需要三个泛化产品键、三个美元合计值以及三个单位销量合计。如果该算法的第一步是用相同规则来计算的，那么它就会创建 8000 个部门组合。我们要以类似于之前所提供方法的方式来处理这些剪枝步骤。

我们也可以泛化渐进式剪枝算法以便处理涉及多个购买事件的市场购物篮。我们仅需要处理指定顾客特定时间段内的所有购物篮，就像这些购物篮实际上是一个大的购物篮那样即可。

使用这篇文章中描述的技术来回答市场购物篮中没有什么商品的问题是很难的。问题很大程度上在于这一需求的完全古怪的逻辑。毕竟，每个市场购物篮都会缺失店铺中的大多数商品。另外，如果一个商品缺失了，也不会增加对购物篮的美元销售额或者单位销量的影响，从而使其很难使用我们的渐进式剪枝逻辑。不过，未发生什么的问题存在一些变体，它们值得在销售事实表上使用特殊查询来回答。这些变体包括：在单项市场购物篮中销售最多的商品是什么？在两项市场购物篮中呢？从统计学显著方式来说，哪些商品组合出现的次数要小于你期望它们整体出现在所有可能的市场购物篮中的频率？

尽管市场购物篮分析的准备和 ETL 过程都是重要的步骤，所产生的市场购物篮事实表以及相关的特殊产品维度让我们可以用有限且可控的方式来执行几乎所有类型的有意义且有用的市场购物篮分析。

第 11 章

后台 ETL 和数据质量

有了设计好的目标维度模型，就该将我们的注意力转向后台了。在幕后设计和开发ETL(extract，transform and load，提取、转换和加载)系统会占用DW/BI项目周期的大部分工作。

本章首先介绍用于规划ETL系统的指南，其中包括提取、清洗、一致化并且最终将数据交付到数据仓库前端所需要的34个子系统的概况，以及必要的系统管理基础架构。无论是否使用ETL工具，都必须考虑这些子系统。

11.2节会深入关注数据质量研究。首先会描述清洗数据的业务好处，然后会描述捕获和监控质量缺陷的全面基础架构。还会探讨用于清洗不合格数据的特定技术。

基于此，我们会专注于构建维度和事实表，从代理键管道到处理延迟到达的事实和维度。最后，会介绍迁移到更为实时的ETL处理的影响。

规划 ETL 系统

文章11.1和文章11.2写于2004年年末，最初发表的标题为《数据仓库ETL工具集》(*The Data Warehouse ETL Toolkit*，Kimball和Caserta，Wiley出版社于2004年出版)；文章11.3~11.5介绍后台数据结构的处理、使用商业化ETL工具的优缺点，以及用于变更数据捕获与集成来自外部各方数据的技术。

11.1 围绕 ETL 需求(Kimball 经典)

Ralph Kimball，Intelligent Enterprise，2004年11月13日

理想情况下，ETL系统的设计首先要从最难的一个挑战开始：围绕需求。这里我们指的是在一个地方收集所有已知的影响ETL系统的需求、现实情况及约束。这组需求会给人带来相当大的压力，但在启动DW/BI项目之前预先考虑它们是必要的。

这些需求一般都是必须面对的，并且要改写系统以便让其适应的。在需求的框架内，有许多地方都可以进行自己的决策、实践自己的判断并且发挥创造力，但需求是必需的。

11.1.1 业务需求

业务需求就是数据仓库用户的信息需求。这里狭义地使用“业务需求”一词来指代业务用户据以制订业务决策所需要的信息内容。后续列出的需求会拓宽业务需求的定义，但这一需求是为了识别出一组扩展的信息源，ETL 团队必须将其引入数据仓库。

目前，暂时采用“业务需求会直接驱动数据源选择”的观点，显然，理解和不断检查业务需求是 ETL 团队的核心活动。其结果是用户对于数据会为其带来什么的一组期望。

在许多情况下，与业务用户的最初会谈以及对于可能源的最初调研并不会完全揭示数据的复杂性和局限性。ETL 团队通常会取得重要发现：这将影响用户业务需求能否如预期般被满足。当然，ETL 团队通常也会在数据源中发现额外的能力，可以加强用户的决策能力。这里的经验教训是，即使在构建 ETL 系统的最具技术性的后端开发步骤中，也必须在 ETL 团队、数据仓库架构师、业务分析师以及业务用户之间保持沟通。从更为广泛的意义上来说，业务需求和数据源的内容都是运动目标，它们需要被不断地重新检验和探讨。

11.1.2 合规性

在最近几年，尤其是 2002 年萨班斯法案(Sarbanes-Oxley Act of 2002)通过之后，强制组织机构严格加强其报告内容并且为其报告数字的准确性、完整性以及未被篡改提供证明。当然，像通信这类受监管企业中的数据仓库，多年以来一直都在遵守监管报告需求。但财务报告的整个基调对于每个人来说必然更为严格。

有些财务报告问题将不在数据仓库范畴之中，但许多其他问题正好属于其范畴。数据仓库典型的尽职调查需求包括：

- 保存数据源及数据后续处理阶段的存档副本。
- 变更了任何数据结果的完整事务流的证据。
- 用于分配、调整和派生的完整文档化算法。
- 数据副本随时间变化的安全性证明，包括在线和离线两方面。

11.1.3 经过数据剖析的数据质量

正如 Jack Olson 在其著作《数据质量：准确性维度》(*Data Quality：The Accuracy Dimension*，Morgan Kaufmann，2003 年出版)中清晰地表明：数据剖析是设计要使用该数据的任何类型系统的必要先导过程。就像他所指出的：数据剖析“为查找数据采用了分析方法，目的在于建立起对数据内容、结构及质量的全面理解。好的数据剖析[系统]可以处理海量数据，并且在分析师的技能协助下，它会揭示需要解决的所有类型的问题。”

如果 ETL 团队要处理内容尚未审查的数据源，则这一观点尤为相关。例如，Jack 指出，能够完美处理订单处理系统等生产系统需求的数据源，可能会是数据仓库的灾难，因为数据仓库希望使用的补充字段并非订单处理过程成功的核心，同时对于数据仓库分析来说会表现得不可靠并且不完整。

数据剖析是对数据源的质量、范围和上下文的系统检验，以便构建 ETL 系统。极端情况下，在到达数据仓库之前就已经被精心维护过的非常干净的数据源，只需要非常少的转换及人工介入，就可以直接加载到最终的维度表和事实表。

另一种极端情况是，如果数据剖析表明，源数据存在严重缺陷并且无法支持业务目标，那么数据仓库的工作就应该被取消。该剖析步骤不仅指引 ETL 团队要在多大程度上借助数据清洗机制，还能保护 ETL 团队避免由于构建处理脏数据的系统这一非期望方向偏离而遗漏项目中重要的里程碑。务必要预先进行数据剖析！使用数据剖析，会让业务负责人对于实际的开发计划表、源数据中的限制以及在源系统中投入精力以得到更好数据捕获实践的需求做好准备。

11.1.4　安全性

在过去几年中，所有 IT 领域的安全性意识的一般水平已经大幅提升了，但安全性对于大多数数据仓库团队来说仍旧是事后考量和不受欢迎的额外负担。数据仓库的基本节奏与安全性思想方法不一致。数据仓库寻求的是将数据广泛地发布给决策制定者，而安全性则关注数据应该被限制为那些需要知道的人。

在整个工具集系列著作中，为安全性举措推荐了一种基于角色的方法，会在最终应用程序交付时控制对数据仓库结果的访问。对于业务用户来说，安全性并不是在物理表级别来控制对个体用户的授权及权限回收的，而是通过角色定义以及基于网络资源的目录服务器的 LDAP(轻量级目录访问协议)的强制实现来控制的。然后用户应用程序就解析请求用户的授权角色是什么，以及该角色是否允许用户查看所请求的特定界面。

此外，安全性必须扩展到物理备份。如果可以从备份库中轻易地移除磁带或磁盘组，那么安全性就会受到危及，就像在线密码被破解一样。

11.1.5　数据集成以及 360° 画像

数据集成对 IT 来说是一个大主题，因为其最终目的就是要让所有系统无缝协作。“顾客的 360° 画像”对于数据集成来说是一个耳熟能详的名词。很多情况下，在任何数据到达数据仓库之前，必须在组织的主要事务系统之间进行重要的数据集成。但数据集成很少是完整的，除非组织已经建立起单一企业资源规划(Enterprise Resource Planning，ERP)系统，即便如此，也有其他重要的事务处理系统存在于主要 ERP 系统外。

数据集成在数据仓库中通常是一致化维度、一致化事实的形式。一致化维度意味着确立跨独立数据库的通用维度属性，从而可以使用这些属性来生成“横向钻取”报告。一致化事实意味着关键绩效指标(KPI)等跨独立数据库常用业务指标达成一致，从而可以通过计算差值和比例从数学计算方面比较这些数字。

11.1.6　数据延迟

数据延迟需求描述了数据必须在多快时间内交付给业务用户。数据延迟显然对架构和系统实现有巨大影响。在一定程度上，更为精巧的处理算法、并行处理以及更强有力的硬件可以加速大多数传统的面向批处理的数据流。但有些时候，如果数据延迟需求极度迫切，那么 ETL 系统的架构就必须从面向批处理转换为流式处理。这一转换并非渐进式或演进式的改变；它是一种重大的范式转换，几乎数据交付管道的每一步都必须重新实现。

11.1.7 存档和派生关系

在 11.1.2 和 11.1.4 小节中暗示过这些需求。即便法律上没有保存数据的需求，每个数据仓库也需要旧数据的各种副本，要么用于与新数据比较以便生成变更捕获记录，要么用于再处理。

建议在每次发生重要转换时都暂存数据。这些暂存点会出现在所有四个步骤之后：提取、清洗、一致化和交付。那么，暂存(将数据写到磁盘)何时转为存档(在某些永久性介质上无限期保留数据)呢？

简单答案就是个保守的答案。所有暂存的数据都应该被存档，除非主动做出决策，认为有些数据集未来永远不再恢复。与以后通过 ETL 系统重新处理相比，从永久性介质中读回数据总是更容易一些。当然，就算提供足够的处理时间，根据老的处理算法重新处理数据也是不可行的。

并且当着手处理时，每个暂存/存档的数据集都应该具有伴生的元数据，用于描述生成该数据的来源和处理步骤。追踪这一派生关系显然会为某些合规性需求所需要，但它应该成为每个存档情境的一部分。

11.1.8 BI 用户交付界面

ETL 系统的最后一步是切换到 BI 用户应用程序。我们要在这一切换过程中占据有利且遵守规范的位置。我们相信，与建模团队密切协作的 ETL 团队，必定会对能够控制的所有数据的内容和结构负责，让用户应用程序简单且快速。这种态度远不止一句模糊的关怀性语句那么简单。我们认为以下面这些方式向用户应用程序交付数据是不负责任的：增加应用程序复杂性，拖慢最终查询或报告创建，对业务用户而言数据的复杂性并非必要。最基本且最严重的错误就是提交整个具有所有特征的标准化物理模型并且自认为已经完工。这就是我们尽心构建实际最终移交物的维度结构的原因。

通常，ETL 团队和数据建模者需要与应用程序开发人员密切协作，以便确定最终数据移交的需求正确。每个 BI 工具都具有应该避免的敏感性以及可以利用的特性，如果物理数据格式正确。这些相同的注意事项也适用于为 OLAP 多维数据集准备的数据。

11.1.9 可用技能

在构建 ETL 系统时，有些大的设计决策必须基于构建和管理该系统的可用资源来制定。如果 C++编程技能并非公司内部所有并且无法合理获取和保持这些技能，则不能依赖关键 C++处理模块构建系统。如果已经在公司内部使用了这些技能并且知道如何管理这样一个项目，那么在围绕主要供应商的 ETL 工具来构建 ETL 系统时，会更加有信心。

要慎重考虑手动编写 ETL 系统还是使用供应商软件包。抛开技术问题和许可成本，也不应该在不严肃考虑长期影响的情况下采用员工和经理不熟悉的东西。

11.1.10 遗留许可

最后，在许多情况下，重要的设计决策都是高管层坚持要使用现有遗留许可而隐性制定的。在许多情况下，这一需求是可以接受的，并且它在企业环境中的优势对每一个人来说都是很清晰的。不过在少数情况下，将遗留系统用于 ETL 开发会是个错误。这是一个艰难的处境，并且如果非常强烈地感受到了这一点，那么可能就需要用工作打个赌了。如果必须接触高管层并且质疑使用现有遗留系统的做法，那么一定要准备好合理的理由；要么接受他们最终的决策，要么就要寻求其他的工作机会。

所有这些需求的组合影响会让人喘不过气。也是出于这个原因，许多 ETL 实现都没有遵循基础 E、T、L 模块的一系列设计原则。许多 ETL 系统似乎都是上千个对单独需求响应的集合。

11.2 ETL 的 34 个子系统(Kimball 经典)

Ralph Kimball，Intelligent Enterprise，2004 年 12 月 4 日

这篇文章最初发表时的标题是“ETL 的 38 个子系统”。本修订版包括了 Bob Becker 写于 2007 年 10 月的文章“ETL 子系统再次回顾”中的内容。

ETL 系统(或后台)通常会占用数据仓库构建时间和工作量的 70%。但目前还没有人仔细思考过，为何 ETL 系统如此复杂并且需要占用大量资源。每个人都理解这三个字母：从数据的原始来源位置中取得数据(E)、对其进行一些处理(T)、然后将其加载(L)到一组最终的表中以便用户查询。

当被要求分解这三个步骤时，许多设计者都会说，“嗯，这要看情况了”。它取决于源，取决于有趣的数据特性，取决于脚本语言和可用的 ETL 工具，取决于内部员工的技能，取决于用户使用的 BI 查询和报告工具。

“这要看情况”的回应很危险，因为它会变成折腾你自己的 ETL 系统的借口，这在最坏的局面下会造成无法区分的像意大利面一般纠结在一起的表、模块、过程、脚本、触发器、告警及任务计划。这类创造性设计方法在几年前每个人都力求理解 ETL 任务时是合适的，但在有了数千个成功数据仓库的优势之后，一组最佳实践已经准备好要浮出水面了。

我花了 18 个月的时间彻底研究 ETL 实践和产品。我已经找到了几乎每个数据仓库后台都需要的 34 个子系统。这是个坏消息；难怪 ETL 系统会占据如此大比例的数据仓库资源。但好消息是，如果研究这份列表，就会认出几乎所有子系统，并且在构建数据仓库时，会持续利用使用每个子系统的经验。

11.2.1 提取：将数据放入数据仓库

意料之中的是，ETL 架构的初始子系统能解决以下问题：理解源数据、提取数据并将其转换到后台环境中，在后台，ETL 系统可以独立于业务系统操作这些数据。提取相关的 ETL 子系统有以下三个。

- **数据剖析系统**。列属性分析包括发现所推断的领域；而结构分析包括候选外键/主键关系、数据规则分析以及值规则分析。
- **变更数据捕获系统**。源日志文件读取器、源数据和序列数字过滤器，以及基于循环冗余校验和(CRC)算法的记录对比。
- **提取系统**。源数据适配器、推送/拉取/盘整任务调度器、源处的过滤和排序、专有数据格式转换，以及转换到 ETL 环境之后的数据暂存。

11.2.2 数据清洗和一致化

ETL 系统会在这些关键步骤期间向数据添加价值。应该对这些清洗和一致化子系统进行架构，以创建用于诊断源系统问题的元数据。这样的诊断最终会导致业务过程再造，以随时间推移处理脏数据的根本原因并且提升数据质量。

ETL 数据清洗过程通常会修复脏数据，但同时，也会预期数据仓库提供数据被组织生产系统捕获时的准确描述。维护这些冲突性目标之间的恰当平衡是必要的。关键在于，开发出纠正、拒绝或按原样加载数据的 ETL 系统能力，然后用易用的结构凸显底层清洗机制的修改、标准化、规则及假设，这样系统就会自我文档化。

清洗和一致化步骤中的五个主要子系统包括：

- **数据清洗和质量筛查处理器系统**。这通常是用于完整解析个人和组织、产品或位置的名称及地址的字典驱动的系统。使用保留某些源中特定字段的专用数据合并逻辑将“筛选后结果”保存成最终的存储版本。维护到所有参与的原始源的反向引用(如自然键)。内嵌的 ETL 测试会系统化地应用到所有数据流检查，以应对数据质量问题。
- **错误事件处理器**。用于对所有 ETL 错误事件进行报告和响应的全面系统。其中包括分支逻辑，以处理各种类型的错误，并进行 ETL 数据质量的实时监控。
- **审查维度装配器**。通过将元数据上下文附加到事实表作为常规维度的方式，加载的围绕每个事实表的元数据上下文的装配。
- **重复数据删除系统**。包括识别和移除个人和组织，或者产品或位置。通常会使用模糊逻辑。
- **数据一致化器**。识别和强制将特殊的一致化维度属性及一致化事实表测量作为跨多个源的数据集成基础。

11.2.3 交付：准备呈现

ETL 系统的最终任务是交付维度表和事实表。源数据结构以及清洗和一致化逻辑中存在相当多的变化，但交付处理技术更为明确且有规律。ETL 架构中的交付系统有以 13 个。

1. **渐变维度(SCD)处理器**。用于处理维度属性时间变化的转换逻辑：类型 1(重写)、类型 2(创建新记录)，以及类型 3(创建新字段)。
2. **代理键创建系统**。用于生成代理键的健壮机制，对于每一个维度都是独立的。独立于数据库实例，能够服务于分布式客户端。
3. **用于固定的、可变的以及不规则层次结构的层次结构维度构建器**。用于维度中所有多对一层次结构的数据有效性检验和维护系统。可变层次结构的维度构建器。用于所有形式的不定深度不规则层次结构的数据有效性检查和维护系统。

4. **特殊维度构建器**。创建和维护由在大多数生产数据源中存在的各种低基数标签和指示器构成的维度。
5. **用于事务、定期快照及累计式快照粒度的事实表加载器**。用于更新索引和分区操作在内的事实表的系统。事务粒度：用于最近数据的正常附加模式。定期快照粒度：用于当前时期事实的渐进式更新的频繁重写策略。累计式快照粒度：索引和分区操作，以及对维度外键和累计测量的更新。
6. **代理键管道**。用于使用数据仓库代理键替代传入数据自然键的管道化、多线程过程。
7. **多值维度桥接表构建器**。创建和维护用于描述维度之间多对多关系的关联桥接表。包括用于分配和情境式角色描述的加权因子。
8. **延迟到达的数据处理器**。用于延迟到达数据仓库的事实记录和/或维度记录的插入和更新逻辑。
9. **维度管理者系统**。提供给将一致化维度从一个集中位置复制到事实表提供者的维度管理者使用的治理系统。
10. **事实表提供者系统**。提供给接收由维度管理者发送的一致化维度的事实表提供者使用的治理系统。包括本地键替换、维度版本检查及聚合表变更管理。
11. **聚合构建器**。创建和维护用于和查询重写工具结合使用的物理化聚合数据库结构，以便提升查询性能，包括独立的聚合表和物化视图。
12. **多维数据集构建器**。创建和维护用于加载多维(OLAP)数据集的星型模式基础，包括按照特定多维数据集技术要求的维度层次结构的特殊准备。
13. **数据集成管理器**。用于从生产应用程序转换到数据仓库的大型数据集的系统。

11.2.4　管理 ETL 环境

数据仓库只有在作为业务决策的独立来源而被依赖时，才算取得成功。ETL 管理子系统是架构组件，它有助于实现可靠性、可用性及可管理性的目标。以专业方式操作和维护一个数据仓库与其他系统操作没有太大区别。很多读者都很熟悉以下 13 个子系统：

1. **任务调度器**。用于调度和启动所有 ETL 任务的系统。能够等待各种系统条件，包括对于前置任务成功完成的依赖。能够发出警报。
2. **备份系统**。备份用于恢复、重启、安全性及合规性需求的数据和元数据。
3. **恢复和重启系统**。该系统用于恢复运行已经停止的任务，或者用于回退整个任务和重启。极度依赖于备份系统。
4. **版本控制系统**。用于存档和恢复 ETL 管道中所有元数据的持续“快照”能力。所有 ETL 模块和任务的签出和签入。揭示不同版本之间差异的源对比能力。
5. **从开发到测试再到生产环境的版本迁移系统**。将一个完整的 ETL 管道实现从开发环境中移出、移入测试环境，然后移入生产环境。版本控制系统的接口退出迁移。单个接口用于为整个版本设置连接信息。独立于数据库位置，以便用于代理键生成。
6. **工作流监控器**。用于由任务调度器启动运行的所有任务的仪表盘和报告系统，包括处理的记录数量、错误汇总以及采取的操作。
7. **分类系统**。独立的高性能分类包。

8. **派生关系和依赖性分析器**。显示任意选中数据元素的最终物理源以及后续的转换，这些选中的数据元素是从 ETL 管道中部选择或者从最终交付的报告(派生关系)选择的。显示所有受影响的下游数据元素以及任意选中数据元素中受到潜在变更所影响的最终报告字段，这些元素是从 ETL 管道中部或者原始源(依赖性)选择的。
9. **问题升级系统**。用于将错误情况升级到相应级别以便解决和追踪的自动外加手动系统，包括简单错误日志记录、操作人员通知、主管人通知及系统开发人员通知。
10. **并行化/管道化系统**。利用多个处理器或网格计算资源的常用系统，以及实现流式处理数据流的常用系统。为满足某些条件的任意 ETL 过程自动调用并行处理和管道处理是非常可取的(最终会是必要的)，比如不要写入磁盘或等待处理过程中间的一个条件。
11. **安全系统**。对 ETL 管道中的所有数据和元数据进行基于角色的安全治理。
12. **合规性报告器**。遵从法规，以证明关键报告操作结果的派生关系。证明数据和转换没有被修改。显示谁访问或修改过这些数据。
13. **元数据仓储管理器**。用于捕获和维护包括所有转换逻辑在内的所有 ETL 元数据的全面系统。包括过程元数据、技术元数据及业务元数据。

如果对这份列表所有内容都很熟悉，那么要恭喜你了！希望你了解：要论证这些子系统中哪些是非必要的真的很难，正如这份列表所清晰表明的，如果不能划分任务(可能有 34 种方式)，那么陷入混乱局面将不可避免。业界已经准备好为这 34 个子系统定义最佳实践目标和实现标准了，并且如果 ETL 工具供应商为这 34 个子系统都提供向导或重要模板，那会是巨大的贡献。我们还有很多内容需要探讨。可能还需要 34 章才行！

11.3 用于 ETL 架构的六个关键决策

Bob Becker，Intelligent Enterprise，2009 年 10 月 9 日

这篇文章描述了在为维度数据仓库构建 ETL 架构时必须进行的六个关键决策。对于 ETL 解决方案的预先准备、持续成本及复杂性来说，这些决策会造成显著影响，并最终对整个 BI/DW 解决方案的成功产生巨大影响。

11.3.1 是否应该使用 ETL 工具

必须做出的最早并且最基础的一个决策就是，是手动编写 ETL 系统还是使用供应商提供的软件包。抛开技术问题和许可成本不谈，也不应该在不严肃考虑该决策长期影响的情况下采用员工和经理不熟悉的方式。这一决策将对 ETL 环境、驱动人员配置决策、设计方法、元数据策略以及实现时间表产生长期的重大影响。

当今的环境中，一般情况下大多数组织都应该使用供应商提供的 ETL 工具。不过，这一决策必须基于构建和管理该系统的可用资源基础来制定。ETL 工具实际上就是使用图标、箭头和属性来构建 ETL 解决方案的系统构建环境，而非通过手写代码来构建。要当心，如果你所推荐的 ETL 开发团队是由许多老派的手动编码者组成，那么他们可能不会很好地使用 ETL 工具。单从这个原因来看，有些组织会发现，自定义 ETL 开发仍旧是合理的解决方案。

如果决定使用 ETL 工具，就不要期望从首次迭代中获得巨大回报。随着额外迭代过程的发生以及开始利用在后续实现期间使用工具的开发优势，回报优势会越来越明显。你还会体验到随时间推移而增强的维护能力、更完整的文档记录以及改善元数据支持所带来的好处。11.8 节，深入探讨了使用 ETL 工具的优缺点。

11.3.2　应该在何处以及如何进行数据集成

对于 IT 来说，数据集成是一个庞大的主题，因为其最终目标都是要让所有系统无缝协作。“企业的 360°画像”是一个常见的讨论目标，它实际上意味着数据集成。在许多情况下，在数据到达数据仓库之前，就应该针对组织的所有首要事务系统进行严格的数据集成。不过，相较于处理操作环境中的集成，这些需求通常会被推回数据仓库和 ETL 系统。

大多数人都理解这一核心概念，即集成意味着以有效方式让不同的数据库功能集合在一起。我们都知道需要它；只不过不清楚如何将其分解成可管理的部分。集成是否意味着大型组织内所有的相关方都要认同每一个数据元素？还是说仅认同某些数据元素即可？这是必须要做的关键难点决策。企业管理层会同意/主张在哪种数据级别进行集成？他们是否愿意建立跨组织的通用定义并且遵从那些定义？

从根本上讲，集成意味着从两个或多个数据库的角度就数据含义达成一致。有了集成，两个数据库的结果可以合并到单个数据仓库分析中。如果没有这样的协定，这些数据库就会仍然是隔离的烟囱，无法在应用程序中链接它们。对于 ETL 环境上下文来说，数据集成在数据仓库中是以一致化维度和一致化事实的形式存在的。一致化维度意味着建立跨不同事实表的通用维度属性，从而可以使用这些属性来生成“横向钻取”报告。一致化事实意味着跨不同数据库对像关键绩效指标(KPI)等通用业务指标达成一致，以通过计算差值和比例从数学上比较这些数字。

11.3.3　应该选择哪种变更数据捕获机制

在数据仓库的初始化历史数据加载期间，捕获源数据内容变更并不重要，因为是从某一个时点沿时间轴向前加载所有数据。不过，大多数数据仓库表都非常大，无法在每一个 ETL 周期中更新它们。你必须能够仅转换从上次更新开始对源数据所做的相关变更。隔离最近的源数据被称为变更数据捕获(Change Data Capture，CDC)。变更数据捕获背后的理念非常简单：仅转换自上次加载开始发生了变化的数据。

但构建一个合适的变更数据捕获系统并非看上去那么容易。要意识到，所选择的机制必须是绝对的防错机制——所有变更的数据都必须被标识出来。很难找出最全面的策略；对于源系统表的多次更新可能会发生在应用程序本身以外。而造成不一致结果这种错误也很难解释；通常需要大量的数据调整才能标识造成错误的原因。这些问题的解决可能会消耗大量的返工工作量——更不要说这是令人难堪的局面了。简而言之，捕获数据变更绝非一项微不足道的任务，你必须清晰地理解源数据系统。这部分知识将有助于 ETL 团队评估数据源、识别变更数据捕获问题，以及确定最合适的策略。

11.3.4 何时应该暂存数据

在如今的数据仓库环境中，对于 ETL 工具来说十分切实可行的做法是，建立起到源数据库的直接连接，通过 ETL 工具提取数据并对其进行流式处理，以便应用于内存中的任何需要的转换，并且最终一次性将数据写入到目标数据仓库表。从性能的角度来说，这是一项强大的能力，因为对 RDBMS 的写操作，尤其是日志写操作，是非常消耗资源的；最小化其对资源的消耗是很好的设计目标。不过，尽管有这一性能优势，但这并非最佳方法。组织在 ETL 过程期间决定物理化暂存数据(比如将数据写到磁盘)的原因有以下几方面。

- 大多数适合的 CDC 方法都需要将源表的当前副本与相同表的之前副本进行比较。
- 组织已经决定在提取之后立即暂存数据以便达到存档目的——以满足合规性和审计需求。
- ETL 任务在流程中间失败的事件中需要还原/重启点——这是由源和 ETL 环境之间的连接中断造成的。
- 长期运行的 ETL 过程可能会打开到源系统的连接，这会造成数据库锁定问题并且对事务系统产生压力。

11.7 节将进一步详细描述这一过程。

11.3.5 应该在何处纠正数据

业务用户意识到，数据质量是一个严重且代价高昂的问题。因此大多数组织都会支持提升数据质量的举措。但大多数用户都可能不知道数据质量问题的根源或者应该做些什么来提升数据质量。他们会认为数据质量是 ETL 团队的一个简单执行问题。在这种环境中，ETL 团队需要变得敏捷和积极主动：数据质量的提升无法由 ETL 独立完成。对于 ETL 团队来说，关键在于要与支持源系统的业务团队和 IT 团队建立协作关系。

关键决策是在何处纠正数据。显然，最佳的解决方案是一开始就准确捕获数据。当然，现实情况并不总是这样。但尽管如此，在大多数情况下，都应该回到源系统中纠正数据。遗憾的是，无法避免质量糟糕的数据到达 ETL 系统。如果发生这种情况，则有三种选择：

- 暂停整个加载过程。
- 将出问题的记录发送到一个待处理文件以便后续处理。
- 仅标记该数据并且跳过它。

到目前为止，只要可能，第三种选择会是最佳选择。暂停该过程显然是很痛苦的，因为它需要人工介入以便诊断问题，重启或恢复任务，或者完全终止。将记录发送到待处理文件通常是糟糕的解决方案，因为不清楚这些记录何时或者是否被修复以及重新进入处理管道。在记录恢复到数据流之前，数据库的整体集成都是有问题的，因为这些记录缺失了。建议不要使用待处理文件，以便减少数据错误。用错误情况标记数据的第三个选项通常会很有效。可以使用描述有问题事实行的整体数据质量情况的审计维度来标记糟糕的事实表数据。也可以使用审计维度来标记糟糕的维度数据，或者在缺失或者存在垃圾数据的情况下，可以在字段本身使用唯一的错误值来标记它。从这个角度看，数据质量报告功能可以标记有问题的事实和维度行，这表明需要解决源系统中的数据问题，最好能够修复。

11.3.6 必须以多快的速度通过 DW/BI 系统使用源数据

数据延迟性描述了源系统数据必须以多快的速度通过 DW/BI 系统交付给业务用户。数据延迟性显然对于 ETL 环境的成本和复杂性有巨大影响。精巧的处理算法、并行化及强有力的硬件都可以加速传统面向批处理的数据流。但有些时候，如果数据延迟性需求非常急迫，那么 ETL 系统架构就必须从批处理转换成面向流的处理。这一转换并非一种渐进式改变，而是一种重大的范式转换，几乎数据交付管道的每一步都必须重新实现。

通常，对于大多数组织来说，ETL 流都要求有匹配业务自然节奏的数据延迟性。我们发现，在大多数组织中，这通常都会导致每日更新大多数 ETL 流，每周或每月更新其他 ETL 流。不过，在某些环境下，更频繁的更新甚或实时更新会最适合业务的节奏。关键在于，认识到所有组织中，仅有少数业务过程适合实时更新。将所有 ETL 过程都转换成实时并没有令人信服的原因。大多数业务过程的节奏其实并不要求实时处理。

当心：询问业务用户是否希望“实时”的数据交付就是在自找麻烦。当然，大多数业务用户都会积极回应希望让数据更新更加频繁，无论他们是否理解其请求所带来的影响。很明显，这类数据延迟性需求会很危险。建议将实时挑战划分成三类：每日、频繁及即时。需要让终端用户以类似的词语描述其数据延迟性需求，然后再设计能够恰当支持每一组需求的 ETL 解决方案。

- **即时性**意味着在终端用户屏幕上显示的数据代表着每一个瞬间源事务系统的真实状态。当源系统状态变化时，在线界面也必须立即响应。
- **频繁性**意味着终端用户每天会对可见数据更新多次，但并不提供这一时刻的当前绝对真实状态。
- **每日**意味着在前一个工作日结束时从源系统下载批文件或者做出调整起，屏幕上的可见数据都是有效的。

在 11.45 节 Ralph 更为详尽地描述了这些能力中每一个的影响及实现选项。

本节探讨了必须在 ETL 架构创建期间评估的若干关键决策，以便支持维度数据仓库。对于这些决策来说，很少只有一个正确的选择；一如既往，正确的选择应该由组织的独特需求和特性来驱动。

11.4 要避免的三种 ETL 妥协

Bob Becker，Intelligent Enterprise，2010 年 3 月 1 日

无论是正在开发新的维度数据仓库还是替换现有环境，ETL 实现工作都必然位于关键路径。麻烦的数据源、不明确的需求、数据质量问题、变更范围及其他意外问题通常都会共同导致 ETL 开发团队的压力陡增。完全交付项目团队的最初承诺可能无法实现，需要做出一些妥协。而到最后，如果没有谨慎考虑，这些妥协会造成长期的麻烦。

11.3 节介绍了在实现维度数据仓库时 ETL 团队面临的决策。本节重点介绍三种常见的 ETL 开发妥协，它们会引发围绕维度数据仓库的大多数长期问题。避免这些妥协不仅会提升 ETL 实现的有效性，还会增加整个 DW/BI 取得成功的可能性。

11.4.1 妥协1：忽视渐变维度需求

Kimball Group 已经编写了大量关于渐变维度(Slowly Changing Dimension，SCD)策略和互补实现选项的文章。重要的是，在早期的初始实现过程中，ETL 团队要接受 SCD 作为重要的策略。常见的妥协是，将支持 SCD 所需的工作推迟到以后进行，尤其是通过将新行添加到维度表来追踪维度变更的类型 2 SCD。其结果通常是全部返工的灾难。

推迟实现正确的 SCD 策略的确会节省当前阶段的 ETL 开发时间。但结果是，实现仅支持类型 1 SCD，其中数据仓库的所有历史都会与当前维度值关联。最初，这似乎是合理的妥协。不过，在之后的某个阶段必须要回过头来处理 SCD 策略问题时，几乎总会更加难以“让其步入正轨”。不幸的现实包括以下几种：

- 遵循成功的初始化实现，团队会面临滚动交付新功能和额外阶段工作的压力，而没有时间再次检查之前的交付物以及添加所需要的变更追踪能力。因此，最终支持 SCD 需求所需要的返工将会持续扩大。
- 一旦 ETL 团队最终有了处理 SCD 的带宽，那么糟糕的事实就会浮出水面。将 SCD 类型 2 功能添加到历史数据中需要重新构建每一个包含类型 2 属性的维度；每个维度都必须有其自己的重新编制的主键，以反映新的从历史来看正确的类型 2 行。对于一个核心一致化维度进行，即便重新构建和重新编制键，也会不可避免地需要重新加载所有受影响的事实表，因为存在新的维度键结构。
- 在面临数据仓库环境大部分内容可能要重构的情况时，许多组织都会在这部分工作量面前退缩。相较于重新处理现有历史数据以用其正确的历史上下文重新表述维度和事实表，他们会从某个时点之后实现正确的 SCD 策略。如果对最初开发过程中恰当 SCD 技术的实现做出妥协，组织就可能会失去数年的重要历史上下文。

11.4.2 妥协2：未能接受元数据策略

DW/BI 环境会衍生大量的元数据，包括业务元数据、过程元数据及技术基础架构元数据。需要对其进行审查、捕获以及使其可用。ETL 过程会单独生成大量的元数据。

遗憾的是，许多 ETL 实现团队在开发过程早期都没有纳入元数据，将其捕获推迟到了未来阶段。这一妥协常常出现，因为 ETL 团队并不“拥有”整体的元数据策略。实际上，在许多新实现工作的早期，没有指定元数据策略所有者的情况屡见不鲜。缺少所有权和领导权，很容易让元数据的处理推迟，但这是短视的错误。在维度建模和源到目标映射阶段，通常会在电子表格中识别和捕获大部分关键业务元数据。另外，大多数组织都会使用 ETL 工具来开发其环境，并且这些工具能够捕获大多数相关业务元数据。因此，ETL 开发阶段代表机遇——通常会被浪费掉——捕获详细描述的元数据。ETL 开发团队反而仅仅会捕获其开发目的需要的信息，却将有价值的描述性信息留在了身后。在稍后的阶段中，这大部分工作最终都会被重新进行以便捕获所需要的信息。

至少，ETL 团队应该力求捕获数据建模以及源到目标映射过程中创建的业务元数据。大多数组织都都会发现一开始就专注于捕获、集成、流程以及最终通过其 BI 工具显示业务元数据是很有价值的；其他的元数据可以随着时间推移逐步集成。

11.4.3　妥协 3：未交付有意义的范围

ETL 团队经常处于在紧迫时间约束下交付结果的风口浪尖下。必须要做出一些妥协。缩小初始项目的范围会是一种可接受的妥协。例如，如果大量模式被包括在初始范围中，则有一个历史悠久的解决方案，就是将该工作量分解成几个阶段。假设 DW/BI 项目团队和主办人都是在自愿情况下完全认可，那么这就是合理的、经过慎重考虑的妥协。

但 ETL 团队没有主动积极地与 DW/BI 项目团队和主办人沟通就做出范围妥协时，就会出现问题。显然，这会导致失败并且是不可接受的妥协。

这种情况通常是更深层组织挑战的征兆。在激烈时刻的压力之下采用便捷的方式，一开始可能会非常平顺。不过，事后来看，这些妥协绝不会带来光明。努力在难以实现的期限内完成工作，ETL 团队可能无法处理开发过程中未发现的数据质量错误、无法正确支持延迟到达的数据、忽略全面检验所有的 ETL 过程，或者仅对加载数据进行草率的质量保障检查。这些妥协会导致不一致的报告，无法嵌入已有环境中，以及错误的数据，并且通常会使业务主办人和用户对其完全丧失信息。其结果会是整个项目混乱且失败。

11.4.4　公开且诚实地做出妥协

妥协是必要的。最常见的让步就是缩小难以实现的项目范围；但关键干系人需要参与这一决策的制定。另外，还可以考虑不那么麻烦的变更，比如减少用于培育新环境的历史年份、减少初始阶段中所需的维度属性数量或指标数量(同时要小心 SCD 类型 2 需求)，或者减少初始阶段集成的源系统数量。务必确保每个人都知道且态度一致。关键在于，要在不会有损项目长期可行性的范围内妥协。

11.5　在提取时工作

Ralph Kimball，Intelligent Enterprise，2002 年 2 月 21 日

作为数据仓库设计者，我们的使命在于有效发布数据。完成这一目标意味着将数据放入最易于业务用户和应用程序开发人员使用的格式和框架中，就像一个设备齐全的厨房。理想情况下，做一顿饭所需要的所有原材料及工具都很容易得到。原材料正是食谱表明所需要的东西，而工具用于完成该任务。伟大的厨师都出了名的喜欢在厨房中使用精心制定的方法来做菜，以便在上菜时产生好的效果，依此类推，数据仓库中的后台主厨也完全应该这样做。

在数据仓库的后台，在为业务用户和应用程序开发人员的最终使用而准备数据时，必须克制自然简约主义倾向。在许多重要的情况下，应该审慎权衡用增加后台处理过程以及增加前台存储需求的做法来换取用户理解的均衡的、可预测的模式，降低应用程序复杂性，提升查询性能。

做出这些权衡应该是数据仓库架构师的明确设计目标。不过当然，必须妥善取舍。加一点糖可能会让该食物更好，但糖多了则会做出不能食用的垃圾。在以下要介绍的六种情况中，要在提取时完成足够的工作，以便在查询时真正有区别。我还会设置一些边界，这样你就会知道何时不要做过头了，破坏最终的结果。开始会使用一些恰到好处的示例，并且逐步扩展范围。

11.5.1 对跨多个时区的事件建模

数据仓库中记录的所有测量几乎都有一个或更多个时间戳。有时这些时间戳是简单的日历日期，但逐渐会记录精确到分或秒的准确时间。另外，大多数企业都会跨多个时区，无论是在美国、欧洲、亚洲还是全世界。

因此你会面临两难局面。要么将所有时间戳标准化成单一的非常清晰的时间戳，要么使用当地测量事件发生时的当地时间。你可能会说，好吧，这有什么难的？如果希望从格林威治时间转换成当地时间，只要弄明白测量所发生在哪个时区，并且应用简单的偏移即可。

遗憾的是，这样做是不行的。实际上，失败会是触目惊心的。用于国际时区的规则会非常复杂。有超过500个不同地理区域有不同的时区规则。这意味着：不要在BI应用程序中计算时区。而是要添加额外的时间外键，并且在数据中同时放入标准时间和当地时间。换句话说，要在提取而非查询时完成该工作，并且要消耗一些数据存储。

11.5.2 冗长的日历维度

所有的事实表都应该避免使用连接到冗长日历维度的整数值外键形式的本地日历时间戳。这个建议并不是基于鲁莽的维度设计一致性，而是承认日历很复杂并且应用程序通常需要大量的导航帮助。例如，本地SQL日期戳无法识别月份最后一天。使用合适的日历日期维度，就可以用Boolean标记来识别月份的最后一天，从而让应用程序变得简单。只要想象一下针对要约束每个月最后一天的简单SQL日期戳来编写查询的麻烦情景就会明白这一点。例如，添加用于明确的日历日期维度的机制，可以避免使用复杂SQL来简化查询和加速处理过程。

有些情况下，真的希望保持本地日期戳，而不创建到维度的联结。如果所探讨的日期戳(如员工生日)不在企业日期维度的范围中，那么扩展日期维度以便包含所探讨的日期是毫无意义的。

11.5.3 保留跨多种货币的定金

11.5.1小节的多时区观点通常会与对使用多种货币的事务建模的相关问题一起出现。同样，这也有两个同等且合理的观点。如果事务使用的是特定货币(如日元)，那么显然希望完全保留该信息。但如果有一系列货币，那么你会发现很难将结果汇总成一种国际货币合计。同样，要采用类似的方法将数据仓库中每一个以货币标价的字段扩展成两个字段：本地和标准货币值。在这种情况下，还需要将一个货币维度添加到每一个事实表，以便明确识别本地货币。

11.5.4 产品管道测量

大多数人都认为，产品管道测量相当简单，但如果花些时间与生产制造、分销及零售人员谈论相同管道中的相同产品，事情很快就会复杂起来。生产制造人员会希望看到车载量或装卸货盘中的所有内容。分销人员希望看到运输中的所有内容。零售人员可以只看到单个扫描单位中的内容。

那么，要在各种事实表中放入哪些内容才能让每个人都满意呢？错误的答案是，以其测量上下文的本地单位发布每一个事实，并且让应用程序来找出生产维度表中的正确转换因子！的确，这在理论上来说是完全可行的，但这一架构会为业务用户和应用程序开发人员带来不合理负担。相反，要以单一标准单位的测量来提供所有的测量事实，然后在事实表中，为所有其他期望单位的测量提供转换因子。这样，从任意角度出发查询管道数据的应用程序就都有了一致的方式来将所有数字值转换成从用户独有的角度看的内容。

11.5.5　损益的物理完整性

损益(P&L)事实表很强大，因为通常可以依赖它来呈现低粒度上收益和成本的所有组成部分。在提供了这一令人满意的细节级别之后，设计者有时候会由于无法提供所有中间级别的损益而使其设计达不到标准。例如，净利润是通过从净收益中减去成本来计算的。这个净利润应该是数据中的显式字段，即便它等于相同记录中其他字段的代数合计。如果用户或应用程序开发人员在最后一步感到困惑并且算错了净利润，确实会很尴尬。

11.5.6　异质性产品

在金融服务中，如银行和保险服务，在需要看到顾客单个家庭视图中所有账户类型以及需要看到每个账户类型的详细属性和测量之间，通常会出现一种特有的冲突。在一家大型商业零售银行中，可能有 25 条业务线以及 200 多个与所有不同账户类型相关的特殊测量。这样就无法创建能够适应所有异质性产品的巨大事实表和巨大账户维度表。解决方案是，发布数据两次。首先，创建单一的仅具有四个或五个测量的核心事实表，如余额，它对于所有账户类型是通用的。然后再次发布该数据，使用分别为 25 条业务线中的每一条扩展的事实表和账户维度表。尽管这一技术看似浪费空间，因为巨大的事实表实际上发布了两次，但它会让单独的家庭关系和业务线应用程序保持简单。

11.5.7　通用聚合

聚合很像索引：它们是旨在提升性能的特定数据结构。聚合对于后台会是显著的干扰。它们会消耗处理资源，为 ETL 应用程序增加复杂性，占用大量存储。但聚合仍旧是数据仓库设计者工具包中一个最有潜力的且性价比较高的提升性能的工具。

11.5.8　通用维度建模

到目前为止，希望我已经清晰地表明了为有利于业务用户而最广泛使用的后台权衡决策就是维度建模的实践这一观点。维度模型是第三(或更高)范式模型的第二范式版本。将星型模式及更高范式模型的其他复杂结构压缩成特征化扁平维度表会让设计简单、匀称及可理解。此外，数据库供应商已经将其处理算法专注于这种很好理解的情形，以便让维度模型非常快速地运行。不同于这篇文章中所探讨的其他大部分技术，维度模型方法可以跨所有水平和垂直应用程序领域使用。

11.6 数据暂存是关系型的吗

Ralph Kimball，DBMS，1998 年 4 月

ETL 数据暂存区域是数据仓库的后台。它就是引入原始数据并对其进行清洗、合并、存档及最终导出到一个或多个表示业务过程主题领域的维度模式的地方。这个后台的目标是让数据做好准备，以加载到展示服务器中(关系型 DBMS 或 OLAP 引擎)。假设数据暂存区域并非查询服务。换句话说，任何用于查询的数据库都会被假定为后台的物理化下游。

可能甚至不会意识到有 ETL 数据暂存区。可能数据就是在遗留业务系统和展示服务器之间做了一次“中转式”的短暂停留(这是一个飞机航班的比喻)。要短暂地引入数据，分配一个代理键，检查记录一致性，并且将它们发送到 DBMS 加载器(展示数据库)。

如果遗留数据已存在于关系型数据库中，那么在关系型框架中执行所有的处理步骤就是合理的，尤其是在源关系型数据库及最终的目标展示数据库都来自相同供应商时。当源和目标数据库位于相同物理机上，或者它们之间存在便利的高速链接时，这样就更加合理。

不过，这一主题有许多变化，并且在许多情况下，将源数据加载到关系型数据库中可能不合理。在处理步骤的详尽描述中会看到，几乎所有由排序、其后跟着单个按顺序对一两个表的遍历构成的过程。这一简单的处理范式并不需要关系型 DBMS 的功能。实际上，在有些情况下，当需要的是顺序的扁平文件处理时，将资源投入到将数据加载到关系型数据库中会是严重错误。

同样会发现，如果原始数据并非标准的实体-关系(ER)形式，那么在许多情况下，仅仅为了检查数据关系而将这些原始数据加载到标准物理模型中是划不来的。最重要的涉及强制实行一对一和一对多关系的数据完整性步骤也可以用简单的排序和顺序处理来执行。在理解了这些内容之后，就可以尽可能梳理数据转换了。

11.6.1 维度处理

为了在维度模式中强制实行引用完整性，几乎总是在处理事实之前处理维度。要从这个角度出发，即总是要在将维度记录加载到维度模式之前为该记录创建一个代理键。11.6.1 小节将介绍正确代理键的识别就是一个简单的顺序文件查找。

一个重要的维度处理问题就是，确定要如何处理与已经存储到数据仓库中的内容不匹配的维度描述。如果对之前信息进行的修订描述是合理且可靠的更新，则必须使用渐变维度技术。如果修订描述仅仅是非正式记录，那么变更后的字段就会被忽略。

我们需要知道输入数据中发生了什么变换并且生成正确的代理维度键。每个数据仓库键都应该是代理键，因为数据仓库设计者必须具有灵活性，以响应原始数据中的变化描述与反常情况。如果维度表和事实表之间的真实物理联结键是自然键的直接派生，那么设计者迟早都要面对一种无可奈何的情况。自然键会被重用或重新格式化。有时候维度值本身必须是“未知的”。需要通用键的最常见情况就是数据仓库尝试追踪修订后的维度描述及还没有变更的自然键。

11.6.2　确定已经变更的内容

准备一条维度记录的第一步是确定是否已经有这条记录。原始数据通常都有一个自然键值。这个自然键值必须被匹配到当前维度记录中的相同属性字段。可以在维度记录中用可更新标记快速找出当前维度记录，该标记可以表明这条记录是否是当前记录。

对引入自然键与当前维度记录中其配对项的这种匹配可以使用在原始数据和维度表数据上的简单序列遍历来完成，这两者都按照自然键分类。如果传入维度信息匹配现有数据，就不需要进一步的操作。如果传入维度信息中发生了变更，就必须将类型 1、类型 2 或类型 3 变更应用到这个维度。

- **类型 1：重写**。要使用原始数据中修订后的描述并且重写维度表内容。
- **类型 2：创建一条新的维度记录**。要使用维度记录的前一个版本并且复制它，创建一条具有新代理键的新维度记录。新代理键是代表用于当前研究中维度的 max(代理键)+1 的下一个顺序整数。为了加速处理，可以将 max(代理键)值显式存储为元数据，而非在每次需要它时进行计算。然后要用那些已经变更的字段及所需要的任何其他字段来更新这条记录。

类型 3：将变更的值推入“旧”的属性字段。

无论在处理传入维度数据时做了何种变更，我们的选择将总是会转变成一次性的顺序文件处理步骤。

11.6.3　从不同的源合并

复杂维度通常派生自几个源。我们需要合并来自几条业务线和外部源的顾客信息。通常不存在让这一合并操作变得容易的举世皆准的答案。原始数据和已有的维度表数据需要按照不同时间不同字段来排序，以便尝试进行匹配。有时，匹配基于模糊条件；不过这样的话，除较少的拼写差异，名称和地址可能会匹配。在这些情况下，相较于关系型数据库中的等值联结，顺序处理范式应该会更加自然。在任何情况下，关系型上下文中都不直接支持模糊匹配。

数据准备中的另一个常见合并任务就是为生产编码查找文本等价项。在许多情况下，文本等价项都非正式地来源于非生产的源。同样，可以一次性通过首先按照生产编码排序原始数据和文本查找表来完成添加文本等价项的任务。

11.6.4　数据清洗

数据清洗也涉及检查属性拼写或者检查列表中属性的成员身份。同样，通过对原始数据和允许的目标值进行排序并且在一次比较过程中处理它们，可以最好地完成这一任务。

即便没有定义好的成员身份列表，一次有用的数据质量检查也可以轻易对每一个文本属性上的原始数据进行分类；拼写或标点符号中的轻微变化将会被识别出来。排好序的列表可以轻易地变成频度统计；可以检查频率低的拼写并且纠正它们。

11.6.5 处理名称和地址

传入名称和地址字段通常会打包到少量的通用字段中，如 address1、 address2 和 address3。这些通用字段的内容需要加以解析并且分割成其所有组成部分。一旦名称和地址已经被清洗并且放入标准化格式中，就能更加容易地去除重复项。一开始看上去是两个顾客的信息现在会是一个了；可能一个有邮政信箱，而另一个有街道地址，但其余的数据明确表明，这是同一个顾客。当根据不同属性而重复顾客文件进行排序时，这类重复就会出现。

重复项的一种更具影响力的形式就是家庭关系。在这种情况下，由几个个体所构成的“经济单位”会被链接到单个家庭标识符下。最常见的是，拥有各种单一和联合账户的丈夫和妻子，这些账户在姓名拼写和地址中存在各种细小的差异。

11.6.6 验证一对一和一对多关系

如果维度中的两个属性应该具有一对一关系，那么可以轻易地通过在其中一个属性上排序维度记录来检查它。数据的序列扫描将显示是否存在不一致的地方。排序的列中的每个属性值都必须正好有另一个列的一个值。然后这一检查必须通过对第二列进行排序来反转并且重复进行下去。注意，不应将这些数据放入标准化的模式以强制实现一对一关系。必须在加载数据之前修复所有问题，这就是这部分探讨内容的全部意义。

类似地，一对多关系也可以通过对“许多”属性排序来验证，并且检验每一个值都只在“一个”属性上有一个值。就像大部分其他处理步骤一样，其范式是先排序，然后仅按顺序扫描文件一次。

11.6.7 事实处理

传入事实记录将有自然键，而非代理键。必须在加载时查找自然键和代理键之间的当前对应关系。可以通过保留一个将所有传入自然键映射到当前代理键的两列表来促成代理键的快速查找。如果在键替换期间可以将这个快速查找表保留在内存中，事实表就不需要被排序了。否则，最快的过程就是依次在每个自然键上排序传入事实记录，然后在单次顺序扫描中执行代理键查找。

11.6.8 聚合处理

新事实记录的每次加载都需要计算或扩充聚合。保持聚合与基础数据始终同步非常重要。如果基础数据被更新并且上线，但在聚合更新之前发生延迟，那么这些聚合就必须下线，直到准备好为止。否则，这些聚合将无法正确地反映基础数据。在这种情况下，DBA 可以选择推迟整个数据发布，直到基础数据和聚合都准备好，或者在聚合更新为下线时以性能降级模式发布修订的基础数据。

聚合的创建等同于报告中中断行的创建。如果需要表示产品类别总计的聚合，那么传入数据就必须按照产品类别排序。要生成所有的类别聚合，则需要数次传递。

11.6.9　基线：数据暂存是关系型的吗

大多数 ETL 操作实际上都并非关系型的，而是序列化处理。如果传入数据是平面文件格式，则应该在将数据加载到关系型数据库中用于展示之前结束 ETL 过程并且输出成平面文件。

不要被使用关系型指针和编程语言序列化处理关系型表的能力愚弄。你所做的就是将关系型数据库转变成某种平面文件。这有点大材小用了。你会被平面文件排序和序列化处理的速度惊呆的。

11.7　暂存区和 ETL 工具

Joy Mundy，Design Tip #99，2008 年3 月4 日

我们最近处理的大部分数据仓库工作都使用了购买的工具来构建 ETL 系统。编写自定义 ETL 系统的人越来越少了，这通常涉及 SQL 脚本、业务系统脚本及一些编译代码。随着 ETL 工具的加速投入使用，我们的一些客户会问，Kimball Group 对于数据暂存有没有什么新的建议？

过去，我们会从源系统将数据提取到本地文件，将那些文件转换成 ETL 服务器，并且有时会将它们加载到暂存关系型数据库中。其中涉及未转换数据的三次写入。我们可能会在转换过程中多次暂存数据。写入，尤其是对 RDBMS 的日志写入，开销非常大；最小化这些写入是一个好的设计目标。

如今，ETL 工具已经能够建立从工具到源数据库的直接连接。可以编写一个查询，从源系统提取数据，在内存中操作它，并且一次性对其进行写入：当这些数据完全被清洗好并且准备进入目标表时。尽管这在理论上是可行的，但并不总是一种好的做法，其原因有如下几个。

- 源和 ETL 之间的连接可以在运行中中断。
- ETL 过程可以长时间运行。如果是在流中处理，将打开到源系统的连接。长时间运行的过程会造成数据库锁的问题并且为事务系统带来压力。
- 出于审计目的，应该总是取得所提取的、未转换的数据的副本。

应该以什么样的频率暂存源和目标之间的数据？由于与设计一个好的 ETL 系统相关的问题如此之多，所以这个问题并没有唯一的答案。一方面，假设在一个活动周期内直接从事务系统提出数据——业务在所有时间都在处理事务。可能源系统和 ETL 服务器之间还存在糟糕的连接。在这种情况下，最佳的方法是将数据推送到源系统上的文件，然后转换该文件。连接中的任何中断都可以通过重启该转换过程来轻易修复。

另一方面，可以从平稳的源系统或静态快照中抽离出来。在快照和 ETL 系统之间会存在高带宽和可靠的连接。在这种情况下，即使是大的数据量，直接从快照源直接提取并且在流中进行转换，也是非常合理的。

大多数环境都夹在这两方面之间：大多数当前的 ETL 系统都会在源和数据仓库目标之间暂存一两次数据。通常该暂存区位于文件系统，这是写入数据最有效的地方。但不要低估 ETL 过程中关系型引擎的价值，无论使用哪个 ETL 工具。有些问题非常适合用关系型逻辑来解决。尽管将数据写入 RDBMS 的开销会更大，但要考虑(并且验证！)在表中暂存数据的端到端开销，并且使用关系型引擎来解决棘手的转换问题。

11.8 是否应该使用 ETL 工具

Joy Mundy，Intelligent Enterprise，2008 年 4 月 6 日

ETL 系统是构建数据仓库以及向用户群交付商业智能(BI)过程中最消耗时间及开销最大的部分。十年前，大多数 ETL 系统都是手动编写的，但当今 ETL 软件的市场已经稳步增长，并且大多数从业者现在都是用 ETL 工具代替手动编码的系统。

2015 年手动编码一个 ETL 系统是否合理？ETL 工具是否是更好的选择？Kimball Group 通常推荐使用 ETL 工具，但自定义构建方法可能仍有其合理性。本节概括了 ETL 工具的优势和劣势，并且对做出适合你的选择提供了建议。

11.8.1 ETL 工具的优势

使用 ETL 工具具有以下优势。

- **可视化流程和自包含文档**。ETL 工具的一个最大优势就是，它提供了系统逻辑的可视化流程。每个工具在呈现这些流程时都存在着不同，但即使这些用户界面中最没有吸引力的，与由存储过程、SQL、业务系统脚本及少量其他技术构成的自定义系统相比，也是具有优势的。出人意料的是，有些 ETL 工具没有切实可行的方式来输出原本很有吸引力的自包含文档。
- **结构化的系统设计**。ETL 工具旨在用于填充数据仓库这一具体问题。尽管它们只是工具，但确实为开发团队提供了由元数据驱动的结构。这对于正在构建第一个 ETL 系统的团队来说尤为有价值。
- **操作性适应力**。我所评估过的许多自己开发的 ETL 系统都很脆弱：它们存在太多操作性问题。ETL 工具为操作和监控生产环境中的 ETL 系统提供了实用功能和实践。可以设计和构建一个经过良好验证的手动编码的 ETL 应用程序，并且 ETL 工具的操作特性尚未成熟。然而，对于 DW/BI 团队来说，利用 ETL 工具的管理特性来构建适应力强的系统会更加容易。
- **数据派生关系和数据依赖性功能**。我们希望能够右击报告中的数字，并且准确查看它是如何计算出来的、数据存储在数据仓库的何处、它是如何被转换的、数据最近被更新的时间是多久，以及这些数字之下是哪些源系统。依赖性是派生关系的另一面：我们希望查看源系统中的表或列，并且知道哪些 ETL 模块、数据仓库表、OLAP 多维数据集及用户报告会受到结构变更的影响。在没有手动编码系统可以遵循的 ETL 标准的情况下，必须依赖 ETL 工具供应商来提供这一功能，然而很遗憾，到目前为止还没什么进展。
- **高级数据清洗功能**。大多数 ETL 系统在结构上都很复杂，它们有许多源和目标。同时，转换的需求通常十分简单，主要由查找和替代构成。如果有一个复杂的转换需求，例如，需要去除顾客列表中的重复项，则应该使用专业工具。大多数 ETL 工具都提供了高级的清洗和去重模块(通常都需要额外花一大笔钱购买)，或者能够与其他专业工具平顺集成。最起码，与 SQL 可用的函数相比，ETL 工具会提供一组更为丰富的清洗函数。

- **性能**。你可能会感到惊讶，性能被列在了 ETL 工具优势的最下面。无论是否使用工具，都可以构建一个高性能的 ETL 系统。无论是否使用工具，构建 ETL 系统的附加工具也是可行的。我还无法验证一个极佳的手动编码 ETL 系统是否会比优秀的基于工具的 ETL 系统性能更好；我相信这个答案要视情况而定。不过 ETL 工具所强制使用的结构会让缺少经验的 ETL 开发人员更容易构建一个有质量的系统。

11.8.2　ETL 工具的劣势

使用 ETL 工具也有一些劣势：

- **软件授权成本**。相较于手动开发的系统，ETL 工具的最大劣势就是软件的授权成本。在 ETL 领域，其授权成本会有很大的不同，从数千美元到数十万美元不等。
- **不确定性**。我们已经与许多 ETL 团队探讨过，他们对于 ETL 工具能为其做些什么不太确定，并且有时其理解会被误导。一些团队低估了 ETL 工具，认为这些工具只是将 SQL 脚本连接在一起的可视化方式而已。其他团队则不切实际地高估了 ETL 工具，认为使用工具构建 ETL 系统更像是安装和配置软件，而不是开发应用程序。
- **降低了灵活性**。基于工具的方法会将你限制于工具供应商的能力和脚本语言。

11.8.3　构建一个坚实的基础

无论使用什么工具和技术，成功的 ETL 系统部署中都有一些非常重要的主题。最重要并且经常被忽视的，就是要在开始开发之前进行 ETL 系统设计实践。我们经常看到没有任何初始规划就开始演化的系统。这些系统效率低下，运行缓慢，一直出故障，并且无法管理。一个坚实的系统设计应该纳入 11.2 节所详细描述的概念。

好的 ETL 系统架构师将为常见问题设计标准化解决方案，如代理键分配。优秀的 ETL 系统大多数时候都会实现这些标准化解决方案，但会提供足够的灵活性，以便在必要时可以背离那些标准。解决 ETL 问题通常有六种方式，每种方式都是一组特定环境中的最佳解决方案。由于解决问题时个人性格和偏好不同，这可能是好事，也可能是坏事。

应该尝试遵循的一个规则就是，尽可能少在 ETL 过程期间写入数据。写入数据，尤其是写入关系型数据库，是 ETL 系统执行的开销最大的任务之一。ETL 工具能够操作内存中的数据，指导开发人员在数据被清洗并且准备好进入数据仓库表之前最小化数据库写入。不过，关系型引擎非常擅长于处理某些任务，尤其是联结相关的数据。与使用 ETL 工具查找或合并操作符相比，将数据写入表、甚至索引它并且让关系型引擎执行一个联结的做法有时候会更加高效。我们通常希望使用那些操作符，但是在尝试解决棘手的性能问题时，不要忽视强大的关系型数据库。

ETL 系统无论是手动编码还是基于工具，你的职责就是基于可管理性、可审计性及可重启性来设计系统。ETL 系统应该用准确描述哪个过程加载了数据的某种批量标识符或者审计键来标记数据仓库中的所有行。ETL 系统应该记录关于其操作的信息，因此你的团队总能准确知道过程现在进行到哪里以及每个步骤预期耗时多长。应该构建和测试用于回退一次加载的程序，并且理想情况下，系统应该在过程中间出现失败事件的时候回滚事务。最佳的系统会在提取和转换期间监控数据健康情况，并且在数据质量不合格时提升数据质量或发出告警。ETL 工具有助于这些功能的实现，但该设计取决于你和你的团队。

是否应该使用 ETL 工具？答案是肯定的。是否必须使用 ETL 工具？答案是否定的。对于构建第一个或第二个 ETL 系统的团队来说，可视化工具的主要优势就是自文档化和结构化的开发路径。对于初学者来说，这些优势是值得花钱购买工具的。如果你是经验丰富的专家，已经手动构建了数十个 ETL 系统，那么往往会坚持过往行之有效的做法。有了这种级别的专业技术，完全可以构建一个执行良好、操作平顺并且开发成本更少的系统，而不必使用基于工具的 ETL 系统。但许多经验丰富的专家都是顾问，因此你应该客观思考：一旦顾问离开，手动编写的 ETL 系统是否容易维护和扩展。

不要指望在开发第一个系统期间就能从对 ETL 工具的投入中获得正收益。其优势将随着第一个阶段进入操作运行而体现出来，因为它会随着时间推移而调整，并且数据仓库会随着新业务处理模型和相关 ETL 系统的添加而增长。

11.9 ETL 工具提供商的行动要求

Warren Thornthwaite，Design Tip #122，2010 年 4 月 7 日

在这篇文章中首先介绍 ETL 工具的总体情况而非任何具体的 ETL 产品，其中有些优于平均水平，而有些低于平均水平。

最近，我检查在一个主流 ETL 工具中创建完整功能类型 2 渐变维度的步骤时，忽然想到，ETL 工具通常没有发挥出其全部潜力。它们肯定会继续添加功能，如数据剖析、元数据管理、实时 ETL 及主数据管理。但是在很大程度上，它们都缺少构建和管理数据仓库数据库所需要的核心功能。它们并没有完成这项任务。

我们来看看让我开始研究这一主题的渐变维度示例。要研究的产品有一个向导，它会为同时管理目标维度表中关于属性的类型 1 和类型 2 变更所需要的转换设置完成合理的工作。在类型 1 变更的情况下，它甚至提供了仅更新当前行或更新所有历史行的选项。它没有做到的是，以我们推荐的方式管理类型 2 变更追踪列。当一个行发生变更时，需要设置新行的生效日期及旧行的过期日期。我还希望更新一个当前行指示器，以便轻易地仅将查询限制于当前行；我意识到，用于当前行过期日期的值是多余的(根据定义，所有具有一些长远过期日期的行都是当前行，如 12/31/9999)，但使用当前行指示器通常是为了方便和明确。遗憾的是，这个特定向导将更新这些日期或者当前行指示器，但不会两者都更新。因此必须在向导更新当前行之后增加一个步骤。

这个特定向导的另一个问题就是，它没有提供任何方式来判定哪些类型 2 列变更会触发新行的创建。这一行原因信息对于审计变更追踪过程会很有用；它还可用于回答关于维度动态的业务问题。例如，如果顾客维度上有一个行原因，那么就很容易回答“去年有多少人搬家？”的问题。如果没有行原因，就必须以相当复杂的方式将表联结回其自身，并且对比当前行和之前的行，以便查看邮编列是否发生了变化。这会令人懊恼，因为我清楚，该向导知道哪些列变更了，但它没有透露这些信息。

我发现其他 ETL 工具会更好地自动处理渐变维度。如今，就 ETL 工具总体情况而言，令人失望的并非这一特定 SCD 处理示例的缺陷，而是缺乏对于其他 33 个 ETL 子系统的有效支持。

我们发现，其中许多子系统在几乎每个数据仓库中得到了使用。

例如，杂项维度是常见的维度建模构造。通过将多个小维度合并到单个物理表中，就能简化该模型并且从事实表中移除多个外键列。创建和维护杂项维度在概念上看并不难，但它很烦琐。要么需要在每个维度表中创建行的交叉联结(如果没有过多可能组合)，要么需要在组合出现在传入事实表时，将组合添加到杂项维度。切实希望帮助其 ETL 开发方顾客的 ETL 工具供应商应该提供自动创建和管理杂项维度的向导或转换，其中包括杂项维度键到事实表的映射。

相同的问题也会出现在微型维度中，它是从大型维度中提取出来并且放入单独维度中的列的子集，它会被直接联结到事实行。就像杂项维度一样，微型维度从概念上来看并不难，但每次都要从零开始构建它们会很烦琐。遗憾的是，据我所知，还没有 ETL 工具提供了微型维度创建和维护的标准组件或向导。

ETL 供应商通常都热衷于揭示其工具可以应对设计课程中所描述和讲解的 34 个子系统。遗憾的是，供应商的响应通常要么是 PPT，要么是其总部分析师所实现的演示软件，而非 ETL 开发人员在生产环境中给出的实际解决方案。

我可以顺着子系统列表逐一讲下去，但读者应该已经知道我所要表达的观点了，参阅 11.2 节。看看在 ETL 环境中手动编码这些组成部分需要花费多少时间。然后要求 ETL 供应商给出让这部分工作更为容易的计划。

11.10　文档化 ETL 系统

Joy Mundy，Design Tip #65，2005 年 3 月 8 日

像其他软件一样，无论是使用 ETL 工具还是手动编码 ETL 系统，都需要被文档化。随着数据仓库的演化，ETL 系统也会同步演化；你和你的同事需要能够同时快速理解整个系统架构以及实质细节。

有一个普遍的误区就是，认为 ETL 工具都是自文档化的。这种说法仅在对比手动编码的系统时才是正确的。不要迷信这一误解：你需要为 ETL 系统开发一个整体的一致化架构，并且需要文档化该系统。的确，那意味着编写文档。

构建可维护 ETL 系统的第一步是，停下来思考一下正在做什么。如何才能模块化该系统？模块如何才能结合在一起成为整体的流程？要将系统开发成可以为数据仓库中每一个表使用一个单独的包、流程、模块(或者无论工具对其的称谓是什么)的系统。编写一份描述该总体方法的文档；这份文档只有几页纸也行，外加一两个屏幕截图。

设计一个模板模块并且像活动那样组合到一起。模板应该明确指定哪些部件与提取、转换、查找、确认、维度变更管理以及目标表的最终交付有关。然后，详细地文档化这一模板流程，包括快照。文档化应该专注于正在发生什么，而非每一个步骤或任务的详尽属性。

接下来，使用这些模板为每一个维度和事实表构建模块。如果可以控制 ETL 工具中的布局，则要让这些模块看起来类似，这样人们就可以在左上角查看提取逻辑，并且更容易理解中间的扭曲乱象。每个维度表的模块看起来都应该很相近；事实表的模块也一样。记住，愚蠢的一致性是头脑狭隘人士的心魔。针对表的文档化应该专注于与标准模板不同的部分。不要重复细节；要突出重要的部分。如果 ETL 工具支持注解，则要用注解来标注 ETL 系统。

最后，ETL 工具支持某些形式的自文档化。要使用这一功能，但是要将其视作真实文档的附属物，因为它要么相对缺乏说服力(屏幕截图)，要么过于详尽(所有对象的所有属性)；根据我们的经验，这不是特别有用。

11.11 三思而行

Warren Thornthwaite，Intelligent Enterprise，2003 年 12 月 10 日

数据仓库项目生命周期中，几乎每一个重要任务都会以规划步骤作为开始。遗憾的是，人类的本性就是喜欢跳过计划并且直接开始处理手头的任务。对于 ETL 来说，这有点像“我们就先加载一些数据，然后会弄明白必须对其做些什么”。本节介绍一个简单的工具，它可以帮助 ETL 团队在将数据从源系统移动到目标维度模型中的主要事件进行文档化的同时专注于全局。

11.11.1 目标：高层次 ETL 规划

我们的目标是创建简便地捕获 ETL 过程的概念化图解。图 11-1 显示了一家虚拟的公用事业公司的简化版高层次 ETL 规划。它在一个页面上揭示了表级别的源到目标的数据流，以及整个目标维度模型的主要转换。在现实世界中，ETL 规划通常需要几个页面，这取决于目标模型的复杂性。无论如何，类似于图 11-1 的图形化表示都是期望的结果。

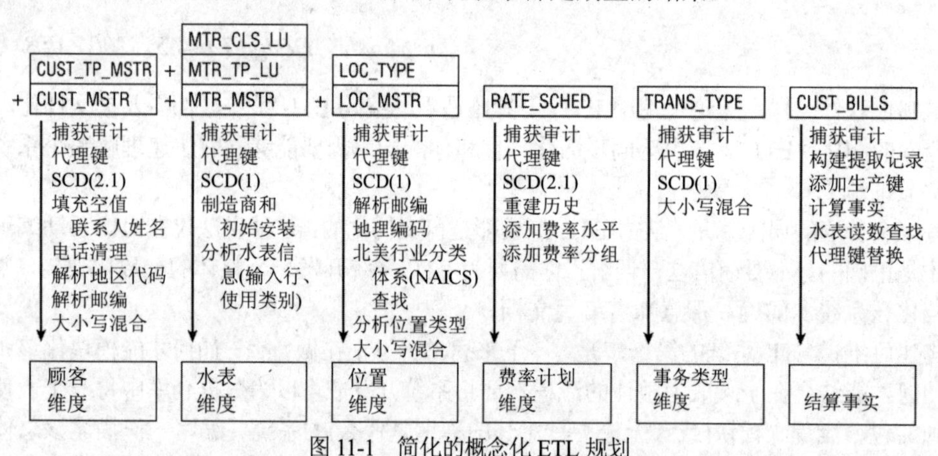

图 11-1 简化的概念化 ETL 规划

ETL 规划的标准模板会在页面顶部显示源表，在底部显示目标表，而数据流、转换和处理注释则显示在中间。可以通过深入研究顾客维度表来探讨这个示例。

11.11.2 输入和数据流

对于 ETL 规划，有几个关键的输入：目标维度模型、源系统数据模型、源到目标映射，以及来自相关源的数据内容和质量信息。图 11-2 所示为目标顾客维度。

顾客维度
顾客键(PK)
顾客 ID
顾客姓名
顾客联系人姓名
顾客电话
顾客地区代码
顾客地址 1
顾客地址 2
顾客所在城市
顾客所在州
顾客完整邮编
顾客 5 位数的邮编
顾客类型描述
行生效日期
行失效日期
当前行标记
行变更原因

图 11-2　目标顾客维度表

图 11-3 所示为来自两个源表的样本数据。对源系统本身的访问来说是尤其有帮助的。直接查询源表，就可以发现几乎总是会揭示出相关问题的确切内容。

来自 CUST_MSTR 表的样本行

CUST_ID	NAME	CONTACT_NAME	CUST_PHN	ADDR1	CITY	STATE	ZIP	CUST_TYPE
MRN 64 28041-6	JOHN SAMPLE		415-999-9999	50 OAK STREET	SF	CA	94083-4425	R
QBS 71 34042-9	JEFFERSON DRY CLE	TOM JEFFER	510999-9999	120 MAIN ST	BERKELEY	CA	94123	B
DAG 21 10998-3	HEALTHY FARMS	JANE FARMER	707.999.9999	303 NAPA HWY	CALISTOGA	CA	94515	AG

来自 CUST_TP_MSTR 表的样本行

CUST_TP	DSC
R	RESIDENTIAL
B	BUSINESS
AG	AGRICULTURE
X	UNKNOWN

图 11-3　样本源行

顾客维度数据流十分简单。我们需要联结 CUST_MSTR 表和 CUST_TP_MSTR 表来解码出 CUST_TP_MSTR 中名为 DSC 的顾客类型描述(我们仅仅读取源系统；而不会对其进行命名)。我们会绘制一条从 CUST_MSTR 到顾客维度的直线，以及联结 CUST_TP_MSTR 的另一条线，如图 11-1 中所示。这一联结表明了标准的非规范化，它在处理维度时是一个常见的任务。

图 11-1 中 CUST_TP_MSTR 联结线上的加号是简写方法。它看起来非常糟糕，有时不能信任源系统会强制实现引用完整性。可以让 CUST_MSTR 行具有在 CUST_TP_MSTR 表中没有输入的 CUST_TYPE 代码。在这种情况下，我们需要外联结逻辑来找出在 CUST_TP_MSTR 中没有对应记录的 CUST_MSTR 中的行，为它们输入一个默认值，并且通知合适的人来修复这一数据问题。

11.11.3　转换注释

一旦绘制了数据流的线条，就要在线旁边进行注释，以描述将数据准备好加载到目标中所需的转换。数据流线条旁边注释的初始化任务适用于每一个维度：捕获审计和数据质量信息、添加代理键，以及传达渐变维度规则。

捕获审计数据可以像保存任务名称、开始时间、结束时间、行计数及系统变量一样简单。大多数 ETL 工具都会将其作为它们记录日志过程的一个标准部分来处理。我们可能希望包含补充的数据质量测量。

下一个注释告知 ETL 团队关于代理键和渐变维度(SCD)的信息。顾客维度将使用类型 2(附加行)和类型 1(属性重写)的组合来处理属性变更。我们在 ETL 规划中使用一个类似 SCD(2，1)的简单注解对此进行沟通。

继续处理目标维度的每一列。第一列很简单；Cust_ID 是事务系统键，因此只要将其复制过来即可。

目标维度表中的顾客姓名属性应该是源中 NAME 字段的直接副本。不过，图 11-3 中的样本数据突出显示了潜在的转换。可以将 NAME 划分成其个人元素：名、中间名及姓。但它还显示出，NAME 字段包含了业务实体名称，而不仅仅是个人姓名。如果需要从多个源集成数据，元素化就尤为重要。如果维度支持顾客联系方式，那么单独的元素就也很重要，如直接邮件地址或呼叫中心联系电话。显然，我们没有这两种需要，因为 NAME 在目标模型中没有被划分开。另一种可能的 NAME 转换就会是将大写转换成首字母大写。由于维度值会表现成行和列标题，所以整理其展现格式会得到更为清晰可读的报告。许多数据质量工具都有特殊的函数来帮助进行大小写转换。

下一列，CONTACT_NAME，类似于 NAME，不过它有一些空值。通常，我们更喜欢选用每个维度属性中的值，这样用户就能理解其含义。在这种情况下，可以在提取过程中用类似 N/A 的默认值作为替代。或者复制 NAME 字段，因为 CONTACT_NAME 始终会包含一个人的名字。无论怎样选择，最终都是由业务来进行决策的，并且需要支持业务需求。

目标表中的下一列是顾客电话号码(CUST_PHN)，并且它有一些格式化问题。在这种情况下，标准化其格式，这样用户就能以单一、一致的方式来查询它。我们将使用通用地区代码、电话号码模式：(###) ###-####。目标表中的下一列是顾客的地区代码(addr1)。分离出地区代码肯定是有业务原因的。好消息是，在标准化电话号码之后将很容易这样做。

源中的地址字段到州的其余字段都可以直接复制。对于这些字段，像大小写混合及空值等潜在问题可能也需要解决，就像已经探讨过的那样。

图 11-3 中的邮编(ZIP)字段是五位数字和九位邮编的混合。在这种情况下，目标维度表为需要做什么提供了指导，因为存在两个目标邮编字段：完整邮编和五位数字邮编。完整邮编字段可以是邮编的直接副本，也可以是完全解析的九位数字邮编，这取决于需求。我们期望是五位数字邮编字段。有意思的是，有重大意义的人口统计数据是在五位数字邮编级别上可用的。如果创建单独的一个五位数字字段，那么就可以很容易地将它联结到五位数字人口统计表，以便更好地理解顾客群的档案。

最后，要像之前描述的那样通过联结到 CUST_TP_MSTR 表来进行顾客类型描述查找。同样，可能希望对描述本身进行混合大小写转换。

11.11.4 在开工之前完成规划

我们要为其他目标表沿用相同的过程——收集输入、绘制数据流及注释转换。目标是一个紧凑、可视化且可理解的模型，以便规划和文档化整个 ETL 过程。它会捕获足够的信息，这样，合格的 ETL 专家就可以完成详细设计并且开始进行构造。一图胜千言；不过，我们需要花更多的时间做好与图 11-1 内容有关的准备，而不是美化图形化展示。

11.12　为传入数据做好准备

Warren Thornthwaite，Intelligent Enterprise，2001 年 8 月 31 日

过去几年中出现的一组强制推动力，使将外部数据纳入数据仓库的压力落在了我们身上。首先，我们希望利用已有的关于顾客的信息资产。其次，有更多的数据可用：我们与业务伙伴以及为我们提供我们无法独自获取的关于产品、顾客和市场数据的第三方更为密切地协作。第三个驱动因素就是互联网。用于互联网的数据转换工具的现成可用性已经降低了与外部合作伙伴交换数据的壁垒。

但是不要认为使用外部数据仅仅是另一个数据提取和加载任务。实际上，管理外部数据涉及特殊的意识和程序，而对于组织边界内的数据来说，可能不需要它们。

11.12.1　典型的数据集成过程

那么与业务合作伙伴集成数据通常会涉及什么？这个新的数据源必须经历全面的设计及开发周期，只不过你可能不能访问源系统或与其开发人员取得联系。另外，还必须为该数据找到(或建立)一个安全、可靠的存放站点，以便你和业务合作伙伴都能访问。更糟的是，对于认为数据仓库可靠性至关重要的人来说，现在就必须管理一个处理过程，其中组织外部的某些人拥有该过程一半的控制权。

首先，需要协商提取的特性。它是某个时点的快照还是一组事务？你收到的每个文件是全新的还是递增式加载？如果是递增式，那么其时间增量是什么？

接下来，需要协商文件的格式和内容。在这种情况下，由于你是这个你无法直接访问的源系统数据的接收方，所以需要提出大量的问题：所有文件元素的名称和含义是什么？文件的自然键是什么？不同字段之间的关系是什么？字段可以为空吗？它何时会为空？那意味着什么？

清理数据仓库命名规范，以便确保字段名称都有意义。例如，被称为“日期”的字段意味着什么？它是订阅开始日期还是最后结算日期，或是批量提取日期？如果是订阅开始日期，那么是最初的订阅开始日期还是最近的订阅开始日期？如果该文件被用作维度表，那么可能需要将其作为渐变维度来管理。

确保数据包含了提供主要集成表中所有编码描述的查找表。这些查找表的更新后副本应该包含在每一次加载中，从而确保主要数据集的引用完整性。最后，将唯一的批量标识符添加到每条记录也是很有用的，以防出现需要将它从数据库中取回的情况。你可能希望在接收终端上管理这一处理过程。

除内容外，还需要确定文件命名规范。其中应该包括描述性名称、提取日期和源。

过程需要处理测试加载。可以在文件级别将测试加载和生产环境加载区分开来，要么根据元数据区分，要么根据文件名称本身区分。

你的过程可能还需要处理版本控制。数据源通常会变更其定义元素的方式或者变更提取中包含的元素列表。数据集成合作伙伴应该在元数据中包含一个版本号，这样你的过程就可以恰当地处理传入的数据集。还应该确保就再同步这两个数据集的过程达成一致。如果漏掉了一次加载或者接收到不良数据，则需要一种方式来纠正以便回到正轨。

一旦就数据集的特性和内容达成共识，就需要在模式定义及相关文档中捕获这一信息。XML 正在成为这一任务的理想工具。单个 XML 文件可以包含多个表，以及模式定义本身。你的数据合作伙伴可以向你发送一个完全自包含的数据集，它具有模式、元数据、所有的查找表及数据集。

11.12.2 架构

一旦指定了内容，就必须协商架构。这一协商涉及确定谁将提供宿主站点。你会发现，出于安全原因，公司政策禁止入站数据访问。你可能必须设置一个特殊的机制来托管该过程。这一机制将需要对数据集成合作伙伴和你可访问。你还需要确定传输层。FTP 是最常见的选择，但像电子邮件、HTTP 和安全副本这样的替代方式也正在变得更为流行。图 11-4 显示了支持基于 FTP 集成的典型架构。

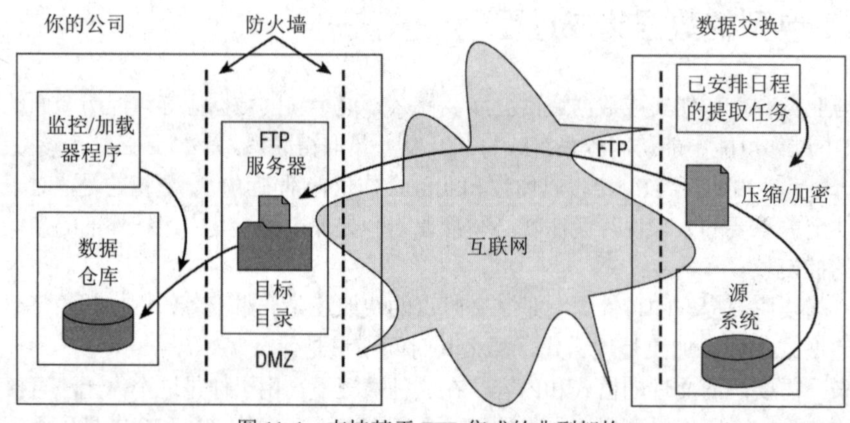

图 11-4 支持基于 FTP 集成的典型架构

11.12.3 设置过程

许多公司都使用两个防火墙，如图 11-4 所示，以便提供双层防护。在这个示例中，FTP 服务器放置在这两个防火墙之间网络工程师称为 DMZ 的区域中，它是以军事缓冲区这个军事术语来命名的。互联网安全性最好留给专家来解决。要确保在设置服务器时让一个网络安全专家参与。

一旦设置好 FTP 服务器，就要创建一个用户账户和密码。将用户账户限制于分配给这个合作伙伴的目录。将名称和密码安全地发送给你的数据合作伙伴。此时，你的数据合作伙伴就可以创建测试文件并且将它发送到该目录。注意，你的数据合作伙伴必须创建一个具有错误和异常处理的完整、健壮的提取程序，以便按计划生成正确的数据集。除跨组织数据传输的额外复杂性外，它们在这一过程中所负责的部分非常类似于典型数据仓库 ETL 过程的标准提取部分。

同时，还需要设置一个处理过程，来监控该目录，以便查看文件何时出现。可以通过就一个详细的通知系统与数据合作伙伴达成一致来改进这一监控过程。当文件到达时，该过程需要在加载该文件之前经过数据验证。验证包括确保文件格式是正确的以及内容是所期望的。一个好的办法是，与该文件一起发送一个校验和来验证接收到了整个数据集。

11.12.4　异常处理

你的过程必须处理所有类型的潜在问题。如果文件没有在一定的时间周期内到达，那么该过程就应该开始发送通知，同时发送给你和你的数据合作伙伴。应该在合适的地方准备好一个问题升级程序，以防出现数据没有在指定时间间隔内到达的情况。接下来，该过程需要处理所有的内容验证失败问题，要么通过停止加载过程来处理，要么通过将拒绝行写到待办文件来处理。最后，在加载完成之后，需要更新日志文件并且向内部和数据合作伙伴发送一个成功通知。

11.12.5　靠不住的简单性

这类数据集成对于提升用户对其业务的理解来说极有价值。它还可以让数据仓库成为合作伙伴双方在任意地方都能找到的独立信息源。

不过，不要被 FTP get 命令的单纯简单性所欺骗。要让数据集成可靠地发挥作用，需要的是一个完整系统的工作，它涉及多个独立的组织，以及其自己的基础设施和控制系统。由于外部信息的价值如此巨大，并且所有这样的处理过程都会有点不顺，所以未来应该密切注意可以提供安全、可扩展平台的新公司，从而不必在全新构建所有一切的情况下开始数据集成过程。

11.13　构建变更数据捕获系统

Ralph Kimball，Design Tip #63，2005 年 1 月 11 日

ETL 数据流首先会将最新的源数据转移到数据仓库。在几乎每个数据仓库中，都必须仅转移自上次转移开始对源数据的相关变更。完全更新目标事实和维度表通常是不可取的。

在高层次架构图上，隔离最新的源数据被称为变更数据捕获(Change Data Capture，CDC)。变更数据捕获背后的理念似乎非常简单：仅转移自上次加载之后发生了变更的数据。但构建一个合格的变更数据捕获系统并非看上去那么容易。

下面是整理出的用于捕获变更数据的目标：

- 隔离变更的源数据以便允许选择性处理，而非完全更新。
- 捕获所有对源数据的变更(删除、编辑和插入)，包括通过非标准接口做出的变更。
- 用原因代码标记变更后的数据，以便从真实更新中区分出错误纠正。
- 用额外的元数据支持合规性追踪。
- 尽可能早地执行变更数据捕获步骤，最好是在将大量数据转移到数据仓库之前。

变更数据捕获的第一步是检测变更！有四个主要的方式可以检测变更：

- **审计列**。在大多数情况下，源系统都包含审计列。审计列会被附加到每一个表的结尾，以便存储添加或修改一条记录的日期和时间。通常会通过数据库触发器来填充审计列，这些触发器都在插入或更新记录时自动触发。有时候，出于性能的原因，会通过操作应用程序替代数据库触发器来填充这些列。当这些字段被数据库触发器外的其他方式加载时，就必须特别关注其完整性。必须分析和测试每一个列，以便确保其是指出变更数据的可靠源。如果发现了任何NULL值，则必须找到检测变更的替代方法。阻止ETL过程使用审计列的最常见环境情形就是字段由应用程序填充并且DBA团队允许“后端”脚本修改数据。如果这就是你的环境中所面临的情况，那么最终在递增式加载期间丢失变更数据的风险会很高。
- **数据库日志抓取**。日志抓取实际上会使用已排定时间点(通常是午夜)上的数据库重做日志的快照，并且清理它以便用于会影响在ETL加载中所关注表的事务。监听涉及对重做日志的轮询，从而捕获运行时的事务。抓取事务日志可能是所有技术中最难应对的。事务日志大量涌现的情形并不罕见，这意味着它们会占满所有空间并且阻止新的事务发生。当生产事务环境出现这种情况时，DBA下意识的反应就是清空日志内容，这样业务操作就能恢复，但清空日志时，其中的所有事务就丢失了。如果对于所有其他技术的使用已经精疲力竭，并且发现日志抓取是找出新的或变更记录的最后手段，则要说服DBA创建一个特殊的日志以满足你的特定需要。
- **定时提取**。使用定时提取，通常会选择所有创建或修改日期字段中日期等于SYSDATE–1的行，这意味着得到昨天的所有记录。听起来很完美，对吧？错了。单纯基于时间来加载记录是大多数ETL开发新手都会犯的常见错误。这一过程非常不可靠。在从过程中间的失败中重启时，基于时间的数据选择会加载重复的行。这意味着，如果过程由于任何原因而失败，都需要人工介入和数据清洗。同时，如果每晚的加载过程出现运行故障并且少了一天，那么就存在已经缺数据永远无法进入数据仓库的风险。
- **全面的数据库“差异比较”**。全面的差异比较会保留数据库昨天的完整快照，并且针对数据库今天的数据逐条记录进行对比，以便找出发生了哪些变更。好的一面在于，这一技术是充分全面的：确保可以找出每一个变更。但明显的缺陷是，在许多情况下，这一技术都是非常消耗资源的。如果必须进行全面的差异比较，那么要尝试在源机器上进行比较，这样就不必将整个数据库转移到ETL环境。另外，要使用循环冗余校验和(CRC)算法来调研，以便快速表明一条复杂的记录是否发生了变更。

本节仅提供了围绕变更数据捕获的一小部分问题。要更加深入地了解，可以阅读《数据仓库ETL工具集》，以便更详细地了解上述每一个可选方案。

11.14 破坏性的ETL变更

Ralph Kimball，Design Tip #126，2010年8月3日

许多企业数据仓库都面临由操作使用量增长和对顾客行为的爆炸式关注而引发的破坏性变更。我的感想是，许多厂商都已经实现了对这些新的强制影响的隔离适应，但还没有拓宽其视野，进而意识到，数据仓库设计领域已经以某些显著的方式发生了变化，尤其是在ETL后端。

首要的变更就是修改 EDW，以支持混合工作负荷操作性应用程序，其中低延迟数据会与历史时序数据以及其他许多面向顾客的应用程序和数据源共存。早期的操作性数据存储(ODS)实现被限制于高约束事务性问题的小型结果集抓取，如“订单发货了吗？”如今的操作用户，其要求已经显著增多。

下面是来自操作性需求的七种破坏性变更。如果曾经同时面临所有这七种变更，我也不会意外：

1. **使数据延迟趋向于零**。强烈要求看到每一个时刻业务的状态，这一需求难以拒绝。并非每一个人都需要它，但必定会有人宣称自己需要。但随着接近于零延迟的数据交付，必须开始抛弃有价值的 ETL 过程，直到最后仅留下显示器上垂直回描间隔的时间(第 1/60 秒)来执行有用的 ETL 工作。尽管要承认这一极端情况很荒谬，但至少吸引了你的注意力。要牢记，如果真的进行零延迟数据交付，那么原始的源应用程序就必须提供计算能力来更新所有的远程 BI 界面。这里的经验教训是，当用户强调其对于趋近零延迟交付的需求时，要非常谨慎。
2. **跨数十个(也可能数百个)源集成数据**。顾客行为分析在操作性/BI 领域非常流行，并且有大量的资金在追寻行为数据。操作人员和市场营销人员已经弄明白，几乎所有数据源都会揭示出一些与顾客行为或顾客满意度有关的信息。我看到过大量厂商力求集成数十个并非十分兼容的面向顾客的数据收集过程。
3. **检测并且积极管理数据质量**。在理想情况下探讨了数据质量 15 年之后，数据仓库社区现在积极地转过头来进行关于它的一些工作。在数据仓库中，这一方面采用的形式是测试异常条件的数据质量过滤器、记录数据质量事件的集中化模式，以及附加到最终展示模式的审计维度。在尝试应对这一需求而并行驱动数据延迟趋近于零时，事情会变得很有意思。
4. **为了合规性追踪数据的监管**。维护关键数据主题监管链以满足合规性，这意味着不再能够对维度表或事实表执行 SCD 类型 1 或类型 3 处理。参阅 10.29 节以理解如何解决这个问题。
5. **为真正的类型 2 追踪改进主要维度**。组织要重新审阅之前的决策以便在报告变更时使用类型 1(重写)处理来治理重要的维度，如顾客维度。这会导致 ETL 管道中的显著变化，以及对于代理键使用的严格承诺。当然，代理键会简化从多个原始源合并数据的一致化维度的创建。
6. **外包及移向云端**。外包提供了让其他人来处理治理、备份及升级某些应用程序的希望。外包还可能与云端实现结合使用，云端可能是一个有吸引力的备选项，用于存储非常易变且体量波动较大的操作性数据。正确的云端实现可以在非常短的时间里进行扩展或收缩。
7. **获得无法被加载到 RDMS 中的轻触数据**。最后，许多具有重要网络痕迹的组织每天都能够收集到数千万个或数亿个网页事件。这些数据会增长成数拍字节的存储。通常，当这些“轻触”网络事件首次被收集为无状态微观事件时，其有用的上下文只有在相当晚的时候才会被理解。例如，如果网络访客看到了一个产品参数，然后几天或几周后真正购买了该产品，那么最初的网页事件就非常重要。用于对这些轻触数据进行整理和会话划分的架构通常涉及 MapReduce 和 Hadoop 技术。查阅维基百科，以了解更多与这些新技术有关的内容。

我认为，这份目前对于 ETL 管道具有破坏性的内容列表实际上只是企业数据仓库新方向的冰山一角。这些技术并非奇特的异常方法，它们也会变成处理面向顾客的操作数据的标准方法。

11.15 ETL 的新方向

Ralph Kimball，Design Tip #169，2014 年 9 月 8 日

本节介绍了基础 ETL 范式的显著持久性，同时厘清必须被处理一些深刻变更。这些变更是由新数据需求、新的用户类别及新的技术机会造成的。

11.15.1 极端的集成

大多数组织都意识到，它们具有数十个(甚至数百个)潜在的数据源，尤其是那些顾客面向的组织。已确立的手动数据一致化的最佳实践正变得不可扩展。新类型的软件创业者正在提供统计上的数据一致化，它可以提供可用的像顾客这样的实体的匹配，它接近于手动数据一致化的准确性，但会以大幅提升的速度进行。人类维度管理者这个标准概念可能会让位于“机器人维度管理者”!

11.15.2 极端的多样性

大数据革命用四个 V 进行宣传：量级(volume)、高速(velocity)、多样性(variety)及价值(value)。在我看来，最有意思和最具挑战性的 V 就是多样性。标准的关系型数据库和标准的 ETL 管道都不善于处理非结构化文本、高结构化机器数据、图形关系(考虑 Facebook 和 LinkedIn)或图像。随着这些数据类型增长所带来的价值，ETL 必须变更新的管道和新逻辑。

11.15.3 巨大的量级

数据量的极限值已经被突破了一段时间了，但目前似乎存在着一种荒谬的观点，即便是普通的市井街巷的组织都希望访问拍字节的数据。即便这些数据是由常规文本和数字(如日志数据)构成，该数据也像一头被困在游泳池中的鲸鱼，无法指望它能发挥什么作用。你必定不敢将这些数据移动或复制到一个新的位置以便处理。

11.15.4 实时交付

报告和即席查询仍旧很重要，但其新的说法是运营分析，它结合了高性能数据摄入、实时数据质量价差及数据一致化，还有最后的复杂分析。所有这些都需要放弃对可用数据的便利批量处理和缓慢定期更新。

11.15.5　分析师的崛起和数据见解的货币化

数据科学家是为了获得见解而挖掘数据以及提出市场营销策略实验(通常是实时的)的分析师的新名称，这些市场营销策略会影响收益、盈利能力及顾客满意度。这些数据科学家常常在业务部门中工作，通常擅长于直接与高管层沟通，从而有效地绕过 IT 人员。其挑战是，IT 人员是否能够变成这一过程中的参与方、能否理解 ETL 管道并且创建稳定的超越数据科学家所构建原型的数据基础设施。

11.15.6　新的分析工具

数据科学家和其他人正在采用高级的分析工具，它们会存在几种形式。这些工具中的一些就是在高级软件包中提供的统计算法，比如可以加载到一些 DBMS 系统中的 MadLib。其他的就是用户自定义函数(UDF)，通常是用 C 语言编程的。最后，就是单独的 BI 工具，它们会消费数据仓库数据。

11.15.7　列式数据存储和内存数据库

高性能维度数据库最有效的一点就是列式数据存储和内存处理的组合。列式数据存储擅长处理许多针对事实表的并发联结并且容忍非常宽的维度表。随着内存成本的持续降低，在分布式非共享环境中使用太字节(TB)RAM 变得切实可行。利用这一物理 RAM 优势的工作仍旧处于发展之中，并且其平衡性是 ETL 管道架构的关键方面。通常会在 Hadoop 集群中出现的 MapReduce 处理框架会应对这个问题，以便处理某些类型的“关系扫描”分析，但 MapReduce 要依赖一个变换步骤，让数据在节点之间移动以便达成平衡。期望看到正面影响 ETL 的更多进展，以利用列式商用架构所提供的巨大性能优势。

11.15.8　疯狂增长的数据虚拟化

最后，定义简单 SQL 视图，以便以更为有用的格式呈现表的传统方法让位于数据虚拟化，目前数据虚拟化已经变成一个主要工具，在某些情况下替代了传统的 ETL。从其基础形式来看，数据虚拟化用每次访问数据时的等价计算替代了物理数据转换。数据虚拟化变成了查询性能和部署速度之间的经典取舍。数据虚拟化非常适用于原型化和数据探究，并且当原型化阶段结束时，数据虚拟化可以由真实的常规 ETL 替换，其中的数据会被永久移动和转换。

11.15.9　小结

ETL 甚至可能已经变成数据仓库任务的一个更大部分。过去常常认为，ETL 占据了数据仓库成本、风险和实现时间的 50%~70%。这个数字现在可能已经达到了 70%~80%，尤其是考虑到本节所描述的挑战的情况下。可以期望未来数年中出现更多新的 ETL 创新。

数据质量考虑事项

许多数据仓库从业人员都会由于数据质量问题而坐立不安，却不采取任何措施。本节所持的态度就是，不仅可以测量数据质量，还可以回到源来纠正这些问题，然后衡量是否成功解决这些问题。Warren 和 Joy 框定了正面处理数据质量问题的内容范畴，然后接着介绍 Ralph 的一篇关于高质量数据的业务需要的早期文章。在那之后，要深入探讨用于管理数据质量的总体架构。其后的内容提供了评估质量和应对不足的指导。

11.16 处理数据质量：不要只是坐着，要行动起来

Warren Thornthwaite，Design Tip #117，2009 年 9 月 30 日

大多数数据质量问题都可以追溯回数据捕获系统，因为它们历来是负责支持事务所需的数据质量水平的唯一责任方。适用于事务的数据通常并不适用于分析。实际上，分析所需要的许多属性甚至不是事务所必要的，因而正确地捕获它们的确是额外的工作。随着向前发展而需要更好的数据质量，我们需要数据捕获系统同时满足事务和分析的需要。修改数据捕获系统以得到更好的数据质量，是一个长期的组织性变更过程。这一政治性征途通常会让那些只想成为数据仓库工程师而不希望成为业务过程工程师的人感到无助！

不要为这一点而灰心丧气。你可以在短期内采用一些小而富有成效的步骤，让你的组织踏上提升数据质量的道路。

11.16.1 进行调查研究

越早识别出数据质量问题越好。如果这些问题在 ETL 开发任务中才浮现出来，甚或更糟，在初次展示时才浮现出来，那么要修复它们就要花更多的时间。并且这会损坏 DW/BI 系统的信誉(尽管并非你的错)。

数据质量研究的第一步应该来自其生命周期早期需求定义阶段部分。检查一下支持每个重要机会所需要的数据。一开始，这可以像一些计数和比例那样简单。例如，如果业务同事希望进行地理定位，那么计算顾客表中邮编为 NULL 的行的比例可能会有启示性。如果 20%的行都没有邮编，那么这就是一个问题。要确保在需求文档中纳入这一信息，要将这一信息同时放入受到糟糕数据质量影响的每一个机会的描述中以及单独的数据质量部分中。

数据质量研究的下一个机会就是维度建模过程期间。定义每个表中的每个属性需要查询源系统，以识别和验证属性的域(属性会具有的可能值列表)。此时应该进行更为详尽的研究，调研列之间的关系，如层次结构、使用查找表的引用完整性以及业务规则的定义和执行。

生命周期中第三个主要的研究要点就是 ETL 系统开发期间。ETL 开发人员必须深刻挖掘数据，通常会发现更多的问题。

数据质量/数据剖析工具会为数据质量研究提供很大的帮助。这些工具允许快速而广泛地调查数据，以便为更详尽的调研识别出有问题的部分。不过，就算手头上没有数据质量工具，也不要停止研究，直到找到最好的工具并有资金来购买它。例如，这样的简单 SQL 语句：

```
SELECT PostalCode, COUNT(*) AS RowCount
FROM Dim_Customer GROUP BY PostalCode ORDER BY 2 DESC;
```

会帮助你立即开始识别数据中的反常之处。随着对于数据质量认知的提升和持续关注，你将变得更加熟练。

在研究过程中让源系统同事介入进来是一个好的办法。如果他们对于其所收集的数据有更广泛的责任，那么可以让他们调整其数据收集过程，以便修复问题。如果他们看起来愿意修改其数据收集过程，则可以在他们情绪较好时尽可能多的同时提出关切点。源系统同事通常不乐意过于频繁地更新和测试其代码。不要不断地向其提出小的请求！

11.16.2　共享发现

一旦了解了所面临的数据质量问题以及它们会引发的分析问题，就需要对业务人员进行培训。最终，他们会需要重新定义事务系统的数据捕获需求并且分配额外的资源来修复它们。除非他们理解了这些问题及相关成本，否则不会这样做。

就数据质量问题进行培训的第一个重要机会就是与高管层举行机会优先级会谈的时候。此时应该展示数据质量问题的示例，说明它们是如何产生的，并且揭示其对于分析和项目可行性的影响。说明你将更为详细地文档化这些内容作为建模过程的一部分，并且那时可以再次召集会议，以确定数据质量策略。要建立一种预期，即这是可行的并且需要资源。

维度建模过程是第二个重要的培训机会。在建模过程期间识别的所有问题都应该作为文档化模型的一部分来探讨，并且应该就修正该问题的方法与关键业务同事达成一致。

有些时候，应该有足够的意识和关注，以建立小规模的数据治理工作量，它会变成数据质量的主要研究和培训渠道。

11.16.3　小结

提升数据质量是一个长期的、缓慢的培训过程，要让组织知道数据出了什么问题、精确业务决策的成本以及如何才能最好地修复它。不要因此而不知所措。只要从最高价值的业务机会入手并且深入研究数据即可。

11.17　数据仓库测试建议

Joy Mundy，Design Tip #134，2011 年 5 月 4 日

测试 DW/BI 系统是很有挑战性的。标准的测试方法论一次只会测试一小部分内容，但 DW/BI 系统完全是关于集成的并且很复杂，更不要说庞大的数据量了。下面是为 DW/BI 项目构建和运行测试环境的前五大建议。

1. 创建从真实数据派生的静态测试小数据库

你会希望它很小，这样就能快速运行测试。你会希望它是静态的，这样就可以预先知道期望的结果。你会希望从真实数据派生它，因为没有什么比真实数据更能为你提供实际的场景组合，既包含好的场景，也包含坏的场景。你需要准备额外的行放入测试数据库中，以便测试覆盖原始测试数据中未包含的数据场景的ETL代码的任意分支。

2. 尽早并且频繁进行测试

一旦编写了一行代码就要开始测试(或者在ETL工具的用户界面中连接两个框)。当然，开发人员随时都在这样做，开发和运行单元测试，以确保其代码会如预期般执行。许多开发人员不能很好地追踪以及经常运行它们。如果每天运行测试，并且优先修复昨天测试发现的问题，那么就会很容易判定什么有错误。

单元测试会确保开发人员的代码按设计运行。系统测试会确保整个系统按照要求端到端地有效运行。系统测试还应该尽早开始。在上线之前还有一个正式的测试阶段；这一测试阶段正是为了运行测试和修复问题，而不是识别出测试应该是什么样子以及如何运行它们。要在开发过程中及早开始系统测试，这样，远在高压的系统测试阶段开始之前就可以解决所有的缺陷。

3. 使用测试工具并且自动化测试环境

只有自动化测试过程之后，及早并且频繁测试的建议才会具有实用性。没有开发人员会愿意花费工作日的最后一个小时来精心处理单元测试！并且很少有团队会用全职测试人员代替开发人员完成这一部分工作。

要自动化测试，需要工具。许多组织都已经拥有了系统质量保障测试工具。如果还没有，或者确信现有的工具无法满足DW/BI系统测试的需要，则要尝试搜索“软件质量保障工具”，以得到海量的价格各异的产品以及方法论。

所有的商业软件测试工具都允许输入测试、执行测试、记录测试运行结果并且报告结果。对于单元测试和数据质量测试，要在源和目标数据仓库中定义测试，以便运行查询。要查找行数和匹配的数量。

用于DW/BI测试的测试工具必须能够运行在运行测试之前设置测试环境的脚本。可能需要执行的任务包括：

- 用干净的测试数据还原一个虚拟机环境。
- 用特殊的行修改静态测试数据，以测试异常情况。
- 运行ETL程序。

在执行并且记录测试之后，要运行一段清洗好的脚本作为结束，这段脚本很简单，只是删除该VM环境。

标准的测试方法论需要修改一项内容、运行一次测试并且记录结果。在DW/BI领域，应该期望将许多测试分组到一个测试组中。即便是小型的测试数据库，都不会希望为应该运行的数百个单元测试中的每一个执行ETL代码。

4. 争取业务用户来定义系统测试

我们需要业务用户专家来定义合格的系统测试。如何获知数据是否正确？如何获知查询性能是否满足业务用户的期望？与DW/BI团队仅仅基于他们认为有意义的内容制定测试计划相比，争取让业务用户参与测试规范制定过程能确保更好地进行测试。让关键业务用户参与质量保障过程还会大大提升可信度。

5. 测试环境必须尽可能类似于生产环境

测试环境类似于生产环境绝对是很重要的。理想情况下，硬件、软件和配置应该完全相同。在现实情况下，很少会有组织拥有两个大型DW服务器的预算。不过所有组织都可以并且应该匹配出以下要素：

- **驱动器配置(驱动器的相对名称)**。硬盘很便宜，并且应该能够复制硬盘用于测试。但如果你不能这样做，那么至少要让启动器符号和数据库文件格式相同。许多人抱怨，修改环境并且让其相同所需要的工作量太大了。的确如此！并且现在这样做会远远好于在项目的最后测试阶段再做。
- **从业务系统到数据库到用户桌面，以及其间所有地方的软件版本**。
- **服务器结构**。如果生产环境中的报告系统软件位于其自己的服务器上，那么就要按相应方式测试它。
- **后台服务账户的安全性角色和权限**。如果不先测试安全性角色，则部署几乎肯定会失败。我不知道为何会这样，但这样做似乎总是会出错。

如果遵循这些建议，尤其是持续测试的建议，那么很可能会拥有平稳的、没有危机的测试阶段，并且按计划迁移到生产环境中。如果不这样做，就会让本来应该非常棒的项目面临 QA 问题而无休止推迟的严重风险，而业务用户和管理层会感到极其恼火。

11.18　处理脏数据

Ralph Kimball，DBMS，1996 年 9 月

在阅读 Ralph 关于数据清洗工具市场的评论时，要记住，这篇文章写于 1996 年。尽管如此，这篇文章仍旧出乎意料地合理。

数据仓库中公认却总被忽视的一个主题就是，仓库数据的干净程度。在与 IT 人员的数百次会谈中，我已经找出了三个相互连贯的主题。尽管这三个主题急剧凸显了企业数据访问中的最大问题，但标识它们的相同 IT 人员只能解决前两个问题。这三个主题可以表达为：

- **数据访问问题**。“我们拥有一个世界上最大的数据集，但无法访问它。”
- **查询工具问题**。“我希望系统显示哪些是重要的，以及原因是什么。”
- **数据完整性问题**。“我们知道一些数据有问题。例如，我们没有单一、集中维护的顾客列表。”

这些论述具有通用性，奇怪的是，整个行业都在围着前两个问题转，而第三个问题似乎变成了不希望谈论的内容。

数据库市场已经提供了工具，用于以下方面：具有客户端/服务器架构的数据访问；专用的数据仓库硬件和软件；以及一整套用来连接用户与数据的通信模式。查询工具市场面临供过于求的情况。其中存在着数十个即席查询工具、报告生成器及应用程序开发环境。我们已经开始使用第二代用于具有维度化 OLAP/ROLAP 工具和热门新数据挖掘工具的数据仓库用户应用程序的强大工具。然而第三个问题——数据完整性，仍旧是数据仓库中的一潭死水。它会被简单地谈论，然后就对其避而不谈了。该主题会被明确回避，并且很少会有立即可用的与处理数据访问或查询工具的级别相同的计划来处理数据完整性。

11.18.1　合格数据至关重要的应用程序

对数据完整性欠缺关注的一个原因在于，IT 人员都未充分考虑不良数据的业务影响。说得更明确一些，我们必须更好地意识到构建极其依赖合格数据的真正强大的数据仓库应用程序的机会。下面汇集了这样的应用程序，首先是一连串基于顾客的应用程序：

- **营销沟通**。如果希望知道顾客是谁，并且希望通过电话和邮件与之有效沟通，就必须有一份极其准确的顾客列表。使用无意义或拼写错误的地址或者对同一个人发送多封信件会毁了你的可信度。甚至更糟糕的是，如果地址由于某些原因而无效，那么信件将永远无法送达。
- **顾客匹配**。当顾客购买第二个或第三个产品时，你会希望找出这位顾客。顾客匹配是银行业和医疗健康行业的一个主要问题，单独的顾客(或病人)接触通常会被分开列示。通常，银行很难列出指定个人所有单独账户，虽然列出指定账户中所有个人的反向过程并不会造成麻烦。
- **以家庭为单位的零售业务**。你会希望找出构成一个家庭的一组人，其中每个人都是一位顾客。当你正确识别出家庭关系时，就可以条理清晰地与其成员进行沟通了。那时就可以识别出该家庭的总体需求并且推荐有效的整合或延伸产品。这一过程称为“交叉销售”。对顾客群进行交叉销售被公认为提升销量最有效的一种方式。
- **商业化组织归属**。你会希望查看顾客，以便找出原本是一个较大父组织一部分的多个商业化组织。许多时候你可能不会意识到正在与“整体组织的各个部分”打交道。
- **目标营销**。你会希望通过筛选大型顾客列表的人口统计和行为属性来生成一份邮寄列表。这些属性的完整性和正确性至关重要。
- **在收购之后进行信息系统的合并**。日益增多的一个常见问题就是，在收购之后从不兼容的信息系统中合并顾客和产品列表。从组织的角度来看，可以很容易地知道，在收购之后必然要对员工进行整合并且将所有内容移动到企业系统中，但是对于数据本身要做些什么？有时顾客列表是被收购组织最有价值的资产。
- **合并外部数据和内部数据**。这个问题从结构上讲非常类似于在收购之后合并数据。尽管外部数据可能具有高于平均值的联合性和整洁性，但它仍旧可能不匹配内部数据，如产品名称、顾客姓名或地理位置。
- **追踪产品销售情况**。在具有数百家店铺和数十万产品的大型零售环境中，使用一个具有整洁描述符的集中维护的主产品文件至关重要。一个好的零售产品文件中，每个产品将至少有 50 个独立的描述符。这些描述符会被整个组织中的经理和分析师所使用，以便分组和分析从后端采购到前端销售的各类产品数据。我最近为一家大型连锁药店设计了一个全面的数据仓库。这家连锁药店中的一个主要产品类别是“止咳糖(lozenge)”，而在产品文件中，“止咳糖(lozenge)”有 20 种不同的拼写方式！
- **医疗记录**。我们所有人都会受到医疗记录中数据质量的影响。我们希望诊断和检查过程是正确且可阅读的，这是为了我们的医疗安全和结算及保险需要。医疗保险行业中的一个主要顽疾就是，医疗服务机构主治医师、诊所或医院的正确辨认。这是之前顾客匹配应用程序的一个变体。

实际上，上述列表是无止境的。每一个有意义的数据仓库应用程序都需要好的数据。Innovative Systems 有限公司的 William Weil 最近进行了一次对于不良数据成本的有意思的分析。他假设一家公司的给定顾客列表准确性为 90%。在信息不准确的 10%的顾客中，5%(整个文件的 0.5%)都有本来可以修复的不可用地址。根据我的经验，这些数字似乎是合理的，可能还有些低了。

Weil 继续假设，对于每个顾客的交叉销售或零售的年度销售额为 100~1000 美元。在有 100 万顾客的大型企业中，有 0.5%(或者说 5000 个顾客)将造成较大的损失，因为无法在数据库中找到他们。用这 5000 个受影响顾客乘以 100 美元到 1000 美元会得到由于不良数据造成的每年 500 000~5 000 000 美元的直接损失。尽管详细的数字还值得商榷，但这一论点的确从根本上并且令人信服地为我们敲响了的警钟。不良数据的代价很高，该直面数据清洗问题了。

11.18.2　数据清洗的科学

尽管数据清洗有许多形式，但前面应用程序列表中的大多数重要数据清洗示例都来自对真实存在事物进行良好描述的需要，如顾客、产品、过程和诊断。数据清洗的当前市场和技术都极其专注于顾客列表，因此我会使用它们来探讨这一基础科学。

数据清洗远不止用合格数据更新一条记录那么简单。严格的数据清洗涉及分解和重组数据。可以将清洗过程分解为六个步骤：元素化、标准化、验证、匹配、家庭关系和文档化。

为了阐释这六个步骤，请思考以下虚拟的地址：

Ralph B and Julianne Kimball Trustees for Kimball Fred C

Ste. 116

13150 Hiway 9

Box 1234 Boulder Crk

Colo 95006

可能这个地址已经被输入到了五个字段中，名为 address_1~address_5。没有对于该地址各个部分进行可靠排序。该地址的一个关键部分存在错误输入；要立刻找到这个错误。

清洗这个地址的第一步是将其元素化：数据清洗者的术语就是正确解析它。元素化该地址产生的结果如下：

收件人名字(1): Ralph

收件人中间名字首字母(1): B

收件人姓氏(1): Kimball

收件人名字(2): Julianne

收件人姓氏(2): Kimball

收件人关系：受托保管

保管人名字: Fred

保管人中间名字首字母: C

保管人姓氏: Kimball

街道编号: 13150

街道名称: Hiway 9

房间号码: 116

邮政信箱编号: 1234

城市: Boulder Crk

州: Colo

五位数邮编: 95006

这列标准元素依赖于分析地址时找到的内容。Ralph 和 Julianne 本来也可以是一个组织而非个人的受托保管人，这样其中一些元素类型就会有所不同。

第二步是标准化这些元素。至少有四个元素必须被设置为更加标准的形式。已经丢弃了“Ste”，因为已经将它识别为房间。我们有理由怀疑“Hiway 9”实际上应该读作“Highway 9”。将此作为暂时变更，并且在验证过程确保实际的街道为“Highway 9”。另外，要将“Boulder Crk”变更为“Boulder Creek”，并且将“Colo”变更为“Colorado”。

第三步是验证标准化元素的一致性。换句话说，内容中是否存在错误？尽管可能并不明显，但地址中存在一个显眼的错误。邮编 95006 的 Boulder Creek 位于加利福尼亚，而不是科罗拉多。由于 2/3 的数据都指向加利福尼亚，所以要将州名称修改为加利福尼亚。可能还应该标记这条记录以便进一步验证。例如，如果有关于 RalphKimball 或 Julianne Kimball 的另一个地址实例，就可以验证正确的州了。如果发现科罗拉多存在合法的 Boulder Creek，那么这一验证甚至会变得更加紧迫。

现在有了元素化、标准化及验证过的地址，已经准备好了执行第四和第五步：匹配和家庭关系。匹配过程的构成：在其他顾客记录中找到 Ralph Kimball 或 Julianne Kimball 并且确保所有地址的所有这些元素都完全相同。

家庭关系由识别 Ralph 和 Julianne 组成一个家庭而构成，因为他们共享相同的地址，不过必须仔细排除居住在同一栋大型建筑中不同公寓的人。可能还有另一个内部或外部数据源中存在表明 Ralph 和 Julianne 已婚的信息。

数据清洗的第六步由文档记录元数据中元素化、标准化、验证、匹配和家庭关系的结果构成。这有助于确保后续清洗事件更能够识别出地址，并且该用户应用程序能够进一步对数据进行切片、切块，并理解顾客数据库。

所有阅读了本文的主流数据清洗供应商都注意到了，这六个数据清洗步骤需要复杂的软件和大量内置的专家级知识。专家级知识内置在模糊匹配算法、地址解析算法以及为名称和地址各部分提供同义词的数百万记录大型查找表中。换句话说，严格的数据清洗系统是一个大型软件系统。

11.18.3 数据清洗的市场机会

我想知道当前的数据清洗公司是否意识到了这个市场会有多么巨大。我还想知道它们是否准备好了应对对于多硬件和业务系统平台以及应用程序领域需求的爆炸式增长，而不仅仅是简单的名称和地址列表处理。数据仓库市场拥有巨大的活力；全世界数千个 IT 组织都感受到了构建数据仓库的推动力。无数的 IT 组织都意识到，它们面临数据清洗问题，但在其匆忙构建其首个仓库时会推迟这一问题的解决。这个市场在指数级增长过程中，所需要的就是具有用于数据清洗的强有力且广泛适用的产品，以及让市场信服该产品易于使用的组织。

整个市场可能会突然认为它需要数据清洗能力，以便能够：

- 将该能力作为一个模块插入到整体的数据提取管道中。
- 从提取工具读取并且向其写入元数据，以及提供具有额外元数据的查询工具。
- 可用于 UNIX 并且具有连接到关系型和桌面 DBMS 的原生接口。
- 为产品列表、医疗检查过程和诊断以及非预期的顾客自定义维度提供数据清洗支持。
- 为跨国公司提供适用的全面多语言支持。
- 完全由现代桌面图形化用户界面所驱动。

- 在技术上和经济上来说可以从一套独立的 PC 环境扩展成集群的 UNIX SMP 数据仓库环境。
- 作为所有数据仓库经理都可以评估和安装的工具包，如果它证明其所宣称的功能可用，则通过电话以 10 000 美元的价格进行销售。

我怀疑目前所有的数据清洗公司都会不惜代价抓住这一市场机会，并且朝着这个方向努力。不过，数据清洗一直都是数据仓库领域中悄无声息的一潭死水。主流市场的强烈刺激还没有蔓延到这些公司。换言之，可能仍旧有空间供一个或多个新的竞争者参与到这个市场。

传统的数据提取提供商很大程度上将高级的数据清洗留给了专业的数据清洗公司。尽管提取提供商会谈论数据清洗，但它们还没有抓住高级的数据清洗作为其产品的专属优势。如果看到所有的数据提取提供商进入这一领域，我不会感到惊讶。

还有另外的市场动因在发挥作用，它们将会让数据清洗的价值更加明显。2000 年的千年虫危机让每一个人都试图分析其信息系统可能在多大程度上依赖于数据处理。数据清洗公司已经开始推荐，其工具可用于从所有类型的遗留数据中搜索出过期数据，从而对 IT 就日期问题可能出现的所有地方提出了警告。

数据挖掘，数据仓库中新的热点趋势，它对大量数据进行扫描以揭示出非预期的模式或相关性。顾客人口统计或行为描述的分析是数据挖掘的重要一环。数据挖掘公司越来越多地公开谈论干净数据的价值。这些公司也会尝试进入数据清洗市场。在某种程度上，数据挖掘公司发现一些激动人心的内容时，它要么是对于业务的有价值见解，要么是来自不良数据的虚假结果。

11.18.4 数据完整性驱动业务再造

从数据清洗的详细介绍中后退一步以便获得一些观点看法是值得的。为何一开始的数据是脏的？发生这种情况大多是由于糟糕的系统或捕获数据时糟糕的实践造成的。通常像销售人员、字段调整者或采购员这样的人会无法摆脱输入关键数据的任务。这个人可能有一个没有内置数据完整性支持的笨拙系统。例如，采购员可能只有一个产品描述字段，其中要输入他刚刚采购的产品的特征。这就难怪药店中的“止咳糖(lozenge)”这个词有 20 种不同的拼写方式了。

同时，这个人还要对数据录入无法完全驱动数据质量而负责。如果任务就是让数据进入管道并且没有人曾经告知你该工作很重要，那么你就不会长期出色地完成任务。你甚至不知道出色的工作意味着什么。

该数据录入质量问题的答案是业务再造，它需要多个步骤：

- 提供精心构造的数据录入系统，专家要易于使用它并且信赖它，另外还要尽可能多地将数据录入限制为有效的规则。
- 为每种数据的数据验证创建单组业务规则。
- 为了让数据录入质量获得高优先级而提供执行层级的支持。
- 以简讯、竞赛或奖励的形式为前端专业人员提供明确和定期的回报，从而得到更好的数据录入绩效。
- 提供一种对详情和数据质量的赞赏和价值关注的企业文化。

数据仓库和数据清洗工具在定义这类业务再造需求中发挥着独特作用。数据仓库是查看合格数据价值的绝佳位置。有时矛盾的是，数据仓库必须让不完美的数据可用，以便向组织展示完美数据会有多大的价值。

数据清洗工具会让 IT 防备干净数据中涉及的准确问题。理想情况下，数据交付的最终架构会在数据最初输入时尽可能准确与运营提取过程中下游的强大数据清洗系统之间取得平衡，以便实现让数据达到变成 100%正确的耀眼目标。

11.19 用于数据质量的架构(Kimball 经典)

Ralph Kimball，DM Review，2007 年 10 月

本节提出了一种用于在数据仓库中捕获数据质量事件以及测量且最终控制数据量的全面架构。这一可扩展架构可以添加到已有的数据仓库及数据集成环境，它只有很少的影响以及相对少的事先投入。使用这一架构，甚至可以面向质量管理的六西格玛级别进行系统地处理。这一设计是为了回应目前对于处理数据质量问题的公开发布且条理清晰的架构的缺乏。

三个强大推力汇聚到一起将对数据质量的关注推到了组织执行层列表顶部附近。首先，“只要我能看到数据，那么我就可以更好地管理企业”的长期文化趋势会继续蔓延。大多数有知识的工作人员都本能地相信，数据对于他们履行其职责是一项关键需求。其次，大多数组织都理解，它们完全是分布式的，通常是全球分布，并且需要有效集成大量无关的数据源。第三，对于合规性的需求急剧增长，这意味着不会再忽视或谅解不经心的数据处理。

这些强有力的汇聚推动力在聚光灯下凸显出数据质量问题。幸运的是，这些巨大的压力都来自业务用户，而不仅是 IT。业务用户开始意识到，数据质量是一个严重的并且代价高昂的问题。因此，组织更愿意支持提升数据质量的举措。但大多数业务用户可能都不清楚数据质量问题源自何处或者组织可以做什么来提升数据质量。他们可能认为，数据质量就是 IT 领域的一个简单执行问题。在这种环境中，IT 需要灵活主动：数据质量无法由 IT 独自提升。一个甚至更为极端的观点认为，数据质量几乎与 IT 无关。

人们很容易就会将出现在下游的所有错误都归罪于数据的最初来源。只要数据录入人员更加仔细并且真正关注即可对于那些将顾客和产品信息输入到其订单表格中时面临输入困难的销售人员，我们会稍稍宽容。可以通过在数据录入界面施加更好的限制来修复数据质量问题。这种方法提供了如何思考修复数据质量的一些概念，但必须在投入大量资源寻求技术解决方案之前有更大的全局视野。在我曾经协作过的一家大型零售银行，顾客的社会安全号码通常都是空白的或者是用无用信息填充的。有人提出了一个聪明的方法，即要求以 999-99-9999 的格式输入，并且巧妙地不允许无意义的输入，比如全部输入 9。这样一来会发生什么？数据录入人员被强制提供有效的社会安全号码以便继续处理下一个界面，因此没有该顾客的号码时，他们会输入他们自己的！

Michael Hammer 在其革命性的著作《企业再造》(最初由 HarperCollins 出版公司于 1993 年出版，2006 年再版)中，用一种睿智的见解命中了我整个职业生涯中都面临的数据质量问题的核心。这里我转述 Hammer 的话：看似小的数据质量问题实际上都是破坏业务过程的重要迹象。这一见解不仅正确地使注意力专注于数据质量问题的源头，它还显示了通向解决方案的路径。

11.19.1　确立一种质量文化，再造过程

除非处理数据质量的技术尝试是整体质量文化的一部分，并且得到组织最高层的认可，否则这些尝试都会失败。著名的日本汽车生产制造品质态度渗透到了组织的每一层级，并且每个层级都热切关注质量，从 CEO 到组装线工人。为了将这种情形转换成数据上下文，可以假设一家像大型连锁药店的公司，其中采购员团队会联系数千家供应商以便补充药店库存。这些采购员都有助理，其职责就是输入采购员所采购商品的详尽描述。这些描述包含数十个属性。但问题在于，这些助理承担着极其枯燥的任务。他们的绩效是通过每小时输入的商品数量来衡量的。这些助理几乎看不到谁会使用数据。这些助理偶尔会因为明显的错误而受到责备。但更为隐匿的情况是，提供给助理的数据本身就不完整并且不可靠。例如，毒性反应评级没有正式标准，因此随着时间推移及产品类别的延伸，这个属性中会存在明显的内容变化。药店要如何提升数据质量？下面是一个九步模板，不仅适用于药店，也适用于任何要解决数据质量问题的组织：

- 宣称公司高层对于数据质量文化的认可。
- 在执行层驱动过程再造。
- 投入资金改进数据录入环境。
- 投入资金改进应用程序集成。
- 投入资金更改过程执行方式。
- 促进端到端团队的意识。
- 促进部门间协作。
- 公开庆祝数据质量的杰出表现。
- 持续测量和提升数据质量。

在药店，需要投入资金来改进数据录入系统，以便它能提供采购员助理所需要的内容和选项。公司的执行官需要让采购员助理确信，其工作非常重要并且其工作会以积极方式影响许多决策制定者。这些助理孜孜不倦的工作应该得到公开的称赞和奖励。并且端到端团队意识到并认可数据质量的价值才是最终目标。

一旦执行官支持并且组织框架就绪，那么具体的技术解决方案就该出力了。本节的其余内容会描述如何利用技术来支持数据质量。该技术的目标包括：

- 数据质量问题的早期诊断和分类。
- 对于源系统的具体要求以及提供更好数据的集成工作。
- 预期会在 ETL 中遇到的数据错误的具体描述。
- 捕获所有数据质量错误的框架。
- 准确测量随时间推移的数据质量指标的框架。
- 附加到最终数据的质量置信度指标。

11.19.2　数据剖析角色

数据剖析是对数据的技术分析，以便描述其内容、一致性及结构。在某种意义上，任何时候对数据库字段执行 SELECT DISTINCT 调研查询时，都是在进行数据剖析。如今，有专门定

制的各种工具来进行强大的数据剖析。与构建自己的工具相比，对商用工具的投入是值得的，因为这些工具允许使用简单的用户界面操作来轻易探究许多数据关系。

数据剖析发挥着独特的战略和战术作用。在数据仓库项目开始时，只要识别出候选的数据源，就应该进行快速的数据剖析评估，以便提供关于推进该项目的"继续/终止"决策。理想情况下，这一战略评估应该在识别出候选数据源的一天或两天内进行。数据源是否合格的早期判定是责任重大的一步，它将让你赢得团队其他成员的尊重，即便是不好的消息。对于数据源无法支持完成目标的延迟披露，将带来灾难性的职业生涯后果，如果这一披露在项目开展数月之后才进行。

一旦做出了将数据源纳入项目的基本战略决策，就应该投入漫长的战术数据剖析工作，以尽量多识别出数据问题。在这一阶段中出现的问题会产生详尽的规范，它们要么被反馈给数据源的起始方以便请求改进；要么是数据仓库 ETL 管道中每次从源提取数据时进行处理的利器。我坚信，大多数问题都能在源处有效处理。

11.19.3 质量筛查

数据仓库 ETL 架构的核心就是一组质量筛查，它们在数据流管道充当着诊断过滤器。质量筛查就是 ETL 或数据迁移过程中任意点上实现的一次测试。如果测试成功，则不会做什么改变，并且筛查不会产生任何意外结果。但如果测试失败，那么每一个筛查都必须：

- 将一条错误事件记录放入错误事件模式中。
- 选择停止该过程，将有问题的数据发送到待办事项，或者仅仅标记该数据。

尽管所有的质量筛查从架构上来看都是类似的，但将其按照范围大小升序划分成三类会更加实用。此处遵循 Jack Olson 在其影响深远的著作《数据质量：精确性维度》(Morgan Kaufmann 于 2003 年出版)中所定义的数据质量类别：

- **列筛查会测试单个列中的数据**。这些数据通常都是简单且明显的测试，例如，测试一个列是否包含非预期的空值、一个值是否落在了规定范围外或者一个值是否没有遵循要求的格式。
- **结构筛查会跨列测试数据的关系**。可能会测试两个或多个字段来验证它们是否实现了一种层次结构(如一系列多对一关系)。结构筛查包括测试两个表中字段之间的外键-主键关系，还包括测试所有的字段组以便验证它们是否实现了邮政上有效的地址。
- **业务规则筛查实现更复杂的测试，这些测试不适用于较简单的列或结构筛查**。例如，可能会为复杂的依赖时间的业务规则测试顾客档案，比如需要查询会员资格至少五年以上并且具有超过 200 万常旅客里程的终身白金常旅客。业务规则筛查还包括总计阈值数据质量检查，比如查看 MRI 检查的一个在统计上不可能出现的数字是否被用于不重要的诊断。在这个示例中，该筛查仅仅会在达到 MRI 检查阈值之后抛出错误。

11.19.4 错误事件模式

图 11-5 中所示的错误事件模式是一个集中式维度模式，其目的在于记录由任何地方的质量筛查抛出的每一个错误事件。这一方法显然可用于通用的数据集成应用程序，其中的数据会在遗留应用程序之间进行转移。

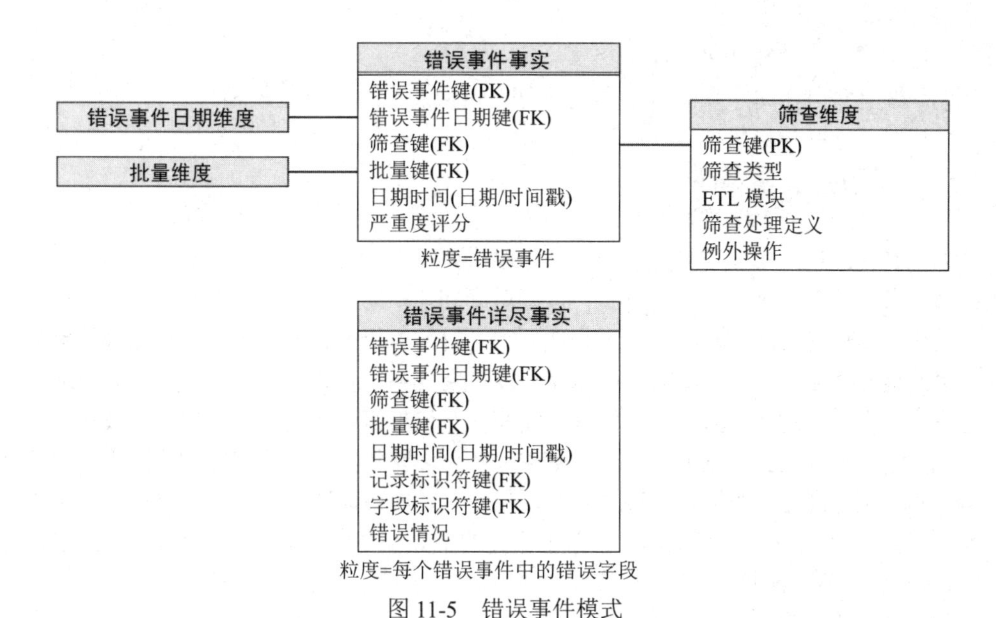

图 11-5　错误事件模式

主表是错误事件事实表。其粒度是由 ETL 或数据迁移系统中任意位置的质量筛查所抛出的每个错误。记住，事实表的粒度就是一条事实表记录为何存在的物理化描述。因此，每个质量筛查错误都会正好生成这个表中的一条记录，并且表中的每一条记录都对应于一个观测到的错误。

错误事件事实表的维度包括错误的日历日期、错误发生于哪个批量任务以及生成该错误的筛查。日历日期并非错误的精确到分钟和秒钟的时间戳；相反，它提供了根据日历常用属性来约束和汇总错误事件的一种方式，比如根据工作日或一个会计周期的最后一天进行约束和汇总。time_of_day 事实是一个完整的关系日期/时间戳，它精确指定了错误发生的时间。这一格式对于计算错误事件之间的时间间隔很有用，因为我们可以通过两个日期/时间戳之间的时间差得到分离事件的秒数。

在数据是流式而非批量的情况下，批量维度可以被泛化成一个处理步骤。筛查维度会准确识别筛查条件是什么以及筛查的代码位于何处。它还会定义当筛查抛出错误时(如停止处理过程，将记录发送到待办文件中，或者仅仅标记该数据)要做些什么。

错误事件事实表还有一个单独的列主键，它会显示为错误事件键。就像维度表的主键一样，这是一个由在记录被添加到事实表时按顺序分配的简单整数构成的代理键。这个键字段在大量错误记录一次性全部添加到错误事件事实表的情形中很有必要。但愿你不会遇到这种情况。

错误事件模式包含较低粒度的另一个错误事件详情事实表。这个表中的每条记录都会识别出一个错误中涉及的特定数据记录中的单个字段。因此，复杂的结构或者在较高级别错误事件事实表中出发单条错误事件记录的业务规则错误可能会在这个详情事实表中生成多条记录。这两个表会被错误事件键联系在一起，这个键是这一较低粒度表中的外键。错误事件详尽事实表会识别出表、记录、字段及准确的错误情况，并且同样还可以从较高粒度错误事件事实表中继承日期、筛查及批量维度。因此，复杂多字段、多记录错误的完整描述是由这些表保存的。错误事件详尽事实表也可以包含精确的日期/时间戳，以提供总计阈值错误事件的完整描述，其中许多记录都会生成一段时间内的错误情况。错误事件详尽事实表不需要在这一架构的首次展示中实现，因为更重要的是尽早体验查看错误流的情形。在许多情况下，不良数据的位置都可以通过更高级别错误事件模式来判定。

我们现在意识到，每个质量筛查都有责任在错误发生时填充这些表。

11.19.5 响应质量事件

前面已经论述过，每个质量筛查必须确定错误被抛出时发生了什么。其选项是：①停止该过程；②将有问题的记录发送到待办文件以便后续处理；③仅仅标记数据并且将它传递到管道中的下一步。在任何可能的时候，第三个选项都是目前为止的最佳选项。停止过程显然会令人头疼，因为这需要人工介入来诊断问题，重启或恢复任务，或者完全终止。将记录发送到待办文件通常是一个糟糕的解决方案，因为并不清楚这些记录何时或是否被修复并且被重新引入管道。在这些记录被恢复到数据流中之前，数据库的总体完整性都是有问题的，因为这些记录是缺少的。建议不要使用待办文件来减少数据质量问题。用错误情况标记数据的第三个选项通常会很好地发挥作用。可以使用 11.19.6 小节中描述的审计维度来标记糟糕的事实表数据。也可以使用审计维度标记糟糕的维度数据，或者在缺失数据或存在垃圾数据的情况下，可以使用字段本身中的独特错误值来标记糟糕的维度数据。

11.19.6 审计维度

审计维度是常规维度，它是由 ETL 过程为每一个事实表在后台组合而成。图 11-6 显示了一个附加到运输事实表的样本审计维度。

图 11-6 附加到运输发票事实表的样本审计维度

在图 11-6 中，运输事实表包含一列很长的每一个都用 FK 标记的维度外键、三个用 DD 标记的退化维度以及六个额外的数值事实。图 11-6 中的审计维度包含了创建特定事实表记录时所记录的典型元数据上下文。有人会认为，我们已经将元数据上升到了真实数据的高度！数据质量系统的设计者可以尽可能多或者尽可能少地包含元数据，只要便于记录错误的发生时间。为了理解审计维度记录是如何创建的，可以假设每天都会从一个批量文件中更新一次这个运输事实表。假设今天的运行良好，没有标记任何错误。在这种情况下，只会生成一条审计维度记录，并且它会被附加到今天加载的每一条事实记录。对于今天早上加载的每一条记录，所有的错误情况和版本编号都会是相同的。因此，只生成一条维度记录。指向错误事件分组表的审计维度中的外键会具有对应于错误事件分组的单一值，以便为六个事实字段中的每一个显示“正常”事实质量评级。

现在放宽良好运行的强假设。如果有一些事实记录，其以美元计的折扣价出发了一个超出限制的错误，那么就会需要另外一条审计维度记录来处理这种情况。错误条件和版本编号会具有合适的值，并且到错误事件分组表的外键会指向一条记录，这条记录包含了除以美元计的折扣价外，用于所有字段的正常质量指示器，以美元计的折扣价会被标记为超出限制。在维度属性用于图 11-7 中所示的用户报告时审计维度的强大力量会最为明显。

常规报告

产品	发货地	发货数量	收益
神经轴	东部	1438	$235,000
神经轴	西部	2249	$480,000

检测报告(将超出限制指示器添加到 SELECT)

产品	发货地	超出限制指示器	发货数量	收益
神经轴	东部	不正常	14	$2,350
神经轴	东部	OK	1423	$232,650
神经轴	西部	不正常	674	$144,000
神经轴	西部	OK	1574	$336,000

图 11-7 使用审计维度的常规和检测报告

图 11-7 中上面一份报告是常规报告，它显示了两个地理区域的产品销售情况。下面的报告是同一份报告，不过它有超出限制指示器，使用简单用户界面命令可以将这个指示器添加到一组的行标题中。这会生成原始报告的瞬时数据质量评估，并且显示出，西部地区的大部分销售情况都是可疑的。

这里描述的审计维度非常完整且详细，因为我们试图描述可以使用它的所有方式。不过，最好从一组简化的维度属性开始，仅仅包含超出限制指示器、缺失数据、质量问题，并且可能还包含一个或两个环境版本编号。不要贪多，够用就好！

11.19.7 六西格玛数据质量

数据仓库领域可以从生产制造领域中借鉴一些有用的经验，即采用其质量文化的一部分。在生产制造行业，当缺陷数量下降到每百万 3.4 个缺陷这一概率时，就实现了六西格玛质量水平。错误事件事实表是对数据质量进行相同的六西格玛测量的完美基础。缺陷会被记录在错误事件模式中，而概率会被记录在组织的工作流监控工具中，该工具会记录每个任务流中处理的记录总数。

本节描述的数据质量架构可以递增式添加到已有的数据仓库或数据集成环境中，而几乎不会带来任何混乱。一旦确立了错误事件模式，质量筛查库就可以从适量的起点无限增长。这些筛查仅需要满足两个简单需求：将每个错误记录到错误事件模式中，并且确定对于该错误情况的系统响应。可以在整个 ETL 管道中用多种技术来实现错误筛查，包括独立的批量任务以及嵌入专业 ETL 工具中的数据流模块。

当然，错误事件模式会为随时间推移管理数据质量活动提供量化基础，因为根据定义，它是时间序列。错误事件数据的维度性允许通过源、软件模块、键性能指示器及错误类型来研究数据质量的演化。

这个行业曾无休止地谈论过数据质量，但几乎没有统一的架构原则。本节描述了一种用于捕获数据质量事件以及测量并且最终控制数据仓库中数据质量的简单实现的、非破坏性的、可扩展的全面基础。

11.20 质量指示器：审计维度

Ralph Kimball，Intelligent Enterprise，2000 年 4 月 10 日

作为数据仓库管理者，总是要关注数据质量。因为我们的用户会毫无保留地信任我们，所以我们会担心数据是否准确和完整。我们偶尔会担忧，审计人员会询问数据是如何进入数据库的，以及计算出某个数字时准确假设是什么。

当然，随着数据仓库逐渐向网络的业务的操作界面靠近，它们更加可能变成“记录系统”。例如，你是否在计算来自数据仓库的销售人员佣金？如果是，就需要在计算大笔佣金上出现首次法律纠纷时提及数据质量和派生关系。数据仓库行业使用“派生关系”一词来描述可追踪的起源及事物的所有权。其他的努力，如艺术品收藏和集邮，会使用“来源”一词描述相同的内容。

制定一列数据质量和派生关系描述符，面对审计人员时，或者仅在运行报告并且想要了解基础假设时，我们会希望这些描述符发挥作用。

- **量化的数据质量衡量标准：**

  整体数据质量评分
  相对最大可能性而言的数据收集完整度
  基础数据元素的数量
  输入中遇到的不适用数据元素的数量
  输入中遇到的受损数据元素的数量
  输入中遇到的超出限制数据元素的数量
  被当成零(或中间值)处理的未知数据元素的数量
  在加载过程中手动变更的数据元素的数量
  在常规聚合中未分类的数据元素的数量
  自初始数据加载依赖所提交的纠正数量

- **数据质量处理指示器：**

  提取步骤完成日期/时间

名称和地址匹配步骤完成日期/时间
代理键生成日期/时间
值扫描步骤日期/时间
聚合创建/更新日期/时间
数据在线可用日期/时间
最后一次提交纠正的日期/时间

- **环境描述符：**

ETL 系统主版本编号
分配逻辑版本
计划版本
预算版本
销售区域版本
货币转换版本

尽管这个列表非常有用，但它似乎过于理想化了。例如，它会引发若干难以回答的问题：实际上要如何使用这些数据质量和派生关系指示器？要在哪里存储它们？这个列表是数据还是元数据？如果它是元数据，那么要如何将所有这些指示器紧密耦合到真实数据？这些指示器的粒度是什么？如何才能将这些有用的指示器应用到来自不同源的高级别数据？

11.20.1　从最小可能粒度入手

让我们尝试使用单一紧凑设计来回答其中一些问题。记得最具表述性及最灵活的数据一直都是最低级别数据时，事情就会变得有些清晰了。表示某个时点上单个事务或单个快照的事实表记录维度最多，因为单个值上会围绕更多的描述符。在聚合数据时，会被强制削减维度列表。聚合数据会变得不那么专注。

我们会采用将数据质量指示器直接附加到数据本身的强硬方法，如图 11-6 所示。你需要做的就是将一个简单的审计键添加到最低级别粒度的原始数据记录中。4 字节的键应该足够用于数据质量追踪主题的任何变化了。

审计键是一个无意义的整数键，仅用于联结到审计维度，该审计维度包含了特定事实表记录的瞬时数据质量和派生关系上下文。除这个键外，图 11-6 中还包含追踪数据质量和数据置信度的许多有用字段。

审计维度示例中的每个字段都有为每条事实记录精心定义的单一含义。前四个指示器都是文本值。例如，人工提供的指示器可以有不适用的值、零、估算的中间值或估算的零方差值。数据挖掘者会发现这些选择很熟悉，因为填充估算值以便对总体数据集造成最少破坏是用于处理缺失或受损数据的一项重要技术。

七个日期/时间戳通常有合法的日期/时间值，但必须要能够表示空值，以便处理步骤没有被执行的情况。

ETL 主版本编号是指向 ETL 软件套件当前描述的键。ETL 软件库管理员的职责是维护所有 ETL 组件的完整列表，包括存储位置、个体版本编号及备份状态，他应该维护主版本编号。ETL 软件套件的完整描述是一个单独表(这里没有显示)中的一条大记录，这条记录由数百个项构成。12.21节列出了这样一个套件中大约80个元数据组件。无论我们何时变更ETL软件套件的组件，都必须同时变更ETL系统主版本编号的低位数字。如果正确管理这一ETL元数据，那么不仅审计追踪会变得非常具体，并且能够还原一组一致且完整的ETL组件。ETL系统的这种观点模拟了产品软件开发厂商中软件库管理员的职责。

可能你会思考，是否可以将一个伴生BI工具主版本编号提供到这条审计记录中，不过在我看来，对于这样的键来说，这并不是合适的位置。尽管可以用与ETL主版本编号相同类型的处理来创建这样的BI工具主版本编号，但数据本身无法确保用户正在通过BI工具的特定版本浏览数据，因而这样的主版本编号对于理解特定报告的派生关系毫无意义。

审计维度中的最后五个版本字段都是文本记录，描述了用于分配、映射和合并数据的整体业务假设。

我们得到的审计维度记录与事实表相比应该是低基数的。所有在ETL系统相同批次运行中被加载的事实表记录都很可能有相同的审计键，除必须修改或者人为提供的少数异常记录外。这些异常记录只会生成另外一些审计键。

这里正在构建用于描述面向测量事实表记录的质量和派生关系的框架。如果希望描述维度表记录的质量和派生关系(如顾客描述)，可以使用许多相同的技术，但要将新的审计字段添加到已有的维度记录本身。

11.20.2 报告聚合数据质量

审计维度使得就数据质量、ETL环境及任意数据集的业务逻辑假设进行传统的查询工具报告成为可能。只要像使用其他维度那样使用审计维度即可。可以根据任何审计属性来分组或对其进行约束，并且可以使用常规查询和报告工具来显示其结果。无须自定义元数据报告工具来完成任务。

只要使用审计维度，就可以探究许多有意义的数据质量和派生关系问题。但还有一些问题是仅仅为聚合数据集而设的。相对于最大可能测量而言，原始需求列表中所包含的数据收集的总体数据质量评分和完整度都是合格的示例。

在报告聚合级别的数据集完整度时，如果记录不在数据库中，不能将数据元素标记为缺失。这一两难局面是表示数据库中“没有发生什么”的示例。在针对没有发生什么的所有分析中，必须在数据库的某个地方描述两件事情：①发生了什么；②所有可能性的领域是什么。然后要将①从②中去除，以便找出没有发生的事情。为了获得关于这个问题的更完整视角，可以参阅8.15节。

在示例中，需要决定如何编码——所有可能性的领域。有时候可以通过仅仅将一些记录添加到数据库来达成该目的，尤其是在知道记录存在但不知为何数据交付管道没有及时交付它们的情况下。例如，如果有一个有600家店铺的零售业务，今天早上的加载中只收到了598组数据，那么在每日店铺合计聚合事实表中，就应该人为纳入为两家缺失店铺所生成的记录。这需要将一个审计键和一个收缩审计维度用于该聚合事实表。在这一收缩审计维度(也可能在事实表)中，可以纳入完整度指示器。现在就可以轻易生成各种聚合级别的报告了，其中会包含数据完整度的测量。

11.20.3 构建审计维度

我希望已经为审计维度的有用性提供了令人信服的示例。不过就像数据仓库中如此多的有意义设计一样，难点实际上在于为审计记录提供数据。实际上需要将大部分质量和派生关系指示器构建到 ETL 管道中。需要使用异常处理例程来扩充每一个数据流，会在构建每条记录时诊断这些例程。此外，包括日期/时间戳以及版本描述在内的环境变量需要等待被放入到当前审计记录中。当然，这一目标表明，必须仔细记录所有需要的日期/时间戳及版本描述。有句俗语是怎么说的来着？“如果我们曾经有一些火腿，那么我们本可以拥有一些火腿和鸡蛋，但是我们当时没有鸡蛋。”

11.21 添加审计维度以追踪派生关系和置信度

Ralph Kimball，Design Tip #26，2001 年 8 月 1 日

无论何时构建包含业务测量的事实表，都要用“我们知道一切事实”来围绕该事实表。在维度模型中，所知的一切内容会被封装到一组维度中。我们要在物理上将外键插入到事实表中，每个维度一个外键，并且将这些外键连接到对应的每个维度的主键。在每个维度(如产品或顾客)内部，都是一组详细的高度相关的类文本描述符，它们代表了维度的个体成员(比如个体产品或顾客)。

通过包含创建单独事实记录时已知正确的元数据关键部分，就可以将所知的一切内容方法扩展到事实表设计。例如，生成一条事实表记录时，应该知道：

- 哪个源系统提供事实数据(如果有多个源系统就使用多个描述符)。
- 哪个版本的提取软件创建了该记录。
- 哪个版本的分配逻辑(如果有的话)用于创建该记录。
- 特定的“N.A.编码”事实字段是否真的是未知的、不可能的、受损的或还不可用的。
- 特定的事实是否在初始加载之后被修改过，如果是，修改原因是什么。
- 记录是否包含与中间值相差 2、3 或 4 个标准差的事实，或者同等地，是否包含位于派生自其他统计分析的置信度各种边界外的事实。

前三项描述了事实表记录的派生关系(来源)。换句话说，数据来自何处？后三项描述了事实表所记录的数据质量的置信度。

一旦开始思考这些，就能想出一列长的描述数据派生关系及数据质量置信度的元数据项。但对于这一设计提示的目的而言，只需要这六项即可。可以在《数据仓库生命周期工具箱》一书中关于审计维度的探讨中找到更为详尽的列表。

尽管这六个指示器能以各种方式进行编码，但我更偏爱文本编码。最终会需要对这些审计属性进行约束和报告，并且希望我们的用户界面和报告标签显示为可理解的文本。因此，也许提取软件的版本(第二项)可能会包含“Informatica 版本 6.4、收益提取版本 5.5.6”等值。第五项可能包含像“未修改”或者“由于重述而修改”这样的值。

将派生关系和置信度信息添加到事实表的最有效方式就是在事实表中创建单个审计外键。4 字节的整数键已经足够，因为对应的审计维度最多会有 40 亿条记录。不需要这么多记录！

将审计维度构建为具有七个字段的简单维度：

- 审计键(主键，4 字节整数)
- 源系统(文本)
- 提取软件(文本)
- 分配逻辑(文本)
- 值状态(文本)
- 修改后状态(文本)
- 超出限制状态(文本)

在后台 ETL(提取-转换-加载)过程中，会追踪所有这些指示器并且在事实表记录被组合成其最终状态时准备好这些指示器。如果所有六个审计字段都已经存在于审计维度中，则可以从这个审计维度中抓取合适的主键，并且将其用在事实表的审计维度外键槽中。如果没有现成的适用于事实表记录的审计维度记录，那么可以添加一个审计维度主键的最大值，并且创建一条新的审计维度记录。这就是标准的代理键处理。然后要像在第一个示例中那样继续处理。这样，在一段时间内就构建了审计维度。

注意，如果每天都在加载大量的记录，那么几乎所有这些记录都会具有相同的审计(Audit)外键，因为很可能几乎所有的记录都会是“正常”的。可以修改上一段内容中的处理，以便通过缓存“正常”记录的审计键并且跳过对所有正常记录的查找来充分利用这一优势。

已经构建了审计维度，又该如何使用它呢？

这一设计的好处在于，派生关系和置信度元数据现在已经变成常规数据，并且现在可以与其他更熟悉的维度一起被查询和分析。有两种基本方法可以修饰使用审计维度指示器的查询和报告。

简易方法仅仅将所需要的审计属性直接添加到 SQL 查询的 Select 清单中。换句话说，在如下的简单销售情况查询中：

```
SELECT PRODUCT, SUM(SALES)
```

要扩充该查询以便读取：

```
SELECT PRODUCT, VALUE_STATUS, SUM(SALES), COUNT(*)
```

现在，报告将在出现异常数据情况时产生额外的行。会有一个计数，以判断情况有多糟糕。注意，在进行这一设计之前，需要知道的是，NA(空值)编码的数据值会在不发出警告的情况下悄无声息地从报告中去除，因为 SUM 会忽略所有的空值。

富足方法会执行全面成熟的横向钻取查询，进而生成具有派生关系或质量的更复杂指示器的单独列(而非单独行)。例如，可以修饰上一个示例中的简单销售查询，以便生成跨行的报告标题：

```
PRODUCT >>SUM(SALES) >> PERCENT OF DATA FROM OLD SOURCE SYSTEM >>
PERCENT OF DATA CORRUPTED
```

Cognos、Business Objects 和 MicroStrategy 等现代商业智能工具有能力应对这些横向钻取报告，它们会使用“拼接查询”或“多路 SQL”。

11.22　为事实表增加不确定性

Ralph Kimball，Design Tip #116，2009 年 9 月 2 日

我们总是希望业务用户信任我们通过数据仓库交付的数据。因此我们本能地谈论 ETL 后台中遇到的问题或者知道源系统中的误差其实是不利的。但如果数据质量问题暴露出来并且未曾提及过这些问题，那么这种不情愿地暴露不确定性，最终会损害我们的信誉并且让业务用户对数据失去信心。

三十多年前，我首次接触 A.C. Nielsen 开创性的数据仓库解决方案，即用于杂货店扫描器数据的 Inf*Act 数据报告服务时，我吃惊地看到报告中至关重要的关键绩效指标偶尔会用星号标记，以表明数据置信度较低。在这种情况下，星号意味着“这个指标的计算中遇到了不适用的数据”。尽管如此，关键绩效指标还是会出现在报告中，但星号会警告业务用户不要过于信任这个值。当我询问 Nielsen 关于这些星号的问题时，他们告诉我，业务用户赞赏让其不要基于特定值进行重大决策的警告。我欣赏数据提供商和业务用户之间的这种启发诱导式关系，因为它促成了一种相互信任的氛围。当然，数据质量问题的提示会推动数据提供商改进处理过程，以便降低星号数量。

如今很少看到数据仓库的最终 BI 层中出现这样不确定性的警告。但与 1980 年相比，我们的行业已经更紧密与数据联系在一起。我认为是时候将“不确定性”重新引入事实表。这里有两个地方可以将不确定性添加到任何事实表而无须修改粒度或者让已有应用程序无效。

以财产事故保险为例，其中一个事实表的关键绩效指标是具有特定人口统计学特征的保单分组的以美元计的风险金额。这是针对所选择保单集已知索赔的总负债估算值。保险公司管理层必然会留意这个数字！

在图 11-8 中，会将以美元计的风险金额与一个风险置信度指标放在一起，该风险置信度值为 0~1。0 表明所报告的以美元计的风险金额不可信赖，而 1 表明完全可信。我们会通过检验每个索赔的状态在后台 ETL 过程中分配该风险置信度值，这些索赔会影响图 11-8 中所示的聚合记录。与一个非常大的风险相关但其索赔状态是“预先评估”“未核实索赔”或“有争议索赔”的索赔很可能会降低这个事实表中汇总记录的整体风险置信度。如果不确定索赔的单独预备金额值被指定为零权重，那么整体的预备金置信度指标就会是一个加权的单独预备金的平均值。

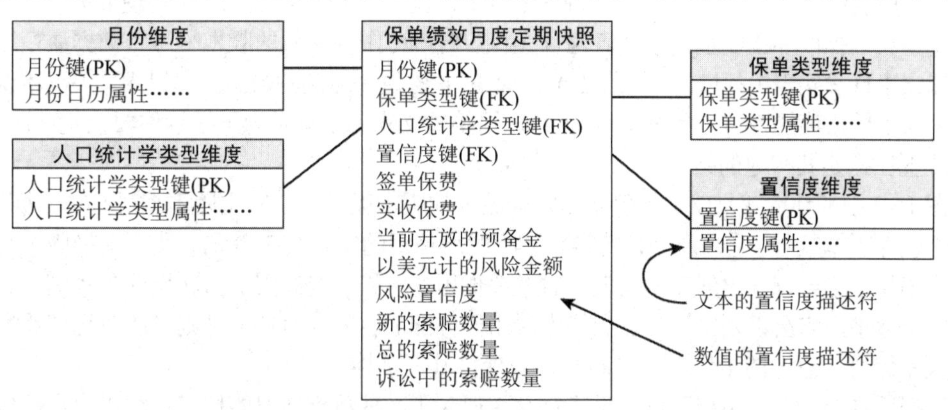

图 11-8　用风险置信度事实和不确定维度扩充的保险事实表

图11-8还显示了一个置信度维度，它包含描述事实表里一个或多个值中置信度的文本属性。风险置信度的文本属性会与风险置信度指标相关。0.95~1 的风险置信度可能对应于“确定”。0.7~0.94的风险置信度可能对应于“不太确定”，而小于0.7的风险置信度可能对应于“不可信”。示例中数值和文本置信度信息的组合允许BI工具以各种方式显示数字值(比如，将斜体用于不太确定的数据)，并且允许BI工具对置信度区间进行约束和分组。

这个示例应该是一个合理的模板，可用于提供任意事实表的置信度指标。我发现，只要考虑对于各种交付指标来说其置信度是什么，就会明白这样的实践会很有用。并且业务用户也会发现该实践很有用，这是毫无疑问的。

11.23 是否已经构建审计维度

Ralph Kimball，Design Tip #164，2014年3月3日

用于管理数据质量和数据治理，以及为业务用户提供数据仓库结果中置信度的一个最有效的工具，就是审计维度。通常会将审计维度附加到每一个事实表，这样业务用户就可以进行选择，以便说明其来源以及其查询和报告中的置信度。简而言之，审计维度会将元数据提升至普通数据的状态并且让这一元数据在所有BI工具用户界面的最顶层可用。

构建一个成功审计维度的秘诀在于，保持其简单性并且一开始不要过于理想化。简单的审计维度应该包含环境变量和数据质量指示器，如图11-9所示。

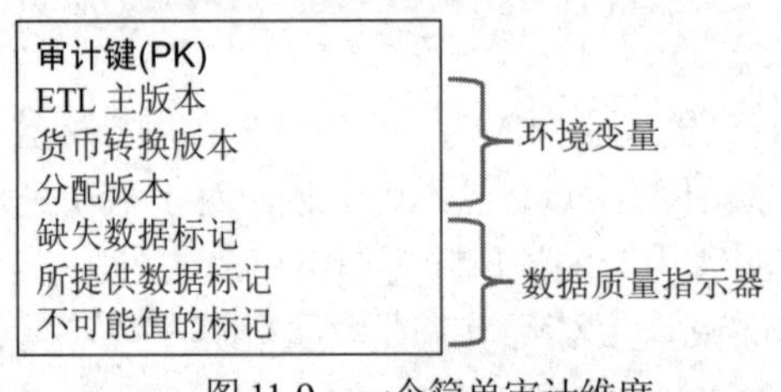

图11-9　一个简单审计维度

就像所有维度一样，审计维度也为特定事实行提供了上下文。因此在创建事实行时，会从一个小型表中抓取环境变量，这个表包含在特定时间范围内有效的版本编号。数据质量指示器是从错误事件事实表中抓取的，这个表会记录ETL管道中遇到的数据质量错误。关于错误事件事实表及审计维度的内容，参见文章11.19。这篇短文实际上只是为了提示你要构建审计维度，如果一直在拖延其构建的话！

图11-9中的环境变量就是仅仅偶尔才会改变的版本编号。ETL主版本编号是单一标识符，类似于软件版本编号，它涉及创建特定事实行时所使用的完整ETL配置。货币转换版本是另一个版本编号，它会识别出创建事实表行时发挥作用的一组特定外国货币转换业务规则。分配版本是一个数字，它会识别出计算盈利能力时用于分配成本的一组业务规则。所有这些环境变量都仅仅是促进你思考的示例。不过同样，要保持其简单性。

数据质量指示器就是显示特定事实行是否遇到了一些特定情况的标记。如果事实行包含了缺失或受损数据(可能被空值所替换)，那么缺失数据标记就会被设置为true。如果缺失或受损数据是用一个估计量来填充的，那么该数据所提供的标记就会是 true。如果事实行包含了反常的高或低值，那么不可能值的标记就会是 true。注意，这个简单的审计维度并不会提供数据质量问题的准确描述，相反，它只会提供一个警告，告知业务用户应该谨慎对待。显然，如果可以轻易地实现更为具体的诊断警告，那么就应该这样做。但要保持其简单性。不要一味追求优雅。

文章 11.19 深入介绍了审计维度的更复杂版本，但我一直担心，真正高级的审计维度设计会让人灰心丧气。因此有了本节。

最后，如果构建一个审计维度，则要向业务用户展示它。图 11-10 显示了一份简单追踪报告之前和之后的部分，这份报告使用了具有“不正常”和“OK”值的超出限制指示器，提供了一个有用的警告，警示大比例的神经轴西部数据都包含不可能值。该检测报告就是通过将超出限制指示器拖入查询中来创建的。业务用户会惊讶地感激拥有这类信息，不仅因为他们希望知道为何这些数据会被标记，还因为他们赞赏能够不基于过少的信息进行业务决策。

常规报告：

产品	发货地	发货数量	收益
神经轴	东部	1438	$235,000
神经轴	西部	2249	$480,000

检测报告(将超出限制指示器添加到 SELECT)：

产品	发货地	超出限制指示器	发货数量	收益
神经轴	东部	不正常	14	$2,350
神经轴	东部	OK	1424	$232,650
神经轴	西部	不正常	675	$144,000
神经轴	西部	OK	1574	$336,000

图 11-10　使用审计维度的常规和检测报告

11.24　数据是否正确

Ralph Kimball，Intelligent Enterprise，2000 年 12 月 5 日

数据仓库后台中的一个常见问题就是，在将数据发布给用户之前验证数据是否正确。该仓库是不是生产系统的准确映像？今天早上下载的数据是否完整？其中一些数字是否被损坏？

没有用于验证数据加载的单一技术，因为数据源中存在如此多的可变性。如果在下载一个生产源的未变更映像(保留原始粒度性)，那么可以在生产系统上运行一份具有精确到分钟的合计数快报，然后在数据仓库上概括相同的报告。在这种情况下，在运行报告之前就会知道结果，并且这两个结果应该匹配到最后一位小数。

但通常不会拥有已知的数据基准线。例如，可能你每天晚上会从 600 个零售店铺接收相互独立的销售事务。你必然可以对店铺报告的数字计算总和，但如何才能应用一些额外的评价以便判定数据正确的可能性呢？

继续以 600 家店铺为例，来看看每天早上每家店铺内每个部门的销售合计，并且查看当天的新数字是否合理。如果当天的销售合计数落在了该店铺部门之前销售合计中间值的三倍标准差以内，就可以确定当天的销售合计是合理的。

选择三倍标准差的原因是，在常规分布中，99%的值都位于中间值以上或以下的三倍标准差内。如果所有的数据值都是有效的，那么其中大约 1%仍旧将无法通过验证。可能在审查这些异常值之后，会确定总体的数据加载看似是合理的。

我将描述使用这一仅仅用语言所叙述的简单技术来检查数据的过程。在那之后，会包含一些 SQL，但可以跳过 SQL，仍旧会得到基本理念。

为了让这一过程快速运行，你会希望在计算标准差时避免查看老数据的完整时间历史。可以在仅用于数据验证过程的特殊表中保留每个店铺每个部门的三个累计数字，从而完成这一任务。需要保留正在累计的天数、每一天的销售累计合计值(按照每个店铺中的部门来分组)，以及每天销售平方值的累计合计值(同样按照每个店铺中的部门来分组)。这些值可以保存在一个小型、独立的累计部门表中。这个表的粒度就是每店铺每部门，并且每天都会重写三个数值字段 NUMBER_DAYS、SUM_SALES 和 SUM_SQUARE_SALES。只要通过将后一天的值与已经存在的值相加，就可以更新这三个字段。因此如果有 600 个店铺并且每个店铺有 20 个部门，那么这个表就有 12 000 行，但它不会随着时间推移而增长。该表的每一行中还会有店铺名称以及部门名称。

使用这一累计部门表，查看早上数据加载中所有 12 000 个部门合计，并且要剔除早上数字中超过中间值三倍标准差的数字。如果异常值不太多，则可以选择检查有异常值的具体数字；如果看到超过 1%的数据值被标记为超出限制，可以回退整个加载。

如果早上的加载通过了检验，则要将数据发布给业务用户并且更新累计部门表，以便准备好后一天的加载。

这里有一些在这一场景中可能有用的未经验证的 SQL。回想一下，标准差就是方差的平方根。方差是每个历史数据点与数据点中间值之间差值的平方和，再除以 N – 1，其中 N 是数据的天数。通常方差的计算需要查看销售数据的整个时间历史，尽管这是可行的，会让计算变得枯燥乏味。如果一直在保持对 SUM_SALES 和 SUM_SQUARE_SALES 的追踪，则可以将方差写成

```
(1/(N-1))*(SUM_SQUARE_SALES-(1/N)*SUM_SALES*SUM_SALES)。
```

因此如果将方差公式简写为 VAR，则数据验证检查看起来就会像这样：

```
SELECT s.storename, p.departmentname, sum(f.sales)
FROM fact f, store s, product p, time t, accumulatingdept a
WHERE
```

首先，处理表之间的联结：

```
f.storekey = s.storekey and
f.productkey = p.productkey and
f.timekey = t.timekey and
s.storename = a.storename and
p.departmentname = a.departmentname and
```

然后，将时间约束为当天，以便得到新加载的数据：

```
t.full_date = #December 13, 2000#
```

最后，调用标准差约束：

```
HAVING ABS(sum(f.sales)-(1/a.N)*a.SUM_SALES > 3*SQRT(a.VAR)
```

扩展上述说明中的 VAR，并且在 N、SUM_SALES 和 SUM_SQUARE_SALES 上使用 a.前缀。我已经假设，部门就是产品的分组，因此可用作产品维度中的汇总。

借用这一模式可以包含两个查询的运行：一个用于超过中间值上方三倍标准差的销售数据，另一个用于小于中间值下方三倍标准差的销售数据。可能对于这两种情况会有不同的解释。如果 SQL 不支持在 HAVING 子句中使用 ABS 函数，运行两个查询还可以去除它。

如果销售数据中存在显著的日常波动(比如与星期六相比，星期一和星期二会非常平缓)，则可以将一个 DAY-OF-WEEK 添加到累计部门表并且约束到恰当的一天。尽管这样做会让累计部门表增大七倍，但它可以移除显著变化的源并且让测试更加准确。添加这一 SQL 就是一种处理已知每日波动的简易方式。

11.24.1　评价没有历史的数据质量

有一些特殊的情况，如果没有累计历史，可以计算预期的中间值以及传入数据的方差。假定你正在从年龄范围为 40~49 岁的大量个人受访者收集数据。如果没有理由认为性别选择倾向性存在偏向，则可以使用人口中任意的男性比例(假设 47/100)及女性比例(也就是 53/100)作为统计的基础。统计师会认为，你的数据代表了一组柏努利试验，并且所产生的数据应该符合二项分布。翻阅统计学参考书，就会知道，如果调查了 1000 名受访者，则可以预期男性的中间数是 N × P，其中 N = 1000 且 P = 47/100。这样就得到样本中有 470 名男性。似乎是合理的。根据这些参考书，其方差就是 N × P × (1–P)，也就是 1000 × 0.47 × 0.53 = 249.1。其标准差就是方差的平方根，在这个示例中也就是 15.78。

同样，应用三倍标准差条件，你会担心离中间值相差超过三倍标准差的数据元素。换句话说，如果发现 1000 个样本中所报告的男性数字小于 470–3 × 15.78 = 422.6 或者大于 70+3 ×15.78 = 517.3，则要停下来查看所报告数据是否合理。

要思考一下，数据是用一个概率常量生成的这一假设是否合适。如果合适，则可以使用这一技术，而无须累计复杂的过往历史。概率常量假设看似合理的其他示例可能包括，生产制造过程的产出比，如晶片制造、造纸或炼钢厂。

11.24.2　可预测变更的补充

数据仓库中出现的许多测量(事实)都来自呈现出可预测季节性波动的市场。假期和夏天是可预测的、交易量高的时期。在评价传入数据时要从方差源中去除这一季节性因素。同样，可能过去数年业务一直以加速度快速增长；这一加速甚至可能是非线性的。最后，可能一周或一个月中会有特定的几天，业务量可以预测为高或低。

可以在数据中移除这些方差源，以便评价数据是否合理，但你需要一些强有力的统计帮助。你会希望将之前的数据在时间上投影到今天，然后用刚刚传入的数据对比这一投影。专业的统计师多年来都在使用 X-11-ARIMA 技术从时间序列数据中移除这些影响。ARIMA 是自回归积分移动平均的首字母缩写。X-11 算法会采用已有的数据并且沿时间向前投影。换句话说，它会告诉你它预期的今天的数据值是什么。

对于这一悠久的 X-11 算法，统计师已经以各种形式使用 30 多年了，它最近为 X-13-ARIMA 所取代。X-13-ARIMA 会为处理连续(非季节性)趋势及短期影响提供更大的灵活性，如交易日波动。所有的重要统计软件供应商都有 X-13 模块，可以用它来过滤出不合理的数据值。

大多数重要 ETL 供应商都提供了具有高级统计处理功能的“转换”模块，其中包括

X-11-ARIMA、X-12-ARIMA 和 X-13-ARIMA。与 ETL 供应商谈一下，并且询问他们如何将其中一个重要统计软件包附加到后台数据流。

11.25 对于国际化数据质量的八项建议

Ralph Kimball，Intelligent Enterprise，2008 年 8 月 1 日

文章 10.18 和文章 10.19 也探讨过国际化数据的文化和技术挑战。

Thomas Friedman 的精彩著作《世界是平的》(Farrar，Straus，and Giroux 出版社于 2007 年出版)以编年体形式记录了 IT 界大多数人都熟知的革命。企业会从全世界收集和处理数据。我们有数百甚或数千个供应商，几乎在每个国家中都有数百万顾客。我们的员工及其姓名和地址，来自每一种可以想象到的文化。金融交易是以数十种货币结算的。我们需要知道异地城市的确切时间。最主要的是，即便网络使我们有了到所有计算资源的紧密电子连接，但还是要处理完全分布式的系统。当然，这正是 Friedman 著作的要点。

在理想化的单一文化环境中，数据质量还不足以成为挑战，但在扁平化的世界中，数据质量会变成空前巨大的热点。不过奇怪的是，国际化数据质量的问题并非 IT 世界的单一相关主题。在大多数情况下，IT 组织仅仅会响应特定位置中的特定数据问题，而不会处理整体架构。一个整体的架构是否甚至可能？本节会研究围绕国际化数据质量的许多挑战并且为处理该问题总结八项建议。

11.25.1 语言和字符集

在美国和西欧外，还存在着数百种语言和文字系统，无法使用像 ASCII 这样的单字节字符集来呈现它们。当然，Unicode 标准是国际上认可的多字节编码，它旨在应对地球上所有的文字系统。其最新版本 Unicode8.0.0，编码了几乎每种现代语言中超过 100 000 个字符。重要的是要理解，Unicode 并非一种字体。它是一个字符集。数据仓库的架构挑战在于，确保存在从数据捕获、到所有形式的存储、DBM、ETL 过程以及最后的 BI 工具都对 Unicode 提供端到端支持。如果这些阶段中的某一个无法支持 Unicode，最终的结果将被损坏且不可接受。

11.25.2 文化、姓名和称呼

姓名的处理是一个敏感问题，并且错误处理姓名会是不尊重的表现。思考以下来自不同文化的示例：

巴西：Mauricio do Prado Filho

新加坡：Jennifer Chan-Lee Bee Lang

美国：Frances Hayden-Kimball

你是否有信心解析这些姓名？姓氏从何处开始？Frances 是男性还是女性？若干年前，我的头衔是应用程序总监(Director of Applications)。我收到过一封写给 Dir of Apps 的信，其开头是 Dear Dir。我并没有严肃对待这封信！

11.25.3 地理位置和地址

众所周知，如果没有详尽的当地知识，对于不同国家中的地址解析会很困难。例如：

芬兰：Ulvilante 8b A 11 P1 354 SF-00561 Helsinki

韩国：35-2 Sangdaewon-dong Kangnam-ku Seoul 165-010

你知道如何解析这些地址吗？

11.25.4 隐私和信息传输

即使所收集的数据被正确解析并且质量很高，也还是需要非常谨慎地选择存储、传输和暴露该数据的方式。法国 1978 年 1 月 6 日颁布的“关于数据处理、数据文件及个人自由的法案”，于 2004 年 8 月和 2007 年 3 月经过两次修订，该法案规定“禁止直接或间接透露种族和民族起源、政治和哲学以及宗教信仰观点或个人工会从属关系，或者与其健康或性生活有关的个人数据的收集和处理。(后面描述了 8 段例外情况)”。

11.25.5 国际化合规性

无论何时通过 BI 工具暴露收益或盈利能力数据，合规性都是数据仓库另一个让人头疼的问题。要当心！欧盟有 28 个成员国，其中每一个成员国都可能有不同的金融责任指导意见。

11.25.6 货币

事务系统通常会以事务发生地真正的原始货币来捕获详细的金融事务。当然，不能直接添加不同的货币。汇率每天都会发生变化，有时候还会快速变化。在最终的报告中保留外国货币符号是必要的，但在所使用的字体中可能并没有提供。

11.25.7 时区、日历和日期格式

与普遍的看法相反，世界上并不只有 24 个时区，而是数百个！其复杂性来自夏令时规则。例如，尽管印第安纳州完全位于东部时区，但印第安纳州的部分地区会实行夏令时而其他部分并不实行。你需要一份印第安纳的郡县列表才能知道 Kokomo 的时间是什么！在世界上的有些地区，存在数十种使用不同时区规则的管辖范围。

在西欧国家，大多数人都使用格林威治日历，但世界上还有其他一些重要的日历。例如，格林威治日历的 2008 年 7 月 8 日是中国农历的 4705 年 6 月 6 日；是日本和历的 2668 年 6 月 6 日；是穆斯林历的 1429 年赖哲卜月 4 日；是犹太历的 5768 年搭模斯月 5 日。你的数据仓库能应对这些日历吗？如果欧洲人写“7-8-2008”，那么这一天是 7 月 8 日还是 8 月 7 日？

11.25.8 数字

有人会认为，至少对于简单的数字来说，不会有任何问题。但在印度和中亚的其他地区，

数字“12,12,12,123”是完全合理的并且对应于美国的“121,212,123”。另外，在许多欧洲和南美国家，用于指定小数点的句号和逗号的作用与美国是相反的。最好牢记这一点！

11.25.9 用于国际化数据质量的架构

这里以概要的形式精炼了我对于应对国际化数据质量的建议：

- 90%的数据质量问题都可以在源处处理，只有10%需要进一步在下游处理。在源处处理数据质量需要企业数据质量文化、执行层的支持、对于工具和培训的财务投入以及业务过程再造。
- 主数据管理(Master Data Management，MDM)活动对于确立数据质量有极大的好处。要为包括顾客、员工、供应商和位置在内的所有主要实体构建 MDM 能力。确保 MDM 按需创建这些实体的成员，而非在下游清洗这些实体。使用 MDM 为所有重要的实体建立主数据结构。确保该部署让你可以在 DW/BI 管道的所有阶段都正确解析这些实体，将详尽的解析结果应用到整个过程直到 BI 工具。
- 使用数据质量筛查、错误事件模式及审计维度主动管理和报告数据质量指标。
- 通过 DW/BI 管道标准化并且验证 Unicode 能力。
- 在数据捕获时使用 www.timezoneconverter.com 来确定一个遥远外国地区发生的每一个事务的实际时间日期。同时存储每一个事务的全球通用时间戳和当地时间戳。
- 选择单一的全球通用货币(美元、英镑、欧元等)并且同时存储金融事务中的当地货币值以及每一条低级别金融事务记录中的全球通用货币值。
- 不要翻译数据仓库中的维度。为维度内容固化单一的主语言，以便驱动查询、报告和排序。如果需要，可就地翻译最终的呈现报告。对于手持设备的报告，要注意大多数非英语翻译结果都比英语文本长。
- 千万不要考虑建立隐私与合规性最佳实践。这是法务和财务执行层的任务，而非 IT 的。你肯定有一位 CPO 和一位 CCO(分别对应于隐私管理和合规管理)，对吧？

11.26 将正则表达式用于数据清洗

Warren Thornthwaite，Intelligent Enterprise，2009 年 1 月 19 日

对于许多 DW/BI 系统经理来说，数据质量都是其中一个最大的挑战。有一个常见的问题，尤其是具有自由录入数据的情况下，就是数据结构并非标准形式。例如，美国的电话号码通常被标准化成(999) 999-9999 的模式。通常要标准化一个列的内容，以便增加用户查询时或者进行数据集成对比时的匹配概率。本节介绍一种可以直接编程到 ETL 过程中的方法，以便适度简化复杂的数据清洗和标准化任务。

我最近致力于为一家教育机构构建一个基于网络的、自由形式录入注册信息的系统。该系统对于处理该组织的注册事务很有效。只要人的姓名在注册清单中，就会得到一枚徽章和课程材料。不过，自由形式录入的数据对于分析不太适用。在这个示例中，一个有用的分析会涉及查看有多少学生注册过多个班级。当新数据从班级注册系统加载到数据仓库时，ETL 系统会用已有记录中的列对比传入记录中的列，以便检查是否有新的注册注册过之前的班级。如果这些列的内容没有被标准化，它们就可能不匹配。来自源注册数据的图 11-11 中所示的该公司姓名列(Company_Name 列)揭示了这个问题。

RegID	First_Name	Last_Name	Company_Name	Reg_Date
507	Craig	Nelson	Bisontronics, Inc.	6/7/2008
515	Danny	Davinci	Daridune, Inc.	6/14/2008
516	Jenny	Smith	Daridune, Inc.	6/14/2008
580	Tim	Little	Synbis, Inc.	7/31/2008
591	Matthew	Adams	Inclander Incorporated	9/8/2008
596	Candy	Graham	Vencinc,Inc.	8/15/2008
617	Jenny	Smith	Daridune	9/14/2008

图 11-11　样本源数据

11.26.1　求助于正则表达式

正则表达式(RegExp)是基于正则表达式语法的字符串匹配模式。可以使用相当短的 RegExp 模式来匹配指定模式的许多变体。在之前的示例中，希望清洗公司名称，以便更容易在加载新注册信息时找出匹配的数据。当然，在处理这个问题时首先采用的方法就是尝试让源系统一开始就捕获正确数据。当这个方法无效时，就需要在 ETL 系统中处理这个问题。

匹配全都与概率有关。你绝不能完全肯定两条记录都是同一个人。在图 11-11 中，最后一条记录是一名之前注册过的学生。在这个示例中，可以对名字和姓氏进行匹配，但数据库中可能有多个人姓名为 Jenny Smith。为了提高这一比较中的置信度，还要匹配公司名称。在这个示例中，匹配不会很准确，因为在 Jenny 第二次注册时，她去掉了“Inc”。

11.26.2　基本运算符

正则表达式有一组完整的匹配运算符和缩写词，使用起来就像 SQL 中或者 Windows 搜索中的简单搜索字符串运算符(%、?和*)。表 11-1 为用来清洗公司名称的正则表达式运算符。

表 11-1　运算符

运算符	作用
*	可选——匹配前面字符串的零个或多个存在
|	或(替代项)——匹配该运算符一侧或另一侧的字符串(可以在一个分组中使用多个 OR)
\	转义——将下一个字符当作文字处理；比如，*意味着匹配“*”字符。在与像 t 或 b 这样的特定普通字符一起使用时代表着一个控制字符
\t	制表符
\b	字边界
( )	子字符串分组

11.26.3 找出“Inc”

由于出现了几种版本的“Inc”，因此需要一个足够灵活的正则表达式来把它们全部找到，而不会包含任何错误匹配。正则表达式引擎总是会从要搜索的字符串的开头向结尾以向前的方向移动。如果基于第一个示例开始编写表达式，那么最初的正则表达式如下(未包含引号)：

```
", Inc"
```

这不会匹配第二行，因为它不是以逗号开头并且其结尾处有一个句号。通过让逗号和句号可选，正则表达式现在如下所示：

```
",* Inc\.*"
```

这一运算符组合会查找零个或多个逗号，其后跟着一个空格，之后是字符 Inc，再之后是零个或多个句号。句号字符本身就是一个正则表达式运算符，它意味着“匹配任意内容”，因此这里使用了反斜杠，它是将其含义转变成“匹配文字句号字符”的转义字符。

此时，正则表达式将匹配前四行，但不会匹配后两行。通过使用 OR 运算符将完整字符串“Incorporated”添加到正则表达式之前，就可以扩展它以匹配第五行：

```
" Incorporated|,* Inc\.*"
```

这一顺序很重要。完整单词“Incorporated”需要放在最前面，否则正则表达式引擎仅会将“Inc”子字符串匹配到 Incorporated 的前三个字符。“Incorporated”前面的空格意味着其模式将匹配该示例，但它不会选取前面的逗号。接下来将修复这个问题。

现在测试数据中还留有最后一个挑战：第六行中逗号后面没有空格的“Inc”。在当前模式中，逗号是可选的，但空格不是。如果让空格也变得可选，那么该模式会过匹配(over-match)并且返回公司名称“Vencinc.”中的“inc”。一种更有针对性的模式仅需要在逗号和空格以及逗号子模式之间包含一个 OR：

```
" (,* |,)(Incorporated|Inc\.*)"
```

稍微移动了一下这个版本中的内容。该模式现在有两部分，用小括号标记。第一个部分会查找目标字符串的开头：一个逗号和空格、一个空格或者仅仅一个逗号。第二个部分会查找“Incorporated”或“Inc”，其后跟着一个可选的句号。

11.26.4 最终结果

这一简单的表达式将匹配输入 incorporated 的六种不同方式，以及空格的差异。ETL 过程会将其用在正则表达式的 Replace 函数中，以便添加一个标准化的版本，如“, Inc.”，或者用一个空字符串替换它，如图 11-12 所示的结果集。

这一标准化不仅会提升匹配的概率，还会改善分析结果。按照标准化公司名称的注册计数会更加接近于现实情况。这一结果仍旧不完美；可能会合并不相同的公司。记住，匹配全都与概率有关。

Company_Name	Company_Name_Standardized
Bisontronics, Inc.	Bisontronics
Daridune, Inc.	Daridune
Daridune, Inc.	Daridune
Synbis, Inc.	Synbis
Inclander Incorporated	Inclander
Vencinc, Inc.	Vencinc
Daridune	Daridune

图 11-12　样本源数据的标准化公司名称

11.26.5　可以在何处使用正则表达式

正则表达式可用于帮助标准化文本或数字列。还可以将它们用于提取字符串，类似于复杂 URL 的搜索字符串组成。有一些使用正则表达式来标准化或解析出最常见数据录入问题的示例。下面是一个用于美国电话号码的示例(d 表示任何数字)：

```
(d{3})([- )]|.)*(*(d{3})([- )]|.)*(d{4})
```

可以在大多数开发工具集中找到正则表达式引擎，如 Microsoft 的.NET 正则表达式库(System.Text.RegularExpressions 类)；Java JDK；以及许多脚本语言中的 PHP、Python 和 PowerGREP。许多 UNIX 实用工具也都有内置的正则表达式引擎。你的 ETL 工具甚者可能提供了对于正则表达式的直接访问作为其工具集的一部分。EditPad Pro 的免费版本是用于正则表达式模式的交互式开发和测试的绝佳工具。

如果面临大数据集成问题，会有更多的成熟工具可以进行匹配，包括姓名和地址查找、模糊匹配算法及标准库。不过，如果面临相对小的数据清洗或标准化问题，或者需要解析出复杂字符串模式，那么正则表达式会提供很大的帮助。

填充事实和维度表

下面介绍用于构建目标维度模型的小技巧和技术。

11.27　对代理进行管道化处理

Ralph Kimball，DBMS，1998 年 6 月

事实表和维度表之间的每一个联结键都应该是代理或匿名整数，而非自然键或智能键。一旦创建了具有代理键的维度记录，就必须为任何引用这些维度的事实表分配正确的代理键值。在这种情况下，事实表中的代理键就是一个外键，意味着代理键的值存在于对应的维度表中。要将维度表视作维度的“关键主人”。维度表控制代理键是否有效，因为代理键是维度表中的主键。

当事实表中的每一个代理键都是连接到其中一个维度表内对应主键的正确外键时，该事实表和维度表就遵循了引用完整性。具有向外连接到其周围一圈维度表的外键的事实表会带来数据提取期间的一项有意思的挑战：必须拦截所有的传入事实记录并且用正确的代理键值高速替换其所有的键组成部分。

首先应对维度表中创建主代理键的挑战，然后处理快速事实表键替换。

11.27.1 用于维度表的键

当我们考虑为维度表创建键的时候，可以从后续所有加载中区分出维度表的原始加载。原始加载创建一个与传入生产数据记录数量完全相同的维度表。假设传入的生产数据是干净和有效的，并且无须进一步复制传入数据。基于这一假设，只要在第一次加载维度时为代理键分配连续的数字即可。这一简单过程就是顺序读取传入数据，如图 11-13 所示。

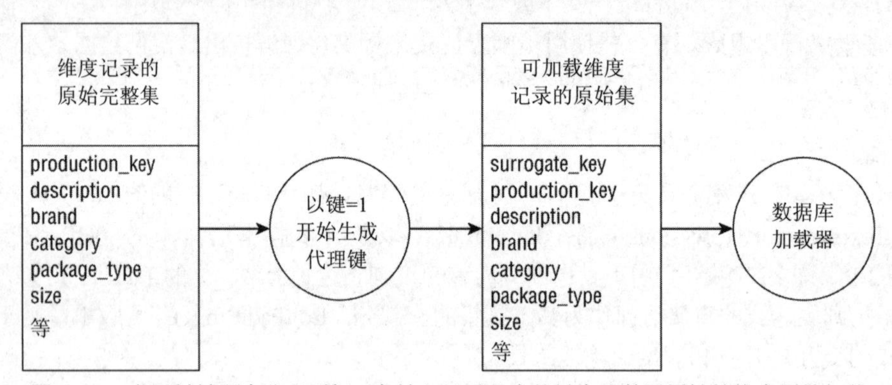

图 11-13 代理键被顺序分配到每一条输入记录且自然键变成普通属性的维度原始加载

在维度的原始加载之后，事情就会变得更有意思了。第二次以及所有后续时间读取定义维度的生产数据时，都必须进行一些复杂的决策。最容易的决策就是识别出已经被添加到生产系统维度并分配了新生产键的新记录。出于简单性考量，假设生产数据有一个干净的、精心维护的被称为自然键的单一字段(即使产品维度记录的唯一性是由几个单独字段来定义的，实际上也不会改变这一假设)。每次提取生产维度信息时，都必须检查所有的自然键以便查看之前是否遇到过它们。从概念上讲，可以仅查看自然键作为普通字段存储的数据仓库维度表。不过，稍后将推荐用于此目的的一个单独查找表，而不是使用真实的维度表(注意：有些 ETL 工具目前允许在执行这一查找时增量缓存维度表，这是一种强大的方法。如果这一缓存可用，则可以跳过后面关于键查找表的探讨)。

在读取定义维度的传入生产数据时，如果之前看到过该自然键，但该维度记录中的其他一些属性发生了合理变化，那么就需要更加不同的决策。这是典型的渐变维度情况；例如，一个产品可能在其包装或成分上有很小的变化，但其基础自然键、库存单位(SKU)编号并没有改变，或者一个顾客保持了相同的顾客 ID，但像婚姻状况等描述符改变了。为了解决这些问题，必须采用渐变维度策略。这一策略表明，如果一个维度中的某些描述字段发生了变化，那么记录中的数据就会被破坏性地重写(类型 1 变更)。但如果其他描述性字段发生了变化，则会生成一条新的数据仓库维度记录(类型 2 变更)。该策略会识别出哪些字段被重写或重新生成，并且会在

ETL 管道的转换逻辑中实现该策略。

确定之前是否看到过传入自然键的最快方式就是使用之前识别的生产键的特殊表，可能会为了最快的可能引用而排序和索引，如图 11-14 所示。这个表的行比维度表少，因为它仅会为每个识别出的自然键记录一行。除自然键外，这个查找表还包含与自然键相关的最近代理键。

production_key	current_surrogate_key
SKU43MFR072	2347
SKU67MFR0064a	4563
SKU112XMfr9	5477
SKU1288MFR13	5432
SKU12-4MFR12	446
SKU34MFR6667	7612
PRODabcSUPPL7	4512

图 11-14　用于典型维度的具有与唯一自然键数量相同的行的查找表

在用于维度的传入生产数据被处理时，要使用该查找表来确定之前是否看到过每一个自然键。如果没有看到过自然键，则立即知道必须创建一条新的数据仓库维度记录。如果保持追踪这个维度中之前用到的最高代理键值，则可以仅对这个值加 1，从而创建新的维度记录。相反，如果之前看到过该自然键，则要从该查找表中抓取代理键并且使用它来得到维度记录的最近版本。然后用当前数据仓库版本对比传入记录的生产版本。如果全都匹配，则不必生成渐变记录，并且可以继续处理输入中的下一条记录。如果一个或多个字段已经发生了变化，则要使用渐变维度策略来确定是否要重写或创建一条新记录。如果创建一条新记录，则必须修改这个查找表，因为现在有一个更新的表示自然键的代理键。图 11-15 中表明了这一决策逻辑。

如果运气够好，具有已标记过且拥有时间戳的变更的生产数据，则可以避免刚刚描述的开销相当大的对比步骤。不过，该逻辑的其余部分仍旧不变。

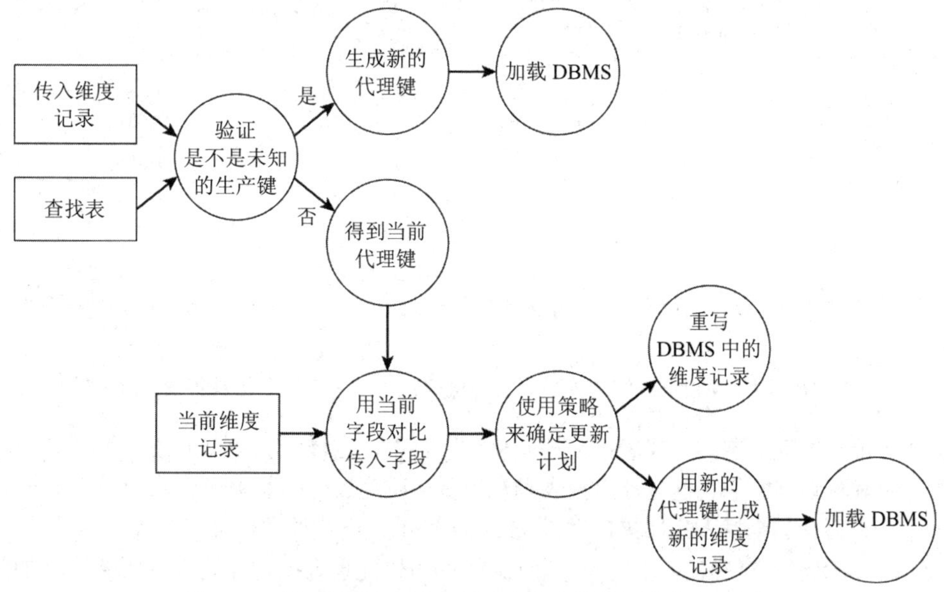

图 11-15　用于原始加载之后维度表所有刷新的维度处理逻辑

11.27.2 用于事实表的键

必须在处理事实表之前就处理维度表。在完成维度表的更新时，不仅所有的维度记录都是正确的，将自然键绑定到当前代理键的查找表也会被正确更新。这些小的查找表对于快速的事实表处理是必要的。

处理传入事实表记录的任务很容易理解。抓取事实表记录中的每个自然维度键并且用正确的当前代理键替换它。注意，是"替换"。不要在事实记录本身中保留该自然键值。如果关心该自然键值是什么，那么总是可以在相关的维度记录中找到它的。

如果有 4~20 个自然键，那么每一条传入事实记录都需要 4~20 次单独的查找来得到正确的代理键。图 11-16 显示了我最喜欢的快速完成此任务的方式。首先设置一个多线程应用程序，它会在图 11-16 中所示的所有步骤中流式处理所有输入记录。提到"多线程"时，是指在记录#1 正在运行一整套连续的键查找和替换时，记录#2 会与记录#1 同时运行，以此类推。不要在第一个查找步骤中处理所有的传入记录并且之后将整个文件传递给下一个步骤。出于快速性能的考虑，在输入记录已经通过所有的处理步骤之前，都不会将其写入硬盘，这样的做法是必要的。在结束之前，它们必须在内存中运行而不会被写入硬盘。

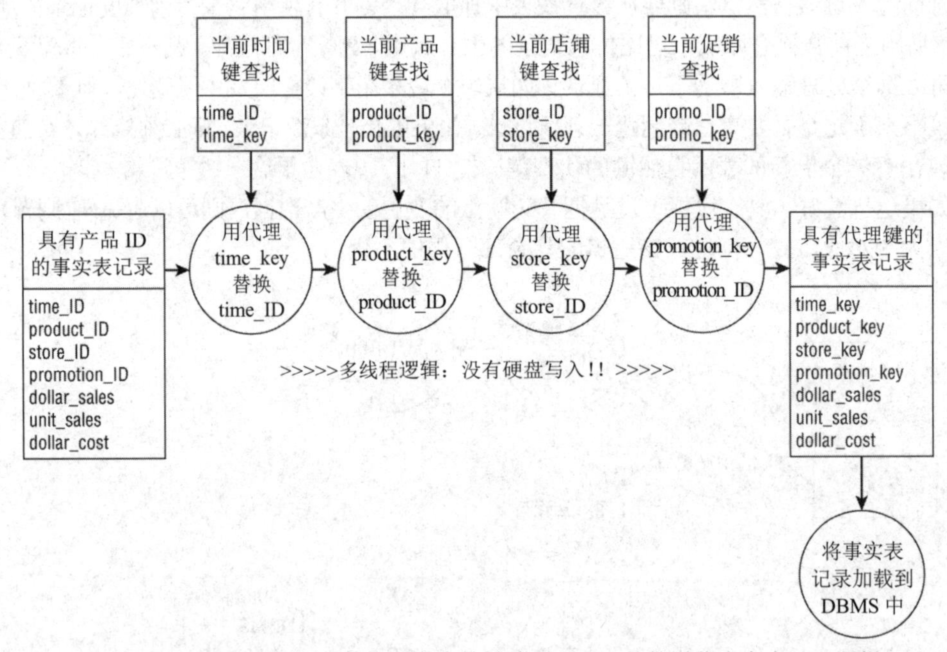

图 11-16 用于使用代理键替换所有自然键(指定为 ID)的管道化事实表处理逻辑

如果可能，所有需要的查找表都应该固化到内存中，这样就能在每一条传入事实记录提供其自然键时随机访问它们。这是让查找表独立于真实维度表外的其中一个原因。假定一个维度具有一个一百万行的查找表。如果自然键是 20 个字节，而代理键是 4 个字节，那么大约需要 24MB RAM 来保留该查找表。在具有大量 RAM 的可以配置数据暂存的机器环境中，你应该能够将所有的查找表放入内存中。

在一些重要的大型事实表中，可能有一个庞大的维度，如居民区顾客，有数千万行。如果仅有一个这样庞大的维度，仍然可以设计一个快速管道化的代理键系统，即便该庞大维度查找表可能需要在使用时从硬盘读取出来。秘诀在于，根据自然键预先对传入事实数据和查找表进行排序。现在代理键替换就是通过两个文件的一次性排序合并。这应该相当快，尽管比不上内存处理。如果管道中有两个这样的庞大查找表，那么就需要一个顾问了！

尽管一个合格快速代理键系统的设计显然需要进行一些思考，但会得到许多好处。代理键将减少大开销事实表的空间，消除来自生产环境的管理意外，潜在适应兼并或收购等较大意外事件，具有用于处理渐变维度的灵活机制，以及表示不存在自然键的合理不确定状态。

11.28　疏通事实表代理键管道

Joy Mundy，Design Tip #171，2015 年 1 月 5 日

让 ETL 系统具有后台活动的特征，而用户绝不应该看到或接触到后台活动。即便如此，ETL 系统设计也必须由用户需求来驱动。本书从业务用户需求的角度介绍一些 ETL 管道的设计——事实表代理键管道。

代理键管道是 11.2 节介绍的第 14 个子系统。代理键管道通常是事实表处理的最后一步，其中 ETL 系统会用数据仓库代理键来替换源系统键。

在大多数情况下，该管道的实现是可以放心交由 ETL 团队来处理的琐事。他们将确定是否首先暂存事实数据，以及是否使用 ETL 工具部件、查找或数据库联结来完成用代理键替换源系统键的工作。但 ETL 设计团队需要从业务用户社区得到关于如何处理以下场景中描述的有问题行的输入。

11.28.1　缺失源系统键

最简单的情况是，当一个传入事实行完全缺失了一个维度的键。有时维度仅仅不适用于一些事实行。例如，思考一个描述店铺中产品销售情况的事实表的场景。这个维度模型可能包括一个促销维度，该维度会描述与商品销量有关的市场促销及电子优惠券。但许多销售情况都完全与任何促销无关：源系统促销代码为空白或者空值。

每个事实表键在每个维度表中都具有一个对应行，这绝对是迫切需要的。通过插入一个具有空值促销键的事实行来处理这一缺失键的问题是错误的。事实表中的空值外键会自动违背引用完整性，并且没有涉及外联结的解决方案会产生业务合理性。

缺失源系统键的场景有一个简单的解决方案：将缺失行放入维度表中。常见的做法是使用一个值为-1 的代理键，然后用缺失、未知或不适用的一些有意义版本来填充其他的维度列。务必要询问业务用户在缺失成员维度行中看到什么样的用户可见属性。对于缺失日期键，需要进行特殊的思考，因为默认值-1 会影响事实表的总体排序，如果排序的最前面组成部分是可能为空值的日期的话。“缺失日期”维度记录的默认值可能应该是一个非常大的特殊值，以避免这样一条记录会被集中到事实表最老数据部分的可能性。

11.28.2 糟糕的源系统键

一个更难的设计问题是，处理数据仓库之前从未遇到过的传入源系统键。应该在处理事实之前处理维度，这样在正常的环境中，对于事实行中的每一个键，每一个维度表都应该有一个行。但 ETL 过程必须说明出现意外情况的原因。我们曾经看到过许多解决方案，但没有一个是完美的。

选项 1：抛弃糟糕的事实行。

在少数场景中，ETL 系统抛弃传入事实行对于业务用户来说是合理的。抛弃行会让总体的合计和计数失真，并且这个行中有可以利用的内容。

选项 2：将糟糕事实行记录到一个错误表。

这大概是最常见的解决方案。实现和保持事实表与维度表的干净是很容易的。不过，如果 ETL 系统只是将糟糕的行写入到错误表并且永远不再审查它们，那么从功能上说就等同于抛弃掉糟糕的事实行。正确的系统设计应该包含两个过程：

- 通过代理键管道发送错误表行，以便查看维度成员是否出现的自动化过程。
- 评估陈旧的错误并且与业务系统就纠正或解析进行沟通的基于人的过程。

这一设计解决方案的最大缺陷在于，事实数据不会进入事实表。这对于某些场景来说可能是合适的，但对于其他场景很可能出现问题，比如需要数字进行收支平衡的金融领域。

选项 3：将所有糟糕事实行映射到一个维度行。

这个解决方案非常类似于用于处理缺失源系统键的建议：所有糟糕的事实行都会被映射到单一维度行，这称为-2 行。就像缺失的或者说-1 维度行一样，这一未知的维度行对于所有属性都具有有意义的默认值，以澄清行的目的。

这一方法具有两个优势：它极其容易实现；它会将糟糕的事实行放入事实表中。在报告中，所有糟糕事实的出现都与未知维度成员有关。

不过，这一方法存在两个显著的问题：①一些糟糕事实行可能会被集中到单一的超行中，这样会没有业务意义；②如果后一天的 ETL 接收该维度成员的详情，那么很难修复该数据。如果会收到关于该维度的延迟到达信息，那么业务用户就会希望由 ETL 修复糟糕事实行以指向正确的维度成员。但所有的糟糕事实行已经被映射到了-2，无论传入源系统维度标识符是什么。

如果业务用户希望重新映射事实行，则需要在某个地方捕获源系统维度标识符。可以从下面两种方法中任选一种：

- 将源系统标识符放入事实表中，这会将明显加宽事实表，因而降低查询性能。
- 将一个代理主键放到事实表上，并且在同时包含源系统标识符和事实表主键的单独表中记录错误情况。了解了与延迟到达的维度成员有关的内容后，要使用事实表主键找出正确的事实行。

无论使用哪种方法，都需要针对合适的事实行运行一条 UPDATE 语句，将它们从-2 重新映射到正确的新维度键。使用这一方法的主要理由是实现的简单性；但如果需要纠正事实数据，这个方法就不简单了。

选项 4：将一个唯一的占位符行放入维度中(推荐的技术)。

对于糟糕源系统键问题的最后一个解决方案就是在维度中创建一个占位符行。如果 ETL 在事实表处理期间遇到糟糕的源系统键，那么它应该暂停、访问维度表、创建一行、获得其代理键并且将这个键传回事实表代理键管道。

这些占位符行类似于缺失和未知的维度行，但它们并不完全相同。我们已经知道一个属性：源系统键。

使用这一方法，当 ETL 系统获悉了维度成员时，它就做好了修复数据的准备。标准的维度处理将看到维度属性从未知变更为其真实值。事实表不需要任何更新，因为用于该维度成员的事实行已经有其自己的代理键了。

如果存在高信噪比，那么使用占位符行方法就会有风险。有许多糟糕事实行，其中每一条都会创建一个新的维度成员，但那些维度成员中仅有一部分会在未来的加载中得到修复。这就是在脏数据每几分钟或几秒钟就会到达的实时 ETL 系统中，通常会在每天结束时用传统的批量加载替换实时数据的一个原因，批量加载可能具有包括完整事务详情在内的更好的数据质量。

11.28.3 业务需求含义

关于将何种技术用于处理有问题事实行的设计决策，应该由以下业务用户需求来驱动：

- 业务用户是否想要在事实表中保留“不良”事实行，以便数字达成平衡？如果不是，那么可以将有问题的行重定向到一个错误表。确保构建让其平稳运行的过程。
- 业务用户是否希望将具有延迟到达纠正信息的事实行关联到维度成员？如果不是，那么将所有糟糕事实映射到未知(−2)成员就是一种可行的选择。
- 如果业务用户想要将有问题事实放入事实表中，并且希望在更好的信息到达时立即更新维度成员，那么占位符行方法就会更好。
- 在任何情况下，来自业务用户社区的人都应该参与评估占位符和虚拟行应该具有怎样的形式和行为。还要考虑排序顺序——通常业务用户想要这些虚拟行显示在所有列表的底部。

这个关于代理键管道的详尽示例表明了最佳的 ETL 系统设计如何遵循 Kimball 准则：一切围绕业务。

11.29 正确复制维度

Ralph Kimball，Design Tip #19，2001 年 2 月 5 日

建立一个分布式数据仓库的秘诀是使用一致化维度。使用一致化维度的真正回报是，能够跨单独的业务过程事实表进行钻取。如果可以对每一个单独主题领域中的相同属性进行约束和分组，则可以使用来自通用维度表的行标题将单独的结果集排成一列。在一个报告列上，可以并排显示来自多个源的指标。

但管理一致化维度需要特殊的规则。整个组织需要一个维度经理。这个维度经理要负责维护该维度并且将它成功复制到在其事实表中使用该维度的所有业务过程主题领域。要严肃对待复制该维度以及强制其一致使用的任务。

当一半的主题领域有昨天的维度版本，而另一半具有今天的版本时，如果为一份报告跨几个业务过程钻取累计结果，将会是一场灾难。其结果会暗含着错误。如果已经调整了任意报告属性的任意定义，那么行标签就不意味着相同的内容。例如，如果类别经理已经修改了一个项类别的定义，那么跨这些不同步行标题所报告的结果就是错误的。

类似的问题会出现在聚合事实表以及相关的压缩维度表中。如果维度经理已经发布了一个新的维度表，那么受到该表中变更影响的所有聚合表都必须调整。例如，如果已经将一些低级别项从已有类别移动到另一个，那么不仅要变更这个项的表，还必须调整该类别级别上的所有事实表。

可以概述正确复制维度的两大职责：

- 所有的业务过程主题领域都必须同时部署复制的维度，这样任何跨这些主题领域进行钻取的用户都将使用一组一致的维度属性。
- 所有的主题领域都必须移除受维度中变更影响的聚合，并且当这些聚合已经与基础事实表和新的汇总逻辑完全一致时才使其对用户可用。

11.30 使用循环冗余校验和识别维度变更

Ralph Kimball，Design Tip #4，2000 年 2 月 21 日

这篇文章最初的标题是“复杂顾客维度的超快速变更管理”。

许多数据仓库设计者都必须处理宽度和深度有 100 个或更多描述属性以及数百万行的难以应对的顾客维度。通常数据仓库会以每天一次的频率接收一个完整更新的顾客维度副本。当然，如果仅仅将差量(变更的记录)交付到数据仓库会令人高兴，但更为常见的情况是，数据仓库必须仔细搜索整个文件才能找出变更的记录。这个对比昨天版本和今天版本之间每条记录中每个字段的步骤会很混乱和缓慢。

下面是一项以极快速度完成这一对比步骤的技术，并且它能带来 ETL 程序更为简单的额外好处。该技术依赖于一种简单的循环冗余校验和(cyclic redundancy checksum，CRC)检查码，会为传入顾客文件中每一条记录(而非每一个字段)计算一个检查码。稍后将介绍与 CRC 有关的更多内容。这里是其处理步骤：

- 读取今天新顾客文件的每一条记录并且计算该记录的 CRC 码。
- 用这条记录的 CRC 码对比所保存的昨天运行的相同记录的 CRC 码。需要对源系统的自然键(顾客 ID)进行匹配以便确保正在对比正确的记录。
- 如果 CRC 码相同，则可以确认，两条记录的全部 100 个字段完全匹配。不必检查每个字段！
- 如果 CRC 码不同，则可以立即创建一个新的代理顾客键并且将更新后的记录放入顾客维度中。这是一个类型 2 渐变维度。或者用一个更为详细描述的版本逐个搜索 100 个字段，以便确定要做些什么。作为替代，某些字段会触发一个维度属性的类型 1 重写。

如果从未听说过 CRC 码，不要失望。ETL 编程人员知道它是什么。CRC 是用于为每一个可区分输入创建唯一编码的数学技术。CRC 码可以用任何编程语言来实现。大多数入门级计算机科学教材都会描述 CRC 算法，或者可以在 Google 上搜索“CRC 码”或“校验和工具”。

11.31　维护指向操作源的回指指针

Ralph Kimball，Design Tip #67，2005 年 5 月 4 日

数据仓库日益面向以近乎实时的方式处理详尽的顾客事务。并且正如 Patricia Seybold 在其精彩著作 *Customers.com*(Times Business 于 2010 年出版)中指出的一样，管理顾客关系意味着访问来自组织中所有面向顾客过程的数据。

将详情留在所有面向顾客过程之后，但同时提供一种集成视图的组合方式，展现了 ETL 架构中一个有意思的挑战。假定我们有一个典型的复杂面向顾客业务，其中有 15 个或更多个面向顾客系统，包括店铺销售、网络销售、运输、支付、信用、服务支持合同、服务电话及各种形式的市场营销沟通。其中很多系统都会为每个顾客创建其自己的自然键，有些系统无法很好剔除涉及相同顾客的重复记录。可能没有可靠的在所有面向顾客源系统中使用的单一顾客 ID。

ETL 架构师面临着艰巨的任务：对来自每一个单独源系统的顾客记录去重、跨系统匹配顾客以及存留从这些系统的每一个中精心挑选出的最佳且最可靠描述属性分组。

ETL 架构师的准则就是，即便为顾客生成了一条完美的最终单一记录，业务用户分析师可能还是不能从数据仓库向后追溯到一组正好位于其中一个源系统的有意义事务。准备最终清洗顾客主维度的去重和存留步骤会对姓名、地址和顾客属性进行一些将数据仓库与源系统中原始脏事务解耦的修改。

业务用户社区让所有顾客事务详情在数据仓库中可用的最近需求意味着，需要设法将顾客的所有原始源 ID 向前带入最终的顾客主维度中。此外，如果源系统已经为相同顾客生成了重复记录(在 ETL 管道中发现并且修复了这个问题)，就需要在顾客主维度中存储所有的原始重复源系统 ID。只有通过维护一组完整的指向原始顾客 ID 的回指指针，才能为业务分析师提供其要求的回溯追踪服务水平。

建议创建单个交叉引用表来保留所有的原始顾客 ID。这个表具有以下字段：

- 数据仓库持久顾客键
- 源系统名称
- 源系统顾客 ID

数据仓库自然顾客键是由数据仓库创建的一个特殊持久键！在数据仓库主顾客维度中需要这样一个持久的未变更键，以便明确标识指定顾客的渐变类型 2 版本。

查询该表的方法有两种：约束数据仓库持久顾客键，或者将字段联结到主顾客维度中的相同字段。在这两种情况下，源系统字段都会提供回指指针的完整列表。

这一设计具有一个优势，即仅仅通过将数据行添加到小型交叉引用表，就能优雅灵活地处理源系统中顾客 ID 的混乱复制版本，以及对各个时间点上新的源系统的合并。

11.32　创建历史维度行

Warren Thornthwaite，Design Tip #112，2009 年 5 月 5 日

随时间推移追踪维度属性变化这一业务需求对于 DW/BI 系统来说几乎是普遍存在的。通过将事件发生时有效的属性值与事件本身关联起来，追踪属性变化就可以支持准确的因果分析。需要一组 ETL 任务来分配代理键，以及为历史变化的这一类型 2 追踪管理变更追踪控制字段。

许多 ETL 开发人员都面临的一个大的挑战就是，在初始历史数据加载期间重建历史维度变更事件。这通常会是一个问题，因为业务系统可能不会保留历史。在最坏的情况下，属性值仅仅会被重写而完全没有历史。要仔细搜索源系统，才能得到历史值的迹象。如果无法找出所有的历史数据，或者重建它的工作很重要，就需要与业务同事探讨不完整历史的影响。一旦做出决定，就需要加载所拥有的数据并且正确设置有效日期和结束日期控制列。接下来要探讨更多与这三个步骤都有关的内容。

11.32.1 挖掘历史

首先查看直接为维度及任何相关表提供数据的源表。你会发现用于审计或合规目的的从直接事务源表看来并不明显的一些变更追踪系统。我们处理过一个在值变更的任何时候将旧顾客行写入单独历史表中的系统。一旦创建了这个表，重建历史维度行就相当简单了。

可能需要拓宽搜索范围以便搜索变更的迹象。该维度源表中的任何日期都可能会有所帮助。顾客维度源表有注册日期、取消日期或联系日期等字段。事务事件也可能是有用的。有时候运输或顾客服务系统会在每次发生事实事件时在其记录中保留一份顾客地址副本。

在最坏的情况下，需要从备份系统提取数据。为一组表提取过去五年的每日备份的做法通常并不灵活。研究每月提取一个备份的可能性，这样至少能够识别出变更实际发生时 30 天时间窗口内的变更。

11.32.2 探讨选项和影响

如果不进行仔细的说明并且没有详尽的示例，业务同事通常不会理解不完整维度的影响。你要帮助他们理解，这样他们就能帮助进行有见解的决策。在最糟糕的情况下，你可能没有任何变更历史。从业务角度来看，不能仅仅将当前维度值与历史事实事件关联。在这类情况下，常常只从维度历史可用的时间点开始加载数据。

11.32.3 构建维度

必须从几个源中将指定维度的不同变更事件提取到一起。将所有这些行合并到单个表中，并且根据顾客事务键和将变成行有效日期的维度变更日期对其进行排序。每一行的过期日期都依赖于下一行的有效日期。可以在所选择的语言中用循环函数指定过期日期。也可以在数据库中用游标或其他控制结构来完成该任务。不要过于担心性能，因为这是一次性的工作。

11.32.4 选择每日或精确到分秒的粒度

多年来，一直建议增加一个有开始生效和失效时间戳的类型 2 维度，以便可以对历史进行准确的时间切片。但在创建这些时间戳时必须考虑一个细节。必须确定维度变更是否必须按每日粒度(比如每天最多变更一次)或者精确到分钟秒钟的粒度来追踪，其中许多变更都会出现在指定的某天。在第一种情况中，可以将失效时间戳设置为小于下一个维度变更时间戳的某天，并且 BI 查询可以约束一个开始和结束时间戳之间的候选日期。但如果要以精确到分秒的基础来追踪维度变更，那么绝不应将结束时间戳设置为比下一个维度变更时间戳少一秒，因为秒会受到机器和 DBMS 的影响，并且时间序列最终会有间隔。在这种情况下，就必须将结束时间戳设置成正好等于下一个变更的时间戳，并且放弃在 BI 查询中使用 BETWEEN 语法来支持 GREATER-THAN-OR-EQUAL 和 LESS-THAN。

下面是为每日粒度顾客维度表分配过期日期的一个基于集合的示例，它使用了 Oracle 中的 ROW_NUMBER 函数以正确顺序分组指定顾客的所有行：

```
UPDATE Customer_Master T
SET T.Exp_Date =
   (SELECT NVL(TabB.Real_Exp_Date, '31-DEC-9999')
FROM
   (SELECT ROW_NUMBER() OVER(Partition by Source_Cust_ID
Order by Eff_Date) AS RowNumA, Customer_Key, Source_Cust_ID,
Eff_Date, Exp_Date
FROM Customer_Master ) TabA -- target row
LEFT OUTER JOIN
(SELECT ROW_NUMBER() OVER(Partition by Source_Cust_ID
Order by Eff_Date) AS RowNumB, Source_Cust_ID,
Eff_Date -1 AS
   Real_Exp_Date, Exp_Date -- assumes day grain
FROM Customer_Master) TabB -- next row after the target row
ON TabA.RowNumA = TabB.RowNumB - 1
AND TabA. Source_Cust_ID = TabB. Source_Cust_ID
WHERE T.Customer_Key = TabA.Customer_Key);
```

这里是为精确到分钟秒钟粒度的顾客维度表分配过期日期的一个基于集合的示例，它同样使用了 ROW_NUMBER 函数。注意，此处已经用日期/时间字段引用替换了第一个示例中的日期字段引用：

```
UPDATE Customer_Master T
SET T.Exp_Date_Time =
   (SELECT NVL(TabB.Real_Exp_Date_Time,
      '31-DEC-9999 0:0:0')
FROM
   (SELECT ROW_NUMBER() OVER(Partition by Source_Cust_ID
Order by Eff_Date_Time) AS RowNumA, Customer_Key, Source_Cust_ID,
Eff_Date_Time, Exp_Date_Time
FROM Customer_Master ) TabA -- The target row
LEFT OUTER JOIN
(SELECT ROW_NUMBER() OVER(Partition by Source_Cust_ID
Order by Eff_Date_Time) AS RowNumB, Source_Cust_ID,
   Eff_Date_Time AS
   Real_Exp_Date_Time,
Exp_Date_Time -- assumes minute-second grain
FROM Customer_Master) TabB -- next row after the target row
ON TabA.RowNumA = TabB.RowNumB - 1
AND TabA. Source_Cust_ID = TabB. Source_Cust_ID
WHERE T.Customer_Key = TabA.Customer_Key);
```

本节提供了在大量记录的初始历史加载或者例行批量加载期间使用准确时间戳渐变维度的

指导。

11.33 面对键重置危机

Joy Mundy，Design Tip #149，2012 年 10 月 2 日

你是否曾经更新过类型 1 维度属性，以便在业务声称准确历史上下文必须被保留(包括以追溯方式保留的已经加载到数据仓库中的已有数据)时反映当前值？如何处理已有维度模型的键重置？

假设有一家有一个成熟、维度化数据仓库的银行。其当前顾客维度具有一个信用评分属性，顾客开始与这家银行发生交易关系时就会开始填充该属性。信用评分是作为类型 1 来管理的(通过就地更新来重申历史)，并且更新会随着顾客申请新的贷款或其他信用产品而零星出现。

这一设计存在一些问题，这些问题会逐渐变成危机。分析师无法区分信用评分是最新的还是 10 年前的，因为它是被作为类型 1 来管理的。用户指出，他们有时候希望知道最初的信用评分，而其他时候他们希望知道当前的信用评分，并且有些用户甚至想要顾客从一个信用评分段移动到另一个评分段的历史阶段。好的方面是，如果可以，有 5 年的详尽历史数据是可用的。

该顾客维度的一个修订设计可以包括三个新属性：

- 原始信用评分(不再是类型 1，而是来自原始应用程序的未变更值)
- 当前信用评分(每个季度从新的数据源处对类型 1 进行更新)
- 信用评分段(糟糕、合格、良好、极佳；每个季度从新的数据源处对类型 2 进行更新。只有当顾客从一个评分段移动到另一个时才增加新行)

填充该维度并不是小问题。得到当前的信用评分很容易，因为可以从信用历史源处得到很好的干净源。令人惊讶的是，原始信用评分很难得到，因为大多数银行系统都会重写该评分，但仔细探寻也会发现适当的源。

获得用于信用评分段的数据很容易，但将这些数据集成到顾客维度会是一项挑战。你不会希望每个季度为每个顾客增加一个新行，而是仅仅在顾客从一个信用评分段移动到另一个时才增加。并且需要将这些因信用评分段变化而增加的新行与已有类型 2 顾客维度行混杂起来，要对维度记录中的开始生效和失效日期进行许多调整。

最后要介绍位于这篇文章核心内容处的问题：引用顾客维度的所有事实表都需要修改。你已经重构了维度表，为信用评分段中的历史变化增加了新行，但生产事实表具有指向老顾客维度的键。现在所有这些键都不同了。记住，大部分事实表的行数量级都大于维度表，因此任何 UPDATE 操作都极为低效。

不必在原地更新一个事实表，可以创建一个新的与旧事实表结构完全相同的空事实表。唯一的区别是顾客键列的内容。从逻辑上讲这个问题很简单：编写一个基于事务系统账户编号和事务日期，将旧事实表联结到新维度表的查询，从而选取出新的代理键。只不过是从一个装满水的桶中将水导入一个完全相同的空桶中。你会惊讶于 RDBMS 可以多快速地执行这一操作：加载一个空的、未索引的表是非常快的。

最佳的做法是，尽可能使用一个与生产系统完全相同的测试系统。对测试系统进行键重置，这可能需要数天，然后运行增量加载来更新到当前时间。当周末到来时，要进行备份并且从测试还原到生产。如果不可行，则必须逐表清空并进行从测试到生产的卸载/重载。

如果数据仓库目前处于开发过程或小范围的生产环境，那么构建一个 ETL 任务来对每个事实表进行键重置就是合理的。正如已经描述过的，目标事实表结构没有发生变更；只需要一个任务将数据有效加载到测试系统的一个空表中即可，使用将事实表联结到要修改维度表的查询即可。当然，需要一个程序来验证结果并且将新数据移动到生产环境中。继续处理，用于发布新事实表的退出条件应该包括一个对该事实表进行键重置的模板任务。

如果数据仓库处于生产环境并且很大——有数十个甚或数百个事实表——就很难为每个事实表开发一个自定义 ETL 任务。编写单个可以通过元数据或系统目录来扩展成事实表的模板任务，从而弄明白如何自动化该过程会更加节省成本。记住，事实表可以多次联结到维度表。最后，大多数数据仓库都有一两个事实表远远大于其他事实表。即便自动化了大部分工作，也很可能要为最大的事实表开发自定义解决方案。

经常看到 DW 团队决定将一个属性从类型 1 变更到类型 2，但在后续过程中只追踪类型 2 变更。实际上，DW 团队是在告诉业务用户，在其可以进行感兴趣的历史分析之前，需要等待数月或数年。或者，业务用户需要本地拉取一堆数据，构建自己的以其想要的方式追踪历史的本地集市——而非我们希望促成的解决方案！

当然，在理想情况下，DW 团队应该大量使用类型 2 属性，这样就不会出现这种键重置危机。认为“我们可以在未来将其变为类型 2”的想法很有吸引力，但将来才这样做要比一开始就正确处理更难。

11.34　沿时间回溯(Kimball 经典)

Ralph Kimball，Intelligent Enterprise，2000 年 9 月 29 日

作为数据仓库从业者，一直在开发用于准确捕获企业数据历史流的强大技术。数值测量会进入事实表，并且要用维度表来围绕这些事实表，这些维度表要包含你所知道的测量发生时真实情况的当时描述。

无论何时，顾客、产品和店铺的描述变更，都要允许在数据仓库中对其进行演变。可以区分出三种方式来处理渐变维度(SCD)。使用类型 1 和类型 3 SCD，会破坏性重写变更值。类型 1 变更会消除过往历史，而类型 3 变更会提供一种“交替现实”。

用于准确追踪历史的主要技术是类型 2 SCD。使用类型 2，就要在受影响维度中生成一条新记录，其中包含顾客、产品或店铺更新后的描述。这一更新还会强制对维度记录键进行泛化，因为对于单一物理实体而言有了多条记录。在已经为类型 2 SCD 分配了正确代理键之后，必须注意在加载每天的事实时在事实表中使用这些代理键。这一过程称为代理键管道，并且是许多数据仓库中后台 ETL 系统的重要架构要素。

我相信现代数据仓库需要具有到目前为止所描述的所有结构，以便准确完成其正确描述数据历史流的使命。但在许多企业中，都会出现违背这一代理键逻辑的棘手情况。

接收应该在数周或数月之前被加载到数据仓库中的延迟到达的数据时，要怎么做？这一场景下，存在两种有意思的情况，下面分别探讨。

11.34.1 延迟到达的事实记录

使用顾客购物场景，假定今天收到了几个月前的购买记录。在大多数操作性数据仓库中，愿意将这条延迟到达的记录插入其正确的历史位置中，即便现在对于该月份的销售汇总会有所变化。但必须仔细选择应用到这一购买记录上的当时的旧维度记录。如果已经以类型 2 SCD 给维度记录打上了时间戳，则处理过程将涉及以下步骤：

(1) 对于每一个维度，找出其时间戳小于或等于购买日期的最近时间戳的对应维度记录。

(2) 使用来自第(1)步的每条维度记录中的代理键，替换延迟到达事实记录的自然键。

(3) 将延迟到达的事实记录插入到包含从延迟到达购买记录时间开始的其他事实记录的数据库正确物理分区中。

下面介绍一些细微的要点。

首先，我已经假设，维度记录仅包含表明该特定详细描述开始生效的一个简单时间戳。已经假设该维度记录包含两个时间戳，表明了该详细描述的开始生效时间和失效时间。这一双生时间戳的缺陷在于，更新维度很复杂，因为需要为每一个顾客、产品和店铺仔细维护不存在重叠的开始和结束日期的连续时间序列。使用单一时间戳方法可以避免这些问题，尽管它需要某些低效的查找查询。

第二个细微要点要回到我关于操作数据仓库乐于将这些延迟到达记录插入之前月份中的假设。如果数据仓库必须绑定到这些预订记录，那么即便旧的销售合计不正确，也不能修改旧的月度销售合计。现在面临一种棘手的情形，其中销售记录的日期维度对应预订日期，这可以是今天，然而，其他的顾客、店铺和产品维度应该以之前描述过的方式指向旧的描述。如果你正面临这种情况，就应该与财务部门进行探讨以便确保他们理解你正在做的事情。我曾经在这种情况下采用过的一种有意义的折中方案是，在购买记录上使用两个日期维度；一个指向实际的购买日期，另一个指向预订日期。

第三个细微要点就是，必须将延迟到达的购买记录插入包含其当时前后记录的数据库的正确物理分区中。这样一来，在将物理分区从一种存储形式迁移到另一种时，或者在执行备份或恢复操作时，就会影响特定时间段中的所有购买记录。在大多数情况下，这就是你希望进行的处理。如果将事实表的物理分区声明为基于日期维度，则可以确保时间段中的所有事实记录都处于相同物理分区中。由于你应该正在为日期维度使用代理键，所以这就是维度代理键应该以特定逻辑顺序来分配的一种情况。

为了让这一点更为明确，将以下内容抽出来作为一项设计建议：应该按顺序分配时间维度的代理键，这样一来，在按代理键进行排序时，时间维度表和任何相关的事实表就都会处于正确的按时间排列的顺序中。

11.34.2 延迟到达的维度记录

延迟到达的维度记录会带来一组完全不同的问题，这些问题在某种程度上要比延迟到达的事实记录中的问题更加复杂。假定有一个虚拟的产品 Zippy 可乐。在 12 盎司 Zippy 可乐的产品维度记录中，有一个配方字段，其中总是会包含值“配方 A”。对于 12 盎司罐装 Zippy 可乐，会存在若干记录，因为这是一个渐变维度，并且 12 盎司罐装 Zippy 可乐的包装类型和子类别等其他属性在过去一两年中已经发生了变化。

假设今天收到通知，2015 年 7 月 15 日，12 盎司罐装 Zippy 可乐的配方实际上变更成了“配方 B”并且从那以后一直是“配方 B”。为了将这个新的信息添加到数据仓库，需要执行以下步骤：

(1) 对 12 盎司罐装 Zippy 可乐，将一条全新的记录插入到产品维度表中，该记录的配方字段被设置为“配方 B”，并且生效日期被设置为 2015 年 7 月 15 日。必须为这条记录创建一个新的代理键。

(2) 在产品维度表中扫描 2015 年 7 月 15 日以后的记录，以便找到 12 盎司罐装 Zippy 可乐的其他记录，并且在所有这些记录中将配方字段破坏式重写为“配方 B”。

(3) 找出 2015 年 7 月 15 日之后一直到对于维度中该产品在 2015 年 7 月 15 日之后进行的首次下一个变更中涉及 12 盎司罐装 Zippy 可乐的所有事实记录，并且破坏式将事实记录中的产品外键变更为在第(1)步中创建的新代理键。

这是一个相当难以处理的变更，但应该能够在良好的可编程 ETL 环境中自动化这些步骤。

这种情况下也存在一些不易察觉的问题。首先，需要检查 2015 年 7 月 15 日是否发生了对于 12 盎司罐装 Zippy 可乐的其他变更。如果存在，则仅需要执行步骤(2)。

其次，在渐变产品维度中使用单一日期戳会简化该逻辑。如果在每条产品维度记录都使用一对日期戳，就需要为 12 盎司罐装 Zippy 可乐找出 7 月 15 日之前最近的产品记录并且将其结束日期变更为 2015 年 7 月 15 日，还需要为 12 盎司罐装 Zippy 可乐找出 7 月 15 日之后最近的产品记录并且将 2015 年 7 月 15 日的结束日期设置为下一条记录的开始日期。明白了吗？

最后，可以从这个示例中看出，为什么采用哪种方式都无法对除时间以外的所有维度的代理键进行排序。你绝不会知道何时必须为延迟到达的记录分配代理键。

在大多数数据仓库中，这些延迟到达的事实和维度记录都是不同寻常的。撇开其他不谈，它们会令人困扰，因为它们会变更之前历史的计数和合计。但作为数据仓库的管理者已经做出了承诺，要尽量准确地提供企业历史数据，因此应该欢迎老的记录，因为它们会让数据库更加完整。

有些行业，如医疗健康行业，有大量延迟到达的记录。在那些情况下，这些技术，相较于用于非常规情况的特殊技术而言，可能会是用于过程处理的主要模式。

11.35　提前到达的事实

Ralph Kimball，Design Tip #57，2004 年 8 月 2 日

数据仓库通常围绕理想的规范假设构建，这一假设认为，测量活动(事实记录)会在互动上下文(维度记录)到达数据仓库的同时到达。同时有事实记录和正确的当时维度记录时，就能愉快地先记录维度键，然后在同时的事实记录中使用这些最新键。

在我们记录维度记录是可能会发生三件事：

- 如果维度实体(如顾客)是维度的一个新成员，就要分配一个全新的代理维度键。
- 如果维度实体是顾客的一个修订版本，则要使用类型 2 渐变维度技术来分配一个新的代理键并且将修订后的顾客描述存储为新维度记录。

- 如果顾客是一个熟悉的、未变更的维度成员，则只要使用已经用于该顾客的维度键即可。

在过去几年中，已经注意到了对于处理延迟到达事实的程序的特定修改，这些延迟到达的事实是非常迟才进入数据仓库的事实记录。这是一种混乱的局面，因为必须在数据仓库中搜索历史数据以便确定如何分配在过去所发生活动的正确时间点上有效的正确维度键。

如果有延迟到达的事实，是否会有提前到达的事实？这种情况怎么会出现？是否存在提前到达事实很重要的情况？

当活动测量在没有其完整上下文的情况下到达数据仓库时，就会出现提前到达的事实。换句话说，附加到活动测量的维度状态在一段时间内都是含糊不清或未知的。如果有一天或多天延迟的常规批量更新循环，通常就可以只等待向我们报告的维度。例如，新顾客的标识可能会延迟数小时单独提供。我们只能够等待依赖项完成解析。

不过如果有实时数据仓库环境，其中事实记录必须在现在可见，并且不知道维度上下文何时到达，那么会有一些有意思的选项。需要修订实时记录，再次使用顾客作为问题维度。

- 如果可以识别传入事实记录的自然顾客键，则临时将用于顾客已有最新版本的代理键附加到事实表，但还会保留稍后得到向我们报告的这一顾客修订版本的可能性。
- 如果收到一条修订后的顾客记录，则要用一个新代理键将它添加到维度，然后进入这个维度并且破坏式修改指向顾客表的这条事实记录的外键。
- 如果认为该顾客是新的，则可以在具有一组虚拟属性值的新顾客维度记录中分配一个新的顾客代理键。然后在之后一段时间内回到这条虚拟维度记录，并且在得到关于该新顾客的更完整信息时对其属性进行类型 1(重写)变更。至少这一步会避免破坏式修改事实表键。

没有任何方式可以避免简短的维度不太正确的临时时间段。但这些记录步骤会试图使对键和其他字段的不可避免更新所带来的影响最小。如果这些提前到达的记录都存放于在内存中固化的一个热分区中，那么聚合事实表记录就不是必要的了。只有当热分区在每天结束时(及这些事实的维度到达时)照惯例加载到统计数据仓库表时，才需要构建聚合。

11.36 渐变实体

Ralph Kimball，Design Tip #90，2007 年 4 月 30 日

我们时常会被问及，用于处理维度中时间变化的技术是否可以从维度领域中修改进而应用到标准化领域中。在维度领域中，将这些技术称为渐变维度或 SCD。在标准化领域中，可以将之称为渐变实体或 SCE。本节显示，尽管实现 SCE 是可能的，但这样做会难以应对且不切实际。

例如，考虑一个包含 50 个属性的员工维度。在维度模式中，这个员工维度是一个有 56 列的单一平面表。其中 50 列都是从原始源中复制的。假设这些源的列包含一个自然键字段，为员工 ID，它用于可靠区分真实的员工。添加六个额外的列是为了支持维度领域中的 SCD，其中包括代理主键、变更日期、开始生效日期/时间、失效日期/时间、变更原因及最近的标记。

现在回顾在处理来自源系统的一条变更记录时要做些什么。假定某个员工变更了办公地点，从而影响到该员工记录中五个属性的值。下面是类型 2 SCD 处理的步骤：

(1) 创建一条带有下一个代理键的新员工维度记录(对之前使用的最大键值加 1)。复制之前最近记录的所有字段，并且将五个办公地点字段变更为新值。

(2) 将变更日期设置为今天，将开始生效日期/时间设置为现在，将失效日期/时间设置为 9999 年 12 月 31 日下午 11 点 59 分，将变更原因设置为位置搬迁，并且将最近标记设置为 true。

(3) 将该员工之前最近记录的失效日期/时间更新为现在，并且将最近标记修改为 False。

(4) 开始在所有后续事实表记录条目中使用该员工的新代理键。

如果一个影响许多员工的层次结构属性发生了变化，则情况会稍微复杂些。例如，如果认为整个销售办公室会被分配到一个新的部门，那么该销售办公室中的每一个员工都需要经历刚刚描述的类型 2 步骤，其中销售部门字段就是变更的目标。

现在，如果已经有了一个完全标准化的员工数据库该怎么办？记住，标准化要求，不唯一依赖员工自然键的员工记录中的每一个字段都必须从基础员工记录中移除，并且放置在其自己的表中。在有 50 个字段的典型员工记录中，只有少量高基数字段会唯一依赖该自然键。其中 40 个字段会在基础员工记录外标准化到其自己表中的低基数字段。这些字段中有 30 个是彼此独立的，并且无法共同存储到相同实体中。这意味着该基础员工记录必须具有指向这些实体的 30 个外键！还会有额外的超出基础员工表外两个级别或更多级别的包含较低基数字段的物理表。与在维度领域中维护自然键和代理主键相比，DBA 和应用程序设计者必须维护并且知道超过 30 对自然和代理键，以便追踪标准化领域中的时序变化。

假设标准化数据库中的每一个实体都包含全部六个 SCE 导航字段，这类似于 SCD 设计。

为了将之前描述的办公室位置变更变成一个单独的员工档案，必须为每一个受影响实体执行之前列出的所有治理步骤。但更糟糕的是，如果对任意字段的变更会从基础员工记录中移除多个级别，那么 DBA 就必须确保 SCE 处理步骤从远程实体通过每一个中间实体一直向下传递到基础员工表。基础员工表还必须支持用于联结事实表的主代理键，除非标准化设计者选择忽略所有的代理键，以便支持仅仅在开始和结束生效日期/时间戳上的约束(我们认为，消除所有的代理键是最重要的性能和应用程序错误)。所有这些论述对于我们描述的第二种变更，即对于销售办公室的部门重新分配也是适用的。

处理完全标准化数据库中的时序变化涉及本节无法详尽描述的其他难题。例如，如果正致力于数据的正确标准化物理表示，那么如果发现了一条将推定的数据中多对一关系变更成多对多关系的业务规则，就必须撤销受影响实体的键管理及物理表设计。这些变更还要求重新编程用户的查询！这些步骤在维度领域中是不需要的。处理标准化领域中时序变化的第二个重要问题是，如何管理延迟到达的维度数据。与 SCD 情形中创建和插入一条新的维度记录相比，必须在每个受影响实体以及这些实体在基础员工记录中的所有父节点中创建和插入新的记录。

正如常常提到的，作为合格编程人员的聪明人可以做任何事。如果下定决心，则可以同时在 ETL 后台和 BI 前台开展 SCE 工作，但由于最终的数据负载与较简单的维度 SCD 完全相同，所以建议还是把主要精力放在另一个主题上吧。

11.37 将 SQL MERGE 语句用于渐变维度

Warren Thornthwaite，Design Tip #107，2008 年 11 月 6 日

大多数 ETL 工具都提供了一些用于处理渐变维度的功能。偶尔，当工具无法按需执行时，ETL 开发人员会使用数据库来识别新行和变更行，并且使用标准的 INSERT 和 UPDATE 语句来应用适当的插入和更新。数月前，我的朋友 Stuart Ozer 建议，SQL Server 2008 中的新 MERGE 命令无论从代码还是从执行角度来看都更加有效。他提到的 Chad Boyd 在 MSSQLTips.com 上的一篇博文提供了关于其如何运行的指示。MERGE 是一组插入、更新和删除，它提供了针对每一个子句中发生什么的重要控制。

这个示例处理了一个带有两个属性的简单顾客维度：名字和姓氏。我们打算将名字作为类型 1 重写来处理，并且将姓氏作为类型 2 变更来处理。

11.37.1 步骤 1：重写类型 1 变更

试图让整个示例在单个 MERGE 语句中运行，但其函数是确定的并且仅允许一条更新语句，因此必须为类型 1 更新使用一个单独的 MERGE。也可以用一个更新语句来处理它，因为根据定义，类型 1 就是一个更新。

```
MERGE INTO dbo.Customer_Master AS CM
USING Customer_Source AS CS
ON (CM.Source_Cust_ID = CS.Source_Cust_ID)
WHEN MATCHED AND -- 为类型 1 变更更新所有已有的行
  CM.First_Name <> CS.First_Name
THEN UPDATE SET CM.First_Name = CS.First_Name
```

这是 MERGE 语法的一个简单版本，它表明，通过自然键的联结将顾客源表合并到顾客主维度中，并且更新所有匹配的行，其中主维度表中的名字不等于源表中的名字。

11.37.2 步骤 2：处理类型 2 变更

现在要用另一个 MERGE 语句来应对类型 2 变更。这样做会有些复杂，因为存在涉及追踪类型 2 变更的几个步骤。代码需要：

- 插入新的有正确生效日期和结束日期的顾客行。
- 通过设置正确的结束日期并且将当前行标记设置为='n'，就可以让那些具有类型 2 属性变更的旧行过期。
- 插入具有正确生效日期、结束日期以及当前行标记='y'的变更类型 2 行。

这样做的问题是，对于要处理的 MERGE 语法来说，需要的步骤太多了。幸运的是，合并可以将其输出流式化到后续过程。通过使用基于 MERGE 结果的 SELECT，将变更类型 2 的行插入到顾客主表中，从而可以使用这一方式进行变更类型 2 行的最终插入。这听上去很像解决该问题的复杂方式，但其优势在于，仅需要一次性找出类型 2 变更行，然后多次使用即可。

代码会从最外面的 INSERT 和 SELECT 子句开始，以便应对 MERGE 语句结尾处的变更行插入。这需要首先进行，因为 MERGE 嵌套在 INSERT 中。该代码包括多个 getdate 引用；该代码假设变更昨天生效(getdate()−1)，这意味着之前的版本会在(getdate()−2)的前一天过期。最后，遵循该代码，提供了引用行编号的论述：

```
1 INSERT INTO Customer_Master
2 SELECT Source_Cust_ID, First_Name, Last_Name,
   Eff_Date, End_Date, Current_Flag
3 FROM
4     ( MERGE Customer_Master CM
5       USING Customer_Source CS
6       ON (CM.Source_Cust_ID = CS.Source_Cust_ID)
7       WHEN NOT MATCHED THEN
8         INSERT VALUES (CS.Source_Cust_ID,
          CS.First_Name, CS.Last_Name,
          convert(char(10), getdate()-1, 101),
          '12/31/2199', 'y')
9       WHEN MATCHED AND CM.Current_Flag = 'y'
10          AND (CM.Last_Name <> CS.Last_Name ) THEN
11       UPDATE SET CM.Current_Flag = 'n',
            CM.End_date = convert(char(10),
            getdate()-2, 101)
12       OUTPUT $Action Action_Out, CS.Source_Cust_ID,
          CS.First_Name, CS.Last_Name,
          convert(char(10),
          getdate()-1, 101) Eff_Date,
          '12/31/2199' End_Date, 'y' Current_Flag
13    ) AS MERGE_OUT
14 WHERE MERGE_OUT.Action_Out = 'UPDATE';
```

下面是一些关于该代码的额外论述：

- 行 1-3 设置了典型的 INSERT 语句。最终插入的内容就是已经变更过的类型 2 行的新值。
- 行 4 是 MERGE 语句的开头，它结束于行 13。该 MERGE 语句有一个 OUTPUT 子句，它会将 MERGE 的结果流式化到调用函数。这个语法定义了一个通用表表达式，实质上是 FROM 子句中的一个临时表，称为 MERGE_OUT。
- 行 4-6 指示 MERGE 将顾客源数据加载到顾客主维度表。
- 行 7 表明，在业务键上没有匹配时，必须使用一个新的顾客，因此行 8 执行了 INSERT 语句。可以参数化设置生效日期，而不是假设昨天的日期。
- 行 9 和 10 识别出了匹配业务键的行的一个子集，具体而言，就是顾客主维度中的当前行，并且类型 2 列中的任何一个都是不同的。
- 行 11 通过设置结束日期并且将当前行标记设置为'n'来让顾客主维度中的旧当前行过期。
- 行 12 是 OUTPUT 子句，会识别出从 MERGE 中输出了哪些属性(如果有)。这就是会被输入到最外面 INSERT 语句中的内容。$Action 是一个 MERGE 函数，它指明每行来自合并的哪个部分。注意，该输出可以同时从源和主表中提取。在这个示例中，输出源属性，因为它们包含新的类型 2 值。
- 行 14 将输出行结果集限制为仅包含顾客主维度中更新过的行。这些行对应于行 11 中过期的行，但在行 12 中输出了顾客源的当前值。

MERGE 语句的一大优势在于，能够在数据集的单一步骤中处理多个操作，而非需要有单独插入和更新的多个步骤。一个经过精心调整的优化器可以极其有效地应对这一情况。

11.38 创建和管理收缩维度

Warren Thornthwaite，Design Tip #137，2011 年 8 月 2 日

本节是一系列关于实现常用 ETL 设计模式的文章的一部分。这些技术应该为所有 ETL 系统开发人员带来价值，并且我们希望，这些技术也能为 ETL 软件公司提供产品特性指导。

回顾一下，收缩维度时应用到较高级别汇总的维度属性的子集。例如，月份维度是日期维度的收缩子集。月份维度可以被连接到预测事实表，其粒度是每月级别。

我最近碰到了需要收缩维度的一个示例，它来自 Kimball Group 的一位热心支持者，他供职于一家管理购物中心地产的公司。他们会捕获一些店铺级别的类似租赁付款这样的事实，以及整体地产级别的其他事实，如购物者流量和公用设施费用。记住，基本的设计目标是捕获最低可能粒度的数据。在这个示例中，首先尝试将地产级别数据向下分配到店铺级别。不过，涉及的公司认为有些地产数据不能合理地分配到店铺级别，因此，同时需要店铺和地产级别的事实表。这意味着还需要店铺和地产级别的维度。

11.38.1 创建基础维度

创建收缩维度的方式有许多，取决于数据在源系统中是如何结构化的。最容易的方式就是先创建基础维度。在这个示例中，要通过从源中提取店铺和地产级别自然键和属性来构建店铺维度，分配代理键并且用类型 2 变更追踪来追踪对于重要属性的变更。

店铺维度将具有一些地产级别属性，包括地产的自然键，因为用户会希望根据地产描述来汇总店铺事实。他们还会提出仅仅涉及店铺和地产之间关系的问题，如“每个地产的店铺平均数量是多少？”

11.38.2 从基础维度创建收缩维度

一旦最低级别的维度就位，就要创建初始的收缩维度，在这个示例中就是地产维度，该创建步骤为 11.39 节创建微型维度的步骤实质上是相同的。识别出想要从基础维度中提取出的属性，并且创建具有代理键列的新表。从基础维度中使用这些列的 SELECT DISTINCT 填充该表，并且使用 IDENTITY 字段或 SEQUENCE 创建代理键。在资产示例中，可以从以下 SQL 开始：

```
INSERT INTO Dim_Property
SELECT DISTINCT Property_Name, Property_Type, Property_SqFt,
MIN(Effective_Date), MAX(End_Date)
FROM Dim_Store
GROUP BY Property_Name, Property_Type, Property_SqFt;
```

递增式处理有一些更大的挑战性。如果正在从已有的基础维度中提取数据，那么正如我们所描述的，最容易的方法就是使用直接计算方法。通过将相同的 SELECT DISTINCT 应用到新近加载的基础维度来创建一个临时的收缩维度。然后通过基于主收缩维度自然键对比该临时收缩维度的当前行(WHERE End_Date = '9999-12-31')与主收缩维度的当前行来处理任何类型 2 变更。这听上去可能效率较低，但在笔记本的虚拟机上，针对具有超过 110 万行的基础维度的测试运行仅仅花了 10 秒。

11.38.3 替代方式：分别创建基础维度和收缩维度

如果收缩维度属性具有单独的源表，则可以使用它们来直接创建收缩维度。同样，分配代理键，并且使用类型 2 变更追踪来追踪变更。完成之后的收缩维度可以在 ETL 过程早期被联结回基础维度，以便填充当前较高级别的属性。然后可以继续处理基础维度变更追踪。难点在于创建历史的基础和收缩维度，因为必须同时对比来自这两个维度的生效日期和结束日期，在变更出现在收缩维度中时将新的行插入基础维度中。

11.38.4 将维度提供给用户

一旦填充了历史维度并且准备好 ETL 过程，最终的决策就是如何将这些表呈现给用户。收缩维度可以完全呈现为它存在的样子，按需联结到较高级别事实。当用户看到基础维度时，也会希望看到来自收缩维度的相关属性。可以用几种方式来完成这一任务：要么通过基于收缩维度代理键将基础维度联结到收缩维度的视图，要么通过在 BI 工具语义层定义任务，要么通过在 ETL 过程中实际联结这些表并且物理实例化基础维度中的收缩维度列。

所有这些方法在用户看来都应该完全相同。唯一的区别可能在于性能方面，并且必须用系统进行实验，以便查看对于大多数查询来说哪个方法运行较快。通常会发现，通过在 ETL 过程中预先联结这些表并且物理化复制列，我们会得到最佳性能及最简单的语义层，除非它们是非常大的表。

11.39 创建和管理微型维度

Warren Thornthwaite，Design Tip #127，2010 年 9 月 1 日

本节描述了如何创建和管理微型维度。回顾一下，微型维度是大型维度中属性的一个子集，这些属性往往会快速变更，如果使用类型 2 技术追踪这些变更，会引起维度的极大增长。通过将这些属性值的唯一组合提取到一个单独的维度中，并且将这个新的微型维度直接联结到事实表，那么事实发生时已经准备好的属性组合就会直接绑定到该事实记录(要了解更多关于微型维度的信息，请参阅 9.24 节和 10.14 节)。

11.39.1 创建初始微型维度

一旦识别出希望从基础维度中移除的属性，就可以使用关系型数据库中的直接计算方法轻易完成初始微型维度的构建。只要创建一个具有代理键列的新表，并且使用从基础维度中 SELECT DISTINCT 的列填充该表并且使用 IDENTITY 字段或 SEQUENCE 创建代理键即可。

例如，如果希望从顾客维度中提取出一组人口统计学属性，那么以下 SQL 将发挥作用：

```
INSERT INTO Dim_Demographics
SELECT DISTINCT col 1, col2, ...
FROM Stage_Customer
```

这听起来可能效率较低，但如今的数据库引擎在这类查询上都相当快速。在我用了四年的老笔记本上运行的虚拟机中，从具有 110 万行、26 列并且没有索引的顾客维度中选取超过 36000 行的一个具有八列的微型维度仅花了 15 秒。

一旦准备好 Dim_Demographics 表，可能会希望将其代理键添加回顾客维度中作为类型 1 属性，以便让用户可以基于顾客当前微型维度值来统计顾客数量，并且基于当前值报告历史事实。在这个示例中，Dim_Demographics 充当了 Dim_Customer 上的外支架表。同样，直接计算方法是最容易的。你可以基于组成 Dim_Demographics 的所有属性将仍旧包含源属性的 Stage_Customer 表联结到 Dim_Demographics。这一多联结明显会很低效，但同样，它并没有看上去那么糟糕。在虚拟机上，基于所有八个列将相同的百万级行的顾客表联结到 36 000 行的人口统计表仅花了 1 分钟。

一旦所有的维度工作都完成，就需要将微型维度键添加到事实行键查找过程。在日常增量加载过程中完成该任务的一种简单方式就是，同时返回 Dim_Customer 代理键和 Dim_Demographic 代理键作为顾客业务键查找过程的一部分。

11.39.2 持续的微型维度维护

维度的持续维护是一个两步骤过程：首先必须将新的行添加到 Dim_Demographics 表，用于存储传入 Stage_Customer 表中出现的所有新值或值组合。简单的直接计算方法会利用 SQL 基于集合的引擎以及 EXCEPT 或 MINUS 函数：

```
INSERT INTO Dim_Demographics
SELECT DISTINCT Payment_Type, Server_Group, Status_Type,
  Cancelled_Reason, Box_Type, Manufacturer, Box_Type_Descr,
  Box_Group_Descr FROM BigCustomer
EXCEPT SELECT Payment_Type, Server_Group, Status_Type, Cancelled_Reason,
  Box_Type, Manufacturer, Box_Type_Descr, Box_Group_Descr FROM
  Dim_Demographics
```

这一处理应该非常快，因为该引擎仅仅会扫描这两个表并且对结果进行哈希匹配。针对样本数据中完整源顾客维度的处理花了 7 秒，并且如果仅处理增量数据，会更快。

接下来，一旦所有的属性组合都准备好了，就可以将其代理键添加到传入的增量行中。进行初始查找的相同的直接计算、多列联结方法在这里也是适用的。同样，由于增量集要小得多，所以其处理应该更快。

通过将类型 2 历史追踪移到事实表中，就仅仅通过事实表将一个顾客连接到了其历史属性值。如果顾客属性可以在没有相关事实事件的情况下变更，则不会捕获变更的完整历史。

你可能希望创建一个单独的表来追踪这些随时间推移而出现的变更；这实质上是一个非事实型事实表，它会包含顾客、Dim_Demographics 微型维度、变更事件日期及变更过期日期键。可以用 11.37 节描述的相同技术来管理这个表。

11.40　创建、使用和维护杂项维度

Warren Thornthwaite，Design Tip #113，2009 年 6 月 3 日

杂项维度会将几个低基数标记和属性结合到单个维度表中，而不是将其建模为单独的维度。创建这一合并维度有合理的理由，其中包括减小事实表的大小并且让维度模型更易于处理，如 9.13 节所述。在最近的一个项目中，我完成了杂项维度三方面的处理：构建初始维度、将其纳入事实处理中，以及随时间推移维护它。

11.40.1　构建初始杂项维度

如果每个属性的基数都相对较低，并且只有少量属性，那么创建该维度最容易的方式就是交叉联结源系统查找表。这样就会创建属性的所有可能组合，即便它们绝不会存在于真实环境中。

如果源表的交叉联结过大，或者如果没有源查找表，则需要为事实表基于在源数据中找到的实际属性组合来构建杂项维度。所产生的杂项维度通常会非常小，因为它仅包含实际出现的组合。

要使用简单的医疗健康示例来介绍这两个组合处理过程。住院事件通常会追踪一些独立的属性，包括住院类型及所需要的治疗级别，正如图 11-17 中所示，它显示了来自源系统查找和事务表中的样本行。

Admit_Type_Source

Admit_Type_ID	Admit_Type_Descr
1	Walk-in
2	Appointment
3	ER
4	Transfer

Care_Level_Source

Care_Level_ID	Care_Level_Descr
1	ICU
2	Pediatric ICU
3	Medical Floor

Fact_Admissions_Source

Admit_Type_ID	Care_Level_ID	Admission_Count
1	1	1
2	1	1
2	2	1
5	3	1

图 11-17　样本源数据

以下 SQL 使用了交叉联结技术创建来自这两个源表的所有 12 个行组合(4×3)并且分配唯一的代理键：

```
SELECT ROW_NUMBER()
  OVER(ORDER BY Admit_Type_ID, Care_Level_ID) AS Admission_Info_Key,
Admit_Type_ID, Admit_Type_Descr, Care_Level_ID, Care_Level_Descr
FROM Admit_Type_Source
CROSS JOIN Care_Level_Source;
```

在第二个示例中，当交叉联结产生了太多行时，可以基于事务事实记录中找到的实际组合

来创建合并后的维度。当新值出现在事实源行而没有出现在查找表中时，以下 SQL 使用了外联结来避免违背引用完整性：

```
SELECT ROW_NUMBER()
  OVER(ORDER BY F.Admit_Type_ID) AS Admission_Info_Key,
  F.Admit_Type_ID,
  ISNULL(Admit_Type_Descr,
  'Missing Description') Admit_Type_Descr,
  F.Care_Level_ID,
  ISNULL(Care_Level_Descr,
  'Missing Description') Care_Level_Descr
     -- Oracle 中用 NVL(0)替代 ISNULL()
  FROM Fact_Admissions_Source F
  LEFT OUTER JOIN Admit_Type_Source C ON
      F.Admit_Type_ID = C.Admit_Type_ID
LEFT OUTER JOIN Care_Level_Source P ON
      F.Care_Level_ID = P.Care_Level_ID;
```

示例 Fact_Admissions_Source 表仅有四行，这会产生以下 Admissions_Info 杂项维度，如图 11-18 所示。注意第 4 行中的缺失描述(Missing Description)记录。

Admissions_Info Junk Dimension

Admission_Info_Key	Admit_Type_ID	Admit_Type_Descr	Care_Level_ID	Care_Level_Descr
1	1	Walk-In	1	ICU
2	2	Appointment	1	ICU
3	2	Appointment	2	Pediatric ICU
4	5	Missing Description	3	Medical Floor

图 11-18　样本杂项维度行

11.40.2　将杂项维度纳入事实行处理

一旦准备好了杂项维度，就可以使用它来查找对应于每个事实表源行中发现的属性组合的代理键。有些 ETL 工具不支持多列查找联结，因此可能需要创建一个变通处理方法。在 SQL 中，查找查询类似于 11.40.1 小节中的第二段代码，但它会联结到杂项维度并且返回代理键，而非联结到查找表。

11.40.3　维护杂项维度

需要在每次加载该维度时检查新的属性组合。可以将第二段代码应用到增量事实行并且仅选取出要被附加到杂项维度的新行，例如：

```
SELECT * FROM ( {Select statement from second SQL code listing} ) TabA
WHERE TabA.Care_Level_Descr = 'Missing Description'
OR TabA.Admit_Type_Descr = 'Missing Description' ;
```

这个示例会选取杂项维度中的第 4 行。识别新的组合可以作为事实表代理键替换过程的一部分来完成，或者作为事实表处理之前的一个单独维度处理步骤来完成。无论如何，如果识别出了一个缺失记录，ETL 系统都应该生成一个标记并且通知相应的数据管理员。

根据杂项维度大小、源以及数据完整性的不同，这一方法有大量变体，但这些示例都应该可以让你开始着手处理了。

11.41　构建桥接

Warren Thornthwaite，Design Tip #142，2012 年 2 月 1 日

事实表及其维度之间的关系通常是多对一的。即一个维度中只有一行，如顾客，可以在事实表中具有多个行，但该事实表中的一行应该属于一个顾客。不过，也会出现事实表行被关联到维度中的多个值情况。使用桥接表来捕获这一多对多关系，参见 10.3 节。

10.3 节识别出了桥接表的两种主要类别。首先并且最容易建模的，会捕获关联到单一事实行的一组简单值。例如，送入急诊室的记录可能会有与之相关的一个或多个初始疾病诊断。这个桥接表中没有时序变化，因为它会捕获事务发生时有效的一组值。

第二种多对多关系独立于被测量事务存在。顾客和账户之间的关系就是一个好示例。顾客可以有一个或多个账户，并且一个账户可以属于一个或多个顾客，这一关系还会随时间推移而变化。

本节介绍了创建简单静态桥接表的步骤；可以扩展这一方法以便支持更为复杂的时序变化桥接表。

11.41.1　历史加载

创建历史桥接表涉及的步骤取决于在源系统中如何捕获数据。假设源系统会捕获将一组多值维度 ID 与每一个事务 ID 关联起来的数据。在诊断示例中，这会是一个为每条进入急诊室记录的事务 ID 和诊断 ID 记录一行的表。注意，这个表的行有比单独进入急诊室的事务数量要多。

11.41.2　创建分组的初始化列表

由于源是标准化的，并且为每个维度值生成一行，所以第一步就是创建出现在事务表中的诊断分组的唯一列表。这涉及将诊断集分组到一起、对分组列表去重，以及将唯一键分配到每一组。在 SQL 中通过创建一个新表来保留分组列表的做法通常是最容易的。使用诊断示例，图 11-19 显示了第一批来自事务系统的数行可能会如何分组以及如何进行去重以复制到诊断分组表中。

在各种 SQL 方言中，有许多方式可以完成该任务。以下版本使用了基于 SQL Server T-SQL 的字符串聚合方法，使用 STUFF()字符串函数来进行串联，使用 FOR XML PATH 将行折叠到每个事务的代码集中，使用 SELECT DISTINCT 创建分组的唯一列表，使用 Row_Number()函数分配分组键：

```
SELECT Row_Number() OVER ( ORDER BY Diagnosis_Code_List) AS
Diagnosis_Group_Key, Diagnosis_Code_List
INTO Diagnosis_Group
FROM(
SELECT DISTINCT Diagnosis_Code_List
```

ER_Admittance_Transactions

ER_Admittance_ID	Diagnosis_Code
27	T41.201
27	Z77.22
28	K35.2
28	B58.09
28	I13.10
29	T41.201
29	Z77.22

Diagnosis_Group

Diagnosis_Group_Key	Diagnosis_Code_List
1	B58.09, I13.10, K35.2
2	T41.201, Z77.22

图 11-19 源事务数据及相关的诊断分组表

```
FROM
(SELECT DISTINCT OuterTrans.ER_Admittance_ID,
STUFF((SELECT ', ' + CAST(Diagnosis_Code AS VARCHAR(1024))
FROM ER_Admittance_Transactions InnerTrans
WHERE InnerTrans.ER_Admittance_ID = OuterTrans.ER_Admittance_ID
ORDER BY InnerTrans.Diagnosis_Code
FOR XML PATH('')),1,2,'') AS Diagnosis_Code_List
FROM ER_Admittance_Transactions OuterTrans
) OuterList
) FinalList;
```

要确保修改过的这段代码以连续顺序保持分组列表；在有些情况下，分组 T41.201, Z77.22 与分组 Z77.22, T41.20 相同。在医疗健康行业，顺序通常很重要，并且这两个分组都会被创建；源系统必须提供一个序列数字，它会被纳入内部排序顺序中并且传递到桥接表。注意，诊断分组表要比原始的源数据小得多。部分原因在于已经扁平化了行集，还有一个原因是，现实情况中使用的值组合数量通常要比理论上可能的组合数量小得多。

11.41.3 创建桥接表

一旦完成了创建诊断分组表和分配分组键的工作，就需要将其列转变为行，以便创建实际的诊断桥接表。这是一个将每个分组映射到其定义来源的单独维度行的表。图 11-20 显示了该诊断桥接表以及基于示例数据的相关 ICD10_Diagnosis 维度表。

Diagnosis_Bridge

Diagnosis Group Key	Diagnosis_Key
1	1
1	3
1	5
2	4
2	5

ICD10_Diagnosis

Diagnosis_Key	Diagnosis_Code	Diagnosis_Description
1	B58.09	Other toxoplasma oculopathy
2	I13.10	Hypertensive heart and chronic kidney disease without heart failure
3	K35.2	Acute appendicitis with generalized peritonitis
4	T41.201	Poisoning by unspecified general anesthetics, accidental (unintentional)
5	Z77.22	Contact with and (suspected) exposure to environmental tobacco smoke

图 11-20 诊断桥接表及相关的 ICD10_Diagnosis 维度

同样，SQL 中有许多方法可以完成这一任务。以下 SQL Server T-SQL 中的这段代码版本使用了两个处理步骤来将分组表的列转换为行。第一步会将 XML 标签(<I></I>)串联成 Diagnosis_Code_List 并且将其转换成 XML 数据类型作为通用表表达式的一部分。第二步会使用 CROSS APPLY 命令来解析出 XML 标记并且在单独的行上列出这些值：

```
WITH XMLTaggedList AS (
SELECT Diagnosis_Group_Key,
CAST('<I>' + REPLACE(Diagnosis_Code_List, ', ', '</I><I>') + '</I>'
 AS XML)
AS Diagnosis_Code_List
FROM Diagnosis_Group
)
SELECT Diagnosis_Group_Key,
ExtractedDiagnosisList.X.value('.', 'VARCHAR(MAX)') AS
 Diagnosis_Code_List
FROM XMLTaggedList
CROSS APPLY Diagnosis_Code_List.nodes('//I') AS
 ExtractedDiagnosisList(X);
```

11.41.4　增量处理

增量加载过程实质上会将相同代码应用到传入事实行。第一步会为事实表粒度的传入事实行的每组生成一个 Diagnosis_Code_List 列。然后 Diagnosis_Code_List 值可用于联结到 Diagnosis_Group 表，以便将传入事实行映射到相应的分组键。如果出现新的分组，那么 ETL 过程将需要将其添加到 Diagnosis_Group 表，就像为微型维度和杂项维度所做的一样。

我们已经使用了 SQL 来揭示创建桥接表用到的设计模式。可以在大多数 ETL 工具的本地语法和控制结构中实现相同的逻辑。当然，更为理想的情况是，ETL 工具开发人员将桥接表处理过程内置到其工具集中，而非强制所有人来重新发明轮子。

11.42　尽量少做离线处理

Ralph Kimball，Design Tip #27，2001 年 8 月 28 日

如果每天都更新数据仓库，那么在让昨天的数据离线并且让今天的数据上线时，就会面临典型的争抢局面。在这一争抢期间，数据仓库可能会不可用。如果所有的业务用户都处于相同时区，不会感到太大的压力，只要可以在凌晨 3 点到 5 点之间运行更新即可。但是，更可能的情况是，如果用户遍布全国或全球各地，那么你绝对会希望尽可能少下线，因为在这种情况下，数据仓库永远没有停歇时间。那么，如何才能将这一停机时间降低到绝对最小呢？

本节介绍一组适用于支持分区的所有主流关系型 DBMS 的技术。根据 DBMS 的不同，管理分区的准确细节会非常不同，但是要知道提出什么样的问题。

DBMS 中的分区就是 DBMS 表的一个物理分段。尽管就应用程序而言这个表有单一名称，但分区表可以当成几个单独的物理文件来管理。本节假设分区允许：

- 将一个分区而不是整个表移动到一个新的存储设备。

- 让一个分区而不是整个表下线。
- 删除和重建分区而非整个表上的索引。
- 在指定分区内添加、删除和修改记录。
- 重命名一个分区。
- 用一个分区的可选副本替换该分区。

DBMS 可以让你基于指定的排列顺序对一个表进行分区。如果以每日为基础添加数据，则需要基于事实表中的主要日期键对事实表进行分区。在其他节已经提到过，如果正在使用代理(整数)键，则应该确保按照真实基础日期的顺序来分配用于日期维度表的代理键。那样，在基于日期代理键对事实表排序时，所有最近的记录就会集中在一个分区中。此外，可以使用更为有意义的代理日期键，如 yyyymmdd，从而简化分区任务。

如果事实表名为 FACT，则还需要一个名为 LOADFACT 的未索引副本。实际上，在以下所有步骤中，仅仅探讨了最近的分区，而非整个表！这里是保持尽可能少下线的步骤。我们要在步骤(4)下线并且在步骤(7)恢复上线。

(1) 将昨天的数据加载到 LOADFACT 分区中。完成质量保证检查。

(2) 加载时，生成名称为 COPYLOADFACT 的 LOADFACT 副本。

(3) 在 LOADFACT 上构建索引。

(4) 让 FACT 下线(实际上只是最近的分区)。

(5) 将最近的 FACT 分区重命名为 SAVEFACT。

(6) 将 LOADFACT(分区)重命名为最近的 FACT 分区。

(7) 让 FACT 上线。

(8) 现在通过将 COPYLOADFACT 重命名为新的 LOADFACT 来进行清洗。可以继续让传入数据进入新的 LOADFACT 中。

(9) 如果一切正常，则可以删除 SAVEFACT。

这样，就将下线间隔降低为步骤(5)到步骤(6)仅仅两个重命名操作。几乎可以肯定，如果最近分区尽可能小，那么这些重命名操作会更快。

毫无疑问，这一场景是理想化的目标。数据仓库有更多的复杂性。必须考虑的主要复杂性包括：

- DBMS 分区能力受到的限制。
- 需要将老的、过时的数据加载到事实表中，可能会破坏“最近”这一假设。
- 要处理相关的聚合事实表。

支持实时

下面会探讨为满足用户对于更加实时数据仓库的需求所做的必要 ETL 系统修改。尽管现在技术水平已经得到了明显的发展，但这里介绍的基本方法仍旧令人惊讶地有价值，要知道，数据量已经增长了 100 倍甚或 1000 倍，并且对于实时性能的期望甚至更为夸张！

11.43　网络时代的工作

Ralph Kimball，Intelligent Enterprise，1999 年 11 月 16 日

网络带来的需求正在逐渐将数据仓库引向靠近操作性报告和操作性响应生成的前线，强制我们重新思考数据仓库的架构。十年前，我们认为数据仓库是用于管理的一类背景资源，人们会以非紧急、深思熟虑的模式来查询它。但如今显著增长的业务决策节奏不仅需要实时的业务全面快照，还同时需要为关于顾客行为的广泛问题提供答案。

由于数据仓库的这一演化，已经同时让三大技术设计因素变得更加困难：

- **时效性**。业务结果现在必须实时可用。两年前愿望清单上“自前一天开始的”报告，无法再满足需要。越来越多更为有效的具有较小、即时库存及大量自定义的交付管道，强制我们快速理解和响应需求。
- **数据量**。大量自定义的大举措意味着现在要捕获、分析并且响应业务中的每一个事务，其中包括顾客在操作或销售事务之前和之后进行的每一个操作，并且似乎不存在容量限制。例如，在一些繁忙的日子里，与 Microsoft 相关的联合网站已经捕获了超过十亿个页面事件！
- **响应时间**。网络使快速响应时间变得至关重要。如果 10 秒内没有出现一些有用的内容，我会去到另一个页面。我们当中运维大型数据仓库的人知道，许多查询的运行时间都会超过 10 秒。但对于用户理解性能问题的呼吁却没有受到注意。

随着这些设计因素变得更加困难，我们发现正在支持一个更为广泛的用户和请求连续体。由于对数据仓库日益增加的操作性关注，以及日益增加的世界各地许多人在我们网站上展现自己的能力，我们必须为广泛不同的外部顾客、业务合作伙伴和供应商组合以及内部销售人员、员工、分析师和执行团队提供数据仓库服务。我们必须交付查询结果、顶线报告、数据挖掘结果、状态更新、支持应答、自定义问候及图片的混合内容。这些内容中的大多数都并非来自结果集的吸引人的行；它们是混乱、复杂的对象。

为了应对这些问题，需要调整数据仓库架构。我们无法仅仅让单一的数据库服务器日益增强。我们无法让它交互所有这些复杂对象并且寄希望于持续满足这些不断升级的需求。

释放主数据库引擎压力的一种方式是，构建一个图 11-21 中所示的强大热点响应缓存，以期望出现尽可能多的可预测和重复的信息请求。该热点响应缓存会结合为公共网络服务器提供数据的应用程序服务器以及为员工提供的私有防火墙入口点。在主要应用程序服务器中运行的一系列批量任务会创建该缓存的数据。一旦被存储到热点响应缓存中，就可以按需通过公共网络服务器应用程序或者私有防火墙应用程序抓取数据对象。

所抓取的项都是复杂的文件对象，而非低级别的数据元素。因此该热点响应缓存是文件服务器，而非数据库。其文件存储层次结构将必然是一种简单的查找结构，但无须支持复杂查询访问方法。

安全性是请求应用程序服务器而非缓存的职责。该应用程序服务器应该是能够直接访问热点响应缓存的仅有实体，并且要基于集中管理的命名角色来制定其安全性决策。

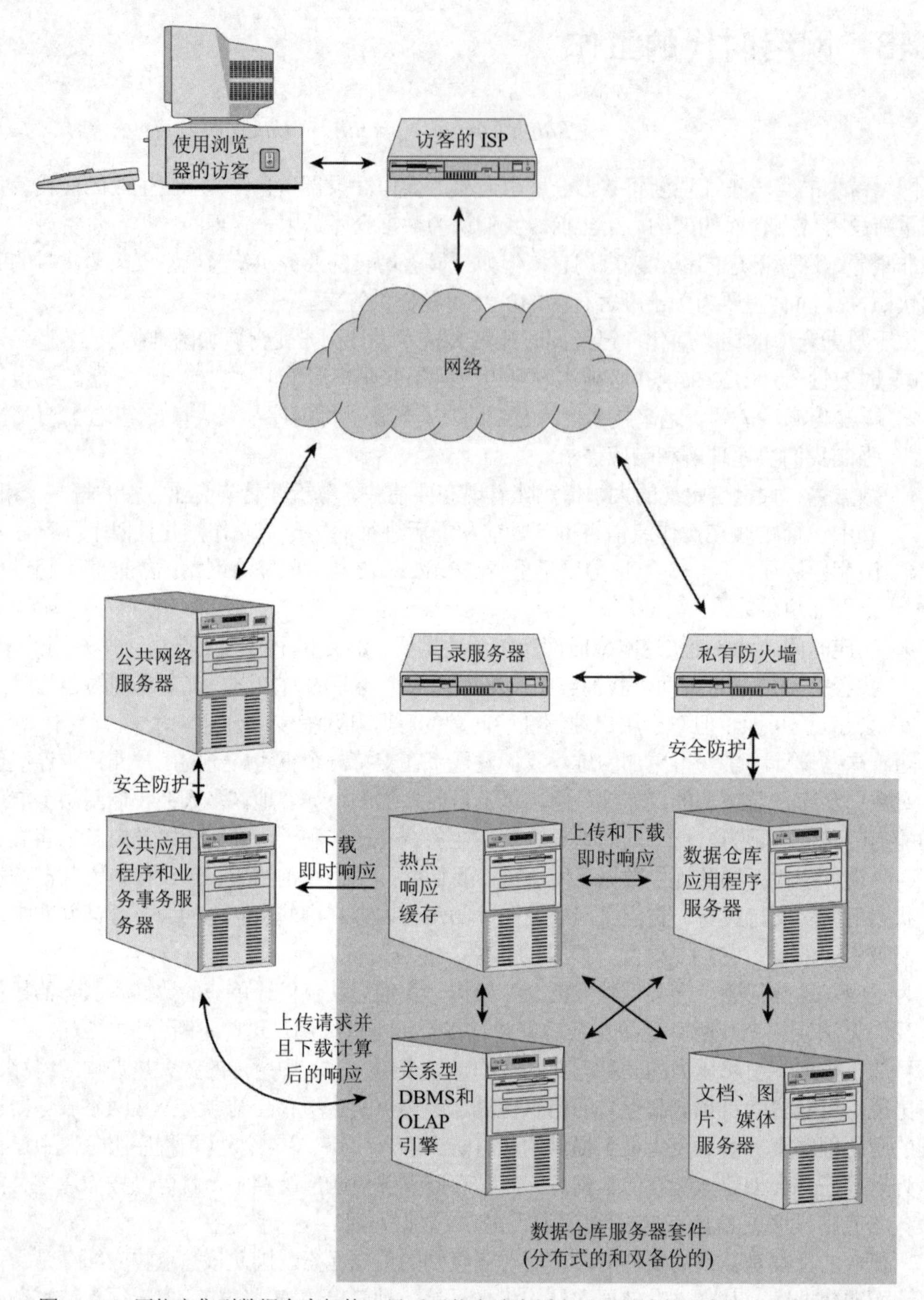

图 11-21　网络密集型数据仓库架构，显示了热点响应缓存以及创建其内容的应用程序服务器

热点响应缓存超出了 20 世纪 90 年代 ODS 的范畴。通常会在遗留业务系统不能响应式报告单独账户上的状态时构建 ODS。热点响应缓存不仅提供了这一原始的 ODS 功能，还提供了：

- 对网络访客的自定义问候，由文本和图形构成。
- 对网络访客的交叉销售和加量销售建议，这可能是基于数据挖掘应用程序实现的，该应用程序会查找网络访客人口统计集群或行为集群的其他同伴成员。

- 动态选择对网络访客的促销内容。
- 为请求交付状态、订单状态、小时供应库存(之前关注的日供应已经过时了)以及交付管道中关键路径警告的业务合作伙伴提供的基于 XML 的结构化形式内容(过去常常称为 EDI)。
- 为问题和支持请求提供低级别的类似于 FAQ 的答案。
- 在交付管道中为顾客和业务合作伙伴提供中线报告，这需要适度的跨时间(如最后 10 个订单或退货)或跨业务职能(生产制造、库存等)的集成。
- 为管理层提供顶线报告，这需要跨时间(多年趋势)、顾客、产品线或地理位置的重要集成，这些内容都是以三种可交换格式来交付的，包括面向页面的报告、数据透视表及图形，并且通常附有图片。
- 用于探索分析的可下载预先计算的 OLAP 多维数据集。
- 兼具短期和长期的数据挖掘研究，显示顾客人口统计和行为集群的演化，以及通过网络所进行的关于业务促销内容和网站内容的决策的效用。
- 通过标准层次结构在像顾客、产品和时间等主要维度中向上钻取时，增强查询性能的常规聚合。

热点响应缓存的管理必须帮助其支持应用程序服务器的需要。理想情况下，批量任务已经预先计算并且存储了应用程序服务器需要的信息对象。所有的应用程序都需要获悉热点响应缓存的存在并且应该能够探查它，以便检查它们需要的答案是否已经准备好。热点响应缓存具有两种不同的使用模式；请求数据的访客会话的特性会确定使用哪一种模式。

有保证的响应时间请求必须对网络服务器正在处理的页面请求响应某些类型的答案，通常小于 1 秒。如果所请求的对象(如自定义问候语、自定义交叉销售建议、即时报告或者问题的答案)未经预先计算因而未被存储，那么就必须交付默认的响应对象作为替代，全都要在有保证的响应时间内完成。

加速响应时间请求寄希望于产生对网络访客请求的响应，但如果没有即时找到预先计算的对象，则会默认为直接从基础数据仓库中计算响应。在这种情况下，应用程序服务器应该能够有选择地警告用户，响应的提供可能会延迟。如果网络服务器检测到用户已经去到另一个页面，则要能够警告应用程序服务器，这样应用程序服务器就能够停止数据仓库过程。

注意，搜索预先计算结果并且在需要时使用从基础数据计算出的默认值这一策略正是传统聚合一直在数据仓库中所采用的方式。数据仓库聚合导航器总是会搜索聚合以便为整体报告查询的部分内容提供答案。如果导航器找到了聚合，则会使用它。但如果没有找到聚合，它会优雅地默认为从基础数据中缓慢计算结果。从这个角度来看，热点响应缓存就是一种特别有效的聚合导航器。

任何时候为网络进行某些设计，尤其是在将其与公共网络服务器结合使用的情况下，都必须格外关注所需要的扩展和爆炸式访问量波动。根据其特性，热点响应缓存(即 I/O 引擎)，并非计算引擎。毕竟，它只是一台文件服务器。因此，对于热点响应缓存而言，其可扩展性瓶颈并非计算能力，而是 I/O 带宽。在需求高峰时期，热点响应缓存必须为请求应用程序服务器提供洪水般的大量文件对象。

构建热点响应缓存并非灵丹妙药。它需要另一台服务器介入这个已经很复杂的架构中。热点响应缓存意味着管理支持和一种特定的严守规范的应用程序开发方式。但这仍然是值得的。当数据库管理系统和应用程序系统面临网络时代典型的时效性、数据量和响应时间需求时，热点响应缓存会让它们避免面对巨大的压力。

11.44 实时分区

Ralph Kimball，Intelligent Enterprise，2002 年 2 月 1 日

在过去两年中，一项重要的新需求已经被添加到了数据仓库设计者的思考清单中。数据仓库现在必须将其已有的历史时序即时无缝扩展至当前实例。如果顾客在上一个小时中已经下了一个订单，那么就要能在整个顾客关系的上下文中看到这个订单。此外，还需要追踪这一最近订单的小时状态，因为它会在当天内不断变化。

尽管在大多数情况下，生产 OLTP 系统和数据仓库之间的间隔已经缩小到了 24 小时，但市场营销用户的贪婪需求要求数据仓库用实时数据填充这一间隔。

大多数数据仓库设计者都怀疑，已有的 ETL 任务是否能够简单地从 24 小时的循环时间加速到 15 分钟的循环时间。即便数据清洗步骤是管道化地与最终数据加载并行发生的，但围绕最大事实和维度表的物理操作就是无法每 15 分钟执行一次。

数据仓库设计者通过在常规静态的数据仓库之前构建一个实时分区来应对这一危机。

11.44.1 实时分区的要求

为了实现实时报告，要构建一个特殊的分区，它在物理上和管理上是与常规静态数据仓库表隔离开来的。实际上，分区这个名称有一点误导。从数据库的层面看，实时分区可能并非字面上的表分区。相反，实时分区可以是一个单独的表，它要遵从特殊的更新和查询规则。

无论实时分区是真实的分区还是一个单独的表，理想情况下都应该满足以下这组严格的要求：

- 包含自历史数据仓库上次更新以来(假设目前更为静态的历史表都是在每晚午夜更新的)所发生的所有活动。
- 尽可能无缝地链接到静态数据仓库事实表的粒度和内容。
- 非常轻微地进行索引，这样传入数据就可以被连续导入。
- 支持高响应查询。

在维度建模领域有三种主要事实表：事务粒度、定期快照粒度及累计快照粒度，参见 8.5 节。实时分区对于每一种类型都具有对应的不同结构。

11.44.2 事务粒度实时分区

如果历史数据仓库事实表具有事务粒度，那么它就会正好包含从“所记录历史”开始以来的用于源系统中每个单独事务的一行记录。如果一段时间内没有发生任何活动，则没有事务记录。相反，如果活动密度很大，则会有一大批密切相关的事务记录。实时分区具有与其基础的更为静态的事实表完全相同的维度结构。它仅包含自午夜加载常规数据仓库表以来已经发生的事务。实时分区可以完全不被索引，这是因为需要维护用于加载的持续开放的窗口，还因为其中不存在时序——因为仅在这个表中保留当天的数据。最后，要避免基于这一分区构建聚合，因为需要的只是当天内的微型管理场景。

通过从历史事实表到实时分区的横向钻取，或者如果可能，让实时分区变成事实表的一个真实数据库分区，就能将实时分区附加到已有的应用程序。时序聚合(例如，当前月份的所有销售情况)将需要发送完全相同的查询，以防出现两个事实表并且将其加在一起的情况。如果可以使用基于分区的方法，则仅需要单个查询。

在相对大的每天生成 1000 万个事务的零售环境中，历史事实表会非常大。假设每条事务粒度记录是 40 个字节宽(七个维度外加三个事实，全部放入 4 字节字段中)，那么每天就会累积 400MB 数据。一年之后，原始数据是大约 150GB。这样的事实表会被大量索引并且用聚合来支持。但 400MB 的每日切片(实时分区)会被固化在内存中。忘掉索引，或许可以在主键上使用 B 树索引来支持快速数据加载！忘掉聚合！实时分区仍旧有望带来非常快的加载性能，但同时会提供快速的查询性能。

由于将完全相同的查询发送到了更为静态的事实表以及实时分区，所以你可以松一口气并且让聚合导航器清理出哪个表(或分区)是否支持聚合。在刚才描述的情况下，只有大的历史表才需要它们。

11.44.3　定期快照实时分区

如果历史数据仓库事实表具有定期粒度(如每月)，实时分区就可以视为当前热点滚动月份。假定有一家拥有 1500 万个账户的大型零售银行。其历史静态事实表有按月记录账户的粒度。那么 36 个月的时序就会产生 5.4 亿条事实表记录。同样，这个表会被大量索引并且用聚合来支持，以便提供良好的性能。另一方面，实时分区只是当前滚动月份的一个映像，会随着月份的推进而持续更新。半累加式余额和完整累加式事实会按照报告的频率调整。在零售银行中，跨所有账户类型的“核心”事实表可能会很小，可能有四个维度和四个事实，从而产生 480MB 的实时分区。该实时分区同样可以被固化在内存中。

相较于事务粒度，从静态事实表到实时分区进行横向钻取的查询应用程序具有稍微不同的逻辑。尽管账户余额和强度的其他测量可以直接跨这些表绘制出趋势，但在当前滚动时期内累积的累加式合计值可能需要向上扩展到等同于一个完整月份，以便让结果不会显得异常。

最后，在一个月的最后一天，如果幸运，累计实时分区就可以加载到历史数据仓库作为最近月份，并且该过程可以再次用一个空的实时分区作为开始。

11.44.4　累计快照实时分区

累计快照被用于订单和发货等短期过程。会为订单或发货的每一个行项目创建一条记录。在历史事实表中，这条记录会随着活动的发生反复更新。在首次下订单时，要为行项目创建记录，然后在项目发货、交付到最终目的地、支付以及退货等时刻更新它。累计快照事实表都有一组对应于每个步骤的典型日期外键。

在这种情况下，将历史数据仓库事实表称为静态的会是一种误导，因为这是一个会被有意更新并且通常会反复更新的事实表类型。不过假设，出于查询性能原因，这一更新仅在用户下线时的午夜进行。在这种情况下，实时分区将仅由那些当天已经被更新过的行项目构成。在当天结束时，实时分区中的记录将是记录准确的新版本，需要通过当这些记录是全新时插入这些记录或者用相同主键重写已有记录的方式将其写入到历史事实表上。

在许多订单和发货情境中，实时分区中行项目的数量将显著小于前两个示例。例如，美国最大的猫狗食物生产商每月会处理约 60 000 张发货单。每张发货单可能有 20 个行项目。如果一个发货单行具有两个月的正常生命周期并且在这期间会更新五次，就会发现，平均每个工作日会更新约 7500 个行项目。即使是使用较宽的典型累计发货单事实表的 80 个字节记录，实时分区中也仅会有 600KB 数据。这明显适合放入内存中。在这个实时分区上就忘掉索引和聚合吧。

针对具有实时分区的累计快照的查询，需要同时从主要事实表和分区中抓取合适的行项目，并且能够通过执行基于完全相同的行标题的排序合并(外联结)或者通过执行这两个表中行的联合来横向钻取这两个表，从而在表示当天热点活动的报告中呈现扩充了临时补充行的静态视图。

本节提供了用于满足具有特殊构造的新的实时需求的强有力示例，而非熟悉的已有事实表的扩展。如果删除掉这些特殊新表上的几乎所有索引和聚合，并且将它们固化在内存中，则应该能够得到所需要的合并后的更新和查询性能。

11.45 实时分类

Ralph Kimball，Design Tip #89，2007 年 3 月 20 日

询问业务用户是否想要数据“实时”交付，对于 BI 系统设计者来说是一项让人沮丧的活动。由于没有背景约束，大多数用户会说“这听上去很棒，我们需要它！”这类回应几乎没什么意义。提问者会想，用户是否是因为短暂的狂热而做出回应。

为了避免这种情况，建议将实时设计挑战划分成三类：每日的、频繁的和即时的。在与用户探讨其需求时要使用这些词，并且要针对这三种选项中的每一种来区别设计数据交付管道。

“即时的”意味着界面上可见的数据代表着每一个时刻源事务系统的真实状态。当源系统状态变更时，界面会立即且同步做出响应。即时的实时系统通常会作为 EII(企业信息集成)解决方案来实现，其中源系统本身要负责支持远程用户的界面更新，并且为查询请求提供服务。显然，这样的系统必须限制查询请求的复杂性，因为所有的处理过程都是在操作应用程序系统上完成的。EII 解决方案通常不会涉及 ETL 管道中的数据缓存，因为根据定义，EII 解决方案不会在源系统和用户界面之间有延迟性。EII 技术提供了合理的轻量级数据清洗和转换服务，但所有这些能力都必须在软件中执行，因为数据正在被持续地管道式输出到用户界面。大多数 EII 解决方案还支持从用户界面到事务数据的受保护事务回写能力。在业务需求会谈中，应该谨慎评估对于即时实时解决方案的需要，牢记这样的解决方案会给源应用程序带来的重大负荷，以及瞬时更新数据的内在变动性。对于即时实时解决方案来说，有些情况是理想的候选状况。库存状态追踪可能是一个好的示例，其中决策者有权利向顾客提供实时可用的库存。

“频繁的”意味着界面上可见的数据每天会多次更新，但不保证是绝对的当前状态。大多数人都熟悉股市报价数据，它是当前 15 分钟内的，但并非即时的。用于交付频繁实时数据(以及较慢的每日实时数据)的技术与即时实时交付显然是不同的。频繁交付的数据通常会在常规 ETL 架构中作为微型批处理来处理。这意味着，数据会经历变更数据捕获、提取、暂存到 ETL 后台文件存储、清洗和错误检查、一致化到企业数据标准、分配代理键，以及可能的大量其他转换，以便让数据准备好被加载到维度模式或 OLAP 多维数据集中。在 EII 解决方案中，几乎所有这些步骤都必须省略或显著减少。频繁的和每日交付的实时数据之间的最大区别在于前两个步骤：变更数据捕获和提取。为了每天多次从源系统捕获数据，数据仓库通常必须利用遗留应用程序之间的大量消息传输等高带宽通信通道、或者一个累计事务日志文件、或者每次事件发生时来自事务系统的低级别数据库触发器。作为设计者，频繁更新的实时系统的原则性挑战就是设计 ETL 管道的变更数据捕获和提取部分。如果 ETL 系统的其余部分可以每天多次运行，那么可能其后这些阶段的设计仍旧可以保持面向批量的处理。

“每日”意味着界面上可见的数据自前一个工作日结束时批量文件下载或者得到来自源系统的调整数据开始是有效的。几年前，数据仓库的每日更新被视为积极的，但在编写本书时，每日数据变成了最保守的选择。就每日数据而言，有大量的推荐做法！非常普遍的做法是，在工作日结束时在源系统上运行纠正原始数据的过程。当这一调整变得可用时，就表明数据仓库可以执行可靠且稳定的数据下载了。如果面临这种情况，并且业务用户想要即时或者频繁更新的数据，那么就应该向业务用户说明他们会经历什么样的折中情形。每日更新的数据通常涉及读取由源系统准备好的批处理文件，或者在设置了源系统准备标记时执行提取查询。当然，这是最简单的提取场景，因为要花时间等待源系统准备好并且可用。一旦获得了数据，那么下游 ETL 批处理就类似于频繁更新的实时系统的下游处理，但只需每天运行一次。

业务需求收集步骤对于该设计过程至关重要。其重大决策是到底要即时、还是可以使用“频繁”或“每日”方式。即时解决方案非常不同于其他两种，并且你可能不愿意被告知要在中途改变处理方式。另一方面，你可能能够优雅地将每日实时 ETL 管道转换成频繁更新的实时系统，这主要是通过修改变更数据捕获和提取这两个步骤来实现的。

第 12 章

技术架构注意事项

在探讨了与数据有关的主题之后，我们要转向技术和系统架构方面的关注点。有些读者可能会松口气，不过可能其他读者会对我们就数据本身的关注已经结束这一情形感到失望。

这一章首先会介绍影响 DW/BI 环境整体架构的七个主题，其中包括面向服务架构(SOA)、主数据管理(MDM)以及打包分析。*Reader* 的第 2 版中有一节新内容会深入探究大数据的新世界，并且刊载 Ralph 编写的两份重要白皮书。从那开始，我们会用聚合导航、OLAP 以及其他性能调整选项的探讨切换到展示服务器。我们将简要探究数据仓库前台的用户界面问题，之后的几篇文章会与元数据有关。最后，本章会以信息隐私、安全性以及其他基础设施问题的探讨作为结尾。

总体的技术/系统架构

本节将介绍各种系统架构主题，从面向服务架构和套装软件的作用到主数据管理以及用于操作性决策的集成分析。

12.1 数据仓库是否能从 SOA 中获益

Ralph Kimball，Design Tip #106，2008 年 10 月 10 日

面向服务架构(SOA)的迁移已经引发了许多 IT 部门的想象力，如果不考虑预算的话。简而言之，围绕 SOA 组织环境意味着识别出可重用的服务，并且将这些服务实现为通常会通过网络来访问的集中资源。其吸引力来自在大型组织中仅需要实现服务一次，从而确保节省成本，并且让服务独立于具体的硬件和业务系统平台，因为所有的通信都是通过中性的通信协议来实现的，主要是 WSDL-SOAP-XML。

的确，差不多这些 SOA 好处都会被发现，但早期的 SOA 先驱已经得到了需要让人停下来思考的一些有价值的教训。这些教训的名称就是数据质量、数据集成以及治理。总而言之，当 SOA 举措 1)处于一个数据质量糟糕的平台，2)尝试共享没有跨企业集成的数据，以及 3)在未经安全性、合规性以及变更管理方面充分思考的情况下被实现时，它们就会失败。SOA 架构师还意识到要避免过于详细的用例。当服务很简单、严守其范围，并且不依赖基础应用程序的复杂业务规则时，它们就能满足 SOA 架构的目标。

那么，SOA 是否会为数据仓库提供些什么呢？我们能不能识别出数据仓库领域中公认的独立于具体数据源、业务过程以及 BI 部署的抽象服务？我认为可以。

思考维度管理者和事实提供者之间的关系。记住，维度管理者是定义一致化维度并且将其发布到企业其他部分的集中式资源。主数据管理(MDM)资源是一个理想的维度管理者，但我们之中很少有人会足够幸运地拥有一个能发挥作用的 MDM 资源。更加可能的情况是，数据仓库团队承担着一种收集像顾客这样的实体的不一致描述并且向其余的数据仓库用户群发布清洗过的、一致化的并且去重复后的维度的下游 MDM 职能。这个维度的订阅者几乎总是事实表的所有者，他们会希望将这个高质量一致化的维度附加到其事实表，这样企业中所使用的 BI 工具就能基于该维度的一致化内容执行横向钻取报告。

每个维度管理者发布器都需要向其事实表订阅者提供以下服务。对于这些服务，抓取意味着事实表提供者从维度管理者处提取信息，而警告意味着维度管理者向事实提供者推送信息。

- 抓取特定维度成员。我们假设在这个步骤以及后续步骤中，维度记录具有一个代理主键、一个维度版本号，并且信息传输符合安全性以及请求者的私有权限。
- 抓取所有的维度成员。
- 抓取自特定日期/时间开始用指定 SCD 类型 1、类型 2 和类型 3 变更过的维度成员。
- 抓取事实表提供者特有的自然键到代理键的对应表。
- 警告提供者有新的维度发布。主要维度发布需要提供者更新其维度，因为类型 1 或类型 3 变更已经变成了所选的属性。
- 警告提供者延迟到达的维度成员。这要求事实表提供者重写事实表中所选的外键。

这些服务对于所有集成数据仓库都是通用的。在维度建模的数据仓库中，我们可以极其明确地描述管理型处理步骤，而无须考虑事实或维度表的基础主题问题。以 SOA 术语来说，这就是为什么说维度建模提供了精心定义的引用架构，这些服务可以以此为基础的原因。

这些服务似乎非常合理，因为它们能满足 SOA 设计需求。一个有意思的问题是，是否可以在事实提供者和 BI 客户端之间定义一组类似的抽象服务。如果“就 KPI 变更而警示客户”会怎么样？也许这是可行的。同时，我建议阅读 *Applied SOA: Service-Oriented Architecture and Design Strategies* 一书(Rosen 等著，Wiley，2008 年出版)。

12.2 选择正确的 MDM 方法(Kimball 经典)

Warren Thornthwaite，Intelligent Enterprise，2007 年 2 月 7 日

我承认有时在面对拥抱市场趋势时有些迟缓。那是因为我认为，许多市场趋势最终都表现得华而不实，但情况并非总是如此。拿主数据管理(MDM)来说，它在过去几年中一直位于技术流行语清单上的顶部。十年前，创建和维护关于顾客、产品和其他实体信息的单一源的观点被认为是痴心妄想，但这是一个日益成为现实的趋势。

这篇文章将研究 MDM 所处理的问题以及 MDM 所交付的商业价值。我们还要介绍创建和管理主数据的三种常见方法，详细阐述每一种方法的优缺点。最后，我们会介绍关于在无论何种方法对组织最合理的情况下如何处理 MDM 的四项可靠建议。

12.2.1 源系统差异

创建企业单一视图的难点源自源系统数据质量。其中一个最大的挑战在于，多个源系统会收集和维护其自己的相同数据元素版本。当网络注册界面捕获到顾客姓名和地址，同时发货系统保留了顾客姓名和地址的另一个副本时，我们就会在不同系统中找到相同顾客的多条记录。当该顾客拨打服务支持电话时，我们会创建另一条顾客记录并且捕获另一个地址。当顾客两次注册相同网站时，相同的顾客甚至在相同系统中具有重复的记录。

企业资源规划(ERP)系统的其中一个目标就是通过创建跨所有事务过程共享的数据元素的单一、集中式事务系统来处理这个问题。“E”代表“企业”，对吧？大多数组织尚未到达这种源系统集成级别。它们要么具有在 ERP 系统外的系统，要么正在独立使用 ERP 系统。换句话说，多个部门或业务单元具有不同的顾客集，它们甚至被保留在相同的物理表中。在需要创建一个企业信息资源时，这些“独立的”部门通常要处理许多相同的顾客。

在必须纳入外部源的数据时，这个问题会变得更糟糕。外部顾客人口统计数据、零售产品销售数据，甚至来自生产制造商或分销商的产品数据几乎不会有与内部系统相同的顾客或产品键。

12.2.2 对于主数据的需求

干净的主数据可以让组织在提升收益和利润以及提升生产效率和顾客满意度方面受益。组织级别集成数据的需求已经合并到主数据管理下。MDM 是这样一种理念，应该存在关于顾客或产品信息的单一源：主源。理想情况下，所有的事务系统都会与主源交互以便得到特定属性的最近值，比如姓名或地址。MDM 要解决数据差异问题，该问题也应该在此处得到解决：在源处一次性解决。

保持追踪属性的正确当前值还不够。分析需求和合规性报告要求追踪对于 MDM 作用的历史变更。这一需求会让 MDM 更为复杂，但基本不会改变需要发生的事件以及如何发生的方式。

用三种常见方法来创建 MDM 系统：

1. **让数据仓库承担其职责**。这一方法对于现有系统来说破坏性最低，但它具有隐藏的成本和限制。
2. **以事务为基础创建一个操作性 MDM 来集成多个源的数据**。这一方法会让隐藏成本浮现出来并且提升及时性和主数据的可访问性，但它仍旧会在各种事务系统中留下多个不同的数据副本。
3. **创建一个用于事务系统数据记录的企业 MDM 系统并且按需推动数据共享**。

我们来进一步探究每一种方法。

12.2.3 方法 1：一致化数据仓库中的主数据

建立对业务的真实企业理解的目标已经强制了数据仓库处理不同的源。在 20 世纪 90 年代，大多数事务系统管理者都不关心数据集成，因为它不是业务优先考虑的事情。其最优先考虑的事情就是尽可能快地满足特定事务需求。事务系统应该创建和管理集中式主数据集的观点最多被视作一个宏伟的愿景，但并非实用性的；更常见的情况是，它会被视作一个有趣的笑话。

如果数据仓库团队成员需要每个维度的单一主版本，我们就必须自行构建它。我们要使用提取、转换和加载(ETL)过程从多个源中提取数据，对其进行清洗、调整、标准化并且集成，以便创建我们称为企业一致化维度的对象，如图 12-1 所示。

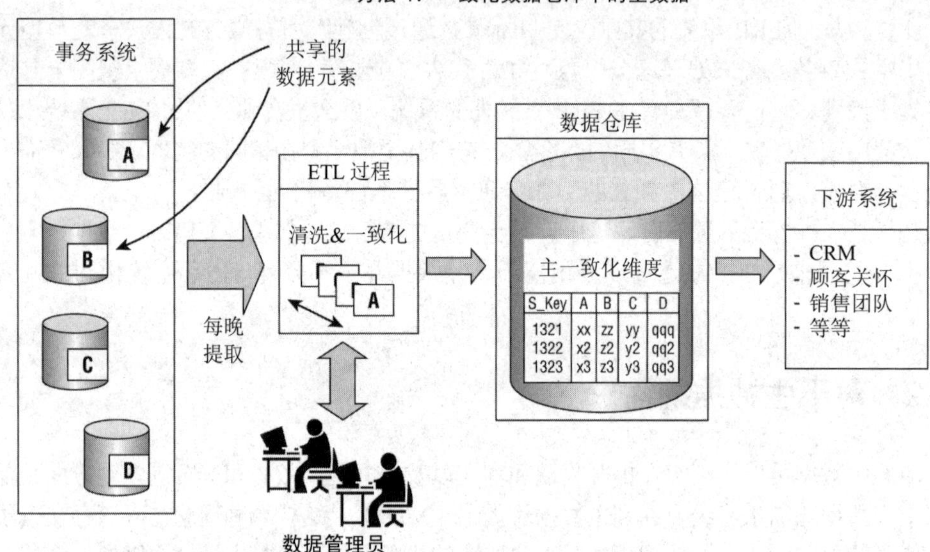

图 12-1 方法 1：在数据仓库 ETL 中管理主数据

主一致化维度包含跨事务系统通用的属性，比如顾客姓名，以及对于单独系统唯一的属性，比如运输地址。主一致化维度会为实体中的每一条记录将源系统键映射到单一主代理键。这一映射就是将数据从一个源系统绑定到另一个的罗赛塔石碑。

当主维度准备好时，工作还没有结束。来自不同源系统的对于共享属性的变更和增加必须被输入维度中。另外，维度管理系统通常被要求从所有可能存在的版本中识别出一个共享属性的最佳版本。这一检测被称为存留检测，它涉及 ETL 管道中的复杂业务规则和对比。

对于许多人来说，让数据仓库创建并且管理主数据似乎总是有些不对劲，因为它公然违背了质量的基本原则。在 20 世纪 50 年代，Edward Deming 及其同行教育我们，必须在其源处修复质量问题，否则就注定要一直持续修复它们。每天晚上，ETL 过程都会将其薛西弗斯石头推到山顶，就是为了等待第二天事务系统将这块石头再推下去。遗憾的是，大多数组织都一直不愿意以任何方式处理这个问题，因此我们必须在数据仓库中处理它。

12.2.4　方法 2：MDM 集成中心

大多数组织都有多个顾客接触点，并且它们通常拥有一个单独的顾客关系管理(customer relationship management，CRM)系统和一个基于网络的保留其自己的一些顾客数据的顾客界面。希望处理不同数据问题的公司在构建集中式主数据存储时会先将每一个孤立的事务数据存储留在恰当的位置。所有属性的副本都会被放入 MDM 系统中，并且所有未来的更新都会从每一个源被复制到 MDM 系统中。因此，MDM 系统将包含相同属性的多个版本，因为它们是由各个源系统收集的。我们将此称为 MDM 集成中心，如图 12-2 所示，因为它充当了下游系统(并且某些情况下也充当了源系统)的集成点。

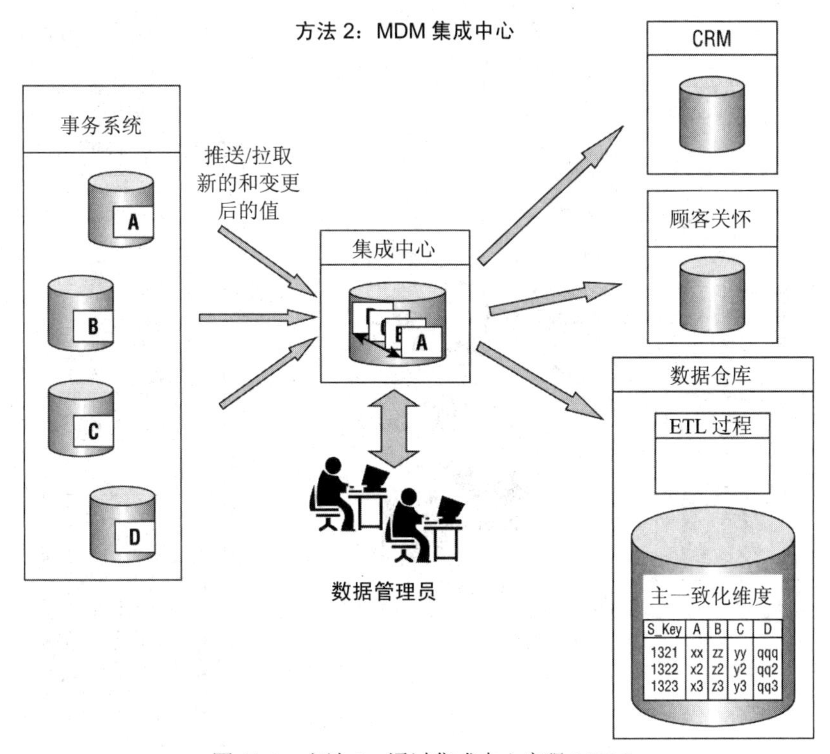

图 12-2　方法 2：通过集成中心实现 MDM

这一 MDM 方法通常会生成与数据仓库版本相同的有价值输出：源键映射表，以及基于估算每个源准确性和有效性的复杂规则而得到的每个属性的最佳值或者主值(等同于 ETL 过程中的生存函数)。这些规则包括对不同源相对准确性的评估、源被更新的频繁程度、更新来自何处等。数据管理员要负责通过 MDM 界面创建和维护这些规则。

集成中心方法不会尝试修复源处的问题；它只是将清洗、调整、标准化和集成往上游移动了一些。集成中心要好于数据仓库方法，因为它可以在事务服务级别上进行操作，让一些业务系统调用集成中心来得到属性的最近值。它还会变成下游系统的数据提供者，就像数据仓库一样。最后，数据仓库可以停止将石头推上山了。将这一方法应用到顾客数据实质上就是顾客数据集成(customer data integration，CDI)的全部内容了。

12.2.5 方法 3：企业 MDM 系统

第三种方法，如图 12-3 所示，就是创建一个集中式数据库，它会保存指定对象所有属性的主版本以及将这个主数据绑定回事务系统所需要的接口函数。换句话说，主数据库充当着所有参与事务过程的记录数据存储。相对于让每一个系统维护其自己的顾客数据，事务系统都会在集中式 MDM 中创建、查询和更新属性。每个系统面向用户的部分都必须先识别出指定事务中涉及的正确顾客或产品，并且从 MDM 处获得其唯一键。MDM 必须保留多个系统所需(或者说可能所需)的所有属性，并且还必须允许每个系统定义其自己的自定义属性。此外，主数据系统必须具有可用于所有客户端系统的标准 API。

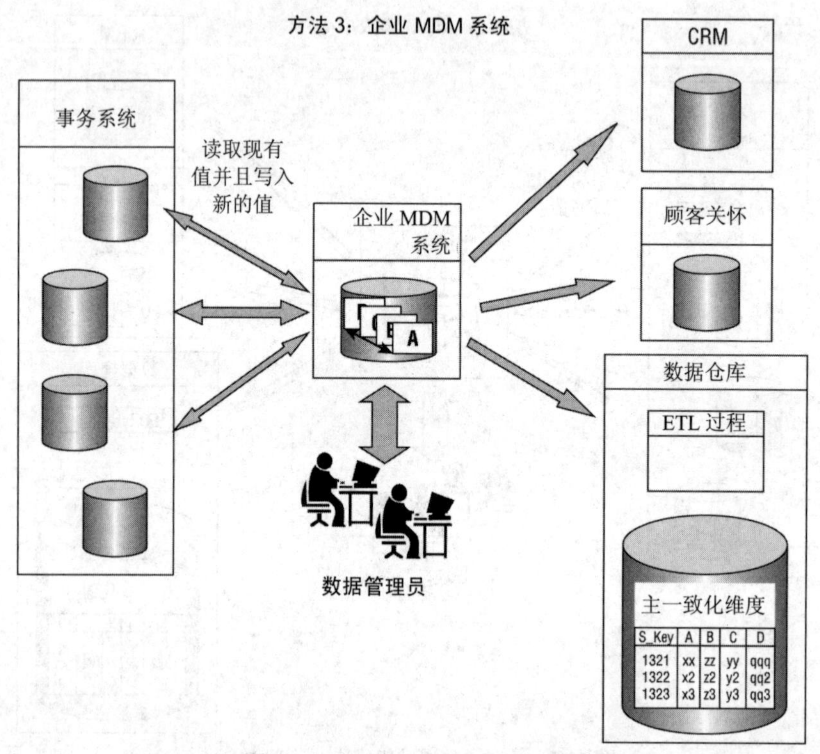

图 12-3 方法 3：企业 MDM 系统

企业 MDM 自身并没有解决不同数据的问题。一个系统可以定义一个等同于已存在属性的属性。数据管理员必须对每一个主数据对象负责，并且肩负着唯一定义每个属性以及监控那些属性用途的跨系统职责。由于 Kimball Group 长期以来的支持，强有力的、集中式数据治理对于成功创建在整个企业中一致化的信息是强制的基础。

单一式、集中式的数据库显然是理想的解决方案，但它需要共享数据的每一个事务系统放弃对共享数据集的所有权。这不是小事，因为这需要重写每个系统的核心部分，或者至少要将数据请求重定向到外部 MDM 系统。另一方面，企业 MDM 是开始面向服务架构(SOA)部署的理想位置，因为大量的客户端可以利用该服务的可重用性。根据我们的经验，已经拥有一个企业 MDM 系统的组织，其数量远远小于 10%。

12.2.6 通往 MDM 的四个步骤

无论你处于创建企业 MDM 的哪个阶段，都需要采用几个常见步骤：

- **设置数据治理机制**。首先，创建一个永久的包含业务方或者由其管理的数据治理机制。这个小组必须推动就所研究的每一个条目和属性的名称、定义、记录的各个系统以及业务规则达成一致。为持续进行的评审和执行创建一个组织过程，以确保正确使用和恰当共享数据。
- **集成已有数据**。必须一次性集成来自组织中各个源的数据。一旦定义了业务规则，这对于有些属性来说则相当简单，比如产品类别。不过，如果需要匹配和去重复像顾客这样的更为复杂的实体，则需要付出巨大努力。绝不会得到百分之百的正确性。记住，所产生的集成数据必须被维护。如果你已经达到了这一步，则可以认为你已经超越了平均水平。
- **朝向理想而努力**。重写已有系统并且重新运行业务过程来使用主数据系统而非本地数据集，这是一项艰巨的任务。组织必须承诺在源处修复问题。这一努力涉及数据治理资源、开发资源、采购的软件以及核心系统和开发过程的总体重新设计。
- **争取其他人的支持**。如果没有从更大的组织中获得帮助，那么要记住，集成的结果对于下游系统是有价值的，比如 CRM 和顾客服务。在力争创建集成中心或者企业 MDM 系统时要尝试争取他们的支持。所有组织都应该具有一个数据管理职能来定义共享数据元素和监控其使用。你也应该以在数据仓库 ETL 过程中创建一致化维度的形式来实践 MDM。除此之外，组织还应该致力于将 MDM 职能上游迁移到业务系统中，最初可作为集成中心，而最终可作为企业主数据管理系统。

12.3 为 DW/BI 系统构建自定义工具

Joy Mundy，Design Tip #94，2007 年 9 月 4 日

有一个很大且各种产品市场可以帮助构建 DW/BI 系统以及向业务用户交付信息。其涵盖了从 DBMS(关系型和 OLAP)到 ETL 工具、数据挖掘、查询、报告及 BI 门户技术的范围。在这样一个丰富的环境中，自定义工具会发挥什么作用呢？

我们看到过的大多数自定义工具都支持后台操作，如元数据管理、安全性管理以及监控。例如，你正在捕获与谁正在登录系统以及查询要花多长时间有关的信息。最简单的自定义监控工具就是一组显示历史趋势和实时活动的预定义报告。

但最好的工具会让用户发起一个操作。最近一个客户面临一个不同寻常的需求，其中业务用户执行了复杂分析，然后将任务提交到了 ETL 系统。每个任务都会花费从几分钟到一刻钟不等的运行时间，这取决于系统的繁忙程度。业务用户在当天结束时提交其任务，然后在办公室里徘徊，直到他们确定其数据被正确处理并且准备好第二天早上的处理。该 DW/BI 团队开发了一个简单明了的工具来监控这些被提交到系统的任务。用户可以看到其任务处于处理队列的位置，能够很好地获知它们需要花费多少时间，并且——最好的是——如果用户意识到他们在数据准备步骤中犯了错误的话，那么用户可以取消自己的任务。这一工具特别棒，并且是由一个经验丰富的编程人员开发的，但只要短短数周，就会出现与其结合使用的不那么完美的工具。

大多数 DW/BI 团队都会使用来自多个供应商的各种产品。自定义工具对于不同技术之间的转换点来说会是最为有用的。即使 DW/BI 系统主要是基于单一平台来构建的，这种情况也会客观存在；组件之间总是存在间隔的。元数据管理是我们需要编写一些自定义黏合剂的一个位置。如果缺少具有设计、关系型和 OLAP 数据库、商业智能层以及标准报告之间的完整和同步过的元数据的集成平台，那么总是会有适合自定义工具的位置以便桥接那些元数据池。一个非常简单的工具会由一些同步元数据存储的脚本构成。但我们曾经看到过使用基于网络应用程序的顾客，让业务分析师更新和同步元数据，比如业务描述。

我们曾经在客户处看到过的自定义工具的其他示例包括：

- **报告发布工作流**。管理用于创建新标准报告的过程，其中包括确保报告定义同时由恰当的业务和 IT 代表审核。
- **安全性管理**。编程式运行命令来将用户添加到具有用户界面的系统，以便为其分配具体角色。这对于像由组织结构驱动的系统这样的数据驱动的安全性系统以及跨多个数据库的安全性系统来说尤其有价值。
- **维度层次结构管理**。让业务用户可以重新映射维度层次结构，比如哪些产品要汇总到产品子类别和类别，或者哪些总分类账账户要聚合到一起。

不要惊慌失措！许多 DW/BI 团队都没有构建自定义工具，或者仅构建了一些非常原始的工具。但市场上存在一些非常有效的编程环境，更不要提可以雇佣的廉价的软件开发公司了。不要害怕具有创造性。通常的情况是，对于一些自定义工具的非常适度的投入可以极大地提升 DW/BI 系统的可管理性。最佳的工具就是通过赋予业务用户对 DW/BI 系统更多控制权来让其更为满意的那些工具，即无论怎样，这些控制权都应该是他们的而非 DW/BI 团队的。

12.4 欢迎封装好的应用程序

Ralph Kimball，Intelligent Enterprise，2000 年 6 月 5 日

这种热切地扑向 CRM、电子商务以及 BI 的趋势已经让许多业务部门争相向 IT 部门提出要求。这一需求对于我们数据仓库实现者来说几乎全是天大的好消息。我们最终“得到命令”要将一个数据基础放在几乎每个业务决策和业务关系之下。企业对顾客(B2C)以及企业对企业(B2B)关系都是数据密集型的，并且我们的用户部门都非常清楚这一现实。在某种程度上，随着最近网络所提供的巨大推动力，业务最后在很大程度上需要通过数字来管理。现在我们 IT 同行所需要做的就是构建支持这一革命的基础设施。

我们的市场营销、销售、财务以及操作业务用户都急于要赶上其市场和竞争对手，并且他们正在购买封装好的应用程序解决方案以便满足其迫切的需求。重量级的封装好的应用程序就是 ERP 系统，其中许多都是在 2000 年这一界限之前安装的。不过通过统计软件授权销售的绝对数量，真正的增长来自较低端的封装软件程序市场，如销售管道和呼叫中心管理、商业活动管理及 CRM。

封装好的应用程序提供者会交付非常有用的服务，因为他们已经编写了该软件。但同时，这些提供者没有将重心放在让其应用程序在较大 IT 环境中发挥作用的系统和对接问题上，这是为了避免 IT 监督和所涉及的较长销售周期。

12.4.1　避免烟囱式数据集市

如果无法接受封装好的应用程序作为数据仓库的正式成员该怎么办？该封装好的应用程序将变成一个烟囱式数据集市。

我们当中年龄较大的人曾经看到过这一场景。整个 20 世纪 80 年代，杂货店和药店的辛迪加扫描器数据都是在整套硬件上直接销售给零售和生产制造业市场营销部门，而没有 IT 介入的。那时，要绕过这样一个策略是更容易的，因为当时没有涉及网络。但对于我们这些构建首个集成数据仓库并且试图将该辛迪加数据结合到内部发货和财务数据中的人来说，它是一个噩梦：辛迪加数据中没有与内部数据一致的维度。

在有些辛迪加数据中，时间维度具有四周的粒度(与日历月份不相关的四周区间)，产品维度具有供应商提供的汇总层次结构，并且市场维度由不符合州边界的 54 个特殊构造的市场构成。声名狼藉的第 54 个市场被称为其他所有市场，并且包含前 53 个市场之间的所有空隙市场！

一致化维度是成功的分布式数据仓库的关键，并且必须从数据准备阶段中的最细粒度数据处这样做。对于封装好的应用程序数据，这一过程发生于封装提供者的后台，而对于内部公司数据来说，它发生于后台 ETL 暂存区域中。

12.4.2　查询时的一致化

运行时的一致化维度——其中一致化外的数据源之间的配置因素会在查询时被应用——多年来一直是一个梦想，却是计算密集型的并且会减慢实时查询。更为严重的是，这一方法仍然需要分配数百个甚至数千个配置因素。例如，你需要以笨拙的方式将两个数据源之间重叠的时间段分解为单独的天，然后重新汇总它们。一周的每一天都相等这一假设很少会令人满意；可能工作日的业务量远大于周末。我们还需要让两个数据源之间的产品层次结构完全相同。类别和部门的名称必须提取自相同领域、必须具有相同的内容并且必须被一致地拼写。最后，你必须以相同方式让地理区域和行政区完全相同。准确的一致化不兼容的地理位置是非常有意思的，因为它涉及人口密度和人口统计模式的复杂模型。因此，要提防声称你可以无须广泛参与而能够一致化不同数据源的人！

即使我们可以在运行时一致化，该架构也是不正确的；你必须反复在每一个查询中重新应用配置。你绝不会拥有足够的计算能力来让这一目标变成最佳解决方案。

12.4.3　供应商确实会严肃对待集成任务

供应商是否意识到了这些问题，并且他们是否支持其应用程序成为较大数据仓库的功能组件？出乎意料的是，被称为企业应用集成(enterprise application integration，EAI)的整体活动正在处理这一系列问题。尽管 EAI 供应商主要专注于事务处理，但他们在准确定义我们需要用来让分布式数据仓库有效运行的内容。他们在定义一种框架，主要是通过可扩展的标记语言(XML)来定义，用于将业务结果向后和向前传递，无论是用于 B2C 还是 B2B。在网络上订购一本书的顾客会填写一份表单，该表单的一部分，比如这本书的 ISBN 编号、书名、作者、价格、税费以及运输费用，都是以一种每个顾客和业务观察者可以使用的容易理解的语言来描述的。这样的安排就允许“不兼容”应用程序选取出信息并且在本地使用该信息。它还让数据仓库可以读取订单表单并且填充其事实表。

除支持提供常见的数据交换 XML 外，封装好的应用程序供应商还可以做些什么让我们认真看待其集成职责？这里是我的一组建议：

- 提供顾客的维度，尤其是产品(或服务)、顾客、地理位置、日历、状态以及事务方面的封装数据供应。对此项服务收费更多是可以接受的，提供这些数据需要额外的处理或者特殊的软件开发。
- 在销售周期早期让 IT 介入。如果正确应对这一情况，IT 就应该会表示感激，因为业务用户部门已经意识到对于封装应用程序的需要，并且认真地表达了这些需求。但是封装提供者和业务部门都必须认同，IT 将要负责运行硬件和软件并且将信息集成到组织的结构中。
- 发布封装数据接口规范，这样 IT 部门就可以将所有重要的维度和事实数据提取到远程数据仓库中。实际上，要放弃封装应用程序本身就是企业数据仓库的所有观点。无可否认的是，这一建议过于措辞激烈了，但根据我的经验，大多数封装应用程序提供者关注的都是事务处理以及扩展和保护其专有权益。这些目标很少会转换成对数据仓库的有效支持，这要求在许多数据源之间进行深层次的集成、呈现的简单性以及不会有损速度。
- 允许从组织其余部分或者业务合作伙伴处导入数据，即使这些第三方伙伴没有使用封装应用程序。

幸运的是，强大的推动力正在朝着正确方向推进，以便让应用程序集成成为现实。分布式供应链管理的整体活动需要真正地努力以便共享数据。思考该问题的供应商中没有一家会希望制定一个让其被视作过于专营而有损电子商务理念的销售目标。

那么鉴于大量且有时会无序增长的封装应用程序的情况，对于 IT 来说什么才是最佳策略呢？

- 花时间与业务部门一起查看他们需要什么，并且在他们寻求封装应用程序解决方案时进行预先警告。对于 IT 来说，业务用户的可信赖性一直是真正的价值所在，但目前这一点甚至更为迫切。这个世界真的正在开始为网络上的数字所管理。IT 要负责为数据仓库变革构建基础设施。
- 要加入封装应用程序选择委员会，这样就能在过程的早期提出正确的问题。要让提供者对我所描述的一系列对接职责做出回应。
- 要尽可能快地开始将封装应用程序集成到其余信息结构中的过程。

12.5 ERP 供应商：推倒那些墙

Ralph Kimball，Intelligent Enterprise，2000 年 6 月 26 日

现在对于数据仓库设计者来说是压力重大时。在大约过去一年中(从 2000 年的角度看)，数据仓库已经登上了舞台中央。每个人都认同，我们需要数据仓库；每个人都希望“依据数字”来管理其业务。但正当世界要求我们进行交付时，这个行业已经决定进行重大改变。

撇开炒作不谈，世界真的正在变成一个网络世界。我们不仅必须让我们的查询工具和用户界面可基于浏览器使用，我们还必须变更我们开展业务的方式。

12.5.1　新规则是什么

首先，正如 Patricia Seybold 在其著作 *Customers.Com*(Times Books 于 2010 年出版)中明确宣称的，我们必须完全重新设计我们面向顾客的过程。换句话说，我们的顾客和业务合作伙伴必须能平顺地在所有的业务过程中导航，从原始订单到最终的现金结算。他们应该要能在仅多点击一次的情况下访问每一个步骤。顾客和业务合作伙伴需要看到单份订单或者单次送货(可能是五分钟前处理的)的详细的状态，并且还要能够立即切换到历史汇总。

其次，作为公司，我们必须拥抱变化很快、面向网络的世界，其中我们的供应链会比过去更具变动性。我们将面临基于网络拍卖的与供应商的短期合作关系。这些合作关系将面向项目并且仅具有数周或数月的生命周期。由于当我们可以以较低成本溯源部件、产品和服务并且更加快速移动它们时，库存管理的经济意义会非常引人注目，所以要转向面向项目的角度，我们会承受巨大的压力。

由于公司和供应商都在力争适应这些新规则，因此矛盾的是，数据仓库设计者必须具有长期视野。根据定义，数据仓库定义了一种在数年周期内保持稳定的观点。数据仓库设计者必须抵挡住受困于特定供应商技术的巨大压力，如果那意味着其公司无法追随网络革命的话。

让我们来尝试概括那些 2000 年之前改变最大的数据仓库设计标准。网络密集型数据仓库必须是：

- **完全网络部署的**，可以让每一个用户和行政管理能力通过标准网络浏览器在任何位置可用。
- **具有截至某一时刻的历史准确性**，这样，较长的历史视图就可以无缝扩展以便包含顾客五分钟前下的订单。
- **完全分布式的**，这样，分布广泛的供应商内部业务过程、外部数据源、数据库及顾客就都会变成“企业”数据仓库的构成部分。
- **动态变更**，这样，在我们对新的业务线进行风险投资时，以及在我们与新的供应商初次联系时，数据仓库就会平稳适应新的数据类型和接口。

这些变化中的任何一个都足以引发对于我们数据仓库策略的重新思考，但所有四个变化一起则绝对会让人气馁。我认为我们正处于数据仓库的重要变化时期，并且在供应商和 IT 消费者认同清晰的产品分类之前，需要再花费一年或两年的时间。作为这一创造性混乱局面的迹象，你可以尝试整理出后面这些产品类别之间的区别看看，这些类别包括，商业智能(BI)、顾客关系管理(CRM)、企业对顾客(B2C)、企业对企业(B2B)、企业应用集成(EAI)、企业信息门户(EIP)、跨企业应用协作(inter-enterprise application cooperotion，IAC)、虚拟企业(VE)、即插即用联结件(plug-and-play bondware，P&PB)、广域工作流管理(wide-area workflow management，WAWM)以及组织的可重构建模参与者(restructurable modeling of oraganization players，RMOP)。

12.5.2　ERP 在新网络仓库中的作用

我很早以前就知道，不要在还没有提供至少一个解决方案的情况下就过于出色地完成描述一个问题的任务。这样的话，你不会给老板留下什么好印象，只会让他(或这篇文章的读者)感受到悬而未决的挫败感。

在过去数月考虑这些数据仓库新挑战时，我已经逐渐确信，在所有参与者中，ERP 系统提供者最适合为我们提供解决方案，如果这些提供者乐于重塑自身以响应网络商业革命的要求。ERP 系统的基本目标一直都是业务过程再造并且用全面且平稳集成的一套应用程序替换组织最初的业务系统，这套应用程序实现了一整套业务过程。ERP 系统的最成功设置就是那些已经围绕 ERP 软件构建了其业务过程的顾客所采用的方式，而非其他方式。

ERP 实现以周期漫长且困难而闻名。大多数 ERP 应用程序都需要数年来安装并且需要对数据捕获筛查、详细的操作过程、描述性术语、会计准则及最后的管理报告进行变更。但这一现实并不会令人惊讶。通常，那些最需要采用 ERP 解决方案的组织都试图在其历史上首次设计一组完全合乎逻辑的业务过程。按照数据仓库的说法，它们正在竭尽全力地在其组织中一致化其维度以及一致化其事实。从很多方面来说，ERP 项目都是大型组织为了创建一致化数据环境而曾经投入过的最费时费力的项目。

尽管 ERP 系统具备基础的建设性方法，但是直到现在，它们对数据仓库领域都只有较小的、令人失望的影响，在我看来，其原因有如下几个：

- ERP 系统一直更为关注事务处理而非决策支持。数据仓库出现得更晚一些，并且对于大多数 ERP 供应商来说都是一项副业。许多 ERP 供应商都具有一种不验证前台业务用户需求的后台文化。
- ERP 系统的主要数据库模式极其复杂，其中包含数千个数据库表。尽管从 ERP 系统将数据提取到数据仓库中是可行的，但这需要专业的知识和强大的提取软件。
- ERP 供应商已经将数据仓库环境引入其产品供应中，但直到目前还没有令人信服地展示出其开放式导入和导出数据的意愿，而这正是顾客所期望的。

在过去的一年中，ERP 供应商已经开始更有效率地回应这些问题。在匆匆过渡到 2000 年之后，ERP 供应商已经看到其收益曲线明显变平缓了。为了响应网络革命，IT 市场已经在思考，ERP 实现是否是我们需要用一些更为现代的内容来增强的遗留应用程序。

尽管 ERP 供应商实际上一直主张，单一供应商解决方案会消除供应商之间的对接噩梦，但应用程序的 IT 市场增长得如此之快，ERP 供应商意识到它们无法迎头赶上了。ERP 供应商或多或少完全错过了新的面向顾客的开发，其中包括呼叫中心管理和 CRM 应用程序。而市场并不打算等待它们以私有方式来开发这些应用程序。我们现在已经处于网络时代了，记得吗？

在 2000 年之前的过去一年中，所有的 ERP 供应商都已经认真拥抱了这一网络革命，并且已经采用了重大举措来添加面向顾客的功能及更好的报告工具。

但是我相信，ERP 供应商在加入新的网络商务模式方面还只是在半路上而已。组织必须要能够使用其自己的 ERP 设施的可靠性来定义内部过程和数据，并且同时灵活地适应一组不断变化的外部合作伙伴和接口。ERP 供应商必须要乐于比过去更加开放和动态地参与其中。

鉴于这一现实，我们能否在特定 ERP 供应商的围墙之中构建一个真正的企业数据仓库呢？

是的，也许可以。

我认为，我们在 ERP 环境内实现的任何企业数据仓库要取得成功，只有在 ERP 供应商对开放的数据仓库做出以下充分承诺才行：

- 有竞争性的查询性能水平，等同于可以从一组提取出的、独立的以及聚合感知的数据仓库表中得到的最佳性能。

- 有竞争性的用户界面卓越水平和易用性，如果 ERP 供应商期望应用程序使用其自己工具的话。
- 支持外部数据源简单集成的全面数据导入接口，其中包括辛迪加数据提供商、遗留应用程序、封装应用程序以及竞争对手的 ERP 系统。
- 让顾客将 ERP 数据提取到独立数据仓库的全面数据导出接口，如果那就是顾客所希望做的事情的话。
- 直接将第三方查询和报告工具灵活附加到 ERP 供应商的数据仓库表。
- 通过可扩展标记语言(XML)接口将外部事务处理应用程序和其他 ERP 系统灵活附加到供应商操作性和/或数据仓库数据，从而发出明确的信息，对于我们来说，将 ERP 供应商系统视作较大系统的一部分是可行的。
- 当前状态报告到历史记录报告的无缝连接。
- 分析(数据仓库)和更新(事务处理)之间的无缝转换。
- 无缝集成标准化事实和维度与本地、用户定义的事实和维度。

ERP 供应商具有一种巨大的天然优势，因为它们在许多企业的内部过程再造方面取得了成功。但它们都准备好面临变革了。新的重要力量正在清扫这个市场，这样要么会强化 ERP 供应商的地位，要么会让它们变得不那么重要。在我看来，通过积极追随终端顾客、业务用户，并且最主要的是开放式系统，ERP 供应商就能够抓住这一复杂新市场中的优势。

12.6　构建智能应用程序的基础

Joy Mundy，Intelligent Enterprise，2006 年 12 月 1 日

像 ERP 和 CRM 系统这样的企业应用程序正越来越多地可用于针对自动化和提升操作性决策的集成分析能力。那并不意味着可以不用构建企业 DW/BI 系统的坚实基础。

无论这些应用程序可以在多大程度上进行自定义以及分析能力有多大，实现团队都仍将面临从多个源集成和清洗数据的问题。除非大多数或者所有的事务系统都是相同集成套件的一部分，与智能应用程序紧密耦合在一起，否则你最终还是会承担本来需要构建一个 DW/BI 系统的大量工作。

超越信息孤岛以及支持多个智能应用程序的最佳方式就是构建一个企业 DW/BI 系统。这样就会得到来自整个企业的集成和一致化信息、可为任何智能应用程序提供数据的具有属性和层次结构的粒度详情，以及可有助于更好预测任意业务过程中顾客行为的丰富历史和变更追踪能力。

对于组织的 DW/BI 系统，存在两个首要的驱动器：

- 做出战略和战术决策。
- 自动化业务决策。

第一个目标是经典的决策支持：高管和分析师会使用信息来运行业务。有了卓越的数据仓库，高管就知道其业务和市场正在发生什么事情，并且能够引领企业通向成功。第二个目标可以通过由增强业务系统的智能企业来实现，这些系统会利用数据基于有见解的建议或预测来更为有效的运行。

智能企业会将信息平台编织成业务应用程序层。DW/BI 系统可以为业务决策能从历史上下文中受益的任何地方带来价值。此类示例涵盖了从基于顾客价值和个性化产品建议设置订单履行优先级到改善欺诈检测的应用程序以及生产制造质量监控系统的范围。

决策支持很好，但智能企业更加好。智能企业并非新鲜事物：数十年来，我们已经探讨过甚至实现过这样的系统。即便是最老的数据仓库架构图都包括反馈或闭回路箭头。新的内容在于，智能企业正同时通过封装的分析和自定义应用程序而步入主流。

达到智能企业的最佳方式是，构建一个企业 DW/BI 系统：清洗、集成和一致化整个组织中数据的信息平台。有了这一坚实的基础，智能企业的目标就会更加可实现了。我们将通过描述智能企业的架构基础来帮助你达成所期望的最终目标。

12.6.1 快速但充满风险的路径

构建数据仓库对于交付智能应用程序并非是绝对必要的。得到智能应用程序的最容易方式就是购买它们。可以购买 CRM 软件、质量管理软件，以及包含 BI 和智能企业特性的 ERP 系统。为何还要麻烦地构建一个企业数据仓库呢？

许多组织都有一些要么是自定义构建、要么是大幅自定义的封装软件的事务系统，这通常是由于现成的系统不满足公司需要。这通常发生在组织具有唯一性并且通常该唯一性是一项核心企业资产时。乐于处于领先地位的组织会发现，为更广阔市场而构建的封装好的智能应用程序不会像自定义应用程序那样很好地履行职责。我们期望封装智能应用的市场将发展为支持非常灵活的定制化，但如今这些系统往往是黑盒，你对其几乎没有任何控制力。

即使所购买的应用程序很完美，或者是完美可定制的，你的实现团队也面临着从多个源提取数据、清洗和集成它，并且将它注入智能应用程序中的问题。在安装第二个或第三个封装智能应用程序时，你就是在重复大量的 ETL 功能，并且你正在低效且不一致地开展该工作。除非大多数或者所有的事务系统都是相同集成套件的一部分，与智能应用程序紧密耦合在一起，否则你最终还是会承担构建一个企业数据仓库所必需的大量工作，但如果实际没有构建该仓库的话，就不会获得所有的益处。

12.6.2 通往智能应用的正确路径

一种更好的长期方法是构建一个企业数据仓库，也就是具有以下特征的一个信息基础设施：

- 专注于业务用户的需求。
- 是企业级的，包含来自多个业务过程的集成式、一致化信息。
- 包含最小可能粒度的数据。
- 定义了跨多个业务过程使用的标准属性、层次体系以及结构。
- 包含像顾客收入水平这样的属性，它们可被用于预测行为。
- 实现关键属性之上的变更追踪技术，以便将像购买这样的行为与行为发生时的该属性值关联起来。
- 识别出数据质量问题并且在源处或者 ETL 过程中有效修复它们。
- 向企业交付标准报告以及分析应用程序。

- 纳入一种可以支持所有这些企业级别的数据、转换、报告以及分析的软件、硬件以及基础设施环境。

企业数据仓库会直接满足我们所描述的第一个目标：为了支持有见解的决策。这是支持报告、即席查询、分析以及执行的仪表盘的信息基础设施。即使在这里停下并且永远不实现一个智能企业应用程序，你也已经完成了一件伟大的事情。

不过，在准备好这一坚实的信息基础设施之后，你就完全具备了构建或购买智能应用程序的条件。如果你是一个构建者，那么你的分析师将探究数据、构建统计模型、评估那些模型的性能，并且与你的开发人员协作以便定义企业应用程序的智能特性。你会实现一些简单的东西，比如对具有大量购买行为的顾客进行排序和标记。或者，你的分析师会深入研究数据挖掘并且使用复杂统计技术对购买决策、产品质量测量或互联网浏览行为进行评分。无论你的分析技术是简单还是复杂，你都要对干净的、集成的以及一致的数据进行处理。你可以验证，该分析结果是真实的并且可重现的。

如果组织倾向于购买而非构建，那么你就要足够熟悉数据以便更好地评估现成的可选产品。进行概念验证以便评估候选产品是否准确地预测了顾客或过程行为的做法在经济上来说是切实可行的。相对于如果需要构建完整 ETL 过程来将应用程序硬塞进架构中，在难易程度上来说，实现将会比之简单一个数量级。

12.6.3　当基础设施供不应求时

如果完全没有数据仓库，或者担心基础设施不符合智能企业要求的标准该怎么办？

如果完全没有数据仓库或者企业信息基础设施，则应该遵循 Kimball 方法来构建一个。Kimball 方法代表了指定和构建系统的一种实践方法：专注于业务需求，构建和填充维度模型以便支持一组高价值但可解决的业务过程，并且使用总线矩阵和一致化维度逐渐扩大该系统在整个企业中的使用。通常需要花费 6~9 个月正式上线第一个 Kimball 维度模型。如果你急于使用智能应用程序，那么可以在系统上线之前先行探究数据和选项。

大多数组织都至少具有一些信息基础设施，通常是由部门构建的隔离数据集市或者事务数据库的简单报告副本。这些部门解决方案会成为你的目标的障碍，因为乍看之下，它们看起来像是通常被称为的数据仓库。它们的关键缺陷在于，它们是在没有企业聚焦的情况下构建的烟囱式的，并且要将数据与其狭隘主题领域外的信息合并起来是很难或者不可能的。为了避免这一缺陷，需要构建一个企业数据仓库。要么从无到有的开始构建，要么选择最佳的可用基础设施并且渐进式将其发展到聚焦于企业的资源中。

有些组织已经构建了一个企业信息基础设施，但这有缺陷，让其难以评估、构建或者实现智能企业应用程序。但愿你的企业数据仓库有恰当的基础设施并且已经应对了其中一些最具挑战性的数据集成问题。将一个维度数据仓库添加到已有数据仓库的下游是可行的，并且会快速铺展开一套坚实、灵活、易于使用的系统。

通常会在已有企业数据仓库中观察到一项重大缺陷，也就是欠缺历史准确属性。几乎所有的数据仓库都会追踪事务历史——售出了什么、出售给了谁，以及售出了多少——但许多数据仓库在将事务关联到事务发生时的属性方面都处理得很糟糕。这一属性历史对于数据挖掘和其他智能企业应用程序来说都非常重要。例如，假定你希望构建一个根据一位潜在顾客的居住地址来向其提供产品选择的应用程序。如果数据仓库仅保留该顾客的当前地址，那么在用于查询、分析和预测目的时，该顾客看起来就似乎一直住在他现在住的地方。我们丢失了关于顾客从一个寒冷地区搬到温暖地区时期行为变更的极其重要的信息。并且一旦该历史从数据仓库中消失，就会难以或者不可能重构它。

许多企业数据仓库都是回溯事务系统的，而非向前展望业务用户的需求。因此，它们通常都能充分完成服务于预定义报告的任务，但通常难以应对即席查询。如果计划构建自己的智能企业应用程序或者自定义一个封装系统，那么这种情况就很容易出现。如果统计员或者业务分析师无法随意探究数据，那么就会出现两种情况之一：要么项目会被废弃，要么分析师会将大量数据提取到私人数据集市中，在面临开发和部署该应用程序时，这会带来各种挑战。

12.6.4 支持事务工作负荷

我们假设你已经设计了数据仓库以支持结构化报告，以及即席查询和分析。我们还假设，在设计智能企业应用的过程期间，统计员或分析师已经大量使用了该信息基础设施。不要惊讶于看到模型构建者发出让系统资源紧张的查询。所有的工作都已经预先完成；事务发生时所需要的就是一个简单的查询以及一些适度的计算。这是好的消息，因为它意味着用于支持报告和分析的相同数据库可以提供智能企业应用程序进行中操作所需的信息。

不过，仅仅因为数据库可以应对该工作负荷并不意味着这是一个好主意。这一方法会让我们重新面向最初开始构建数据仓库的其中一个根本原因：分析工作负荷与事务负荷不兼容——即使是智能企业应用程序 BI 部分的只读工作负荷也是这样。

智能设计者会分离出所需要的数据以便支持受控环境中的智能企业应用程序，报告和分析的经典 BI 工作负荷不会共享该环境。这一下游数据库通常比数据仓库小很多，因为它专注于特定的问题。查询都是预先知道的并且可以被仔细调整。这个新的数据库是一个比数据仓库级别高很多的服务的典型对象，因为它是事务系统的一部分。

一些智能应用程序需要将历史信息与非常低延迟的数据合并起来。例如，CRM 应用程序会提供一个合并了顾客历史信息以及关于目前的详情的呼叫中心界面。大多数数据仓库都包含截至前一天的信息，那么如何呈现同时包含历史和实时数据的统一时序呢？

最常见的解决方案就是让应用程序同时查询数据仓库和事务系统，然后合并信息用于呈现。如果事务信息无须集成或转换，那么这一方法就能发挥最大作用。第二种广为采用的方法是，直接将低延迟数据添加到应用程序数据库。将低延迟数据添加到更为静态的数据仓库数据库应该是最后的手段，因为它会极大地复杂化该架构。

12.6.5 普及的 BI：让 BI 散布到每一个地方

BI 能确保的是，组织中所有的决策者，无论战略性、战术性或者操作性如何，都应该具有所需的信息来尽可能好地履行其职责。数据仓库和 BI 于数十年前开始出现，最初专注于为高管层提供建议的业务分析师的工作领域。通过提供具有丰富报告和仪表盘的 BI 门户，我们已经完成了将 BI 应用延伸到上至高管层、下至中层管理者的相当棒的工作。就未来的前景而言，就是要延伸到整个企业，以便让我们的业务系统使用我们以定期且自动化方式已经放入仓库中的信息。

12.7 RFID 标签和智能尘埃

Ralph Kimball，Intelligent Enterprise，2003 年 7 月 18 日

这篇文章会大胆推测关于未来的情形。在阅读这篇文章时，请思考一下数据仓库上的深远架构影响，包括集成数千个甚或数百万个不同数据收集系统的需要，以及以拍字节计的相应数据洪流。

数据浪潮正在接近数据仓库，它会轻易传递比我们曾经见过的大 10~100 倍的数据量。这些数据非常有利，会追踪世界上每一个真实对象、个人以及地点。

这是某种意欲控制人们思想行为的虚伪领导者模式吗？不是的，它是一种渐进式变革，它正在许多地方的生产制造工厂、零售店铺以及开发实验室中悄无声息地发展。这一变革由两种相关技术构成：无线射频识别(radio frequency identification，RFID)以及“智能尘埃”。

RFID 是条形码技术的新一代技术。不同于一系列仅打印在标签上的条码，RFID 标签是一种微型电子电路。最简单的 RFID 标签可以被封装在一个标签中，它非常类似于条形码标签。但不同于由必须“看到”该条形码的激光器来扫描，RFID 标签仅需要靠近通过一个特殊配备的 RFID 收发器即可。该收发器会用不可见的无线电波照射该标签，从而激活 RFID 标签的电路，该标签会将其信息传递回该收发器。这个标签完全是被动式的：它无须包含电源。RFID 标签通常会存储一个 64 位的唯一编码。像通用产品代码这样的标准打印条形码仅可以存储 11 位数字，但 64 位——差不多等同于 19 位数字——允许极大地使用更多组合。

RFID 标签将利用这一更大的代码存储来允许追踪每一个产品的每一个实例。并且因为 RFID 标签仅需要靠近通过一个 RFID 收发器，所以每一个出入口都可以配备它以便检测物体上 RFID 标签的通行。涉及供应链管理的公司已经在追踪单独产品从装配线下线、上到运货板、穿过发货仓库地面、上到卡车上，并且在遥远的交付地点从卡车卸下的移动。这些真实位置中的每一个都配备了 RFID 收发器，当然，这一数据洪流也会进入数据库中。

在供应链的零售端，RFID 技术可以让购物者将商品放入其购物篮，然后只要步行通过一个启用了 RFID 的出口即可。整个购物篮都会被检测到。该购物者也许会有一张信用卡，这张卡有其自己的 RFID 设备。然后该购物者核准此次购物并且离开店铺。这其中还需要处理一些隐私和安全性详情。

RFID 标签存在许多尺寸和形状。对牲畜和宠物植入 RFID 设备的做法已经进行了很多年了，这一做法使轻易的追踪和识别成为可能。千万不要建议人类也植入这些设备。但有时假释犯必须佩戴的特殊手镯正是基于此类相关的技术。

RFID 标签无须是完全静态的。最简单的 RFID 标签就是一次性写入设备，是使用生产制造时为其分配的唯一编码来配置的。但可以当场用 RFID 收发器来更新更为复杂的 RFID 标签。欧洲正在考虑的一种雄心勃勃的计划就是，在高面额流通钞票中嵌入一个可更新 RFID 标签，这样就可以确定其行踪历史。据推测，这一应用将打击假币和洗钱行为。

RFID 变革正有条不紊地进行着。在 2003 年 1 月，Gillette 宣称已经下了多达 5 亿个 RFID 标签的订单以便将其用到供应链中，其中包括零售店中的“智能货架”。另一个主要的生产制造商也被传言正在准备采购数十亿个 RFID 标签。Avery Dennison，著名的标签制造商，正在深入参与到 RFID 技术的开发之中。显然，这些订单量将驱使 RFID 标签单位价格的下降。五美分的价格点被认为是 RFID 浪潮将真正开启的阈值。

12.7.1 终身就业保障

来自所有这些 RFID 源的大规模数据洪流将让我们当前的数据库相形见绌。我们对通过数字进行管理的渴望是永无止境的，并且总会有人会在某个地方希望看到所有的详情。如果我们照例将太字节界限放入我们现在较大的数据库中，那么在这个十年结束时看到 10TB 甚或 100TB 的事实表是不会让人惊讶的。这样大的表必须是简单的，以便被有效处理。维度建模提供了某种简单性，让这些大型表的查询可以用具有成本效益的方式进行。

我们应用程序的特性将逐渐变成操作性的、实时的，并且由分析序列行为的需要所驱动。该操作性且实时的需求将加速热点分区的设计作为我们现有静态事实表的扩展。这些热点分区将由来自数据源的新提取管道来提供数据，这些数据源能够在 RFID 测量发生时观测到它们。企业应用集成(EAI)供应商通过使用 EAI“消息传递者”将不同的业务系统连接到一起来开展业务。数据仓库热点分区可以订阅局域网上的这一消息传递流量，并且让 RFID 测量直接流入常规事实表的热点扩展之中。在文章 11.44“实时分区”中探究过这些理念中的一些。

相对而言，我们的数据仓库应用程序之中很少会有正确完成分析序列的行为。相反，我们通常会找准管道中的一个点并且在这个点上监控流程。但是序列行为分析转变成了追踪一个项流经管道，通过许多不同数据收集点。这些数据收集点中的每一个都会出现在数据仓库中作为一个单独的维度模式，因为随着供应链而下探，这些源的变化维度特性在逻辑上会让其不可能将数据收集点合并成单一模式。对于分析序列行为的日益重视将加大对依赖于一致化维度以及多路查询的精心架构的横向钻取应用程序的需求。

12.7.2 对隐私的侵犯

我们这些身处数据仓库行业中的人意识到了不断增多的数据收集对于我们个人隐私方面的影响。但 RFID 技术的广泛使用的确是朝向追踪每一个人和每个物体的一大跨越。在我看来，该技术已经远远超出我们对于这一影响的理解，甚至领先于为了保护我们的隐私而编撰的恰当法律。这一局面真的是覆水难收啊。

鉴于我们出于反恐和 SARS 流行疾病的原因而日益增长的安全性关注，主张进行广泛数据收集的推动力以及这些源的集成将会是难以抵抗的，正如文章 12.24“对监督者进行监督”中所述。

12.7.3 超越 RFID 的智能尘埃

在许多方面，RFID 变革都已经度过了科研阶段并且进入了工程设计和运用阶段。该基础技术得到了很好的理解，并且目前进行中的开发已经专注于降低标签的单位成本以及完善将标签嵌入所有可能的应用程序之中的生产制造过程。

但是另一个甚至更为令人震惊的变革就是收集动量。智能尘埃采用了替换条形码标签的简单 RFID 线路的概念，并且对其进行了扩展以便在一个微观包中嵌入一整台计算机！

如果这看似稀奇古怪的话，请思考以下情形：发布于 1974 年的 Intel 8080 微处理器是一个

2MHz 的设备。到 1980 年，运行 DOS 的个人电脑还是围绕这一处理器来构造的，并且通常只有 640 K 的内存。在其间的数年中，我们桌面机器的大小仍旧相对比较固定，但该 CPU 的性能和真实内存的大小全都已经提升了超过 1000 倍。

相较于保持机器大小的不变，并且允许机器的性能提升，如果我们能够保持处理能力的稳定并且允许机器的尺寸缩小又会如何呢？我们最终将得到一个只有一毫米大小的“盒子”，其中可以放入一台 8080 的经典机器！这就是智能尘埃。

大量的研究项目都已经揭示出了制造智能尘埃设备的能力。这些微型计算机甚至可以与微型电池封装到一起。真正微型的计算机可以借助微量的能量来运行，并且在位于 1 毫米大小包里的计算机旁边放一个电池也是可行的，它将让该计算机运行数年。

智能尘埃可被用于环境报告。可以将智能尘埃散播到环境之中甚或为其刷上颜料以便融入环境之中。这些分离的处理器可以自行组织成一个网络，你可以远程查询它。安全性和军事应用程序仅仅是冰山一角而已。

我总是建议数据仓库人士在规划其职业生涯时留在跑道的中心。CRM、信息门户以及 EAI 将出现，继而消失。但回望这些生命周期很短的主题，真正不变的是无法抗拒的数据源增长以及业务用户对于查看数据的永无止境的需求。尽管 RFID 和智能尘埃变革将改变我们的词汇表以及我们的工具，但我们的使命仍旧没有变。以多种形式存在的数据仓库会确保任务安全性。

12.8 大数据是否可与数据仓库兼容

Ralph Kimball，Design Tip #146，2012 年 6 月 5 日

如今，大数据让技术和 IT 圈面临巨大的压力，既因为它是非常不同于关系型数据库的颠覆性技术，又因为它开辟出了许多新形式的分析。在这篇文章中，我将回答许多 IT 人士都会担心的一些问题。大数据是不是与数据仓库没有任何关系的一种新的 IT 主题？我们历经多年所具备的数据仓库技能和观念是否能在任何方面帮助我们应对大数据？还有一个问题就是，大数据是否完全归属于 IT 范畴外的终端用户部门？要了解对于大数据的深入处理，请参阅扩展文章 12.9“企业数据仓库在大数据分析时代的角色演变”。

大数据非常适合于数据仓库的使命。数据仓库的使命一直是收集组织的数据资产并且以最有效的方式暴露那些资产以便促成广泛的业务用户所进行的决策。大数据显然适合于这一使命。

可以在大数据用例中发现数据仓库的维度建模基础。数据仓库的维度建模方法开始于测量事件(观测)。在关系型世界中，这些事件都是在事实表中捕获的，并且这些事实表会被链接到组织的自然实体，我们将之结构化为维度表。不难推断，可以将几乎每一个大数据用例诠释为收集一组其上下文需要链接到自然实体的观测。这些观测和实体无须被转换成字面上的关系型事实表和维度表。例如，来自推特的一篇推文本身就是一个具有若干明显类似维度的实体的观测，其中包括发送者、接收者、主题、原始服务器、日期和时间，以及该推文正在回应的环境中的因果因素。挖掘出这些维度中的其中一些并不类似于我们在数据仓库中构造因果促销维度时所做的那样。

数据集成需要一致化维度。如果我们认同，大数据实体就是维度，并且如果我们决心将各种各样的大数据源集成到一起，我们就无法避免集成的核心步骤：一致化。抛开关系型数据库不谈，一致化维度意味着我们要在指定实体出现在多个大数据源中时为该实体确立通用的描述性上下文。换句话说，如果我们具有与 Twitter、Facebook 和 LinkedIn 相关的一个通用用户实体，那么如果我们打算将这些数据源绑定到一起，就必须使用一个通用的数据线程，它由跨这三个数据源而完全相同管理的描述属性构成。在数据仓库中，我们知道了大量与一致化维度有关的内容。这些知识完全适合于集成大数据源。

大数据中对于时序变化的正确追踪需要持久键，还需要代理键。如果大数据用例需要正确的历史追踪，那么就必须提供一种机制来保留维度实体的老版本。最起码，像用户这样的一个实体需要一个持久标识符，它会在该维度成员的各种版本之间保持一致。并且，大数据参与者迟早都会得到我们在数据仓库中几乎二十年以前的经验教训：你需要为维度成员创建自己的代理键，因为源系统所创建的自然键会受到操作性问题的困扰。因此，同样，数据仓库中吸取到的基础经验教训也适用于大数据。或者说，迟早这些基础经验教训都必须被应用到大数据领域中。

IT 和大数据某一天必须联合起来。如今，大数据中的大量操作都发生于 IT 外。“数据科学家”正在构建其自己的数据分析沙盒、开发其自己的即席分析应用程序，并且正在将其结果直接汇报给高管层。尽管这令人兴奋，但这并非一个可持续的模型。我要从哪里开始呢？没有数据治理、没有跨沙盒的 IT 资源共享、数据科学家之间糟糕的沟通、没有开发生产环境坚固防护应用程序的文化、没有终端用户培训或支持，诸如此类。为了让 IT 和大数据联合起来，必须付出大量的精力，终端用户管理要意识到当前的模型最多不过是一个原型成果，并且 IT 必须在大数据技术技能和业务内容上进行投入。

我是一个谨慎的乐观主义者，我认为大数据是真实存在的，并且对于数据仓库和 IT 来说，它将发展成为一个重要主题。如果大数据用户认识到数据仓库为大数据所带来的宝贵遗产，那么这种情况将很快就会出现。

12.9 企业数据仓库在大数据分析时代的角色演变 (Kimball 经典)

Ralph Kimball，White Paper Excerpt，2011 年 4 月 29 日

这篇文章最初是 Ralph 写于 2011 年的一篇白皮书文章，并且是由 Informatica 公司资助的。它的写作背景是 Hadoop 1.0 环境，该环境由 MapReduce 架构所支配。自那以后的四年间，Hadoop 已经发展到了 2.0 版本，并且极大地扩展了其功能，特别是与数据仓库相关的那些能力。这篇文章已经被压缩并且经过了大量的编辑以便反映出这些新的功能。

12.9.1 摘要

在这份白皮书中，我们描述了对于设计企业数据仓库(EDW)来说正快速变化的环境，以便支持大数据时代的业务分析。我们描述了构建和发展一种非常稳定且成功的 EDW 架构以便满足新的业务需求所需要的范畴以及所带来的挑战。这涉及极端集成、半结构化和非结构化数据源、以拍字节计的通过 Hadoop 以及大量并行关系型数据库来访问的行为和图像数据，然后结构化 EDW 以便支持高级分析。这篇文章为设计和管理用于部署的必要过程提供了详尽指南。这份白皮书的编写是为了回应行业中所缺少的关于 EDW 需要如何响应大数据分析挑战，以及需要哪些必要设计要素来支持这些新需求的具体指南。

12.9.2　简介

什么是大数据？其巨大实际上并非是最具相关性的特征。大数据是以多种不同格式存在的结构化数据、半结构化数据、非结构化数据和原始数据，在某些情况下看起来完全不同于我们过去 30 年中在数据仓库中所存储的清晰标量数字和文本。大量的大数据无法用类似于 SQL 的方法来分析。但最重要的是，对于我们如何考虑数据资产、我们在何处收集它们、如何分析它们，以及如何货币化来自这些分析的见解来说，大数据是一种范式切换。大数据革命就是为了找出传统数据源之中和之外的新价值。这需要另外一种方法，因为过去的软件和硬件环境都无法在合理的开发时间或处理时间内捕获、管理或处理新的数据形式。我们面临的挑战是，重组信息管理环境以便为这一大数据分析新时代扩展一个极为稳定和成功的 EDW 架构。

在阅读这份白皮书时，请牢记，我始终如一的观点一直都是，“数据仓库”由为决策者提取、清洗、集成和交付数据的完整生态系统构成，并且因而包括了被更多保守作者视为处于数据仓库外的 ETL 和商业智能(BI)功能。我总是认为，对于捕获所有形式的企业数据，然后为整个企业的所有决策者准备好数据以便最有效地使用，数据仓库在其中发挥着非常全面的作用。这份白皮书所持的激进观点是，企业数据仓库面临着一组非常令人兴奋的新职责。EDW 的范畴将显著扩大。

这份白皮书的写作时间距离 2015 年的市场相隔了四年时间，它突出了当时大数据革命所带来的明显新兴的新趋势。这的确是一场革命。正如 Informatica 的执行副总裁和首席技术官 James Markarian 所评论的：“数据库市场终于再一次变得有趣了。”由于大多数新的大数据工具和方法都处于版本 1 或版本 0 的开发之中，因此该市场环境将持续快速变化。不过，这个市场逐渐意识到，新类型的分析是可能的，并且主要的竞争对手，尤其是电子商务企业，都已经利用了该新范式。这份白皮书的目的是成为帮助商业智能、数据仓库，以及信息管理专家和管理团队理解大数据并且为大数据做好准备的指南，以便让大数据作为其当前 EDW 架构的互补扩展。

12.9.3　数据是资产负债表上的一项资产

企业已经逐渐意识到，数据本身就是一项资产，它应该以与制造业时代传统资产相同的方式出现在资产负债表上，比如设备和土地就总是会出现在其上。判定数据资产价值的方式有几种，其中包括：

- 生成该数据的成本
- 数据丢失时替换它的成本
- 数据所提供的收益或利润机会
- 数据落入竞争对手之手时的收益损失或利润损失
- 数据暴露给错误方时面临罚款和诉讼的法律风险

但比数据本身更为重要的是，企业已经显示出了数据可被货币化的见解。当电子商务站点检测到来自实验性广告处理的良好点击率出现增长时，该见解就会立即被放入损益表底线中。

这一直接的因果关系易于被管理层所理解，并且不断揭示这些见解的分析研究小组会被企业的最高管理层视为战略资源。这种对于数据驱动见解价值的企业意识的增长正在从电子商务领域向外快速蔓延到几乎每一个业务领域。

12.9.4 大数据分析的用例

大数据分析用例正在像野火那样传播。这里是最近报道的一系列用例，其中包括 Cloudera 公司的首席科学家 Jeff Hammerbacher 所提出的一组基准“启用 Hadoop”的用例。注意，这些用例全都不能使用标量数值数据，也不能被简单的 SQL 语句正确分析。它们全都可以被扩大到拍字节范围并且超越恰当的业务假设。

搜索排序。所有的搜索引擎都试图对一个网页相对于针对所有其他可能网页的搜索请求的相关性进行排序。当然，Google 的页面排序算法是这一用例的典型代表。

广告追踪。电子商务网站通常会记录庞大的数据流，其中包括每一个用户会话中的每一个页面事件。这使在广告投放、颜色、尺寸、措辞以及其他特性中的实验可以非常快速的转变。当实验表明，广告中的这样一个特性变更造成了点击率行为的提升，那么该变更就可以用几乎实时的方式来生效。

位置和亲近性追踪。许多用例都会在操作性应用程序、安全性分析、导航以及社交媒体中增加准确的 GPS 位置追踪，加之频繁的更新。准确的位置追踪开启了一扇通往关于该 GPS 测量附近其他位置的浩瀚数据海洋的大门。这些其他的位置代表着销售或者服务机会。

发现因果关系因子。销售点数据一直都能够向我们显示产品销售大幅向上或向下的情况。但搜索能够解释这些偏差的因果关系因子最多也就是一个猜谜游戏或一种艺术形式而已。可以在竞争性定价数据、包括印刷和电视媒体在内的竞争性促销数据、天气、假期、包括灾难在内的全国性事件，以及社交媒体中可以看到的病毒式传播观点中找到答案。还可以看看下一个用例。

社交式 CRM。这个用例是市场营销分析的其中一个最热门的新领域。Altimeter Group 已经为社交 CRM 描述了一组非常有用的关键绩效指标，其中包括广告占有率、消费者互动、访问量、积极拥护者、拥护者支配力、拥护者影响力、解决率、解决时间、满意度评分、主题趋势、情绪比例以及观点影响力。这些 KPI 的计算涉及对大量数据源的深度搜索，尤其是非结构化社交媒体。

文档相似度检验。可以比较两个文档来得到一个相似度指标。有许多学术研究以及验证过的算法，比如潜在语义分析，刚刚开始找到其推动大数据参与者对货币化见解关注的途径。例如，单一源文档可被用作一种多方面模板来针对一大组的目标文档进行比较。这可被用于发现威胁、情绪分析以及民意调查。例如，“找出与我的源文档一致的关于全球变暖的所有文档”。

基因组分析：例如，商品化种子基因测序。2011 年，棉花研究团体对一份基因组测序公告感到兴奋不已，该公告在部分内容中宣称“该基因序列将作为未来更大棉花作物基因组的重组参考而发挥关键作用。棉花是全世界最重要的纤维作物，并且这一基因序列信息将打开通往更快速繁殖更高产量、更好纤维质量并且适应环境压力以及抵抗病虫害的道路”。科学家 Ryan Rapp 强调了在分析基因序列、识别基因和基因家族以及确定未来研究方向中让棉花研究团体介入的重要性。(SeedQuest，2010 年 9 月 22 日发表)。这一用例仅仅是正在形成的以便广泛应对基因组分析的整个行业的一个示例，其影响远超这一种子基因测序的例子。

顾客群组的发现。顾客群组被许多企业用于识别普遍存在的人口统计趋势和行为历史。我们都很熟悉 Amazon 的群组，也就是它们所说的其他像你一样购买了相同书籍的顾客还购买了以下书籍。当然，如果可以将产品或服务销售给群组中的一个成员，那么所有其他成员也购买该产品或服务就是合理的预期。群组在逻辑上和图形上会被表示为链接，并且大多数群组的分析都涉及专业的链接分析算法。

飞行中的飞机状态。这一用例以及后面两个用例都是通过引入无所不在的传感器技术才得以实现的。在飞机系统的例子中，每数毫秒就会测量和传输关于引擎、燃油系统、液压系统以及电力系统的数百个变量的飞行中状态。这一用例的价值并不仅是可以在未来某个时刻进行分析的工程遥测数据，还是驱动实时自适应控制、油耗、零件故障预测以及飞行员通知的数据。

智能公用事业仪表。花不了太多时间，公用事业公司就会发现，智能仪表的用途并不仅是生成顾客公用事业账单的每月读数获取。通过对整个顾客群将读数频率大幅加快到每仪表每秒一个读数的频率，就可以执行许多有用的分析，其中包括动态负载均衡、故障响应、自适应定价以及激励顾客更有效利用公用设施的较长期策略(从顾客的视角或者从公用设施的视角！)。

建筑传感器。现代工业建筑和高楼大厦正在配备数千个小型传感器来检测温度、湿度、振动以及噪音。就像智能公用事业仪表一样，全天 24 小时每几秒就收集这些数据使得许多形式的分析成为可能，其中包括能耗、涵盖安全违章的异常问题、空调和供热系统以及给排水系统中的元件故障，以及施工方法和定价策略的制定。

卫星图片对比。来自卫星的地球区域图片是由某些卫星在每绕地球一圈的过程中拍摄的，这些卫星通常每隔几天就会绕地球一圈。数字化叠加这些图片并且计算其区别使创建显示那些有所改变的热点地图成为可能。这一分析可以识别出建造、破坏、由于飓风和地震以及火灾等灾难造成的改变，以及人类侵占的蔓延。

CAT 扫描对比。CAT 扫描就是大量作为人类身体“切片”所取得的图片。可以分析 CAT 扫描的大型库来促成医疗问题及其患病情况的自动化诊断。

金融账户诈骗侦测和干预。当然，账户诈骗具有立即和明显的金融影响。在许多情况下，都可以通过账户行为的模式来侦测诈骗，在有些情况下会跨越多个金融系统。例如，“支票诈骗”需要在两个单独的账户之间快速来回转移资金。某些形式的居间人诈骗涉及两个不断提高价格来回销售证券的合谋居间人，直到毫无戒心的第三方通过购买债券的方式进入该活动，从而使诈骗居间人得以快速退出。同样，这样的行为也可能在短时间内跨两个不同交易市场进行。

计算机系统黑客行为侦测和干预。在许多情况下，系统黑客行为都涉及一种异常进入模式或者其他一些类型的回想起来存在确凿证据但难以实时侦测的行为。

在线游戏动作追踪。在线游戏公司通常会记录最细粒度级别的每个游戏者的每一次点击和操作。这一大量涌入的“遥测数据”允许欺诈侦测、干预持续被击败(因而会让游戏者灰心丧气)的游戏者、为快要完成游戏并且离开的游戏者提供额外的功能或游戏目标、新游戏功能的点子，以及游戏中新功能的实验。这可以被泛化到电视观看领域。DVR 盒子可以捕获远程控制按键、记录事件、回放事件、画中画浏览，以及收视指南的上下文。所有这些都可以被发送回服务提供商。

包括粒子加速器、气象分析以及空间探测器遥测信息源在内的重大科学。重要科学项目总是会收集到大量数据，但目前大数据分析技术正在允许对数据的更广泛访问和更为适时的访问。当然，重大科学数据混合了所有形式的数据：标量、矢量、复杂结构、模拟波形及图像。

数据包探究。商业环境和研究团体中存在许多情形，其中会收集到大量的原始数据。一个例子是收集到的关于建筑火灾的数据。在可预测的事件、位置、火灾主因以及迅速反应的消防员的维度中，存在大量不可预测的趣闻数据，这些数据最多可以被建模为名称-值配对的无序集合，比如“天气因素=闪电”。另一个例子就是诉讼中被告所有相关财务资产的清单。同样，这样的清单会是名称-值配对的无序集合，比如“共享房地产所有权=共管公寓”。这样的例子数不胜数。它们的共同之处在于，需要压缩名称-值配对的无序集合，它通常称为“数据包”。复杂的数据包会同时包含名称-值配对以及嵌入其中的子数据包。这一用例中的挑战在于，在数据被加载之后，当需要揭示数据内容时，要找到一种通用的方式来处理数据包的分析。

最后两个用例都是老的且历史悠久的例子，甚至早于数据仓库本身。不过新的活力已经被送入这些用例之中，因为极端原子化的顾客行为数据存在着令人激动的潜力。

信贷风险分析和保单承保。为了评估潜在贷款或者潜在保单的风险，许多数据源都可以被引入其中，范围涵盖了支付历史、详细信用行为、雇佣数据以及财务资产披露。在有些情况下，贷款抵押物或者承保项配有图片数据。

顾客流失分析。关注顾客流失的企业希望理解导致顾客流失的预测因素，其中包括顾客的详细行为以及许多外部因素，这包括该顾客的经济、人生阶段以及其他人口统计特征，最后还有实时竞争问题。

12.9.5 大数据分析系统需求

在探讨 21 世纪前十年激动人心的新技术和架构开发之前，我们先来概述一下支持大数据分析的总体需求，要牢记，我们并不需要单个系统或者单个供应商的技术来提供一篮子满足每一个用例的解决方案。从 2015 年的角度来看，我们能够悠闲地回望过去几年中收集到的所有这些用例，并且我们现在有一些信心能够满足这些需求了。

在 21 世纪前十年中，大数据的分析将需要能够完成以下任务的技术或者一组技术：

- 扩展以便轻易支持数拍字节(数千太字节)数据。
- 跨数千个并不知晓分散在不同地理位置且可能是异构的处理器分布式部署。
- 对于高约束的标准 SQL 查询的亚秒级响应时间。
- 将复杂用户自定义函数(UDF)任意嵌入处理请求中。
- 以各种各样的行业标准过程语言来实现 UDF。
- 装配大量可重用的覆盖大多数或所有用例的 UDF 库。
- 在几分钟内针对拍字节大小的数据集执行 UDF 作为“关系扫描”。
- 支持各种数据类型的增长以便包括图片、波形、任意的层次数据结构以及数据包。
- 以非常高的至少每秒吉字节的速率加载数据以便准备好用于分析。
- 在加载过程期间以非常高的速率(GB/秒)集成来自多个源的数据。
- 在声明或获得其结构之前加载数据。
- 以实时方式对传入的加载数据执行某些“流式”分析查询。
- 以满载速度原地更新数据。
- 在不预先聚集维度表和事实表的情况下，将十亿行的维度表联结到万亿行的事实表。
- 调度并且执行复杂的数百万个节点的工作流。
- 进行配置以便不会遭遇单点故障。
- 在处理节点故障时进行故障转移和继续处理。

- 支持极端混合的工作负荷，其中包括数千个在地理位置上分散的在线用户，并且支持执行各种请求的程序，这些请求包括即席查询和战略分析，同时以批量和流处理的方式加载数据。

已经出现了两种应对大数据分析的架构：扩展的 RDBMS 和 Hadoop。这些架构是作为完全不同的系统来实现的，并且各种相关的混合组合中都涉及这两种架构。我们首先来分别探讨这两种架构。

12.9.6 扩展的关系型数据库管理系统

所有的主要关系型数据库管理系统(RDBMS)供应商都在增加功能以便从切实的关系型角度应对大数据分析。两种最重要的架构开发已经被具有大规模并行处理(massively parallel processing，MPP)的高端市场以及列式存储越来越多地采用所超越了。当 MPP 和列式存储技术结合起来时，就可以开始应对之前所列的若干系统需求了，其中包括：

- 扩展以便支持数艾字节(数千拍字节)的数据。
- 跨数万个在地理上分散的处理器而分布。
- 对于高约束的标准 SQL 查询的亚秒级响应时间。
- 以满载速度原地更新数据。
- 进行配置以便不会遭遇单点故障。
- 在处理节点故障时进行故障转移和继续处理。

此外，RDBMS 供应商正在将一些复杂用户自定义函数(UDF)添加到其语法中，但此时关系型环境中并不满足大数据分析所需的这类多用途过程语言计算。

同样，RDBMS 供应商正在允许复杂数据结构被存储在单独的字段中。多年来，这些类型的嵌入式复杂数据结构一直被称为“二进制大对象”。重要的是要理解，关系型数据库很难为诠释二进制大对象提供总体支持，因为二进制大对象不适合关系型范式。通过将二进制大对象托管在结构化框架中，RDBMS 的确提供了一些价值，但对二进制大对象进行的大量复杂诠释和计算都必须用特别制作的 UDF 或 BI 应用层客户端来完成。二进制大对象与之前探讨的“数据包”有关。

MPP 实现绝不会令人放心地处理“大联结”问题，其中会尝试将十亿行的维度表联结到万亿行事实表，而不借助集群化存储。针对维度表设置即席约束时出现的大联结危机会产生一组非常大的维度键，它们必须被物理化下载到 MPP 系统中分离存储的该万亿行事实表的每一个物理分区中。因为维度键是跨该万亿行事实表不同分区而随机分散的，所以要避免从非常大的维度表下载到每一个事实表存储分区这一耗时很长的步骤是非常难的。公平地说，Hadoop 架构也不能应对大联结问题。

列式数据存储非常适用于关系型范式，尤其是维度建模的数据库。除稀疏数据的高度压缩这一巨大优势外，相较于面向行的数据库而言，列式数据库还允许使用非常大量的列，并且在将列添加到现有模式时仅会让系统负担很少的开销。至少在 2015 年，其最显著的缺陷就是将数据加载成列式格式的速度比较缓慢。尽管列式数据库供应商正宣称显著提升了加载速度，但它们仍旧没有满足吉字节每秒的需求。

支持大数据分析的扩展 RDBMS 架构保留了大家熟悉的数据仓库架构，并且具有大量重要的附加功能，如图 12-4 中用粗体文本所显示的那样：

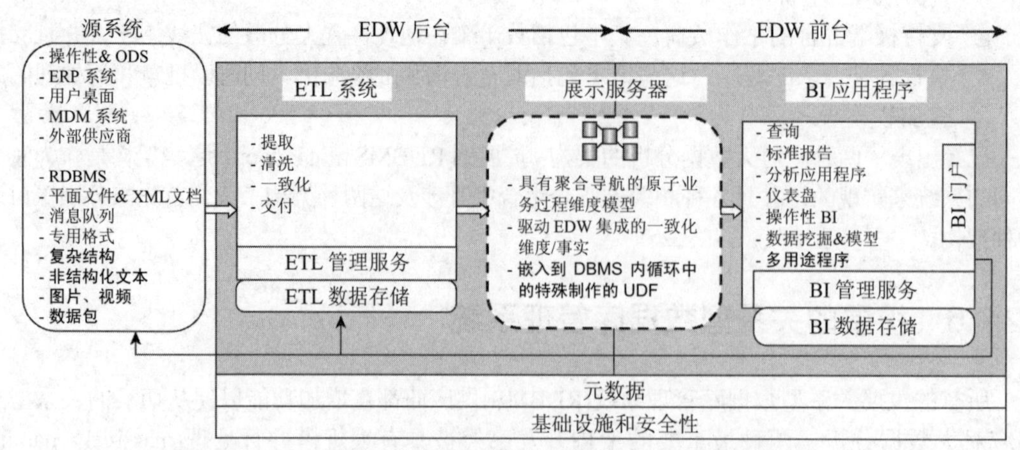

图 12-4 用于企业数据仓库的扩展的基于 RDBMS 的架构

高级别企业数据仓库架构不会因为新数据结构，或者不断增长的特殊制作的用户自定义函数库、或者充当强大 BI 客户端的强大的基于过程语言的程序的引入而发生实质改变，这一现实正是扩展 RDBMS 方法对于大数据分析的魅力所在。主要的 RDBMS 参与者都能够集结其数百万行代码、强大的治理能力以及构建了超过数十年的服务于市场的系统稳定性的巨大遗产。

不过，作者的观点是，扩展 RDBMS 系统无法用作大数据分析的唯一解决方案。在某些时候，将非关系型数据结构和非关系型处理算法固化到基础的条例清晰的 RDBMS 架构将变得笨拙且低效。瑞士军刀的类比就是一个好例子。另一个贴近该主题的类比就是编程语言 PL/1。它最初被设计为一种非常重要的、多用途的强大编程语言，可用于所有形式的数据和所有应用程序，但它最终变成了一个臃肿且杂乱无章的试图在单一语言中处理过多事情的语料库。自 PL/1 的全盛期开始，就一直存在着关注领域更狭窄的编程语言的美妙演化，它们具有许多新的概念和特性，无法在某一时刻之后直接被固化到 PL/1 上。关系型数据库管理系统出色地完成了许多任务，它们不会遭受与 PL/1 相同的苦难命运。大数据分析领域正在如此快速地增长并且是朝向如此激动人心且意想不到的新方向而发展，这些新方向就是，除 RDBMS 系统外，一种轻量级、更灵活且更敏捷的处理框架是一个合理的可选项。

12.9.7 Hadoop

Hadoop 是一个开源的、顶层的 Apache 项目，它具有数千个贡献者并且涵盖了各种各样应用程序的完整产业。Hadoop 在本地运行在其自己的 Hadoop 分布式文件系统(HDFS)上，并且还能读取和写入 Amazon S3 和其他服务提供者。

理解 Hadoop 以及它为何对于现有 RDBMS 系统来说是一种革命性替代项的关键在于，研究关系型数据库是如何在 HDFS 中实现的。在图 12-5 中，我们显示了一个 RDBMS 栈是如何在传统环境中以及 HDFS 中实现的。在这两种架构中，RDBMS 由三层构成：存储、元数据以及查询。在传统的 RDBMS 中，存储层由通过运行 CREATE TABLE SQL 语句来创建的数据库表构成。之后会在系统表元数据层中维护这些表定义。提供给 RDBMS 的所有查询都是由查询层来处理的，这会实现标准的 SQL 和特殊的专有 SQL 扩展。关键性理解在于，这三层会被胶合在一起并且专属于 DBMS 供应商，无论是 Oracle、IBM DB2、Sybase 还是 Microsoft SQL Server。

这三层并非可分离的，并且一个供应商的 DBMS 无法直接访问或控制另一个供应商的 DBMS 中的任何层。

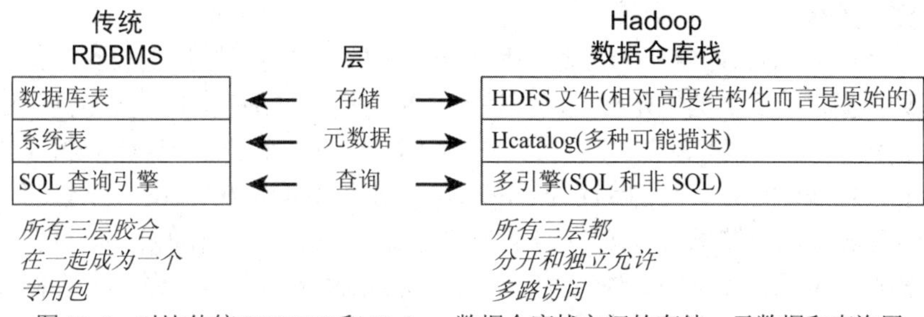

图 12-5 对比传统 RDBMS 和 Hadoop 数据仓库栈之间的存储、元数据和查询层

Hadoop 数据仓库栈具有相同的三层，但它们是彼此解耦的。HDFS 存储层并非由准确声明的关系型数据库表构成，而相反是由更为简单的 HDFS 文件构成，这些文件涵盖了从原始源下载的未经任何转换的原始文件到已经被 ETL 过程准备好的高度结构化文件的范围。因为存储层独立于其他层，所以任何客户端应用程序都可以读取这些 HDFS 文件(使用合适的访问权限)，无论该客户端应用程序是关系型数据库还是一些完全不同的非 SQL 分析应用程序。任何希望访问 HDFS 文件的客户端都需要读取其描述以便理解该文件的结构。可以通过 HDFS 元数据层，即 HCatalog，来随时随地访问这些描述，它也被称为 Hive Metastore。同样，使用合适的访问权限，许多不同的客户端都可以同时访问 HCatalog 来诠释文件内容以便用于其自己的目的。HDFS 文件包含文本数据、数值数据以及特殊结构化数据的复杂混合是完全可能的。每一个客户端都可以选取出有意义的内容。第三层，查询层，现在变成了一种市场，其中多个 SQL 和非 SQL 查询引擎可以共存。有两个 SQL 查询引擎可作为开源(免费)SQL 查询应用程序使用：Hive，Hadoop 项目的一个原始组件，它通常被更多用于完全分布式的“关系扫描”类型的查询，另一个就是 Impala，由 Cloudera 贡献给 Hadoop 项目，它被用于非常具体约束的查询，这些查询会在非常短的响应时间内返回结果。

在图 12-6 中，我们要从 RDBMS 栈退回到更大的 HDFS 场景。

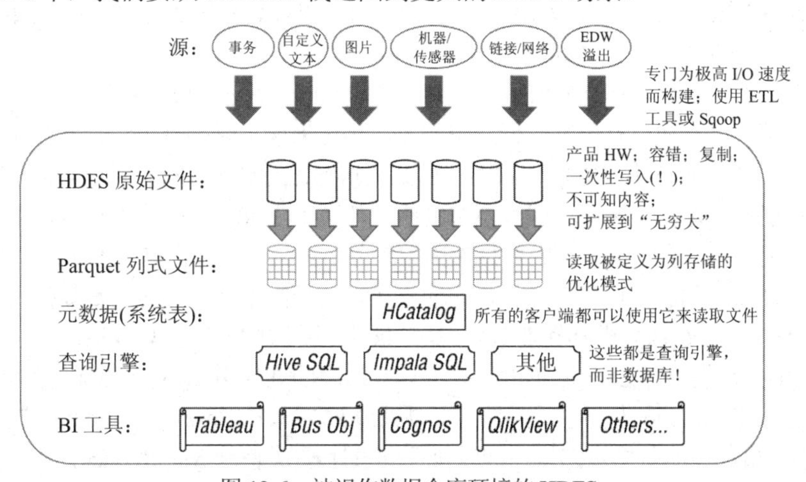

图 12-6 被视作数据仓库环境的 HDFS

HDFS 是为了支持极高 I/O 速度而构建的。实际的 HDFS 实现一个相当正常的服务器类机

器的“集群”，这些机器每一台都具有3 GHz CPU、大量RAM(100 GB及以上)，以及大量的磁盘存储(30 TB或更多)。一个集群可以少至一台机器，但许多成熟的集群都具有数百台机器甚或更多，全都彼此连接。

通常，会使用实用的SQOOP以多达每秒数吉字节的速度将源数据加载到HDFS中。许多环境都选择让数据以未变更的原始格式进行保存，并且同时在 HCatalog 元数据中进行描述。HDFS是完全不可知的。HDFS文件是下载自外部HDFS的位元集合。原始HDFS文件上存在无格式化限制。HDFS的一个关键特性就是，基础级别的HDFS文件都是一次性写入的并且冗余地存储在三个独立的位置(默认的)。一次性写入意味着 HDFS 文件总是会确保保持为被加载到HDFS中的原始位元。在不同文件、不同底板以及不同物理化设备上的冗余存储会带来非常高级别的保护，从而免受文件丢失的风险。

图12-6显示了两个额外的层，它们没有在图12-5的RDBMS栈中显示出来。Parquet列式文件是模拟传统列式数据库结构的首选格式，比如Sybase IQ、Vertica(现在为HP所有)、ParAccel或InfoBright等。Parquet列式文件通常是由将原始HDFS文件转换成Parquet格式的ETL过程创建的。第二个额外层就是底部行上的一组为大家所熟悉的BI工具。实际上，这些工具基本上与其在传统RDBMS机器上的部署相同。这些查询工具所需要做的就是打开到SQL应用程序编程接口(API)的连接，该接口受到像Hive 或Impala这样的Hadoop查询处理器的支持，并且这些查询工具可以发送常规SQL请求以及接收返回的结果集。

为了针对HDFS原始文件或者结构化Parquet文件执行一个实际的查询，查询工具必须发出一种声明目标文件结构的视图声明。此时，基础文件会被诠释为一个数据库。因为这一声明发生在查询时，而非数据加载时，所以该方法被称为读时模式。读时模式与加载时模式完全不同，所有传统RDBMS都需要加载时模式。读时模式会将许多ETL问题推迟到查询时处理。因为这个方法可以被应用到HDFS原始文件，所以它允许使用一种原型化方式的探究式BI，其中最初的原始文件可以被大家所熟悉的查询工具来查询，而不需要任何物理化数据转换。这可以被视作一种强大的数据虚拟化。当然，其成本在于，相较于在传统RDBMS中查询加载到预设计目标模式中的仔细制作的文件，查询原始文件将显得缓慢。不过，一旦使用读时模式完成了这一查询的探究阶段，那么就可以采用一个更为传统的ETL数据转换步骤将数据加载到Parquet文件中，其中查询性能比得上传统的RDBMS。

最后，明显的一点是，HDFS、Sqoop、Hive和Impala都是Hadoop项目的开源软件组件，不需要授权费就可以下载并且安装它们。事实上，相对来说，很少有组织会选择完全依靠自己来开发部署，而是转而购买已经验证过的能够共同协作运行的Hadoop软件套装“发行版”。

之前的描述已经选择了一条虽然有点窄的路径却属于 Hadoop 的生态环境，以便侧重于对数据仓库友好的配置。有一组丰富的数据库引擎和分析工具，它们扩展了Hadoop环境的能力，同时优雅地与之前提到的组件一起共存，即便是在访问相同数据文件时也是如此。根据其网络Wiki所描述的内容，数据分析师和业务用户感兴趣的主要非SQL工具包括：

Spark。Spark是兼容Hadoop数据的一种快速且通用的处理引擎。它可以通过YARN或Spark的独立模式运行在Hadoop集群中，并且它可以处理HDFS、HBase、Cassandra、Hive，以及任何Hadoop输入格式中的数据。它旨在同时执行批量处理(类似于MapReduce)和新的工作负荷，比如流式、交互式查询和机器学习。

MongoDB。MongoDB为在线、实时操作性应用程序提供动力，服务于业务过程和终端用户。Hadoop会消费来自MongoDB的数据，将这一数据与其他业务系统混合以便推动复杂分析和机器学习。结果会被加载回 MongoDB 以便服务于更智能的操作性过程——比如，交付更相关的提供物、更快的欺诈识别，以及提升后的顾客体验。

来自 Splunk 公司的 Hunk。Hunk 是大数据分析平台，它可以让你快速探究、分析和可视化 Hadoop 以及 NoSQL 数据存储中的数据，尤其是机器和传感器数据。

12.9.8　未来十年的特性融合

可以肯定地说，在未来十年中，关系型数据库管理系统和 Hadoop 系统将逐渐找到优雅共存的方式。但这些系统会具有不同的特征，如图 12-7 中所述。

关系型 DBMS	Hadoop
大部分是专有的	开源
价格昂贵	价格很低
数据需要在加载之前结构化	数据不需要在加载之前结构化
适用于快速的索引查找	适用于大量数据扫描并且专注于基于 Parquet 的查询
没有用于复杂数据结构的 RDBMS 支持	对于复杂数据结构的深度支持
没有用于迭代、复杂分支的 RDBMS 支持	对于迭代、复杂分支的深度支持
对于事务处理的深度支持	对于事务处理的支持很少或者不提供支持

图 12-7　传统 RDBMS 和 Hadoop 系统功能的对比

在即将到来的十年中，RDBMS 将扩展其对于作为“二进制大对象”的托管复杂数据类型的支持，并且将扩展用于任意分析例程的 API 以便操作记录内容。Hadoop 系统，尤其是 Hive 和 Impala，将深化其对于 SQL 接口的支持并且全面化对于完整 SQL 语言的支持。但无论如何都不会唯一抢占大数据分析的市场。正如之前所论述的，RDBMS 无法为大数据分析所需的许多复杂用例提供“关系型”语义。RDBMS 最多会提供围绕复杂有效负荷的关系型结构。

同样，Hadoop 系统绝不会接管符合 ACID 的事务处理，尽管它们将变成 RDBMS 在针对面向行和列的表的关系扫描和索引查询方面的竞争对手，并且在成本/性能方面更胜一筹。

对于 IT 组织来说，要理清供应商主张的真实性很难，供应商几乎肯定会宣称其系统能做任何事。在某些情况下，这些主张都是“异议移除者”，这意味着它们都是忠实于自己的主张，并且这些主张是为了让你感到满意，但是在竞争性和实用性环境中经不起推敲。购买者要当心！

12.9.9　可重用的分析

到目前为止，我们需要提出所有的特殊分析软件来自何处的问题。如果每一个实例都是自定义编码的解决方案，那么大数据分析绝不会有所发展。RDBMS 和开源社区都意识到了这一点，并且已经出现了两个主要的开发主题。高端统计分析供应商，如 SAS，已经开发了用于许多分析应用程序的大量专有的可重用库，其中包括高级统计数据、数据挖掘、预测式分析、特性检测、线性模型、判别分析以及其他许多分析应用程序。开源社区有若干倡议，其中最著名的就是 Hadoop-ML 和 Apache Mahout。

12.9.10 未来十年中数据仓库的文化变更

企业数据仓库必须绝对保持与业务的相关性。随着大数据分析的价值和知名度的增长，数据仓库必须包含大数据分析所需的新文化、技能、技术和系统。

沙盒 例如，大数据分析支持用于实验的探究型沙盒。这些沙盒都是来源于组织的大量数据集的副本或部分子集。个体分析师或非常小的工作组被鼓励用非常广泛的各种各样的工具来分析这些数据，这些工具涵盖了重要的统计工具，如 SAS、Matlab 或 R，以及预测式模型，还包括通过高级 BI 图形化界面所进行许多形式的即席查询和可视化。负责指定沙盒的分析师被允许对这些数据进行任意处理，可以使用任何他们想要使用的工具，即使他们所用的工具不符合企业标准。沙盒现象具有极大的能量，但它会为 IT 组织和 EDW 架构带来巨大风险，因为它会产生隔离的并且不一致的烟囱式数据。后续的关于组织变更的一节中将详细介绍这一点。

探究型沙盒通常具有受限的时间期限，它会持续数周或者最多数月。其数据可以是一个冻结式快照，或者是一个关于传入数据特定分段的窗口。分析师有权限在市场中销售的产品或服务上运行变更一项特性的实验，然后执行 A/B 测试以查看这一变更会如何影响顾客行为。通常，如果这样的实验产生了成功的结果，那么沙盒实验就会终止，并且该特性将进入生产环境。此时，在沙盒中实现的使用粗制滥造的原型化语言的追踪应用程序，通常会由 EDW 环境中的其他人员使用企业标准工具来重新实现。在这份白皮书所访谈过的几个电子商务企业中，分析沙盒都极其重要，并且在某些情况下，数百个沙盒实验会同时进行。正如一位受访者所评论的，“新发现的模式最具破坏性潜力，并且来自它们的见解会产生最高的投资回报。”

从架构上讲，沙盒不应是完整数据集的强力副本，甚或是这些数据集的主要部分。用维度建模的语言来说，分析师需要的远不止是一个运行实验的事实表。最起码，分析师还需要一个或更多个非常大的维度表，还需要额外的事实表用于完整的“横向钻取”分析。如果 100 个分析师正在为沙盒创建数据的强力副本版本，那么所有这些冗余副本将会大量浪费磁盘空间和资源。记住，像顾客维度这样的最大维度表，可以具有 5 亿行！用于严格沙盒环境的推荐架构就是，使用一致化(共享)维度构建每一个沙盒，这些维度会被纳入每一个沙盒中作为 Hadoop 应用程序之下的关系型视图或者其等价物。

低延迟 在数据仓库设计期间收集业务需求时的一个低级错误就是，询问业务用户他们是否想要“实时”数据。用户很可能会说“当然想要！”尽管这一回答在过去是有点不必要的，但现在，有许多情形都可以举出好的业务用例，其中以越来越低的延迟向业务交付更频繁更新的数据是合理的。RDBMS 和 Hadoop 系统都力求加载庞大数量的数据并且让数据在被创建后的几秒钟内就变得可用。不过市场希望实现这一点，并且无论技术专家如何质疑该需求，这一需求都是真实存在的，并且在下一个十年中必须解决它。

关于低延迟数据的一个有意思观点就是，期望在数据流入但甚至远在数据收集过程终止之前就开始对其认真分析。流式分析系统存在着重要意义，其中允许在数据流入系统时使用类 SQL 查询来处理数据。在有些用例中，当流式查询超过一个阈值时，分析就会中断，而不会坚持运行任务到结束。被称为持续查询语言(continuous query language，CQL)的一项学术成果，已经在为定义流式数据处理的需求方面取得重大进展，其中包括在流式数据上动态移动时间窗的灵巧语义。要在加载程序中寻求 CQL 语言扩展以及流式数据查询能力以便同时用于部署了数据集的 RDBMS 和 HDFS。一种理想的实现将允许在以每秒吉字节的速度加载数据时进行流式数据分析。

不断渴求更为精细化的详情　分析师永远都渴求每一个市场观测中更为详细的内容，尤其是顾客行为。例如，每一个网页事件(显示在用户屏幕上的页面)会产生数百条描述页面上每一个对象的记录。在在线游戏中，每一个操作都会进入数据流，有多达 100 个描述符会被附加到每一个此类操作微事件。例如，假设有一个在线垒球游戏，当击球手在球场挥棒时，描述球员位置、得分、跑垒者甚至球场特征的每一项内容都会被存储到单条记录中。在这两个示例中，必须在当前记录中捕获完整的上下文，因为在得到来自单独数据源的事实之后才计算这一详细上下文是不切实际的。未来十年要吸取的教训是，对于精细细节的这一渴求只会越来越多。可以想见，数千个属性会被附加到一些微事件上，并且这些属性的类别和名称将以不可预测的方式增长。

等待其相关性被公开的轻触数据　轻触数据是上一节中所描述的精细细节数据的一个方面。例如，如果顾客在购买商品之前大量地浏览一个网站，那么大量的购买行为之前的微上下文就会被存储在所有的网络页面事件中。当购买完成时，其中一些微上下文就会突然变得更为重要，并且会从“轻触数据”提升为真实数据。此时，所选产品或相同领域的竞争性产品的浏览顺序就变得可以被串联起来了。在购买事件之前，这些微事件都是相当无意义的，因为存在着如此之多的各种各样且不相关的线索，它们对于分析来说会是无止境的。这就要求存储海量的轻触数据，直到这些微事件所选线索的相关性最终被揭示。传统的季节性因素思想认为，至少需要在线保留五个季度(15 个月)的此类轻触数据。这就是在为这份白皮书而举行的访谈期间持续出现的论述的一个示例，分析师想要“更长的长尾”，这意味着他们想要得到比其目前所拥有的更为重要的历史。

对所有数据的简单分析胜过对一些数据的精密分析　尽管数据采样永远不是数据仓库中的流行技术，但令人意外的是，所到来的巨大的拍字节大小数据集并没有增加分析数据子集的兴趣。相反，大量分析师指出，可货币化的见解来源于非常小的群体，而仅采样一些数据会缺失该见解。当然，这是一个有些争议的论点，因为这些分析师也承认，如果具有 1 万亿条行为观测记录，那么非常仔细地观察，则可以发现任何行为模式。

由一些分析师所提出的另一个有些争议的论点就是，他们所关心的对于传入数据所进行的任何形式的数据清洗都会消除有意义的低频率“边缘案例”。最终，这两种误导性罕见行为模式以及误导性受损数据的情况都需要被小心地从数据中过滤出去。

假设来自非常小的群体的行为见解都是有效的，被广泛认可的是，对于小群体的微观营销是可行的，并且将此做到极致可以建立起可持续的战略优势。

支持分析完整数据集的最终论述就是，这些“关系扫描”无须在分析之前计算索引或聚合。这一方法非常适用于基础 Hadoop 分布式分析架构。

支持大数据分析的 EDW 必须是富有吸引力的、敏捷的并且具有深度的　Cohen 和 Dolan 在其影响深远但存在一些争议的关于大数据分析的论文中声称，EDW 必须去除一些陈旧的正统观念，以便变得“富有吸引力、敏捷并且具有深度”。富有吸引力的环境会在新的、非预期的并且潜在的脏数据源上设置最少的障碍。具体来说，这将支持对于将数据结构声明延迟到数据加载之后的需要。根据 Cohen 和 Dolan 的说法，一个敏捷的环境会避免长期的仔细设计以及规划！而一个具有深度的环境允许在庞大数据集上运行精密的分析算法，而无须采样甚至无须清洗。

这里是他们论文的链接：“MAD 技能：用于大数据的新分析实践”，Cohen、Dolan 等所著，http://db.cs.berkeley.edu/jmh/papers/madskills-032009.pdf。

12.9.11 未来十年中数据仓库的组织变更

大数据分析日益增长的重要性相当于中途修正和企业数据仓库变革之间的中间环节。新技能集、新组织、新开发范式以及新的技术需要被许多企业吸收，尤其是那些面临这篇文章中所描述的用例的企业。并非每一个企业都需要跳入拍字节的数据海洋，但本作者预测，未来的十年，我们将看到认识到大数据分析价值的大型企业比例稳步增长。

所需的技术技能集 这里值得再复述一遍这篇文章简介中第一句话所传递的讯息。拍字节大小的数据集当然是一大挑战，但大数据分析通常的难点都与数据量无关。你会面对快速到达的数据或者复杂的数据或者复杂的分析，即使只有太字节的数据，这些也都是非常具有挑战性的！

对于面向 RDBMS 的数据仓库的关注涉及一组全面的能够被很好理解的技能：SQL 编程、ETL 平台专业技术、数据库建模、任务调度、系统构建和维护技能、像 Python 或 Perl 这样的一种或多种脚本化语言、UNIX 或 Windows 操作系统技能，以及商业智能工具技能。SQL 编程是 RDBMS 实现的核心，它是一种声明式语言，它与 Hadoop 编程所需的过程性语言技能的思维模式相反，至少对于 Java 来说是这样。数据仓库团队也需要在 IT 的其他领域中具有良好的合作关系，这包括存储管理、安全性、网络以及对移动设备的支持。最后，好的数据仓库还需要业务用户群的广泛参与，并且涉及终端用户的认知心理学！

对 Hadoop 数据仓库的关注，其中包括这份白皮书中所描述的所有大数据分析用例，涉及一组与传统 RDBMS 数据仓库技能仅部分重叠的技能。这其中存在着一项重大挑战。这些新技能包括较低级别的编程语言，比如 Java、C++、Ruby、Python，以及普遍都是通过 Java 来使用的 MapReduce 接口。尽管对于通过基于程序性的较低级别编程语言来编程的需求将在未来十年 Pig、Hive 和 HBase 的流行中显著降低，但从编程社区而非数据仓库社区招募 Hadoop 应用程序开发人员会更加容易，如果数据仓库工作申请者缺乏编程和 UNIX 技能的话。如果仅使用开源工具来管理 Hadoop 数据仓库，那么就还需要像 Zookeeper 和 Oozie 技能这样的业务流程编制工具。要牢记，开源社区会快速创新。Hive、Pig 和 HBase 并非用于分析的 Hadoop 高级接口中的最终产品。我们很可能会在这个十年中看到更多的创新，其中包括全新的接口。

最后，我们已经描述过的经常在沙盒环境中工作的分析师将会出现，并且具有一组从深度分析专业知识的兼收并蓄且不可预测的技能。对于这些人来说，相较于精通特定编程语言或具有操作系统技能来说，精通 SAS、Matlab 或 R 更为重要。这样的人通常将同时具有 UNIX 技能以及一些合理的编程能力，并且这些人中的大多数都极其适应学习新的复杂技术环境。传统分析师面临的最大挑战就是，让他们依赖 IT 中对其可用的其他资源，而不是构建其自己的提取和数据交付管道。这是一个微妙的平衡，因为你希望让分析师获得非比寻常的自由，但又需要对其进行监管以确保他们没有浪费其时间。

需要的新组织 在大数据分析革命的这一早期阶段，毫无疑问，分析师必须是企业组织的一部分，以便理解企业的微观运作，并且还要能够执行我们在这份白皮书中所描述的这种快速转变实验以及调研。正如我们所描述过的，这些分析师必须在技术方面获得大力支持，具有很巨大的计算能力以及数据转换带宽。因此尽管分析师可以归属于企业组织，但对于 IT 来说，这是一个赢得公信力并且与业务共存的绝佳机会。如果没有认识到并且利用分析师对传统 IT 领域深度依赖的优势，就会大错特错，并且失去分析师及其沙盒作为业务领域中离群技术前哨而存在的机会。

在我们为这份白皮书而拜访过的一些组织中，我们看到了划入不同企业组织中的独立分析小组，但这些分析小组之间没有太多的交叉通信或者没有确立其共同身份。在一些值得注意的情况下，这一“分析共同体”的缺失将导致丧失利用彼此工作成果的机会，并且导致多个小组重复发明相同的方法以及重复编程工作和基础设施需求，因为他们对相同数据复制了单独的副本。

我们建议，模仿我们在过去十年中所见过的一些成功的数据仓库社区构建成果以便建立跨部门的分析社区。这样的一个社区应该举行定期的跨部门会议，以及一种私有的 LinkedIn 应用程序，从而促进对于这些个体在其自己调研中所收集到的所有联系人和观点以及资源的了解，还应该建立一个私有网络门户，在其中共享信息和新的事件。可以定期举行会谈，最好也邀请业务用户群成员参加，并且最重要的是，该分析社区需要具有统一的特征！

12.9.12　EDW 去向何处

企业数据仓库必须扩展以便包含大数据分析作为总体信息管理的一部分。数据仓库的使命一直都是收集组织的数据资产并且以对于决策者最有用的方式结构化它们。尽管一些组织会坚持使用组织图上被标记为 EDW 的框，这个框被限定为对传统数据的传统报告活动，但 EDW 的范畴应该扩大以便反映这些新的大数据开发。从某种意义上来说，IT 仅有两种职能：放入数据(事务处理)以及取出数据。EDW 就是在取出数据。

要加大大数据分析投资的厂商面临的重大选择在于，是选择一个仅使用 RDBMS 的解决方案，还是选择二元的 RDBMS 和 Hadoop 解决方案。本作者预测，二元解决方案将占优势，并且在许多情况下，这两种架构将不会作为单独的孤岛存在，而是会具有同时通向两个方向的丰富数据管道。可以肯定，这两种架构都会在下一个十年中得到极大发展，但本作者预测，这两种架构将在这个十年结束时共享大数据分析市场。

有时候，当一项令人激动的新技术出现时，人们总是会倾向于关上老技术的大门，就好像它们会消亡一样。数据仓库已经在经验、最佳实践、支持结构、技术专业知识以及在业务领域的公信力方面建立起庞大的遗产。随着数据仓库扩大范围以便包含大数据分析，这会是未来十年中信息管理的基础。

12.10　新近出现的大数据最佳实践(Kimball 经典)

Ralph Kimball，White Paper，2012 年 9 月 30 日

大数据革命正在稳步进行。我们知道，纯粹的大数据量是毫无意义的。相反，大数据也非常不同于我们熟悉的文本和数字数据，我们已经在关系型数据库中存储它们并且使用 SQL 分析它们超过 20 年了。大数据的格式和内容涵盖了从非结构化自定义文本到高度结构化关系型表的范围，还包括向量、矩阵、图片以及名称-值配对的集合。

对于这一体系的第一个重大冲击就是，标准的关系型数据库和 SQL 无法存储或处理大数据，并且正在达到根本性的能力和尺度限制。不仅是关系型数据库范畴外的数据格式，大量处理过程也需要迭代式逻辑、复杂的分支，以及特殊的分析算法。SQL 是一种声明式语言，具有强大但固定的语法。大数据通常需要过程性语言以及对任意新逻辑进行编程的能力。

对于这一体系的第二大冲击就是，改变基于简单过滤器和聚合进行切片和切块报告以便分析的方式。报告、仪表盘以及即席查询总是重要的，但利用大数据的最好方式是，梳理大量未过滤的同时结合历史和实时数据来收集到的数据集。

最后，对于这一体系的第三大冲击就是，认识到大数据的价值在急剧增加，因为延迟性降低了并且数据被更快速交付。十倍和百倍的性能提升会让分析机会产生质的不同，这通常会转化成收益和利润的增加。

所有这些造就了具有两条主要发展脉络的非常动态的、技术驱动的市场：扩展的关系型数据库和 Hadoop。在文章 12.9“企业数据仓库在大数据分析时代的角色演变”中深入描述了这些架构。这两种架构都力求应对之前列出的大数据挑战。

大数据市场还远未成熟，但我们现在具有数年累计的经验以及大量特定于大数据的最佳实践。这篇文章囊括了这些最佳实践，并且指出了介于高层次温情警示和杂乱无序、特定于单一工具的技术细节之间的中间立场。

重要的是要认识到，我们拥有一组经过检验的为基于关系型企业数据仓库(EDW)而开发的最佳实践，大数据工作应该利用它们。我们简要列出了这些实践：

- 基于业务需要驱动为 EDW 提供内容的数据源的选择。
- 不断专注于用户界面的简单性和性能。

以下列出了尤其与大数据相关的 EDW 最佳实践：

- 维度化思考：将世界划分成维度和事实。
- 用一致化维度集成不同的数据源。
- 用渐变维度(SCD)追踪时序变化。
- 用持久代理键固定所有维度。

在这篇文章的剩余内容中，我们将大数据最佳实践划分成了四类：数据管理、数据架构、数据建模和数据治理。

12.10.1 用于大数据的管理最佳实践

以下最佳实践适用于大数据环境的整体管理。

围绕分析，而非即席查询或标准报告来结构化大数据环境。从原始源到分析师屏幕的数据路径中的每一步都必须支持作为用户自定义函数(UDF)实现的复杂分析例程或者通过可为每一类分析而编程的元数据驱动的开发环境来实现。这包括加载器、清洗器、集成器、用户界面以及 BI 工具。这一最佳实践并不建议抛弃现有的环境，而是对其进行扩展以便支持新的分析需要。参阅后面关于架构最佳实践的一节内容。

不要尝试在此时构建一个遗留大数据环境。大数据环境此时正在太快速地变化，不应考虑构建一个长期存续的遗留基础。相反，要做好从每一个方向来的破坏性变化的准备：新的数据类型、竞争性挑战、编程方法、硬件、网络技术，以及由成百上千个新大数据提供商所提供的服务。在可预见的未来，会在集中实现方法之间保持平衡，其中包括 Hadoop、传统网格计算、RDBMS 中的下推优化、内部部署计算、云计算甚至还有你的大型机。这些方法中没有一个会成为长期的唯一赢家。平台即服务(platform as a service，PaaS)提供商提供了一个具有吸引力的选项，它可以帮助你组合出一套可共用的工具。同样，大多数系统架构和程序都可以在具体部署选项之上的层中被指定，这是一个由元数据驱动的开发环境明显优势。

示例：在 Hadoop 环境中使用 HCatalog 来提供一层位于具体存储位置和数据格式之上的抽象。例如，这允许 Pig 脚本在位置和格式发生变更时保持不变。

示例：将 Hadoop 视作用于许多形式的 ETL 过程的灵活、多用途环境，其中的目标是，将充足的结构和上下文添加到大数据，以便它能够被加载到 RDBMS 中。可以使用以各种语言编写的 Hive、Pig、HBase 和 MapReduce 代码来访问和转换 Hadoop 中相同的数据，甚至可以同时访问和转换。

最主要的是，这需要灵活性。假设你要在两年内对所有的大数据应用程序重新编程和重新托管。要选择可以被重新编程和重新托管的方法。可以考虑使用由元数据驱动的无代码开发环境来提升生产效率并且帮助隔离基础的技术变化。

要接受沙盒竖井并且建立生产沙盒结果的实践。允许数据科学家使用其偏好的语言和编程环境构造其数据实验和原型。然后，在概念验证之后，要让一个“IT 接管团队”系统化地重新编程和/或重新配置这些实现。

示例：用于自定义分析编程的生产环境会是 PostgreSQL 中的 Matlab 或者 Teradata RDBMS 中的 SAS，但数据科学家正在使用各种首选语言和架构构建其概念验证。这里的关键简介是：IT 必须一反常态地容忍数据科学家所使用的各种技术，并且在许多情况下都要准备好使用一组标准技术重新实现数据科学家的工作成果，以便让其可以长期得到支持。

示例：沙盒开发环境是 ETL 转换和自定义 R 代码的组合，它可以直接访问 Hadoop，但是受到 Informatica PowerCenter 的控制。之后当数据科学家准备好移交概念验证时，大部分逻辑都可以立即被重新部署到 PowerCenter 之中以便在网格计算环境中运行，这一环境是可扩展的、高可用的并且安全的。

用一个简单的大数据应用程序进行探索：备份和存档。在开始大数据编程以及在搜索有价值的风险有限且聚集必备大数据技能的业务用例时，可以考虑将 Hadoop 用作一种低成本、灵活的备份和存档技术。Hadoop 可以存储和检索从完全非结构化到高度结构化专用格式的所有格式范围中的数据。这一方法还会让你应对“衰落的”挑战，其中原始应用程序在很久以后不再可用(可能是由于许可授权限制)，但你可以将那些应用程序中的数据转存成你自己的记录格式。最后，要记住，即使是 Hadoop 也会消耗资源和成本因此当数据被存储到 Hadoop 中时，应该预先考虑数据保存，这样在保存期到期时，HDFS 文件夹和数据集就可以在 HDFS 外被轻易地清洗或存档到成本甚至更低的存储中。

12.10.2　用于大数据的架构最佳实践

以下最佳实践会影响大数据环境的整体结构和组织。

要规划一条逻辑上的具有增加延迟的多个缓存的“数据高速公路”。要仅从物理上实现那些适合于环境的缓存。数据高速公路可以具有多达五个增加数据延迟性的缓存，每一个都具有其独特的分析优势和取舍：

- **原始源应用程序**：信用卡欺诈侦测、包括网络稳定性和网络攻击侦测的即时复杂事件处理(complex event processing，CEP)。
- **实时应用程序**：网页广告选择、个性化定价促销、在线游戏监控、各种形式的预测和主动监控。
- **业务活动应用程序**：推送给用户的低延迟 KPI 仪表盘、事故单追踪、过程完成追踪、“融合的”CEP 报告、顾客服务门户和仪表盘，以及移动销售应用。
- **顶线应用程序**：战术报告、促销追踪、基于社交网络议论的中途修正。“顶线”指的是查看过去 24 小时内企业中发生了什么的快速顶线回顾的高管层的常规活动。
- **EDW 和长时序应用程序**：所有形式的报告、即席查询、历史分析、主数据管理、大尺度时序动态、马尔可夫链分析。

存在于指定环境中的每一个缓存都是物理化的并且不同于其他缓存。数据会沿着这一高速公路从原始源通过 ETL 过程向下移动。从原始源到中间缓存有多条路径。例如，数据可以进入实时缓存以便驱动零延迟方式的用户界面，而同时也可以被直接提取到日常顶线缓存中，它会表现得像一个经典的操作数据存储(operational data store，ODS)。之后来自这个 ODS 的数据可以充当 EDW 的源。数据还会沿着该高速公路流入相反的方向。参阅这一节后续的“实现反向流”部分。

沿着这一高速公路的大部分数据都必须保持非关系型的格式，其范围从非结构化文本到复杂的多结构化数据，比如图片、数组、图表、链接、矩阵以及名称-值配对集。

将大数据分析用作“事实提取器”以便将数据移动到下一个缓存。例如，对于非结构化文本推文的分析可以生成一组完整的数值、趋势化情绪测量，其中包括广告占有率、消费者互动、访问量、积极拥护者、拥护者支配力、拥护者影响力、解决率、解决时间、满意度评分、主题趋势、情绪比例以及观点影响力。另外，可以看看 Splunk，一项用于从许多形式的非结构化机器数据中提取特征和对其进行索引的技术；Kapow，一项用于从博客、论坛、网站和门户中提取许多形式的基于网络的数据的技术；当然，还有 Informatica 公司的 HParser，它可以从非结构化文本文档、多结构化 XML 文档和网络日志，以及像市场数据、SWIFT、FIX、CDR、HL7、HIPAA 等更多的行业标准结构中提取事实和维度。

使用大数据集成来构建全面的生态系统，它会集成结构化的 RDBMS 数据、纸质文档、电子邮件以及组织内部面向业务的社交网络。大数据所传递出的其中一条强有力的消息就是能够集成各种形式不相干的数据源。我们正在从新的数据生成渠道中得到数据流，比如社交网络、移动设备以及自动化告警过程。假设有一家大型金融机构，它要处理数百万个账户、数千万个相关的纸质文档，以及数千个组织内部以及在现场作为合作伙伴或顾客的专业人士。现在建立一个安全的涵盖所有受信任方的“社交网络”，以便在业务进行时方便沟通。大部分此类通信都很重要，并且应该以可查询的方式来保存它们。在 Hadoop 中捕获所有这些信息，对其进行维度化(参阅后面一节中的建模最佳实践)，在业务过程中使用它，然后对其进行备份和归档。

规划数据质量以便更好地沿着数据高速公路往前走。这是延迟性和质量的典型取舍。分析师和业务用户必须接受这一现实，即非常低延迟(比如即时)的数据必然是脏的，因为在非常短的时间间隔内能够完成的清洗和诊断量是有限制的。对于个别字段内容的验证和纠正可以用最快的数据转换速度来执行。对于字段之间和跨数据源的结构化关系的验证和纠正将必然较慢。涉及复杂业务规则的验证和纠正，其过程是即时的(如处于特定顺序的一组日期)，也需要任意长的时间(如等待查看是否超出异常事件的阈值)。并且最后，较慢的 ETL 过程，比如那些为日常顶线缓存提供内容的过程，实质上通常是基于更完整的数据来构建的，例如，其中会去除掉不完整事务集和被拒绝的事务。在这些情况下，即时数据源确实不会具有正确的信息。

要在最早的可能接触点上应用过滤、清洗、修整、一致化、匹配、联结和诊断。这就是之前最佳实践的必然结果。数据高速公路上的每一个步骤都会提供更多的时间以便为数据增加价值。过滤、清洗和修整会减少转换到下一个缓存的数据量，并且会消除不相关或受损的数据。说句公道话，有一种思想流派认为应该仅在分析运行时应用清洗逻辑，因为清洗会删除“相关的异常值”。一致化会采取将严格管理的企业属性放入像顾客、产品和日期这样重要的实体中的积极步骤。这些一致化属性的存在允许跨不同应用程序域进行高价值联结。这一步骤的更简短名称就是“集成”！诊断允许许多相关的属性被添加到数据，其中包括特殊的置信度标签以及代表数据挖掘专家识别出的行为集群的文本化标识符。数据发现和分析有助于识别数据域、关系、可用于搜索的元数据标签、敏感数据以及数据质量问题。

实现反向流，尤其是从 EDW 到数据高速公路上较早的缓存。EDW 中严格管理的主维度，比如顾客、产品和日期，应该被连接回较早缓存中的数据。理想情况下，所需要的就是用于所有缓存中这些实体的唯一持久键。此处的必然结果就是，从一个缓存到下一个的每个 ETL 步骤中的任务都要用唯一持久键替换特殊的专有键，这样，每个缓存中的分析就可以使用唯一持久键上的简单联结来利用丰富的上游内容。这个 ETL 步骤能否在即使在小于一秒钟内将原始源数据转换成事实缓存的情况下执行呢？

维度数据并非是沿着该高速公路被转移回到源的唯一数据。从事实表派生出的数据，比如历史汇总和复杂数据挖掘结果，可以被封装为简单指标或者总计值——然后被转移到数据高速公路上较早的缓存中。最后，像有用的键或编码这样的引用链接可以被嵌入低延迟数据缓存中，以便允许分析师用单次点击链接到其他相关数据。

实现所选数据流中的流式数据分析。关于低延迟数据的一个有意思角度是，期望在数据流入但远早于数据转换过程终止时就开始对其进行认真分析。流式分析系统中存在着重要意义，它允许在数据流入系统时使用类 SQL 查询对其进行处理。在有些用例中，当流式查询结果超过一个阈值时，分析就会中断，而不会坚持运行任务到结束。被称为持续查询语言(CQL)的一项学术成果，已经在为定义流式数据处理的需求方面取得了重大进展，其中包括在流式数据上动态移动时间窗的灵巧语义。要在加载程序中寻求 CQL 语言扩展以及流式数据查询能力以便同时用于部署了数据集的 RDBMS 和 HDFS。一种理想的实现将允许在以每秒吉字节的速度加载数据时进行流式数据分析。

在可扩展性上实现较远的时间限制以避免“边界崩溃”。在计算机编程的早期，当机器可怜地仅有很小的硬盘空间和物理内存时，边界崩溃很常见并且是应用程序开发的痛苦之源。当应用程序消耗完硬盘空间或者物理内存时，开发人员就必须借助费尽心思的措施，通常需要不会将任何内容添加到应用程序主要内容中的重要编程。常规数据库应用程序的边界崩溃已经或多或少被消除，但大数据再次引发了这个问题。Hadoop 是一种架构，它会显著降低程序可扩展性的关切，因为在大多数情况下，人们都可以无限添加商品化硬件。当然，即使是商品化硬件也必须进行配置、插入，并且具有高带宽网络连接。经验教训是，要非常早地规划对高容量和吞吐量的扩展。

在公有云上执行大数据原型化，然后迁移到私有云。公有云的优势在于，它可以被迅速配置和扩展。其示例包括 AmazonEMR 和 GoogleBigQuery。在那些数据敏感性允许快速进出的原型化的情况下，这一方法会非常有效。只是要记住，当编程人员在周末回家休息时，不要将大量数据集留在在线的公有云提供商处！不过，要牢记，在有些情况下，当你尝试使用机架可知的 MapReduce 过程来利用数据本地化时，你无法使用公有云服务，因为它们不会提供所需的数据存储控制。

随着时间推移，要寻求和期望 10~100 倍的性能提升，以便以非常高的速度识别分析的范式转换。大数据市场的开放性已经促成了数百个用于特定类型分析的紧贴特殊目的而编码的解决方案。这是一件大好事，也是一个祸根。一旦不受大型供应商 RDBMS 查询优化器和内部循环的控制，聪明的开发人员就可以实现单点解决方案，这实际上将比标准技术快 100 倍。例如，在臭名昭著的"大联结"问题上已经取得了一些引人注目的进展，其中十亿行维度会被联结到万亿行事实表。例如，参见 Yahoo 用于处理庞大数据集稀疏联结的方法以及 Google 的 Dremel 和 BigQuery 项目。说它是祸根是因为，这些单独的单点解决方案还不是统一的单一架构的一部分。

一个非常明显的大数据主题就是数据集的可视化。围绕拍字节数据运行需要惊人的性能！大数据的可视化是开发过程的一个激动人心的新领域，它同时允许分析和发现意外的特征和数据剖析。

另一个激动人心的提出巨大性能要求的应用程序就是不适用预先聚合的语义缩放，其中分析师要从高度聚合级别逐渐下探到非结构化或半结构化数据中更为详尽的级别，这类似于在地图上放大。

这一最佳实践背后的重要经验教训就是，我们消费和分析大数据的能力中的革命性进展将带来 10~100 倍的性能提升，并且我们必须准备好将这些最新发展添加到我们的工作套件中。

从传统 EDW 中分离出大数据分析工作负荷，以便保持 EDW 的服务水平的一致性。如果大数据驻留在 Hadoop 中，那么它不会与传统的基于 RDBMS 的 EDW 争夺资源。不过，要注意大数据分析运行在 EDW 机器上的情形，因为大数据需求会快速变化并且不可避免地需要更多的计算资源。

利用数据库内分析的独特能力，主流的 RDBMS 参与者都对数据库内分析进行了重大投入。在你为将数据加载到关系型表中付出了代价之后，就可以用极其强大的方式将 SQL 和分析扩展结合使用。最近，重要的数据库内最新动态包括 IBM 对 Netezza 和 SPSS 的收购、Teradata 和 Greenplum 对 SAS 的嵌入、Oracle 的 Exadata R Enterprise，以及用于对分析编程的 PostgreSQL 语法和其他使用数据库内循环的任意函数。所有这些选项都使得经过验证的数百个分析例程的库变得可用。一些数据集成平台提供了下推优化以便利用数据库内分析作为数据流或 ETL 过程的一部分。

12.10.3 用于大数据的数据建模最佳实践

以下最佳实践会影响数据的逻辑和物理结构。

维度化思考：将世界划分成维度和事实。业务用户发现维度的概念会是自然且明显的。无论数据格式是什么，像顾客、产品、服务、位置或时间这样的基础相关实体总是会被发现。在以下最佳实践中，我们将看到，在应用一些规则的情况下，维度如何可以被用于集成数据源。但在我们能够完成集成之前，我们必须识别出每一个数据源中的维度并且将它们附加到每一个低级别原子数据观测中。这一维度化过程对于大数据分析来说是一种非常好的应用。例如，单个 Twitter 推文“哇！这太棒了！”看起来并不包含任何值得维度化的内容，但进行一些分析之后，我们通常可以得到顾客(或居民或病人)、位置、产品(或服务或合同或事件)、市场情况、提供商、天气、群体(或人口统计集群)、会话、之前的触发事件、最后输出等方面的内容。需要某些形式的自动维度化来领先于高速的数据流。正如我们会在后续最佳实践中指出的，应该在最早的提取步骤中完全维度化传入数据。

将不同数据源与一致化维度集成起来。一致化维度是将不同数据源聚在一起的胶合剂，并且会允许它们被合并到单个分析中。一致化维度是来自传统 EDW 领域的最强大的最佳实践，它应该被大数据所继承。

一致化维度背后的基本理念就是，在与不同数据源有关的各个维度版本中提供一个或多个企业属性(字段)。例如，企业中每一个面向顾客的过程都会具有顾客维度的一些变体。这些顾客维度的变体具有不同的键、不同的字段定义，甚至是不同的粒度。但即便是在最糟糕的不兼容数据的情况下，也可以定义一个或多个企业属性，它们可以被嵌入到所有的顾客维度变体中。例如，顾客人口统计类别就是一个可取的选项。这样的一个描述符可以被附加到几乎每一个顾客维度中，即使是那些较高级别的聚合也行。一旦这一步骤完成，基于这一顾客人口统计类别的针对该分组的分析就可以在针对不同数据源运行不同查询之后，使用简单的分类合并过程跨每一个参与其中的数据源进行处理。最棒的是，将企业属性引入不同数据库中的步骤可以用递增式的、敏捷且非破坏性的方式来完成，就像我在 Informatica 所资助的关于这一主题的白皮书中详尽描述的那样。在发布一致化维度内容时，所有现有的分析应用程序都将继续运行。

用持久代理键固定所有维度。如果说我们从 EDW 领域获得了什么经验教训的话，那就必定是不要使用特定应用程序所定义的“自然键”来固定主要实体，比如顾客、产品和时间。这些自然键往往都是现实环境中的陷阱和错觉。它们都是跨应用程序不兼容的并且其管理都很糟糕。每个数据源中的第一步就是使用一个企业范围的持久代理键扩充来自源的自然键。持久意味着没有业务规则可以修改这个键。持久键归属于 IT，而非数据源。代理意味着这些键本身都是简单的整数，要么按顺序分配，要么由一个健壮的确保唯一性的哈希算法生成。单独的代理键不具有应用程序内容。它就是一个标识符。

大数据领域充满了明显必须具有持久代理键的维度。在这份白皮书较早的内容中，当我们建议将数据沿着数据高速公路往回推送时，我们依赖于持久代理键的存在才让这一过程可行。我们还说明过，从原始源的每一个数据提取的第一项任务就是将持久代理键嵌入到恰当的维度中。

预期的是集成结构化和非结构化数据。大数据将大幅加大这一集成挑战。许多大数据最终都绝不会被放入关系型数据库中；相反，它会被保存在 Hadoop 或网格中。不过一旦我们使用了一致化维度和持久代理键，所有形式的数据就都可以被合并到单个分析中。例如，医学研究可以选择一组具有特定人口统计特征和健康状况属性的病人，然后将其传统的 EDW 样式数据与图片数据(照片、X 光、心电图)、自定义格式文本数据(主治医生备注)、社交媒体观点(对于治疗的意见)，以及群体联系(具有类似状况的病人)结合起来。

从架构上来讲，这一集成步骤需要在查询时进行，而不是在数据加载和结构化时进行。执行这一集成的最灵活方式是，通过数据虚拟化来进行，其中集成的数据集会表现为物理表，但实际上是类似于关系型视图的规范，其中不同的数据源会在查询时被联结。如果没有使用数据虚拟化，那么最终的 BI 层就必须完成这一集成步骤。

使用渐变维度(SCD)追踪时序变化。追踪维度的时序变化是来自 EDW 领域的一种古老的最佳实践。总的来说，它会让我们做出的准确追踪历史的承诺得以实现。将顾客(或居民、病人、学生)的当前档案与老的历史关联起来是不可接受的。在最糟糕的情况下，在应用到老的历史时，当前的档案就会显得荒谬。存在三种形式的渐变维度(SCD)处理。当变更发生时，类型 1 SCD 会重写该档案，因此会丢失历史。当我们纠正一个数据错误时，我们可以这样做。当变更发生时，生成一条修订维度记录的类型 2 SCD 就是最常用的技术。类型 2 SCD 要求，当我们生成新维度记录时，我们会保留持久代理键作为将新记录绑定到旧记录的胶合剂，但我们还必须为维度成员的特定快照生成一个唯一主键。就像一致化维度一样，这一过程已经被广泛描述和审查过了。最后是类型 3 SCD，它并不像其他两种类型那样常见，它适用于定义了与当前现实共存的“交替现实”的情形。请参阅我关于 SCD 的入门级文章，以及我的书中大量对于 SCD 的内容介绍。但只要大数据还受到关注，那么其要点就是，将主要实体的同期档案与历史关联起来很重要，就像在 EDW 领域已经证明了这样做的重要性一样。

要习惯在分析时才声明数据结构。大数据的魅力之一在于，将数据结构声明推迟到加载进 Hadoop 或数据网格时。这会带来许多优势。数据结构在加载时难以理解。数据具有这样的变动内容，单一数据结构要么没有意义，要么会强制要求修改数据以便适合于一种结构。例如，如果可以将数据加载到 Hadoop 中，那么在不声明其结构的情况下，就可以避免占用大量资源的步骤。并且最后，不同的分析师可以合理地以不同方式查看相同的数据。当然，在某些情况下这样做会存在缺陷，因为不具有声明式结构的数据会难以或者不可能像在 RDBMS 中那样被索引，以便用于快速访问。不过，大多数大数据分析算法在处理整个数据集时，都无须指望准确的数据子集过滤。

这一最佳实践与传统的 RDBMS 方法论存在冲突，这些传统方法论极其强调在加载之前对数据仔细建模。但这不会导致致命的冲突。对于注定要用于 RDBMS 的数据，从 Hadoop 或数据网格环境以及从名称-值配对结构转换成 RDBMS 命名列的做法可被视作一个有价值的 ETL 步骤。

围绕名称-值配对数据源构建技术。大数据源充满了各种出人意料的事情。在许多情况下，都会出现打开数据源并且发现非预期或无记录的数据内容的情形，尽管如此，还是必须以每秒数吉字节的速度加载这些数据。绕过这个问题的做法是，将这样的数据作为简单名称-值配对来加载。例如，如果申请者要披露其财务资产，他们会申报一些出人意料的内容，比如“稀有的邮票=10 000 美元”。在名称-值配对数据集中，这会被优雅地加载，即使你从未见过“稀有的邮票”并且不知道在加载时应该对其进行哪些处理。当然，这一实践会与之前将数据结构声明推迟到加载完成的实践完美衔接。

MapReduce 编程框架要求数据被呈现为名称-值配对，这对于赋予大数据完全可行的通用性来说是合理的。

使用数据虚拟化来允许快速原型化和模式修改。数据虚拟化是基于基础真实数据声明不同逻辑数据结构的一种强大技术。SQL 中的标准视图定义就是数据虚拟化的好例子。理论上来说，数据虚拟化可以用分析师需要的任何格式来呈现数据源。但数据虚拟化用运行时的计算成本取代了运行时之前 ETL 构建物理表的成本。数据虚拟化是原型化数据结构并且进行快速变更或提供不同选项的一种强有力的方式。最佳的数据虚拟化策略就是，期望在虚拟模式经过验证和审查并且分析师希望对实际物理表的性能进行提升时，让这些虚拟模式具体化。

12.10.4　用于大数据的数据治理最佳实践

以下最佳实践适用于将数据作为有价值的企业资产来管理。

并不存在大数据治理这样的事情。现在我们吸引到你的注意力了，其要点在于，数据治理必须是一种用于整个数据生态系统的全面方法，而非孤立地用于大数据的单点解决方案。大数据的数据治理应该是治理所有企业数据的扩展。我们已经介绍过一个令人信服的例子，它说明了该如何集成其他已有形式的数据来增强大数据，尤其是集成来自 EDW 的数据。不过就算成功进行了集成，但确立(或无视)对大数据孤立地进行数据治理也会导致重大风险。至少，数据治理包含私有性、安全性、合规性、数据治理、元数据管理、主数据管理以及向业务用户群公开定义和上下文的企业词汇表。这是一份令人印象深刻且让人望而生畏的职责和能力要求清单，并且IT不应试图在没有得到来自管理层的重大和高级支持时定义这些内容——管理层必须理解该工作的范畴，并且支持跨组织的协作需求。

在应用治理之前维度化数据。这是大数据带来的一项有意思的挑战：即便在不清楚预期会从数据内容中得到什么的情况下，也必须应用数据治理原则。你将以快至每秒数吉字节的速度接收数据，通常是具有非预期内容的名称-值配对。用对于数据治理职责很重要的方式对数据进行分类的最好机会就是在数据管道的最早阶段尽可能全面地对其进行维度化。在运行时解析它、匹配它并且应用标识识别。我们在主张能够从数据集成中获益时也阐述了这一相同要点，但此处我们主张在这一维度化步骤之前不要使用数据。

如果分析数据集包括了识别关于个体或组织的信息，那么在处理任何结合了关于个体或组织的信息的大数据集时，私有性就是最重要的治理角度。尽管数据治理的每一个方面都显得至关重要，但是在这些情况下，私有性是最重要的职责并且具有最高的业务风险。令人震惊的损害个体或群体隐私的事件会破坏你的声誉，削弱市场信任度，让你面临民事诉讼，并且让你陷入法律纠纷。这些危害也会让公司、机构、第三方、甚至是组织内部的丰富数据集共享壁垒重重，严重制约大数据在像医疗健康、教育和执法这样的行业中的大力应用。我们所具有的私人数据洪流的访问权会带来让我们感觉迟钝并且放松警惕的危险。最起码，对于大多数形式的分析来说，私人详情必须被屏蔽，并且数据要被高度聚合以便不允许对于个体进行识别。注意，在编写这份白皮书时，将敏感数据存储到 Hadoop 中时必须格外注意，因为数据被写入 Hadoop 之后，Hadoop 无法很好地管理更新——因此应该在写入时对数据进行屏蔽或者加密(比如，持久化数据屏蔽)，或者应该在读取时对数据进行屏蔽(比如，动态数据屏蔽)。

不要为了急于使用大数据就完全推迟数据治理。即便是探究性大数据原型项目，也要维护一份问题检查清单以便在项目推进时加以考虑。我们都不想要低效率的官僚主义作风，但可以力求实现一种敏捷的官僚主义做法！作为分开维护的检查清单，应该：

- 验证是否存在提供方向和优先级的愿景和业务用例。
- 识别人们的角色，其中包括数据管理员、发起人、程序推动者以及用户。
- 核实组织接受度和跨组织的推动委员会以及发起关系以便支持逐步升级和优先顺序。
- 限定已有并且需要的将支持大数据生命周期管理的工具和架构。
- 纳入一些数据使用策略和数据质量标准的概念。
- 接受对这份清单上所有其他要点的轻量级组织变更管理。
- 评估结果，包括操作性的以及业务价值 ROI 方面的。

- 评估和影响从属过程、上游及下游，以便最小化始终存在的输入垃圾数据/输出垃圾数据的困境。

12.10.5 小结

大数据为 IT 带来了许多挑战和机遇，并且很容易就会认为，必须创建一组全新的规则。但在具备了几乎十年经验的收获之后，许多最佳实践就已经浮现出来了。这些实践中的许多都是来自 EDW/BI 领域的可识别扩展，并且无可否认的是，其中相当多都是新的并且与众不同的思考数据和 IT 使命的方式。不过，其使命已经扩充这一认识很受欢迎，并且被认为在某种程度上早就应该如此了。目前爆炸式增长的数据收集渠道、新数据类型以及新的分析机会意味着，最佳实践的清单将以有趣的方式持续增长。

12.11 超细粒度主动归档

Ralph Kimball，Design Tip #165，2014 年 4 月 2 日

数据仓库归档在传统上一直是数据仓库架构师的低优先级主题，不过这一情况正在快速变化。对于仔细选择的数据集的被动式、离线归档正在被所有可能数据资产的主动式、在线归档所替代，这包括之前甚至从未考虑过要长期保留的超细粒度数据。

从技术上讲，重要的一个原因就是在线存储所需的机械硬盘驱动器成本在持续降低。使用 24~36 个太字节硬盘存储空间来配置本地 Hadoop 集群的各个节点并不常见，并且随着近来 Google 和 Amazon 之间展开的价格战，云存储的成本正在显著下降。

可以合理地讲，很长时期地保留数据的需求正在增长。所有类型的知识产权数据、药物试验数据、安全记录以及财务记录都需要保留数十年。我的父亲是一位整形外科医生，当他退休并且被告知他必须保留所有之前那些尚未年满 21 周岁的病人的详尽病人治疗记录时，我深感震惊。由于他治疗过婴儿，这意味着要将这些记录保留几乎 21 年！

从操作上讲，将所有存档移动到在线机械硬盘驱动，并且消除其他的“持久”介质，比如 CD、DVD 以及磁带系统，这意味着避免了关于这些介质是否在未来不同时间点还存在的争论。我的书桌抽屉里还放着一张 8 英寸的软盘，每次我看到它时都会让我回想起这个问题。

12.11.1 迁移和刷新

保持归档数据持续在线可用会让行之有效的迁移和刷新归档策略变得特别简单。迁移和刷新背后的理念就是，每隔几年就验证数据在现代介质上是否物理可用(迁移)以及是否可以用有用的方式来诠释这些数据(刷新)。

12.11.2 主动式归档

传统的归档通常意味着，数据被存储在多少有点不可访问的位置，只有在出现合理请求时才恢复这些数据。显然这会在恢复数据时产生障碍和延迟，并且只有在恢复过程完成之后数据才能被使用。相反，主动式归档不仅能满足合法且操作性的归档需求，还会保持数据持续可用。当访问归档数据的障碍和延迟消失时，所有类型的原本不会被考虑的分析就会变得切实可行。

12.11.3　超细粒度数据

随着机械硬盘存储成本的持续下降，整个可被归档内容的概念都改变了。过去，只有仔细选择的数据子集才会被归档，并且通常会抛弃最原子超细粒度的数据。例如，在通信交换网络中，每个交换机都会生成大量的详细的数据，它们不会被归档。同样，每一个商业航空公司航班都会生成数吉字节的操作数据。当这些数据集的主动式归档成本接近于零时，我们的思考方式就会发生本质的变化。我们可以想到大量的理由来保留这些数据。

12.11.4　原始数据格式

最后，当前被收集的大多数数据最初都并非高度监管且表现良好的关系型数据。我们所有人都知道，大数据革命包含了各样更为广泛的非结构化、半结构化以及结构独特的数据。相对于在归档前仔细准备这些数据，以原始格式来捕获这些数据会更加合理，然后让这些数据可持续用于之后的分析。我们当然可以期望在图片处理和复杂事件处理(这是两个例子)中持续取得进展，其中未来对于最初原始数据的更为复杂的分析会很有价值。

总的来说，归档的环境已经发生了变化。尤其是，Hadoop 开源项目和 Hadoop 分布式文件系统(HDFS)已经打开了通向许多此类思想的大门。

展示服务器架构

这一节中的前两篇文章描述了数据仓库展示服务器中聚合导航的重要性。有点令人惊讶的是，这两篇文章都写于 20 世纪 90 年代中期 Ralph 成为 DBMS 专栏作家不久之后，但其观点至今仍然适用。在那之后，我们将探讨 OLAP 多维数据集，深入探究 Microsoft 产品的具体细节。最后一篇文章专注于在性能调优中压缩、分区以及星型模式优化所发挥的作用。

12.12　列式数据库：DW/BI 部署的规则改变者

Ralph Kimball，Design Tip #121，2010 年 3 月 3 日

尽管从 20 世纪 90 年代列式 RDBMS 已经出现在市场上了，但最近对于追踪大量太字节数据库中快速增长的顾客人口统计特征的 BI 需求已经让列式数据库的一些优势变得越来越有吸引力了。

记住，列式 RDBMS 是支持我们很习惯地熟悉表和联结构造的一种“标准”关系型数据库。让列式 RDBMS 显得独特的东西就是，在物理层面存储数据的方式。相对于将表里的每一行作为磁盘上的相邻对象来存储，列式 RDBMS 会将表的每一列作为磁盘上的相邻对象来存储。通常，这些特定于列的数据对象会被存储、压缩，以及高度索引以便访问。即使基础物理存储是列式的，但是在用户查询层面(user query level，UQL)，所有的表都会表现成由熟悉的行所构成。不必对应用程序重新编码以便使用列式 RDBMS。从行方向到列方向的这一表面之下的扭转就是列式 RDBMS 的特殊特性。

列式 RDBMS 为应用程序设计者和 DBA 提供了一些设计优势，这包括：

- **显著的数据库压缩**。用许多低基数重复属性填充的维度表会被显著压缩，有时压缩比会达到 95%甚至更多。具有数值测量值的事实表也会令人惊讶地被压缩，通常压缩比会达到 70%或更多。列式数据库能很好地支持维度建模方法。
- **用于非常宽的具有许多列的表的查询和存储的缺陷会显著减少**。单个列，尤其是具有低基数的列，不会为表的总体存储增加太多空间。更重要的是，当在查询中得到表的一行时，只会从磁盘中真实读取出已命名的列。因此，如果从一个 100 列维度中请求三列，那么只有检索大约 3%的行内容。在传统的面向行的 RDBMS 中，通常在需要行的任何部分时，必须读取整个行(更确切地说，包含所请求数据的磁盘区块会被读取到查询缓冲区中，并且这些区块中的大量非请求数据也会随之进入查询缓冲区中)。
- **在列式 RDBMS 中将一列添加到事实或维度表并非特别大的一件事，因为该系统不关心行宽度**。在扩展“行”时，不再会有区块划分。现在设计者就可以更为肆意地将列添加到已有的表中。例如，现在可以令人满意地进行更宽的事实表设计了，其中“行”里的许多字段都会具有空值。这样，设计者就可以定期将新的人口统计特征列添加到顾客维度，因为每一列都是物理存储中的一个独立压缩对象。不过，要注意，随着将更多的列添加到事实和维度表，你就更有职责保持 BI 工具用户界面的简单。保持用户界面简单的一种行之有效的方式就是，为不同的 BI 用例部署多个逻辑视图，其中每个视图都暴露一组共同使用的相关字段。并且，我们还应该指出，将更多的列添加到一个表不能成为将破坏粒度性的数据添加到表的理由！
- **列式数据库允许跨记录的复杂约束和计算，这在关系型数据库中通常是很难或者不可能的**。列式 RDBMS 会去除一些这类应用程序的压力，这不仅是因为它们支持宽得多的表设计(因而可以将相同行中的许多字段暴露给 SQL)，还因为列式 RDBMS 擅长于通过位图索引和其他特殊数据结构的跨列访问。BI 工具设计者欢迎变宽的事实和维度表，因为设置行内约束和计算会比对应的跨行版本容易百倍。

列式数据库让 IT 面临极具诱惑力的权衡取舍。尤其是，这些数据库都因缓慢的加载性能而名声在外，这正是供应商们一直在忙于解决的问题。在对列式数据库进行投入之前，要确保仔细对加载和更新后台任务进行原型化验证。但是无论如何，这些数据库都提供了一些有意义的设计选项。

12.13 数据库不存在神奇的力量

Joy Mundy，Design Tip #175，2015 年 6 月 8 日

一系列不断增长的数据存储技术为数据仓库架构师提供了看上去相当神奇的优势。如何才能弄明白要做什么？是否应该坚持使用行之有效的关系型数据库来托管数据仓库？是否应该使用多维数据集？或者是否应该转向最新且最好的数据管理解决方案，比如大规模并行处理(MPP)或列式解决方案？还是转向云端？

首先，我们来探讨数据仓库数据库，维护原子粒度维度模型的主要存储。遵循 Kimball 方法的每一个人都会有一个这样的数据库；其设计、关注和供给都是 Kimball 方法的焦点。你可能额外还具有下游多维数据集或者其他结构，但目前，我们仅探讨原子数据仓库数据库。

我们参与协作过的大多数组织都使用 RDBMS 来托管用于其一致化数据仓库的原子粒度维度星型模式。我们看到过许多 SQL Server 和 Oracle 实现、较少量的 DB2，以及越来越多的少数其他平台和技术。并且正是这些可选技术在我们客户端之间生成最多的问题。

对于大多数组织来说，普通旧式 RDBMS 方法使用起来就足够了。取得一台服务器或者一套互联网云端虚拟化环境，安装并且配置用于数据仓库加载的 RDBMS，实现并且填充维度模型，挂接上 BI 工具，之后就可以开始运行了。绝大多数少于太字节的数据仓库都会使用三大 RDBMS 中的一种来托管原子维度模型。这些 BI 系统绝不会出现故障，这是由于其所选择的数据库技术所决定的。

对于非常大型的数据仓库系统来说，环境已经大大不同了。在 10 TB，当然还有 100 TB 及以上的规模，你会遇到可选的其他技术。

12.13.1　可选的原子数据库技术

一般来讲，如今存在两种主要数据库技术类型受到极大的关注：

- 大规模并行处理(MPP)解决方案，它可以跨许多小型服务器横向扩展，而不是纵向扩展一台大型 SMP 机器。可用的 MPP 工具包括 Teradata、IBM 的 Netezza、EMC 的 Greenplum、Oracle 的 Exadata，以及 Microsoft 的 PDW 等。我们在这一大型分布式部署类别中加入了开源的 Hadoop 解决方案，如 Hive 和 Impala。
- 列式数据库，它会通过按列而非按行存储数据来颠倒一些表或者所有表。其中一些列式解决方案也是大规模并行的。最流行的列式数据库包括 SAP Sybase IQ、InfoBright、HP Vertica、ParAccel(它承载着 Amazon 的 RedShift)以及 EXASOL 等。Hadoop 中的数据存储结构是 Parquet 列式格式，可以同时用 Hive 和 Impala 有效部署它，并且它会提供等效于非 Hadoop 列式数据库解决方案的好处。

这些技术中的大多数早已经过了实验阶段：Teradata 已经出现 35 年了，SAP Sybase IQ 已经出现 20 多年了，并且大多数其他技术也已经出现 10~15 年。

12.13.2　这些“新”技术提供了什么

相较于标准的 RDBMS，这些技术为分析工作负荷提供了大量的可扩展性以及查询性能改进。它们没有提供神奇的力量。根本不存在什么神奇的力量！首先你为提升的查询性能和可扩展性买单：这些产品通常要比对应的标准 RDBMS 许可更昂贵，还要加上服务费用。为了得到这些优点，你还要承受一个更复杂的 ETL 系统。我看到过许多人咒骂这些技术，就像我看到信赖这些技术的人一样多。每一种技术都有其自己的缺点，但对于许多技术来说，更新和删除似乎都尤其容易出问题。尽管如此，如果你有一个大型系统——同时根据数据量和使用复杂性来衡量——那么你就会弄明白它并且让它运行起来。这不过会变成一长串决策中的另一个决策而已，其中我们让 ETL 承担更多以便交付极佳的用户体验。

对于最大型的数据仓库来说，这些 MPP 和/或列式技术都是必需的。对于绝大部分小型到中型的 BI 环境来说，在资金、专业知识或系统复杂性方面来说，它们就是太消耗资源，因而不值得花费太多时间来费心应用它们。中等大小到大型系统，比如 750 GB 到 10 TB 之间，面临着最艰难的抉择。表明需要较新技术的因素包括：

- 大数据量
- 快速地有计划增长(MPP 系统能更轻易地扩展)
- 具有最少事实表更新的较简单 ETL 需求(对于这些技术来说，这往往更容易出问题)
- 使用少量或不使用 OLAP 或多维数据集技术的架构，因而原子数据仓库数据库上具有大且各种直接查询负荷

12.13.3 多维数据集如何

绝不能孤立地制定架构决策。关于原子数据仓库数据库技术影响力的决策会受到包括如何使用多维数据集在内的下游架构的影响。越多地计划使用多维数据集——无论是较老的 OLAP 多维数据集还是较新的内存中结构——你就越少需要对原子数据仓库数据库的直接即席访问。在异常的极端情况下，其中 100%的用户访问都是通过多维数据集产生的，DW 数据库就会降级为一种纯后台的运行方式。

业务用户通常钟爱多维数据集。它们为即席查询提供了极佳的用户体验，因为它们实质上是专用于维度数据的。它们提供了一个集中定义和共享复杂计算的位置。并且它们通常会提供非常棒的查询性能。

正如我们将在文章 13.7“利用数据可视化工具，但要避免混乱无序”中所探讨的，原子关系型数据仓库数据库是架构所需的一部分。虽然我们钟爱多维数据集，但它们只是可选的选项而已。不过架构中包含它们确实会影响关于用于数据仓库数据库的技术的决策，以及一些物理化实现决策，比如索引策略。

12.13.4 云又如何呢

这篇文章在第一段内容中就提到了云，因此我们不再对其赘述是合理的。工具和数据库供应商一直对在云端托管其工具和服务进行大量投入。但是在我们所致力于的数据仓库/商业智能实现之间，我们很少看到采用云端方式的。首先，当人们意识到云端工具只不过是完全相同的老工具，现在放在云端了而已时，就不可避免地会失望。是的，不存在什么神奇之处，你仍旧必须编写 ETL。

最早的云端应用者是那些已经对在云端托管其业务系统进行了投入的组织。假设数据量合理，那么使用云端来托管其 DW/BI 环境就是合理的，并且很可能会节省成本。有些组织和行业在任何时候都不会采用云端方式，因为法律或政策禁止它们将其数据迁移到云端环境。定价模型将变得更有吸引力，并且管理内部服务器和数据库的观念将显得过时。不过并没有水晶球能告诉我这种变迁何时会发生。

12.14 关于 OLAP

Joy Mundy，Intelligent Enterprise，2002 年 10 月 8 日

Joy 于 2002 年编写了这篇文章，然而她在这篇文章中的大多数关注点仍旧很重要，但应该牢记其历史背景！

几乎所有数据仓库都会使用关系型数据存储。在数年之前我还是关系型设计者时，我认为，在线分析处理(OLAP)仅仅是一项用于小型应用程序的技术。现在我相信，该想法过时了，并且只要 OLAP 服务器演化成数据仓库的一个重要组件，这个想法就会愈加显得过时。

12.14.1 桌面 OLAP 与服务器端 OLAP 的对比

在桌面 OLAP 中，SQL 查询会针对数据库执行，并且将结果集作为多维数据集返回到桌面，然后可以在本地对其进行透视处理和操作。桌面 OLAP 很有用，但不能很好地扩展。服务器端 OLAP，其中的工具会针对更大的远程数据存储运行非 SQL 查询，它更具扩展性，并且相较于其桌面版本，它能够支持更为深入的分析。

OLAP 服务器启用了直观式数据浏览和查询，支持分析复杂性，并且通过预先计算聚合的透明导航提供了极佳的查询性能。在服务器上支持分析复杂性的需求意味着需要一种不同于 SQL 的语言，比如 MDX 或 Calc Scripts。最有效的设计会将这些复杂计算的定义存储在服务器上，其中它们对于所有用户都是透明可用的。用于大多数目的的推荐架构会从关系型 DBMS 中的维度数据仓库为 OLAP 服务器提供数据。

如果 OLAP 技术提供了复杂分析和极佳的查询性能，为何它没有主宰市场呢？主要的原因在于市场分化、可扩展性、价格和灵活性。市场分化忽视了顾客。直到最近，甚至都还未出现对客户端访问 API 所达成的共识。随着最近大多数 OLAP 服务器市场广泛采用 XML for Analysis，这一情况正在发生改变。

从历史上来看，OLAP 系统一直不像关系型系统那样可扩展。对于可扩展性的关注依旧，但这变成了更多是一种认知问题，而非现实存在的问题；可以从几个供应商处得到太字节规模 OLAP 的案例研究和参考。价格是一个更难反驳的缺点，因为 OLAP 服务器几乎总是会被添加到关系型环境。OLAP 系统确实很灵活，只要你愿意稍微调整你的关系型思维。我将在后面的段落中更为深入地探究这些灵活性问题。

12.14.2 维度化相似性

一位经验丰富的维度数据建模者在阅读任何 OLAP 服务器产品文档时都应该会感到适应。它们都在谈论维度、层次结构以及事实或测量。大多数都使用了多维数据集的概念，它直接类似于具有相关维度和聚合表的关系型事实表模式。

OLAP 维度由层次结构或者汇总路径构成。数据层次结构和 OLAP 维度之间的关系非常重要。许多 OLAP 产品都会让你在一个维度上定义多个层次结构，比如财务日历和标准日历。如果已经从关系型维度数据仓库构建了 OLAP 应用程序，则应该已经实现了代理键，它们会为 OLAP 带来相同的好处，就像为关系型处理带来的好处一样。

像关系型数据库一样，OLAP 服务器也具有物理和计算事实。不过，OLAP 服务器中的分析引擎支持服务器中所定义的更为广泛的各种复杂计算事实，并且这通常是 OLAP 实现的关键定义优势。

12.14.3 维度化差异

OLAP 维度和简单关系型(ROLAP)维度之间的主要差异在于，层次结构在 OLAP 实现中所扮演的主要角色。OLAP 维度是围绕其层次结构来高度结构化的，并且多维数据集定义的元数据包含了层次结构级别。这是 OLAP 实现的其中一个伟大优势。OLAP 查询工具会从 OLAP 服务器中选取出关于层次结构的信息，并且以直观方式将该结构呈现给用户。

同样重要的是，OLAP 工具使用了强层次结构来定义聚合。OLAP 服务器会在维度中的层次结构级别之间强制实现一种引用完整性。

OLAP 和关系型部署之间的另一个差异就是，不同类型变更维度的易实现性。类型 2 维度(通过添加一个新的维度成员来追踪历史)在 OLAP 系统中能被非常容易地利用，假设已经在关系型数据库中实现了它们的话。相反，类型 1 维度(通过原地更新来重述历史)对于 OLAP 来说是一个难以解决的问题。如果你曾经构建和维护过一个使用类型 1 维度的关系模式上的聚合表，那么你将很快发现问题。当顾客从西部搬到东部，就需要更新聚合。要么必须删除并且重建所有聚合表，要么得弄明白哪些聚合的哪些部分受到了影响并且修复它们。OLAP 服务器会为你解决这个问题，但无法回避的事实是，需要重要的处理过程。在 OLAP 服务器中，类型 1 变更维度代价很大。

有一些事情在纯粹的关系型模式上完成是绝对微不足道的，但在 OLAP 世界中则是难以处理的。一个例子就是，运行一个返回任意时间段内合计值的查询。如 2002 年 1 季度总销量这样的查询用公式来表示是很简单的，并且从 OLAP 服务器中应该近乎即时地返回结果。

但是希望得到像 2002 年 1 月 3 日到 3 月 12 日这样的任意时期总销量的用户会面临不幸，因为没有预先定义的层次结构的存在。部分责任在于客户端查询工具，其中一些工具甚至不允许自定义查询公式，只能返回一月、二月和三月的每日数据。

12.14.4 OLAP 的优势

我刚才描述了一些在纯粹关系型世界中真的很容易但是对于一些 OLAP 服务器来说却难以应对的事情。不过相较于关系型系统，OLAP 充满了优势。这里是我列出的 OLAP 优势：

- 它提供了用于浏览数据的直观用户界面。
- 它提供了令人惊叹的查询性能，这主要是归因于聚合和分区的智能导航。
- 父-子维度结构很容易并且直观式地实现。
- 它为处理半累加式和非累加式测量提供了服务器定义的规则。

作为简单的示例，可以思考库存结余：一月和二月的库存结余必然不是一月和二月的库存合计。可以培训用户不要随时间推移而加总库存结余，但他们会一直记得吗？所有的用户会使用相同的聚合方法，比如期末余额或平均余额吗？OLAP 系统可以透明地处理这个问题。

OLAP 系统允许使用很复杂的服务器定义计算。第 13 章“处理 SQL”中概述了用作分析语言的 SQL 限制。SQL 并非一种分析或报告生成语言：你需要一台分析服务器来支持统计、数据挖掘算法甚至基于简单规则的业务计算，比如配置和分布。OLAP 服务器充当了通向多维数据集的友好接口，让用户可以消费服务器定义的分析，而无须关心它们是如何以及在何处定义与计算的。

可以在多个事实表或多维数据集上执行服务器定义的、高性能查询和计算。从多个事实表合并数据在纯粹的关系型世界中是一个难以处理的问题，但是在某些 OLAP 服务器中会变得容易和直观。

计算可以被一次性定义并且多次使用。可以在中央服务器上定义的计算越多，用户在访问数据时的灵活性就越大。即使一个简单的切片和切块工具也可以使用之前在 OLAP 服务器上定义的复杂分析。这一能力在关系型环境中通常是没有的。当然，高级用户可以在服务器上定义复杂计算，这样所有的用户都可以受益。

OLAP 市场中最新的趋势是逐步实现较低的成本、提升的性能和可扩展性、核心分析领域中增加的功能，以及对于像数据挖掘这样的邻近领域的扩展。这些趋势将在未来几年中持续，因为主流数据库供应商会对 OLAP 服务器进行更多投资并且更紧密地将那些服务器与其他数据管理和分析软件集成在一起。

OLAP 服务器会以直观方式呈现唯独数据，让广泛的分析用户可以对数据切片和切块以便发现有意义的信息。OLAP 与 ROLAP(关系型数据库中的维度模型)处于相同级别，具有对于服务器上定义的关系和计算的理解力，这使得广泛的查询工具可以得到较快的查询性能以及进行有意义的分析。不应将 OLAP 服务器视作关系型数据仓库的竞争对手，而应该看作是一种扩展。让关系型数据库做其最擅长的事情：提供存储和管理。不要折磨你自己，别强制使用 RDBMS 及其笨拙的查询语言 SQL 来完成并非其设计初衷的任务：分析。

12.15　维度关系与 OLAP 对比：最后的部署难题

Ralph Kimball，Intelligent Enterprise，2007 年 4 月 27 日

将构建 ETL 系统的最后部署步骤仅仅看作是把维度关系表(ROLAP)或 OLAP 多维数据集交付到用户环境中的战术选择已经变得很流行了。但这一选择是否过于粗浅？我们是否应该将这一选择推迟到正好试运行之前？在这篇文章中，我们要认真审视这一最后的部署难题，并且敦促你在设计过程的非常早期阶段就解决这个问题。

BI 开发人员已经在很大程度上接受了这样的前提，即在以维度格式交付数据时，数据是对用户最友好的。如果将数据仓库定义为用于所有形式 BI 的平台，那么数据仓库中 ETL 过程的最后一步就是以维度格式公开数据。许多 BI 开发人员都已经意识到，一组正确设计的维度关系表可以用一种几乎一对一的映射被转换成 OLAP 多维数据集。由于这篇文章中所阐释的各种原因，我建议直接从维度模型中构建所有的 OLAP 多维数据集。这样的一种关系型模式中的维度表会变成 OLAP 多维数据集维度，通常被称为多维数据集的边。来自关系型模式的事实表会提供 OLAP 多维数据集单元的内容。

尽管关系型维度和 OLAP 多维数据集维度之间存在一些语义区别，但这两种方法之间的完全重叠往往会让人将最后的部署选择视作在数据仓库开发周期最后才执行的一种战术操作。更糟糕的是，有时会有人认为，正是由于这一相似性，BI 应用程序可以在关系型和 OLAP 实现之间切换。

别急着下定论！在合适的环境下，ETL 管道通常可以与最后的部署选择隔离开来，但关系型对比 OLAP 的选择是一种多方面的决策，它有着大量的事项需要考虑。在我们选用任何一种之前，我们先来看看这两种选择的优势和劣势。

12.15.1 维度关系型优势

首先，我们要考虑在关系型 DBMS 上部署维度模型的优势：

- 关系型数据库结构很大程度上是与供应商无关的，并且维度结构尤其容易被移植。不过，ETL 命令行脚本和像 PL/SQL 这样的专有代码并不能很好地移植。
- 所有的主流关系型 DBMS 都具有高容量数据加载器，并且如果关闭事务日志，它们就会尤其有效。
- 来自许多供应商的各种 SQL 生成 BI 工具能够直接访问数据。通常这些工具可以被重新利用来指向新的关系型 DBMS。
- 市场中广泛存在着大量的 SQL 专业技术，因为 SQL 的主要特性长期以来一直是标准化的，并且按常规，大学都会教授 SQL。
- 手动编码的 SQL 通常是可读的，不过由高端 BI 工具发出的 SQL 会让人不知所措并且无法被 BI 应用程序开发人员合理地修改。
- 有许多种不同的方式可以控制 DBMS 性能，其中包括模式设计、索引、聚合以及物化视图。维度关系型结构，由于其可预测的特征，具有很好理解的性能调优技术，不过根据供应商的不同，这些技术会有所不同。
- 关系型数据库极其稳定，并且适合于严格的归档和备份。
- 关系型数据库结构不易遭到灾难性无效的损害，不同于 OLAP 多维数据集，如果对一个维度进行 SCD 类型 1 变更，那么它会不由自主地重新构建其自身。
- 数据库大小几乎是无限的，并且数太字节大小的单独事实表越来越常见。
- 高端关系型数据库可以联结许多大型表。
- 同时涉及查询和更新的混合(混合工作负荷)应用程序通常易于构造。

12.15.2 关系型劣势

在关系型平台上部署维度模型的缺点是：

- 对于强有力的分析和复杂应用程序来说，SQL 确实是一种糟糕的语言。
- SQL 严重不对称：通常仅可以在记录内而非跨记录地执行复杂约束和计算。
- 尽管可以进行性能调优，但仍旧很容易丢失对性能的控制。

12.15.3 OLAP 优势

OLAP 多维数据集部署的优势在于：

- OLAP 通常提供了比关系型要好得多的性能，当多维数据集被正确设计时，相对于关系型而言，它不太需要进行复杂的性能调优。
- OLAP 有着比关系型更为强大的分析能力。例如，相较于 SQL，MDX 具有更强大的语义可用于遍历紊乱的不规则层次结构，比如组织图表。

- 供应商提供的用于报告和查询的 OLAP 工具从历史上看一直要优于关系型工具，不过，我对于关系型工具供应商在提升易用性和特性集方面做出的稳固投入印象深刻。
- OLAP 不会受到限制 SQL 的行与列对称性问题的困扰。
- 直接从维度关系型表中加载 OLAP 的决策不会过多影响 ETL 后台：部署步骤发生在最后。
- 某些加载场景会非常快速。
- 某些垂直行业，尤其是金融服务行业，已经开发出了令人惊叹的 OLAP 解决方案。
- OLAP 支持更为复杂的安全性场景，尤其是即席访问场景。相比之下，设置一个关系型数据库来保护详尽数据(按销售代表统计的销售情况)是很难的，但是会提供对汇总数据(按地区统计的销售情况)的更开放的访问。这对于基于关系型解决方案的即席访问场景尤其适用。在 OLAP 上，安全性保障将大幅提升，这是因为访问语言中具有关于父子继承关系的语义。

12.15.4 OLAP 劣势

最后也是相当重要的是，OLAP 多维数据集部署的劣势：

- OLAP 的一大缺点就是每个供应商 OLAP 产品的专有、非标准特性。
- 不要指望将一个 OLAP 实现移植到另一个供应商的产品中。这需要抛弃所有应用程序开发在内的一切。
- 对于 OLAP 来说，不存在广泛认可的、统一实现的访问语言，不过 Microsoft 的 MDX 最接近于标准的访问语言。意味深长的是，Oracle 没有拥抱 MDX，而是选择依赖 SQL 来进行所有形式的数据库访问。
- MDX 的完整形式对于 IT 人员手动编写或者理解一个复杂应用程序来说过于复杂。但平心而论，我已经多次查看过难以理解的 SQL 了！
- 从历史上讲，尽管 Microsoft 已经成功资助了很多小的培训组织，但 MDX 领域的行业专家要比 SQL 少很多。
- OLAP 应用程序开发的专业技术被供应商切割成了许多碎片。
- 如果不仔细的话，OLAP 多维数据集会受到灾难性破坏而变得无效，比如，对于维度进行的类型 1 或类型 3 SCD 变更会造成使用该维度的所有多维数据集的重建！
- 对于严格的归档和备份来说，OLAP 多维数据集被认为还不足够稳定：对于出于那些归档和备份目的而创建一组复制多维数据集内容的维度关系表而言，这是一个强有力的原因。
- OLAP 供应商在以关系型实现呈现方面有着某些大小方面的限制，这包括维度中成员的数量、层次结构中各种级别上不同值的数量，以及多维数据集的总体大小。
- 在必须重构一个多维数据集时，这是耗时很长的过程。

12.15.5 这两种方法的易用性相当

维度建模的基础，其中包括渐变维度、事实表的三种基本粒度以及通过一致化维度实现集成，这些用任何一种方法来交付都是相当容易的，尤其是因为这些维度结构都会被带到 ETL 管道的最后一步。

12.15.6 进行最终选择

那么高管层和企业 BI 系统设计者要如何解决最后的部署难题：维度关系型还是 OLAP 呢？正如我希望你认识到的一样，这个问题是没有一个能够稳操胜券的答案的，因为这两种方法都有着巨大的优势和劣势。不过我们来思考两种极端情况。如果有一家大型分布式企业，它具有大量不同的数据库供应商，并且正在力求跨 BI 部署建立更大的通用性，并且创建一个企业级 BI 开发专业技术的池，以便不受任何一个供应商的支配，那么我建议使用维度关系型。但是，如果你正在寻求具有高性能和杀手级分析应用的最强有力的单一主题解决方案，并且你相信可以获得所需的开发专业技术，那么我推荐由基础维度关系型模式支持的 OLAP。不然的话，就要视情况而定了。

12.16 与数据仓库同时代的 Microsoft SQL Server

Warren Thornthwaite，Intelligent Enterprise，2008 年 6 月 23 日

Warren 于 2008 年编写了这篇文章。请牢记这一历史背景！

Microsoft 即将发布的 SQL Server 2008 版本包括了几种新特性和增强功能，它们对于 DW/BI 系统极其有价值，正如那些已经在其他数据库平台上利用了这些能力的产品所证明的那样。关键的性能增强包括数据库压缩、分区以及星型模式优化。在这篇文章中，我会简要描述这三种特性在任何 DW/BI 部署中将带来的好处。

Joy Mundy 和我编写了《Microsoft 数据仓库工具箱》一书(Wiley 出版社于 2011 年出版)来描述如何将我们的数据仓库设计原则和技术具体应用到 Microsoft 平台上，不过应该注意，我们一直都是并且以后也仍旧会是独立于供应商的。无论你正在使用 Microsoft SQL Server 还是另一个平台，我们都主张在你的环境中探究这三种广泛可用的特性的潜力。

12.16.1 使用数据库压缩加速查询

数据库压缩就像它的名字一样：在将数据存储到磁盘之前压缩数据。尽管这听上去似乎没什么，因为我们数十年来一直在使用 zip 工具来减少文件大小，将压缩搬到数据库中会对存储和性能产生巨大影响。

压缩的存储优势很明显：较小的数据大小意味着需要较少的磁盘空间。在 SQL Server 2008 中，得益于压缩，在存储需求方面你应该期望得到大约 50%的降低。这一优势可以通过备份过程来体现，由于要备份的数据较少，因此该过程应该更加快速地完成。在不压缩数据库中数据的情况下，对备份进行压缩也是可行的。

在性能方面，DW/BI 系统通常会受到磁盘的限制，这是环境中执行速度最慢的部分。通过压缩数据，就可以降低磁盘空间的使用量，从而降低所需的磁盘读取次数，在某些情况下可以降低 50%甚至更多。要做出的取舍是，在数据被交付到应用程序之前，需要更多的 CPU 周期来解压数据，但随着 CPU 速度的不断提高，这一取舍的缺陷已经减少了。因此，对于某些类型的查询来说，压缩可以显著节省查询时间。因为压缩发生在数据定义级别，所以像存储管理器这样的数据库组件就可以应对压缩过程，而无须修改 BI 应用程序。

存在许多不同类型的压缩，它们都具有普遍的规则，压缩越大，需要的 CPU 时间就越多。压缩技术可以被应用到行内、跨页面上的所有行，或者被应用到表、文件或数据库级别。一种形式的行级别压缩涉及将我们已经在 VARCHAR 数据类型中使用了的可变长度概念应用到所有字段，其中会存在差异。例如，我们可以将一个列，比如将 OrderDollars 定义为 Decimal(20, 5)，在 SQL Server 2005 中它会需要 13 个字节。这一范围和精确度对于支持每一年获得的少数非常大的订单来说是必要的，但对于事实表中的大多数记录来说，其每一行都会存在大量未使用的空间。

有几种形式的压缩可以被应用到页面级别。SQL Server 2008 中使用到的一种技术被称为字典压缩。这涉及查找页面上所有位置的重复值，并且将它们存储在一种特殊的在页面头信息之后保持在每个页面上的压缩信息结构中。例如，顾客维度具有一个地区属性，它仅有 10 个可能值。在压缩信息结构中存储唯一的一列这些值，并且仅在行级别保持小的指向该结构的指针，这样就会显著降低数据的总体大小。注意，从概念上讲这一技术与在后台的页面级别上将数据标准化成一个地区表的技术相同。你可以一次性得到维度模型的优势并且减少存储需求！

可以从需要从磁盘读取许多页面的查询中见识到压缩的这一最大优势。进行最前面 *N* 个顾客的唯一性计数或者需要像创建数据挖掘集这样的全表扫描的查询，就是好的例子。为了让你体会一下压缩的潜在影响，我用一个具有超过 300 万行和 44 列的顾客维度进行了一次简单测试。表 12-1 对比了压缩前后的数据大小和查询结果。

表 12-1　压缩对于数据大小和查询性能的影响

	基础表	**压缩表**	**降低百分比**
数据大小	1 115 408 KB	465 352 KB	58.30%
总行数	3 068 505	3 068 505	—
查询时间(分:秒)			
Select Count(*)	04:35.9	00:43.4	84.30%
Select CustType, AVG(CustValueScore)	04:26.3	00:05.1	98.10%
Select Distinct Region	04:20.1	00:04.9	98.10%

表 12-1 还表明了压缩是如何利用另一种 DW/BI 系统性能原则的：内存越大越好。在这个例子中，SQL Server 2008 保留了从磁盘读取之后的压缩结构。因此，该压缩表现在完全适用于内存中，所以第二和第三个查询明显要快于第一个。拥有更多可用内存这一优势是采用 64 位机器的主要动因。注意，用于这个表的查询旨在揭示最佳情况。一般来说，你应该可以得到 15%~20%这一更为适度的性能提升，只要具有可用的 CPU 周期。如果系统已经受到了 CPU 限制，那么压缩会让性能更糟糕。

压缩的 CPU 成本同时来源于数据管理过程的两端。CPU 必须进行更多处理以便在将数据写入磁盘之前压缩数据。这就引发了一个问题：压缩会如何影响数据加载时间？其答案取决于所使用的压缩类型，但我尝试过将 30 205 个新行插入到顾客维度的压缩和未压缩版本中，并且发现，压缩后的插入需要大约25%的更多 CPU 时间。压缩的索引构建也需要更多的 CPU 时间，但所产生的索引遍历起来会更快。

如果用于在 ETL 过程中加载和索引数据的时间已经很长了，并且服务器受到 CPU 限制，那么这一额外的任务只会火上浇油。如果加载和索引时间相对较小，那么这一额外的任务就是可以承受的。在进行压缩之前，要验证其对于磁盘使用和备份，以及查询和加载时间的影响。

12.16.2 划分表分区并且对其分而治之

表分区涉及将一个大型表划分成多个可被独立管理的子表，从查询的角度看，这同时可以保留单个表的外观。表分区不是一个新概念；最近几年的新内容是，它可用于大多数关系型数据库平台(尽管这通常需要“企业级”许可)。通过允许对工作负荷分段并且分发其处理过程，分区使得你可以应对非常大的表。实现表分区需要在 ETL 过程中进行额外的管理工作，但不应要求 BI 应用程序进行任何变更。

在数据仓库中，通常会对事实表进行分区以便支持将当前数据加载到为支持尽可能快的加载而设置(可能是作为一个空白分区或者未使用索引)的单个分区之中。通常这意味着要在事务日期层次结构中的一些级别上进行分区，比如月份、周、天。

当你忙于分区时，可以在并行结构中设置一个单独的加载分区，这样在加载到这一“影子”分区中时，用户就可以查询前一天的事实表。当加载结束时，只要使用 ALTER TABLE 命令将该影子分区替换成主表即可。这样，只要复制事实表的一小部分，就可以提供24×7的可用性了。

这个影子表概念也会使从一个表中删除老数据更加容易。例如，如果有一个表具有按月分区的最近五年的数据，则可以用一个空白的影子分区替换最老的月份。然后可以按需归档或删除这一单独的分区。

分区将影响索引策略。通常，DW/BI 系统在使用限制为分区级别的索引时会最佳运行。在插入新行或者删除历史行时，跨分区的索引将需要大量更多的维护时间。

如果面临大型表的数据加载或管理问题，则需要调研表分区。

12.16.3 使用星型模式优化进行维度化

维度模型的基础结构不同于标准的事务模型。数据库优化器会采用一组详尽的关于行计数、索引以及基数的统计信息来确定用于查询的最有效的起始点。然后它会沿着联结路径，创建最终会产生期望结果集的临时中间结果集。如果数据库优化器将一条传统的策略应用到维度模型，那么它通常会选取一个小的或者严格约束的维度作为起始点，但第二个表，即事实表，总会是查询中最大的一个表。这会导致具有大型临时结果集的非常低效的查询。

星型模式优化，也称为星型联结优化，利用了维度模型的独特对称性优势：一个事实表联结到许多维度表。利用这一对称性，优化器通常会从指定查询涉及的每一个维度中识别出一组主键，然后，作为最后一步，使用这一组键来查询事实表。

不同的数据库产品会以不同的方式应对这一挑战，但所有的主流参与者都会利用维度模型来生成更好的查询策略。Microsoft SQL Server 2008 已经通过为每一个参与维度构建哈希表和位图过滤器来改进其星型模式优化。这些位图过滤器被应用到事实表，从而过滤出几乎所有不适合于该查询的行。之后其余的行会被联结到维度哈希表。

SQL Server 2008 的早期使用表明，它会为整个 DW/BI 关系型查询负荷带来 15%~25%的星型模式性能提升。Oracle 在事实表的每一个外键上使用了位图化索引作为其星型联结策略的核心。要确保准备好所有的前提和条件，以便允许数据库为 DW/BI 系统生成最佳的查询计划。

12.16.4　即将出现的机会

如果你已经将关系型数据库用到了极致，则可以考虑使用其他技术。面向列的数据库对于市场来说并非新鲜事物，因为至少从 1995 年起就已经有了商业化产品；不过，它们正在进军 DW/BI 领域。这些数据库会以面向列而非面向行的形式存储数据。这样就能自然地支持压缩技术并且非常好地适应分析查询的选择特性。面向列的方法不太适用于事务处理，但那并非我们试图解决的问题。

压缩、分区和星型模式优化是一些可以用来提升 DW/BI 系统查询性能的核心特性。如果还没有使用它们，我们建议你在你的平台探究这些能力。如果你正在使用它们并且需要更好的性能，则需要探究可替代的数据库平台或者更大、更均衡的硬件系统。

12.17　聚合导航器

Ralph Kimball，DBMS，1995 年 11 月

数据仓库领域其中一个最激动人心的新进展就是聚合导航的出现，它是一项可以改变所有用户应用程序架构的能力。聚合导航是一种技术，它允许 DBA 将聚合值存储到数据库中从而优化性能，而不需要用户知晓那些聚合存在。有一些供应商在其当前产品中提供了聚合导航。在这篇文章中，我将阐释为何聚合导航如此重要。

数据仓库的快速增长伴随着具有细粒度详情的庞大数据库的创建。这一趋势不断为具有操作性或事务级别数据的数据仓库打下基础。从这样的一个级别开始通常是必要的，这并不是因为管理层或分析师希望查看单独的低级别记录，而是因为数据通常必须被非常精确地切片。如果想要看到在特定媒体促销之后有多少顾客续订了其有线电视服务，就需要非常细粒度的数据。

我们的数据仓库基础层由大型事实表中的数亿条记录构成，它们由一小组充当进入事实表的入口点的维度表所围绕。如果数据库引擎非常快，那么这一设计就会让人满意，并且我们可以专注于其他问题，比如应用程序编程和前端工具。不过我们都知道，我们需要事先“虚拟”和计算一些值，比如合计值，并且将它们存储到数据库中，以便提升性能。在我们的有线电视示例中，我们还要对比过去一年中的续订率和每月平均续订率。如果我们经常在业务中使用这一基线测量，那么我们就必定不希望在每次需要这个分母时都处理一整年的事务。每个合格的 DBA 都应该构建一组聚合来提高性能。

聚合的构建是大型数据仓库环境中的一把巨大的双刃剑。积极的一面是，聚合对于性能有着令人震惊的影响。像每年全国销售情况合计这样的最高级别聚合，相较于处理每日事务而言，通常会让运行时间缩短 1000 倍。不同于确保数据库优化器正在正确运行，将聚合添加到数据仓库是 DBA 可以提升性能的最有效工具。

但聚合具有两大负面影响。首先，它们明显会消耗空间。如果在三个主要维度中构建聚合，比如产品(品牌级别、类别级别以及部门级别)、市场(行政地区级别和区域级别)，以及时间(周级别、月级别以及年级别)，那么这些聚合就会呈几何级倍增，从而压垮数据库。一种被称为稀疏故障的奇特影响会造成聚合记录的数量超出基础级别记录的数量！

第二个问题是，也就是由聚合导航直接处理的问题，即用户查询工具必须在 SQL 中明确调用聚合，否则该聚合就不会被使用。这就会让 DBA 面临噩梦般的管理挑战。如果用户工具必须用对聚合的了解来硬编码，那么 DBA 就没有了在数据仓库中变更聚合配置的灵活性。聚合无法被添加或去除，因为所有的用户应用程序都必须被重新编码。直到最近，通过构建每一个能够想见的聚合以备不时之需，DBA 对于这个问题做出了如此回应，而这会导致聚合的过度增长。

通过介于应用程序和 DBMS 之间并且拦截用户的 SQL，聚合导航器解决了需要对用户应用程序硬编码的问题，如图 12-8 所示。有了聚合导航器，现在用户应用程序就能生成“基础级别的” SQL 并且绝不会试图直接调用聚合。使用描述数据仓库聚合档案的元数据，聚合导航器就可以将基础级别 SQL 转换成“有聚合意识的” SQL。现在业务用户和应用程序设计者就可以继续构建和使用应用程序了，完全不用关心哪些聚合可用。为了调优系统性能，DBA 可以每天或每周调整数据仓库的聚合档案。这样就解耦了用户应用程序对于后台物理聚合的依赖。

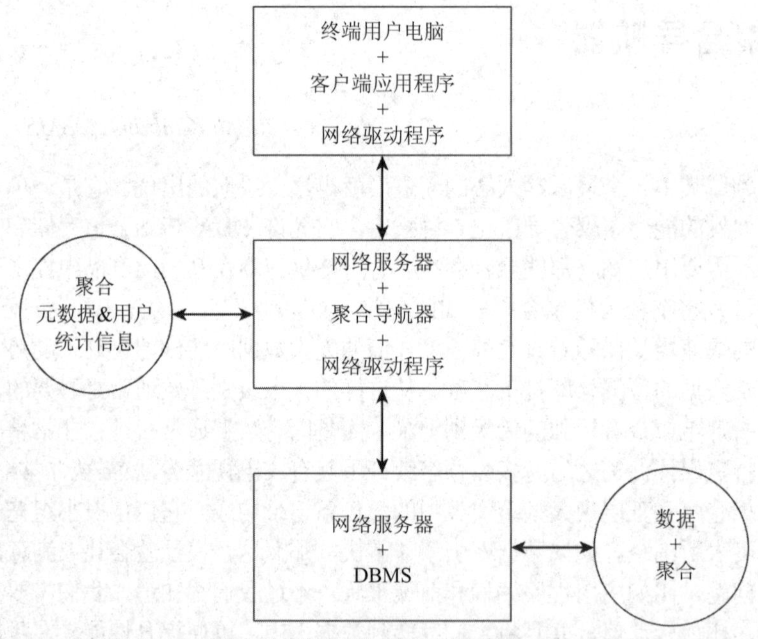

图 12-8　聚合导航器位于用户应用程序和 DBMS 之间

有两种存储聚合的主要方式：在原始事实和维度表中作为额外的记录存储，或者在单独事实和维度表中存储。在这两种情况下，都要存储完全相同的记录数量；问题只是要在何处放置它们。单独的事实表和维度表方法是所推荐的技术，即使它会产生大量的表。在原始事实和维度表中存储聚合的问题在于，为了从基础级别记录中区分出聚合记录，必须在每个受影响的维度中引入一个特殊级别的字段，如图 12-9 所示。这会让表管理相当复杂，因为现在维度表的个体属性具有在聚合级别上不再合理的许多空记录。

所推荐的技术是，采用每一种聚合(比如按市场区域按月份统计的产品类别)并将其放入单独的表中。这样的一个衍生事实表现在可以被联结到一组收缩维度表，这组维度表仅包含在聚合级别有意义的属性，如图 12-10 所示。注意，在图 12-9 到图 12-10 的过程中，丢失了 SKU 和包装列，因为它们仅对于基础级别数据有意义；并没有在类别级别上定义它们。

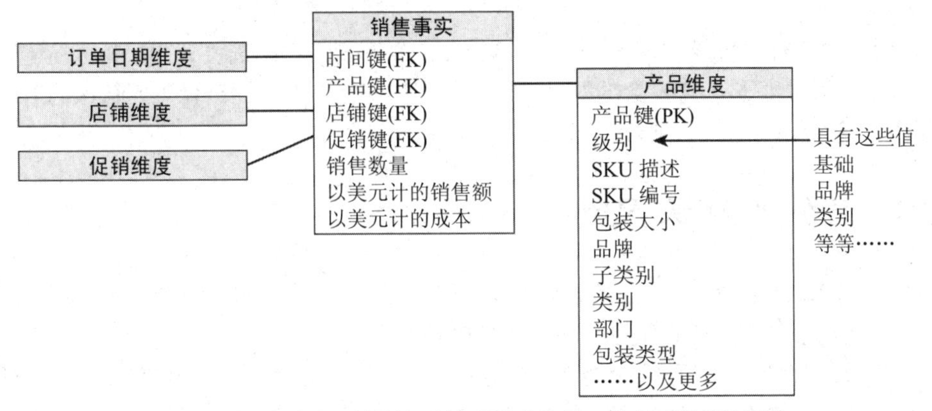

图 12-9 根据级别属性识别出的聚合记录，这是不推荐的做法

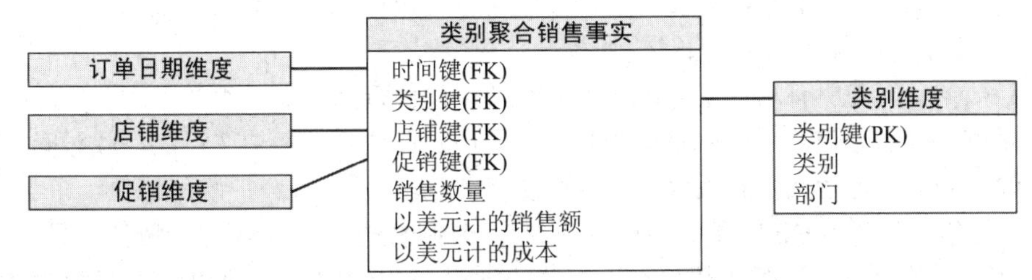

图 12-10 存储在单独事实和收缩维度表中的聚合记录是推荐做法

一些前端工具供应商在其工具套件中嵌入了聚合导航，其采用的方式是，第三方工具无法直接利用聚合导航，即使这些供应商允许对 DBMS 上描述聚合档案的所有元表进行公开访问也不行。其他的供应商将聚合导航作为一个单独的网络资源来提供，所有兼容 ODBC 的前端工具都可以透明地使用该资源。就我而言，由于惠普公司(HP)发明了聚合导航，并且首先全面考虑了用于聚合的客户端/服务器架构，所以它值得赞许。

在思考各个供应商所采用的方法时，我相信，未来属于基于网络服务器的聚合导航器。行业中的 DBA 将赞赏透明地对所有终端用户工具提供聚合导航益处的解决方案。我怀疑专用工具提供商是否会找到一种方法来将其聚合导航器模块从其工具中解耦出来并且将该能力作为网络化、兼容 ODBC 的资源来提供。显然，这些供应商理解聚合导航。同样有意思的是，可以看看大型 DBMS 参与者要花多长时间来注意到这一新发展并且将聚合导航添加到其软件包中。

12.18 (几乎)没有元数据的聚合导航(Kimball 经典)

Ralph Kimball，DBMS，1996 年 8 月

影响大型数据仓库性能的单一最引人注目的方式就是，提供一组正确的与主要基础记录共存的聚合(汇总)记录。聚合会对性能产生非常显著的影响，在某些情况下，会让查询加速 100

倍甚至 1000 倍。不存在其他的方法来获得这样令人惊叹的提升。当然，数据仓库的 IT 所有者应该在投资新的硬件之前完全挖掘出性能收益的潜力。全面的聚合构建程序的好处可以被几乎每一个数据仓库硬件和软件配置所实现，其中包括所有流行的关系型 DBMS 以及单处理器、SMP 和 MPP 架构。

文章 12.17“聚合导航器”中详尽探讨了聚合导航的基础。在这篇文章中，我将描述如何结构化一个数据仓库以便最大化聚合的好处，还会描述如何在不需要复杂伴生元数据的情况下构建和使用那些聚合。

12.18.1 高级别目标和风险

大型数据仓库中聚合程序的目标必须不仅局限于提升性能。一个合格的聚合程序应该：

- 为尽可能多的用户查询类别提供巨大的性能收益。
- 仅将合理数量的额外数据存储添加到数据仓库；这一合理性是需要 DBA 来判断的，但许多数据仓库 DBA 都力求将数据仓库的总体磁盘存储提升两倍左右。
- 除明显的性能收益外，还要对用户和应用程序设计者完全透明；换句话说，没有任何用户应用程序 SQL 应该直接引用聚合。
- 让数据仓库的所有用户受益，无论他们使用何种查询工具。
- 尽可能少地影响数据提取系统的成本；不可避免的是，必须在每次加载时间数据时构建聚合，但这些聚合的规范应该尽可能自动化。
- 尽可能少地影响DBA的管理职责；支持聚合的元数据应该受到很大限制并且易于维护。

一个精心设计的聚合环境可以实现所有这些目标。一个糟糕设计的聚合环境将无法实现任何一个目标。在这篇文章剩下的内容中，我会提供四个设计要求，如果遵循这些要求，将实现所有期望的目标：

- **设计要求#1**。聚合必须被存储在其自己的事实表中，独立于基础级别数据，如图 12-11 所示。此外，每一个唯一的聚合级别都必须使用其自己唯一的事实表。

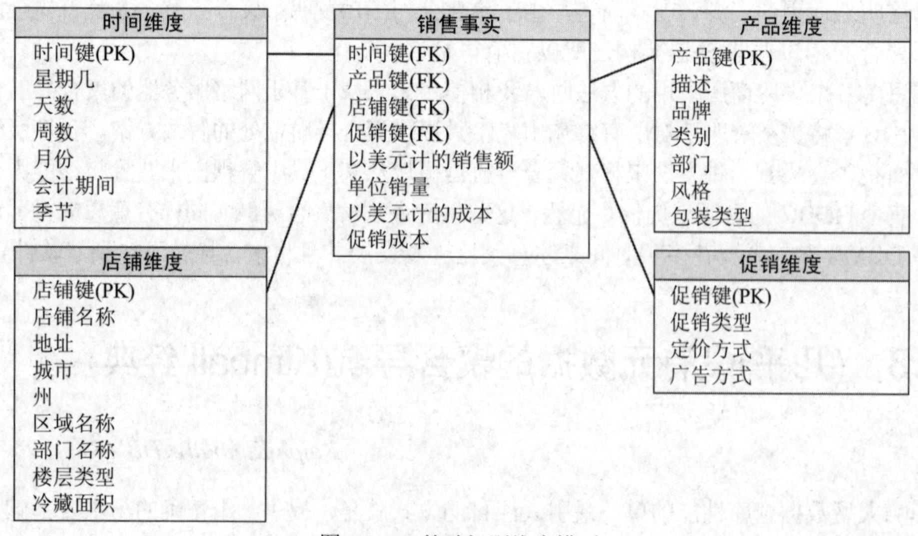

图 12-11 基础级别维度模型

将聚合分隔到其自己的事实表中非常重要。首先，当聚合使用其自己的表时，我所描述的聚合导航模式会更简单，因为聚合导航器可以从 DBMS 的普通系统目录中获悉其所需的几乎一切内容，而不是请求额外的元数据。其次，当聚合处于单独的表中时，用户不太可能意外地重复统计累加式事实合计值，因为根据定义，针对指定事实表的每一个查询都会违反数据的统一粒度。最后，小量的巨大数值项，如一整年的全国销量合计值，不必被硬塞进基础表中。通常这一小部分巨大数值的出现会强制数据库设计者增加数据库层中所有项的字段宽度，因而浪费磁盘存储。由于基础表会占用整个数据库一半空间的大型表，因此尽可能保持其字段宽度的紧密是非常有好处的。第四，当聚合使用单独的表时，聚合的管理会更加模块化和分段化。可以在不同的时间构建聚合，并且使用聚合导航器，单独的聚合就可以离线并且在一整天之后再重新放上线，而不会影响其他数据。

- **设计要求#2**。被附加到聚合事实表的维度表必须在尽可能的情况下成为与基础事实表相关的维度表收缩版本。换句话说，使用图 12-11 中的基础级别事实表，你希望构建类别级别的聚合，用以表示从单个产品到类别的汇总后的产品维度。注意，在这个示例中，并没有请求时间或店铺维度中的聚合。图 12-12 中的中心销售事实表代表着每天每家店铺中的一个产品类别售出了多少产品。你的设计需求告诉你，原始的产品表现在必须被名称为类别的收缩产品表所替换。查看这一收缩产品表的简单方式就是将其视作仅包含那些从单个产品到类别级别的聚合中都存在的字段。例如，类别描述和部门描述都会在类别级别被很好地定义，并且这些描述必须具有与其在基础产品维度表中相同的字段名称。不过，单独的 UPC 数字、包装大小以及风格不会存在于这一级别，并且不应出现在类别表中。

收缩维度表对于聚合导航极其重要，因为任何特定聚合级别的范围都可以通过检查收缩表的系统目录描述来确定。换句话说，在查看类别表时，所找到的就是类别描述和部门描述。如果一个查询要求得到产品风格，那么你立即就会知道，这一聚合级别无法满足该查询，因而聚合导航器必须查看其他聚合。

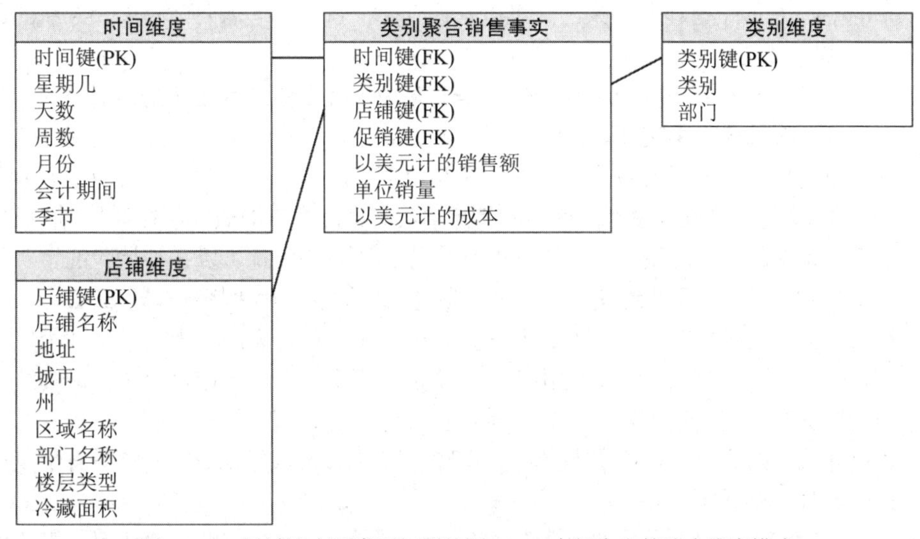

图 12-12　通过聚合到类别级别从图 12-11 中衍生出的聚合维度模式

收缩维度表也很吸引人，因为它们会让你避免将奇怪的空值用于所有不适用于较高级别聚合的维度属性以便填充原始维度表。因为类别表中没有风格和包装大小，所以不必为这些字段虚构空值，并且不必为了这些空值对用户应用程序进行测试编码。

尽管我一直专注于收缩维度表，但在构建更高级别的聚合时，事实表的宽度也会收缩的情况也是可能出现的。大多数像以美元计的销售额、单位销量以及以美元计的成本这样的基础累加事实都会存在于所有级别的聚合，但有些像促销这样的维度以及像促销成本这样的事实仅在基础级别才合理，并且需要在聚合事实表中删除它们。

- **设计要求#3**。基础事实表和其所有相关的聚合事实表都必须被关联到一起作为一整套模式，这样聚合导航器就知道哪些表彼此相关。

该套模式中的任何一个模式都由一个事实表及其相关维度表构成。总是正好会有一个基础模式，那就是未聚合数据，并且将存在一个或多个聚合模式，表示计算后的汇总数据。图 12-11 是基础模式，而图 12-12 是其中这一整套模式中许多聚合模式里的一个。这一套事实表的存在，与相关的基础和收缩维度表一起，就是这一设计中所需的唯一元数据。

- **设计要求#4**。强制由任何用户或应用程序创建的所有 SQL 都独占式引用基础事实表及其相关的维度表。

  这一设计要求会对所有的用户界面和应用程序产生影响。当用户检查数据库的图形化描述时，他们仅应该看见等效于图 12-11 的图形。他们甚至不应该知晓聚合表的存在。同样，报告生成器或其他复杂应用程序中嵌入的所有手动编码的 SQL 都应该仅引用基础事实表及其相关的维度表。在那些即席查询工具让终端用户看到系统内每一个表的环境中，将聚合表放入单独的数据库中以便向用户隐藏它们的做法是一个好点子。因为聚合导航器在维护其自己的到 DBMS 的连接，这不应是一个技术问题。

12.18.2 聚合导航算法

假设你在根据这四个设计要求来构建维度数据仓库，目前你正需要理解聚合导航的运行方式。聚合导航算法非常简单。它仅由三个步骤构成：

1. **对于提供给 DBMS 的任何指定 SQL 语句来说，找出还没有在被查询引用的一整套模式中检验过的最小事实表**。在这种情况下，最小意味着最小行数。找出最小的未检验模式就是聚合导航器元数据表中的一个简单查找。选择该最小模式并且执行步骤 2。
2. **将 SQL 语句中的表字段与被检验的特定事实和维度表中的表字段做对比**。这是 DBMS 系统目录中的一系列查找。如果 SQL 语句中的所有字段都可以在被检验的事实和维度表中找到，那么只要通过使用目标表名称替换原始表名称来修改原始 SQL 即可。无须修改任何字段名称。如果 SQL 语句中的任何一个字段都无法在当前事实和维度表中找到，那么要回到第 1 步并且找出下一个更大的事实表。这一过程会确保成功终止，因为最终你会访问到基础模式，它总是可以确保满足查询。
3. **运行修改后的 SQL**。可以确保会返回正确的结果，因为 SQL 语句中的所有字段都出现在所选择的模式中。

这一算法的优点是，几乎不需要元数据来支持正常导航。元数据的总量仅仅是聚合模式中的每个事实表和维度表的一行。元数据的维护不需要复杂的逻辑建模。仅必须记录收缩事实和维度表的存在。

在实际实现这一算法时，有几个要点值得注意。在步骤 2 中，仅必须检验收缩维度表和事实表。如果指定模式使用了基础级别的维度表，那么其字段就不需要被搜索，因为其匹配是有保障的。例如，在我们图 12-12 中的聚合模式里，时间和店铺维度表不是收缩的。引用这些表之一中的字段的任何 SQL 都无须被检查。只有对于产品表和事实表本身中字段的引用才必须被检查。在图 12-12 的例子中，只有在对产品表的引用被限制为类别描述、部门描述或者这两者时，该检查才会成功。在成功的匹配中，最终 SQL 与原始 SQL 的区别仅仅在于将表名称替换成了“category”、将维度替换成了“product”，并且将事实表名称替换成了“sales_fact_agg_by_category”。原始的 SQL 是：

```
select p.category, sum(f.dollar_sales), sum(f.dollar.cost)
from sales_fact f, product p, time t, store s
where f.product_key = p.product_key
and f.time_key = t.time_key
and f.store_key = s.store_key
and p.category = 'Candy'
and t.day_of_week = 'Saturday'
and s.floorplan_type = 'Super Market'
group by p.category
```

前面的查询会要求得到星期六超市店铺中售出的所有糖果的以美元计的总销售额以及以美元计的总成本。聚合导航器会扫描这个 SQL，并且首先查看最高级别聚合，被称为“agg_by_all”，因为该聚合是最小的，具有大约 200 个事实表行。不过，这个聚合会失败，因为时间(星期几)和店铺(楼层平面类型)上的约束都违背了 agg_by_all 模式。无法在月份聚合维度表中找到星期几，并且无法在区域聚合维度表中找到楼层平面类型。

然后聚合导航器会尝试下一个更大的模式，名称为“agg_by_category”。这一次就成功了。SQL 查询中的所有字段都匹配上了。尤其是，可以在名称为“category”的收缩产品表中找到引用“category”的产品。现在聚合导航器会替换表引用并且生成以下 SQL。只有斜体部分不同：

```
select p.category, sum(f.dollar_sales), sum(f.dollar.cost)
from sales_fact_agg_by_category f, category p, time t, store s
where f.product_key = p.product_key
and f.time_key = t.time_key
and f.store_key = s.store_key
and p.category = 'Candy'
and t.day_of_week = 'Saturday'
and s.floorplan_type = 'Super Market'
group by p.category
```

聚合导航算法最简单明了的实现会分解 SQL 查询并且在算法的步骤 2 中查找每一个字段名称。每一个这样的查找都会变成到 DBMS 系统表的一个 SQL 调用。这并非一种疯狂的方法，因为这样的调用非常有效，并且每一个都应该在数百毫秒内运行完成。不过，在大型和复杂数据仓库环境中，会引发实际的考量。每一个对 DBMS 系统表的调用都需要几秒钟，而非数百毫秒。如果存在六或八层的聚合表，那么聚合导航器需要花费 20 秒来判定正确的选择。这是一个功败垂成的例子。

一种更好的方法是，在聚合导航器中缓存系统表，这样，对于可能字段名称的查找就不需要对 DBMS 进行 SQL 调用了。从性能的角度来看，这一方法非常好，但它会让聚合导航器的设计更难一些。首先，导航器必须能够读取和存储复杂的系统表配置，在最糟糕的情况下，其中会包括那些跨数百个表分散的数千个字段。当然，可以将系统表的读取数量仅限制为那些在聚合导航器元数据表中命名的字段。其次，导航器必须要有所了解的是，何时回到真实的 DBMS 系统表以更新其表示形式。

聚合导航算法具有某些限制。注意，我是在假设，用于维度查询的 Kimball 法则正在被违反。Kimball 法则宣称，"维度查询只会在 from 子句中涉及一个事实表"。这一法则的基础就是认定任何试图将多个大型事实表在单个查询中联结到一起的 DBMS 都会面临性能失控。幸运的是，即使有也只会有很少的查询工具会让用户轻易合并多个事实表。在绝大部分情况下，查询都是一组简单的介于单个事实表和多个维度表之间的联结。因此这不是一个很严重的限制。

另一个限制是，每个聚合都是"完整的"。例如，图 12-12 中我们的类别聚合表包含了用于每一个可能聚合的汇总。这些聚合表并不受限于值的一个子集。假定类别的完整清单具有 10 个名称。那么我们的类别表就必须总是包含用于所有 10 个名称的记录。不能为点心和糖果类别构建一个类别表。泛化算法以处理值的一个子集会很困难，因为不存在可以被快速存储和可以被针对性比较的值子集的明显表示形式。例如，对于点心和糖果，你会存储类别文本名称、其基础键值或者一个更为复杂的像"在便利百货中，但不包含硬件"这样的标准吗？并且你将如何处理具有数百个甚至数千个记录的非常长的列表呢？

我的设计方法具有一个重要并且出人意料的优势。在提升各种维度层次结构时，你很可能要交叉自然级别，在其上会进行企业规划和预算。例如，图 12-13 中的事实表显示了按月按区域统计的类别级别上的销售情况。在图 12-13 中，所有三个维度都是收缩的。尽管从物理化层面看，这是一个小型表，但它会被频繁访问以便进行高级别分析。出于完全非计划的原因，会出现的情况是，企业规划或预算过程正在生成相同级别的计划，也就是按月按区域的类别级别。

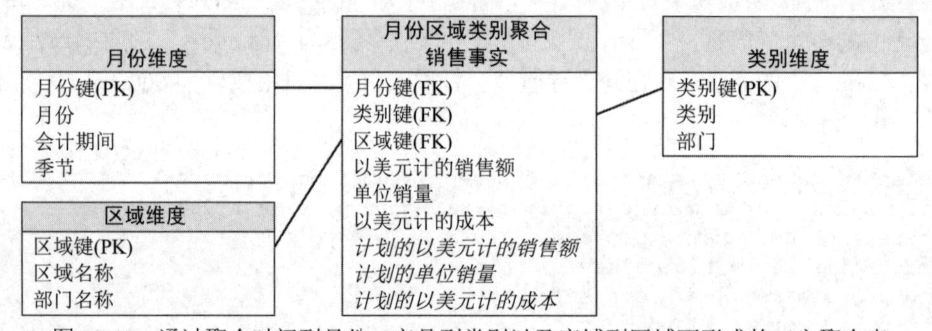

图 12-13 通过聚合时间到月份、产品到类别以及店铺到区域而形成的三方聚合表

大多数数据仓库的目标就是进行计划和实际对比。如果这些对比都是记录内部计算的话，那么这会非常高效。当你注意到按月按区域统计的类别级别上的聚合事实表和相同级别上的计划表之间存在偶然的对应时，就要抓住这个机会合并这两个表。应该添加图 12-13 中的斜体字段。在某种高级别的聚合层次结构上，计划或预算数据"突然出现"并且存留在相同的表中。

在高级别聚合上添加计划或预算数据需要对算法进行一些泛化。现在你有了不存在于基础级别的字段。搜索匹配查询中所有字段的表会变得更加复杂。用户界面现在必须知道计划或预算字段。不过，这些字段仅可以被成功用在按月按区域统计的类别级别及以上级别的示例中。聚合导航器现在必须要能够检测其对于逐渐降低级别的事实表中字段的搜索何时出现失败情况。例如，如果用户试图在产品风格级别对比计划和实际结果，那么系统就会拒绝该请求，因为计划不是在风格级别上执行的。

12.18.3　用于每一方的聚合

这篇文章中所描述的聚合架构允许非常灵活的管理。聚合总是隐藏在后台。用户或应用程序开发人员都不需要知道已经构建了特定的聚合。DBA 可以添加或移除聚合，这甚至可以按每小时的频率来进行。一个好的聚合导航器应该附有查询使用统计，它们可以指导 DBA 构建新聚合。如果观察到一组查询运行缓慢，并且它们全都在请求按日历季度统计的销售汇总，那么就应该提示 DBA 注意这一模式并且考虑构建季度聚合。注意，如果已经存在一个像月份聚合这样的“邻近”聚合，那么几乎就永远不需要季度聚合。提供一个仅表示从现有聚合中进行三倍汇总的新级别聚合并不会带来太多好处。如果下一个较低的时间聚合是按周统计，那么季度聚合会更加有意义，在这种情况下，季度聚合会提供 13 倍的优势。

非常重要的是，聚合导航器优势对于数据仓库的所有客户端都是可得的。不可接受的是，让聚合导航仅嵌入到单个客户端工具中。在这种情况下，只有一些用户会体会到导航的好处。因为几乎不可能将大型企业环境限定为使用一个用户工具，所以内置导航器的方法会变成一个管理难题。最糟糕的情况会涉及两个或多个不兼容导航器模式，具有不同的聚合表结构和不同的元数据。聚合导航器必须是一个企业网络资源，并且对于所有查询客户端来说必须是一个统一的 DBMS 前端。

这篇文章描述了一个简单却强有力的聚合导航架构。如果 DBA 遵守我所概述的设计要求，并且如果一个或多个 DBMS 或中间件供应商会推销类似于我所描述的那样的聚合导航器，那么你数据库的运行速度就会提升，DBA 就会将其时间花费在活动上，而不是艰难地处理聚合，并且元数据维护职责会显著减少。这一方法几乎不需要元数据。

如果供应商不提供这一优势，那么你就应该自行构建导航器。合格的 C 编程外加一些测试应该花费两个星期。我花费了三天进行 Visual Basic 编程就构建了一个能够完成这篇文章中描述的所有任务的导航器。有人想要试试吗？

前台架构

这一节包含了关于前台中的用户界面设计的两篇文章。可以在第 13 章中找到更多关于数据仓库前台的建议。

12.19　用户界面的第二次革命

Ralph Kimball，Intelligent Enterprise，1999 年 8 月 24 日

这篇文章写于 1999 年。请牢记这一历史背景！

数据仓库正逐渐通过网络来交付。并且，反过来，网络正逐渐吸引数据仓库以其他类型数据已经在网络上共享的方式来共享其高质量数据这一珍贵宝藏。因此，主流数据仓库目前正在被紧密连接到介于数据存储和人力资源之间的内容，也就是数据的目的地：Web 界面。

在这篇文章中，我会回到我作为用户界面设计者的职业生涯起点。在 20 世纪 70 年代的 25 年前，当时我正在 Xerox PARC 工作，我非常有幸参与了现代计算机用户界面的诞生。受到 Alan Kay 及其学习研究小组在 Xerox 进行的演示的启发，整整一代基于位图显示、鼠标、窗口和图标的用户界面都是从 20 世纪 70 年代早期 PARC 大爆发的创造力中延伸出来的。在 Xerox 系统开发部门中，我的工作是作为一个团队的成员，调整和完善这一来自 PARC 的创造性工作并且开发实际的产品。我们的成果，发布于 1981 年的 Xerox Star 工作站，它是第一个采用鼠标、窗口和图标的商业化产品。Apple 的 Lisa 和 Macintosh，以及 Microsoft 的 Windows 都是之后才出现的，并且就像 Star 一样，都是基于在 Xerox PARC 所进行的演示来开发的。

当然，读者中间真正的专家会知道，即使 PARC 的理念也有其来源，它来自较早之前斯坦福研究院的 Doug Englebart 以及犹他州立大学的 Ivan Sutherland 于 20 世纪 60 年代进行的创造性工作。不过那是必须等到另一个时间再讲解的故事了。

1999 年的情形是，我们充分准备好了在用户界面设计领域进行第二次重大革命。这第二次革命，由不可阻挡的网络强力所推动，它构筑在第一次革命的基础上，但是会以 20 世纪 60 年代和 20 世纪 70 年代设计者无法想象到的方式来定义用户界面。在千年之交时，我们要构建的用户界面的目标不再是让计算机变得有用了。我们的新目标是让网络变得有用。

12.19.1 第二次革命与第一次革命的区别在何处

第一次革命基于一个新的允许个人与计算机建立关系的媒介。这一新媒介恰如其分地被称为个人电脑(PC)。尽管早期的 PC 具有字符显示，但该革命真正爆发于个人电脑配备了位图界面、鼠标、窗口和图标之时。这一新的界面被描述为 WYSIWYG(“所见即所得”)。它强调识别而非记住，还强调指示而非输入。

第二次革命基于一个甚至更新的媒介；一个允许人们访问网络服务的媒介。尽管互联网的早期使用是基于字符界面的，但该革命真正的爆发在于采用了超文本链接的一个标准格式，它允许开发出由文本、图形以及其他媒体构成的信息的广泛互联。网络的影响和重要性无论怎样形容都不过分。它是一股像海啸一样的强大力量。在未来数年中，地球上的大多数人都会具有一些类型的网络访问。它是一个伟大的均化器、伟大的通信器，并且也会引发混乱。

新的网络用户界面不再强调 WYSIWYG；而是强调 IWIN(“我现在就要”)。其基础是收集信息、识别一个人期望的选项，以及即时得到结果。

12.19.2 用户界面现在更为迫切

在第一次用户界面革命期间，我们全都惊叹于 PC，但奇怪的是，我们没有将有效的压力放在用户界面上以便促成其改进。计算机市场仍旧没有为改进用户界面设计提供好的反馈回路。用户的需求和不快没有被直接反馈给负责设计的开发人员。产品演化要么由想要更多功能的市场所推动，要么由想要更健壮基础设施的开发所推动。我们通常要等多久才能等到一个完整的发布周期，期间计算机产品在没有功能添加的情况下被重构？在这一切中丢失掉的就是用户的关注。可用性的进展仅来自 1000 个微小的改进。直到目前，当每一个改进都需要竞争才能出现在供应商年度发布计划会中时，它们通常都没有一个强有力的发言人或者大量至关重要的明显支持者。

尽管目前网络是通过第一次革命的用户界面来交付的，但毫无疑问——这一媒介是新的。规则正在改变，并且这些改变中的大多数都不会在没有网络持续强力推动的情况下发生。该推动力是真实的并且更为迫切，其原因有以下几点：

- **从网络反馈的用户界面是私人的**。网站日志允许我们看到单个顾客的操作。我们通常知道顾客是谁、顾客尝试在网络上做些什么，以及该顾客的操作是否成功。第一次 PC 世界革命中的开发人员在其整个职业生涯中甚至都不会分析用户协议。
- **从网络反馈的用户界面是即时的**。总部可以在几秒钟内检测单个网络用户会话的成功或失败，并且在第二天空闲时分析该会话。在个人计算机世界，用户支配和可用性的发布会累积一年，只是为了延续到政治上的、发布计划过程。
- **网络上的用户界面有效性现在被直接绑定到了利润**。用户界面不再是产品；它是产品的门户。到了顾客在个人电脑上使用一个产品时，生产商已经收到了对于该产品所支付的费用。现在，在网络上，用户界面位于顾客和购买行为之间。企业收益会被直接绑定到用户界面的有效性上。我们正处于前所未有的情境之中，其中 CEO 正拍着桌子要求更好的用户界面！

12.19.3 第二代用户界面准则

提出了需要更好用户界面的理由之后，就这样了吗？来自用户界面的网络需求有什么区别吗？一组用户界面标准已经作为一种标准的网络用户界面设计检查清单浮现出来了。务必阅读文章 12.20“设计用户界面”，其中我会将这些界面准则具体地应用到即席查询、报告和数据挖掘这些主流数据仓库活动中。

12.20 设计用户界面(Kimball 经典)

Ralph Kimball，Intelligent Enterprise，1999 年 9 月 14 日

这是 Ralph 写于 1999 年的另一篇文章。不同于其他一些揭露出“旧时光”多么好的怀旧观点的文章，这篇文章的观点在 2015 年都仍旧极为准确！

正如在文章 12.19“用户界面的第二次革命”中所承诺的，在这篇文章中我要识别出用于满足网络独特要求的用户界面设计的准则，以及对于应用它们以满足我称之为数据网仓的面向网络数据仓库的需要的建议。

- **接近于即时的性能**。实现近乎即时的性能需要对会降低性能的数据网仓管道的所有部分进行系统范围的处理。还可以制作一些有用的表面程序来提升对于性能的感知。最有效的数据网仓性能增强器，从最重要的开始列举，就是：
  - **选择专门为查询性能打造的 DBMS 软件**。这一准则意味着选择一种有维度意识的依靠 OLAP 多维数据集或者维度模式上的富联结查询发展起来的 DBMS。当然，使用 OLAP，就必须构建简单的维度模式作为开始。
  - **有效使用 DBMS 索引**。选择一种可以索引维度模式中每一个访问路径的 DBMS。

有些供应商在每一个事实表外键上都提供了单独的位图索引。对于八个维度，就会有八个索引，但可以合并它们以便处理用户约束的任意组合(所谓的即席攻击)。

- **有效使用聚合**。聚合表现得就像索引一样；它们会消耗磁盘空间并且需要后台管理。应该使用一个聚合导航器来透明地调用它们。不过，甚至比索引更好的是，正确使用的聚合可以带来巨大的性能收益。
- **提升物理内存**。物理 RAM 几乎总是会提升性能，因为它会提升内存中工作集的大小并且减少向磁盘读写以交换数据的需要。RAM 访问差不多比普通磁盘访问快 100 倍。大型数据网仓引擎通常会使用数吉字节的 RAM。
- **利用并行处理，这样就能直接加速数据网仓中的许多活动**。一旦选择使用能够并行处理的硬件和软件，就还要追求应用程序级别的并行性。横向钻取的 SQL 是用于将报告和复杂对比分解成几个单独查询的技术，每一个单独的查询都是简单的并且能快速运行。在几乎所有横向钻取 SQL 的应用程序中，单独的查询都可以在相同的机器或不同的机器上并行执行。
- **使用渐进展开**。设计网仓用户界面来即时绘制有用的内容，尤其是导航按钮。记住，在数据网仓中，所有内容是网页。在像图形图片这样的其他项完成绘制之前，用户可以阅读文本以便理解页面的内容。应该以分辨率逐渐提高的方式渐进式绘制大型图形图片，这样用户就可以在它们完成绘制之前识别它们。出现在界面外的信息应该在第一个界面上所有主要的有用信息都出现之后再绘制。
- **在所有级别使用缓存**。有三种缓存对于网仓是有用的。网页缓存适用于静态页面，其内容是事先就知道的。其目标在于，允许高速网络上的本地服务器为你提供该页面而非越过网络到达原始主机。数据缓存与页面缓存不同；可以将它视作一种用于快速检索的预先计算的查询存储。数据缓存包括聚合的使用。报告缓存是数据缓存的一种更大的形式，并且涉及的内容也更多。完整的报告生成涉及从多个源合并数据，或运行复杂的分析模型。如果事先可以预见到报告，尤其是如果多个用户将访问它的话，那么从缓存中提取它显然总是会提升性能。

- **期望的选项**。每一个网络用户界面都提供了用户期望的所有自然选项，并且让它们变得即时可见且可识别。设计者需要仔细列出在打开一个特定页面时用户期望的所有选项。其类别包括多个集合的可预测导航选项、应用程序相关选项、帮助选项以及通信选项。
  - **导航选项确定用户界面设计**。必须关注网络本身的协议，而不是单独的网站。用户对于网络的理解就是，它是一个无缝的整体，而非一组独立的媒体。必须能够以标准且可预测的方式在每一个网页上进行基础网站导航。网站导航按钮包括从当前页面的向下钻取选项、到首页的直接链接、重要的网站主题选项、网站地图按钮、网站搜索框、变更网站的语言版本以及问题解决按钮。
  - **应用程序相关选项**。用户期望导航可用的报告以便选择他们想要的报告。对于报告含义的说明应该让用户在浏览选项时可见。一个好的做法是，提供一个即时可用的、预先计算好的报告样本，尤其是如果报告本身需要花很长时间才能返回到用户界面上时。如果报告确实要运行很长时间，那么应该向用户发送电子邮件来传递它，这样用户就可以关闭浏览器窗口或者注销计算机。
  - **帮助选项**。除指向工具文档和常见问题解答的链接外，每一个网仓环境都需要一个元数据界面，以便让用户理解该组织的数据资产。元数据界面应该显示网仓中所有可用数据元素的名称和定义。这些定义应该被组织成简要介绍、详尽的技术派生词以及当前的提取状态报告。

- **通信选项**。网仓用户界面需要在每一个窗口底部放置链接以便指向数据网仓技术支持、发起部门业务支持，以及 IT 和发起部门的较高级别管理层。不过，这些通信界面必须由响应非常迅速的后续跟进来支持。如果用户向这些职能方之一发送电子邮件，则应该在几分钟内回复一封自动响应邮件，并且承诺工作人员将在具体的时间段内跟进。所期望的后续跟进需要如承诺般进行。

- **没有不必要的干扰**。这一准则应该表达成“让每一次页面浏览都具有令人愉快的体验”。有许多技术可以用于提升页面浏览体验，并且它们中的大多数都是高品味的问题。我认为最重要的一些问题包括：
  - **仅为高效沟通使用字体和颜色**。印刷从业者在数百年前就认识到，在对书籍、杂志或者报纸进行排版布局时，简单就是美。当字体将注意力吸引到其自身时，它就没有完成其向读者轻松且愉快地传递内容的使命。同样，要避免出现噱头，比如界面上的闪烁对象以及过度使用感叹号。
  - **简化报告界面**。来自网络的始终引起回响的信息就是，简约至上。最好的简单界面会得到指数级的更多使用。简单意味着简洁和直接。在某种程度上，最好的界面就是一个页面中间只有两三个按钮的近乎空白的界面，例如，这些按钮表明的意思是，“点击查看报告#1”和“点击查看报告#2”。
  - **提供便利的获取**。网仓报告工具需要提供对界面上结果的便利获取，以便用于所有其他工具中。所选择的报告行和列应该是可以选择的并且能够复制到电子表格和文档中。

- **简化过程**。作为网仓架构师，你必须从无到有地设计业务过程以便在网络上无缝运行。例如：
  - 与遗留系统设计者协作以便架构出具有统一网络界面的无缝应用程序套装软件。
  - 移除访问页面的障碍。网站上的重要页面应该能很容易地访问。
  - 统计点击数并且统计打开的窗口以便判断过程是否精简。
  - 恢复会话；暂停报告以便后续处理。
  - 使用一致化维度和事实围绕应用程序套装软件为报告和分析构建一个明确的价值链。
  - 提供容易横向钻取的报告。
  - 提供完整的报告库描述以及常见问题解答(frequently asked questions，FAQ)。

- **再次保证**。当用户可以看到他们位于过程中的何处并且看到所有一切都正常时，用户就会对网站更加满意。在一个难以可视化的线性过程中，过程的状态应该从一个页面被带入另一个页面：
  - 提供过程的地图。
  - 提供状态和数据派生关系。
  - 提供运行报告的状态。
  - 当新数据可用或者报告完成时，主动通知用户。
  - 为维度和报告打上时间戳。

- **信任**。通常的网站信任都来自于尊重用户隐私以及向用户明确传递任何个人信息的用途。数据网仓信任包括这些要素，不过也表明了，它所提供给网仓业务用户的信息是安全的。
  - **在所有位置都实现双重安全性**。双重安全性涉及验证你所知道的(密码)以及显示你所拥有的(一张信用卡或者指纹)。
  - **追踪员工和合约商的人力资源变更**。理想情况下，数据网仓管理者会与人力资源经理密切且持续地协作，以便确保这些状态变更反映在网仓的信息访问权限中。
  - **管理员工、合约商与顾客之间的信息边界**。网仓中的大部分数据都必须被仔细分区，这样就只有合适的人才能访问它。用于访问数据的授权系统的故障会让业务伙伴担惊受怕并且很容易引起诉讼。
  - **直接管理网仓安全性**。从安全角度来看，没有人比数据网仓管理者更适合将数据与用户连接起来。网仓的安全性职责不应被忽视，并且它不应被交给一个服务组织的手中，这种组织无法理解网仓数据的内容或者所有用户的正当访问需要。大型网仓环境需要一位全职的安全性管理者。
- **问题解决**。数据网仓同样需要像普通网站那样关注问题解决。
  - **允许回溯和向前回放**。回溯意味着返回到过程中的一个之前步骤，其原因是用户意识到获取到了有差异的信息。然后会从该节点向前重现该过程的后续部分。
  - **让用户可以轻易地报告错误**。用户对于报告质量问题会起到非常大的帮助。但对于他们来说，这必须是积极且容易地操作。一个结论就是，提供一项用户调查能力，让用户可以描述对其需求进行的服务有多好。
  - **审慎地确认、追踪和跟进所有的用户输入**。如果没有将主要精力放在确认输入、追踪输入状态、有效处理输入并且总是与提供输入的原始用户沟通这些步骤的话，那么用户输入就会快速减少。
  - **提供充分的终端用户支持**。一般而言，数据网仓的使用，以及数据的使用，都要求对直接支持进行大量投入。在数据网仓一开始试运行时，合理的做法是，首先为每 20 个业务用户安排一位 MBA 级别的支持人员，最终可以降低到每 50 个用户一位支持人员。
- **通信挂钩**。我之前描述的部分期望选项就是一组指向网站背后关键个体支持职能的通信链接。这些链接包括用于帮助使用网站或数据库访问的技术支持、用于帮助报告内容和数据位置的业务支持，以及用于通用问题和信息的管理支持。
- **国际化透明度**。网仓架构师需要关注跨国报告需求。在跨国组织中，在以单一主要语言或样式中的当地术语表述业务结果之间存在着复杂的取舍。关键的区别在于日期、时间、货币、语言和排序序列的选择。你会希望让来自瑞典的销售经理和来自西班牙的销售经理具有看起来相似的可以进行对比的报告。
- **通用共同特点兼容性**。一般的网站都必须尝试适应多种浏览器类、较老的浏览器版本、缓慢的电话线路网络以及微型显示器。在为员工和业务伙伴设计用户界面时，会多一些自由度。要求所有参与者都使用相同的浏览器软件并且所有该软件都处于相同的版本，这样的做法似乎是合理的。还可以为每一个协助分析或展示的用户部署特定的 ActiveX 或 JavaBean 小应用程序。

网络让用户界面的需求更为迫切且更为重要。随着我们通过网络来公开我们的数据仓库，我们日益成为承受相同用户界面压力的对象。最终，我们网仓设计者必须应对所有 10 条用户界面准则。这样做必然是一项工作量巨大的任务。但就像网络的许多方面一样，我们正在追随网络潮流。欢迎来到网络世界。

元数据

这一节首先提供了一篇文章，它提到了端到端 DW/BI 系统中广泛的元数据。第二篇文章推荐了一种切实可行的方法，它首先会专注于对业务用户最重要的元数据。

12.21　描述元数据的数据(Kimball 经典)

Ralph Kimball，DBMS，1998 年 3 月

元数据是数据仓库领域的一个让人惊叹的主题。考虑到我们无法确切知道它是什么或者它在何处，所以我们会花更多的时间来探讨它、担心它，并且对于我们没有像其他任何主题那样做过与其有关的任何事情而感到愧疚。数年以前，我们明确了，元数据就是任何关于数据的数据。之前，这并没有太大帮助，因为它不会在我们的脑海中绘制出一份清晰的图景。这一模糊的图景正逐渐清晰起来，并且最近我们一直在更加自信地谈论与“后台元数据”和“前台元数据”有关的内容，后台元数据会指导提取、清洗和加载过程，而前台元数据会让我们的查询工具和报告生成器平稳运行。

后台元数据有助于 DBA 将数据放入仓库中，并且在业务用户想要知道数据来自何处时让他们知晓相关信息。前台元数据主要会对业务用户带来好处，并且其定义已经被扩展，不仅包括了让我们的工具平稳运行的润滑剂，还包括了一种由所有数据元素所表示的业务内容的字典。

虽然这些定义很有帮助，但它们还是无法为数据仓库管理者提供太多关于其需要做些什么的信息。听起来似乎是这样，无论这些元数据内容是什么，它都很重要，并且我们最好这样做：

- 为所有元数据制作一份注解清单。
- 确定每一个部分的重要程度。
- 履行对其担负的职责。
- 确定是什么构成了一组一致且能有效运行的元数据。
- 确定是要制作元数据还是要购买元数据。
- 在某个位置存储元数据以用于备份和恢复。
- 让其对需要它的人可用。
- 确保其质量并且让它变得完整以及及时更新它。
- 仅从一个地方控制它。
- 很好地记录所有这些职责以便(不久之后)移交这份工作。

现在就有了一组合格且切实的 IT 职责了。到目前为止，一切都没有问题。唯一的麻烦在于，我们还是没有真正说明它是什么。我们的确注意到了，这份列表中的最后一项实际上并非元数据，相反，它是描述元数据的数据。怀着一种不祥的预感，我们意识到需要描述元数据的数据。

为了让这一情形可控，让我们来尝试制作一份所有可能的元数据类型的完整清单。在这第一次尝试中我们必定不会成功，但我们将了解到大量信息。首先，让我们去到源系统，它可以是大型机、服务器、用户桌面、第三方数据提供者或在线的源。我们假设这里我们所需要做的就是读取源数据并且将其提取到一个 ETL 数据暂存区域。让我们振作精神，开始列出这份清单：

- 仓储规范
- 源模式
- 完全符合既定标准的规范
- 专有或第三方源规范
- 打印缓冲文件源规范
- 归档大型机数据的老格式规范
- 关系型、电子表格以及 Lotus Notes 源规范
- 演示图形源规范(比如 PowerPoint)
- URL 源规范
- 每个源的所有权描述
- 每个源的业务描述
- 每个源使用上的法律限制
- 大型机或源系统任务调度
- 源访问的访问方法、访问权力、权限以及密码
- 实现提取的 COBOL/JCL、C 或 Basic
- 自动化提取工具设置，如果我们使用了这样一个工具的话
- 包括提取时间、内容和完成度在内的具体提取任务的结果

现在我们来列出需要的所有元数据以便将数据放入 ETL 暂存区并且将其准备好以便加载到一个或多个维度模型中。我们可以手动编码或者使用一个自动化提取工具来完成该任务。或者我们可以差不多原封不动地将平面文件放入另一台机器上的一个单独的数据暂存区域中。在任何情况下，我们都必须关注描述以下内容的元数据：

- 数据传输调度以及特定传输的结果
- 数据暂存区域中包括持续时间、波动性以及所有权在内的文件使用情况
- 一致化维度和一致化事实的定义
- 用于联结源、剔除字段以及查找属性的任务规范
- 用于每一个传入描述属性的渐变维度策略(例如，重写、创建新记录，或者创建新字段)
- 用于每个生产环境键的当前代理键分配，包括一个快速查找表以便在内存中执行这一映射
- 生产环境维度前一天的副本以便用作差异对比的基础(变更数据捕获)
- 数据清洗规范
- 数据强化和映射转换(例如，扩展缩略词和提供更多详情)
- 数据挖掘所需的转换(例如，转译空值和按比例缩放数值)
- 目标模式设计、源到目标数据流、目标数据所有权以及 DBMS 加载脚本
- 聚合定义
- 聚合使用情况统计、基础表使用情况统计、可能的聚合

- 聚合修改日志
- 数据派生关系和审计记录(这一记录实际来自何处以及何时生成的)
- 数据转换运行时日志、成功摘要以及时间戳
- 数据转换软件版本号
- 提取处理的业务描述
- 用于提取文件、软件和元数据的安全性设置
- 用于数据传输的安全性设置(密码、证书等)
- 数据暂存区域归档日志以及恢复过程
- 数据暂存归档安全性设置

一旦我们最后将数据传输到了目标数据仓库 DBMS 中，那么我们就必须具有元数据，其中包括：

- DBMS 系统表
- 分区设置
- 索引
- 磁盘分段规范
- 处理提示
- DBMS 级别的安全性权限和许可
- 视图定义
- 存储过程和 SQL 管理脚本
- DBMS 备份状态、过程和安全性

在前台，我们拥有扩展到边界的元数据，其中包括：

- 预先定义的查询和报告定义
- 联结规范工具设置
- 优秀的打印工具规范(用于以可阅读方式重新标记字段)
- 业务用户文档和培训帮助，同时包括供应商提供的以及 IT 提供的
- 网络安全性用户权限档案、身份验证证书，以及使用情况统计，其中包括按位置统计的登录尝试、访问尝试以及用户 ID 报告
- 个体用户档案，具有指向人力资源的链接以便追踪会影响访问权限的升职、调岗以及离职
- 追踪访问权限受影响的指向合约商和合作伙伴的链接
- 用于数据元素、表、视图和报告的使用情况和访问地图
- 资源使用退款统计

现在我们可以看出为何我们不清楚这些元数据都是关于什么内容的了。它无所不包！除数据本身。霎那间，数据似乎像是最简单的部分了。

基于这一观点，我们真的需要保持对所有这些的追踪吗？在我看来，这是必要的。这份元数据清单是数据仓库的必要框架。像我们已经做的那样简单列出它们似乎非常有帮助。这是一份很长的清单，但我们可以对其进行一一检查，找出每一种元数据，并且识别出它被用于做什么以及它被存储在何处。

不过，存在一些让人清醒的现实。这些元数据的大部分都需要驻留在接近开展工作位置的机器上。驱动过程的程序、设置和规范必须处于特定的目的地位置中并且必须以非常具体的格

式来存放。这种情况短期内似乎不会改变。

最起码，我们会需要对元数据进行目录分类并且保持对其追踪的工具。该工具无法直接读取和写入所有的元数据，但至少它应该帮助我们管理存储在这么多不同位置中的元数据。在我们执行了取得元数据并且将之置于我们控制之下的步骤之后，我们是否可以寄望于会将所有元数据一起提取到一个位置并且还能够读取和写入它的工具？有了这样的工具，我们不仅会具有用于所有这些不同元数据的统一用户界面，而且基于一致的基础，我们还能够一次性对所有元数据进行快照、备份它、确保其安全，并且在丢失的情况下恢复它。

不用紧张。正如你可以看出来的一样，这是一个非常难的问题，并且包含所有形式的元数据将需要一种我们目前还没有的系统集成。我相信，元数据联盟(一组认真尝试解决元数据问题的供应商)将在为元数据定义通用语法和语义方面取得一些合理的进展，不过(在 1998 年)，自从他们开始开展这一工作以来已经过去两年了。(2010 年新增备注：元数据联盟于 2000 年正式终止了标准发布)。遗憾的是，Oracle 这个最大的 DBMS 参与者，已经选择置身于这一工作外，并且承诺发布其自己专有的元数据标准。其他的供应商正在认真努力地扩展其产品套件以便囊括这篇文章中所列出的许多活动，并且同时急切地发布其自己的用于元数据的框架。在任何情况下，这些供应商都必须提供重要的业务优势以便强迫其他供应商使用它们的规范。与此同时，开始进入你的描述元数据的数据领域吧。

12.22 创建元数据策略

Warren Thornthwaite，Design Tip #75 期，2006 年 1 月 13 日

在大多数情况下，元数据都是 DW/BI 系统的一个被忽视领域；在一些情况下，它又是设计过度的怪异产物。在这篇文章中，我们提供了一种处理元数据的方法，我们相信它是使用少量或不使用托管元数据与构建企业元数据系统之间的一个合理妥协。

我们的建议首先侧重于业务元数据，确保它是正确的、完整的、经过维护的，并且对于业务用户是可访问的。在那之后，就可以专注于查看其他主要的元数据存储。这里是一个简单明了的、基于业务价值的方法：

1. 使用拥有的任何工具来调研系统来识别和列示出各种位置、格式、浏览者、编辑者、所有者以及元数据的使用。如果没有这样的工具，则需要创建对元数据的查询或者编程式访问，这样就能探究和追踪它们。
2. 识别和/或定义缺失的需要被捕获和管理的元数据元素。这些通常都是业务元素，它们会被更为广泛地使用，因而需要被更新以及在整个系统中对其进行分发。
3. 在准备好一组切实的元数据元素之后，就要确定每一个元数据元素的主要位置。这就是元素会被存储和编辑的位置。它是用于系统其他部分需要的所有副本的源。它位于用于一些元素的关系型数据库中、用于其他元素的前端工具中，或组织的仓储工具中。在添加你自己的元数据表之前，要尝试使用像描述字段这样的所有可用的预先存在的元数据结构。
4. 创建系统来捕获和维护所有没有主存放位置的业务或过程元数据。这些系统可以是让用户直接编辑其主位置中元数据的简单前端。为了以防万一，需要准备好一些数据质量检查和一个合格的元数据备份系统。

5. 创建程序或工具来按需共享和同步元数据。这主要涉及从元数据主位置将元数据复制到任何需要它的子系统。其目标是，使用主位置中的元数据来填充描述、源、业务名称，以及所有表和对象模型一直到前端 BI 工具中的其他字段。如果从一开始就作为设计和开发过程的一部分来正确填充主位置，那么元数据将更易于被持续不断地同步和维护。注意，将元数据从一个位置复制到另一个位置是 ETL 系统的理想任务。
6. 培训 DW/BI 团队和关键业务用户与元数据以及元数据策略重要性有关的内容。与数据管理员协作以便指派元数据创建和更新职责。
7. 设计和实现一种将业务元数据传递给用户群的交付方法。通常，这涉及从主元数据位置源头获得前端工具的元数据结构。通常，它有助于为业务元数据创建一个简单的元数据仓储，并且为用户提供一种浏览该仓储以便找出 DW/BI 系统中哪些内容可用的方法。
8. 管理元数据并且监控使用情况以及合规性。要确保人们知道信息的存在并且能够使用它。要确保元数据是完整且当前最新的。基线元数据工作量的很大一部分要花在构建报告和浏览器上，这样人们就可以查看元数据。管理元数据意味着定期查看它并且确保它是完整且当前最新的。

即使这是完全没有和过量之间的平衡策略，但它仍旧需要大量的工作。要确保项目计划中有足够的时间开展捕获和管理元数据的开发任务，其中包括先前所述步骤的不同任务。最后，要确保 DW/BI 团队中的某个人被指定为元数据管理者，并且担负创建和实现元数据策略的职责。

12.23　发挥用于自我监控 DW 运行的过程元数据的作用

Bob Becker，Design Tip #170，2014 年 11 月 5 日

在大多数情况下，元数据都是 DW/BI 系统的一个被忽视领域；不过，越来越多的 DW/BI 团队已经在将业务元数据交付给其用户方面取得了积极的进展。这篇文章的着眼点超越了业务元数据，以便为利用 ETL 过程元数据来提升数据仓库运行表现提供一些机会。其目标在于，应用维度化建模原则并且利用 BI 工具的能力来启动一套计划好的、由异常驱动的 BI 应用程序，它会在用户看到数据仓库环境中的不一致之前，就主动警告 DW/BI 团队成员。

正如 Warren Thornthwaite 在《数据仓库生命周期工具箱(第二版)》中所述，元数据是数据仓库的 DNA，它定义了数据仓库的元素以及它们是如何协作运行的。元数据驱动数据仓库并且通过让系统各个组件彼此缓冲而提供了灵活性。元数据存在于各种仓储之中，这些仓储由使 DW/BI 系统运行的工具、程序和设施创建。存在三种关键元数据类别：

- **业务元数据**以用户更容易理解的术语描述数据仓库的内容。它识别出所拥有的数据是什么、它来自何处、它意味着什么，以及其与仓库中其他数据的关系是什么。业务元数据通常会充当数据仓库的文档记录。当用户浏览元数据以便查看仓库中有什么时，他们主要就是在浏览业务元数据。在文章 12.22“创建元数据策略”中描述的我们所推荐的元数据方法，建议首先专注于业务元数据，确保它是正确的、完整的、经过维护的，并且对于业务用户是可访问的。

- **技术元数据**定义了从技术角度看组成 DW/BI 系统的目标和过程。这包括了定义数据结构本身的系统元数据，比如表、字段、数据类型、索引和关系引擎中的分区，还包括了数据库、维度、测量和数据挖掘模型。在 ETL 过程中，技术元数据定义了特定任务的源和目标、转换(包括业务规则和数据质量筛查)及其频率。技术元数据会在前端发挥同样的作用；它定义了数据模型以及它是如何被显示给用户的、同时还有报告、调度、分发列表以及用户安全性权限。
- **过程元数据**描述了仓库中各种操作的结果。在 ETL 过程中，每个任务都会记录关于其执行的关键数据，比如启动时间、结束时间、消耗的以秒计的 CPU 时长、磁盘读取、磁盘写入以及处理的行。用户查询仓库时会生成类似的过程元数据。这些数据最初对于 ETL 或查询过程的故障排查是有价值的。在人们开始使用这个系统之后，这些数据就是性能监控和改进过程的关键输入。

过程元数据为 DW/BI 团队提供了大量有意义的机会，以便更加主动地管理数据仓库环境。三种尤其有意义的过程元数据类型包括：

- 由工作流监控所生成的 ETL 操作统计，其中包括启动时间、结束时间、持续时长、CPU 使用率、传入和加载的行计数、缓存区使用率，以及故障转移事件
- 文章 11.19“一种用于数据质量的架构”中所描述的通过数据质量架构来捕获的错误事件
- 由 BI 工具或查询监控器捕获的查询统计和聚合使用情况统计

这些过程元数据类别中的每一个都可以在大多数数据仓库环境中轻易捕获到。假设要将我们的维度建模知识应用到这些不同类型的元数据。我们可以快速想见，至少需要为每一种类型的过程元数据提供一个模式，其中包括一个捕获每一个详尽测量的事实表。

ETL 操作统计将为每一个采用其相关指标来运行的 ETL 过程生成一个事实表行；这个事实表被描述日期、时间、ETL 过程、源系统、目标模式以及任务状态的维度所围绕。在之前 Ralph 的文章中，他描述了一个捕获与 ETL 过程中遇到的每一个错误有关的详尽元数据的错误事件事实表。这个事实表会链接到维度，比如日期、时间、ETL 过程、源表/列，以及目标表/列。同样，我们可以想象一个用于查询统计元数据的类似模式。一旦我们已经设计了并且填充了这些模式，那么我们就可以开始利用这些元数据了。

例如，我们可以使用我们技术栈中可用的 BI 工具来针对每一个 ETL 任务的最近历史评估其操作统计。我们不仅要报告操作统计，还要利用该 BI 工具的异常报告能力。我们希望看到运行时间比常规长或短正负两倍标准差、或者处理了差不多正负两倍标准差的行数的所有 ETL 任务。我们正在寻找的 ETL 任务是，最有可能遇到了造成工作量比常规多或少的一些类型的处理错误的 ETL 任务。显然，我们会希望调查这些异常情况并且采取纠正性措施。

同样，我们可以针对错误事件模式利用我们的 BI 工具。错误事件模式的其中一个优势就是，它会为随时间推移管理数据质量措施提供基础。错误事件数据的维度性使得我们可以根据源、软件模块、关键绩效指标以及错误类型来研究数据质量的演化。此外，我们可以开发评估日常错误事件的 BI 分析，并且利用它们来帮助识别出类似于我们针对 ETL 操作模式所描述的那些挑战的其他类型 ETL 操作挑战。错误事件模式允许团队识别出软错误，其中数据没有明显的错误，但落在了中间值周围预期偏差外。我们要封装来自错误事件事实表的数据，并且以审计维

度的形式将它从头到尾一直发布到 BI 层。审计维度会将元数据提升为真实的数据。

为了利用我们的查询统计元数据，需要对一组标准的测试 BI 查询排日程表以便在 ETL 过程完成时针对展示区域运行。该查询统计事实表将由这一套标准的测试查询来填充，以便生成性能统计的历史。然后我们可以构建另一组针对这一模式的类似 BI 分析，以求寻找到当天运行时长比过去 90 天内运行时长快或慢正负两倍标准差的所有查询。这将帮助我们获得识别出空表、缺失的索引以及聚合表的机会。

从基础过程元数据中，我们可以开发一些功能来让数据仓库实现自我监控。可以封装针对我们过程元数据模式开发的 BI 分析，并且对其排日程表以便在 ETL 处理期间的合适时间点运行它们。假如命中了我们任意的异常条件，则可以引导 BI 工具向 DW 团队的合适人员触发报警。相较于我们的业务用户在无法检索其报告和分析时接收到大量不友好的电子邮件以及电话而言，从我们的监控环境中获悉不良加载或缺失索引的做法会好得多。

启用过程元数据报告和分析听上去像是需要很大的工作量，但其回报就是一个自我监控的数据仓库环境，它具有让 DW 团队可以对环境进行更为主动管理的能力。大多数数据仓库团队都具有对其可用的技能和技术以便利用这一类型的 ETL/DW 监控。

基础设施和安全性注意事项

这最后一节会处理几项基础设施事务，涵盖了从信息私密性和安全性到数字化保存、服务器配置以及存储区域网络的范围。

12.24 对监督者进行监督(Kimball 经典)

Ralph Kimball，Intelligent Enterprise，2000 年 7 月 17 日

最近几个月，我已经越来越多地关注一种我经常在我的数据仓库咨询和业务培训工作中遇到的道德困境：私密性。我敢肯定，作为数据仓库的设计者和实现者，你也面对过这一困境。我们正在构建用于有效共享信息的基础设施。我们正在将分布广泛的数据库绑定到一起。我们正在分析顾客行为，以及评估信用风险、投资风险和健康风险。同时，我们正在构建关于我们大多数同胞的集成式、可访问数据仓库档案。当我们谈论“一致化顾客维度”这一技术细节时，非常容易专注于细枝末节而忽视我们正构建的较大系统。

个人信息私密性的问题已经变成了一个全民话题。网络用户都对于所披露出的我们所访问网站如何收集我们每一个人的私人信息这一事件深感震惊。Clinton-Gore 政府已经开始大力推行新的联邦法案，它会大幅定义和限制个人信息的共享。在 2000 年 4 月 21 日，一套新的被称为 COPPA(儿童在线隐私保护法案)的非常严厉的隐私法已经生效了。COPPA 规定，对于不正当收集未成年人个人信息的网站将从重处罚。

老实说，我对于我们在所有这些情境中所扮演的角色怀有矛盾心理。对于收集个人信息，存在着影响力巨大的正反两种观点。还有一种不可阻挡的势头，由于高速发展的技术和节奏缓慢的立法行为，数据仓库专业人员不能忽视它。即使 Clinton-Gore 提案被证明实质上是合理的，但鉴于大选年这一现实情况，至少还需要两年时间才能看到关于这一法案的任何严肃辩论。

我不打算将这篇文章作为对一种特定观点的号召。但我认为，关于该隐私辩论会对我们所有人产生的影响，我们可以进行大量的预测，并且我们是时候将“私密性架构”这个词添加到我们的词汇表中了。

12.24.1 有利的使用与潜在的滥用

在我看来，私密性困局的核心就是对于个人信息的有利使用与潜在的滥用之间的冲突。当我们仅考虑有利使用时，我们通常会允许企业收集我们的个人信息。并且我们通常不理解或不期望这些公司滥用我们审核时所收集的相同信息。思考以下示例：

- **个人医疗信息**。有利的使用是明显且令人信服的。我们想要医生获得关于我们的完整信息，这样他们就能提供最有见解的治疗。我们知道，保险公司需要访问我们的医疗记录，这样它们就能为健康医疗服务提供者进行报销。我们大多数人都认可，关于病症、诊断、治疗和结果的聚合数据对于整个社会来说都是有价值的。此外，我们还看到了将这些医疗记录绑定到非常详尽的人口统计和行为信息的需要。该病人是否吸烟者？该病人多大年纪？但潜在的滥用就像有利的使用那样吸引人。我不希望我的个人医疗详情被提供给我的医生以外的任何人。我希望保险理赔处理人员看不到我的姓名，但这大概是不现实的。我当然不希望面向市场的第三方购买我的个人医疗信息。我不希望任何人因为我的健康状况、年纪或者基因遗传而歧视我。
- **购买行为**。零售商们对于我的购买行为的有利使用会让他们为我提供个性化服务。实际上，当我信任一个零售商时，我会非常乐于提供列出了我的兴趣的定制档案，如果那主要是屈指可数的几个选项，并且会提醒我感兴趣的新产品的话。我希望该零售商足够了解我，以便可以不那么麻烦地处理问题、支付事项、运货问题以及产品退货。不过对我购买行为的潜在滥用会让我愤怒。我不希望任何第三方通过垃圾邮件、电子邮件或者通过电话来向我招揽生意；它们还会忽视我退出的请求。
- **公共设施中的安全和防护**。当今，我们大多数人都很感激在机场、银行柜员机之前以及停车场中所感受到的安全保障。我们希望蓄意闯红灯的人会停止危害我们其余这些人。我们大多数人都接受这些公共区域中存在摄像头和车牌识别系统，它们会是一种有效的保障，会提升我们的安全和防护。法律体系，它归根结底反映的是我们社会的价值体系，它已经切实地支持了这些类型的监控技术的使用。但摄像头和居民追踪系统的潜在滥用会引起恐慌和引发争议。我们拥有创建包含每个居民的全国性图片数据库并且识别通过机场安全门的大多数人脸的能力。我所积累的旅程记录会如何被使用，以及被谁使用？追踪这一类型信息的系统已经在欧洲测试过了。出乎意料的是，一个来自美国联邦航空管理局的命令规定，单独的机场不能引入让它们具有与安全有关的“营销优势”的技术，这一命令是在美国实现这样的系统的主要障碍之一。因此，所有的美国机场系统都必须同时采用这一技术。

12.24.2 谁拥有你的个人数据

我们都天然倾向于相信，我们自己拥有不可被剥夺的权力来控制我们所有的个人信息。但我们还是面对严酷的现实吧。这一观点很天真，并且在当今社会不切实际。收集和共享个人信息的推动力是如此普遍，并且增长如此迅速，我们甚至无法全面列举出所有的信息收集系统，更不要说定义哪些类型的收集和共享是可接受的了。

思考一下我刚才探讨过的三个例子。我们全都在按照惯例签署允许服务提供商和保险公司共享我们医疗记录的弃权声明书。你是否阅读过这些弃权声明书之一？通常它们会允许公司出于任何目的无限期使用所有形式的记录。你可以试试拒绝弃权声明书上的措辞，尤其是当你在急救室时，这样你就会明白，这样做是不现实的。并且老实说，服务提供商和保险公司有权拥有这些信息，因为它们已经投入了其资源并且让其自身有责任和义务来代表你。

同样，零售商也有权知道你是谁以及你购买了什么，如果你期望得到在该零售商处的任何形式的信用或者运货关系的话。如果你不想要个性化的服务，那么就只能在传统的实体店中进行无签名的现金交易了。

最后，如果你使用机场、柜员机或道路，那么你就是在默认同意接受监控妥协。所有收集到的图片都归属于政府或银行，至少现行法律是如此规定的。关于在公共场所被拍摄的一种奇怪推论就是，这就像是我们全都经历过的路过一个业务摄影者正在拍摄的“现场”的体验。因为第三方单纯地捕获了我们的图片，我们是否就有权拥有该图片？

12.24.3 有可能发生什么

在我看来，隐私权法律和实践会取得发展的方式主要有两种。要么我们的法律制定者用像 COPPA 这样有创新型且见解深刻的法律开道，要么市场和媒体强迫组织适应我们居民认识到的隐私权问题。无论哪一种方法都会产生一个完美的解决方案；不过，因为我们正处于大选年，所以市场和媒体看起来就像是下一轮创新的引领者，并且 Clinton-Gore 的隐私权措施已经引起了党派的针锋相对。

David Brin 在《透明社会：技术是否会强迫我们在隐私权和自由之间做出选择？》(Perseus Books 于 1999 年出版)一书中提出了一种实用且具有吸引力的观点，该观点与隐私权威胁以及新技术影响有关。Brin 认为，通过“对监督者进行监督”，我们就可以在自由和隐私权之间达成有效的妥协。换句话说，我们可以坚持要求在信息收集发生的地方非常明显地显示该信息收集的通知；诚实且合乎道德地一致遵守规定的政策；并且，意义重大的是，任何人无论何时使用我们的个人信息，我们都要获得通知。

12.24.4 对于数据仓库架构的影响

隐私权活动是一种快速发展的强大力量。作为数据仓库设计者，管理层会突然要求我们响应一系列隐私权关切。隐私权问题会如何影响我们的数据仓库？这里是我的一些预测：

- 我们需要在单个数据库中合并和集中散落在我们组织中的所有个人信息。仅应该存在一组关于个体的一致、干净的数据，并且我们应该从所有的数据库中移除没有人正在出于任何已知目的而使用的所有数据。
- 我们需要围绕这一集中式个人信息数据库来定义、强制执行并且审计安全性角色和策略。

- 我们需要将包含该集中式个人信息数据库的服务器物理化隔离到其自己的位于数据包过滤网关背后的本地局域网段中，该网关仅接收来自外部受信应用程序服务器的数据包。
- 我们需要为该集中式个人信息服务器的备份和恢复应用强健形式的物理和逻辑安全性保护。
- 我们至少需要定义两种级别的安全敏感性，以便在组织中实现一种新的隐私权标准。我们要为通用的人口统计信息分配一种较低级别的安全性；我们要为姓名、账户号码以及所选的与财务和健康有关的信息分配一种较高级别的安全性。
- 还必须伴随该主要数据库使用一个审计数据库，用于追踪个人信息的每一次使用。这一审计数据库必须就其个人信息的所有使用通知每个个体，其中包括谁请求了该信息以及应用程序的类型。该审计数据库具有来自那些主要数据库的不同访问需求。如果该审计数据库被用于批量模式，那么它就要抽出使用报告，以便将这些报告通过电子邮件(或者通过邮局投递信件)发送给其信息比使用的个人。如果该审计数据库可以被在线查询，那么它的安全性本来就会比主要数据库低，并且很可能需要位于另一台更加公开的服务器上。重要的是，该审计数据库要包含尽可能少的不宜泄露的内容，并且仅专注于公开最终使用的信息。
- 我们必须提供一个对个人请求者进行认证的界面，然后提供一个存在在数据库上的所有其个人信息的副本。另一个界面必须允许这个人对其信息提出质疑、进行评论或纠正。
- 我们必须创建一种有效删除我们确信不正确、法律不允许或者过期的信息的机制。

尽管数据仓库社区没有在传统上引领倡导社会变化的路径，但我认为，如果我们每一个人都思考我们是否可以在组织中实现我所提及的任何变化的话，这就会是预见未来的一种谨慎方式。将其视作一种值得一些预先规划的“合理未来场景”。如果你更为勇敢，并且如果你认为隐私权争论最终会变成 Brin 在其著作中描述的那种妥协，那么可以与你的 CIO 以及市场部门管理者探讨与一些这类观点有关的内容。

我很感激我的儿子 Brian，他鼓励我对这类问题中的一些进行思考并且是他给我推荐了 David Brin 的著作。

12.25 灾难性故障

Ralph Kimball，Intelligent Enterprise，2001 年 11 月 12 日

这篇文章写于 2001 年 9 月 11 日灾难事件的第二天。

“9·11 事件”这一悲剧事件已经让我们所有人重新审视我们的基本假设和优先事项了。我们被迫要用数周前还看似不合理的方式来质疑我们的安全和防护。我们习惯于认为，我们的大型、重要、明显建筑和计算机从本质上就是安全的，而这仅是因为它们是大型的、重要的以及明显的。该神话已经被打破了。甚至可以说，这些类型的建筑和计算机是最容易受到攻击的。

对于我们基础设施的毁灭性攻击也恰逢数据仓库在我们的许多公司中已经演化为一种接近类生产状态的时刻。数据仓库现在驱动着 CRM 并且提供了近乎实时的订单、运输和支付状态追踪。它通常是顾客和产品盈利能力视图可以被组装的唯一地方。数据仓库已经变成了运营我们的许多业务的不可或缺的工具。

是否可能更好地保护我们的数据仓库？是否存在一种真正安全的并且不易受到灾难性损失伤害的数据仓库？

有一段时间我一直在考虑就这一主题写点什么，但突然这件事就迫在眉睫了。后面的内容是一些会造成数据仓库持续不断的灾难性故障的重大威胁，还有就是可能的切合实际的响应措施。

12.25.1　灾难性故障

这里是一些潜在灾难性故障的类别：

- **设施被破坏**。恐怖袭击可以夷平一栋建筑或者通过火灾或洪水严重损坏它。在这些极端情况下，该地点上的一切都会丢失，包括磁带备份和管理环境。正如会像讨论般那样痛苦一样，这样的损失还包括知道密码和理解数据仓库结构的 IT 人员。
- **心怀不轨的内部人员的蓄意破坏**。“9 • 11 事件”表明，恐怖分子的策略包括通过有经验的可以访问大多数控制敏感点的个人来深入我们的系统。一旦具备了控制权，恐怖分子就可以从逻辑上和物理上破坏系统。
- **网络战争**。黑客可以入侵系统并且造成破坏并非什么新闻。“9 • 11 事件”应该抹除任何剩下的这些天真假想，这些天真的想法认为入侵无害或者是有益的，因为它们暴露出了我们系统中的安全性缺陷。我们的敌人之中有着经验丰富的计算机用户，这些人如今正积极尝试访问未授权信息、修改信息以及让我们的系统不可用。最近几个月我们见证了多少次来自控制了服务器或个人计算机的软件蠕虫病毒的拒绝服务式攻击？我根本不相信这些仅仅是脚本恶作剧少年的杰作。我怀疑，其中一些攻击尝试是由网络恐怖分子所操纵的。
- **单点故障(有意或无意)**。最后一种普通类别的灾难性损失来自过度遭受到的单点故障，无论这些故障是有意造成还是无意的。如果单块硬件、单条通信线路，或者单个人的损失造成数据仓库长时间的宕机，那么其架构就存在问题。

12.25.2　对抗灾难性故障

这里有一些我们可以保护数据仓库并且让其不易受到灾难性故障破坏的方式：

- **分布式架构**。避免数据仓库灾难性故障的一种最有效且最强有力的方法就是一种完全分布式的架构。企业数据仓库必须由多台计算机、多种操作系统、多种数据技术、多个分析应用程序、多条通信路径、多个地点、多个人员以及多套数据在线副本构成。物理计算机必须被放置在广泛的不同地点，最好是在国家的不同区域或者分布在世界各地。用许多独立节点散布物理硬件将极大地降低数据仓库容易遭到蓄意破坏和单点故障的可能性。用各种操作系统同时实现数据仓库(比如 Linux、UNIX 和 NT)将极大地降低数据仓库遭受蠕虫病毒、社会工程攻击以及经验丰富的黑客利用特定漏洞进行攻击的可能性。

尽管构建和管理广泛分布的数据仓库听上去很难，但我多年来一直主张，我们所有人无论如何都要这样做！很少会有企业数据仓库集中于单台、整体式的机器上。尽管存在大量的方法可以构建分布式决策支持系统，但在我的书和文章中，我已经描述过数据仓库总线架构的一个完整视图，它依赖于一致化维度和事实的框架来实现本文所探讨的广泛分布式系统。

- **并行通信路径**。如果分布式数据仓库实现依赖过少的通信路径，那么即使是这样的实现也会受损。幸运的是，互联网是一个健壮的通信网络，它是高度并行化的且不断让其自身适应其自己持续变化的拓扑图。我的看法是，互联网的架构师非常关注由于拒绝访问攻击和其他互联网破坏而造成的系统级别的故障。整个互联网的崩溃并非是最需要担心的。如果关键交换中心(其中高性能网络服务器直接附加到互联网主干线上)受到攻击，那么互联网的局部就易受攻击。每一个本地数据仓库团队都应该规划好在本地交换中心损坏的情况下连接到互联网。要提供冗余的多模式访问路径，比如从你的建筑连接到互联网的专线和卫星链接，以便进一步降低容易遭受的损害。
- **扩展的存储区域网络(SAN)**。SAN 通常是通过非常高速的光纤通道技术连接到一起的高性能磁盘驱动器和备份设备的集群。该磁盘驱动器集群并非用作文件服务器，而是向访问 SAN 的计算机暴露模块级接口，以便让这些驱动器看起来像是连接到了每台计算机的底板。

SAN 至少为集中式数据仓库提供了三大优势。第一，单一物理化 SAN 可以位于 10 公里范围内。这意味着磁盘驱动器、归档系统和备份设备可以被放置在一个相当大的园区内的不同建筑中。第二，可以用非常快的速度跨 SAN 执行磁盘到磁盘的备份和复制。第三，因为 SAN 上所有的磁盘都是用于附加的处理器的共享资源，所以可以配置多个应用程序系统来并行访问数据。在真正的只读环境中，这一设计尤其具有吸引力。

- **放入安全存储的在可移动媒体上进行的日常备份**。我们几年前就知道这一点了，不过目前是时候更严肃地对待这一点所提出的要求了。无论我们准备好了哪些其他的保护措施，离线和安全存储的物理媒体所能提供的牢固安全基础是其他任何措施都无法提供的。不过在急于购买最新的高密度设备之前，值得郑重考虑的是，未来一年、五年甚至十年后，从存储媒体中读取数据会有多难。
- **战略性设置的数据包过滤网关**。我们需要隔离数据仓库的关键服务器，这样，就无法直接从我们建筑中使用的本地局域网来访问它们。在典型的配置中，应用程序服务器会产生被传递到单独数据库服务器的查询。如果数据库服务器被隔离到数据包过滤网关之后，则该数据库服务器就只能接收到来自外部受信应用程序服务器的数据包。因此，所有其他形式的访问要么会被阻止，要么必须从本地连接到网关之后的数据库服务器。因而，具有系统权限的 DBA 必须具有连接到这一内部网络的终端，这样他们的管理操作和明码输入的密码就不会被建筑中普通网络上的数据包嗅探器侦测到。
- **启用角色的瓶颈式身份验证和访问**。如果有过多不同的方式访问数据仓库并且如果安全性没有被集中控制的话，则数据仓库会受到损害。注意，我并没有说集中放置的；而是在说集中控制。一个合适的解决方案就是一个控制所有从网关以外对数据仓库进行的访问的轻量级目录访问协议(LDAP)服务器。LDAP 服务器允许以统一方式对所有的请求用户进行身份验证，无论他们是在同一栋建筑中还是从远程地点通过互联网进入的。一旦用户身份验证通过，目录服务器就会用一个指定角色关联该用户。然后应用程序服务器会以单个界面为基础来判定该验证过的用户角色是否让该用户有权限查看信息。随着我们的数据仓库发展到数千个用户和数百个不同角色，这一瓶颈式架构的优势会变得非常显著。

我们可以做很多事情来保障我们数据仓库的安全。在过去数年中，我们的数据仓库对于我们组织的运转已经变得太过关键而无法保持以往那样的无保护状态了。我们应该惊醒了。

12.26　数字化保存

Ralph Kimball，Intelligent Enterprise，2000 年 3 月 1 日

作为数据仓库管理者，我们要遵守的其中一个承诺就是，我们会保留历史。从很多方面来说，我们已经变成了企业信息的档案保管员。我们通常不会承诺保持所有老历史的在线，但我们通常会宣称，我们会将其保存在某个地点以便妥善保管。当然，存储它以便妥善保管意味着，我们要能够在有人对于查看旧历史信息感兴趣时再次取回这些信息。

我们大多数的数据仓库管理者都一直忙于构建起数据仓库、避免烟囱式数据集市、采用新的数据库技术以及适应网络的爆炸式需求，因而我们将我们的归档职责交托给了将数据备份到磁带这一做法上，然后忘记了磁带这件事。或者我们仍旧在将数据附加到我们原始的事实表上，并且我们实际上还没有面临用旧数据做什么事的任务。

但是整个计算机行业日益意识到，人们还没有保存数字化数据，并且这是一个严重且麻烦的问题。

12.26.1　数据仓库是否真的需要保留旧数据

大多数数据仓库管理者都受到了像市场部这样的业务部门的迫切需求的推动，这些部门具有非常战术层面的关注点。很少有市场部门会关心三年之前的数据，因为我们的产品和市场正在如此快地发生着变化。人们往往很容易就会仅考虑这些市场部客户，并且丢弃掉不再满足其需要的数据。

不过只要稍加思索，我们就会意识到，我们手中掌握着数据仓库中绝对必须保存的大量其他数据。这些数据包括：

- 详尽的销售记录，用于法务、财务和税收目的
- 趋势调研数据，对其进行的长期追踪具有战略价值
- 政府监管或合规性追踪所需的所有记录
- 在某些情况下必须被保留 100 年的医疗记录
- 会支持专利诉求的临床试验和实验结果
- 有毒废物处理、燃料运输以及安全检查的文档
- 在一些时间对一些人具有历史价值的所有其他数据

面对这份清单，我们必须承认，我们需要制定一份计划，以便在未来 5 年、10 年甚至 50 年中检索这些类型的数据。它开始让我们逐渐明白，这会是一个挑战。磁带可以保存多长时间？CD-ROM 或 DVD 是可以用到的介质吗？我们是否能够在未来阅读这些格式？我有一些仅仅数年以前的八英寸软盘，它们绝对是不可恢复且毫无价值的。突然间，这听起来就像是一个艰巨

的项目。

12.26.2 介质、格式、软件和硬件

由于我们开始思考数字化数据的真正长期保存，因此我们的世界开始分崩离析了。我们从存储媒体开始讲起。对于像磁带和 CD-ROM 光盘这样的物理介质的实际使用寿命，存在着很大的争议，从对其进行的严肃评估来看，范围从仅仅五年到数十年不等。不过当然，我们的介质并不关乎归档质量，并且它们并没有以最佳的方式来存储或处理。我们必须在乐观的供应商和具有实用主义态度的某些专家之间进行平衡，也就是说，我们今天所使用的大多数超过 10 年的磁带和物理介质，其完整性都值得怀疑。

不过，对于介质物理生命力的任何争论，在我们将其与对于格式、软件和硬件的争论进行对比时都是苍白无力的。在物理介质上，会使用按天归集的格式对所有的数据对象进行编码。从介质上的位元密度到目录排列，以及最后到较高级别特定于应用程序编码的数据，这所有一切都是等待翻落的一对卡片而已。拿我的八英寸软盘来说，读取其中内置的数据会需要什么呢？要读取其中的数据，我们需要支持可用的八英寸软盘驱动器的硬件配置、用于八英寸驱动器的软件驱动，以及最初将数据写入文件的应用程序。

12.26.3 废弃的格式和过时的格式

在数据保存主义者的词典中，废弃的格式就是不再受到主动支持的格式，但仍旧存在工作中的硬件和软件可以用数据原始格式来读取和显示数据内容。过时的格式就是现实环境中已经不再使用的格式。据我所知，我的八英寸软盘就是过时的格式。我绝不会恢复其数据。被称为线性文字 A 的腓尼基文字的书写系统也是一种过时的格式，它显然已经被永久遗忘了。我的软盘仅仅比线形文字 A 要稍容易破解一些。

12.26.4 硬拷贝、标准和博物馆

人们已经提出了大量建议来变通解决恢复旧数据的格式难题。一个简单的建议就是将一切内容都落在硬拷贝上。换句话说，就是将所有数据打印到纸上。这一操作肯定会避开数据格式、软件和硬件的所有问题。尽管对于微量的数据来说，这一方法具有一定的吸引力，并且总好过丢掉数据，但它具有大量致命的缺陷。在当今世界，拷贝到纸上是不会形成规模应用的。以每张纸 4000 个字符计算的话，作为 ASCII 字符打印出的一个吉字节数据会需要 250 000 张打印纸。一个太字节数据会需要 250 000 000 张纸！记住，我们不能作弊将所谓的“纸”放在 CD-ROM 或者磁带上，因为那样仅仅是重新带来数字化格式的问题而已。最后，我们会严重损坏数据结构、用户界面以及最初用于呈现和诠释数据的系统行为。在许多情况下，纸张备份会破坏数据的可用性。

第二个建议是，为数据的表示和存储建立标准，这些标准要可以确保以永久可读取格式来表示所有数据。在数据仓库领域，稍微接近这样一种标准的唯一数据就是以 ANSI 标准格式来存储的关系型数据。不过几乎关系型数据库的所有实现都会使用数据类型、SQL 语法以及周边元数据的重要扩展来提供所需的功能。直到我们已经将数据库及其所有应用程序和元数据拷贝

到磁带上之后，即使这个数据库来自 Oracle 或者 DB2，我们也不能非常确信在 30 或 50 年内能够读取和使用这些数据。位于严格 ANSI 标准的 RDBMS 定义外的其他数据就是无可奈何的碎片。例如，没有明显的市场细分来将所有可能的 OLAP 数据存储机制合并成单一物理标准，该标准要确保从标准格式和到标准格式的无损转换。

最后一个有些让人怀旧的建议就是，支持博物馆，其中古老的硬件、操作系统和应用程序软件版本会被珍藏保存，这样人们就可以读取老数据。这一建议至少触及到了问题的核心，认识到了必须真的提供老软件以便诠释老数据。但博物馆理念无法规模化并且经不起仔细推敲。我们如何才能保持 Datawhack 9000 运行 50 年？如果最后一个也无法使用了该怎么办？并且如果获取到了老数据的某个人已经将这些数据移动到了像 DVD ROM 这样的现代介质，如何才能让运行中的 Datawhack 9000 连接到该 DVD？会有人打算为古老的可怜机器编写现代驱动吗？它只有 8 位总线。

12.26.5　刷新、迁移、模拟和压缩

许多专家都建议，IT 组织应该定期通过将数据从老介质物理化移动到新介质来刷新数据存储。刷新的一个更为激进的版本就是迁移，其中数据并非仅仅物理化地转移，而是被重新格式化，以便同时期的应用程序可以读取它。刷新和迁移确实解决了一些短期的保存危机，因为如果成功刷新和迁移，就避免了老介质和老格式的问题。但从较长期的角度来看，这些方法至少具有两个非常严重的问题。首先，迁移需要很大的工作量并且是一项自定义任务，其工作不具有复制性，并且涉及原始功能的缺失。第二个且更为严重的问题就是，迁移无法应对重要的范式切换。我们都期望从 RDBMS 的版本 8 迁移到版本 9，但如果异构数据库系统(heteroschedastic database system，HDS)主导了数据库领域又该怎么办？实际上，包括我在内，没人知道 HDS 是什么，这就揭示了我的观点。毕竟，在进行从网络到关系型数据库的范式切换时，我们并没有迁移非常多的数据库，对吧？

的确，我们已经设法绘制了一幅相当黯淡的前景。鉴于所有这些现实，专家们还有什么希望来长期保存数字化数据？如果你对于这一主题以及一种用于在后 50 年中保存数字化数据仓库归档的严格架构感兴趣，那么你应该阅读 Jeff Rothenberg 发表于 1998 年的一篇论文“避免技术性危险局面，为数字化保存找到一种切实可行的技术基础”(http://www.clir.org/pubs/reports/rothenberg/pub77.pdf)，这是提交给美国图书馆与资讯资源委员会(CLIR)的一份报告。它写得很好并且我特别建议大家阅读它。

简要提示 Rothenberg 关于这一主题所阐述的内容，他建议开发模拟系统，尽管它们要运行在现代硬件和软件上，但是要忠实地模拟老硬件。他选择在硬件级别进行模拟，因为硬件模拟是一种用于重建老系统的经验证过的技术，即便是像电子游戏一样粗糙的老系统，该技术也同样适用。他还介绍，需要将老数据集和我们需要的元数据一起压缩，以便诠释老数据集，以及模拟本身的总体规范。通过将所有这些内容存留在一个压缩包中，数据就可以在未来具有我们在 50 年内再次利用它们所需要的一切内容。我们所需要做的就是在我们当时的硬件上诠释该模拟规范。

图书馆行业正在全力以赴致力于解决数字化保存问题。可以在 Google 搜索引擎上查找“脆化文档”。我们需要研究其技术并且让其适应我们数据仓库的需要。

12.27 创建 64 位服务器的优势

Joy Mundy，Design Tip #76，2006 年 2 月 9 日

Joy 的这篇文章写于 10 年之前。请牢记这一历史背景!

DW/BI 系统离不开内存。在过去数十年间一直如此，因为过去 64MB 就是很大的系统内存了。如今仍然如此，不过现在 64GB 才是很大的系统内存。

内存是影响 DW/BI 系统的最常见瓶颈。增加更多的内存通常是提升系统性能的最容易方式。DW/BI 系统与 64 位硬件的关联性很强。提升之后的处理性能很好，但 64 位对于我们来说尤为重要，因为它能提供大很多的可寻址内存空间。内存中操作要比需要对磁盘进行大量访问的操作快多个数量级。

DW/BI 系统的所有组件都能从额外的内存中获益。内存有助于关系型引擎更快速地响应查询并且构建索引。ETL 系统会消耗大量的内存。对于 ETL 系统的良好设计会在管道中执行转换并且尽可能少地将数据写入磁盘。OLAP 技术会在处理过程期间多维数据集在计算聚合时以及查询时使用内存。即使是报告应用程序也会使用大量的内存。一份报告之下的查询会使用基础关系型或者 OLAP 引擎的内存。并且如果你正在使用报告服务器来管理和呈现报告的话，则会惊讶于其会消耗的内存数量。

用于 Windows 和 UNIX 系统的高端硬件都受 64 位控制，就像可以通过检查商业智能计算测试(TPC-H)结果所能看到的一样。不过 64 位对于任何规模的 DW/BI 系统来说都是一个简单的问题。在 2006 年，可以花费大约 25 000 美元购买到一台具有四核 64 位处理器、16 GB 内存以及 700 GB 存储的商用服务器。这类硬件应该能轻易支持具有数十亿事实行和数十个用户的相当小型的 DW/BI 系统。

即使对于小型到中型系统来说，尽管我们已经将 64 位硬件表述成了一个简单的问题，但还是有一些事情需要关心。第一个问题就是芯片架构。我们之中那些习惯于“Wintel”联盟简单性的人面临着新的选择：安腾芯片、X64 还是 AMD64？这些从根本上来讲都是不同的芯片，并且操作系统和应用程序代码必须被单独编译、测试以及支持。你要押注于操作系统和数据库软件将在期望的硬件生命周期内继续支持所选择的芯片组。对于软件需求的考虑要超越核心服务器软件，比如特殊的 ETL 功能或者数据管理工具。

第二个问题是，开发和测试环境的架构。DW/BI 测试系统必须使用与生产系统相同的架构。在理想环境中，开发数据库服务器也会使用相同架构，但通常的做法是使用更廉价的系统用于开发。另外，让人惊讶的是，通常会将不同的架构用于测试系统——也包括完全没有测试系统的情况——但这样做只是在自找麻烦罢了。

对于大型 DW/BI 系统来说，64 位是唯一可行的方案。不过即使是对于较小的系统来说，对于 64 位服务器和合适数量内存的适度投入将为其带来系统性能的提升。我们过去常常取消那些购买较大型硬件的人，因为这样他们就不必调优其 DW/BI 系统了。但对于 64 位和大量内存的情况来说，这样做是合理的。

12.28　服务器配置注意事项

Warren Thornthwaite，Design Tip #102，2008 年 6 月 3 日

“我需要多少台服务器？”是我们的学生经常会提出的问题。唯一正确的答案就是经典的“这要视情况而定”。尽管这个答案是对的，但如果可以识别出所取决于的因素是哪些的话，将更加有帮助。在这篇文章中，我会简要描述这些因素，以及常见的选框配置。

12.28.1　影响服务器配置的因素

不足为奇的是，DW/BI 系统架构的三个主要层(ETL、展示服务器以及 BI 应用程序)就是其规模的主要驱动因素。其中任意一层都需要比平常更多的动力，这取决于所处的环境。例如，具有大量数据质量问题、代理键管理、变更数据监测、数据集成、低延迟数据需求、狭窄加载时间窗口甚至仅仅是大量数据的 ETL 系统会特别复杂。

在展示服务器层，大数据量和查询使用是扩大规模的主要驱动因素。这包括聚合的创建和管理，这样就会导致完全独立的展示服务器组件，比如 OLAP 服务器。在查询级别，像并发查询数量和查询组合这样的因素会造成很大影响。如果典型的工作量包括需要叶级别详情的复杂查询，比如 COUNT(DISTINCT X)，或者全表扫描，比如需要创建数据挖掘事例集的查询，那么就需要更加强大的动力。

BI 应用程序也是判定系统规模的重要力量。除查询本身外，许多 BI 应用程序都需要额外的服务，其中包括企业报告的执行和分发、网络和门户服务，以及操作性 BI。服务级别的需求也会对服务器策略产生影响。如果在加载窗口期间锁定用户查询是可行的，则可以在需要时将大多数资源应用到 ETL 系统，然后在加载完成之后，将这些资源切换到数据库和用户查询上。

12.28.2　增加生产能力

扩展一个系统的方法主要有两种。将各种组件分离到其专用的机器上被称为横向扩展。将这些组件保持在单一系统上并且通过添加更多的 CPU、内存和磁盘来增加生产能力的做法被称为纵向扩展。

基于基础设计原则，较少的机器会更好，只要从数据加载、查询性能以及服务水平角度来看，它们能够满足的话。如果可以将 DW/BI 系统全部放入单台机器中，则通常会更加易于管理。遗憾的是，这些组件通常无法很好地共存。扩展的第一步通常是将核心组件划分到其自己的服务器上。根据瓶颈出现地方的不同，这意味着增加一台单独的 ETL 服务器或者 BI 应用程序服务器，或者两者各增加一台。递增式添加服务器一开始通常会比单台大型服务器更便宜，但它需要更多的管理工作，并且按所需变化重新分配资源会更难。在纵向扩展的场景中，可行的做法是，比如，将大型服务器的一部分专用于 ETL 系统，然后在运行时重新分配该部分资源。在高端机器上，实际上可以定义运行在相同机器上的独立服务器，实质上是纵向扩展和横向扩展的一种组合。

集群和服务器场提供了一些添加服务器以支持单个组件的方式。这些技术通常仅在规模大小范围到达极限时才会变得必要。不同的数据库和 BI 产品会以不同方式靠近此多服务器扩展，因此关于何时/是否的决策是独立于产品的。

为了让其更具相关性，你的服务器策略还要与数据存储策略紧密集成起来。设计存储子系统的主要目标在于，要以消除所有瓶颈的方式平衡从磁盘经控制器和接口到 CPU 的能力。我们不希望 CPU 空闲等待磁盘读取或写入。

最后，一旦准备好生产服务器策略，就需要另外一层用于开发和测试环境的额外需求。开发服务器可以是较小的规模；不过，在理想情况下，测试环境应该与生产系统完全相同。我们说过一些同行在将虚拟服务器用于功能性测试方面取得了一些成功，但这对于性能测试没太大帮助。

12.28.3 获得帮助

大多数主流供应商都具有基于我们刚才所描述因素专为 DW/BI 系统设计的配置工具和参考系统。它们还具有在 DW/BI 系统配置方面经验丰富的技术同行，并且他们理解如何创建一个在各种因素间取得平衡的系统。如果打算购买一个大型系统，则它们也会提供测试实验环境，其中它们可以设置完整规模的系统以便对你自己的数据和工作负荷进行数周的测试。在供应商的网站上搜索“数据仓库参考配置”，从而开始开展这方面的工作。

12.28.4 结论

在过去十年中，硬件已经取得了飞速的发展，目前对于许多较小的 DW/BI 系统来说，都可以花费相对少的资金购买一台性能足够强大的服务器来满足其所有需求。其余的人仍旧需要进行一些仔细计算并且测试以便确保构建一个满足业务需求的系统。

这篇文章专注于购买多少硬件以及如何配置这些硬件以便满足 ETL、数据库查询和 BI 的各种广泛需求的实际决策。由于服务器虚拟化的爆炸式增长以及云计算的最终保障，这是一个制定硬件决策的激动人心的时刻。不过，仔细想想，很明显这些方法的任何一个都不会让硬件配置问题消失。DW/BI 系统是如此的资源密集型，具有对于磁盘存储、CPU 性能以及通信带宽的非常具体和特殊的要求，无法“将其虚拟化然后就放任自流了”。可以肯定的是，虚拟化适用于某些情况，比如可以灵活地满足日益增多的服务需求。但那些虚拟化服务器仍旧必须以配置有正确能力的真实硬件为基础。

云计算是一种某一天会改变 DW/BI 全貌的奇特可能性。但我们仍旧处于使用云计算的“大胆猜想”阶段。只有最早的使用者在实验这一新范式，并且作为一个行业而言，我们还不清楚如何利用它。迄今为止，在大型数据库上提升查询性能的一些示例已经被验证过了，但这仅仅是 DW/BI 全貌的一部分而已。

12.29 调整对于 SAN 的看法

Ralph Kimball，Intelligent Enterprise，2001 年 3 月 8 日

这篇文章写于 14 年前。请牢记这一历史背景！

在过去三年或四年中，数据存储行业的一个细分市场已经悄无声息地构建了一个新的架构，对于我们较大型的、较忙碌的数据仓库来说，它具有真实存在的潜力。这一新架构被称为存储区域网络(storage area network，SAN)。要将 SAN 视作一种将所有磁盘驱动器从大型机和服务器上取下，将它们集中在单个位置，然后允许所有服务器同时对任何驱动器组合进行读取和写入的方式。

如果可以在一个位置集中所有的存储技术，并且使用通用的访问，那么你就会认识到一些有意思的规模经济。相较于使用传统的用于大多数系统的“处理器控制其自己存储”的架构，这样做还可以避免付出多余的成本。

我们来快速查看一个典型的 SAN 配置，图 12-14 中揭示了这一配置。顾名思义，SAN 本身就是一个网络，它几乎总是基于光纤通道技术。光纤通道技术能够提供非常高的带宽，从而能够匹配高性能磁盘驱动器以其最高持久速度传输数据的能力。但不同于计算机总线和 SCSI 链，光纤通道可以被扩展到非常大的园区。基于 9 毫米光纤的 SAN 可以扩展到 10 千米直径范围内。在我探讨备份和灾难恢复时，要牢记这一情况。

SAN 通常包含存储设备、服务器和交换机。服务器可以是任何熟悉的服务器类型，包括在线事务处理(OLTP)服务器、用于数据仓库后台的数据暂存服务器、用于数据仓库前台的展示服务器，以及各种其他服务器。其他的服务器包括那些专用于数据管理和功能的服务器，比如数据挖掘、多媒体服务器、传统的文件服务器，以及更为实时的数据仓库中所使用的热响应缓存。

作为 SAN 组成部分的每一台服务器通常都具有向内连接到 SAN 的光纤通道接口和向外连接到传统本地局域网(LAN)的本地网络接口。SAN 交换机能够以光纤通道速度将每一台服务器连接到 SAN 上的每一个存储设备。

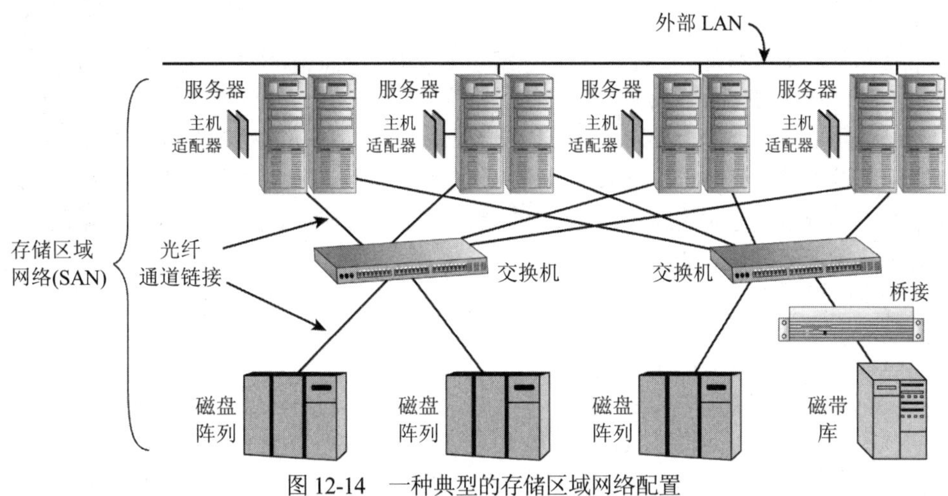

图 12-14　一种典型的存储区域网络配置

此时，你大概会思考 SAN 可以为大型、繁忙的数据仓库所带来的若干好处。这里尝试列出了 SAN 可以为数据仓库带来好处的所有方式：

- **高性能磁盘访问**。最重要的是，SAN 会为从磁盘到服务器以及直接从磁盘到磁盘的数据传输提供非常快的速度。SAN 会以 100 兆每秒的速度传输数据，并且可以确保在不久的将来提升至 400 兆每秒。100 兆每秒这一当前速度可以比得上千兆以太网的速度，但(相比于 LAN)具有巨大的优势，因为每一台服务器都可以独自访问每一个存储设备。有些人已经将 SAN 描述为“服用了兴奋剂的 SCSI”。

- **应用程序之间的高性能传输**。一个典型的数据仓库操作会遭遇两个也可能是三个主要数据传输步骤的瓶颈制约。OLTP 系统必须将主要的生产数据传输到数据仓库的后台 ETL 暂存区。或者这第一步会将数据传输到一个操作性数据源(operational data store，ODS)。无论如何，都必须物理化将大量非常细粒度的数据从一个存储设备复制到另一个。一家大型零售商每天会将 5000 万条销售事务记录传输到暂存区域。一家大型通信公司每天会将 2 亿条通话详情记录传输到暂存区域。并且，一个巨大的互联网站点每天会将数十亿条页面事件记录从生产网络服务器传输到暂存区域。其秘诀是，将所有的生产服务器和数据仓库后台和前台组件全部放在相同的 SAN 中。

数据仓库中的第二个传输必须发生在数据经历了 ETL 数据暂存区中所有的清洗步骤之后。在这第二步中，维度管理者会将一致化维度复制到许多分布式业务处理维度模型中。因为整个企业都可以使用单一 SAN，所以不同的维度模型可以全部留存在 SAN 上，并且可以用很高的数据传输速度来接收一致化维度。这一可能性引发了一种有意思的、微妙的观点。数据仓库仍旧会是一项高度分布式的事务，它具有围绕主要业务过程数据源来组织的不同主题领域。使用 SAN 不需要构建一个整体集中式的数据仓库！

第三个数据传输步骤会发生于某些类型的数据仓库客户端，比如数据挖掘器，它需要将非常大的观测集从数据仓库的常规展示服务中传输到其专业工具中，比如决策树、神经网络以及基于内存的推理工具。同样是这些专业用户，在它们运行了假设场景之后或者在它们已经为所有企业顾客计算出了行为评分之后，还要将大型数据集传输回数据仓库中。

补充

从这篇文章写成开始算，已经超过 10 年了，在 2015 年看来，SAN 技术已经得到了极大的发展，在传输速度和物理网络大小方面得到了显著提高。并且，同样重要的是，IT 企业已经将存储规划移动到了接近于优先级清单顶部的位置。图 12-14 中所示的磁带库已经完全处于消失的过程之中，因为将所有数据在线永久保留的优势正在取代其他的存储技术。最后，最近出现的拍字节大小范围内的庞大数据库正迫使 IT 关注跨较缓慢通信路径移动这些海量数据的令人不快的开销，因而提升了 SAN 方法的吸引力。

第 13 章

前台商业智能应用程序

对于大多数业务用户而言，具有其商业智能(BI)报告和分析应用程序的数据仓库前台就是数据仓库唯一可见的层。如果我们要有机会得到真正的业务接受度并且反馈 DW/BI 投资回报，我们就需要确保它有效回答用户的问题。

本章首先会介绍许多分析师在着手进行业务绩效的新分析时会采用的思考过程和方法。他们首先会制作一份历史指标的报告，但那仅仅是典型分析生命周期的开始，而非最终状态目标。希望对于这一过程及相关活动的更深入理解将推动 DW/BI 团队超越仅仅发布报告的工作目标。然后我们会为行为分析举一个例子，以便凸显出一个很小的分析机会。

基于此，我们会将注意力转向生成一组初始标准 BI 报告以及一个 BI 门户的更为平常的任务。我们还会提醒你关注过早投入开发仪表盘的危险。接着我们会将注意力转向数据挖掘，从它是什么到它会如何影响数据仓库，以及最后，如何赶上潮流。这一章的最后一节会处理 SQL；尽管它是应用程序开发人员和查询工具用来访问数据仓库的基础语言，但它对于执行分析来说具有严格的限制。

用商业智能交付价值

向业务用户交付价值必须成为 DW/BI 团队毫无回旋余地的目标。这一节首先会提供两篇描述典型分析生命周期的文章。希望这一框架有助于你认识到，除生成报告，还有其他事情可做。我们还会探讨合规性的要求以及用作交付必要业务价值的行为分析。

13.1 对于决策支持的承诺(Kimball 经典)

Bill Schmarzo，Intelligent Enterprise，2002 年 12 月 5 日

大多数数据仓库实现一开始都是服务于其业务用户群的报告需求。它们专注于提供关于其业务操作的一种后视镜视角，但止步于此并且宣称取得了成功。这些项目无法超越仅仅提供一堆预置报告的任务目标。相反，它们需要更进一步，将分析应用程序接入到组织决策制定过程的光纤中。

在研究大多数成功数据仓库及其用于业务分析的方法时，会出现一些常见的主题：这些组织中的决策者通常会使用基于异常的分析来识别出机会，然后更深入探究这些数据以便理解那些机会的起因。基于此，他们会对业务情境建模(可能会使用电子表格或者统计工具)，这样他们就有了一个可以依靠的用于评估不同决策选项的框架。最后，他们会追踪其决策的有效性以便持续调整其决策能力。

13.1.1 分析应用程序生命周期

最佳的新一代分析应用程序支持数据仓库的这一深思熟虑的、有实际效果的使用。全面的分析应用程序环境需要支持让用户不局限于标准报告这一使用用途的多步骤框架。该环境需要通过业务场景的分析来积极引导用户，最终帮助他们做出有见解且深思熟虑的决策。这一分析应用程序生命周期的目标是：

- 引导业务用户不局限于使用基础报告。
- 识别和理解异常绩效情况。
- 捕获用于每一种异常绩效情况的决策最佳实践。
- 在整个组织中共享所产生的最佳实践或者智慧资本。

图 13-1 中所示的分析应用程序生命周期由五个不同阶段构成：

1. **发布报告**。提供关于业务当前状态的标准操作性和管理性报告单。
2. **识别异常**。揭示出要对其进行关注的异常绩效(过高的绩效和过低的绩效)。
3. **确定因果关系因素**。寻求理解所识别异常背后的根源。
4. **对可选项建模**。聚合所了解到的内容以便对该业务进行建模，从而提供评估不同决策选项的基础。
5. **追踪操作**。分析推荐操作的有效性并且将这些决策反馈回业务系统和数据仓库(将针对它们执行阶段 1 的报告生成)，从而形成闭环。

我们稍微详细地看看这些阶段中的每一个，以便理解其目标以及对数据仓库架构的影响。

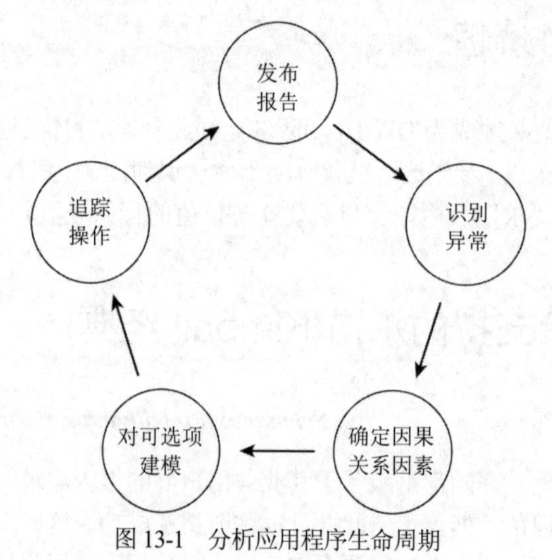

图 13-1 分析应用程序生命周期

13.1.2　发布报告

标准的操作性和管理性报告对于这五步骤生命周期来说是必要的起始点。这些报告会将计划或之前周期与当前结果进行对比，以便提供一份关于业务状态的报告单，比如，“市场份额上升了两个百分点，但盈利能力下降了 10 个百分点”。

发布报告阶段中的数据仓库需求专注于改进展示层并且纳入像仪表盘、门户和评分卡这样的展示技术。

尽管许多数据仓库实现都能成功地交付报告，但它们仅仅会止步于此。那些仅仅是已经存在的硬拷贝报告的电子版本的报告只不过是在走老路而已，没有构建出一条新的高速公路。一个出色的分析应用程序需要将数据仓库的工作成果发展为不仅仅局限于报告，从而支持能够提供显著业务回报的更有价值的分析。数据仓库设计者应该仔细研究最近几年已经完成的关于平衡记分卡、关键绩效指标、经典异常追踪以及数据挖掘方面的工作，以便提出强有力报告指标的新类别。

此外，许多市场和财务部门都有一小组专业的分析用户，它们具有关于报告指标的创造性想法。不要让这些训练有素的、熟悉计算机的业务用户将其所有时间花费在开发其自己的应用程序上！花一些时间与其协作以便得出标准报告的建议。目标在于，将数据仓库和分析应用程序更加有效地缠绕进组织决策过程的光纤通信中去。

13.1.3　识别异常

异常识别阶段专注于回答“怎么回事？”或者“问题在哪里？”。此阶段涉及同时识别出正常绩效之上或之下的异常。大多数业务经理都曾经要求数据仓库团队复制数据仓库中的一堆报告，而实际上他们只是想要将这些报告中的一些部分用荧光笔和黄色标签标记出来而已。该异常阶段是必要的，它有助于用户艰难通过数据洪流以便专注于提供最佳业务回报的机会和那些最值得关注的方面。识别异常的能力对于目前数太字节的数据库变成常态的情况尤为重要。

大多数异常顺着关键维度都是可识别的，比如事件、地理位置、店铺、顾客、促销或产品。因此，维度及其属性越健壮，异常识别过程就越全面。

数据仓库架构上识别异常阶段的牵连性包括了新的能力，比如向用户基于异常触发器所选的设备分发告警的广播服务，还包括以新的且更具创造性的方式浏览数据的可视化工具，比如趋势线、地理位置图或者聚类。

13.1.4　确定因果关系因素

这一阶段会尝试理解所识别出的异常的根源。这一阶段的关键就是识别驱动异常绩效的因素之间的可靠关系和交互的能力。

在确定因果关系因素阶段中成功地支持用户的工作意味着数据仓库架构必须包括额外的软件，比如统计工具和数据挖掘算法，它们使得应用关联、序列化、分类和分段来量化表述因果关系成为可能。还需要纳入非结构化数据，比如新闻发布或新闻推送，这会有助于确定某些异常绩效情况的起因。

数据仓库管理者必须仔细考虑如何将数据挖掘工作成果与其核心活动关联起来。数据挖掘是常规数据报告和分析的一种极有吸引力且错综复杂的扩展。像经典统计和决策树这样的较简单数据挖掘工具，是对于数据仓库人员当前技能清单的合理扩充。但高端的数据挖掘工具，比如神经网络、聚类识别工具、遗传算法以及案例推理工具，很可能需要一个专业的专家。这样的专家可以是数据仓库人员的一部分或者最好是数据仓库热切使用者的一个业务用户。

13.1.5 对可选项进行建模

可选项建模阶段会基于因果关系来开发出用于评估决策可选项的模型。

遵循分析应用程序生命周期时，基于一系列可能决策来执行假设分析和模拟的能力被视为最终目标。其回报就是可以成功地回答战略问题，比如“相对于我的前两位竞争对手，如果我采用超过 10 个百分点的价差，那么我的市场份额、收益和单位销量会如何？”或者“如果我能实现五个百分点的销售预测准确性而非平常的十个百分点，那么对于我的库存成本会有什么影响？”

从现有的数据仓库回答这些问题通常是可行的，只要过滤数据以便模拟(也就是建模)所期望的情形即可。通过计算用于促销分析的基线以及选择测试具有特定人口统计的市场，数据仓库一直以来都支持这类建模。

数据仓库架构需要适应可选项建模阶段中的额外技术，其中包括用于模型评估的统计工具和算法，比如敏感度分析、蒙特卡罗模拟以及目标搜寻优化。

13.1.6 追踪操作

追踪操作阶段的目标是监控可选项建模阶段推荐决策的有效性。理想情况下，之后可以实现一种闭环过程并且将所推荐操作推送回业务系统中。决策的有效性应该被捕获和分析，以便持续地对分析生命周期、业务规则和模型进行调优。

追踪操作阶段会对数据仓库架构提出额外的要求。除实现推送回业务系统以及数据仓库的闭环能力外，我还建议强化已有维度模型并且构建绩效管理追踪模式来判定哪些决策有效以及哪些决策无效。适用于这一领域的新型技术包括了广播服务器，它会很快地让用户可以从其所选择设备(比如电子邮件、PDA、传呼机以及 WAP 电话)来响应所推荐的操作，而不仅仅是发送告警。

13.1.7 回顾

如果数据库要显著影响组织决策制定能力的话，那么实现一个决策指导结构来积极地将数据仓库项目发展为超越当前所专注的报告至关重要。分析应用程序生命周期的实现对于达成这一愿景是有帮助的。它启用了捕获、共享，并且重用了智慧资本，这是组织决策制定过程的自然副产物。我设想了一种灵活而非死板的环境，它会为组织的分析过程保驾护航而非规定一成不变的方向。

13.2　要勇于创新而不是因循守旧

Bill Schmarzo，Intelligent Enterprise，2003 年 11 月 18 日

有些数据仓库设计者希望在仅仅复制了组织的前五份报告之后就宣告成功。他们满足于这种水平的交付，是因为“那就是用户所要求的”。不过，这一方法不过是因循守旧罢了。在有些社区中，其路径类似于一个混乱的网络，因为之前的路径都是基于已经存在的方法来构建的。遗憾的是，因循守旧的人是不会在笔直的网线中蜿蜒前行的。同样，仅仅使用数据仓库来铺设报告“这条老路”不会推动组织超越当前的状态。这就是分析生命周期可以发挥作用的地方。

在文章 13.1“对于决策支持的承诺”中，我介绍了五阶段分析生命周期。要超越发布报告这第一阶段，分析生命周期需要提供一种框架以便与用户协作，从而更好地理解其分析过程以及收集更深入的业务需求。它会强制数据仓库设计者提出第二和第三级别的问题，即“如何”与“为何”，以便理解组织如何才能利用数据仓库进行分析。

13.2.1　从所报告的结果开始着手

我们通过一个真实的体验，即购买一套房子，来理解分析生命周期如何指导需求收集过程。我们假设，你被调任到一个新的城市，并且你必须找到一个新的住所。你会用何种过程来找到理想的房子？你首先会阅读两三份房地产目录(以及借助懂行的房地产代理的指导)并且开始提出大量问题：

- 哪些小区拥有最好的学校？
- 哪些小区离我的工作地点最近？
- 我可以承担什么样的房子？

对于数据仓库设计者来说，报告需求就是出发点。你需要花些时间来识别和理解业务所倚靠的用于监控其绩效的报告。不过，用户绝不可能查看所有数据。你需要将分析过程应用到下一个级别。

13.2.2　识别出标准和阈值允许的误差

在找房子时，你需要限定搜索范围；否则你会被所有的房屋选项所淹没(尤其是考虑到，房屋在不断进出该市场)。你可以通过仅识别那些属性满足一组特定标准的房屋来降低房屋选项的数量。现在你就来到了第 2 阶段：识别异常。在房屋示例中，这些重要的标准包括：

- 价格范围
- 学校教学质量
- 小区安全性
- 房屋面积

阶段 2 会指导数据仓库设计者寻找那些专注于识别出能够区分出值得进一步分析的不寻常情况的因素和阈值的需求。异常识别因素通常会将其自身表现得像新事实和维度属性。

13.2.3 理解因果关系

在识别出那些将用于限定搜索范围的因素之后，就需要理解为何这些驱动因素对于房屋决策是至关重要的。你需要理解这些驱动因素之间的关系、是什么让其如此重要，以及最终的房屋选择。现在你已经到了第 3 阶段：确定因果关系因素。在这里要改进你的选择标准，需要更详尽地研究其定义和对应的认可标准，比如：

- 过去一年中该城市的前 5 位学校排名(因为你有三个学龄小孩)
- 具有四个卧室和两个卫生间的至少 3200 平方英尺的房屋
- 一英亩半可用的大部分都是平整的地(与孩子玩投接球游戏的空间)
- 不超过 30 分钟就能开车到工作地点(你不希望每周花五个小时驾车去工作)
- 不超过 20 分钟就能开车到市中心购物区
- 售价范围从 350 000 美元到 400 000 美元

在阶段 3 期间，数据仓库设计者要专注于理解为何这些因素如此重要、它们如何彼此关联，以及它们如何被用于进行最终决策。这一阶段的结果通常甚至会产生更为详尽的维度表、新的数据源(通常是第三方或者因果关系数据)，以及量化这些关系的因果关系的统计例程。

13.2.4 评估选项

在进行了所有的研究和看房过程之后，你现在就可以创建一些类型的模型来帮助你在最终的房屋决策中进行不可避免的取舍。你现在已经到了第 4 阶段：对可选项建模。

模型可以是非常高级的统计、电子表格算法、简单的启发、经验法则或者直觉。无论使用哪种类型的模型，其基本目的都是提供一种框架，针对它可以评估这些不同的取舍决策。该模型不是为了让简单决策变得平淡无奇，而是为了有助于让看似不可能的决策变得可管理。

你可以采用房屋“模型”来帮助你进行以下类型的房屋取舍决策，要在电子表格中使用加权平均法来让决策变得更加量化而不是完全根据性质进行决策：

- 房屋价格对比小区房屋平均价格
- 房屋的每平方英尺价格对比小区房屋的每平方英尺平均价格
- 房屋的价格对比排序的学校教学质量
- 排序的学校教学质量对比开车到工作地点以分钟计的时长
- 卧室数量对比额外的房间数(书房或阳光房)
- 房屋面积对比可用的空地

对于数据仓库设计者来说，分析需求收集过程要专注于将用于评估不同决策可选型的模型。这包括驱动最终决策(自变量)及其与最终决策的关系(因变量)的指标。

13.2.5 追踪操作以便用于未来优化

最后，一旦制定了决策，就需要追踪该决策的有效性以便调优未来的决策过程。那就是阶段 5 的目标：追踪操作。

这一阶段通常会在分析过程中被跳过。似乎很少有人或组织会乐意花费时间来检查其决策的有效性。在我们的房屋示例中，也同样如此。我不确定有多少同行会真的有意识地检查其决策的有效性，除非他们面临着卖出其房屋。然后你就会迅速了解到，总的市场环境是否看重你所看重的因素。

- 我是否得到了其他邻居得到的房价增值？
- 学校教学质量是否与我想象的一样？
- 我是否按照预想般的路线去往工作地点？

对于数据仓库设计者来说，分析需求收集过程需要捕获决策或者理想情况下在数据仓库中所采取的操作。捕获了这一信息，业务用户就可以查看一项操作是否对关键驱动业务指标(比如收益、市场份额、盈利能力或者顾客满意度)产生了期望的影响。

如你所见，报告通常是分析的开始点，但它并非结束状态目标。只有在组织能够不仅仅局限于报告用途时，你才能开始看到与更好决策有关的业务回报。

13.3　用于业务价值的 BI 组成部分

Warren Thornthwaite，Design Tip #151，2013 年 1 月 8 日

每次 DW/BI 生命周期迭代都会交付具有相关性的、递增式的数据集，它会为组织带来价值并且可以在相对短的时间周期内被实现。通常，DW/BI 团队会在项目过程中丢失其业务重心，而专注于选择 BI 工具而不是提供完全端到端的解决方案。每次生命周期迭代都应该考虑至少交付三个 BI 层组成部分：标准报告、自服务访问，以及有针对性的 BI 应用程序。显然，工具很重要，但业务需要是排在第一位的。我们来检验这三个所需的 BI 组成部分。

13.3.1　标准报告

DW/BI 系统应该变成组织首选业务过程测量的源。为了实现这一点，每个生命周期过程都应该包括提供业务过程监控能力的标准报告创建。例如，顾客服务电话过程应该使用具有基础顾客服务指标的标准报告，比如在一个重要时间段中按天、星期或月份统计的新通话数量。

这些标准报告上的指标必须是精确的。BI 团队需要与来自业务的代表协作对其进行测试和验证。这一验证包括记录 DW/BI 数量和类似报告历史版本之间的任何差异。BI 团队将反复引用这份文档来帮助业务用户理解新的 DW/BI 系统报告既是正确的也是改进过的，因为它们通常会修复老报告中的数据质量问题以及业务规则问题。

这些标准报告对于各个领域的在相对高层次监控业务的用户来说至关重要。他们需要简单的预先定义的报告结构，要具有修改参数或者向下钻取一两个层级的能力。他们通常会想要得到向其通过电子邮件发送的相同报告并且可以从移动设备上浏览。

13.3.2　自服务访问

在标准报告的基础之上，DW/BI 团队还必须提供对数据的直接访问。这一 BI 组成部分习惯性被称为即席查询工具，但该类别在过去几年中已经被划分到了功能具有明显重叠的 BI 工具以及可视化工具中。

BI 工具通常会提供通过捕获维度定义和关系的语义模型进行访问以便帮助将用户选择转译成基础 SQL 或 MDX 语言。这一访问通常在列级别是可拖放的，并且输出布局和格式是由用户确定的。最好的 BI 工具允许向下钻取、横向钻取、设置约束、浏览属性值，以及选择各种表格和图形化输出格式。通常这些即席探究会演化成额外的标准报告。

可视化工具也使用了基于模型的中间层，但它们往往会指引和控制所产生报告和图形的外观。可视化工具会通过做出关于合适图形化输出格式的假设来尝试为分析设计过程提供即时反馈。这些工具的图形化或可视化能力已经超出了基础线条和柱状图的范畴，它们包含了散点图、小多组图、动画时间序列、网络表示形式、空间地图、热点图和树型图。

注意，自服务访问并不意味着每一个人都可以访问。这些工具适用于核心的 DW/BI 系统用户。被称为高级用户、超级用户或者业务分析师的这些用户，他们充分理解数据、工具以及业务，这些足以让其能够成功地为自己服务；如果没有这些必要的知识，自服务就不可能实现。在任何指定组织中，都存在相对较小比例的这样一些核心用户。

13.3.3 有针对性的 BI 应用程序

最重要的是，DW/BI 系统必须在每一次生命周期迭代中向组织交付可测量的价值。这一价值应该被绑定到业务需求收集期间识别出的具体分析机会，并且要作为用于加载指定数据集的正当理由的一部分。这可以是标准报告，如果标准报告包含的信息还无法轻易可用的话，更常出现的情况是，它是一组具体的分析能力。

例如，一个在与投资相关的企业中工作的朋友发现其组织需要理解它们的产品是如何通过各种渠道售出的。问题在于，其产品是通过第三方售出的，并且它们并没有这一销售数据。他找到了一个源，这个源收集了关于销售的特定描述，并且应用了一组复杂的数据清洗步骤和业务规则，这些步骤和规则会从描述中提取渠道维度。然后业务同事就能够确定在何处集中其销售资源，并且基于这一渠道信息来商定更有效的协议和定价策略。

用于交付这些具体能力的工具可以是标准报告、自服务工具、仪表盘、预测性分析，或者一个.NET 或 Java 应用程序。BI 团队应该准备好竭尽所能以各种可能方式向用户交付价值。

13.3.4 这比你想象的要更难

每一个 DW/BI 团队都必须接受向组织交付端到端价值的职责。一旦你理解了正在服务于具有不同分析需求与不同级别分析技能和成熟度的多个用户群，你就会意识到，并不存在单一的 BI 工具可以解决所有的问题；也就是说，没有最好的 BI 工具。不过存在单一的应该充当所有 BI 组成部分基础的架构。通向成功的最直接路径就是构建一个坚实的、企业一致化的、原子级别的维度数据仓库，它会变成所有 BI 形式的平台。这一平台会提供最大的灵活性，并且能与几乎所有 BI 工具一起很好地执行。之后要专注于关于交付业务价值的 BI 资源，使用合适的 BI 组件来完成该任务。

13.4　BI 领域发生的重大变化

Ralph Kimball，Design Tip #60，2004 年 10 月 8 日

在由 Computerworld 杂志于 Palm Springs 举办的商业智能观点大会上，两项有意义的主题非常明显地表明了 BI 领域中的一些重大变化。

13.4.1　合规性是 BI 的免费通行证

许多发言者都惊叹于新的对于财务披露的监管合规性需求，尤其是萨班斯法案，正在打开公司的钱包以便升级其 BI 环境。一位发言者说，"你所必须做的就是提到合规性，然后资金提案就会审核通过。"但大多数发言者都同时表示关注，没人确切知道合规性需求到底意味着什么。不仅没有用具体的数据技术术语来表达这些需求，而且似乎该合规性需求的实际影响必须在法庭上显现出来，其中 IT 部门要辩护其实践是为了"在商业上尽心尽力"以及履行职责。

显然，对于关注满足合规性需求的大多数 IT 部门都会尝试趋向保守一面。当然，萨班斯法案并非唯一的合规性要求。大概存在十几种具有类似需求的交叠财务报告法规，这取决于你在何处开展业务。

满足大多数合规性需求的保守方法会建议提供以下能力：

- (回溯)证明出现在任何报告中的每个最终测量和 KPI 的派生关系。
- (向前)证明最终报告上任何主要或者中间数据元素的影响。
- 证明输入数据未经变更。
- 证明最终测量和 KPI 是根据所记录的转换从原始数据中派生出来的。
- 文档记录所有当前和过去的转换。
- 要重新运行旧的 ETL 管道。
- 要显示出所有业务用户以及对所选数据的管理访问。

13.4.2　顺序行为分析是 BI 的最高峰

该 BI 大会上其中一些最有意思且引起惊慌的案例研究就是对于遍历庞大数据库以便回答顾客行为问题的描述。Andreas Weigend，他是斯坦福大学教授以及 Amazon 的前首席科学家，他描述了在 Amazon 完成的一项研究，该研究是为了找出顾客首次点击一款产品以及之后最终购买该产品之间的延迟(天数)。这是极其困难的。因为大多数点击都不会产生购买行为，所以必须等待购买完成，然后按小时、天或者周来回溯查找点击流中的大量记录，以便找出该顾客对于该产品的首次点击。

像 Amazon 这样的实体希望查找的潜在数据量，其大小是惊人的。Amazon 会在其历史数据中存储每一个链接曝光。链接曝光就是在一个显示页面上呈现的链接。它并不意味着用户点击了该链接。Amazon 每天都在捕获数太字节的链接曝光数据！

链接曝光只是大规模数据洪流的开始而已，当 RFID 被部署到后续单独库存项级别时，这一情况实际上会变得更糟。不仅数据量是惊人的，而且数据通常是在不同服务器上捕获的，每一台都表示不同地点和时间的"入口"。这些挑战会引发关系型模型和 SQL 语言到底是否适用的问题。然而人们希望这一数据提出的即席问题要采用的访问类型与关系型数据库已经在针对小得多的数据源中所提供的访问类型相同。

BI 中的这两项重大变化具有不同的特征。第一项(合规性)就像压舱石一样，而第二项(行为)就像货物一样。不过在我看来，这都是真实存在且永久的。它们会让我们持续忙碌。

13.5 行为：下一个最受欢迎的应用程序

Ralph Kimball，Intelligent Enterprise，2002 年 4 月 16 日

自 20 世纪 80 年代早期以来，数据仓库的重心一直沿着稳步且不可阻挡的发展趋势而演化。随着时间的推移，竞争压力和最新几代的管理手段已经将我们带到了新的分析时代的临界点。

20 世纪 80 年代和 20 世纪 90 年代，它们都有着其独特的“最受欢迎的”应用程序。在 20 世纪 80 年代早期，50 MB 的数据库就非常大了。但我们满足于能够分析一个组织的基础销售数字。80 年代最受欢迎的数据仓库应用程序就是发货和市场份额。我们致力于查看每个月发出了多少产品，并且如果我们幸运的话，还可以看到这一数字代表着总体市场的哪一部分。在某种意义上来说，这些早期数据仓库应用程序代表着我们第一次可以从年度报告向下钻取以便开始分析我们业务的组成部分。在 20 世纪 80 年代，我们的分析很简单：这个月与上个月或一年前的对比。并且最困难的计算就是我们这个月市场份额与一年前相同市场份额指标的对比。

到 20 世纪 90 年代早期，我们的生产能力、技术和分析预期都已经取得了发展，超越了简单的发货和市场份额数字，从而要求对单个顾客级别的利润贡献率进行全面分析。在 20 世纪 90 年代开头，最复杂的数据仓库已经分析了单独店铺或分支机构级别上的收益。当然到了 20 世纪 90 年代末，我们已经能够在数据仓库中捕获和存储我们业务的最原子事务。20 世纪 90 年代最受欢迎的数据仓库应用程序就是顾客利润贡献率。我们开发出了用于将不相干收益和成本数据源绑定到一起以便组合出盈利能力的完整视图的技术。数据的最为原子化详情允许我们用确切的产品和顾客来标记每一个事务。这样，我们就可以为每一个顾客和产品线汇总全面的盈亏视图。

奇怪的是，尽管可用于分析的数据量在 20 世纪 80 年代到 20 世纪 90 年代之间至少增长了 1000 倍，但我们并未看到我们分析技术的复杂程度有显著增加。我们当时正忙于争论庞大数据库的问题。尽管数据挖掘技术的使用有了一些适度的提高，但这些高级分析方法仍旧是数据仓库市场的一个微小部分。不过，我们的确看到了查询和报告工具易用性方面的显著提升。20 世纪 80 年代易于理解的 SQL 用户界面在 20 世纪 90 年代宽容地让位于更为强大的用户界面，以便用于从多个源合并数据、凸显异常，并且在用户桌面对数据进行透视以便让数字显现出来。

在我看来，20 世纪 90 年代对于高级分析技术的相对缓慢的应用，也归因于文化阻力。企业管理层总是不愿意相信他们并不真正理解的东西。我稍后将论证，我们最终准备好了打开文化大门，并且准备好了让高级分析技术变得更明显和更重要，但我们需要有耐心。

在 20 世纪 70 年代末我作为 Xerox Star 工作站产品经理开始我的数据仓库职业生涯时，我记得至少有一半未来的财富 500 强客户还未真正使用计算机或者使用任何类型的数字来管理其业务。他们都是真正在办公室的走廊穿梭并且凭着“直觉”来进行管理的。自那以后一直到通过数字进行管理的绝对需求的变迁，其原因同时来自于技术进步，以及业务领域中由于出现了经过计算机培训并且精通计算机的更年轻管理者而发生的世代交替。因此，往前看，我们需要耐心等待一种更具分析性的文化来展示其自身。在后面一节内容中，我还主张，下一个最受欢迎的数据仓库应用程序的需求将强制我们升级我们的分析复杂性，因为下一个最受欢迎的应用程序将难得多。

13.5.1　CRM：通向行为数据应用的跳板

在 20 世纪 90 年代末，顾客关系管理(customer relationship management，CRM)成为一个重要的新数据仓库应用程序。CRM 扩展了顾客利润贡献率的概念，其中包含了理解完整的顾客关系。Patricia Seybold 在其著作 *Customers.Com*(Random House 于 2010 年出版)中令人满意地捕获到了 CRM 的观点。数据仓库设计者可以阅读其著作，将其当作一组可以被直接转移成数据仓库系统设计的业务请求。Seybold 的其中一个最强有力的观点是，需要捕获业务中所有面向顾客的过程。大部分我自己所写的关于一致化维度和数据仓库总线架构的内容一直伴随着 Seybold 提出的问题共同出现在我的脑海中。

不过在 20 世纪 90 年代实现的 CRM 仍旧只是关于顾客的传统视角。我们会统计顾客访问我们店铺或网站的次数。我们会通过成功的产品送货与合计值的比例或者通过投诉数量的变化来测量顾客满意度。我们的分析技术仍旧是我们在 20 世纪 80 年代早期用于发货和市场份额计算的计数和比较类型。

但是市场营销经理正不断需求新的竞争切入点。许多组织现在都能非常好地理解顾客利润贡献率。它们知道哪些顾客往往会是能够对利润有所贡献的顾客。它们知道哪些活动能产生最佳的顾客。但市场营销经理正渴望能够更深入理解如何识别和发展良好顾客，以及反过来如何识别和阻止不良的顾客。当市场营销经理可以理解、预测和影响个体顾客行为时，他们就会得到下一个竞争优势。与此同时，我们的数据源已经下降到了子事务级别。似乎在 20 世纪 90 年代末，如果我们捕获了每一个原子销售事务，那么在某种程度上我们就得到了用于所有可能数据的基础。但 CRM 的发展以及售前顾客行为的捕获已经在我们能够收集到关于顾客的数据量方面带来了另一个 1000 倍的增长。这些新的数据源包括，在网络上追踪访问者的单个页面请求、与产品信息和顾客服务支持有关的呼叫中心日志、来自零售和金融公司的市场购物篮信息，以及推广优惠和反响追踪。我们正处于这些子事务数据源爆炸式增长的开端时期。不久之后我们就会拥有嵌入到汽车、护照以及信用卡中的全球定位系统。同时，我们日益增长的安全性需要将允许我们查看来自许多店铺和办公室的顾客出入记录。我在这里不会涉及由这些技术所引发的隐私权法律问题。

在我看来，21 世纪最受欢迎的数据仓库应用程序将会是顾客行为。我们要同时分析个体和商业顾客行为。但行为到底是什么呢？它当然不会像发货、市场份额或者利润那样简单。加总行为的含义是什么？行为真的可以是数值的吗？

13.5.2　对于行为的新分析

尽管 Michael Berry 和 Gordon Linoff 并未在其书名中使用“行为”一词，但很容易就能将其所写的内容转换成行为这一大主题的基础。在其最新著作《数据挖掘技术，顾客关系管理的科学艺术》(Wiley 出版社于 2011 年出版)中，他们介绍了聚类、分类和预测的简单进程是如何采用子事务数据源并且将其转变成行为的可操作描述的。

简要说来，聚类就是从所有顾客的海量数据中识别出离散的群组(通常是顾客的群组)。可以使用 Berry 和 Linoff 所描述的若干不同高级数据挖掘技术来完成聚类。注意这里需要的文化跳跃：必须信任聚类算法。

在有了聚类之后，分类就成为可行的了。如果新的潜在顾客可以被关联到其中一个已有的聚类，则可以合理地推测，这个顾客将表现得像该群组其他成员一样。注意“表现”这个词。你已经根据顾客行为对其进行了分类。在这里我们需要一些更高级的分析，以便理解该潜在顾客有多接近已有群组的中心，往该分析阶梯上再上一个台阶。

预测是最高的技术形式。可以将数值指标关联到群组的每一个已知成员，然后使用该指标以及到这个新潜在顾客的“距离”来推算出生命周期值的数值预测，或者该潜在顾客缺席的可能性。

在任意指定时间点上，都可以通过文本标签来总结顾客的行为，比如高利润贡献率的老顾客或者不产生利润的闲逛者。市场营销经理其中一个主要目标就是，如何将这第二组顾客转变成第一组。最近我正好一直在帮助许多数据仓库设计者在其面向顾客的数据仓库中创建用于随时间推移追踪和报告这类称谓转变的模式，如我在文章 10.15“对行为标记进行争论”中所述。尽管最终的报告非常简单明了，但我希望你可以认识到它们所需的重要分析基础。

最后，行为的一种复杂但非常具有吸引力的形式就是，理解顾客在访问网站时才采用的路径，或者相反，获得组织所有的顾客沟通点。数据挖掘者称之为链接分析。同样，一旦分析出了路径的显著性，就可以为其分配一个行为标签，然后使用我刚刚描述的技术将其总结为向市场营销经理提供的可操作报告。

实现商业智能层

对于许多业务用户来说，标准的 BI 报告和应用程序是其唯一可以看到的数据仓库交付物。这一节将提供用于设计和构建数据仓库前台中这些关键元素的详尽技巧和技术。

13.6 成功的自服务 BI 的三个关键组成部分

Joy Mundy，Design Tip #153，2013 年 3 月 4 日

商业智能行业多年来一直在使用自服务 BI 这个词语。自服务 BI 意味着让业务用户群可以创建其自己的报告并且从零开始进行分析。自服务 BI 并非新事物。20 多年来，Kimball 方法一直专注于将即席访问作为 DW/BI 系统的一种集成式——甚至必不可少的——组成部分来交付。但自服务 BI 是老概念的一个很好的名称，并且是一个可以得到业务用户群关注的名称。撇开老名称或新名称不谈，我们来检查需要采取什么措施来支持业务用户的信息自服务。这三个组成部分就是自服务 BI 环境的基础：一个坚实的维度模型、一个合格的用户支持系统，以及一个有效的 BI 工具。

13.6.1　坚实的维度数据模型

取得成功的第一个关键点就是维度数据模型。维度模型的好处广为人知，并且在所有的 Kimball Group 著作中都介绍过。简要来说，维度模型会交付：

- 业务用户有希望可以理解的简化结构。
- 可以与最好的自服务 BI 工具无缝协作的简化结构。
- 一致的属性变更管理。
- 极佳的查询性能，它会来自几个方面：
    - 较少的表联结，因为解码和层次结构都被收缩到了一个简单的平面维度表中。
    - 简单的表联结，因为有效的单列代理键总是会联结事实和维度。
    - 识别维度结构的数据库引擎优化。
    - 在可能的地方，在 ETL 过程中而非查询时对指标或属性进行预先计算。

13.6.2　合格的用户支持系统

我与之交流过的许多组织都期望，自服务 BI 意味着它们可以降低开发报告的 IT 人员的数量。这是可以的。你可以让 IT 的报告编制人员减少，但你几乎肯定要用承担一组更广泛的服务机构职责的同事来替换他们(或者变更其职责)。

对于组织数据的有效自服务或即席使用需要一些服务。即使 BI“前台服务机构”的人员配置和资金供给是在本地完成的，这些服务的提供也应该是集中协调的。成功自服务 BI 绝对需要的服务包括：

- **文档和元数据**。为了让业务用户成功地使用所提供的工具和数据，他们需要知道数据元素意味着什么、它们来自何处、它们是如何组织的，以及要密切注意些什么。在 Kimball Group 中，我们都沉迷于让业务用户实际看到维度模型的简单表示，最好是在 BI 工具中看到。毕竟，它们中的许多都会参与到协作式设计会议中，对吧？这样，自服务 BI 的所有三个组成部分就同时具备了。
- **元数据交付**。开发和维护元数据和描述仅仅是战役的一部分。你还需要让它们可用于用户群。描述性元数据是最重要的，如果可能，应该从用户使用的 BI 工具中向用户公开它们。
- **培训**。如果数据模型、文档和工具都非常好，你的智能用户可以直接使用它们并且立即变得有效的话，那就太棒了。不过情况往往并非如此；你需要培训用户如何安全且有效地使用该环境。用户需要学习如何使用数据以及如何使用工具。
- **协助**。自服务 BI 的理想情况是不需要协助。实际上，总是会存在用户需要帮助的问题、查询和分析。用户可以并且将会互相帮助，但最有效的做法是，让 BI 团队中的一些人帮助处理真正困难的问题。
- **丰富的标准报告**。通过选择参数来“轻度自定义”一份标准报告的能力对于许多用户来说就是足够好的自服务了。

13.6.3 有效的自服务 BI 查询/分析工具

当然，你需要将一个或多个工具用于自服务 BI。这些工具与标准报告的开发和交付软件不同，虽然它们也许是由相同供应商提供的。存在两种主要类型的自服务 BI 工具，由于欠缺更好的名称，所以我将它们称为常规工具和可视化工具。

常规工具包括许多供应商提供的最重要产品，其范围涵盖了值得尊敬的 SAP(Business Objects)、IBM(Cognos)、MicroStrategy 以及许多其他产品。由于其所发挥的作用，这些工具是值得尊敬的。它们提供了一个语义层，让用户可以通过拖放来构造查询。在定义了数据集之后，用户就有了各种选项来构造一份报告或者将数据导出到 Excel。大多数供应商都会提供具有用于报告布局的简化用户界面的工具版本，主要针对希望快速原型化的业务用户，而非目标是精确到像素的报告开发人员。IT 组织意识到了将常规工具中构建的业务用户分析转换成标准报告会有多容易。

可视化工具较新，但它们也出现了近十年了。这一类别的例子包括 IBM(Cognos Insight)、Tableau 以及 QlikView。这些工具往往会在其名称中使用单词 visual 或 insight(或者两者同时使用)。可视化工具提供了更具限制性或者向导式的用户体验。这一向导式查询体验会让其照章办事变得更加容易，但较难打破这些限制。当然，在进行分析时，尤其是在进行数据图形化呈现时，可视化工具会真正发光发热。可视化工具保留了显示和底层查询之间的密切链接，因此用户进行向上、向下和横向钻取，以及用不同的像空间地图、动画时间序列以及热点图这样的展示类型进行实验是很容易的。

根据我的经验，可视化工具在将用户保持在 BI 工具环境中这个方面能够更好地履行职责。使用常规工具，具有强烈倾向性的做法是，在工具中构造查询，然后导出到 Excel 用于分析和显示。我像其他人一样钟爱 Excel，但如果我们希望加工该分析的话，那么对分析师已经完成的任务进行逆向工程将是非常难的。

13.6.4 自服务 BI：它并非仅仅是一个工具

BI 工具供应商暗示，如果购买其产品，业务用户群将获得自服务 BI 的好处。市场上有许多伟大的 BI 工具；其中一些具有非常有意思的使用性，但不要自欺欺人(或者让供应商愚弄你)了。在业务用户可以利用这一绝妙能力之前，有大量的工作必须要预先完成。不要让这些工作阻挡你的道路，而是要怀有一种现实的态度，要清楚有多少工作量，以及需要多少时间和资源来向用户群交付很棒的自服务 BI。

13.7 利用数据可视化工具，但要避免混乱局面

Joy Mundy，Design Tip #162，2014 年 1 月 7 日

日益流行的数据可视化工具会提供业务分析师钟爱的一种环境。它们会提供定义计算的能力，并且更重要的是，它们会提供对数据进行探究和实验的能力。这些产品最终远离了表、柱状图以及饼图的老旧备用组件，它们取得了创新，让用户更易于从其数据中绘制出可视化见解。

业务用户甚至可以创建具有向下钻取的漂亮仪表盘元素并且与其同事进行交互式共享。

我钟爱这些新近出现的主流工具。如果我是一位业务分析师，我会不懈地请求管理层批准进行许可采购。我将确保得到巨大的投资回报，并且我能够进行交付的概率很大。从用户角度来看，这些工具的其中一个最有价值特性就是将不相干数据挂接到一起的能力，其中包括数据仓库外的数据或公司外的数据。这些数据来自云端、Google Analytics 或 Excel。

不过，如果我是 IT 人员，那么我会喜忧参半。另一方面：要为用户提供他们想要的东西。他们可以从多个源提取数据、按照其意愿合并它、创建其自己的分析。上一篇文章 13.6“成功自服务 BI 的三个关键组成部分”，从梦想踏进了现实。这真的很棒！另一方面：混乱局面。每个分析师都会在数据可视化工具中创建其自己的数据集、按照其意愿命名元素、将转换和计算放入特定于工具的“代码”中。这又将全部是烟囱式数据集市或者散布四处的集市。我们最终会让这些实质相同但外观不同的不一致的定义、不一致的名称，以及不一致的数据移动和转换多次。从激动人心的分析师-极客角度转向乐趣较少的审计和合规性角度，少数深植于单独数据可视化工具中的约束和集成逻辑会变成一个噩梦。如果分析师宣称，通过将六个数据源与数据可视化工具中手动编制的集成规则结合起来查看市场，发现了一个 1 千万美元的利润机会，该怎么办？这些集成规则是被证明过的吗？你要在工具中的何处查看分析师做了什么？其他分析师是否在使用完全相同的规则？

这些数据可视化工具供应商的销售人员会向业务用户推销一个完美的梦幻产品。这些销售人员会告诉用户，他们无须等待 IT 构建一个星型模式你可以将该工具挂接到源系统或者操作性数据存储上，并且自行构建内存中的多维数据集结构(或者会得到一些关于令人讨厌的位元的低劣咨询协助)。并在短期到中期来看，他们是正确的。但他们不会谈论一两年中，当用户群的未协调一致的分析需求滥用了 IT 基础设施时，这一环境会发展成什么样子。或者当用户厌倦了维护其关键业务仪表盘之下的奇怪代码并且试图将其移交给 IT 时，这一环境会变成什么样子。更不要说真正问题的多个版本了，这是如此混乱局面所必然带来的后果。我们当中那些长久以来一直在构建数据仓库的人已经数次看到了这一“桌面数据库”的浮现迹象，第一次是 20 世纪 80 年代的 4GL 语言，然后是 20 世纪 90 年代数据集市的激增，现在则是新的数据可视化工具的惊人能力。我们来澄清一下：我们钟爱数据可视化工具。我们只是希望来自这些工具的业务见解是可被理解的、一致化的、并且值得信赖的。

在某些情况下，可以在数据可视化工具中实现整个 BI 解决方案，先跳过计划、设计和构建数据仓库这些耗费资源的步骤。这几乎可以肯定并非一个好的做法。Kimball 风格的数据仓库/商业智能系统远不止星型模式这么简单。Kimball 方法最重要的组成部分就是专注于一致性：让我们所有人一起就每一个数据元素的名称、定义和属性变更管理技术达成一致。对其一次性定义，使用真正的 ETL 工具进行规划并且实现数据移动，以及用持久的、可管理的格式来存储转换过的数据(数据仓库)。

如果混乱局面并非答案，那么 Kimball Group 会推荐什么呢？首先，在架构中为数据可视化工具找到一个位置。业务用户会需要它们，并且如果 IT 组织并未规划一种有效的架构，那么你会发现一种无效的架构正在你眼皮底下演化。

有效的架构依赖 Kimball 数据仓库，并且还依赖于一致化维度所暗含和需要的数据管理。业务用户必须认可一个名称用于一个对象的概念，并且要让他们通信和开展业务的方式成为一个组成部分。这是一个业务问题，而非一个 IT 问题，不过 IT 应该提倡和启用有效的数据管理。有了任意类型的自服务 BI 之后，那么一旦一个对象的名称和计算位于用户分析中，就不可能禁止用户变更它，因此我们需要帮助他们理解为何他们不应该这么做。

准备好了精心设计过的并且实现了的 Kimball 数据仓库，业务用户就可以将数据可视化工具直接挂接到关系型数据仓库，或者挂接到集中管理的多维数据集上。这些工具将主要用作表示分析和可视化的标签。有些用户将需要带入外部数据——总会有一些东西还没有被集中式数据仓库所获取——但它应该被放在外围。IT 需要保持与用户的良好沟通，以便查看他们所使用的外部数据，并且评估这些外部数据是否应该被集中获取。同样，将一些用户定义的计算提升到一个集中管理的多维数据集或者语义层之中是合适的。

如果仅仅规划了数据仓库但还没有上线，那么需要支持针对操作性数据存储或源系统的过渡期使用。如果你积极帮助用户群有效使用可视化工具，它将更好地长期运行。通过建立起合作关系，你将得到用户如何使用这些工具的见解。你甚至可能得到一些对他们做什么和如何做的影响。你应该非常清楚，针对源系统或者 ODS 直接完成的任何工作都是针对数据仓库进行重构的候选项，只要这些候选项可用。

最后，还有一些组织没有数据仓库，也没有构建一个数据仓库的计划，没有致力于数据管理，或者 IT 和用户之间具有对立情绪而非协作关系。如果你的组织正是如此的话，那么自服务 BI 混乱局面会是无法避免的结果。

13.8 像软件开发经理那样思考

Warren Thornthwaite，Design Tip #96，2007 年 10 月 31 日

对于大多数组织来说，绝大部分用户都是通过 BI 应用程序来访问 DW/BI 系统的，其中包括标准报告、分析应用程序、仪表盘以及操作性 BI；所有这些应用程序都会为人们找到其所需信息而提供一种更为结构化的、参数驱动的、相对简单的方法。BI 应用程序是 DW/BI 系统的最终产品；它们必须是有价值的、可使用的、功能性的、高质量的，并且能够很好地执行。

这些特性中大多数都是在 BI 应用程序设计和开发过程中形成的。在整个应用程序开发、测试、文档记录和试运行期间，装作是来自消费级软件产品公司的专业开发经理是非常有帮助的。实际上，这也并非是假装。真正的软件开发经理所经历的步骤会与负责交付 BI 应用程序的同行所经历的步骤相同。最好的软件开发经理已经得到了相同的经验教训：

- 当你的开发人员为你提供可运行应用程序的首次展示时，该项目完成了 25%。来自一个自豪的开发人员的第一个演示是应该期待的一个重要里程碑，但经验丰富的软件开发经理知道，该开发人员仅仅通过了第一次单元测试而已。第二个 25%就是让应用程序通过完整的系统测试，其中所有的单元都要有效运行。第三个 25%就是在模拟的生产环境中验证和调试已完成的系统。最后的 25%就是文档记录以及将系统交付到生产环境。
- 不要相信那些认为其代码非常优美以及自文档化的开发人员。每一个开发人员都必须在项目上工作足够长的时间才能交付出完整的、可阅读的、高质量的文档。对于直接暴露给用户的所有交互或算法来说尤其如此。
- 使用缺陷追踪系统。在缺陷追踪或者问题报告系统中设置一个分支，以便捕获每一次系统崩溃、每一个错误结果以及每一个建议。经理应该每天浏览这一系统，为各种问题分配优先级。如果存在任何开放的优先级 1 的缺陷报告，那么就不能将应用程序发布到用户群。

- 在测试和缺陷报告方面设置非常高的专业奖金。确立缺陷发现奖励。使高管层称赞这些工作成果。确保应用程序开发人员对业务用户和测试人员足够耐心。
- 积极处理从业务用户和测试人员处收集到的缺陷报告。确认接收每一个报告的缺陷，允许用户和测试人员查看已经为其报告所分配的优先级是什么以及其报告的解决状态是什么，然后修复所有的缺陷。

这些经验教训在具有庞大用户群的组织中尤为重要。在创建会被大量操作用户所使用的操作性 BI 应用程序时，这些经验同样有效。你不会单独满足这些用户群中的每一个人，因此你的产品最好非常棒。

13.9　标准报告：供业务用户使用的基础报告

Joy Mundy 和 Warren Thornthwaite，Intelligent Enterprise，2006 年 2 月 1 日

业务人员应该渴求深入探究表示其业务的数据。毕竟，谁会比他们更清楚哪些信息是需要的呢？遗憾的是，很少有业务人员会乐意这样去做。如果用户中有 10%真正从无到有地构建其自己的报告，那么你就算幸运的了。对于用户群的其余 90%来说，是要依靠 DW/BI 团队来提供访问数据的一种更容易方式的。这里是设计一组起始的 BI 应用程序标准报告的过程。

13.9.1　BI 应用程序是什么

并不存在被普遍认可的 BI 或 BI 应用程序的定义，因此我们要提供我们自己的：BI 应用程序就是商业智能的运载工具——为业务提供可用信息的报告和分析。BI 应用程序包括广泛的报告和分析，涵盖了从简单固定格式报告到具有复杂嵌入式算法和领域专业知识的复杂分析的范围。基于复杂度级别来划分这一范围是有帮助的。我们将简单部分称为标准报告，将复杂部分称为分析应用程序。

在不借助数据仓库优势的情况下构建 BI 应用程序是可行的，但这种情况很少出现。一个精心构建的数据仓库会通过维度模型和 ETL 过程来提供价值，因此重复这些工作而构建一个独立的 BI 应用程序是毫无意义的。大多数成功的 BI 应用程序都是数据仓库面向用户方面的一个不可或缺的部分。

标准报告通常具有固定格式，是由参数驱动的，并且在其最简单的形式中，都是预先运行好的。标准报告提供了一组核心的与特定业务领域中正在发生什么事有关的信息——听上去很枯燥，但这些报告都是 BI 应用程序的主干。来自不同行业的示例包括从年初至今天的销售情况与销售代表预测值的对比、按服务计划统计的月度用户流失率，以及按促销按产品统计的直接邮件响应率。

标准报告系统由几项技术组成部分构成。你必须具有供报告设计者使用的工具，这个报告设计者要么是 IT 的某个人，要么是经验丰富的业务用户，以便定义报告。你需要管理用于报告存储、执行和安全性的服务。最后，报告系统应该具有一个导航门户，以便帮助用户找到他们想要的报告。

分析应用程序要比标准报告更加复杂。它们聚焦于具体的业务过程并且封装了关于如何分析和诠释该过程的领域专业知识。它们包括复杂算法或者数据挖掘模型。一些分析应用程序会为用户提供高级能力以便基于使用该应用程序所获得的见解将变更反馈回事务系统；有一些是作为黑盒或者主机系统来销售的。分析应用程序的常见例子包括预算和预测系统、促销有效性和类别管理应用程序、欺诈侦测以及网络路径分析。

13.9.2 构建还是购买

大多数组织都会构建其自己的标准报告集，使用采购的报告工具来设计报告以及在企业内网上发布报告，通常是发布在随同的报告门户中。有许多流行的工具可以轻易定义和发布报告，以及自定义捆绑的门户。

对于分析应用程序的构建还是购买决策更为复杂。封装好的应用程序的市场正同时在数量和质量上有所增长，并且组织购买它们的情况正越来越普遍。不过，相较于预先构建的事务系统来说，几乎每一个封装好的分析应用程序的实现都极大地需要更多自定义。要对封装好的应用程序的灵活性和自定义难易程度进行评估。它是不是基于良好设计的维度模型？如果是，则可以相对容易地将数据模型映射到应用程序的模型。如果数据模型被紧密绑定到应用程序本身，那么即使应用程序源自维度数据仓库，实现也需要极大的工作量。

有些组织仍旧会构建自定义的分析应用程序，使用标准工具和自定义代码的组合来捕获和应用最佳实践的业务规则。拥有分析组织业务过程方面的特定专业知识或者使用特殊系统和业务模型的组织更加会构建其自己的分析应用程序。

13.9.3 设计报告系统

只有在接近 DW/BI 项目的部署阶段时，才能构建报告，但你可以并且应该提前开始其设计过程。只要完成了对业务用户关于其信息和分析需求的访谈，就可以创建报告规范了——等待的时间越长，就越难记住细节。这一步包括了以下任务：

- **创建目标报告清单**。重要的是尽可能快地向业务用户交付价值；不要等到开发和测试了数百份报告之后才让用户进入系统。要识别出将在第一轮开发中创建的 10 到 15 份报告。

  创建目标报告清单的最佳方式就是首先基于一份完整的候选报告清单来审查任何人所表述的每一个信息请求、期望或者设想结果的业务需求。为每份报告提供一个名称和描述，并且按一到十对其业务价值以及构建其所需的工作量进行评分。

  一旦具有了完整的候选报告清单，就要对其进行优先排序，分组相关的报告，并且与一小组有能力胜任的、相关的业务用户一起检查这些优先级。商定一个初始交付 10 到 15 份报告的临界点。提醒用户，许多较低优先级的报告都可以被移交给对其最感兴趣的部门专家手中。

- **创建标准模板**。将报告系统视作出版物，并且要将你自己视作编辑。为了有效交流，你需要一致化的格式和内容标准。要创建一个识别将出现在每一份报告上的标准元素，如图 13-2 的报告模型所示。基础要素包括：

- 报告名称和标题
- 报告正文：
  - 数据依据、数据精确度以及数据格式
  - 列和行标题格式
  - 背景填充和颜色
  - 合计与小计的格式
- 页眉和页脚：
  - 报告名称和导航目录
  - 报告运行日期和时间
  - 数据源与用到的参数
  - 报告注释，包括重要的异常，比如“排除公司内部的销量”
  - 页码
  - 保密条款声明
- DW/BI 参考(DW/BI 系统的名称和标识)
- 报告文件名称

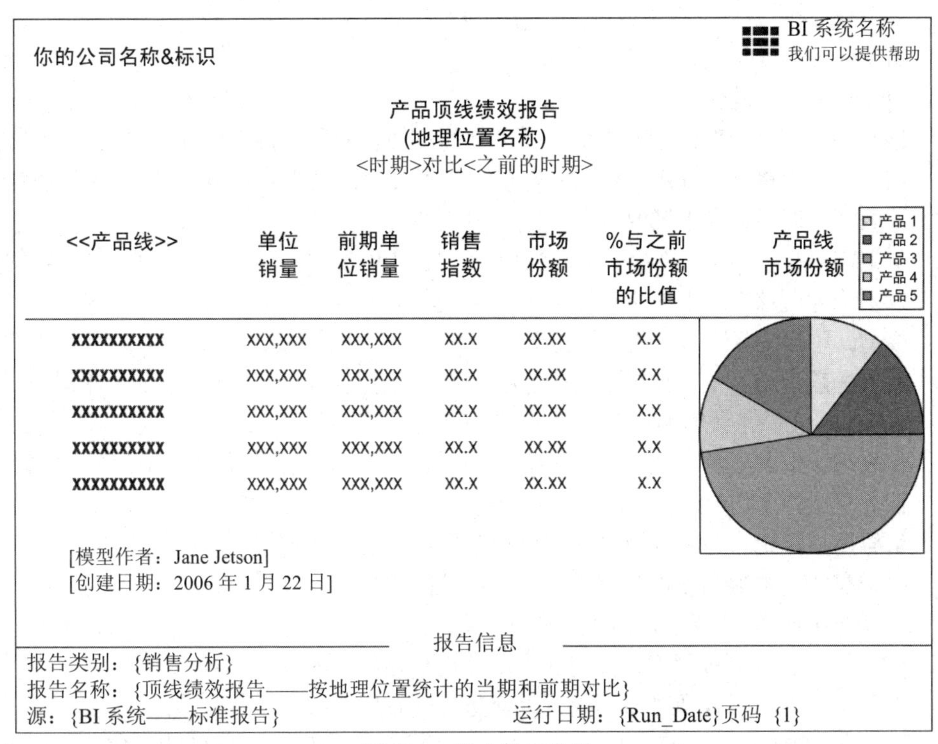

图 13-2　样本报告模型

并非所有的报告信息都会被显示在报告本身上。要使用规范文档或者仓储来收集以下报告元数据：

- 用户变量以及其他用户交互，比如向下钻取
- 报告计算、推导来源、作者以及创建日期

- 安全性需求
- 执行周期或触发事件，如果报告是自动运行的话
- 交付机制，比如电子邮件、网站、文件目录或者打印机
- 标准输出格式，比如 HTML、PDF 或者 Excel
- 页面方向、大小以及边距设置
- **创建报告规范和文档**。对于目标清单上的每一份报告，都要创建一个包括以下组成部分的规范：
  - 像之前概述的内容一样的报告模板信息
  - 报告模型
  - 用户交互列表
  - 详尽的文档

  报告模型是进行内容和报告目的沟通的非常有效的方式。要使用符号来表示函数，比如：

  < >表示用户输入的变量

  << >>表示可钻取字段

  {}表示应用程序输入的变量

  \\ \\表示指向另一份报告或者文档源的链接

  ( )表示一个页面或者分节字段

  [ ]表示报告模板注解

  这些函数符号会告知你哪类交互是可行的，但它们不会指出交互如何进行。创建一个用户交互清单来识别用户会与每一份报告所交互的特性和程度，其中包括变量规范、选取清单表述、向下钻取以及字段添加或替换。

  文档需要未直接与报告显示关联的信息，比如报告类别、数据源、每一列和行的计算，以及构建到该查询中的所有异常和排除项。可以将这份文档附加到用户交互清单中。模型、用户交互清单以及附加的文档必须提供足够的信息以便开发人员可以构建报告。
- **设计导航框架**。一旦知道了要构建哪些报告，就要对其进行归类。此结构应该让了解业务的一些内容的任何人可以快速找到他们想要的东西。最佳的方法是，根据业务过程来组织报告，就像数据仓库总线矩阵一样。这一导航框架是进入 BI 系统的主要入口点，我们称之为 BI 门户。
- **引导用户评论**。与业务用户群一起检查报告规范，以便：
  - 验证高优先级报告的选择并且测试规范的清晰度。
  - 验证 BI 门户中的导航层次结构。
  - 让用户介入到过程中，强调其作用并且彰显其投入。
  - 让用户对于仅仅数月时间内可以交付什么有所了解。

一旦规范被审核通过，就可以将它们归档，直到开发这些报告时再使用它们。如果要评估前端工具，那么这些规范就会很有用，因为候选项应该能够轻易应对初始报告集中的报告范围。

13.9.4 概述

BI 应用程序，无论标准报告还是高级分析应用程序，通常是 90%的业务用户访问 DW/BI

系统的唯一方式。标准报告是系统的主干，因此需要花很大精力去设计它们并且创建一个导航框架。要在业务用户需求还清晰地存留在你脑海中时，尽早在项目中完成这一工作。

当构建和填充数据仓库的艰难工作接近完成时，就是时候再次思考 BI 应用程序了。那就是要从存档处取出目标清单规范并且构建标准报告和 BI 门户时，其中包括维护、扩展、安全保障以及调整报告的计划。

快速学习

对于 DW/BI 团队来说，从一个老系统将一组报告复制到新报告环境中的情况是很常见的。尽管这是必须且合理的，因为这样就可以关闭老环境了，但是现有报告的复制很少会带来太多的感知价值。你所提供给用户的所有内容就是他们已经拥有的内容。这样做也存在风险，因为老的报告通常嵌入在很复杂且未文档化的业务规则中。准确地复制报告将比你预想的要难得多。

如果你必须复制一组已有报告，则要与业务用户协作以便识别出最重要的遗留报告，但也要将新的报告纳入到发布中，以便激发用户兴趣并且提供更多的业务价值。

13.10　构建和交付 BI 报告

Warren Thornthwaite，Intelligent Enterprise，2006 年 4 月 1 日

在文章 13.9“标准报告：供业务用户使用的基础报告”中，我们设计了一个过程，用于识别、优先排序以及指定一组核心的 BI 标准化报告。在这篇文章中会描述，在真实数据以其最终维度结构可用以及已经选择了 BI 工具之后，在项目生命周期中非常靠后的时间点上才开始处理 BI 应用程序开发任务。

13.10.1　设置开发环境

一旦真实数据可用，就很难抵御住深入其中并且开始构建报告的诱惑。要坚强些！要花几天来设置报告环境。如果这是你首次使用前端工具，则要当心，安装和配置任务比你想象的工作量还要大。许多报告环境都具有一些组成部分，其中包括开发人员工具、报告查看器、管理员工具以及一台报告服务器。报告服务器通常在安装到其自己的机器上时才会最好地运行，并且它通常会与一台网络服务器密切协作，这种情况会增加复杂性。在有些情况下，报告服务器需要一个数据库或者文件目录来存留关于报告、计划安排、事件和分发清单的元数据；要确保在常规备份例程中包含这一数据库。根据 BI 环境的大小和复杂性的不同，你会希望设置一台单独的测试报告服务器来支持测试过程。

新的 ETL 项目的最佳实践就是针对一个测试系统来对其进行开发，以便保护生产环境免受问题侵扰，比如表锁定以及消失的数据。另一方面，在 BI 报告开发过程中，针对生产环境 DW/BI 数据库直接开发报告通常是合理的。这样，对于生产环境系统造成负面影响的风险相对较小。报告是只读的并且通常类似于数据库的其他任何即席用途。如果 DW/BI 数据库旨在支持即席查询，那么它应该支持报告开发。针对生产数据库构建报告会让你尽早得到机会来评估性能和验证报告。这样做还使得将报告移动到生产环境中的任务更加容易，因为它们已经指向了生产数据库。

除了安装这些工具组件，在可以开始开发之前，还需要采取其他的步骤。有些前端工具需要你定义将用户与数据库隔离开来的元数据层，设置交付和通知元数据和过程，还需要一个使用追踪系统。

13.10.2 创建报告

弄明白从哪份报告开始入手很容易，如果已经提前做好了准备的话。来自 BI 应用程序设计阶段的规范包括一份标准报告的优先级清单，以及关于这些报告定义和内容的模型和文档。

创建报告的第一步是定义填充报告内容的一个(或多个)查询。报告规范通常需要用户提供的查询约束，其中大部分都应该利用已经纳入到标准模板中的选取列表和参数。在有些情况下，报告需要多个数据集。例如，可能收益数据在一个事实表中，而成本在另一个事实表中。为了显示产品利润贡献情况，需要两个单独的查询来合并这两个源。

一旦定义好了数据集，下一步就是根据规范布局报告内容。这意味着确定哪些内容放入行和列中、哪些计算要出现在报告中，以及报告应该如何格式化。使报告完全正确所需要的时间会比你所预期的要长得多。要确保在报告的所有可能交付形式中预览该报告，比如电子表格、PDF、网络、电子邮件和打印。

格式化报告的指导思路是，它们应该尽可能清晰并且一目了然。用户将不会花时间到别处查看报告文档，也不应期望他们这样做。当 DW/BI 团队将标准报告纳入为其职责的一部分时，清晰度就是他们的其中一个重要挑战了。在设计模板和初始化报告集时，让某个具有坚实图形化设计专业知识的人介入进来是有帮助的。要对可选项进行实验并且从用户处获得关于哪个选项最有效的反馈。此时的一些额外工作将在长期运行中得到极大的回报。

13.10.3 测试准确性和性能

开发过程包括测试参数的各种组合以及确保报告返回正确的结果。测试报告的内容以确保计算和约束都是正确的。尽可能仔细地检查这些数字，将其与相同信息的所有已知可选源进行比较。如果这些数字应该相同却不同，则要弄明白原因。如果由于已经在 ETL 过程对这些数字进行了改进和纠正，因而这些数字应该是不同的，那么就要仔细记录产生这些差异的原因。如果可能，要显示出一个用户或审核人如何才能将数据仓库的数字还原成原始源的数字。这一文档证明应该在 BI 门户中可用，并且报告描述应该引用它。

在具有数百或数千个经常使用标准报告集的用户的大型组织中，将报告部署到一套尽可能类似于生产环境的测试服务器环境中是合情合理的。测试服务器会让报告团队可以对新报告进行压力测试，从而在将其移动到生产环境中之前确保它们不会降低其他报告的性能。在中等以及更小的组织中，可能不需要完整的测试服务器环境。报告团队可以将报告部署到生产环境报告服务器上并且在那里测试它们。可以通过限制对测试报告目录的访问以及在测试完成之前不将新报告发布到 BI 门户中来最小化风险。

存在几个测试步骤，首先要将项目部署到测试或者生产环境报告服务器。接下来，需要审查报告以确保正确显示和打印。如果它们没有如预期般工作，则要尝试使用性能增强技术，比如调整查询、创建报告快照或者变更服务器配置。要仔细地重复测试，因为报告是大多数用户使用 DW/BI 系统的唯一体验；它们最好能有效运行并且它们最好是正确的。

13.10.4　部署到生产环境

下一步是将新报告集成到生产环境过程中。报告规范应该指明报告是按需执行还是基于时间或基于事件计划来缓存。如何设置这些过程完全取决于报告操作环境。作为部署过程的一部分，你应该开发出关于系统应该如何分发报告的指令：缓存结果以便快速服务于未来的请求、根据分发清单通过电子邮件发送报告，或者将报告保存到文件系统或者数据库。你可能需要设置一个订阅过程，以便让用户选择他们希望定期接收到的报告。如果要通过 BI 门户来提供报告，那么你需要将这组新的报告集成到门户中作为生产环境部署的一部分。

无论何时存在对生产服务器进行部署的情况，你都需要重复之前所经历过的将报告移动到测试中的许多步骤，其中包括任务计划、快照、订阅和电子邮件分发清单。不过，在大多数情况下，部署到生产环境会出现在测试步骤中，因此这一步骤更类似于一种揭幕，尤其是在主要报告界面是通过网站或门户来呈现的情况下。对于这一情况而言，部署就是一个将安全性设置变更为让报告可通过门户来访问的问题。

13.10.5　管理和维护

一旦 BI 应用程序投入了使用，DW/BI 团队就必须保证它们当前有效并且运行良好。单独的报告通常会随着业务变化而过时。一旦产品停产，所创建的用于追踪新产品的报告就不再会得到关注了。报告会由于技术原因而产生故障；例如，你对于数据库进行了增强而引起报告运行故障，但只有当你监控报告服务器日志并且定期检查结果时才会意识到这个故障。

随着新员工入职和老员工离职，DW/BI 团队必须添加和删除涉及个人用户的由数据驱动的订阅。其他分发机制也面临相同情况，比如文件共享。计算机和网络会发生变化。财务部门可能已经请求了一组分发到其文件服务器的报告。之后该部门得到了一台新的文件服务器，并且关掉了老服务器而没有通知你，因此你就面临着一组未接收到其所请求报告的用户。

13.10.6　扩展应用程序

因为预期用于新业务过程的初始化报告和 BI 应用程序不久之后将被修改和扩展，所以 DW/BI 团队还必须提供持续的报告开发资源。用户并不总是知道他们想要的报告和分析，直到你向其展示一些接近的东西。之后他们会告诉你他们不想要什么——你刚刚创建的报告——并且可以指望他们为你提供更为清晰的关于他们目前任务需要什么的指导。

数据挖掘应用程序以及其他闭环系统很少会在 DW/BI 系统的第一个阶段就被实现(除非它们会在对于分析的投入回报上有所贡献)。开发一个闭环 BI 系统的过程需要业务人员与 DW/BI 团队之间的密切合作关系，这些业务人员可以有效地开发业务规则和分析模型，而 DW/BI 团队会编写系统规范和形成正式的模型。大部分应用程序开发工作都需要一系列标准的技能，这通常会由致力于开发业务系统的相同开发人员来满足。开发人员需要相对少量的专业知识以及用于数据挖掘系统的对象模型来实现对数据库或数据挖掘模型的调用。

每 12~18 个月，就要检查整个商业智能系统。评估哪些部分对于用户来说运行良好，以及哪些应该修改。记住，变更是不可避免的，并且是一个健康系统的象征。作为这一定期评估的一部分，要考虑更新 BI 门户的外观、布局和内容。

快速学习

如果有用户熟悉前端工具或者能够快速学习它，那么 BI 应用程序开发过程就是让他们直接介入 DW/BI 系统实现的一个绝佳机会。有几个合理的理由可以让关键用户参与进来。首先，它会为这些用户提供一个机会来尽可能早地学习这些工具、技术和数据。其次，共同协作有助于构建更强有力的关系，尤其是将这个小组实际上聚集在一起的情况下。如果一切都可能的话，要设置一个具有满足需要的许多工作站的开发实验室。规划一到两周的时间让小组每天花半天时间碰面交流(或者如果组织环境允许的话，也可以花全天时间)。准备些食物甚至是某种礼物以表示你的感激。这些关键用户的早期介入会凸显其特殊地位并且会建立起他们对于报告和整体 DW/BI 系统的所有权关系。

13.11 BI 门户

Warren Thornthwaite，Design Tip #58，2004 年 8 月 26 日

DW/BI 系统的成功取决于组织是否能从中获得价值。显然，人们必须让该环境为组织所用才能认识到价值。由于 BI 门户是主要的交互点(在许多情况下是唯一的交互点)，因此 BI 团队需要确保它能带来积极的体验。

通常，BI 门户主页主要会专注于数据仓库的历史、加载过程的当前状态，或者数据仓库团队的成员。这些都是有意思的信息，但通常并非 BI 用户所寻求的内容。BI 门户是数据仓库的用户界面。必须在一开始就要牢记是为满足用户群需要而设计它的。有两个基本的网络设计概念会有所帮助：密度和结构。

13.11.1 密度

人类的大脑可以吸收数量惊人的信息。人类的眼睛能够在 20 英寸远的地方以每英寸大约 530 像素的分辨率来解析图像(Roger N. Clark，http://www.clarkvision.com/articles/human-eye/index.html)。将这一点与典型计算机屏幕可忽略不计的每英寸 72 像素分辨率对比一下。我们的大脑可以快速处理信息以便寻找相关的元素。这一视觉敏锐度和心智能力的组合就是保护我们的祖先避免由各种危险而灭绝的东西；也正是这一组合保护我们免受从丛林中的掠食动物到酒吧斗殴的刀具伤害。浏览器为我们提供了这样的一个低分辨率平台，我们必须尽可能仔细且有效地使用它。这意味着我们应该用尽可能多的信息来填充 BI 门户页面。但我们不能仅仅用数百个未排序的描述和链接来加载它。

13.11.2 结构

我们的大脑只有在同时提供了组织结构时才可以处理所有这些信息。由于用户使用 BI 门户的主要原因在于查找信息，因此主页的大部分应该专用于以用户看起来合理的方式归类标准报告以及分析。我们普遍发现，组织 BI 门户的最佳方式是围绕组织的核心业务过程来进行组织。

业务过程类别允许用户快速识别出相关的选择。在每个类别中，都存在详尽的子类别，允许用户快速解析主页以便找到他们感兴趣的信息。

例如，用于大学 DW/BI 系统的网站，其主页上可能具有以下报告(业务过程)分组：

招生

员工追踪

财务

校友发展

入学

研究资助

其中每一个可能都会链接到另一个提供附加描述以及指向对这些描述进行报告的页面链接的页面。我们可以通过将一些较低级别的类别提取到主页上来增加信息密度：

招生：申请统计、邀请和接收、助学金

员工追踪：员工人数、福利费、平权行动

入学：注册、指导员&班级、学历&专业

以这一方式提升密度有助于定义每一个类别并且在用户必须点击之前改进选项。测试 BI 门户主页的一种方式就是测量专用于为用户提供可访问信息的可见页面的比例(平均大小显示器上的全屏浏览器)。它至少应该是 50%这一比例。有些信息设计人员认为，该目标应该是接近于 90%的“内容”。

13.11.3 更多的结构和内容

类别有助于结构化内容，但网站也需要一种物理化结构。网站需要具有标准的观感，通常是基于组织的整体页面布局，因此人们可以轻易导航该站点。

尽管 BI 门户的主要意义在于提供对标准化报告的访问，但它必须提供比报告多得多的内容。除类别和报告列表外，我们还需要提供对一系列工具和信息的访问，其中包括：

- 索引 BI 网站上每一份报告、文档和页面的搜索工具
- 元数据浏览器
- 在线培训、向导、示例报告以及帮助页面
- 帮助请求系统以及联系信息
- 状态、通知、调查、安装以及其他管理信息
- 可能还有一个面向支持的消息/讨论小组
- 允许用户保存报告或者指向其自己页面的报告链接的个性化能力

这些信息都会放在右下角，屏幕上价值最小的布局位置(至少在英语世界中我们是从左到右并且从上到下来阅读的)。

构建一个有效的 BI 门户需要惊人的工作量，但它是数据仓库价值链中的关键环节。该门户上包含的每一个单词、标题、描述、职能以及链接都需要与基础 DW/BI 内容通信。你应该与用户一起进行设计评审并且测试 BI 门户，要求他们找到特定的报告和其他信息。要确保不会构建出一个薄弱环节。

13.12 正确完成的仪表盘

Margy Ross，Design Tip #88，2007 年 2 月 21 日

有了其图形化的具有吸引力的用户界面，仪表盘及其伴生的记分卡就是演示的亮点所在。仪表盘已经吸引了高管层的注意，因为它们与这些人的运营方式接近一致。有谁会不喜欢看一眼就能获悉组织中每一个面向顾客或面向供应商的过程所反馈出的绩效保证呢？难怪执行层会如此热衷于此。

不过仪表盘项目也存在不好的一面。它们容易受到难以控制的期望所带来的损害。由于大多数仪表盘设计中都固有的跨组织视角，它们是有风险的。并且它们会对 DW/BI 团队形成干扰；相较于专注于可扩展基础设施的开发，仪表盘项目通常会促成数据分类，其中来自大量过程的关键绩效指标会被拉取出来，然后使用等同于口香糖和胶带的系统将其拼接在一起。

正确完成的仪表盘和记分卡是建立在详尽集成数据这一坚实基础之上的。少了任何内容都是失策的。基于手动收集的、预先聚合的数据独立子集的仪表盘从长期来看是不可持续的。

如果有一个用必备详尽集成的数据来填充的已有数据仓库，则应该满怀热情地应对所提议的仪表盘开发项目。仪表盘会提供一个实实在在的机会来兑现来自数据仓库的业务价值承诺。仪表盘界面会比传统的数据访问工具吸引更广泛的用户。此外，仪表盘会为跨越初级的静态报告从而得到更为复杂的、引导式分析提供一种方法。

不过当管理层呼吁要得到一个更具吸引力的仪表盘，但却没有可以合理利用的已有基础时，又该做些什么呢？面临类似的困境，有些人已经启动了仪表盘开发工作。并且已经开始被视作成功了。但之后中层管理者会开始提出要求，因为他们的老板正在通过仪表盘监控绩效，但对于他们来说，却没有能力钻取到其中绩效问题正在悄然发展的真实因果关系的详情。或者管理层会开始质疑仪表盘数据的有效性，因为由于不一致的转换/业务规则的原因，它并没有绑定到其他报告。或者用户会决定，他们需要更新更加频繁的仪表盘。或者支持另一个业务领域的同行发起另一个类似但不同的仪表盘倡议。已启动的仪表盘将承受严重的、可能致命的由于忽视恰当基础设施开发的影响所带来的压力。最终你会需要付出代价并且对该举措的工作进行返工。

尽管一种更可持续的方法可能一开始不会具有政治上的吸引力，但它将可以交付详尽的数据，一次交付一个业务过程，用一致化维度绑定到一起。随着基础详情变得可用，仪表盘会被递增式修饰，以便提供对每一次部署的附加信息的访问。我们理解这一方法不会带来当前令人叫好的因素，并且需要执行层的耐心。尽管执行层不会展现出高度的耐心，但他们大多数也不情愿将资金投入到由于采用了许多捷径而造成的不可避免的返工工作量上。要与业务和/或 IT 管理层进行坦诚的对话，这样他们才能完全理解快速且不良仪表盘的局限性和缺陷会造成向更平稳、更可持续方法的坚定转换。

我们之中那些年纪稍大的人应该还记得 20 世纪 80 年代短暂繁荣过的执行层信息系统(executive information system，EIS)。EIS 遭受了与我们这里所探讨的完全相同的问题。精心准备的执行层 KPI 并未受到经得起向下钻取的坚实详尽数据的支持。任何一位合格的执行官都会询问“为什么？”，并且这就是数据仓库及其仪表盘需要具备坚实基础的原因。

13.13　不要过度依赖数据访问工具的元数据

Bob Becker，Design Tip #44，2003 年 3 月 14 日

"哦，我们将在前端工具中处理它"是我们有时会从数据仓库设计者处听到的说法。与此相反，在任何可能时，我们都建议对架构师进行投入，让其可以将尽可能多的灵活性、丰富度以及描述信息直接放入维度模式中，而不是借助工具元数据的能力作为支撑。

如今的商业智能工具提供了健壮的元数据以便支持广泛的能力，比如标签替换、预定义的计算以及聚合导航。这些对于业务用户群来说都是有用的特性。但我们需要明智地使用这些工具提供的特性。通常设计团队会采取捷径并且依赖数据访问工具元数据来解决在维度模型中能更好处理的问题。最后的结果就是业务规则逐渐嵌入到工具元数据而非模式中。我们还会看到设计团队利用工具元数据以被误导的精力付出提供代码查找和指标描述符，以便让其模式保持得更小且更紧凑。

这些捷径的最大缺陷就是要依赖前端工具元数据来强制执行业务规则。如果我们依赖工具元数据来实现业务规则，那么每一个用户都必须通过受支持的工具来访问数据，以便确保为业务用户提供"正确的"数据。想要或者需要使用另一种访问方法的用户会被强制精确重建植入工具元数据中的业务规则，以便确保一致的结果。

作为数据仓库开发人员，我们需要防止出现业务用户可能会由于他们选择使用了不同工具而看到不同结果的情况。无论他们如何访问数据仓库数据，用户都应该得到相同的高质量、一致化数据。

你可能在想，"好吧，那么我们就强制所有用户通过我们支持的工具来访问数据仓库。"不过，这种方法将不可避免地分崩离析。个人用户可能需要通过其他一些途径，绕过受支持的工具并从而绕过任何通过其元数据强制执行的业务规则，进而访问数据仓库，其原因很多。在开发模式时，组织中可能并不存在这些情况，但可以肯定的是，其中之一将会出现在你的眼皮底下：

- IT 专家可能会选择针对数据仓库数据直接使用 SQL 以便解决一个复杂查询或者得到审计数据。
- 组织可以开发基于直接针对数据仓库的自定义编写的基于 SQL 的查询的分析应用程序。
- 统计建模工具和/或数据挖掘工具可能需要直接访问数据仓库数据。
- 一个具备 Microsoft Access(或者另一个不受支持工具)的高级用户可能会被授权直接访问数据仓库。
- 用直接提取自数据仓库的 OLAP 多维数据集来补充数据仓库的情况可能会变成一种需要。
- 组织可能会选择另一种用户工具，却还没有替换当前的工具。

所有这些都不应该被理解为反对利用数据访问工具能力的论据。相反，关键在于，在质疑或者面临选择时，我们会偏好这样一种设计选项，尽可能贴近数据放置一项能力，以便确保该能力对于尽可能广泛的受众可用。

13.14 让语义层有意义

Joy Mundy，Design Tip #158，2013 年 8 月 5 日

商业智能架构的其中一个关键组成部分就是语义层。语义层提供了将基础数据库结构转译成面向业务用户的术语和构造的能力。它通常是查询和报告工具的重要部分。OLAP 或者多维数据库还提供了一个 BI 语义层。

有些 BI 层在微观层面上很稀薄，其他的很丰富且健壮。一个语义层最起码的功能包括：

- **以对业务人员直观的方式来呈现数据元素的组织结构**。在大多数工具中，都要在文件夹结构中组织表和列。Kimball 方法认为，需要在维度上结构化数据仓库，这会让你遥遥领先于那些试图在事务数据库结构之上直接交付 BI 的人。但即使你正在一个干净的维度模型之上进行工作，语义层也会带来提升导航能力和查找能力的机会。
- **重命名数据元素的机会，以便让它们对业务用户具有意义**。当然，Kimball 方法强烈建议，要按照用户希望看到的名称来命名数据仓库表和列，但这一职能有时会在语义层中来实现。
- **存留面向业务的数据元素描述的界面**。理想情况下，你会存储和暴露多种样式的元数据：业务描述、样本值以及维度属性变更策略。在理想世界中，BI 语义层会暴露每一个数据元素的完整派生关系：数据元素来源于哪一个事务系统、哪些 ETL 任务会触及这个属性，以及它何时会被加载到数据仓库中。实际上，很少有语义层会支持用于每个数据元素的多个描述。根据我的经验，大多数 DW/BI 团队甚至都不乐意填充单一的描述。
- **定义计算和聚合规则的一种机制**。例如，你可能会在语义模型中定义，库存结余是跨大多数维度来累加的，但在跨时间聚合时，你希望使用期末结余或者根据时期数量来划分结余的合计值。

语义层是不是 DW/BI 架构的一个强制性组成部分？答案是肯定的，如果你计划开放 DW/BI 系统用于即席使用的话。你花在构建一个丰富语义层上的每一个工作小时都会得到更多的使用以及在用户群中取得成功的回报。不要仅仅运行用于 BI 工具的向导以及生成等效于基础表(即使它们是维度化的)的语义层。要花时间让它变得尽可能的关系化和优雅。

对语义层进行投入的缺陷在于，你可以预见到要对其进行多次投入。大多数组织都发现它们需要几个 BI 工具来满足其用户群的各种需求。每个工具都有其自己的语义层，几乎不能将其从一个工具复制到另一个工具(即使是由相同供应商所售出的工具也是如此)。BI 团队面临的许多挑战之一就是保持跨 BI 工具的相似外观和组织结构。同样，通过对 BI 工具语义层的瘦身，Kimball 方法专注于让关系型维度数据模型变得正确的做法会大幅降低该任务的难度，正如文章 13.13“不要过度依赖数据访问工具的元数据”中所探讨的一样。

只有一种场景我会认为可以摆脱语义层的主张是正确的。如果通向 DW/BI 系统的大门对所有即席用户关闭，并且所有的访问都是通过专业的报告开发人员来居中实现的，则无须使用 BI 语义层。这就是关于几个方面的不冷不热的建议。最重要的是，你如何才能关闭面向即席用户的大门？这是不可思议的事情。除此之外，开发人员也是人，并且就算他们可以手动编写 SQL 并且在外部数据词典中查找定义，又为何要折磨他们呢？

如果你认为需要语义层，那么下一个问题就是是否需要一个维度化数据仓库。有些观察者，尤其是一些 BI 工具供应商，主张可以跳过关系型数据仓库，并且虚拟地提供维度化体验。这听起来很有吸引力——没人真的希望构建一个 ETL 系统——但这是一种空想。没有语义层工具可以提供 ETL 工具的转换和集成功能。大多数 BI 工具都擅长于它们所做的事情；不要通过尝试在语义层完成 ETL 任务来打扰它们。并且不要忘记，ETL 后台会通过清洗、标准化、一致化以及去重处理带来额外的价值，而 BI 工具无法进行所有这些步骤。

尽管如此，我还是与一些成功地将 BI 工具直接挂接到标准化(事务或 ODS)数据模型的客户协作过。最常见的场景就是原型：让我们向人们展示业务对象领域或者表格界面可能的外观，以便让用户变得激动以及获得对于企业数据仓库的财务支持。另一个场景就是通过在事务系统上构建一个语义层来满足操作性报告需求。不过在大多数情况下，这一操作性语义层都是包含真实数据仓库的企业分析环境的一个相对较小的组成部分。只要有组织声称其事务系统足够干净，并且分析需求足够简单，它们无须实例化其维度模型，我就会立即表示怀疑。我并非在理论上反对这一观点，但在实践中，我仍然没有看到它发挥什么作用。

我不认为我曾经看到过对语义层过度投入的组织，但我曾经看到过大量的数据仓库由于投入不够而造成的失败。购买一个合适的 BI 工具(市场上有数十个)，并且要花时间开发语义层。否则你就是低估了设计所需的巨大投入以及对于技术上坚实稳固的数据仓库所需的开发工作。

挖掘数据以揭示关系

这一节中的四篇文章会深入探究数据挖掘，从它是什么开始介绍，一直到它对于数据仓库设计的影响，以及关于以业务为中心的方法的建议，以便帮助 DW/BI 团队开始着手处理数据挖掘。

13.15　深入研究数据挖掘

Ralph Kimball，DBMS，1997 年 10 月

数据挖掘是数据仓库中的最热门主题之一。几乎每一个 IT 组织都相信，数据挖掘是其未来的一部分，并且它在某种程度上被关联到了组织已经在数据仓库中所进行的投入上。但是在所有的兴奋点背后，存在着大量的困惑。数据挖掘到底是什么？数据挖掘只是分析我的数据的一个通用名称，还是说我需要特殊的工具和特殊的知识以便进行数据挖掘？数据挖掘是一整套知识还是一组兼收并蓄的不兼容技术？一旦我基本理解了数据挖掘，我是否可以自动化地使用我的数据仓库来挖掘我的数据，还是说我必须对一个特殊平台进行另外的提取？

在这篇文章中，我会定义数据挖掘的主要类别；在文章 13.16“为数据挖掘做准备”中，我会介绍需要对数据仓库数据完成哪些转换来做好数据挖掘的准备。

在向下深入到详情之前，我们来描绘大的图景：

- 数据挖掘是一组用于理解非常大的数据集的强大分析技术。在合适的环境中，数据挖掘会极有价值。

- 并没有唯一的数据挖掘方法，而是有一组通常可以用于彼此组合以便从数据中提取出大多数见解的技术。如果对数据挖掘进行投入，则可能最终会具有来自几个不同供应商的数个数据挖掘工具。
- 每个数据挖掘工具在逻辑上都可以被视作一个应用程序，它是数据仓库的一个客户端。就像查询工具或者报告生成器一样，数据挖掘工具通常位于不同的机器上，或者位于不同的过程中，它们会从数据仓库中请求数据，并且有时会将数据仓库用作一个便利的资源来放置和存储数据挖掘工具运行的结果。
- RDBMS 和专用 OLAP 系统的一个有意思的快速增长点就是将数据挖掘能力物理化深度嵌入到其引擎之中，以便提升数据访问的效率以及在其基础产品能力之上提供有用的分析扩展。

13.15.1 数据挖掘的根源

尽管数据挖掘市场当前的特色是存在大量新产品和公司，但基础主题有着至少已经发展了50年的丰富传统的研究和实践。于20世纪60年代开始出现的，数据挖掘的第一个名称，就是统计分析。在我看来，统计分析的先驱者就是SAS、SPSS以及IBM。最初，统计分析由经典的分析例程构成，比如相关性、回归分析、卡方检验以及交叉表。尤其是SAS和SPSS，它们仍旧提供着这些经典的方法，但大体上，它们和数据挖掘已经超越了这些统计测量，发展出了更具见解的方法，这些方法会尝试解释或者预测数据中正在发生什么变化。

在20世纪80年代末，一组更为兼收并蓄的技术增强了经典的统计分析，这些技术包括模糊逻辑、启发推理以及神经网络等。这曾经是人工智能(AI)的鼎盛时期。尽管可能是无情的苛责，但我们应该承认，20世纪80年代作为封装产品销售的AI是一个失败。其原因在于承诺得过多。AI的成功往往是被限定于特殊问题领域的，并且通常需要繁复的投入以便将人类专家的知识编码进系统中。并且可能最严重的是，AI会永远保持在一个黑盒之中，对于我们大多数普通IT人员来说无法与其产生联系。要说服CEO对执行“模糊逻辑”的昂贵软件包买单是很难的。

在如今的20世纪90年代末，我们已经了解了如何从经典统计分析、神经网络、决策树、市场购物篮分析以及其他强有力技术中选取出最佳方法，并且以更具吸引力且有效的方式对其进行封装和探讨。此外，我相信，严肃的数据仓库系统的出现是已经让数据挖掘变得真实且可执行的必不可少的组成部分。

13.15.2 数据挖掘的类别

探讨数据挖掘的最佳方式是谈论它会做些什么。数据挖掘活动的有用分解包括：聚类、分类、评估和预测，以及相似性分组。对于这一分类法的探讨，我很感激Wiley出版社出版的Michael Berry和Gordon Linoff关于数据挖掘的系列著作。尤其是要参阅其著作《数据挖掘——客户关系管理的科学与艺术》(Wiley出版社于2011年出版)。

聚类的一个例子就是浏览大量初始的无法区分的顾客并且尝试查看他们是否落在自然的分组中。这是一个纯粹的“无向数据挖掘”示例，其中用户没有预先指定的日程并且希望数据挖掘工具会揭示出一些有意义的结构。理想情况下，这一聚类活动的输入记录应该是每一个顾客的高质量详细描述，还同时具有附加到每条记录的人口统计和行为指标。聚类算法适用于所有类型的数据，其中包括类别、数值以及文本数据。甚至不必在任务开始运行时识别输入和输出。通常用户必须做出的唯一决定就是寻求得到具体数量的候选聚类。在我们的示例中，聚类算法将找出所有顾客记录的最佳划分，并且将提供关于用户原始数据的每个聚类的“中心”描述。在许多情况下，这些聚类具有明显的说明，提供了对于顾客群的理解。可被用于聚类的具体技术包括标准统计、基于内存的推导、神经网络以及决策树。

分类的一个例子是，检查候选顾客并且将该顾客分配到一个预先确定的聚类或分类中。分类的另一个例子是医疗诊断。在这两个例子中，顾客或病人的详细描述会被输入到分类算法中。分类器会判定候选顾客或病人最接近或者最类似于哪个聚类中心。这样看来，我们发现，之前的聚类活动很可能是自然而然的第一步，其后就是分类活动。一般来说，在许多数据仓库环境中分类都极其有用。分类是一种决策。我们可以将顾客分类为信用良好或信用不良，或者我们可以将病人分类为需要治疗或者无须治疗。可被用于分类的技术包括标准统计、基于内存的推导、遗传算法、链接分析、决策树以及神经网络。

评估和预测是两个类似的活动，它们通常会产生一个数值测量作为结果。例如，我们可能会找到一组现有的顾客，他们具有作为候选顾客的相同档案。基于这组现有顾客，我们可以评估候选顾客的总债务。预测与评估相同，只不过我们要尝试判定未来将会发生的结果。评估和预测还可以驱动分类。例如，我们可能会决定，所有负债 100 000 美元的顾客都会被分类为不良信用风险。数值评估具有额外的优势，可以用其对候选者进行排序。我们可能具有足够的广告预算资金以便向排名最前的 10 000 名顾客发送促销优惠，而这些排名就是根据这些顾客对于公司的未来价值评估来排序的。在这种情况下，评估会比简单的二项分类更为有用。可用于评估和预测的具体技术包括对于数值变量的标准统计和神经网络，以及所描述的用于仅在预测一个离散结果时进行分类的所有技术。

关联分组是一种特殊的聚类，它会识别出同时发生的事件或事务。关联分组的一个广为人知的例子就是市场购物篮分析。市场购物篮分析会尝试理解哪些商品是在同一时间一起售出的。从数据处理的角度来看，这是一个很难回答的问题，因为在典型的零售环境中，存在着数千个不同的产品。枚举出所有一起售出的商品组合是毫无意义的，因为该列表将快速变成天文数字。市场购物篮分析的目的在于，找出商品层次结构中一起售出的不同级别的有意义组合。例如，发现单独商品“12 盎司可口可乐”经常会与“速冻意大利面食”类别一起售出这种情况可能是最有意义的。可被用于关联分组的具体技术包括标准统计、基于内存的推导、链接分析以及特殊用途的市场购物篮分析工具。

13.16　为数据挖掘做准备

Ralph Kimball，DBMS，1997 年 11 月

在文章 13.15“深入研究数据挖掘”中，探讨了最常见的一组数据挖掘活动，其中包括聚类、分类、预测以及关联分组。我希望能激起你的兴趣并且你非常希望开始进行一些实际的数据挖掘。但你准备好了吗？是否还必须对你的数据进行一些处理，或者有没有任何数据仓库可以自动化被用于数据挖掘？答案是，通常需要完成极其大量的工作以便准备好数据用于数据挖掘。

实际上，准备好数据用于数据挖掘的工作量可能会比实际进行数据挖掘所需的工作量还要大。在这篇文章中我将探究许多需要执行的数据转换。

13.16.1 通用数据转换

如果有一个数据仓库的话，那么你很可能已经完成了一组基础的数据转换。你是在 ETL 系统中执行这些转换的，比如从遗留系统中提取数据，以及将数据留存在后台以便进行清洗和重新格式化。然后会从后台将清洗过的数据导出到一个或多个业务过程维度模型中。尽管数据提取系统中可能会有许多转换步骤，但对于数据挖掘来说，尤其有意义的一些步骤是：

- **解析不一致的遗留数据格式，比如 ASCII 和 EBCDIC，以及解析不一致的数据编码、地理位置拼写、缩写和标点符号**。我希望你已经在这一级别清洗过你的数据了，因为如果还没有的话，你甚至不能要求用有意义的行和列标题来进行 SQL 分组或者生成简单报告。
- **剔除多余的字段**。从分析角度来看，遗留数据包含许多无意义的字段，比如版本号以及格式化的生产键。如果没有剔除掉这些，数据挖掘工具就会浪费运行周期来试图找出这些字段中的模式或者试图将这些字段关联到真实数据。数据挖掘工具会尝试将这些字段诠释为测量或数量，尤其是在这些字段是数字时。
- **将编码诠释成文本**。应该在所有数据仓库中完成的数据清洗的经典形式就是使用以可识别文字编写的文本等价项来扩充或者替换含义隐晦的编码。这些编码应该已经存在于维度表(而非事实表)中了，因此添加解释性文本对于维度表来说是一个容易、优雅的变更。
- **从多个源中将数据合并到一个通用键之下**。我希望你已经具有了顾客(或产品、位置)描述的几个丰富的源，并且正在 ETL 后台中将这些数据源合并到一个通用的企业级顾客键之下。
- **找出遗留数据中被用于几种不同目的的字段，其中必须根据遗留记录的上下文来诠释字段的值**。在有些情况下，你甚至不会意识到有一个遗留字段隐藏了多种用途。数据挖掘工具几乎肯定能够弄明白这一点。可能“变得混乱无序”会比“弄明白这一点”更贴切一些。找出多用途字段的一种好方法就是对于留存在一个字段中的所有独特值进行计数，并且可能要列出它们。我的客户曾经多次对这一活动感到惊讶。

13.16.2 用于所有数据挖掘形式的转换

数据仓库中的标准报告和分析功能可能不需要这一组数据转换，但几乎每一个数据挖掘应用程序都需要这些转换。许多这些转换都会影响维度模型中心事实表中的数字，也就是累加式事实：

- **标记出正常、不正常、超出边界或者不可能出现的事实**。用特殊的标签来标记测量事实可能极其有用。有些测量事实可能是正确但非比寻常的。可能这些事实是基于小样本或者特殊环境的。其他事实可以出现在数据中，但必须被视为不可能的或者无法解释的。对于这些环境的每一个来说，最好都使用一个状态标签来标记数据，这样就可以选择性地将其约束到分析之中或者分析外，而不是删除不同寻常的值。应对这些情况的一种好方法是为事实记录创建一个审计维度。可以将这个维度用作约束以及用于描述每一个事实的状态。

- **从上下文和表层之下识别出随机或者噪音值**。上一个转换的特殊用例就是识别出遗留系统提供了一个随机数字而非一个真实事实的情况。当没有值应该被遗留系统所交付，但缓冲区中剩下的一个数字会被向下传递到数据仓库时，就会出现这种情况。在可以识别出这种情况时，这个随机数字就应该被空值所替换，正如下一个转换中将描述的那样。
- **对空值进行统一处理**。空值通常会让数据挖掘产生一些小问题。在许多情况下，空值都是由本应是一个合理事实的内容的特殊值来表示的。可能-1 这个特殊的值会被用来表示空。空日期通常是由一些一致认可的像 1900 年 1 月 1 日这样的日期来表示的。(我希望你没有使用 2000 年 1 月 1 日)。清洗出空值的第一步是使用显式表示空值的 DBMS。用特定的数据值替换数据库中的真实空值。第二步是使用具有用于处理空数据的特定选项的数据挖掘工具。

  事实表记录包含被用作指向日期维度表的外键的日期字段。在这种情况下，没什么好办法能够在事实表记录中表示空日期。不能在事实表中使用空值外键，因为空值在 SQL 中永远不等于其自身；换句话说，你不能在事实和维度表之间的联结中使用空值。你所应该做的就是用匿名整数键实现联结，然后用维度表中的一个特殊记录来表示空日期。

  数据中的空值是难以处理的，因为从哲学分析上看，至少存在两类空值。数据中的空值可能意味着，在测量时，这个值确实不存在并且也可能存在。换句话说，任意数据值都必定是错误的。反之，数据中的空值意味着测量过程无法交付数据，但这个值必定在某些时间点上是存在的。在这第二种情况下，你可能会认为，使用一个评估值会好过从分析中去除掉该事实记录。有些数据挖掘专家在这种情况下会指定一个最可能出现的值或者中位数值，这样事实表记录的其余部分就可以参与到分析中了。可以通过用评估值重写空值在原始数据中完成这一任务，或者通过知道如何用各种分析选项处理空数据的数据挖掘工具来应对这一任务。
- **用变更的状态标记事实记录**。一个有所帮助的数据转换就是，将一个特殊状态指示器添加到事实表记录以便显示出账户(或顾客、产品、位置)刚刚发生了变化或者正要发生变化的状态。该状态指示器会被实现为状态维度。有用的状态包括新顾客、违约的顾客、打算取消订单的顾客或者变更过的订单。打算取消订单的顾客这一状态尤其有价值，因为如果没有这一标记，那么顾客取消了订单的唯一迹象就是缺少了开启后续结算周期的账户记录。通过关注到记录不存在而发现这样的缺失，在大多数数据库应用程序中都是不切实际的。
- **根据单条记录的聚合之一对其进行分类**。在某些情况下，人们会期望识别一个非常具体的产品的销售情况，比如根据其中一个外套聚合(例如其品牌)来聚类的特定颜色和大小组合的一件外套。在这种情况下，使用详尽的颜色和大小描述会在市场购物篮报告中生成大量的输出，而像具有鞋子样式这样的服装品牌的相关性就难以显现出来了。以这种方式使用聚合标签的目标之一就是，生成在统计上具有重要意义的大量报告。

13.16.3 特殊的依赖于工具的转换

这组转换将取决于所选数据挖掘工具的特定需求。

- **将数据划分为训练、测试和评估集**。几乎所有的数据挖掘应用程序都要求，将原始输入数据划分成三个组。数据应该被随机划分成三个控制组，或者应该根据时间来划分数据。第一个数据组被用于训练数据挖掘工具。一个聚类工具、神经网络工具或者决策树工具会合并这第一个数据集并且确立起可以从中进行未来的分类和预测的参数。然后会使用第二个数据集来测试这些参数以便查看模型的执行情况。在第一个和第二个数据集之上正确调整了数据挖掘工具之后，就可以将该工具应用到第二个评估数据集，其中来自该工具的聚类、分类和预测都会被信任和使用。
- **添加计算后的字段作为输入或目标**。可以通过让数据挖掘工具操作计算后的值以及基础数据来充分利用数据挖掘活动。例如，像表示一组顾客事务值的利润或顾客满意度这样的计算后字段需要作为数据挖掘工具的目标，以便选取出最佳的顾客，或者选取出你希望支持的行为。如果可以为数据挖掘工具提供一个包含这三个计算后的值的视图，那么不必修改具有这些计算后的值的基础模式。不过，在其他情况下，如果所添加的信息过于复杂，而无法在视图中的查询时进行计算的话，则必须在可以执行数据挖掘之前将这些值添加到基础数据本身。
- **将连续值映射成范围**。一些像决策树这样的数据挖掘工具会支持你将连续值划分成离散范围。可以通过将事实表联结到很少一些"波段值"的维度表来完成此任务，但这会是针对数百万或数十亿未索引数值事实的开销很大的联结。在这种情况下，如果讨论中的事实足够重要，会被用作频繁的数据挖掘目标，那么就必须将一个文本存储桶事实或一个存储桶维度添加到事实表。
- **标准化介于 0 和 1 之间的值**。神经网络数据挖掘工具通常要求，所有的数值要被映射到从 0 到 1 的区间内。你应该让数据区间比用于这一标准计算的观测数据更大一些，这样就可以容纳在训练集中目前所具有的位于实际数据外的新值。
- **从文本转换到数值或数字类别**。一些数据挖掘工具仅可以操作数值输入。在这些情况下，需要为离散文本值分配编码。应该仅在数据挖掘工具足够智能，可以类别化处理这些信息，并且不会推导出对于这些数字的排序或这些数字的量级不合理的情况下，才进行这一处理过程。例如，可以将美国的大多数位置转换成邮编。不过，无法对这些邮编进行计算！
- **侧重于凸显对于推动识别来说反常的异常情况**。很多时候数据挖掘工具都会被用于描述和识别异常情况。可能你正在寻找一系列销售事务中的欺诈行为。问题在于，你的训练集数据并不包含足够多的目标欺诈行为实例以便提取出有意义的预测指标。在这种情况下，你必须人工复制训练数据或者用期望的目标模式制作训练数据，以便让数据挖掘工具可以创建一组有用的参数。

编写这篇文章对于我来说算是大开眼界了。我还没有真的了解到成熟的数据挖掘所需的数据准备工作的全部范围。尽管我已经描述过的许多数据转换都应该在一个通用数据仓库环境中完成，但数据挖掘的需求确实会强制要求应对数据清洗问题。数据挖掘的目的应该是发现数据中有意义的模式，而非磕磕绊绊地处理数据干净度问题。

13.17 完美的传递

Ralph Kimball，Intelligent Enterprise，1999 年 12 月 21 日

网络正在对数据仓库的内容和结构产生深远影响。例如，网络提供了许多新的数据源，它们主要与顾客行为相关；这样的信息对于正在广受欢迎的客户关系管理是必不可少的。行为分析是数据挖掘的范畴，它实质上是一个复杂分析客户端，它会搜寻行为数据中的模式。你会发现像这样的一些内容：

- 个体顾客的哪些特征可以预测出这些顾客是良好顾客还是不良顾客？
- 人们浏览站点的方式是否揭示出了其对于产品的关注点？
- 如何基于浏览者行为针对数千个其他顾客的相似度的数据仓库评估来动态地修改网站体验。
- 站点上的哪些页面吸引了访问者或者是会话的终点？

尽管数据仓库和数据挖掘从 20 世纪 80 年代中期开始就以各种形式共存，但这两个社区还没有频繁地协作。通常，数据挖掘者会绕过数据仓库，并且直接对数据进行溯源，通常是因为他们想要极其细粒度的数据，他们称之为观测值。数据仓库中构建的任何聚合对于数据挖掘来说都是有害的东西。

有些时候，尤其是在由网络提供数据来源时，数据仓库已经定期存储了描述顾客详尽行为的原子级别数据。我们数据仓库团队必须站出来表明我们是所有形式的报告、分析、预测、评分以及数据挖掘的数据源。我们已经从数据的隐藏位置梳理出数据，构建了数据提取和转换管道，知道了如何一致化来自多个源的数据，并且是用于为各种目的存储所用数据的专业平台。数据挖掘社区需要使用我们的数据而非独立对其溯源。数据挖掘者的任务是分析；我们才是数据指引人。

13.17.1 完美的观测

思考图 13-3 中所示的元 SQL。假设这一数据规范能够提供具有这一内容的数百万条记录。每条记录都是对于顾客行为所精心制定的描述，每个顾客一条记录。

```
SELECT Customer Identifier, Census Tract, City, County, State, Postal Code, Demographic Cluster, Age, Sex, Marital Status, Years of
Residency Number of Dependents, Employment Profile, Education Profile, Sports Magazine Reader Flag, Personal Computer Owner
Flag, Cellular Telephone Owner Flag, Current Credit Rating, Worst Historical Credit Rating, Best Historical Credit Rating, Date First
Purchase, Date Last Purchase, Number Purchases Last Year, Change in Number Purchases vs. Previous Year, Total Number Purchases
Lifetime, Total Value Purchases Lifetime, Number Returned Purchases Lifetime, Maximum Debt, Average Age Customer's Debt
Lifetime, Number Late Payments, Number Fully Paid, Times Visited Website, Change in Frequency of Website Access, Number of
Pages Visited Per Session, Average Dwell Time Per Session, Number Web Product Orders, Value Web Product Orders, Number Website
Visits to Partner Websites, Change in Partner Website Visits
FROM *** WHERE *** ORDER BY *** GROUP BY ***
```

图 13-3 将数据从数据仓库传递到数据挖掘应用程序的样本 SQL

大多数数据挖掘者都会非常热衷于得到具有这一内容的一组观测。相信我，数据挖掘者会非常愿意分析这些数据而不是准备这些数据！根据我的经验，数据挖掘者通常会进行受到数据仓库标准非常严格限制的数据提取，最终得到的数据会比图 13-3 所示的数据少得多。

仔细研究图 13-3。这些数据不可能来自一个源；必须从多个源一致化它，要通过在顾客姓名、地址和其他字段上实现模糊匹配。即便是在一致化数据的不同源时，所产生的横向钻取应用程序对于数据挖掘者来说，其运行速度也是过于缓慢的，没有工具可以每秒分析数千个这样的观测！

作为数据仓库管理者，我们现在要开始关注我们的命运了。

数据仓库的目的是以最佳可行方式收集、存储数据以及为数据挖掘工具提供数据，而不是实际执行数据挖掘。数据挖掘更多的是一个分析应用程序，而非一个数据库。从历史上看，我们已经重复投入了过多的精力，并且失去了过多的机会，因为数据仓库和数据挖掘操作的职责并未被充分定义。

在从数据原始源到数据挖掘最终步骤的数据总体流向中，我建议做如下职责划分。负责支持数据挖掘的数据仓库职责包括：

- 从所有内部遗留源到第三方源的原始提取。
- 数据内容验证和清洗。
- 将不同数据源合并到统一粒度的事实和维度表中。
- 创建与数据挖掘工具相关的派生事实和属性。
- 在事实和维度表中分配所有的外键和主键。
- 创建准备钻取到观测集中的复杂横向钻取报告。
- 为数据挖掘工具的高性能访问存储观测集。
- 选择性接收和存储数据挖掘工具所运行的结果。

数据挖掘的职责包括：

- 将准备好的观测集直接读取到数据挖掘工具中，可能会重复进行。
- 提供数据仓库并未提供的运行时数据转换步骤。
- 执行数据挖掘分析。
- 将数据挖掘工具运行的结果传递给数据仓库以供存储。

复杂横向钻取报告的创建是该过程中最有价值的一步，因为它利用了数据仓库的优势，并且是数据挖掘者准备去做的事情。

许多数据仓库开发人员都从内心深处专注于可以从其组织生产系统处得到的数据，没有意识到可以从第三方数据提供者处得到的丰富的数据源。随着对于顾客行为和人口统计数据的专注度不断提升，数据仓库团队需要对数据源和提供这些数据的公司变得更为熟悉。将这一数据获取转交给数据挖掘小组会是一个错误，因为这会将获取数据、一致化键、合并表、表示时序以及提供数据访问的所有问题都留给业务用户来处理，而其主要的兴趣点在于分析数据。这些任务，包括人口统计数据获取的任务，归属于数据仓库团队。

回到图 13-3，你会发现来自许多不同数据仓库表的各种行为测量，并且这些测量都是以不同的粒度来表述的。生成这一组应用程序的数据仓库可能由十多个针对不同事实表的不同查询所构成，这些查询都会被合并到顾客标识符行标题之下。数据仓库无法以数据挖掘工具需要的速度直接从原始数据源处提供这组观测值。

数据仓库需要生成一次这组观测值，然后存储它以便让数据挖掘工具可以高性能地、重复地访问。决策树或者神经网络可能仅会读取该数据一次，但基于内存的推导工具可能希望反复读取它。

最高的性能访问可以很好地通过一个平面文件来实现。数据仓库将准备好的观测集作为一个或多个平面文件来传递会是合理的，这些文件可以被反复读取。之后数据仓库会放手让数据挖掘工具高速处理这些观测值。

所有的数据挖掘都是试验性的重复循环。数据挖掘项目想要得到更多的行为数据测量，或者渴望得到已有测量的数值或类别转换的情形是非常典型的。在有些情况下，数据挖掘工具将有效提供最终的转换，但非常可能的情形是，数据仓库的数据交付环境将增强和扩充观测集。大多数数据仓库工具套件都可以轻易地采用之前所描述的平面文件输出并且用每个顾客数据的更多列来扩充它们。

数据仓库团队可以与数据挖掘者协作以便降低传递的数据量。毕竟，并非每一个人口统计指标都会提供有用的见解或者具有有用的预测值。要计算或者购买数据仓库提供的一些数据输入可能会代价高昂。消除这些变动因素将有所帮助。通过以自关联模式使用神经网络工具，数据挖掘者就可以进行测试以便查看描述顾客的数据输入是否可以自我预测。

这一技术可以消除一些数据元素，因为它们基本上与顾客档案信息的其余内容都不一致。同样，在以从输入变量预测或识别所期望的输出变量的常规模式配置神经网络工具时，神经网络工具就可以消除其他变动因素。在这种情况下，数据挖掘者会对比从神经网络训练阶段的开始到结束的神经元权重的变化。神经元权重在训练阶段变化很少的输入变量显然对于模型不会有太大的影响，并且数据挖掘者会选择从考虑因素中去除它们。

13.17.2　对于数据库架构的影响

我过去常常认为，数据库供应商会通过在 DBMS 结果集生成器的内循环中提供数据挖掘来涵盖数据挖掘处理，但此后我改变了想法。图 13-3 并非一个查询的内循环，而是复杂横向钻取应用程序的最终结果，是在 DBMS 的内循环之上被很好地生成的。可以这样说，详尽的行为需要在一个全面的上下文中描述，而不是在一个范围较窄的查询中描述。在任何情况下，我都认为，架构需要力求变得更具传递性。数据仓库会在一个非常细粒度的级别上生成观测值，并且用详情来修饰它们，然后将它们作为一个平面文件传递到数据挖掘者，以便得到高性能的、重复的访问。

13.18　现在就开始进行数据挖掘

Warren Thornthwaite，Intelligent Enterprise，2005 年 10 月 1 日

数据挖掘已经自成体系了，在许多企业中都占据着核心角色。我们全都是每天数十次的数据挖掘对象，从我们接收到的直邮广告到仔细审查我们每一笔信用卡付款的欺诈检测算法。数据挖掘分布广泛，因为它行之有效。其流行程度的提升还因为这些工具更好、更能被广泛使用、更便宜，并且更易于使用。

不过，许多 DW/BI 团队都不确定如何开始进行数据挖掘。这篇文章介绍了一种基于业务的方法，它将帮助你成功地将数据挖掘添加到 DW/BI 系统中。图 13-4 显示了数据挖掘过程的三个阶段、那些阶段中的主要任务领域，以及常见的迭代点。

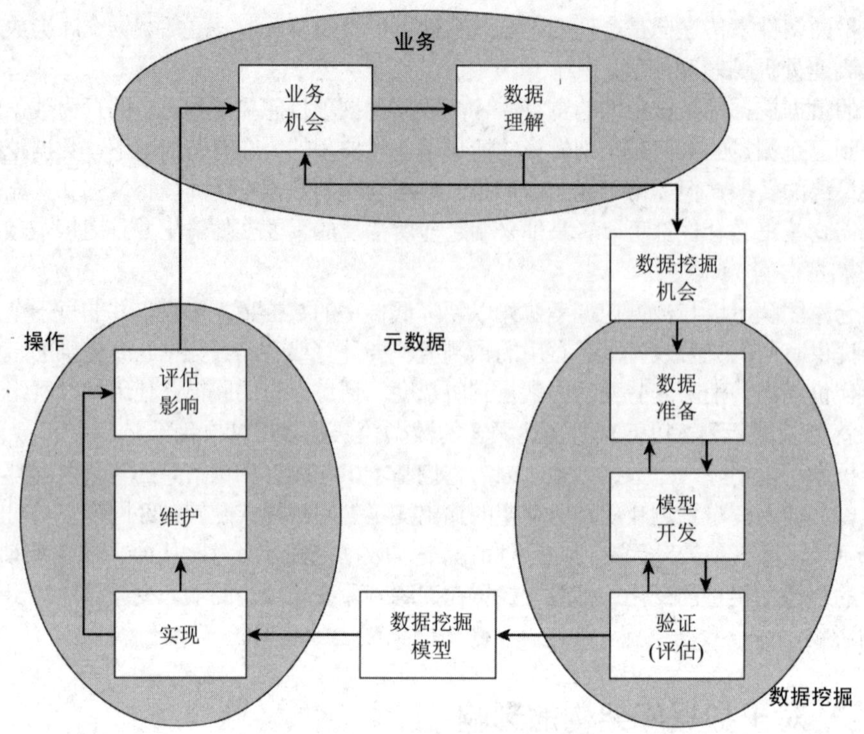

图 13-4 整体的数据挖掘过程

13.18.1 业务阶段

这第一个阶段是整体 DW/BI 需求收集过程的一个更为专注的版本。识别出一系列机会并且对其进行优先级排序会产生显著的业务影响。图中的业务机会和数据理解任务是连接在一起的，这是因为识别机会必须被连接到数据世界的现实情况。同样，数据本身就会提供业务机会。

一如既往，成功 BI 中的最重要步骤并非是关于技术的，而是与理解业务有关。要与业务人员会谈探讨在数据中捕获到的潜在机会以及关联关系和行为。这些会谈的目标是识别出一些高价值的机会并且仔细检查每一个机会。首先，要以可测量的方式来描述业务目标。“提升销量”过于宽泛；“降低月度顾客流失率”更具可管理性。接着，要思考哪些因素会影响该目标。什么迹象可能会表明某个顾客很可能流失？如何才能知道某个顾客对指定产品感兴趣？在探讨这些因素时，要尝试将其转换成已知的以可使用且可访问形式存在的具体属性和行为。

在与不同的小组举行了几次会谈以便识别一系列机会并且对其进行优先级排序之后，就要将高优先级的业务机会及其相关的一组潜在变动因素送回到 DW 以便进一步探究。要花费大量的时间探究与所探讨的业务机会相关的数据集。在这一阶段，其目标是验证支持业务机会所需的数据是当前可用并且干净得足以使用的。

可以通过数据剖析亲自发现许多内容、关系和质量问题，在调研中使用查询和报告工具来得到对于内容的理解。尽管数据剖析可以简单得像编写一些具有计数和不重复次数计算的 SQL SELECT 语句一样，但许多数据剖析工具都可以提供远远超越简单查询的复杂分析。

一旦识别出了清晰且切实可行的机会，则要记录以下内容：

- 业务机会描述

- 预期的数据问题
- 建模过程描述
- 实现计划
- 维护计划

最后，与业务人员一起评审该机会并且对其文档化，以便确保理解了其需求并让他们知晓你打算与其举行会谈。

13.18.2 数据挖掘阶段

现在就要构建一些数据挖掘模型。这一阶段中的三项主要任务涉及准备数据、开发可选模型并且比较其准确性，以及验证最终的模型。如图 13-4 所示，这是一个高迭代过程。

这一阶段中的第一个任务是构建数据挖掘用例集。在用例集，每个实例或者事件都会具有一行。对于许多数据挖掘模型来说，这意味着在数据集中，每个顾客都会具有一行。基于简单顾客属性的模型，比如性别和婚姻状况，会在每个顾客一行的级别上有效运行。包含像购买这样的重复行为的模型，会包含每个事件一行这一级别上的数据。

一个精心设计和构建的维度化数据仓库是用于数据挖掘用例数据的理想源。理想情况下，业务机会中识别出的许多变量都已经作为清洗后的维度属性而存在了。当已经使用一致化维度将人口统计和其他外部数据加载到数据仓库中时，数据挖掘者的工作环境甚至会变得更好。警告：使用类型 2 渐变维度准确追踪历史对于成功的数据挖掘至关重要。如果数据仓库或者外部源以类型 1 方式重写变化，那么将会用历史行为将模型关联到当前属性值。

尽管描述性数据很重要，但数据挖掘模型中的大多数有影响力的变量通常都是基于行为的。行为通常是在维度模型中作为事实来捕获的，这些事实详细描述了顾客做了些什么事情、多久做一次、花了多少钱以及何时做的这些事情。

构建用例集的过程通常涉及生成一种数据结构的查询和转换，该数据结构由单独的观测或用例构成，通常具有重复的嵌套结构，将被输入到数据挖掘服务中。该过程通常类似于用于构建数据仓库本身的传统 ETL 过程。将数据挖掘用例集写入到一个单独的数据库(或机器)会让你可以独立于数据仓库来管理这些表。ETL 工具非常适合于创建用例集，因为可以在单个 ETL 任务中封装所有的选择和清洗组件。

根据所使用的业务机会和数据挖掘算法，开发初始数据集通常涉及为不同目的而创建单独的数据子集。图 13-5 列出了用于数据挖掘的四个常见集。ETL 工具应该具有简单的转换，以便让你可以从大型数据集中抓取一个随机的 10 000 行样本，然后将那些行的 80%发送到一个训练集，其余 20%发送到一个测试集。

在开发了数据集之后，就要开始构建一些数据挖掘模型了。只要时间允许，就要尽可能多地构建不同的挖掘模型和版本；尝试不同的算法、参数以及变量，以便查看哪些组合可以产生最大的影响或者是最准确的。可以回到数据准备任务以便添加新的变量或者调整已有的转换。测试的变化越多，最终的模型就越好。

最佳数据挖掘模型的创建是一个三角测量过程。要用像决策树、神经网络以及基于内存的推导这样的几种算法来对数据进行测试。最佳的用例场景就是几个模型都指向类似结果时。当工具运行出一个结果，但并没有为其提供直观的说明，而这是神经网络的一个臭名昭著的问题，在这种情况下，之前所说的三角测量过程就尤其有帮助。三角测量会让所有观测者(尤其是业务用户和管理层)相信，预测结果确实是有意义的。

数据集	目的
训练	用作算法的输入以便开发初始模型
验证	用于确保算法已经创建了一个广泛适用而不是紧密绑定到训练集的模型。仅用于特定环境中
测试	未包含在训练集中的数据——通常称为测试数据。用于验证模型的准确性和有效性
评估	打算进行分析的目标数据

图 13-5 数据挖掘工具所使用的主要数据集

数据挖掘中存在两种模型验证。技术性方法会对比排名最前面的模型以便查看哪个模型对于预测目标变量最为有效。数据挖掘工具应该提供用于比较某些类型的数据挖掘模型有效性的工具。提升图和分类(或混淆)矩阵就是常见的示例。这些工具会通过模型来运行测试数据集并且将预测结果与实际已知的结果进行对比。

验证的业务方法涉及文档化最佳模型的内容和性能，并且执行业务评审来检查其值以及验证这个值是否合理。最终，模型的选择是一项业务决策。下一个步骤就是将模型移动到现实环境中。

13.18.3 操作阶段

操作阶段就是上线运行的阶段。此时，已经有了最佳的可能模型(指定时间、数据以及技术约束)，并且业务核准继续进行处理。操作阶段涉及三项主要任务：实现、影响评估和维护。

一方面，每季度运行一次的顾客剖析数据挖掘模型可能仅涉及数据挖掘者和 ETL 开发人员。另一方面，提出上线建议将需要应用程序开发人员和生产系统同事的参与，这通常是一件大事。如果你正在从事一个重大项目的工作，则要尽可能早地让这些人员介入进来，可能在业务阶段就要这样做，这样他们就能帮助确定合适的时间段和资源。最好是按阶段推出数据挖掘模型，从测试版本开始，以便确保数据挖掘服务器不会影响事务过程。

评估数据挖掘模型的影响会是一项重大任务。在像直邮广告这样的一些字段中，调整和测试市场营销优惠、抵押担保以及目标客户清单的过程会占据一个大团队的所有工作时间。这些团队会在发送大量邮件之前对小的子集进行测试。即使是在整体的活动中，通常也会存在具有内置了不同版本和控制集的几个阶段。每个阶段的结果都会帮助团队调整后续阶段以便提高回报。要尽可能多地采用这一谨慎的评估方法。

要牢记，随着世界所发生的变化，在模型中捕获到的行为和关系会变得过时。几乎所有的数据挖掘模型都必须在某些时候被重新训练或者完全重构。比如，未包含最新产品的推荐引擎将不太有用。

13.18.4 数据挖掘元数据的作用

在最理想的情况下，最终的数据挖掘模型应该是用详尽的历史来记录的。一个专业的数据挖掘者会希望清楚知道一个模型是如何创建的以便解释其价值、避免重复的错误，并且在需要时重建它。

现代数据挖掘工具非常易于使用；相较于其实际进行的处理，它通常会花更多的时间来记录每一次迭代。尽管如此，你还是必须对你拥有的内容以及这些内容来自何处保持追踪。要保留一个基础元数据集来追踪所有转换过的数据集的内容和派生，并且追踪你决定保留的所产生的挖掘模型。理想情况下，数据挖掘工具会为追踪这些变更提供方法，但最简单的方法就是使用电子表格。

对于所保留的每一个数据挖掘模型而言，电子表格至少应该捕获以下内容：模型名称、版本以及创建日期；训练和测试数据集；算法、参数设置、所使用的输入和预测变量以及结果。电子表格还应该追踪对于输入数据集、它们所来自的数据源以及创建它们的 ETL 模块的定义。

这一方法将有助于成功地将数据挖掘集成到 DW/BI 系统中。记住，通向成功的最容易路径就是以理解业务需求作为开始，并且以交付业务价值作为结束。

13.19　利用维度模型进行预测分析

Ralph Kimball，Design Tip #172，2015 年 2 月 2 日

预测分析就是用于进行关于未来行为预测的一系列广泛分析技术的名称。像信用评分、风险分析以及促销选择这样的许多应用程序都已经被证明能够带来收益和利润。值得看一下维基百科的“预测分析”一节以便了解这些技术的广泛范围。

尽管预测分析技术之间存在显著的区别，但几乎所有的预测分析技术都可以将数据作为一系列按照一个像顾客这样的数据仓库键来键控的“观测值”来接收。为了方便探讨，我们假设拥有 1000 万个顾客，并且我们希望通过针对这些顾客的历史运行一系列预测分析应用程序来预测未来的行为。

预测分析应用程序所期望的输入数据就是一个 1000 万行的表，这个表的主键是持久且唯一的顾客键，并且它的列是未限定数量的描述性属性，其中包括了常用的描述性字段和人口统计字段，也包括特意为预测分析应用程序的特定运行而准备的指标、计数以及总额。正是这些斜体字的需求才让所有的分析如此有意义。

我们输入到预测分析模型中的数据非常类似于一个特别宽的表，但相较于一个常规的十分稳定的维度表而言，它更加容易发生变化并且更为复杂。其中一些属性已经存在于一个常规顾客维度中，但许多相关的属性都是在分析时选择的，这是通过搜索描述顾客历史的事实表以及之后用一个标签、评分或总额来汇总该历史来进行的。有些预测分析应用程序希望实时更新输入数据，并且分析师希望随时动态地将新的计算后属性添加到输入数据。最后，这些输入数据的指定快照本身也会是一个有用的顾客维度。

如果这些顾客标签、评分和总额是固定的且会被定期用于超出预测分析外的查询过滤和分组，那么它们就可以变成顾客维度的永久成员。从一个维度模型中被输入到预测分析应用程序中的观测数据是非常简单的。但我们要如何填充这个表呢？是在 ETL 中使用复杂后台应用程序以传统格式写入这个最终的表吗？是在运行时完全在 SQL 中通过访问远程事实表的相关 SELECT 语句来填充每一列中的每个字段吗？观测属性的数据是否可以存储在一个真实维度而非单独事实表中，其中多个值会被存储为 STRUCTS 的 SQL ARRAY，甚至被存储为一个时间序列？在 Hadoop 环境中是否存在像 Spark 或 HBase 这样的提供了一种更有效的方式来构建会被传递给预测分析的观测数据集的工具？

对于 Kimball Group 来说，我在这退休的一年中所扮演的部分角色就是描述我们经过良好验证的维度建模技术的持久相关性，并且同时激发数据仓库社区中的读者思考数据仓库未来的新方向。坦率地说，对于之前的问题我并非都有对应的答案，但从现在开始到这一年结束时，我至少会尽我所能地描述其挑战以及我关于这些方法的思考。

13.20 组织是否需要一个分析沙盒

Bob Becker，Design Tip #174，2015 年 5 月 6 日

不计其数的组织已经创建了被认为在其组织中取得了巨大成功的成熟维度数据仓库。这些数据仓库环境支持企业的关键报告和分析需求。许多都能够支持供不相干业务用户使用的自服务数据访问和分析能力。

然而，无论这些维度数据仓库取得了多大的成功，它们有时还是会因为响应新需求、实现新数据源以及支持新分析能力的速度太慢而遭受指责。有时这些关切有些过于夸大了，因为对于任何新需求的响应显然都是需要一些特定的时长的，但有时这些指责是客观的。许多数据仓库都已经有所发展并且演化成为支持关键企业报告、仪表盘/记分卡以及自服务数据访问能力的关键任务环境。由于其关键任务特性，数据建模、治理、ETL 规则开发，以及变更管理需求就会产生用于新需求和变更的审核、设计和开发的较长周期。在许多方面来说，这些挑战就是成功的代价。

数据仓库是所精心定义业务规则的非常结构化的、经过大量设计的主题，并且会受到企业的严格管治。大部分数据仓库数据都经过了大量的清洗和转换，以便确保它表示了业务中实际发生的事情的真实图景。此外，会通过定期的已排日程加载来将生产环境的数据频繁同步为数据仓库数据。因此，最后，它是一成不变的；响应新的数据和分析请求就是需要花费时间。

不过，在如今的竞争环境中，组织需要更加敏捷。它们希望快速测试新的理念、新的假设、新的数据源以及新的技术。分析沙盒的创建是对于这些需求的恰当回应。分析沙盒会对维度数据仓库进行补充。其目的并非是替换数据仓库，而是与数据仓库一起提供一种可以更为快速地响应新需求的环境。分析沙盒实际上并非一个新概念，只不过最近的大数据探讨将这个概念重新带回到了行业前沿而已。通常，分析沙盒会被视作从已有数据仓库基础设施中开辟出来的一个领域，或者被视作毗邻数据仓库的一种独立环境。它提供了支持实验性或开发性分析能力所需的环境和资源。它就是可以应用、测试、评估和探究这些新理念、假设、数据源和工具的地方。同时，数据仓库会充当包含历史上准确企业数据的前置数据基础，分析沙盒会围绕和针对它来开展工作。

有时会从已有数据仓库环境中将关键数据输入分析沙盒中，并且会保持其与其他非数据仓库数据存储的一致性。分析沙盒就是可以测试新数据源以确定其对于企业的价值的地方。这些新数据源的例子包括从外部获取到的市场情报；从外部获取到的顾客属性；或者像社交媒体交互、移动应用交互、移动尘埃以及网站活动这样的源。通常要将这些新的数据源带入到已有数据仓库环境中都会非常麻烦，除非能够或者已经证明了其价值。通常无须重复定期地让分析沙盒中的数据与生产环境保持同步，并且这些数据集会在一段时间之后过期。

分析沙盒的关键目标是测试关于数据和分析的各种假设。因此，大多数分析沙盒项目都会导致“失败”的情况就不应该让人惊讶。也就是说，这些假设不会如预期般成功。这就是分析沙盒的其中一个巨大好处。在这些“失败”中使用的数据不会也不需要是数据仓库中所包含的严格预期的数据。在这种情况下，失败正是其成功；每次失败都是通向找出正确答案的一个步骤。

大多数业务用户都会正当地将数据仓库视作企业数据的首选来源。其报告、仪表盘/记分卡以及“自服务”即席请求都已经为数据仓库所支持。分析沙盒的目标用户通常被称为“数据科学家”。这些人是业务用户的小部分骨干，他们具备足够的技术知识来识别数据的潜在来源、创建其自己的“影子”数据库，以及构建特殊用途的分析。通常这些人必须“隔离式”地开展工作。他们已经在电子表格中、本地数据集中、桌面数据集市之下，或者以完成任务所需的任何方式制作和创建了其自己的影子分析环境。分析沙盒识别出这些人具有真正的需求。它会为他们提供一个环境，以便让其在一个受保护的、被支持的、有资金投入的、可用的、高性能并且在一定程度上受到管治的环境中“隔离式”地开展工作。

准备好正确的技能对于分析沙盒的成功至关重要。相较于大多数业务用户而言，分析沙盒的用户需要能够在少得多的约定规则的情况下处理数据。他们就是能够自助配置其所需数据的用户，无论这些数据是否来自数据仓库。他们能够直接针对这些数据构建分析和模型，而无须协助。

分析沙盒应该被最低限度地管治。其理念是创建一个能够不依赖数据仓库环境所有开销而存在的环境。它不应被用于支持组织的关键任务能力。它不应被用于直接控制或支持任何核心的操作能力。同样，其目的不是被持续不断地用于业务所需的运行中的报告或分析，尤其是不应被用于任何支持外部报告以满足财务规定或政府法规的报告。

分析沙盒的一个重要特征就是，从其性质上讲，它是透明的。数据和分析会按需变化，以便支持新的分析需求。数据不会持续存在并且不会通过运行中的 ETL 能力来定期更新它。分析沙盒中的数据通常具有一个一致认可的过期日期。因此，所识别出的对于组织很重要以及对于支持运行中的能力很关键的任何新的研究结果或者能力都需要被纳入到企业操作或者数据仓库环境中。

处理 SQL

这一节首先会提供一篇阐释使用 SQL 进行横向钻取查询的文章。在那之后，我们会提供 Ralph 于 1996~1997 年所写的一系列文章，这些文章指出了将 SQL 用于分析所受到的限制。我们相信，Kimball Group 对于提醒 SQL 标准委员会从而在 SQL-99 发布版本中扩展 SQL 语义方面发挥了重要作用，就像文章 13.27“更加智能的数据仓库”中所述的一样。

13.21 SQL 中的简单横向钻取

Warren Thornthwaite，Design Tip #68，2005 年 6 月 3 日

横向钻取指的是查询多个事实表并且将结果合并成单个数据集的过程。常见的示例涉及将预测数据与实际数据合并起来。预测数据通常被保存在一个单独的表中，并且是以与实际数据不同的详情级别来捕获的。当用户想要一份对比按照顾客统计的实际值和预测值的报告时，查询就需要针对这两个事实表来执行。当然，仅在来自这两个事实表的数据是使用一致化维度构建时才能合并这些数据。顾客、日期以及任何其他共享维度字段在这两个维度模型中都必须完全相同。

合并来自这两个事实表的数据的最有效方式就是针对每个事实表执行不同的查询，然后通过匹配其共享的属性来合并这两个结果集。这往往是最有效的，因为大多数数据库优化器都可以识别简单的星型联结查询并且快速返回这两个结果集。

以下 SQL 被用于横向钻取两个维度模型，也就是实际销售情况和预测销售情况，它们都具有顾客和日期维度。该查询在 FROM 子句中使用了 SELECT 语句来创建两个子查询并且将其结果联结到一起，完全与我们想要的一样。即使你不必亲自编写 SQL，你也会对于 BI 工具可能正在后台做什么事情有所了解。

```
SELECT Act.Customer, Act.Year, Act.Month, Actual_Amount, Forecast_Amount
FROM
```

子查询“Act”会返回实际值：

```
(SELECT Customer_Name AS Customer, Year, Month_Name AS Month,
   SUM(Sale_Amount) Actual_Amount
   FROM Sales_Facts A
   INNER JOIN Customer C
   ON A.Customer_Key = C.Customer_Key
   INNER JOIN Date D
   ON A.Sales_Date_Key = D.Date_Key
  GROUP BY Customer_Name, Year, Month_Name) Act
INNER JOIN
```

子查询“Fcst”会返回预测值：

```
(SELECT Customer_Name AS Customer, Year, Month_Name AS Month,
   SUM(Forecast_Amount) Forecast_Amount
   FROM Forecast_Facts F
   INNER JOIN Customer C
   ON F.Customer_Key = C.Customer_Key
   INNER JOIN Date D
  ON F.Sales_Date_Key = D.Date_Key
GROUP BY Customer_Name, Year, Month_Name) Fcst
```

用于我们小型结果集的联结条件：

```
ON Act.Customer = Fcst.Customer
AND Act.Year = Fcst.Year
AND Act.Month = Fcst.Month
```

这个 SQL 的执行速度应该与针对不同事实表执行的两个单独查询几乎一样快，因为联结位于相对小的已经存在于内存中的数据子集上。这个 SQL 语句的临时和最终结果看起来会像图 13-6 一样。

对于基于关系的星型模式而言，许多前台 BI 工具都可以被配置以便通过其元数据，或者至少在其用户界面中提交运行单独的 SQL 查询。许多 OLAP 引擎都会通过一个“虚拟多维数据集”的概念来完成这一任务，这个虚拟多维数据集会基于两个基础多维数据集的共享维度将它们绑定在一起。记住，如果还没有严格地强制使用一致化维度，则在进行横向钻取时就不能进行同类比较！

Act 的子查询结果

Customer	Year	Month	Actual_Amount
Big Box	2005	May	472,394
Small Can	2005	May	1,312,034

Fcst 的子查询结果

Customer	Year	Month	Forecast_Amount
Big Box	2005	May	435,000
Small Can	2005	May	1,257,000

最终的横向钻取查询结果

Customer	Year	Month	Actual_Amount	Forecast_Amount
Big Box	2005	May	472,394	435,000
Small Can	2005	May	1,312,034	1,257,000

图 13-6　来自两个子查询的样本数据以及最终的横向钻取结果

13.22　用于横向钻取的 Excel 宏

Ralph Kimball，Design Tip #156，2013 年 6 月 2 日

横向钻取单独的业务过程是数据仓库的其中一个最强大的应用程序。我们通常会认为横向钻取很神奇：为每个业务过程单独打开到维度模型的连接，从每个具有与提取自特殊一致化维度的行标题完全相同的标签的过程中抓取结果集，然后通过在行标题之上分类合并这些结果集来交付结果。说它神奇是因为，每个业务过程的原始数据可以被完全分布到不同机器上，这些机器甚至运行不同类型的 DBMS。

在我们的课堂上，我们用后面这个简单示例介绍横向钻取。假定我们有三个过程：生产制造发货、仓库库存以及零售销售。我们已经仔细地管理了与每一个这些过程有关的产品维度，因此产品描述是完全一致的。我们称之为一致化维度。在我们的简单示例中，存在三个产品，名称是 Framis、Toggle 和 Widget。

当我们分别查询每个过程时，我们会得到以下三个结果集：

产品	生产制造发货
Framis	100
Toggle	200
Widget	300

产品	仓库库存
Framis	300
Toggle	400
Widget	500

产品	零售销售
Framis	50
Toggle	75
Widget	125

横向钻取的挑战在于，要采用这三个结果集并且在产品行标题上对其进行分类合并，希望会得到以下结果：

产品	生产制造发货	仓库库存	零售销售
Framis	100	300	50
Toggle	200	400	75
Widget	300	500	125

看起来很简单，是吗？不过在现实情况中，如果这三个业务过程位于不同机器上，那么要在何处执行横向钻取？Cognos、Business Objects 以及 OBIEE 的服务器层都可以执行其自己的横向钻取版本，如果你可以找出不同名称之下的特性的话！但是要如何打开到随机远程数据源的任意连接，然后执行这一分类合并，尤其是在没有这些工具中的任何一个时呢？

过去，我曾经告诉过学生们要研究其 BI 应用程序并且"弄明白"要做些什么。这是不足的，并且我怀疑许多学生实际上从未实现过横向钻取应用程序。

我决定尝试在 Excel 中实现横向钻取，其中在单个主电子表格中，每个过程的结果都会被存储在一个单独的工作表中。我希望可以直接使用 Pivot 命令完成分类合并，但 Pivot 本身并不足够强大。跨许多同步数据源的分类合并实际上是一系列复杂的步骤，这在关系型术语中就是跨所有源的高并行完全对称外联结。但通常，我们不能使用 RDBMS，因为我们正在从多个不同的源处提取数据，可能包括 OLAP 系统或者 Hadoop 环境中的 Hive 工具。实际上，具有必需格式的任何结果集都可以公平地适用于横向钻取。

幸运的是，我非常熟悉 Visual Basic，因此我用 VB 编写了 Excel 宏来进行横向钻取。一旦将各种结果存储到了单独的工作表中，就可以运行宏和 Presto 了！

这段宏的代码可以在 www.kimballgroup.com/data-warehouse-business-intelligence-books/kimball-reader/处获得。还可以在这个链接上下载具有样本数据和宏的完整电子表格。在代码中，每个过程的工作表都被称为 Process1、Process2 等。打开名称为 StartHere 的工作表作为入手点。最终结果的工作表被称为 DrillAcrossResult。

对这个宏进行编码和调试让我在两天的时间里花了大约六个小时。我已经让其变得相当健壮了。你可以横向钻取 20 个过程，其中每个过程都可以具有数百或数千行。可以使用多级别行标题来标记结果集，并且每个过程最多可以具有 20 个唯一的相关事实。由于它实现了结果集的外联结，因此允许最终结果具有空白单元格。

在横向钻取操作之前，每个过程都会由宏来完全分类。因此你甚至可以在任意位置手动添加新的行，而无须对每个过程进行分类。

13.23　对比的问题

Ralph Kimball，DBMS，1996 年 1 月

Ralph 于 1996 年在这篇文章和文章 13.24“SQL 的障碍和缺陷”中提出了关注点，在 SQL-99 发布版本中被部分解决了，就像文章 13.27 “更加智能的数据仓库” 中所描述的一样。自这篇文章和下一篇的编写开始，SQL 已经得到了显著发展，但这两篇文章仍旧具有积极意义。请研究 SQL 标准的当前定义中的 RANK 和 WINDOWING 函数，以便了解该行业是如何(部分)提供了有用功能的。另外，请仔细思考 BI 工具如何才能(或者是否可以)生成这样的 SQL。

数据仓库最难的领域就是将简单业务分析转换成 SQL。在设计 SQL 时并没有考虑业务报告。SQL 实际上是一种旨在允许用便利且可访问形式来表述关系表语义，并且让 20 世纪 70 年代中期的研究者和早期开发人员可以着手构建首个关系型系统的中间语言。

不然你还有别的办法可以解释 SQL 中没有直接方式来对比今年和去年的数据这一现实情形的原因吗？或者说对比一个顾客组和另一个？或者说为结果集编号？非常简单的业务问题都需要复杂且令人望而生畏的 SQL。

关系型系统的早期阶段的明显标志就是加利福尼亚大学伯克利分校的研究人员和更为传统的 COBOL 阵营的成员之间研讨会上的争论。当 COBOL 阵营撤销之后，其中一些已经从数据处理过程中认识到的标准技术就淹没其中了。如果 SQL 更加动态并且在期间的 20 年中作为一种语言而表现活跃的话，那么这种情况就不会太糟糕，但该语言委员会对于 SQL-89 和 SQL-92 所付出的精力都是关注于扩展 SQL 的关系型语义，而非添加简单的业务数据分析能力。因此，这个行业如今费劲地应对由和蔼的学术教授而非业务人员所发明的一种 20 世纪 70 年代中间关系型处理语言。

让我提供一些来自常见业务报告的示例，以便展现出在 SQL 中哪些部分会如此难以应对。首先并且最典型的就是，执行简单对比的难题。假定你希望显示今年销售情况与去年销售情况的对比，如图 13-7 所示。

产品	09 年第四季度销售情况	08 年第四季度销售情况
Doodads	57	66
Toggles	29	24
Widgets	115	89

图 13-7　对比今年销售情况与去年销售情况的示例报告

这份小报告是业务分析的基石。业务领域中的数字很少会有太多的意义，除非将其与其他一些数字进行对比。在这份报告中，对比数字是并排排列的，但也可以将其共同用在一个比例中以便显示出从去年到今年的销售增长。今年对比去年是标准的例子。你可以看到，Widgets 和 Toggles 的销售情况自去年以来大幅上升，而 Doodads 的销售情况则下降了。这就需要立即进行进一步的分析，甚至可能要采取管理层行动。

令人惊讶的是，在 SQL 中得到一个像这样的结果集是非常困难的。通常的 SQL 模板会让你失望。你首先要编写 2009 年第四季度(4Q09)销售情况所需的 SQL 片段：

```
SELECT Product.Product_Name, SUM(Sales.Dollars)
FROM Sales, Product, Time
WHERE . . . Time.Quarter = '4Q09'
AND Product.Product_Name in ('Doodads', 'Toggles', 'Widgets')
GROUP BY Product.Product_Name
```

不出所料，基础的维度模型会由联结到一些维度表(包括产品和时间)的大型中心事实表(销售情况)构成。为了保持这篇文章的重心，我省略了 SQL 中所需的一些代码，比如在 WHERE 子句中列出将表挂接在一起所需的所有联结约束。

现在，如何得到 2008 年第四季度的销售情况？SQL 让你没有合适的可选项。如果扩展时间约束以包含这两个季度，就像 WHERE . . . Time.Quarter IN ('4Q09', '4Q08')中一样，那么 sum 表达式就会加总这两个季度的销售情况，而这是你不希望的情形。

SQL-92 提供了 case 表达式，这个表达式似乎提供了一条解决之道。将这两个季度的数据都放入查询中，然后在选择清单中分类这两个季度。这是一种条件逻辑：

```
SELECT Product.Product_Name,
SUM(CASE(Time.Quarter = '4Q09', Sales.Dollars, 0)),
SUM(CASE(Time.Quarter = '4Q08', Sales.Dollars, 0))
FROM Sales, Product, Time
WHERE . . . Time.Quarter IN ('4Q09', '4Q08')
AND Product.Product_Name in ('Doodads', 'Toggles', 'Widgets')
GROUP BY Product.Product_Name
```

第一个 CASE 表达式会验证候选结果集中的每条记录。如果 Time.Quarter 是 4Q09，那么 Sales.Dollars 就会被添加到累计的合计值。如果 Time.Quarter 是其他内容，则会添加零。相同的逻辑也会被应用到第二个 case 语句中，只不过时间周期是 4Q08。这个逻辑允许计算两个 Sales.Dollar 列。

遗憾的是，对于这一场景来说，有几件事情是错误的。首先，我不清楚有没有查询工具可以支持构建此类逻辑。必须在 SQL 层面将 case 构造手动编码到应用程序中。其次，该方法并不会扩展到更具现实意义的示例。假定你想要得到一组更为有意义的比较，如图 13-8 所示。

产品	09 年第四季度销售情况	08 年第四季度销售情况	2009 年销售情况	2008 年销售情况	所有产品的 09 年第四季度销售占比
Doodads	57	66	210	213	16%
Toggles	29	24	110	93	8%
Widgets	115	89	409	295	32%

图 13-8 对比图 13-7 的一组更有意义且更具挑战性的对比指标

这个示例会转变成一组数量十分惊人的 case 语句。注意最后一列的小陷阱，其中“所有产品”代表比 Doodads、Toggles 和 Widgets 更大的范围。

使用 CASE 方法的第三个问题是，SQL 会变得过于复杂，优化器无法真正确定正在运行什么。CASE 语句的大量增长会遮蔽住最初的简单目标。随着更多对比的添加，优化器真的有可能会“丢失这些对比”并且做一些古怪的事情(比如销售情况的全表扫描)，从而对性能造成灾难性的影响。语言设计者会查看该 SQL，并且认为它“缺乏目的性”。换句话说，它并没有清晰地表明它正在尝试做什么。

最后一个示例中使用 CASE 方法的第四个问题是，WHERE 子句必须被删减到让几乎整个数据库进入该查询的程度。因为 CASE 方法将记录约束的问题推迟到了它们到达结果集中时，所以 WHERE 子句会被强制放行今年和去年所售出的所有产品的所有销售记录。如果你希望使用一条快速聚合的记录，那么你会失望，因为使用 CASE 方法是不可能将所有产品聚合的使用嵌入到查询中的。

姑且不谈这些细节，你要如何使用关系型数据库来对这些对比进行编程？从历史上看，你仅有四个选择：CASE 语句、SQL 自联结、SQL 关联子查询，以及在客户端应用程序组合的单独查询。

第二和第三种方法(自联结和关联子查询)是比较老的技术，它们甚至比 CASE 语句还要让人难受。没有一种方法对于数据仓库对比来说是切实可行的。注意，SQL UNION 操作符不会处理行内对比的问题，因为 UNION 会从多个查询中附加行，而不会附加列。

因此，你仅剩下了第四个选择：在客户端应用程序中组合的单独查询。换句话说，在图 13-8 的示例中，你要将以下五个单独的查询发送到数据库：

Doodads、Toggles 和 Widgets 的 09 年第四季度销售情况

Doodads、Toggles 和 Widgets 的 08 年第四季度销售情况

Doodads、Toggles 和 Widgets 的 2009 年销售情况

Doodads、Toggles 和 Widgets 的 2008 年销售情况

所有产品的 09 年第四季度销售情况

之后客户端应用程序必须在数据库外合并这些结果。尽管这一方法明显会增加客户端应用程序的复杂性，但也存在一些有价值的好处。首先，这五个 SQL 语句中的每一个都是极其简单的 SQL(而所有的查询工具都擅长于生成这类 SQL)。其次，优化器可以轻易地分析这些简单的 SQL 语句，以便选择合适的评估计划。最后，聚合导航器将平稳地处理这些单独查询中的每一个，为查询 3 和查询 4 跳转到年度聚合，并且为查询 5 跳转到所有产品的聚合。

唯一真正的小毛病在于，客户端应用程序必须在这五个结果集上执行一个外联结。要牢记，无法确保 Doodads、Toggles 和 Widgets 在所请求的各个时间周期中都被售出过。如果 Doodads 在 2008 年中并没有被售出过，则要强制将空数据元素输入到报告的恰当单元格中。幸运的是，外联结只是来自老的 COBOL 数据处理时代的分类合并的新潮名称而已。构建来自这五个查询的结果集仅仅要求基于一组分类的行标题(“Doodads”“Toggles”和“Widgets”)来分类合并这五个结果集。

单独的查询方法极其简单且通用。可以从单独的查询中构建非常复杂的报告，并且数据库性能是受控的，且可以根据查询数量线性扩展。我相信，单独的查询方法对于标准业务报告来说是唯一切实可行的方法。

在思考数据库行业应该如何应对构建这些标准报告的问题时，DBMS 供应商应该处理该问题的一部分，并且工具供应商应该处理其余部分。DBMS 供应商应该扩展 SQL 结果集的概念，这样，就可以使用对称外联结将具有相同行标题的多个查询逐列“联合”成一个结果集(基于行标题的分类合并)。一旦这个主结果集被组合完成，就可以将其送回到请求应用程序以供最后的分析和呈现。

工具供应商应该尽可能地创建与这篇文章中的那些对比类似的对比。首先，工具供应商必须在客户端进行分类合并；之后，DBMS 供应商可以在服务器端对这一能力进行演化。

13.24 SQL 的障碍和缺陷

Ralph Kimball，DBMS，1996 年 2 月

请参阅上一篇文章开头处的编辑评论。

在文章 13.23“对比的问题”中探讨了 SQL 中两个显而易见的问题中的第一个，这两个问题甚至会让简单的业务分析变得艰难。这篇文章会应对第二大问题：缺少序列化操作。尽管你可以尝试使用已有的 SQL 语法来对比较进行编程，但对于序列化操作的问题你就无能为力了。使用标准 SQL 是没有办法执行简单的序列化操作的。

我们来回顾真正有用的序列化操作。所有的序列化操作都会按顺序处理结果集，从第一条记录到最后一条，在这个过程中累计某种计算。在许多此类情况下，结果集代表着一个时间序列，并且记录都是按照时间序列顺序来呈现的。

图 13-9 中的简单报告显示了若干应用到一个时间序列上的有用序列化操作。只有第一列可以在 SQL 中生成。天数列就是从第一条记录开始的结果集编号。累计式合计值以及三天移动平均值都很简单。令人惊讶的是，SQL 并没有提供任何此类函数。需要客户端应用程序来提供执行这些计算的能力。不过，极其重要的是，不要将这些计算推迟到客户端应用程序中来进行。

日期	以美元计的销售额	天数	累计总额	三天移动平均值
February 1	20	1	20	20
February 2	24	2	44	22
February 3	16	3	60	20
February 4	32	4	92	24
February 5	21	5	113	23

图 13-9 揭示几种序列化操作的示例报告

思考上述报告的一个变体，如图 13-10 所示。SQL 可以通过根据数据中的隐藏单位销量值来划分以美元计的销售额从而轻易地计算平均单价。不过如果列 3 和列 4 中的两个序列化计算别推迟到数据到达客户端应用程序时才进行，那么就很难用客户端工具来计算出正确的结果。单位销售数据已经丢失了。大多数非累加式业务计算，比如平均价格，会暴露出这个问题。必须在 SQL 引擎中执行这些计算，其中这些计算的所有组成部分都是可用的。

日期	以美元计的销售额	平均单价	累计式单价	三天移动价格
February 1	20	2.00	2.00	2.00
February 2	24	2.40	2.20	2.20
February 3	16	2.00	2.20	2.00
February 4	32	1.60	1.90	1.80
February 5	21	1.70	1.70	1.60

图 13-10 必须在所有基础计算组成部分都可用的情况下才执行像平均价格这样的非累加式计算

另一种非常有用的序列化计算就是排序。许多公司会基于排序报告来进行业务分析，如图

13-11 中所示的报告。使用标准 SQL 和电子表格操作来创建这份报告是难以应对的活动。只有实际的销售数字会从 SQL 中返回。该应用程序的其余部分由一系列复杂的分类和电子表格中的宏构成。SQL 中的一个简单排序函数会让这个应用程序轻而易举地完成处理。注意，“严格的”排序函数必须指定关联关系并且跳过下一个排序相同的排序数字。

区域	Doodad 销售额排序	Toggle 销售额排序	Widget 销售额排序	总销售额排序
East	1	2	3	1
Atlantic	3	5	2	4
Southeast	4	3	7	5
Midwest	5	4	1	3
Southwest	7	7	5	7
Pacific	2	2	4	2
Northwest	6	6	6	6

图 13-11　具有排序的示例报告

排序的一个变体就是 N 分位。三分位会将排序划分成三个类别：高、中和低。四分位会将排序划分成四个类别，依此类推。高级分析可能会实现智能的分位，其中高和中之间以及中和低之间的边界会被自动调整以适应数据值的聚集。

另一种与排序相关的序列化计算就是前 N 项，当然，也可能是后 N 项。前 N 项可以根据排序来实现，如果 SQL 的 WHERE 子句中允许使用排序函数的话：WHERE . . . rank(sales) <= 10。这与“前 10 项”相同。你想要几种样式的前 N 项，其中包括根据值来排序的前 N 项、一个列表的前 N 百分比，以及具有累加式测量值的列中的前百分之 N 的贡献度。

一种非常不同的序列化操作就是打断行(break row)。在这种情况下，要累加每一个列中的计算，直到行标题的值发生变化。然后要插入具有正确值的打断行(如图 13-12 所示)。

产品	区域	销量	平均价格
Doodads	Atlantic	72	$2.00
Doodads	East	46	$2.20
Doodads	Southeast	28	$2.16
TOTAL DOODADS		146	$2.09
Toggles	Atlantic	66	$3.95
Toggles	East	56	$3.85
Toggles	Southeast	32	$4.02
TOTAL TOGGLES		144	$3.92

图 13-12　具有产品打断行的示例报告

同样，你绝对不敢在客户端应用程序中计算打断行，因为一般来说，像平均单价这样的累加式计算是无法在数据库外被正确计算的。这意味着你需要将 BREAK BY 语法和 GROUP BY 与 ORDER BY 结合使用，就像这样：

```
SELECT prod_description, region, SUM(sales),
```

```
SUM(sales)/SUM(units)
FROM sales_fact, product, market, time
WHERE . . . <join constraints> AND <application constraints>
GROUP BY prod_description, region
ORDER BY prod_description, region
BREAK BY prod_description
SUMMING 3, 4 DISTRIBUTED
RESET BY prod_description
```

SUMMING 3, 4 DISTRIBUTED 这一句意味着在进行划分之前直接加总列 3，并且加总列 4 的组成部分。

对于 BREAK BY 的进一步调整会增加一个 RESET BY 子句，它会在指定断点处重新开始序列化计算。在这个示例中这是需要的，因为跨产品分断累计平均单价计算是毫无意义的。不过，在时间序列计算中，就算报告包括月度打断行，序列化计算通常也会继续跨打断进行。

序列化计算可以被优雅地添加到已有的 SQL，因为语法扩展与已有的语言是兼容的。一些 DBMS 供应商已经将零零碎碎的序列化处理添加到了其 SQL 实现中；不过，大多数都是不完整的，并且不会在序列化函数中处理分布式计算和 WHERE 子句中打断行或序列化计算的重要问题。

修复 SQL 问题

行业中的应用程序开发人员和业务用户正在浪费大量的宝贵时间在其客户端应用程序中实现简单的对比和序列化计算。如果他们不是在消耗其宝贵的时间，那么他们大概甚至不会尝试提供对比或序列化计算。

序列化操作就是后处理结果集的所有示例；应用程序设计者应该这般思考。编号、排序、分位以及打断行处理都是在结果集准备好被交付给用户之后才执行的。对比和序列化操作可以和谐共存。首先要增大对比；然后在泛化的结果集上执行序列化处理。

13.25 查询工具的特性

Ralph Kimball，DBMS，1997 年 2 月

数据仓库正在开始发展出一组丰富的设施和工具，从而将其与它较老的伴生物——事务处理——区分开来。随着我们这些数据仓库市场分段中的人更加深刻地理解我们正尝试从数据库中套取出的内容，一系列主题已经开始出现在我们的查询和分析工具中，它们与五年前老的事务处理报告生成器相比，具有非常不同的特质。

在这篇文章中，我会探讨出现在各种工具中的一组所选择的新高端查询工具能力，我认为它们对于完成数据仓库任务来说是很重要的。这一组能力绝对还是不完整的！可以将其视作 Ralph Kimball 对于数据仓库市场的特殊观点。所有这些特性都是有深度且强大的。如果查询工具供应商社区的成员会提供标准并且开始互相就这些类型的特性进行竞争的话，那就太好了。

这里是我认为重要的查询工具特性：

- **维度属性的交叉浏览**。查询工具的几乎每一个针对数据仓库的用途都涉及典型的两个步骤：首先，要访问维度模型中的一些或者所有维度表，以便设置约束；其次，在设置了约束之后，要执行涉及几个维度表以及大型中心事实表的多表联结。需要交叉浏览来执行第一步。对于查询工具来说，要实时地提供维度属性(比如产品品牌)中的一列有效值，并且让用户选择一个或多个值来设置约束，交叉浏览就绝对是必不可少的。这一基础浏览能力如今在复杂的查询工具中是相当标准的。另一方面，交叉浏览还涉及查询工具提供产品品牌有效值的能力，这受制于维度表上其他位置上的约束。换句话说，你仅仅希望浏览色拉酱类别中产品的品牌名称。这一交叉浏览的能力会从用于在大型数据仓库环境里进行严格查询的查询工具中区分出展示室的演示数据。如果无法进行交叉浏览，则可能需要所有色拉酱的描述并且得到 16 000 个描述(就像我在几年前所做的那样)。
- **开放式聚合导航**。聚合导航是在处理用户 SQL 请求的过程中自动化选择预先存储的汇总或聚合的能力。必须悄然且匿名地执行聚合导航，不必让用户或者应用程序开发人员意识到聚合的存在。开放式聚合导航会出现在聚合导航工具是一个可同时用于所有查询工具客户端的单独模块的情况下。在我看来，没什么比嵌入到专有查询工具中并且不可供其他用户客户端使用的聚合导航工具更糟糕或者更短视的了。除非当前嵌入到查询工具中的专有聚合导航器被制作成开放的可访问模块，否则大型 DBMS 供应商可能将这一业务从查询工具提供商处抢走。
- **查询分解**。为了计算对比或者为了正确计算报告打断行中的非累加式测量，查询工具必须将报告分解成若干由 DBMS 单独处理的简单查询。然后查询工具就会以智能方式自动合并单独查询的结果。此方法还允许横向钻取不同数据库中的几个一致化业务过程维度模型，要在其中处理单个繁复的 SQL 语句本来就是不可能的。最后，查询分解会为聚合导航器提供加快报告运行速度的机会，因为每个原子 SQL 请求都是简单的并且易于被聚合导航器分析。
- **半累加式求和**。在常见的业务事实表中有一类重要的数值测量，它们并非完全累加式的。作为强度测量的任何内容通常都不是累加式的，尤其是跨时间维度时。例如，库存水平和账户余额并非是跨时间累加的。这些事实被称为半累加式的。每个人都熟悉这一理念，即采用这些半累加事实中的一个，比如银行存款余额，并且创建根据跨时间平均值来计算的月末有用汇总。但是，你不能使用基础 SQL AVG 函数来计算这类跨时间平均值。AVG 会跨所有维度进行聚合，而不仅仅是跨时间。如果要从 DBMS 中抓取五个账户和四个时间段，那么 AVG 将用总账户余额除以 20(5×4)，而不是进行你想要的除以四的计算。要除以四并不难，但这对于用户或者应用程序开发人员来说是一种干扰，他们必须停止且在应用程序中显式存储四这个数字。所需要的就是将求和操作符泛化成 AVGTIMESUM。此函数会自动执行一个求和，但也会自动除以包围查询中的时间约束基数。这一特性会让涉及库存水平、账户余额以及其他强度测量的所有应用程序都大大简化。
- **为我显示什么是重要的**。数据仓库能力和机能的增长在某些方面是好消息，但在某些方面又是坏消息。好的一面是，现在可以在数据库中存储惊人数量的低级别数据：具有十亿条记录的事实表相当普遍。坏的一面是，对于获得有用见解来说，现在更加容易会取回过多的数据。越来越多的情况是，查询工具必须帮助你自动化筛选数据以便仅向你显示重要的部分。从底层面来看，你只需要在报告中显示满足特定阈值标准的数据行即可。这一过程涉及的处理不是仅仅将 HAVING 子句添加到 SQL。在导航的聚合、横向钻取的环境中，从用户角度包含或排除一条记录的标准只有在 DBMS 早已传递回所有结果之后才会清楚。因此，这一筛选函数应该是查询工具的职责。显示重要内容的高层面就是激动人心的数据挖掘新领域。查询工具日益需要将数据挖掘能力嵌入到其用户界面和基础架构之中。

- **行为研究**。应用程序的一个有意义类别涉及采用之前一份报告或之前一组报告的结果，然后在其后的时间里反复使用这些结果。生产制造商可能会运行一系列分析顾客订购行为的报告。从一组最初的 50 000 个顾客中，可能会派生出 2000 个问题顾客这一子集。此时，用户会希望对这 2000 个顾客运行一整套后续的跟进分析报告。问题在于，要在这组 2000 个顾客上进行约束是非常难的。几乎可以肯定，他们并没有被顾客维度表上的任何合理约束所定义。他们真的仅仅是由原始分析的复杂输出来定义的。所需要的就是查询工具中的两步骤处理的能力。首先，当显示出 2000 个问题顾客的原始定义报告运行时，必须要能够使用单个命令在一个特殊的单独行为研究表中直接捕获基础顾客键。然后这个表会得到一个固定名称，并且独立于原始定义报告。其次，用户必须要能够将这个特殊的顾客键表附加到任何事实表作为一个直接的顾客键约束。之后这一过程会自动将所有后续分析约束为这 2000 个问题顾客。这样，后续的所有报告就都可以运行在该行为定义分组上了。

13.26 增强查询工具

Ralph Kimball，DBMS，1997 年 9 月

SQL 是非常迷人的。简单的 SQL 语句读起来似乎就像从数据库请求信息的英语语句一样。毕竟，几乎所有人都可以弄明白一个简单 SQL 请求的意图，比如这一个请求每个产品九月销售情况的 SQL：

```
Select Product_Description, Sum(dollars)
```

所有的列都位于最终输出中

```
From Product, Time, Sales
```

查询中所需的表

```
Where Sales.Product_key = Product.Product_key
```

将销售表联结到产品表

```
And Sales.Time_key = Time.Time_key
```

将销售表联结到时间表

```
And Time.Month = 'September, 1997'
```

“应用程序”约束

```
Group by Product_Description
```

最终输出中的行标题。

遗憾的是，在大多数情况下，一个更为耗费资源的业务请求会开始让 SQL 的读写变得复杂。在很长一段时间里，查询工具供应商都没有采取激进的超越像我们示例一样的简单 SQL 请求安全区的措施。在早期，大多数查询工具都会自动化简单 SQL 请求的构建，有时甚至会在构建 SQL 子句时就显示它们。仅仅在过去两三年中，查询工具供应商才开始应对如何处理重大业务问题所需的复杂 SQL 的问题。一些供应商通过允许用户构建内嵌子查询来强化其工具。一些供应商已经实现了查询分解，其中复杂的请求会被分解成许多单独的查询，其结果会在数据库完成所有处理之后被合并。

这些方法就足够了吗？我们是否能够提出我们想要的所有业务问题？是否有一些业务结果被请求获取，但陷于数据库中无法获得，因为我们无法足够清晰地“表述”？在下一个千年来到之前，SQL 语言委员会是否应该为我们提供更强大的能力来提出复杂的业务问题，并且数据库供应商能够实现这些语言扩展？(从这篇文章的编写开始仅有 935 天了！)

为了得到关于这些问题的一些观点，让我来提出七类业务问题。这些问题类别是按照从最简单到最复杂来排序的，基于回答问题所需的在数据库中隔离正确记录的逻辑复杂性来排序。这一分类并不是唯一可用于业务问题或 SQL 查询的分类方法，但它作为一把量尺来评价 SQL 和 SQL 生成工具是非常有用的。在阅读以下七类查询时，请尝试想象 SQL 是否可以提出这样一个查询，并且查询工具是否可以生成这样的 SQL。这七类查询是：

1. **简单约束**：针对字符常量的约束，比如“显示 1997 年 9 月的糖果产品销量”。
2. **简单子查询**：针对数据中出现的全局值的约束，比如“显示那些糖果产品销量大于平均销量的店铺中 1997 年 9 月的糖果产品销量”。
3. **关联子查询**：针对每一个输出行所定义的值进行约束，例如，“显示那些当月糖果产品销量大于平均销量的店铺中 1997 年每一个月的糖果产品销量”。
4. **简单行为查询**：针对产生自隔离期望行为的异常报告或一系列复杂查询的值进行约束，比如“显示 1997 年 9 月的特定糖果产品销量，对于我们的连锁店来说，这些糖果产品在九月之前的 12 个月中的家庭渗透率超过了小于我们 10 个最大零售竞争对手的相同产品家庭渗透率两倍标准差的范围。”这个查询是经典的机会缺口分析的一个变体。
5. **派生的行为查询**：针对集合操作(联合、交叉以及集差)中出现的值在多个复杂异常报告或者多个系列的查询上进行约束，比如“显示那些类别 4 示例中识别出的、同时其退货率超过了大于我们 10 个最大零售竞争对手两倍标准差的范围的糖果产品的销量。”这一请求是一组两个行为查询的交叉。
6. **逐行扫描的子集查询**：针对类别 4 示例中的值进行约束，但临时对这些值进行排序，以便异常报告中的成员关系依赖于前一个异常报告中的成员关系：“显示那些来自类别 4 示例的同样在 1997 年 8 月中可选取出但同时不会出现在 1997 年 6 月或 7 月选取结果中的糖果产品的销量。”逐行扫描子集查询的一个医疗健康示例就是“显示出最初对胸部疼痛诉苦，然后经历了治疗 A 或治疗 B，之后未动手术，并且仍旧存活至今的最老的 100 个病人。”
7. **分类查询**：针对一组使用最近邻域和模糊匹配逻辑所定义的聚类在分类记录的结果值

上进行约束:“显示出在 1000 个其内容最接近匹配于一个年轻、注重健康的家庭档案的市场购物篮中所包含的低卡路里糖果的百分比。”

随着我们沿着这份清单向下处理，这七个类别中的业务问题会逐渐变得更有意义。类别 4~类别 7 中的问题几乎会直接主导决策制定以及所采取的行动。所制定的决策和所采取的行动就是数据仓库的真正输出，并且从这个角度说，我们应该将我们大部分的创造力投入到尽可能解决这三类麻烦查询的工作中。

在 SQL 和行业标准工具中对比这些业务问题要如何进行？我认为不会太顺利。大多数查询工具实际上都仅能轻易地应对类别 1(简单约束)。我所熟悉的几乎所有老练的工具也可以对类别 2(简单子查询)进行处理，虽然用于处理这些子查询的用户界面命令可能会很复杂。少数工具会积极展示其执行类别 3 查询(关联子查询)的能力。据我所知，没有任何标准查询或报告生成产品具有用于类别 4~类别 7 的直观用户界面。如果你正试图支持这些类别中的查询，则要面临一种架构上两难的局面：这些业务问题会变得过于复杂，而无法在单个请求中表述。不仅用户应该将这些查询划分成序列化处理步骤，以便能够更为清晰地思考该问题，而且如果减少每一步中基础算法的使用的话，那么基础算法可能会更加稳定和可控。那么要如何应对类别 4~类别 7 中的这些难题，并且如何才能使用当前的工具来为你提供一部分或者全部的有用答案呢？

在文章 13.25“查询工具的特性”中，简要描述了一种用于处理行为查询的技术。自那时起，我一直在与许多小组探讨这一技术，并且我逐渐相信，这一方法对于查询工具来说会是向前的重要一步，从而让这些查询工具可以将其处理范围延伸到类别 4、类别 5 和类别 6(简单和派生的行为查询以及 逐行扫描的子集查询)。该技术将问题划分成了两步：

- 运行定义了你希望标记的复杂行为的一份异常报告或者一系列查询。例如，“定义对于我们的连锁店来说，1997 年 9 月的糖果产品中，其家庭渗透率在九月之前的 12 个月内超过了小于我们 10 个最大零售竞争对手的相同产品家庭渗透率两倍标准差的范围的产品。”尽管这是一个复杂的请求，但市场上大多数合格的报告和分析系统都应该能够应对它。在运行了异常报告之后(在这个例子中会产生一组产品)，要将异常报告中所识别出的产品的产品键捕获为一个真实的物理表，它由单个产品键列构成，要小心使用产品的自然键。
- 现在，无论何时希望将任何表上的任何分析约束为该组特殊定义的产品，都可以使用产品键的特殊行为维度表，如图 13-13 所示。唯一的要求就是目标事实表必须包含产品维度。

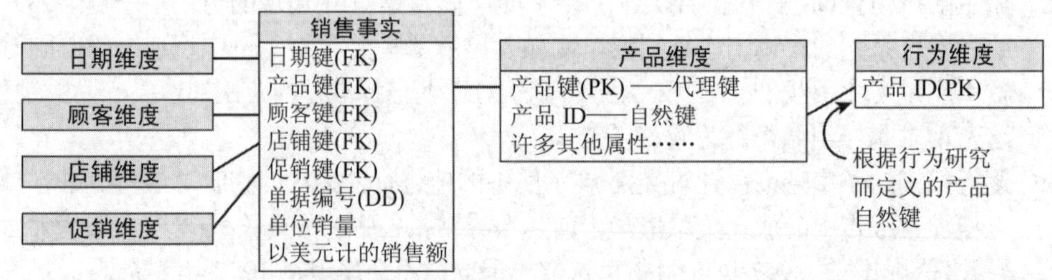

图 13-13 将特殊行为维度添加到常规维度模型以便将模式限制为一个产品行为定义分组的上下文

仅会使用联结产品中自然键字段的等值联结来附加特殊的行为维度。这甚至可以在一个隐藏了到特殊行为维度的显式联结的视图中完成，这样它看起来并且会表现得像一个常规的、不复杂的维度模型。如果特殊维度表隐藏在一个视图之下，并且我们将这个视图称为“特殊产品销量”而不是“销量”，那么几乎每一个查询工具和报告生成器就应该都能够分析此受特殊限制的模式，无须为定义了原始异常报告的复杂处理而另行开发一种语法或者用户界面。

就像所有设计决策一样，此方法也涉及某些妥协。首先，这个方法需要一个用户界面用于捕获、创建和管理数据仓库中的真实物理表。我们可以想象一下在位于所偏好的查询工具或报告生成器外的 Visual Basic(或者另一个有能力的应用程序开发工具)中构建一个简单应用小程序的情况。无论何时在屏幕上定义了一个复杂的异常报告，你都要确保显示这组恰当的键，然后通过剪切和粘贴将其捕获到该应用小程序中。之后这个应用小程序会创建特殊的行为维度表。

其次，这些表必须存活在与主事实表相同的数据库空间中，因为它们会直接被联结到该事实表，从而影响 DBA 的职责。

再次，就像在我们的示例中一样，一组随机产品键的使用将影响产品维度上的聚合导航。一个复杂巧妙的方法可以在特殊行为集上为所有那些对整个集合进行加总而非枚举个体成员的查询构建自定义聚合。所有其他维度上的聚合导航应该都不受影响。

通过按照排列顺序来排序特殊行为维度中的键，就可以一次性处理联合集合操作、交叉和集差，从而让我们可以构造派生的由两个或多个复杂异常报告或系列查询组合构成的行为维度。

最后，通过泛化行为维度以便在每条记录中与(示例中的)产品键一起包含一个时间键，那么时间键就可被用于约束主事实表中发生于行为定义事件之后的记录。这样，我们就能够按序列化顺序搜索行为了。

这一方法提供了我们可以使用已有工具来将查询延伸到超越简单约束和子查询外的范围的希望。

13.27　更加智能的数据仓库

Joy Mundy，Intelligent Enterprise，2001 年 2 月 16 日

很少有查询和报告会执行任何比加总或计数还要受欢迎的计算，不过偶尔会出现一些让人激动的工具。查询和报告工具供应商已经出色地完成了让复杂事情变得简单的工作。它们非常棒地提供了 SQL 中缺失的功能，比如小计和市场贡献。一些工具可以执行更为复杂的计算，但这样做需要从数据库将数据提取到客户端桌面或者中间层服务器上。

在很多情况下，这一多层设计并非一个问题。许多公司都有良好的内网带宽，并且高级分析师似乎更愿意使用本地数据集来按照其自己的意愿进行处理。不过为了最大限度地利用高级分析师的工作成果，其工作输出必须被输入回企业系统的操作中。这样的闭环系统正在 CRM、面向网络的数据仓库、系统操作和许多其他应用程序中变得越来越常见。

通过选择可预测的 SQL 作为用于数据仓库的查询和分析语言，我们正在沿着这条道路前行。但 SQL 并不足够丰富和灵活，它无法靠其自身来执行分析，因此我们最好的分析师会使用它从数据仓库提取出数据，并且将数据放入其选用的工具中。这就产生了多层架构。

对于 SQL-99 的 OLAP 扩展会减少这个问题，但 SQL 实质上并非一种分析语言。我们需要一个与数据存储紧密集成的分析引擎和语言，不过是为可扩展性和可编程性健壮而设计的。

13.27.1 SQL 审查

SQL 能否完成生产报告应用程序的工作？SQL 是不是一种分析语言？不完全是。它需要复杂的语法来执行琐碎的分析，比如市场份额、移动平均值、排序、比例、差量或者标准差。顾名思义(结构化查询语言)，SQL 是一种查询语言。

SQL-92 相当灵活，并且可以执行的计算比大多数人认识到的要更多。正如我稍后将描述的，SQL 专家可以编写一个计算市场份额和移动平均值的查询。不过，这似乎不可能是你会真正选择去做的事情，并且你必须手动编写该查询，因为没有任何查询工具会提供太多帮助。

我们来选择一个简单示例进行讲解。正如每一个浏览了投资网站的人都必须知道的，移动平均值是金融分析中的一个常用工具。移动平均值非常简单，它就是一个滚动窗口上的测量平均值。例如，要计算一支股票价格的三天移动平均值，则要计算今天、昨天以及前天的价格平均值。标准差是一个波动性指标，它也是投资分析中的一个常用指标。作为我们探讨的起始点，假设你希望从图 13-14 中所示的模式计算恰当时间间隔内股票价格的移动平均值和标准差。

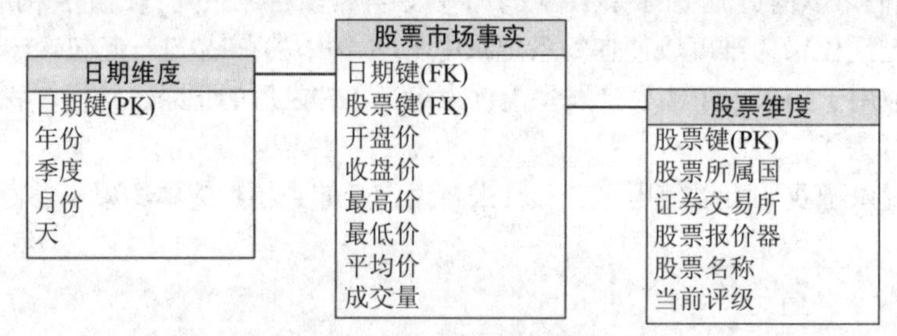

图 13-14　股票价格的示例模式

关系型数据库的一个基本特征就是，表中的行顺序没有任何意义。SQL 可以在输出时对行进行排序，但没有语法可用于在查询中操作这些行时对其进行排序。为了执行 SQL-92 中的移动平均值计算，需要将事实表联结到其自身三次。200 天的移动平均值就需要 200 次子联结，而这是极其荒谬的。

13.27.2 SQL-99 OLAP 扩展

对于 SQL-99 的大量预期的 OLAP 扩展又如何？它们是对于查询语言的真正改进。OLAP 扩展的主要特性就是 WINDOW 子句。WINDOW 子句旨在完全解决这类问题：它是一种在查询中指定希望在一组行{今天、昨天、前天}上执行一个操作的方式。

这里是使用 SQL-99 语法从图 13-14 中所示的模式中进行提取的基础查询：

```
SELECT d.day_date,
s.stock_ticker,
F. price_close,
avg(F. price_close) over Window1 AS MovAvg,
STD(f.price_close) OVER Window1 AS StDev
From market_facts f, dates d, stocks s
WHERE f.date_key = d.date_key and f.stock_key = s.stock_key
WINDOW Window1 As (PARTITION BY (s.stock_ticker)
ORDER BY (d.day_date ASC)
```

```
ROWS 2 PRECEDING) ;
```

PARTITION BY 子句类似于 GROUP BY 子句。它会在看到新股票时告知“窗口”重新开始。不使用这个子句的话，就会混合来自不同公司的数据。ORDER BY 子句会确保在窗口中包含正确的行。记住，关系型数据库本来就不知道行排序方面的事情。

ROWS 2 PRECEDING 子句指定了你希望在当前行和前两行上执行的一些操作。然后，一个 200 天的窗口会直接使用 ROWS 199 PRECEDING 来替换 ROWS 语句。最后，SELECT 清单中的 AVG 和 STD 函数表明了你希望对在窗口中分组到一起的多个行集合所执行的操作。

SQL-99 语法支持一个查询中的多个窗口。扩展这个查询以计算一个区间内的移动平均值，并且计算另一个区间内的标准差，这样的计算会像定义另一个 WINDOWS 子句那样简单明了。

仅仅由于数据库引擎实现了 SQL-99 OLAP 扩展，并不意味着它能很好地完成任务。它对于遵从 ANSI 语法标准而言的全部意义在于，数据库引擎接受该语法并且会返回正确结果。在表象背后，该引擎可能正在将事实表联结到其自身。

13.27.3　更多高级查询

如果你希望查看投资回报而非价格，那么应该怎么办？所期望的输出是一系列相对于当年开始时所计算的每只股票的每日回报和标准差。思考以下查询，它派生自图 13-14，该查询采用了一个子查询来得到用于计算投资回报的起始价：

```
SELECT d.day_date,
s.stock_ticker,
(f.price_close / sq.price_Jan - 1.0) AS InvRtn,
AVG(f.price_close) OVER Window1 / sq.price_Jan AS MovAvg,
STD(f.price_close) OVER Window1 AS StDev
FROM market_facts f, dates d, stocks s,
(SELECT f1.stock_key, f1.price_open AS price_Jan
FROM market_facts f1, dates d1
WHERE d1.day_date = 'Jan-01-2000') AS sq
WHERE f.date_key = d.date_key and f.stock_key = s.stock_key
AND f.stock_key = sq.stock_key
AND d.day_date >= 'Jan-01-2000'
WINDOW Window1 AS ( PARTITION BY (s.stock_ticker)
ORDER BY (d.day_date ASC)
ROWS 49 PRECEDING) ;
```

新的 SQL-99 OLAP 扩展支持一些额外的常用计算。不使用 WINDOW 子句，就非常难以生成以下几项：

- **累计合计值**。使用 ROWS UNBOUNDED PRECEDING 子句，就可以简单明了地累计一个累加测量值。
- **差量**。进行一些创造性发挥，你就可以定义一个将今天的测量值与昨天、上周或去年的相同测量值进行对比的查询。
- **市场份额**。你可以使用多个窗口在单个语句中表述这个查询。这是报告中一个非常常见的需求。

- **排序**。RANK 窗口函数会返回一个表明分区中排名的整数。排序通常被用作报告中的可选排列顺序或者过滤器。在我们的投资示例中，你可以在投资回报、波动性以及成交量上对股票进行排序。

重要的是要注意，这篇文章中所阐释的任何实例都并非我所认为的复杂问题；这些都是回答简单问题的复杂查询。

13.27.4 延伸问题

将 WINDOW 子句添加到 SQL 标准会极大地提升 SQL 语言用于数值分析的有用性。分析师将优雅地接受该语法，并且我期望计算负担转移到后台通往数据库引擎的中间某处，且要远离前端工具。不过有几类分析问题并非是通过标准来解决的，其中包括：

- 使用乘法的聚合。
- 将不同规则应用到不同的层次结构分支(比如使用不同于计算美国市场回报的公式来计算欧洲市场回报)。

这些都是另外的排序问题。使用 SQL 甚至 SQL-99 来执行复杂计算的基本问题就是，将这些查询公式化太过困难了。子查询和 HAVING 子句已经成为 SQL 的一部分很多年了，但查询工具对于这些语法的支持非常糟糕。遗憾的是，我怀疑还需要数年的时间，我们才能看到许多具有用于构建使用新 SQL-99 OLAP 扩展的即席查询的直观界面的产品。

13.27.5 OLAP 是一个答案

一个答案是，在数据存储和用户之间放置一个分析层。这个分析层将提供文章 7.12“对维度数据仓库进行评分”中所描述的功能类型。出于当前探讨的目的，我会假定不清楚底层数据存储是关系型数据库还是另一种格式，尽管如果底层数据库是关系型的，那么它应该支持 OLAP 扩展。分析标准应该包括：

- 在聚合的多个级别上执行有效且一致的分析。
- 探究数据多个属性之间的关系。
- 以灵活方式预先定义分析表达式。
- 原生支持广泛的各种分析。
- 使分析的大门保持开放：使用 API 来无缝集成外部计算引擎以便用于超出 OLAP 引擎范畴的特殊目的分析。

如今市场上的 OLAP 产品都在应对这些标准上取得了不同但通常良好的成功。OLAP 技术最广为人知的就是用于解决“聚合导航”问题，但它也为有意义的分析提供了一个有效平台。所有的 OLAP 产品都会为分析提供明显大于 SQL 的灵活性，但它伴随着代价：每个产品都会使用其自己专有的查询或计算语言。

例如，Microsoft 的分析语言 MDX(“多维表达式”的缩写)为高级分析师提供了一个工具以便在分析服务数据库中存储分析表达式。调用这些存储表达式时的计算成员可以变得惊人的复杂。它们甚至可以被定义为调用一个外部模块从而执行多元时间序列分析。我在这篇文章中所探讨的所有功能都受到了原生支持。

回到这篇文章开头处的业务问题，高级分析师要为股票价格定义移动平均值作为计算成员：

```
Avg(Time.CurrentMember.Lag(2):Time.
CurrentMember, [Closing Price])
```

系统的偶然使用者可以将这个指标拖曳到查询中。它将正确运行，无论所请求的聚合级别是什么，也不管显示了哪些维度。你可以创建一个更加复杂的表达式，透明地创建 50 天移动平均值，如果该指标是在天级别来浏览的话；10 周移动平均值是周级别的；而三个月移动平均值则是用于按月浏览的数据的。

这是一个使用这一预定义指标的完整查询：

```
SELECT {[Closing Price],
[Price Moving Average], -- computed member
[Price StDev]} -- computed member
ON COLUMNS,
[[Time].[2000].Members} ON ROWS,
{[Stocks].[USA].Members} ON PAGES
FROM [Stock Price Cube]
```

无论所计算指标的 MDX 有多复杂，其使用都是简单明了的。启用 MDX 的查询和报告工具可以被专用于图形化呈现行、列和页面上的元素；填充该网格的数字测量值是由分析服务代码来计算的。

我并非有意忽视 MDX 和其他分析语言的复杂性。它们是难以掌控的语法。我曾经看到过非常复杂的 MDX，并且有少数工具可以帮助开发分析指标。此外，可取之处是，艰难的工作仅需要完成一次，并且易于与许多人共享。

展望未来，我们可以期望看到分析系统在闭环应用程序中的更广泛使用。查询和报告需求可以很好地被设计用于支持即席分析的语言和编程接口来满足。同样，闭环系统的研究所级别的统计需求需要分析系统供应商将数据挖掘 API 纳入到其产品中。并且数据挖掘算法开发人员必须严肃看待这一活动，或者冒险放弃其难以使用且难以集成到业务系统中的工具组。

第 14 章

维护和发展的注意事项

恭喜！你差不多接近终点线了。不过还不要开始庆祝。你仍然需要在部署以及之后进入维护阶段时保持密切关注。

这一章被划分成两部分。第一部分会围绕部署提供建议。然后我们会将注意力转向维护问题，首先是进行核查以评估 DW/BI 系统的健康度，之后是应对常见发起倡议、用途、架构以及数据弊病的规范性计划。我们最后要处理不再被 IT 使用的遗留应用程序中的有序下线或者数据保留的问题。

成功地进行部署

部署要求在大事件之前进行重要的预先规划。在这一节中，我们会探讨运营和市场营销所需的预先准备，以及在延伸出专注于新业务过程的后续项目时的注意事项。

14.1 不要忘记用户手册

Joy Mundy，Intelligent Enterprise，2005 年 7 月 1 日

数据仓库团队通常会推迟考虑其新的 DW/BI 系统日常运营的事项，直到这些系统接近于发布到生产环境中时才考虑。在部署截止日期临近且用户急切地想要使用数据和报告时才开始设计操作过程就太迟了。火车已经离站。你会在继续前进时瞎编乱造一些东西，这将必然造成错误。

思考两组关于生产环境 DW/BI 系统日常运营的注意事项。第一组是以用户为中心的：他们需要什么样的信息才能成功地使用系统？以及在初次发布之后，系统要如何改进并且演化以便满足其需要？第二组且同等重要的就是技术性系统管理的规划注意事项：确保系统运行无故障，或者至少无致命危机的操作过程。

14.1.1 前台操作

在部署一个新的 DW/BI 系统时，业务用户会专注于前台：他们每天都看到且使用的界面。实际上，用户社区有时会用 BI 工具供应商的名称或者“报告门户”来指代数据仓库。他们几乎不会意识到，构建和部署报告仅仅是一小部分工作，通常小于创建一个 DW/BI 系统所需的工作量的 10%。但人们会专注于他们所能看到的东西。如果报告门户很难看、信息不足或者缓慢，那么整个 DW/BI 系统都会被视作很糟糕。

在发布 BI 环境时，你要发布一组初始的报告、图表以及分析，它们要满足在项目开始时通过业务用户访谈所识别出的需求。我们假设这些交付物都是有意义、具有吸引力、适当参数化的，并且允许在适用的地方向下钻取。你必须就所构建的系统对业务用户进行培训：不仅仅是在何处点击，还要讲解应该如何使用分析以及为何要使用这些分析。这里是必须准备好回答的一些典型用户问题：

- 我要如何访问 BI 系统？
- 我要如何请求更广泛的系统访问？
- 我要如何找到我需要的报告？
- 系统中的数据上次刷新是什么时候？
- 我可以在何处得到帮助？
- 我要如何自定义一份报告？
- 我要如何构建一份全新的报告？
- 我要如何将我的报告添加到系统中，以便组织中的其他人可以使用它？
- 我要如何自定义我的门户视图？
- 我要如何构建一个更为复杂的分析？

你可以构建这样一个直观的报告环境，其中这些问题中的一些答案是显而易见的，但如果你认为可以避免文档化记录该系统并且提供上线培训的话，那么你就是在自欺欺人了。

必须建立(和维护)一个具有关于如何使用系统、数据传播以及在何处获得帮助的最新信息的网站。如果报告工具具有一个基于网络的启动页面，则要考虑自定义该页面以便添加这一重要信息。否则，就要培训用户先去到你的页面并且从那里链接到报告和/或工具页面。

在系统处于生产运行状态之后，还必须制订培训计划。新雇员需要培训并且惊人大比例的初始用户都会从更多指导中受益。你需要为高级用户或很少使用的用户提供新的培训类型。在线指导材料很有用，不过非常有益的是，让业务用户集中在一间屋子里，你可以面对面地与其交谈，并且他们也可以彼此交谈。

前台上线和运营计划应该包含帮助中心的计划。如果你的组织有一个集中的 IT 帮助中心，则要将相同的基础设施用于第一层支持。尽管连接性已经比十年前简单得多了，但大多数用户问题仍旧是关于如何连接的。一个集中的帮助中心可以为这一前端提供帮助，但要为大部分的问题提供计划以便将问题逐步升级到专家，可能是数据仓库团队中的某个人。

许多查询和报告工具都会让业务用户自定义其系统视图，通常是通过在门户上创建“我的报告”文件夹来完成的。这一功能非常棒，不过你应该为个人报告制定策略和过程以确保较高的可见性。在将这些报告发布给广泛受众之前，核心 BI 团队成员对这些报告执行质量保障和对其进行调整通常是合理的。这不仅仅是确保新的或者修订后报告的准确性的问题；还必须确保它们能够顺利执行并且这些修订不会对现有用户造成不良影响。

14.1.2 后台操作

第二组注意事项专注于技术性系统管理。远在进入生产环境之前，就必须思考大量的操作性关注点，因为你的决策将会影响系统配置和设计。如果不在部署之前创建一个合理的操作计划，那么数据仓库团队最终会将东西拼凑在一起从而引发危机，这将必然导致用户群的信任危机。

后台操作计划至少应该处理以下问题：

- 如何监控资源使用情况？
- 如何对使用情况进行报告？
- 如何自动化操作，尤其是提取、转换和加载(ETL)过程？
- 如何在 ETL 过程遇到问题时获悉这一情况？
- 如何通知用户数据有问题？
- 如何监控系统性能？
- 如何终结关系型数据库和 OLAP 系统的查询？
- 如何识别和解决性能瓶颈？
- 如何才能调优系统以避免瓶颈？
- 如何确保系统永远不会将磁盘空间消耗殆尽？
- 是否需要修改持续运行的 ETL 过程以便适应数据分区？

最重要的是，你需要规划、实现和验证备份与恢复测量。未经定期测试的备份和恢复计划就并非一份计划。它只是一个愿望而已，并且期望该愿望成真是不切实际的。

对于这些问题来说，并没有简单的答案。最佳的解决方案是与 ETL 设计紧密交错。在开始工作之前，通过设计 ETL 系统以便主动检查像操作过程成功完成这样的条件，就可以避免大量的问题。正如文章 11.2 “ETL 的 34 个子系统” 中所述，一个健壮的 ETL 系统会检查异常情况以及数据量和内容是否合理。要保持追踪每日加载需要多少磁盘空间并且验证该数量的磁盘空间是可用并且已分配好的。

14.1.3 监控操作

要规划监控 DW/BI 环境中所有软件组成部分的操作：业务系统、关系型数据库、OLAP 和数据挖掘系统、查询和报告软件，以及所有的网络门户。开发一个健壮的监控系统通常需要将业务系统的特性与数据库引擎和前端工具的特性结合起来。即使借助单个供应商来提供 BI 技术，也应该期望合并集中类型的监控。要规划创建一个关系型数据库以便存储监控性能数据。可以直接将监控追踪结果填充到该关系型数据库中，或者更为合理的就是将追踪结果放入文件中，然后定期加载那些文件。

要随时监控这些系统。设置“总是运行”的监控来包含除所有错误事件外的重要事件，比如用户登录和 ETL 过程完成。这一“总是运行”的监控应该定期记录像内存使用情况这样的状态，可能是以 15 分钟为间隔。由于这一基础监控是连续的，因此应该证明所包含的每一个被追踪元素的合理性。

要定期提升监控来捕获更多的事件和状态，可能是一个月一次。这一月度详尽基准线在诊断性能平台中会是无价的，并且通常可以在业务用户感知到这些问题之前就捕获到它们。可以以 5 秒或 15 秒的时间间隔来追踪状态，并且保持所发生过程的详尽追踪。详尽监控通常会影响系统性能，因此要避免在系统使用高峰期进行详尽监控。另一方面，如果在午夜时分监控报告系统，则不会了解到任何有用的信息。

这些操作性问题没太大吸引力。谈论它们是无法激发出业务用户的激情的。但如果不在早期考虑这些问题，并且将一个操作计划构建到过程中，那么 DW/BI 系统将会遭受失败。因为用户不清楚如何使用系统并且他们不清楚要在何处得到信息和协助。他们对于系统、数据和你的工作成果的信心将发生动摇。他们所看到的将是糟糕的一面，并且系统 98%的好的一面都将变得毫无意义。

快速学习：DW/BI 系统运营规划的注意事项

- 务必要在转入生产环境之前对系统和运营进行全面测试。
- 务必要规划对用户进行专为数据和环境所定制的培训。
- 务必要发布一个具有关于系统最新信息的网站或门户，其中包括数据上次更新的时间。
- 务必要发布关于如何访问系统的信息。
- 务必要在非侵入性级别上随时监控过程处理和查询操作。
- 务必要为终结一个查询(然后追踪它)制定一个过程。
- 务必要不时提升监控以便在遇到性能问题之前制定一份详尽的性能基准线。
- 务必要制定一份备份和恢复策略。
- 务必要尽可能快地通知业务用户关于系统中任何过程处理或数据问题的信息，比如失败的加载或(可怕的！)不准确的数据。
- 不要期望一个集中式 IT 帮助中心可以提供太多超出连接性故障解决的协助。
- 不要认为恢复将正常发挥作用，除非对其进行了验证。

14.2 我们来改进我们的运营过程

Joy Mundy，Design Tip #52，2004 年 3 月 4 日

在我的职业生涯中，我一直都能够审查大量处于其生命周期各个阶段的数据仓库。大体而言，我曾经观察到，我们并不太擅长于以类似于严密性的方式来运营数据仓库系统，比如像事务系统人员对其系统运营所期望的那样。平心而论，数据仓库并非一个事务系统，并且很少有公司可以证明对数据仓库访问施行 24×7 的服务水平协议是合理的。不过还是不要掉以轻心，难道我们非得在紧急情况下看起来像是愚蠢而无能的人吗？众所周知，糟糕的事情会发生，尤其是在数据仓库中，它是公司中其他每一个系统的下游。

以专业方式运营一个数据仓库与其他任何系统的运营并没有太大的区别：遵循标准的最佳实践、制订灾难应对计划，以及进行实践。这里是一些基础建议，根据我从实际部署中所观察的经验。

- **与业务用户商定一个服务水平协议(SLA)**。这里的关键是协商，然后严格执行该 SLA。
  关于服务协议的决策必须在执行主办人和数据仓库团队领导者之间进行，要基于对于将该 SLA 提升为高可用性的成本和收益的充分分析来进行决策。需要在项目早期协商 SLA 的基本轮廓，因为高可用性的需求可能会显著改变物理化架构的细节。记住，SLA 意味着在 IT 和业务用户这两方之间达成合理妥协。签署“5 个 9 的”线上正常运行协议意味着数据仓库每年尽可以停机 5 分钟 15 秒。

- **为所有数据仓库运营使用服务账户**。你会认为所有生产环境运营应该使用一个具有恰当权限的指定服务账户的做法是理所当然的。但我已经数不清有多少次我曾经看到生产环境的加载失败是因为 DBA 离开公司而其个人账户变得无效这一原因造成的了。
- **将开发环境与测试和生产环境隔离开来**。同样，这也应该是理所当然的。同样，显然并非如此。我注意到，在团队严格对待开发/测试/生产过程的面前有两个主要的障碍：成本和复杂性。

硬件和软件成本会很大，因为最佳实践是要将测试系统配置得与其对应生产系统完全相同。你能够通过协商降低用于测试系统的软件许可成本，但硬件供应商很少会如此随和。如果必须节省硬件，那么可以首先减少存储，用一个历史数据子集进行测试。接下来可以降低处理器数量。在万不得已时，可以减少测试机器上的内存。我真的很讨厌做出这些妥协，因为过程处理和查询特性可能会间断性地发生变化。换句话说，减少了数据量、处理器或者内存之后，测试系统可能会表现得非常不同。

开发的硬件系统通常就是普通的桌面机器，尽管其软件应该与测试和生产环境几乎相同。要迫使软件供应商以几乎接近于零的成本来提供所需数量的开发许可。我认为所有的开发许可其成本都应该小于 100 美元。(祝你好运吧！)

对生产系统所做的任何事情都应该在开发机器中进行设计并且在测试系统上对部署脚本进行测试。后台中的每一个操作都应该经过严谨的脚本化和测试，无论是部署一个新的维度模型、添加一列、变更索引、变更聚合设计、修改数据库参数、备份还是还原。集中管理的前台操作，比如部署新查询和报告工具、部署新的企业报告，以及变更安全性规划，都应该同样经过严谨的测试和脚本化，如果前端工具允许的话。

数据仓库软件供应商没有让你能够很容易地去做正确的事情。前端工具和 OLAP 服务器在帮助、甚至允许为渐进式运营开发脚本方面表现得尤为糟糕。协调跨 RDBMS、ETL 系统、分析和报告系统的新主题领域的上线是非常具有挑战性的。要非常小心，并且要反复实践！

- **要尽可能多地使用精心定义的发布版本号以及一份准确的执行该发布的所有组成部分的列表，从而让数据仓库发布像商业化软件的发布一样**。让发布退回变得可能，以便在发布包含灾难性错误时能够恢复到前一个版本，比如遇到错误计算部门盈利能力时。
- **为所有的操作制作图解**。图解要包含执行一项操作的分步指导，如还原数据库或表、部署新的维度模型、将一个新的列添加到表。应该制作通用的图解，然后为计划在生产环境中执行的每一个操作而定制该图解。例如，如果正在变更一个数据库参数，则要在合理的详细程度上写下要遵循的步骤。然后在将其应用到生产环境之前，在测试系统上对该图解进行测试。如果正在通过工具的用户界面而非通过脚本来执行一项操作，那么图解就尤为重要。

运营并非数据仓库的一个有趣部分。不过借助良好的规划和实践，就可以镇静从容地面对不可避免的混乱情况，而非让局面失控。

14.3 对 DW/BI 系统进行市场营销

Warren Thornthwaite，Design Tip #91，2007 年 5 月 30 日

市场营销通常会被技术人员所遗漏。当某个人说"噢，你必须进行市场营销"时，这往往并不意味着一种恭维。这是因为我们真的不理解市场营销是什么以及它为何很重要。在这篇文章中，我们会回顾经典的市场营销概念并且探究我们如何才能将它们应用到 DW/BI 系统。

将市场营销视作教育会更为可取。市场营销人员会对消费者进行产品特性和优势方面的教育，同时让人们意识到对于那些特性和优势的需要。当市场营销被用于让消费者相信一种不真实的需要，或者销售一款不会提供其宣称特性和优势的产品时，市场营销的名声就坏掉了。但那又是另外的探讨范畴了。真正伟大的市场营销，在有效专注于所交付价值时，就会极度重要。

在开始创建市场营销计划时，应该清晰地理解关键的信息：DW/BI 系统的使命、愿景以及价值是什么？市场营销 101 招至少已经专注于四个 P(产品、代价、布局和推销，即 product、price、placement 和 promotion)约 30 年了。我们将在 DW/BI 系统的上下文中介绍这些因素，并且做出何处存在可用的额外信息的指导。

14.3.1 产品

只要业务用户群关注，DW/BI 产品就是决策和 BI 应用程序以及门户所需的信息提供者。我们的产品必须在以下五个方面具有优势：

- **价值**。满足需求调研过程中所识别出的业务需要。
- **功能**。产品必须运行良好。
- **质量**。数据和计算必须是正确的。
- **性能**。要在按照用户定义的合理时间段内交付结果。

14.3.2 代价

大多数用户都不会直接使用 DW/BI 系统。他们所付出的代价就是相较于其他可选项，从 DW/BI 系统中获取信息所需的工作量。其中存在学习如何使用 BI 工具或应用程序的先期成本，以及找出正确报告或者构建用于特定信息需要的正确查询的持续成本。必须通过首先创建尽可能易于使用的优秀产品来尽可能多地降低其代价。然后提供一系列全面的培训、支持和文档，其中包括在可持续不断的基础上可直接访问的业务元数据。

14.3.3 布局

在消费性商品中，布局是显而易见的：产品必须陈列在店铺货架上，否则顾客就不会购买它。对于 DW/BI 系统来说，布局意味着我们的顾客要能够在他们需要信息时找出他们所需的信息。换句话说，必须为 BI 应用程序构建一个对业务人员来说是合理的导航结构。此外，像搜索、报告元数据描述以及类别和个性化能力这样的工具也会有帮助。要了解额外的信息，可以阅读文章 13.11"BI 门户"。

14.3.4　推销

所拥有的每一个顾客联系方式都是一个市场营销机会。电视广告并非一个选项，YouTube 除外，但是对于 DW/BI 系统来说，确实存在一些推销渠道：

- **BI 应用程序**。这些应用程序就是人们使用最多的。名称很重要；让 DW/BI 系统拥有一个好的缩写词可以留下一个很好的印象。每一份报告和应用程序都应该具有一个表明它来自 DW/BI 系统的脚注以及一个位于右上角或左上角的标志。最终，如果创建了一个合格的产品，那么 DW/BI 系统品牌的名称和标志将会变成质量标签。
- **BI 门户**。这是 DW/BI 系统的主要入口点。它必须满足与 BI 应用程序相同的需求。
- **定期沟通**。要知道谁是业务干系人以及对于每一个干系人来说哪种沟通工具最为有效。持续沟通的计划要包含状态报告、管理层简报以及用户简讯。要考虑就特定主题进行网络广播，如果在组织中可以进行网络广播的话。
- **会议、活动和培训**。任何在其议程中可以得到几分钟的公共会议都是好的事情。简要提及最近成功的业务使用，提醒人们 DW/BI 系统的特性和目的，并且告知他们关于任何即将开展的计划或活动有关的信息。大约每六到九个月就要主办你自己的活动，比如用户论坛会议。

持续的市场营销是每一个成功 DW/BI 系统的关键要素。保持人们对于你为其所提供的价值的认知越多，他们就越可能支持你的工作。

14.4　应对成长的烦恼

Joy Mundy，Intelligent Enterprise，2004 年 5 月 1 日

这样就部署了首个维度模型了。幸运的话，业务会对其钟爱有加并且诉求更多！他们想要集成来自额外企业数据源的数据的查询和分析。对于有些人来说，这一要求正是梦寐以求的。对于其他人，这可能是缓慢而长久的噩梦的开始。

在这篇文章中，我会使用一个用例研究来探讨你很可能会在将下一个业务过程维度模型上线到生产环境中时遇到的挑战。遗憾的是，这里没有什么神奇手段可以借助。将下一个业务过程主题领域放入生产环境中是一个困难但并非难以应对的问题。这是集中你具有的任何吹毛求疵倾向的合适位置。

14.4.1　识别目标

让我们从结束状态的目标开始。你的目标企业信息架构由多个共享一致化维度的互相连接的业务过程维度模型构成，就像企业数据仓库总线架构方法所提倡的那样。使用共享一致化维度具有几个重要含义。维度中的持久键必须完全相同。不然如何才能跨主题领域进行联结？此外，必须在企业范围内就对哪些属性进行历史追踪以及对哪些属性进行就地更新达成一致。不然维度键如何才能完全相同？

14.4.2 用例研究场景

我们假设你推出了具有一个成功零售维度模型的企业信息基础设施。这些零售信息每天都会被店铺管理者以及市场营销和财务部门的许多企业用户所使用。该基础设施会在正确的事务粒度上捕获数据，其每日更新过程很平稳，并且系统停机时间完全符合服务水平协议(SLA)。零售模式是一个优雅且美观大方的事物。

零售项目的成功已经让管理层可以放心大胆地扩展企业数据仓库以便支持额外的 CRM 需求，也就是进入呼叫中心的顾客电话。理论上，这一决策没什么问题：你要重用第一个项目中的日期和顾客维度，添加一些新的维度和新的事实，然后就万事大吉了，对吧？不过实际上，其中会有一些小问题。

14.4.3 不要操之过急

显然，你需要弄明白如何修改 ETL 过程以便同时将新的表填充到呼叫中心模式中。但可能还存在一些更为复杂的影响。

让我们多思考一些关于原始零售模式中顾客维度的问题。首先，销售顾客的定义实际上是所有顾客的一个子集；你对其有所了解的仅有的顾客就是那些拥有会员卡以及对应账户编号的顾客。在添加呼叫中心信息时，就可以期望得到关于之前从未看到过的一整组顾客的信息。顾客维度 ETL 过程将必须要做修改以便适应新的源，之后我将探讨这一点。将新的顾客添加到顾客维度不应影响已有的维度模型。新的顾客行不会联结到任何已有的零售事实行，因为没有办法将“非会员”来电者联结到销售事务。已有的销售模式应该一如既往地具有相同或者几乎相同的表现。

如果相较于零售所必须或者可用的信息而言，业务用户希望追踪呼叫中心顾客的更多信息，应该怎么办？例如，如果来电者的电话号码很重要，该如何处理？需要将新的属性添加到顾客维度，还要修改顾客维度 ETL 过程。正如新顾客这个例子一样，添加电话号码不应干扰原始的维度模型；已有的报告和分析将像之前一样继续有效运行。

最后，我们来应对一个更难的问题。如果呼叫中心数据的业务用户强烈需要追踪顾客地址的历史该怎么办？换句话说，他们希望能够知道去年来电的一个顾客当时居住在蒙大拿州，不过现在居住在夏威夷。维护建模可以用类型 2 渐变维度(SCD)技术来应对这一需求。问题在于，你正在以会影响已有零售维度模型的方式来修改顾客维度的基础特征。稍后我将回过头来介绍这一两难局面。

14.4.4 在开始构建之前先做计划

不出所料的是，部署呼叫中心数据所需要做的第一件事就是制订一份计划。我希望你已经有了用于管理开发周期的策略：将代码签入到源控制；使用单独的开发、测试和生产环境；制订规范和测试计划；为系统可用性应用 SLA 等。如果不是这样的话，现在就是让该基础设施就位的好机会。

呼叫中心模式设计会指定新的表以及对已有表的修改，比如顾客。设计者还应该为 ETL 过程提供一种合理的规范。你需要对那些规范向下展开到更精细的细节，探讨这些设计在对生产环境系统的修改上下文中的意义。换句话说，你需要在高层次进行全面考虑，你打算如何修改已有的 ETL 系统以便纳入新的工作负荷。你还需要考虑是否要修改已有的顾客表或者重构它。无论如何，都必须考虑对于 SLA 的任何影响。

在规划阶段要解决的其中一个最重要的问题就是，如何应对顾客维度的修改以便追踪历史。到目前为止，最容易的方法就是现在就开始追踪历史。所有已有的历史数据都会与顾客当前的属性关联起来。新的事实会与顾客属性中的未来变更正确关联起来。通常这是唯一切实可行的方法，因为顾客属性的历史，也就是我们示例中的地址，就是不可用的。注意，即便使用这一简单方法，也可能需要修改零售的 ETL 过程，从而将正确的顾客键传递到事实表中。实际上，零售 ETL 过程可能会选取出最近的顾客键，但从测试计划中排除掉针对此情况的验证就是愚蠢的行为。

一种更具挑战性的方法就是为顾客重建历史。你也许能够构建一个包含顾客地址变更历史的顾客维度版本。这是很难的，但可能是可行的。如果可能的话，数据仓库团队领导者就要负责为管理层提供一份此工作的成本收益分析。如果决定应对这一挑战，则会面临另一个决策：要不要为零售模式重建历史。在事实表中重建历史的过程从概念上讲很简单，因为你知道销售事务日期以及顾客地址有效时的日期。不过，执行这一简单操作需要对大量的事实表行进行更新，而这是一项开销很大的操作。需要另一份成本收益分析。并且不要忘记制订一份测试计划来确保不会把数据搞得一团糟！

最后，你的计划应该探讨如何应对对于聚合表和 OLAP 多维数据集的这类修改行为的增长。如果这些结构完全会受到影响，那么可能需要从无到有地重构它们。相应调整你的日程安排，并且不要忘记测试计划。

14.4.5　开发、测试、部署

新数据库元素和 ETL 过程的开发通常是针对一个小数据子集来完成的。这一方法是唯一明智的做法。不过开发人员仍旧需要持续地意识到，他们正在将新的具有大量数据的元素添加到已有的生产系统。像删除和重建一个表这样的技术在开发环境中会运行良好，但在真实环境中完全是一个灾难。

测试环境就是验证可以升级数据库、添加新数据源以及处理不会对已有操作产生负面影响的新转换的地方。需要在测试环境中做的第一件事就是备份整个系统：数据结构、数据以及 ETL 过程。需要测试这三项主要的内容：新的数据库结构、ETL 过程，以及迁移到新结构和过程的过程。每次测试迭代都应该从一个干净的没有应用任何迁移变更的系统开始(换句话说，也就是一个刚刚从备份还原过来的系统)。尽管早期测试可以针对一个数据子集来进行，但最终的测试集应该针对一个全面的环境来执行，最好是将要修改的生产系统的一个完全相同的副本。

要确定如何测试迁移过程是很难的。人们通常会将这一时间段用作将数据仓库迁移到新硬件的机会，这套新硬件曾经被用作影子系统进行测试。如果在商用硬件上运行数据仓库，那么证明这个方法的有效性就不是那么困难了。不过如果生产环境中存在非常大的数据量，那么你可能没有其他办法，只能进行一些严谨的规划并且投入测试时间来“让其顺利进行”。

14.4.6 最后的一些思考

如果零售的初始设计提前几步考虑到可以预见的地址变更追踪的需要，那么这篇文章中所探讨的大部分烦恼都可以避免。数据仓库设计的其中一个技巧要素就是，尽可能广泛地进行思考，不要陷入从所有用户处得到所有需求的漩涡中。实际上，随时间推移而变化是成功数据仓库的一个特征，并且数据仓库团队应该准备好适应那些变化。

总体而言，我的建议是：务必要重视计划，沟通，开发，反复测试。

保持持续的影响

在这最后一部分中，我们将专注于做正确的事情以便保持 DW/BI 系统处于正轨。由于保持正确的方向与一开始就建立正确的路径直接相关，因此要找出本书之前文章的不少指导意见。

我们在这一部分中首先会对执行定期检查以验证 DW/BI 实现处于健康状态提出建议。后续的文章会应对发起倡议、业务接受程度、架构以及通常会在健康评估期间发现的数据隐患。我们最后会阐述你可能没有预计到的一项职责：为生产环境应用程序及其相关数据源的宕机做好准备。

14.5 数据仓库检查(Kimball 经典)

Margy Ross，Intelligent Enterprise，2004 年 6 月 12 日

坚持去医生处进行定期体检是人类的天性。通常，我们更愿意避免被针扎、对我们的生命体征进行采样，然后被告知我们需要戒烟、加强锻炼，或者在某些方面改变我们的生活习惯。不过，我们大多数人都足够成熟，知道这些针对常规和个人标准指标的定期检查对于监控我们的健康情况至关重要。

同样，对于 DW/BI 环境执行定期检查也是至关重要的。仅仅继续处理已经逐渐适应了 DW/BI 环境的东西是没什么侵入性破坏的，不过定期检查其运行状况以及业务用户群的反映是有好处的。

就像可以在医生办公室中得到的各种健康指导一样，我们还会描述在执行 DW/BI 检查时会遇到的大多数常见的麻烦之处。对于每一个问题，之后我们都会探讨要监控的警示征兆，以及指定的处理计划。

这篇文章对于使用一个成熟(我们相信也是“陈旧的”)DW/BI 系统的任何人都是相关的。那些刚刚开始构建 DW/BI 系统的人也应该监控这些警告信号以便在环境中出现问题并且问题传播之前将问题扼杀在萌芽状态。

14.5.1 业务主办人的紊乱

其中一个最常见、但可能致命的紊乱情况涉及 DW/BI 环境的主办关系。业务主办人的紊乱通常是数据仓库停滞不前的关键原因。

征兆 当最初的主办人在内部或者向外部发生变动时，组织就最容易受到这一紊乱情形的影响。即使有人最终会履行该职责或者承担该职务，但这个新人可能不会像最初的主办人一样充满热情。如果最初的主办人留下的是不那么乐观的环境，那么许多关于数据仓库工作的观点可能就会存在风险，其中包括工具选择、受信供应商的识别，甚至是所选取的业务过程主题领域。这样一种转变时的政治风向将会尤其混乱。

即使主办人并没有变更职责，但他或她可能会在心理上放弃主办人的职责。新形成的数据仓库团队尤其易受影响。一旦团队得到了继续进行 DW/BI 开发活动的批准，那么该团队就会将其全部注意力用于构建新的环境。同时，有另外一个热点问题会干扰业务主办人(该主办人可能会受到注意力无法集中的侵扰)。

另外一个警告信号就是，IT 是否是 DW/BI 程序、确立优先级以及推动开发计划的主要主办人。最后，如果发现 DW/BI 资金突然要接受严格审查，那么你就正处于主办关系紊乱的局面。

应对计划 应对这一紊乱局面的第一步就是识别和征募一个业务主办人。理想的业务主办人可以想象到 DW/BI 环境对于业务的潜在影响，而这会使得主办人满怀热情地确保更大的业务用户群能够接受 DW/BI 交付物。如果主办人不忙于承担起这份职责并且对于这份事业没有热情，那么就很难向其他人员传达正面信息。有效的主办人通常会面临一个他们尝试处理的引人关注的问题。合格的主办人能够利用这一受人关注的问题通过坚持认定组织不这样做将无法承担起后果这一点来提供推进项目的动力。

我们要找到在其组织内部具有影响力的业务主办人，他要在组织层级和个人能力方面具有影响力。DW/BI 主办人需要具有政治敏感性并且理解文化、参与者和过程。因为业务或 IT 群体都不能独立地有效构造 DW/BI 环境，业务主办人应该切合实际并且乐于与 IT 合作。业务主办人应该是 IT 开发周期的一个思虑周全的观察者，他要知道在该周期中何时可以要求提供新的能力。

找到业务主办人的最明显方式就是举行一次业务需求的高层次评估。主办人候选者很可能会在这个过程中浮现出来。另一种方法就是举行概念证明的揭示，并认定期望的内容可以被实际管理。

如果没人表现出潜在的愿望想要成为主办人并且也没有能力成为主办人，那么项目团队就应该严肃地重新考虑继续推进的问题。你绝对需要企业高层中的某个人来支持这一事业。否则，你将饱受长期的业务主办人关系紊乱之苦。如果没有牢靠的业务主办关系，那么所评估的 DW/BI 环境生命周期将骤然下降。在识别和招募到单个主办人之后，工作并未结束。鉴于 DW/BI 程序将一直持续下去的特性，需要一个执行委员会或者业务高管和 IT 代表的治理小组将主办关系制度化明确下来。显然，你不会希望将所有主办关系的鸡蛋放在一个篮子里。

我们与业务主办人协作的其中一个最受欢迎的工具就是优先级四象限，这在文章 4.10“自下而上属于用词不当”中有所描述。这一技术会在数据仓库早期阶段中被使用，以便将业务和 IT 优先级保持一致，从而为企业生成一份程序路径图。在一个持续不断的基础之上，可能是每六个月到一年，DW/BI 主办人或者治理小组应该审查当前的进展并且重新审视优先级四象限以便对后续项目进行排序从而平衡业务价值和可行性。

你需要为 DW/BI 主办人建立一个“维护与支持”程序。业务主办人都是极其有经验并且受人尊敬的业务人员，不过，在通常需要进行分析活动的组织性文化变更的情况下，他们可能并没有太多的经验。在其新角色和职责方面，他们可能需要一些指导。请阅读文章 3.11“有效主办者的行为”以了解更多详细内容。

不要把主办人的付出认为是理所当然的。不思进取肯定是不安全的。你需要与主办人持续沟通，将建设性的、切合实际的并且面向解决方案的反馈提交给主办人，同时要擅长倾听以便事先考虑到主办人的热点问题。沟通对于在组织中持续构建与其他业务领导者的桥梁也是至关重要的。最后要说的是，应该积极向其转达 DW/BI 环境最近完成了什么工作的信息。等待某个人深究了成本开销之后才告知他们你取得了成功，这样的局面是你无法承受的。充满热情的业务用户通常会带来最有效的广告效应。

14.5.2 数据的紊乱

访问高质量的数据是数据仓库的两大支柱之一。(另一支柱是处理正确的业务问题。)最严重并且常见的数据紊乱情况就是质量糟糕的数据、不完整的数据以及延迟的数据。

征兆 数据紊乱的其中一个关键迹象就是在整个组织中进行数据校正的程度，因为数据是不一致或者不受信任的。当真正的底层问题是数据不具有相关性或者过于复杂时，数据紊乱通常会与业务认可程度不足混杂在一起。

应对计划 数据紊乱的最初应对需要绘制一份企业数据仓库总线矩阵。该矩阵会通过识别核心业务过程和常用的一致化维度确立一份企业集成的蓝图。在制定了该矩阵之后，就应该对其进行沟通传达，并且向整个组织上上下下对其进行宣传，从而建立企业认可度。如果已经有了大量的未连接分析数据存储，则可以通过在为较长期数据战略制订行动计划之前对“当前现状”环境进行分类，从而布置该总线矩阵。

尽管总线矩阵会识别出数据仓库中核心业务过程主题领域之间的联系，但它也会凸显出 ETL 过程的机会。就像总体的技术架构一样，后台 ETL 架构通常是被隐式而非显式创建的，会随着数据剖析、质量和集成需求的增长而演化。你可能需要重新考虑暂存和 ETL 架构，从而确保以可接受的成本来实现一致性和生产能力。

应该以一个全面的数据剖析任务作为 DW/BI 项目的开端，以便确认数据是其被宣称的那样。在生产运行阶段，必须持续监控数据以便捕获数据小问题和数据遗漏。最后，应该仔细检查是否需要借助流式的实时架构，以便在决策者认为“最有效点”的影响业务的时间窗口中为决策者提供数据。

数据紊乱通常出现在数据不具有相关性、不可理解或者难以使用时。要审查已有的数据模型，以便进行可能的改进。我们在文章 7.11“大把的缺点”中确定了对于审查维度模型展示的指导。

最后，如果已经投入了大量时间和资源来开发一个原子、标准的数据仓库，但业务用户抱怨其过于复杂且运行缓慢，则可以通过创建互补性维度模型来利用已有的投入，以便处理易用性和查询性能的问题，同时也会提升业务认可的概率。

14.5.3 业务认可的紊乱

这是另一个至关重要的会影响数据仓库失败率的紊乱局面。如果业务用户群不认为 DW/BI 环境可以支持决策过程，那么你就面临失败。抱歉说得这么直接，但这就是严酷的现实。如果你要得到 DW/BI 被认可的任何机会，那么业务必须要使用它。遗憾的是，业务的开展通常位于我们的舒适区外；我们可能不清楚用于确保其使用的技术，另外，要把控这一领域，通常没有可用的刺激手段。

征兆　业务认可的紊乱存在着一些强烈的指示迹象。业务用户是不是没有按照预期来使用数据仓库？BI 工具的许可数量是否大大超出了活动用户的数量？经过培训的用户数量是否大大超出了活动用户的数量？DW/BI 环境的主要受益对象是否正在将其注意力转向另一个独立于数据仓库外的分析平台？业务用户是否在提出像"只要给我一份具有这三个数字的报告"这样的请求，因为他们正在将报告加载到 Excel 中，在那里他们可以构建其自己的个人数据仓库？业务用户群是否感知到了令人失望的遗留问题，而这需要 IT 才能够应对其需求？DW/BI 项目团队是否专注于数据和技术，并且认为他们对于业务需求的理解比业务人员要好？

应对计划　你的使命是吸引或者重新吸引业务用户。与用户就其需求进行探讨是一个显而易见的起始点。DW/BI 环境理应支持和增强其决策制定过程。鉴于这一使命，分发调查问卷或重新评审实体关系图就是收集业务需求的无效工具了。要站在用户立场设身处地地理解他们目前如何进行决策并且他们希望未来如何进行决策。显然，你需要具有正确的态度、专心倾听并且力求捕获其领域专业知识。

重要的是，要让整个组织中垂直跨度的业务人员参与进来。仅仅与能够让数据越过重重障碍的伪 IT 高级分析师进行交谈是完全不够的。我们需要与其不那么有能力的同事进行沟通，并且还要与中高层管理者进行沟通，以便更好地理解组织的运作方向。如果将所有时间花在支持者身上，就容易由于仅仅专注于当前的问题而变得短视，进而忽略即将在未来出现的更大问题。具有与业务组织所有级别的关系是有好处的，其中包括执行层、中层管理者以及单独贡献者。

当然，当你拥有一位强大的业务主办人，他具有影响组织的强大能力时，你很可能可以成功地让业务人员参与进来。一位强有力的坚定的业务主办人可以显著地影响组织的文化。相反，如果面临主办关系的紊乱局面，那么甚至会更加难以得到业务的认可。这两种紊乱局面通常是同时出现的。

正如之前所探讨的，在涉及分析能力的情况下，并没有可适用于一切的标准。你需要认识到一系列的使用需求，并且将处理这一系列需求的策略制度化明确下来，如文章 13.2"要勇于创新而不是因循守旧"中所述。

类似于我们关于业务主办人的维护与支持的探讨，你需要为业务用户群建立一个可对比的程序。维护与支持通常发生在初始部署过程中，但之后我们通常会快速将我们的注意力转向接下来的项目迭代。你需要主动进行持续的检查点审查以便保持业务的参与度。此外，还应该帮助业务用户理解其对于一个健康 DW/BI 成员所分担的职责。

培训是部署的一个关键组成部分，但它并非一次性的活动。需要考虑到对于工具、数据和分析培训的持续不断的需要。我们已经与一些组织协作过，其中包括将 DW/BI 培训作为其新员工入职培训的一部分，因为信息是其文化的一个基础部分。不出所料的是，DW/BI 环境在这些公司中是被广泛认可的；它是这些公司开展其业务的方式的一部分。

最后，正如我们对于主办人紊乱局面所做的描述一样，沟通是至关重要的。你不能仅仅依赖传统的项目文档工具来与所有的利益群体进行沟通。你需要重点关注在管理期望值时，对他们来说相关的内容，也就是市场营销方面的成功。

14.5.4 基础设施的紊乱

与流行的观点相反，基础设施的紊乱局面很少是致命的。通常都会有改进的空间，但它通常是一个选择性过程。尽管我们对于这一紊乱局面怀有个人兴趣，但它通常不值得其他人的关注。

征兆 DW/BI 系统是否运行缓慢或者数据是否存在延迟？DW/BI 环境是否通常会被描述为一大堆技术的花哨功能？是否存在工具重叠部分和/或欠缺工具的空白地带？性能关注点是什么？性能涵盖了各种潜在基础问题：用于进行数据加载的 ETL 处理时间、查询结果时间延迟，以及交付新功能的 DW/BI 开发时间周期。

应对计划 每一个 DW/BI 环境都依赖于架构基础；不过，是时候重新检查总体的架构计划了。问题在于，你的计划是否是显式制定的，还是仅仅隐式进行的。一个经过深思熟虑的计划会促进沟通、最小化意外情况，并且协调各方的工作。

重新检查技术架构并不意味着寻求外力并且购买所有最新、最棒的技术。你需要理解业务需要并且确定所需的 ETL 服务、BI 访问/分析服务、基础设施以及元数据在技术架构上会产生的相关影响。推动实现更为实时的数据仓库是从业务需要转换成架构需求的主要用例。一些组织过去已经做出了糟糕的技术选择。丢掉包袱从而继续前行以增强 DW/BI 环境是需要勇气的。

14.5.5 文化/政治性的紊乱

遗憾的是，DW/BI 环境并非不会受到文化或政治紊乱情况的影响，并且关于该研究范围的开发是没有什么防范措施的。

征兆 这一紊乱局面的征兆不易清晰表达，尤其是因为它们通常超出了 DW/BI 环境的范畴。具有文化和政治紊乱情况的组织可能会受到“快速完成”与“正确完成”之间优先级冲突的困扰。同样，它们通常会力求就困难的问题达成一致，比如数据标准化和过程变更。尤其要当心的情况就是，需要就一致化维度的上线试运行达成一致时，因为那也就是结束讨论并且开始行动时。最后，与 DW/BI 更具相关性的是，许多组织文化并没有准备好拥抱分析决策，尤其是在从传统上一直基于臆测或直觉来决策的情况下。业务用户当前是否根据数字来进行管理？通常会缺乏认知和/或意愿来力争将文化转变为更基于事实的决策。

应对计划 在应对文化和政治的紊乱局面时，不能仅仅躲避它们，因为你很可能想要这样做。你需要勇气，同时理解这些紊乱局面是难以通过阵地战的形式来应对的。现在是时候召集支持小组了：IT 管理层、业务主办人以及业务用户群。如果支持小组没有意识到应对这些紊乱情况的需要并且没有承担起责任，那么 DW/BI 团队就要陷于长期而艰苦的斗争中。业务和 IT 高管必须接受其对于处理作为企业资产的信息和分析的受托付职责。最后，行动胜于言辞。如果管理层没有展示出支柱性的行为，那么组织很容易就会透过口头承诺的面纱看出这一点。

14.5.6 早期检测

在存在许多问题的情况下，早期检测对于设置一种强有力的防护来说必不可少。同样，主动监控数据仓库和商业智能环境是确保其长期健康运行的最佳方法。如果不清楚正受到何种局面的困扰，则难以制订补救措施。正如最近一个学生所表达的意见，考虑常见的紊乱局面和可选的补救计划对于试图拯救一个面临失败的数据仓库项目的任何人来说都是“让人鼓舞的”。这个隐喻将长期有效。

最后，要记住，检查和了解是否处于完全健康的状态总是没错的。实际上，那是最理想的结果！

14.6 提升业务认可度

Bob Becker，Intelligent Enterprise，2004 年 8 月 7 日

文章 14.5“数据仓库检查”中探讨了定期批判性关注 DW/BI 程序的重要性。检查会识别出早期的警告信号和迹象，这样就可以在继续处理的过程中遭遇更严重后果之前采取合适的应对措施。

其中一个更令人苦恼的 DW/BI 问题就是业务认可度的紊乱。用外行人的语言来说就是，业务用户群并没有使用 DW/BI 环境；它的确并非业务决策过程的一个关键组成部分。坦率地说，这对于项目团队来说是让人害怕的诊断结果。如果没有业务人员支持你的艰辛工作和心怀善意的成果，则不能宣称 DW/BI 取得了成功。

一旦识别出了让 DW/BI 工作回到正轨的征兆，那么业务认可度的欠缺就必须被快速纠正。Kimball Group 已经在《数据仓库生命周期工具箱》系列书籍中探讨和编写了大量与在新的 DW/BI 倡议中尽早让业务用户介入的重要性有关的内容，以便理解其需求并且获得其认可。我们会使用一种类似的方法来重新赢得业务用户群的认可。这篇文章将描述其基础技术，这样你就能轻松并且满怀信心地重新与业务保持同步，从而确保持续的业务参与和认可。

14.6.1 DW/BI 业务重组

通过业务用户的视角来查看 DW/BI 项目是保持与用户群取得一致的有效方法。在与业务主办人的协作配合中，DW/BI 团队代表应该与业务用户群探讨有关该环境有效支持其需求的能力的内容。之后这一过程的结果会被分析并且附加上恰当的建议提交回业务。

重组过程最重要的一个方面就是与业务用户群进行会谈以便征集其反馈。我们要与他们探讨他们要做些什么、他们为何这样做、他们如何进行决策，以及他们希望在未来如何进行决策。这样，我们就还需要理解当前的 DW/BI 工作如何支持这一过程以及关于 DW/BI 环境的任何问题和关注点。就像组织治疗一样，我们要尝试检测这些问题和机会。

14.6.2 选择会谈场所

在与业务用户群会谈之前，要确定一个用于富有成效会议的最恰当会谈场所。有两种主要的收集反馈的技术：访谈和促进会议。对于重组项目来说，相较于促进会议，访谈会更加可取。由于疑似缺乏业务认可，所以可以合理地预期到一些对于已有环境的负面反应。应该避免采用促进小组会议的形式，这可能会蜕变成相互指责，而指责会转变成投诉会议，这与重建业务认可度的目标是相反的。此外，访谈会促成许多个人的参与性，并且更易于安排时间计划。

调查并非用于收集重组反馈的恰当工具。业务用户不太愿意接受其问题真的通过一份调查来传播。大多数业务用户都会懒得做出回应。调查是平面且二维的；那些做出回应的人仅仅会回答预先提出的问题。这不像在面对面会谈时那样可以进行更为深入的探究。重组过程的一个关键输出就是创建一条用户和 DW/BI 倡议之间的纽带。而调查是不会带来这一输出的。

14.6.3 确定和筹建访谈团队

确定和筹建涉及的项目团队成员很重要，尤其是因为其中一些访谈可能会变得有争议。访谈主持者必须提出极佳的开放式问题，但也需要成熟冷静，能够接受负面反馈而不会将其看作个人攻击并且变得戒备或好斗。访谈记录员需要记录大量的访谈纪要，根据每一次访谈会议来分页。录音机不适用于重组工作，因为它可能会造成受访者隐瞒关键的组织问题。尽管我们通常建议在初始的需求收集工作中邀请一个或两个额外的项目成员作为旁听者，但这一做法在重组项目中是不合时宜的，因为你会希望受访者尽可能地保持开放和诚恳的态度。

在与参会者坐下来访谈之前，要确保以正确的心态来对待这些访谈会议。不要推定你已经无所不知；如果正确地展开访谈，你绝对会在这些访谈期间了解到新的东西。要做好准备有效地倾听，而不要怀有戒备之心。这些访谈会议是业务用户群分享其对于 DW/BI 项目观点的机会。他们并不打算向你说明是如何或者为何会发展成当前的情况。

14.6.4 选择、安排业务代表以及让其做好准备

涉及的业务人员应该代表了足够广的横向组织结构。显然，安排来自当前由 DW/BI 环境提供服务(或打算提供服务)的小组的人员。此外，还应该包括潜在的 DW/BI 使用者。你希望发现可能会限制 DW/BI 项目为这些需求提供服务的能力的所有问题。

你还希望务必涵盖纵向的组织结构。项目团队会倾向于高级业务分析师，他们是最频繁使用且有能力的 DW/BI 用户。尽管他们的见解确实有价值且很重要，但也不要忽略了高管层和中层管理者。否则，当下你将容易变得过度专注于战术，却忽略了业务认可度下滑的真实原因。

安排业务代表的访谈时间会是一项艰巨的任务。尤其要对所有的助理好一些，以免他们在日程安排上动手脚。尽管我们可以与组织结构图上那些较低级别的两到三个人的同类型小组进行会谈，但我们更愿意与高管本人进行会谈。我们认为花费一个小时进行个人访谈以及花费一个半小时进行小组访谈是可行的。议程安排人需要允许在两个会议之间花费半个小时来汇报和进行其他必要事务。访谈是极其费力的，因为在会议期间必须完全保持专注。因而，我们一天仅仅安排三到四场会议，这是因为在那之后我们的大脑会需要休息。

在需要让受访者做好准备时，最好的方法就是与参会者举行一场启动会。业务主办人要发挥关键作用，强调其承诺以及每个人都参与其中的重要性。该启动会将传达出一条关于重组工作的一致信息。它还会让业务人员感受到其对于项目的拥有权。或者，如果该启动会难以筹备的话，那么主办人就应该通过启动备忘录的形式来传达相同的信息。

14.6.5　进行访谈

是时候坐下来面对面收集反馈了。应该在与会者都坐在会议室中之前就确定好访谈的开场介绍。在确定了会议基调时，指定的开场介绍人应该草拟好要在会议开头的几分钟内所表述的主要焦点。这一开场介绍应该传递出专注于重组项目和访谈目标的简短干脆、以业务为中心的讯息。不要漫无边际地谈论硬件、软件以及其他技术术语。

访谈的目标在于让业务用户探讨他们在做些什么以及他们为何这样做。尽管最后你希望理解已有的 DW/BI 环境与决策过程的适配程度如何，但你不会希望在访谈中过早地特别专注于 DW/BI 项目的当前状态。你最关心组织如何使用信息进行决策，这样你才能让你的工作与之对应。

可以作为开始的一个简单、不具威胁性的起始点就是提出与工作职责和组织契合性有关的问题。这是受访者会轻松做出回应的话题。基于此，我们通常会询问与其关键绩效指标以及他们如何使用信息来支持决策有关的问题。最后，我们要询问其在使用 DW/BI 项目及其能力来支持他们的需求方面的体验。如果受访者具有更多的分析经验和实践经验，那么我们会询问其当前所执行的分析类型、这些分析的开发难易程度，以及它们所提供的数据结果如何。在与业务高管举行会谈时，要向其询问与其对于在组织中更好地利用信息这一愿景有关的内容。你是在寻求让未来的数据仓库交付物与业务需求保持一致的机会。

在访谈接近尾声时，我们会询问受访者他们所认为的 DW/BI 环境的成功标准。当然，每一个标准都应该是可测量的。易用性和快速对每一个人都有着一些不同的含义，因此你需要让受访者表述出细节。在访谈的这个时点上，我们要做出一个概括性的免责声明。受访者必须理解，仅仅由于探讨了一个机会，并不确保它会被立即解决。你需要利用这一机会来管理预期。最后，要感谢受访者提供其见解，并且让他们知道后续会发生什么事情。

14.6.6　文档记录、优先级排序以及达成共识

现在是时候记录下所听到的内容了。尽管文档化是每个人最不喜欢的活动，但它对于用户确认项目团队的参考资料是至关重要的。

访谈过程通常会产生两个层面的文档记录。第一个层面就是记录下每一次单独的访谈。这一活动会非常耗费时间，因为这一记录不应仅仅是一连串的下意识誊抄，而应该让缺席会议的人能够理解。第二个层面就是整理后的结果文档。我们通常会以高管的总结作为开始，其后是探讨所使用过程和所涉及的参会者的项目概述。该报告的大部分内容都会集中于结果，其中包括用于改进、增强和扩展已有 DW/BI 环境从而更好地应对业务需求和期望的具体机会。

重组结果文档会充当反馈给高管层和其他参与其中的业务代表作为展示介绍的基础。相较于能够立即应对的机会，你必定已经了解到了更多的机会，因此你需要就优先级顺序取得共识。这些工作的优先级是利用和建立一种强化关系以确保 DW/BI 工作与业务保持一致的重要步骤。用于就 DW/BI 路径图和行动计划达成共识的一个极为有效的工具就是优先级四象限，我们在文章 4.10“自下而上属于用词不当”中探讨过它。

此时，DW/BI 团队已经切实理解了需要完成哪些事情以便更好地支持业务用户群的需求和预期。实现在重组过程期间识别出的机会将会建立一个改进后的 DW/BI 环境，它会被整个组织

所欢迎和接受。

14.7 对管理层进行培训以便让 DW/BI 持续取得成功

Warren Thornthwaite，Intelligent Enterprise，2007 年 8 月 27 日

大多数大型组织都已经有了相当成熟的 DW/BI 系统，并且这些系统中的许多都已经取得了某种程度上的成功。遗憾的是，在当今世界中，成功并非是能够让你放松地将脚翘在桌子上沾沾自喜的单一事件。持续的成功是在整个组织中构建和维护对于 DW/BI 系统的价值和目的的切实理解的连续过程。我们称之为培训，但许多这类技术都涉及市场营销和组织性策略。无论怎么称呼它，都必须积极且持续地宣传 DW/BI 系统。

首先，你需要知道业务干系人是谁并且确保准备好了标准的沟通工具，比如状态记事本、简讯以及定量的使用情况报告。还有一些定性的以及组织性的工具可以用来培训管理层关于 DW/BI 系统的价值和目的的内容。

14.7.1 收集证明信息

尽管使用情况统计很有意义，但它们仅仅展现出了活动，而非业务价值。简单的查询计数只会告知你与那些查询的内容或者业务影响有关的信息。遗憾的是，并不存在从 DW/BI 系统中捕获每一个分析的价值的自动化方式。你仍旧必须以传统的与人们交谈的方式来得到这一信息。DW/BI 系统团队中的某个人必须定期拜访用户群并且要求用户描述他们正在做什么、评估他们所做的事情的业务影响、并且记录下来。

大多数时候，任何指定分析的影响都不是那么吸引人的。人们会做有用的事情让其工作发生巨大变化，但这并非需要花费数百万美元的事情。偶尔，你会发现具有重大影响的分析或操作性 BI 应用程序。例如，分析师已经在顾客关怀数据中识别出了一种通话模式，该模式会导致文档中产生一个简单变更并且将通话量降低了 13%(以每通电话 6 美元的成本计，对于一家每天接到 500 通电话的公司来说，每年可以节省超过 140 000 美元)。或者他们已经分析了一个小型非营利性组织中的捐赠数据库，并且识别出了已经退出的捐赠者。这会导致开发一个特殊的重新联系上这些人的程序，该程序会产生 22%的响应率以及接近 200 000 美元的捐赠。或者操作性 BI 应用程序可能会基于一个网站上的顾客购买行为历史来提供手机铃声推荐。每个铃声可能仅售 1 美元，但手机铃声的下载增加 30%加起来就是一大笔钱。通过这些例子你应该有所领悟了吧。

14.7.2 培训业务用户：用户论坛

找出具有重大影响的示例需要一些工作量。Kimball Group 用于识别和利用价值定性示例的一种有效技术被称为用户论坛。用户论坛是专为业务用户群而举行的一项 DW/BI 公开活动。主要的业务主办人应该用一个简短的关于 DW/BI 系统对于组织取得成功有多重要的演讲作为这个 90 分钟长会议的开场。第一项议程就是来自团队的关于最近所完成工作、当前状态以及

DW/BI 系统的短期计划的简要介绍。该会议的大部分时间都要让使用 BI 系统为组织产生重要价值的业务分析师进行两次展示。他们要介绍他们做了些什么、如何做的，以及产生了何种影响。

高管们喜欢这些公开活动，因为他们能看到影响。通常一个部门的管理者会看到另一个部门已经完成了什么工作并且意识到他的小组丢掉了一个机会。中层管理者和分析师会喜欢这些展示，因为它们包含了足够的细节，这样人们就可以看到分析到底是如何完成的。他们会学习到用于分析过程的新技术和方法。上一节中所描述的业务价值的三个例子将会是用户论坛上很棒的重点展示对象。

一次良好的会议并非偶然性出现的。要定期通过对用户进行调查来找到具有高业务价值的良好展示候选人。一旦找到一个好示例，就要与用户协作以便创建一份清晰的、吸引人的展示材料，它要具有大量屏幕截图和显示分析收益影响的汇总页面。与他们预演该展示，尤其是在他们是没有经验的展示者的情况下。这会帮助你和展示者减少展示时长，这样你的听众就不会由于会议持续过长而遗漏掉关键部分。要提前一到两天发送电子邮件进行提醒，并且电话通知你希望出席会议的每一个人，以确保他们能够安排出席会议的时间。如果关键任务，比如 CEO 或者市场营销的 VP 无法出席，则要考虑重新安排会议时间，而不是在他们缺席的情况下继续举行会议。如果他们已经站在你这边了，那么展示出这一支持也是很好的；如果他们还未转变过来，那么他们可以通过出席会议了解到一些内容。

要定期安排用户论坛会议，大约每六个月左右一次。不要傲气十足地采用炫耀的市场营销技术来推广该会议。几乎不用啰唆的基础就是：食品和饮料是必须提供的。要考虑提供市场推广赠品作为奖励。因为大多数 BI 团队都对市场营销小组很友好，所以就看看他们是否会让你席卷他们的存货吧。

保留展示材料作为存档是一个很棒的想法。在一两年之后，你将会有一个强大的业务价值示例库。要在 BI 门户上放置一个指向它们的链接。将它们打印出来并且制作一份可以呈现给每一个新执行官的欢迎信息。

14.7.3　培训高级职员

从长远来看，最高的培训优先级应该是持续且始终如一地告知高管层 DW/BI 系统是什么、为何它很重要、应该如何使用它，以及要实现目标需要付出什么。用户论坛会帮助达成这一目标，但你越接近高管层，这一培训过程就会越容易。

理想情况下，DW/BI 系统的领导者会是高级职员中的一员并且是其规划会议中的参与者。如果不是，则要尝试为其安排定期会议来介绍成功案例和计划，以及了解业务优先级中的可能变化。

通常，高管层会希望在启动任何重要的新举措之前探究一个想法以便验证其是否切实可行。与 DW/BI 团队保持直接联系可以帮助高管层快速分类验证应该被抛弃的想法以及那些应该进一步开发的想法。一旦一个想法开始获得了推动，DW/BI 团队就应该确保其开发具有恰当的测量和分析系统。通常，我们都看到过由高管层所发起的没有办法测量影响或价值的新举措。如果未收集数据，则无法分析它。

底线：无论如何你都要达成目标，你需要确保 DW/BI 团队中有一个人参与到高管层之中并且理解业务方向是什么，这样才能准备好支持该目标。

14.7.4 与指导委员会协作

如果让 DW/BI 团队领导人在政治上不可能成为高级职员的一员，那么另一个获得所需信息的方式就是为 DW/BI 系统建立一个由高级别业务代表构成的持续跟进的指导委员会。如果没有指导委员会，则要尝试招募那些你知道能够与之协作的人，让他们为你提供所需的信息，并且在组织中发挥一些影响。可以将这个小组称为商业智能理事会(business intelligence directorate，BID)，或者称之为其他一些听上去很重要的具有很好的缩写词的名称。这可能看上去无关紧要，但命名是市场营销过程的一个重大部分。

你可能还有另一个不同类型的由帮助对较低级任务优先排序以及为 BI 系统识别出技术机会的分析师和高级用户组成的业务用户指导委员会。可以将这个委员会称为 BI 技术专家(BI technical experts，BITE)小组。

14.7.5 结束语

你可能会认为，由于你已经出色地完成了任务，应该就不必继续推广 DW/BI 系统，或者培训业务用户群了。遗憾的是，事实并非如此。你需要持续收集成功的具体证明，并且使用这些证明资料来培训高管层。你还需要清楚并且对于高级职员层面上的决策过程具有一些影响力，要么直接参与其中，要么通过指导委员会来施加影响。这听上去可能是一个重担，但一个正面的结果就是，随着高管层理解了 DW/BI 系统的业务价值，他们就不会再质疑你的预算了。

14.8 让数据仓库回到正轨

Margy Ross 和 Bob Becker，Design Tip #7，2000 年 4 月 30 日

在过去的一年中，我们已经反复观察到了成熟数据仓库所具有的一种模式。尽管投入了大量的精力和资金，但有些数据仓库已经偏离了航向。项目团队或者其用户群对于数据仓库交付物并不满意。数据过于混乱、数据不一致、查询过于缓慢，这样的例子不胜枚举。团队已经消化了数据仓库的畅销书和学术期刊，但仍旧不确定如何纠正该情况，就差跳槽和找寻新的就业机会了。

如果这种情况听起来挺熟悉，则要采用以下自检测试来判定四个首要祸根是否正在削弱数据仓库的基础。仔细思考每一个问题以便诚恳地批判性审视你的数据仓库现状。在纠正行动方面，我们建议，如果可能的话，要按顺序应对这些基本关注点。

你是否积极地从业务用户处收集了数据仓库，开发每一次迭代的需求并且让实现工作与业务用户的最高优先项保持一致？

这是老旧数据仓库最普遍存在的问题。在实现数据仓库过程中的某个环节，是在过于关注数据或计数时，项目会忽视服务业务用户信息需求的真正目标。作为一个项目团队，必须总是专注于用户的收获。如果团队活动没有为业务用户提供好处，那么数据仓库将持续游离于正常航向外。如果没有积极地在实现解决方案的过程中忙于支持用户的关键业务需求和优先项，那么其原因是什么？重新审查你的计划以便确定问题，然后专注于为用户最关键的需求提供交付物。

你是否制定了一份企业数据仓库总线矩阵？

矩阵是数据仓库团队最强有力的工具之一。参阅文章 5.5“矩阵”。使用它来阐明你的思路、沟通一致性的关键点、确立总体的数据集成路线图，以及针对长期计划来评估当前的进展。

管理层是否致力于使用标准的一致化维度？

一致化维度对于数据仓库的可行性来说绝对是至关重要的。我们发现，许多数据仓库团队都不愿意面对定义一致化维度的社会政治性挑战。老实说，让数据仓库团队依靠自身来建立和开发一致化维度是非常困难的。不过团队不能忽视这个问题并且寄希望于该问题会自行解决。你需要管理层对于一致化维度的支持，从而帮助解决该工作中固有的组织性困难之处。

你是否在维度模型中为用户提供了原子数据？

数据缺陷，无论其是错误数据、被不恰当结构化，还是被过早汇总，通常都是数据仓库路线调整的根源。专注于业务需求将有助于判定正确的数据；之后的关键在于，维度化交付最原子的数据。在大多数情况下，最好是咬紧牙关并重新部署。团队有时会借助于较为温和的从当前困局中溯源的方法；不过，从长期来看，其成本将必然较高。通常，已有数据的粒度性会使得这一可选方案变得不可行，因为存在过早的汇总。

总的来说，如果数据仓库偏离了航向，那么它不会神奇地自我纠正。你需要重新审视数据仓库的基本原则：倾听用户以确定你的目标，得到一份地图，确立一个例程，然后遵循这条路径的规则来让数据仓库回到正轨。

14.9　升级 BI 架构

Joy Mundy，Design Tip #104，2008 年 8 月 7 日

文章 13.1“对于决策支持的承诺”中描述了业务分析的典型生命周期：

1. **发布标准报告和记分卡**。我的业务开展得如何？
2. **识别异常**。哪些是异乎寻常的好或坏？
3. **确定因果关系因素**。为何一些事情变得好或糟糕？
4. **对预测或假设分析建模**。明年业务状况会如何？
5. **活动追踪**。所制定的决策产生了什么影响？

如果卡在了步骤 1，那么你该怎么办？如果有一个支持基础报告的基础设施，但对于启用复杂分析或业务用户自服务来说是一个错误的架构，那么你又该怎么办？你要如何达成你的目标？在某种程度上，从空白状态开始入手并且一开始就进行正确的处理会更加容易一些；从零开始是很容易取得巨大成功的。但大型公司，以及越来越多的中型甚至小型公司，都已经准备好了某种 DW/BI 系统。在迁移到新的架构并且同时维护现有系统的情况下，存在一些额外的挑战。

有三种常见的不成功 DW/BI 架构：

- **不具有专注于用户的交付层的标准化数据仓库**。组织已经对数据仓库架构进行了投入，但欠缺业务用户。数据仓库是标准化的，这意味着它可能易于加载和维护，但并不易于查询。报告是直接基于标准化结构来编写的，并且通常需要非常复杂的查询和存储过程。在大多数情况下，只有专业的 IT 团队才能编写报告。
- **数据集市激增的标准化数据仓库**。解决数据模型复杂性问题的一种常用方法就是剥离数据集市以便解决特定的业务问题。通常这些数据集市都是维度性的(或者至少可以在无须监控的情况下作为维度化那样来传递)。遗憾的是，它们的范围是受限的，仅包含汇总数据，并且都是无架构的。新的业务问题需要新的数据集市。用户的即席访问受限于这些已经定制了独立数据集市的场景。
- **直接来自事务系统的数据集市激增**。最低效的架构就是直接从 OLTP 系统中构建的没有中间 DW 层的独立数据集市。每一个数据集市都必须开发复杂的 ETL 过程。通常，我们会看到这些数据集市串联在一起，因为一个集市会为下一个集市输入数据。

在任何情况下，合适的解决方案都是构建一个一致化的维度数据仓库交付区域。

如果已经有了一个标准化企业数据仓库，则要分析业务需求和已有数据仓库内容之间的差距。你可能能够构建相对简单的 ETL 过程来从标准化数据仓库中提取数据填充到维度数据仓库。对于任何新的业务过程和数据，要确定标准化 DW 在环境中是否提供了价值。如果是，则要继续在标准化 DW 中集成和存储数据，然后再将数据维度化并且存储到维度结构中。或者，你可能会发现，更为合理的做法是在一个 ETL 过程中进行集成和维度化，并且逐步淘汰标准化数据仓库。一旦数据位于一致化维度模型中，那么你将发现业务用户在自服务和开发即席查询方面会取得更大的成功。那些即席查询中的一些将提升成异常、因果关系甚至是预测分析，并且将演化成用于更广泛用户的 BI 应用程序。

如果还没有准备好标准化数据仓库，那么你可能就不会构建它了。这一场景更类似于使用 Kimball 生命周期方法的“全新开始构建”的方法。你需要为企业维度数据仓库收集业务需求、设计维度模型，以及开发 ETL 逻辑。

可以认为，构建一个升级的架构的最大挑战就是，用户预期会更高。你需要保持已有环境随时可用并且在开发新系统的同时提供适度的改进。如果是全新开始构建，则可以通过一次推出一部分新系统功能来让用户满意。在有了 BI 升级或者替代项目之后，阶段 1 的范围可能就必须比我们常规推荐的需要引起轰动的范围更大。

你需要规划人员和资源来维护已有环境以及执行新的开发。我们建议，让一个团队专注于新的开发；如果同样一批人尝试维护老系统并且开发新系统，那么他们会发现其精力陷入到了用户群的经常性操作需求中。整个小组都必须扩充，并且老的团队和新的团队同时需要业务专业知识和技术能力。

一旦在升级后的环境中推出了一组核心的数据，那么可以采用两种路径。你可以通过构建超越仅仅发布基础报告的分析应用程序来更加深入到初始数据集之中。或者，可以从额外的业务过程中引入数据。如果有足够的资源，则可以同时进行这两方面的处理。

14.10　对于遗留数据仓库的四项修复(Kimball 经典)

Margy Ross，Intelligent Enterprise，2006 年 10 月 1 日

就其 DW/BI 环境的开发而言，很少会再有设计者有条件进行全新的开发。相反，我们许多人都要应对我们前任的决策以及可能的过失。如果全新构建 DW/BI 环境，那么它看上去可能会非常不同，但完全的颠覆和重构很少会是可行的选项。更常出现的情况是，DW/BI 专家的任务是进行演变式升级和改进，从而最小化当前分析环境的成本和动荡。以下四项升级可以为遗留数据仓库注入新的活力。

14.10.1　对非一致化维度进行一致化

主一致化维度包含了在整个企业中达成一致的描述属性和对应的名称、含义和值。使用一致化维度会确保数据仓库正在提供一致定义的用于对来自多个业务过程的数据进行标签、分组、过滤和集成的属性。

遗憾的是，许多数据仓库和数据集市的开发都未考虑这一关键的主数据。通常会构造具有自主定义维度的独立数据存储，因为在接近最后期限时，这是阻力最小的路径。相较于尝试就常用的引用数据达成共识，隔离的团队相信，仅构建自主性维度会更加快速且更加容易。这个方法可能会让这些团队宣称取得了成功，但这并不会支持业务对于集成和一致性的期望。

有些组织最终会得到独立的数据存储，因为开发人员有意专注于交付一个部门化的解决方案，这很可能是由于可用的资金有限造成的。没有企业角度所需的愿景和认可度，团队通常会被特许在无视全局的情形下进行构建以便满足一组有限的目标。

那么如果面对一个在没有通用的一致化维度的情况下所构建的环境时，要怎么办呢？还可以挽救这些烟囱式的数据集市吗？尽管供应商夸大了宣传，但并不存在神奇的灵丹妙药可以奇迹般交付主维度。技术可以促进数据集成并且让其成为可能，但并没有什么灵丹妙药。通向让集成涅磐重生的第一步就是评估数据的状态，以及业务的需求、期望和认可度。你可以自行诊断与非一致化维度相关的问题，但要牢记，如果业务用户群未了解项目中的需要或者渐进式价值的话，那么你很可能要面对漫长而艰难的斗争和变更阻力。

如在文章 5.14“数据管理基本准则：质量和一致性的第一步”中所述，对非一致化维度进行一致化的其中一个最关键步骤就是，组织合适的资源来应对这一伤脑筋的问题。必须确定数据管理员并且为其分配职责和权限来判定通用的一致化属性、定义领域价值以及转换业务规则，并且确立持续的处理过程来确保数据质量。显然，这不是一件小事，因此它对于确定正确的领导者来说是至关重要的。理想情况下，你会想要一个来自业务用户群的人，这个人要受到高管层的敬重，并且具有足够的知识和技能来达成组织共识。应对不可避免的跨职能挑战需要具有丰富的经验、受到广泛的尊敬、政治敏锐度以及强大的沟通技巧。

并非每一个人都是天生的数据管理员。让数据仓库团队中的人员充当管理员是切实可行的，但他们需要展现出刚才所描述的所有品质和特征。最重要的是，他们需要业务管理层的支持以及推动整个企业达成共识和一致认可的权限，即便是在需要做出不受欢迎的妥协时。如果没有这一能力，当管理员试图理清各种不同观点时，他们就会面临无休止原地打转的前景。

一旦数据管理员制定出了一致化主维度的规范，经验丰富的 ETL 人员就要构建该主维度。根据操作源系统中引用数据的存在性和/或质量的不同，这可能需要错综复杂的记录匹配和去重。在合并多个源系统时，需要明确定义的存活规则来确认每个属性所优先使用的数据源是哪个。

构建了主维度之后，就可以开始改造具有标准化数据的现有数据仓库主题领域了。要将供每个维度所用的新代理键映射表用于重写已有的事实表行。此外，聚合汇总表和多维数据集可能需要被重构。尽管对于 ETL 的影响必然会很大，但可以用一个使用视图、同义词或者 BI 工具元数据的抽象层来最小化这些基础物理表变更对于商业智能层所产生的影响，具体的做法取决于你的平台。

14.10.2 创建代理键

另一种数据仓库最佳实践就是为每个维度表中的主键创建代理键，通常是一个无意义的简单整数。关联的事实表行会使用这个相同的代理键作为引用维度表的外键。

建立、管理和使用代理键最初会被认为是 ETL 系统的不必要负担，因此相较于使用代理键，许多数据仓库的构建都是基于操作性自然键的，有时也由于其内嵌的含义而被称为智能键。乍看之下，这些自然键并没有表现出任何明显的问题。但随着环境变得成熟，在出现以下情况时，团队通常会希望曾经是以另外的方式来完成开发任务的：

- **在一款产品停产或者一个账户的关闭时长超出了指定时长之后，业务系统中的自然键被再循环使用了**。两年的间歇期类似于业务系统的生命周期，但依赖于再分配的自然键会对数据仓库造成灾难，其中数据会被长期留存。
- **业务最终确定，追踪维度属性变更很重要**。尽管这一需求并没有被预计到，但随着业务人员使用数据的专业知识的增长，团队成员通常会希望看到描述性维度属性变更时的影响。由于会受到最简单路径的吸引，因而基于维度表会反映最近属性值，并且在它们发生变更时会使用 SCD 类型 1 技术重写所有之前描述符这一假设，他们已经开发出了最初的数据仓库。但是这些规则如今正发展成熟，需要将新的行插入到维度表中以便通过 SCD 类型 2 方法捕获新的资料。依赖自然键作为维度表的主键显然不允许存在多个资料版本，同时，使用基于自然键和生效日期的串联键对于查询性能和可用性都会产生负面影响。
- **性能已经受到低效自然键的负面影响**。与紧密的整数相反，自然键通常都是臃肿的字母数字字段，这会产生并不理想的维度/事实表联结性能和不必要的大型索引。
- **必须创建一致化维度集成来自多个源的引用数据，每个源都有其自己独特的自然键**。你可能需要一个默认的维度主键来表示维度值未知或者不适用于指定测量事件的情况。

上述情况中的每一个都可以通过使用代理键作为维度表主键来应对。那么在准备好处理一个未曾使用代理键来构建的系统时，要如何实现代理键呢？在最简单的场景中，你可以将序列化代理键添加到维度表，留下完整的已有自然键作为一个属性，并且改动事实行以便引用这个新的代理键值。根据 BI 工具的不同，你可能需要更新工具的元数据以便反映出联结字段中的变化。如果需要支持类型 2 属性变更追踪，则需要额外的工作来溯源历史属性资料，然后使用事实行发生时合理且有效的代理键值来重新填充该事实表。

14.10.3 交付详情

有些人相信，维度模型仅适用于汇总信息。他们会坚持，维度结构是为了用于管理方面的战略分析，因此应该使用汇总数据而非操作详情来填充。Kimball Group 强烈反对这一观点；在我们看来，应该用最详尽的由源系统捕获的原子数据来填充维度模型，这样业务用户才有可能提出最详尽的准确问题。即使用户不关心单个事务或子事务的细节，但他们此刻的问题需要以不可预测的方式在这些详情中向上汇总或者向下钻取。当然，数据库管理员会选择预先汇总信息以避免在所有情况下都进行运行时汇总，但这些聚合汇总只是对于原子级别的性能调优的补充，而非替代。

将维度模型限制为汇总信息会带来严重的制约。汇总数据会预先假定典型的业务问题，因此当业务需求变更时，并且必然会出现这种情况，数据模型和 ETL 系统都必须变更以便适应新数据。汇总数据本身也会限制查询灵活性。当预先汇总的数据无法支持一个非预期查询时，用户就会陷入困境了。虽然可以用不可预测的方式来汇总详尽数据，但反之则是不行的；你无法神奇地将汇总数据分解成其基础组成部分。提供用详尽数据填充的维度模型可以确保最大的灵活性和扩展性。

那么如果你接手了一个用预先聚合信息填充的数据仓库，而详情在活动中缺失了，应该怎么做？解决方案简单明了：需要溯源和填充基石的原子详情。因为更详尽的数据自然会更具维度性，所以这也几乎必然需要构造新的维度表。

在交付详情时，不要产生一种错觉，认为汇总数据应该是维度化的，而原子详情最好是用标准化模式来处理。业务用户需要能够在单一界面中同时无缝且任意向上、向下和横向遍历详情与汇总数据。尽管标准化可以节省一些存储空间，但所产生的复杂性会带来导航挑战以及通常会让 BI 报告和查询的性能变得更慢。

14.10.4 减少冗余

许多组织都会为其数据仓库设计和部署采用一种渐进式方法，因此相同的绩效指标存留于许多分析环境中的情况是很常见的，通常是按照业务部门或职能来隔离的。填充这些冗余数据存储所需的从相同操作源系统中进行多次、缺乏全面考虑的提取是低效且浪费资源的。由不一致业务规则和命名规范所产生的相似但不同的信息变体，会造成不必要的混淆并且需要在整个企业中协调一致。显然，对不一致的组织视图进行持久化的有冲突数据库正在分散资源的消耗。

采用一种以企业为中心的方法，存储核心绩效指标一次，以便支持多个部门或小组的分析需求。企业框架是通过数据仓库总线矩阵来定义和交流的。该矩阵行代表了组织的业务事件或过程，而列反映了常用的一致化维度。总线矩阵为架构数据仓库环境提供了宏观视图，这与数据库或技术选择无关。

但如果你已经发现，组织的关键绩效指标和指示器目前在许多不同的分析环境中都存在，应该怎么办？第一步就是评估其损害。你可以创建一个详尽实现的总线矩阵，在文章 5.6“再论矩阵”中对其进行了描述，使用该总线矩阵可以收集到信息并且记录当前状态。准备好这些详情，就准备好了帮助高管们理解由不受控的独立开发所带来的困境。因为他们通常是要求得到更多信息的人(顺便说一句，他们总是希望工作能预先完成)，所以重要的是他们要理解渐进式开发的后果，这将显著妨碍组织的决策能力。

如果业务了解了当前环境的低效和阻碍，那么他们会更加可能支持迁移策略以便减少不必要的冗余。遗憾的是，当基础数据存储被移除或者被合并时，这一合理化机制通常会对BI应用层产生严重后果。

14.10.5 面对现实

我们已经描述了用于更成熟数据仓库的四项最常见的数据修复。值得注意的是，无论改进已有环境的机会有多大，重要的是要评估采取任何纠正行动所需的代价以及所产生的收益。这类似于面对一辆老汽车的维护时所做的决策过程；有时候花钱是合理的，但另外一些时候你可能会选择直接留下凹痕不管或者完全将这辆车扔进垃圾堆。

要密切关注纠正行动的影响不明显或者不麻烦的情况。例如，如果你的组织正在实现一个新的操作源系统或者迁移到一个新的ETL或BI工具平台，那么现有转换或分析过程的动荡就会带来其他的纠正机会。还是使用汽车维护作为类比，如果你的车已经在维修店中，并且机修工已经打开了引擎盖准备更换机油，那么此时他可能还会检查雨刮液。

14.11 不景气时期的数据仓库瘦身计划

Bob Becker 和 Joy Mundy，Intelligent Enterprise，2009 年 3 月 16 日

美国和全球经济正面临艰难时期，这已并非什么秘密了。如果经济学专家是正确的，那么我们现在正经历我们大多数人一生中最具挑战性的经济衰退。

许多组织都已经在人员和开销方面做出了重大削减。DW/BI 行业的处境似乎比其他行业要稍微好些；就像在好的大环境下一样，在糟糕的大环境中，组织会期望更好地了解其业务并且提升决策能力。即便如此，伴随着新硬件、软件、培训和咨询预算的显著减少，许多 DW/BI 团队也正面临裁员或者至少是招聘冻结。可能你的组织有着宏大的计划，但目前你会发现那些计划都处于停滞状态。

精明的 DW/BI 管理者都不会过于短视以至于忽视所面临的当前经济环境中的那些现实状况。不过相较于仅仅将当前活动置于预算极速削减的环境之中，现在是时候建立一个主动的瘦身计划，从而产生一个更为精简、更加有效的可长期运行的 DW/BI 成员。在一个人员配置和资金有限的环境中，如何才能做得更多？你需要专注于三个关键机会：

- 成本节约
- 成本规避
- 发展

14.11.1 去掉多余部分

在艰难时期，大多数组织都会试图找到节省成本的机会。这通常意味着预算的大幅削减以及可能的裁员。我们假设你已经在非常精简地运行了；你的预算和人员配置已经经过了评估和精简。在这些明显的削减之后，你希望找到其他方法达成节省成本的目的。

重新审视 DW/BI 工作的最初论证；通常会在项目论证工作期间识别出许多节省成本的目标。是否了解到了这些目标？如果没有，为什么？是否仍然可以节省这些成本？如果是，则要找到可以帮助你达成这些目标的廉价方法。

通常，指派给 DW/BI 工作的最显著的成本节约都与淘汰比较老的分析环境有关，从而大幅减少硬件、软件许可、维护以及支持资源的成本。要尝试确定这些节约为何还没有被认识到。我们通常可以将其归咎于办公室政治。新的 DW/BI 环境可能已经准备好了支持现有分析环境的需求，不过一组业务用户还欠缺使用它的推动力。需要一个强制命令来迫使这些观望者迁移到新的环境，并且当前的经济环境正好可以提供所需的诱因。

仅仅责怪政治因素是很容易的，不过你需要与坚持不合作的业务用户进行沟通以便理解其观点。新的解决方案可能就是这些用户所需的几乎一切，但可能仍旧缺少一些至关重要的组成部分。要解决这个问题会非常容易，对用户进行培训、一些应用小程序或者宏、对于报告的修改，或者在数据或模型中进行很少的变更即可。

即便是在好的大环境下，我们也会希望淘汰旧的应用程序，这不仅是因为运营成本的问题，还因为我们只想要单一版本的事实。在这些糟糕的大环境下，我们应该能够吸引或迫使观望者从遗留环境迁移到新的 DW/BI 解决方案，并且最终实现最初设想的成本削减。

14.11.2　监控和调整以便推迟开支

组织还会寻求推迟所规划的成本。在残留的预算中，还有可用于投资额外硬件或软件的财务资源。通常，进行一些创造性思考和艰难的工作，这些成本都可以被推迟开支或者在某些情况下完全避免。

要列出目前已经拥有的软件许可。它们是否都被有效使用了？要特别关注 BI 工具许可以及它们是被如何分配部署的。许多组织都发现，许可的实际使用数量远远小于已经被部署的数量。

- 首先，要理解为何所部署的许可还没有被利用。可能会有低成本的培训或者支持投入可以帮助用户变得更为高效，利用好已有的许可，并且让组织可以实现预期的收益。
- 其次，如果部署许可的地方不需要它们，则应该将这些许可移交给其他用户。这一许可的重新调整会让你能够推迟所计划好的资金投入。
- 最坏的情况是，如果当前或者未来不需要这些许可，则可以停止对其的维护，并且达成节省一些成本的目标。

同样，要以批判性眼光来看待 DW/BI 环境的整体性能。通常对于性能调优的投入可以将所计划的硬件升级推迟几个月，最好的情况是可以从当前的预算周期中移除这一项投入。查询性能是显而易见的，因此要从这里入手：

- 开发一个系统性能特征的日志，如果还没有这样做的话。数据库系统和业务系统具有让你能够捕获内存、磁盘、CPU 使用情况以及其他特征的历史的功能。如果你不理解性能，则无法进行性能调优。
- 为所有标准报告和其他 BI 应用程序调整 SQL。这是最唾手可得的成果，因为通常可以修改查询语法，比如添加一个 hint，而无须修改报告的基础设计。

- 分析在环境中运行的查询以便找到改进索引和聚合策略的机会。对于即席使用的调整会持续类似于一种艺术形式；你需要在额外索引的价值和维护该索引的成本之间取得平衡。
- 与硬件/软件供应商协作来确保充分利用了已经为你提供的能力。要求供应商提供已知的 DW/BI 最佳实践和技巧。

在完成了能够做的从已有环境中挤出每一个细微的性能提升之后，就要考虑对于系统设计的适度修改是否可以提供巨大的性能收益。事实表及其相关的索引和聚合会消耗 DW/BI 环境中的大部分资源。你可能会惊讶于通过减少事实表和索引大小而为查询性能所带来的大幅提升。审查事实表设计并且思考以下内容：

- 尽可能用最小的整数(代理)键来替换所有的自然外键。
- 尽可能将相关的维度合并成单个维度。
- 将微型、低基数的维度分组到一起，即使它们不相关。
- 取出事实表中的所有文本字段并且让它们变成维度，尤其是评论字段。将一个像评论这样的高基数、无分析价值的字段变成维度似乎是违背常识的，但评论字段会被大多数查询所忽略。从事实表中移除这个大型字符字段并且用一个整数键来替换它，可以让事实表执行得更加敏捷。
- 尽可能用带尺度整数来替换长整数和浮点数事实。
- 与我们长期以来的建议相反，如果维度被标准化成为星型模式，则要将每个维度都收缩到一个退化的、单一表的平面维度表中。通常可以将此处理实现为 ETL 过程结束时的一个附加步骤。

审查 ETL 系统。找出性能瓶颈并且确定移除它们的方式。ETL 团队通常会忽视可以提升整体 ETL 性能的在暂存表中进行索引的方法。此外，还要审查早期 DW/BI 工作中的 ETL 逻辑。ETL 团队现在会比一开始时具有更多的经验。团队必定已经发现比那些初始实现更为有效的技术。

14.11.3 扩充底线

大多数组织最初都会引述拓展业务和提高生产效率的机会来论证其 DW/BI 倡议的合理性。所确认的收益是真实且实在的，但它们通常难以量化。要测量强化后的业务结果会是一个挑战，比如提升后的收益增长、提升后的盈利能力、更高的顾客获得/保留率，或者提升后的顾客满意度。

现在是时候审查所提出的增长机会，以便评估 DW/BI 环境是否已经切实帮助到实现所承诺的收益。如果这些收益都达成了，则务必要让所有人都知道！因出色的工作而得到好评是没什么错的。如果你拥有源自 DW/BI 系统的业务价值的更好记录，那么你最近的预算谈判可能会更为顺畅。现在就要开始保留那些记录，即使它们仅仅是 DBMS 使用情况日志。

我们大多数人都将认识到所期望的还没有被完全了解的收益。要调研为何这些收益一直未被你所获悉。这一分析需要 DW/BI 团队以批判性的眼光来看待活动和结果。要保持坦率诚实的态度。你是否已经完成了帮助组织达成这些收益所需的所有工作？

DW/BI 团队通常会忽略最终的目标。他们会变得过于专注让数据进入数据仓库，而忘记要竭尽所能让其通向终点线——让业务用户可以轻易使用数据进行决策。要考虑将一些资源重新集中到实现那些为组织提供显著价值的收益上。

要找到可以进行的低成本、渐进式的为组织提供实在价值的提升：

- 确保已经准备好了文档和培训来帮助业务人员有效使用 DW/BI 系统。
- 找出将一些维度属性或额外指标添加到已有模式中从而能够提供有价值的新分析的区域。
- 找出将已有的数据组合和 BI 应用程序暴露给更多使用者的机会，是要挖掘出之前探讨过的所发现的可用软件许可。
- 与关键的分析业务用户协作以便评估已经部署了的 BI 应用程序的有效性。找出改进这些已有 BI 应用程序从而提供对业务的精明见解的机会。要寻求方法以便更好地理解知识丰富的用户所使用的分析过程，以便为额外的 BI 应用程序捕获和扩展这些收益。
- 用支持额外业务过程和新分析的新事实表来丰富数据仓库。

很遗憾，经济下滑将我们许多人置于不受欢迎的预算削减情形中，但是，我们可以通过努力来变得精简。我们可以小心地专注于我们 DW/BI 环境的整体健康状况，并且从长期来看，变得更为强壮和健康。

14.12　享受淘汰带来的红利

Bob Becker，Design Tip #143，2012 年 3 月 1 日

大多数实现一个新数据仓库/商业智能环境的组织正在替换或者“淘汰”遗留的分析/报告系统。此环境可能是一个比较老的数据仓库、单个或者一系列部门化数据集市，或者使用像 Access 和 Excel 这样的工具拼凑起来的一组分析/报告环境。有些可能是官方批准的平台；但通常它们都是由一个业务单元制作的影子报告环境。无论采用何种方式，许多业务用户都依赖于这些环境来满足其报告和分析需要。

淘汰这些不相干系统是新 DW/BI 举措的一个常见目标。这些遗留/影子系统的淘汰通常会为新的 DW/BI 环境提供有理由投入其中的大量硬性资金。这些节省的成本都来自所提议的硬件、软件许可的淘汰以及相关维护和支持成本的削减。这些硬性资金节省通常包括跨多个分析平台对数据一致化所涉及的人力成本。此外，通常还有基于更好的集成数据、更大的管理信心以及与替换遗留环境相关的易用性提升这些合理理由的软性成本节省。

遗憾的是，淘汰遗留环境很少是以及时的方式来进行的或者常常完全不淘汰它们，这会让这些合理的资金节省落空。比较老的遗留报告环境与新的 DW/BI 环境在超出预期时长的情况下同时运行的局面是不常出现的。显然，这是不受欢迎的；如果这两个环境都持续运行，那么就永远不会意识到合理硬性资金的存在。在某些时候，管理层会对这一情况持怀疑态度，并且开始质疑负责新 DW/BI 环境的团队是否诚实正直，从而会让未来的资金投入存在悬念。此外，只要老环境持续可用，那么大多数用户都不会拥抱新环境。如果不必改变，那么为何要自找麻烦呢？因此，由于存在多个不一致的分析和报告平台，数据调整一致的挑战将持续存在。

要避免这一情况，新环境的持续成功将至关重要。DW/BI 团队需要密切关注其目标，确保每一次迭代都有助于进一步淘汰遗留环境的某些部分。有些时候，这通常仅仅是鼓起勇气实际关掉一些不再需要的功能的问题。在淘汰比较老的环境之前，必须完全理解替换后的 DW/BI

系统必须要支持的需求：

- 是否准备好了所有的数据和能力来支持当前的报告/分析？
- 是否存在其他的由比较老的环境来支持的非分析功能？
- 已有的系统是否提供了特定的能力，比如审计和合规性，而其他地方没有提供支持它们的能力？
- 是否有下游环境依赖于来自遗留环境的数据？

所有这些需求都具有针对已有环境的有效诉求。因此，只有在可以支持这些需求的情况下才能淘汰该环境。我最近碰到了一个客户，其老的分析平台包括了一系列生产源的每日复制的副本。这些表的主要目的就是支持填充该环境所需的 ETL 变更数据捕获过程。不过，DW/BI 团队不知道的是，有些关键用户已经获得这些复制表的访问权。他们引入这些表作为几项数据治理、数据质量以及内部审计过程的关键组成部分。当 DW/BI 团队试图关掉这个老系统时，他们会发现不能这样做，因为他们没有用于支持这些需求的替代能力。同样，分析平台会发现其自身正在为它并不知晓的其他下游目的提供输入数据。要再次确认已经准备好了支持这些需求的替代解决方案。

一旦有信心已经处理了遗留系统对于分析和报告、非 DW/BI 用途以及下游应用程序需求的支持，就该关掉该系统了！当然，你可能希望在关闭所有外部访问和来自该系统的输出的同时保持它继续运行几个星期，从而确保万无一失。显然，你会希望花一个月的时间来密切观察是否一切正常。

最后一个技术/法务问题就是，一旦终止了老系统的许可，你是否完全有权公开老系统中的数据。尽管你可以认为数据本身是属于你的，但你不能再使用老系统来生成关于老数据的报告。在这样的情况下，你就必须在使用该基础应用程序的权限终止之前将数据转存成一种中性格式。

一旦你轻松地确认一切尽在掌控之中，就该放松一下，拔掉电源插头，并且享受淘汰带来的红利了！

第 15 章

最后的思考

本章仅由四篇文章构成，分别为 Margy、Bob、Joy 和 Ralph 所写的最后的设计提示。

本章首先介绍关于 DW/BI 举措取得成功的关键的指导。Margy、Bob 和 Joy 加起来拥有超过 80 年的累积经验，他们可以分享在帮助数以百计的客户创建成功的 DW/BI 环境期间他们所获得的至关重要的见解。Ralph 最后会通过转向未来以便做一些关于即将来临的重大机会的大胆预测作为结尾。

关键的见解和提醒

Margy、Bob 和 Joy 分享了他们在其整个职业生涯中所依赖的必不可少的“必须要做的事情”。遵循这一指导将必定让你在你的职业生涯中取得类似的成功。

15.1 当前的最后一个词：协作

Margy Ross，Design Tip #177，2015 年 9 月 1 日

作为我的最后设计提示，我会回到一个并非艰深科学但通常会被忽视的基本主题：业务-IT 协作。如果你采纳了 DW/BI 成功与否的真实衡量标准就是业务对于交付物提升了其决策能力的认可度这一观点，那么应该很容易地认可协作的重要性。如果 DW/BI 团队的 IT 资源没有与其业务同事进行协作，那么达成业务的接受度就是痴心妄想。同样，业务需要乐于与 IT 协作。

协作式的多领域团队会创建成功的 DW/BI 程序。Kimball 生命周期方法的每一个重要关键点都适合于支持业务–IT 协同一致的联合活动：

- **程序/项目规划**。要基于业务目的和目标来驱动优先级排序，同时要在交付可行性之间取得平衡。
- **程序/项目管理**。要公开交流关于检查点更新的内容并且征求关于范围调整的联合输入。
- **业务需求**。要专注于业务在做些什么以及为何这样做，还要关注业务希望未来如何进行决策，而不是提出“你想要从 DW/BI 系统中得到什么？”的问题。

- **技术架构和产品选择**。要让业务代表介入进来选择其工具。对于技术人员的友好提醒：技术是必要的促成项，但不应是 DW/BI 团队的首要关注点！要耐心地对业务培训关于基础设施和通道的内容。
- **维度化建模**。要从与业务和 IT 代表的互动研讨会中推导出维度模型，而不是让坐在象牙塔中的隔离设计者来开发维度模型。让来自业务的主题专家介入进来对于设计合适的维度模型是至关重要的。他们还应该被引入到数据发现和相关的数据治理决策中。
- **ETL 设计和开发**。要征召业务主题专家与 IT 代表一起恰当地应对数据质量问题；IT 不应凭空做出这些决策。
- **BI 应用程序设计和开发**。要与业务人员一起制作 BI 报告和分析的原型。
- **部署**。要征求关于初始化和持续不断的培训/支持需要的业务输入。

由于许多设计提示的阅读者都处于 IT 组织中，因此我主要专注于 IT 打破与业务之间壁垒的重要性，这样他们就会被视作合作伙伴而非瓶颈。但是协作是双向的。业务代表通过思考以下指导来与其 IT 同事进行协作也是同等重要的：

- 在业务战略会议中邀请 IT 人员坐在你旁边。
- 花时间对 IT 人员进行业务方面的培训。IT 人员知道得越多，他们就能越好地支持你的需求。仅仅为 IT 人员提供一份报告或者数据集规范的做法是不够充分且无效的。
- 要在倡议的开始就让 IT 人员介入，而不是在项目中期(或者在你的顾问离开之后)才让他们参与其中。
- 要认识到，IT 人员需要考虑整个企业，而不仅仅是你的单个部门。其关于数据治理和主数据的关切都是真实的。
- 要力求避免用大量类似但通常存在稍微差异的数据集、报告和分析来重复造轮子。这一数量上的激增通常会让组织产生大量的硬性和软性成本。
- 要挖掘出 IT 人员的专业技术。不要在没有其参与的情况下凭空做出技术决策。并且要扪心自问，你是否真的希望在没有 IT 人员帮助的情况下维护竖井式数据集、应用程序以及供应商关系。

Kimball 生命周期方法不主张采用顾客-供应商的思维模式，其中业务代表会为 IT 人员提供一份订单，而 IT 人员随后会尝试实现它。我们的方法一直都提倡 IT 人员和业务干系人之间的合作伙伴关系。协作远不止安排与相关方的会议那么简单；协作意味着以不同的方式进行工作以便让双方都积极参与到联合决策中。遗憾的是，业务干系人与 IT 人员之间的协作在有些组织中并不能进行。人们会以不同的方式进行思考、使用不同的词汇进行沟通，以及会被不同的方式所推动。目标是相互参与和理解，这通常需要领导层级别坚定的跨组织支持，尤其是在业务和 IT 资源需要摆脱其“一如既往”的态度的情况下。最终，这两个阵营之间的分界线将因为那些适合于跨越这两个领域的资源而变得模糊不清。

最后，这是我与所有读者交流的最后机会。我希望向那些数不胜数的在过去 34 年中与我有过交互的人表达我的感激之情。要感谢我的丈夫和女儿对于我的始终如一的耐心和支持。感谢我在 Metaphor 的同事，他们为我整个职业生涯带来了持续不断的影响。感谢我的 DecisionWorks 和 Kimball 小组合作伙伴，谢谢你们的智慧与启示。最重要的是，要感谢我的客户、学生和读者；你们让我的职业生涯变成一次让人惊叹的旅程！离别总是艰难的。虽然 Kimball Group 正在关闭其大门，但我们的方法将与所有读者同在。祝大家好运！不过要记住：专注于业务并且变得维度化！

15.2 让 DW/BI 取得成功的行之有效的概念

Bob Becker，Design Tip #178，2015 年 10 月 1 日

光阴似箭，我们即将面临 Kimball 小组不久之后的集体退休。在 2015 年末我们要全部退休。在我最后的设计提示中，我想要分享我在数据仓库/商业智能行业的 26 年职业生涯中所获得的让 DW/BI 取得成功的观点。

尽管目前数据仓库已经存在很长时间了，但仍旧不断地出现让组织利用信息进行更有效决策的重大机会。新的技术持续不断地出现，创造它们是为了让我们可以从周围世界中收集到越来越多的细粒度数据。数据以及围绕它的分析一如既往地具有相关性和重要性。新的和改进后的 DW/BI 解决方案将持续不断地被部署。未来不会缺少应用所学习到的关于创建成功 DW/BI 环境的经验教训的机会。

到目前为止，我们都意识到了，数据仓库是一个成熟的行业。我们早已度过了 DW/BI 革命的开拓阶段。我们正在使用不断发展的新的且更加强大的技术来处理经过验证的、能力强大的硬件和软件技术。作为一个行业，数十年来我们一直在实现数据仓库和商业智能的能力。我们学到了经验教训、提升了技术、练就了方法，并且发展出成熟的方法论。不计其数的个体已经经过了培训，受到了经验战火的洗礼，并且已经证明了能够构建成功的 DW/BI 解决方案。显然，总是会出现需要培训、指导和让其适应其中的新人。不过，作为一个行业，我们知道取得成功需要付出什么。这个行业不存在失败的借口。

我对于持续取得成功的建议就是，开拓眼界并且持续关注其基础——数据仓库的基本防范手段和问题应对。要拥抱这些行之有效的概念，多年的经验证明它们是切实可行的：

- **专注于业务和业务需求**。永远不要忘记专注于实现业务价值。DW/BI 工作的成功完全取决于业务用户的参与度；保持业务用户参与其中并且满足其需求将会提升成功的概率。实际上，这会确保取得成功。
- **获得强有力的高管层主办关系**。缺乏组织的支持将破坏 DW/BI 工作取得成功的基础。高管层必须制订长期方案来接受、支持、管理和资助这些工作。
- **为取得成功而进行组织**。成功的 DW/BI 举措涉及 IT 团队和业务单元之间的合作伙伴关系。DW/BI 工作不能被视作仅仅是一项 IT 工作。业务用户群(而非 IT)需要掌控 DW/BI 环境的愿景、战略、路径图(优先级)、范围、日程安排、治理和质量。
- **集成至关重要**。要利用一致化维度作为集成的基础。理解和拥抱维度设计原则作为 DW/BI 环境内部数据的组织主题。
- **建立并且强制推行通用词汇表**。消除数据不一致问题的第一步就是在整个 DW/BI 环境中建立和强制推行通用名称、定义和描述符。同样，拥抱维度建模原则是取得这方面成功的秘诀。
- **关注数据质量**。作为其基础，DW/BI 环境必须成为高质量数据的一个仓储。对于大多数 DW/BI 工作来说，最大的挑战都是与数据有关的。一般来说，提供高质量数据所需的开发 ETL 过程的工作通常会比预期的要求更高。要为这些任务分配足够的时间和资源，其中包括关键主题领域专家。
- **确立一个阶段性的设计、开发和部署计划**。构造一个 DW/BI 环境是一项重大工作。一次性应对所有事情几乎是不可能的。要采用一个迭代式开发计划，这样就可以避免过于宏大的范围。需要确定项目迭代从而对总体的设计、开发和部署工作进行阶段划分。应该通过应对新的和额外的业务过程(比如事实表)来逐步拓展该环境。

- **表现出耐心**。DW/BI 举措的初始阶段通常需要花费不成比例长的时间。这绝对是真实客观的。尽管这一初始阶段对应于部署单个业务过程(比如事实表)，但这一阶段中的大量时间都会被用来设计、开发和部署一组至关重要的核心一致化维度，在整个 DW/BI 环境的后续阶段中都会利用这些维度。这是正常且可以预期到的。

最后，就我个人而言，我要感谢我的客户、学生、合作伙伴、家庭以及朋友们，谢谢你们这些年以来对我的一贯支持。我从你们所有人之中学到的东西远超你们的想象。我要向你们每一个人表达最深的谢意。

谢谢你们并且祝大家好运！

15.3 Kimball 方法论的关键原则

Joy Mundy，Design Tip #179，2015 年 11 月 3 日

Kimball 方法论中对于设计、开发和部署一个 DW/BI 系统的大多数指导其实也就是指导意见而已。Kimball Group 的许多著作中存在着数百或数千个规则，并且我要承认，在过去数十年中，在面对有冲突的目标或者令人不快的政治现实时，我改动过那些规则中的许多。

我对于 Kimball 方法论的一些原则充满热情。这篇文章列出了我向有经验的读者和新手反复表述过的一些内容。参加过我曾经讲解过的课程或者聘用过我作为顾问的读者，都曾听到过我论述这份清单上大部分或者所有的内容项。

1. 维度模型是重要资产

正如《数据仓库生命周期工具箱(第二版)》中所概述的那样，Kimball 方法论的重点就是维度模型。维度建模原则是 Ralph Kimball 和 Kimball Group 对于商业智能行业最广为人知的贡献。这是我们的重点，因为一个好的维度模型对于成功的 DW/BI 尝试来说绝对是必不可少的。如果模型是正确的，并且完整对其进行了填充，那么剩下的工作就很简单了。

2. 维度建模是一项团队活动

如果独自开展工作的话，那么即使最棒的维度建模者都会创建出糟糕的维度模型。维度建模不仅是一项团队活动，而且是一项必须让业务用户群介入其中的团队活动。多年来，我们拒绝过不计其数的要求在没有业务输入的情况下设计模型的咨询请求。或者，更糟糕的是，挣扎着开展让人痛苦的项目，其中所承诺的业务用户参与度并没有变成现实。

这对于用户群来说无疑是很大的一个请求。我们的设计过程通常需要在 4~6 周的周期内具有 50~60 个小时总时长的会议(或者更长，这取决于项目的复杂程度)。我们希望参与到设计会议中的人都是很重要且很忙碌的。但如果他们不能坚定地投入时间和精力，那么所得到的系统将会失败。

我们多年来已经很多次地探讨过这一点，如从 Margy 的文章 7.2“用于设计维度模型的实践步骤”到 Bob 在文章 7.4“让业务代表参与到维度建模中”所做过的探讨。它是我坚定的对其充满热情的 Kimball 方法中的一个要素。

3. 维度模型是 DW/BI 系统的最佳规范

我与之协作的大部分客户都没有用于 DW/BI 系统的书面规范，也就必然没有以有意义方式反映现实情况的文档。最常用的规范格式包括了用户希望过滤和钻取的令人乏味的内容清单，以及新系统要支持所有 2000 份已有报告的需求。如果我们用新的 DW/BI 系统所完成的事情就是重新平台化已有的预制报告，那么我们将会面临失败。

我们会在设计过程结束时要求业务用户思考他们最近从当前设计范畴中包含的信息中完成的、尝试进行的，或者希望进行的分析。我们希望他们说，“是的，这个模型满足了我们的需要”。同时，团队中的 IT 成员一直都在关注数据源、转换和其他技术细节的探讨。我们要求他们确认，“是的，我们可以填充这个数据模型”。维度模型设计的书面记录就是需求的有意义的且可操作的规范。

Bob 在文章 4.12“使用维度模型来验证业务需求”中善辩地编写了关于这一主题的内容。

4. 维度模型应该带来超越重构的价值

可以在 DW/BI 系统中交付的一些最有价值的提升就是将改进后的描述符和分组添加到频繁使用的数据。不过，这些机会通常会被设计团队所遗漏。我甚至遇到过具有明确的不添加任何超出源系统范畴外内容的策略的团队。

其他一些有价值数据模型的示例包括：

- 让用户可以容易地过滤出很少使用的事务代码。
- 提供用于选取列表和报告的有吸引力的分类列。
- 预先计算分段，比如年龄范围或事务质量测量。
- 相较于源系统中所管理的层次结构，要支持不同的或者更深的层次结构，比如产品维度的市场营销与生产制造对比视图。

5. 主数据管理系统是一个非常好的源

去重复数据仓库团队面临的其中一个最艰难的任务。自数据仓库的早期阶段开始，后台团队就已经在力求设计出对实体去重复的 ETL 过程了，比如对顾客实体去重复。主数据管理(MDM)技术和程序的日益增长的流行度和功能提供了比 ETL 流程中更加好的解决方案。而这不仅仅是因为这项任务很艰巨！ETL 过程的规律，也就是我们希望在一贯的基准下保持坚不可摧并且解放双手的原则，从本质上讲是与去重复过程不一致的。无论我们的工具多么棒、我们的代码多么智能、我们的业务规则多么完整，自动化的去重过程都不能达到 100%的准确性。需要人来对有疑问的情况做出判断。如果这是工作日常的任务职责，而不是要等待 ETL 加载的话，那么这会更加有效。

Warren 很早之前在文章 12.2“选择正确的 MDM 方法”中提到过关于如何建立一个 MDM 程序的内容。他的建议仍旧适用，并且我不断看到人们在 MDM 实现方面所取得的越来越多的成功。最近的一个客户要求，所有的维度属性都要来自 MDM 系统，其中它们会被所指定的业务所有者积极管理。ETL 基本上只是一个消费者。

大多数组织都不会对此非常热情，不过一个简单的 MDM 系统可以被用于构建之前在这一设计提示中探讨过的提升价值的数据元素。如果维度层次结构来源于用户桌面，那么它将由于不尽完美的结构而饱受指责；MDM 工具会提供一个简单平台来管理这一信息，正如我在文章 10.9“维护维度层次结构”中所探讨的那样。

6. 不要跳过关系型数据仓库

设计和填充一个企业一致化数据仓库是很难的。每个人都希望跳过这一步。在我整个 23 年多的数据仓库职业生涯中，我曾经观察到许多打算简化该过程的技术尝试，从直接在事务系统上构建 BI 层，到所谓的虚拟化数据仓库，绕了一大圈又回到了当前的可视化工具构建脚本方式。

正如我在文章 13.7“利用数据可视化工具，但要避免混乱局面”中所探讨的，直接拒绝就好！除非你完全控制所有的源数据，否则就应该将 ETL 留待 ETL 工具来应对，将数据存储和管理留待关系型数据库引擎来应对，并且让 BI 工具在其最擅长的方面凸显出价值：极佳的可视化和用户体验。

7. 一切都围着业务转

我在课堂上和咨询建议中多次表述过这一点。它是 Kimball 生命周期方法最重要的特征：切实坚定地专注于业务。它充斥在我们所做的一切事情中，并且它是要弘扬传播的唯一最重要的信息。

对于未来的展望

Ralph 描绘了对于数据仓库未来绝对乐观的看法。

15.4 未来是光明的

Ralph Kimball，Design Tip #180，2015 年 12 月 1 日

数据仓库从未具有过像其现在这样的价值和意义。基于数据的决策是如此基础和明显，当前这一代业务用户和数据仓库设计者/实现者无法想象不能访问数据的世界会是什么样子。我会抵御住讲述数据仓库在 1980 年以前是什么样子的冲动。

不过这是改变数据仓库实践的一个时机。必不可少的是，“数据仓库”总是要尽可能最广泛地包含业务需求的收集和组织所有数据资产的列举。如果数据仓库曾经被降级用于仅仅报告来自记录事务系统的文本和数字数据，则会丢掉大量的机会。

数据仓库已经定义了一种架构，用于将正确的数据发布给决策者，并且该架构具有一些名称：维度建模、事实表、维度表、代理键、渐变维度、一致化维度等，不胜枚举。

如今，业务世界中正在发生重大的变化，其中存在着新的来自社交媒体、自由文本、传感器和计量器、地理定位设备、卫星、照相机和其他记录设备的数据洪流。业务用户期望基于这些数据源进行决策。市场营销部门，数据仓库的传统推动者，现在正在与生产制造、运营和研究部门进行竞争。这些部门中的许多对于数据分析来说都是新的参与者，它们正在构建其自己的系统，通常都是出于善意的，但它们忽视了数据仓库的深厚传承和所积累的架构技能。数据仓库社区有责任满足这些半道出现的新业务用户，这不仅是要提供我们的有用观点，而且对于我们来说，更要学习这些新的业务领域的知识。

在我最后的 Kimball Group 设计提示这篇文章中，我将描述我如何看待数据仓库的主要组成部分正在发生的变化以及不远的将来将会发生的变化。对于数据仓库专家来说，它是一个激动人心且充满挑战的时代！

15.4.1　ETL 的未来

如果数据仓库要包含组织的所有数据资产，那么它必须应对大量新的奇怪结构化的数据洪流。ETL 环境中必须出现一些重大改变。首先，来自原始源的数据必须支持高带宽，至少每秒数吉字节。要学习与将数据加载到 Hadoop 中的 Sqoop 有关的知识。如果你不懂这些单词，则要多多阅读了！可以从维基百科开始读起。其次，许多用于这些新数据流的分析客户端都坚称，没有转换被应用到传输数据。换句话说，ETL 数据落地区域必须要能够存储由无解释位元构成的文件，同时没有关于该文件将如何被存储到数据库中或者如何被分析的假设。再次，存储架构必须是开放式的，这样多种决策支持工具和分析客户端才能通过统一的元数据层来访问数据。最后，所有类型的数据文件的元数据描述都必须变得更加可扩展、可自定义以及有影响力，因为出现了新的复杂数据源。我们在很长的一段时间里一直在使用简单文本和数字的 RDBMS 文件，其中 RDBMS 系统文件中包含的元数据只具有很少的语义或者没有语义。

要将主流 RDBMS 的专有栈撬开分解成单独的存储、元数据和查询层将是具有挑战性的。这一情况已经在 Hadoop 分布式文件系统(HDFS)之下的 Hadoop 开源环境中发生了。这意味着，在某些情况下，ETL 处理过程可以被推迟到数据被加载到可访问文件中之后的某个时间点上。具有元数据的查询和分析工具希望在查询时将目标模式声明为查询时而非加载时的一种强大“视图”。尽管这一“读取时模式”听起来像是一个外来项，但它只是我们已经使用了超过十年的数据虚拟化的另一种形式而已。所有这些数据虚拟化的形式中所做的取舍就是，要替换用于 ETL 数据重构的计算，总是要付出显著的性能影响的代价。在探究性查询阶段之后的某个时候，设计者通常会回到原点并且进行常规的 ETL 处理过程以便准备好性能更高的文件结构。

15.4.2　数据库技术的未来

关系型数据库是数据仓库的基石，并且这种情况将一直持续下去。但 RDBMS 不会被扩展为原生地处理所有的新数据类型。许多专业的分析工具都会在分析数据以及优雅地与 RDBMS 数据库共存方面互相竞争，这样将会挑选出传入数据流中关系型数据库可以应对的部分。

有一个相关的话题，归档绝不会是相同的。磁盘存储赢得长期存档这场战争的原因有很多，但最大的因素就是每拍字节所需的令人惊讶的低成本。此外，磁盘存储总是在线的，因此归档的数据会保持活动和可访问状态，等待新的分析模式以及新的回顾性问题。这被称为“主动式归档”。

15.4.3 维度建模的未来

即使是在古怪数据类型和非关系型处理这个全新的世界中，维度建模仍旧具有相关性。就算是最古怪的数据类型，也可以被视作现实环境中所记录的一组观测值。这些观测值总是具有上下文：日期、时间、位置、顾客/人员/病人、活动等。当然，这些都是我们熟悉的维度。当我们意识到这一点时，突然间所有熟悉的维度机制就又发挥作用了。我们可以将来自 EDW 的高质量辅助维度附加到任何数据源。拓展你的思维：这一附加行为并不是必须通过一个传统的关系型数据库联结来完成的，因为可以用其他方式进行通信。

当然，维度是数据仓库的灵魂。事实仅仅是总是存在于维度上下文中的观测值。展望未来，我们可以预期维度变得更加强大，以便支持基于更复杂行为的查询和预测分析。已经有人提出了将星型模式泛化为超新星模式。在超新星模式中，维度属性被允许变成复杂的对象，而不仅仅是简单的文本。超新星维度也变得更加具有延展性和扩展性，可以从一个分析扩展到另一个分析。图 15-1 中将传统的顾客维度与超新星顾客维度进行了对比。注意，其中大部分内容并非是对于未来的异想天开。如今就可以使用 STRUCTS 的 ARRAY 来泛化单个维度属性。是时候阅读 SQL 参考手册了。

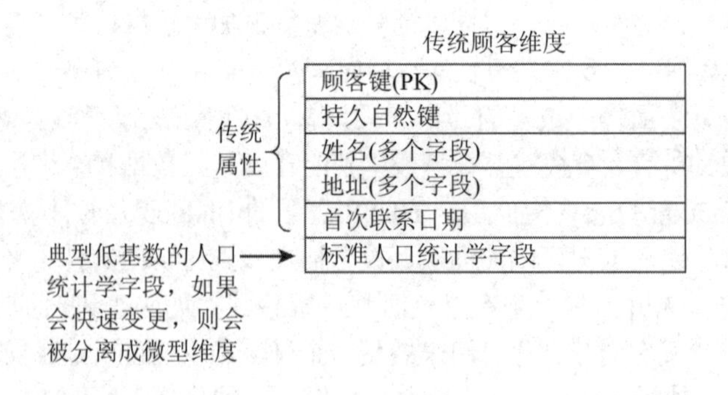

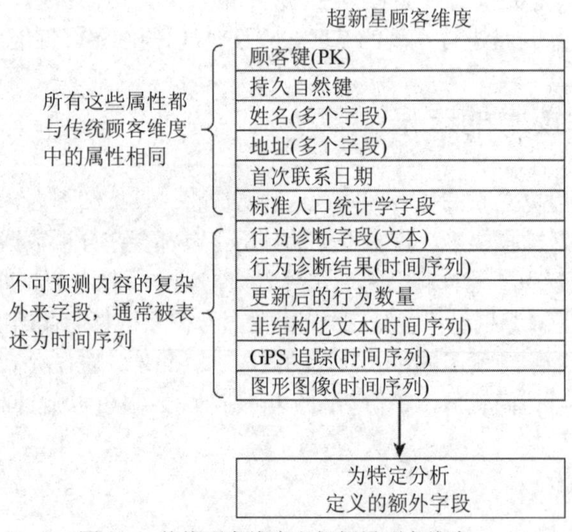

图 15-1 传统顾客维度和超新星顾客维度

15.4.4 BI 工具的未来

BI 工具的空间将发展成囊括许多非 SQL 类型的分析。当然，这种情况已经出现了，尤其是在开源的 Hadoop 环境中，并且我们一直都依赖于强大的非 SQL 工具，比如 SAS。因此在某种程度上，这只是一个定义什么是 BI 工具的问题。我此时论证这一情况，主要是为了推动数据仓库团队扩展其范畴，并且不要被新的数据源和新的分析类型所冷落。

15.4.5 数据仓库专家的未来

我已经多次论述过，成功的数据仓库专家必须关注三方面的内容：业务、技术和业务用户。这在未来将一直是正确的。如果你希望花时间编程而不愿与业务用户沟通，那也行，不过你将不会成为数据仓库团队的一员。话虽如此，不过要继续前进的数据仓库专家至少需要具备 Unix 和 Java 技能，并且精通一些主要的非 SQL 分析环境，比如 Spark、MongoDB 和 HBase，以及像 Sqoop 这样的数据传输工具。

我认为，未来重大的激动人心的挑战就是数据仓库专家职责描述的扩充。新的部门会突然出现，它们会试图设法处理数据洪流，并且可能会重新发明数据仓库这个轮子。要找出这些部门，并且就一致化维度和代理键的能力对其进行培训。要提出将高质量的 EDW 维度附加到其数据上。

就像 Margy 所说的一样：保持前进并且变得维度化！